李思田文集

LI SITIAN WENJI

《李思田文集》编辑小组　编

图书在版编目(CIP)数据

李思田文集 /《李思田文集》编辑小组编. —武汉:中国地质大学出版社,2023.10
ISBN 978-7-5625-5676-3

Ⅰ. ①李… Ⅱ. ①李… Ⅲ. ①李思田—文集 Ⅳ. ①P618.13-53

中国国家版本馆 CIP 数据核字(2023)第 172610 号

李思田文集 《李思田文集》编辑小组 **编**

责任编辑:杨 念 选题策划:张晓红 杨 念 责任校对:徐蕾蕾

出版发行:中国地质大学出版社(武汉市洪山区鲁磨路 388 号) 邮编:430074
电 话:(027)67883511 传 真:(027)67883580 E-mail:cbb@cug.edu.cn
经 销:全国新华书店 http://cugp.cug.edu.cn

开本:880 毫米×1 230 毫米 1/16 字数:1155 千字 印张:42.25
版次:2023 年 10 月第 1 版 印次:2023 年 10 月第 1 次印刷
印刷:武汉中远印务有限公司

ISBN 978-7-5625-5676-3 定价:268.00 元

李思田教授及夫人

沉寂纯净之心，积淀卓越人生
——李思田教授介绍

李思田教授于1934年11月出生于河北省保定市高阳县，1952年以优异成绩毕业于天津市耀华中学。为响应国家对地质勘探人才的急迫需要，他放弃了原来的兴趣，考入当时刚创建的北京地质学院，1956年毕业于燃料矿产及勘探系，留校在煤田教研室任助教。他1983年被聘任为教授，1986年被评为博士生导师。曾任中国地质学会沉积地质专业委员会和中国力学学会地球动力学专业委员会委员、*Geofluids* 杂志和 *Island Arc* 杂志编委。曾任多届国家自然科学基金委员会及国家科学技术进步奖等三大奖会评专家。

因他对中国沉积学发展做出的杰出贡献，1986年劳动人事部授予李思田教授"国家有突出贡献中青年专家"称号。1999年，李思田教授获"李四光地质科学奖"。2023年4月，在第七届全国沉积学大会上，李思田教授被授予第二届"中国沉积学终身成就奖"。

急国家之所急——倾力为祖国寻找矿藏

早在留校工作之初，李思田教授就承担了编制1∶100万华北煤田预测图的工作。1959—1961年，他带领学生坚持在京西煤矿下井观察，识别和划分了构造煤的类型，结合变形特征阐明了煤厚及煤质分带的方向性，并通过煤岩学研究发现了构造变形引起的煤的光学非均质性。

从20世纪60年代开始，"没有盆地就没有能源资源"的思想便在他的头脑中扎下根来，他认识到沉积盆地不仅是能源矿产资源最为富集的场所，而且是多学科综合研究的广阔领域，从此，锲而不舍地致力于沉积盆地与能源资源地质的研究，对我国陆上和海域数十个盆地进行了系统而深入的研究。他的研究工作始于我国东北和内蒙古的晚中生代盆地，随后延伸到整个中国东部及海域的叠合盆地和大陆边缘盆地。他通过这些研究，在盆地分析、沉积体系、陆相层序地层、能源资源预测等方面形成了一套富有特色的理论和方法体系，对我国东北、内蒙古和鄂尔多斯等地区煤资源的聚集规律及预测做出了突出贡献，在我国东部及海域含油气盆地动力学、盆地热流体与油气成藏等前缘领域的研究上，取得了创新性成果。

20世纪70年代初，为解决东北工业区煤炭供应紧缺的难题，应煤炭工业部邀请，李思田教授参加了"东北煤田预测"大型研究项目，他带领科研团队与产业部门的地勘工作者打成一片，深入现场，奔走于东北的煤区，对我国东北及内蒙古地区中生代盆地及煤聚集规律开展了研究，加上后续项目，历时近10年，揭示了盆地的断陷成因及其区域性分布规律。他在霍林河、阜新、元宝山三大煤炭基地率先进行了盆地整体性分析，首次提出了富煤带的概念及其形成的沉积构造条件，并探索了一套研究及编图方法，阐明了同生构造和沉积体系对富煤带展布的控制，建立了煤田勘探新区预测的理论基础。

20世纪80年代，他在地质矿产部和煤炭工业部的支持下，在我国东北煤田预测的基础上进行了晚中生代断陷盆地的基础理论研究，并根据盆地分析的理论与方法系统地进行了盆地充填、构造演化与煤聚集规律研究。鉴于沉积体系在盆地中的三维配置是预测能源的重要依据，他遵循“现代是认识过去”的这一原则，考察了岱海、扎赉诺尔、抚仙湖、滇池等一系列现代湖盆，阐明了沉积体系配置与构造格架和物源补给体系的关系，提出了断陷盆地中沉积体系配置的6种模式，并将其成功应用于煤及储层预测。在此过程中，李思田教授总结了一整套有特色的研究思路和方法，即以盆地为整体，将构造分析与沉积分析、盆地研究与区域构造背景分析紧密结合，重建其历史演化过程。为了便于产业部门应用，他又总结出了“盆地分析的基本参数和流程”与相应的编图技术，得到了许多产业部门的认可。针对国民经济急迫需要，他提出了“大兴安岭西坡找煤的十点建议”，对内蒙古地区的煤地质勘查工作起到了很好的指导作用。20世纪80年代后期，国家立项开展了煤成气聚集规律的大规模研究工作，李思田教授及其科研团队根据晚中生代断陷盆地的结构和演化特征从理论上预测了松辽深部断陷的结构特征和生气潜力。

他的开创性研究成果先后获地矿部科技成果一等奖、二等奖和国家科学技术进步奖三等奖。他的代表性专著《断陷盆地分析与煤聚积规律》获国家级奖项，该专著也成为我国东北、内蒙古地区一些石油部门勘查早白垩世断陷盆地油气资源和放射性矿产的重要参考书。

理论与实践结合——为优质动力煤基地开发提供依据

在研究工作中，李思田教授既重视实践，又重视理论的概括，20世纪80年代是其多年盆地研究理论性升华的重要阶段。他从地球动力学背景研究盆地形成和分布规律，在地跨中国、蒙古国和俄罗斯外贝加尔地区的2 000 000km^{2}广大范围内，对比了断陷盆地形成期的充填序列特征，分析了区域性裂陷作用的地球动力学性质和形成过程，首次划分出200多个含煤、含油气盆地组成的断陷盆地系，并命名为“东北亚洲晚中生代断陷盆地系”，揭示了150Ma发生于东北的亚洲最为重要的一次变格运动及其地球动力学背景。其成果发表于《中国科学》等刊物，并在国际大陆裂谷会议上宣讲。国外此领域代表性学者认为这一成果可与北美著名的“盆岭体系”相媲美。

鄂尔多斯这一世界级超大型煤盆地是李思田教授在20世纪80年代后半期到90年代初投入多年心血的又一主要“战场”。20世纪80年代初，凭着多年的研究经验和专业敏感性，李思田教授从煤田勘探信息中认识到，鄂尔多斯神木-榆林地区可能会成为我国未来较洁净能源的重要基地，于是，他带领团队进行了一年的研究，他们的努力得到了国家的认可。“七五”期间，地质矿产部设立了重点攻关项目“鄂尔多斯盆地侏罗纪煤聚集规律及其与油气的成因联系”，作为该项目的主要负责人之一，李思田教授基于自己丰富的实践经验，提出了项目整体构思并全力组织实施。此外，他还承担了以神木煤田为中心的重点区域的研究工作，他热衷野外实践，不畏艰辛，与恶劣的自然环境“斗智斗勇”。把地层和岩石中留下的地球环境演变的记录作为研究工作的基点，通过多年艰苦的野外现场工作，在鄂尔多斯他带领研究团队从神木煤田的解剖扩大到全盆地沉积体系和古构造分析，阐明了优质煤形成的古环境，探索了在大型陆相盆地条件下进行层序地层和沉积体系研究的概念与方法体系。他主持完成了以煤层、煤质预测为目标的精细古地理重建，首次提出优质富煤单元的概念，揭示了优质富煤单元与湖泊三角洲沉积体系的成因关系及其分布的规律性，为我国重要的优质动力煤基地的长远勘探、开发提供了地质依据。在研究工作后期，他敏感地意识到层序地层学这一新概念体系的重要意义，率先开展了陆相盆地沉积体系和层序地层学的深入研究。在盆地整体分析中，他注意到煤与油气和其他资源的成因联系，基于对层序界面的追索，识别出延安组顶底的古间断面性质，识别了古风化层和大型下切谷，在东胜地区发现了形成于古大陆暴露面上的分布广泛、潜力巨大的砂岩型高岭土资源，后来，有关勘探部门在此界面附近还发现了重要的能源矿产。相关的研究成果进一步丰富了层序地层学中关键性界面研究的内容。

他直接负责并深入实践的鄂尔多斯盆地东北部层序地层和沉积体系分析研究成果获地矿部科技进步一等奖、国家科学技术进步奖三等奖。部分研究成果作为特邀报告于1989年在28届国际地质大会(华盛顿)湖泊组宣读。此后多年，李思田教授领导科研团队先后在多个中新生代盆地及扬子地台等古生界海相地层区中进行了层序地层和沉积体系研究，在我国北方中新生代盆地中大型湖泊三角洲和水下重力流体系，古间断面下切谷以及南方二叠纪内陆表海型沉积体系和体系域等研究领域中，均做过扎实的野外工作及沉积模式的研究，这其中的一些研究区后来被石油、煤炭及核工业系统的许多局队定为培训沉积学及储层研究人员的基地，他主编的《含能源盆地沉积体系——中国内陆和近海主要沉积体系类型的典型分析》专著是十余种沉积体系的典型研究成果，获湖北省科学技术进步奖二等奖，并被能源部门广泛参考。

李思田教授在陆相盆地研究上的成果得到了国外同行的重视。1993年他在牛津大学以鄂尔多斯盆地沉积体系研究为主题的讲学，得到了主持者国际沉积学会主席Reading的赞扬——“他的研究是精细的沉积学研究与盆地整体分析的出色结合”。在第30届国际地质大会上，李思田教授被推荐为非海相沉积学和盆地分析两个专题会议的主持人，1996年他应邀在科罗拉多矿业学院以VAN TUYL讲座名义做了“鄂尔多斯陆相层序地层及深切谷沉积”学术报告。

与国际接轨——汲取当代地球动力学创新学科发展

李思田教授组建并领导的沉积盆地与沉积矿产研究所发挥了多年来对陆相盆地研究的优势，在我国东部多个盆地中进行了陆相盆地层序地层与沉积体系研究，对陆相盆地层序构成模式及控制层序形成、沉积体系配置的主控因素提出了全面系统的认识。特别是20世纪90年代中期，面对国家对油气资源需求的急迫形势，李思田教授与胜利石油管理局合作，立足于我国的地域特点，紧密联系生产，以找寻隐蔽圈闭为目标，开展了以高精度陆相层序地层为主的整体性研究，提出了大型断陷湖盆的层序构成模式，揭示了储集砂体在层序地层格架和同生构造系统中的配置规律，阐明了在内陆断陷湖盆低位体系域扇体的发育特征。他关于在我国东部老油田区应以低位域扇体作为找寻地层岩性圈闭的重要方向的建议，得到了产业部门的肯定和高度评价，合作成果已取得了重大效益，同时“济阳坳陷第三系沉积、构造及含油性”项目获得国家科学技术进步奖二等奖。

李思田教授具有敏锐的学术“嗅觉”，他总是能把握住国际学术界的风向标。20世纪90年代，他深刻感受到国际上由盆地分析向盆地动力学发展的重要趋势，意识到以沉积学研究为基础的盆地分析需要汲取当代地球动力学理论的新进展以及相关学科的新技术，才能从根本上认识盆地的成因、演化和能源资源的聚集规律。这一时期李思田教授研究工作的重点逐渐集中到盆地动力学与盆地流体基础理论研究及其在油气地质中的应用上。我国东部裂陷盆地和大陆边缘盆地成为探索的热点。在地矿部“八五”重要基础项目“中国东部环太平洋带中新生代盆地演化及地球动力学背景”研究中，尽管项目经费有限，他仍组织了多学科合作，特别是与岩石-地球化学、盆地模拟、地球物理等方面的专家合作，对中国环太平洋带中新生代盆地的成因和演化在新起点上重新认识，对中国东部白垩纪和第三纪(古近纪+新近纪)两大裂陷期盆地形成的板块构造背景和深部过程控制做了系统阐述，定量地揭示了多幕裂陷和多幕反转的演化过程，以及软流层隆起、岩石圈伸展减薄的耦合关系及对油气成藏的重要意义。他出版了以《中国东部及邻区中、新生代盆地演化及地球动力学背景》为代表的一系列中外文专著，“中国东部环太平洋中新生代盆地演化及地球动力学背景”项目获得地质矿产部科技进步二等奖。他负责的“中国近海富生烃凹陷形成机制、充填和发育特征”项目获湖北省科技进步一等奖，所主编的中国近海盆地和坳陷分布图，被用于海上油气勘查的战略性分析。因这些突出的贡献，李思田教授应邀在第31届国际地质大会上宣读了与龚再升教授合作的特邀报告。由于他在沉积盆地领域多年来的辛勤耕耘，成绩显著，在第30届国际地质大会期间，他被选为盆地分析分会的召集人和《盆地分析　全球沉积地质学　沉积学》论文集的主编之一。

盆地动力学的研究工作是以点面结合的形式着手的。南海是国内外公认的最好的天然地质实验室，对长期研究沉积盆地的李思田教授有着极强的吸引力。他敏锐地察觉到国际地学界对盆地热流体研究的关注，这一领域是油气成藏和许多金属矿成矿研究的关键点，他做了一系列工作——介绍和引入盆地流体研究这一创新领域。在他的带领下，中国海洋石油总公司及科研院所共同组织了多学科科研团队，选择南海这一最佳天然地质实验室为基地，在两轮国家自然科学基金重点项目研究中，经10年奋战，对南海北部重要的含油气盆地的沉积、构造、热流体活动和深部背景进行了动力学分析；对当代地球动力学理论做出了新解释，提出了以深部控制为主的盆地动力学模型；在异常高压与高温条件下含烃热流体的幕式突破的机理、输导系统及成藏模式等方面取得了创新性成果。其研究团队于国际著名刊物上发表的系列论文在国际同行中产生了重要影响。他与中国海洋石油总公司相关人员共同完成的《南海北部大陆边缘盆地分析与油气聚集》和《南海北部大陆边缘盆地油气成藏动力学研究》两部大型专著是这10年奋战的综合成果。

着眼全球背景——预测大型油气系统分布

在深入研究中国及邻区环太平洋带构造带中新生代盆地的同时，李思田教授着眼于更广阔的全球背景和更古老地质历史时期盆地及其资源效应的研究。从20世纪末期开始，他就连续撰写多篇学术论文总结这方面的成果。他从全球动力学演化过程及其节律性出发，探讨了煤和油气等能源资源时空分布的规律性，提出一系列大陆地块汇聚为联合古陆以及其后的裂解均反映了地球演化历史中的剧变期，而这种剧变全面地影响了地球上部圈层的环境变化，进而控制了和人类生存与发展密切相关的能源资源。他认为超大型含煤盆地及含油气盆地的形成与泛大陆联合古陆的演化密切相关，在联合古陆汇聚阶段，联合古陆内部以挠曲类盆地占优势，裂解之后以伸展类盆地占优势；汇聚期形成了超大型含煤盆地及重要油气资源，如分布于世界许多地区的石炭纪及二叠纪超大型含煤盆地；裂解期则形成了一系列巨型的含油气系统，如与晚侏罗世至白垩纪烃源岩有关的巨型含油气系统。

中国能源战略研究中大型叠合盆地古生界和下中生界海相油气已被证实为我国今后油气资源接替的重要领域之一，李思田教授提出对这类盆地资源效应的研究需要用活动论构造古地理的思想和方法重建地质历史过程中盆地及烃源岩的形成环境，以预测大型油气系统的分布。他与王鸿祯院士合作编制了新一代的大地构造和主要含油气盆地分布图，其成果揭示了中国中西部主要大型叠合盆地(塔里木盆地、四川盆地、鄂尔多斯盆地等)均分布于具有稳定前寒武纪基底的大地构造域中心部位，稳定的地质条件为大规模油气聚集提供了重要条件。多阶段的构造运动对应于构造域间的相互作用过程，并控制了盆地演化历史。

李思田教授认为对叠合盆地的研究，首先需做整体解析，按构成叠合盆地的每个原型单元分别进行研究，才能有效地进行油气资源预测的勘查。2007—2011年，李思田教授主持完成了中国石化前瞻性项目“塔里木盆地台盆区古构造古环境及其动态演化”(YPH 08114)。他不仅提出了项目的整体构思和详细的实施路线，而且不顾高龄亲自带领课题组成员到塔里木野外观测露头和岩芯。李思田教授及其团队成员建立的以塔里木盆地为代表的在大型叠合盆地多级次含油气层段的高精度层序地层模式、叠合盆地古隆起古斜坡的古构造地貌和不整合分布样式对油气聚集的控制模式，被勘探部门采用，为区内的油气勘探提供了重要指导。基于该项目成果，他主编的论文集和《碳酸盐台地边缘带沉积体系露头研究及储层建模》专著被认为是紧密结合我国地域特色的优秀成果，探索和实践了把层序地层和沉积体系的研究与盆地整体演化分析相结合，特别是与盆地古构造分析相结合的研究思路，在沉积学和盆地分析领域有重要意义，对我国叠合盆地的层序地层学研究和理论发展起到了重要的促进作用，对叠合盆地的油气勘探也具有重要的参考价值。

为人师表——殚精竭虑育英才

自1952年跨入地质领域，70多年来，他把责任与热爱作为动力，执着追求，锲而不舍，严谨治学，力求创新，在沉积地质学、能源资源研究领域做出了杰出贡献。他在国内外发表或合作发表论文190余篇，出版专著10余部，负责国家级、省部级和横向协作项目40余项，获国家级及省部级奖励18次。为促进中国与国际地质学界的交流，他曾出访美、加、日、英等国10余次，曾与日、加地调局进行了科研合作，并应邀在牛津、剑桥、伯克利等6所大学及美、加、日地调局，拉蒙特-多尔蒂地球观测站(Lamont-Doherty Earth Observatory)等单位讲学；3次主持国际学术会议的专题讨论会，并在两次重要国际会议被特邀做学术报告。

作为教师，他尽心于教育事业，数十年来指导毕业的博士、硕士研究生和博士后有100余名，为国家培养了以郝芳院士和王双明院士为代表的一批优秀人才。

李思田教授在科研学术上能取得卓越的成就，离不开他几十年如一日艰苦执着的努力和创新精神，但他却谦虚内敛，将功劳与老一辈专家、同行、同事及朋友在自己人生奋进的征途上给予真诚帮助支持与合作联系在一起。如今，即将迎来90华诞的李思田教授，依旧保持着那颗朴实、执着、炽热的心，一如既往地关注科技前沿、关心人才培养、关心行业发展，为我国地质能源事业的发展而殚精竭虑。

目　录

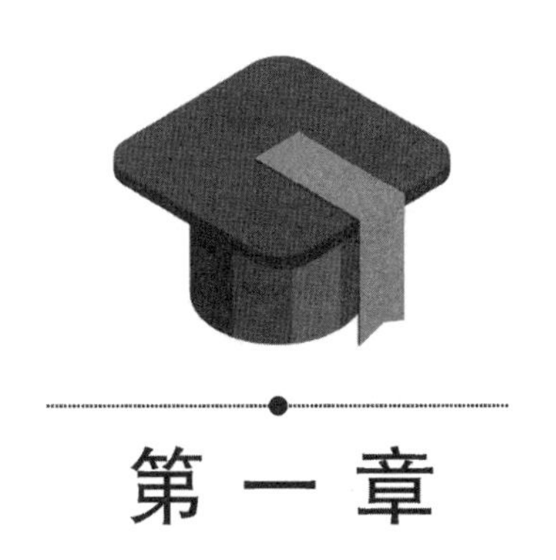

第一章

从盆地分析到盆地动力学

论沉积盆地分析系统*

摘　要　沉积盆地是由各种沉积及构造要素有机地组合在一起的包括格架和各级构成单位的整体系统，其演化过程中各项参数的变化显示出有序性，如充填序列和构造序列，并受控于多重地质因素相互作用的地球动力系统。沉积盆地分析的理论与方法由于地质学领域多学科的最新进展而成为一种较为完整的认识系统和方法体系。本文仅侧重讨论盆地分析系统中的沉积充填、构造演化及动力系统等基础部分的主要进展与研究思路。

关键词　沉积充填　构造演化　动力系统　沉积盆地分析系统

沉积盆地是岩石圈上层客观存在的一种整体系统，沉积盆地分析则是认识和研究这一系统的理论与方法。地质学史上沉积盆地的概念由来已久，但真正将其作为地质研究的基本单元却主要是近代地质学中的记录。盆地分析是20世纪60年代初才出现的以盆地为整体系统进行研究的地质学分支，正如这一领域的先驱者们Potter和Pettijohn所述“将盆地作为一个整体考虑为沉积研究提供了一套真正统一的方法”[1]。在20世纪60年代和70年代初主要的研究内容侧重于沉积充填，随后的迅速发展，已经包括了与盆地有关的各种地质作用和成矿作用。

正像任何认识系统与客观存在的系统总是存在着巨大差异一样，迄今与盆地有关的理论和方法还仅是初具系统性。*Paleocurrents and basin analysis* 是此领域的第一部经典著作[1]，该专著以重建盆地整体古地理环境为重点。板块构造学说的产生和近代沉积学的巨大进展使人们对沉积盆地的认识与研究方法产生了革命性的变化，盆地作为岩石圈整体动力系统的产物，构造与沉积研究的密切结合、盆地自身演化与深部过程和板块相互作用背景的结合使沉积盆地分析远超出纯沉积学研究的范畴，当代地学研究的最新进展都被用于盆地分析。人类对能源的急迫需求和找寻能源资源的巨大投入是盆地研究得以取得快速进展的主要动力。正因如此，20世纪80年代以来大型专著不断涌现，以沉积充填研究为主的如Miall的著作[2]，以盆地形成机制为主线的如Allen等的著作[3]和Beaumont等的著作[4]，以盆地模拟为主的如Lerche的著作[5]。有关盆地研究的论文和成果浩瀚，这不仅反映了能源资源、沉积和层控矿床勘探的规模，也反映了盆地作为岩石圈重要组成部分在整个地学研究中的重要地位。

下列盆地研究领域的重要进展正在推动着较完整的盆地分析科学系统的形成：①层序地层学以及与之密切相关的沉积体系分析、旋回和事件地层分析等为盆地充填研究带来了新的概念体系与方法；②构造-地层分析使盆地的构造演化与沉积充填的关系更为密切；③对于盆地的形成机制与主要类型盆地的动力学模型，深部地球物理研究则提供了重要支柱；④盆地热历史研究的理论与新技术；⑤盆地模拟技术；⑥盆地演化与地球深部背景和板块相互作用的关系；⑦盆地演化过程中油气的形成、运移与聚集以及与成矿作用的关系。由于盆地分析系统涉及的问题极为广泛，本文仅涉及基础部分的讨论，即侧重于沉积充填、盆地构造演化和沉积动力系统部分。

---

* 论文发表在《地球科学——中国地质大学学报》，1992，17，作者为李思田。

1 沉积充填分析

经历了形变过程的沉积充填是盆地的实体，因此盆地整体系统的基础部分首先是沉积与构造。对于一个整体系统首先应对其组成要素进行解析，进而研究这些在成因上密切联系的组成部分所形成的总体结构。笔者曾探讨过盆地分析的基本要素或参数，其目的在于对盆地进行整体的解析[6,7]。“要素-结构”分析是进行演化过程分析的前提。

目前在沉积充填的解析上已经具备了新的理论基础与方法。划分等时地层单元及其内部的三维建造块(building block)是最基本的而又具有高难度的任务，这方面已有重大突破。20世纪70年代开始的地震地层学研究[8,9]和随后形成的层序地层学为盆地充填研究提供了新思路与系统的方法。Vail等[10]在应用高分辨率反射地震技术于含油气盆地沉积解释时证明地震纵波沿等时地质界面反射，从而为地层对比提供了新手段。地震地层分析与测井曲线、岩芯和露头研究相结合，使得与层序有关的概念具备明确的地质含义，层序地层学的各级单元得以初步建立。在Exxon Mobil术语系统中包括巨层序、超层序、层序、小层序组和小层序。全球性海平面变化及其对沉积体系配置的控制是层序地层学的重要支柱。这样划分层序地层单元的界面除了构造运动引起的区域性不整合面外，海水进退的周期性所造成的各种界面(包括不整合面)成为重要又普遍的标志。目前在晚中生代到新生代，海平面变化的周期性与微体古生物学和地磁地层学的研究相结合已建立起较为精确的海平面变化年代表，在盆地规模和相当大的区域可进行精确的对比及定年。但全球对比性尚存在争议。我国的大陆边缘盆地如南海北部盆地和东海盆地有相当多的海进事件可与北美的对比。幅度较大的海平面变化事件对内陆湖盆充填也有间接效应，因为它改变了侵蚀基准面的坡度，在我国的大型内陆盆地中可以看到入湖碎屑沉积体系在广大面积内同步废弃的情况，并与随后的水进形成可远距离追索对比的等时界面和标志层，这种情况除了与构造有关外，是否与海平面变化的间接效应有关是不可忽视的问题。

盆地充填研究中所确定的各级等时界面和层序地层单元共同构成了盆地的等时地层格架，在新生代大陆边缘盆地已经达到了高分辨率等时地层格架。层序地层学思想最重要的一点是首先建立等时地层格架，然后在统一的对比格架中进行相、沉积体系和体系域的研究和预测。地层格架概念的提出和使用较早[11]，由于等时界面对比较难，只强调了岩性地层单元和大的岩性单元的形态及相互关系，目前在盆地分析中“地层格架”一词仍被广泛使用，因为并非在任何条件下都能重建高分辨率等时地层格架，在内陆盆地更为困难。

层序地层学所建立的各级层序地层单元都是三维地质体，较低级别的单元是构成较高级别单元的建造块，如小层序是构成层序的建造块，小层序内部又可以分出更低级别的建造块即沉积体系和相。Hubbard等于1985年应用地震地层学方法非常形象地划分了北美被动大陆边缘盆地(纽芬兰和Beaufort海)的各级建造块。

层序地层学将Brown和Fisher等自20世纪70年代提出和发展的沉积体系及沉积体系域的概念纳入了层序地层学的概念体系。这样小层序成为沉积体系域的基本单元，更小级别的建造块依次是沉积体系和相(Calloway用“相构成单元”或“成因相”以示和一般相概念的区别)。Miall等[2]进一步划分出了更低级别的构成单位(architectural units)，这样将更为细致的沉积学研究与整个盆地充填联系在一起，充分反映出系统内部构成要素的分级性和有序性。而将这些不同级别建造块联系在一起的等时地层格架则显示了盆地充填的整体结构。

与层序地层学同步发展的事件地层学、磁地层学、高分辨率微体古生物学以及新一代的旋回地层学(特别是米兰科维奇周期)都为建立等时地层格架提供了有力手段,可以说层序地层学是研究盆地充填的主线,而上述相关领域的相互结合则是其重要支柱。例如盆地充填过程中许多突发性事件形成了具高分辨率能力的标志层,如火山灰及其转化物高岭岩和斑脱岩层,此类标志层可使等时地层对比达到很高的精度。旋回性是地质学领域古老而重要的概念,自 20 世纪50 年代初期在含煤岩系研究中即已达到了很高的精度。新理论的出现,特别是米兰科维奇周期的提出,从地球轨道变化解释了古气候变化的周期性,使对旋回性的研究发生了新的飞跃,这一理论也对全球性海平面变化的原因做了解释。新一代的旋回地层学为盆地充填的有序性研究和横向对比提供了新的基础。在地层序列中的旋回从成因上可归为两类,Vail[10]将其称为幕式旋回和周期性旋回,前者的形式取决于沉积作用,如河道和三角洲朵体的侧向迁移,因而不能用于做远距离对比;后者受控于更高级别的因素,如古气候和海平面变化,因而在大范围内保持稳定。

综合考虑上述各领域的进展,盆地充填分析主要应包括:①各级层序界面的确定与追索。首先是各级不整合界面及与之相连的整合面,高级别的大区域性不整合主要是古构造运动面,较低级别者(如Ⅲ级)也可能是因为海平面下降。其次是海侵面和陆相盆地中区域性碎屑体系废弃和湖泊扩展的界面。②划分各级层序地层单元,建立等时地层格架。目前我国的反射地震分辨能力一般只能划分至Ⅲ级层序(大致与阶的时限相当),较好的情况下,如在大陆边缘盆地可以在层序内部进一步识别体系域,其地层间隔与小层序组相当。小层序的划分只有在露头、钻井研究中才能够做到。在煤盆地分析中必须划分到小层序才能对煤层和煤质的原生分带性做出解释和预测。③层序地层单元和主要界面的定年。④沉积体系域的重建,并对其中的沉积体系和相构成做进一步解释。沉积体系域是古地理图编图的基本内容,又是研究生、储、盖层分布,煤和沉积矿产分布规律的最重要基础。⑤沉积体系域的类型和演化序列。盆地各演化阶段体系域的面貌取决于构造、海平面状况和区域古地理、古地貌背景以及古气候。盆地充填序列显示了体系域变化的有序性,笔者曾阐述我国东北断陷和裂谷盆地的充填序列[12],以及在华南新生代断陷盆地,包括被动大陆边缘的深部断陷都证实了类似规律的存在,并可较准确地预测作为主力源岩的深湖泥岩段的赋存部位。此种有序性在不同类型盆地中有其特有的规律,其中构造演化与海平面变化起主要的控制作用。

2　盆地构造分析

构造与沉积的结合始终是沉积盆地分析的中心环节,在多数情况下构造是控制沉积充填的首要因素,充填同期和后期盆地均处在连续的形变过程中。我国沉积盆地研究的先驱朱夏院士指出,大型沉积盆地并不是在统一的构造体制下演化的,因而有必要分辨出盆地的原型,以盆地的原型作为构造研究的基本单位。

近十年来取得重要发展的构造-地层分析与层序地层分析的密切结合使盆地分析系统更全面。构造-地层分析研究构造作用在盆地充填中的响应,这具体化地揭示了构造对沉积的控制。这里既包括高级别的大地构造事件如板块的汇聚,也包括区域性的、局部的构造事件。

在层序地层格架建立的基础上，首先需要研究主要不整合界面的构造意义，并识别那些属于构造层序的高级别层序地层单元。通常Ⅰ级和Ⅱ级不整合界面主要是古构造运动面，Ⅰ级界面为大的构造旋回界面，常与大的板块汇聚事件相对应，如我国东部中生代盆地中印支主幕的界面（T_3/T_2）和燕山主幕的界面（J_3/J_2）。Ⅱ级界面在不同类型盆地中有不同的表现形式，但均表现为构造体制的转换，如前陆盆地主要为冲断活动期与平静拗陷期间的界面，裂谷盆地下部裂陷与上部衰减拗陷的界面。叠合盆地中盆地的原型（或称单型）其底界面通常相当于Ⅰ级界面，某些情况下相当于Ⅱ级界面。划分古构造运动界面以及构造层序是盆地构造分析的基础。

沉降史的恢复是盆地构造演化研究的基本问题。以不整合和其他形式间断为表现的界面是构造事件的重要表现，但构造过程具有持续性和阶段性，沉降速度的变化是揭示此种特性的有效标志。Jordan等证实在前陆盆地演化过程中每一期冲断事件均使推覆体加厚，从而造成更重的负载加于盆地基底上，在盆地沉降上出现加速期，沉降曲线上则出现陡段，应用此种方法与推覆构造变形研究相结合可以更准确地对推覆期定时。在裂谷型盆地中，裂陷期与热衰减期的沉降速度明显不同，当有再次构造事件叠加时，在沉降曲线特征上亦表现出再次加速周期。笔者曾根据沉降速度的变化和古构造运动面研究论证了松辽盆地以泉头组为起始的（基底部与登娄库组为不整合关系）白垩纪大型坳陷不是登娄库组热衰减型拗陷阶段的连续，而起源于新的构造-热事件。杨甲明等也应用沉降速度的变化揭示渤海、南海有关盆地中的二次热事件。

盆地沉降史的分析不仅限于一维研究，还需要分析盆地内部各阶段沉降幅度的差异，区分出低级别的同生构造单元如隆起、凹陷、断隆和断陷等。目前在盆地模拟技术中应用的反剥法（back-stripping）已成为恢复沉降史的有效手段。由于一系列剥蚀界面的存在，盆地充填序列并不是盆地演化历史的完整记录，被剥蚀厚度的恢复往往是难度较大的问题。

盆地的构造样式、构造配套和构造序列是盆地变形研究的主要内容。由于每个构造层序代表了不同的构造应力场背景，因而盆地构造需要分期研究，各期构造配套叠加形成盆地演化的构造序列。

20世纪80年代至今，沉积盆地中各种有特色的构造样式研究有了很大的发展。特别是在含油气盆地分析中利用了大量的高分辨率反射地震剖面，揭示了各种构造样式的清晰形态[13]。近年来先后形成热潮的如伸展构造、推覆和薄皮构造、走滑和斜滑构造、重力滑动构造以及扭动构造等都取得了重大进展，特别是近来人们对与油气圈闭关系密切的反转构造又兴起了研究热。

盆地构造分析中最重要的是研究各种构造样式的成生联系及其空间配置关系，即李四光强调的构造体系思想。在盆地演化过程中由于构造应力场的转化，各发展阶段有不同的构造配置，新阶段的变形又对前期变形进行再改造，因此首先需要对基底构造进行研究。从构造地质学的角度来说，盆地形成本身是一种地壳变形，基底的物性和结构是变形的前提条件。研究裂谷的学者很早就注意到东非裂谷系和莱茵地堑系等的分布受基底先存的断裂网络或脆弱带控制，但在纵横交错的基底断裂网络中哪一组对控制盆地起主导作用，取决于成盆早期的应力场。成盆期的构造对多数大型盆地来说存在着多期次问题，特别是对大型叠合盆地的研究表明盆地演化过程中存在着古构造应力场的多次转化，不仅表现在叠合盆地的各种原型应力场的差异上，而且也可能出现在同一盆地原型的演化过程中。因此，采取按构造层序（构造旋回的地质记录）为单位进行其同期变形样式的配套研究，并据此重建古构造应力场。笔者曾据此揭示了阜新盆地古构造应力场自右旋张扭向左旋压扭的转化，此种转化后来在中国东部更多的中新生代盆地中被发现，包括海域的大陆边缘盆地，如东海。古构造应力场的每次转化都产生新的构造配套，因此与盆地各演化阶段相对应形成了一定的构造序列。盆地充填过程中应力场向反方向转化是相当普遍的现象，如左旋变右旋、张扭变压扭、伸展变挤压等。在中国东部更多见的是扭动方向的反转，即张扭和压扭的转化。应力场的反转不仅形成新的构造样式，还对前期构造进行改造。这种改造对油气圈闭有重要意义。近十余年来人们发现许多油藏的构造属于反转构造，如伊舒地堑岔路河油田的高产井部位，松辽盆地东南部新的突破区以及南海北部的某些构造。此种构造的早期阶段为伸展性质的同生正断层，应力场转化之后下降盘沿原断裂面上推并形成幅度较大的构造圈闭。此种构造不同于正断层旁侧的滚动背斜，其圈闭条件往往更好，原同生断层系统又可形成油气运移通道。因此，在盆地构造分析中应特别注意构造应力场的反转期及其所形成的反转构造。在一些大盆地中反转期可出现多次，如松辽盆地和东海盆地。

综上所述，盆地分析系统中的构造分析主要包括：①盆地的基底构造；②盆地内古构造运动面识别和构造层序划分；③恢复盆地沉降史和盆地内部沉降特征的差异，识别低级别同生构造；④分阶段研究构造的类型、样式和配套，并由此恢复各阶段的古构造应力场；⑤区分构造的形成期次，研究构造的叠加与反转，即后期形变对前期构造的改造关系；⑥盆地演化过程中的构造序列。

3　沉积动力分析

盆地演化的动力系统和动力学模型是当代盆地研究的重要进展之一。

盆地演化既是一个运动的系统，又是一个开放系统，受到深部与周围一系列因素的控制。促使盆地沉降与变形的最主要物理因素是力、热和重力负载。而这一切因素又是更高级构造运动所产生的效应。

围绕盆地演化的地球动力学系统，地球物理学家和地质学家提出了一系列盆地演化的地球动力学模型，使盆地成因研究进入新的阶段。此领域研究的重要支柱是深部地球物理研究，岩石圈深部状态的揭示使得盆地成因研究从推理向实证迈进，尽管还存在着多解性。

从成盆的力学机制上当前盆地多划分为三大类，即伸展、挠曲和走滑盆地。除此还存在着多种过渡的类型，在中国张扭性与压扭性背景下形成的盆地十分多见，在国外所使用的 transtension 和 transpression 含义可与之对应，在与大型走滑断层关系密切时有人亦将这些盆地归属于走滑类[3,14]。

以裂谷和被动大陆边缘盆地为代表的伸展型盆地的动力学模型研究最深。McKenzie[15]的简单拉伸模式及其计算方法被广泛用于具早期拉伸、继之以晚期热衰减沉降的盆地的定量解释，随后许多学者在此基础上进行了修改和补充，我国学者也应用拉伸模式对珠江口盆地的演化进行了解释和计算。Wernicke[16,17]基于美国盆岭区的研究提出了拉张盆地的简单剪切模式，在其模式中突出了延伸于盆地基底的低角度正断层的作用。在前陆盆地领域对以负载作用为主的前陆挠曲模式也有很多探索，如 Beaumont[14]。

在当代盆地动力学模型研究中美国对盆岭区的研究有颇多的实例可供借鉴。以往的许多模型都是在一些实际资料基础上提出高度概括和简单化的概念模式然后再进行数学计算的。作为盆地研究的地质工作者首先会关心地质模型的正确性。盆岭区积多年研究成果在 20 世纪

80年代出现了一系列重大地质发现，Eaton[18,19]根据地质地球物理成果率先提出了盆岭区的地壳流变分层模式，即上地壳以脆性变形的形式为主实现伸展，下地壳以大量的岩脉群插入的形式实现伸展，上地壳与下地壳之间存在近水平的韧性剪切带和拆离带。从20世纪70年代末期到80年代最重要的发现是大型低角度正断层的存在，以及沿低角度正断层在深部形成的糜棱岩带，即变质杂岩核(MCC)。大量的构造研究表明盆岭区地壳的伸展、盆地的形成是通过一套变形系统实现的：包括沿低角度大型滑脱正断层的拆离、犁形及旋转断层系统，遍布全区的伸展裂隙以及定向性的岩墙群，而上述变形系统是在区域内始终持续的高热流条件以及高温流体循环系统存在的条件下发生和发展的[16,20,21]。许多学者以大量观测的变形系统为依据探讨张性构造和拉张性盆地的模式[17]，正如Gibbs所述盆地是在各种不同的连锁断层系列上形成的，这些系列又与深部岩石圈中的韧性剪切带相联系。上述以盆岭区为主的拉张盆地动力学模型的研究表明深入研究三维变形系统(3D deformation system)是建立模型的前提。显然用三维变形系统所推断的控制盆地形成演化的古构造应力场将建立在扎实的基础上，并优于以观察统计为基础的应力场分析方法。

盆地演化的热系统是进展迅速的领域，古地温场的状态和演化历史是深部过程的反映，是盆地形成演化的直接驱动因素。古地热场的变化直接控制了有机物的成熟、运移和聚集，热历史的研究在盆地分析中占有重要地位。近年来学者们首先在古地温参数和方法上取得了新进展，如裂变径迹法(fission-trace dating)、分子热成熟度参数、流体包裹体等，这些方法与过去常用和行之有效的镜质体反射率测定相结合，已经可以更有效地研究热历史[22]。盆地整体的热状态已作为盆地动力学模型中不可缺少的组成部分。盆地模拟技术在热历史重建上提供了有力的工具，特别是在钻井小而分布不均的含油气盆地分析中可用正反演相结合的方法对古地热场进行预测。

盆地热状态与岩石圈深部过程的关系已有较多的途径进行推断，包括根据地球物理方法计算居里面；根据岩浆岩石学和岩石化学方法计算岩石圈层圈结构；软流圈顶面高度等可以作为建立盆地热模型的重要参考。有的GGT大剖面可以直接反映裂谷盆地深部软流圈底辟的形态。构造-热体制正作为盆地演化动力系统的中心内容迅速取得进展。以典型盆地研究为基础，综合考虑盆地演化动力系统的诸因素，确定不同类型盆地演化的动力学模型，是盆地成因研究的主要内容，也是国际岩石圈计划中的重要课题。

直接控制盆地形成演化的动力系统又受控于更高级别的大地构造运动——板块的相互作用与驱动板块运动的地球深部过程。自20世纪70年代早期Dickinson的以板块学说为基础的沉积盆地分类提出以来，盆地分类的主要原则是基于盆地所处的岩石圈性质、板块构造位置、成盆期板块边缘类型和成盆的地球动力学模式。诚然盆地自身是一个整体系统，但它又是更高级的系统，如一个构造域甚至全球构造的组成部分。盆地分析中的背景分析即是与更高级的系统相联系的。

4 结语

图1是笔者的研究团队在盆地研究实践中对盆地分析系统所做的概括。盆地分析的目的是研究油气、煤和沉积矿产的形成和聚集规律，近年来层控矿床的研究也日益体现出对盆地整

体分析的必要性。有关油气的形成、运移和聚集的分析系统国内外已有大量的研究，本文仅讨论盆地分析系统基础部分。

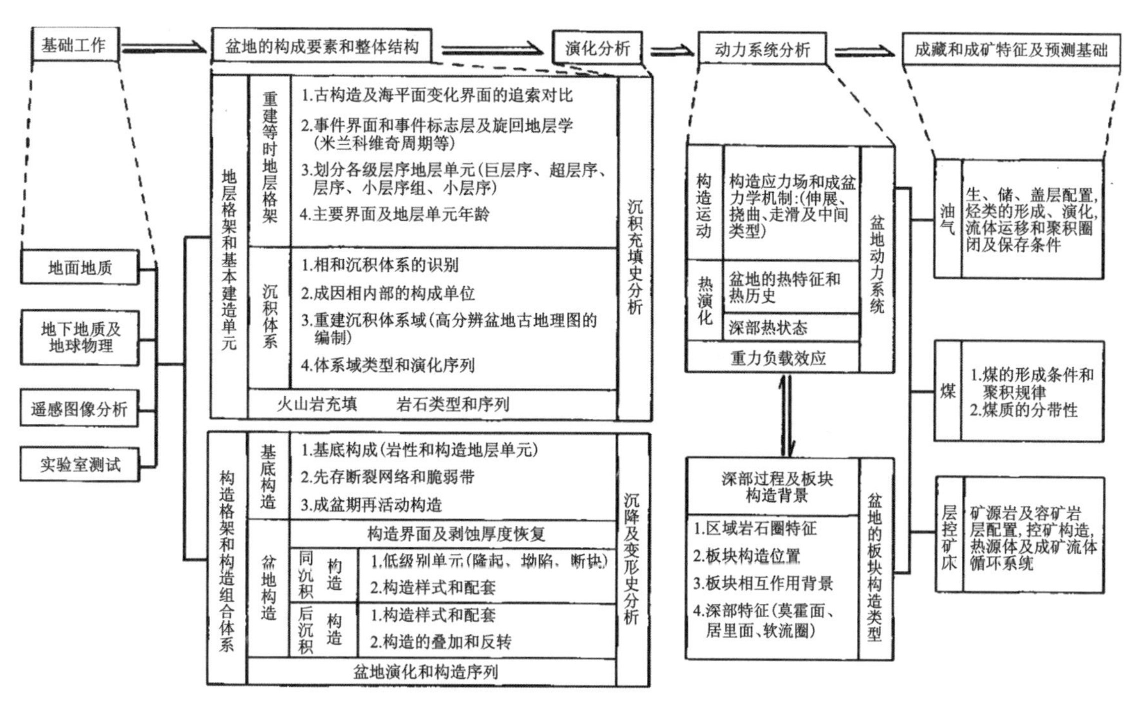

图 1　沉积盆地分析系统(基础部分)

参考文献

[1]POTTER P E, PETTIJOHN F J. Paleocurrents and basin analysis[M]. Berlin: Springer, 1977.

[2]MIALL A D. Principles of sedimentary basin analysis[M]. Berlin:Springer, 1985.

[3]ALLEN P A, ALLEN J R. Basin analysis:principles and applications[M]. 2nd ed . Malden,Oxford,Carlton:Blackwell Publications, 1990.

[4]BEAUMONT C, TANKARD A J. Sedimentary basins and basin-forming mechanisms [M]. Canada:CSPG, 1987.

[5]LERCHE I. Basin analysis quantitative methods, volume 1[M]. New York: Academic Press Inc. , 1990.

[6]李思田，杨士恭，黄家福，等. 论聚煤盆地分析的基本参数和流程[J]. 煤田地质与勘探，1983(6): 1-11.

[7]李思田，吴冲龙. 沉积盆地演化的历史分析和“系统工程”研究[J]. 地球科学——中国地质大学学报，1989, 14(4): 347-355.

[8]PAYTON C E. Seismic stratigraphy: applications to hydrocarbon exploration[M]. Tulsa: AAPG, 1977.

[9]BERG O R, WOOLVERTON D G. Seismic stratigraphy Ⅱ: an integrated approach [M]. Tulsa: AAPG,1985.

[10]VAIL P R, et al. The stratigraphic signatures of tectonics, eustasy and sedimentation, an overview[M]. Houston: Rice University, 1990.

[11]CONYBEARE C E B. Lithostratigraphic analysis of sedimentary basins[M]. New York:Academic Press, 1979.

[12]李思田. 断陷盆地分析与煤聚积规律[M]. 北京:地质出版社,1988.

[13] LOWWLL J D. Structural styles in petroleum exploration [M]. Tulsa: OGCI Publications, 1985.

[14] BEAUMONT C. Foreland basins [J]. Geophysical Journal Royal Astronomical Society, 1981,65(2): 291-329.

[15]MCKENZIE D. Some remarks on the development of sedimentary basins[J]. Earth and Planetary Science Letters, 1978,40:25-32.

[16]WERNICKE B. Low-angle normal faults in the Basin and Range Province: nappe tectonics in an extending orogen[J]. Nature, 1981, 291:645-648.

[17]WERNICKE B. Uniform-sense normal simple shear of the continental lithosphere [J]. Canadian Journal of Earth Sciences, 1985,22(1): 108-125.

[18]EATON G P. Geophysical and geological characteristics of the crust of the Basin and Range Province[M]// COUNCIL N. Continental tectonics. Washington D. C. : The National Academies Press, 1980: 96 -110.

[19]EATON G P. The Basin and Range Province: origin and tectonic significance[J]. Annual Review of Earth and Planetary Sciences, 1982, 10:409.

[20]REHRIG W A. Processes of regional Tertiary extension in the Western Cordillera: insights from the metamorphic core complexes[M]// LARRY M. Extensional tectonics of the southwestern United States: a perspective on processes and kinematics. Coloraclo: GSA, 1986: 97-122.

[21] EFFIINOFL F I, PINEZICH A R. Tertiary structural development of selected basins: Basin and Range Province, Northeastern Nevada [M]// LARRY M. Extensional tectonics of the southwestern United States: a perspective on processes and kinematics. Coloraclo: GSA, 1986:208-231.

[22]NAESER D, MCCULLOH T H. Thermal history of sedimentary basins, methods and case history[M]. Berlin: Springer, 1989.

论聚煤盆地分析的基本参数和流程*

盆地分析(basin analysis)是沉积学中的重要领域,从概念的提出到原理和方法的系统化,已有数十年历史;Potter等在20世纪70年代即已发表了系统的专著;随后国际学术界始终对这一领域高度重视。随着人类对能源的需求日益增长,新的地质理论特别是板块学说的产生以及研究手段的发展,使得对沉积盆地的研究出现了持续不衰的热潮,在理论和实践方面都取得了大量成果,有力地推动了盆地分析原理和方法研究的发展。近年来新的著作不断涌现,一些重要的国际会议,如1982年在加拿大汉密尔顿市召开的第11届国际沉积学大会,专门将“盆地分析的原理与方法”分为一组,1983年春在美国召开了盆地分析研究会议,都表明这一领域在国际学术界的重要地位。盆地分析研究最初与煤田地质和石油地质工作有密切关系,在我国煤田地质工作中如何结合聚煤盆地的特点,系统运用和发展盆地分析的原理与方法,需要全面研究和认真探讨。笔者根据从事盆地分析实践的初步体会和对国内外研究新进展的大概了解,试图在本文中简述盆地分析的基本思想与原则、聚煤盆地的基本参数和分析流程以及盆地模式等方面的问题,以作为探讨盆地分析理论和方法的线索。

1　盆地分析的基本思想

盆地分析的基本思想可概括为:①整体分析;②古环境和古构造结合分析;③演化分析;④背景分析。现结合聚煤盆地进行探讨。

(1)整体分析是盆地分析的基本要求。Potter等指出:“把盆地作为一个整体考虑为沉积学研究提供了一种真正统一的方法”[1]。对于聚煤的沉积盆地来说,整体分析的含义包括:①从整个(聚煤)沉积盆地范围着眼进行分析;②对聚煤盆地的整体充填序列,即整个煤系和各个主要煤组进行分析。事实上,如果不重建整个沉积盆地的轮廓、确定原始沉积边界、弄清盆地的充填序列和整体古地理环境,局部的环境研究有时会得出片面的甚至错误的结论。整体分析更实际的目的是确定沉积矿产在盆地中的分布规律。鉴于煤盆地这一术语应用较混乱,通常指目前保存下来的实体,即经过后期形变与剥蚀保留下来的部分,与原来的沉积范围相比较,有时二者相近,有时只是原来面积的几十分之一或更小;因此武汉地质学院煤田教研室自20世纪70年代后期建议用“聚煤盆地”这一术语表示原来的沉积盆地,在概念上相当Selley的同沉积盆地(syndepositional basin)[2],所谓整体分析应指整个聚煤盆地的重建。

(2)古环境和古构造结合分析是盆地分析中两项密切相关的基本内容。盆地分析从发展的早期就是以重建整个盆地的古地理面貌为目标的,因此一直被视为沉积学的范畴。环境分析和相模式研究是沉积学近代发展中取得重大成就的领域之一,这些成就为盆地整体古地理面貌的重建,沉积作用过程的恢复提供了较为成熟的理论和方法。聚煤盆地的全部充填过程

* 论文发表在《煤田地质与勘探》,1983(6),作者为李思田、杨士恭、黄家福、夏文臣、吴冲龙、程守田、张根榕。

都离不开基底的沉降运动和沉积来源区的上升运动。同沉积构造运动的类型、方向、幅度和速度等诸方面特征决定着盆地充填的面貌。李四光强调的从运动着眼、从形迹着手的原则在此领域同样适用。同生构造的性质和分布是这种运动的直接结果，因此在聚煤盆地分析中对同生构造的研究日益引起人们的注意。许多聚煤盆地中还发现基底先成的构造网络在上覆含煤岩系堆积过程中再活动，从而控制了含煤岩系的形成，如 Weimer 所说的基底断裂复现运动(recurrent movement)。有些在盆地形成发展中新生的构造也常常继承和利用基底古构造的成分，因此研究沉积建造与基底古构造和同生构造的关系成为盆地分析的重要内容，而构造地质学领域的成就也将更多地被用于盆地分析。大量的实践表明聚煤盆地的含煤状况不是由单一因素控制的，只有把沉积环境研究和古构造研究结合起来才能有效地进行含煤性预测。

(3)演化分析是盆地分析工作中的一项重要部分。对盆地的深入研究，特别是由于能源勘探所获取的丰富资料，使人们认识到沉积盆地的复杂性。盆地从初始下沉到结束充填的漫长过程中其各项参数都在发生变化，可以依据这些变化将这个漫长的过程划分为一系列阶段，因此需要从演化、发展的角度出发来研究盆地的历史。图 1 作为一个实例表示了霍林河煤盆地(J_3-K_1)的演化阶段，不同阶段盆地地表的古环境可以发生巨大变化，这取决于构造运动(主要是断块的相对运动和区域整体相对于海平面的运动)。苏联科学院 20 世纪60 年代曾完成了一项庞大的工作，对其主要煤盆地聚煤作用历史进行研究，出版了许多大型专著，重点侧重于生物地层、古地理和含煤性的研究，概略地揭示了盆地演化历史。70 年代欧美国家对煤地质学重新加强了研究，对一些煤盆地的演化史做了细致解剖。如美国在对其东部阿帕拉契亚和中西部伊利诺伊等盆地宾夕法尼亚系的研究中，逐层逐段地揭示古地理、古构造面貌和煤层情况，编制了大量分析图件[3]，反映了盆地的演化过程。很明显，概略的编图已不能满足演化分析的要求，其发展趋势是分层分段越来越细。煤田地质工作者不满足对演化过程的客观描述，试图进一步了解演化的规律：一些研究者较早就注意到聚煤盆地的演化有一定程式，如坳陷盆地从初始下沉，然后逐渐超覆扩张，最后经过晚期的退覆分化阶段而结束充填。图 2 表示了鄂尔多斯盆地超覆扩张的过程，另外沉积中心向一定方向侧向迁移也是沉积盆地中常见的现象；有些盆地中出现了更为复杂的演化过程，如含油和含煤的下辽河盆地早期为断陷，晚期则转化为坳陷(图 3)；国内外对这种演化程式都有大量报道。图 4 为北京侏罗纪盆地横向沉积断面，从地层关系上可看出演化过程既有超覆扩张又有沉积部位的侧向迁移，在平面图上还可以看到坳陷轴的偏转(NEE—NNE)。盆地的演化主要取决于构造背景的变化(如应力场的转化)。我国东北部断陷盆地的研究中曾发现沉积充填、相的分布和同生构造格局的有规律演化与区域构造条件的变化趋势相吻合，即盆地发展早中期处于张扭体制以后转化为压扭体制[4]。探讨构造体制变化的原因将不可避免地涉及大地构造背景和深部构造因素。

(4)背景分析的内容很广泛，包括区域大地构造、古气候、全球性海水进退与盆地在古大陆中的位置等，其中最主要的是对区域大地构造背景的分析。沉积盆地本身就是大地构造演化的产物。一直以来煤田地质工作者试图探索聚煤盆地的各项特征与大地构造演化的时间、空间关系。从 20 世纪 30 年代至 60 年代的探讨是以槽台学说为基础的，后来在板块学说(特别是该学说借以立论的许多重大发现)的影响下，国外对以槽台学说为基础的聚煤盆地研究

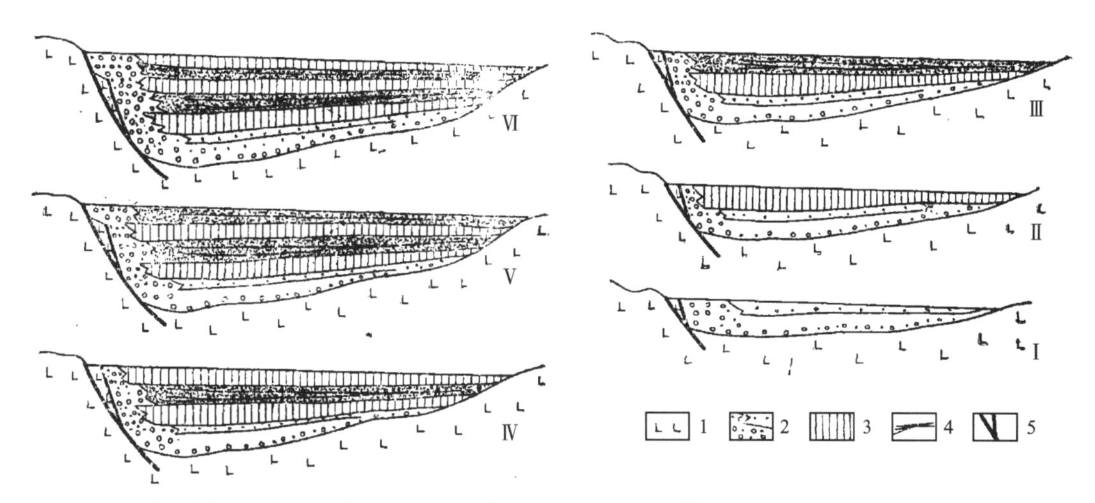

1. 盆地的火山岩基底；2. 洪、冲积沉积；3. 湖相细碎屑沉积；4. 含煤碎屑沉积；5. 盆缘控制性断裂。

图 1　霍林河煤盆地演化阶段略图

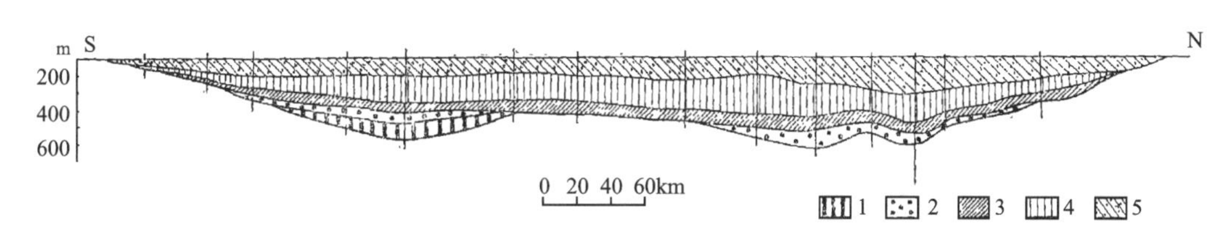

1. 早侏罗世富县组；2. 早中侏罗世延安组宝塔山砂岩；3. 早中侏罗世延安组 B 标志段（含主可采煤层）；4. 早中侏罗世延安组中上部；5. 中侏罗世直罗组。

图 2　鄂尔多斯盆地早中侏罗世纵向沉积断面

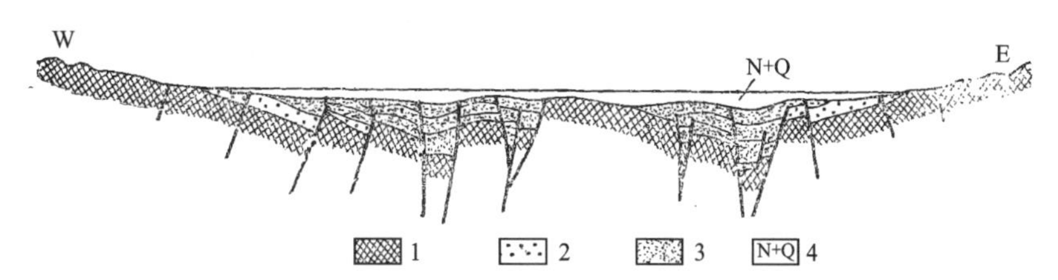

1. 前中生代基岩；2. 中生界；3. 古近纪含油、含煤岩系；4. 新近系（局部含煤）和第四系。

图 3　下辽河盆地横断面图

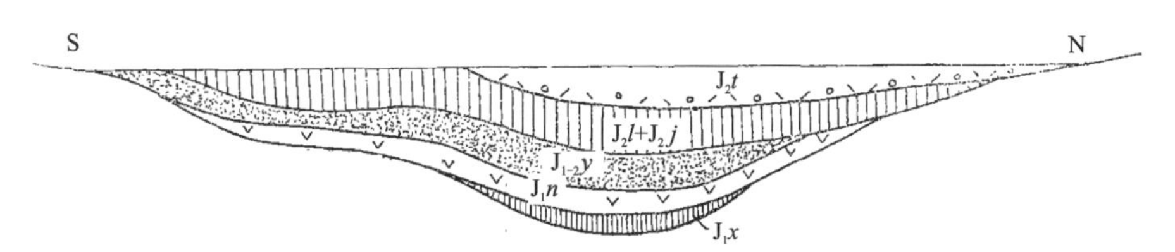

J_1x. 杏石组；J_1n. 南大岭组；$J_{1-2}y$. 窑坡组；J_2l+J_2j. 龙门组和九龙山组；J_2t. 髫髻山组。

图 4　北京煤田横向沉积断面略图

做了修改和调整（如许多学者否定了地槽内部活动带型含煤建造）。板块学说的兴起对沉积盆地研究产生了深刻影响，这个学说从全球构造的角度看待盆地的成因、充填和演化，认为沉积盆地只是世界性板块相互作用的一系列最终结果之一[5]。根据板块运动及其相互作用阐明地质事件的进程，从而对盆地的形成发展做出合乎逻辑的解释[6,7]，并把盆地形成演化的背景分析引申到地球动力学背景研究中。应用板块学说考虑盆地的地质背景时，要首先考虑盆地基底地壳或岩石圈性质、盆地距板块边缘的距离以及最接近的板块接合带的性质[6]。板块运动背景的研究在含油气盆地分析中已经得到了广泛应用，但在煤地质领域中却处于开始探索的阶段。造成这种状况的原因之一是大量的煤盆地分布在大陆内部，而远离板块接合带。目前应用板块学说解释聚煤盆地形成演化的初步尝试主要集中在大陆边缘盆地，特别是前陆盆地，其次是在大陆内部与裂谷系有关的盆地。如 Weimer 用板块俯冲角度的变化解释美国西部聚煤盆地，这些盆地从白垩纪晚期至古近纪发生盆地分化、沉积和含煤状况的改变。澳大利亚学者对悉尼煤盆地演化史的解释、德国学者对下莱茵盆地的研究都应用了板块学说。日本学者相原安津夫的研究成果是在煤地质领域应用板块学说的生动一例[8]。他注意到日本岛弧内带和外带盆地性质与煤质的显著不同：靠近板块俯冲带的外带为压性的坳陷盆地，煤变质程度低、富氢，显示其处于低温、高压条件；内带盆地的性质为断陷，其形成与拉张作用有关，煤变质程度高，显示其处于高温、低压条件，此内带与洋壳俯冲到深部熔融形成后的热隆起带相吻合(图 5)，从而用板块学说解释了两种性质的盆地和煤的“双变质带”。李四光根据地质力学的理论在一系列著作中强调了大地构造背景分析，他把沉积盆地作为一定的巨型构造体系的组成部分，研究构造体系对沉积的控制，并按照级别序次把局部和整体联系起来，从而有效地对石油和煤进行预测。

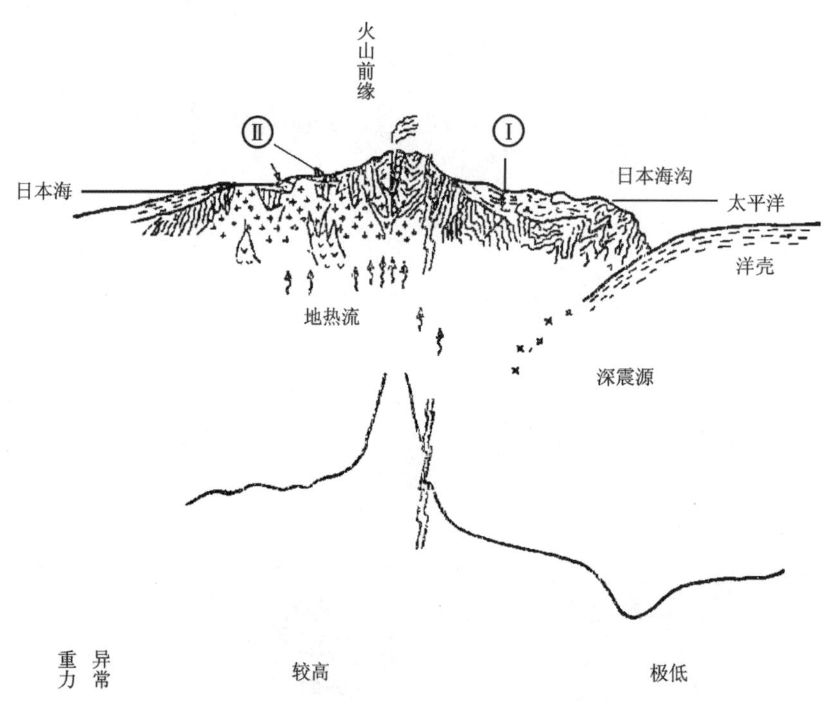

Ⅰ.高温和/或低压带的古近纪煤田(西南内带)；Ⅱ.低温和/或高压带的古近纪煤田(东北外带)。

图 5　日本古近纪煤田双有机变质作用图示(附作为参考的现代地球物理证据)

以上四个方面仅仅是对聚煤盆地分析基本思路的简略概括，这里还没有包括沉积盆地研究的其他许多重要方面，如形成机制分析和深部因素(特别是地幔状态)研究，显然盆地分析涉及了极为广泛的领域。

2　聚煤盆地的基本参数

按照上述思路进行聚煤盆地分析时首先遇到的问题是：聚煤盆地的基本参数（或基本要素①）是什么？这些参数要能反映盆地的基本面貌和特征；要具有成因意义，从而在建立盆地模式时能够当作模式要素使用。这些参数如果确定得当，则可作为研究一个聚煤盆地的概略提纲。

早自20世纪30年代国外学者在探讨煤盆地（或含煤建造）成因分类时即提出过一系列分类标志，这些分类标志虽具有基本参数的含义，但在应用中被过分简单化了。沉积盆地研究的新进展对盆地的基本参数有了新的认识和概括。如澳大利亚学者Conybeare系统阐述了盆地的地层格架（stratigraphic framework）和构造格架（structural framework）[9]，二者显然都是盆地最重要、最基本的要素。再如垂向沉积序列已被许多学者研究，并发表了大量学术论文。综合前人意见并结合笔者从事盆地分析实践的体会，概括了下列聚煤盆地的基本参数（考虑到许多盆地中煤与油、气共存，因而在确定基本参数时适当兼顾了反映油、气聚积条件的某些内容）。

2.1　聚煤盆地三度空间的几何形态

在分析聚煤盆地的几何形态时，既要考虑平面形态，又要考虑剖面形态。现存煤盆地的形态可以直接测得，但对于聚煤盆地的形态则需进行大量的工作，特别是要通过相、厚度和指向构造的综合分析才能重建。为此在研究聚煤盆地时应认真观察研究现存边界的性质，区别侵蚀边界与沉积边界，在反映沉积边界的岩层已被剥蚀掉的情况下则需推断其位置。

2.2　地层格架

Conybeare曾对盆地的地层格架做过详细论述[9]，其含义系指沉积盆地的外部和内部几何形态以及组成盆地地层的聚集性质。笔者在应用这一概念时考虑到作为聚煤盆地的基本参数不宜有多重含义，建议使用这一术语时限定于内部几何形态，即组成盆地的各个地层单元或层序的形态和相互关系。这样，与之相类似的概念有层序结构，但该术语的使用范畴不限于盆地级别，还可用于局部范围。地层格架表现了盆地的充填样式，它取决于盆地几何形态和沉积范围的变化、沉积中心的迁移等因素，直观地表现了盆地的基本演化程式。对于一些后期改造不强烈的盆地，其地层格架完整地保存着，但对于形变、剥蚀较强的盆地则需通过沉积断面的编制才能更好地显示（图2—图4）。地层格架按其内部形态特征命名，如超覆扩张式、前积式等。盆地地层格架这一术语的提出和广泛使用与地震探测技术的发展密切相关，精确的地震探测工作取得的时间剖面可以十分清晰地反映地层格架的形态，因为它是地层物性的客观反映，不受地层划分和对比方案不同等人为因素的影响。地层格架的研究对普查找煤有实际意义，如图2所

① 国外盆地分析著作中多用"盆地的基本参数"一词（parameters），考虑到许多内容并不一定能用数据表示，故亦常用"盆地的基本要素"，二者所指相同。

示的超覆扩张式的地层格架在坳陷型聚煤盆地中十分常见，在断陷盆地中有时也存在。甘肃东部的几个侏罗纪煤盆地、吉林蛟河盆地和广西百色盆地经勘探、开发多年后，在原了解的含煤地层下找到了被超覆的盆地早期充填形成的层段，并发现了可采煤层。

2.3 盆地充填的岩性和相组成

盆地充填的岩性和相组成系指岩性与沉积相的类型及所占比例。这一参数可以反映含煤岩系的聚集条件，如距剥蚀区的远近，侵蚀和沉积区古地貌，隆起和沉降相对运动的速度等。在煤和油、气共生的盆地中，深水、半深水的暗色泥岩比例还涉及对生油条件的评价。

2.4 垂向沉积序列和旋回性

对垂向沉积序列的研究在沉积学中占有重要地位[5]。沉积学家倾向把垂向沉积序列划分为不同等级，如序列(sequence)、大序列(megasequence)和盆地充填序列(basin-fill sequence)[10]。旋回性是相的有规律交替。同样亦可理解为沉积序列的有规律交替，在进行盆地整体分析时首要的是研究盆地充填序列。如我国东北晚中生代断陷盆地的沉积，明显的边缘相和厚度资料证明盆地是单个的。但是位于同一盆地群中的盆地充填序列却有惊人的相似性(图 6)，相距很远的同期、同类型盆地的充填序列也基本可以对比，如阜新盆地和相距800余千米的伊敏盆地[图6-(a)]。因此，可概括为一定的充填序列模式。从火山岩基底往上依次为：I. 底部冲洪积段；Ⅱ. 盆地中心为深水湖相泥岩段，滨湖带为含煤段；Ⅲ. 湖相泥岩段(湖泊覆盖面积最大的阶段)；Ⅳ. 主含煤段；Ⅴ. 顶部冲洪积物段。有的盆地含煤段和湖相段可出现多次重复。有些盆地中已经证实Ⅱ段和Ⅲ段的湖相泥岩可成为生油岩。这种现象从盆地构造演化所获的结论中得到了解释，即从开始裂陷成盆到盆地结束充填经历了从张扭体制向压扭体制的转化过程，构造运动体制的变化导致上述序列的产生。不同盆地充填序列的相似性可以用构造演化的同步性(或渐步性)解释[5]。此实例表明充填序列的研究结果可指示找矿目的层的层位，并揭示煤和生油层的时间、空间关系。以上所叙述的特征在国内其他时代煤盆地(如百色盆地)，以及国外的断陷盆地中亦有体现。对充填了海陆交替含煤岩系的聚煤盆地来说，充填序列研究的侧重点在于与海水进退有关的层序交替。

2.5 相的空间配置和古水流体系

沉积盆地内相的空间配置反映其整体的古地理面貌，它直接决定着沉积矿产聚集的有利部位，因此是盆地分析的中心问题。每种类型盆地相的空间配置都有一定特色，这取决于盆地的构造格架、几何形态、沉积区和剥蚀区的构造运动。相的空间配置不是一成不变的，它随着时间发生演化，因此需要分期编制一整套的古环境图才能反映不断变化的古地理面貌。美国学者对伊利诺伊等煤盆地宾夕法尼亚系分层编制的古环境图多达 165 张，其目的是反映沉积环境的演化[11]。许多学者注意到盆地中相分布的规律性，如 Brown 等论述过相—沉积体系—沉积体系域的概念，直到整个盆地中沉积体系分布的规律[12]。以半地堑型断陷盆地为例，无论内陆或近

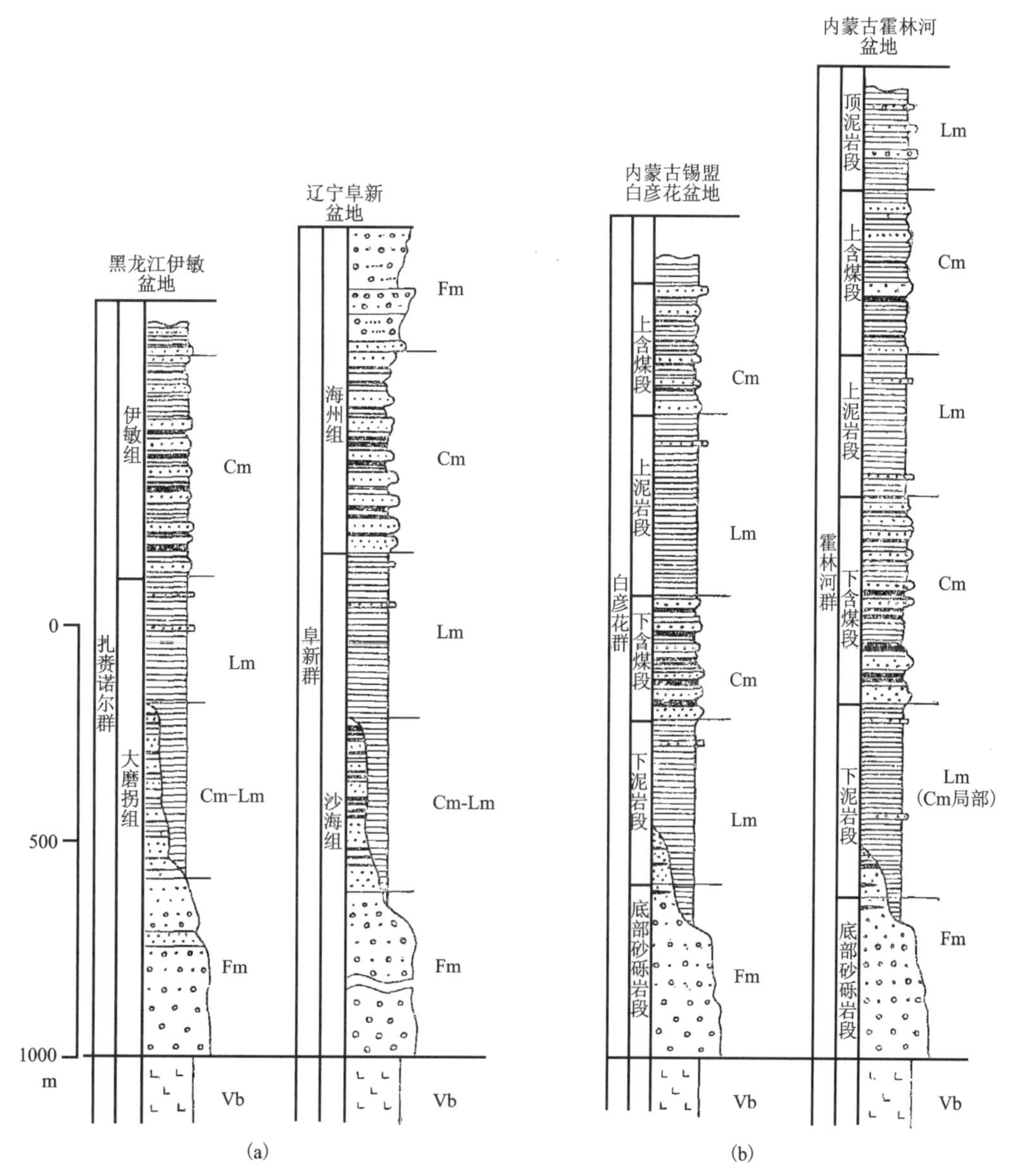

Cm. 含煤段；Fm. 冲洪积物段；Lm. 湖相泥岩段(可能的生油岩)；V_b. 盆地基底火山岩。

图 6　东北和内蒙古几个晚中生代断陷煤盆地的充填序列对比图

海条件，在控制性盆缘断裂一侧均发育有扇带；在盆地中心发育湖或海湾的阶段，扇体可能过渡到扇三角洲；而在无盆缘断裂的一侧由于古坡度平缓则形成河流三角洲。再如我国地台区与陆表海有关的大型坳陷盆地，如华北地台的太原组、扬子地台的上二叠统，从盆地边缘开始，依次出现冲积平原-三角洲-障壁沙坝和海湾环境，然后过渡到形成碳酸盐岩的浅水环境。但上述两个区域中带的形态和宽度各不相同，这取决于不同的构造背景。通过相的空间配置规律可以预测聚煤最有利的部位。

在重建盆地古地理的工作中，Potter 等特别强调古水流体系研究的重要性，并指出其具有"骨架"意义。古水流体系可根据碎屑颗粒的分散类型(dispersal pattern)和指向构造等方面的编图来加以显示[1]。通常用砂体图和指向构造相结合反映盆地的沉积"骨架"较为简单易行，并可取得很好的效果。

2.6 盆地的构造格架

Conybeare 将沉积盆地的构造格架定义为盆地基底构造的性质和配置。笔者认为，构成盆地构造格架的成分应包括成盆期再活动的先存构造和盆地演化过程中新生的构造。在断陷盆地中构造格架的主要成分是控制性盆缘断裂和盆内基底中的断裂网络，后者把基底分割成一系列小断块，在盆地演化过程中显示出明显的运动差异性。有关学者通过典型盆地进行过分析[4,13]，坳陷盆地的基底主要显示连续变形，因而格架成分由一系列有一定方向和排列样式的隆起、坳陷组成，也常包括部分断裂。研究手段的进步使我国对盆地深部构造有了更多的了解；在坳陷盆地的基底上也愈来愈多地发现了对沉积有影响的断裂，但这些断裂并不切穿盆地的充填物，而表现为深部块断续状、浅部波状的形态。图 7 为晚三叠世扬子盆地的古构造格架略图。盆地内部主要为 NE 向的大型隆起、坳陷(成都周缘的川西坳陷)，昆明以西则出现 NS 向和 NW

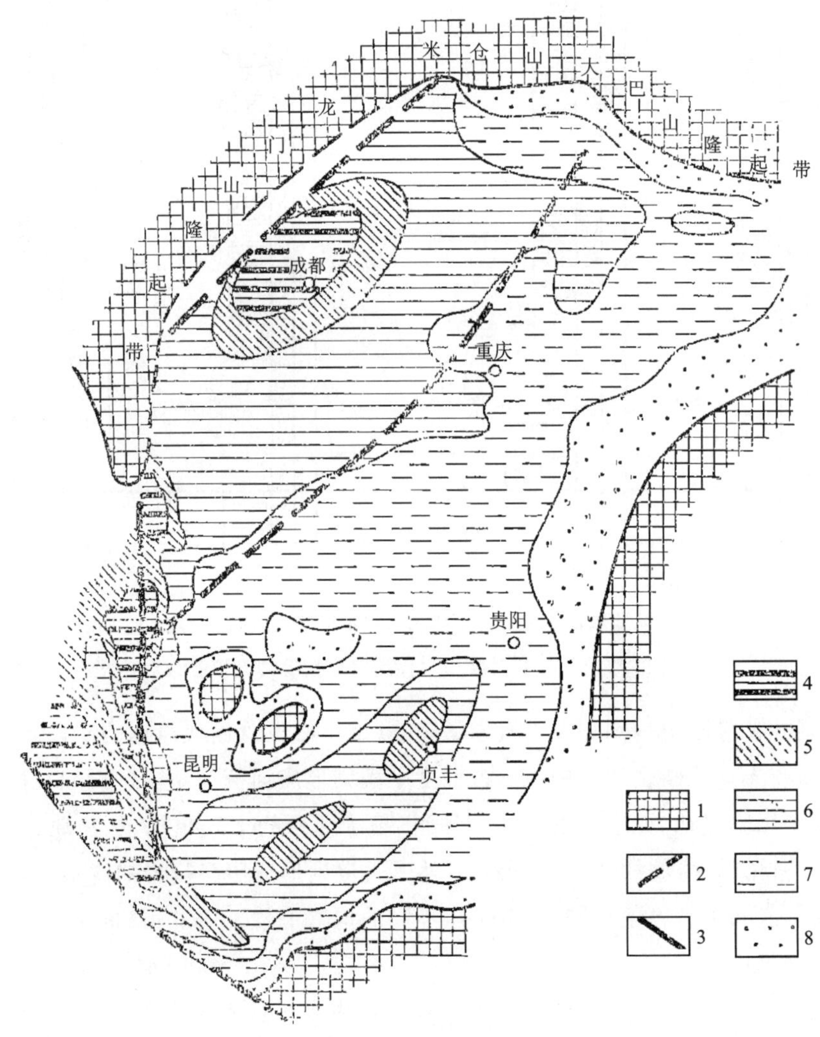

1. 剥蚀区(注：龙门山隆起带形成于晚三叠世晚期并可能为断续状)；2. 盆地基底古断裂；3. 元江-红河断裂；4—8. 晚三叠地层厚度级别：4. >2000m；5. 1000～2000m；6. 500～1000m；7. 100～500m；8. <100m。

图 7 晚三叠世扬子盆地古构造格架略图

向构造。除上述隆起、坳陷外，存在于盆地基底的 NE 向、SN 向和 NW 向古断裂和从四川西南部到云南东部的经向断裂组。盆地边缘 NE 向、EW 向和 NW 向的隆起带控制了盆地轮廓，在研究盆地构造格架时也应考虑在内。沉积盆地的构造格架是区域大地构造格架的组成部分，在进行背景分析时应将二者联系起来考虑。

2.7　含煤岩系的厚度及其变化

由于聚煤盆地基本上属于补偿盆地，故含煤岩系的厚度一般可以较好地作为基底沉降的尺度。盆地分析中首先需要了解聚煤盆地总的下陷幅度——反映盆地性质和能源远景评价的参数。进一步需要分层段了解厚度变化，以反映各阶段的差异沉降(需要分析和校正差异压实的影响)和同生构造的分布。在每个聚煤盆地中煤层厚度与地层厚度总有一定的关系，因而厚度是预测含煤性不可少的参数。

2.8　含煤层情况

含煤层情况包括煤层的厚度、形态、层数和分布特征等。在取得充分数据之后，应通过编图确定煤体的形态分带和厚度分带，确定富煤带的方向、范围和在盆地中的部位。在聚煤盆地分析中煤层是研究的目标，但煤层本身特征又能敏锐地反映古地理和古构造条件的变化。

2.9　煤质和盆地古地热特征

煤自身的许多指标不仅可用于煤的成因分类和工业评价，还可以在盆地分析中作为解决一系列地质问题的参数。如煤的灰分和含硫量可用于环境分析；反映煤化程度的一系列指标可用于古构造分析。应用镜质体反射率恢复盆地的热史取得了很大成功，并找出了油气形成和破坏的界限值。如已经确定石油成熟的门限值一般在 $R_m=0.5$ 左右，而破坏限值则在 $R_m=1.35$ 左右。因此，盆地分析中的煤质参数研究可用于油气远景预测。

2.10　同期或准同期岩浆活动

同期岩浆活动是反映盆地性质和成因的参数，如裂谷盆地中来自地幔的岩浆岩。有的地区强烈的岩浆喷发出现于聚煤盆地形成之前(构成聚煤盆地的基底)，并与聚煤盆地的成因有密切联系，也应作为一项基本参数。如我国东北部构成晚中生代断陷盆地基底的兴安岭群火山岩和云南、贵州、四川与聚煤盆地演化密切相关的二叠纪玄武岩。

上述十个方面还没有概括盆地的全部参数，如在某些聚煤盆地中，含煤岩系堆积在起伏不平的基底古侵蚀面上，煤层离此侵蚀面很近，并明显受侵蚀面古地貌的影响，如我国的云南昭通煤盆地、鄂尔多斯中生代煤盆地，苏联的莫斯科近郊和第聂伯尔等煤盆地。在这些煤田中进行聚煤分析时，基底古侵蚀面形态就成为重要参数。

3 聚煤盆地的沉积模式与普查勘探

明确了聚煤盆地的基本参数,就可以进一步探讨聚煤盆地的地质成因模式与普查勘探模式。

地质成因模式的提出源于对“典型”实例的深入剖析和总结。建立某种类型盆地的模式需要选择典型代表,深入研究描述各项基本参数;进一步要研究所总结出的特征在同类盆地中的复现性和差异性,通过类比所综合的具普遍性的参数就构成了模式特征;最后还要从成因和机制以及地质背景上给出统一解释。

早自20世纪60年代初,Pryor最先提出盆地沉积模式的概念,Potter等做了进一步研究,并指出盆地模式的内容应包括:①盆地的几何形态;②岩性充填特征;③盆地内填积物的配置和分布;④指向构造;⑤构造背景[1]。显然这里指的是盆地整体的沉积模式,其范畴不同于相模式。20世纪70年代,Pryor等在研究美国东内盆地石炭系的沉积模式时所用的模式要素稍有变动,包括:①盆地的几何形态;②沉积组合;③相的相互关系;④分散类型;⑤来源区;⑥构造背景。笔者认为如果把沉积要素与构造要素结合起来建立盆地的地质成因模式,在理论上更为全面,在生产实践上更为有用。这就需要增加一系列与构造因素有关的参数,并在成因和机制解释上探寻沉积与构造的内在联系,这无疑是十分庞大的工作。1982年第11届国际沉积学大会中,“沉积学与板块构造”专题会议主席Miall曾指出,盆地模式是与已经取得了巨大成就的相模式相类似的研究,这一研究试图用沉积体系、全球沉积序列和板块构造相结合的统一概念去进行盆地规模的研究,所提出的具有一定构造特征和地层样式的盆地模式将成为解释古代地质记录的权威工具。

盆地模式的建立有利于在新区工作中类比和借鉴,特别是进行含煤预测。在同一盆地系或盆地群中所建立的区域模式可更具体地在生产中起指导性的作用,特别当盆地各项参数的研究细致深入,明确一系列易于掌握的标志,并尽量取得数量概念之后,盆地的地质成因模式研究就可能过渡到普查勘探模式研究,从而可能在能源普查勘探中取得具体效益。这方面相模式的研究已有先例,他们在勘探、开发利用相模式的作用上做了很好的尝试[14,15]。

4 聚煤盆地分析流程的设计

聚煤盆地分析流程的设计是把前述盆地分析的基本思路与基本参数加以形象地表示,并体现各项参数的相互关系和分析程序。任务和对象不同,流程框图亦有区别。下面提供的一例,是用于我国晚中生代断陷盆地分析的流程(图8)。我国东北和内蒙古晚中生代断陷盆地有100个左右,蕴藏着丰富的煤资源,并发现了工业油流,武汉地质学院煤田教研室东部盆地组与多个地质大队密切配合进行了典型盆地分析,并试图概括此类盆地的模式。在这一工作中围绕着含煤性预测这一中心任务,武汉地质学院煤田教研室1981年绘制了此流程图以形象化地表现研究思路,并据此进一步设计了研究方案和编图流程。在典型盆地中初步进行了实践[4,13],此流程对分析其他类型盆地可作为参考。

盆地分析涉及极为广阔的学术领域,由于工作量大、研究周期长,笔者尚未在更多类型中取得实践经验,以上论述会有许多不妥之处,敬希批评指正。

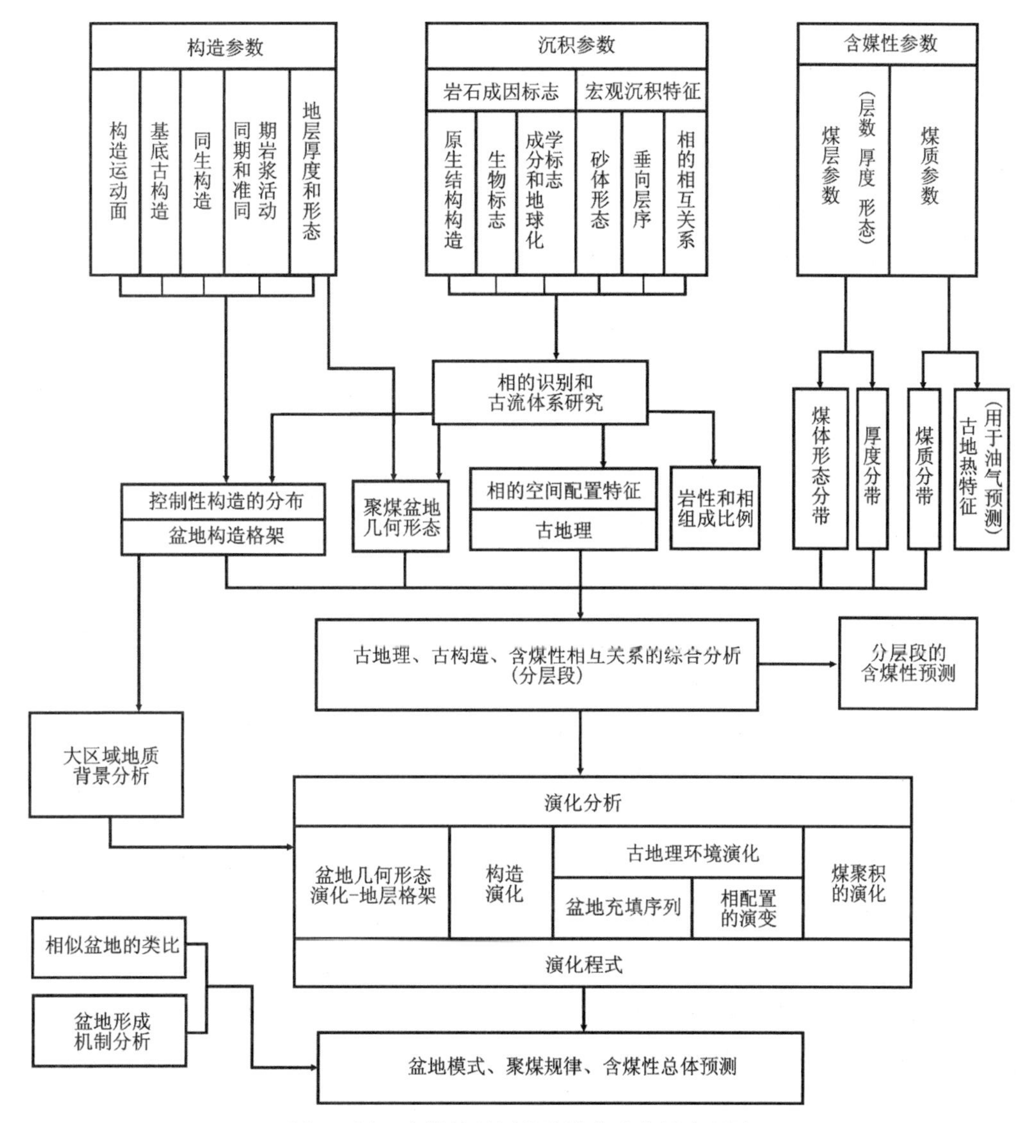

图 8　用于含煤性预测的聚煤盆地分析流程图

参考文献

[1] POTTER P E, PETTIJOHN F J. Paleocurrents and basin analysis[M]. Berlin: Springer, 1977.

[2] SELLEY R C. An introduction to sedimentology[M]. London: Academic Press, 1976.

[3] MCKEE E D, CROSBY E J. Paleotectonic investigations of the Pennsylvanian System in the United States[M]. Washington D. C.: US Government Printing Office, 1975.

[4]李思田，李宝芳，杨士恭，等. 中国东北部晚中生代断陷型煤盆地的沉积作用和构造演化[J]，地球科学——武汉地质学院学报，1982，18(3):275-294.

[5] PETTIJOHN F J. Sedimentary rocks[M]. 3rd ed. New York: Harper & Row publishers Inc., 1975.

[6] DICKINSON W R. Tectonics and sedimentation[M]. Broken Arrow, OK: SEPM

Special Publication No. 22, 1974.

[7]DICKINSON W R, Yarborough H. Plate tectonics and hydrocarbon accumulation[M]. [s. n.], 1979.

[8]AIHARA A. Formation and organic metamorpliism of the Paleogene coal deposits in the Japanese Islands[J]. Industrie Minerale-Les Techniques, 1980, 6: 307-314.

[9]CONYBEARE C E B. Lithostratigraphic analysis of sedimentary basins[M]. New York: Academic Press Inc. , 1979.

[10]HEWARD A P. Alluvial fan sequence and megasequence models: with examples from Westphalian D-Stephanian B coalfields, North Spain [C]// MAIL A D. Fluvial sedimentary. Canadian Society of Petroleum Geologists, 1978, 5: 669-702.

[11]WANLESS H R, WRIGHT C R. Paleoenvironnieiital maps of Pennsylvanian rocks, Illinois basin and nor the in-midcontinent region [M]. Boulder: The Geological Society of America, 1978.

[12]BROWN L F, FISHER W L. Seismic— stratigraphic interpretation of depositional systems: examples from Brazilian rift and pull-apart basins[M]// PAYTON C E. Seismic stratigraphy-applications to hydrocarbon exploration. Tulsa: AAPG, 1977:213-248.

[13]李思田，黄家福，杨士恭，等. 霍林河煤盆地晚中生代沉积构造史和聚煤特征[J]. 地质学报, 1982, 46(3): 244-255.

[14]HORNE J C, FERM J C, CARUCCIO F T, et al. Depositional models in coal exploration and mine planning in Appalachian region[J]. AAPG Bulletin, 1978, 62(12): 2379-2411.

[15]RYER T A. Deltaic coals of ferron sandstone member of Mancos shale: predictive model for Cretaceous coal-bearing strata of Western Interior[J]. AAPG Bulletin, 1981, 65 (11): 2440-2440.

论沉积盆地分析领域的追踪与创新*

摘　要　层序地层学的产生为研究盆地充填提供了较完整的理论与方法体系。层序地层分析与当代沉积体系分析、构造-地层分析和高分辨率事件地层分析的密切结合将形成新的综合的成因地层分析系统。

关键词　盆地分析　层序地层学　构造-地层分析　高分辨事件地层分析　沉积体系分析

沉积盆地分析作为当代地质学的热点已汇聚了许多学科的最新进展，沉积作用与构造过程的紧密结合，盆地自身研究和深部过程地球动力学背景的紧密结合都使这一领域超出了纯沉积学的范畴。鉴于沉积充填是盆地的实体，沉积学研究始终是盆地分析的主要支柱，在《沉积学报》创刊10周年之际，笔者仅就此领域沉积学研究方面的发展趋势、我国的优势和发展战略提出浅见。

层序地层学是继20世纪60—70年代沉积环境和相模式研究高潮之后，在当代沉积学发展中最具有全面性影响的学科。它为盆地的沉积充填研究提供了较前阶段更为完善的一整套理论和方法体系。任何新科学产生都有其继承性的一面，以不整合为边界的层序概念由Sloss于20世纪40年代提出，并曾定义为一个构造旋回的岩石记录，因此其含义同“构造层”，在层序地层学的术语中将此种高级别的层序地层单元称为大层序和超层序。高分辨率反射地震技术在盆地分析中的应用以及随之出现的地震地层学对当代层序地层学的产生起到了关键作用[1]，并在地震地层学中首先借用并发展Sloss的层序概念。以Vail、Mitchum、Wagoner等一大批北美学者为代表的科学家将地震地层学的研究与露头，岩芯和测井曲线研究相结合，从而较严格地提出和厘定了层序地层学的概念体系[2]。层序地层学的出现给地层学、沉积学、煤和石油天然气地质学以及大地构造学等许多领域带来了深刻影响，并被看作是具有变革意义的地质学生长点，其主要原因在于：

(1)将相和沉积体系放在一个等时地层格架中进行研究，从而具有整体性并易于阐明分布的规律性；等时地层格架的建立基于对各种不整合界面、海泛面等的对比和追索。在高分辨率反射地震剖面上这些界面易于被连续追踪，在露头及钻孔中亦可以对比。

(2)层序地层序列是一种等时的成因地层序列，按此种划分可对沉积盆地充填进行更合理的解析。高级别的层序地层单元如大层序(mega-sequence)和超层序主要来源于大地构造运动(在Hag等的术语体系中将前者作为Ⅰ级单元、后者作为Ⅱ级单元)。因此Galloway建议用“构造层序”一词。在根据大区域性不整合界面对盆地充填序列做了这种划分的基础上进一步划分层序、小层序组和小层序①。在每个层序内部包括了不同类型的沉积体系域，小层序则是体系域的基本单元。北美学者在被动大陆架边缘盆地中识别和划分了低位体系域、海侵体系域和高位体系域等，其划分精度相当于小层序组。

* 论文发表在《沉积学报》，1992，10(3)，作者为李思田。

① 将parasequence译“小层序”比译“准层序”更能反映其原本含义，因为一个层序要包括十几个或几十个parasequence。

(3)当应用古生物学、同位素等方法确定了层序地层单元及主要界面的年龄之后，层序地层序列就兼具年代地层和成因地层意义。而且在界面选择上优于传统的地层学方法。

(4)由于若干海平面变化事件具有全球性，因此层序地层序列有可能进行全球性比较。此外，大的区域性构造界面的形成与板块运动引起的构造格局变动有关，当此种关系被阐明之后，也具有很大范围的对比意义。事实上在我国，以中新生代为例，发生于特提斯和环太平洋带的重大的板块相互作用事件已被证明皆具有远程效应，并在地层序列中以不整合及其他构造变格形式表现出来。层序地层分析将导致对地层记录中的古构造运动界面及其与板块构造背景关系的再认识。

(5)在盆地分析中等时地层格架的建立和层序地层序列的划分是编图的基础，通过剖面与平面图的编制可以重现沉积体系和体系域在层序内部的分布规律，并已建立了被动大陆边缘盆地的层序地层模式，其他类型盆地也可能依此原理阐明各自的特征。很明显，在含油气盆地中高分辨率层序地层学将成为预测生、储、盖层分布的理论基础。在煤盆地中则能有效地进行煤层和煤质原生分带性的预测。

在我国，层序地层学已受到广泛关注，南海北部大陆边缘盆地如珠江口、琼东南和莺歌海具有许多与北美被动大陆边缘盆地相似的有利条件和优势，中国海洋石油集团有限公司正进行着卓有成效的大规模研究。我国盆地类型多种多样，在含油气和含煤盆地中内陆盆地占重要比例；此外，以较稳定地块为基底，内陆表海沉积广泛，向大陆边缘连续过渡的盆地也占有广大面积，如华北和扬子地台区的古生界。在这些不同类型的盆地中均具备开展层序地层分析的条件，但由于地质背景不同需立足区域特色，建立不同类型盆地的层序地层模式。

层序地层学提出的初期，由于突出强调了全球性海平面变化的影响，因而曾引发激烈争论，焦点在于如何估量区域构造的影响，这方面自第13届国际沉积学大会以来已有重要变化，层序地层分析与构造-地层分析的结合已有明显加强[3]。

动力地层分析或构造-地层分析是近年来盆地分析领域的又一重要方向。长久以来地质工作者始终把沉积作用与构造作用的关系作为盆地分析的核心问题。如20世纪70年代Reading等在斜滑盆地沉积作用研究中阐明了构造体制由张扭向压扭转化过程在盆地充填序列中的表现；应用冲积扇、扇三角洲体和侧向迁移证实盆地边界的同生走滑运动等[4]。

近年来前陆盆地领域的研究进展最为突出，继裂谷盆地的研究高潮之后，前陆盆地研究在盆地分析中占显著地位，而构造-地层分析则为前陆盆地研究中的一项关键内容。盆地边缘周期性的逆冲和推覆事件，在盆地中造成了幕式沉积作用，活动期与相对静止期交替，不仅在剖面上表现出碎屑沉积楔的周期性出现，而且发生了沉积体系配置和古流体系上的根本改组[4,5]。

我国在断陷和裂谷领域的构造-地层分析中进行了卓有成效的研究，并成功地用于煤、油气源岩和储层预测。前陆式交换序列的构造-地层分析也正在广泛开展。新一轮的动力地层研究在精确地确定构造作用及其沉积响应的地质年龄方面取得了明显进展。

层序地层分析与构造-地层分析的结合将成为盆地分析中的明显趋向，在层序地层序列建立的基础上进一步研究构造因素与各级界面和层序地层单元的关系，将更科学地解释盆地演化史和更有效地进行能源资源预测。事实上在某些类型的盆地中如前陆和断陷盆地中构造因素对沉积作用的影响往往比海平面变化的影响更为明显。

高分辨率事件地层学为精确的地层对比提供了过去难以达到的精度。在许多陆内盆地中反射地震的分辨能力远远不及大陆边缘盆地，除了少数大的反射界面外，许多重要界面难以连续追索，但在借助于钻井和非连续露头时往往又难以保证对比的等时性。因此层序地层分析还需要与其他各种有利的对比手段相结合。活动大陆边缘的浊积岩系可能是最难以划分和对比等时段的岩系，但日本学者对四万十带古近纪和新近纪的浊积岩系成功地详细划分和填图，其原因是数十层火山灰、火山碴标志层的发现和应用，并由此使海底扇的三维研究成为现实[6]。美国在西部白垩纪盆地中的高分辨率事件地层研究，特别是1300层火山灰层的发现充分表明此种方法可以作为精确划分盆地充填的强有力工具[7]。事件标志层尽管不一定能作为层序地层单元的界面，但可精确对比和确定等时地层单元。目前在层序地层分析中有的学者已经应用米兰科维奇周期解释延展性广泛的周期性小层序的形成。轨道周期性变化引起了全球性气候变化，进而导致大陆冰盖面积的变化，引起海平面的升降[3]，因此层序地层学与事件地层学的研究可从成因上结合在一起。

我国多年来在南方二叠纪含煤岩系中有成效地使用了“高岭石泥岩灰矸”（火山灰转化物）进行煤系煤层对比，地质矿产部在云南、贵州、四川三省煤聚积规律研究中系统应用此类事件标志层成功进行了跨省对比。但总体上来说我国在开展高分辨率事件地层学研究上除在第四纪黄土等少数领域外，工作的系统性和精度与国际先进水平相比还存在着相当大的差距。

沉积体系分析由Brown等提出的沉积体系、体系域的概念及研究方法在盆地分析中有深刻影响，沉积体系域的重建已成为高精度沉积盆地古地理编图的基础[8]。其概念和方法体系强调沉积体三维形态与共生关系研究，沉积体系是相的三维组合，体系域是成因上相关的周期沉积体系配置。沉积体系和沉积体系域都是充填盆地的建造块。由于此种研究要求三维追索，因而其难度与工作量比以垂向层序为主的方法大得多，但在沉积盆地分析中，研究生、储、盖层分布的规律对了解煤和沉积矿产分布更具实用性。在层序地层学的概念体系和工作步骤中充分汲取和发展了体系域的研究，事实上体系域的重建必须以等时地层格架为基础，而沉积体系和沉积体系域又是构成层序地层单元的内涵。

20世纪70年代和80年代环境分析和相模式研究在我国已广泛普及，但在工作方法上是以垂向层序研究为主。在国际上粗模式之后有两个主要趋势，一是以英国沉积学家为主的，更多地强调过程分析，以避免简单化的模式带来的束缚；二是以北美沉积学家为代表的强调对沉积体进行内部和外部的三维研究，即沉积环境与几何形态的统一。我国近年来的研究工作也体现了此种动向，但按沉积体系与体系域要求的精度仅有少部分成果能够达到，因此重建盆地中的各种沉积体系并对其内部构成解析在我国还有大量的工作要做。利用我国一些地区极为良好的出露条件，对各种典型沉积体系进行三维研究仍然是一项有重要意义的课题，对在我国研究程度较薄弱的体系如风成沉积体系、海底扇、扇三角洲和辫状三角洲以及障壁-潟湖体系等尤需选择良好的典型深入研究。

砂体内部构成研究和储层沉积学在含油气盆地沉积学研究中日益占有重要位置，1990年在英国召开的第13届国际沉积学大会上储层沉积学与层序地层学同为最引人注目的焦点，Miall提出河流砂体构成单元概念及内部等级界面划分的初期其重要性尚未被充分认识，或被认为过于烦琐。由于在油田开发中发现砂体内部的非均质性使大量的可动油滞留于砂体内部未被采出，这一有重大经验意义的问题强有力地推动了这一领域的发展，并要求对砂体内部不同级别的构成单元、各级界面和薄夹层类型做精细的划分，以研究孔隙度和渗透性在砂体内部的分布和变化规律。目前除了领先研究的河流砂体外，对潮汐砂体、海底扇水道砂体等也都开展了此类研究，并提出了碎屑沉积构成单元研究级别(hierarchies of architectural units)的划分方案。目前尽管对构成单元的含义和分级的认识多种多样，但明显的趋势是随着对盆地充填的研究日益精细，各级构成单元的划分也列入了建造块的等级序列。Building block这一术语既包括了层序地层单元又包括了更低级别的成分，从而对盆地充填做分级解析。目前中国石油天然气总公司正开展规模庞大的油气储层重点攻关项目，其中将砂体内部构成和非均质性研究列为重点，并重视和资助了露头砂体的三维研究以便为建立储层非均质性预测模型提供基础。

盆地充填过程的计算机模拟发展迅速。盆地模拟技术使盆地演化的动态分析成为可能。早期的一维模拟侧重于盆地沉降史、热历史和生烃条件研究，但对沉积充填过程则由于其高难度和影响因素复杂而未有明显进展。近期可喜的新进展是伴随层序学出现的。由于层序地层分析提供了完整的、较为严格的地质-成因模型，因而实现了大型沉积断面上的层序地层格架的二维模拟[9]，此种技术对生、储、盖层分布的预测，检验和校正盆地充填序列的成因解释提供了新的途径。

以上仅涉及了盆地分析中沉积学研究的若干主要方面，很明显这几个领域的研究思路和手段虽有区别，但有密切的内在联系。其中，层序地层学处于中心地位并可带动全局。层序地层学的发展必将与高分辨率事件地层分析、构造-地层分析、沉积体系分析紧密结合形成一套新的、综合性的成因地层分析方法。这在我国20世纪90年代沉积学和地层学研究中应占重要地位。在此学术高潮中我们的着眼点不仅是追踪世界前沿，而且还需要力争在有限目标上创新。

我国具有发展上述领域的优势：如丰富多彩的地质条件，难得的产状平缓可进行大面积连续追索的露头区，特别是我国的“中带”即华北地台西部和扬子地台区，古生代海相、海陆交替相发育，自陆内可追索到相邻的古大陆边缘，中生代大型内陆盆地发育并有难得的精采露头。在沉积盆地内部已积累了数以十万千米计的反射地震剖面，近年来单用于勘探石油、天然气和煤的年钻探进尺量逾300万m，在几个重要的大型盆地中多年来积累的钻井资料都逾万口井，这些都提供了从浅部到深部进行三维研究的条件。我国有庞大的训练有素的从事地层、沉积和与其相关学科的研究队伍，产业部门、院校与科研部门结合组成的多学科国家项目梯队也是我国所具有的优势。在新的研究领域中更有成效地解决下列问题是笔者衷心建议的：

(1)当代层序地层学的出现对沉积盆地研究、对整个地层学和沉积学领域都可能带来重大变革并具有里程碑意义，加速发展以层序地层学为主的，并与沉积体系分析、构造-地层分析和高分辨率事件地层分析等相关学科密切结合的综合成因地层分析应在我国新一轮科研规划中占有突出地位，并分别在基础研究、应用基础研究和应用研究中通过重点项目与面上项目给以保证。

(2)对前述领域的追踪和力争创新需从扎实的基础工作做起，其中包括技术方法的更新。在新的学术思潮中用旧的内核和工作习惯配以新的名词术语无助于此项目工作的开展。事实上，上述各项领域的每个成功典型，如北美被动边缘盆地的层序地层学和美国西部白垩纪的事件地层分析均是坚持多年工作并在思路方法上有重大创新的结果。与层序地层学发展密切相关的北美新生代和中生代海平面变化研究达到了前所未有的精度(达到了以0.1Ma计的等级)，是基于多年来沉积学、微体古生物学、高分辨率地震地层学、同位素地层学和磁地层学综合研究的结果[10]。晚古生代海平面变化研究准确定年的工作虽更为困难，但也取得了很大进展。这都是值得借鉴的经验。在建立不同类型沉积盆地等时地层格架和层序地层单元序列时都要求对各种界面及各级层序做长距离对比与追索，并力求精确确定年龄，这样就需要编制跨盆地的高精度沉积大断面，甚至跨构造单元大断面（如从陆内到陆缘）。在此基础上沉积体系域的重建需要进行三维控制和追索，并按小层序组或小层序进行，因此均需做极为扎实而系统的工作。

（3）选择条件最有利的地区率先取得突破。例如南海北部大陆边缘盆地和东海盆地的层序地层学研究可能取得西太平洋边缘古近纪和新近纪海平面变化年表和层序地层序列的权威性成果，华北和扬子地台及其邻近造山带有条件对古生代层序地层序列进行从陆内到大陆边缘带的连续追索；内陆盆地占我国含油气盆地的多数，其层序地层和构造-地层学的结合研究将会产生有特色的成果。

（4）对国际前沿领域进行追踪性研究的同时，更重要的在于争取做到创新，而立足于中国地质特色、借鉴的同时不受任何国外现有模式的拘束则是能否创新的前提。层序地层学领域中已发表的地层模式也像地质学中的其他模式一样源于对典型地区的总结，形成机制的解释则更在争论中。除了地区条件的局限性之外，模式总是由人概括而来的，往往与千变万化的自然现象有很大的差别。正因为如此沉积相模式研究热潮之后，人们更进一步强调沉积的“过程分析”。纵观地质学史上任何更合理模式的产生都是对旧模式的革新。

以上是笔者对沉积学界当前新的学术思潮讨论的一点浅见，敬希指正。

参考文献

[1]VAIL P R，MITCHUM J R M，THOMPSON Ⅲ S. Seismic stratigraphy and global changes of sea level：Part 3. Relative changes of sea level from Coastal Onlap[M]// PAYTON C E. Seismic stratigraphy：applications to hydrocarbon exploration. Thlsa：AAPG，1977：63-97.

[2] VAN WAGONER J C，MITCHUM R M，CAMPION K M，et al. Siliciclastic sequence stratigraphy in well logs，cores，and outcrops：concepts for high-resolution correlation of time and facies[M]. Thlsa：AAPG，1990.

[3]VAIL P R，AUDEMARD S A，BOWMAN D，et al. The stratigraphic signatures of tectonics，eustasy and sedeimentology-An overview [M]// EINSELE G，RICKEN W，SEILASHER A. Cycles and events in stratigraphy. Berlin：Springer-Verlag，1988：617-659.

[4]STEEL R J. Coarsening-upward and skewed fan bodies：symptems of strike-slipp and transfer fault movement in sedimentary basins[C]//NEMEC W，STEEL R J. Fan deltas：sedimentology and tectonic settings. Glasgow，Scotland：Blakie and Sons，1988：75-83.

[5]TANKARD A J. Depositional response to foreland deformation in the Carboniferous of eastern Kentucky[J]. AAPG Bulletin，1986，70(7)：853-868.

[6]TOKUHASHI S. Two stages of submarine fan sedimentation in an ancient forearc basin，central Japan[M] // TAIRA A，MASUDA F. Sedimentary facies in the active plate margin. [S. l：s. n.]，1989：439-468.

[7]KAUFFMAN E G. Concepts and methods of high-resolution event stratigraphy[J].

Annual Review of Earth and Planetary Sciences, 1988, 16(1): 605-654.

[8] BROWN L F, FISHER W L. Seismic-Stratigraphic interpretation of depositional systems: examples from Brazilian rift and pull-apart basins[M]//PAYTON C E. Seismic stratigraphy: applications to hydrocarbon exploration. Tulsa: AAPG, 1977: 213-248.

[9]LAWRENCE D T, DOYLE M, AIGNER T. Stratigraphic simulation of sedimentary basins: concepts and calibration[J]. AAPG Bulletin, 1990, 74(3): 273-295.

[10]HAQ B U, HARDENBOL J, VAIL P R. Mesozoic and Cenozoic chronostratigraphy and cycles of sea-level change[M]. Broken Arrow, OK: SEPM, 1988.

沉积盆地的动力学分析
——盆地研究领域的主要趋向*

摘　要　沉积盆地的动力学分析正在成为盆地研究领域的主要趋向，并将成为跨世纪的固体地球科学研究规划中的重要组成部分。其目的在于认识盆地的成因，揭示其全部演化历史中的动力学过程，并探求来自地球系统的内在驱动力。这将需要定量地分析反映动力过程的参数，阐明各种控制因素的联合、复合作用及演化中的过程序列。了解盆地演化与发生在深部，包括地壳和岩石圈以下的物质状态和过程之间的关系以及板块相互作用所造成的成盆区应力场，这将是开展盆地动力学理论研究必须要面对的问题。定量动力学模拟技术的新进展已表明其为这一领域研究不可缺少的支柱。层序和事件地层学、构造-地层分析和高精度定年技术的结合提供了完整的研究盆地充填动力学的方法。盆地流体研究正在成为这一领域的热点。已取得的成就源于多学科联合研究和新技术的使用，坚持这一科学界的共识将是继续取得新突破的保证。

关键词　盆地动力学　深部过程　多学科交叉

沉积盆地研究的理论与实践意义日益为地质学家所重视。占大陆2/3面积的沉积地层都是在盆地中形成的，这些记录可用以重建岩石圈动力学过程和板块相互作用的历史。造山带与盆地是大陆动力学和岩石圈研究的两大基本领域。

人类对能源的需求是盆地研究的最大推动力，“没有盆地就没有石油”，在含油气和含煤盆地中对地质、钻探和地球物理研究的巨大投入奠定了盆地研究的扎实基础。20世纪80年代以来，地质工作者进一步认识到金属矿床特别是层控矿床与盆地演化的密切关系，盆地流体可能是许多大型和超大型矿床的主要成矿流体源，这些流体通过水-岩相互作用过程活化、搬运金属元素并在一定条件下形成了矿床。“盆地是巨大的热化学反应器”，在其中蕴育了人类不可缺少的能源和矿产资源。

地质科学家在制定跨世纪发展方向和规划时，对固体地球科学的研究目标指出要“了解整个地球系统的过去、现今及未来的行为”，这意味着包括不同圈层的相互作用并向下扩展到地幔和地核。这一宏伟的目标将使地质学的发展进入崭新的境界。沉积盆地是地球系统的浅层组成部分，大多数盆地的充填序列厚度小于20km，但盆地的形成和演化却受控于更深部过程，正像裂谷型盆地的构造-热体制直接受控于岩石圈的减薄和隆起的软流圈的状态一样，将盆地放到地球系统中进行研究才能真正揭示盆地的成因，反之，对盆地的研究提供了岩石圈动力学不可缺少的资料，盆地动力学正是在此种思想下产生的。

1　盆地动力学

多年来地质学家对盆地的沉积充填和构造进行了大量有效的研究，并揭示了主要类型盆地的基本特征与其板块构造背景的密切关系，由此产生了一系列按照板块构造背景命名的盆地分

* 论文发表在《地学前缘》，1995，2(3-4)，作者为李思田。

类。20世纪80年代后期以来，有关盆地研究的系统专著的出版工作出现了高峰期。以沉积地质研究为主的如Miall盆地分析原理[1]和Einsele的沉积盆地地质学专著[2]。AAPG组织编著了各类型盆地的系列著作，包括离散/被动边缘盆地、克拉通内部盆地、活动边缘盆地、前陆盆地和褶皱带、陆内裂谷盆地等，这些专著均提供了全面分析的典型，并着眼于盆地演化对油气聚集的控制[3-6]。对于湖相盆地也有相关的专著[7]。

除了浩翰的盆地地质与能源研究的论著外，对盆地形成机制-盆地动力学的探讨也日益深化。从理论地球科学的角度研究盆地首先是从盆地的地球物理模型开始的。Mckenzie[8]的著名论文提出了拉伸盆地的形成模式，后来被称为"纯剪模式"。在其模式中探讨了盆地沉降、岩石圈减薄、软流圈上隆以及相应的热体制之间的定量动力学关系。随后，许多学者提出了其他改进意见和新模式，如Wernicke的简单剪切模式，Barbier的联合剪切模式，Kusznir的双层悬臂梁模式等[9-11]。但Mckenzie的研究在理论盆地分析方面具有里程碑意义。此后迅速发展的盆地定量动力学模拟都是以盆地的地质-地球物理模式为基础的。Beaumont等主编的著作按五个大类(extensional，transten-sional，transpressive，foreland和intracratonic)通过一系列典型研究探讨了盆地的形成机制[12]。Allen等的盆地分析专著也是按盆地的动力学模型为核心论述的[13]。

"geodynamics"(地球动力学)一词并不是一个新术语，Scheidegger将其解释为认识地球表层特征的成因(通常指来自地球内部的驱动力和作用过程)，即"endogenetic processes"，属于理论地质学的内容[14]。由于研究手段的限制，对于决定盆地形成、演化的地球深部动力系统多年来还处于推断和假说阶段。进入20世纪90年代后，地学和相关学科的发展，尽管仍具有探索性和多解性，但已提供了深入进行"盆地动力学"研究的方法和条件。

Dickinson在一篇简短而重要的论文中指出，静态的(quasistatic)盆地分类学应该走向更为动力学的和更具适应性的分类；盆地研究的集中点应从盆地类型转向盆地的基本形成过程；动力学分析必然是过程分析；盆地演化常常是多重作用和过程，盆地类型是这种混合过程的复杂函数[15]。总之，研究盆地演化的动力过程优于去确定某些理想化的盆地类型。Dickinson还指出，现有的盆地分类主要是划分地貌-构造类型，如弧前、弧后、前陆和克拉通内等，这些往往容易根据构造部位确定而不需进行地球动力学参数的研究。以下将阐述盆地动力学分析的一些重点问题，这些恰恰也是长期以来存在的难点。

2　盆地演化的深部控制因素

这方面研究程度最深的是伸展类盆地，即大陆和大陆边缘的裂谷[16]。在岩石圈减薄过程中，软流圈的状态，包括顶面深度、温度，是否存在地幔柱，能否在减压条件下发生地幔熔融，是否有熔融量等都直接影响着盆地的形成和特征。上述问题又都与岩石圈拉伸系数(β)密切相关。近十年来，深部地球物理探测揭示了盆地和造山带以下岩石圈的状态及其间的均衡关系[17,18]，为盆地动力学研究提供了重要条件。但是许多地区的深部地球物理探测往往只达到了莫霍(Moho)面，包括一些全球地学大断面(global geoscience transects，GGT)也难以达到更大的深度。软流圈顶面深度往往是根据大地电磁或大地热流值计算所得，因而难以获得较准确的数值。

近年来，以天然地震数据为基础的地震层析（tomography）技术有巨大的发展，并获得了地球深部的三维图像。在此基础上提出的超级地幔柱的理论对板块动力学提出了新的解释，并成为地学革命第三次浪潮中最引人注目的成果[19,20]。地震层析技术正被用于探测跨越盆地的区域，并将提供深部动力系统的重要信息，例如，西太平洋边缘海的扩张产生了类似被动大陆边缘特征的边缘盆地，如珠江口盆地，但其构造-热演化过程却难以用原有的被动模式解释。这一问题涉及整个南海海盆的成因。地震层析成像对南海和东海等边缘海域地幔柱的揭示表明，来自400km 深处的地幔热柱可能是控制南海扩张及其边缘盆地伸展的第一位因素。这将可能导致新模式的提出。

岩浆岩石学的新进展成为研究岩石圈及更深部位状态的有力工具——“岩石圈探针”。目前在一些大盆地中用幔源玄武岩岩浆和深源包裹体计算的岩石圈厚度与综合地球物理探测取得的成果相近。世界上许多裂谷盆地和转换-伸展盆地均发育深源玄武岩，如我国渤海湾、东海、珠江口等盆地均有多期甚至十余期火山活动，对其进行深入研究将为揭示控制盆地演化的深部过程提供重要信息。

地幔柱理论及与它相关的板块动力学的新观点使人们对垂直运动的重要性有了重新认识，这方面也反映到了盆地动力学。White 等和 Latin 等对裂谷和裂隙的大陆边缘的岩浆作用进行了深入研究[21,22]，对岩石圈拉伸、软流圈上隆及在减压条件下产生的熔融，根据 REE 等参数进行了定量计算，并找出了其与拉伸系数 β 值的关系。深部的熔融不仅导致了大规模的岩浆活动，也引起了地表隆升；溢出量占形成熔浆的比例愈小，隆升幅度愈大。根据上述原理和方法，Brodie等对西北欧大陆架古近纪和新近纪大规模的构造反转做出了成因解释[23]。以往常常用应力场转化为挤压来解释张性盆地中的反转现象，Brodie 等根据稀土元素计算出在 Moho 面附近存在的玄武质熔浆大致厚 5km，而喷发到地表的玄武岩仅厚 1km，因而导致快速的隆升和随后的均衡调整，在盆地区则造成了构造反转和剥蚀，这一过程经过盆地模拟证明可较好地与盆地的实际参数吻合。

3　岩石圈应力状态的时空演化对盆地形成的关系

目前通用的比较简明扼要的盆地分类是按盆地形成的力学机制划分的，如伸展的、挠曲的和与走滑作用相关的。走滑运动在特定的构造部位（如断层的转折处）可发生张扭和压扭，与前者有关的如拉分盆地。盆地及其邻近地区的应力场受控于更高级别的构造运动——板块相互作用和岩石圈深部的活动，其他还有重力、地球自转角速度变化等，但板块相互作用力可能是最为重要的。因此盆地形成机制的研究还需要将盆地放在区域大地构造格架当中进行。造山带变形史与盆地演化关系的研究，或称为“耦合关系”，是解决此问题的突破口之一。板块相互作用所形成的记录在板间缝合带表现最为清楚和强烈。“盆山关系”很早就被地质学家注意，20 世纪初最古老的盆地分类和命名，如山间坳陷、山前坳陷等名词都是着眼于山盆关系的。当代基于研究地球系统的整体思想，将造山带与盆地作为大陆动力学研究中不可分割的两个组成部分。中国西部、中部造山带和盆地演化中记录的构造事件有清晰的对比关系，特别是大陆碰撞过程与前陆盆地的形成是同一成因序列，秦岭-大巴山造山带与其南北两侧鄂尔多斯和四川中生代盆地的演化过程显示了耦合关系。盆地的构造-地层分析，即按照沉积对构造的响应，将盆地充填序列划分为一系列构造层序，精细研究其间各种古构造运动面和各构造层序的同生变形特征。这是研究盆山统一变形体制的有力工具。

一个重大的理论问题是板块间的俯冲、碰撞产生的应力能传递多远？在多大范围内能引起岩石圈变形？这是在我国东部地质研究工作中面对的非常现实的问题，即特提斯构造域中、新生代发生的构造事件是否曾传递到了中国东部，而与环太平洋域的构造活动相叠加。一个实际的工作方法是研究大区域内的应变是否具有等时性和构成了统一应力场。这方面虽已取得了一些区域性的成果，但由于古构造应力场难以识别，一直存在争论。秦岭造山带与青藏特提斯构造域中生代主要构造事件在时间上的可比性，秦巴地区地质-地球物理研究所发现的“立交桥式结构”，以及多年来在中国东部大型走滑带和断陷盆地中发现的左旋与右旋的交替[24]，似乎有助于阐明板块相互作用的远程效应和由此导致的相互叠加。Ziegler 指出全球现在的应力状态以及整个地质证据说明主压应力可以通过大陆和海洋岩石圈远距离传送[25]。这方面还需更为扎实和系统的地质工作以重建各构造阶段的应力场与成盆机制。

4 盆地演化的过程序列和联合、复合机制

中国和世界许多大型盆地的研究都证明大部分盆地是叠合盆地。朱夏院士提出必须将叠合盆地分解为不同的原型分别进行研究，因为不同原型是在不同的地球动力学背景中产生和演化的，并由此具有全然不同的特征[26]。当前在强调动力学研究时需要对每一种“原型”(或称单型)做更为精确的历史过程分析，在其不同演化阶段主导性控制因素可能有别。盆地的沉降史及导致构造沉降的原因是过程分析的第一位问题。在伸展类盆地的理论模型中需要正确地划分出裂陷阶段和裂后阶段。前者主要作用是岩石圈拉伸，而后者主要作用是热衰减及其引起的深部物质密度的变化。在实际分析中面临许多重要的新的问题，简化的理论模型虽然有重要启示作用，但并不能概括各种复杂情况。例如：①许多盆地中发现裂陷作用是多幕的，如我国的松辽盆地和英国的北海盆地；②裂后阶段的沉降在许多盆地中要比按现有模型的理论计算值大得多，这可能是由于主裂陷期后发生新的构造-热事件，盆地坳陷部分的深沉降并非简单受控于热衰减和负载。在前陆盆地中也普遍有活动期与平静期的交替，反映出盆缘的造山推覆事件是幕式的。

Dickinson 提出，许多盆地在演化过程中其控制机制是混合的，在不同阶段是变化的，需要研究此种“联合的和序列的机制”及其产生的相应构造样式[15]。这对转换-伸展盆地的研究是一很有启示的实例。近年来科学家发现许多与大型走滑带有关的盆地，其形成演化并不能很好地用走滑带的“拉分”模型解释，而是受伸展与走滑运动双重机制控制，引起伸展的力主要来源于地幔物质的上隆，而非走滑运动派生。因此盆地在一定的发展阶段主要表现为伸展，而某些阶段则表现为走滑与伸展联合作用，甚至以走滑为主。Ben-Avraham 等描述了死海等盆地的转换-伸展过程[27]。在我国，发育于红河断裂带之上的莺歌海盆地也显示了伸展与右旋走滑双重机制的联合作用。此外多重机制对沉积盆地形成演化的控制在中国东部新生代盆地中有普遍性，如渤海湾盆地受伸展与走滑双重机制影响，而以前者为主。各种作用的强度因地而异[24]。中国西部许多大型盆地的分析表明挠曲与走滑两种作用的联合影响普遍存在。

5　盆地沉积充填的动力学研究

层序地层学及精确定年技术(高分辨率古生物学和同位素技术)不仅提出了建立等时地层格架、确定盆地中沉积体系三维配置的理论与方法,而且极大地推动了沉积充填动力学的研究[28,29]。尽管存在着分歧与争论,人们还是从各种渠道探讨构造、海平面变化和沉积物补给等各种动力学因素的综合影响,并通过计算机技术进行定量动力学模拟。

层序地层学、事件地层学和构造-地层学等相关分支学科的密切结合,将使盆地充填的动力学过程研究产生质的飞跃,能有效地用于能源和矿产资源勘探。*Cycles and Events in Stratigraphy* 一书阐述了上述相关领域的新进展[30]。

精确的定年技术是沉积充填动力学研究的关键。这一难点若不突破,将难以解决高精度的对比、沉积速率的确定等一系列问题。地质学家已注意到许多地层序列只记录了不到二分之一的地质历史,更长的时间是间断期或剥蚀期,因而需要确定间断的时间和剥蚀量。尽管同位素定年技术正取得日新月异的进展,但在沉积地层中精度有限,还必须探索其他手段。Kauffman等学者用事件标志层定年,对白垩纪沉积做了高分辨率的精细划分。米兰科维奇旋回周期研究开辟了一个重要方向,即把天文学的规律性用于高分辨率地层学的研究领域,并探索了一种间接的定年技术。周瑶琪用宇宙化学参数的测试成果对碳酸盐岩沉积速率和间断时间进行了计算并划分了高频海平面变化周期,成果与地质观察能较好地吻合,这一结果展示了一个很有前景的新方向。

6　盆地流体的运动学和动力学

盆地流体研究是地球科学中的前沿领域,在盆地动力学研究中更是众所瞩目的热点。相对于地层、沉积、构造和热体制等方面的研究,盆地流体是研究最薄弱、难度最大的部分。流体研究对油气的生、储、运、聚和金属矿床的成矿作用都属于中心问题。因此在国内外跨世纪的地球科学研究规划中,都把流体地质作用列为优先的领域。探索的主要课题,包括流体的成分及演化过程中的水-岩相互作用,流体的运动学和动力学,驱动系统和输导系统等。流体的压力是流体动力学的中心问题,所以许多学者优先选择有超异常压力带的年轻盆地进行研究。美国国家自然科学基金会和 11 家石油公司投资 3000 万美元,由 Lam out—Doherty 地球观测所和康奈尔大学等组成大型联合体,在墨西哥湾盆地设立实验场,研究活动热流体的运动规律和油气运移,已获得许多重要成果[31]。该项研究特别注意用地球物理技术直接测定超压流体囊的形态。近年来在用地球物理技术直接追索油气运移的通道方面也获得初步成功。此种投入巨大的盆地流体动力学研究,不仅对石油天然气地质学取得新的理论突破具有重要意义,也将促使金属矿床成矿作用研究出现新的重大进展。研究已经证实盆地中富烃热流体对许多大型、超大型金属层控矿床的成矿起着主要作用。为追踪古流体运动的历史,流体包裹体技术和同位素技术正在成为不可缺少的有力手段,盆地中古流体的温度、压力、成分和运移都需要一整套精密的实验技术去追踪,例如在形成超压流体囊的盆地中,流体的“幕式突破”过程已通过碳同位素和流体包裹体技术被证实。盆地流体研究正在成为一些有重大意义的新方向的核心内容,如成藏动力学和许多类型金属矿床的成矿动力学。

7 沉积盆地的定量动力学模拟

盆地模拟技术正成为盆地动力学分析不可分割的部分，这一研究领域首先需要建立正确的地质模型和数理模型。用基础科学最基本的原理描述、研究和表达地质过程中最本质的关系是近代理论地球科学的重要特色，正如 Mckenzie 等对拉伸盆地所建立的模式。前陆盆地的模式也已经有很深入的工作，Beaumont 等近期又进一步做了补充和总结[32]。在正确的模型基础上用计算机技术进行模拟，从而使盆地分析向定量化和动态化发展[33]。现今模拟技术已不仅仅是过程的表达形式，而是对各种动力学参数研究的不可缺少的手段。模拟过程通过正演与反演结合，并且与已知数据拟合是验证理论的最佳方法之一。由于拉伸盆地模型反映了深部与浅部的关系，因而可根据盆地的沉降和热状态推断地壳及至岩石圈底面以下的状态，许多盆地中的模拟结果与地球物理资料能较好地拟合。物理模拟方法具有直观性和启发性，进一步与计算机模拟结合显示了其新生命力。

盆地动力学属于理论地球科学范畴，其目的不仅是揭示盆地成因和形成机制，而且要动态地研究各种动力学过程。有关基本理论问题的解决必将更好地指导能源和矿产资源勘探。

盆地动力学涉及内容广泛，因此要求多学科的密切合作，所需要的学科跨度之宽将是前所未有的，包括许多非地质学领域，特别是与地学以外的基础学科领域的合作及近代计算机和测试技术的支持。尽管进行盆地勘探的投入是庞大的，但能源面临严峻的形势，需要有更大的投入支持具有长远意义的盆地动力学的多学科研究。

参考文献

[1]MIALL A D. Principles of sedimentary basin analysis[M]. New York: Springer, 1990.

[2]EINSELE G. Sedimentary basins:evolution, faces, and sediment Budget[M]. New York: Springer,1992.

[3]LEIGHTON M W,KOLATA D R,OLTZ D F,et al. Interior cratonic basins[M]. Tulsa:AAPG,1991.

[4]EDWARDS J D. SAMTOGROSSI P A. Divergent/passive margin basins[M]. Tulsa: AAPG,1990.

[5]LANDON S M. Interior rift basins[M]. Tulsa:AAPG,1994.

[6]BIDDE K T. Active margin basins[M]. Tulsa:AAPG,1991.

[7]KATZ B J. Lacustrine basin exploration:case studies & modern analogs[M]. Tulsa: AAPG,1991.

[8]MCKENZIE D P. Some remarks on the development of sedimentary basins[J]. Earth and Planetary Science Letters, 1978, 48:25-32.

[9] WERNICKE B. Low-angle normal faults in the basin and range province: nappe tectonics in an extending orogen[J]. Nature, 1981,291:645-647.

[10]BARBIER F D, LE PICHON X. Structure profonde de la marge Nord-Gascogne. Implications sur le mechanisme de rifting et de formation de la marge continentale[J]. Bull Cenh Explor Prod Elf-Aquiaine, 1986, 10:105-121.

[11] KUSZNIR N J, ZIEGLER P A. The mechanics of continental extension and sedimentary basin formation: a simple-shear/pure-shear flexural cantilever model [J]. Tectonophysics, 1992, 251:117-131.

[12]BEAUMONT C, TANKARD A J. Sedimentary basins and basin-forming mechanisms [M]. Calgary, Alberta: CSPG, 1987.

[13]ALLEN P A. ALLEN J R. Basin analysis: principles and applications[M]. New Jersey: Blackwell, 1990.

[14]SCHEIDEGGER A E. Principles of geodynamics[M]. New York: Springer, 1982.

[15]DICKINSON W R. Basin Geodynamics[J]. Basin Research, 1993, 5:195-196.

[16]ZIEGLER P A. Geodynamies of rifting and implications for hydrocarbon habitat[J]. Tectonophysics, 1992, 215:221-253.

[17]BLUNDELL D J. Some observations on basin evolution and dynamics[J]. Journal of the Geological Society, 1991, 148:789-800.

[18]马杏垣，刘昌铨，刘国栋. 江苏响水至内蒙古满都拉地学断面[M]. 北京：地质出版社，1991.

[19]FUKAO Y, OBAYSHI M, INOUE H. Subducting slabs stagnantion in the mantle transition zone[J]. Journal of Geophysical Research, 1992, 97(84):4809-4822.

[20]MARUYAMA S. Plume Tectonics[J]. Journal of the geological society of Japan, 1994, 100(1):24-49.

[21]WHITE R S, SPENCE G D, FOWLER S R, et al. Magmatism at rifted continental margins[J]. Nature, 1987, 330(3):439-444.

[22]LATIN D, WHITE N. Magmatism in extensional sedimentary basins[J]. Annali Di Geofisica, 1993, 36(2):123-138.

[23]BRODIE J, WHITE N. Sedimentary basin inversion caused by igneous underplating: Northwest European conti-nental shelf[J]. Geology, 1994, 22:147-150.

[24]LI S, MO X, YANG S. Evolution of Circum-Pacific basins and volcanic belts in East China and their geodynamic background[J]. Journal of China University of Geosciences, 1995, 6(1):48-58.

[25] ZIEGLER P A. Plate tectonics, plate moving mechanisms and rifting [J]. Tectonphysics, 1992, 215:9-34.

[26]朱夏. 板块构造与中国石油地质[M]. 北京：石油工业出版社，1986.

[27]BEN-AVRAHAM Z, ZOBACK M D. Transform-normal extension and asymmetric basins: an alternative to pull-a-part models[J]. Geology, 1992, 20:423-426.

[28]VAN WAGONER J C, CAMPION K M, RAHMANIAN V D, et al. Siliciclastic sequence stratigraphy in well logs. core and outcrops: concepts for high-resolution correlation

of time and facies[M]. Tulsa:AAPG,1990.

[29]POSAMENTIER A D, SUMMERHAY C P, HAQ B U,et al. Sequence stratigraphy and facies associations[M]. Algiers:Special Publication of IAS, 1993.

[30]EINSELE G, RICKEN W, SEILACHER A. Cycles and events in stratigraphy[M]. Berlin: Springer, 1991.

[31]Anderson R N, HE W, HOBART M A, et al. Active fluid flow in the Eugene Island area. offshore Louisiana[J]. Geophysics, 1991, 10(4):12-17.

[32]BEAUMONT C, QUINLAN G M, STOCKMAL G S. The Evolution of the western interior basin. cause. consequences and unsolved problems. Evolution of the western Interior basin[J]. Geological Association of Canada Special Paper, 1993, 39:97-117.

[33]LERCHE I. Basin analysis, quantitative methods I[M]. New York: Academic Press, 1991.

大型陆相盆地层序地层学研究
——以鄂尔多斯中生代盆地为例*

摘　要　鄂尔多斯盆地是我国最重要的含煤及含油气盆地之一。中生代盆地充填序列可按古构造运动面划分为五个构造层序(TS-1～TS-5),分别与盆地构造演化的阶段性相当。受秦岭带中三叠世末期造山运动的影响,盆地西南缘形成了晚三叠世的前渊,不整合于其上的侏罗系属于继承性盆地充填,延安期正属于这一阶段的相对稳定期。已发现其上、下界面均为不连续面,并都发现有深切谷,因此延安组恰好是一个三级层序。其内部可进一步划分8～11个四级层序。延安期层序内部体系域的演化有三分性,但不宜套用源于海相地层的体系域命名。本文就此问题进行了探讨。鄂尔多斯盆地层序地层研究的成果已被有效地用于富煤单元预测、油气储层分析,并在古大陆暴露面优质高岭土矿床的发现和追索中起了重要作用。

关键词　非海相层序地层学　构造层序　深切谷

层序地层学的理论与方法在能源资源勘探工作中已得到了普遍的重视,并在更为广泛的构造背景和古地理环境中进行探索和应用[1]。在非海相地层中由于相变复杂,精确定年和对比困难,层序地层方法的有效性存在争议。近年来研究工作逐渐增多,非海相层序地层学的研究成果已较多地在重要的国际学术会议上宣读或展示,1995年夏召开的首届“国际湖泊沉积学大会”已将湖盆层序地层学研究列为中心议题之一。很明显,非海相层序地层学已作为层序地层学今后进一步发展的一个重要领域[2]。

中国是陆相含油气和含煤盆地众多的国家,分布于西部和中部的大型中生代盆地,如塔里木盆地、准噶尔盆地、吐-哈盆地和鄂尔多斯盆地等,具有重要的油气潜力和极为丰富的煤炭资源,煤和油气资源在盆地演化的统一动力体制中具有密切的成因联系。建立全盆地等时地层格架、确定沉积体系的三维配置对查明煤、油气的聚集规律有重要意义。正因此中国的沉积、能源地质学家们一直在探索适合非海相地层的层序地层研究方法。

多年来在鄂尔多斯盆地煤、油气勘探中进行了数以千计的钻井工作和大量的地球物理探测,在盆缘深切沟谷中有极为良好的露头,可供长距离追索。因此从20世纪80年代至今对鄂尔多斯盆地进行了持续的研究,以期取得对大型内陆湖盆层序发育特征、机制的认识和探索相应的研究方法。

1　盆地构造演化的过程分析是高级别层序地层单元划分的基础

在陆相盆地的各种类型中,构造运动对盆地充填序列的控制是第一位重要因素。反之,盆地充填序列中所反映的阶段性和区域性间断面记录了构造过程的性质及构造事件。因此所划

* 论文发表在《地学前缘》,1995,2(3-4),作者为李思田、林畅松、解习农、杨士恭、焦养泉。

分的高级别层序地层单元实际上是构造层序。按年龄间隔大致与超层序相当，其间的界面通常都是清楚的不连续面——古构造运动面。

鄂尔多斯盆地中生代可划分出五个构造层序：①TS-1，下、中三叠统：与其下伏晚古生界构造背景一致，是在较稳定的地台和内陆为主的环境下充填的，但在盆地南缘已发现有海相夹层。②TS-2，上三叠统：盆地在挠曲背景下沉降，并在盆地西南缘和南缘形成厚达3000m的前渊，其构造环境是前陆式的，时间上对应于扬子和华北古陆块的汇聚和碰撞（中、晚三叠世之间）并发育于推覆构造带前缘。③TS-3，下、中侏罗统：包括富县组、延安组、直罗组和安定组，构造背景较晚三叠世稳定，是后前陆阶段的继承盆地，这一构造层序内部又有稳定期和活动期的交替，延安组和安定组均代表了较稳定大型内陆湖盆的充填，其间的直罗组为相对的构造活动期，并以冲积体系占优势。④TS-4，晚侏罗世芬芳河组：主要为粗碎屑的冲积楔，反映盆地周边再次强烈活动和隆升造成的磨拉石充填。⑤TS-5，白垩系（K_1为主）：红层为主，古沙漠相和干旱湖盆，根据鄂尔多斯周边断陷盆地的形成，判断盆地已由挠曲转化为伸展构造体制[3]。

2 陆相盆地中典型层序特征——以延安组为例

已查明延安组的上、下界面均为微角度不整合面，并识别了典型的深切谷。深切谷在层序地层学中是一个重要的概念，是识别基准面下降的重要标志，并主要发育于低位体系域中[4]。延安组底部主要为冲积体系。主要的深切河谷从富县期开始形成，主流向自西向东，自NW向SE，下切幅度可达100余米。主河谷横贯现今的鄂尔多斯盆地，显然当时尚未形成封闭的大湖盆。多年以前长庆油田在勘探中即发现主要储集体与古河道网络中的支流有关[5]。按照现代沉积学理论，下切的主河道沉积属于深切谷充填[6]。深切谷成因显然与区域性的基准面大幅度下降有关。延安组顶界面为一古大陆暴露面，在盆地东北部发现了大面积的砂岩型高岭土矿床，其顶部还有硅结层。延安组上覆地层直罗组底部的砂体在某些地区具深切谷性质，如在榆林深切谷砂体冲蚀了延安组，缺失厚度可达70～80m，经钻井精确圈定为NW-SE向河道。此种发育于陆相层序底部间断面上的深切谷表明当时存在着区域性基准面的大幅度下降背景，其性质可与海相地层中的低位体系域相对比。

因此延安组正好是一个以不整合面为界的三级层序地层单元，其内部构成底部（第一段）以冲积体系为主；中部和上部均以大型湖泊及其周缘的缓坡三角洲为主[2,7]。湖泊面积周期性地扩展和萎缩，形成了地层的旋回性。每个旋回的末期三角洲砂体淤塞了湖泊，在废弃的三角洲平原上大面积成煤。新的周期以湖泊的扩展、湖水面积的迅速扩大为起点。根据沉积体系发育的周期性可划分出8～11个四级层序地层单元（与parasequence相当）。延安组中期（第二段和第三段）总体呈现湖面扩展的趋势；后期（第四段和第五段）总体出现湖泊缩小、河流作用回春，直到最后湖盆消亡，区域隆升，形成大面积风化暴露面。这样延安组内部体系域特征上具有三分性。湖盆相地层不宜套用海相地层中的沉积体系域命名，特别是不存在海侵和海退体系域。湖泊的变化一般不是单方向水的进退，而是整体性扩展和萎缩（Kelts建议，1991年个人间的讨论），建议使用EST和RST，即用湖盆的扩展和萎缩做体系域的字头。关于层序下部的体系域通常以冲积体系为主（AST），在发现深切谷等基准面大幅度下降的标志时可推断为低位体系域（LST）。

值得注意的是，在鄂尔多斯盆地通过大面积的追索由三角洲朵体迁移造成的幕式的旋回（或自旋回）罕见，多数情况下湖盆周缘三角洲同步进积或同步废弃，并形成了周期性的旋回，这显然不是受控于局部的沉积过程，而是与区域性的基准面变化有关。周期性的四级层序较幕式的有更好的横向稳定性。

整个延安期构造沉降缓慢且物源补给充分，盆地基底极为平缓，因而周期性发育的湖泊都属于浅水湖。湖泊泥质沉积层最大单层厚度仅 30m，在相当于四级层序的时间间隔内三角洲朵体可快速进积和废弃。此种过程有利于形成大面积分布的稳定厚煤层。鄂尔多斯盆地延安期的煤层累计可采厚度一般为 25m，分布面积大，形成的煤储量大于 7000 亿 t，是我国长远的能源基地。

根据所编制的大量层序地层断面，可将鄂尔多斯盆地延安期的层序地层格架概括为模式图（图 1），在内陆坳陷湖盆中此模式具有一定代表性，但存在着活动边缘（如推覆体或其他性质的断裂）时则会出现巨厚的扇三角洲和辫状三角洲。

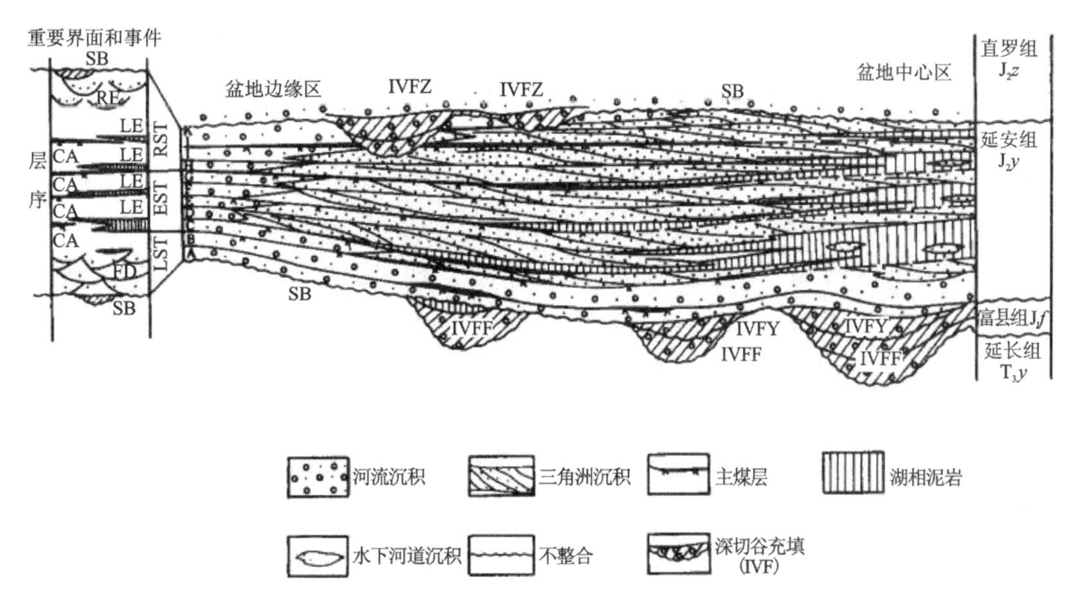

CA. 河流、三角洲废弃大面积成煤；SB. 层序界面；LE. 湖泊扩展期；FD. 河流体系占优势；RF. 河流回春；LST. 低位体系域；AST. 冲积体系域（在不能确定层序底部以冲积占优势的体系域是否低位时用 AST）；EST. 湖盆扩展体系域；RST. 湖盆萎缩体系域。

图 1　鄂尔多斯盆地延安组的层序地层结构（本图综合了多条沉积断面成果，延安组层序厚度 200～350m）

延安期沉积体系的配置显示出极不对称的特征。湖泊中心区在现今盆地的东南缘，即延安一带，原沉积盆地的东部已被剥蚀，推断侏罗纪的“大鄂尔多斯”盆地的沉积曾覆盖了山西省的主体部分。精细的地层对比和古地理重建表明，大同、宁武、汝箕沟等鄂尔多斯盆地周缘的小盆地沉积时属于同一个大型坳陷盆地。

对鄂尔多斯盆地等陆相盆地的典型研究表明，层序地层学的基本原理能用于在非海相沉积盆地中建立等时地层格架、重建沉积体系域和进行能源资源的有效预测。但无论在地层格架样式、体系域特征和控制因素等许多方面都需充分考虑不同构造背景下陆相盆地的特点，并在术语体系上做必要调整。此外陆相盆地的不同构造类型，如裂谷与前陆，其层序地层样式也有重大差别。陆相湖盆中所揭示的基准面变化尚难与邻区及全球性海平面变化建立对比关系，这是有待突破的难题。

参考文献

[1]POSAMENTIRE H W,WEIMER P. Siliciclastic sequence stratigraphy and petroleum geology:where to from here? [J]. AAPG Bull,1993,77(5):731-742.

[2] OLSEN P E. Tectonic, climatic and biotic modulation of lacustrine Ecosystems examples from Newark Su-pergroup of eastern North America[M]// KATZ B J. Lacustrine basin exploration, case studies and modern analogs. Tulsa: AAPG, 1990: 209-224.

[3]李思田,程守田,杨士恭,等. 鄂尔多斯盆地东北部层序地层及沉积体系分析[M]. 北京:地质出版社,1992.

[4] VAIL P R, AUDEMARD F,BOUMAN S A,et al. The stratigraphy signature of tectonics, eustasy andsedimentology-an overview [M]// EINSELE G, RICKEN W, SEILACHER A. Cycles and Events in Stratigraphy. Berlin: Springer,1991.

[5]杨俊杰,李克勤. 张东生,等. 中国石油地质志 1 卷 129 长庆油田[M]. 北京:石油工业出版社,1992.

[6] WEIMER P R. Developments in sequence stratigraphy: foreland and cratonic basin [J]. AAPG Bull, 1992, 76 (7):965-982.

[7] LI SITIAN, YANG SHIGONG, HU YUANXIAN, et al. Analysis of depositional processes and architecture of the lacus-trine delta, Jurassic Yanan Formation,Ordos basin[J]. Science China Earth Sciences,1992, 1(3):217-231.

论沉积盆地的等时地层格架和基本建造单元*

摘　要　层序地层分析为当代沉积学的重大进展领域和研究热点，来自北美边缘海盆地的经验不能简单地用于性质极不相同的、在我国占重要比例的内陆盆地和近海盆地。为此本文从更广泛意义上讨论了层序地层单元和各级建造块的地质含义，并对它们在我国不同类型板内盆地中的实践进行了论证，提出了在我国进一步开展层序地层分析所要面临的主要问题。

关键词　层序地层分析　等时地层格架　盆地充填的基本建造单元

沉积充填是盆地的实体。盆地分析的基本工作是对盆地充填和盆地构造的解析，并阐明构造演化与沉积充填之间历史的和动态的关系。地质学史上曾有很长时期是以垂向的地层及沉积序列分析为主要研究方法，亦即以一维的变化为基础，地层和沉积的空间关系固然可以通过一系列柱状剖面的对比和瓦尔特相律建立认识，但往往由于对比的可靠性所限和控制密度不足而与客观的三维关系有很大差异。"层板模式"的潜在影响更时常引起对比工作的失误。事实上盆地的充填作用是进积、侧积与垂向加积三种堆积形式的复杂交织过程，只在特定条件下才形成板状的、横向上可长距离对比的岩层。

为找寻能源而进行的盆地分析迫切需要对沉积体本身及其空间配置关系进行三维研究。高分辨率反射地震技术的出现和广泛应用以及地震探测和钻井、露头研究的紧密结合，使得对盆地充填进行细致的三维解析有了可能性和现实性。

20世纪80年代至今，层序地层分析所取得的最新进展已成为沉积学和地层学领域最引人注目的热点之一，现今已提出了一整套较严格的概念体系和研究方法，并进行着广泛的实践。但是，层序地层研究主要源于北美海湾盆地等地区，那里有一系列有利的和独特的条件，频繁的海平面变化事件对沉积体系演化有重要的控制作用，建立了海平面变化的精确年表和幕式周期；被动大陆边缘的构造背景，使相带发育并保存完整，从冲积体系、三角洲体系、陆棚和碳酸盐岩台地直到斜坡体系有规律地递变和过渡；构造变形的干扰相对较弱；高精度的地震技术加以海上施工，没有地面地形起伏和浅层复杂构造的干扰，从而能得到很清晰的地震剖面；这些都是在该地区率先取得进展的客观条件。目前人们充分认识到这一领域的新发展对盆地研究和找寻能源矿产的重大意义，并意识到它对沉积学、地层学和其他更广阔领域的影响。海湾等盆地的经验虽然可被借鉴，却不能作为一个普遍适用的模式，在其他盆地中如何应用，特别是在我国分布最广泛的内陆盆地和陆表海沉积占优势的近海盆地中如何应用，则成为被普遍关注的问题。

在陆相盆地中，海平面变化对沉积体系发育的影响极难辨别，但在中国的大型盆地中都有分布很广的湖相层以及湖泊扩展和萎缩的周期性的变化。构造因素对沉积充填的影响更为明显和突出，特别是在裂谷和前陆盆地中。在内陆表海盆地中，如华北和扬子地台区的晚古生界，由于极缓的古坡度，尽管有频繁的海平面变化事件，低水位条件并不能造成明显的不整合。此

* 论文发表在《沉积学报》，1992，10(4)，作者为李思田、杨士恭、林畅松。

外在稳定克拉通基底上的盆地，包括内陆的和近海的，不整合面多以微角度的形式存在，因此在这些盆地中需要探索独特的工作方法。

这里首先需要从更广泛的角度理解和确定层序地层分析的概念体系。Sloss最早将巨不整合为界面的层序定义为“一个构造旋回的岩石记录”。在地震地层学发展的早期借鉴和使用了Sloss关于层序的概念，即以不整合或与之相当的整合面为界的地层单元，但在使用上不限规模和级别[1]。这样，其地质含义并无确定性。随着研究的深入逐渐提出了等时地层格架和层序地层级别的概念，特别是将地震地层分析与露头和岩芯研究结合使它有了较确定的含义。这里所用的“层序”其规模和时间间隔远比Sloss最初在北美划分的要小，原来Sloss的层序概念在Exxon Mobil的旋回级别中则成为超层序(supersequences)。由于地震处理技术的提高，在层序内部划分出沉积体系域，又根据钻井资料在沉积体系域内部划分出小层序(parasequence)和小层序组[2]。上述各种级别的层序地层单元像建造块(building block，或译建造单元)一样共同构成了盆地的等时地层格架，建造块是进行盆地充填的三维解析中的一个很形象的术语。现在保存的盆地充填实体像一个庞大的建筑，可剖析出不同层次和不同级别的组成部分。Hubbard等以加拿大东海岸滨外被动大陆边缘盆地为例所作的盆地构成的分级解析，形象地表达了建造块的概念，在层序之上他划分出了以区域性不整合面为界的大层序(megasequence)。与Hubbard的划分相似，Galloway在层序之上划分出的更高级别的“构造层序(tectonic sequence)”，其含意与大层序相同。这样如果把盆地充填序列作为层序地层分析的Ⅰ级单元，构造层序则为Ⅱ级单元，依次排列，Galloway的建议中8个级别的单元，其最后一级是砂体内部的构成单元[3]。

在考虑层序地层分析的概念体系时还必须研究其他学者的成果和提出的相关术语，因为有些术语曾被普遍地使用过，从而存在着与Exxon Mobil的沉积学家们所用术语体系的对比问题。这里特别值得提出的有下列学者的意见：Weimer是“作用控制的成因单元”(the process－controlled genetic unit)这一重要概念的提出者[4]，他是针对“layer cake geology”即层板模式的错误影响提出的。Busch提出的地层的成因增量(genetic increment of strata，GIS)和成因序列(genetic sequences of strata，GSS)曾为许多教科书所引用。Fisher等在20世纪70年代发表了沉积体系的论著，并将其定义为成因上联系在一起的相的三维组合，以后又进一步提出沉积体系域的概念[5]，由于“相”这一术语使用非常广泛，并在不同场合有不同含义，因此Galloway建议用成因相(genetic facies)表示构成沉积体系的相单元，如构成三角洲体系的分流河道、决口扇等。

本文试图在引用和概括上述新进展的基础上结合自身在我国一系列盆地特别是内陆盆地和内陆表海盆地研究中的体会来阐述层序地层分析的概念体系。下面所涉及的层序地层分析的九级建造单元曾参考了Galloway等的意见并做了修改补充。

1 盆地充填序列和构造层序

盆地充填序列(basin-fill sequences)是沉积盆地基底以上的全部盖层充填。谈到盆地首先涉及成盆期与控制盆地形成的构造体制。世界上的多数大型盆地都是叠合盆地，即由一系列不同类型的盆地单元构成，这些盆地不仅类型不同，原始沉积范围也各异，现今的叠合关系主要与晚期形变历史有关。从油气聚集规律研究的需要出发，这些盆地不可能分割，例如油气可能深成浅储，其形成、运移与最后的保存可能涉及了叠合在一起的几个盆地单元——即朱夏院士提出的盆地原型。因此多数盆地研究者主张将多个盆地原型的叠合当作一个盆地看待，所以，作为层序地层格架的一级单元盆地充填序列应包括几个成盆期充填物的总和。

构造层序(tectonic sequence)其含义类似于大地构造学中的构造层。与Exxon Mobil术语体系中的超层序和被许多学者应用过的大层序含义近似。构造层序是被沉积盆地中一级古构造运动面所划分的地层序列，通常是与大的构造旋回相当的建造单元。每个构造层序是一个盆地原型或称单型(mono-type)。与过去划分构造层的习惯不同，从盆地演化的角度难以规定构造层序的时限，如某种成盆机制下形成的特有的一种原型，尽管其时限可能较短，但也需单独划分出来，这在一些叠合盆地中不乏实例。以鄂尔多斯盆地为例，整个充填序列可划分为6个构造层序(图1)，即Ⅰ.新元古代拗拉槽(aulacogen)裂陷充填；Ⅱ.震旦纪—奥陶纪地台型碳酸盐岩及碎屑岩充填，其西缘为拗拉槽充填，南缘向古大陆边缘过渡；Ⅲ.石炭纪—中三叠世地台型碎屑岩序列，西缘则为拗拉槽再活动期充填；Ⅳ.晚三叠世前陆式挠曲背景下的巨厚碎屑岩沉积；Ⅴ.早中侏罗世相对稳定背景下的内陆坳陷(sag)碎屑岩沉积；Ⅵ.伸展活动背景下的粗碎屑冲积及古沙漠沉积。事实上在此阶段中晚侏罗世芬芳河组前的不整合和白垩纪志丹群前的不整合规模都相当大，待进一步确定。

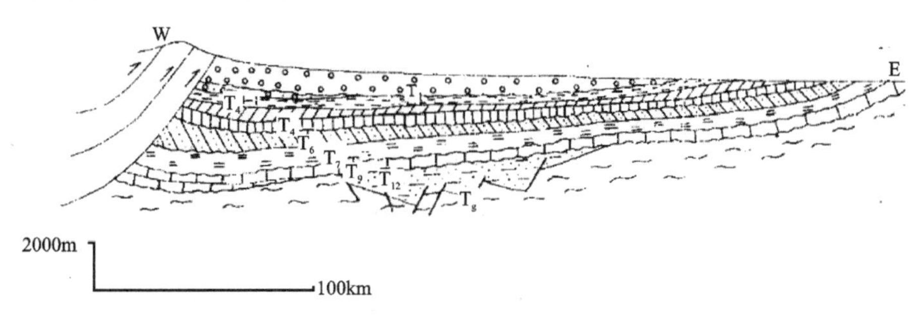

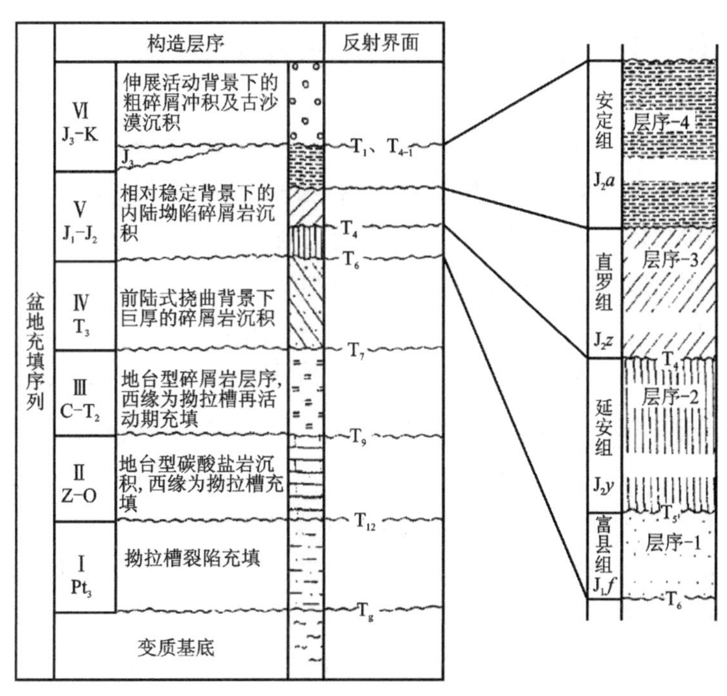

图1 鄂尔多斯盆地的构造层序

划分构造层序的不整合界面皆具有大区域的对比意义。许多过去被认为属平行不整合的界面在做了大量研究和工程控制之后被证明是微角度不整合面。这些界面能在大区域内对比，如鄂尔多斯及四川盆地上三叠统的顶底界面，这些界面起源于特提斯构造域的板块相互作用事件。

2 层序

作为高级别构造旋回的岩石纪录，一个构造层序内部常可根据次级古构造运动界面再划分出几个层序。在板内盆地中如何划分和识别层序，需要在实践中探索其标准。在被动大陆边缘盆地中，由于沉积物分布在陆棚和陆坡，单单是海平面变化即可以引起不整合界面的形成，如低水位条件下峡谷对斜坡的侵蚀。在许多板内盆地中的不整合界面，特别是构造层序内部的二级不整界面，多以微角度不整合或平行不整合的形式出现。某些界面因为没有明显角度，常常需要很长时间才被认识到属于不整合性质。

在鄂尔多斯、四川等盆地中，这些在地面及反射地震断面中均难以看到明显角度的不整合界面被发现是因为：①环境的突变和沉积的不连续；②界面下古地质图的编制可揭示界面上地层与界面下不同层位的接触状况，如鄂尔多斯盆地侏罗纪前的古地质图[6]，四川盆地晚三叠世以前的古地质图等；③沉积体系配置和同生构造格局的改组；④风化间断标志，特别是古风化产物的存在；⑤古生物演化的突变和化石带的缺失；⑥古气候条件的突变。

板内稳定的克拉通基底上的盆地充填序列中不整合界面上下地层角度相差甚微，因而识别这种不整合界面并划分层序相当困难，更需要将地震、钻探和地面露头研究紧密结合，才能达到较好效果。与被动大陆边缘条件不同，板内坳陷中的不整合界面主要取决于构造因素，如图 1 所示，据鄂尔多斯盆地早中侏罗世的 3 个不整合面划分出 4 个层序。

3 关于小层序、小层序组和沉积体系域

Exxon Mobil 学者们将层序进一步划分为沉积体系域，这是由于反射地震技术的大幅度提高从而能做到高的分辨率。在所识别的Ⅰ型层序中自下而上划分出了低位体系域(LST)、海进体系域和高位体系域(HST)；在Ⅱ型层序中自下而上划分出了陆架边缘体系域、海进体系域和高位体系域[2]。因此，如果层序是地层格架中的三级单元，那么其在模式中(体系域中)是四级单元。每一种体系域都包括了许多小层序，因而是一个小层序组。

事实上沉积体系域概念的提出者并未给予其成因地层级别的含义。沉积体系是有成因联系的相的三维组合，体系域则是同期的沉积体系“链”(linkage)[5]。在重建沉积盆地某一演化阶段的沉积体系域时，其代表的地层间隔往往取决于对比的精度。将一个层序三分的做法仅适用于一定条件下，不能作为一种模式推广到所有不同类型的盆地中。

“parasequence”一般译为小层序、准层序或亚层序，笔者认为译为小层序更为准确，译为准层序不符合汉语使用习惯，因为一个层序中常包括十几个或几十个“parasequence”，二者不是“准”与“正”的关系。一个“parasequence”在时限上相当于过去常用的一个“倒粒序”(三角洲体系)或一个“正粒序”(河流体系)，在所对应的旋回级别上相当于过去常用的小旋回。如果与

Busch 的术语对比，大体相当于一个成因增量(GIS)。

在鄂尔多斯盆地的延安组一般可划分出 10 个小层序，如果从盆缘向中心追索一个小层序，可以发现由冲积-三角洲-湖泊等各种体系的过渡。因此一个小层序是沉积体系域的一个基本单元，笔者简称之为体系域单元(图 2)。

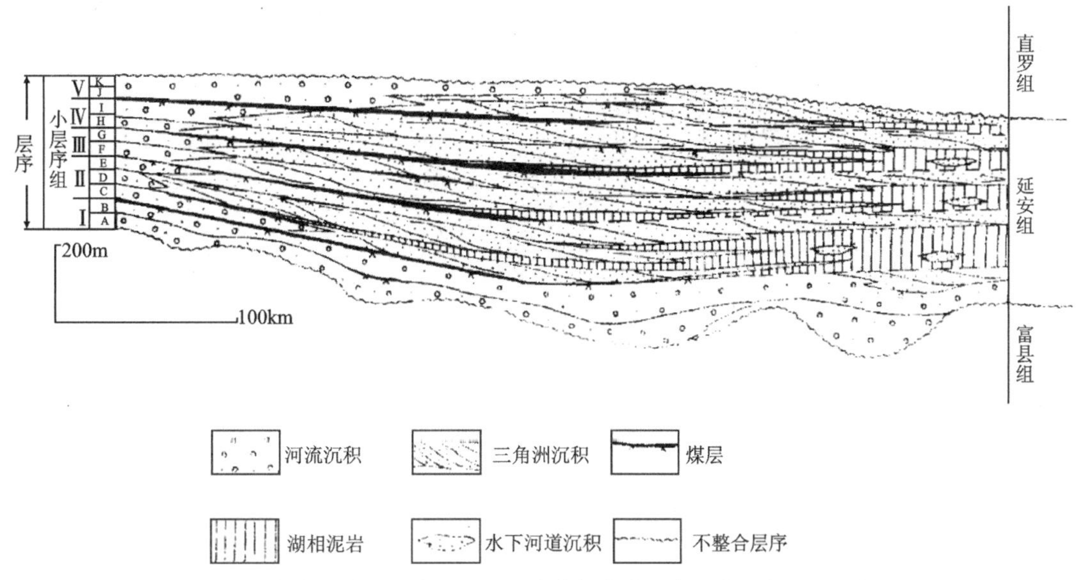

图 2　鄂尔多斯盆地延安组沉积层序内部的小层序及小层序组(Ⅰ—Ⅴ)

小层序的界面在边缘海及内陆表海盆地条件下用海进层或短暂的海泛层来划分，在内陆湖盆条件下则采用水进层位，如湖相泥岩层。在含煤岩系中代表三角洲体系最终废弃阶段的稳定煤层，哪怕是很薄但分布面广的煤层，也是划分小层序的理想顶界面。这一原则在含煤的冲积平原沉积序列中也常常适用。

在稳定地块基底和内陆表海古地理条件下形成的海陆交替沉积序列中，由于标志层多更易进行小层序的划分和对比，如四川、贵州、云南地区的晚二叠世含煤岩系和华北地台区石炭纪、二叠纪含煤岩系。从滇东到贵州相带保留十分完整。根据对一系列剖面的研究和其间地区的连续追索可重建沉积体系域。图 3 所示的龙潭组中期沉积体系域模式图是根据大量实际资料概括的，对各相带均进行了野外详细研究，自西向东再折向黔南依次可见下列相带：冲积扇带见于康滇古陆东缘；河流体系见于云南镇雄和贵州威宁地区，威宁哈拉河剖面可见曲流河体系；三角洲体系覆盖贵州西部大片地区，水城、盘县、六枝、织金等地区皆为三角洲发育区，那里形成了中国南方最大的煤田——六盘水煤田，再向东到安顺、贵阳一带则为碎屑岸线与浅海碳酸盐岩交替带；贵阳以东、以南逐渐过渡到碳酸盐岩台地；在贵州南部册亨、望谟地区可见台地边缘礁带(以海绵礁为主)；更南则进入台地间断槽区，在斜坡部位有硅质碳酸盐岩和重力流沉积。上述一系列沉积体系的规律过渡构成了龙潭组中段(包括 3 个小层序)的沉积体系域。

重建沉积体系域的工作可以按小层序组，特定条件下也可以按小层序进行。目前在一般情况下反射地震剖面不能识别出小层序，但在良好出露区或密集钻孔区可以划分和对比小层序。事实上在煤田地质工作领域由于研究单煤层变化的需要，多年前即已在有条件的地区以小旋回为时限编制了岩相古地理图，如在 20 世纪 50 年代苏联对顿涅茨盆地的研究和美国对宾夕法尼

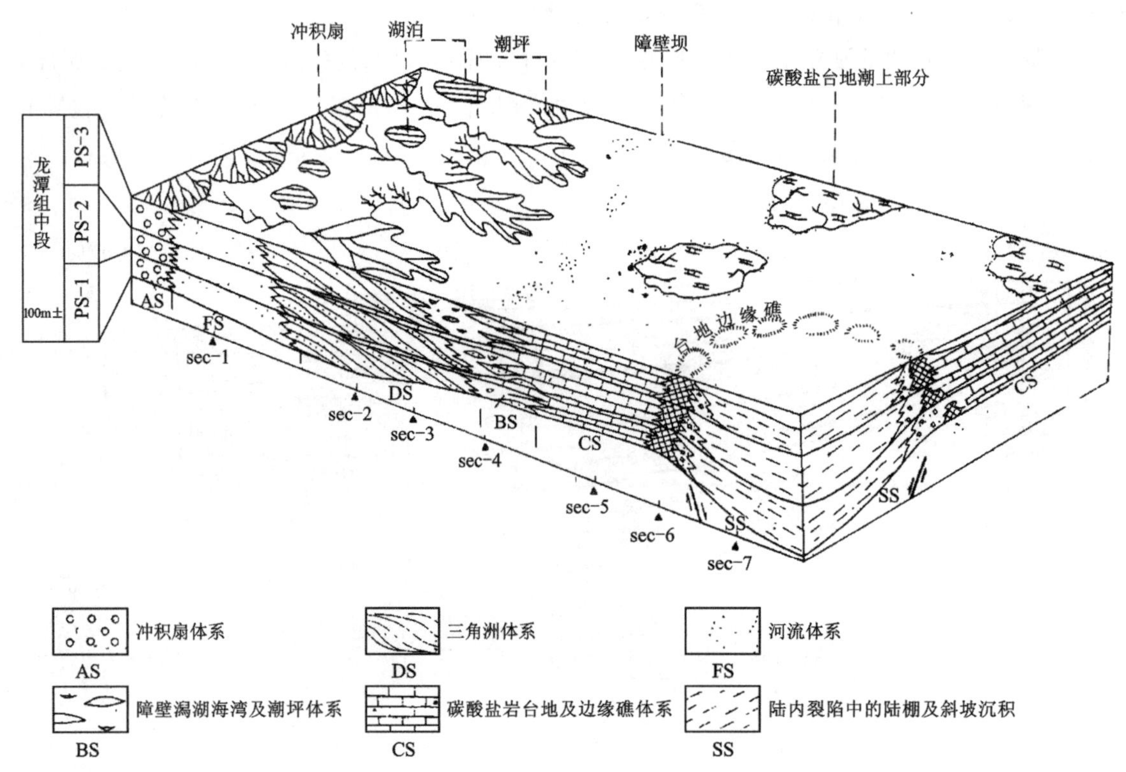

sec-1.威宁,曲流河;sec-2.水城大湾,上三角洲;sec-3.织金,下三角洲;sec-4.安顺,碎屑岸线及浅海交互带;sec-5.慈水,碳页岩盐台地;sec-6.册亨、望谟,台地边缘礁及礁麓堆积;sec-7.望谟,台地间裂陷内陆棚及半深水斜坡沉积。

图3 贵州西部及南部龙潭组中期沉积体系域模式图

亚系的研究[7],由于当时沉积学发展的水平,对某些环境的解释可能有出入,但毕竟根据小的时间单位编制了能近似地反映沉积体系域平面形态的岩相古地理图。因此,当需要编制高分辨率古地理图时,按小层序重建体系域也是可能的。

4 沉积体系和成因相

Fisher 等在20世纪70年代初曾划分出9种碎屑沉积体系,包括:①河流;②三角洲;③障壁沙坝及海岸平原;④潟湖、海湾、口湾和潮坪;⑤大陆架和克拉通内陆架;⑥大陆斜坡、克拉通内斜坡和盆地;⑦风成沉积;⑧湖泊;⑨冲积扇和扇三角洲[8]。每种体系都有其特有的在成因上被沉积环境和沉积过程联系在一起的相的三维组合。鉴于对相的概念理解不一并在许多不同的范畴中使用,因此在沉积体系分析中 Galloway 用成因相(genetic facies)一词表示这些构成沉积体系的基本相单元。沉积体系和成因相都是三维地质体。

由于沉积体系的发育往往具周期性,如三角洲沉积体系在垂向上表现为一系列总体向上变粗的旋回(即 Busch 的成因序列),空间上表现为一系列进积体。因此有必要用体系单元这一概念表示在一个发育周期或一个沉积事件所形成的沉积体系[8],例如由前三角洲相、三角洲前缘相组合到三角洲平原相组合。Busch 的成因增量在较小范围内相当于一个体系单元,在较大范围则相当于一个体系域单元。

一个小层序是由几种相互连接和过渡的沉积体系的体系单元构成的。

每种沉积体系由几种或十余种成因相镶嵌成一个整体，如笔者曾在鄂尔多斯盆地延安期湖泊三角洲体系中识别出分流河道、天然堤、堤外越岸沉积、决口扇、沼泽、三角洲平原小型湖、水下分流河道、口坝席状砂、决口三角洲等近二十种成因相(图 4)。曲流河体系亦可划分出 6 种成因相(图 5)，每种成因相是相对单一的沉积体。在油气储层研究中已证明笼统划分河流相、三角洲相不足以正确对油气储层进行评价；进行成因相构成的解释，以成因相砂体为储层研究的基本单元是必须的途径。在出露良好的地区如鄂尔多斯、四川和新疆的许多盆地，可以对各种成因相及其配置关系进行三维追索，此种研究所获得的认识比单纯的垂向层序分析有更高的应用价值。

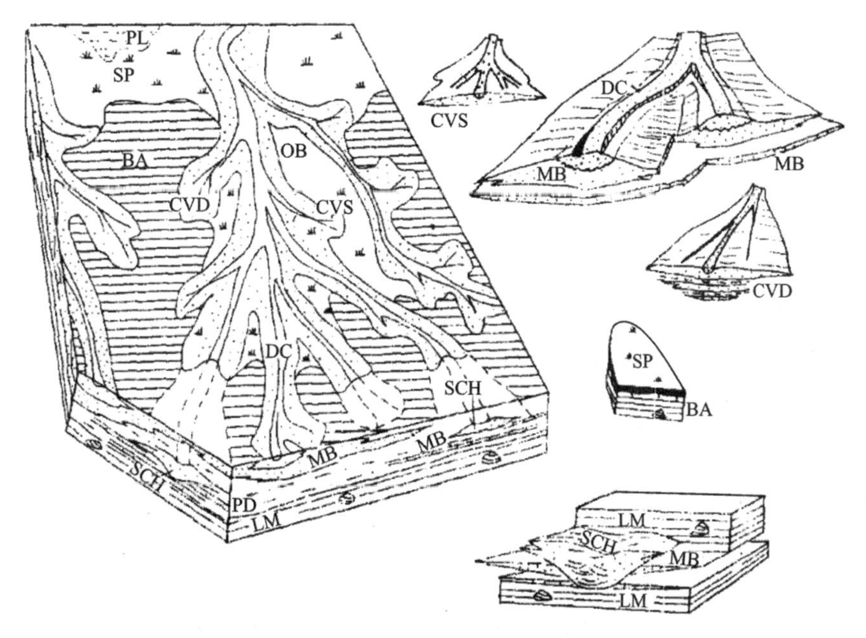

DC. 分流河道；SCH. 水下分流河道；OB. 越岸沉积；SP. 沼泽；PL. 泛滥平原湖；CVS. 决口扇；BA. 湖湾；CVD. 决口三角洲；MB. 河口坝；PD. 前三角洲泥；LM. 开阔湖。

图 4　湖泊三角洲及其成因相构成模式图

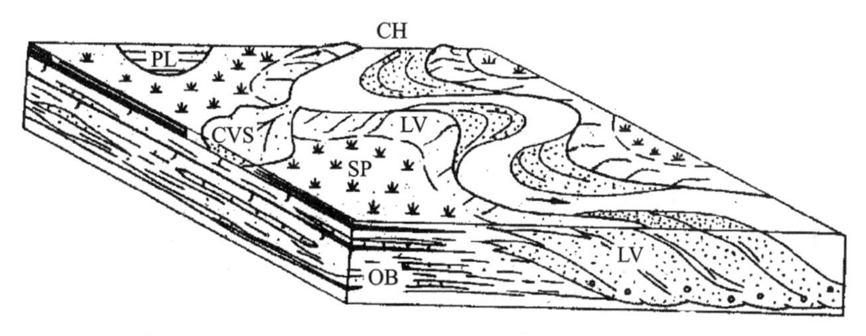

CH. 河道；LV. 天然堤；OB. 越岸沉积；CVS. 决口扇；SP. 沼泽；PL. 泛滥平原湖。

图 5　曲流河体系及其成因相构成模式

5　成因相内部的构成单元

Miall是最早也是最鲜明指出以垂向层序研究为基础的相模式中的缺欠的学者，他所提出的构成单元(architectural element)的概念和方法使相和沉积体系研究更为深化。应用等级界面、构成单元和岩性相研究储层砂体的不均质性已被证明是有效的。但在Miall的术语体系中有不同等级沉积体交织的情况，如河道(CH)作为河流沉积的第一种构成单元，而与之平行的侧向加积体(LA)和砾质坝及底形(GB)又都是河道内的构成物。本文在应用中将河道划入成因相一级而不作为构成单元，并用“成因相内部的构成单元”来限定这一级(Ⅷ)建造块的范畴。

对于大部分成因相内部的构成单元依其堆积方式可分为进积、侧向加积和垂向加积三种类型，因此在成因相解析中首先可划分出不同种类的进积单元、侧积单元和垂向加积单元。例如在对一个曲流河道砂体进行储层不均质性研究时，对其点坝部分根据内部界面可划分为一系列侧积体，而对其活动水道部分划分出向下游加积的进积体(相当Miall的DA)。

近年来由于国际上致力于解决因储层的不均一性而滞留在砂体中的大量可动油，对砂体内部构成进行了十分精细的研究。如在前述构成单元的内部，进一步根据沉积结构构造划分更小的单元，类似沉积学中所使用的岩性相。在储层沉积学中更突出了水动力条件和岩石成分。按孔渗性研究的要求划分岩性-能量单元。图6表示一个曲流点坝的侧向加积单元，这些单元通常被泥、粉砂披盖层所分开，每个侧积单元中又可进一步划分岩性相或岩性-能量单元，即第Ⅸ级建造块。

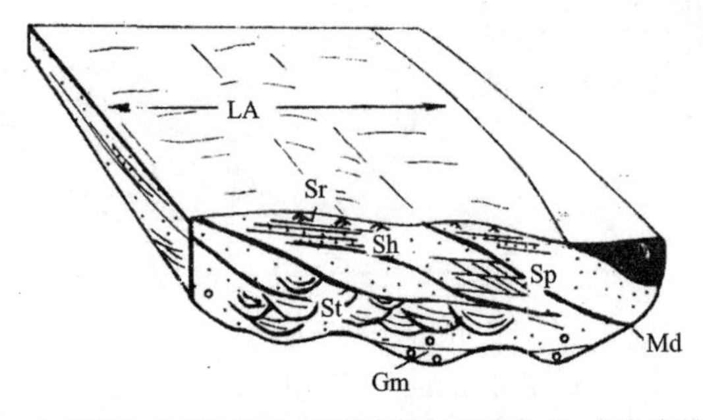

LA.侧向加积体；Gm.块状砾岩、含砾砂岩；St.槽状交错层理砂岩；Sp.板状交错层理砂岩；Sh.水平纹理砂岩；Sr.波痕纹理砂岩、粉砂岩；Md.泥质、粉砂质披盖层。

图6　一个曲流点坝的侧向加积单元及其内部的岩性相

6　结论与讨论

(1)层序地层分析的原理与方法的进展对沉积盆地分析、生物地层学等许多领域正在产生重大影响。目前主要从北美大陆边缘条件盆地中取得的经验虽是盆地研究中极好的借鉴，但不能作为普遍模式用于其他类型盆地。已经证明不同类型盆地各具其特有的层序地层样式。

(2)层序地层分析将使相与沉积体系的研究在统一的等时地层格架中进行，因而更有利于提示其空间配置规律，这对查明含油气盆地中的生、储、盖层的配套和沉积，层控矿产的分布规律有重大价值。

(3)海平面变化对不整合界面的形成,对层序及沉积体系域的控制是近代层序地层学内容的精华部分。在内陆盆地中难以直接与同期海平面变化事件对比,一般表现为基准面(baselevel)的变化,此种变化常以构造因素为主,并可能反映海平面变化的间接影响。构造、海平面变化、古气候以及沉积补给在层序的形成与特征上都是不可忽视的决定因素。

(4)层序地层分析与20世纪70年代以来的许多相关研究进展已提供了较为完整的对盆地充填进行解析的概念体系。如果以盆地充填序列为Ⅰ级单元,可以分级解析为不同级别的建造块,如构造层序(Ⅱ)、层序(Ⅲ),小层序组——沉积体系域(Ⅳ)、小层序——体系域单元(Ⅴ)、沉积体系单元(Ⅵ)、成因相(Ⅶ)、成因相内部的构成单元(Ⅷ)、岩性-能量单元或岩性相(Ⅸ)……就像一个复杂的建筑的构成解析可直接分解到砖和瓦。这里必须强调各级建造块都是三维沉积体,这与一般岩相古地理分析有明显区别。在盆地分析中进行解析的最小级别是依任务要求而定的,如Ⅷ、Ⅸ两级通常是在储层不均质性研究中才使用的。

(5)层序地层格架的建立与各级建造块的解析关键问题是不整合界面和其他关键界面如最大海泛面和区域性湖泊扩展界面的识别,在此基础上力求精确定年。因此层序地层分析的成功与否还取决于是否能与高分辨率的事件地层学、微体古生物学、同位素和磁地层学密切结合。

(6)高分辨率地震探测及处理技术是层序地层分析取得惊人发展的主要原因之一,但建立严格的理论与方法体系则需与露头和钻孔岩芯及测井资料研究密切结合,使原来基于地震地层学的术语能够有准确的地质含义。我国有许多大型能源盆地既有良好的露头,又有密集的工程控制,具有进行此种研究的有利条件。

本文是在学习当代沉积学若干新进展的基础上,结合笔者在国内陆相盆地及内陆表海沉积发育的晚古生代盆地的实践提出的讨论意见。盆地充填的各级建造单元划分尽量采用已有的术语体系,但用了局部修改补充。这些见解的形成与多年来学科集体的共同实践与讨论有关。

参考文献

[1]VAIL P R,MITCHUM R M, THOMPSON S. Seismic stratigraphy and global changes of sea level [M]//PAYTON C E. Seismic stratigraphy: applications to hydrocarbon exploration. Tulsa: AAPG,1977: 83-97.

[2]VAN WAGONER J C,POSAMENTIER H W,MITCHUM R M, et al. An overview of the fundamentals of sequence stratigraphy and key definitions[C]// WILGUS C K. Sea-leve Changes: an integrated approach. Broken Arrow, OK: SEPM Special Publication,1988,42: 39-45.

[3]MIALL A D Architectural-element analysis:a new method of facies analysis applied to fluvial deposits[J]. Earth-Science Reviews,1985,22(4): 261-308.

[4]WEIMER R J. Deltaic and shallow marine sandstones: sedimentation,tectonics and petroleum occurenes[M]. Tulsa: AAPG,1976.

[5] BROWN L F, FISHER W. Seismic-stratigraphic interpretation of depositional systems:examples from Brazilian rift and pull-apart basins[M]//PAYTON C E. Seismic stratigraphy:applications to hydrocarbon explo ration. Tulsa: AAPG,1977: 213-248.

[6]孙国凡,刘景平,柳克琪,等.华北中生代大型沉积盆地的发育及其地球动力学背景[J].石油天然气地质,1985,6(3):280-287+350.

[7]MCKEE E D,CROSBY E J,FERM J C, et al. Paleotectonic investigations of rhe pennsylvanian system in the United States Part Ⅱ : interpretive summary and special features of the pennsyl vanian[M]. Washington D. C. : Professional Paper,1975.

[8]李思田,杨士恭,黄家福,等.断陷盆地分析与煤聚积规律[M].北京:地质出版社,1988.

层序地层分析与海平面变化研究——进展与争论*

摘　要　当代地质学的热点层序地层分析提出于20世纪70年代，至今俨然成为被广泛注意和应用的学科。在石油勘探领域应用这一新的概念体系和方法已经为储集砂体的预测带来了战略性的变化，并取得了重要成就，特别是低位体系域底界面上的深切谷充填砂体的预测和发现。但是目前也存在着理论上的激烈争论，其中主要针对全球海平面变化问题，许多学者根据新的资料和模拟结果论证了层序地层样式受控于构造、海平面变化、沉积物补给等多种因素；在许多地区已经得到证实的相对海平面变化事件不能轻易地当作全球性事件去进行对比。本文针对层序地层分析主要的进展和争论选择了一些代表性著作、1992年AAPG年会和笔者在北美考察所获信息进行了综述。

关键词　层序地层学　全球性海平面变化　关键性界面

层序地层学作为当代地质学取得重大进展的新学科正在受到地质工作者的普遍重视，并在沉积学、地层学等许多领域，特别是在石油、天然气勘探中被广泛应用。1992年6月在加拿大召开的AAPG年会上，来自各国的5000名地质及地球物理工作者展出了一大批成果，其中与层序地层研究有关的论文在数量上占首位。许多石油公司的研究者介绍了应用层序地层学在找寻油气中取得的效益，如Amoco石油公司在工作中对测井结果进行了深度—时间校正，使测井结果能直接与地震剖面和古生物等资料进行一体化的层序地层研究，在波弗特海和阿拉斯加地区发现了新的靶区；联合太平洋公司在东科罗拉多和西堪萨斯州的工作中用层序地层学的方法重新进行整体评价，发现了长距离延伸的谷地充填砂体，从而在找油目标上进行了战略上的改变。Weimer指出，层序地层学应用以来最重要的找油新领域之一是层序界面上的谷地充填砂体。科学家在尼日尔三角洲地区应用墨西哥湾盆地的模式和经验在新的地震、钻井资料的基础上完成了一系列层序地层大剖面，发现了丰富的有经济价值的油气圈闭。层序地层学的方法正在不同类型的盆地中应用，并证明着其有效性，这些盆地既包括被动边缘盆地，也包括活动边缘盆地；既有伸展型盆地（如北海等裂谷盆地），也有挠曲型盆地[如阿尔伯达（Alberta）、丹佛（Denver）等前陆盆地]。除了与海相沉积有关的盆地外，不少学者也在内陆盆地中进行了探索，有的还提出了湖盆地的三维地层模式。

层序地层学被认为是一种新的、有生命力的概念体系和方法，并能够在广泛的领域中实验，是由于：

（1）层序地层学是一种新的地层学体系，层序地层单元的分界是客观存在的不整合面及之相应的整合面，因此一个层序地层单元底部是新的沉积期开始，内部是一个独立的序列。层序界面可以通过地震、钻井岩芯和测井曲线以及露头研究进行连续追索[1,2]。因此它比常规的生物地层方法能更准确地解决界面对比问题，并回避了地质学史上迄今常见的在地层时代、界限上的无休止争论。特别是高分辨率反射地震技术可准确、直观地确定等时物理界面。AAPG前任主席Weimer教授指出不整合面的识别是层序地层学的根本，脱离了这一点则与常规的地层

* 论文发表《地质科技情报》，1992，11(4)，作者为李思田。

研究没有区别[3]。正因此不整合面被作为主要的关键界面(key surface)。

(2)层序地层学的方法在沉积盆地分析中首先建立等时地层格架,并将相和沉积体系的研究放在整体性统一格架中进行,因而能有效地揭示其三维配置关系。在含油气盆地研究中能有力地阐明生、储、盖的配套,预测储集体的类型和分布。可以说这种技术是在含油气盆地分析中发展的,并在含油气盆地研究中得到了最广泛的重视和应用。

(3)提出了对盆地充填进行解析的科学系统,各级层序地层单元以及其内部的相和沉积体系都是盆地充填的不同级别的建造块。此种解析使盆地的沉积充填研究真正进入了"三维",因此更具有实用价值。

(4)提出了海平面变化对不整合面和层序的形成及其内部沉积体系域的控制机制。以往地质工作者更为熟悉的是构造不整合和平行不整合,而海平面变化事实上造成了更多的关键性界面,如低位体系域底部的不整合面(LSE),海进侵蚀面(TSE)和最大海泛面(mfs)等,这些界面在地层划分对比中均有重要意义,它们都是沉积演化的突变和转换界面。如果说以往地质学中更多地被认识的是构造因素对沉积充填的控制,那么层序地层学的贡献是更好地揭示了海平面变化的重要影响,并在许多地区多年积累的资料基础上初步建立了海平面变化的年表。

被动大陆边缘条件下沉积层序的计算机模拟也已取得很大进展[4],在密西西比三角洲以东地区模拟结果与真实的断面有相当高的拟合度,表明对控制层序形成的主要地质因素、海平面变化、构造沉降、沉积物补给速度以及初始深度的分析和参数的选择、使用是正确的。

在层序地层学的发展及应用过程中也存在着不同意见,集中表现在对海平面变化的全球性问题上的不同见解。

Haq、Vail 等经过多年努力建立了中新生代海平面变化的年表,并大胆地提出由于海平面变化的全球性(eustasy—Suess1906 年使用此词特指全球性的海平面变化),层序地层学可以成为建立全球性地层对比的手段,并将重新建立全球地层对比系统[5,6]。但近年来许多学者对此展开了激烈的争论。

Boyd 等根据密西西比三角洲和海底扇分布区的研究(图 1)[7],验证了 Vail 等 Exxon 研究集团所建立的层序地层模型。揭示了该区第四纪形成的 I 型层序及其内部的沉积体系域(图 2)。低位体系域厚约 400m,向下坡延展达 400km,在密西西比水下峡谷处厚度可达 600m,其上依次为海进体系域(TST)和高位体系域(HST)。后两种体系域由许多独立的三角洲复合体组成,每个复合体厚 10~50m,各相当一个小层序(parasequence)。这一有意义的工作验证了相对海平面变化(RSL)对层序和沉积体系域的控制作用。但是笔者对 Vail 等提出的与冰川溶解有关的全球性海平面变化提出了反对意见,指出 Vail 等所指的第三级旋回或层序的时限在新生代是 1~2.5Ma,在侏罗纪则长达 10Ma,而海湾地区第四纪与冰期有关的海平面变化周期小于 30ka,此外快速沉降能在短时间内形成巨大的厚度,这种数量级的差异使得"冰融—全球性海平面变化"难以论证。对中生代则更加困难,对于全球较温暖而无冰川的侏罗纪和白垩纪更无法用冰融机制解释海平面变化。事实上即使在第四纪冰川活动时期许多地区也是构造驱动机制与冰融机制并存的,从而地层记录的多样性必然存在。

作为建立海平面变化周期的一种主要方法——从反射地震剖面上认识上超结构(onlap),一些学者提出了质疑。诚然,海平面变化可以产生上超现象,但一定条件下构造作用也可以产生上超现象。Underhill 在北海的研究表明沿铲形的盆缘断裂发生的同沉积伸展构造运动引起了

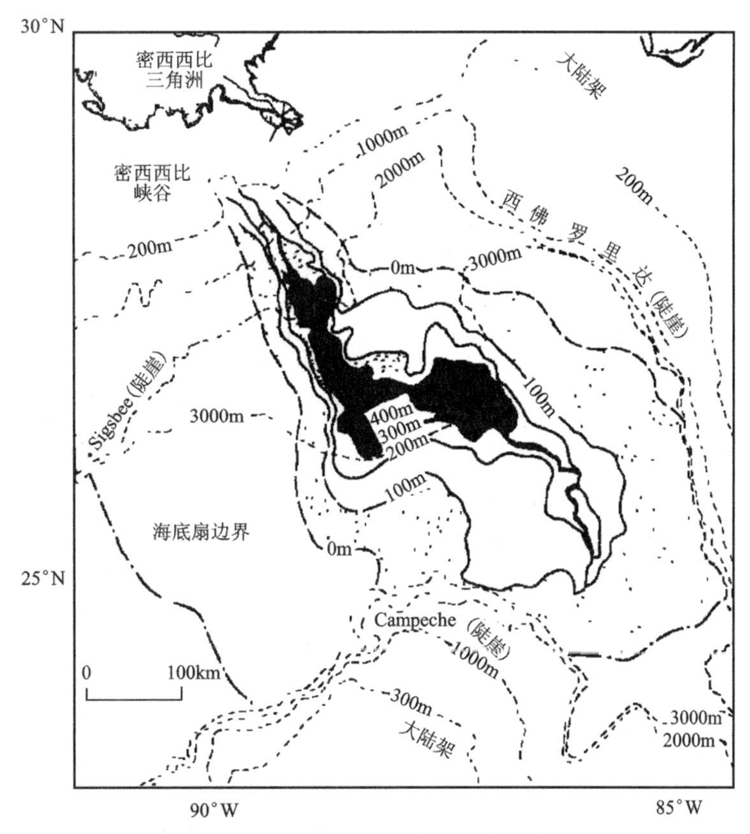

图 1　密西西比海底峡谷、海底扇与现代密西西比三角洲的分布关系[7]

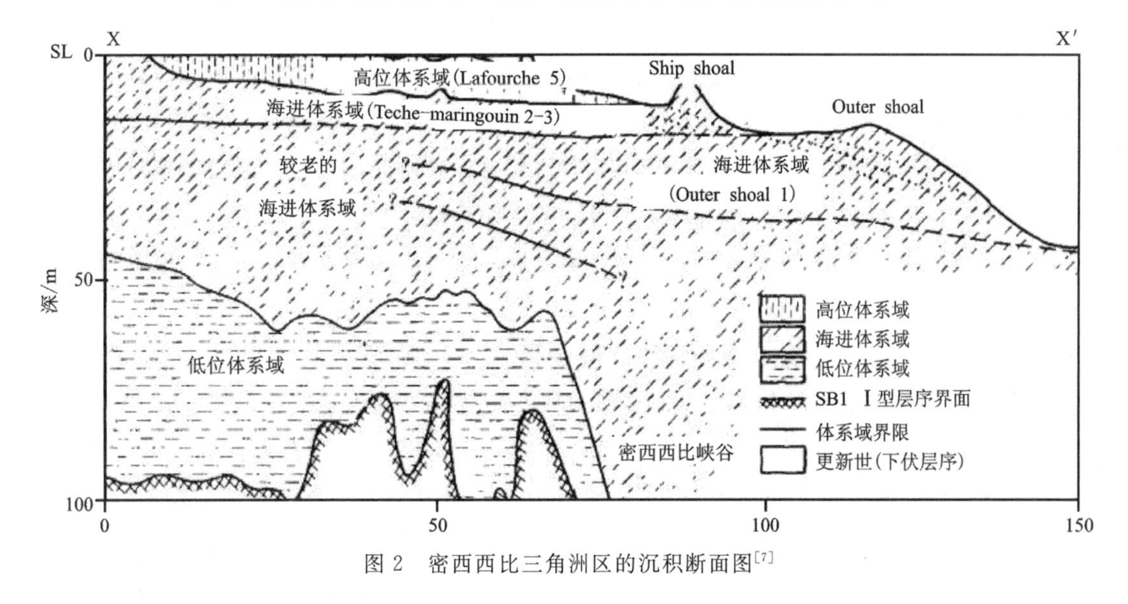

图 2　密西西比三角洲区的沉积断面图[7]

半地堑稳定边缘的海岸上超(图 3)[8]，此种海岸上超也是划分层序界面的依据，笔者指出 Exxon 公司的全球海平面变化表中侏罗纪部分所依据的正是该地区的资料。Driscoll 在纽芬兰滨外的工作得出了类似结论，该区作为层序边界的不整合面记录了幕式的裂陷作用和断块的旋转运动。

Pavid 对大西洋边缘盆地沉积层序(图 4)所做的计算机模拟对说明层序形成因素的复杂性是很有用的[9]，以往大西洋型边缘的沉积层序被认为受海平面变化与构造沉降控制。以大西洋被动边缘盆地的典型层序为依据新完成的计算机模拟表明：如果忽略了构造、沉积补给和压实

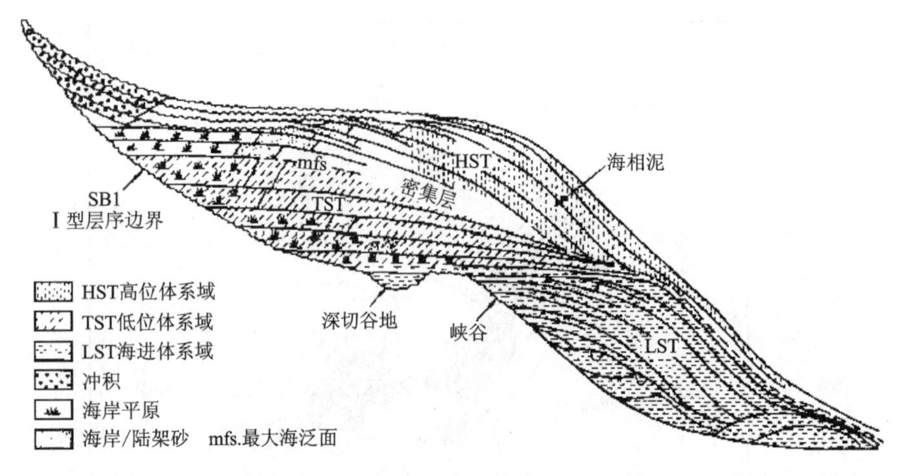

图3 密西西比三角洲地区的层序地层样式[7]

等因素而单一强调海平面变化，会导致解释上的错误，事实上层序的界面和内部构成取决于上述多因素复杂的相互作用(图5)。

Pitman等对大西洋型被动边缘的层序地层演化做了计算，提出地层记录中的海水进退不一定表明发生了全球性海平面的上升事件或下降事件[10,11]。海平面升或降速度的变化可导致同样的结果，向海岸的超覆也可能发生在海平面下降速度减慢的时期。此外Pitman指出Haq的海平面变化年表中新世以前的许多资料取自前陆和裂谷盆地，那些盆地中幕式的构造运动强烈地影响着沉积充填样式。在没有排除构造因素的条件下只能表现区域相对海平面变化，而不足以作为全球性对比的依据。一些研究第四纪近期海平面变化的学者们指出，即使从事第四纪时期的海平面研究，他们也是力求选择构造影响相对微弱的地区。

Vail和Haq曲线是否具有全球性意义存在争论，但多数人仍承认该曲线汇总了许多区域相对海平面变化的大量资料，以及相应的古生物和古地磁资料，对海平面变化研究起了推动作用。

作为当代层序地层学的主要奠基人之一的Vail教授在其新著 *The stratigrapuic signtures of tectonics eustasy and sedimentology cycles and events in stratigraphy*(1990)中也突出了构造对层序形成的影响，并提出了一整套将层序地层分析、沉降史分析和构造-地层分析结合为整体的综合地层分析方法。特别将构造-地层分析概括为9个步骤，其内容突出了构造沉降史与不整合面的研究，并注意沉积充填史与构造型式和古应力条件分析的结合、高级别的构造运动、构造事件与板块构造运动的关系等。Vail提出的受构造运动影响的不整合面的7种类型(是按成因划分的)：①变格不整合(break up unconformity)①；②热抬升不整合；③前渊底部不整合；④由于构造沉降速度减慢造成的前渊内部不整合；⑤由于构造反转或隆起造成的不整合；⑥底辟上升不整合；⑦铲形断层的滚动不整合。这些类型的识别和区分对层序地层分析起关键性作用，并将促进不整合界面研究。

近代层序地层学研究形成高潮以来的另一个广泛性问题是层序地层的术语体系与已形成的规范年代地层和岩性地层术语体系的关系。几乎所有有关层序地层学的会议都涉及了这些概念的讨论。目前所流行的是Vail和Wagoner等所建议的术语体系，需要指出的是层序地层

① break up unconformity也曾被译为破裂不整合，其含义是指裂谷或被动边缘盆地中伸展裂陷与热衰减坳陷之间的分界面，故改译为变格不整合。

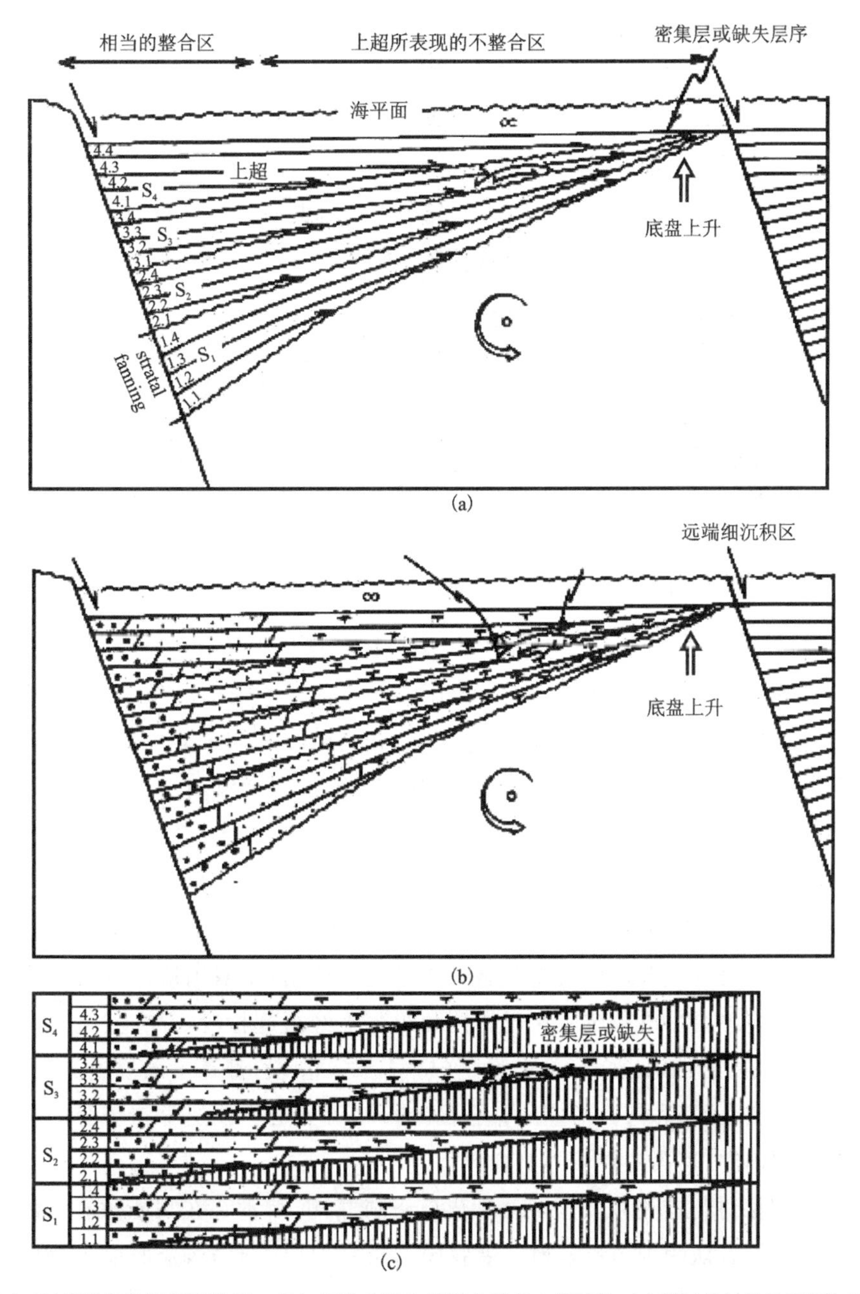

(a)、(b)半地堑的沉积层序($S_1 \sim S_4$)、不整合面和层序内部的上超结构;(c)等时地层单元(层序、亚层序)和间断期(或密集层)关系图。

图 4　北海地区侏罗纪沉积层序与半地堑周期性构造活动的关系[8]

学早期发展过程中对术语的使用即存在很大的区别,比如"以不整合为边界的层序"的最早提出者 Sloss 是将其作为很高级别的岩性地层单元,是构造旋回的岩性记录,并进一步划分为超群(supergroup)、群(group)、组(formation)和段(member);而 Weimer 则主张这些不同级别的单位对应于不同规模的层序[3]。Wagoner 等所使用的层序概念规模则小得多,并进一步在内部划分出沉积体系域,在沉积体系域中包括了若干小层序(parasequence),故在级别上相当于小层序组。Weimer 是作用控制的成因地层单元(简称成因单元 genetic unit)的最早提出者,他所使用的"成因单元"通常与 parasequence 相当;Busch 提出的地层的成因增量(GIS)是与 parasequence 相当的级别,且提出的时间更早。沉积体系域的概念原本起源于 Brown 等的著作,当时并未给

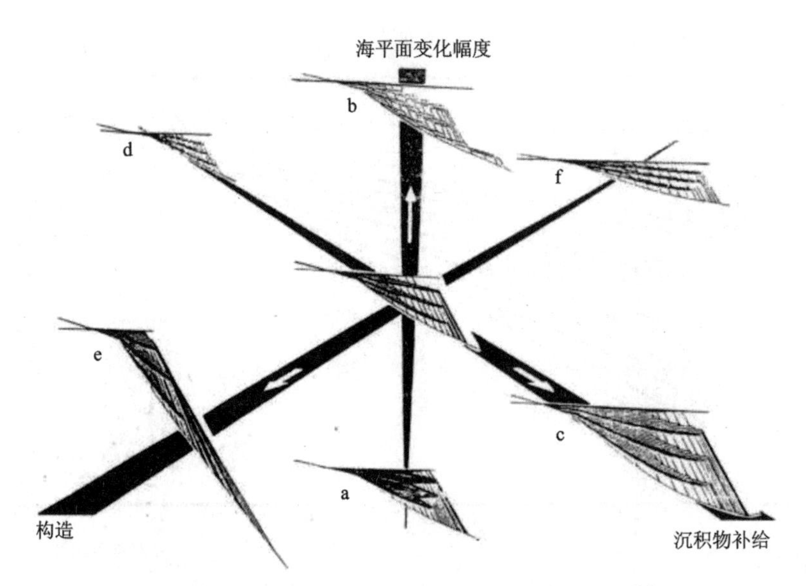

图5　层序的内部构成与三个主要因素的关系[9]

予任何地层级别的概念；在 Weimer 的著作中与高位体系域相当的沉积物命名为海退沉积，此外 Weimer 指出 Wagoner 等的层序地层单元并非在任何地区都能保证其等时性[3]，至于沉积体系域的界面则更难保证是等时界面。还有一些欧美学者只用“相”而不使用沉积体系，因此他们借用“相域”(facies tract)这一较老的术语，大体相当沉积体系域的内涵。总之名词术语上的不同意见不胜枚举。

Weimer 所写的专论中就层序地层学名词问题指出，各种地层术语体系的制定应遵循下列原则：①能广泛地应用于不同的地质背景，并能适用于不同的技术；②适合新概念的完整性发展；③既适合专家、又适合一般地质人员在制图和描述时使用；④明确地区分对事物的主观解释与客观描述。他强调地层术语系统应在逻辑性和级序上经得起检验，并在安排上有灵活性。他还认为 Sloss 所建议的岩性地层单元命名系统(超群、群、组、段)都是不同规模的层序，如果这些单元的划分是以不整合面(和与其对应的整合面)为界，可见层序地层学与传统的岩性地层命名的结合点是十分明确的，其关键在于不整合界面。

层序地层学的探讨与应用在我国地质学界已形成高潮，特别是在与能源有关的沉积盆地分析和地层学领域。笔者认为为了更好地开展我国的层序地层学研究，全面地了解层序地层学的形成历史和国内外不同的学术见解是十分有益和必要的。模式来源于对典型的总结，只能用于类比和借鉴，而且大多数地质模式总带有区域性色彩，有其局限性。所以当模式被看作公式套用时，就将走向其反面。因此在汲取国际上已取得的经验的同时切实地立足于所研究的沉积盆地的实际，客观地揭示其层序地层格架样式与主导的和非主导的控制因素，将是追踪国际前沿并取得新发现的正确途径。

参考文献

[1]VAIL P R. The stratigraphic signatures of tectonics, Eustasy and sedimentation: an overview [D]. Houston: Rice university, 1990.

[2]VAN WAGONER J C, MITCHUM R M, CAMPION K M, et al. Siliciclastic sequence

stratigraphy in well logs, cores, and outcrops: concepts for high-resolution correlation of time and facies [M]. Tulsa: AAPG,1990.

[3]WEIMER R J. Developments in sequence stratigraphy: foreland and cratonic basins: presidential address(1) [J]. AAPG Bull,1992,76(7): 965-982.

[4]LAWRENCE D T, DOYLE M, AIGNER T. Stratigraphic simulation of sedimentary basins: concepts and calibration [J]. AAPG Bulletin, 1990, 74(3): 273-295.

[5]HAQ B U, HARDENBOL J, VAIL P R . Mesozoic and Cenozoic chronostratigraphy and eustatic cycles, Sea-level changes[M]. Broken Arrow, OK: SEPM, 1988.

[6] VAIL P R, MITCHUM R M, THOMPSON S. Seismic stratigraphy and global changes of sea level [J]. PAYTON C E. Seismic Stratigraphy: applications to hydrocarbon exploration. Tulsa: AAPG,1977: 63-97.

[7]BOYD R, SUTER J, PENLAND S. Relation of sequence stratigraphy to modern sedimentary environments[J]. Geology, 1989, 17(10): 926-929.

[8]UNDERHILL J R. Controls on Late Jurassic seismic sequerces, Inner Moray Firth, UK North Sea: a critical test of a key segment of Exxon's original global cycle chart[J]. Basin Research,1991,3(2): 79-89.

[9] DAVID J R, MICHAEL S S, BERMARD G J C. Modeling the stratigraphy of continental margins, Margin Continental margin Stratigraphy, 1990 and 1991 report Lamont-Doherty Geologicalc observatory[R]. An institate of Columbia Vniversity dedicated to research in earth sciences, 1991:77-87.

[10]PITMAN W C. Relationship between eustasy and stratigraphic sequences of passive margins [J]. Geological Society of America Bulletin, 1978, 89(9): 1389-1403.

[11]PITMAN W C, Golovchenko X. The effect of sea-level changes on the Morphology of mountain belts [J]. Journal of Geophysical Research, 1991, 96(34): 6879-6891.

盆地动力学与能源资源——世纪之交的回顾与展望*

摘　要　沉积盆地是人类最重要的资源宝库。当今人类社会正面临环境、资源与灾害问题的严峻挑战，要获得对人类社会繁荣发展至关重要的能源资源就需要更深入地研究盆地。盆地动力学是当今沉积盆地理论研究领域的主要趋向。为了认识盆地的成因及演化过程中的一系列特征，不仅需要了解盆地与板块构造格架的关系，还需要了解其与深部地幔对流系统的关系。天然地震层析、岩浆岩石学-地球化学和盆地模拟技术的综合应用提供了研究这一重要问题的手段。盆地中流体系统的研究对油气成藏和层控金属矿床成矿以及地下水资源的利用和保护具有关键意义，以往研究薄弱的这一领域将成为多学科研究的聚焦点。盆地及其中的油气、煤和放射性矿产等能源资源研究和勘探事业的发展一直有赖于高技术手段、高精度的地球物理技术，如三维、四维和多波地震探测以及计算机模拟技术。计算机模拟技术在21世纪之初将更精确地提供地下地质体和流体活动的影像。计算机模拟技术将成为研究地质与成藏过程的不可缺少的手段。应用新理论和新技术重新观察和审视沉积盆地的内部构成将为资源勘查带来更大的发展。

关键词　盆地动力学　盆地流体系统　能源资源

1　引言

沉积盆地是为人类提供资源的巨大宝库。当今人类面临环境恶化、资源短缺与自然灾害方面的巨大挑战，能源和矿产资源都在过量地被消耗，水资源的缺少和污染问题日益严峻。上述形势对地球科学提出了更高的要求，即研究整个地球系统，认识其过去、现在并预测其未来的发展，并将这些规律性的认识用于保证人类生存环境和社会繁荣的持续发展。这一总体研究战略将对地学各分支学科产生极为深远的影响，人们将从更高的层次认识本学科的任务，并促进各学科之间的结合。

煤、油气、核原料等能源资源的前景如何？许多学者有过大致的估计，尽管世界范围内新的油、气田不断有重要发现，但据一些欧美学者计算，2030年以后能源供给可能出现大的滑坡和持续下降趋势[1]，这一趋势的到来也可能由科学技术的进步、勘探中的更多的发现而有限地推迟，但油气产能与人类社会的需求形成日益增大的剪刀差则是可预见的趋势。发现和节约使用传统能源、加速对非常规油气资源的勘查和利用、寻找可替代能源成为迫切的历史任务。沉积盆地是煤、油气和放射性矿产形成和赋存的重要场所，很久以前勘探家即已认识到“No basin, No oil”这一简单而又明了的重要关系[2]。20世纪后期人们发现许多大型、超大型层控金属矿床与盆地流体关系密切。盆地更是地下水资源的储库，90%以上可饮用淡水储存在盆地中。因此德国科学研究联合会制定的规划中盆地研究方面的标题是：沉积盆地——人类最大的资源。对于如此重要的领域，我们需要对以往的进展给予总结和回顾，并展望21世纪前期的研究趋向。

---

* 论文发表在《地学前缘》，2000，7(3)，作者为李思田。

2　20世纪沉积盆地与能源研究几个最有重大影响的成就

2.1　板块构造与盆地的形成演化

全球板块构造学说作为20世纪地球科学进展的最重要里程碑，早已成为地质家们的共识。1913年魏格纳(Alfred Wegener)提出“大陆漂移说”，之后的许多年，人们曾被各种争论所困住，20世纪50年代之前这一领域的发展速度缓慢，经过地球科学工作者们半个世纪的努力形成了这一作为地球科学革命的代表性理论思潮。很快板块学说给地学各领域，也包括沉积盆地研究带来了深刻影响，人们从板块相互作用的动力学角度重新认识沉积盆地的成因演化及其在板块构造格架中分布的规律性，从而使板块构造背景成为沉积盆地分类的理论基础。对盆地成因、演化的正确认识是进一步揭示油气聚集规律的前提，多年来人们对大陆及大陆边缘许多重要类型的盆地都进行了深入和比较全面的研究，像裂谷，前陆、克拉通内和走滑背景下的盆地研究均已出版了大量著作。盆地的成因类型虽不具有直接的资源评价意义，但对认识成藏、成矿背景却具有重要意义，例如世界许多超大型油田都与裂陷类和前陆类盆地有关，我国的松辽和渤海湾盆地在成因机制上虽有多重作用的联合，但主要受控于裂陷作用，即属于裂谷类。盆地与板块构造的关系还具有明显的历史特征，Klemme等[3]提出世界上60%以上的油气资源来源于晚侏罗世和早白垩世的烃源岩，许多著名的超大型含油气盆地和油气系统的形成(如沙特、伊朗、墨西哥湾、北海、西西伯利亚等地区的含油气盆地和油气系统)，均因有该期的特富生烃凹陷这一首要条件。这与该时期处于地球历史上的突变期有关，这一时期发生了全球规模的裂陷作用，大西洋及特提斯洋张开，并相应形成了广泛分布的大陆边缘裂陷。

2.2　从相模式到层序地层学

20世纪50年代在沉积学领域出现了研究沉积环境和相模式的高潮，这一高潮形成的最主要推动力是研究和预测地下油气储层的需要。海洋地质学的进展为此项研究提供了新的驱动力，其中最具创新性的部分是对浊流沉积及碳酸盐沉积环境的研究，沉积学家将浊流成因和沉积环境的揭示作为近代沉积学革命的重要标志。

60年代开始的沉积体系研究是前一阶段基础上的更完整的综合，人们在盆地与能源大规模研究中发现自然界各种环境单元，如河流、三角洲、海底扇都是由许多相构成单元的三维组合，分析研究各种构成单元的特征及其配置关系可更好地阐明资源分布规律。沉积体系域的重要概念也由此产生。

70年代的地震地层学阶段到80年代的层序地层学阶段出现了更为重要的发展[4]，高精度的反射地震技术及地震地层学研究是层序地层学形成较完整体系的准备阶段。到90年代，层序地层学的概念和方法逐渐形成完整体系并已成为油气勘探中一种广泛应用、被国际上许多著名油公司作为一种权威性的技术[5]。层序地层学突出地层序列中的各种关键性物理界面，特别是古间断面，并有效地建立沉积盆地的等时地层格架。这一技术方法体系已有效地应用于预测不同类型的储集体。大西洋两侧离散边缘盆地中低位域深水储集体所取得的找油巨大成功是层序地层与高精度地震结合获得杰出成就的一例[6]。目前国际上在此领域已开始进入高精度储层层序地层学阶段,并向烃源岩性质及生烃潜力预测延伸。1999 年 AAPG 年会上 Brown 等对层序地层学的理论与实践做出了高度的评价,他阐述了从 20 世纪 50 年代相模式到 90 年代高精度层序地层的发展过程,沉积学家和勘探家们经历了近半个世纪的努力,取得了莱依尔以来沉积地质领域的最重要成就。

2.3 盆地的动力学模型和计算机定量动力学模拟

计算机模拟技术为人们定量地认识地质过程提供了可能性,但其前提是需要有正确的地质模型,这种模型既需要抓住事物本质上的联系,又需要十分简明。沉积盆地的地质-地球物理模型即由此产生。以板块构造背景为基础的沉积盆地分类在其后期阶段趋于烦琐,各种各样的盆地分类也许比盆地类型的数目还要多,包括 20 世纪 90 年代的一些代表性著作,如 Ingersoll等的沉积盆地构造专著,书中划分出 7 种沉降机制和 26 种盆地类型,内容详细但偏于复杂[7]。从盆地的形成机制探讨其理论模型,并因此产生的更为简要的成因分类是由一批理论地球科学工作者作出的,Mckenzie[8]的论文是这一研究方向的代表作,他研究了几个著名的裂谷盆地之后,提出了拉伸盆地的形成模式,后来被称为“纯剪切模式”。他在这种模式中探讨了岩石圈拉伸、减薄、盆地沉降、软流层上隆以及相应的热历史之间的定量关系。尽管其后许多学者提出了改进意见,Mckenzie 的研究仍不失为盆地成因模型和盆地模拟的一个里程碑。其后迅速发展的盆地模拟研究是以盆地的动力学模型为基础的。许多学者提出了拉伸盆地的不同模式,如 Wernicke 等的简单剪切模式、联合剪切模式[9,10]和 Kusznir 的双层悬臂梁模式等。坳曲类盆地的动力学模型也有许多进展,特别是 Beaumont 等人的工作[11-13]。在盆地动力学模型研究的基础上随着计算机技术的发展,盆地的定量动力学模拟取得了巨大的进展,早期的一维模拟针对沉降史、热历史、有机质成熟的排烃研究已在石油界成功地普及。目前的三维模拟系统则重点解决流体的运动和油气运移,由于其高难度尚处于探索过程。Waples[14]对盆地模拟的现状与发展方向进行了总结和论述。盆地分析已成为研究盆地演化和油气成藏过程不可缺少的工具。

2.4 高精度地球物理及其成像技术

高精度的地球三维成像技术被认为是 20 世纪与板块学说成就并列的重大科学成果,包括遥感、GIS、GPS 等研究地球表层的技术以及一系列研究地球内部的地球物理技术。当今应用天然地震层析已能获得整个地球的内部结构影像,其精确度正日益提高。地球内核转速与地球整体转速的差异已被认为是当代理论地球科学的重大发现,其成果的取得有赖于高精度天然地震震波特征和速度的研究。

在盆地和油气领域,许多高精度的地球物理技术提供了盆地整体结构的细节,成为研究盆地地层格架和构造格架最必要的基础。近代在油气勘探中最具重要意义的是三维地震及其配套技术,如三维可视化等。三维地震技术正式用于油气勘探始于 1975 年,其巨大的效果和潜力在近10年中逐渐被认识，这一技术已成为正确识别圈闭和储集体的最有力工具。四维地震是在其基础上发展而来的，目前主要用于开发阶段的油藏动态研究和寻找剩余油。多波地震也有重要的发展前景。总之，没有20世纪后半期技术的飞跃，就不可能达到当今沉积盆地和能源资源研究的深度。

3　新世纪初本领域研究趋向的展望

以上仅论及20世纪本领域进展的最突出方面。面临能源资源需求和环境恶化的巨大挑战，需要展望21世纪初期的发展趋向和地质学家应为之努力的重要领域，并为国家中长期的研究规划提出建议。当今盆地研究是多学科结合的最理想领域，其目标是对下列问题进行了解和预测，这些重要的科学问题是：①板块构造和地幔对流格架中盆地的形成；②盆地演化过程中烃类的生成和运移；③现今和古流体的活动及其运移的化学动力学；④与构造环境有关的盆地充填和热演化；⑤地下岩石孔渗性的时空变化；⑥保存在盆地中的构造、气候和海平面变化的记录[15]。

总的来说要建立一种先进的地球动力学理论、新的观测技术与计算机模拟相结合的研究战略。以下简述笔者对几个重要问题的理解。

3.1　从地幔对流系统进一步认识盆地的形成与演化

沉积盆地是岩石圈变形的产物，岩石圈的伸展产生裂陷类盆地，岩石圈挠曲则产生前陆类盆地，但是大规模裂陷作用或挠曲变形的发生则需要从地幔对流的动力学方面来认识。早期人们注意到许多大盆地与莫霍面的镜像关系，但进一步探索整个岩石圈的变化和软流层顶界面起伏时则缺少相应技术手段。事实上岩石圈与地幔对流系统的界面是最活跃、最重要的界面——也就是软流层的顶界面。岩石圈的变形和这一界面的起伏呈耦合关系，并决定着沉积盆地的热状态。中国东部及近海海域中、新生代沉积盆地的沉降中心与软流层的隆起都呈近似对应关系[16]，中国东部大规模裂陷作用，岩石圈减薄大约自距今150Ma开始，是晚侏罗世—早白垩世全球性地幔对流系统剧烈变化的响应。在海域有大陆边缘裂陷、俯冲带后退和边缘海扩张等重要过程发生。对沉积盆地形成演化有重要控制作用的地幔对流系统剧变的原因尚处于探索阶段。20世纪90年代天然地震层析技术的进步让我们得到了地球深部结构的图像[17]，其精确度虽较差，但在迅速地改进当中。学者们对中国东部和西太平洋地幔对流系统的巨大变化有不同的解释，以Flores和Tamaki为代表的学者认为，特提斯的闭合和大陆碰撞产生了自西而东的地幔流，致使俯冲板片后退，边缘海形成[18]。以丸山茂德为代表的学者则强调太平洋、菲律宾板块向欧亚大陆俯冲对地幔的扰动，导致了上、下地幔物质的反转和放热效应，并由此形成了向上的地幔涌流或区域性地幔柱[19]。日本学者Fukao等针对西太平洋地幔对流系统和地幔柱进行大量的研究，这些成果将为盆地动力学研究提供深部背景。美国对南加州洛杉矶盆地深部三维v_P/v_S模式的研究取得了对盆地深部结构的认识[20]。可喜的是，我国布置大量的宽频流动地震接收台，并率先对渤海湾等最重要盆地的深部结构进行研究。

3.2 盆地-造山带系统与大陆动力学

板块构造理论虽取得了巨大的成功，但许多动力学过程并没有解决，特别是发生在大陆范围的动力学过程。因此着重提出了大陆动力学问题，美国学者们提出了“大陆动力学研究国家计划”，对大陆动力学的研究特点、必要性和内容做了系统的阐述。20世纪90年代我国在这方面已取得了一些重要成果，如我国学者对大别山超高压带的研究和大陆深俯冲的提出是大陆动力学领域的重大创新性成果。大陆动力学的大量问题有待于在新世纪前期取得大的进展。盆地和造山带是大陆最基本的构成单元，在其时空演化过程的特定历史阶段中成为耦合对。因此将盆地与造山带作为统一系统进行研究并考虑更大范围中板块的相互作用将会揭示其统一的动力过程。我国西部前陆类盆地的演化、造山过程，以及对大陆汇聚及碰撞的响应均表明其应是此项研究的最佳地域。

3.3 重建大型叠合盆地演化史及动力学过程

朱夏院士率先提出了盆地原型的概念，并指出多数大盆地都是多种原型的叠合。在含油气盆地分析中这一概念有重要的实际意义，因为油气运聚过程可贯穿不同世代的盆地原型，古生新储、新生古储已成为许多含油气盆地中的普遍现象。这一观点也取得国外许多学者的共识。Klemme[21]曾列举了全球14个最著名的含油气盆地，其演化序列都极有利于形成超大型含油气系统，如沙特—伊朗盆地经历了地台—裂谷—拗陷—前陆(P—R—S—F)4个演化阶段。裂谷阶段有利于形成优质烃源岩，前陆阶段则有利于形成大型构造圈闭。值得注意的是所列举的14个超大型含油气盆地几乎都经历过裂谷阶段。在我国许多原来的主力油田已进入后期高含水阶段，进一步发展则首先需要在成藏组合上开阔思路。近年来在渤海湾盆地大港深层古潜山发现凝析气，在塔里木盆地库车坳陷找气和塔河地区找油的双突破，均体现了新思路的指导作用，亦都体现了揭示叠合盆地内部构成关系的重要性。Dickinson在其重要论文*Basin geodynamics*中指出许多沉积盆地的形成演化都是多重机制的联合，在盆地的不同演化阶段其主要控制作用各异[22]。因此简单化的盆地分类已不能反映盆地的复杂性。重要的不是研究盆地的分类学而是深入揭示盆地的动力学过程。以往的以板块构造位置为基础的分类被Dickinson称为地貌-大地构造分类，简单化地给沉积盆地分类命名常使人忘记深入分析盆地形成、演化的复杂动力过程。对我国陆上及海域各大型盆地进行全面深入的动力学分析，发展叠合盆地条件下的油气聚集理论，并应用计算机技术进行定量动力学模拟，是一项有战略意义的工作。

3.4 盆地的流体系统与成藏和成矿

盆地流体系统的动力学是当今盆地与能源研究中的最前缘领域。首先这一领域的研究是油气成藏和许多层控金属矿床成矿动力过程研究的核心问题，也是以往研究中未能很好突破的问题。其次盆地作为地下水资源的储库，未来的开发利用、防止污染都需要对其循环系统、地下水的运动和动力学过程进行全面研究。这一领域需关注的重点是：

(1)建立盆地级地下水流动的水文场，并认识其驱动机制。对于油气成藏和金属矿床成矿则需要追踪和恢复盆地中的古流场，这显然有很高的难度。关于驱动要素，Gaven 曾概括了6 种模型，包括：①前陆盆地中的重力驱动流；②热驱动的自由对流；③褶皱冲断带的构造驱动流；④超压体系引起的压力驱动流；⑤与地震有关的深部流体泵吸作用；⑥深部无区域性流动的压力封存箱[23]。对含油气盆地异常超压体系的研究引起了石油地质学家的注意，在许多快速沉降盆地中存在着异常超压体系，其中既体现了生烃动力过程的特殊性，又在流体自压力囊向外突破时成为油气运移的强大驱动力，并显示幕式突破和幕式充注的特征，与之有关动力学问题的研究还仅仅是开始。

(2)流体的化学动力学过程。Anderson 提出“沉积盆地是天然的热化学反应器”这一十分形象的概念。需要研究水和各种化学物质相互作用的过程及化学搬运和沉淀的机理，这对金属矿床的成矿尤为重要。1997 年第二届国际流体会议研究金属元素-烃类-水-岩石相互作用过程和系统。这一领域将层控金属矿床成矿作用和古油藏研究密切联系在一起。

(3)研究孔隙型和裂隙型岩层、不整合和断裂的渗透性及其对流体的存储能力。这一领域的工作既包括对储层的研究，也包括对输导系统的研究，后者迄今仍是石油地质领域研究中的薄弱环节。

编著 *The Dynamics of Sedimentary Basins* 的专家们提出盆地流体研究的一个重要目的是“开发运用于沉积盆地形成、成岩作用、成矿作用和油气运移方面的综合性水文-地热-地质力学模型”[15]。

3.5　关于沉积盆地中的油气系统和成矿系统

“油气系统”和“成矿系统”都是当代重要的科学概念，它们使盆地研究与成藏、成矿研究更为紧密地结合。

“油气系统”提出后受到国际石油界的重视，也有一些不同意见的争论。它的概念体系既包括油气成藏的基本构成要素，如烃源岩、储层、盖层和上覆岩系，也包括成藏的各种作用，包括油气的生成、运移、圈闭形成和聚集[24]。上述基本要素和作用必须在时空上合理匹配才能形成油藏。油气系统的许多内容是石油地质勘探多年的经验积累，提出者将其系统化，并将静态要素和动态过程结合成整体。在 1999 年的 AAPG 年会上 Brown 等著名学者对“油气系统”给予了很高评价，指出其给含油气盆地的研究带来了“回春”。在应用油气系统的概念和方法研究、描述和评价一个区域中油气从有效的烃源岩运移到圈闭的全过程时，其难度最大的部分是油气运移和成藏年代学。油气系统的研究目前还处于初始阶段，对动态过程研究仍十分薄弱，今后应成为重要的研究领域。我国油气地质工作者正致力于大型叠合盆地复杂油气系统的研究，可望获得创新性认识。

在金属矿床成矿作用和成矿规律研究领域，中国学者近年来在成矿系统的理论和方法方面有重要发展[25,26]，阐述了成矿要素、成矿作用过程、产物和类型划分以及成矿系统的后期变化和保存。於崇文从复杂性科学角度探讨了成矿系统的自组织临界性，指出“成矿系统是多组成耦合和多过程耦合的动力学系统”“总体上是远离平衡、时空延展的复杂耗散系统”[27]，这些从基础科学角度的论述对深化油气系统的研究也有重要启示。许多大型、超大型层控矿床需要特定的沉积盆地背景，含烃的盆地流体常常是成矿流体的主要构成。

3.6 高精度储层层序地层学与高精度地球物理技术

我国的主力油田多已进入高含水阶段，勘探和开发井已达很高的密度，构造圈闭大多已被发现，找寻地层和岩性圈团，特别是在凹陷区找寻岩性油藏尚有较大潜力。因此需要更高分辨能力的三维地震为主的地球物理技术和以找寻储集体为目标的高精度层序地层学研究。20世纪最后10年中，层序地层学虽达到一定程度的普及，但高精度系统工作开展的范围还相当局限。今后如果能依靠更高精度的反射地震及可视化技术和大面积连片处理三维地震成果，那么层序地层学方法对储层和烃源岩的研究将达到更高水平，并可望在隐蔽、油藏的找寻上做出重要贡献。

3.7 沉积盆地充填中的古气候、古环境记录

盆地充填中保存了最为完好的古气候、古海洋和其他古环境变化的记录，也包括具灾变性的重要事件的记录。由于对人类生存环境的关注，许多国家都设立了以研究全球环境、气候为目标的大型项目。通过海洋沉积、冰岩芯、黄土剖面研究，识别出了第四纪高频气候-环境周期。盆地中保留了更长时期的记录，国际地球科学界已意识到，研究更长时期的气候环境周期可以更好地建立和检验气候预测模型。在这方面地球演化突变期的环境变化及其天外和地内因素成为关注的焦点，美国国家自然科学基金会已把距今150Ma以来的环境变化作为固体地球科学研究的一个最优先领域。

3.8 大陆边缘及内陆海盆地的动力学和能源资源

我国海域有巨大的油气资源潜力，同时大陆边缘是板块相互作用最为活跃的领域，对其进行动力学研究有重要的全球意义。

(1)内陆海区。我国的渤海海域是渤海湾盆地的中心部分，渤中坳陷已被证明是生烃潜力巨大的富生烃坳陷，蓬莱19—3大油田的发现打开了新的勘探思路，该油田不仅邻近富生烃坳陷，又处于郯庐断裂带内部与之复合的低隆起区，受走滑构造带活动的影响形成了大型背斜圈闭。这表明需要重新审识许多研究程度已较高的大盆地油气潜力的重要性。苏北-南黄海盆地滨外部分面积大，多年来投入工作量有限，未曾取得突破，苏北朱家墩气田的发现引起了人们对黄海海域的重视，即应研究中生代和古生代地层的生烃潜力。这些都要求进行以盆地动力学为基础的整体性研究。

(2)边缘海盆地。大陆边缘构造和盆地演化始终是具有全球意义的热点。美国国家自然科学基金会编写的研究报告 *The future of marine geology and geophysics* 对相关领域的前缘性问题做了相当详细的阐述，许多问题涉及大陆边缘盆地演化的动力学。我国的南海被国际同行称为“世界上最好的天然地质实验室”，东海陆架盆地、冲绳海槽以及南海到台湾的广大地域盆

地规模大，勘探程度低。目前已开始进行盆地深层结构的研究，其成果不仅对盆地本身，对俯冲带、弧后裂陷作用及后期的弧陆碰撞研究也有重要意义。

(3)甲烷水合物。甲烷水合物分布在深水领域的海底以及永久冻土带，是人类未来重要的可持续能源，主要分布在边缘海区。甲烷水合物在低温和较高压力下呈冰状物，条件改变打破平衡则能造成巨大的灾害。这种灾害在地质历史上已经有可信服的记录，因此从能源和灾害的角度甲烷水合物都将是新世纪初的重大研究课题。

沉积盆地与能源资源研究涉及多学科交叉、综合，是一个很广阔的领域，本文所做的回顾与展望仅仅是对其中部分问题的介绍与讨论。

参考文献

[1]EDWARD J D. Crude oil and alternate energy production forecasts for the twenty-first century the end of the hydrocarbon era [J]. AAPG Bulletin,1997,81(8):1292-1305.

[2]PERRODON A. Dynamics of oil and gas accumulation[M]. Bullet in Des Centres De Recherches Exploration-Production Elf-Aquitaine, MEMS, 1983. (English Edition)

[3]KLEMME H D, ULMISHEK G F. Effective petroleum source rocks of the world: stratigraphic distribution and controlling depositional factors [J]. AAPG Bulletin, 1991, 75 (12):1809-1851.

[4]WILGUS C K. Sea-level changes: an integrated approach [M]. Broken Arrow, Ok: SEPM,1988.

[5]VAN WAGONER J C,MITCHUM R M,CAMPION K M, et al. Siliciclastic sequence stratigraphy in well logs, cores and outcrops: concepts for high resolution correlation of time and facies [M]. Tulsa: AAPG,1990.

[6]BROWN L F,BENSON J M,BRINK G J, et al. Sequence stratigraphy in offshore South African Divergent Basins[M]. Tulsa:AAPG,1995.

[7]INGERSOLL R V, BUSBY C J. Tectonic of sedimentary basins[M]// INGERSOLL R V, BUSBY C J. Tectonic of sedimentary basins. Cambridge: Blakwell Science,1995: 1-51.

[8]MCKENZIE D. Some remarks on the development of sedimentary basin[J]. Earth and Planetary Science Letters, 1978,48:25-32.

[9]WERNICKE B. Low angle normal faults in the basin and range province: nappe tectonics in an extending orogeny [J]. Nature, 1981, 291:645-647.

[10]ROYDEN L, KEEN C E . Rifting processes and thermal evolution of the continental margin of eastern Canada determined from subsidence curves[J]. Earth and Planetary Science Letters,1980, 51:343-361.

[11]BEAUMONT C, TANKAND A J. Sedimentary Basin-forming mechanism [M]. Calgary,Alberta: Canadian Society of Petroleum Geologists, 1987.

[12]FLEMMINGS P B, JORDAN T E. Stratigraphic modelling of foreland basin: interpreting thrust deformation and lithosphere rheology[J]. Geology, 1999, 18:430-434 .

[13]DE CELLES, GILES K A. Foreland basin systems[J]. Basin Research, 1996, 8:105-123.

[14]WAPLES D W. Basin modelling: how well have we done? [M]// DUPPENBECKER S J, ILFFE J E. Basin modelling: practice and progress. Geological Society, London: Special Publications, 1996, 1-41.

[15]DICKINSON W R. The dynamics of sedimentary basins [M]. [s. l.]: USGC, National Academy Press, 1997.

[16]李思田,路凤香,林畅松,等. 中国东部及邻区中、新生代盆地演化及地球动力学背景[M]. 武汉:中国地质大学出版社, 1997.

[17]FUKAO Y, OBAYASHI M, INOUE H, et al. Subducting slabs stagnant in the mantle transition zone[J]. Journal of Geophysical Research, 1992, 97(B4):4809-4822.

[18]FLOWER M, TAMAKI K, HOANG N. Mantle extrusion: a model from dispersed volcanism and DUPAL-like asthenosphere in East Asia and the Western Pacific [C]// FLOWER M, CHUNG S L, CHING H, et al. Mantle Dynamics and Plate Interactions in East Asia. Geodynamics Series, 1998.

[19]MARUYAMA S. Pacific-type orogeny revisited: Miyashiro-type orogeny proposed [J]. Island Arc, 1997, 6:91-120.

[20]HAUKSSON E, HAASE J S. Three-dimentional v_P/v_S velocity models of the Los Angeles basin and central transverse ranges, California[J]. Journal of Geophysical Research, 1997, 102:5423-5453.

[21]KLEMME H D. Petroleum systems of the world involving upper Jurassic source rocks[M]// MAGOON L B, DOW W G. The petroleum system from source to trap. Tulsa: AAPG, 1994.

[22]DICKINSON W R. Basin geodynamics[J]. Basin Research, 1994(Suppl):1195-1196.

[23]GARVEN G. Continental-scale groundwater flow and geologic processes[J]. Annual Review of Earth and Planetary Sciences, 1995, 23:89-117.

[24]MAGOON L B, DOW W G. The Petroleum System From Source to Trap[M]. Tulsa: AAPG, 1994.

[25]翟裕生. 论成矿系统[J]. 地学前缘, 1999, 6:13-27.

[26]翟裕生,邓军,李晓波. 区域成矿学[M]. 北京:地质出版社, 1999.

[27]於崇文,岑况,鲍征宇. 成矿作用动力学[M]. 北京:地质出版社, 1998.

用新思路和新技术开拓油气资源新领域(序 2)*

《全国油气资源战略选区调查与评价》专项开展已近 3 年，这一重大专项是由中华人民共和国财政部出资，国土资源部组织，中国石油、中国石化、中国海油等大公司为主体承担者，并吸收高校、研究机构参与，以三结合形式实施的国家专项。这一专项的目标是期望在新地区和新领域有新的发现，为国家油气资源的长远接替选出有战略意义的勘探前景地区。

自中华人民共和国成立以来，经过半个多世纪的油气勘探和开发，包括研究工作在内，投入和成就巨大。但如今也像全球发展趋势一样，取得油气重大新发现的难度日益增大。若想在新地区和新领域有重大新突破，必须进行艰巨的具有挑战性的工作，并需要做长时期的努力。

我们欣喜地看到，经过近 3 年短暂的探索，战略选区项目已初见成效，显示了此项工作的重要意义。新思路和新技术的应用是选区工作从立项到实施全过程取得成功的关键，新的管理操作体制也是一个重要保证。战略选区项目作为国家专项，调动了企业和所有参与单位的积极性，在国家财政有限投入的基础上，企业匹配数倍或更多的投入，保证了实际勘查工作量的实施，促进了上市公司的风险勘探。珠江口盆地深水勘探初战取得重大发现，有深刻的启示。在 20 世纪最后 10 年，国际上近 40%的新大油气田都发现于深水领域。中国南海北部深水领域具备若干形成大油气田的条件，但烃源岩、储层、构造等因素与国外有诸多不同，曾使一批外国石油公司望而却步。在战略选区中，南海深水项目一直被列为十大项目的重点，被认为是最有前景、值得重视的勘探领域，在中国海油多年精心研究和选区项目再次加深研究的推动下，通过对外合作勘探，发现了南海深水大气田，开拓了中国深水勘探的美好前景。中国石化投巨资在石油勘查几乎是处女地的松潘-阿坝地区实施深井钻探，不仅要克服高原地理、气候、偏远给勘探带来的重重困难，还要不断突破复杂的地下地质条件造成的各种技术难题。现在井深已超过 6000m，取得了大量宝贵的资料，为认识该地区的深部地质结构奠定了重要基础。第一轮全国油气资源战略选区的 10 个项目，多数都取得了重要进展。

《地质通报》本期发表的论文是 2005 年在厦门召开的全国油气资源战略选区理论与技术研讨会上交流的部分内容，不仅反映了项目中期的一些进展，也探讨了油气资源战略选区专项研究今后应注意的重点方向。2006 年又进行了多次此类活动，许多意见都很有启发性。现根据笔者的理解，就几个今后选区的热点问题做简单的概括，这里也包括了一些非共识的意见，供同行讨论。

1　南海北部陆坡深水领域

白云凹陷首战成功仅仅是向深水领域进军的开始，中国广大深水海域还有许多地区和领域

* 论文发表在《地质通报》，2006，Z2，作者为李思田。

有待探索。珠江口盆地有古珠江、古韩江等三角洲提供物源的背景，形成了大型深水砂岩储集体。向西至琼东南盆地以南物源背景则有巨大差异，那里不邻近大三角洲，但有沉没的碳酸盐岩台地和建隆。在考虑深水油气成藏多样性的前提下，建议继续深入和扩展深水领域的选区和评价工作。

2 大型叠合盆地海相油气成藏组合

塔河大油田和四川普光大气田的发现深刻揭示了在中西部大型叠合盆地中下古生界成藏组合和上古生界—三叠系成藏组合的巨大油气资源潜力。油气公司已在各主要大型盆地强化了部署。选区项目还在何处发展？南方碳酸盐岩领域成为关注的焦点。四川盆地向东，即中扬子和下扬子地区有相似的成藏组合，但总体构造相当复杂，能否找寻到相对好的保存条件区是能否成功的关键。南黄海基底属于下扬子地块，有较好的构造条件，又有相似的地层序列，应争取在选区项目中取得进展。

3 东部大型含油气盆地的深层和浅层

中国的油气剩余资源很大部分存在于十多个大型盆地中，这些盆地主要的油气成藏组合已进行过较多的勘探，是提供油气资源的主力，如渤海湾盆地和松辽盆地。但这些盆地中仍有未被勘探的新领域，特别是深层。松辽盆地近年深部火山岩裂缝储层的突破和大气田的发现提供了重要启示。华北前古近系油气选区项目实施中，三大油公司密切合作，以石炭系—二叠系和下古生界碳酸盐岩为重点，首次对渤海湾全盆地前古近系进行了整体研究，已提出多个有待调查验证的预测区带。受新构造运动控制的浅层油气在渤海湾盆地已取得重大突破，此种成藏机制在中国北方其他大型盆地中也有新发现。

4 关注东海陆架盆地

东海陆架盆地范围广大，沉积充填巨厚，有多套成藏组合，其中西湖凹陷又是公认的最重要的油气聚集区。但多年来虽有发现，却未能有重大突破。加快东海盆地的研究和勘查还涉及维护祖国资源权益的重大问题，建议理顺体制，加大研究和调查的力度。用新思路和新技术重新审视和研究我们曾经做过一定工作的区带可能是应突出强调的问题。

5 与前陆冲断带相关的深部大型构造

在中国中西部大型叠合盆地的前陆构造带中已有许多重大发现。近来中国石油和中国石化在地震探测的基础上都发现有深埋的大型背斜构造，它们分布于冲断带前缘或前陆系统的前隆部位，其下有生烃层系，这是值得探索的重要领域。由于埋藏深度很大，首先面临储层物性差的风险，深部地震探测的分辨率也亟待提高。

6　青藏地区

选区项目进行了系统的综合研究和调查工作，由于高原特殊的艰苦条件，工作需要长期坚持。建议继续以羌塘盆地为重点，兼顾对自治区发展有现实意义的中小型盆地。在组织上与油气公司密切结合，争取实施较深的探井，以取得石油地质的基本参数。

7　非常规能源资源

第一轮选区已列入了煤层甲烷项目，成功地应用了羽状水平井技术，对今后扩大开发并解决煤矿瓦斯灾难有重要的推广意义。非常规能源资源中煤层甲烷和油页岩在中国有丰富的资源和有利的开发条件，但以往利用程度却非常低。应从勘探、开发、利用和环境保护的综合角度做一条龙的系统研究和调查。

8　选区工作中面临的重要技术问题

油气资源战略选区多属自然条件十分恶劣的地区，常规的技术难以奏效。第一轮选区注意了对一些新技术的支持，如柴达木天然地震台阵解决复杂地形之下深部构造的研究。但选区项目中地震勘探技术一直是制约工作进展和最终评价的瓶颈。建议设专题加大对复杂构造地区和深部以地震为主的勘探地球物理研究的力度。

第一轮全国油气资源战略选区调查与评价项目近 3 年的艰苦工作已取得重要进展，但从长远看仍属于探索阶段。在新地区、新领域取得油气资源战略选区的重大突破是长期艰巨的任务。令人感到振奋的是，国家对油气资源战略调查与选区工作的高度重视和多次明确中肯的指示鼓舞着参加这一工作的全体人员，我们应再接再厉，争取更大的成功。

沉积盆地动力学研究的进展、发展趋向与面临的挑战*

摘 要 近20年来沉积盆地动力学研究已经取得巨大进展。盆地研究最为重要的推动力源于人类社会发展对能源资源的巨大需求。国家和私人企业对油气勘探和开发的巨大投入获得了关于沉积盆地结构和演化的庞大系统资料，特别是大量的深度大于7000m的钻井和高分辨率反射地震成果，能够提供给中国的多学科合作研究团队使用。创新性的研究思路和方法系统已出现在盆地动力学研究的多个方面，包括盆地沉积-充填的动力过程、盆地构造动力学机理、盆地形成演化的地球动力学背景以及油气系统演化的动力过程。本文在建议的研究纲要中汲取了部分重要内容，如从源区到汇区的路径系统研究和基于大陆动力学思维的构造-地层分析。对于盆地演化研究至关重要的深部过程研究始终是难度最大的挑战。应用天然地震成像和岩浆岩岩石-地球化学方法对中国东部及海域中新生代板块俯冲、地幔流上涌、岩石圈减薄及破裂过程的研究成功地解释了晚中生代—新生代断陷盆地群、大火山岩省和大型裂谷盆地的成因和演化。然而以塔里木和四川盆地为代表的中国西部大型多旋回叠合盆地形成演化的动力背景则全然不同于中国东部，这些盆地发育于古老的地台基底之上，被造山带所环绕，造山期的强大挤压应力在盆地中形成了隆起和凹陷系列，并控制了油气生成及聚集的地区。多学科合作完成了造山事件和过程的精细定年和盆地中不整合面与构造-地层单元的对比研究，其成果对大型叠合盆地演化的动力过程给出了合理的解释，并可用于油气资源预测。

关键词 沉积盆地动力学 大陆动力学 天然地震层析及噪声成像 盆地构造物理模型 油气系统

1 引言

沉积盆地是地球上赋存石油、天然气和放射性沉积矿产等能源资源的宝库，也是巨大的水资源储存地。人类社会发展对能源的巨大需求始终是这一学科及相关技术发展的巨大驱动力。早期的沉积盆地分析是对盆地做整体性的沉积学研究，因此被视为沉积学的一个重要分支学科。近20余年的发展，特别是从动力学的角度研究盆地的形成和演化，推动了这一领域的多学科结合。板块学说的形成和发展曾对盆地成因研究给予了巨大的推动和崭新的思路。Kingston等[1]以板块构造部位和动力学特征为基础，提出了沉积盆地的板块构造分类并被广泛应用，近年来Ingersoll[2]基于对盆地板块构造背景复杂性的认识对板块体系中的盆地类型做了进一步细化和术语订正。

Dickinson是盆地动力学研究最早的倡导者，1993年他在 *Basin Research* 刊物上以 *Basin geodynamics* 为题的一篇短文提出了盆地研究应聚焦的方向[3]，并对学界过多地热衷于提出盆地分类方案表示质疑。美国地球动力学委员会(USGC)后来成立了以Dickinson为首席科学家的盆地动力学分组(Panel on the geodynamics of sedimentary basin)，来自大学和石油企业的专家们提出了研究方案——*The dynamics of sedimentary basin*[4]。中国学者们也及时在国内以

---

* 论文发表在《地学前缘》，2015，22(1)，作者为李思田。

专著[5]和专辑[6]等形式对这一研究方向为中国广大读者做了介绍。

近十余年来盆地动力学研究已取得了广泛的和深入的进展。这不仅是由于本学科相关研究队伍的努力，更是基于国家在油气勘探和科学研究方面的巨大投入及地球科学相关学科与深部探测技术的发展。如地球物理领域的多种新技术提供了盆地深部乃至地球深部的精确影像，使板块相互作用和地幔动力学研究有了重要基础，并为盆地演化的深部过程研究提供了重要依据。

近年来国际上出版了一系列介绍盆地动力学研究新进展的著作，如 Roure 等的总结性论文 *Achievements and challenges in sedimentary basin dynamics*：*a review*[6]，在总结近 20 年成就的基础上，重点阐述了具有挑战性的研究领域和应发展的多种新的探测与实验方法以及模拟技术。英国学者 Allen 等合著的盆地分析专著新版[7]基于地球动力学研究角度对各种类型盆地形成的物理模型进行了系统的探讨，提出了系列数学计算方程，并从板块构造和地幔深部过程论述了盆地的形成演化，是同类专著中理论性较强的著作。遗憾的是其中罕有中国盆地实例。有关盆地分析和盆地动力学的系统著作还有很多，如 Einsele[8]、Mail[9]等的专著。大量的典型盆地动力学研究则刊于 *Basin Research*，*AAPG Bulletin* 等国内外知名刊物。

中国的盆地动力学研究在近十余年来发展迅速，成果丰硕。国家对油气勘探和科学研究的巨大投入，大型国企对勘查资料与科研合作的开放以及地球科学领域多学科的研究在盆地和油气领域中的聚焦。大量合作发表的著作提供了盆地与油气地质的系统资料，可供盆地动力学领域的进一步研究。

基于国际和国内研究的进展和经验，盆地动力学的主要研究内容可归纳为下列 4 个方面：①盆地沉积充填动力学分析；②盆地构造动力学分析；③盆地形成演化的地球动力学背景分析；④盆地中油气系统演化的动力学分析。各部分的研究细目如表 1 所示。

表 1　沉积盆地动力学研究纲要

盆地沉积充填动力学分析	(1)进行构造地层分析，识别主要的不整合面-古构造运动面；划分构造地层单元和构成叠合盆地的原型序列。 (2)重要研究区应用层序地层的方法建立高精度等时地层格架。 (3)分阶段进行沉积体系研究及源-汇系统分析。 (4)编制古环境图(精细时段)和古地理图，分析沉积环境格局的动态演化。 (5)成岩作用特别是深埋成岩作用研究。 (6)盆地充填序列中的古气候和古环境记录
盆地构造动力学分析	(1)根据盆地的构造样式及动力学机制确定其形成的动力学类型(伸展、挠曲、走滑或复合机制)。 (2)盆地的沉降史和热历史分析。 (3)根据地震、测井资料精细编制全盆地主要界面的构造图。 (4)各原型盆地构造单元划分和整体构造格局研究(隆起、凹陷分布对油气系统至关重要)。 (5)盆地整体的三维构造格架和原型盆地的演化序列

续表 1

盆地形成演化的地球动力学背景分析	(1)盆地基底特征(地壳、岩石圈的物理性质和深层主要界面的起伏)。 (2)盆地在板块构造、大陆动力学系统中的时空关系。 (3)盆地与相邻造山带构造事件的对比研究。 (4)应用地球物理方法获得岩石圈深部及地幔的影像。 (5)根据岩浆岩的岩石-地球化学参数判断深部地幔过程及其对盆地演化的影响
盆地中油气系统演化的动力学分析	(1)生烃源岩的性质和分布。 (2)富生烃凹陷的识别。 (3)储层类型及特征,储集性的决定因素。 (4)盆地中的圈闭类型、分布及区带。 (5)与生、排烃和聚集相关的能量场研究(压力场、地热场)。 (6)流体运移及输导系统的动力学特征。 (7)油气系统演化的动力学分析及预测

2 盆地沉积充填动力学分析

建立盆地充填序列研究首先需从宏观入手,即进行构造地层分析。构造地层分析概念由来已久,然而其方法体系已有重要发展。近十余年中国地质家们在西部大型叠合盆地研究领域中取得了重要的进展和创新。塔里木盆地是中国最大的,也是最复杂的含油气叠合盆地,勘察早期国际合作完成了覆盖全盆地的地震测网,完成后即发现十余个不整合,其中 8 个大型不整合最为重要。经生物地层研究成果与地震地层研究成果的精细对比,确定了不整合的年代和地层缺失量[10],证明主要的不整合皆具有古构造运动面性质,可作为构造地层序列的高级别单元的界面,其中有些是划分盆地原型的界面。

十余年来地球科学的基础研究在中国西部有巨大的投入,对环绕塔里木盆地的巨型造山带包括昆仑、天山及阿尔金等进行了系统研究,对于重要构造事件,包括洋壳时代、汇聚-造山事件和变质年龄等都得到了系统的定年数据(主要由中国地质科学院地质研究所大陆动力学研究室提供),盆地内也进行了碎屑岩层锆石定年的系统研究。研究成果表明,造山带与盆地演化中的构造事件和阶段性可以很好地对比,从而解释了盆地多次发生构造变革的原因[11-13]。盆地古构造、古环境序列图的编制展示了上述大陆动力学背景变化对盆地古地理、古构造格局的重大影响[14-15]。

进一步进行的重点区高分辨率等时地层格架的建立与沉积体系研究已有成熟的方法和大量的文献[8,9,16,17]。各种沉积体系的识别是盆地分析中最为细致的系统工作,需要大量的露头、岩芯观测和测井分析,是生、储、盖层预测的基础。

地震沉积学的方法提高了对深埋地下的沉积体系预测的能力[18],在碳酸盐岩沉积体系方面,露头研究与地震影像相结合在礁滩带储层和古喀斯特岩溶储层预测中获得了很大的成功,对四川、塔里木等盆地的海相大油气田的发现和探明起到了重要作用[19]。高精度三维地震是此项研究的重要基础，中国东部渤海湾盆地的一些富生烃坳陷如渤海湾盆地济阳坳陷等已经实现了三维地震全覆盖，对发现地层岩性圈闭做出了重要贡献。

盆地沉积充填研究的另一重要动向是沉积过程的源-汇系统研究——Routing System，即把研究区域从沉积区扩大到剥蚀物源区，并研究物源区古地貌演化，岩石风化、搬运到沉积的完整动力系统[7]。此种思路在中国的放射性沉积矿床研究中已受到高度重视，因为沉积铀矿的物源在受长期剥蚀的造山带区域，必须整体性地研究源-汇系统，含矿物质的来源和沉积路径才可能正确地预测和评价[20]。由此可建立沉积铀矿床成矿构造域的概念系统，这一系统即包括了广大的物源区地球化学特征和风化条件、搬运路径和富集条件，现今已经用于区域性成矿预测和勘探部署。

盆地沉积序列中的古气候和古环境记录在十余年前即被列为盆地动力学研究的一个重点。当今全球环境变化已成为涉及人类生存条件的重大问题。在地球历史上气候变化不仅影响煤和油气等能源资源，还涉及其他多种沉积矿产。近年来放射性沉积矿床成矿与古气候的重要联系也已引起了地质家们的注意。地质历史上的气候周期变化问题已成为旋回地层学和沉积学研究的一个重点领域。

3　盆地构造动力学分析

多年的研究表明，不同类型的盆地有其特定的构造组合、构造样式及构造力学性质。这些特征可在地震探测中得到并由此初步判断其构造物理学类型：伸展类、拗曲类、走滑类以及复合类型。在叠合盆地演化中盆地构造特征往往会受到多期变形的影响，须加以筛选和区别，这在中国的叠合盆地研究中尤为重要。Allen 等[7]在其沉积盆地分析新著中将盆地的各种板块构造类型与各种成因因素做了综合分析，认为许多类型盆地都受到多重因素的影响，重要的是区分主要因素和次要因素，并用图示表现了不同类型盆地演化过程中各种因素的主次关系(图 1)。

在盆地中识别和划分基本构造单元，包括隆起、凹陷和主要的断裂系统是含油气盆地构造分析中最基本的工作。在叠合盆地中则需要按详细划分的盆地原型分别研究和编图。此项工作是进一步研究油气分布规律的重要基础，特别是凹陷的生烃潜力评价和富生烃凹陷的识别。古隆起及其斜坡区则有利于形成大型圈闭和区带。《中国多旋回叠合含油气盆地构造学》专著[21]基于中国油气勘探数十年的宝贵经验，对叠合盆地构造研究理论和方法做了系统的阐述。李德生先生数十年潜心渤海湾大型裂谷盆地研究，组织编制了全盆地构造与油气分布图，包括数十个隆起、凹陷与油田分布，展现了环生烃凹陷形成的一系列油气系统，并坚持多年不断根据新资料补充修改，其作品成为此类图件的典范。

塔里木盆地古生界构造格局与油气分布的关系是大型叠合盆地最为典型的实例，数十年勘探经历证实满加尔坳陷是全盆地最为重要的大型富生烃坳陷，已发现的大油气田多分布于环此坳陷的古隆起和斜坡带部位，如塔北和塔中隆起，前者已经勘探证实为海相大油田连续分布的区带。

4　盆地形成演化的地球动力学背景分析

板块相互作用和地幔动力过程是盆地形成演化中最重要的控制因素，这已经是盆地研究多

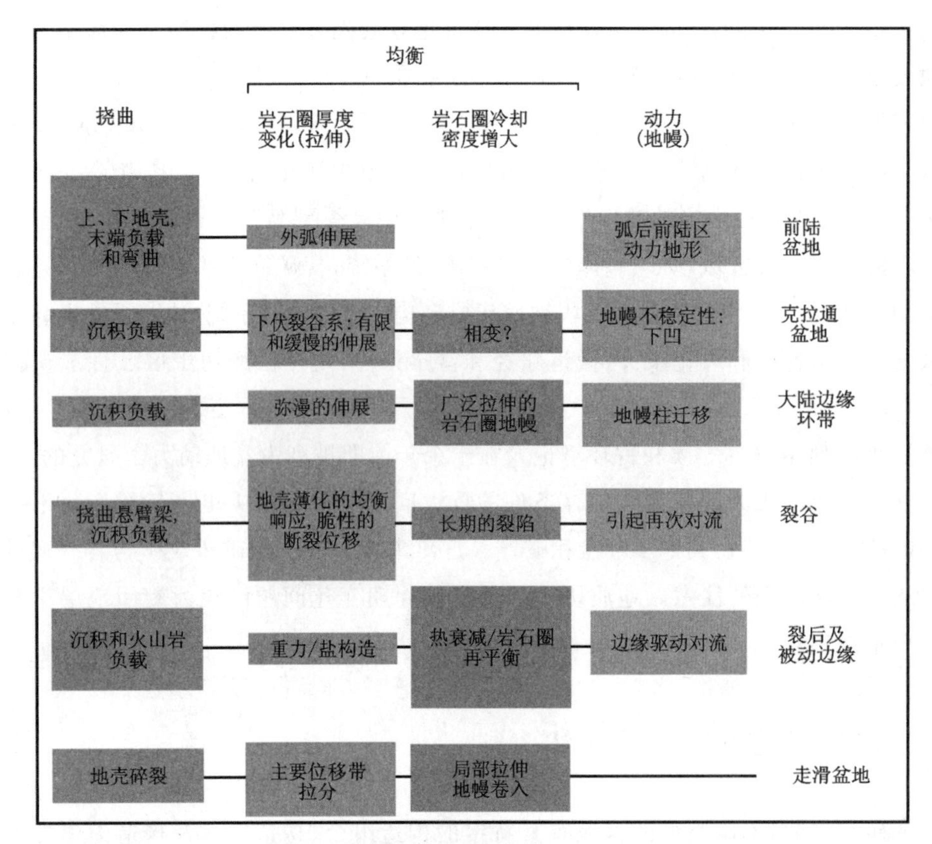

图 1　形成各种盆地类型的成因因素[8]

注:此图为基于挠曲、均衡、动力机制及重要性的盆地成因分类。方框的大小大致表示该种机理相对应的盆地形成演化的重要性。

年来的共识,在中国的东部及其汇聚型大陆边缘有更为明显影响。天然地震层析清楚地显示了太平洋板块向大陆板块深部的俯冲及其引起的地幔异常变化,地幔软流上涌[22]。晚中生代以来中国东部大规模岩浆带的形成,随后以晚侏罗世—白垩纪为主的大面积跨国境分布的断陷盆地群、裂谷型的松辽大型盆地的形成及其裂后阶段多幕挤压反转构造,都清楚地表明大洋板块向大陆俯冲与地幔动力过程的控制作用[23-25]。

地球物理学家和岩浆岩石-地球化学家在此领域的大量研究成果[26-31]对盆地形成演化的动力学解释起到了重要作用,有些成果是岩石学家和地球物理学家合作完成的[32]。中国东北部晚中生代的断陷盆地系、新生代渤海湾为代表的大型裂谷盆地、中国近海的东海陆架盆地都是在这一过程中形成和发展的。

为进一步阐明大洋及大陆板块相互作用与盆地形成机理,通过跨国合作进行了中国东部及海域洋-陆构造事件的系统对比,及其与盆地形成关系的研究[33]。近期在南中国海也进行了此种研究,提出了南海北部与南部盆地特征差异原因的区域大地构造背景解释[34,35]。这些成果都揭示了板块相互作用的复杂多样性和多期性。

盆地动力学研究推动了更为密切的多学科合作和国际合作。近十余年来我国很多与盆地动力学和油气成藏相关的大型研究项目都是由多学科的专家一起完成的。

另一应引起重视的新领域是岩石圈尺度的变形。欧洲学者[36]发现了岩石圈变形的重要事实并提出了其模式(图 2)。此种过程发现于被强大挤压的盆地中。塔里木也被作为一个实例引用，然而当时尚缺少岩石圈变形的深层剖面作为证据。天然地震噪声研究则显示了有启示的岩石圈褶皱变形的影像[37]。

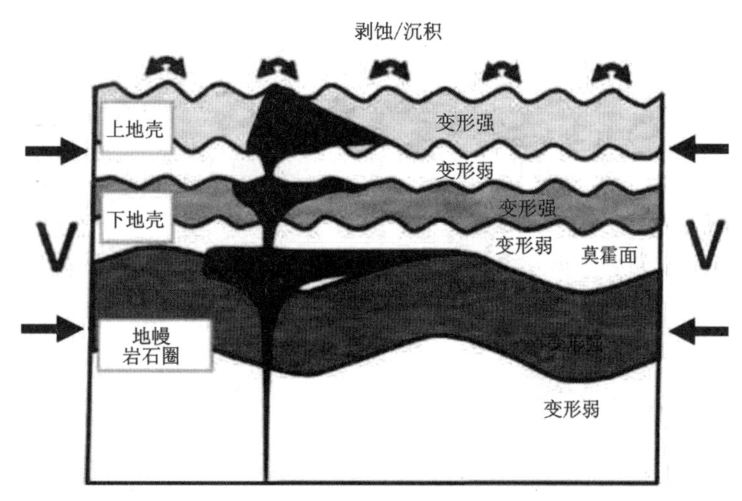

图 2　流变的层状岩石圈变形模式图[36]

数十年来以松辽盆地和渤海湾盆地为主的东部盆地在提供油气资源上已经为国民经济做出了重大贡献，油气勘探的方向已经由东部向西部和中部战略转移，并聚焦于塔里木、四川、鄂尔多斯和准格尔等大型叠合盆地。前三者均形成于大陆内部较稳定的地台基底并被造山带等活动带所环绕，此种大地构造背景既决定了盆地构造上的相对稳定性，又决定了源于环绕地台的活动构造带对盆地的强大挤压应力。这些地区远离西太平洋俯冲带，地球动力学背景与东部全然不同。因此大陆构造及大陆动力学研究及其与盆地演化的关系亟需加深[38]。王鸿祯于1982年即提出了中国大地构造域的划分，即从活动论的观点认为陆间区是由两个变形复杂的大陆边缘构成，每个地台与环绕的卷入造山带的古大陆边缘为一个构造域。前述大型叠合盆地，都发育在构造域中部的地台区[39,40]。与东部的中朝地台不同，这些盆地基底未受到大的破坏。然而，在其演化中受到侧向构造压力的重要影响发生岩石圈级别的变形。因此对盆地和造山带重大构造事件的对比研究成为动力学分析的关键。造山带大量的定年数据保证了对比的精度。塔里木、四川等多个大型叠合盆地动力学研究项目中实现了大陆动力学、沉积学和油气地质勘探家的密切结合。以塔里木盆地为例此项研究超越了以往盆地-山脉耦合研究的范畴，把眼界放宽到大陆动力系统，从而对每个演化阶段盆地的古构造-古环境格局做出合理的解释并有助于油气预测[12-14,38,41]。然而对于古生代的多期重大构造事件的复杂性，大地构造和古地理格局的重建尚需漫长的研究和认识过程。也有学者尝试探索用构造物理基本理论进行古生代的古构造分析[42]。

关于峨眉地幔柱对四川和塔里木盆地的影响是盆地研究者们关注的另一热点问题，岩石地球化学家关于地幔柱性质的大量证据已被广泛认可。与地幔柱相关的玄武岩在盆地中和盆地之间大面积分布[43,44]。在塔里木盆地充填序列中这一事件成为海相地层序列转为以陆相地层为主的序列之间的界限，并对古地温场有一定影响。在四川盆地构造古地理的重建研究，揭示了二叠纪—三叠纪碳酸盐岩台地与其间向西开口的槽地间列的格局。对其构造成因有多种见解。多数研究者[45]认为与前期的裂陷作用有关，罗志立等[46]推断了上述二叠纪的裂陷作用成因，并认为与地幔柱活动相关。

5　盆地中油气系统演化的动力学研究

油气系统的概念和方法体系是近代石油地质学的一项重要发展并为勘探家们广泛应用[47]。其研究内容包括油气成藏基本要素、动态过程和地质背景(图3)。应用过程中也曾出现过简单化问题。AAPG年会曾用"Holistic Analysis of Petroleum System"作为专题会议标题,即提倡用系统论的思维研究油气系统。事实上研究的主要难度在于生排烃、运移和聚集的动态过程,涉及很多流体动力学问题[48]。运移路径,即输导系统的追踪有很大难度,也应列入成藏基本要素,石油地质学家用有机地球化学参数与构造结合做了有效的追踪[49]。地球化学家发现更多有效的示踪有机标记化合物的工作正取得重要新进展。上述要素和动态过程都受控于盆地演化的动力背景,又是盆地研究的主要目标,因此应列为盆地动力学研究的重要组成部分[50]。近十余年我国许多与油气相关的大型研究项目,如科学技术部"973"和国家油气专项等都是将盆地演化与油气成藏动力过程作为一体进行研究并取得了丰硕成果[51,52]。可喜的是,中国许多大型石油企业与大学和研究机构合作的出版物中,除了对油气地质有详细和丰富的第一手资料展示与描述外,对盆地成因演化和油气聚集的动力学也都进行了一定的研讨与阐述,如有关松辽盆地[53]、渤海[54,55]和南海及其深水领域[57,58]的大型著作和一批从动力过程研究油气系统的论文[58,61],这里仅选了一些代表。

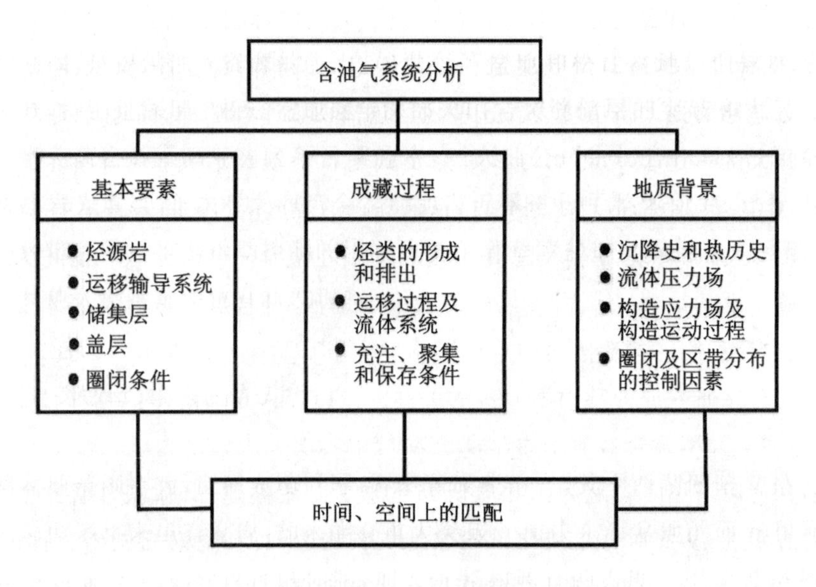

图3　油气系统的研究内容和概念体系框架图

在油气系统的概念提出之后,美国的煤地质学家提出并出版了有关煤系统分析的专著[62]。

6　沉积盆地动力学研究正面临良好的发展机遇和更高难度的挑战

人类社会对能源资源的巨大需求是沉积盆地研究的最重要推动力。中国油气勘探的巨大投入和巨量资料对合作研究者的高度开放,使研究者可能得到系统、完整的盆地与油气的第一性资料和样品，这成为研究工作的基础。这包括投入巨大的超深探井以及系统的覆盖大区域的地震探测成果。多学科合作聚焦已成为创新型研究的基本经验和共识，投入巨大的地球科学基础研究——深部探测计划，该计划的实施也将为盆地动力学研究提供宝贵的信息。

本期《地学前缘》所包括的十余篇论文作者，都曾长期从事沉积盆地与能源资源研究，很多成果都是在完成国家大型科研项目如科学技术部“973”项目、国家油气专项和自然科学基金重点项目过程中取得的。上述项目的组织都具有多学科密切合作的背景。因此许多论文在盆地动力学领域有条件地提出了创新点和前缘性探索方向。在此也对《地学前缘》编辑部支持并组织出版“盆地动力学”专辑表示由衷的感谢。

然而我们也面临诸多方面的挑战。研究难度进一步加大，如盆地中深埋储层中的油气、大面积的非常规油气资源和更深的陆坡海域勘探等具有挑战性领域。控制盆地演化的深部背景研究方面也还存在，许多不确定性的推断和争议，这首先需要一系列现代探测技术、实验技术和计算机模拟技术的进一步发展，并在理论上不断有创新性探索和总结。

挑战性的研究将给予致力于盆地动力学多学科合作的科技工作者们更大的推动力。

参考文献

[1] KINGSTON D R, DISHROON C P, WILLIMAS P A. Globalbasin classification[J]. AAPG Bulletin,1983,67:2175-2193.

[2] INGERSOLL R V. Tectonics of sedimentary basins[M]//BUSBY C, AZOR A. Tectonics of sedimentary basins: recent advances. 2nd. Oxford: Wiley-Blackwell,2012.

[3] DICKINSON W R. Basin geodynamics[J]. Basin Research,1993,5:195-196.

[4] DICKINSON W R, ANDERSON R N, KEVIN T B, et al. The dynamics of sedimentary basins[M]. Washington D. C.: National Academy Press, 1997.

[5] 李思田，王华，陆凤香. 盆地动力学：基本思路与若干研究方法[M]. 武汉：中国地质大学出版社，1999.

[6] ROURE F, CLOETINGH S, SCHECK-WENDEROTH M, et al. Achievements and challenges in sedimentary basin dynamics: a review[J]. New Frontiers in Integrated Solid Earth Science,2010:145-233.

[7] ALLEN P A, ALLEN J R. Basin analysis: principles and application to petroleum play assessment[M]. 3rd ed. Oxford: Wiley-Blackwell, 2013.

[8] EINSELE G. Sedimentary basins: evolution, facies and sediment budget[M]. 2nd ed and Enlarged ed. Berlin, Heidelberg, New York: Springer, 2000.

[9] MAIL A D. Principles of sedimentary basin analysis[M]. Berlin, Heidelberg, New York:Springer-Verlag,2000.

[10] 张师本，黄智斌，朱怀诚，等. 塔里木盆地覆盖区显生宙地层[M]. 北京：石油工业出版社，2004.

[11] 许志琴，李思田，张建新，等. 塔里木地块与古亚洲/特提斯构造体系的对接[J]. 岩石学报，2011，27(1)：1-22.

[12] LIN C S, LI H, LIU J Y. Major unconformities, tectonostratigraphic framework and evolution of the superimposed Tarim Basin, Northwest China[J]. Journal of Earth Science,2012,23(4):395-407.

[13] LI S T, REN J Y, XING F C, et al. Dynamic processes of the Paleozoic Tarim Basin and its significance for hydrocarbon accumulation: a review and discussion[J]. Journal of Earth Science,2012,23(4):381-394.

[14] 林畅松,于炳松,刘景彦,等.叠合盆地层序地层与构造古地理:以塔里木盆地为例[M].北京:科学出版社,2011.

[15] 何登发.塔里木盆地地层不整合面与油气聚集[J].石油学报,1995,16(3):14-21.

[16] READING H G. Sedimentary Environments: Process, Facies and Stratigraphy[M]. 3rd ed. Oxford:Black Well Science,2006.

[17] CATUNEANU O. Principles of sequence stratigraphy[M]. Amsterdam: Elsevier Science,2006.

[18] ZENG H L. From seismic stratigraphy to seismic sedimentology: a sensible transition[J]. Gulf Coast Association of Geological Societies Transaction, 2001,32:427-448.

[19] EBERLI G P, MASAFERRO J L, SARG J F. Seismic imaging of carbonate reservoirs and systems[M]. Tulsa: AAPG, 2004.

[20] 焦养泉,吴立群,杨生科,等.铀储层沉积学-砂岩型铀矿勘查与开发的基础[M].北京:地质出版社,2006.

[21] 李德生.中国多旋回叠合含油气盆地构造学[M].北京:科学出版社,2012.

[22] HUANG J,ZHAO D. High-resolutions mantle tomography of China and surrounding regions[J]. Journal of Geophysical Research, 2006, 111: B09305.

[23] 许志琴,赵志兴,杨经绥,等.板块的构造及地幔动力学[J].地质通报,2003,22(3):149-159.

[24] 许志琴,杨经绥,嵇少丞,等.中国大陆构造及动力学若干问题的认识[J].地质学报,2010,84(1):1-28.

[25] SONG Y, REN J Y, STEPASHKO A A, et al. Post-rift geodynamics of the Songliao Basin, NEChina: origin and significance of T11 (Coniacian) unconformity[J]. Tectonophysics,2014,634(5):1-18.

[26] FLOWER M F J, CHUNG S L, LO C H, et al. Mantle dynamics and plate interactions in East Asia[M]. Washington D. C.: American Geophysical Union,1998.

[27] 路凤香,吴其反,李伍平,等.中国东部典型地区下部岩石圈组成、结构和层圈相互作用[M].武汉:中国地质大学出版社,2005.

[28] 张旗,金惟俊,李承东,等.中国东部燕山期岩浆活动与岩石圈减薄:与大火成省的关系[J].地学前缘,2009,16(2):21-51.

[29] 路凤香,郑建平,张瑞生,等.地壳与弱化岩石圈地幔的相互作用:以燕山造山带为例[J].地球科学——中国地质大学学报,2006,31(1):1-7.

[30] 路凤香,郑建平,邵济安,等.华北东部中生代晚期—新生代软流圈上涌与岩石圈减薄

[J]. 地学前缘,2006,13(2):86-92.

[31] 邵济安,路凤香,张履桥,等. 辽西中生代软流 圈底辟体脉动式上涌[J]. 地球科学——中国地质大学学报,2006,31(6):807-816.

[32] SHAO J A, LIU F T, CHEN H. Seismic tomography of the northwest Pacific and its geodynamic implications[J]. Progress in Natural Science,2001,11(1):46-49.

[33] REN J Y, TAMAKI K, LI S T, et al. Late Mesozoic and Cenozoic rifting and its dynamic setting in Eastern China and adjacen tareas[J]. Tectonophysics,2002,344:175-205.

[34] 解习农,张成,任建业,等. 南海南北大陆边缘盆地构造演化差异性对油气成藏条件的控制[J]. 地球物理学报,2011,54(12):3280-3291.

[35] 任建业,雷超. 莺歌海-琼东南盆地构造-地层格架及南海动力变形分区[J]. 地球物理学报,2011,54(12):3303-3314.

[36] CLOETINGH S, BUROV E. Lithospheric folding and sedimentary basin evolution: A review and analysis of formation mechanisms[J]. Basin Research,2011,23:257-290.

[37] LI H Y,LI S T, SONG X D, et al. Crustal and uppermost mantle velocity structure beneath northwestern China from seismic ambient noise tomography[J]. Geophysical Journal International,2012,188:131-143.

[38] 张国伟,郭安林,董云鹏,等. 大陆地质与大陆构造和大陆动力学[J]. 地学前缘,2011,18(3):1-12.

[39] 王鸿祯,王自强,张玲华,等. 中国古大陆边缘中、新元古代及古生代构造演化[M]. 北京:地质出版社,1994.

[40] WANG H Z, LI S T. Tectonic evolution of China and its control over oil basins[J]. Journal of China University of Geosciences, 2004, 15(1):1-8.

[41] 贾承造,张德龙,周新源,等. 塔里木盆地板块构造与大陆动力学[M]. 北京:石油工业出版社,2004.

[42] 杨文采. 东亚古特提斯域大地构造物理学[M]. 北京:石油工业出版社,2009.

[43] 潘赟,潘懋,田伟,等. 塔里木中部二叠纪玄武岩分布的重新厘定:基于测井数据的新认识[J]. 地质学报,2013,87(10):1542-1549.

[44] 徐义刚,何斌,罗震宇,等. 我国大火成岩省和地幔柱研究进展与展望[J]. 矿物岩石地球化学通报,2013,32(1):25-39.

[45] 杜金虎,徐春春,汪泽成,等. 四川盆地二叠—三叠系礁滩天然气勘探[M]. 北京:石油工业出版社,2010.

[46] 罗志立,孙玮,韩建辉,等. 峨眉地幔对中上扬子区二叠纪成藏条件影响的探讨[J]. 地学前缘,2012,19(6):144-155.

[47] MAGOON L B, DOW W G. The petroleum system from source to trap[M]. Tulsa: AAPG,1994.

[48] 郝芳. 超压盆地生烃动力学及油气成藏机理[M]. 北京:科学出版社,2005.

[49] ZHANG C M, LI S T, YANG J M, et al. Petroleum migration and mixing in the Pearl River Mouth Basin, South China Sea[J]. Marine and Petroleum Geology, 2004, 21:

215-224.

[50] 李思田.大型油气系统形成的盆地动力学背景[J].地球科学——中国地质大学学报,2004,29(5):505-512.

[51] 庞雄奇,周新源,姜振学,等.叠合盆地油气藏形成\演化与预测评价[J].地质学报,2012,86(1):1-103.

[52] 金之钧.中国典型叠合盆地及其油气成藏研究新进展(2):以塔里木盆地为例[J].石油与天然气地质,2006,27(3):281-288.

[53] 侯启军,冯志强,冯子辉,等.松辽盆地陆相石油地质学[M].北京:石油工业出版社,2009.

[54] 朱伟林,米立军,龚再升,等.渤海海域油气成藏与勘探[M].北京:科学出版社,2009.

[55] 朱伟林,米立军,张厚和,等.中国海域含油气盆地图集[M].北京:石油工业出版社,2010.

[56] 龚再升,李思田.南海北部大陆边缘盆地油气成藏动力学研究[M].北京:科学出版社,2004.

[57] 庞雄,陈长民,彭大钧,等.南海珠江深水扇系统及油气[M].北京:科学出版社,2007.

[58] 蔡希源.塔里木盆地大中型油气田成控因素与展布规律[J].石油与天然气地质,2007,28(6):693-702.

[59] 李忠,黄思静,刘嘉庆,等.塔里木盆地塔河奥陶系碳酸盐岩储层埋藏成岩和构造-热流体作用及其有效性[J].沉积学报,2010,28(5):969-979.

[60] WEI H H, LIU J L, MENG Q R. Structural and sedimentary evolution of the Southern Songliao Basin, Northeast China, and implication for hydrocarbon prospectivity[J]. AAPG Bulletin,2010,94(4):533-566.

[61] 李三忠,张国伟,周立宏,等.中、新生代超级汇聚背景下的陆内差异变形:华北伸展裂解和华南挤压逆冲[J].地学前缘,2011,18(3):79-107.

[62] WARWICK P D. Coal system sanalysis: a new approach to the understanding of coal formation, coal quality and environment considerations, and coal as a source rock for hydrocarbons[J]. Geological Society of America, Special Paper,2005,387:1-8.

中国沉积学若干领域的回顾与展望*
——庆祝《沉积学报》创刊二十周年

摘　要　主要选取沉积环境与沉积体系、碳酸盐岩、碎屑岩成岩作用、层序地层学、沉积盆地分析与模拟、中国海海底沉积作用、油气储层沉积学、矿床沉积学等若干领域，对我国沉积学做一简要回顾与展望，也借此庆祝《沉积学报》创刊二十周年。

关键词　沉积学　回顾与展望　中国

1　前言

《沉积学报》创刊二十周年了，恰值叶连俊院士九十华诞，我们表示热烈祝贺。借此机会，对我国沉积学做一回顾，展望中国沉积学的发展。应该指出，当代沉积学的内容已十分广泛，因此“若干领域”只能作为代表而已，不足以代表全貌。

从国际上看，通常认为沉积学于19世纪末开始奠基，20世纪50年代初出现现代沉积学或沉积学的复兴。现代沉积学将现代沉积、岩石和实验研究结合起来，强调沉积作用的研究，并以浊积岩沉积机理、碳酸盐岩的机械成因分类和沉积构造的水动力学解释等多方面的突破性进展为标志。

回顾我国的情况，20世纪初近代地质学在中国开始发展，到40年代已经奠定了近代地质学的基础。这期间对沉积学的研究较为薄弱，只是作为岩石学的一部分，沉积矿床则作为矿床学的一部分；但把沉积岩、古生物和地层结合起来的古地理研究却有了开始。在这期间，对沉积矿产的研究曾经导致昆阳磷矿及淮南八公山煤田的发现，留下了光辉的记录。

从20世纪50年代开始，沉积岩石学研究在我国广泛兴起，并朝着沉积学独立学科的方向发展。首先在中国科学院地质研究所成立沉积学研究室，随后在一些石油部门建立沉积岩分析实验室，在一些高等院校开设沉积岩石学和岩相古地理课程。50—60年代，我国对沉积岩的研究，侧重矿产资源及化石能源的相关问题，但在内容、方法和地区上均比过去有了很大发展，并取得了一批重要研究成果。70年代，我国沉积学的研究进入了一个新阶段，国际上50年代的沉积学复兴对我国的影响日益加大，国际学术交流加速了我国沉积学的发展。沉积相和沉积环境研究的内容和方法发生了质的变化。随后的80—90年代，地震地层学特别是层序地层学在我国得到广泛应用，沉积盆地和沉积体系研究成为热点领域；此外沉积作用与板块构造的关系深受关注，沉积学研究成为造山带研究的重要内容。

可以说，从20世纪70年代后期起，我国沉积学研究进入黄金时代。正是在这样的大背景下，1979年中国矿物岩石地球化学学会成立沉积学会（现沉积学专业委员会），接着中国地质学

* 论文发表在《沉积学报》，2003，21(1)，作者为孙枢、陈景山、范嘉松、李忠、朱国华、李思田、林畅松、刘宝珺、王剑、秦蕴珊、裘怿楠、贾爱林、陈先沛、陈多福。

会成立沉积地质专业委员会。这两个学会当时均由叶连俊研究员任理事长（主任），业治铮研究员和吴崇筠教授任副理事长(副主任)。这期间国际合作交流空前加强，许多国际著名沉积学家来华访问和讲学。我国的一些沉积学家于1980年首批加入国际沉积学家协会(IAS)，叶连俊、业治铮、孙枢、刘宝珺和李任伟先后在国际沉积学家协会、国际地质科学联合会全球沉积地质计划委员会任职，参与国际地质学科发展重大问题的决策。从1982年起，我国沉积学家参加了每四年一度的国际沉积学大会。

我国沉积学的大发展必然产生对学术交流的旺盛需求。1979年和2001年分别召开了全国沉积学大会，在这两次大会之间每年都有沉积学专题学术会议或有机地球化学会议。国际和国内沉积学家都有举办国际性学术会议的强烈愿望，1988年在北京召开了国际矿床沉积学学术讨论会。应当指出，20世纪80年代以来，多项同沉积学有关的国际地质对比计划(IGCP)在我国召开了学术研讨会。

同时一些相关的学术刊物也应运而生。20世纪80年代先后有《沉积学报》和《岩相古地理》的创刊，90年代末期有《古地理学报》问世。

从20世纪70年代后期起，可以说，我国沉积学研究进入黄金时代。而在1983年创刊的《沉积学报》不仅在沉积学学术交流和促进我国沉积学发展方面起到了非常重要的作用，而且成为这一黄金时代的重要见证。通过半个多世纪的努力，我国沉积学已经初步建立了沉积学理论体系，已经建立了较为完善的教育和研究工作体系，有了一支较高水准的、老中青相结合的科学家队伍。在21世纪中，可以预见我国的沉积学研究必将在解决资源环境问题、认识地球的演化等方面做出更多贡献。

2 沉积环境与沉积体系研究

自20世纪70年代起，我国有关沉积环境与沉积体系的研究范畴几乎涉及到从大陆到海洋、从浅水到深水、当今已知的所有各种沉积环境，并且紧密结合矿产资源的勘探开发实践，开展了大量的、卓有成效的研究工作。

为了更好地运用“将今论古”的现实主义原理来指导古代沉积环境与沉积体系的解释，我国广泛开展了现代沉积环境调研工作，对冲积扇、沙漠、冰川、河流、湖泊、三角洲、海岸、珊瑚礁以及我国海域等现代沉积进行了深入研究，其中有许多研究成果填补了国内空白。

近三十年来，对我国地史时期的沉积环境与沉积体系的研究方兴未艾，几乎包含了所有已知的各种环境：冲积扇、河流、三角洲、湖泊、滨岸、生物礁、陆架、台地、缓坡以及重力流、等深流、深水牵引流、风暴沉积、潮汐沉积等，使沉积环境与沉积体系理论得到了不断充实和完善。

我国开展沉积环境与沉积体系研究的一个突出特点是紧密结合石油、煤炭、蒸发岩、磷块岩以及铝、锰、铀等矿产资源的勘探实际。经过多年的努力，其研究成果不仅已成功地应用于预测有利相带和指导勘探开发，而且极大地丰富了沉积学的理论与实践，尤其在中、新生代含油气的湖泊沉积环境与沉积体系，以及近海含煤沉积体系研究方面已位居国际先进行列。在广泛开展的古代沉积环境与沉积体系的判识和重塑研究中，除卓有成效地应用岩矿、古生物、沉积结构、沉积构造等环境标志外，越来越多地引入新技术、新方法和先进的仪器设备，主要有测井与地震技术，元素、同位素和有机地球化学方法，古生态和生物遗迹学方法，环境磁学法，数学方法和计算机技术等，成功地拓展了研究深度和广度，丰富了沉积环境的识别标志与识别方法。

沉积环境和沉积体系分析与其他学科的结合已显示出强大的生命力，这方面的研究已初见成效并正在做进一步的探索，例如以层序地层学原理与方法为指导，建立盆地内沉积体系的等时配置格架；盆地内沉积环境和沉积体系的特征及演化与大地构造背景的关系；沉积模拟实验；地球化学参数的环境意义以及有机质类型、来源与沉积环境关系的有机相研究等。

在已有研究成果的基础上，21世纪有望在以下几种方法上取得明显进展：①物理、化学、生物等沉积环境参数从定性描述走向定量化；②沉积相模式向沉积环境模式迈进；③碳酸盐沉积体系和混积体系的研究；④借助数值模拟技术建立三维沉积体系模型；⑤大地构造、灾变事件、全球变化等对沉积环境和沉积体系的影响；⑥通过现代沉积的研究，新技术、新方法、新设备的应用以及学科间的相互渗透，不断修正、充实和完善有关的理论体系。

3　碳酸盐岩研究

我国碳酸盐岩广泛分布于华南、华北以及西部地区，它不仅分布面积广阔，而且厚度巨大，地质时间延续长，是沉积学内一个重要的研究领域。自20世纪70年代以来，由于我国寻找油气资源的需要，对碳酸盐岩的研究给予了极大的关注，因此我国各时代的碳酸盐岩研究都获得了进步。其主要研究方向为：

(1)碳酸盐岩沉积相和微相分析：自20世纪70年代以来，碳酸盐台地的概念和其相模式在我国得到了广泛的应用。通过对古代碳酸盐沉积剖面的结构、构造和生物组合的综合研究来确定其沉积相带，并研究其沉积演化。在一个台地内可划分为潮坪相、局限台地相、开阔台地相、台地边缘礁滩相，其前缘则为台地斜坡相和盆地相。这一模式已得到广泛应用。此外，碳酸盐缓坡概念及碳酸盐岩微相分析也得到发展。

(2)碳酸盐岩成岩作用和油气储层的研究：成岩作用是碳酸盐岩研究中十分活跃的一个分支领域，这一研究紧密地联系着油气的生成、演化，因而与储层研究息息相关。

(3)碳酸盐岩生油潜力研究：通过地球化学方法确定其生油潜力和识别其油源岩，这对于寻找碳酸盐岩的油气至关重要。

(4)一些特殊碳酸盐沉积的研究：如风暴岩、碳酸盐浊积岩。

(5)碳酸盐岩层序地层学研究。

(6)古代生物礁和新生代珊瑚礁的研究。

(7)白云岩和白云石化成因的研究。

总的来说，我国碳酸盐岩沉积学的研究，在最近三十年内，已获得了长足进步，赶上了国际先进水平或缩短了与国际先进水平的差距，特别是我国碳酸盐岩的发育得天独厚，形成了自己的特色，如华北震旦纪的藻叠层石石灰岩、华南巨厚的石炭系—二叠系石灰岩，从而引起了世界同行的兴趣。

20世纪50年代，碳酸盐岩由化学成因到生物碎屑或生物成因的转变，这是一个划时代的革新，从而使碳酸盐岩的研究走上了新的阶段。当前碳酸盐岩又面临着新的挑战，即微生物(microbials)成因。这些微生物包括菌、藻类等在形成碳酸盐沉积中发挥了巨大的作用，这是当前国际上碳酸盐沉积的研究热点。

中国碳酸盐沉积有着十分丰富的研究内容。由于发展的不平衡，有些时代的碳酸盐岩尚处于初级的研究阶段，有待于进一步深化。特别是我国这样辽阔的碳酸盐沉积，尚未发现碳酸盐岩大油田。因此我们相信在21世纪，在我国寻找能源的需求下，碳酸盐岩沉积的研究将有更大的发展。

4 碎屑岩成岩作用研究

碎屑岩成岩作用的研究，密切关系到资源的勘查，特别是开发生产。我国沉积学家多年来结合实际地质情况在油气田、铀矿、微细型金矿等领域做了大量研究，对成岩过程中地温、孔隙流体介质、地质时间和埋藏史等因素的控制作用有了深入的认识。

我国早期的碎屑岩成岩作用研究主要是为层控矿床成因解释及其勘查服务。20世纪80年代，我国追踪这一领域的国际进展，主要从矿物-岩石学方面对油气田碎屑岩成岩作用的认识有了长足进展，这期间对铀、铁、锰、磷以及微细型金矿等层控矿床的深入研究也不同程度地促进了该领域的发展。

20世纪80年代末至90年代初期以来，我国学者结合对东部新生代、西部中新生代油气盆地碎屑岩储层的研究，提出了碎屑岩储层成岩机理研究的新思路，即将储层演化置于盆地的地质背景(成岩场)或盆地的动力演化系统中探讨两者之间的关联性，包括盆地的地热场、压力场、流体作用和构造活动与储层成岩作用和孔隙演化的内在关系，建立不同地质背景下的储层成岩模式和预测模型。研究指出砂岩的成岩事件并不对应于某个成岩作用变量(如深度、温度等)，而是岩石、热流、流体和构造综合作用的产物，较合理地解释了不同性质盆地之间或同一盆地不同构造演化史之间砂岩的成岩速率存在显著差异的原因。对一定岩性的储层而言，盆地热流成为控制砂岩成岩速率的关键；在同一盆地热流条件下，构造演化史则成了重要的控制因素。在研究与垂向上的地质作用有关的储层成岩机理时，还探讨了受水平地质作用控制的储层成岩作用，认为构造变形强度和变形方式的变化可导致储层成岩作用的显著差异。在我国西部的一些挤压盆地中构造变形强度对砂岩成岩压实的控制作用是明显的，并且随着时空上构造挤压变形的多样性而变化；除表现为构造挤压外，构造推覆(尤其晚期构造推覆)对成岩速率也有影响，主要表现在它可以减弱砂岩的热成熟度。显然，从盆-山系统角度分析盆地动力演变过程与储层成岩作用关系，进行动力储层成岩演化模拟是今后碎屑岩成岩作用研究的一个重要方向。

盆地流体活动的研究为碎屑岩成岩作用或成烃-成岩作用的深入研究提供了契机。这一思路旨在把成岩系统纳入盆地大系统，在更高的层次上认识小尺度成岩特征与大尺度盆地演化和盆地流体特征的关系，揭示成岩作用的时空规律。在这方面，近年来在中国东部渤海湾和南海北部新生代油气盆地中取得了一些研究进展，但在流体活动方式的初步模拟实验和成因机制推断方面，尚无相应系统的成岩矿物学、流体包体学以及微量元素和同位素证据，流体活动对碎屑岩成岩作用及其系统演化的控制尚未得到充分认识。

显然，我国碎屑岩成岩作用在油气盆地储层评价以及层控矿床成因解释等应用方面取得了诸多进展；然而，应该看到，与国际前沿相比我国碎屑岩成岩作用在基础研究领域的进展并不明显，特别是在流体-岩石反应(水-岩作用)实验模拟、成岩(作用)事件年代学、微区-超微区液相和固相组分测定研究等方面亟需弥补与深入。此外，现代碎屑岩成岩作用研究还与垃圾埋藏、地下水开发和保护等人类生存环境问题密切相关，在这些领域我国沉积学家应该大有可为。

5 层序地层学研究

层序地层学是当前地球科学中一门新兴的、研究沉积盆地充填和进行资源预测的重要理论和方法体系。这一理论体系源于20世纪70年代末的地震地层学，在其发展过程中不断汲取了20世纪50年代开始研究的相模式和60年代开始的沉积体系的研究成果。层序地层学有关海平面变化的研究引起了国际地球科学界广泛的兴趣，建立等时地层格架进行沉积体系域研究等对沉积学、油气和煤地质学以及相关的地学领域的近代发展起到了重要的推动作用。

中国的地质学家和勘探工作者一直在实际工作中追踪这一学科的进展，并结合我国的地域特色有所发展和创新，在基础及应用研究方面取得了多方面进展，在石油勘查领域创造了重大的经济效益。

在我国大陆边缘盆地领域，以南海北部诸盆地为代表率先开展了系统的层序地层学研究，建立了我国新近系精细的海平面变化曲线和高精度等时层序地层格架，并成功地用于储集体和成藏组合预测，如珠江口盆地在新近纪早期最大海泛页岩下的海相砂和低位扇便构成了盆地最优成藏组合。我国已发现的油气资源和优质动力与工艺用煤资源集中于陆相盆地，因此在陆相层序地层学进行了最为广泛的探索，并在隐蔽圈闭预测上取得了成效，如胜利油田和大庆油田在低位体系域和构造坡折带找寻浊积扇等储集砂体取得了广泛成效，成为保持老油田稳产的重要技术。在鄂尔多斯中生代聚煤盆地和中朝、扬子上石炭统及二叠系研究中，按层序地层单元揭示了沉积体系和体系域的演化对优质煤层的形成和分布的控制作用。近十年来，结合油气勘查层序地层学研究已深入到各种不同构造类型的盆地，包括西北的前陆类盆地。中国的沉积及能源工作者的工作不仅证实了在陆相盆地中用层序地层方法建立等时地层格架用以预测生、储、盖层分布的适用性，还在陆相地层层序构成模式和特有的控制因素方面取得了重要进展。当然这方面的研究尚有待深入和完善。

近年来，与中国地层的综合研究结合，对中国中、晚元古代以来的海相地层露头层序地层学进行了系统性的探索。在地层学领域，生物地层工作者大力探索了应用层序地层方法优化年代地层单元划分问题，因为层序地层学的基础是识别和研究各种关键性物理界面，在划分地层中操作性强，便于区调部门和资源勘查部门的使用。在许多重要层段如石炭系和二叠系已建立了生物地层学与层序地层单元的较精细的对比关系。区调填图部门在填图单元界限上也较广泛地应用了层序地层学的方法，即注意物理界面，特别是古间断面。

层序地层学在能源勘查中的应用促进了沉积学与地球物理技术的密切结合，特别是高精度反射地震以及测井约束反演等技术，在我国油气勘查部门正在快速地应用和普及。在定量和动态过程研究领域，我国也开展了应用计算机技术进行层序形成过程模拟分析研究的工作。

6 沉积盆地分析与模拟研究

沉积盆地分析研究与沉积学的发展密切相关，在我国经历了20世纪50—60年代的奠基阶段，70年代的总结提高阶段。80年代以后，随着层序地层学、全球变化事件沉积学等的引入，一系列高新技术的运用，使沉积盆地分析很快成为我国沉积学的热点课题，这一阶段是沉积盆地分析研究的大发展阶段。

90年代以后，我国沉积盆地分析进入了一个走向世界、与国际沉积学大融合的新时代。当前，中国沉积盆地分析研究的特色主要体现在以下几个方面。①沉积环境及其演化仍是沉积学研究的主旋律，特别是有关碳酸盐和陆源碎屑混合沉积体系、事件沉积学、旋回沉积学、生物礁研究等仍然是当前沉积盆地分析研究中的重要内容。②层序地层学是当前沉积盆地分析的核心内容之一，其发展已形成了生物层序地层学、高分辨率层序地层学、高频层序地层学、层序充填动力学以及应用层序地层学等一些新的发展方向。同时，层序地层学在全球对比、矿产资源评价以及油气勘探等方面的应用已显得越来越重要。③高新技术的应用使沉积盆地分析进入了一个以计算机模拟为重要内容的新时代。④ 冰川事件沉积学研究是当前沉积盆地分析研究中的一大热点。新元古代末冰雪地球事件，已成为地球科学研究的一大热门话题。

盆地时-空结构与地层模拟预测是当前沉积盆地分析研究的热点问题，露头层序地层与多维地震相结合使盆地地层预测成为可能。现在的模拟技术已从物理模拟发展到数值模拟、从一维模拟到三维动态可视模拟、从描述模型到分析模型，使盆地定量模拟与地层预测走向完善和适用性。近十年来，欧美沉积盆地分析学者在3D模拟技术上真正实现了动态的、人机交互的、真彩的盆地“真实时空”格架演化再现技术。我国沉积盆地计算机模拟研究虽然起步较晚，但在近年来取得了不少进展。但我们在盆地模拟数据可视化系统研究、盆地3D定量模拟及盆地动力学模拟等方面还有相当的差距。

近年来，我国沉积盆地分析基本上在三个不同侧面进行了开创性的工作。①将沉积盆地演化与造山带形成相结合，进行以盆-山转换为特色的沉积盆地分析研究，正在建立具有中国特色的盆地分析理论体系。②通过沉积体系三维构形分析、结合计算机模拟方法来探讨沉积盆地的成因。③大地构造沉积学作为沉积盆地分析的一个重要方面，近十多年来在我国得到了发展。

正如美国沉积学家Ginsburg(2001)所说的那样，新世纪沉积盆地分析的一个首要任务是“认真清理、反思沉积地质学(包括沉积学和古生物学)范例和模式的可靠性”。因为，这些范例与模式，甚至是某些理论，是指导并约束我们进行盆地分析与模拟的依据。沉积学及地质学大多数其他专业领域所遵循的基本原则是现实主义的“将今论古”模式或“均变论”模式，从这些基本理论出发，我们过去建立了许多作为沉积盆地分析的范例与模式。然而，随着近年来沉积地质学的发展，这些作为我们盆地分析研究的“范例”或“模式” 已显示出明显的缺陷或不足。新世纪，世界沉积地质学家对传统的理论已经提出了挑战。

就沉积盆地分析过程中的相模式而言，值得重新修正的模式包括以下几个方面(Ginsburg，2001)：海相碳酸盐岩不再是独属于暖水环境；叠层石也能于潮间带之下很好地发育形成；粒序层理并不只是源于密度流沉积作用；第四纪大陆架沉积模式不一定适合于古代陆缘海沉积模式；珊瑚建造并不局限于温暖的近赤道浅海。

7 中国海海底沉积作用研究

我国对濒临中国大陆的四个海区(渤海、黄海、东海、南海)的海底沉积物的调查研究，始于1958年的全国海洋普查。此次普查历时四年，采取了网格式的布站，从北至南系统地调查研究了海底沉积，从而为我国海洋沉积学的发展奠定了基础。不但获取了大量的第一手海上资料，也培养了一批从事海洋地质方面的科技人才。这次调查是我国海洋科学事业发展进程中的一个里程碑。但海洋普查的范围仅限于陆架浅水区。以后的漫长岁月里，国内各有关单位根据国家需求，一方面对陆架浅水区继续做了深入的调查研究，另一方面又对南海深水盆地、冲绳海槽等深海、半深海海域做了大量工作。由于中国海海底沉积作用的复杂性和区位上的优势，引起了许多国外科学家的关注。我国先后与美、日、韩、德、英、法、意大利等国家开展合作，引进了一些先进的海上调查技术，有力地促进了我国海洋沉积学的发展。

中国海沉积作用的研究取得了显著进展，主要是：①随着海上定位技术和调查手段的不断改进，在渤海、黄海、东海已编制了1∶50万，局部海域达1∶25万的沉积类型分布图；而在南海可达到1∶100万至1∶50万的精度。清晰地展现了沉积类型的分布格局。②从沉积学、矿物学和地球化学的角度详细地研究了沉积物的物质组成，发现并确定了海底新矿物及其分布、扩散的模式。③物源的性质和状况对海底沉积物有重要影响，因此对黄河、长江和珠江等河流的入海物质（含三角洲）的组成、入海后的扩散、影响强度等有了深入的研究。④海底沉积作用与早期成岩作用的形成与变异都是在特定的环境下发生发展的。沉积物反映的环境记录促进了对古环境的研究。但是，目前研究的时间尺度多半是在晚更新世以来。⑤对浊流沉积、火山沉积、潮流沉积、风沙沉积、风暴沉积、三角洲沉积以及珊瑚礁沉积等一些特殊类型的沉积物都做了不同程度的研究。⑥最后一点是关于陆架沉积模式的研究。长期以来，有关中国陆架沉积模式的研究一直是围绕着陆源碎屑沉积和残留沉积之间的相互关系展开的。但近年来不断出现一些新的学术观点，例如强调水动力因素控制作用的沉积动力学模式；根据上升流的海底区为细粒沉积的事实，提出"冷涡沉积"以及"通道沉积"；陆架沙漠化的模式等。

就海底沉积物海上调查的精度（定位和网格密度）以及物质成分的研究而言，与发达国家相比，我们并不逊色。但是，在理论概括，提出创新的理念方面是不够的，同时在海上取样的深度也不大，都有待加强。

根据社会发展的需求，除继续深入研究陆架浅海沉积外，势必要大力开展深海大洋沉积作用的研究，特别是结合大洋矿产资源的勘探开发，必将对海洋沉积作用的研究提出新的要求。

8　油气储层沉积学研究

储层沉积学作为应用沉积学的一个分支，主要是在服务于石油勘探与开发中发展起来的。它是运用沉积学的理论，对储存油气的沉积岩储层的产状、展布、丰度以及几何形态、岩石物性等各种属性做出描述、解释和预测，为石油勘探开发各阶段的部署决策提供依据。相对于其他沉积矿床，油气储层沉积学的形成和发展是比较年轻的。尽管石油工业领域早在20世纪60年代已开始关注储层沉积问题，1976年美国石油工程师协会才第一次设立专门小组讨论储层沉积问题，而国际沉积家协会正式提出储层沉积学（reservoir sedimentology）并于国际沉积大会上列为专题学术讨论会开始于1990年的第11届大会。

我国石油绝大多数赋存于陆相含油气盆地中，储层沉积学也始终是围绕陆相沉积储层开展的。它萌芽于20世纪60年代大庆特大油田的发现，数百米层段中相变剧烈的数百层薄层砂、泥岩间互的湖盆碎屑岩储层，启示我们必须搞清每个砂岩体储层的特性才能开发好这样的大油田，宏观地大层段地分析储层已不能符合陆相储层的实际，1965 年开始开展“微观沉积学”研究[美国石油地质家协会于 1982 年正式提出微相(microfacies)将解决二、三次采油问题]，对这一命名和设想可以想象当时争议较大，但得到了叶连俊先生的支持和亲自指导。20 世纪 70 年代储层沉积微相研究成果在大庆油田开发中得到成功的应用，推动了储层沉积学在全国油气田的迅速发展。渤海湾地区大量断陷湖盆中油气田的发现和开发更展示了陆相湖盆碎屑岩储层沉积的丰富多彩。经过 30 多年三代沉积工作者的努力，我国已形成了比较系统、成熟的陆相储层沉积学体系，在国际上也占有重要地位。不仅成功地解决了石油勘探开发中大量的生产实际问题，也为沉积学理论宝库做出了一定的贡献。其理论特色可以大体归纳如下：

(1)陆相含油气盆地均属于构造成因的湖盆，不同的构造风格和沉降方式导致的古地形古地貌，加上古气候等古地理环境，控制着沉积体系的展布。

(2)湖盆沉积物以外源碎屑岩占绝对优势，湖泊内源沉积物极少，构造湖盆受主体构造带方向的控制，一般有长短轴之分，分别形成了风格不同的纵向、横向沉积体系。由于湖盆沉降的不均匀性，横向上又有陡坡、缓坡之分，导致了碎屑岩充填型式的斑斓多彩，特别是断陷湖盆的横向体系。

(3)陆相湖盆层序地层的主控因素是构造活动、气候和碎屑物质供应。构造沉降是湖盆层序地层发育的最关键因素。对于断陷湖盆，边界断裂的活动是湖盆沉降的主控因素，不同的断裂活动方式，可以产生不同的层序模式。

(4)多期幕式构造活动，加上长短周期性的气候变化，湖盆沉积物一般表现为多级次的旋回性，短期旋回常以高频形式出现，因此陆相湖盆常出现以多套和多种含油气生储盖组合。

(5)陆相湖盆发育有五大类沉积体系：冲积扇、河流、三角洲、湖泊、沼泽体系。由于碎屑岩物源区与沉积中心生油区的短近距离，所有环境的碎屑岩体都有条件接受油源成为储层。依据“沉积作用—储层非均质性响应—油气开采动态”特征，可以把不同环境的储层砂体分为 13 种基本类型。湿地冲积扇砂砾岩体、干旱冲积扇砂砾岩体、短流程辫状河砂体、长流程辫状河砂体、高弯度曲流河砂体、低弯度曲流河砂体、限制型河道砂体、顺直型河道砂体、扇三角洲砂砾岩体、三角洲前缘砂体、水道式重力流砂体、透镜状重力流砂体以及湖湾滩坝砂体。

(6)湖盆三角洲类型相对简单，几乎全属河控三角洲，可以(冲积扇)扇三角洲和正常(河流)三角洲为两个端点类型进一步细分。两者构成了性质决然不同的储层。河流、三角洲砂体仍然是湖盆中占有主要石油储量的储层，一个湖盆中主要的河流——三角洲体系也总是主力油田所在。然而在湖盆中河流砂体储层与三角洲砂体储层同等发育和重要；辫状河砂体储层在河流砂体中更具重要地位；这些构成了陆相湖盆储层的一个重要特色。

(7)近源短距离搬运和湖泊水体能量较小等基本环境因素，导致了陆相湖盆碎屑岩储层相对海相同类环境储层砂体规模小和连续性差，非均质性更为严重。表现为矿物、结构成熟度低，孔隙结构复杂；多样化的层内非均质性以不利于水驱油的正韵律占优势；双重渗透率加剧了平面非均质性；多相带组合成一套储油层系，构成了严重的层间非均质性。

(8)成岩作用是改造储层性质的一项重要作用。陆相碎屑岩因其原岩以分选不好、杂基含量较高的岩屑、长石砂岩占绝对优势，加上湖盆水介质地化条件多样化，其成岩演化及相应的孔隙度演化与海相石英砂岩相比有自身独特的多样化的模式，总体上可以分为三类：淡水-半咸水湖盆碎屑岩储层成岩模式，盐湖碱性水介质碎屑岩储层成岩模式，酸性水介质煤系储层碎屑岩储层成岩模式。

展望21世纪，为适应石油工业勘探风险的增大，挖掘现存油气采收率潜力深度的提高，要求储层沉积学向定量化方向发展，要求与其他地学学科、与高新技术集成综合。应用地质统计学与计算机技术，采用地球物理信息，发展物理模拟与数值模拟，建立以百万节点计的定量化储层地质模型，已成为当前储层沉积学的热点。我国储层沉积工作者正在针对陆相储层的特殊性，重返露头，建立精细定量的原形模型；引进和发展各种建模算法，与测井地震大量的信息结合，努力发展一套有自己特色的储层建模技术。

9　矿床沉积学研究

我国在20世纪已成为世界上的矿业大国之一。矿床沉积学伴随我国矿产资源的探寻和开发逐步发展壮大，成为发展较快的分支学科。

20世纪50年代首先在传统的沉积矿床(如锰、磷、铁、铝矿床)研究中，引入沉积学和地球化学的原理与方法，奠定了学科基础。1953年，对锰矿成矿条件的研究发现了湖南湘潭原生碳酸锰矿床，解决了发展钢铁工业的急需。随后数十年间，对全国的沉积锰、磷、铁、铝、铜、铀、黏土、蒸发岩类矿床及盐湖等进行了广泛的研究，发表了大量论文及著作，形成了一些成矿模式与成矿理论。近10年来，在我国一些主要的沉积矿床和层控矿床中，普遍发现化石微生物的存在，生物成矿作用研究受到重视并取得进展。

对大量矿床的深入研究，发现我国许多固体矿产的形成和分布既有后生矿床的某些特点，同时又存在鲜明的沉积标志：诸如受层位限制、存在沉积组构、有序的时空结构，矿石与地层的同位素年龄相当，微量元素与同位素示踪反映堆积环境信息等，促使人们从我国地质实际来探寻缘由。我国矿床成因类型中，热水沉积矿床与改造矿床相当发育，从认识上丰富和发展了不是“内生”就是“外生”的复杂系统成矿理论。

我国矿床的另一个特点是矿种种类上“稀有不稀”(稀土、钨、锡、锑、汞等矿产丰产)；出现独立的分散元素矿床(如铊、碲矿床)；沉积层中富集铂族元素；存在富铯、锂、硼的盐湖沉积等。这个特点同样反映了我国地球表层与壳下层圈的复杂相互作用。

超大型矿床是诸成矿要素高强度运行并达到最佳时空匹配条件下的产物。我国若干超大型矿床常常出现在区域性碳酸盐地层与细碎屑岩层的交替部位，相当于海平面变化的最大海泛面发育时期的前后。这一时期正好是深部能量、物质易于释放，而沉积环境较为稳定的时期，有利于超大型矿床的形成。

1988年在我国召开矿床沉积学国际学术讨论会，近百位国外学者出席，会后国际沉积学会出版了专题著作。在我国还举行过多次IGCP项目的专题学术会议(如磷矿、锰矿等)。

21世纪我国矿床沉积学将在加强原始创新性和更深入与更高层次的综合研究方面发展，非金属矿床和层控矿床应得到进一步重视。

10　结束语

当代沉积学的内容十分广泛。除上述领域外，我国沉积学工作者近年来还在造山带沉积学或大地构造与沉积作用、古代深海沉积作用(特别是中国西部地区)、沼泽沉积作用研究等方面取得了长足进展。总之,经过几十年各领域沉积学工作者的共同努力,我国沉积学的发展在如下五个方面的转变过程中迈出了坚实的步伐,即从直观的描述性的沉积岩石学转变为有完整理论指导的有科学逻辑推理的和可以进行科学实验的沉积学;从孤立的局部的地区性表层的研究转变为以全球变化为背景、从深部壳幔作用对盆地发展演化的影响中进行沉积过程的研究;从以固定论和均变论为指导的研究转变为以活动论和灾变论为指导的研究;从单一学科的研究转变为多学科的交叉、渗透的综合性研究;从单一的为经济建设而进行的矿产资源的调查转变为为人类社会进步的全方位服务(包括水、矿产、能源资源、环境、生态、灾害等)。

然而,我国国民经济的飞速发展对科学家提出了更高的要求,水、能源等资源的保证,生态环境保护,地质灾害的防治等方面给我们提出很多科学问题,沉积学工作者任重道远。

参考文献(略)

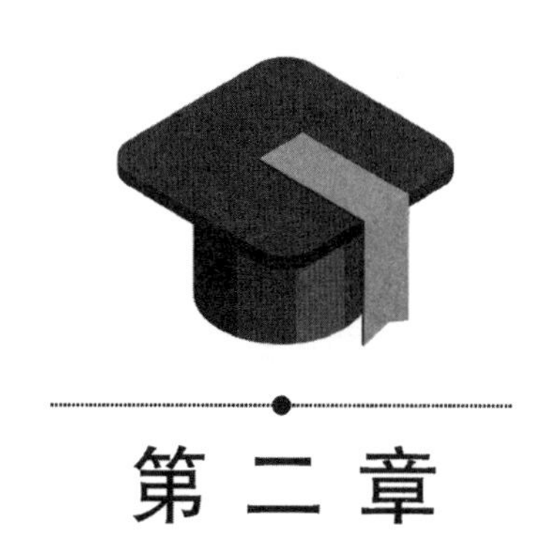

第 二 章

中新生代盆地整体分析和富煤带预测

盆地分析与煤地质学研究*

摘　要　人类社会发展对能源资源的需求使得沉积盆地研究长期处于地质学的热点领域。煤、油、气和沉积铀矿等能源资源的形成均受控于盆地的沉积充填、构造及其动力过程。从盆地整体研究的角度来说，煤和油气地质等分支学科的界限正趋于淡化，其相互间的成因联系日益被揭示。20世纪90年代盆地分析在许多领域取得了重要进展，包括盆地动力学、层序地层学、盆地流体系统、定量动力学模拟以及用于盆地研究的地质、地球物理及测试等方面的新技术，这些方面都将对煤地质研究产生重要的影响。人类对资源、环境的整体考虑和科学技术的新发展对煤地质研究提出了新的挑战，带来了新的机遇。

关键词　盆地分析　煤地质学　盆地动力学

沉积盆地作为地球表面沉降与充填的地区是各种能源资源形成和聚集的场所，包括煤、油气和沉积型核资源都形成于盆地中，并受控于盆地演化的动力系统。盆地又是一种天然的热-化学反应器，不仅有机质在其中实现转化过程，盆地中的流体也在与地层中的化学物质进行着相互作用，形成重要的金属、非金属矿床。因而没有盆地，没有盆地中进行的热-化学过程，就没有煤、油气等能源资源和沉积、层控矿床。正因此，基于人类社会生存和繁荣发展对能源及矿产资源的需求，对沉积盆地的研究始终成为地球科学的热点领域，这一领域汇聚了地质、地球物理、地球化学、计算机技术等许多学科进行交叉和联合研究，因此盆地研究具有学科的综合性，其发展又与各学科领域的进展及新技术成就密切相关。例如没有高分辨率地震技术就不可能出现当今对整个盆地内部构成进行三维研究的精度，没有新一代的计算机模拟技术也不可能实现对各种动力过程的定量分析，这一切技术的发展又归功于能源资源勘探极为巨大投入的推动。20世纪80年代以来是盆地与能源研究发展最为迅速的阶段，本文仅涉及其中几个领域的成就与发展趋向，探讨其对煤地质研究的影响。

当前由于世界性的经济困扰，石油和煤炭行业均处于困难阶段，并波及科学研究和教育。这无疑是一种暂时现象，从总趋势上人类对能源的需求将日益大于可能的供给量。许多学者预测进入21世纪30年代能源资源供给将逐步下降，从而与人类的需求形成巨大的剪刀差[1]。这表明必须大力加强煤、油气资源地质的研究，以延缓这一危机的到来，并大力研究其他新能源(图1)。

1　层序地层学及其在煤地质研究中的应用

当代层序地层学的概念与方法体系形成于20世纪80年代，其前身经历了地震地层学的阶段。在研究大量地震剖面的过程中，直观地发现了盆地中存在着大量的间断面，而层序地层的基本单元恰恰是以间断面及其相应的整合面划分的，因此它为层序地层学方法进行各种关键性界面的研究奠定了基础。层序地层序列是旋回性序列，受构造沉降、海平面变化和物源补给的

* 论文发表在《地学前缘》，1999，6(增刊)，作者为李思田。

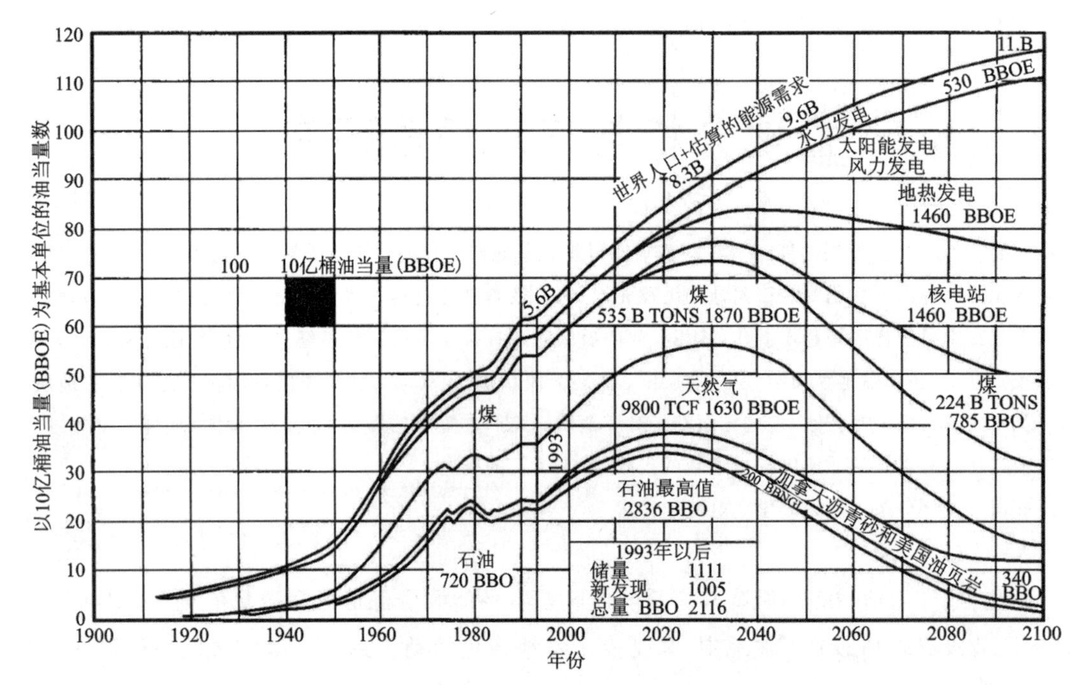

图 1　估算的 21 世纪化石能源的供给趋势[1]

综合控制。北美的石油地质及沉积学家首先在大陆边缘盆地中揭示了海平面变化的重要性，在层序内部识别了沉积体系域的有规律交替，并提出了层序内部构成的模式。

在含能源盆地分析中应用层序地层方法首先划分盆地的等时地层格架，在此基础上进行相和沉积体系配置规律的研究。在含油气盆地中可有效地预测储集体、烃源岩和盖层的分布与配置。近年来最为突出的成就是在深水海域对低位体系域中各种储集体和圈闭的成功预测，如墨西哥湾，北海和非洲西南海域。在煤地质领域也进行了广泛探索，对我国广泛分布的内陆表海及陆相含煤地层的研究也取得了成功，并揭示了层序内部构成的特色。我国晚古生代煤田的形成条件是地台基底上发育的内陆表海环境，通常缺少深水及斜坡部分，层序内部构成是由高频基准面变化产生的副层序，低位体系域经常缺失或仅有下切谷砂体等横向上不连续的沉积。在出现边缘裂陷时则低位域较发育，如我国南方扬子地台南缘晚二叠世的层序。在含煤岩系中古土壤层及其上区域性分布的煤层以及碳酸盐岩台地区古喀斯特风化面等都是识别古间断面的重要标志。在扬子地台区可以进行跨相带追索。根据煤层赋存的体系域背景可以预测煤的含硫性，以寻找有害物质含量低的优质煤。

在陆相含煤及含油气盆地中作为划分层序的古间断面常常更显著和易于识别，层序地层研究的基本原理和方法已被证明适用于各种成因类型的陆相盆地，但是在应用中需要考虑陆相盆地的特点并采用相应的术语。在海相或海陆交替盆地中海平面变化是层序和体系域形成的重要控制因素，并相应地划分低位体系域(LST)、海侵体系域(TST)和高位体系域(HST)。在陆相盆地充填过程中湖泊体系有重要作用，但湖泊与海洋有巨大的不同，地史上湖泊的形成和消失有其短暂性，其规模也很局限，因此用水进、水退来与海侵、海退相对应是值得探讨的问题。湖的规模小，演化中显示了扩展和萎缩，因此笔者等曾建议用湖扩展体系域(EST)来代替“水进体系域”，“E”即 expanding 的字头。在它与高位体系域和低位体系域划分的界限上则采用与海相地层通用的原则，即以初始湖扩展面和最大湖扩展面作为划分 3 个体系域的界限，在陆相油田的研究中已证明较为适用[2]。目前在我国的大型陆相盆地中，在低位体系域内找寻大型储集砂体，特别是低位扇，已取得很大的成功，并成为一些大油田找寻地层岩性圈闭的最重要方向。在含煤盆地中通过层序地层学研究建立等时地层格架，进行沉积体系与体系域研究，在此基础上可预测富煤带和富煤单元的分布。例如在鄂尔多斯侏罗纪盆地区揭示了富煤单元与沉积体系的关系，并发现在富煤单元中煤质的原生特征有规律地分带，从而有助于优质煤的找寻。

2　盆地充填中的古环境、古气候记录及全球变化的节律性

盆地的沉积充填保留了地史上古环境和古气候的最完整记录，通过沉积学、岩石矿物和地球化学以及古生物学方法可以精确地追索古环境和古气候细微的变化过程。这种研究方法在地质学历史上虽由来已久，当前却成为新的热点，这首先是由于人类对全球环境变化的关注。地球表面水圈、大气圈、生物圈以至地圈表层的特征均有其短暂性，地史上曾发生过频繁的巨大变化，从沉积记录中追索古全球变化，从地球系统着眼揭示水圈、大气圈以及地内因素的相互作用，认识环境、气候演变的规律性和控制因素，并用此进行全球变化趋势的预测，这对人类社会的生存和发展具有重大意义。20 世纪 90 年代国际上出现和执行了与研究全球变化相关的一系列重要的研究计划，如国际地圈-生物圈计划等。这些计划的研究重点放在距今较短的时限。盆地充填所提供的长周期的气候和环境的历史记录则可以拓宽对全球变化的认识，并检验和证实古气候演变模型。地质学近数十年的研究已证实全球变化存在着节律性，但这种节律性的成因始终是个探索性问题。一个有重大意义的进展是古气候、古环境演变的节律性与天文因素的关系。用地球轨道参数和地球旋转轴倾斜度的准周期变化解释地层记录中的气候环境旋回已取得重要进展。作为太阳系成员的地球在其运动中与银道面和银河旋臂的关系与高级别旋回性可能存在着耦合关系。今后的工作将集中于精细研究地层记录中不同级别的旋回性和气候-环境变化之间的关系。

地内因素对沉积旋回序列影响的重要性与天文因素具有同等地位，其间还可能存在着相互影响。地史上最高级别的旋回受控于联合古陆聚合-裂解周期，这不仅影响着海平面变化，还对全球古地理、古构造包括海洋与大气的温度和成分都有着根本性的控制作用[3]。研究程度最高的联合古陆是距今 250Ma。在晚二叠世最终汇聚形成了超级古大陆，石炭纪—二叠纪全球大规模的煤聚集与其密切相关，在联合古陆发育的晚期阶段于早、中侏罗世再次形成大规模煤聚集[4]。这一古大陆于 160Ma 开始裂解，世界上许多大油田与裂解期(J_3-K_1)形成的特富烃源岩密切相关，包括墨西哥湾、中东、北海等许多特大型油田。近年来对 800～850Ma 的泛大陆也有更深入的探讨[5]，这一古元古代的古大陆的形成和裂解与许多金属矿成矿作用关系密切。

在煤地质领域对旋回的研究由来已久，特别是对石炭纪—二叠纪海陆交替含煤地层中的旋回研究从 20 世纪 50 年代即在北美和欧洲进行了相当精细的工作。这些旋回序列记录了高频海平面变化，并成为精细划分对比地层的成因单元。最为精细的相图即是按照副层序级的小旋回海侵部分和海退部分分别编制的，这种精细相图的编制，在欧洲和北美一些著名的石炭纪盆地中都系统地进行过。此类研究当时尚缺合理的理论解释并曾被认为烦琐。今后研究和圈定优质煤的分布，建立一种预测模式都有必要研究较短周期的旋回性，即高分辨层序地层及沉积体系研究。

3 盆地构造和煤演化的深部热背景

盆地构造研究的进展与地学领域一些学科的发展密切相关，如大地构造学、地球动力学和地球物理学等基础学科。这在盆地分类方面最为明显，20 世纪 70 年代之前槽台学说在盆地研究中产生过重要影响。板块学说的提出和发展给地质学各领域带来深刻的变革，人们从板块的相互作用认识盆地的形成和演化，并从岩石圈变形的尺度探讨盆地的成因。沉积盆地的分类也基于其板块构造位置进行划分，特别是板缘的动力学性质对盆地演化的控制，即离散的、汇聚碰撞的和走滑的。像许多其他地质问题一样，大陆内部的许多特殊地质问题在板块学说的早期阶段不能给予解释，板内盆地成因也遇到了同样的问题，正因此 20 世纪 90 年代后期及时地提出了大陆动力学的研究方向和课题，这将有助于板块学说进一步完善和发展。

当代对盆地研究的主要趋向是盆地动力学。Dickinson 是应用板块学说与沉积盆地研究的前驱，20 世纪 90 年代前期他对盆地动力学的主体思想进行了阐述[6]，指出当今的盆地研究应更多地转向动态过程分析，盆地演化经常是多种过程的联合作用，随着演化的不同阶段其动力学性质发生改变，简单化的盆地分类已不能适应需要，以往的盆地分类多属地貌-构造分类，如前陆、弧前和弧后等，不能代替动力学研究。1997 年美国地球动力学委员会设立专家组编写了 *The dynamics of sedimentary basins* [7]突出强调了盆地形成与板块构造和地幔对流格架的关系，盆地流体系统及烃类和化学物质的运移以及保存在盆地中的构造、气候和海平面变化的记录。在研究战略上强调把先进的地球动力学理论，精确的观测与计算机模拟相结合。用计算机技术精细模拟盆地演化的动力过程，包括沉降史、构造史、热历史、压力系统演化、烃类形成和运移等，盆地模拟已成为盆地动力学研究不可缺少的手段。

对于煤地质来说可能最重要的是盆地热历史和深部热背景对有机质转化的影响。决定盆地热状态的是岩石圈与地幔对流体系的界面，即软流层顶界面，这一界面的温度大约为 1330℃，这一界面是高低起伏的，在拉伸盆地中随着岩石圈伸展、减薄，从而使这一界面相应隆起。在我国东部及海域的古近纪和新近纪拉伸盆地中软流层隆起高点的深度仅为 50～60km，而周边正常岩石圈厚度为 120～150km。软流层顶面的起伏对通过盆地基底的热流值起决定作用。现今这一界面埋深可以用地球物理(大地电磁、天然地震层析)、岩石地球化学和盆地模拟等方法测算。当今盆地模拟技术已经可以重建热历史，与实测各种地质温度计的指标如 R_o，矿物裂变径迹等数据结合，根据正反演过程恢复地史上各阶段的古地温，这对煤、油、气等化石燃料资源的转化有重要意义。由于煤物质极强的热敏感性，在我国中、新生代岩浆活动的影响叠加在区域热背景之上，对许多区域中高变质煤带的形成起了关键作用[8]。这种控制煤变质的大规模的岩浆活动又与岩石圈地幔的减压融熔形成的岩浆源密切相关。

盆地分析中最具前缘性的领域是盆地流体。盆地既是有机质聚集的场所，又是其发生转化的天然的热-化学反应器，含烃流体是其中最活跃的因素。此项研究包括流体的成分、运移的驱动力、输导系统、流体的化学动力学，以及整个盆地流体的循环系统。这一领域的研究对油气的形成和运聚、层控金属矿床的成矿有重要意义。煤虽然是固体矿产，但其与油气有密切的成因联系，特别是近十余年来对煤成烃和煤层甲烷的研究取得了重要进展，进一步揭示了这种成因关系。煤成气、煤层甲烷的成藏均与盆地流体系统和古水文条件有密切关系。

本文仅涉及了盆地研究中与煤地质关系密切的几个方面。当今国家对煤资源提出了更高的要求，许多研究领域将会得到深化，包括低有害物质含量的优质煤的分布和预测、煤层甲烷和煤成气的成藏条件、与煤污染和洁净煤技术有关的煤质研究以及煤转化为新能源（气化、液化、水煤浆等）的煤质研究等。这些研究都涉及相关资源条件与地质背景，因此盆地分析是煤资源地质战略性研究的重要方面。

参考文献

[1] EDWARDS J D. Crude cil and altemate energy production forecasts for the Twenty-First Century:the end of the hydrocarbon era? [J]. AAPG Bulletin, 1997, 81(8): 1292-1305.

[2] LIN C S,LI S T,WAN Y X, et al. Depositional systems, sequence stratigraphy and basin filling evolution of Erlian Fault lacustrine basin,Northeast China[C]// Proc. 30th Int'l Geol Congr, 1997, 8: 163-175.

[3] PLINT A G, EYLES N, EYLES C H, et al. Control of sea level change[M]// WALKER R G, JAMES N P. Fades madels response to sen level change. Saint John: Geological Association of Canada, 1992:15-26.

[4] 李思田. 联合古陆演化周期中超大型含煤及含油气盆地的形成[J]. 地学前缘, 1997, 4(4): 299-304.

[5] 王鸿祯. 地球的节律与大陆动力学的思考[J]. 地学前缘, 1997, 4(3): 1-12.

[6] DICKINSON W R. Basin Geodynamics[J]. Basin Research, 1994(5): 195-196.

[7] DICKINSON W R. The dynamics of sedimentary basins[M]. Washington D. C.: National Academy Press, 1997.

[8] 杨起. 中国煤变质作用[M]. 北京：煤炭工业出版社，1996.

中国东北部晚中生代裂陷作用和东北亚断陷盆地系*

摘 要 本文论证了分布于中国东北部、苏联外贝加尔地区和蒙古人民共和国东部的晚侏罗世至早白垩世断陷盆地属于同一个盆地系，这一盆地系可分为四个带。盆地的形成和分布受控于先存断裂网络、裂陷作用期的构造应力场和深部因素。板块相互作用引起的中国大陆内部应力场的巨大变化可能是深部过程的触发因素。

从晚侏罗世晚期开始，中国东北部进入了以裂陷作用为主导的构造运动时期，其应力场状况与早中生代相比较发生了根本变化。根据构造演化特征，此期裂陷作用可区分为两个阶段。裂陷作用的第一阶段以强烈的火山喷发活动为特色，火山岩系以NE向和NNE向的大型断裂体系为通道，形成了以大兴安岭西坡为中心的中国东部最大的火山岩带。这一时期的火山岩系以兴安岭群为代表，厚度一般为1000～4000m，代表性的火山岩旋回为玄武岩-安山岩-粗面安山岩-石英粗安岩-流纹岩组合，碱性橄榄玄武岩的存在表明作为岩浆活动通道的断裂已深切到上地幔。这一时期的裂陷作用形成了一系列由断层控制的火山岩盆地，在火山喷发的间歇期盆地中也可以形成数百米至上千米厚的以湖相为主的沉积。火山岩系底部的同位素年龄值为144Ma左右，近顶部为127Ma左右。大规模的火山喷发活动之后，另一个重要地质事件发生——大量的以碎屑充填为主的断陷盆地形成，从而进入了晚中生代裂陷作用的第二阶段。这一时期形成的断陷盆地绝大多数(>95%)都发育于火山岩基底上，这表明在第二阶段中来自深部的岩浆贯入地壳并使之预热和脆化，这一过程可能为大量断陷盆地的形成创造了有利条件。充填盆地的内陆含煤碎屑岩系以内蒙古地区的白彦花群和扎赉诺尔群，辽西的阜新群(沙海组和海州组)为代表，厚度通常为1500～4000m，含早白垩世动植物化石组合。早白垩世以后裂陷作用在部分地区仍在持续，但在中国东部的大部分地区已减弱。

1 东北亚晚中生代断陷盆地系

由于这个盆地系所包括的断陷盆地面积都较小，因此裂陷作用方面长期以来并未得到足够注意。近十余年来一系列可以建设大型煤炭基地的重要煤田的发现，和在几个盆地中发现工业油藏或气藏，均表明这些盆地在提供能源资源上的巨大潜力，促使我们去做进一步探讨。

迄今为止，中国东北三省和内蒙古自治区已发现晚中生代断陷盆地近百个，其中大部分被较新沉积物所掩盖，是在石油、煤田普查中圈定的。盆地的延伸方向通常为NE向和NNE向，少数为EW向。盆地的分布有明显的分带性，每个带中又可以分出几个盆地群。单盆面积大多在3000km^{2}以内，仅个别几个复式断陷盆地具有更大的规模。在我国发现的断陷盆地近半数以

* 论文发表在《中国科学(B辑)》，1987，作者为李思田、杨士恭、吴冲龙、黄家福、程守田、夏文臣、赵根榕。

上分布在大兴安岭以西地区，其中，有的盆地中的巨厚煤层厚达200余米，埋藏量达百亿吨级的煤盆地已发现多个。

晚中生代断陷煤盆地在蒙古人民共和国东部也有30余个。构成盆地基底的火山岩系称乔巴山群，充填断陷盆地的含煤碎屑岩系为宗巴音群，这两套岩系在岩性和化石组合上分别与兴安岭群和白彦花群相当，盆地的构造样式与我国大兴安岭以西的盆地十分相似。

更向西在苏联外贝加尔地区分布着数十个NE向至NNE向的狭长形盆地，这些盆地中充填的含煤碎屑岩系厚度从700～2500m不等，其下为侏罗纪火山岩系，盆地的形成主要与NE向纵向断裂密切相关，许多盆地含有厚20～50m的煤层。

综上所述，中国东北部、蒙古人民共和国东部以及苏联外贝加尔地区晚侏罗世—早白垩世断陷盆地总数近200个，盆地形成和结束充填的时间虽略有区别，但大多数限于晚侏罗世晚期至早白垩世。盆地的构造样式、沉积充填、含煤和含油气性以及与火山岩系的共生关系等都十分相似，因而应隶属于同一盆地系，笔者建议称之为东北亚晚中生代断陷盆地系。图1表现了盆地系分布的概貌，其展布面积（在北纬40°以北范围内）约达200×10^4 km²。更南则进入半干旱气候带，仅有稀疏分布的红盆地。

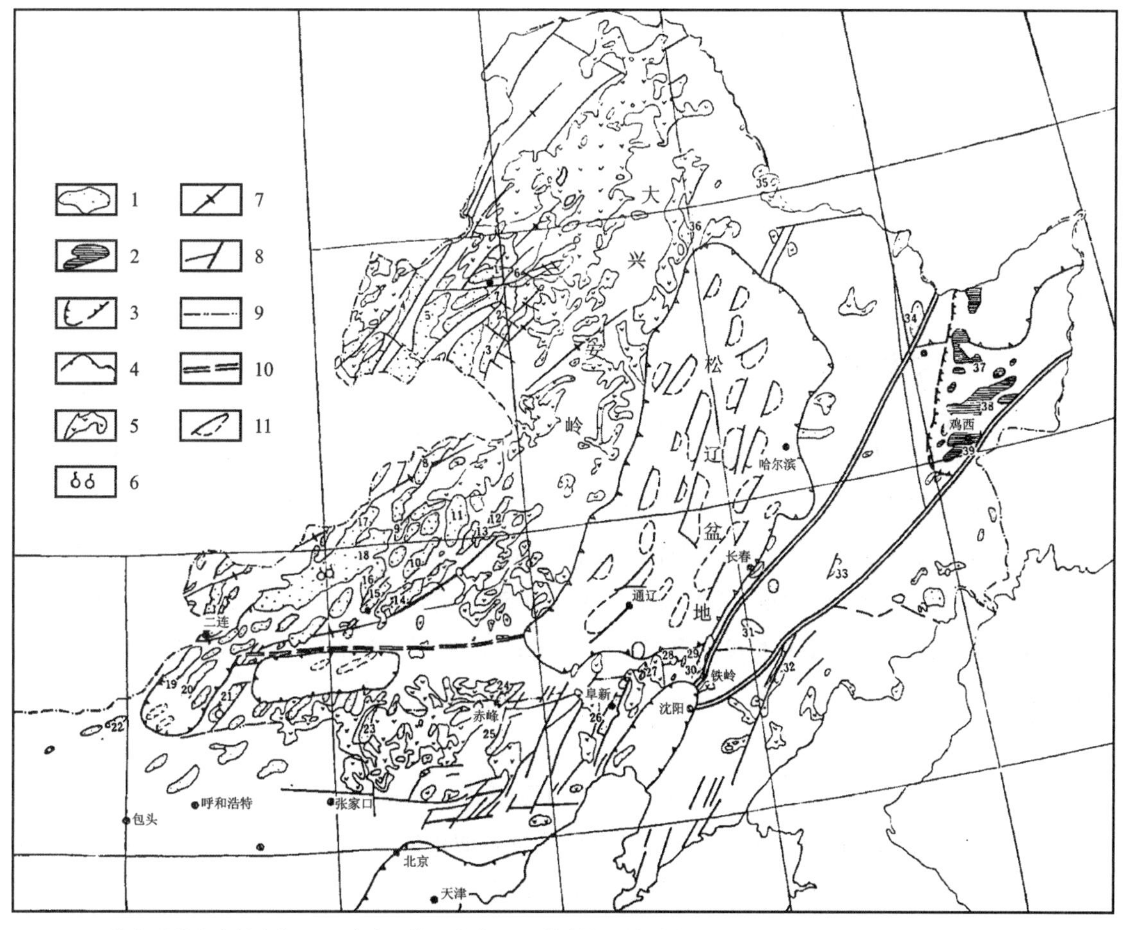

1.早白垩世内陆断陷盆地；2.晚中生代近海盆地；3.推断的近海盆地沉积边界；4.早白垩世聚煤期后大型盆地的边界；5.兴安岭群火山岩系；6.打钻见油的盆地；7.古生代褶皱；8.断裂；9.华北地台北界；10.西拉木伦断裂带；11.被深埋的晚中生代断陷盆地。

图1　东北亚晚中生代断陷盆地分布略图

晚中生代断陷盆地系有清楚的分带性，大致可区分出四个带。

第Ⅰ带：外贝加尔带，以狭长的小型断陷盆地为主，盆地的分布稀疏。成盆前的火山喷发活动在整个盆地系中相对较弱。

第Ⅱ带：大兴安岭以西带，此带东界为大兴安岭、西界到蒙古人民共和国乔巴山市以西的NE向延伸的鄂伦山一带。此带在晚中生代裂陷作用的第一阶段中，火山喷发活动最为强烈，大兴安岭西坡兴安岭群火山岩的厚度可超过4000m，向东和向西都减薄。盆地数目多，分布密集，并有多个大型的复式断陷，如额和宝力格、东戈壁和乔巴山等盆地。本区煤藏量十分丰富，迄今为止发现工业油流的盆地也全在此带。

第Ⅲ带：松辽带，位于大兴安岭以东，其宽度相当于现今松辽平原的宽度。此带出露较完整的部分在辽宁省和内蒙古自治区赤峰地区，如阜新、元宝山、平庄和铁法盆地。向北延伸被松江盆地晚中生代末期的沉积和新生代沉积所掩盖，在松辽大型坳陷之下用物探手段已经圈出20余个隐伏的断陷盆地。由于埋藏深度大，加剧了有机物质的热转变，在有的断陷盆地中已发现了工业气藏。

第Ⅳ带：辽吉东部带，此带的盆地主要分布于辽宁、吉林两省东部和黑龙江省部分地区。区域内古生界和前古生界广泛出露，仅有少数小型断陷盆地稀疏分布。位于黑龙江东部的鸡西、双鸭山和勃利等煤田聚煤时期属于同一个大型坳陷，即三江-穆棱坳陷，其构造性质为一分布在克拉通边缘的近海坳陷盆地，因而不划入东北亚晚中生代断陷盆地系。

2 盆地的构造样式和构造格架

2.1 盆地的构造样式

在研究区内已发现三种构造样式，即半地堑、地堑和由一系列亚盆地组成的复式断陷(图2)。半地堑的数目最多，如赛汉塔拉、霍林河、白彦花和额仁淖尔盆地；地堑式盆地相对较少，如阜新和乌套海盆地。有几个大型盆地是由一系列地堑、半地堑组合而成的，如中国的额和宝力格和乌尼特-巴音和硕盆地，蒙古人民共和国的东戈壁盆地。所有的断陷盆地平面上均为狭长形，宽度一般10～30km，长度一般50～200km，盆地火山岩基底的埋藏深度一般2000～4000m，最深可达6000余米。复式盆地如额和宝力格盆地的宽度可达50km，长度可达300km，这样规模的盆地也可以称为裂谷。

盆地的几何形态和延长方向决定于盆地的构造格架。旁侧的盆缘断裂通常是对盆地形成演化起主要控制作用的断裂，但在少数盆地中规模最大的走向控制性断裂存在于盆地内部。端部的盆缘断裂规模相对较小，对盆地的延展起限制作用，通常是被动边界。

地震勘探和钻探资料表明，盆缘断裂皆倾向于盆地内部，并常具有浅部陡、深部缓的“犁状”形态。盆缘断裂内侧巨厚的冲积扇沉积物(通常厚度＞1000m)表明这些断裂是同沉积的。上述事实明显地表明盆地的拉张成因。

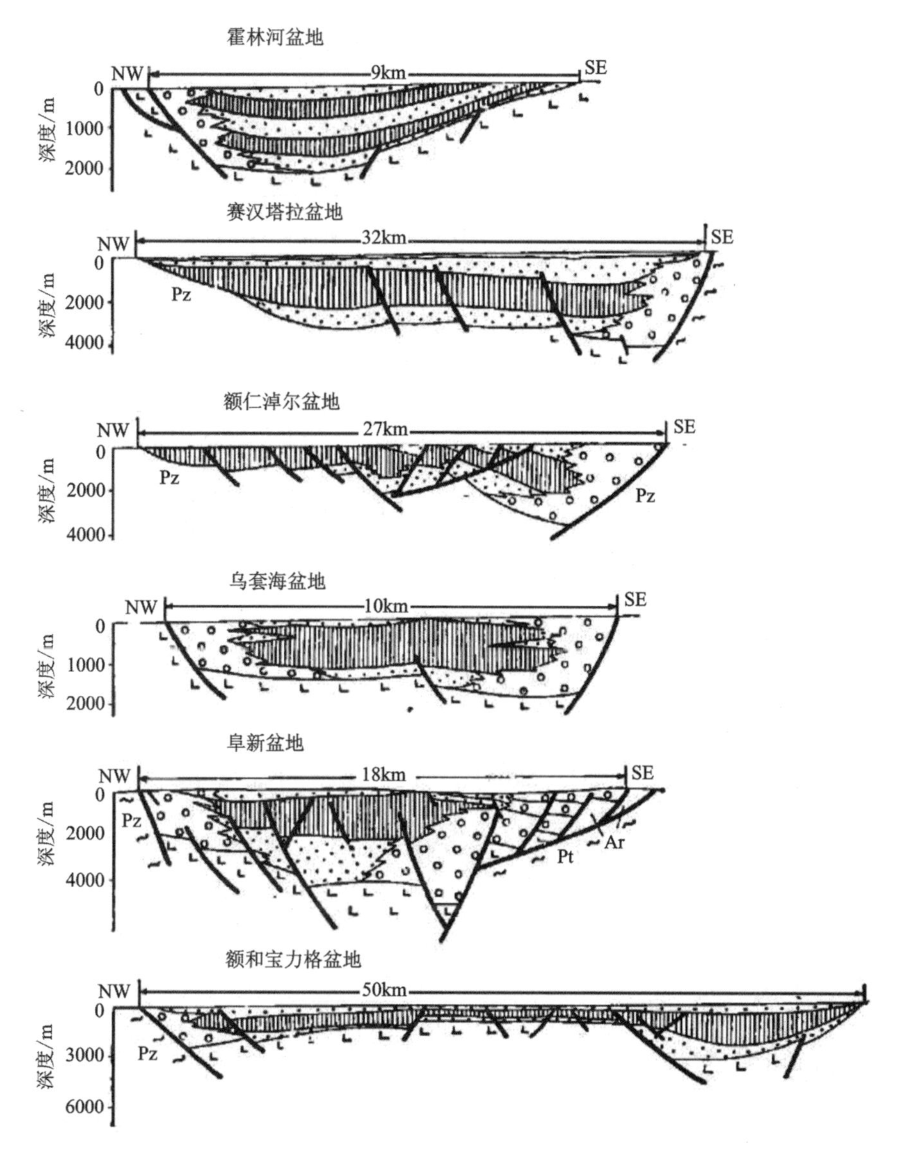

图 2　代表性盆地的构造样式

2.2　对盆地起控制作用的断裂系追踪基底上的先存断裂网络而形成

详细的野外观察和室内构造岩石学研究表明，控制性盆缘断裂受控于基底的先存断裂网络（包括深部的韧性剪切带），它们在形成时追踪和利用了这些先存的脆弱带。阜新盆地由于其良好的露头，是阐明此问题的最理想地区（图 3）。从地质图和卫星照片清楚可见盆缘断裂呈锯齿状，其总方向为 NNE，每个段落则分别为 NE 向、NW 向和 NNE 向等。盆缘断裂处破碎带最宽可达 1200m，构造岩种类很多，其中包括了在深部高的温度和压力条件下，所形成的流动线理与断裂带平行的糜棱岩和超糜棱岩。而断裂带内侧的白垩纪地层变形微弱，其中构造岩类型仅有形成于浅部的断层角砾、断层泥等。这表明晚中生代形成的断裂利用了先存的古断裂网络，糜棱岩和超糜棱岩都是古断裂带的深层次产物。上述情况在中国东北部的断陷盆地中有普遍性，这表明先存断裂网络对盆地的形成和分布起了控制作用。

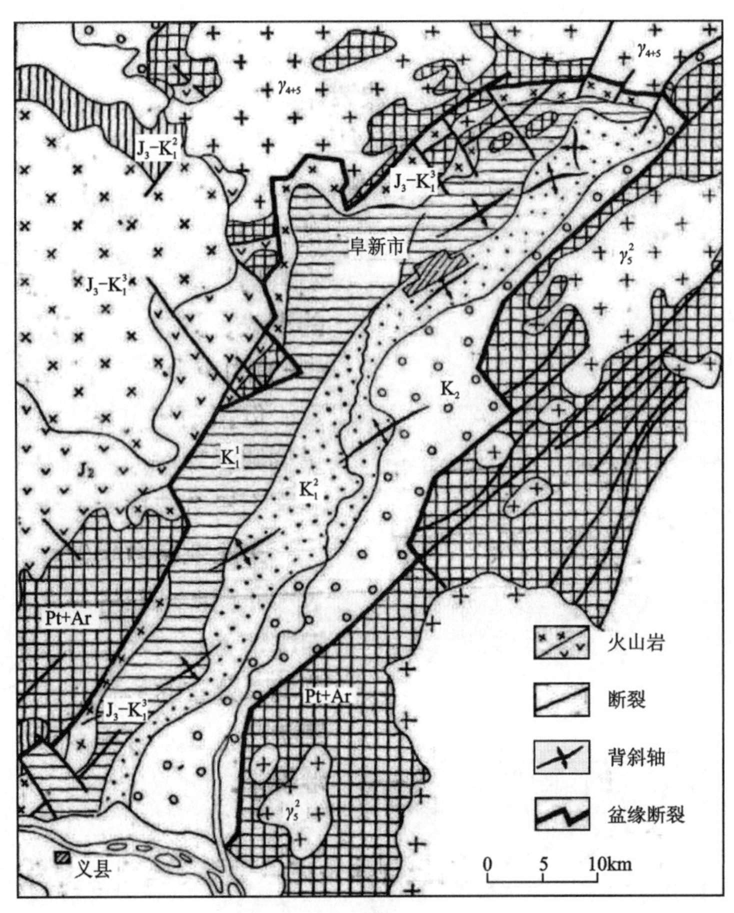

图 3 阜新盆地地质略图

3 盆地的构造史

3.1 盆地形成于张-剪切体制

盆地系中绝大多数盆地的方向为 NE 向和 NNE 向，少量 EW 向，NW 向者极罕见，这表明先存断裂网络中 NW 向的部分在成盆期处于紧闭状态，野外观察亦见到一系列 NW 向压剪性的形变现象。这种情况不同于国际上一些著名的裂谷系，如东非的裂谷，在引张的条件下，在那些地区 NE 向和 NW 向的断裂均可被拉开而形成断陷。对东北亚断陷盆地系分布格局的合理解释是形成于区域性右旋的张-剪应力场，在这种构造体制下先存断裂网络中 NE 向成分被拉开，NW 向成分则因压剪切而处于紧闭的状态。图 4 示意了右旋张-剪切的应力作用下先存断裂网络中不同方向断裂在变形中的表现。泥饼的模拟实验证明纯张或单纯的右旋剪切均不能形成东北亚断陷盆地系分布的图像，只有张-剪的作用结果才与之符合。张-剪的应力状态下 EW 向断裂开始亦张开，但扭动超过一定限度时会封闭。根据构造形迹解释和有限元模拟方法对阜新盆地进行的应力场分析证实了前述论断。

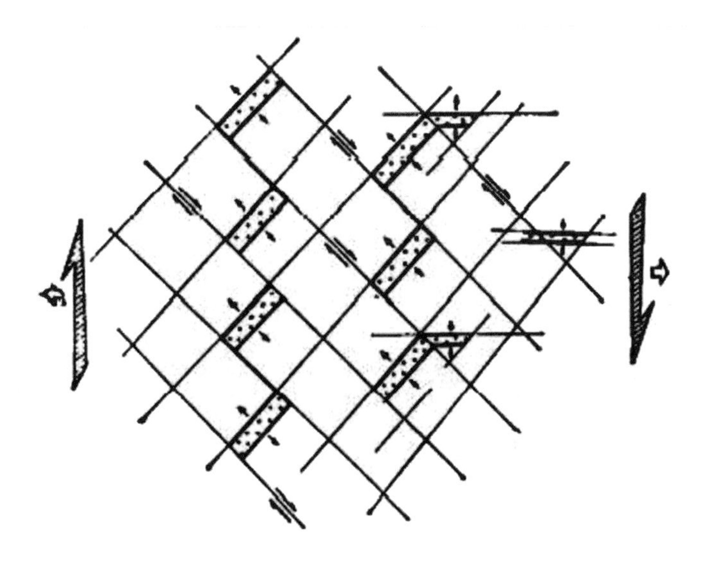

图 4　右旋张-剪作用下不同方向断裂在变形中的表现

东北亚晚中生代断陷盆地的形成特点，表明先存断裂网络与成盆期的构造应力场共同决定了断陷盆地的展布方向、位置和整个盆地系分布的图像。同样的先存断裂体系配置状况，而应力场不同将产生完全不同的变形结果。

3.2　盆地充填过程中的应力场转化

对典型盆地形变史和沉积史的研究，发现在盆地充填过程中发生了古构造应力场的转化。阜新盆地早白垩世不同时期的同沉积构造类型和配置的变化，是得出这一论断的重要证据（图 5）。早白垩世早期沙海组中的同沉积构造形变的主要形式是 NE 向和 NNE 向的断裂，以及由它们分隔的断槽、断隆和断阶，这种情况在东梁和艾友矿区通过钻探和地震勘探已经做了比较准确的控制[图 5(a)]。图 6 为该区域的一个实例。这些断裂向上通常不穿过沙海组的顶界面，这种情况在二连地区许多盆地的地震剖面上亦有清楚的显示。

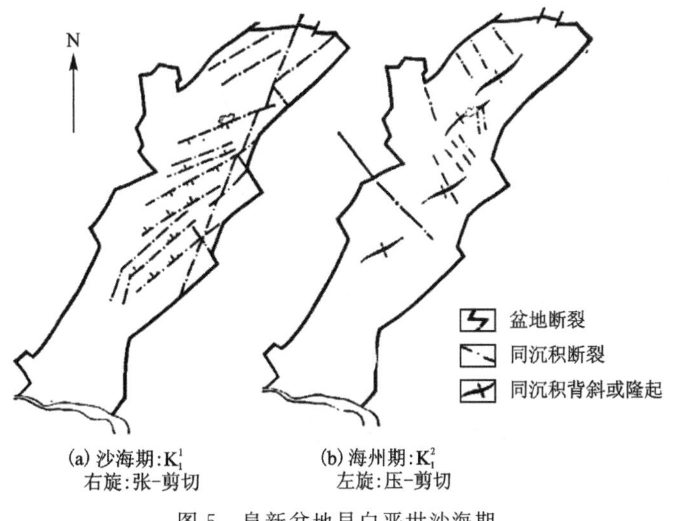

图 5　阜新盆地早白垩世沙海期

早白垩世盆地充填的晚海州期中发育的同沉积构造类型和配置有了明显变化[图 5(b)]。前期的 NE 向、NNE 向同沉积断裂没有明显活动，而代之以 NW 向和 NNW 向的同沉积断裂，以及 NE 向的短轴状十分低缓的雁行排列的同沉积背斜或隆起。东梁背斜可以作为一个典型代表，横过这个背斜所做的沉积断面显示的顶薄特征和岩相分异表明了其同沉积性质(图 7)。

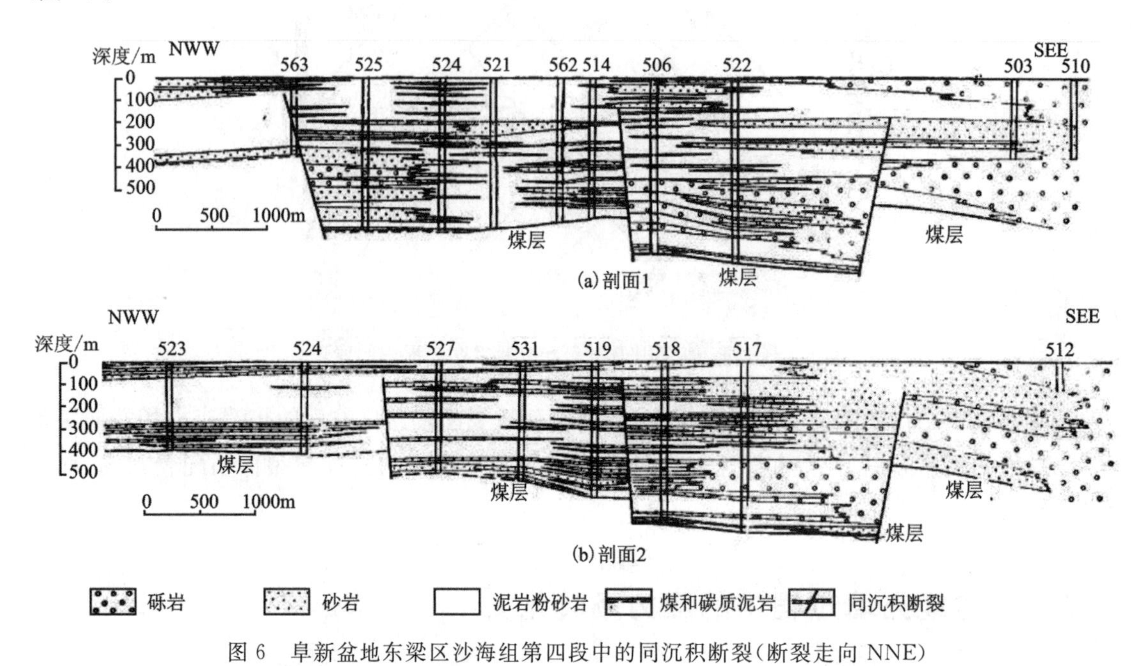

图 6 阜新盆地东梁区沙海组第四段中的同沉积断裂(断裂走向 NNE)

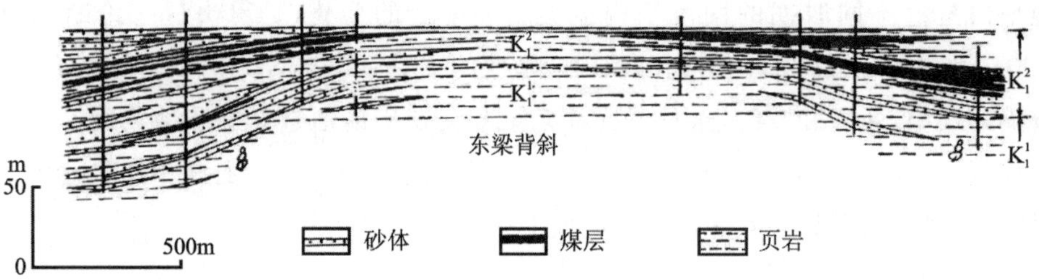

图 7 阜新盆地东梁背斜横向沉积断面图

海州组沉积后左旋压-剪的应力作用加强，盆地中形成雁行排列的褶皱(图 3)，部分地区还发生走向 NE 的逆断层和逆掩断层。海州组和孙家湾组红层之间为一清楚的角度不整合。

盆地的沉积充填序列与构造应力场的转变完全吻合。在早白垩世早中期张-剪构造体制下盆地基底持续下沉，形成了一个总体向上变细的层序；早白垩世后期转化为压-剪构造体制，区域整体抬升，盆地中皆出现碎屑供应增多、湖泊淤浅的趋势。构造体制的转化期在二连地区有些盆地的地震时间剖面上见到了角度不整合(主要在盆地边缘)，在盆地中心两期沉积的接触关系一般是过渡的。应力场转化为压-剪的结果首先使盆地中的湖盆淤浅，最后导致盆地充填的结束。前述应力场转化在整个中国东北部有同步性或渐变性，表明它与某些重大的区域地质事件有关。

4　对形成东北亚晚中生代断陷盆地系的大地构造背景的讨论与推断

4.1　关于断陷盆地系成因的探讨

东北亚晚中生代断陷盆地系展布范围向西到达贝加尔湖附近，也就是说距中生代的古大陆边界(锡霍特-阿林与中国的那丹哈达岭西缘)超过 1700km。裂陷作用第一阶段火山岩的岩石化学研究表明其为碱性火山岩序列，碱性橄榄玄武岩在这一序列的底部相当发育，这都表明此盆地系形成于陆内裂陷作用。

影响范围十分广阔的晚中生代裂陷作用的产生可能主要源于地球深部因素。如前所述，晚中生代本区首先发生大面积隆起，随后开始裂陷作用第一阶段，以强烈的遍及广大区域的火山活动为特点，表明发生过地幔隆起以及伴随的热事件。岩石化学资料也进一步提供了佐证，Eaton提出地壳深部岩墙群的形成可作为地壳水平方向伸展的驱动力，这对解释本区裂陷作用第一阶段的机制有现实意义。裂陷作用第二阶段火山活动明显减弱，在盆地充填的碎屑岩系中虽不乏火山灰夹层，但火山熔岩很少见。这一阶段形成了数以百计的地堑、半地堑盆地，表明地壳减薄和伸展过程仍在继续。根据盆地的构造特征和展布方向，可以看出地壳伸展的主要方向是 NW-SE 向，选择一些代表性半地堑或地堑式盆地计算的伸展量为 1.5～5km，大型复式断陷的伸展量有的为 7～9km，横跨整个盆地系估算的伸展量为 80～100km。对于这一阶段地壳伸展的驱动力目前还只有做某种推断，根据这一阶段火山活动的明显减弱推断，地幔物质的上升和伴随发生的热隆起较第一阶段虽有一定程度的衰减，但区域性异常热流仍然存在。根据本区几个盆地镜煤反射率 R_m 在垂向上的梯度值(每深 100m，R_m 增加 0.03%左右，千余米深度内为线性关系)，按照统计分析所得的经验公式推算出的古地热增温率为 5.5～6℃/100m。鉴于古地温值仍处于相当高的状态，而前期岩浆活动的通道大量被堵塞之后，热能否以大规模火山喷发的形式释放，因此 Mohr 所强调的发生于深部的区域性扩容(dilatation)在本区裂陷作用的第二阶段可能是地壳水平伸展的重要驱动因素。此阶段区域性右旋张-剪应力场的强化是促成深部扩容沿水平方向，特别是沿 NW-SE 方向进行的重要条件，没有右旋张-剪应力场的联合作用，深部物质的扩容则更可能以垂向为主，因为克服上覆岩层的荷重比克服侧向的围压较为容易。

除上述因素外，断陷盆地分布与前期岩浆活动的关系提供了找寻盆地成因的又一线索。根据兴安岭群火山岩系厚度变化趋势的分析，可以看到它与随后形成的早白垩世断陷盆地的相互关系。在裂陷作用第一阶段火山活动强烈的地区(火山岩系厚度最大的地带在大兴安岭轴线稍靠西的地区)，后来形成的断陷盆地数目多，分布密集，盆地基底较深，面积通常也较大；反之则形成的盆地数目少，分布稀疏，面积也较小。第一种情况如第Ⅱ带和第Ⅲ带；第二种情况如第Ⅰ带和第Ⅳ带。这一事实暗示了岩浆囊的塌陷可能对盆地的形成也有重要作用。

4.2　板块相互作用对盆地形成演化的可能影响

许多研究亚洲东部的地质工作者，长期以来根据一些实际资料认为中生代欧亚板块相对于太平洋板块向南运动,从而在大陆边缘产生左旋压剪的应力场,并造成一系列与大陆边缘斜交的NE向的褶皱。这种结论与三叠纪—中侏罗世的地质构造演化相符合,但是不能解释晚中生代裂陷作用时期(J_3-K_1)的大量事实,那些事实只能用相反的应力场,即右旋张-剪应力场才能够得到合理的解释。

与东北亚晚中生代的构造应力场相近似的情况也见于中国东部其他许多地区,如山东省和福建省,在那些地区晚侏罗世和早白垩世的古构造应力场显示了与中国东北部的相似性和大致的同步性。

区域应力场的巨大变化,扭动方向的反转,必然导致原有构造的力学性质和活动方式的改变。原来在左旋压-剪应力场中处于紧闭状态的NE向、NNE向断裂,在右旋张-剪应力场中发生力学性质改变,即由受挤压变为受拉张。其中那些深位断裂一旦由紧闭转变为拉张状态时必然会导致围压的降低,从而改变深部的物理化学条件,引起相转换,进而发生地幔隆起和大规模的热事件。因此地球深部过程的突然改变很可能是因构造应力场的转化而被触发的。

导致晚中生代应力场的剧变和大区域构造变格的原因,必然是规模和量级都十分巨大的地质事件。中生代中国大陆主体部分和苏联外贝加尔地区主要在三个方向上受到板块相互作用的影响。在东侧晚中生代太平洋板块对欧亚板块的俯冲和岛弧的形成时间较晚,根据苏联学者对锡霍特-阿林地区的研究,这一事件发生于早白垩世晚期的阿普特期和晚白垩世,这一结论与一些日本学者关于西太平洋岛弧形成时间的研究结论相似。因此,东北亚晚中生代断陷盆地系形成时亚洲大陆东缘可能没有巨大的构造事件。区域的北侧蒙古-鄂霍次克带晚中生代发生了俯冲、碰撞事件,海槽自西而东逐渐闭合,其变形特点既有挤压,也有走滑,但其俯冲方向自南向北,封闭的时间亦稍晚于东北亚地区晚中生代裂陷作用开始的时间,因此还有必要从其他方面找寻力源,这样就不能不考虑到发生于我国西南部的构造事件。

近年来,在我国西南部西藏和邻近省份的研究工作取得了许多新进展。西藏三条蛇绿岩带的发现和其他资料表明,冈瓦纳大陆的分裂和向北漂移与欧亚大陆拼合经历了漫长的历史,其间发育过多次俯冲、碰撞事件。曾被海域所分隔的羌塘地块、冈底斯地块和喜马拉雅地块是经历了复杂的开、合过程,最后依次拼合到欧亚大陆南缘,因此对其北面广大区域的影响不可能局限于喜马拉雅期。如冈底斯地块和其北的羌塘地块在晚中生代就发生过俯冲和碰撞事件,其间原有的海槽闭合,从力学机制上分析其对北大陆在挤压方向、作用方式上与后来发育于喜马拉雅带的、印度板块向北俯冲、碰撞产生的效应,可能有相似之处,即在我国东北部和毗邻地区产生右旋张-剪的应力场。

裂陷作用的结束同样与板块相互作用有密切关系。晚中生代在蒙古-鄂霍茨克带发生的俯冲、碰撞事件造成的南北向挤压,使东北亚地区的古构造应力场重新转化为左旋压-剪。早白垩世后期开始太平洋板块向NNW向强烈俯冲,以锡霍特-阿林带为代表的晚中生代火山岛弧开始形成。锡霍特-阿林地区的NNE向断裂具左旋的走向滑动性质,水平断距可达200km。这一板块相互作用的过程使其以西大陆内部的左旋压剪应力场强化,导致大陆抬升,早白垩世断陷盆地充填结束。由于缺少充分的古地磁和深部过程资料,构造事件发生时间的对比又难以十分精确,该推断仅仅是作为解释这类复杂的问题的一种尝试。

参考文献(略)

中国东北部晚中生代断陷型煤盆地的沉积作用和构造演化*

1　引言

中国东北部(包括黑龙江、吉林、辽宁三省和内蒙古自治区东部)的广大地区中,已发现的晚侏罗世—早白垩世煤盆地有数十个之多,盆地都属断陷类型,聚煤量丰富,以含有巨厚煤层为特征,煤层累计厚度有超过240m者,著名的有阜新、霍林河、元宝山、平庄、伊敏、扎赉诺尔、铁法和胜利等煤盆地。这些盆地的沉积、构造和含煤性很有特色并有共性,笔者选择了典型盆地从盆地的几何形态和构造格架、沉积序列、地层格架、沉积相的组成和空间配置以及聚煤特征等多方面进行研究,并与区域内同类型盆地和我国一些现代断陷湖盆做了广泛对比,试图概括此类盆地的沉积模式和构造演化特征,以用于新区预测和勘探。

2　聚煤盆地形成的地质背景

中生代中国东部地质构造发展有明显的阶段性,早期为印支运动阶段、晚期为燕山运动阶段,这两期构造运动从根本上改变了中国东部的构造面貌,形成了斜贯全区的NE向和NNE东向的构造带。燕山运动各幕中褶皱和岩浆侵入活动最强烈的一幕发生于中侏罗世末,形成强烈的挤压褶皱、冲断和逆掩断层,并伴随有大规模花岗岩浆侵入,形成了以NE向为主导的构造带,随后中国东部曾大面积上隆,并遭受剥蚀。晚侏罗世开始进入以裂陷作用为主的阶段,沿着以NNE向为主导的断裂系统发生张裂,形成了以大兴安岭为中心的中国东部中新生代最大的火山岩带。在大兴安岭地区系统的区测工作已发现三个火山喷发旋回,每个旋回的火山岩皆由基性演变到酸性,碱性橄榄玄武岩[1]的存在表明断裂可能已切穿了地壳。在辽宁西部发现晚侏罗世底部碎屑堆积之上有两套火山岩,其间夹有厚逾千米的以湖相泥岩为主的沉积,这套巨厚的湖相沉积以及火山岩所夹的沉积层中含有以狼鳍鱼(*Lycoptera*)和东方叶肢介(*Eosestheria*)为代表的热河生物群,时代属晚侏罗世。大规模的岩浆喷发使地壳上层脆化,随后并发生热衰减过程,这都对断陷盆地的形成有重要影响。在火山岩基底上形成的断陷盆地占同期断陷盆地的大多数,其中充填了以陆相碎屑岩为主的含煤岩系,厚度通常为1000～2000m,含有*Onychiopsis-Ruffordia*植物群的早期组合,即*Acanthopteris-Nilssonia sinensis*组合,其时代从晚侏罗世到早白垩世早期。这套陆相含煤岩系在辽宁下部为沙海组,上部为海明组(亦称阜新组);在内蒙古东北部称扎赉诺尔群,下部为大磨拐组,上部为伊敏组;在内蒙古东部则称白彦花群和霍林河群。

---

* 论文发表在《地球科学——武汉地质学院学报》,1982,18(3),作者为李思田、李宝华、杨士恭、黄家福、李祯。

煤盆地的分布有一定的方向性和分带性并与火山岩带密切相关。这一时期除黑龙江东部邻近中生代活动带有一大型近海坳陷盆地——三江穆棱盆地外，其他多为NE—NNE向的狭长断陷盆地，其分布自西向东有四个带，大兴安岭以西(少数盆地已属大兴安岭内部)为第一带，盆地数目最多，平均含煤性最好，煤质为褐煤；第二带沿大兴安岭分布，仅在岩浆喷发间歇期形成了薄煤层；第三带在大兴安岭以东，东北东部山地以西，出露的煤盆地主要在赤峰至沈阳间，向北松辽平原之下亦有同期断陷盆地存在，这一地带中盆地的含煤性仅次于第一带，煤质为低变质烟煤；第四带为东北东部山地，盆地数目少，聚煤量和聚煤面积都小于一带、三带，煤变质程度较高，除低变质烟煤外，还有中变质烟煤。这种分带性和盆地的各项地质特征自西向东的有规律变化显示出盆地形成演化与太平洋板块和亚洲大陆板块相互作用有密切关系。

3 聚煤盆地的几何形态和构造格架

本区晚侏罗世—早白垩世断陷煤盆地都是狭长的，其长宽比一般大于5∶1，盆地宽度多在30km以内，表明它们形成时有相类似的伸展量。盆地面积数百平方千米至2000余平方千米。边缘相的存在表明被剥蚀的部分不多，可以认为目前所见盆地的大小和几何形态与原来的聚煤盆地相近。

盆地的几何形态和展布方向取决于盆地的构造格架，这里主要指盆缘控制性断裂。中国东北部的断陷煤盆地的盆缘断裂都呈锯齿状或折线状，其形成利用、追踪了前已存在的断裂带。图1所示为辽宁省阜新煤盆地地质略图，可见两侧锯齿状盆缘断裂总体方向为NNE，但其每一个线段则分别为NE向、NNE向和NW向。盆地北侧通常有EW向或NWW向断裂，也是沿着早已存在的脆弱带产生的。

经地震勘探和钻探证明，盆缘断裂都是向盆内倾斜，倾角一般浅部陡、深部缓，呈犁状，平均倾角为50°～60°。这表明盆地形成于拉伸作用。目前在盆缘所见的挤压和扭动现象部分是后期形变造成的，部分则是古老的构造脆弱带中原有的挤压形迹。

盆缘断裂内侧巨厚洪积物的存在表明断裂的同沉积活动，因此属于同生断裂性质。根据单侧或双侧发育盆缘控制性断裂的不同情况可将断陷盆地分为地堑式和半地堑式，前者以阜新盆地为代表，后者以霍林河盆地为代表。

盆地内还有一些地层厚度和煤层形态、厚度突然变化的界限，这往往与盆地基底中的老断裂在聚煤期重新活动有关，这种断裂有时在盆地两侧的剥蚀区出露，如从中部横贯阜新盆地基底的NW向断裂就是一例。大多数断陷盆地的基底是不完整的，是由许多相互镶嵌的小的断块组成的。

4 盆地的沉积序列

本区域的断陷盆地是相互分隔的，但各自的沉积序列(或称盆地的充填序列)却十分相近，这反映盆地具有共同的构造演化规律。在同一构造带，同一个盆地群内不同盆地的沉积序列的相似性或许还反映了构造演化的同步性；相距较远，处于不同构造带的盆地的构造演化则可能是渐步的。

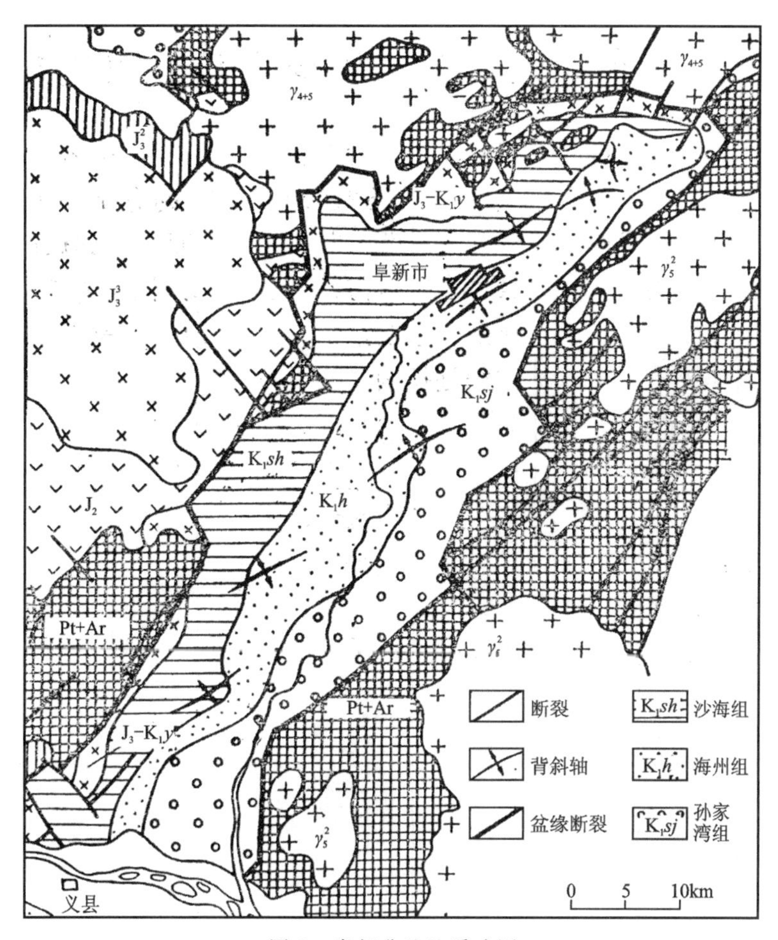

图 1　阜新盆地地质略图

以火山岩系为基底的盆地沉积序列由下列沉积组合构成：洪、冲积物为主的粗碎屑堆积(Fm)，厚的湖相沉积(Lm)和含煤碎屑堆积(Cm)。每种沉积组合在地层单位上大致相当于“段”，它们在剖面上出现的顺序在不同盆地中略有区别(图 2)。

典型的沉积序列及其基底火山岩、湖相层的组合可概括为(自下而上)：

下伏基底岩系：火山岩系为主，通常都夹有多层湖相层，火山岩系的底部还常有数十米厚的以粗碎屑为主的堆积。

第一段：底部洪、冲积物(Fm)通常是在火山喷发之后，经短期间断，又堆积在火山岩凹凸不平的表面上的。厚百余米到 500m，下部以扇砾岩为主，向上冲积物增多，横向变化很大。

第二段：含煤段和湖相沉积(Cm—Lm)底部洪冲积物堆积之后，一些盆地中含煤段与湖相段共生，另一些盆地则直接发育湖相段，前者如阜新盆地，后者如霍林河盆地。地层厚度通常为 400～500m。

第三段：湖相沉积(Lm)由厚的以深水湖相为主的泥岩、粉砂岩组成，一般厚为 200～600m，其顶部渐变为浅水湖相。这些沉积物形成时湖区占据了盆地大部分面积，有的盆地中有生油岩。

第四段：主要含煤段(Cm)为含厚煤层的碎屑沉积，厚为 300～700m，通常由 4～6 个中级旋回组成，每个旋回相当于一个煤组。大多数盆地的主要含煤段都发育于巨厚湖相层之上，这并不是偶然的，大面积的湖泊被三角洲、扇三角洲淤浅之后出现的平坦洼地为大面积沼泽化提供了最有利的条件。阜新盆地的海州组、元宝山盆地的元宝山组都相当于这一层段。

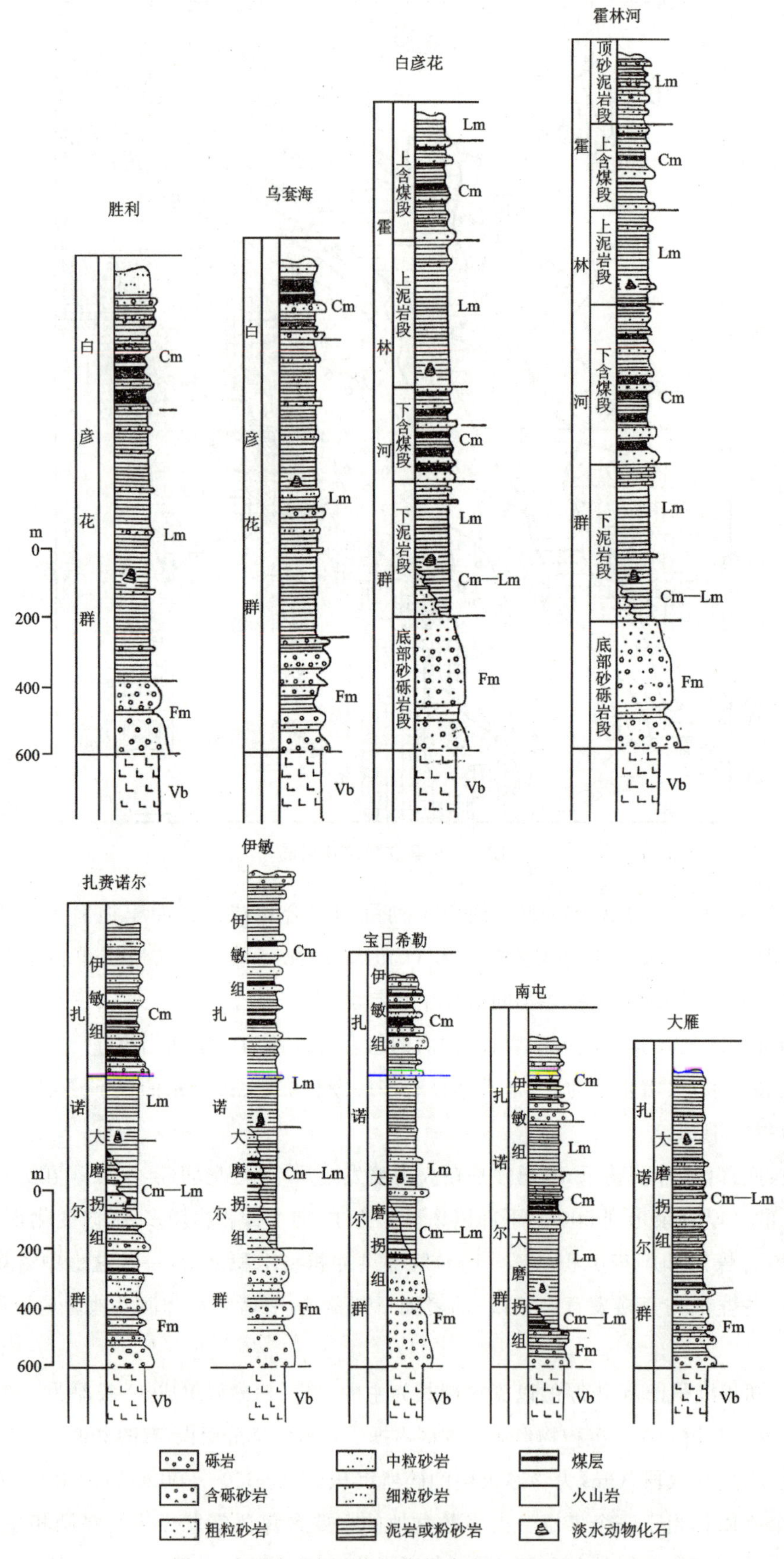

图 2　中国东北部晚中生代断陷盆地的沉积序列

第五段：顶部洪、冲积物（Fm）常因后期剥蚀保留不全，通常百余米到400余米不等，以洪积物为主。

断陷盆地的沉积序列与盆地构造演化的阶段性相适应。根据盆地形变历史查明，从盆地形成到早期充填为张扭体制，随后转化为压扭体制并导致盆地的封闭从而充填结束，这一演化过程是产生前述沉积序列的基本原因。

本区东部还有其他类型的小型断陷盆地，以吉林蛟河盆地为代表，盆地基底无火山岩系，含煤岩系中缺少厚的深水湖相层，含煤碎屑沉积直接堆积在起伏不平的变质岩基底之上，煤层较薄，含煤面积亦小。

5　沉积环境和相的空间配置

本区的断陷盆地中内陆沉积的各种相几乎都有，包括冲积扇、河流、小型湖滨三角洲、湖泊和沼泽等，在断陷盆地的特殊地质背景下，各种相又各具特色。

冲积扇沉积：沿盆缘同生断裂内侧分布的冲积扇是断陷盆地突出的沉积特征，其类型属于潮湿气候条件下的滨湖扇。主要由辫状河道的水携沉积物和泥石流沉积物组成，两种沉积物都以粗大的、分选不好的砾石和角砾为特征，泥石流沉积物中有大量的砂、粉砂和黏土，颗粒由杂基支撑，常含巨大的漂砾，大者长径5m。扇体在平面上的形态呈扇状，尾部有时呈参差状，断面上为楔状。扇体向盆地中心延伸可与湖相泥岩交互，有时在湖滨构成扇三角洲。扇的沉积物还常进入沼泽，造成角砾与煤混杂的堆积。

河流沉积：断陷盆地内没有大型河流，以短小的、不稳定的来自山区的河流为主，一种是从两侧剥蚀区流入盆地的辫状河，另一种是顺向的低蛇曲河。这些河流的沉积物以砂岩为主，亦有砾岩，具有向上变细的垂直层序，河床沉积部分以大型弧形交错层理为主，前积纹层倾角较陡，多阶性明显，底部都有明显的冲刷面。上部垂直加积的细碎屑漫滩沉积不是很发育。砂体平面上呈带状，断面为透镜状。

小型湖滨三角洲沉积：河流流入湖泊形成的小型三角洲在断陷盆地中普遍存在，但规模很小。具有含碎屑物较多的高密度水流注入淡水湖盆的三角洲的典型特征，三层结构清晰，很容易区分出底积层、前积层和顶积层（图3）。砂体具有向上变粗的垂直层序，平面上呈朵状，横向上与河流和湖泊相过渡。由于距物源区近、河道短、水流季节性变化大，因而前积层粒度较粗，为中—粗粒砂岩，含有大的菱铁矿结核，有时还夹细砾岩。

湖泊沉积：包括深水湖泊和滨湖-浅湖沉积两种类型。巨厚的深水湖相沉积构成单独的地层段，是断陷盆地相组成的另一典型特征。其岩性以泥岩、粉砂岩为主，具水平层理或隐水平层理，化石组合以浮游的动物如鱼和叶肢介为主。泥岩中还常出现席状砂的薄夹层，可能是颗粒流的产物。滨湖-浅湖沉积主要为粉砂岩和细砂岩，具波状层理、水平层理和小型交错层理，常见潜穴和生物搅动构造，变形层理和滑塌构造亦常出现，这些都表明其主要是浪基面以下的沉积。滨湖-浅湖沉积厚度通常只有数米和十余米，作为含煤段的组成部分与煤、砂岩交替出现。

沼泽沉积：断陷盆地中的沼泽由多种环境演化而来，其中以湖泊沼泽化面积最大、聚煤条件最有利；河漫滩沼泽化和扇前湿地沼泽化则面积较局限。

断陷盆地中各种相的分布是有规律的，形成了一定的空间配置，这主要决定于盆地的构造

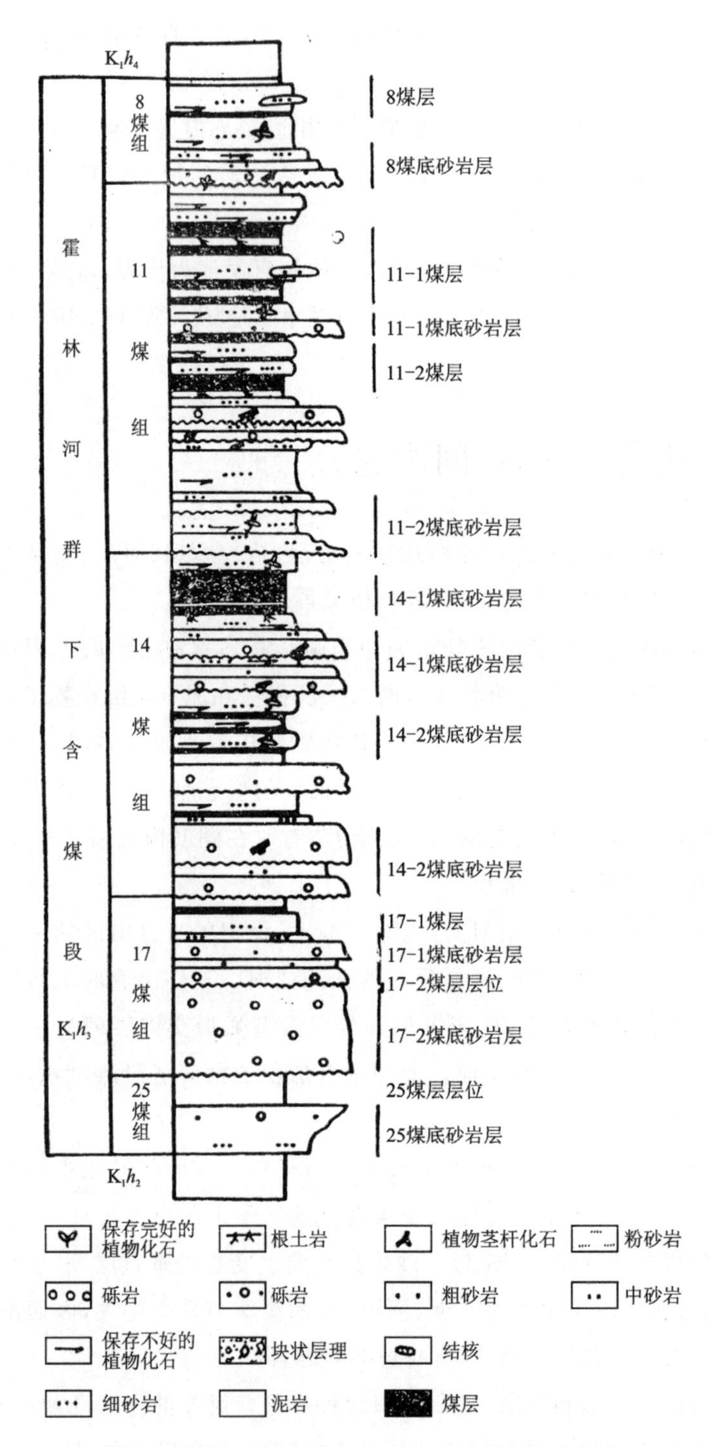

图3　霍林河盆地露天区17煤组底砂体的垂直层序

格架。例如在半地堑盆地中，冲积扇沿盆缘同生断裂内侧分布，一系列的扇体，包括坡积、坠积物构成了山前的扇带，扇的规模、宽度取决于盆缘断裂两侧断块相对运动的强度。小型湖滨三角洲常分布于无盆缘断裂的一侧，那里的古坡度较为平缓；此外，由顺向河造成的小三角洲则分布于盆地内部。霍林河盆地也可以作为半地堑盆地的典型一例。在地堑盆地中，由于两侧存在盆缘同生断裂，因而两侧都有扇带出现。在盆地中部为湖泊发育区，当湖泊被淤浅之后则发育河流、沼泽和一些小型浅水湖沼。通过编制砂体图、古环境图等所显示的聚煤盆地相空间配置特征与我国一些现代活动的断陷盆地如岱海、滇池、呼仑池等盆地的现代沉积类型分布特征相类比，发现有许多类似之处。

根据相的组成和空间配置特征可以将断陷盆地总体的古地理环境分为四种类型(以含煤段堆积时期的景观为准)，即Ⅰ滨湖-深水湖盆型、Ⅱ浅水湖盆型、Ⅲ山间河-湖洼地型和Ⅳ山间谷地型。第Ⅰ种类型发育于早期成煤阶段，第Ⅱ、Ⅲ种类型则是在前者基础上发育的。第Ⅳ种类型仅出现于基底无火山岩的小型盆地。

Ⅰ滨湖-深水湖盆型：以阜新盆地的沙海组和伊敏盆地的大磨拐组为代表。其特征为盆地中心长期发育的深水湖泊与滨湖地区的聚煤环境同时存在。河流沉积物较少，扇带亦较窄。煤层只形成于滨湖地区，向盆地中心尖灭(图4和图5的下部层段)。

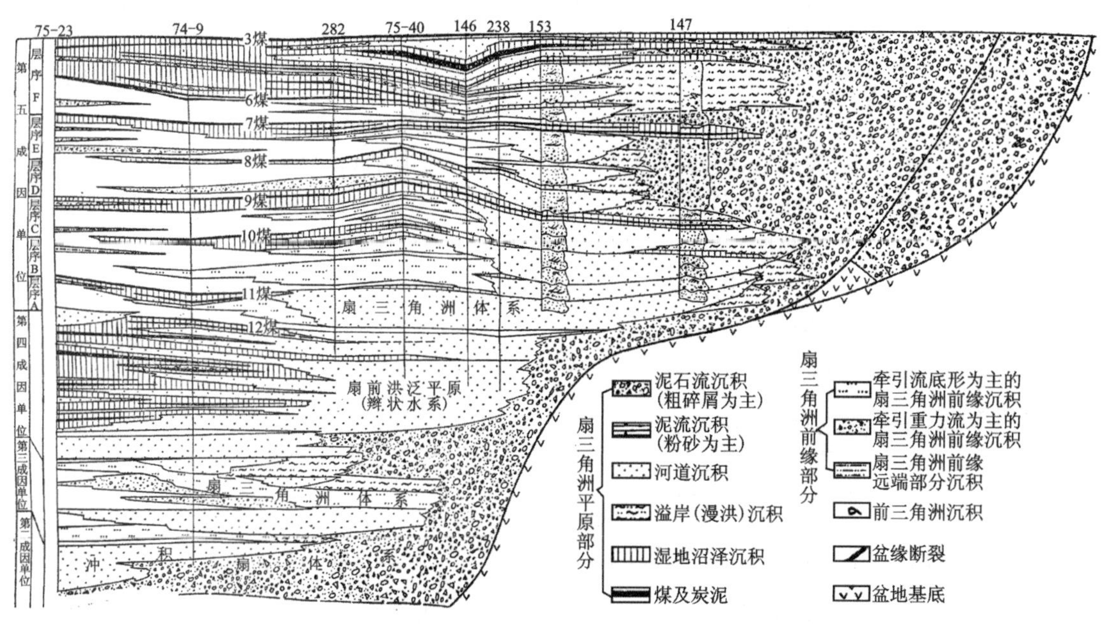

图4　阜新盆地沙海组第三段、第四段纵向沉积断面图

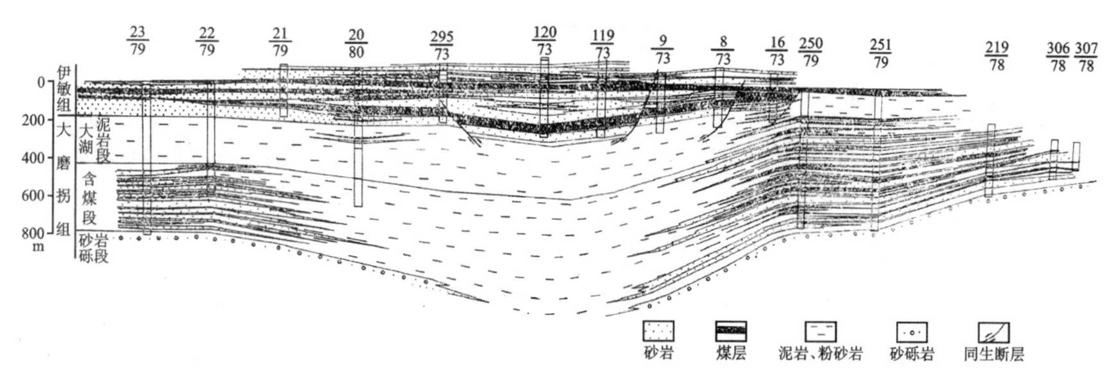

图5　伊敏盆地扎赉诺尔群沉积断面图

Ⅱ浅水湖盆型：广泛发育于大兴安岭以西的断陷盆地中，霍林河盆地下含煤段、伊敏河盆地伊敏组的古环境可作为其代表(图6和图7)。盆地边缘的扇带较窄，一般宽1～3km，断续相连，扇砾岩的角砾砾径多在20cm以下。盆地内主体部分是在大型湖泊被淤浅的基础上形成的洼地，含煤段堆积过程中浅水湖泊仍周期性出现，泥炭沼泽多起源于湖泊沼泽化。河流砂体一般都很薄，由于这种河流底侵能力很差，很少和主煤层同期发育，因而对煤层影响不大。煤层稳定性好，分布面积可占盆地面积的大部分，聚煤量非常丰富。

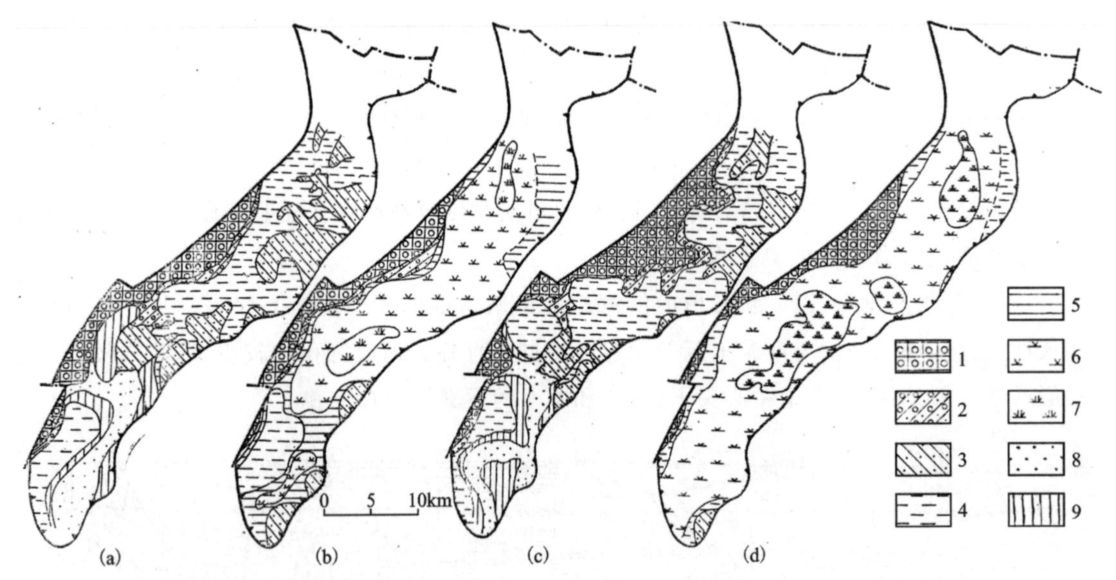

1.冲积扇砾和砂；2.扇三角洲砂和砾；3.滨湖三角洲砂和砾；4.浅水湖相细碎屑；5.湖沼相细碎屑；6.湖沼河流相碎屑和沼泽泥炭；7.沼泽相泥炭；8.河流相砂和砾；9.河流泛滥平原细碎屑和砂。

图 6　霍林河盆地 14 煤组底砂体古环境类型图(a)、17-2 煤层古环境图(b)、14-2 煤层底砂体古环境图(c)、14-2 煤层古环境图(d)

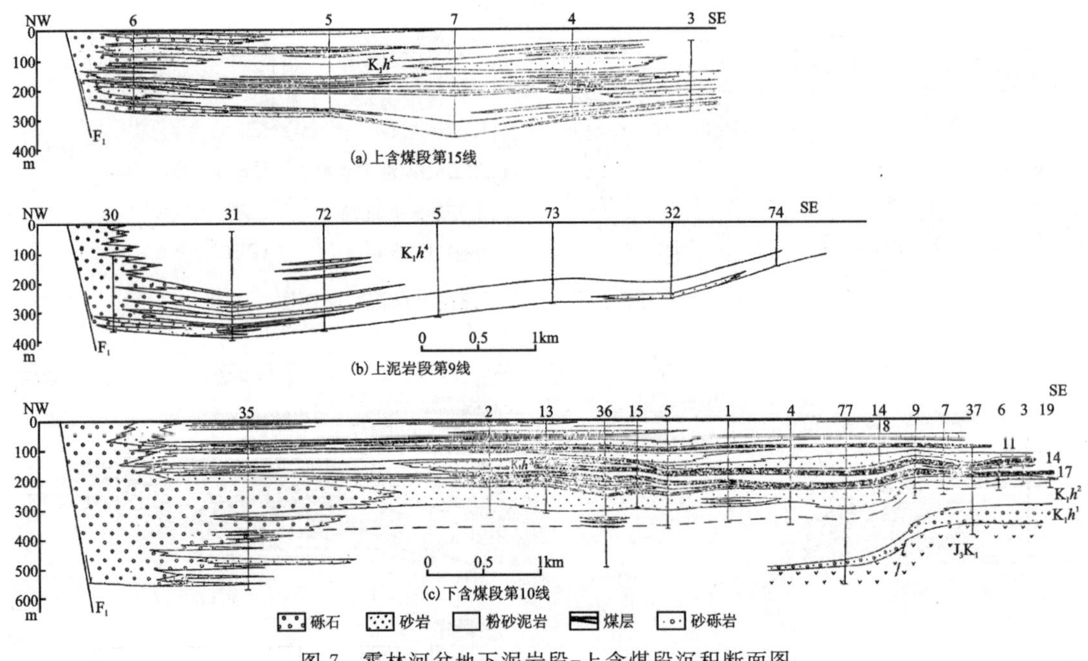

图 7　霍林河盆地下泥岩段-上含煤段沉积断面图

Ⅲ山间河、湖洼地型：这种环境类型主要见于大兴安岭以东的断陷盆地，以阜新盆地的海州组为代表。由于这类盆地的构造活动性较强，两侧边缘隆起显著，冲积扇和河流都较发育，对煤的聚积起明显的控制作用。扇带的宽度通常可达 4km，扇最发育时可伸到盆地轴部，聚煤面积远小于前一类型(图 8、图 9)。顺向河道在盆地中长期发育，此外还有小型浅水湖泊。图 10 为根据阜新等盆地的实际资料模式化绘成的立体块段图，显示出扇与煤层互为消长的关系，当扇体扩大时聚煤面积缩小，甚至聚煤作用中断。

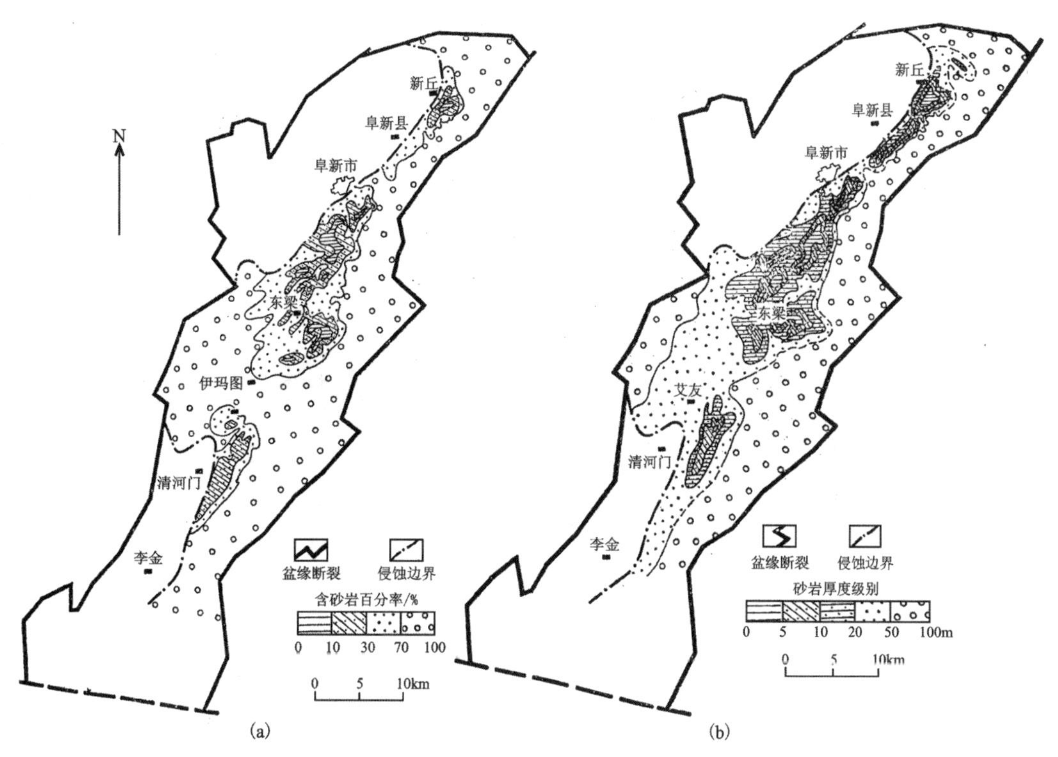

图8 阜新盆地太平层群砂体骨架图下段含砂率图(a)及砂岩累积厚度图(b)

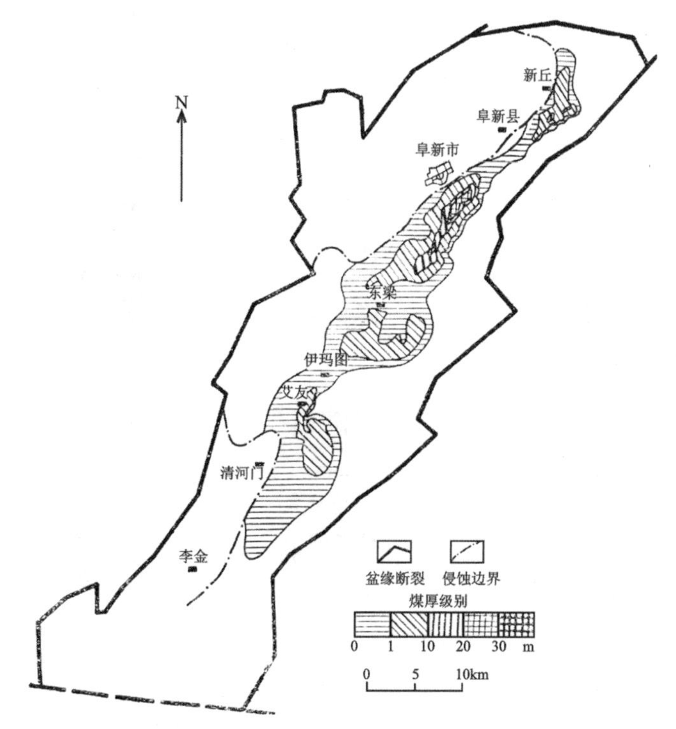

图9 阜新盆地太平层群冲积扇与富煤带关系图上段煤层厚度图

这种类型的盆地中富煤带面积小,仅占盆地面积数十分之一,分布位置主要在扇前地区。当扇的堆积物堰塞了顺向河道,造成了局部的浅水湖泊,随后又沼泽化,则形成最好的聚煤地区。这种盆地即使在聚煤最好的部分也可看到扇的强烈影响。图11为阜新盆地北部富煤带边缘的剖面,显示了含煤岩系中扇沉积物的发育程度。

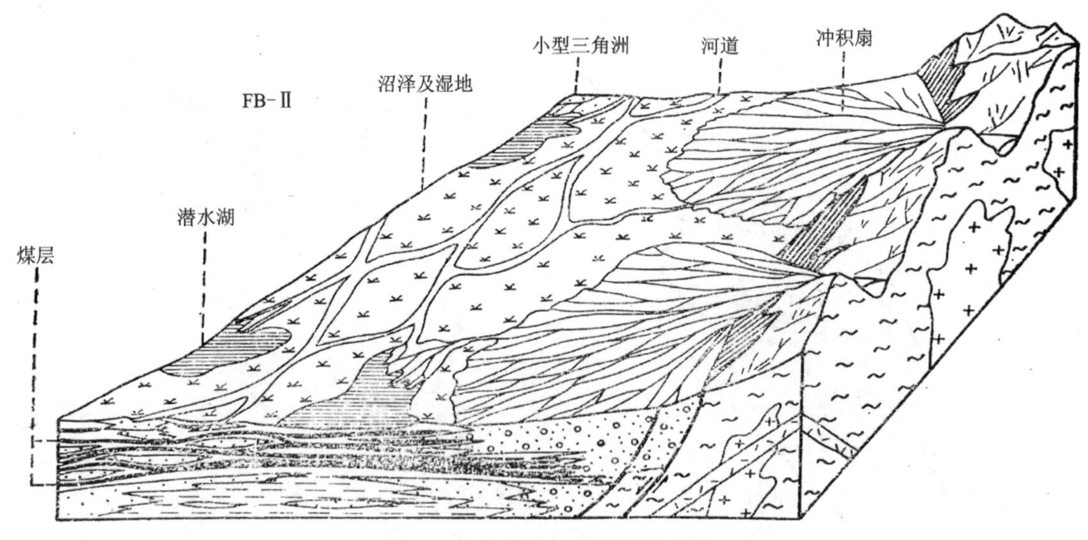

图 10　扇的消长与煤聚积关系图

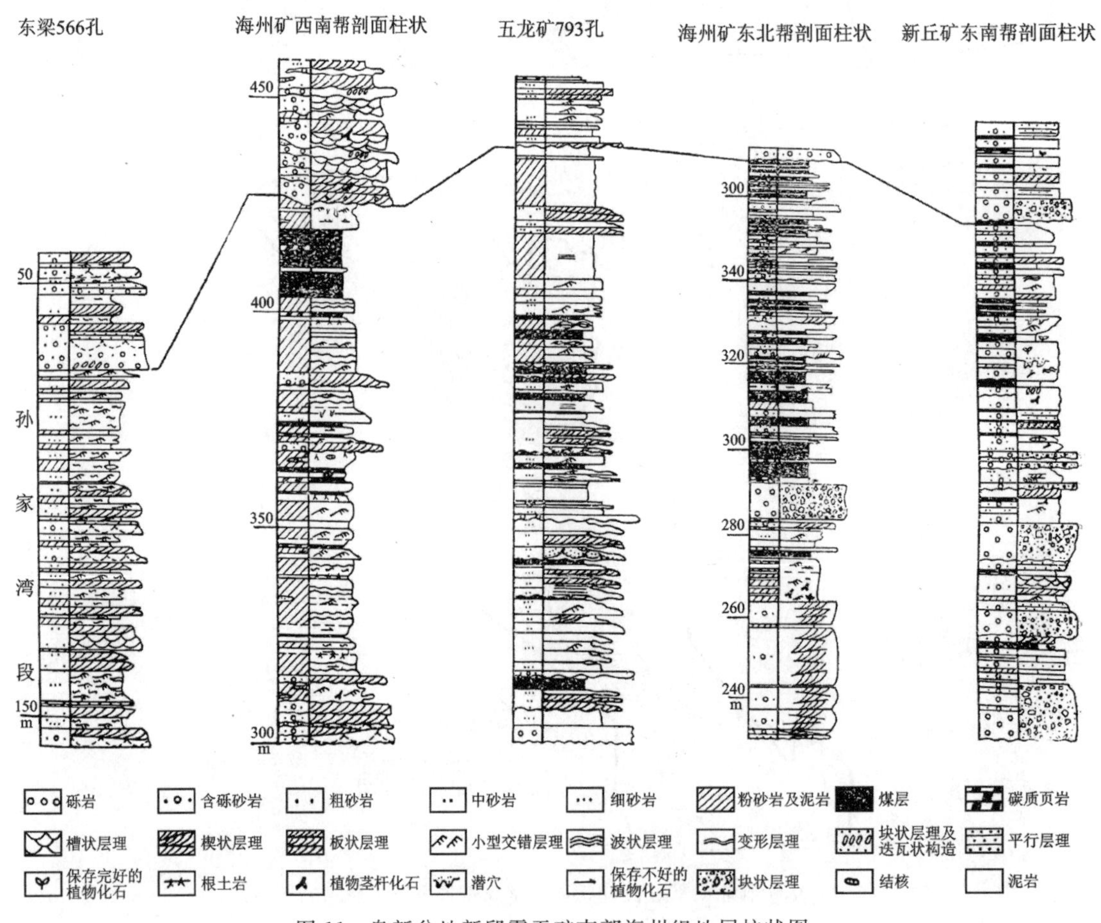

图 11　阜新盆地新邱露天矿南部海州组地层柱状图

Ⅳ山间谷地型：发育在本区东部的一些小盆地属此类型，如蛟河盆地。含煤岩系中缺少厚的湖相段，古地形起伏大，含煤面积较小。

以上四种盆地的古环境类型各具不同的含煤性特征，并出现于不同的构造条件中。

6　厚度分布和地层格架

断陷盆地内沉积充填物的分布受盆缘断裂的限制，都是狭长带状的，地层厚度与盆地宽度的比例远大于坳陷盆地，例如有的宽度不到20km的断陷盆地其充填厚度可达3000～4000m。沉积轴线总体与盆地延伸方向一致。在半地堑盆地中，沉积厚度最大的部位邻近盆缘同生断裂。地堑盆地两侧盆缘断裂的活动性不同，往往一侧更为强烈，因而在横断面上常显示不对称性，一侧地层厚度较大。沿走向盆地的下陷幅度亦有很大变化。多数盆地北缘有EW向或NW向的断裂，因此在盆地北端下陷幅度大，南端则通常逐渐抬起和封闭，沉积厚度逐渐减薄。

盆地内的地层厚度变化有两种原因，一是次级隆起和坳陷的存在，如霍林河和平庄等盆地都发现有横向（NW向或EW向）的次级隆起，它们将盆地分隔成几个次级的坳陷；另有一些盆地如阜新和铁法，则出现雁形排列的次级隆起、坳陷，它们各自的轴向常与盆缘断裂有一定交角（图12）。造成厚度变化的第二种原因是基底断块的差异沉降，使地层厚度出现阶梯状的突然变化，断裂两侧地层厚度差由数十米至数百米，煤层亦有显著变化。这种变化在深部地层中表现得最为明显，向上差异逐渐减小，以至消失。

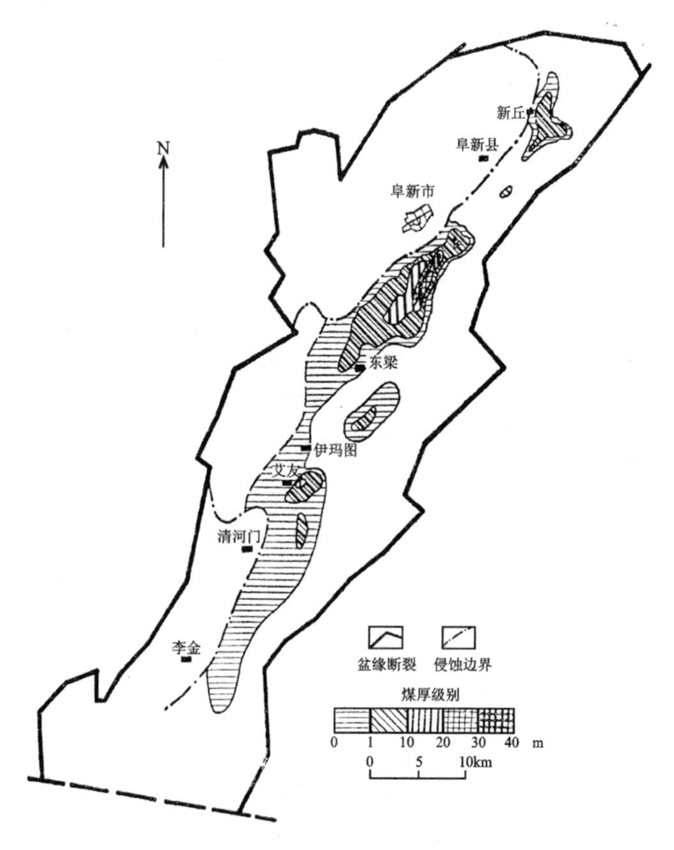

图12　阜新盆地太平—孙家湾煤组地层等厚图

在断陷盆地中普遍存在着层间超覆和沉积中心沿盆地纵向或横向的迁移等现象，并造成不同样式的地层格架，如上超式、进积式或其他复杂类型。图13为断陷盆地地层格架一例，显示了层的形态、层间超覆和沉积中心沿盆地轴向的有规律迁移。与坳陷盆地不同，层间依次超覆的现象通常仅出现在盆缘无断裂的部位，在盆缘断裂带则表现为阶梯状超覆扩张（图14）。

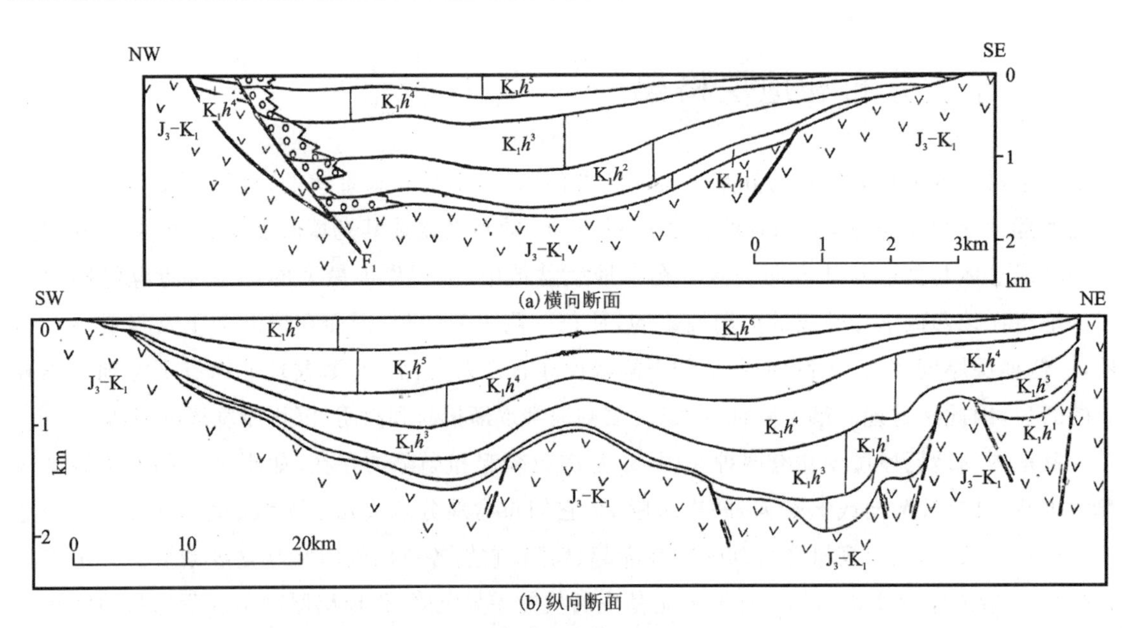

(a) 横向断面

(b) 纵向断面

图 13　内蒙古霍林河盆地构造格架及地层格架图

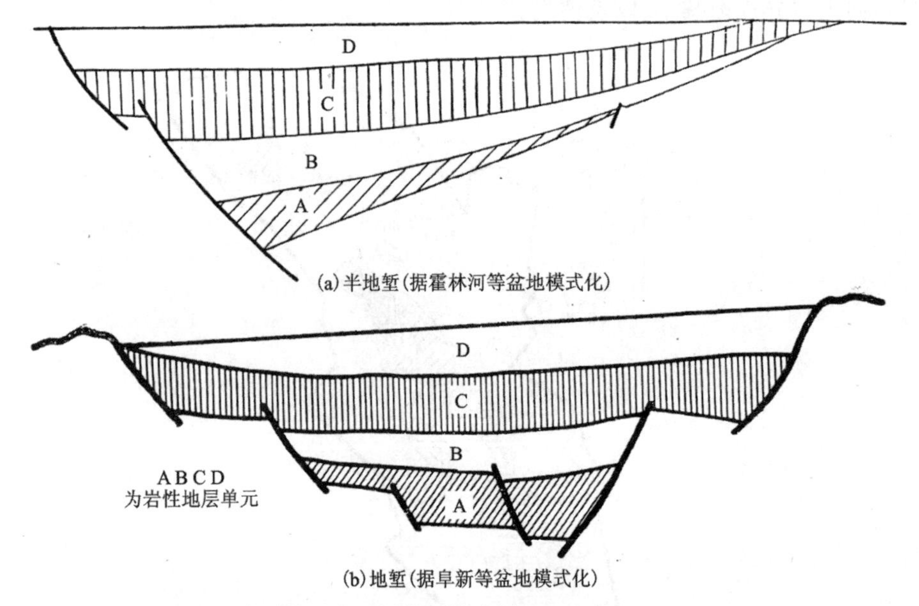

(a) 半地堑(据霍林河等盆地模式化)

(b) 地堑(据阜新等盆地模式化)

图 14　断陷盆地的地层格架模式图(仅反映盆地主要充填阶段)

7　聚煤特征

巨厚煤层的存在和煤层的强烈分叉是断陷盆地典型特征。煤层最厚的部位厚度从数十米至 200 余米，但厚煤层仅分布于盆地内一定的范围，向周围数百米距离即迅速分叉，有时分叉后出现数十层乃至百余层薄煤层(图 15)。

煤体的形态特征在横向上的变化是有规律的，可以分出下列的带：①合并煤层带或密集煤层带，是泥炭沼泽长期发育的部位；②急剧分叉带，常位于盆缘同生断裂与煤层合并带之间，一般宽度不大，分叉变薄的煤层与洪、冲积物频繁交替，二者尖灭方向相反，接近盆缘断裂处煤层全被扇砾岩所代替；③缓慢分叉带，分布于煤层合并带的另一侧，这个带煤层厚度变化较为稳

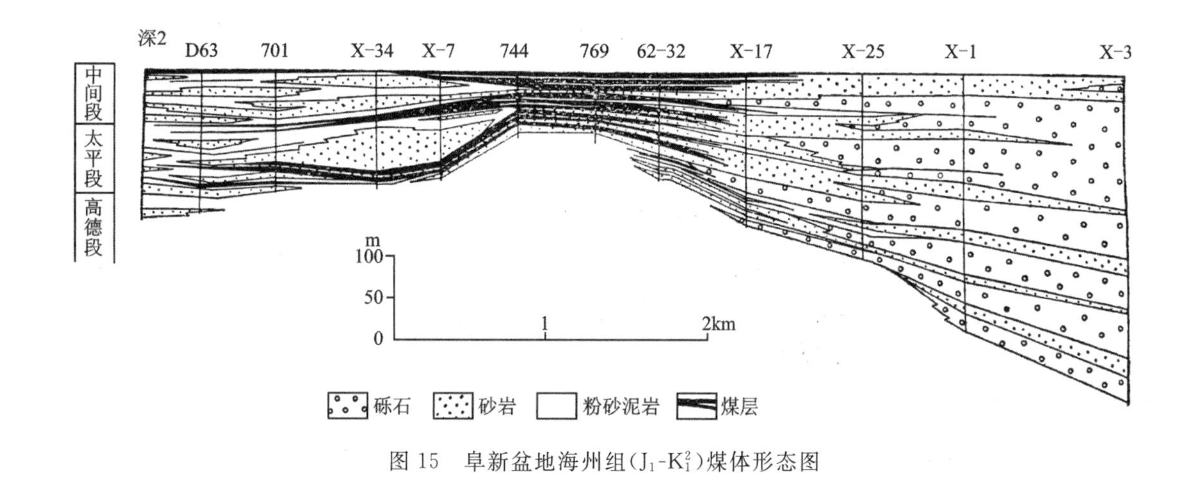

图 15　阜新盆地海州组(J_1-K_1^2)煤体形态图

定，分叉煤层之间被顺向河的沉积或湖相沉积隔开。上述三个带之间还有过渡的地段。煤层合并带的平面投影常为椭圆状。

在垂直剖面上煤层成组出现，在主要含煤段中一般有 3～6 个煤组，每个煤组相当于一个中级旋回，尽管煤层横向变化急剧，但煤组通常可以对比。发育最好的煤组通常在含煤段下部和中下部，属于深水湖盆被淤浅转化为平坦的凹地后的早期堆积。

聚煤地区展布呈带状，延展方向与盆地长轴方向一致。在聚煤地区内又可以根据煤层累计厚度圈出富煤带。断陷盆地中富煤带经常是很明显的，阜新、铁法、元宝山等盆地富煤带面积仅占盆地面积的 1/20～1/30 或更少，储量却可占 1/2 以上。富煤带的排列或断续成行，或呈雁行状，其形成受古地理、古构造因素的双重控制。前述各种古地理环境类型中富煤带皆分布于扇带内侧，在盆地演化过程中扇带的宽度与富煤带的宽度互为消长。滨湖凹地、扇前地区、三角洲和浅湖沼泽化地区都是形成富煤带的有利部位。在构造上富煤带常与低级别的坳陷相吻合，如霍林河盆地，或与坳陷的斜坡部位相吻合。

8　盆地的构造演化

断陷盆地的各项特征，都在盆地发展过程中不断改变，并取决于盆地的形成机制和形成后的构造演化过程。对于这一复杂问题曾有过多种解释。由于在盆缘断裂带发现强烈的挤压和左旋扭动以及盆地呈雁行排列等事实，笔者在 20 世纪 70 年代中期曾强调了压扭作用。近年来通过典型盆地的系统分析和区域地质背景研究，确认盆地形成于张扭体制，后期才逐渐向压扭体制转化。以上观点所依据的事实概括如下：①断陷煤盆地群是在中国东部大面积隆起的背景上经过裂陷作用早期阶段的大规模火山喷发活动，地壳脆化之后形成的；②锯齿状或折线状的盆缘断裂是利用和追踪老的断裂系统的产物；③盆缘断裂向盆内倾斜，并向深部变缓。以上三方面表明盆地的形成取决于引张作用，但这种引张并非纯张，而是区域应力场处于张扭体制的结果，这又基于以下事实：④盆缘断裂常具有斜滑断层的特点；⑤盆地的展布方向绝大多数为 NE 向和 NNE 向，NW 向者仅有个别实例，这就不同于世界上一些由拉张形成的裂谷系，在那些地区盆地是沿多种方向的断裂发育的。我国东北的断陷盆地用张扭作用解释较为合理，即在扭动条件下 NE 向、NNE 向裂隙被拉开的同时，NW 向裂隙受挤压而紧闭；⑥相邻的断陷盆地常呈雁行排列；⑦在后期压扭作用较微弱的盆地中可以找到成盆早期右旋扭动产生的 NW 向褶曲和挤压带;⑧盆地北端(如平庄盆地)出现的横向陷落。以上事实表明盆地形成于张扭体制,在盆地充填的后期逐渐转化为压扭体制,并导致区域总体上升,盆内水体变浅,沉积物变粗,以至最后结束充填。前述断陷盆地的沉积序列、不同时期相的空间配置和同生构造分布的改变,正反映这种演化过程。压扭作用持续到含煤岩系后期变形阶段则表现更为强烈,可产生雁行排列的褶皱并改变原有断裂系统的力学性质。

上述张扭体制向压扭体制的转化过程在中国东北部普遍存在,从总趋势上看运动的强度愈向东(即愈近晚中生代的大陆边缘板块接合带)愈强烈。断陷盆地中构造分异的强度一般西弱东强,盆地的古地理环境类型的分布亦有明显的分带。大兴安岭以西主要为Ⅰ、Ⅱ类型,即边缘隆起低、缓的湖盆环境,含煤性最好;大兴安岭以东赤峰—沈阳间主要为Ⅰ、Ⅲ类型,多具有明显的山间盆地面貌,其主要盆地的平均聚煤量与大兴安岭以西一带相比要小得多(可差5～10倍);第Ⅳ种类型见于本区东部隆起带。煤化程度总变化趋势也是西部低、东部高。这些都表明晚中生代中国东北部聚煤盆地的演化过程与板块的相互作用有密切联系。

参考文献(略)

从第 11 届国际沉积学大会和近期文献看含煤岩系沉积学发展动向*

1982 年 8 月 22 日—27 日，在加拿大汉密尔顿市召开的第 11 届国际沉积学大会是一次规模盛大的、展示了沉积学最新发展的会议，与会的各国沉积学家多达 1000 余人，提交论文摘要 900 余篇，其中列入报告议程的 881 篇，以展出图表、照片形式交流的还有 97 篇。大会共分 40 个分支学科或专题分组进行报告和讨论，其中"煤及含煤岩系沉积学"为一重要分组，许多著名的沉积学家和煤地质学家参加这个组的活动。曾成功地应用沉积模式于美国东部煤田并提出了系统总结的 J. C. 何恩(Horne)和 J. C. 费姆(Ferm)分别做了中心发言。会前会后组织了一系列地质旅行，其中有两条路线考察了含煤沉积，特别是路线 21A 内容丰富，很有启发性。该路线以 R. A. 拉赫曼尼(Rahmani)和 R. G. 沃克(Walkeer)为领导在加拿大著名的能源盆地奥伯塔盆地专赫勒地区考察了该地的含煤岩系和 R. A. 拉赫曼尼等建立的潮汐作用占优势的三角洲模式。煤组共宣读了 36 篇论文(我国学者提交的论文共 4 篇)，其中有关环境分析和环境模式研究的占绝大部分。这一情况与近年发表的重要著作所表明的趋向一致。即"聚煤的沉积模式"研究成为含煤岩系沉积学的中心内容。应用聚煤沉积模式进行预测，解决勘探、开发中的实际问题又是各国主要的、最有生气的一批沉积学家攻关的主要课题。

模式的概念简言之即样板的总结，在地质学的各领域中的应用由来已久，能源和海洋等领域的大规模研究促使沉积学飞跃地发展，在此背景下沉积模式的研究达到了新水平。建立各种沉积模式的重要作用在于：①提供模拟类比的典型；②对新区研究提供了提纲；③对环境体系提供了水动力解释的基础；④用于新区预测。很多年来沉积模式的研究主要用于油气普查勘探领域，特别是研究储集油气的砂体的几何形态和分布规律，并取得了显著成效。在煤田中较广泛地进行沉积模式研究仅仅是近十年内的进展，但很快显示出生命力。美国学者何恩和费姆等对美国东部石炭纪煤系成功地建立了三角洲平原聚煤模式，并确定最有利的聚煤地区为上、下三角洲平原之间的过渡带，成功地预测了煤厚、煤质和开采技术条件，还在决口扇覆盖的地区成功地找到了低硫煤。本次会议费姆进一步提出在三角洲平原找原煤的关键所在，认为只根据三角洲平原模式还不能具体地预测厚煤区，他在 *Depositional models in coal exploration and development* 一文中提出了沼泽的被淹没和古"高地"问题，经过大量数据统计确定能堆积厚煤的长期不被淹没的古"高地"的分布决定于煤层下伏的压实率低的砂岩底垫和同生构造。何恩进一步将沉积模式用于矿井工作预测开采技术条件，如指出可能出现的冒顶、渗漏的地带。R. J. Weimer 和 T. A. Ryer 等在落基山区晚白垩世—古近纪盆地中建立的三角洲、河流等沉积模式都在含煤性预测中取得了成功。到目前为止在煤地质领域中不仅继续对三角洲模式有大量报道，对冲积扇、扇三角洲、河流、湖泊、坝-湾等环境也都有不同程度的研究和报道，国内的实践也证明沉积模式研究用于煤田预测和普查勘探是行之有效的。

* 论文发表在《地质科技情报》，1982，作者为李思田。

通过会议交流、实地考察获知欧美沉积学者进行环境分析、建立沉积模式的主要途径是：

(1)十分细致地进行野外观察，详细描述和收集岩石成因标志(包括结构、构造等物理标志，成分和地球化学标志以及生物标志)。野外观察是沉积模式研究的基础。因此尽量选择出露好的地区作为建立沉积模式的研究区。在这里需要指出的是痕迹化石研究在国外很受重视，并在环境分析中有重要作用，但在我国还属于薄弱环节。

(2)垂直层序的研究占有重要地位，即在剖面和钻孔中精心地研究垂向上各种岩石成因标志和成因类型出现、交替和组合的规律。事实表明每种相都有其特定的垂直层序。

(3)研究沉积体三度空间的几何形态，特别侧重于恢复砂体形态，并通过各种类型的砂图如主砂体图、含砂率图和砂层累厚图等显示研究区的沉积格架。

(4)研究相的相互关系和横向变化，这方面环境地层断面和古环境图是非常好的表达形式。

(5)古流测量和分析。

(6)煤体形态和煤质参数。

(7)对各种环境标志的形成机理作细致的解释，其中有两个重要环节：①对现代沉积的进行模拟类比。特别是选择与所研究的地质对象相类似的现代环境的代表进行实地考察与比较。②实验室水动力实验。环境分析的科学性所在和许多新见解的提出都是由于对现代沉积的深入而广泛的研究。水动力实验测试图对各种沉积构造进行科学地解释。目前在我国现代沉积的研究特别是沿海与海洋尚属薄弱环节，更较少有组织地使地质工作者有机会对现代沉积加以考察，水动力实验室在地质系统中尚未能建立，这些笔者在考察中都感受到了存在的差距，建议采取措施加强。

在技术上十分引人注目的是：

(1)测井技术在环境分析中的应用。W. R. Kaiser 等与得克萨斯经济地质局合作对墨西哥湾沿岸第三纪(古近纪+新近纪)煤田进行了研究，解释了 3000 余口钻井的曲线，成功地区分了砂体成因类型，编制了详细的砂体和煤体图，有效地进行了含煤性预测。本次会议上这些合作者又报道了在波德河盆地，应用 1500 口钻井测井曲线研究了该区域的沉积模式和煤聚积规律。这种方法简单易行，特别适于在产业部门推广。但必须改变我国几十年来测井工作只解释煤层的现状。如果能够制定新的测井规范，测够必要种类的曲线(除电阻率外还必须有自然电位曲线)，对操作规程进行明确规定，严格遵守，则在现有设备条件下亦能有效地开展此项工作。

(2)探索应用计算机把环境分析和相应的编图工作自动化。一方面实现此项任务的关键在于提高基层地质人员的沉积学水平并使第一性资料的描述记录规范化。为此需要为野外地质人员编制手册和煤系沉积岩结构构造图册。另一方面即程序研究，目前在美国此项课题正由地质学家、计算机专家和数学地质工作者合作进行。

(3)地震地层学也有效地用于煤田勘探。如在美国西部盆地用地震地层学的方法在三角洲体系中发现了准同生断裂，并成功地阐明了其对含煤性的控制。

由于在世界范围(在我国也同样)容易找到和容易勘探的煤早已进行过工作或已开采，需要向难度更大的领域进军，并要求更准确地预测煤层、煤质和开采技术条件。以往的概略预测方法已远不能适应新形势。要求在煤田地质工作中引入新理论、新方法和新技术手段。沉积环境是控制煤聚积的主要因素，因此环境分析和沉积模式研究应该在我国地质工作中占有重要地位。

霍林河煤盆地晚中生代沉积构造史和聚煤特征*

霍林河煤盆地位于内蒙古自治区，自然区划属大兴安岭南段现山系的脊部地区。这个盆地是大兴安岭及其西坡聚煤盆地群的一个典型代表，盆地内晚侏罗世—早白垩世含煤岩系分布面积约550km²，其中含煤面积占80%以上，煤层累积厚度数十米至百米以上，为我国正在建设中的一个大型煤炭基地。近十余年来吉林煤田地质公司472队等施工钻孔1000余个，对煤盆地进行了全面的控制。由于有这样有利的研究条件，472队与武汉地质学院煤田教研室合作进行了较全面的盆地分析工作。初步恢复了盆地的沉积和构造演化历史，揭示了盆地内煤聚积的特征。工作过程中编制了大、中比例尺有关图件60余张，从地层、古地理、古构造等各个侧面反映煤的聚积条件，并试图归纳这种半地堑型煤盆地的演化的规律性，以利于今后对数十个同类型盆地进行普查、勘探工作。

1　地层和构造地貌

霍林河煤盆地长约60km、宽约9km、总体呈北东向延伸。盆地内的晚侏罗世—早白垩世地层主要向北西平缓倾斜，倾角一般小于10°，盆地西部边界为盆缘断裂F_1，盆地北端为NWW向断裂所限，东侧、南侧为侵蚀边界。总体为一半地堑构造。盆地内部还存在着两个NWW向次级的正向构造单位：一是盆地北部的珠市花背斜，向NWW倾伏；二是盆地北部偏南的鞍状背斜构造。这两个背斜把盆地分成三个负向构造(图1)。

区域内时代最老的地层为石炭纪—二叠纪浅变质岩系，出露于盆地西侧隆起区，其中有燕山早期花岗岩侵入体。晚侏罗世兴安岭群火山岩系不整合覆于古生代褶皱基底上，其上为含煤地层霍林河群，二者之间的接触关系主要为假整合，局部为不整合。霍林河群中含有*Ruffordia Onychiopsis* 植物群的常见分子如 *Ruffordia goepperti*，*Onychiopsis* sp.，*Acantho pteris gothaniy*，*Coniopteris burejensis*，*Chiaohoella* sp.等，属晚侏罗世至早白垩世组合，动物化石含有 *Ferganoconcha* 等，时代可与内蒙古的白彦花群、扎赉诺尔群和辽宁的阜新群对比[1,2]。霍林河群目前保存的厚度达1700余米，可清楚地划分为6个岩性段，自下而上为：①底部砂砾岩段J_3-K_1h_1；②下泥岩段J_3-K_1h_2；③下含煤段J_3-K_1h_3；④泥岩段J_3-K_1h_4；⑤上含煤段J_3-K_1h_5；⑥顶泥岩段J_3-K_1h_6(图1)。下含煤段含有本煤田的主要煤层组，编号自上而下为8、11、14、17及25，其中以14和17煤组厚度最大，稳定性也最好。

2　沉积环境和沉积过程演化史

为了阐明霍林河群的沉积环境及其演变过程，从岩石成因标志的观察和分析入手，采用比

* 论文发表在《地质学报》，1982，56(3)，作者为李思田、黄家福、杨士恭、张新民、程守田、赵根榕、李殿安、李桂良、丁晋麟。

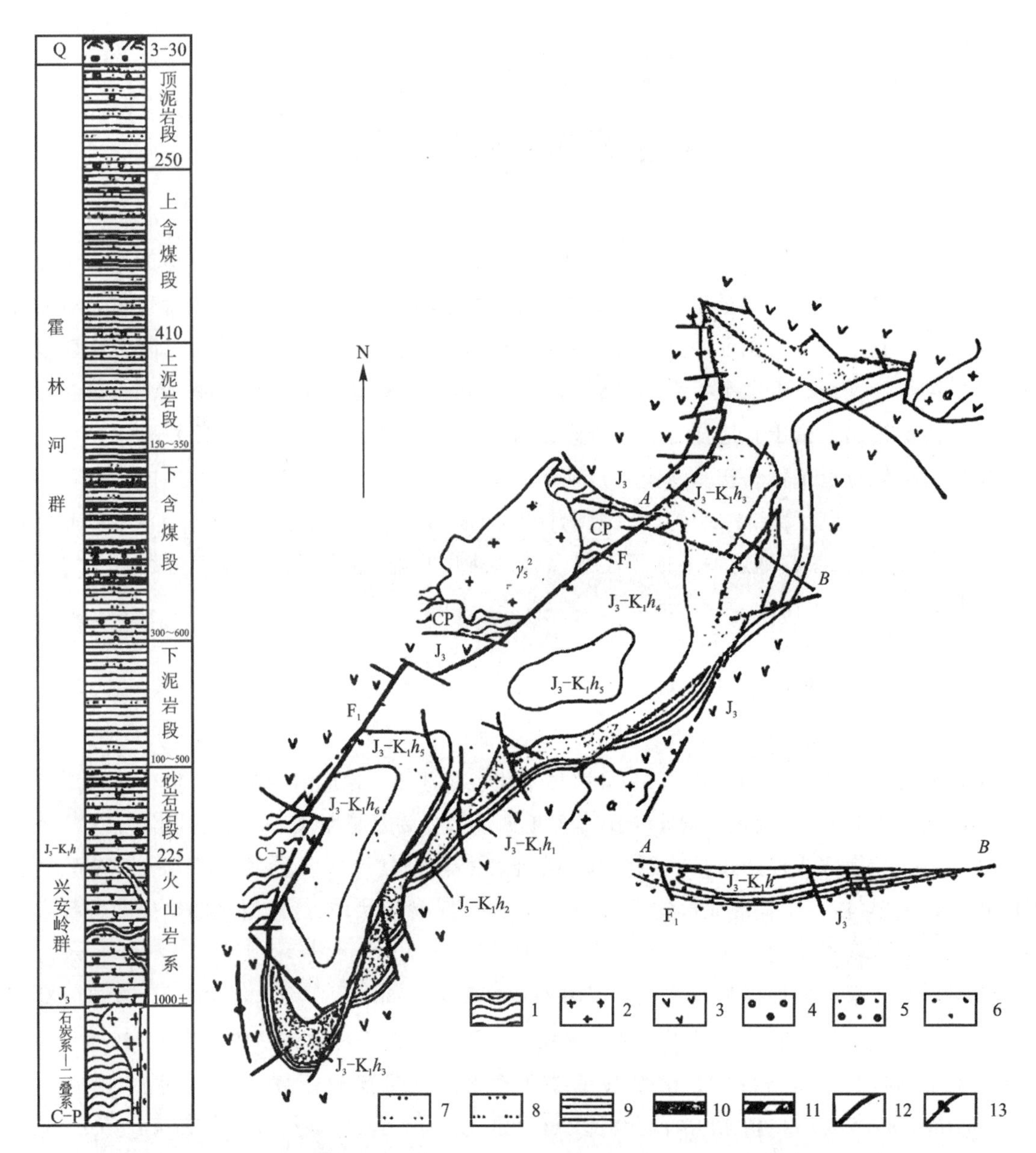

1. 浅变质岩系(C-P);2. 酸性侵入体(r_5^2及α);3. 中、酸性火山岩(J_3);4. 砾岩;5. 含砾砂岩;6. 粗粒砂岩;7. 中粒砂岩;8. 细粒砂岩;9. 泥岩及粉砂岩;10. 煤层;11. 碳质泥岩;12. 断裂;13. 褶曲轴。

图 1　内蒙古霍林河盆地基岩地质略图(附柱状图)

较密集的沉积断面控制,然后绘制分段、分煤组和分层(主砂体、主煤层)的各种平面图。各图件可以反映出含煤岩系的一系列宏观特征,如盆地充填序列;沉积岩体的垂直层序以及它们的空间变化;砂体形态和分布;煤层形态类型和变化;相的相互关系和分布特征;煤层厚度与砂体和地层厚度的关系等。上述各种宏观特征与盆缘断裂和含煤岩系基底中有同沉积活动的古断裂的关系在图上亦有清楚的反映。在此基础上结合直接观察的标志能够对沉积环境、沉积过程演化和煤层形成分布的规律性做出较好的解释。图 2、图 3 为代表性的倾向沉积断面。图 4 为走向沉积断面。

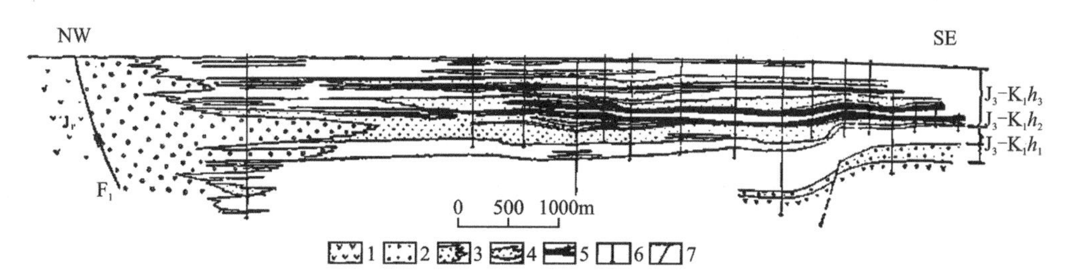

1. 兴安岭群中酸性火山岩系；2～5 为霍林河群：2. 底部砂砾岩段；3. 扇砾岩；4. 砂体；5. 煤层；6. 钻孔；7. 断裂。

图 2　霍林河盆地中部第 X 勘探线沉积断面图(垂直比例尺较水平放大 2.5 倍)

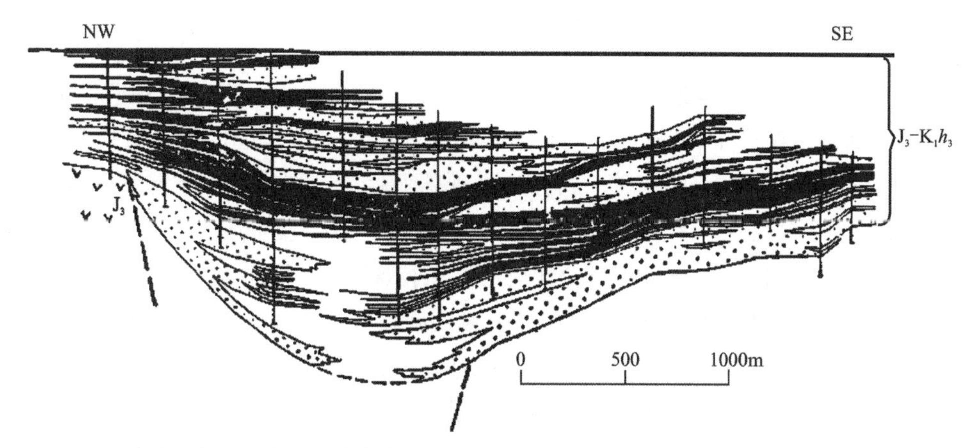

图 3　霍林河盆地北部第Ⅲ勘探线沉积断面图(垂直比例尺较水平放大 2.5 倍，图例同图 2)

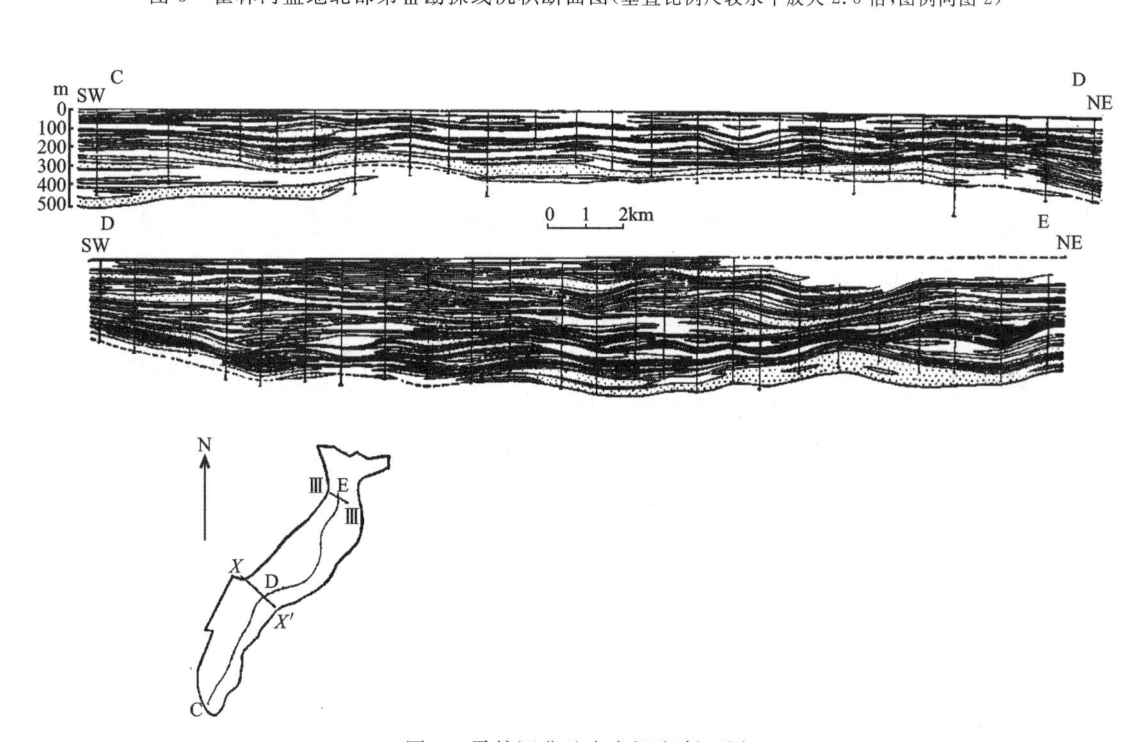

图 4　霍林河盆地定向沉积断面图

2.1 相的类型和标志

霍林河群主要由细碎屑岩(粉砂岩和泥岩)组成。砾岩除在盆地西北边缘冲积扇带大量发育外,其他地区一般比较少见。根据代表性钻孔统计其岩性组成百分比分别为泥岩和粉砂岩55%,砂岩31%,煤6.3%,砾岩7.6%。碎屑岩的分选性和磨圆度都较差。砂岩的类型以岩屑砂岩为主,杂基含量高,常有较多凝灰质混入物,显示近源堆积的特征。霍林河群中识别出的主要沉积相有冲积扇相、河流相、湖滨洪-冲积三角洲相、湖泊相和沼泽相。

2.1.1 冲积扇相

冲积扇的存在是断陷盆地最为典型的特征,沿北西侧的盆缘断裂各个沉积阶段都广泛分布着扇体,相连或断续相连成带。扇的主体部分由粗大的磨圆度和分选性都不好的砾岩组成,通常都为杂基支撑,砾石大多是尖棱角状,成分与附近陆源区的岩性相关,一般以火山岩为主,岩芯中发现的砾石最大粒径近半米(图版Ⅰ,照片1)。冲积扇相的视电阻率曲线和人工放射性测井曲线都表现为大锯齿状。根据霍林河盆地扇的沉积特征,可将其确定为潮湿气候条件下的滨湖扇。滨湖扇一般都不限于在陆地分布,扇尾多深入到盆地内部的湖沼区形成扇三角洲,在其上可发育泥炭沼泽。在霍林河盆地西北边缘还发现扇砾岩夹在深水湖相泥岩、粉砂岩之中。这在上、下泥岩段中都较常见,可能是水下冲积扇或滨湖扇水下部分。这表明在盆地一定的发展阶段湖泊的范围曾紧靠盆缘断裂,剥蚀区的洪积物直接进入水体。扇体形态在砂体图上可以显示,一般都为扇形或朵状,切面上为楔形,靠近陆源区很厚,向湖盆方向分岔、变薄、尖灭。

2.1.2 河流相

河流沉积物广泛存在于霍林河群,其中尤以盆地西南部的下含煤段最为发育。其粒级有砾岩、细砾岩和各种不同粒级的砂岩。与冲积扇不同,河流相砾岩的砾石大多是滚圆的并有较好的分选性。河流砂体的底部和横向上均为冲刷接触(图版Ⅰ,照片2),层理类型主要为大型交错层理(图版Ⅰ,照片3)。河流砂体顶部变细的部分出现小型交错层理、断续波状和波状层理等。河流相都有向上变细的垂直层序,有时粒度变化交替几次,形成多阶结构。每一个阶的底面皆为冲刷面。这种特征在测井曲线上有很好的反映①。视电阻率曲线和自然电位曲线上对应于砂体底部突然出现一个高峰值(自然电位曲线常为负异常),向上峰值降低,下一个阶出现时再次出现高的异常,形成"枞树形"(或称"圣诞树形")。砂体在平面上呈带状和辫状,有时与扇体相连,表明这是从山区流向盆地的出口处;砂体在断面上呈凸镜体状。

2.1.3 湖滨洪-冲积三角洲相

下含煤段沉积时期,湖滨地区发育了一些小的洪-冲积三角洲。其沉积物主要是粗—细粒

① 对霍林河盆地各种砂体的成因解释利用了测井曲线,所概括的特征与国外已发表过的研究成果相似[3]。

砂岩，分选较河流砂体差，常有较多泥质和粉砂充填物，具有大型交错层理，但其纹层倾角较平缓，纹层组之间常有数厘米到30余厘米厚具水平层理的薄夹层，纹层组常呈板状和楔状（图版Ⅱ，照片2）。这种砂体的底部没有冲刷或只有微弱的冲刷。与河流砂体相反，这种小三角洲砂体具有总体向上变粗的垂直层序，视电阻率曲线的形态表现为“倒枞树形”。这种三角洲都是小型的，砂体的平面形态为朵状，其轴线垂直盆地边缘；向盆地中过渡为湖相，在过渡部位砂体分岔并与泥岩相互穿插（图版Ⅱ，照片1）。

2.1.4　湖泊相

广义的湖泊相应包括湖滨三角洲、水下扇、扇三角洲等，这些环境前面已做了专门的描述，这里系指湖滨带以内的湖泊沉积。霍林河群的湖泊沉积有两种类型：小型浅水湖泊和大型较深水湖泊。

（1）小型浅水湖泊。霍林河群下和上含煤段中的湖相都属这种类型。这种小型浅水湖相以粉砂岩、细砂岩为主，层理类型主要是缓波状、断续波状层理，亦有水平层理、小的交错层理和压扁层理，变形层理也较常见。这种湖相层的厚度一般不超过十余米。上述标志表明，沉积时湖水较浅，沉积物受波浪和湖流的影响强烈（图版Ⅰ，照片4、照片5）。

（2）大型较深水湖泊。以霍林河群下和上泥岩段为代表，岩性以泥岩和粉砂岩为主，水平层理或不显层理，含菱铁矿结核。泥岩中植物化石碎屑较少，大部分比较纯净，有些层段含叶肢介化石，上泥岩段的一些泥岩还含有油母质。这些都表明湖水相对较深，沉积物是在浪基面以下沉积的。上下两个泥岩段在盆地中分布都很广泛，厚度亦大，可达数百米。泥岩、粉砂岩中有颗粒流形成较纯净砂岩的薄夹层。

2.1.5　沼泽相

霍林河群沉积时的成煤沼泽大多是湖泊或湖滨地区沼泽化形成的；部分为河谷低地沼泽化。根据露天坑和钻孔岩芯观察，煤层底板只在少数情况下能找到根化石。一露天揭露出来的14煤组（图版Ⅱ3、图版Ⅱ4），其中厚煤层都普遍存在着一层凸镜线理状煤（图版Ⅱ5），与具浅水湖泊相标志的底板呈过渡或清楚的接触。在显微镜下可见显微组分经过搬运的痕迹，角质体碎成小段，镜质体和丝质体呈碎块和团块状；有较多的碎屑石英颗粒分散在煤物质中；腐泥基质和分散的黏土矿物混合出现。这些特点表明，此种煤形成于水下，即形成于沼泽湖中。

2.2　沉积和聚煤过程的演化

2.2.1　盆地的演化过程和充填序列

霍林河群岩性的自然分段明显反映出沉积过程演化的阶段性。晚侏罗世火山岩系形成之后，盆地内出现粗碎屑沉积或含煤碎屑沉积与厚的湖相沉积的三次交替，构成了盆地充填序列。

底部砂砾岩段以洪-冲积物为主，厚度变化大，一般为50～200m，反映了盆地形成早期时基底古地形的起伏和沉降幅度的明显差异。

下泥岩段：下泥岩段几乎覆盖了整个盆地，仅在盆地南端和边缘部分岩性变粗。地层厚度在一露天区最大，达346m。

下含煤段：是在盆地内的大湖被陆源碎屑填满的基础上发育的。在该段沉积的垂直序列中，扇三角洲、河流和洪-冲积三角洲的砂体、浅水湖相的砂岩及粉砂岩和煤层反复出现。地层厚度在盆地北部可达700余米。

上泥岩段：盆地第二次持续出现大型湖泊，在盆内大部分地区形成厚的湖相泥岩，最厚处在盆地南部，达490m。盆缘断裂内侧则存在着很窄的扇带(目前保留的是滨湖扇的水下部分，亦可能有水下扇)[图5(i)、图5(j)]。与下泥岩段沉积时的情况类似。

上含煤段：以浅水湖相沉积为主，含薄煤20余层。由于上含煤段成形时经常出现沉积充填速度小于沉降速度的情况，因此泥炭沼泽环境不能长期保持，而为湖泊环境取代，故只形成薄煤层。上含煤段在西南部厚，向北变薄，最大厚度达400余米。

顶泥岩段：以湖相泥岩及粉砂岩为主，其中粗碎屑夹层远多于上、下泥岩段，预示着盆地充填阶段临近结束。顶泥岩段仅在盆地西南部得到保存，赋存的最大厚度为250m。

从上述充填序列和各段的特征可见，霍林河群以湖相细碎屑沉积占优势，两个含煤段都是在厚的湖相段之上发育的。在主要含煤段内，主要煤层亦多是在浅水湖相基础上发育的。在淤浅湖盆基础上的平坦的、有利于大面积沼泽化的古地形，是霍林河盆地良好的聚煤古地理条件，加上相对稳定古构造条件，而使霍林河盆地的富煤面积与整个盆地面积的比值，比大兴安岭以东的许多断陷盆地大10倍以上。

2.2.2 下含煤段沉积和聚煤特征

为了研究沉积和聚煤特征的演化，对各主要煤组均分别编制了煤层等厚图、煤组地层等厚图、含砂率图、主砂体图、古环境图和煤层层数图等，图5根据部分图件简化而成。现以25、17和14煤组为代表进行分析。

25煤组是形成下泥岩段的大型湖泊被部分淤浅之后沉积的，从底砂体图[图5(a)]可见盆地中、南部均有砂体厚度很薄和等于零的地区，大致相当于缩小了的湖心部分。煤层仅分布于盆地北部[图5(b)]，即小型三角洲、扇三角洲淤塞了湖盆的部分。在盆地中部存在着一条东西向的界线，其地理位置大致相当于目前盆地中部辉特扎哈诺尔等三个湖泊的连线(简称三湖连线)，这条界线在多数层段的地层、煤层厚度图上都有明显的反映，可能是盆地基底断块的界线。25煤组的可采煤层基本分布于此线以北。

17和14煤组沉积时，大型深水湖泊都已被全面淤浅，相的空间配置可代表大多数煤组的情况[图5(d)和图5(g)]，其共同点是：扇带分布于盆地西北边缘盆缘断裂F_1的内侧；小的洪-冲积三角洲朵状砂体主要在盆地东侧分布；盆地南部存在着辫状的和低蛇曲的河道，这些河道在煤层堆积阶段大部分消失；煤层主要形成于浅湖沼泽化环境，泥炭聚积面积可覆盖盆地的大部分。25、17和14煤组聚煤富煤面积逐步地向盆地南部扩大。

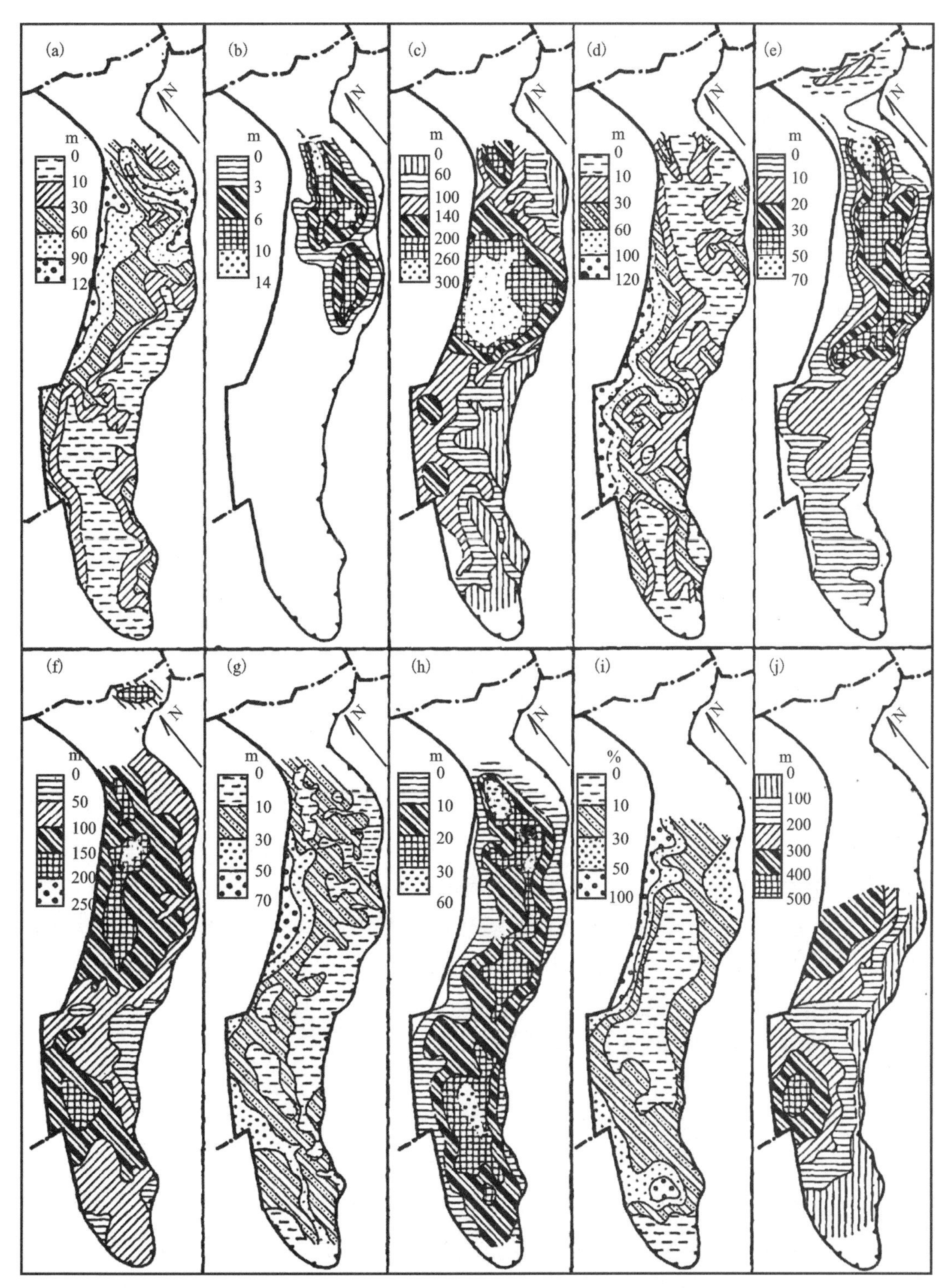

(a)25 煤组底砂体厚度图；(b)25 煤组煤层累积厚度图；(c)17 煤组地层厚度图；(d)17 煤组底砂体厚度图；(e)17 煤组煤层累积厚度图；(f)14 煤组地层厚度图；(g)14 煤组底砂体厚度图；(h)14 煤组煤层累积厚度图；(i)上泥岩段含砂率图；(j)上泥岩段厚度图。

图 5　霍林河群下含煤段—上泥岩段沉积、聚煤特征演化图

煤层厚度和形态决定于沉积环境和同沉积构造运动。在与沉积环境的关系上表现为接近扇带部位煤层分叉、尖灭;在小型洪-冲积三角洲的根部煤层变薄;在聚煤同时存在着湖泊的情况下(25煤组)煤层向湖泊方向尖灭;而在上述相区之间的滨湖洼地是良好的聚煤环境。煤层厚度、富煤带的展布方向决定于基底沉降的幅度与速度,因而与盆地内低级别的隆起、坳陷的分布关系密切。多煤组煤厚与地层厚呈正相关,因此富煤带受低级别坳陷控制;但因盆地西侧扇的影响,富煤带多偏坳陷东侧分布。各煤组煤体形态的分带性也很有规律,分带的界线常与基底古断裂再活动造成的"台阶"部位相吻合。

14煤组以上的煤组湖相所占比例逐渐增大,含煤率则逐渐降低。8煤组沉积后盆地再次被大型湖泊所覆盖。

3 盆地的构造格架和同沉积构造运动

3.1 盆地的构造格架

3.1.1 盆缘断裂和边缘隆起

对盆地北西侧控制性断裂用钻探和物探方法进行了研究,地震时间剖面清楚地显示出有两个主断面,皆倾向盆地内部,倾角浅部陡而深部缓,呈犁状,一般为50°~60°,为正断层性质(图版Ⅱ,照片7)。卫星照片判释和地质填图发现断层在平面上为折线状。断层面附近岩芯中直立的张裂隙和共轭的剪裂隙表明最大主应力σ_1的方向是铅垂的,盆内裂隙的性质和配套与盆缘控制性断裂的力学性质完全协调。上述事实表明断陷形成于引张作用,盆缘断裂的形态是利用、追踪了基底中老的脆弱带而成的。断裂内侧厚逾千米的扇沉积物表明断裂在沉积过程中不断活动,属于同生断裂性质。以盆缘断裂为界,盆地西侧的边缘隆起为一上升的断块,盆地东侧无盆缘断裂,只有相当低缓的边缘隆起存在。由于盆地两侧不同的隆起性质及相应造成的不同古坡度,决定了在各自的前缘出现不同的相带(图5)。

3.1.2 基底特征和盆内构造分异

含煤岩系的直接基底为中生代火山岩系,其下为古生代浅变质岩系,构造线方向主要为NE向,其中还发育有EW向的强烈挤压带。盆地的基底不完整,被古断裂网格分割为许多小断块,盆地发展过程中这些不同断块的运动有明显的差异性。通过厚度、岩相和含煤性分析,显示了聚煤盆地内部的构造分异。坳陷轴线为NNE向,并偏于盆地西侧,盆地东南侧和西南端虽为侵蚀边界,但根据沉积特征推断距原始沉积边界不远。盆地北部和中部各存在一个NWW向隆起,从而把盆地的下陷区分为三个,这在盆地各个发展阶段均有所表现。

盆内NWW向隆起的出现和盆外火山岩系中NWW向挤压陡立带的存在(图版Ⅱ,照片6)表明形成盆地的裂陷作用不是在纯张体制下,而是在右旋张扭体制下发生的。根据煤层底板标高编制的等高线图和趋势面图，反映出目前盆地褶皱的方向与形态和盆地充填时期古构造的方向与形态相似，只是后期形变加强了 NE 向褶皱的强度，这和东北区晚中生代区域应力场由右旋张扭到左旋压扭的转化相一致。

3.2　同沉积构造运动及其对沉积、含煤性的控制

在霍林河群沉积过程中，同沉积构造运动有多种形式，包括：①剥蚀区与沉积区断块的相对运动；②大区域的整体升降运动；③盆地基底断块的相对运动；④盆地基底的整体倾斜运动等，这些都对厚度、相和含煤性有重要影响。

以盆缘断裂为界，上升的断块（剥蚀区）和下降的断块（沉积区）二者之间相对运动的幅度和速度决定着盆地内相和厚度的分布。但还需考虑大区域整体上升或下降这一总的地质背景，才能对现在的沉积和地层记录做较清楚的解释。当断块的相对运动加剧时，地表水动力条件也会加强，剥蚀加剧，大量碎屑物被搬进盆地。在这种情况下，冲积扇带发育，其宽度和厚度都较大，沉积物颗粒也很粗，盆地内河流发育，从而使盆地大部分地区被冲-洪积物所充填。霍林河群底部砂砾岩段沉积时就属这种环境。当断块相对运动微弱，并以大区域的总体下降为背景时，由于水动力条件弱，剥蚀慢，水系的搬运能力小，沉积物补偿不足，这时发育的扇带很窄，盆地内大部分面积为湖区，如霍林河群三个泥岩段堆积时的环境。含煤段沉积是在湖泊环境淤平的基础上发生的。从其扇带宽度的加大，大湖的被淤浅，相类型的增多和河流的周期性出现等情况看来，盆缘断裂两侧断块的差异运动处于明显加强的阶段。但是，在霍林河群各主要煤层堆积时，泥炭沼泽占据了盆地的大部分地区，盆内的河道消失，仅盆缘的扇带继续发育。这种情况表明，主要煤层形成于断块运动的相对稳定阶段。由于断块沉降具有较长时间持续的特征，常为巨厚煤层的形成提供构造条件。

在盆地内部，发现了一些地层厚度和含煤情况出现突变的界限，在断面上呈台阶状，这正是基底中断裂存在的部位。由于这种断裂两侧断块运动的差异性而导致下降断块中岩层厚度的突然加大，煤层急剧分叉或者煤层、砂体出现尖灭等现象。这些基底中的断裂落差可达几十米，常常只切断部分层位（一般是下断上不断）。基底断块的差异运动对含煤情况的影响很大，煤层合并，分岔带的界限可能与盆内基底中有同沉积活动的古断裂位置相吻合。

霍林河盆地晚中生代地层不同层段沉积中心沿盆地轴向做有规律的迁移，属构造迁移性质，这意味着霍林河盆地的同沉积构造运动还存在着另外一种形式。各层段等厚图的编制表明，底部砂砾岩段、下泥岩段、下含煤段的各个煤组、上泥岩段、上含煤段和顶泥岩段的沉积中心有先自南向北、后自北向南迁移的趋势。其成因可能是盆地沉降轴先向北北东方向倾伏，后逐渐反转而向西南方向倾伏，直至后期变形阶段。

3.3　盆地类型、形成机制和区域类比

霍林河盆地无论是面积还是断裂的深度都表明它没发展成为裂谷，而是一个小型断陷盆地。但与之相似的同期形成的断陷盆地在我国东北部已发现 60 余个，单盆面积都不大，通常在 $2000km^2$ 以内，但散布于广阔的地带，这个地带沿 NNE 方向上长达 1600 余千米。盆地构造特征

与世界上一些大型断陷盆地和裂谷盆地对比有若干相似之处,如①与火山岩带的密切关系(成盆前大规模火山喷发活动提供了脆化的基底和随后引起沉降的热衰减过程)[5];②控制性断裂追踪基底老的脆弱带发生;③不完整的、镶嵌状的盆地基底;④演化过程中多变的应力场[4,5],这些都表明盆地起因于裂陷作用。可能导致盆地形成的右旋张扭作用,虽影响了我国东部广大面积的地区,但由于其持续时间短和伸展量有限,特别是迅速转化为左旋压扭作用,逐步使盆地结束充填(这种现象在越靠东的盆地中越显著),因而未能发育成裂谷。但却因此形成了为数众多的聚煤条件很有利的断陷盆地。已经查明由于其同沉积构造运动特征,巨厚煤层在这类盆地中相当普遍地存在,大兴安岭地区单个聚煤盆地的聚煤量有的即可超过我国一些中新生代大型煤炭基地的十多倍。因而以霍林河盆地为代表的大兴安岭及其西坡晚中生代聚煤盆地群分布范围是我国重要的战略找煤区之一。研究霍林河盆地所揭示的特征为建立此类盆地的沉积、构造演化和聚煤模式提供了一个典型。

参考文献

[1] 武汉地质学院煤田教研室. 煤田地质学(下册)[M]. 北京:地质出版社,1981.

[2] 陈芬,杨关秀,周惠琴,等. 辽宁阜新盆地早白垩世植物群[J]. 地球科学——武汉地质学院学报,1981,15(2):39-51+272-275.

[3] SHELTON J W. Models of sand and sandstone deposits: a methodology for determining sand genesis and-trend[M]. [S. l.]: Times-Journal Publishing Company,1975.

[4] LILIES J H. Mechanism of graben formation[J]. Tectonophysics, 1981,73(1-3): 249-266.

[5] READING H G. Characteristics and recognition of strike-slip fault systems[M]. Oxford, London:Wiley,1980.

图版说明

图版Ⅰ

1. 霍林河群的扇砾岩,角砾为火山岩,24-6 号钻孔。

2. 河流砂体底部的滞留沉积,与其下湖相粉砂岩之间为冲刷接触,14 煤组,17-3 号钻孔。

3. 河流沉积的粗及中粒砂岩,具大型交错层理和许多镜煤化凸镜体,17 煤组,A19-4 号钻孔。

4. 浅水湖泊沉积的粉砂岩,具缓波状层理、条带状互层层理和变形层理,下含煤段,A17-3 号钻孔。

5. 浅水湖泊沉积的粉砂岩,具水平层理、缓波状层理和变形层理,下含煤段,第一露天区。

图版Ⅱ

1. 小型三角洲砂体向湖方向变薄尖灭,过渡为含菱铁矿结核的湖相粉砂岩,下含煤段,第一露天。

2.小型三角洲砂体的中—粗粒砂岩,具大型板状、模状缓倾斜层理和交错层理,下含煤段,第一露天。

3.正在开拓中的霍林河一露天,揭露的地层和煤层属14煤组。

4.14煤组煤层的部分分层,第一露天。

5.14煤组煤层底部具透镜、线理结构的煤,第一露天。

6.盆地中段东缘兴安岭群火山岩的陡立带,可见平卧的柱状节理,岩层走向95°~100°。

7.A-12线地震时间剖面,显示盆地西缘 F_1 断裂向深部变缓的形态,照片下部为兴安岭群,其上为霍林河群。

图版 I

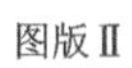

图版Ⅱ

7

大兴安岭以西地区
能源矿产远景和找煤的建议*

内蒙古自治区是1949年以来新发现大煤田数目最多的省区之一。在本文论及的大兴安岭以西(个别盆地已分布到山系脊线)至东经108°附近,含煤的晚中生代断陷盆地达80个左右。这些盆地的面积一般在2000km²以内,大多属中小型盆地,但以发育有巨厚煤层且埋藏较浅为特色,煤层累计厚度常可达到几十米至百余米,已知煤田最厚的锡盟胜利煤田,煤层累计厚度更大,因此相当一批盆地具有露采的可能性。由于煤层厚度巨大并且有较大的延展面积,故煤的储量很丰富,这些盆地做过正规煤田普查勘探工作的很少,而达到详、精、查以上程度的很少,在这些盆地中进行的找煤和找水工作表明:钻探见煤率很高,绝大多数盆地都有很好的远景。近年来,又在二连地区取得了新的突破,两个晚中生代断陷盆地中打到了工业油流,其生油层位是主要含煤段之下厚达数百米的湖相泥岩段(白彦花群中段),该段地层在多数晚中生代断陷盆地中都有发育。如果综合考虑生、储、盖等因素,与这两个盆地地质条件相似者还有不少。因此尽管单盆石油储量不大,但埋藏浅,开采容易,就全区而言仍有发现一定储量的可能。

晚中生代断陷盆地数目多,展布面积广,需要根据地质条件进一步区划,以利于找煤工作。1975年以来笔者曾提出并论述过东北和内蒙古东部晚中生代煤盆地的成带性,并指出大兴安岭以西是其中最好的聚煤地带[1-3];在此带中进一步划分了三个盆地群,即海拉尔盆地群、巴音和硕盆地群和多伦盆地群。这里要指出的是用海拉尔盆地、二连盆地来命名十几个或几十个相互邻近的盆地的提法是值得商榷的。这种命名法常见于近期的地质文献中。事实上,已有大量资料表明,绝大部分晚中生代断陷盆地的含煤和含油岩系(在不同地区使用不同的地层名称和霍林河群、白彦花群和扎赉诺尔群等,其时代为晚侏罗世至早白垩世)形成时是相互分隔的半地堑或地堑,其边缘相十分明显。少数相互靠近的盆地在某一演化阶段可能局部连通,而由亚盆地相连构成较大的盆地者只发现个别代表,因而用盆地群来命名一组相互靠近的;时代和构造性质相同的;有密切成生联系的盆地,含义更为确切。多年来经过地质、煤炭和石油三个系统的大量工作,这三个盆地群的面貌和能源远景已经较为清楚。

海拉尔盆地群 地质、物探工作已圈出盆地19个,工作程度较高者为伊敏河盆地、扎赉诺尔盆地和大雁盆地,三者均有巨大的煤储量,类似规模的盆地可能还有许多个。如陈巴尔虎旗盆地、西湖里图盆地也均有巨厚煤层赋存。这个盆地群的主体部分后期沉降较深,并被数百米厚的晚白垩世到第三纪(古近纪+新近纪)地层覆盖,扎赉诺尔群下部湖相泥岩段的厚度与二连地区相似,也应是找油的远景区。此外交通和水源条件在三个盆地群中相对较好。

巴音和硕盆地群 相当于二连盆地的主体部分。已圈定的盆地有36个左右。正在建设中的大型煤炭基地霍林河盆地位于本盆地群的最东部。它西南相距不远的白彦花盆地也属百亿吨级盆地。位于锡林浩特附近的胜利盆地是已知煤层最厚和储量最大者。三个盆地群中这个

---

* 论文发表在《中国地质》,1983,作者为李思田、黄家福、杨士恭。

盆地群煤的总储量最大、盆地的数目最多，已发现工业油流的两个盆地也在此盆地群中。在这个盆地群12余万km^2的广阔面积内，为数众多的NE—NNE向断陷盆地复合在NE—NEE向古生代褶皱基底上，基底古构造和聚煤期古地貌的差异性影响着盆地的各项特征，因此可进一步分区或分带。例如已发现聚煤条件最好的霍林河、白彦花和胜利等盆地都排列在本盆地群最东南的条带，整体做NE向延伸，可以预期此带内部的乌套海盆地也具很大的储量。在盆地东北端吉林格勒地区已发现含煤性很好，煤层累积厚度可达数十米，按已掌握的规律，此类断陷盆地的富煤中心往往有多个，未施工的广大面积内还有很好的远景。

多伦盆地群 西拉木伦河断裂带为分隔巴音和硕盆地群和多伦盆地群的天然界限。这一断裂带被许多学者认为是古生代的板块对接带，但显然在中生代仍有强烈的活动，其南北两侧的盆地接近此断裂带均有转向现象，即盆地长轴由NNE向变为NEE向或近EW向。在三个盆地群中，这个盆地群的研究程度最低，由于部分沙漠地区施工困难，圈定出的盆地数目不如前两个盆地群准确，由钻孔圈定的和仅根据物探资料推断的盆地共20余个。这些盆地都复合在老的纬向构造带上，沿东西方向雁列成行。根据少数做了普查、详查的盆地，如黑城子牧场、赛汉塔拉、乌盟白彦花和白音呼都格等盆地的情况分析，这个盆地群的沉积和含煤性变化较大，富煤带面积较小，条件较好的盆地储量可达几亿吨至十余亿吨。总的聚煤量逊于前两个盆地群。

在煤质方面，以上三个盆地群的晚中生代煤基本都为褐煤，但灰分低，发热量较高。在伊敏河盆地20余km^2的范围内发现了中、高变质烟煤，储量以亿吨计，煤质分带呈环带状，煤质参数的垂向变化梯度急剧，表明深部存在着隐伏岩体，为今后在普遍为褐煤的地区中找更高变质程度的煤提供了启示。

综上所述，在内蒙古自治区大兴安岭以西地区的晚中生代断陷盆地中找煤具有十分好的远景，石油资源亦不可忽视，无疑应作为今后找寻能源矿产的战略区。为了更有效地进行煤田普查勘探工作，在东北和内蒙古地区解剖了几个典型盆地，并在广泛类比的基础上概括了断陷盆地的基本要素，从几何形态、构造格架、岩性和相的组成、盆地充填序列、相的空间配置、地层厚度分布、地层格架(或层序结构)，以及含煤性等方面，阐述了东北和内蒙古晚中生代断陷盆地的基本特征[3,4]，对这些基本要素的进一步研究将导致盆地模式的概括，这对新煤田的找寻和勘探都有重要的作用。为了确定从典型盆地分析所总结出的认识具有多大程度的普遍性，了解不同盆地各项特征的共同性和变化，特别是如何应用已掌握的规律指导新区工作，调查了一系列正在进行工作或过去只做过稀疏控制的盆地，如白彦花(锡盟)、胜利、五七军马场、巴音呼都格、乌套海、白彦花(乌盟)、赛汉高毕、赛汉塔拉、额和宝力格等盆地的情况，确定了一系列具有普遍性的特征，基于对这些特征的了解，对远景评价和普查工作的方法，特别是如何利用已经掌握的规律指导新区的工作提出下列建议。其出发点是更有效地使用普查勘探工作量，用较少的投资获取较大的经济效益。

(1)通过地质、物探工作了解和确定盆地三度空间的几何形态，包括圈定盆地的边界和了解盆地基底的大致深度。这是远景调查和找煤普查首先应当了解或搞清的基本问题，也是确定找煤新区的一个主要地质因素。盆地面积大小与深度对找煤和找油都是必不可少的参数。由于大兴安岭以西地区特有的区域地质条件，晚中生代盆地的宽度一般在30km以内(15km以内的更多)，长度一般在100km以内，基底深度在4000m以内，只有极个别代表超过上述界限。盆地过小或过浅则不利于成煤和成油，或表明含煤(油)岩系发育不好或聚煤盆地的大部分已被剥蚀。在确定盆地几何形态时,物探是最经济有效的手段,其中又以地震最为准确。特别是巴音和硕盆地群中所做的大量地震剖面相当好地反映了盆地的几何形态,对找煤是十分宝贵的参考,应充分利用这些资料,部署必要的侧重中、浅层位的地震工作。由于断陷盆地内外具显著的岩性差异和地形差异,盆地边缘具十分清晰的线性构造,航空、卫星图片判释在圈定盆地上亦能收到良好效果。

过去曾根据物探资料圈定了超出上述断陷盆地面积界限很多的"大"盆地,经进一步分析有两种情况,一是由亚盆地相连构成的复式断陷,迄今只发现了个别实例;二是含煤和含油岩系形成后发生区域性下沉,被盖式的晚白垩世和第三纪(古近纪+新近纪)地层覆盖了几个盆地。当没有细致研究并弄清地层层序时,有时会根据物探资料错误地把后者解释为一个盆地,这必将导致施工时分散和浪费工程量,不能取得应有效果。

(2)初步确定控制性盆缘断裂的位置。断陷盆地的各项特征参数决定于盆地的构造格架,而控制性盆缘断裂又是其中最主要的成分。对于地堑盆地来说,控制性盆缘断裂出现于双侧,半地堑盆地则仅出现于一侧。由于在许多盆地中存在着同沉积与后沉积断裂相互交织的情况,就有必要正确的区分,只有识别了控制性同沉积断裂才能进一步推断盆地中的相带展布。在有露头或钻孔揭露的情况下,盆缘内侧发现扇带者通常有同沉积盆缘断裂存在。在有高质量的地震时间剖面时,可运用地震地层学的方法,识别扇带的存在和控制性断裂的位置。由于扇带主要由巨厚的、快速堆积的粗碎屑沉积组成,故显示了一定的地震相反射特征,在时间剖面上可以看到反射的连续性很差,出现杂乱反射,甚至无反射,反射单元的外部几何形态为楔形,并向盆内尖灭。此外还可以根据盆地基底的总体倾伏方向加以判断,控制性盆缘断裂通常都在基底深的一侧发育。

(3)确定断陷盆地的充填序列。在发现了东北和内蒙古地区晚中生代断陷盆地充填序列的相似性之后,笔者曾用构造演化的同步性和渐步性来进行解释[3]。对许多断陷盆地的充填序列进行对比之后,可将东北和内蒙古地区晚中生代断陷盆地充填序列概括为下列模式(图 1),序列的每个岩性组合段反映构造运动的状态,整个序列则反映了应力场由张扭体制向压扭体制转化的过程。充填序列发育或保存的完整性对找煤或找油都具重要意义,发育完整的充填序列通常厚 1000 余米至 3000m 左右。已经查明绝大多数盆地中的主要含煤段(Ⅳ)都在湖相段之上,其中含有最厚的、分布最广泛的煤层。如伊敏盆地的伊敏组,霍林河盆地的下含煤段等。值得注意的是盆地充填早期(序列中的Ⅱ)亦在很多盆地中形成了含煤的地层段。这个含煤层位较早发现于阜新盆地的沙海组,扎赉诺尔和伊敏河盆地的大磨拐组。近年来在额和宝力格盆地也发现有类似的含煤段存在,进一步证实了其发育具有一定的普遍性。由于这个层位通常埋藏较深,而有煤层发育的面积有限,部位上又偏于盆地边缘,故容易被忽略,建议在远景调查时至少应对规模较大的盆地采用千米或 1500m 钻机施工少量深孔,以求完整地了解盆地的充填序列,以防漏掉有工业价值的煤层,使远景区划更加扎实可靠,并为之后的普查勘探工作打下良好的基础。

断陷盆地中生油的层位发育在主要含煤段之下的厚的湖相泥岩段(Ⅱ和Ⅲ),储油层位通常为泥岩段同层位的滨湖带砂体,或泥岩段之上的砂体。在特定的构造条件下,石油亦可储集在下伏火山岩的裂隙中。从上述情况可见模式化的充填序列从一个侧面反映了煤、油在同一盆地中的时、空关系。

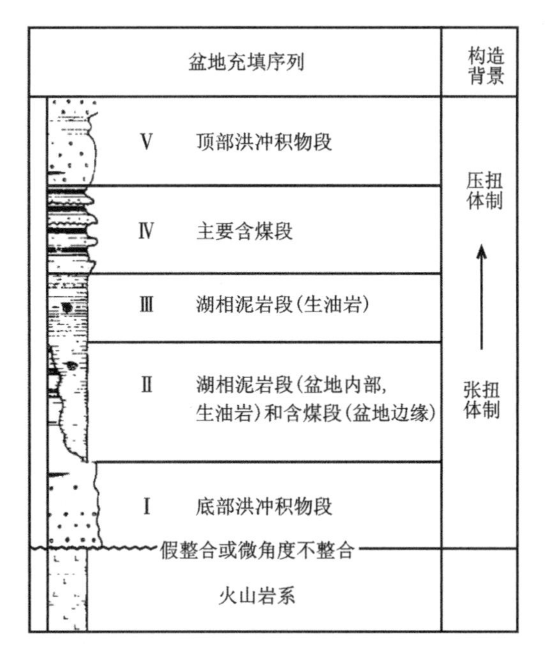

图1　东北及内蒙古地区晚中生代断陷盆地充填序列模式图

一些后期压扭作用较弱，封闭较晚的盆地可出现湖相段与含煤段的重复交替，如霍林河和白彦花(锡盟)盆地。远景调查时，由于钻孔较浅、较少，对比相对粗略，这时判断钻孔穿过的层位相当于典型充填序列的哪一个段落是非常有益的，这将有助于追索找煤和找油的目的层。

(4)通过横贯盆地的1～2条总景勘探线了解岩相的概略分带。特别注意确定盆缘扇带的位置和宽度，扇带的主体部分为无煤带，而扇前地区为聚煤最有利的地带。内陆断陷盆地有相变复杂的一面，但其明显的分带性又较容易被掌握。因此与其在盆地中分散打一些钻孔，不如打1～2条横贯盆地的长线。典型盆地分析还表明，沿走向岩性、相和含煤层情况有很大变化，因此对一些远景很大，主含煤段又埋藏较浅的盆地可考虑打十字线，即通过横剖面确定岩相和含煤性的概略分带之后，选择最有利的相带延走向追索。

由于大多数断陷盆地只有10～20km宽，且相带和煤体形态分带的变化明显，故总景线的孔距一般不宜过大(走向总景线孔距可以加大)。

(5)初步分析煤体的形态分带性和富煤带展布方向。在断陷盆地中，确定煤体的分带性主要根据分叉、合并特征，如划分为合并煤层带、密集煤层带、缓慢分叉带、强烈分叉和尖灭带等。上述每一个带都与一定的岩相组合带相吻合，在施工剖面时可以初步划分煤体的形态分带。通常每种带的煤岩特征亦有区别，如强烈分叉带往往有较高的灰分，较高的异地、微异地煤的比例。远景评价时钻孔少，难以精确划定分带界限，但对比已有模式，确定钻孔所见煤层的特征可能属于哪一个带，对评价和追索都有帮助，如确定打在分叉尖灭带，则不能因煤层薄而对盆地的含煤性做出悲观的评价，而应向远离控制性盆缘断裂方向追索可能存在的厚煤层。

对于富煤带的精确圈定更需大量数据，这在远景评价时难以做到，但对钻孔较多(如见主要含煤段的钻孔分布较均匀，数目多于20个的)或接近普查或达到普查阶段以上的地区就应及时编制煤厚图，以显示富煤带的展布方向，指导下一步的勘探工程布置。乌盟白彦花盆地东部施工稀疏钻孔后绘出了煤层等厚线，所显示的煤厚分布趋势显然将对施工的西区有指导性(图2)。

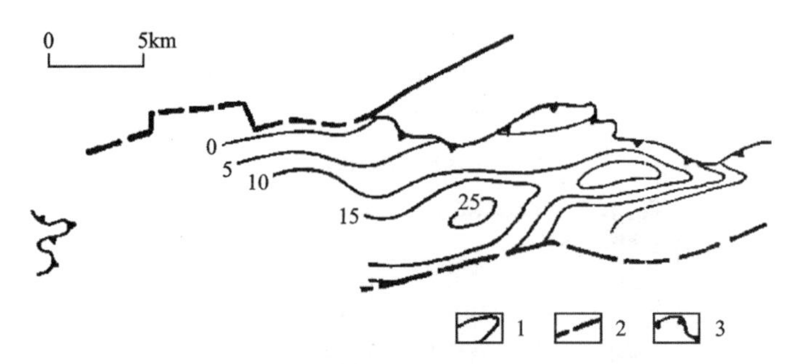

1.煤厚等值线/m;2.断裂;3.侵蚀边界。

图2　乌盟白彦花盆地白彦花群煤层厚度图

(6)与已知断陷盆地的沉积模式进行类比,推断有利的聚煤部位并进行远景评价。盆地的沉积模式在概念上不同于通常所说的相模式,前者的含义更为广泛,它综合考虑了盆地的几何形态,岩性和相的组成,特别是相的空间配置特征。它所解决的问题不仅要阐明煤聚积和各种相的关系,而且要从盆地的整体沉积特征来研究聚煤作用,从而有可能预测盆地中聚煤最有利的部位。在东北和内蒙古的断陷盆地中,以含煤段聚积阶段的整体环境配置为准,已经发现了四种沉积模式[①]:①深水湖盆边缘带;②扇前浅水湖盆;③扇间或扇前冲积平原;④山间谷地。

上述四种沉积模式是断陷盆地聚煤阶段整体古地理环境的概括,它们形成于不同的构造背景,其含煤性有显著差异,故其沉积模式一经确定即可提供一种概略的评价方法。在远景评价阶段,由较少量工程取得的资料经总结并与已有模式进行类比之后,如果与某种模式基本吻合,就可借鉴该模式的各项特征和参数进行预测和概略评价。例如深水湖盆边缘带只发现于盆地演化的早期,由于盆地中心区域发育有深水湖,故聚煤地区只可能发生在其周围的滨、浅湖带,扇三角洲前缘可能是聚煤最好的部位,此种类型的总结原根据阜新盆地的沙海组,伊敏河盆地的大磨拐组,近来在其他盆地深部陆续发现,此种类型也可形成几亿吨储量。扇前浅水湖盆形成于比较稳定的构造背景,扇带窄,大面积的浅湖沼泽化成煤,因而煤层较稳定,分布面积广。如伊敏河盆地的伊敏组和霍林河盆地的下含煤段,此种类型在海拉尔盆地群和巴音和硕盆地群分布最为普遍,已发现百亿吨级的盆地都与此类型有关。扇间或扇前冲积平原形成于差异断块运动比较强烈的构造背景,具有发育的扇带和河流体系,煤层变化大,聚煤面积较前一类型小,但在较好的情况下也能形成几亿至十几亿吨的煤盆地。此种类型的典型总结根据辽宁阜新盆地海州组,内蒙古的多伦盆地群可能较多地出现此种类型。山间谷地型由于有复杂的不平坦的古地貌条件,在四种模式中经济价值最低。当然,一个盆地的评价概念除须考虑沉积因素外,还必须考虑盆地大小,古构造和后期改造状况等许多其他因素。

(7)细致地观察、研究剖面的垂直层序。在钻孔数目很少的远景评价阶段,重建整个盆地比较完整的古地理面貌几乎是不可能的,但是详细研究垂直剖面上相的组合和交替情况却可以判断它在沉积体系中所处的部位。例如剖面中出现大量的扇远端漫流砂体与许多薄煤互层,则意味着处于近扇地带,若向盆缘方向打钻则会遇到无煤带,向盆地中心方向在短距离内就有可能出现厚煤层。反之如找寻深水湖盆边缘带的煤时,若发现湖相泥岩比例很大,只有少数薄煤层时,则需向盆缘砂岩比例增多的方向追索。为了最充分地利用少量钻孔所获取的资料,要求第

① 这些模式的细节另有专文论述。

一线地质人员有较高的沉积学素养，细致严格地进行岩芯地质编录。此外，高质量的测井曲线能够比较客观地反映垂向上的岩性变化，在解释沉积环境时是一种重要的辅助手段，在取芯率和描述质量较低的情况下更需要借助于测井曲线，国内外对各种成因类型砂岩曲线的标形特征已有许多报道，建议在生产中普及有关知识。

(8)分析盆地内部的同生构造分布。煤层发育特征是古地理与古构造因素共同决定的，因此只有全面研究这两个因素才能有效地预测。例如扇前浅水湖盆的沉积环境较为稳定，这时决定煤层厚度的首要因素就是构造沉降。地层厚度分析仍然是恢复沉降幅度的常用方法，在使用时要注意差异压实的影响。当初步了解了地层厚度与煤厚的相关关系时，反过来可以帮助我们推断整个盆地的含煤情况。例如，在浅水湖盆型盆地的内部，煤层累计厚度常与地层厚度呈正相关，而较单一的厚煤层(合并带)却常发育于相对隆起的部位。由于断陷盆地的基底是由一系列小断块构成的，这必然加剧了差异沉降，因此含煤性分区界限常与基底断块的界限相吻合，在有地面物探特别是有地震资料的情况下，盆地基底的分割和不同断块所显示的差异沉降情况有可能在早期被我们所了解。

(9)加强煤质工作，了解古地热特征。除对每个钻孔的煤样进行常规的分析外，最好选择个别深孔进行镜质体反射率测定，初步了解古地热特征，这对含油远景预测是一个关键性的评价参数，在煤、油可能共存的情况下，如果探煤孔注意找油所需参数，探油孔注意煤层煤质情况，则能为国家节约大量的资金。镜质体反射率是反映古地温的最佳指标，已经确定石油成熟的界限(门线)为 $R_m=0.5$(图 3)，这个数值在盆地中出现的深度对预测含油远景很重要，如果这个界限之下还有较厚的暗色湖相泥岩则生油的条件较好。

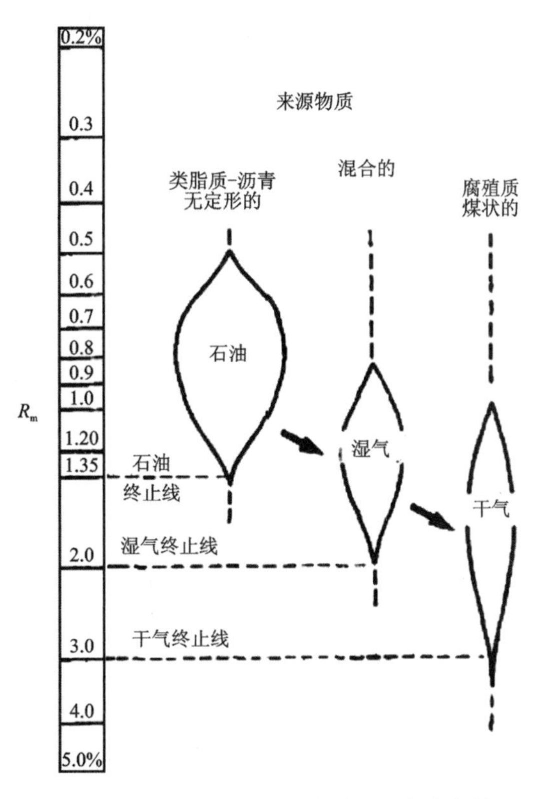

图 3　油气形成和破坏的镜质组反射率参数

(10)研究盆地后期改造特征，包括构造形变和遭受的剥蚀。在内蒙古晚中生代断陷盆地中，多数盆地的后期改造并不强烈，现今保存的盆地面积与原来的聚煤盆地相近。但也发现一些盆地经构造变动和后期抬升，含煤段大面积被剥蚀掉，含煤岩系保存于一些负向构造如残余的向斜和下沉的断块当中，其赋存面积仅及全盆地面积的几分之一或几十分之一，如元宝山和巴音呼都格盆地，如果没有进行后期改造特征的研究，不少钻孔将打在主含煤段之下的地层中。

以上建议的提出不仅根据典型盆地的解剖，而且还分析了地质、煤炭、石油三个系统所提供的宝贵(几十个盆地)地面资料，但毕竟大量的盆地还没有充分地被揭露。

参考文献

[1]武汉地质学院煤田教研室，煤炭部煤田地质勘探研究所地质室. 中国东部主要含煤建造与构造体系的关系，国际交流地质学术论文集(一)[M]. 北京:地质出版社，1978.

[2]武汉地质学院煤田教研室. 煤田地质学下册[M]. 北京:地质出版社，1981.

[3]李思田，李宝芳，杨士恭，等. 中国东北部晚中生代断陷煤盆地的沉积作用和构造演化[J]. 地球科学——武汉地质学院学报，1982,18(3)：275-294.

[4]李思田，黄家福，杨士恭，等. 霍林河煤盆地晚中生代沉积构造史和聚煤特征[J]. 地质学报，1982，56(3)：244-255.

[5]王鸿祯. 中国地壳构造发展的主要阶段[J]. 地球科学——武汉地质学院学报，1982,18(3):155-178.

[6]马杏垣，刘和甫，王维襄，等. 中国东部中、新生代裂陷作用和伸展构造[J]. 地质学报，1983(1)：22-32.

阜新盆地晚中生代沙海组浊流沉积和相的空间关系*

摘　要　在阜新盆地沙海组(J_3-K_1^1)中发现了浊流沉积。根据递变砂的厚度、粒度和砂页岩比，可将浊积岩分为两种类型：薄层浊积岩和具有厚层递变砂的浊积岩，它们分别形成于远端和近端部位或者形成于不同的沉积事件。由于此盆地中的浊积岩以薄层浊积岩占优势，E段在其层序中占很大比例，因此有必要将E段进一步划分为3个亚段，由底部至顶部分别为E_1.递变粉砂岩；E_2.粉砂岩和泥岩，常含砂岩球；E_3.泥岩夹生物扰动层。空间分布上波流与滑塌、水下泥石流和扇三角洲沉积共生。在阜新盆地的浊积岩中已发现了油砂，这对中国东北部同期的许多断陷盆地中的找油工作是有启示的。

我国中新生代盆地中有浊流沉积的地区很多，大多是在油气勘探中揭露和研究的，并已证实其与石油的形成和储集有密切的关系，如华北和下辽河等地[1-3]。在煤田地质工作中由于主要研究对象为非形成于深水环境的沉积，从而对浊流沉积较少注意。笔者近年来在阜新等盆地从事盆地分析和聚煤规律研究中识别了一套深水湖盆浊积岩，并追索、研究了其与邻近相的共生关系。从地质条件类比和已获实际线索判断，我国东北和内蒙古晚侏罗世—早白垩世断陷盆地中多具备浊流沉积的形成条件，因此本文探讨的问题或许具有典型性。

1　地质背景

辽宁省阜新盆地为一断陷型盆地，其长度约80km、宽11～22km，总体呈NNE向。作为盆地基底的晚侏罗世火山岩系埋藏深度可达3000余米。盆地两侧盆缘断裂的平面形态为锯齿状，其产状倾向于盆地内部，已经证实它们是对沉积充填起控制作用的同生断裂[4]。盆缘断裂的外侧为晚中生代的古剥蚀区，出露元古宙和太古宙的沉积、变质岩系以及中生代火山岩和侵入体。盆地内部充填了巨厚的含煤碎屑岩系，下部为沙海组，厚度为1000～1500m；上部为海州组(或称阜新组)，厚度为400～900m。沙海组和海州组所含的植物化石组合面貌相似，属于*Acanthopteris gothani-Nilssonia sinensis*植物群，其时代为晚侏罗世—早白垩世。上述两个组中都含有重要煤层。近年来由于勘探重点转向深部，故施工了大量穿过沙海组的深孔，完整地揭露了沉积充填序列(图1)。煤炭部一〇七地质队将沙海组划分为4个岩性段，自下而上依次编号。下部的沙一段和沙二段是以冲积砾岩为主的粗碎屑沉积；沙三段是含煤碎屑岩段；沙四段则是以湖相泥岩为主的细碎屑沉积，该段厚度为400～700m，浊流沉积出现于沙四段的中上部。

对于沙海组第四段多年来未进行过细致的沉积学研究，现在由于有数以百计的钻孔穿过这个地层段，使笔者有条件进行系统观察，从而识别了一套深湖浊流沉积及与之有密切共生关系的滑塌沉积、水下泥石流和扇三角洲沉积。目前对上述沉积组合揭露最充分的地区是东梁和艾

* 论文发表在《地质学报》，1985，1，作者为李思田、夏文臣、杨士恭、黄家福、吴冲龙。

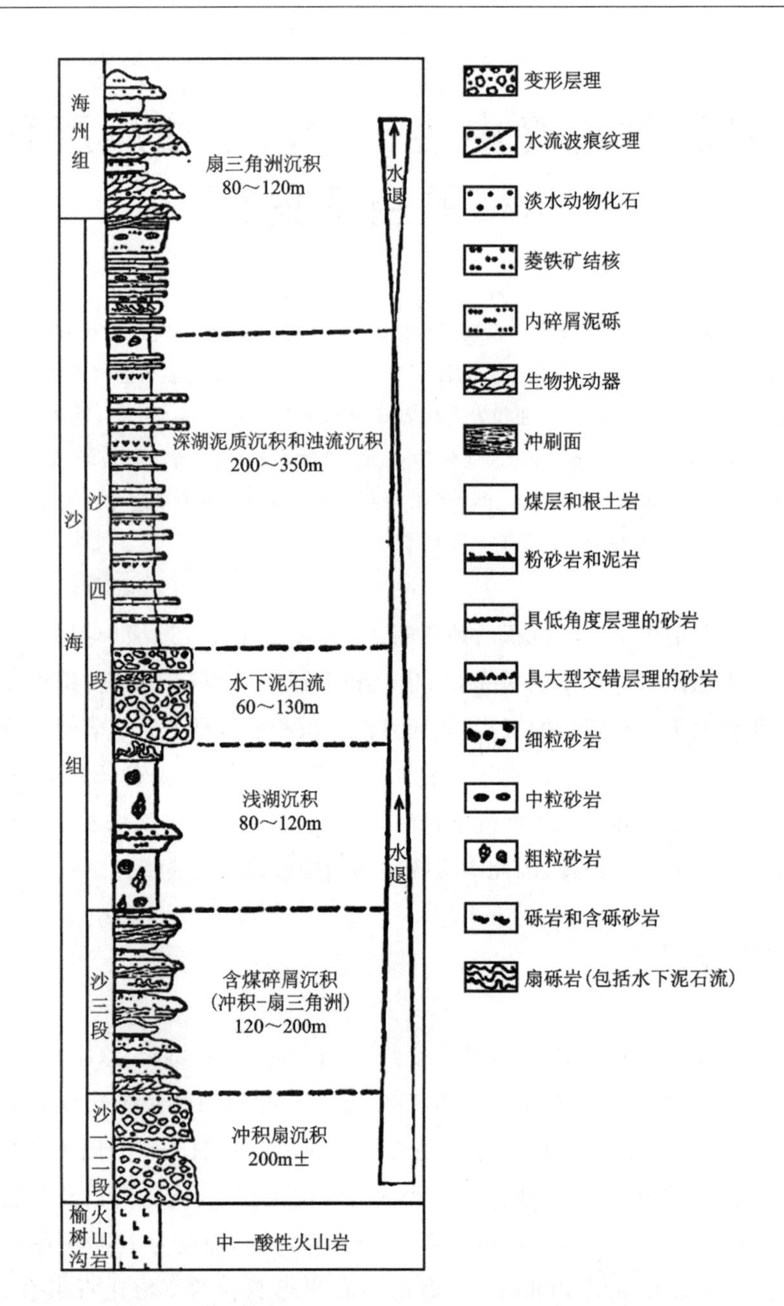

图1　阜新盆地沙海组—海州组底部沉积序列

友矿区(图2);盆地北部阜新县城附近的深孔中亦发现浊流沉积,前人命名的“县城互层”实际上是因浊流层系中砂岩、泥岩频繁互层的情况而得名的。在盆地北部的沙海村附近亦追索到浊积岩的露头。

2　沙海组深湖浊积岩的沉积特征

发育于沙海组第四段中上部的浊流沉积具复理石结构,即由薄的砂岩、粉砂岩和泥岩的频繁互层组成,其总的粒度较细。每个层序的厚度为0.2m至1.5m不等。图3为代表性的钻孔柱状图选段,反映了沙海组浊积岩剖面结构的典型面貌。剖面中所夹的副砾岩一般为水下泥石流沉积。

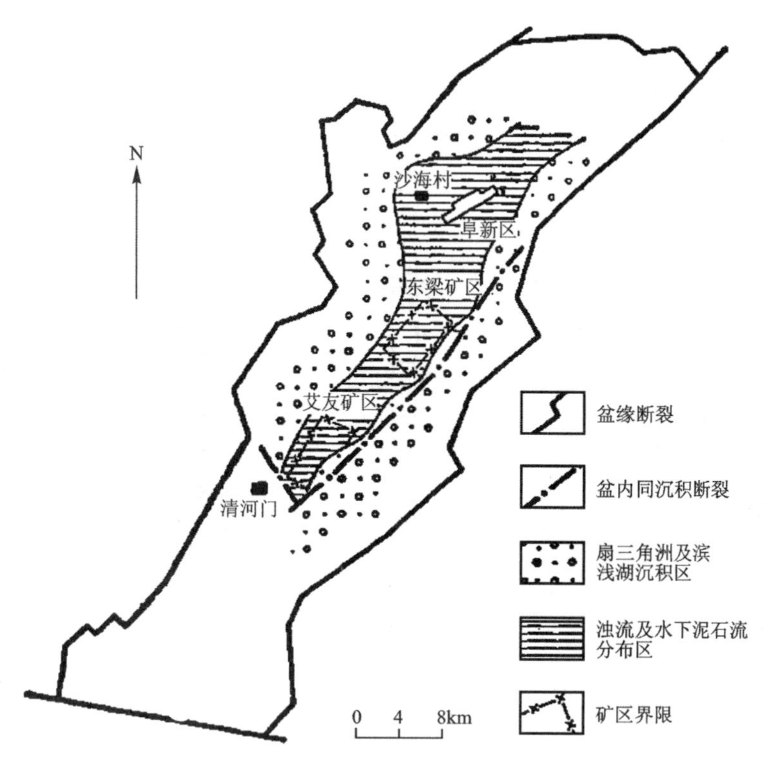

图 2　阜新盆地沙海组四段第三亚段沉积相分布略图

根据进一步区分浊流类型的三项标志：①递变砂岩的厚度；②递变砂（包括砾）的粒度；③层序中的砂页岩比[5,6]可将本区的浊流沉积分为两个主要类型：第一种类型为薄层浊积岩，其特征为递变砂岩厚度薄（一般几厘米至十几厘米）、粒度细（大部分是细砂级，部分中砂级）和砂页岩比的比值低（图版Ⅰ-1、2、3）。第二种类型以有较厚（数十厘米或超过一米）的递变砂岩为特征，粒度较粗（中、粗粒砂岩为主，常含砾），层序中砂页岩比的比值高（图版Ⅰ-10），相当于 Walker 的"近浊积岩"[6]，但还可能有其他成因。

阜新盆地沙海组浊流层序的内部结构可与 Bouma 建立的模式相对比。自 1962 年 Bouma 层序提出以来，许多学者通过大量文献描述了世界各地不同时代的浊积岩，并与 Bouma 层序进行了类比，补充了各种变化。Walker 等对其形成的水动力条件进行了解释和实验研究[7]，近年来有的学者对浊流层序做了更细的划分，如 Stow，将细粒浊积岩的层序划分为 9 个亚段（subdivision），编号为 $T_0 \sim T_8$，合计可与 Bouma 层序的 CDE 段（division）相当。值得注意的是，Stow 对深水泥岩段做了进一步的划分，如区分出了递变泥和非递变泥等亚段。和大多数地区的成果一样，沙海组的浊流沉积层序可与 Bouma 序列对比，图版Ⅰ-1 为 ABCDE 五段发育俱全的一个实例，但此种情况在剖面中少见（<15%），更多的层序是不完整的。鉴于本区以薄层浊积岩为主，泥岩粉砂岩段在层序中占有高的比例，故有必要将 E 段进一步划分为 3 个亚段，即 E_1 递变泥、E_2 非递变泥（常含砂岩球）、E_3 含生物扰动层的泥岩。图 4 为综合大量实际资料概括的模式图。

很多情况下由于缺失一个或几个段，会构成不完整的层序，如 BCDE 型（图版Ⅰ-2），CDE 型（图版Ⅰ-3），后者颇为多见。更细的部分则有 DE 型（图版Ⅰ-6 下部）。Bouma 在其一系列著作中对形成不完整层序的原因提出了解释，并在沉积学百科全书中做了进一步的阐述，他对上述依次自底部更多地缺失层段的现象用扇状（或舌状）的浊积体的不同部位来解释，即从近端向远

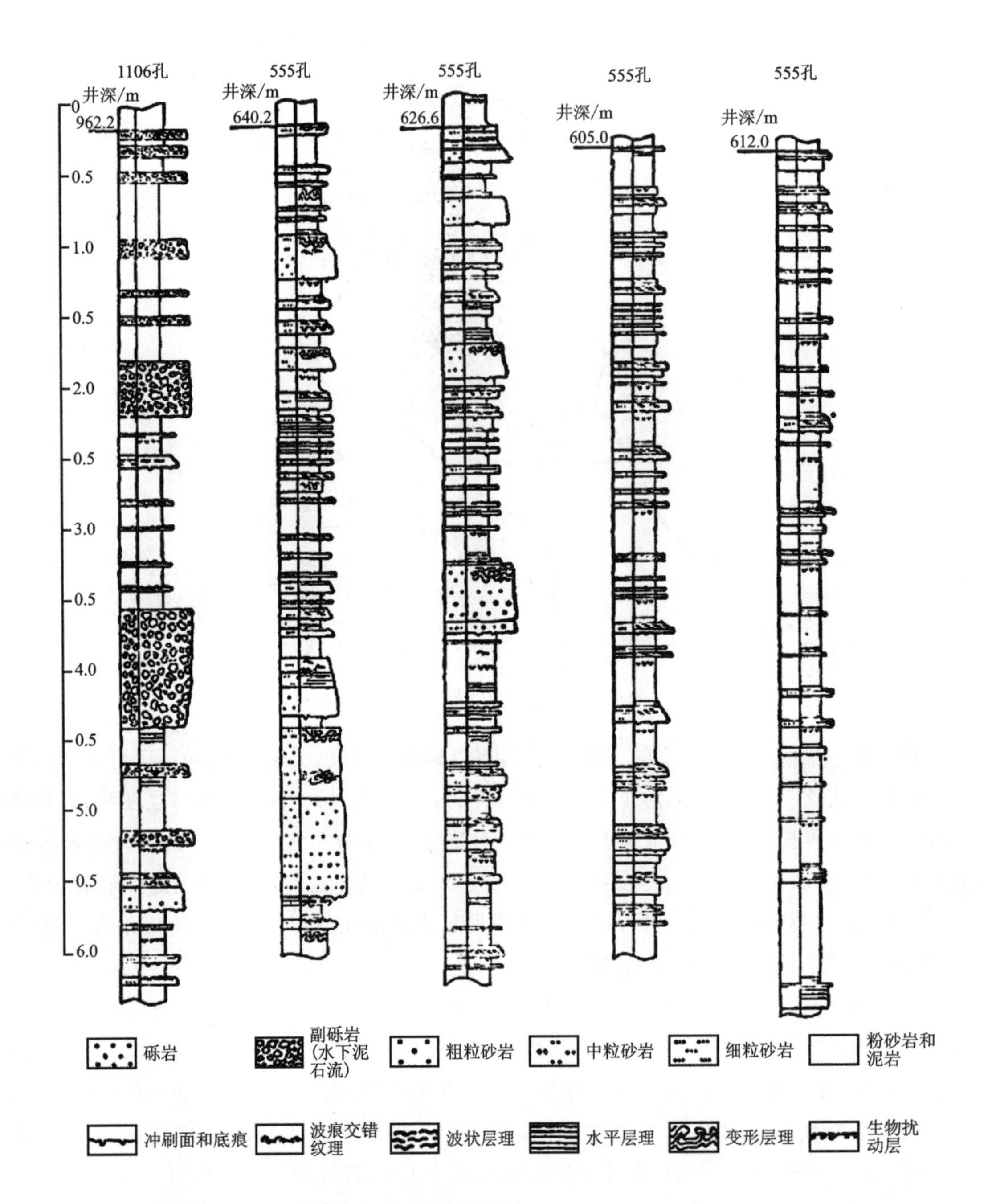

图 3 浊流和水下泥石流沉积的典型剖面结构(柱状图左侧表示岩性,右侧表示成因标志)

端浊流的流速逐渐减弱,由上部流态向下部流态过渡,在上部流态的情况下可以形成包括递变砂在内的完整层序;在远端则缺失递变砂或更多的层段。

上述解释还难以回答层序间缺段而又不存在小间断和冲刷的情况。如本区的不完整浊积层序还有 ACDE、ABCE、ABDE 等类型,这表明还有其他因素影响层序的内部组成,如被随后的沉积作用所改造等。Bouma 和 Walker 还曾指出,由于有的段极薄,加之风化和胶结过程等因素的影响使之变得难以识别。层序顶部段的缺失常由再次的浊流侵蚀作用所致。

以下简述本区浊流沉积层序中各段的沉积标志(自下而上)。

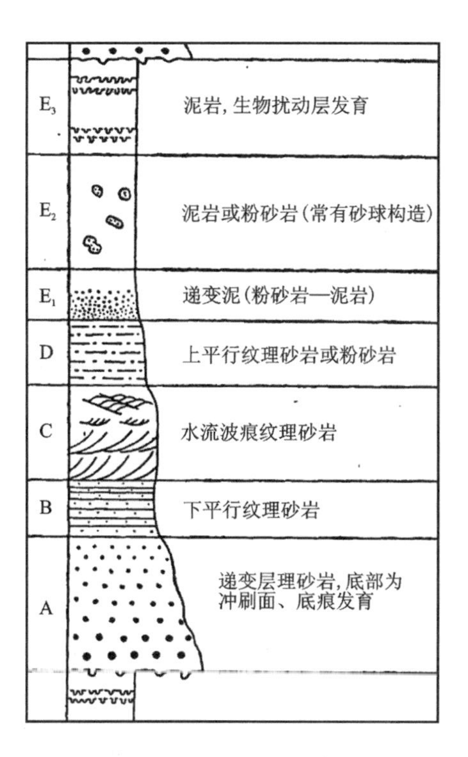

图4　沙海组浊流沉积层序模式图

A. 递变或块状段。

由细到粗粒砂岩组成，有时含砾，颗粒分选性和磨圆度差，大多数情况下可以看到粒度的递变，自底部向上逐渐变细(图版Ⅰ-5、图版Ⅰ-10)，少数情况下为块状。本段与下伏的泥质沉积普遍为突变接触，常可见明显的冲刷痕迹。冲刷作用的强度与砂岩的粒度和厚度成正比，即与浊流的能量有关。A段的底面存在着各种各样的底痕，包括冲刷痕和压刻痕等，这些底痕是很好的指向构造，在地面露头容易被找到。图版Ⅱ-12、图版Ⅱ-13为采自沙海村河岸剖面的戳痕模和沟模。在沙海村对浊积岩指向构造的测量结果表明古流方向为NW-SE向，而在海州公园壕沟测量结果为SE-NW向，分别垂直于盆地两侧；另一组方向则为NNE-SSW向，与盆地轴向一致。负载构造和火焰构造亦常见于本段底面。A段的厚度通常在几厘米至几十厘米之间，极少超过一米。

B. 下平行纹理段。

通常为砂岩，显示平行纹理，但一般纹层不很明显，段的厚度也很薄(在薄层浊积岩中仅1～3cm)，下部与A段呈过渡关系。在层序中缺少A段而B段直接与前一层序的泥岩接触时，本段的底面上亦可找到各种各样的底痕。

C. 水流波痕纹理段。

由细—中粒砂岩组成，有时为粗粉砂岩。有各种各样的水流波痕纹理，如交错纹理、攀升纹理和波状纹理等(图版Ⅰ-1、图版Ⅰ-3)。本段厚度由数厘米至数十厘米不等，与B段为接触界线明显。当A、B段缺失，C段直接位于层序底部时，底面仍为冲刷面。

D. 上平行纹理段。

本区的D段多为粉砂岩，平行纹层发育，并且是水平的。段的厚度一般由数厘米至十余厘米，与其上下层段之间均为过渡关系。有的学者根据一些地区的情况曾怀疑D段的存在，但在阜新地区的浊流层序中 D 段经常可以被区分出来，D 段的厚度或层理的清晰程度都超过 B 段（图版Ⅰ-1、图版Ⅰ-2、图版Ⅰ-3）。

E. 暗色泥岩、粉砂岩段。

本区的 E 段通常较厚，有数十厘米至一米以上。在薄层浊积岩层序中其厚度常超过 ABCD 四段的总和。Walker 在研究海相浊积岩时曾指出 E 段的大部分物质是浊流带来的，但其最上部含深海、半深海底栖有孔虫化石的部分为正常深海泥，即是在两次浊流事件之间沉积的[7]，但 E 段的上述两个组成部分的界限常难以区分。笔者对阜新盆地 E 段的观察亦发现类似情况，并试图找到一些指示标志。经过工作发现在多数情况下可将 E 段分为 3 个亚段。

E_1. 递变粉砂岩、泥岩亚段。

本亚段出现在 E 段最底部，以粉砂岩为主，厚度通常在 5cm 以内，尽管粒度很细，仍可清楚地显示粒度的递变，由下向上变细，颜色也由浅变深，亚段顶部无明显界限（图版Ⅰ-3、图版Ⅰ-6）

E_2. 非递变泥岩、粉砂岩（常含砂岩球）。

本亚段不显层理，亦无粒度递变现象，厚数十厘米至一米以上。其特征是常含砂岩球（亦称砂球或假结核），通常直径在 2cm 以下（图版Ⅰ-3），仅个别情况下砂岩球较大（图版Ⅰ-4）。有时可以看到砂岩球成层或定向排列（图版Ⅰ-7），这种现象似乎排除了砂岩球来源于上覆砂岩层，即由重力负载构造发展而成的可能，因为砂岩球的定向排列显示其形成时 E_2 还处于流动状态。

E_3. 生物扰动层发育的泥岩。

本亚段泥岩中可见一层或多层生物扰动层，此层由细小而密集的潜穴组成（图版Ⅱ-11），潜穴常以较小的角度斜交层面或与层面平行。层的上部潜穴密集，向下逐渐变稀，据此特征可以帮助确定上下层面。这种类型的生物扰动层在本区极少见于浅水沉积中，在浊流层序中则很发育。孙顺才等在对我国第二深水湖泊抚仙湖的研究中亦发现了生物扰动层的存在[8]，他们在浊流沉积中发现有硅藻、介形虫、水蚯蚓（*Oligochaete*）和摇蚊幼虫（*Chironomid*）等，并指出后者可以在湖泥中形成蠕动和虫孔。

根据上述 E_1、E_2、E_3 的沉积标志可以初步判断，E_1、E_2 为浊流泥，E_3 中有生物扰动层出现，标志着浊流停止后水体相对平静阶段的正常深湖沉积。

3 浊积相与相邻相的关系

研究相的空间关系可以从整体上帮助研究人员分析断陷湖盆中浊流沉积的形成条件，这就需要垂向沉积序列和相的横向变化。

关于我国东北和内蒙古地区晚中生代断陷盆地的盆地充填序列（最高级别的垂向沉积序列）笔者曾进行过论述[4,9]，综合许多断陷盆地的资料，其充填序列自下而上可概括为：Ⅰ. 底部洪-冲积物；Ⅱ. 下部含煤段（盆地边缘带）和湖相泥岩段（盆地中央）；Ⅲ. 湖相泥岩段；Ⅳ. 主要含煤段；Ⅴ. 顶部洪-冲积物段。其中Ⅱ和Ⅲ段中的黑色湖相泥岩为可能的生油层。在大兴安岭以西的晚中生代断陷盆地中湖相泥岩段和含煤段可以重复出现，本文所论述的沙海组地层只包括了充填序列的Ⅰ、Ⅱ和Ⅲ段，其层序见图 1。

阜新地区原来勘探工作中命名的沙四湖相泥岩段是根据占优势的岩性命名的，经过研究可进一步划分为 4 个亚段（图 1），自下而上为：①浅水湖泊沉积亚段，以黑色泥岩为主，厚 80～

120m，湖相泥岩中含大量双壳纲、腹足纲及介形虫纲化石，局部夹有薄煤层和煤线，本段在有的地区还夹有扇三角洲沉积；②水下泥石流沉积亚段，以杂基支撑的砾岩为主，夹有砂岩，分选差，含有搬运来的浅水动物化石碎屑，厚度为 60～130m；③深湖沉积亚段，主要为浊流沉积和深湖黑色泥岩沉积，化石稀少，有时可见到鱼鳞和鱼骨碎片。浊流中夹有较薄的水下泥石流和滑塌沉积层。本亚段厚度为 200～350m；④浅湖-扇三角洲沉积亚段，本段底部为浅湖泥岩、粉砂岩沉积，其上出现一个总体向上变粗的扇三角洲沉积序列。这个序列的顶积层部分（分流河道砂体、越岸沉积物和煤层）在本区习惯的地层划分上被归入海州组。

从以上垂向沉积序列可以看到沙四段沉积期间湖盆由浅变深，直到出现深湖浊流沉积，随后又变浅，过渡为浅湖和扇三角洲沉积。

在横向上深湖浊积可以和扇三角洲前缘沉积或水下泥石流沉积过渡。图 5 为横过东梁矿区的一个沉积断面，它显示了沙四段沉积相的横向关系，浊流沉积主要在沙四段中部发育，向南东方向，即是向盆地东侧盆缘断裂和剥蚀区方向过渡为扇三角洲或厚的水下泥石流沉积。

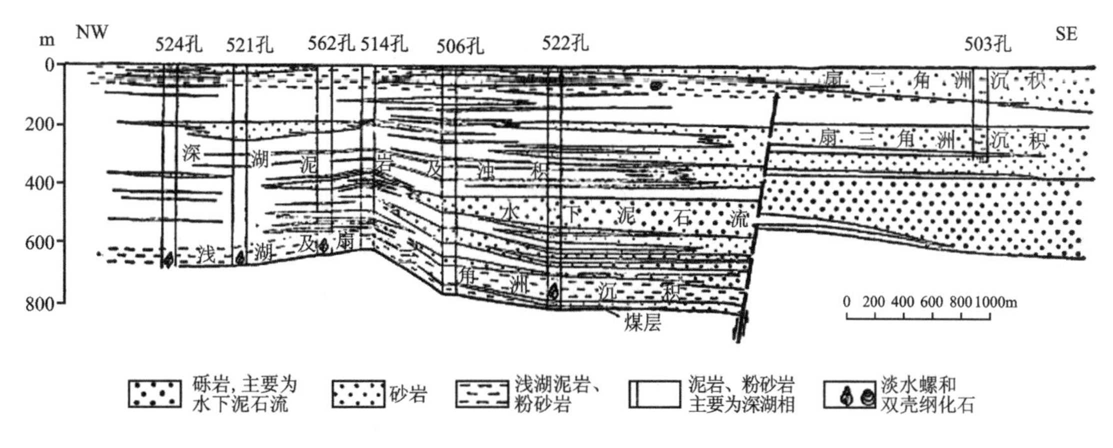

图 5　东梁矿区沙海组四段横向沉积断面图

从垂向与横向上相的相互关系来看，深湖浊流沉积与水下泥石流、滑塌沉积和扇三角洲沉积有密切的共生关系。

3.1　关于水下泥石流和滑塌沉积

研究区内水下泥石流十分发育，普遍为杂基支撑的砾岩、副砾岩或含砾砂岩，分选磨圆极差（图版Ⅱ-15），常含有大量棱角状的内碎屑泥砾（图版Ⅱ-16）。砾岩层夹在湖相泥岩之间，表明其为水下沉积物。本文没有采用“水下扇”这一术语，因为没有证实水下泥石流沉积向盆缘方向是过渡到扇的陆面部分还是过渡为水下河道，故难以区别其属于“扇的水下部分”还是“水下扇”这两个不同的范畴。水下泥石流常与滑塌沉积层共生，后者变形层理发育，沉积物被揉皱成各种复杂的形态（图版Ⅱ-14），可使层面直立或倒转，此外存在许多小型的同生断裂。上述“软变形”的沉积物中含有内碎屑角砾。一些学者在研究水下重力流沉积时，将滑塌沉积、水下泥石流和浊流作为有密切联系的成因系列。Walker 建立的深海扇模式[6]，阐明了各种类型的水下重力流沉积的相互关系。看来这种成因联系不仅存在于海相浊流沉积，亦存在于深湖浊流沉积。

3.2 关于扇三角洲沉积

扇三角洲这一术语的使用曾存在争论，目前已被国际沉积学工作者大量使用。扇三角洲发育于湖滨或海滨，无论其朵状的空间形态，或总体向上变粗、具有底积、前积和顶积的垂向层序都与三角洲有相似之处。扇三角洲不同于一般河流三角洲之处在于向盆缘方向直接过渡为扇的粗碎屑沉积物，而不是河流沉积。扇三角洲沉积体本身亦经常出现分选、磨圆不好，具重力流性质的粗碎屑夹层。变形层理和滑塌构造十分发育。断陷盆地中扇三角洲普遍发育，并皆位于控制性盆缘断裂内侧。扇三角洲地区突发性洪水事件多和古坡度陡的特点，都有利于在其前面形成浊流沉积。

4 古构造、古地理背景分析和相似盆地类比

在聚煤盆地中通常极少见浊流沉积。但深的、快速沉降的断陷煤盆地却为浊流的形成提供了有利条件。中生代我国东部的应力场以左旋压扭占主导地位，但从晚侏罗世开始发生了应力场的转化，我国东北和内蒙古广大地区发生了大规模的裂陷作用，这种作用是在大面积隆起的背景下，由于引张或张扭作用发生的。裂陷作用的早期表现为大规模的岩浆喷发；随后则在热脆化的基底上形成了断陷盆地群，阜新盆地就是其中的一个典型代表。盆地演化过程中经历着构造体制的转化，早中期处于张扭体制，后期为压扭体制，两种体制的转化界限大致在沙海组与海州组之间。对发育于不同演化阶段的同生构造组合的研究也证实了这个论断。从盆地的充填序列上可以看出，自沙海组底部至上部显示了水体逐渐变深的趋势(直到沙海组顶部的扇三角洲沉积出现，才表明水体再次变浅)，这是由于在张扭构造体制下出现区域总体下沉的背景，这种情况下周围水系搬运能力弱，碎屑供应减少，盆地基底的持续下沉造成了欠补偿条件，从而形成深水湖盆。由于湖大水深，盆缘的冲积扇直接进入水体形成扇三角洲，在其前面正是形成浊流的有利部位。这种在断陷湖盆的三角洲或扇三角洲前的湖底形成浊流的情况，国外亦多有报道，如 Link 等对美国加利福尼亚州 Ridge 盆地上新世湖泊沉积的研究[10]。

湖盆中浊流沉积还可能形成于水下的滑塌和泥石流过程，这种情况需要有陡的湖底坡度。根据物探和钻探资料查明东侧盆缘断裂以内，盆地基底上还存在着另一巨大的断裂(图 2，断裂线的延展是推断的)。盆地基底呈阶梯状下陷，从而加大了湖底古坡度，使沉积物容易发生水下滑塌，并进一步形成重力流。阜新盆地沙海组浊流沉积和与之共生的水下滑塌、水下泥石流沉积皆分布于此断裂带的内侧可能即导因于此。

现代湖泊中的密度流问题很早就引起了地理和地质工作者的注意[11]，国际上许多学者对现代湖泊中的浊流沉积进行了研究，有的还用仪器在湖底对浊流作用系统地记录[12]。已经证明湖底的浊流沉积呈扇状或舌状分布，其方向与河口的方向和湖底地形有关。Sturm 和 Matter 等在对瑞士布里恩兹(Brienz)湖的研究工作中发现入湖的底流有两种类型：高密度浊流和低密度浊流。前者起因于突发的灾变性泛滥，可以形成厚达 150cm 的递变砂层。根据浊积物之间的纹泥统计这种灾变性事件每百年只有一两次。低密度浊流只能形成厘米级厚度的递变砂层，这种浊流发生于每年的最大洪水期。中国科学院南京地理研究所对云南抚仙湖的研究亦发现了上述

两种密度流的存在[8,13]。这些发现对阜新盆地两种浊积岩的成因提供了启示。正如薄层浊积岩不能等同于远端浊积一样，有厚的递变砂的浊积岩亦不能等同于近端浊积。这两种类型的差异除了可能与远端或近端部位有关外，还可能形成于不同类型的沉积事件，如 Sturm 等对布仑兹湖浊流沉积研究所做的论断。

为了了解形成浊流的地貌条件，笔者 1983 年对抚仙湖做了实地考察。该湖泊两侧均为巨大的盆缘断裂所限，属地堑式构造湖盆。根据航空、卫星图片判释和地质测量查明盆缘断裂亦为锯齿状。抚仙湖与附近同期断陷湖（如滇池和星云湖）最显著的不同点之一是没有大的水系注入，故沉积物源少。构造上的快速沉降与沉积物源补给少这两个因素结合就形成了不补偿盆地，使湖水深达 150m。抚仙湖两岸由于盆缘断裂的持续活动，形成了陡峭的岩岸，并使湖盆边缘的湖底具有较陡的坡度。洪水期沉积物经水道、沟谷带入湖内，形成高速度的底流，在湖底造成了浊积。抚仙湖的构造样式和深水湖泊的性质与阜新盆地沙海组形成的条件有若干相似处，不同点在于后者沉积时物源较丰富，形成了较宽的滨湖扇带和扇三角洲带。

5　阜新盆地沙海组浊流沉积研究的实际意义

与阜新盆地相类似的晚中生代断陷盆地在东北和内蒙古地区已发现上百个，这些盆地中常有巨厚煤层存在，其中多处已建设为重要的煤炭基地。在这些盆地中已有两个钻出了工业油流，因而这些盆地不仅仅在找煤上有重要性，在寻找石油上也有潜在的远景。与沙四段相当的层段正是主要的生油层位。众所周知单一的巨厚的黑色泥岩并不是理想的生油层，因为有机物转化成油之后没有运移和富集条件。浊流沉积则不同，砂泥互层，砂层被深湖淤泥所包围，对石油的形成和运移造成了特殊有利条件，特别是有厚的浊流水道砂存在的情况。阜新盆地中的浊流沉积中常见有油气显示（图版Ⅰ-3），这对同期盆地的研究有类比和预测意义，因为东北和内蒙古地区的大多数同期断陷盆地中都有深湖泥岩段，具备形成浊流沉积的条件。

在找煤工作上尽管主要含煤层位在深湖泥岩段之上的海州组，但沙海组的含煤性亦有工业价值，有时足以建设大型矿井。已经通过几个盆地的工作证明与沙海三段相当的含煤地层的存在有一定普遍性。在勘探其中的煤层时必须穿过与沙四段相当的层位，这段地层可厚达 700m，长期以来被认为岩性单调，难于进一步划分和判层。在阜新盆地通过环境分析所划分的包括浊流沉积在内的垂向沉积序列为合理的分层提供了基础，在生产中利用这种垂向序列可大致判断煤层的深度。在勘探矿区还曾根据此沉积序列中某个亚段的缺失成功地判断断层的存在。

参考文献

[1] 李继亮，陈昌明，高文学，等. 我国几个地区浊积岩系的特征[J]. 地质科学，1978，13(1)：26-44.

[2] 金万连，薛叔浩，邱云贞，等. 辽河盆地西部凹陷沙河街组三段浊积岩及其含油性[J]. 石油学报，1981，4(2)：23-30.

[3] 蔺殿忠，童晓光，徐数宝. 中国东部新生代断陷盆地地层岩性油气圈闭的地震反射特征[J]. 石油天然气地质，1983，3(4)：294-303.

[4] 李思田,李宝芳,杨士恭,等. 中国东北部晚中生代断陷型煤盆地的沉积作用和构造演化[J]. 地球科学——武汉地质学院学报，1982,18(3)：275-294.

[5]MUTTI E,LUCCHI F R. Turbidites of the northern Apennines：introduction to facies analysis[J]. International Geology Review，1978(20)：125-166.

[6] WALKER R G. Deep-water sandstone facies and ancient submarine fans：models for exploration for stratigraphic traps[J]. AAPG Bull，1978，62(5)：239-263.

[7] WALKER R G. The origin and significance of the internal sedimentary structures of turbidites[J]. Proceedings of the Yorkshire Geological Society,1965,35(1)：1-32.

[8]孙顺才,张立仁. 云南抚仙湖现代浊流沉积特征的初步研究[J]. 科学通报，1981(11)：678-681.

[9]李思田,杨士恭,黄家富,等. 论聚煤盆地分析的基本参数和流程[J]. 煤田地质与勘探，1983(6)：1-11.

[10] LINK M H，OSBORNE R H. Lacustrine facies in the Pliocene ridge basin group：ridge basin，California[M]// MATTER A，TUCKER M E. Modern and ancient lake sediments. Oxford:Blackweu Pubushing Ltd，1978:147-168.

[11] WALKER R G. Mopping up the turbidite mess[M]// GINSBURY R N. Evolving Concepts in Sedimentology. Maryland：The Johns Hopkins University Press,1973:1-37.

[12] LAMBERT A M,KELTS K R,MARSHALL N F. Measurement-of density underflows from Walesee，Switzerland[J]. Sedimentology，1976(23)：87-105.

[13]龚埋,张立仁. 抚仙湖沉积物粒度特征[J]. 沉积学报，1983,1(1)：50-62.

图版说明

为了取得更好的效果,图版中的岩芯照片主要选自阜新盆地东梁矿区金刚石钻头钻进所获得的岩芯(仅图版Ⅱ-11为伊玛图区岩芯),地层层位皆为沙海四段,岩芯直径约89mm。

图版Ⅰ

1. 岩芯上半部为一完整的浊流层序;下半部可见另一层序E段中的生物扰动层(bt)。

2. 岩芯显示了两个浊流层序,上部的层序缺失A段;下部层序B段不明显。

3. 层序中缺失A、B段,冲刷面之上直接为C段。E段下部为递变泥(E_1),其上为含砂球泥岩(E_2);冲刷面之下可见前一层序顶部的含生物扰动层泥岩(E_3),砂岩颗粒间和裂隙中有石油。

4. 浊流泥质沉积中大的砂岩球构造。

5. 浊流层序中B段不清楚,可见ACDE段。

6. 不完整的浊流层序,岩芯下半部的层序为DE型,上部的浊流层序自块状砂(A)开始,然后为平行纹理砂(D)和E段,E段下部可见递变粉砂岩。

7. 岩芯上半部E段中砂球呈定向排列;下半部为极薄的浊流层序频繁互层,注意薄砂底面的牵引构造。

8、9.浊流沉积中的变形层理。

10.具厚层含砾砂岩的浊流层序，为 AE 型。

图版Ⅱ

11.E 段中的生物扰动层，潜穴多平均层面或与层面低角度斜交(采自伊玛图区)。

12.A 段底面的戳痕模和沟痕模，前者一头尖、一头宽，宽头显棱角；后者为线状(采自沙海村河岸陡壁)。

13.A 段底面的沟痕模(地点同 12)。

14.滑塌沉积层，层理强烈变形并混有沉积物的碎块。

15.水下泥石流沉积。

16.水下泥石流沉积(岩芯箱右数 1、2、3 排和第 4 排上部)，砾石被杂基支撑，有大量内碎屑泥砾。

图版 I

图版 II

中国东北部晚中生代断陷盆地模式在松辽深部煤成气预测中的可能应用*

摘　要　经地震探测和地质分析，松辽深部晚中生代断陷盆地与其周围地区 J_3-K_1 的断陷盆地在地质结构和成盆期均具有相似性，同属东北亚晚中生代断陷盆地系。笔者认为，应用其周围同类型断陷盆地模式对松辽深部煤成气远景的预测和生油潜力的判断具有重要价值，同样也适用于深埋于下辽河古近纪坳陷之下的晚中生代盆地成气远景的预测。

关键词　断陷地系　晚中生代　煤成气　松辽盆地　东北亚

近年来产业部门对松辽深部石油、天然气的潜在远景有了新的兴趣，并开始在少数点上取得了突破。地矿部吉林石油指挥所对松辽盆地晚侏罗世—早白垩世断陷盆地形成煤成气的潜力做了全面分析，展示了我国找寻煤成气的一个新领域。大庆石油管理局对松辽盆地深部地质结构及其含油气性曾做了系统论述，并将松辽盆地深层次晚侏罗世—早白垩世断陷盆地的发育作为松辽盆地早期裂谷阶段的产物。通过详细的地震探测，现已在松辽坳陷之下圈出 20 余个断陷盆地。由于这些断陷盆地被深埋于 3000～5000m 的深部，使源岩达到大量产气的阶段。但由于埋深大，依靠极少的钻孔难以对其初步评价。因此，应用毗邻地区同期断陷盆地中的地质规律进行对比和预测将是一个合理的途径。笔者曾从煤资源研究的角度对东北、内蒙古自治区晚中生代断陷盆地进行研究，有关成果对找寻煤成气或许有参考意义。

1　我国东北部晚中生代裂陷作用的两个阶段和两类断陷盆地

我国东部自晚侏罗世进入了一个崭新的大地构造演化阶段[1]，裂陷作用开始占主导地位。在东北和内蒙古自治区东部，裂陷作用的第一阶段表现为大规模的火山喷发活动，兴安岭群火山岩系覆盖了广大面积，其厚度最大的部位在大兴安岭略偏西的地区，已有大量数据表明其为碱性火山岩系列，其底部年龄值在 140Ma 左右[2]。这一时期的火山岩既可分布于隆起部位，也可分布于断陷盆地当中。许多地区(如辽宁西部)火山岩系中夹有较厚的泥岩段，通常厚度为数十米至数百米，个别地区厚逾千米，表明其形成于裂陷作用第一阶段造成的断陷盆地中。

裂陷作用第二阶段的火山作用已较微弱。地壳在水平方向上的强烈伸展形成了大量的中小型断陷盆地，充填于其中的含煤碎屑岩系的时代为早白垩世早期，如内蒙古的白彦花群、扎赉诺尔群，辽宁的阜新群(沙海组和海州组)等。这一时期的盆地大部分形成于火山岩基底之上，但盆地的范围和方向在多数情况下并不与前期的火山岩盆地吻合(从盆地演化的角度来看，把裂陷作用第一阶段的火山岩系和第二阶段的含煤碎屑岩系合为一个“群”，如辽西的热河群，是

* 论文发表在《地球科学——武汉地质学院学报》，1986，11(5)，作者为李思田、吴冲龙。

不合理的)。因此在分析深部物探成果时需要区分上述两类充填性质十分不同的盆地。

裂陷作用第二阶段形成的充填含煤碎屑岩系的盆地是找寻油气的主要对象。在我国东北和内蒙古自治区已圈定的此期断陷盆地近百个,如果加上用物探方法圈定的深埋于松辽大型坳陷之下的断陷盆地,总数应超过120个。在蒙古人民共和国东部和苏联外贝加尔地区还各有数十个同期断陷盆地存在,因此笔者提出了东北亚(洲)晚中生代断陷盆地系的概念。地震探测所获信息表明,松辽盆地深部的断陷盆地群的构造样式与东北亚晚中生代断陷盆地系其他部分十分相似,其主要类型为半地堑,部分为地堑。盆地的宽度多在40km以内,碎屑岩系的厚度多在5000m以内。盆地的方向多为NE或NNE向,极少为NW向。在反射地震时间剖面上可清楚地看到盆缘断裂内侧存在着长期发育的冲积扇带,表明这些盆地在沉积上是互相分隔的,显然松辽深部的断陷盆地与其周围地区的同期断陷盆地十分相似,并形成于统一的构造体制。因此应用周围地区盆地所建立的模式对松辽深部煤成气地质条件进行预测,有着充分的理论依据。

2　盆地模式参数的可能应用

模式的建立首先基于对典型代表的深入解剖,进而通过广泛的类比和应用证实所概括的特征是否具有复现性,并通过不断的补充、修改加以完善。建立一种盆地模式(至少是区域性模式)同样要遵循上述过程。盆地分析是从一系列基本参数入手的,对各项参数的规律性认识构成了盆地模式的具体内容。

沉积盆地的主要参数包括:①盆地的几何形态;②地层格架(内部几何形态);③盆地充填的岩性组成;④垂向沉积序列;⑤相的空间配置(沉积体系域);⑥盆地构造格架;⑦地层厚度分布;⑧古构造运动面;⑨同期和准同期岩浆活动等。对于煤盆地而言,煤本身的特征可以非常敏感地反映地质条件的变化,因此是沉积盆地分析的重要参数,这包括①含煤层情况(特别是煤体形态分带性和厚度分带性);②煤质参数(特别是用于恢复盆地热史的重要参数——镜质体反射率)。

笔者等曾从霍林河盆地和阜新盆地的典型解剖开始[3,4],进而在广大范围内进行了类比分析,按照上述盆地分析的基本参数对东北地区晚中生代断陷盆地的模式特征做了初步概括,应用中表明此模式亦适用于其他地区和其他时代的一些断陷盆地。现联系煤成气预测提出下列粗浅认识。

2.1　根据断陷盆地模式的沉积参数推断松辽深部的气源岩条件

气源岩的数量与质量是生气潜力的决定因素。煤成气的主要源岩有两种,即煤和含分散有机质的泥岩。我国东北部晚中生代断陷盆地具有良好的含煤性,大兴安岭以西地区盆地中煤层厚,可采面积大,已发现储量逾百亿吨的盆地5个,数亿至十余亿吨的盆地大量存在。松辽深部的断陷盆地与辽宁中、西部和内蒙古昭盟的一些盆地属于同一构造带,此带的煤盆地单盆储量可从数亿吨至20亿t(未包括不可采的薄煤层,但作为气源岩则应考虑在内)。阜新、元宝山、平庄、铁法等重要煤炭基地都与松辽深部断陷盆地群属同一构造带。松辽东缘的晚侏罗世—早白垩世盆地的含煤性则较差。从总体分析,对松辽深部断陷盆地的含煤性可以有较为乐观的估计

(超过百亿吨)。与其他类型的煤盆地不同,在断陷煤盆地中可以形成巨厚的湖相泥岩段(300～1000m),浊流的存在、生物标志和有机地球化学标志,均表明深水湖泊沉积在此泥岩段中占很高比例[5]。笔者曾对比了数十个断陷盆地,发现其充填序列具有共性,一般可概括为5个段,其中每段均为一套有共生关系的相的组合。自下而上,第一段为底部粗碎屑冲积物段;第二段为含煤段(盆地周缘)与湖相段(盆地中心)二者并存;第三段为全盆广泛存在的湖相泥岩段。上述3个段是在张扭构造体制下持续发育的。由于第三段主体部分形成于较深的湖泊,故分散有机物中腐泥类占很大比重,干酪根类型以Ⅰ型为主,有良好的生气潜力。湖相泥岩段中浊流、水下泥石流和水下滑塌沉积十分发育,与正常的暗色泥岩频繁互层,显然这种情况有利于烃的运移和富集。鉴于深湖泥岩段的形成是断陷盆地的演化规律所决定的,因此其在晚中生代断陷盆地中的存在有相当大的普遍性。盆地充填序列的第四段为主要含煤段,其中所夹暗色泥岩干酪根的类型主要为Ⅰ型,泥岩层次多,厚度小,但本段中常有巨厚煤层存在(数十米至百余米);第五段为顶部粗碎屑冲积物段,此段仅在一部分断陷盆地中发育。上述盆地充填序列总厚为1000～4000余米,松辽深部的断陷盆地中厚度可以更大。以上从含煤性和暗色泥岩的分析都表明这些深埋的小型断陷盆地有良好的生烃能力。

鉴于断陷盆地在横向上和纵向上相变都很剧烈,因此估算气源岩体积时应充分考虑相变因素。这方面根据断陷盆地中相的三维配置模式,并应用反射地震时间剖面,可以对气源岩进行定量预测。以半地堑盆地模式为例,其活动边缘(控制性盆缘断裂侧)内侧为冲积扇-扇三角洲带;其被动边缘(无盆缘断裂侧)古构造上处于缓坡带,通常为小型三角洲和滨湖带。上述盆地两侧的边缘沉积相带均为较粗的沉积物,并可在地震剖面上识别。断陷盆地的两端常有顺向河道造成的三角洲朵叶体。盆地中心则为湖泊、沼泽和洪泛平原沉积交替区。

盆地演化的不同阶段,相的配置关系发生有规律的演变,每个演化阶段都形成了与一定构造背景相适应的沉积体系域,掌握体系域的演化规律有助于地震地层解释。由于埋藏过深而验证孔极少,因而估算气源岩的体积时主要根据反射地震时间剖面,在判释时扣除盆地边缘粗碎屑相带,能更准确地计算气源岩体积。

在不同区域地质背景下,各种相在盆地中所占比例不同,在构造活动性强(主要是断块差异运动)、向盆地搬运沉积物的古水系流域面积大的情况下,冲积扇带很宽,扇三角洲和三角洲都很发育,河流作用也很显著,如阜新盆地。在构造活动性弱、供应物源的水系流域面积小的条件下,只有很窄的冲积扇带,河流作用较微弱,湖相细碎屑沉积物在盆地中占主要比例,这种情况较多见于海拉尔和二连盆地群。松辽深部断陷盆地群的主体部分的沉积面貌可能介于上述两种情况之间,这一情况在分析气源岩条件时需要注意。

2.2 根据断陷盆地的构造参数推断圈闭条件

多年来石油地质勘探积累的大量资料表明松辽盆地有良好的储层和盖层条件,这里不再赘述。根据对周围断陷盆地分析所作的判断,构造圈闭条件也很有利。

已经证实晚中生代断陷盆地的构造演化有下列重要特点:

(1)构成断陷盆地构造格架主要成分的控制性断裂系利用、追踪基底中的先存断裂网络而形成,即先存断裂网络对断陷盆地的形成、分布有一定控制作用。

(2)盆地演化过程中存在着古构造应力场的转化,即从右旋张扭转化为左旋压扭。不同的应力场形成了不同的构造类型和配置关系。在断陷盆地充填结束之后,中国东北部继续发生了应力场的多次转化,并在上覆盖层中留下了记录。

上述演化特征决定了构造圈闭的类型。以下主要为从周围地区发现的特征,亦可能在松辽深部再现。

(1)盆地演化的早期阶段,在张扭体制下沿着同沉积断裂有滚动背斜产生,这种情况既可出现于盆缘主干断裂内侧,亦可出现于盆地内部一些张性断裂的旁侧。这在地震剖面上有清晰的显示,如乌尔逊盆地和大雁盆地。

(2)盆地演化的后期阶段,在压扭体制下盆地内部可形成雁行排列的同沉积短轴背斜。阜新盆地的东梁背斜即是典型一例,那里的探煤过程中发现明显的油气显示,只是由于岩浆活动的破坏和没有上覆盖层而未能形成较好的气藏。

(3)在断陷盆地的后沉积变形阶段,强大扭压作用一方面使前阶段同沉积褶皱强化,在断陷盆地的上覆盖层中产生新的变形。另一方面除褶皱构造外,还发现有同沉积断裂两盘运动反向的情况,即原来沉积厚度大的下降盘在后来的挤压条件下变为上冲,同时其上覆盖层中出现背斜构造,扶余弧店构造的形成似乎就与这种机制有关。勘探部门已在此类构造处发现油气。

(4)应力场转化的结果使前期张扭阶段形成的NE向或NNE向断裂停止活动。从大量地震断面上可以看到这些断裂一般只穿过下部层序,而不进入上部层序。这种情况见于二连地区的额和宝力格和其他许多盆地,阜新盆地也有明显表现。这些断裂既可能成为油气向浅部运移的通道,又因其不是贯穿性断裂,而不破坏圈闭与保存条件。以阜新盆地为例,盆地内部许多NE向和NNE向同生断裂只发育于沙海组中而不穿过上覆的海州组。松辽深部地震剖面表明,断陷盆地的盆缘断裂一般穿到登楼库组中下部;有的地区则穿透整个登楼库组到达泉头组底部。除了这些只断下部地层的断块外,还有一些同生断裂只发育在浅层。上述各种局限于一定地层层位的断裂在大多数情况下有利于油气的运移和聚积。

2.3 根据断陷盆地热演化特征对被深埋的盆地中有机物转变情况进行推断

我国东北部晚中生代断陷盆地的煤质研究表明,煤化程度高低的决定因素是深成变质作用。岩浆变质作用是后期叠加上去的,并只影响有限的范围。

对霍林河、阜新、额和宝力格与赛汉塔拉等盆地早白垩世含煤岩系中镜质体反射率 R_m^o 的研究表明,其变化梯度每百米约为0.03%,1000m左右的深度内 R_m^o 值与埋深为线性关系,线性相关系数 $r>0.99$。再往深处去除相关曲线的斜率也仅有微弱的变化,r 值仍可达到0.9以上。二连地区生油的门限深度在1200~1300m,煤和分散有机物大量形成甲烷的阶段在 R_m^o 1.3~1.4时开始,即埋深须达2800m以下。而对松辽周围大多数晚中生代断陷盆地来说其基底埋深在3000m左右,位于充填序列上部的主要煤层和大湖泥岩段的埋深通常不到2000m,也就是说大多数未被深埋的断陷盆地中的气源岩未能进入大量生气阶段,因此气量十分有限。

根据煤田普查勘探资料,我国东北部晚中生代的煤有总体向东煤级升高的趋势。大兴安岭以西和以东邻近大兴安岭的地区为褐煤带,向东则出现烟煤带,正常情况下在烟煤带中只能升高到长焰煤和气煤。在煤田勘探的深度范围内(通常只勘探到1000m深度)发现凡高于气煤阶段的情况都与后期岩浆作用的叠加有关,如伊敏盆地五牧场地区隐伏岩体的周围和上方出现了中、高变质煤。

本区气源岩大范围进入“气窗”的条件必须是后期强烈沉降。这样的地区只有松辽盆地和下辽河盆地。

松辽地区晚侏罗世至早白垩世断陷盆地形成后,于早白垩世后期至晚白垩世发育了大型坳陷盆地,从而使中小型的断陷盆地群埋藏到2000至5000余米之下。断陷盆地中的煤层和分散有机物再次遭受变质。相关分析的结果表明,松辽盆地上部地层镜质体反射率与埋藏深度之间亦存在着良好的线性关系(表1)。在基底隆起上方镜质体反射率变化梯度可达0.114%/100m,在次级坳陷的上方为0.044%/100m。这样高的煤化梯度是东北亚盆地系其他部分所不能比拟的。然而松辽盆地却并非晚侏罗世—早白垩世火山活动和热事件的中心,也不是东北亚断陷盆地系活动最强的中心,这表明其最高古热流值出现的时期应在断陷盆地群形成之后。

与莱茵盆地相比,这里的煤化梯度也是偏高的(表2)。

表1 松辽盆地镜质体反射率与埋藏深度的相关分析

组别	r	A	B	相关表达式
隆起区(1)	0.978 9	−1.307 574	0.001 142	R_o=0.001 142H−1.307 574
坳陷区(2)	0.970 1	−0.350 491	0.000 737	R_o=0.000 737H−0.350 491

注:计算工作使用了杨万里等论文中的资料以及大庆油田科学院的部分数据。

表2 松辽盆地与莱茵盆地煤化梯度和现代地温梯度比较

地区	煤化梯度(R_m^o)	现代地温梯度	时代
松辽盆地	0.04~0.11%/100m	2.8~4.2℃/100m	J_3-K_1
莱茵盆地	0.02~0.1%/100m	4.2~7.7℃/100m	E

从表2可见松辽盆地较高的煤化梯度,较低的现代地温梯度与莱茵盆地较低的煤化梯度、较高的现代地温梯度构成明显对照。如果说莱茵盆地的情况是因受热时间太短,不足以达到煤阶平衡,那么松辽盆地的情况除了反映时间充裕外,还应有较高的古地温梯度。根据有效受热时间(t)、岩石最高古温度(T)和镜质体最大反射率R_o之间的关系得出下列经验公式:

$$T=e^{\theta 4\theta\times 32/(1nt+111.85)}\times e^{-0.492t0.093/R_m^o}$$

按上式计算松辽盆地中、上部盖层所经受过的最高古地温梯度平均达到5.95℃/100m。

利用表1对分布于松辽地区深部的断陷盆地群做了煤化梯度估算,结果列于图1,可见断陷盆地镜质体反射率推算值多在2.2~4.8之间,煤级为无烟煤,正处于高产气阶段。若按估算的煤储量和分散有机质总量计算总产气量是十分可观的。

下辽河平原古近系掩盖下也有东北亚晚中生代断陷盆地系的成员,如石油勘探过程中曾在大凌河口附近井深2633m处钻到十余米厚的煤层,时代可能为晚侏罗世—早白垩世。按表1进行类比估算,古近系掩盖下的断陷盆地中镜质体反射率值应在1.5~3.0之间,煤级从肥煤到无烟煤都有,亦应处于高产气阶段。因此在下辽河盆地找寻源于深处的煤成气也应给予充分重视。

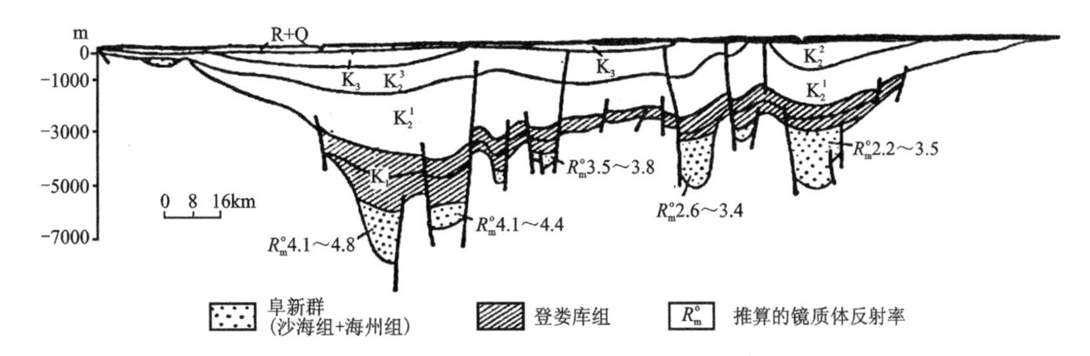

图 1　松辽地区深部断陷盆地群镜质体反射率计算值(根据大庆石油管理局编制的剖面推算)

参考文献

[1]王鸿祯，杨森楠，李思田. 中国东部及邻区中、新生代盆地发育及大陆边缘区的构造发展[J]. 地质学报，1983，3：213-223.

[2]王东方，权恒. 大兴安岭中生代构造岩浆作用[J]. 地球科学——武汉地质学院学报，1989，26(3)：81-90.

[3]李思田，黄家福，杨士恭，等. 霍林河煤盆地晚中生代沉积构造史和聚煤特征[J]. 地质学报，1982，56(3)：244-255.

[4]LI S T，YANG S G，HUANG J F. et al. Sedimentation and tectonic evolution of Late Mesozoic faulted coal basins in North－eastern China[M]. New Jersey：John Wiley&Sons，Ltd，1985.

[5]李思田，夏文臣，杨士恭，等. 阜新盆地晚中生代沙海组浊流沉积和相的空间关系[J]. 地质学报，1985，1：61-75.

沉积盆地分析中的沉积体系研究*

由于对能源和沉积矿产的大量需求，沉积盆地的分析在我国日益受到人们重视。近十余年来，结合煤、石油、天然气和其他沉积矿产的找寻对我国主要沉积盆地做了较为完整和系统的研究，并在盆地分析的理论和方法方面逐步形成特色。盆地分析是从一系列基本参数入手进行的，通过能源盆地分析的多年实践可将主要参数概括为四类：①沉积参数包括盆地充填的岩性特征、充填序列、沉积体系的配置等；②构造参数包括盆地构造架、地层厚度和分布、古构造运动面、低级别同生构造的类型和配置、充填期后形变特征等；③热过程参数包括同期和准同期岩浆活动，反映热历史的各项指标，如镜质体反射率、黏土矿物的变化和矿物包裹体测温等；④成矿作用参数包括矿体的质量和数量参数，以煤盆地分析为例，主要煤体分带性和煤质分带性。在上述各项参数中沉积参数常常是最基本的研究内容，因为沉积充填乃是盆地的实体，沉积环境是各种矿产形成的最直接控制因素。在进行沉积参数研究时沉积体系分析又是中心的内容。

沉积体系是现代沉积学最重要的概念之一，有关的理论和方法最早起源于美国学者对海湾等盆地的研究。与一般的沉积环境分析不同，沉积体系分析突出了大型沉积体的空间关系、沉积体内部和外部几何形态的研究，是环境和形态的统一，因而能更有效地用于生产实践。在含油气盆地分析中，一旦重建了沉积体系的三维配置，就为生、储、盖层的可能部位和空间关系的阐明提供了完整而扎实的基础，因而此种方法特别受到从事油气普查勘探工作者的重视。我们在近十余年实践中，在对中国东部若干中新生代断陷盆地、鄂尔多斯盆地和扬子地台晚二叠世含煤沉积的研究中应用了沉积体系分析方法，其主要研究内容和步骤可以概括为：①相构成单元的识别和划分。②有成因联系的相的三维组合，即沉积体系的识别和划分。这里需要使用层序—体系单元的概念，一种沉积层序是一个地质体，是沉积体系的一个完整的基本单元，多数情况下沉积体系的形成演化中是多层序的，即 Selley 提出的成因序列。③同一时期沉积盆地中总是有几种沉积体系相互过渡和联结，构成沉积体系域，沉积体系域是一种成因地层单元，在划分岩性地层单元时如果选用沉积层序的界面并不难做到与成因地层单元接近或一致。成因地层单元又是盆地编图工作中所使用的最基本单元。④盆地充填中体系域的面貌发生阶段性的改变，即盆地充填历史中形成了几种沉积体系域，这些体系域相互叠置，反映了盆地充填演化的总体面貌，即盆地的成因地层格架。⑤环境是成矿的最直接控制因素，能源、资源和其他沉积矿产皆形成于沉积体系的一定部位，矿体的形态和质量皆与沉积体系有关，研究矿产的数量、质量参数与沉积体系和体系域的关系即能阐明矿产分布的规律性，对寻找优质富煤带或优质富矿带具有指导意义，并可能建立沉积矿产形成模式。⑥沉积体系与构造格架和构造演化关系的研究，已经证实沉积盆地中沉积体系的类型和分布受控于盆地构造格架和同期构造运动，构造背景变

---

* 论文发表在《矿物岩石地球化学通讯》，1988，2，作者为李思田。

化会引起沉积体系和体系域的相应改变。构造与沉积相互关系研究是贯穿盆地分析各阶段的基本内容，这一问题的阐明能增加地质工作者的预见性，即在未经充分工程揭露而得到大量信息之前，能够根据构造背景进行先期成矿条件的概略预测。⑦比较沉积学的宏观研究。为了对沉积体系在盆地分析中配置的规律性进行解释，对现代盆地中沉积体系的研究将对地质历史中沉积体系研究有极大的启发性。笔者为解释中新生代断陷盆地中沉积体系配置样式造成的原因，曾对7个断陷湖盆（如岱海盆地、昆明盆地等）进行了考察，对古沉积体系的正确编图曾有重要帮助。

一系列研究成果表明，沉积体系分析是沉积矿产战略性预测的基础。在对云南、贵州、四川三省晚二叠世含煤岩系的大面积研究中，以龙潭组中期为例，自康滇古陆边缘至贵州南部识别到，①冲积扇和河流；②碎屑岸线；③内陆表海三角洲；④碳酸盐台地及其边缘礁和礁麓堆积；⑤台地内部受断裂控制的槽中半深水重力流和硅质碳酸盐沉积等多种类型的沉积体系。最大的富煤带同三角洲体系相吻合，次要富煤带与碎屑岸线体系相吻合。龙潭组早期和晚期以及长兴期海岸线有明显变动，沉积体系域的面貌发生相应的改变，但富煤带与沉积体系的相变关系则十分相似。煤的质量参数如含硫量也与沉积体系有直接关系。进一步扩展到研究扬子地台石炭纪、二叠纪和三叠纪不同阶段沉积体系域必将对金、铝、锰和硫铁矿等沉积矿产的分布提出规律性认识。此项研究工作已有许多单位从事，并已初见成效。

在中国东部（北方）中新生代断陷型含煤和含油气盆地分析中，发现盆地的演化阶段具有明显的共性，一般存在6个阶段，笔者按演化阶段划分成因地层单元，并通过追索和编图，重建了沉积体系域。这6个阶段是：①初始充填阶段，以冲积扇和辫状河沉积占优势；②明显分化阶段，盆地中心形成浅水湖，周缘形成浅水三角洲和扇三角洲；③最大水进阶段，或称大湖阶段，湖面扩大，并逐渐转化为深水湖，冲积沉积体系缩小，湖相沉积中水下重力流广泛发育，最好的生油岩形成于此阶段；④快速充填阶段，由于构造背景的变化，源区的上升，三角洲和扇三角洲快速进积，深水湖泊不再存在；⑤全面淤浅阶段，在盆地中形成平坦的洪泛平原或洼地，有的地区发育网结河道，本阶段为最好的聚煤时期，许多数十亿吨和百亿吨级煤盆地的主煤层皆形成于此阶段，如胜利、霍林河、伊敏等盆地；⑥结束充填阶段，处于区域总体上升背景，冲积沉积体系再次回春，但发育时期短暂。这6个演化阶段沉积体系域的恢复曾为找煤和油气起到了重要作用，多次成功地进行了预测。盆地构造背景的研究表明，上述沉积充填演化取决于构造体制的变化，即古构造应力场由右旋张扭向左旋压扭的转化，前一体制下形成了总体水进过程（阶段①～③），而后一体制下造成了总体水退过程，直到结束充填。

沉积体系分析需要有一整套方法和手段才能取得理想的效果，我国地质工作者的主要体会是：①野外的过程沉积学分析和相构成单元研究。我国许多地区极为良好的出露条件使地质工作者能实际追索沉积体的形态、空间关系和内部特征，这对地下地质资料分析是不可缺少的前提。②地震地层分析、地震地层分析是确定地层格架或成因地层格架不可缺少的，也往往是最有效的手段，高精度的反射地震剖面上可以划分出层序，大层序（成因序列）等“盆地的基本建造块”，客观地反映出大型沉积体的形态和相互关系。③岩芯和地球物理测井的综合研究。在精细对比的基础上编制沉积断面（或成因地层断面），并使全盆地的断面形成统一网络，是各种图纸编制的统一基础，笔者曾称之为“沉积断面网络法”。④精确的地层对比标志研究，如微体古生物、古土壤层、火山灰层(或火山灰转化的黏土层),后者常常是良好的等时标志层。⑤系统的编图工作,以正确地反映沉积体系和矿体变化,计算机的应用已经开始变革庞大、繁琐的编图工作。

沉积盆地分析是多学科结合的产物,目前由沉积学、构造和大地构造学、经济地质、地球物理和地球化学工作者,在我国一系列盆地中相互结合,共同探索,将为沉积盆地分析这一蓬勃发展的学科做出重要贡献。

沉积盆地演化的历史分析和"系统工程"研究*

摘　要　为找寻能源资源和沉积矿产而进行的盆地分析事实上是一项复杂的系统工程。揭示沉积盆地的一系列基本参数及其相互关系是此种分析的基础，这些参数包括盆地的几何形态参数、沉积参数、构造参数、热过程和盆地充填物质转化程度参数、岩浆活动参数和成矿参数等6类12种，除此还要进行多种大区域背景因素的分析。为了高效地处理数量庞大、种类复杂的盆地地质信息，需要建立较高功能的信息系统，并以数据库为信息系统的中心。同时进行有关人工智能系统的开发，此种系统有必要将模仿专家的思路和方法放在首位，并使其成为名副其实的、包括一系列子系统在内的分析系统。

关键词　盆地分析　系统工程　盆地地质信息

沉积盆地分析是为勘查能源资源及其他沉积矿产和层控矿产而进行的战略性研究，由于其实用性和找矿中的有效性，使得这一学科处于蓬勃发展的热潮中。20世纪50年代末和60年代初，盆地分析是作为沉积学的一个分支产生和发展的，后来由于多学科相互促进和渗透，这一领域无论在深度上还是在广度上都取得了巨大的成就，这是由于：①新理论基础的产生，特别是作为全球构造活动论的板块学说的发展，使得我们对盆地的形成、演化有了崭新的认识，沉积学领域的进展特别是环境分析与相模式、沉积体系、成岩作用等方面使我们对盆地的充填实体的研究有了新的思路与方法；②由于对能源的急迫需求而在沉积盆地中投入了极为庞大的勘探工程量，从而有可能对盆地进行整体的三维研究；③研究和获取资料手段的巨大进步，特别是地球物理技术、精细的地层对比技术（微体古生物法、同位素地质、火山物质等时标志层等）和计算机技术，高精度的反射地震方法能够整体反映盆地沉积与构造面貌，因而已经成为近代盆地分析中不可缺少的手段，计算机技术变革了庞大而繁琐的数据分析工作，特别是盆地分析数据库、盆地分析一整套图件的自动成图技术、盆地模拟和专家系统等正在成为盆地分析现代化的重要方面，盆地分析本身是一个系统工程，计算机的应用使系统分析成为现实。20世纪80年代我国盆地分析工作又产生了两个重要硕果：①大规模开展的煤成气研究促进了煤地质学与石油天然气地质学的结合，煤成油的研究也日益受到更多的重视，从而把煤、油、气作为盆地演化中的共生序列进行综合研究，并带动了一系列与盆地研究有关的学科；②对许多沉积和层控矿床的研究如贵金属、铁、锰、铜、铅锌等矿床的成矿作用研究发现，许多大型矿床的矿质来源于深部，特别是与海底火山喷发活动、热水循环系统有密切关系，并受控于盆地构造，尤其是同沉积构造，这些因素都在盆地演化过程中产生和变化。因此以往主要为找寻能源服务的盆地分析当今亦成为找寻其他沉积和层控矿床的重要基础研究方法，这一领域的进展还将促进盆地分析中内生过程与外生过程的结合，正如以往沉积作用与构造作用的结合深化了盆地研究一样，内生过程与外生过程的结合又在盆地分析中开辟了新领域。

矿产资源勘查任务促进了盆地分析中多学科和多种手段的结合，包括沉积学、构造和大地构造学、地球物理学、地球化学和矿床学等许多学科的进展及它们的相互渗透、结合正改变着沉

* 论文发表在《地球科学——中国地质大学学报》，1989，14(4)，作者为李思田，吴冲龙。

积盆地研究的理论与方法体系，并使之成为能源资源、沉积和层控矿产综合预测的基础。

1 沉积盆地演化的历史分析及其基本参数

沉积盆地分析包括两个不可分割的方面，即盆地自身各项要素的分析和背景分析，后者涉及的问题远超出盆地自身的范围。对于盆地自身特征的分析基于一系列基本要素或参数的研究，并要求空间上的整体性和时间序列上的完整性，因为盆地的各项参数都在地质历史中发展变化，因此盆地分析过程是对沉积盆地演化历史的重建，包括：①沉积充填史；②构造史（沉积史和形变史）；③热过程和充填物质转化史；④岩浆活动史；⑤成矿作用史。

上述不同方面的历史分析都需要从沉积盆地的基本要素或参数入手，因此确定这些基本要素或参数以及相应建立的概念、理论和方法是盆地分析学科的主要内容，在多年从事煤盆地研究的基础上笔者等曾探讨过聚煤盆地分析的基本参数和流程[1]。当前从矿产综合预测的需要出发，需要对这些参数进行补充和再探讨，盆地的基本参数可概括为下列六类。

(1)盆地的形态参数。包括Ⅰ盆地的三维几何形态和规模及Ⅱ盆地的地层架（stratigra-phic framework)，后者由组成盆地的岩性地层单元的形态及其相互关系所决定并反映盆地内部的总体形态，反射地震所确定的区域性反射界面是识别地层格架单元形态的有效手段。

(2)沉积参数。包括Ⅱ盆地充填物的矿物、岩石和地球化学特征；Ⅳ相和沉积体系；Ⅴ盆地充填序列。盆地充填是一种环境—物质体系，在强调环境和相时不能仅仅局限于对物质成分研究，因为充填物的矿物、岩石和地球化学特征虽主要受控于沉积环境，但还有许多其他重要控制因素如物源区岩石地球化学特征和古气候等因素。对含油气盆地至关重要的成岩和后生作用研究促进了环境分析与岩性分析的结合。

沉积体系分析的近代理论与方法产生于北美含油气盆地分析的实践[2,3]，其概念体系强调了环境与几何形态的统一、沉积体系与成因地层单元的统一，以及大型沉积体空间关系的研究，按照此种方法需要对沉积盆地的构成（architecture)进行解析，即识别和划分不同级别的建造单元[4]，由小到大依次是：相—构成单元、沉积体系和沉积体系域，这三者属于不同规模和等级的沉积体，后二者都可以构成成因地层单元，盆地充填过程中沉积体系域发生阶段性的变化，这种变化受控于构造背景的改变，盆地的整体充填由相互叠置的几个沉积体系域构成，即盆地的成因地层格架。沉积体系域的变化是有规律的，在盆地充填史上有一定的顺序，盆地充填序列（basin-fill sequences)即反映沉积体系域在时间序列上的演化，盆地的成因地层格架是沉积体系的三维组合，在含油气盆地分析中可由此分析生、储、盖层的配套关系，因而特别受到科学家的重视。

(3)构造参数。构造参数包括Ⅵ古构造运动面；Ⅶ地层厚度分布和为恢复沉降史所做的校正，特别是压实校正；Ⅷ盆地构造格架，同生和后期构造样式及其组合，盆地构造取决于变形的动力学背景，包括引张的、挤压的和扭动的（张扭和压扭）。盆地演化过程中应力场可能发生多次转化从而改变了构造样式和配套。古构造运动面特别是区域性不整合面是大的构造事件的反映，并且经常是应力场转化的界限。古构造运动面对油气的运移和聚集有重要意义，如鄂尔多斯盆地；许多沉积矿产如铝土矿与古构造运动面有关。在盆地分析中识别各演化阶段的构造样式、力学性质及其配套参数是矿产预测和古应力场分析的重要依据，同生构造对煤和油气聚积有直接的控制作用，并在层控矿床的形成中作为含矿热水的通道。

(4)热过程和盆地充填物质转化程度参数(Ⅸ)随着盆地的沉降和岩浆活动所发生的热过程,对油气的成熟和破坏、煤化程度、沉积矿产特别是黏土序列等热敏感矿产以及层控金属矿床的成矿均有重要的控制作用。热过程与能源资源的关系已经有了相当深入和成熟的研究,已经证明煤的煤化程度(煤级)是古温度和有效作用时间的函数;油气的形成、产出率和破坏均受控于热演化过程;与油窗的概念相似,层控金属矿床也存在着"成矿温度窗",成矿元素的活化以及含矿热水形成、迁移和沉淀都有一定的温度条件[5]。

鉴于盆地分析中所涉及的主要是古地热场问题,因此需要靠一系列的"地质温度计"参数来恢复热历史,包括煤、石油、天然气和岩石中的分散有机物的热演化程度参数;矿物学标志,特别是黏土矿物的变化和矿物包裹体测温;微体古生物标志,如孢粉和牙形刺的颜色变化,孢粉的萤光性等,但迄今为止研究程度最高的古地温标志仍然是煤中镜质体的反射率。金属成矿作用研究中也开始使用矿体中的有机质包裹体的热演化程度判断成矿温度。古地热场不仅对矿产本身有重要作用,对其围岩的成岩、后生变化以及变质都有控制作用。

(5)岩浆活动参数。岩浆活动参数包括火山喷发活动参数(Ⅹ)和岩浆侵入活动参数(Ⅺ),火山喷发岩及其再沉积产物是许多盆地充填物中的重要组成部分并与成矿作用有密切关系,特别是海底的火山喷发活动与许多重要金属矿床如铜、锰、金的成矿作用有关。火山岩的类型、组合及岩石化学特征是盆地形成的板块构造背景的重要标志,盆地充填同期和充填期后产生的侵入体不仅导致了内生成矿作用,与能源资源的热演化也有密切关系。煤和油气的热演化主要受控于深成变质作用,即与沉降史有关,其次是叠加上去的岩浆变质作用。20世纪70年代以来后者的重要性已日益被揭示,在许多沉积盆地中发现了潜伏岩体,煤地质学家多年以前根据高变质煤的分布及煤岩学标志预测的深部潜伏岩体许多都被证实。因此用煤化程度的分带性预测潜伏岩体的存在是行之有效的方法,对于煤和油气资源来说岩体的侵入可以造成破坏,但在一定条件下可以起有利的作用,如华北地区石炭纪—二叠纪优质无烟煤带的形成;中生代褐煤盆地群中烟煤区的出现(如伊敏盆地),新生代的优质烟煤盆地如抚顺等都已证实侵入体起了积极作用。

(6)成矿参数(Ⅻ)。不同的矿床类型和成矿序列各有其特定的成矿参数,既包括矿石的物质成分和性质参数,也包括矿体形态和分布特征参数,这些参数依矿种和矿床类型而变化。成矿参数受控于成矿的地质背景条件,即与前述五类参数有密切的相关性,这种内在联系的阐明正是优质富矿带预测的基础,反之已获得的成矿参数又是研究成矿背景、盆地演化的重要指标,它们常常是古气候、古地理、古构造和古地热场的最为敏感的反映物。

沉积盆地分析事实上即是全面地研究上述基本参数,这有赖于多种手段和方法的运用,包括详细的野外地质观察和填图;综合地球物理方法,包括地震、测井、重磁和地面电法等,没有综合性的地震手段,取得盆地整体性的资料是不可能的;钻井岩芯的详细研究;矿物、岩石地球化学分析的成果最后要用一整套图纸反映各项基本参数的时空变化。

2　盆地演化的背景分析

沉积盆地的形成演化及其一系列基本要素所表现的特征均脱离不开形成背景。因此笔者将这一领域的研究称为背景分析。

沉积盆地的背景分析包括下列方面:①大地构造背景;②古气候;③全球性海平面变化;

④盆地在大的古地理格局中的部位；⑤盆地周围源区的岩性、地球化学特征；⑥其他全球性事件，如缺氧事件。上述6个方面显然对沉积盆地充填、构造和成矿有重要影响，而这些问题的研究都超出盆地自身的范围，属于盆地演化的宏观背景。

大地构造是背景分析的首要内容，盆地的类型和特征主要决定于其形成的大地构造条件。这方面决定于成盆基底地壳的类型和性质，与板块边界的关系和板块边界的性质，动力学背景和成盆期发生的深部过程。在确定地壳类型时简单地划分陆壳、洋壳和大陆壳已远远不能满足需要，我国的绝大部分含油气盆地和含煤盆地发育于陆壳基底，因此如果不对大陆构造进行深入划分和研究，将不能阐明多种类型盆地的成因，复合大陆块的观点已被许多资料证实，即大陆地壳是由许多大型的古老地块、微地块和地体以及环绕它们的褶皱带组成(这些褶皱带一般是古大陆边缘和洋壳残片)。在不同部位上发育的盆地如我国晚古生代和中、新生代的许多盆地性质上有许多差异，如大型盆地基底常有古老的地块和微地块为依托，如四川、鄂尔多斯和准噶尔盆地。基底地壳的性质特别是先存断裂网络的分布对盆地形成演化有显著的控制作用，如裂谷和坳拉槽盆地几乎都是沿先存断裂网络发育的。盆地与板块边界的距离和板块边界的性质决定着盆地演化的地球动力学背景，即离散的、聚合的或走滑的背景。成盆阶段的深部过程是最重要而又难以研究的问题，但目前已经有了较多的手段，如深部地球物理、岩石地球化学等方法。

古气候变化在盆地充填物中有明显反映，并对成矿条件有重要控制作用，这种变化既可能产生于全球性的气候改变，也可能起因于板块的漂移，改变了盆地与气候带的关系。因此古地磁场的系统研究正在许多盆地中进行。

海平面的变化对盆地中沉积体系域的面貌有重要的先决作用，这种变化可能是区域性构造运动的影响，但许多学者认为存在着全球性海平面变化周期[6]。

盆地周围物源区的特征包括岩石类型的研究和地球化学特征的研究，许多金属矿的成矿与源区有用元素的丰度有关并间接地可根据基底岩石类型预测，如沉积金矿与源区角闪岩和绿岩带分布的密切联系早已被矿床学家注意。在含油气盆地分析中国石油地质工作者注意到储层物性与源区岩性的密切关系，如华北的第三纪(古近纪＋新近纪)含油气盆地，源区为花岗岩、花岗片麻岩者较源区为碳酸盐岩者储层物性要好得多。煤中有用元素的富集，陆相煤盆地中高硫煤的出现也都取决于源区岩性。

盆地在大的古地理格局中的位置，特别是与海岸线的距离和成盆区的古海拔标高决定着盆地属于内陆、近海或海陆交替的总的充填面貌。一些中小型盆地中的充填面貌还决定于其与古水系的关系，完全相同的同期断陷有大的水系注入者容易形成补偿条件的浅水环境。计算机的应用则渗透到盆地分析的各个领域，由于数据的庞大和研究任务的综合性，对计算机的应用更显得十分必要。盆地以沉积物为主，反之则由于缺少充分的碎屑输入而形成欠补偿盆地，发育了深水湖盆，这两种情况在云南东部第三纪(古近纪＋新近纪)—第四纪断陷湖盆群中都可见到。

盆地中的一些特殊的沉积环境有时与全球性事件有关，如许多研究者所注意的全球性缺氧事件与黑色页岩系的关系。显然，正确地解释盆地的演化历史还需要充分研究多方面的背景条件。

3 盆地分析是一项复杂的系统工程

沉积盆地是同沉积的内动力地质作用(主要是同沉积构造作用、岩浆作用和内生成矿作用)

和外动力地质作用(搬运、沉积、埋藏和成岩等作用和外生成矿作用)赖以进行的独立而完整的基本单位。盆地分析的基本问题即是揭示盆地的构成要素及整个演化过程所服从的盆地系统的规律,并由此再造盆地的发展史,对其中的各种沉积矿产资源做出预测和评价。盆地分析的基本思路正是从此展开的。

如果将盆地演化过程中的各种地质作用看作一个整体性的大系统,则上述各种作用都是它的子系统。这些子系统可以部分地合并成一个更高一级的系统,也可以再分解为更低一级的子系统,这里不妨称之为孙系统。盆地内部的搬运作用和狭义的沉积作用、埋藏作用、早期成岩作用所组成的广义沉积作用系统是子系统部分合并成较大系统的实例;而狭义的沉积作用分解为一系列小的沉积作用,比如冲积扇沉积作用、河流沉积作用、三角洲沉积作用等,则是子系统分解为孙系统的实例。

每一个子系统和孙系统(下面统称为次级系统)都与外界进行物质交换,既有输入也有输出,以维持自身的稳定状态。每一个次级系统都有自己发生、发展的规律和方向,有很强的抗干扰能力,然而它们又都共同服从于盆地系统的总规律、总方向,有一些共同的影响因素。由于相邻的次级系统之间都没有严格的空间界限,任何一次级系统的状态变化都会直接或间接地影响相邻次级系统的状态变化,甚至导致盆地系统的总体变化。

盆地地质作用系统(简称为盆地系统)及其各次级系统的上述特性,归纳起来,就是整体性、相关性、动态稳定性和环境适应性,这些特性的存在表明盆地系统及其次级系统,都是复杂的开式系统[7]。从复杂性看,它们相当于 Boulding[8] 的细胞级,从可预测性看,它们属于 Moray 的概率性系统,对这样的系统,我们完全可以运用系统论方法来深化研究(图 1)。

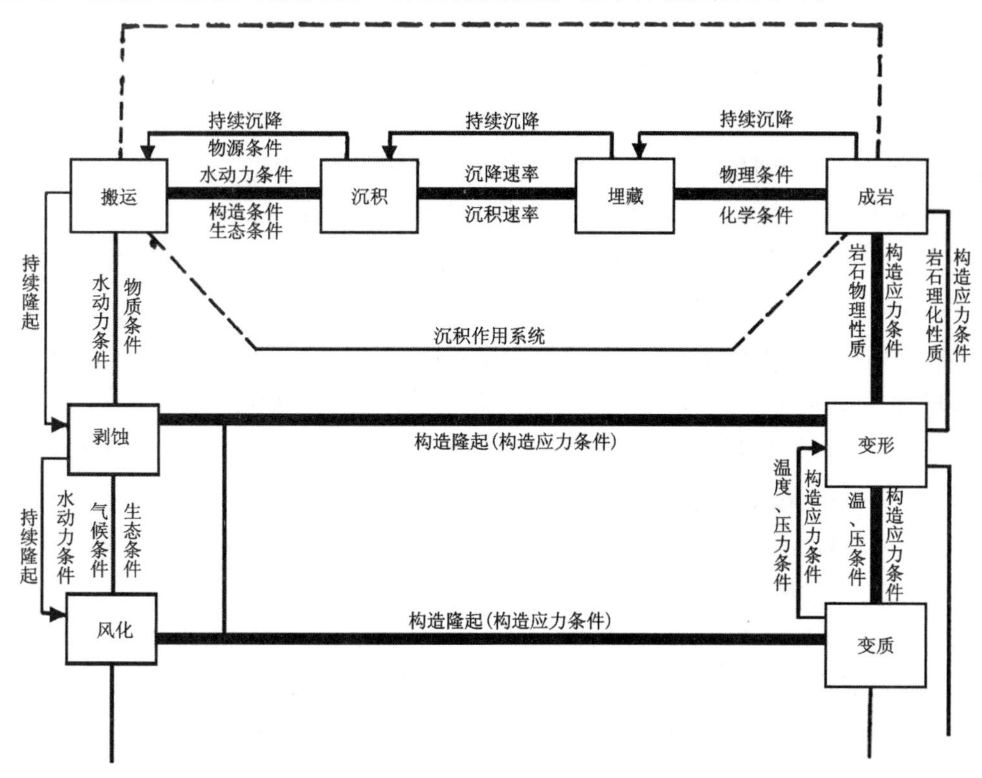

注:剪头表示物质转移的方向;粗线为转移路径;细线为自我调节;方块及其中的文字代表子系统;虚线代表广义沉积作用系统的边界;线上的文字表示前方系统的主要影响因素。

图 1　与沉积作用有关的盆地地质作用系统示意图

盆地分析理论的现今发展已逐步向系统论靠拢。关于整体分析、古环境与古构造结合分析、外生成矿作用与内生成矿作用结合分析、演化分析和背景分析的思路，正是把握了盆地地质作用的系统特性，Chestnut 认为，系统工程是为了研究由多数子系统构成的整体系统所具有的多种不同目标的相互协调，以期系统功能的最优化、最大限度地发挥系统组成部分的能力而发展起来的一门科学。显然，盆地分析本身就是一项复杂的系统工程，盆地分析理论将会成为盆地地质作用的系统工程学。

盆地地质作用系统的庞大和多层次性，必然会给盆地分析系统工程带来重重困难，这首先表现在盆地分析需要综合利用各种近代手段，包括地质、地球物理、地球化学、遥感等方面，盆地分析涉及的各主要参数及其变化也需要用一整套图件来表示，因此需要接收和处理的信息数量极为庞大、信息种类非常繁杂、信息结构层次重叠。为了快速、高效地处理有关信息和模型，使盆地分析的理论和方法得到推广，必须采用一般系统工程的工作方式，借助计算机来建立盆地地质信息系统。

4 盆地地质信息系统的功能与结构

盆地地质信息系统是一种在计算机硬软件支持下，对通过各种技术手段所获取的某一盆地地质信息进行收集、评价、存贮、维护、检索、统计、分析、综合、显示和输出发送的技术系统。

为了满足盆地分析和资源勘探、开发的需要，该信息系统应当具有以下 3 个主要功能。

(1)能够保证数据的完整性，满足多用户的交叉访问，为盆地分析和资源的进一步勘探、评价和开发提供可靠的基础数据。

(2)能够快速、有效地进行人机配合的信息分析、统计和综合处理，并且能够输出各种合乎规格的图件、表格和文字说明。

(3)能够用来建立各种地质模型，支持诸如煤层和岩层的自动对比、已揭露断层点的自动组合、最优勘探设计、沉积环境分析乃至盆地分析等人工智能系统的开发。

鉴于系统所接受的信息量巨大、需要反复调用、处理方式和处理过程都很复杂，以及所有信息在各种沉积矿产的进一步勘探、评价和开发过程中仍可发挥巨大效益，因此盆地地质信息系统的建设应当以数据库为核心。整个系统的工作大致有 6 个方面：①数据准备；②数据输入；③数据管理；④信息处理；⑤成果输出；⑥发送应用。系统的结构与功能如图 2 所示。

数据准备的任务是通过用户调查选择信息源、分析数据现状和数据间联系、采用数据规范化技术确定数据项，并进行数据采集。然后按照数据入库要求进行格式化和代码化的预处理，这方面的工作是信息系统的基础，关系到整个系统的有效性、适应性和生命力，需要投入较多的精力和时间，应当引起足够的重视。

数据输入是在数据库管理系统的帮助下，利用键盘、数字化仪(板)或光电机、读卡机、磁带机等设备将经过预处理的数据和图形导入计算机，建立盆地地质信息的数据库，根据实际情况，数据库可分为集中式和分布式两种。如果盆地规模较小，盆地地质信息数据库可以和勘探区点源信息数据库合并组建，选择集中式数据库系统[9]。如果盆地规模较大，则可先按勘探区建立点源分库，然后筹建综合库和网络，构成分布式数据库系统，数据库可以设置在以 PC-AT 为主机的微机系统中。

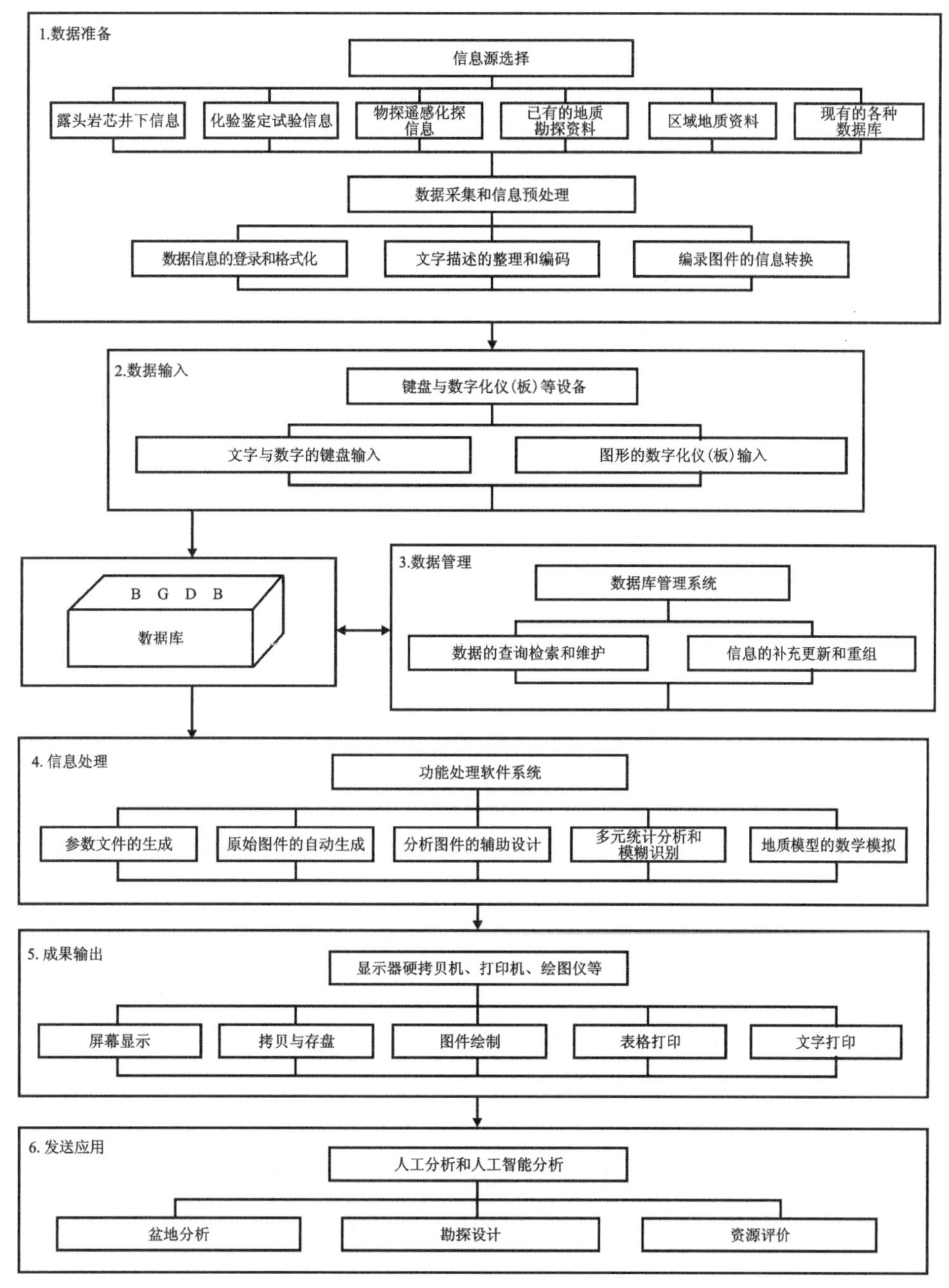

图 2　盆地地质信息系统的结构与功能

数据管理是数据库管理员的一项重要的日常工作,其任务是利用数据库管理系统对数据进行维护,提供简单的查询、检索服务,根据地质勘探工作和科学研究工作的进展,及时地进行数据的补充、修改、更新和重组。

信息处理的主要任务是调用各种处理软件来操作数据、组织数据,进行统计、分析、综合、人机交互式编图、模拟甚至人工智能辨识、决策。数据处理功能的强弱,受到数据库信息和功能处理软件的数量和质量的双重制约。功能处理软件可以围绕数据库逐步开发,但是它只能利用信息、组织信息和转换信息,不能创造信息。没有足够的信息,任何高水平的功能软件都将无用武之地。

成果输出的任务是利用各种终端设备输出信息处理的结果。根据地质工作的特点,图件的绘制应当放到首要的位置上，方能满足科研与生产的需要，而要做到这一点，除了要加强软件研制之外，还要设置高密度的显示器和高质量的绘图仪、打印机。

成果的发送和应用是指采用各种先进技术来传输（包括远距离和近距离）信息处理的结果，并利用所获得的图件和数据来进行盆地分析、勘探设计、资源评价和开采设计。严格地说，这部分工作已经不属于信息系统的范围。但是，如果采用人工智能系统（或称专家系统）来代替人工分析，则必然还要返回信息系统，二者之间将会有大量的信息交流和转换。

5　盆地地质信息系统与专家系统

自从地质学领域的第一个专家系统（Prospector）[8]问世以来，利用人工智能来解决各种复杂的地质问题的尝试，已经受到各国地质学家们的普遍关注。但是从目前情况看，这方面的工作仍处在探索阶段，专家系统的概念和定义仍不完善，认识也不统一。

已有的专家系统基本上都是由知识库和推理控制程序两个部分组成，只能进行一些简单的推理和判断，在地质学领域内，已经在一些部门取得了良好的效果，例如钻探工程控制、测井曲线对比和古生物鉴定等方面的系统。成功的原因在于这些系统影响因素少而确定，可控制程度和可预测性较高，原则和依据都很清楚。这些成功的系统在复杂性方面相当于 Boulding 的钟表机构级和控制机构级，在可预测性方面相当于 Moray 的确定性系统。

这种简单的推理判断显然满足不了盆地分析等复杂的概率性系统的需要，或者反过来说，盆地分析等复杂的概率性系统，目前还达不到进行简单推理判断的程度，在这些系统中，影响因素众多且不易掌握，推理判断的原则还不是很清楚，难以得出简单的结论。然而，恰恰是在这样的地方，人们最期望得到专家的帮助。专家在这里的工作，绝不仅仅是推理和判断，他们的思维也不仅仅是“IF<　>—THEN<　>”，即“原则→结论”。他们总是在正确的思路引导下，进行大量的分析、综合工作，在实际材料中不断地发现问题、解决问题。因此，我们不能把专家系统简单地理解为纯粹的知识系统和推理判断系统。

盆地分析专家系统的研制，应当将模仿专家思路和工作方法放在首位，应当将分析过程作为系统的重要组成部分来看待。也就是说，盆地分析专家系统应当是一个名副其实的分析系统，其中应包括一系列规模较小的分析子系统。它不仅要告诉人们结论，还要告诉人们思路与方法，引导人们进行深入细致的分析和综合。

分析系统与推理判断系统不同，它不能依靠少量的数据来解决问题。没有高功能的数据库，没有完善的盆地地质信息系统支持，盆地分析专家系统是不可能成功的。因此，当务之急是实施盆地地质信息系统工程，建设一个合乎要求的盆地地质信息系统。

参考文献

[1]李思田，杨士恭，黄家福，等. 论聚煤盆地分析的基本参数和流程[J]. 煤田地质与勘探，1983,6：1-11.

[2]FISHER W L, MCGOWEN J H. Depositional systems in the Wilcox Group of Texas and their relationship to occurrence of oil and gas[J]. Gulf Coast Association of Geological

Societies，1967，17：105-125.

[3]BROWN L F. Seismic-stratigraphic interpretation of depositional systems：examples from Brazilian Rift and pull-apart basins[M]// PAYTON C E. Seismic Stratigraphy：applications to hydrocarbon exploration. Tulsa：AAPG，1977：213-248.

[4]李思田. 沉积盆地分析中的沉积体系研究[J]. 矿物岩石地球化学通讯，1988，2：90-92.

[5]付家谟，彭平安. 沉积矿床有机地球化学[J]. 矿物岩石地球化学通讯，1988，2：88-90.

[6]VAIL P R. Seismic stratigraphy and global changes of sea level，part four：global cycles of relative changes of sea level[M]// PAYTON C E. Seismic strstigraphy：applications to hydrocarbon exploration. Tulsa：AAPG，1977：83-98.

[7]BERTALANFFY L. The Theory of Open Systems in Physics and Biology[J]. Sciences，1950，111(2872)：23-29.

[8]DUDA R O，HART P E，KONOLIGE K，et al. A Computer-Based Consultant for Mineral Exploration[R]. SRI Projects，1979.

[9]吴冲龙，陆汝伦. 关于建立煤田勘探区点源数据库系统的初步设想[J]. 地质科技情报，1987，6(2)：160-164.

含煤盆地层序地层分析的几个基本问题*

摘 要 在中国不同时代煤盆地中正进行层序地层学的探索，识别层序界面、划分层序地层单元、重建沉积体系域并用以预测优质富煤单元。由于不同时代、不同类型煤盆地的地质背景不同，不能简单地使用北美学者概括的层序地层模型；需要根据各类盆地所特有的地质背景，重建其层序地层格架，并客观地评价构造、海平面变化和古气候以及沉积补给等因素对层序形成的控制作用。

关键词 层序地层学 盆地分析 煤田地质 应用

1 引言

层序地层分析是当代地质学的热点。这一迅速发展的新学科虽源于北美学者对含油气盆地的研究，但由于其思路的先进性和对资源预测的有效性，已引起不同专业许多学者的重视，并被视为地质学的一个新的生长点，在沉积学、地层学等领域展开了广泛的讨论和应用。在煤地质领域由于具有发展和应用层序地层学的扎实基础和十分有利的条件，如良好的露头、密集的地下工程、精细的地层划分和对比，以及煤地质领域多年来的沉积学和旋回研究等，我国煤地质学者对层序地层分析的理论与应用展开了广泛的探索。

层序地层分析的中心思想在于建立等时地层格架，并将相和沉积体系的研究放在等时地层格架中进行[1]。此种研究为建立盆地充填史和聚煤史提供了科学基础；在含油气盆地分析中则为预测生、储、盖层的展布提供了有力的科学依据。北美学者对墨西哥湾等盆地的层序地层研究在方法上的重要支柱是高分辨率反射地震的使用，即地震地层学是层序地层分析的基础；海平面变化研究又为其精华所在。Vail 等论证了海平面变化对层序形成、沉积体系配置等方面的控制作用，并提出了被动边缘盆地的层序地层模式(图 1)[1,2]。Boyd 等对密西西比三角洲和海底扇分布区的研究，进一步验证了 Vail 等所建立的地层模型，如图 2 所表示的密西西比地区第四纪形成的 I 型(即具陆架坡折的边缘盆地)层序及其内部的沉积体系域[3]。Vail 等提出的模式及相应的术语系统正被广泛地借鉴和应用于不同类型的盆地。在我国除南海北部边缘盆地等少数地区外，少有与之相似的条件。我国重要的含煤盆地几乎全位于陆壳基底之上，古地理属内陆型和陆表型者占大多数，前者如鄂尔多斯、准噶尔等中生代大型盆地；后者如华北石炭纪—二叠纪和南方二叠纪的煤盆地，其地质条件与北美的大陆边缘海盆地有根本上的差异。因此，不能把国外的模式简单地加以套用，而需在汲取新的理论与技术的同时立足于我国的地质特点，在追踪的基础上加以发展。

当前，对层序的理论和应用还存在着不同意见，如尽管较多人认为构造、海平面变化和沉积补给是层序形成的主要控制因素，但对各种因素的作用以及 Haq[5] 等所建立的海平面变化曲线是否具有全球性对比意义等方面存在激烈的争论；又如在层序地层学的名词术语系统上也存在

* 论文发表在《煤田地质与勘探》，1993，21(4)，作者为李思田、李祯、林畅松、杨士恭、解习农。

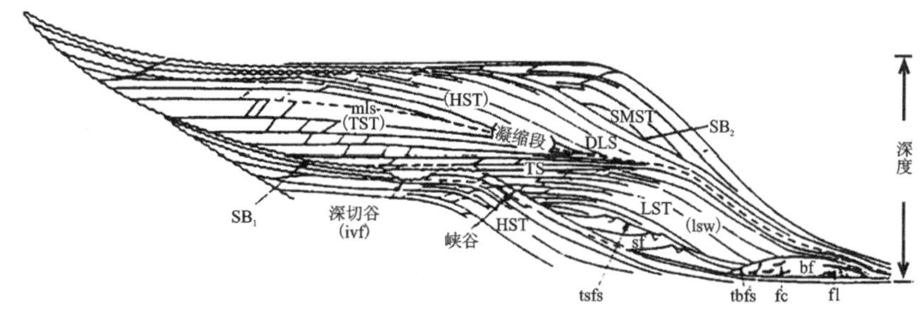

SB. 层序界面；SB₁. 类型Ⅰ；SB₂. 类型Ⅱ；DLS. 下超面；mfs. 最大海泛面；tsfs. 斜坡扇顶面；tbfs. 盆底扇顶面；TS. 海侵面-最大海退上面的第一个海泛面；HST. 高位体系域；TST. 海侵体系域；ivf. 深切谷充填物；SMST. 陆架边缘体系域；LST. 低位体系域；lsw. 低位期进积楔；sf. 低位期斜坡扇；bf. 低位期盆底扇；fc. 低水位扇水道；fl. 低水位扇舌。

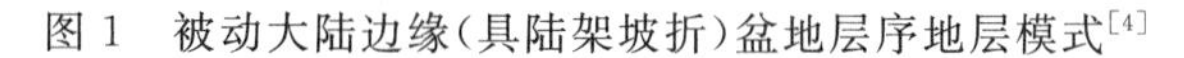
图 1　被动大陆边缘(具陆架坡折)盆地层序地层模式[4]

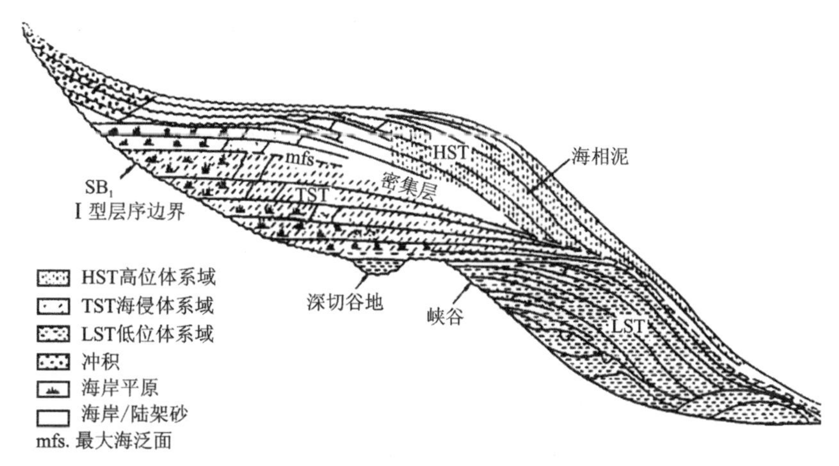

图 2　密西西比三角洲地区的层序地层样式[3]

着争议，特别是 Vail 等建议的系统与已有地层术语的相互关系还未取得统一的意见。对于层序地层学当前的进展和主要争论，笔者已在《层序地层分析与海平面变化研究——进展与争论》一文中做简介和评述[6]。本文着重从我国的实际出发，联系笔者近 10 年来对鄂尔多斯中生代内陆盆地、川黔滇桂晚二叠世盆地和华北(部分地区)石炭纪—二叠纪煤盆地进行的层序地层学初步研究，对煤盆地层序地层分析的特点以及在资源预测的应用中所遇到的一些基本问题进行探讨。

2　关于层序界面——不整合和假整合

层序“sequence”是以不整合及其相应的整合界面为边界的一种成因地层单元。层序的划分方法已被证明有重要的理论与实际意义。不整合是重大地质事件的记录，它既代表了沉积间断，又是新的沉积期的开始。以不整合为界面的地层单元与地质演化的旋回性和阶段性相吻合，如构造旋回，大规模海水进退旋回等。Weimer 曾指出：不整合是层序地层研究的关键，离开了不整合研究，层序地层分析则与常规的地层和沉积环境研究没有区别[7]。

不整合和假整合界面较容易识别，又常与资源分布有直接关系。以我国鄂尔多斯盆地为例：近年来发现的巨大深部天然气藏与奥陶系、石炭系间的假整合面密切相关；侏罗系底部的冲积谷古河道砂体是长庆油田最重要的储层砂体类型，此种砂体发育在三叠系与侏罗系的不整合面上；延安组底部煤层的分布受侏罗系与三叠系之间不整合面上的古洼地控制；另外，延安组与直罗组间发育的古风化面分布有重要的高岭石资源[8]。在国外，应用层序地层分析以来最重要的成就之一就是在层序底界面上和低位体系域中发现了各种大型储集体——包括深切谷和海底扇等砂体[6]。

在陆内较稳定基底的条件下层序界面很少见有明显的角度不整合，而微角度不整合及假整合占多数。界面下古地质图的编制及界面以上的沉积物，如古风化层、硅结层等的研究对此种微角度不整合的识别具有重要价值。

在以往的地质填图中人们习惯只把规模较大的构造不整合(即上、下地层间有明显的交角和间断)作为不整合面对待。Vail 等的层序地层模式所介绍的不整合却全然属于另一种类型。在被动大陆边缘条件下层序发育过程中没有明显的构造变形，Vail 认为其形成受海平面变化的控制，在边缘海盆地由于古斜坡明显，海退侵蚀面和海进侵蚀面都能造成微角度不整合，此种不整合具有侵蚀不整合性质(erosional unconformity)。对于微角度不整合较难以在局部露头处确定，在没有高质量反射地震断面的情况下需要做大范围追索。目前通常把大的区域性构造不整合界面作为Ⅰ级界面，是划分构造层序(即巨层序和超层序)的界面；而Ⅰ、Ⅱ级层序地层单元的界面则主要为假整合和微角度不整合。

3　小层序——沉积体系域的基本单元

层序(sequence)的内部可以划分出许多小层序(parasequence)。在许多译文中，parasequence 也被译为“准层序”或“副层序”，在汉语中“准”或“副”是相对于“正”而言的，但实际上parasequence与 sequence 却是等级的差别。一个层序可以含有十几个至几十个paresequence，因此笔者主张译为小层序。英国一些学者则在层序内部划分亚层序(subsequence)。“parasequence”在国际上仍属于有争议的术语。Busch 提出的地层成因增量(GIS)，其含义与 parasequence 相当，但使用更早。划分和对比小层序必须与沉积体系研究相结合：在曲流河体系部分，其下界面是河道底侵蚀面，其间隔是河流体系发育的一个基本周期结构，即由河道、泛滥平原至废弃河道和沼泽；在三角洲体系部分，其下界面则是前三角洲沉积的底界，即海侵层(图 3)；如果都简单地以冲刷面为界，则会把三角洲沉积一分为二，即把三角洲平原下界面与河流体系下界面相连，这显然会造成对比上的错误。

小层序的划分有赖于区域性水进界面，在内陆表海条件下发育的海陆交替型含煤岩系有大量薄的海侵层，由于基底的相对稳定性和古地貌上极缓的古坡度，海水进退表现出突发性和广泛性，在短暂的地质年龄间隔中引起大面积的环境演变，因此是划分小层序和小层序组(parasequence set)的良好界面。在大型内陆盆地中，在稳定基底条件下(如鄂尔多斯盆地)也存在着可以长距离追索的湖相层，此种被证明有区域意义的湖泊扩展事件①是在陆相盆中划分小层序和小层序组的重要依据。值得注意的是，一些盆地中存在着区域性碎屑沉积体系的废弃

① 在陆相盆地研究中，习惯上用“水进”“水退”来表示湖泊的动态，事实上是不确切的，Kelts 教授建议用湖泊的扩展(expanding)和收缩(contracting)来表示。

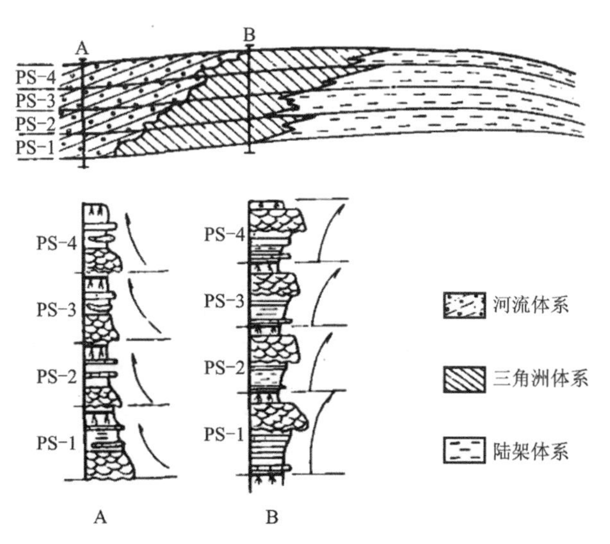

PS-1～PS-4 为小层序编号，并构成一个小层序组；A 剖面为河流体系发育区；B 剖面为三角洲体系发育区。

图 3 小层序组(parasequence set)和小层序(parasequence)

期，这种时期与主要的稳定煤层和煤层组的形式相吻合，因此在进行陆相盆地小层序(或组)的划分时，可把这种区域性碎屑体系的废弃界面与区域性湖泊的扩展界面结合起来使用。

4 幕式小层序和周期性小层序

关于旋回性的研究很早即在含煤岩系领域取得了成功的经验，在 20 世纪 50 年代初即已达到很高的水平。煤地质工作者发现旋回中的砂体侧向上都是不稳定的，而旋回中的海侵层和某些煤层则通常有相当好的稳定性，如北美石炭系某些旋回侧向可延展 800km。小层序的时间间隔大体相当于煤地质学中的小型岩相旋回，但小层序是三维成因地层单元。

Vail 提出的幕式(episodic)小层序和周期性(periodic)小层序对煤地质学领域有重要意义。幕式小层序产生于沉积过程本身，如三角洲朵体的迁移，其分布范围较局限。周期性小层序则有非常好的连续性，在晚古生代海陆交替含煤岩系中可以追索近千千米。Vail 认为周期性小层序可能起因于米兰科维奇轨道周期引起的古气候周期性变动，此种变动引起冰川融化和体积的变化，从而导致海平面的升降，正是此种机制控制了分布面积广阔的周期性小层序的形成[4]。

石炭纪—二叠纪是冰川发育的重要时期，具备周期性旋回发育的极好条件，因此在含煤岩系的研究中可以区分出幕式与周期性小层序，并以周期性小层序作为区域性对比的标志。我国华北太原组和山西组下部是研究周期性小层序比较理想的对象。值得指出的是，在鄂尔多斯盆地延安组中发现的大面积展布、横向上稳定的小层序，其成因显然难以用冰融——海平面变化机制解释，因为侏罗纪全球处于温暖气候状态。需要探求其他周期性的因素。

5 层序地层单元的级别及其与岩石地层单元的关系

鉴于含煤岩系的发育往往只是沉积盆地充填的一个特有阶段，因而煤田中的层序地层分析应纳入盆地的整体分析。盆地的层序地层单元通常可划分出 5 级。Ⅰ.盆地充填序列；Ⅱ.巨层序；Ⅲ.层序；Ⅳ.小层序组；Ⅴ.小层序。小层序大体上与煤地质学上惯用的"岩相旋回"的时间间隔相近(图 4)，是沉积体系域的基本单元。需要特别强调的是各级层序地层单元均为三维地层体。

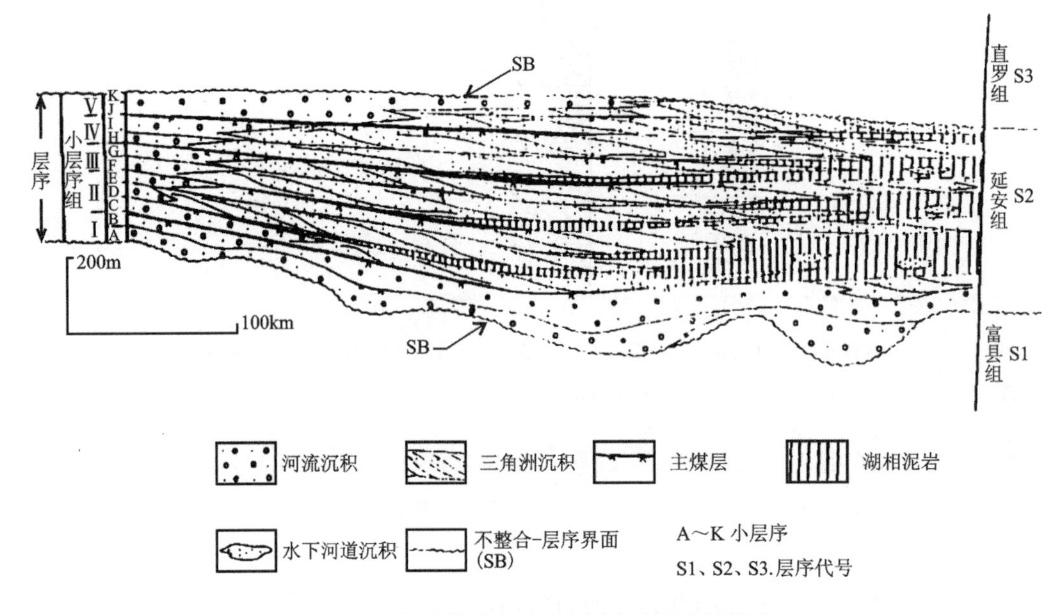

图 4 鄂尔多斯盆地延安组层序及其内部构成

为了保证建立的地层格架的相对等时性，层序地层学的研究应与高分辨率的事件地层学研究和精细的生物地层研究密切结合，事件标志层如煤系的火山灰层常提供准确的对比标志。在工作方法上笔者采用建立全盆地的沉积断面网络的方法，实践证明这是一种对比层序地层格架的有效手段。

层序地层单元与现行地层划分的单元之间的关系迄今尚无一致意见。诚然，层序地层单元是有别于目前的岩性地层单元和年代地层单元的独立体系，但三者之间又有某种对应关系。划分层序地层单元的决定因素是不整合面及假整合面，这些间断面延到盆地中部往往变成整合面。现有的岩性地层单元与年代地层单元在划分时许多情况下考虑了物理界面，特别是前者。因此，Weimer 等认为，如果在划分地层单元时充分考虑以不整合及假整合等间断面为地层界面，那么超群、群、组、段等岩性地层单元也应该是一定级别的层序。笔者等在鄂尔多斯盆地研究中发现原划分的中生代岩性地层单元(相当于组的一级)间都有间断面存在，大体上与"层序"相当。当然此种关系并非在任何地区都存在，有些岩性地层单元界面与层序界面并不一致，如一个组中发现了内部存在的重要间断面就可能划分为两个或三个层序。总之，含煤地层与层序地层单元的对比关系主要取决于界面研究及识别结果。

6 关于沉积体系域

在建立等时地层格架的基础上进行的沉积体系域的重建[9]是资源预测的基础。Brown 和 Fisher 提出的沉积体系域的概念早于 Vail 等的层序地层术语系统。Vail 等提出的层序地层模式主要基于被动大陆边缘盆地，并进一步划分出低位体系域、海侵体系域和高位体系域（图1），应该说这是在一定条件下所做出的划分，并不完全适合各种不同类型的盆地。在含油气盆地勘探中根据高分辨率的反射地震目前也只能在层序内部划分出与小层序组相当的“体系域”。小层序的划分通常只有借助露头和钻井资料才能做到。在煤田勘探和煤地质研究中早已要求按单煤层研究，在一些研究程度较高的煤田如美国东部石炭纪煤田的某些区域已按照煤分层研究，显然仅划分出地层间隔颇大的“体系域”不能解决单煤层聚积规律的问题。因此，含煤岩系沉积体系域的重建应以小层序——体系域单元为基本单位。由于工作比较繁重，实际工作中可选择含主要可采层的小层序。沉积体系域的重建应用较大比例尺高分辨率的古地理图来表现。

7　关于富煤单元分析

20世纪70年代笔者等在中新生代煤田预测中，鉴于煤聚集的极不均一性和资源量集中于若干个古地理、古构造最有利的部位，提出和使用了富煤带的概念。当时由于中生代断陷盆地中煤层分叉合并的复杂性，富煤带是按煤层组为单位划分的。80年代笔者在鄂尔多斯等盆地从事沉积体系与聚煤规律研究，编图达到了小层序的精度，对各主煤层进行了单层三维变化研究并使用了富煤单元的概念[8]。富煤单元是同一层位煤层相对较厚而稳定的部分，即古地理、古构造有利于泥炭堆积的部位。一个重要的发现是煤质的原生指标如镜惰比I/V、灰分和硫分的变化是按富煤单元的轮廓分带，从而表明富煤单元不仅是煤层厚度变化的单位，也是研究煤质原生分带的基本单位。许多重要的煤质参数按富煤单元的轮廓呈不规则环带，此种规律的阐明对煤质预测有重要价值[8]。在煤地质研究中进行层序地层分析，其目标应在于优质富煤单元的预测，这是与含油气盆地层序地层分析的重要差别，而后者的着眼点是生、储、盖的配置，特别是储集砂体的预测。

8　发展以层序地层研究为中心的综合成因地层分析

层序地层学的深入发展有赖于多学科的深入结合，正如层序地层学的形成与地震地层学、磁地层学、高分辨率微体古生物学等有不可分割的关系一样，今后更需要进一步使用地质学的其他分支学科的成果。如构造—地层分析研究沉积作用对构造运动的响应以及沉积负载对构造演化的作用；在层序地层研究中对高级别的层序地层单元首先需要考虑构造因素的控制作用；高分辨率事件地层学正在取得重大进展，高分辨率事件界面和标志层特别是火山灰及其变化物如高岭石泥岩夹矸、斑脱岩层等都极有助于层序地层格架的对比，并能测定同位素年龄；同位素地质学对探索古海洋状况如盐度、氧化还原程度、沉积速率、大陆剥蚀状况等都具有一定的意义；精细的古气候周期研究也需要在层序地层分析中取得同步发展。以层序地层学为中心并密切结合上述各领域在理论与方法上的进展，将会逐步形成一种新的综合性的成因地层分析系统。

9 结合我国地质特点探索不同时代、不同类型盆地的层序地层特征

近年来国内外许多学者的实践表明，层序地层学的原理及方法可应用于不同类型的盆地，也包括内陆盆地。但不可能提出一种普遍适用的层序地层模式。图4为笔者等在鄂尔多斯盆地侏罗系进行层序地层学研究的一个实例。延安组顶、底界面均为微角度不整合或假整合，因此延安组显然相当于一个层序，其内部划分出11个小层序。在陆相盆地的层序中，低位、海侵与高位体系域的划分完全不适用，但由于不整合面标志着沉积期的重新开始，因而，体系域的特征也显示了下部、中部和上部的三分性[8]。为了更好地研究煤层，研究小层序——体系域单元，并以稳定的小层序或小层序组做编图单位就更为重要。

由于地质现象的复杂性，很难用公式表达其特征和地质参数的相互关系，因此，"模式"成为地质学有史以来的重要方法。任何成功的模式都源于典型地区的总结，它具有类比和借鉴的作用，但难以避免区域的局限性和认识的局限性。因为模式都是通过人的思维概括出来的，很难完全符合实际，有时甚至与客观情况不同。Vail等提出的层序地层模式无疑是一个成功的概括，并已产生很大的影响。但在不同类型盆地中层序地层格架的特征和控制因素有很大的差异，在裂谷和前陆盆地中，构造作用就更为突出。我国晚古生代煤田主要分布在陆内相对稳定区，古地貌上表现为受限内陆表海盆地，其同期的边缘海部分往往相距很远或在板块消减及大陆碰撞过程中被破坏掉，其层序地层样式与北美学者在大陆边缘含油气盆地所得出的成果有根本差异。例如：①极缓的古坡度难以形成侵蚀成因的角度不整合；②低位体系域在地台广大范围内可能并不存在，层序底部常以海侵体系域开始，如中朝地台部分的石炭系—二叠系；③体系域出现的顺序并不是低位—海侵—高位的简单模式；④低位体系域可出现在陆内断槽区，如贵州南部和广西的二叠纪深断槽；⑤在一些基底较活动、沉降较深的地区，如贺兰山晚古生代坳拉槽、我国东南闽、赣等地加里东基底上的二叠纪深沉降区以及东海渐新世含煤沉积某些层序底部发育代表低位体系域的深切谷充填。

图5表示在地壳稳定区内陆表海条件下的层序地层样式(I)，华北地台的石炭纪—二叠纪煤系基本上属于此种类型。迄今为止在华北地台广大面积内尚未发现煤系底部存在着作为低位体系标志的深切谷地充填(incised valley)。内陆表海与边缘海盆或大洋之间常是以复杂的关系过渡，如以通道(sea way)的形式相通。晚古生代煤系同期的大陆边缘沉积在板块汇聚或大陆碰撞过程中已受强烈变形和破坏。为此地质工作者正在寻找内陆表海盆地的同期边缘海沉积。

图6表示具有同期裂陷活动的层序地层样式，其主体部分处于地壳的相对稳定区，有较弱的基底裂陷活动。扬子地台的晚二叠世含煤岩系即处于此种构造背景，如贵州西部。在边缘部分有深断槽发育，其中发育了低位体系域。贵州南部和广西二叠纪的断槽中即发现了此种深水沉积物。

目前我国煤地质领域的层序地层研究还属于起步阶段，各类盆地层序地层格架的面貌还未能充分阐明。图5和图6仅是示意性地表现我国晚古生代陆内地区层序地层格架的若干特点，以供进一步研究时参考。我国的中生代煤田绝大部分为内陆型，在伸展、挠曲和走滑体制中的

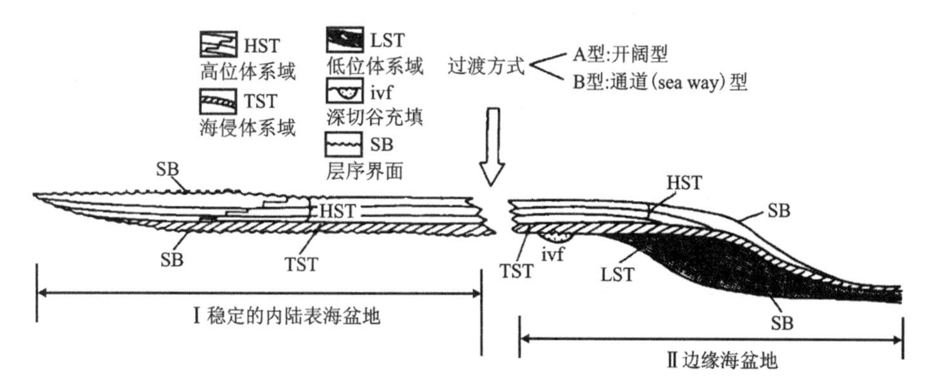

A 型. 开阔型，直接与陆架陆坡过渡；B 型. 受限内陆表海，以通道形式与海洋相通。

图 5 稳定的内陆表海盆地的层序地层样式及其与边缘海盆地的过渡关系

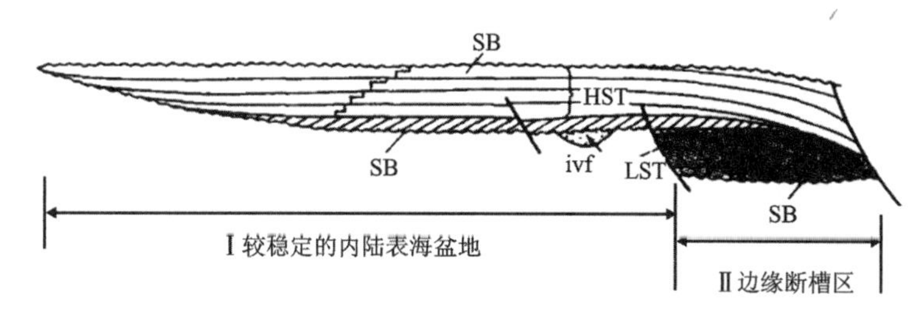

图 6 较稳定的内陆表海盆地，边缘断槽区发育了低位体系域的深水沉积(图例同图 5)

盆地构造对地层格架的控制都极为显著并占居首位。已发现内陆盆地中基准面(base level)的变化受多重因素影响，地层序列中可能也存在着全球性或大区域性因素变化导致的旋回性，如古气候周期。理论上，海平面的变化也会引起陆内基准面的改变，因而海平面变化对内陆盆地古地理演化产生着间接效应，但此种判断需要通过艰难的工作加以证实。因此，笔者主张在开展层序地层研究中应立足于地区实际，揭示研究区的层序地层格架，而不是去简单套用前人模式。

参考文献

[1] VAN WAGONER J C，MITCHUM R M，CAMPION K M，et al. Siliciclastic sequence stratigraphy in well logs，cores，and outcrops：concepts for high-resolution correlation of time and facies[M]. Tulsa：AAPG，1990.

[2]VAIL P R. Seismic stratigraphy interpretation using sequence stratigraphy：Part 1：seismic stratigraphy interpretation procedure[J]. AAPG studies in Geology，1987，1：1-10.

[3] BOYD R，SUTER J，PENLAND S. Relation of sequence stratigraphy to modern sedimentary environments[J]. Geology，1989，17(10)：926-929.

[4]VAIL P R. The stratigraphic signatures of tectonics，eustasy and sedeimentology-an overview[M]// EINSELE G，RICKEN W，SEILACHER A. Cycles and events in stratigraphy. New York：Spring-Verlag，1991.

[5]HAQ B U，HARDENBOL J，VAIL P R. Mesozoic and Cenozoic chronostratigraphy and cycles of sea-level change[M]. Tulsa：SEPM，1988.

[6] 李思田. 层序地层分析与海平面变化研究——进展与争论[J]. 地质科技情报,1992,11(4):23-30.

[7]WEIMER R J. Developments in sequence stratigraphy: foreland and cratonic basins: presidential address[J]. AAPG Bulletin,1992,76(7):965-982.

[8] 李思田,程守田,杨士恭,等. 鄂尔多斯盆地东北部延安组聚煤沉积体系及层序地层分析[M]. 北京:地质出版社,1992.

[9] 李思田,杨士恭,林畅松. 论沉积盆地的等时地层格架和基本建造单元[J]. 沉积学报,1992,10(4):11-22.

焦坪矿区南部封闭状无煤区的特征及成因探讨*

焦坪矿区位于鄂尔多斯盆地东南缘，属于陕西省黄陇侏罗纪煤田的一部分。区内早中侏罗世含煤岩系普遍发育，自上而下含一、二、三、四组煤。一、二、三煤组煤层层数多，单层厚度小，分布不稳定，仅少数煤层局部可采。四煤组全区分布，厚度较大，是区内勘探开采的主要对象。本文就矿区南部崔家沟—玉华一带四煤组中所见的封闭状无煤区的一般特征及其成因做分析讨论，以期服务于今后的勘探和开采工作。

1　封闭状无煤区的一般特征

无煤区的平面形态如图1所示，呈长圆形或不规则形。长轴方向一般与其周围煤层等厚线的走向近于平行。规模大小不一，根据钻探和井下开采所揭露的结果看，小者仅数百平方米，大者可达0.4km²。无煤区的剖面形态如图2所示。无煤区充填岩石为砂岩，砂岩与煤层呈突变接触，二者的界面为挤压滑动面，界面附近的煤层受挤压变形，层状构造消失，而且常伴有局部加厚现象。无煤区砂岩以中粗粒为主，一般呈灰色—灰白色，碎屑成分以石英为主，含长石及少量岩屑。碎屑形态主要为次棱角状，大部分为泥质支撑结构，杂基含量普遍大于15%，属于长石石英杂砂岩。

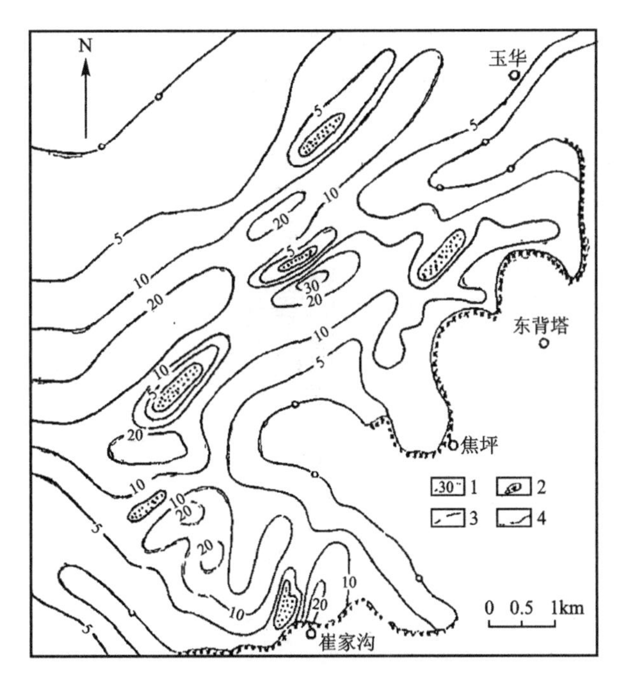

1.煤层等厚线；2.无煤区；3.煤层零点线；4.剥蚀边界。

图1　煤层厚度及无煤区平面分布图

* 论文发表在《煤田地质与勘探》，1987，4，作者为王双明、李思田。

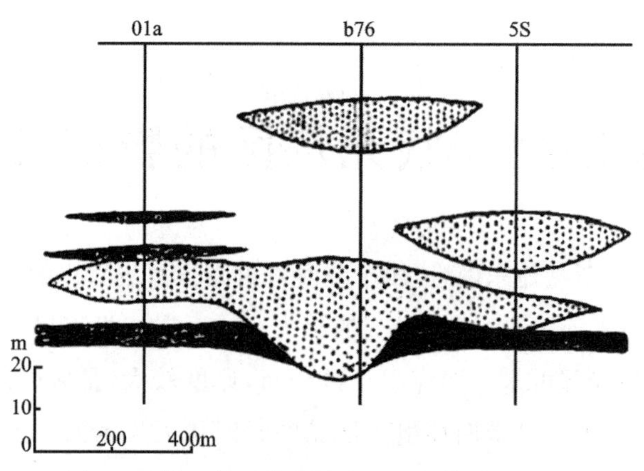

图 2 无煤区剖面形态图(据钻孔及巷道资料综合)

2 含煤岩系的剖面结构及沉积环境

本区早中侏罗世含煤岩系主要由灰色、灰黑色、灰绿色粉砂岩、薄层细砂岩及泥岩和中、粗粒砂岩透镜体组成。依据岩性特征,以四煤顶板为界将含煤岩系分成上、下两段(J_{1-2}^1和J_{1-2}^2,图 3)。上段与其上覆直罗组(J_2z)砂岩呈冲刷接触,岩性由灰色、灰白色、灰绿色粉砂岩、薄层细砂岩夹中粗粒砂岩透镜体组成,含有数层薄煤。下部与其下伏富县组逐渐过渡,由根土岩、碳质泥岩、煤层及顶板深灰色粉砂岩组成。

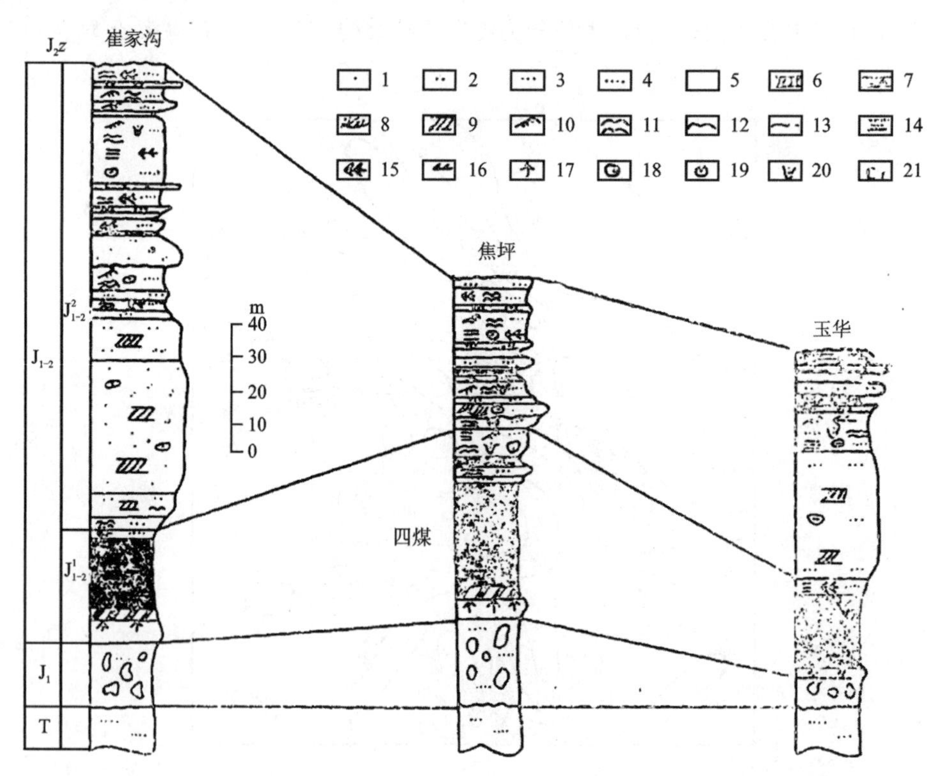

1. 粗砂岩;2. 中砂岩;3. 细砂岩;4. 粉砂岩;5. 泥岩;6. 碳质泥岩;7. 煤层;8. 大型交错层理;9. 大型板状交错层理;10. 小型交错层理;11. 波状层理;12. 微波状层理;13. 断续波状层理;14. 水平层理;15. 植物化石;16. 植物碎屑;17. 根化石;18. 黄铁矿结核;19. 黄铁矿球粒;20. 生物潜穴;21. 色斑。

图 3 含煤岩系垂直层序对比图

环境分析表明，本区含煤岩系的形成经历了由浅水湖泊→沼泽→浅水湖泊→小型湖泊三角洲的演化过程[1]。富县组是在三叠系顶部古剥蚀面上的浅水湖泊中沉积的。四煤层是在富县组沉积期浅水湖泊总体淤浅之后发育的沼泽中形成的。四煤层顶板是在沼泽覆水加深后形成的浅水湖泊中沉积的。位于四煤顶板之上的中粗粒砂岩透镜体来源于一系列小型河道在充填浅水湖泊的过程中建造的小型三角洲沉积。

3　无煤区成因探讨

在野外和井下调查的基础上，通过对整个含煤岩系的沉积历史分析，笔者认为封闭状无煤区是由差异沉积作用导致的一种负载构造，是在煤层顶板沉积之后，成岩之前形成的。这种差异沉积作用与小型河道对浅水湖泊的充填有着密切关系。当小型河道携带大量的碎屑物质流入浅水湖泊后，在煤层顶板之上建造了一系列小型湖泊三角洲砂质体，这些砂质体呈伸长的朵叶状。由于砂质沉积的质量大于粉砂质及泥质沉积物，因而在其下伏的煤层顶板之上产生了一种不均匀的负载力。随着砂质沉积物厚度的加大，这种负载力也越来越大，当其超过尚未成岩的煤层顶板的抗压强度时，顶板破裂，煤层发生变形。由于煤系基底为三叠系的古老岩系，煤层的受力状态类似于位于压力机下的塑性试件，不可能向下发生位移，只能通过侧向位移来适应这种负载力的作用，侧向位移的结果造成了煤层的局部加厚。砂岩下陷占据了煤层的位置，形成了封闭无煤区。

H. E. 赖内克和 I. B. 辛格对负载构造曾做过详细论述[2]。他们认为负载构造是砂沉积在水塑性泥层上的结果，这种过度负载或不均匀负载主要通过垂直运动来调整。砂层以凸叶体下陷，或者甚至使泥层以舌形体向上推进。本区在四煤层顶板之上堆积了小型三角洲朵状砂体，从理论上讲完全具备形成负载构造的地质条件。而煤层局部加厚和砂岩下陷现象也完全符合负载构造的特征。

需要指出的是，前人曾对封闭状无煤区的成因有不同的见解。主要看法有两种：一种认为是河流冲刷形成的；另一种则用正断层解释砂岩的下陷。笔者认为上述两种看法是不妥的，理由如下：

(1)河流冲刷不可能形成封闭状砂体。在含煤岩系中，河流冲刷煤层形成无煤区是比较常见的。但这种无煤区的平面范围往往与河道砂体的平面分布是一致的，一般都呈带状，而且砂体底部常含有大量的煤屑，砾石及粗碎屑颗粒，砂体与下伏地层之间为典型的冲刷接触。钻探与井下资料均已证实，这里的无煤区呈封闭状，周围为煤层所围限，砂体底部无冲刷迹象。这些特点用河流冲刷是难以解释的。此外，四煤顶板之上砂岩体厚度与无煤区分布关系图也表明(图 4)，无煤区均分布在小型三角洲朵状体发育的部位，这就表明无煤区的形成与三角洲砂体的发育有关。本区三角洲砂体具有典型的向上变粗的反粒序(图 3)，与下伏四煤顶板呈渐变接触，根本不是冲刷煤层。

(2)正断层不可能形成煤层局部加厚。无煤区断面形态呈倒梯形，与由两条小型正断层形成的断陷非常相像。然而这样的正断层是在张应力作用下形成的，不可能在断面附近形成挤压现象。而本区无煤区与煤层之间不仅存在挤压滑动面，而且无煤区周围的煤层具有明显的挤压特征并伴有加厚现象，这些特点是难以用正断层来解释的。另外，如果无煤区由正断层形成，那

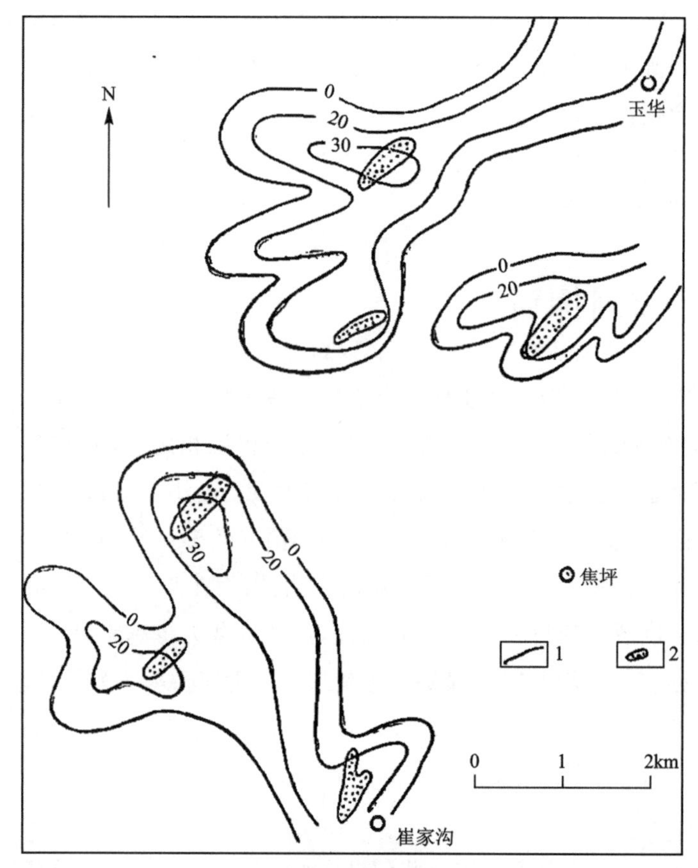

1. 砂体等厚线；2. 无煤区。

图 4　四煤顶板之上砂体厚度与无煤区分布关系图

么在无煤区砂岩之下应有煤层保存。但崔家沟煤矿在无煤区中施工的钻孔表明，无煤区砂岩之下根本没有煤层，而且其下伏地层与有煤区完全相同。这就充分否定了正断层形成无煤区的可能性。

参考文献

[1]王双明. 焦邱矿区早、中侏罗世含识岩系的沉积环境及聚煤特征[D]. 武汉：武汉地质学院，1983.

[2]H. E. 赖内克，I. B. 辛格. 陆源碎屑沉积环境[M]. 陈昌明，李继亮，译. 北京：石油工业出版社，1979.

江西丰城矿区障壁坝砂体内部构成及沉积模式*

摘　要　江西丰城矿区上二叠统龙潭组狮子山段为障壁坝-潟湖体系沉积。该区障壁坝砂体包括前滨、临滨、入潮口潮道、涨潮三角洲、风暴冲越扇等成因相，这些成因相由10种构成单元组成，矿体内部可识别出5个等级界面，这些不同等级界面限定了不同级别沉积体的几何形态及其相互组合关系。

关键词　江西　障壁坝　构成要素　沉积模式

油气储层是油气勘探和开发的直接目的层，对其几何形态、分布和内部构成的研究具有重要意义。近年来国内外花费大量人力、物力，对良好地面露头区的不同类型砂体内部构成和三维形态进行研究。这对准确认识深部储层内外部形态和结构，制订可行油藏开采方案是十分必要的。

储层砂体内外部形态及构成分析得益于层序地层分析和构成要素(architectural elements)分析方法。层序地层分析强调将沉积体系和成因相放入盆地整体沉积格架中进行研究，从而更清楚地认识沉积体系和成因相的空间配置关系，为储层砂体沉积类型分布预测提供基础。构成要素分析侧重于砂体内部各构成单元的几何形态及其相互组合关系研究。Miall[1,2]曾对此做过精辟的论述，并对河流体系的构成单元进行了详细的划分和讨论。但对障壁坝砂体内部构成单元分析尚未见典型的实例。本文以江西丰城矿区上二叠统龙潭组狮子山段砂岩为例，对障壁坝砂体内部构成单元及其形态特征做初步的探讨。

1　地质背景

江西丰城矿区位于扬子地台江南台背斜带。二叠纪时期，中下扬子地台形成广阔的陆表海环境[3]，晚二叠世形成华南地区主要的海陆交互的含煤地层。

丰城矿区上二叠统包括龙潭组和长兴组，龙潭组为一套海陆交互含煤碎屑岩系，长兴组为浅海碳酸盐和硅质岩沉积。龙潭组自下而上划分为官山段、老山段、狮子山段和王潘里段(图1)。官山段厚度约为150m，下部为灰色—深灰色粉砂岩、泥岩夹灰白色中细粒砂岩，中上部以灰白色中粗粒石英砂岩为主，夹深灰色粉砂岩和泥岩层。老山段厚度约为240m，分3个亚段：下亚段为深灰色粉砂岩、泥岩夹薄层细砂岩、黑色碳质泥岩、泥岩；中亚段为深灰色—灰黑色薄层状泥岩和粉砂质泥岩，水平纹理发育并盛产菊石化石；上亚段为深灰色粉砂岩夹细砂岩条带，水平纹理发育。狮子山段厚度约为36m，岩性为灰白色石英中细砂岩夹薄层粉砂岩。王潘里段厚约90m，岩性为灰色—浅灰色中—细砂岩和深灰色薄层粉砂岩、泥岩、碳质泥岩，含煤层位达16层。

龙潭组狮子山段为障壁坝-潟湖体系沉积，本文的研究重点是该段障壁坝砂体，其厚度一般为20～40m。障壁坝是一种长而狭窄的砂堆积体，一些学者在障壁坝-潟湖体系研究中将障壁

* 论文发表在《岩相古地理》，1994，14(4)，作者为解习农、李思田、高东升、葛立刚、龚绍礼。

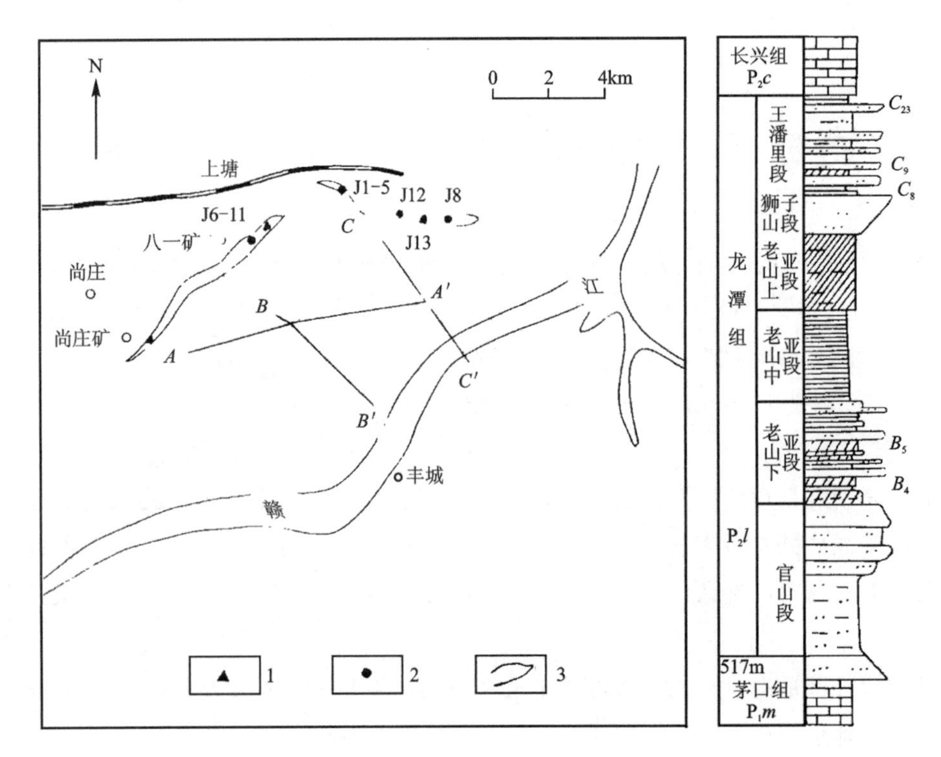

1.实测剖面;2.钻孔;3.狮子山砂岩段露头线。

图1 丰城矿区狮子山段露头区及剖面位置

坝、入潮口潮道和潟湖作为3种成因相组合来考虑，涨潮三角洲和风暴冲越扇属于潟湖相组合中的成因相类型。对储集砂体而言，狭义障壁坝、入潮口潮道、涨潮三角洲和风暴冲越扇实际上构成了相互连通的统一的储集砂体。因此，本文暂将其统称障壁坝砂体。

2 砂体内部界面分级

砂体内部可分解为不同级别的建造块(building block)，即不同等级的三维成因单元，这些建造块之间被不同级别的界面分割[4]。因而砂体内部构成分析首先需识别各级界面，通过采石场及公路切割的良好露头的观察及三维剖面的追索，笔者将障壁坝砂体内部界面划分为5个等级(图2)。

2.1 一级界面

一级界面为一系列相似床砂底形的交错纹层组界面。界面上下物理条件相同，界面无明显的侵蚀作用。一级界面延伸有限。在露头、岩芯中易识别。在前滨成因相中一级界面为冲洗交错纹理再作用面。一般来说，一级界面没有泥披盖层或泥质条带。

2.2 二级界面

二级界面是限定小型或中型底形组之间的界面，即岩性相之间的界面，它反映了流动条件

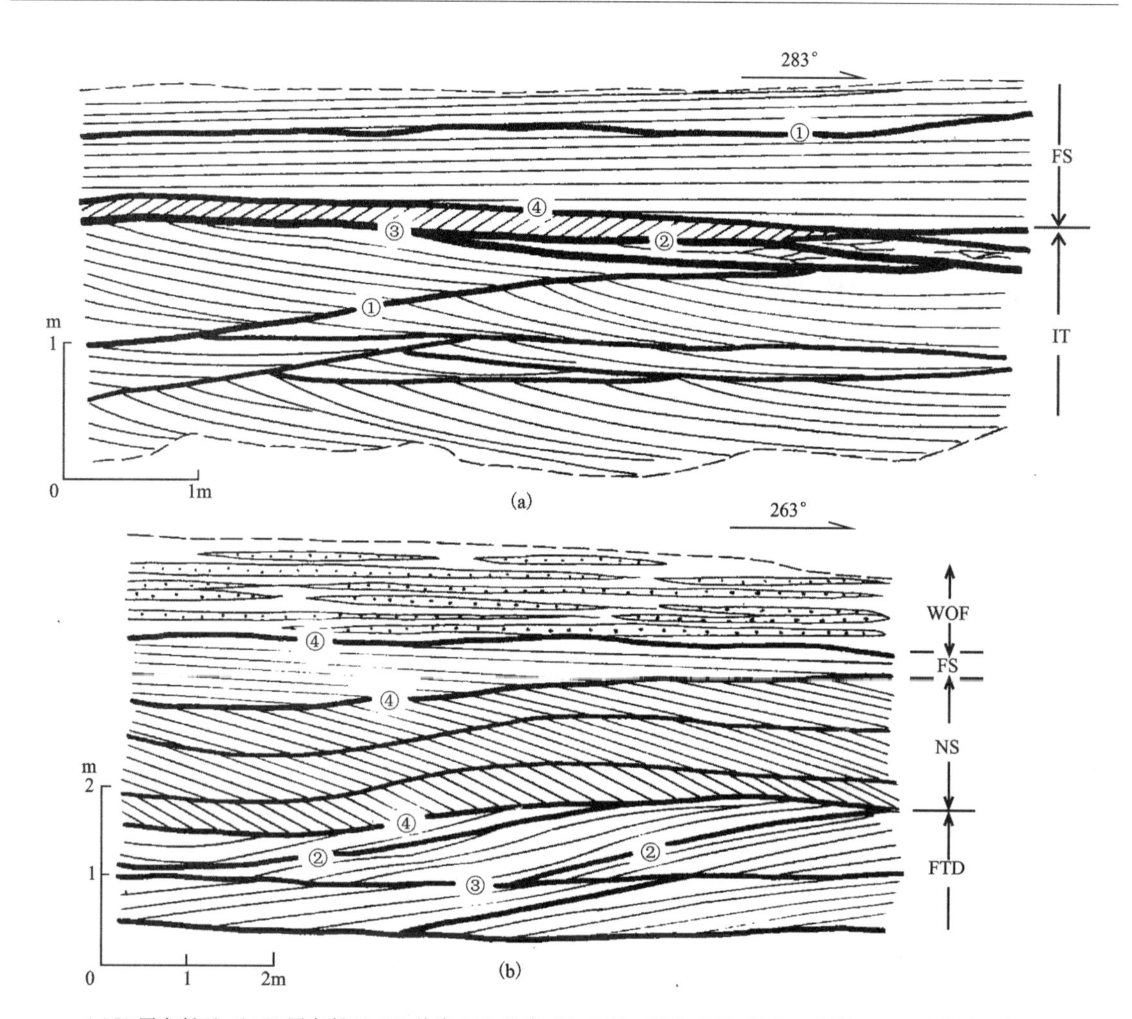

(a)J2 写实断面;(b)J8 写实断面;FS. 前滨;NS. 临滨;IT. 入潮口潮道;FTD. 涨潮三角洲;WOF. 风暴冲越扇。

图 2　障壁坝砂体内部界面分级

的变化或流动方向的变化。界面无明显时间间断,代表不同交错层系间的界面。界面上下岩性相不同。在前滨、临滨沉积物中二级界面无泥披盖层或泥质条带,但在潮道和涨潮三角洲沉积物中常见泥质条带。

2.3　三级界面

三级界面是大型或巨型底形的上界面,以低角度削蚀下伏的交错层理。三级界面通常为构成单元的分界面,是限定小型或中型底形组之间的界面,界面披盖内碎屑角砾或泥质条带。界面上下岩相组合不同,并常切割一、二级界面。三级界面在露头上有一定的横向延伸。

2.4　四级界面

四级界面是大型砂坝界面,即划分成因相的界面。界面一般呈平面状或上凸状。界面上下岩相组合不同,有明显的侵蚀作用,常有泥披盖层。四级界面因砂体成因发生变化所形成,横向上有较长的延伸。

2.5 五级界面

五级界面即划分体系单元(或成因地层增量)的界面,界面有明显的时间间断和侵蚀作用。在聚煤盆地中五级界面常以根土岩、煤层或风化土壤层为标志。

以上分析表明不同级别的界面不仅控制各级沉积体的规模及三维形态(表1),而且界面的沉积构成也影响储集砂体内部各储层单元的连通性。

表1 障壁坝砂体内部界面分级及其特征

界面等级	水平延伸	底形	控制厚度	界面沉积构成	对应岩石单元
一	n～n×100m	微一中型	0.1～2m	不含或偶含泥质条带	纹层组
二	n～n×100m	微一中型	0.1～3m	偶见泥质条带	岩性相
三	n×100～n×1000m	巨型	0.5～10m	泥披盖、泥质条带	构成单元
四	n×100～n×1000m	巨型	5～20m	泥披盖或泥薄层	成因相
五	>1km	复合体	10～30m	根土岩、煤层或风化土壤层	体系单元或小层序

3 障壁坝砂体的构成单元

构成要素分析的研究思路就是根据不同级别的界面将沉积体划分成不同等级的三维成因单元。研究过程中将障壁坝砂体分解为不同成因相,进而分解为不同的构成单元,对每种构成单元又进一步以岩性相划分其内部差异。岩性相是砂体内部沉积构成的最基本单位,代表了相同物理、化学、生物条件(主要是水动力条件)下形成的岩石单位,是野外观察描述的基本分层单位。但对岩性相进行横向追索时往往比较困难,故储集砂体的三维模型的建立应以构成单元为单位。构成单元代表了由多个成因上相关的岩性相组成的沉积体,这种沉积体有相近的岩性和储集物性。通过采石场切割的10余条削壁断面观察和写实,研究区内障壁坝砂体中识别出18种岩性相和10种构成单元(表2,图3)。有关障壁坝岩性相描述较多,这里不再赘述。

表2 障壁坝砂体的主要构成单元

构成单元	构成特征	形成过程
冲洗纹理砂(WL)	具低角度向海倾斜纹理的中细砂岩	平坦底形在冲洗回流作用下形成
大型砂质底形和沙坝(LSB)	具大型槽状、楔状和板状交错层理的中细砂岩,层理规模向上变大	中上临滨面大型砂坝在波生流作用下形成
小型砂质底形砂丘和砂泥(SSB)	具小型交错层理、波纹交错层理、低角度交错层理的细砂岩	临滨面小型砂质底形、砂丘、砂泥迁移形成
逆行砂丘砂(OS)	一系列薄的低角度透镜状纹层组,岩性为中细粒砂岩	低缓砂丘在高流态条件下迁移形成

续表 2

构成单元	构成特征	形成过程
滞流沉积(GS)	具冲刷底界,块状或显示不清晰交错层理的中粗粒砂岩透镜体	潮道底部的滞流沉积或风暴浪作用下形成的冲刷-再充填滞流沉积
风暴作用的砂质底形和沙坝(WSB)	具大型槽状、楔状和板状交错层理的中细砂岩,含生物碎片	大型砂质底形和沙坝在风暴作用下迁移形成
潮汐作用的大型砂质底形和沙坝(TSB)	具大型槽状、楔状和板状交错层理的中细砂岩,双向水流,向上层理规模减小,泥质增多	潮道控制的砂质底形和沙坝迁移的产物
潮汐作用的前积楔状体(TPW)	具大型楔形前积体,以细砂岩为主。向陆地方向前积,楔状体之间有泥披盖层	入潮口潮道向潟湖进积的产物
越岸席状砂(WO)	具小型交错层理、水平纹理或块状层理的薄而分布广泛的细砂岩	由风暴作用将坝前和坝面砂带入坝后沉积
潮坪砂泥互层(TF)	厘米或毫米级砂泥互层,发育小型交错层理、脉状层理、透镜状层理,有生物扰动	砂泥互层沉积

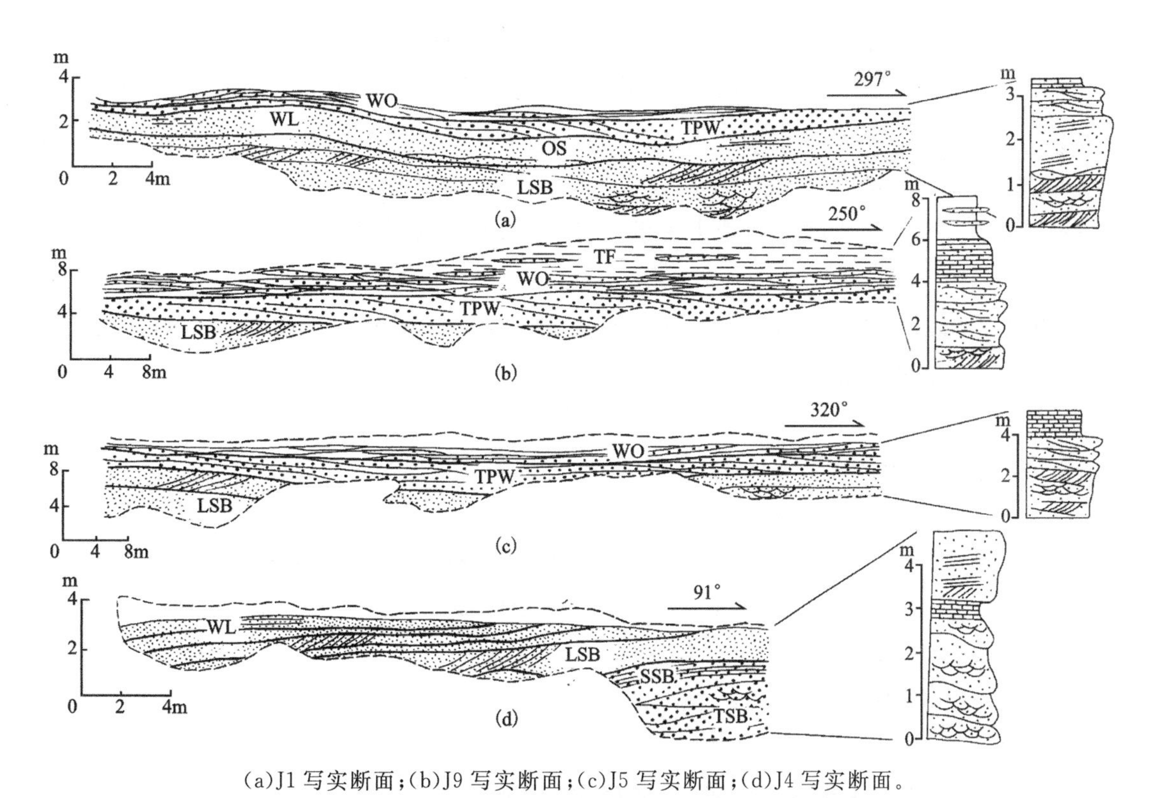

(a)J1 写实断面;(b)J9 写实断面;(c)J5 写实断面;(d)J4 写实断面。

图 3　障壁坝砂体内部构成单元(构成单元代码见正文)

4 障壁坝砂体的成因相

障壁坝砂体主要包括前滨、临滨、入潮口潮道、涨潮三角洲和风暴冲越扇等成因相。它们各自具有特定的几何形态和内部构成。

4.1 前滨成因相

前滨砂主要由冲洗纹理的中细砂岩(WL)组成,纹理以低角度向海倾斜(2°～3°)的平行纹层为特征,纹理内常发育再作用面,有时可见厚度为1～3mm或更薄的、近于平行成对的双层层偶纹理。Clifton曾报道这种独特的双层层偶,这种纹理实际上是在冲流和回流时期沉积物以平床形式搬运条件下由颗粒分离作用形成的[5]。前滨砂中常有小型砂丘砂(SSB)和逆行砂丘砂(OS)。这些小型砂丘砂由前滨下部一系列新月形砂丘迁移所形成。

4.2 临滨成因相

临滨指平均低潮线至浪基面之间海滩面,是远滨作用(或陆架作用)与近滨作用(或波浪作用)交替的过渡区,包括上临滨、中临滨、下临滨沉积。

上临滨以波生流和离岸流为主,沉积物以大型砂质底形(LSB)和小型砂质底形(SSB)互层为特征,由较高角度向陆倾斜的纹层和向海倾斜的纹层组成(图4)。

中临滨同样遭受强烈的波浪及伴生的沿岸和离岸流作用。垂向序列上由两种成因的沉积层组成:一种是在波浪及伴生流的作用下小型砂质底形迁移形成的具波纹交错层理、板状交错层理的细—极细砂岩;另一种是在风暴浪作用下大型砂质底形迁移形成的风暴沉积,其序列底部为风暴滞留沉积,含浑圆状泥砾或生物碎屑,之上为槽状或板状交错层理的细砂岩,随后过渡为正常中临滨沉积。

下临滨以极细砂、粉砂或泥不规则互层为主,从下至上逐渐由具透镜状层理的粉砂和砂泥互层层过渡为具脉状层理的极细砂岩。

4.3 入潮口潮道成因相

入潮口潮道是勾通外海与潟湖的主要通道,砂体内部构成单元主要包括滞流沉积(GS,有时含海相化石碎片)、潮汐作用的砂质底形(TSB)以及潮坪砂泥互层(TF)。潮道深部沉积以大型双向交错层理为特征,层系之间含较多的泥披盖层。潮道浅部沉积以粒度细泥质含量高为特征,形成小型交错层理和砂泥互层(TF)。

4.4 涨潮三角洲和风暴冲越扇成因相

涨潮三角洲沉积毗邻于入潮口潮道的坝后潟湖外侧,砂体构成单元是潮汐作用的前积楔状体(TPW)。风暴冲越扇砂体以越岸席状砂(WO)为特征。席状砂一般为5～20cm,砂体分布范围较广,砂体间夹砂泥互层或具透镜状层理的泥岩。涨潮三角洲和风暴冲越扇在序列上常伴生(图4)。

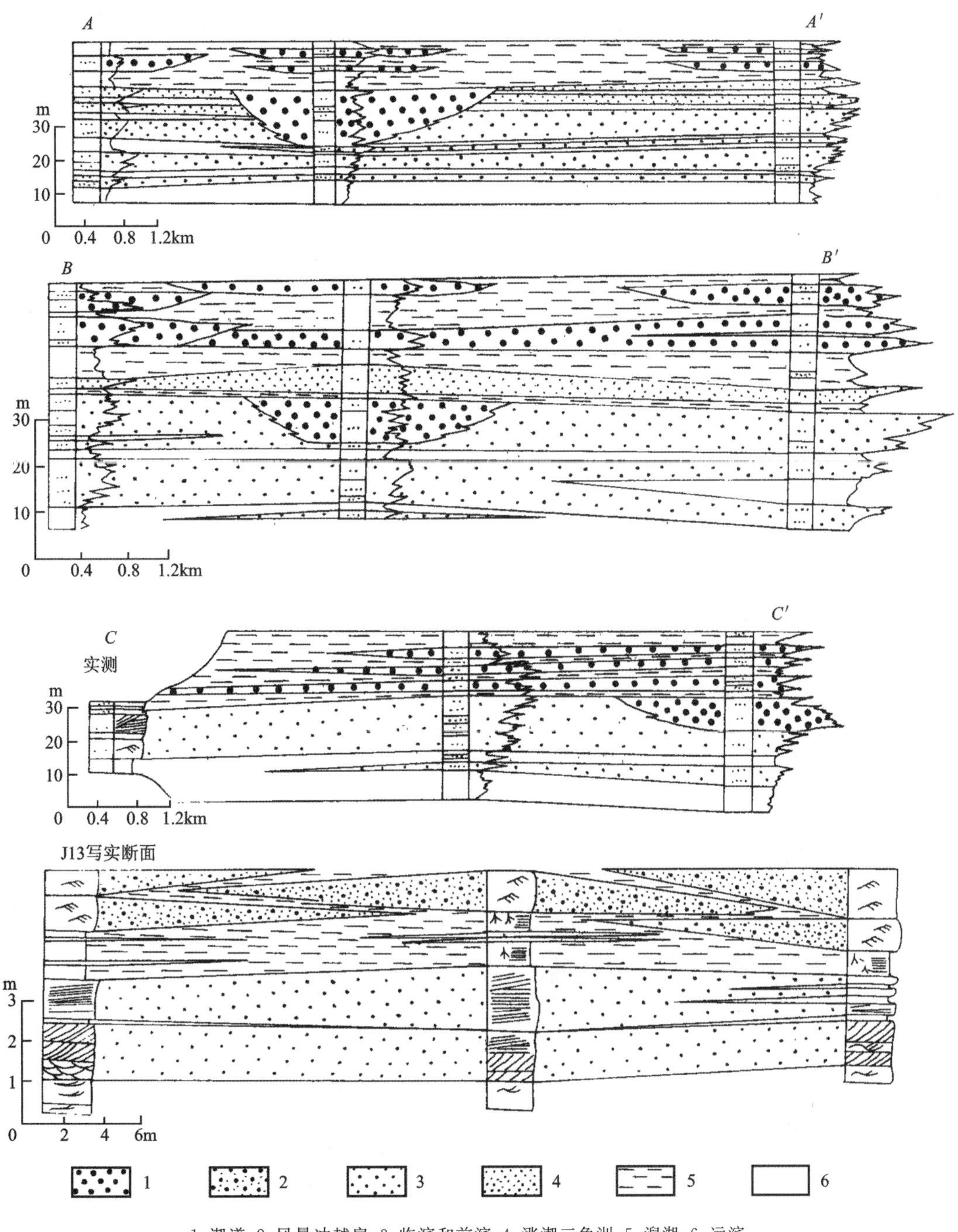

1.潮道;2.风暴冲越扇;3.临滨和前滨;4.涨潮三角洲;5.潟湖;6.远滨。

图4　障壁坝砂体沉积断面图(剖面位置见图1)

5　障壁坝砂体沉积模式

通过障壁坝砂体露头区的三维追索及区域资料的对比,清楚地了解障壁坝各成因相空间配置。图 5 概括了丰城矿区狮子山段障壁坝砂体沉积模式。研究区障壁坝砂体具有以下沉积特点。

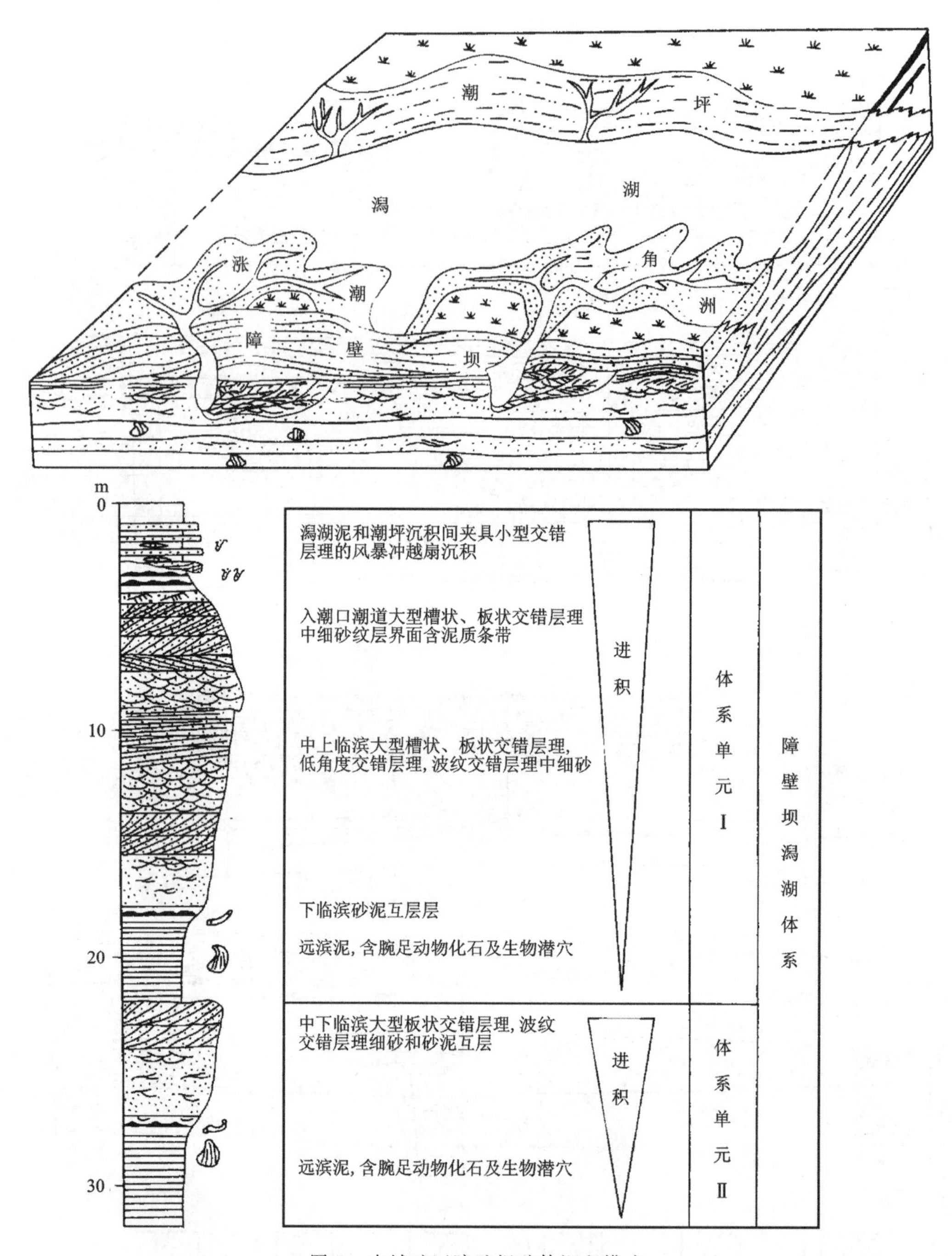

图 5　丰城矿区障壁坝砂体沉积模式

(1)障壁坝砂体的厚砂带呈 NE 向展布，垂向序列上划分两个体系单元：下部以细砂、粉砂为主，主要为水下沙坝(远滨砂坝)沉积；上部以中细粒砂岩为主，主要为前滨、临滨、入潮口潮道、涨潮三角洲和风暴冲越扇沉积。根据区域资料推测，研究区障壁坝砂体的形成可能与三角洲有关。

(2)研究区障壁坝砂体中除下临滨发育生物扰动外，中上临滨以物理沉积构造为主，罕见生物遗迹。其序列厚度大于得克萨斯州 Galvaston 岛低障壁坝序列厚度，而接近于高能的

Ventura-Oxnard 海滩-远滨序列厚度[6]。这些特征表明研究区障壁坝形成于波能较强，不利于生物活动的中等波能的海岸环境。

(3)障壁坝砂体中涨潮三角洲和风暴冲越扇较发育。在狮子山砂岩顶部广泛发育风暴冲越扇与潟湖泥的频繁互层以及王潘里段底部煤层的发育都反映了障壁坝砂体形成于海退背景。

参考文献

[3]王鸿祯，杨建然，刘本培. 华南地区古大陆边缘构造史[M]. 武汉：中国地质大学出版社，1987.

[6]李思田，杨士恭，林畅松. 论沉积盆地的等时地层格架和基本建造单元[J]. 沉积学报，1992，10(4)：11-22.

[4]FISHER W L，MCGOWEN J H. Depositional systems in Wilcox Group of Texas and their relationship to oil and gas occurrence[J]. AAPG Bulletin，1967，51(10)：2163-2164.

[1]MILAA A D. Architectural-element analysis：a new method of facies analysis applied to fluvial deposits[J]. Earth-Science Reviews，1985，22(4)：261-308.

[2] MIALL A D. Architectural elements and bounding surfaces in channelized clastic deposits：Notes on comparisons between fluvial and turbidite systems[M]// TAIRA A，MASUDA F. Sedimentary facies in the active plate margin. Tokyo：Terra Scientific Publishing Company，1989：3-15.

[5]READING H G. Sedimentary environments and facies[M]. Oxford：Blackwell Science Publish，1978.

抚顺煤田煤变质特征*

摘　要　抚顺煤田的煤变质表现为具有浅成、高温、作用时间较短的岩浆热变质作用的特征。在西露天矿坑内和龙凤矿井下见有十分发育的接触热变质带，接触热变质煤未形成良好的天然焦，而是形成“炭渣状煤”或“烧变煤”。煤变质带明显，在平面和垂向上都有所反映。煤变质带的分布与后期侵入辉绿岩的分布关系密切。

关键词　煤变质作用　煤变质特征　抚顺煤田

1　引言

煤变质的研究不仅有助于煤质评价，而且可以解决很多有关的地质问题。煤变质特征和一定的煤变质带分布是诸多地质因素综合作用的结果，同时也反映了特定地质事件的作用过程。

抚顺第三纪(古近纪+新近纪)煤田处于浑河-密山断裂带的西南部，位于浑河-密山断裂带与伊兰-伊通断裂带交会处附近。沿这条断裂带发育有一系列第三纪(古近纪+新近纪)煤田[1]。这些第三纪(古近纪+新近纪)煤田的煤变质各有差异，低到亚烟煤，高可达高挥发分烟煤A。而且单个煤田内部的煤变质程度也具有明显差异。本文所研究的抚顺煤田是其中最典型的一个。该煤田现探明的范围仅 $40km^2$。探明埋深最深的煤层仅1000m左右，最浅出露地表。但是煤变质范围则变化较大，其范围从亚烟煤到高挥发分烟煤A，即镜煤反射率 $R_{o,m}$ 为0.4%～0.85%，局部为0.9%以上。

抚顺煤田受后期构造作用的破坏比较强烈，煤田北部由于 F_1 断层的影响，太古宙及白垩纪地层推覆于第三纪(古近纪+新近纪)地层之上，使得北翼地层遭到破坏，而南翼地层保存较完整，为煤变质研究提供了便利。此次研究根据井下煤门和露天坑煤露头系统取样以及利用钻孔煤质资料系统地阐述了抚顺煤田煤变质带的分布、煤变质特征及煤变质因素。

2　煤变质带的分布

2.1　平面上的分带性

图1(a)中的挥发分产率等值线图展现煤变质具有明显的带状分布。煤田南部挥发分产率较低，中部较高，北部受断层影响，规律不明显，但有降低的趋势。煤变质的总体展布方向与现存煤田的展布方向基本一致。同时，还展示煤变质具有由西向东增高的趋势，在煤田西部(西露天矿)挥发分产率大多在48%以上，煤田中部(老虎台矿)挥发分产率大多在46%～48%之间，

* 论文发表在《煤田地质与勘探》，1993，21(1)，作者为庄新国、李思田、吴冲龙、罗照华、王生维。

煤田东部(龙凤矿)挥发分产率大多在44%～46%之间。图1(b)中一系列煤门剖面的挥发分产率和镜煤反射率的系统变化与煤变质带总体分布是一致的。

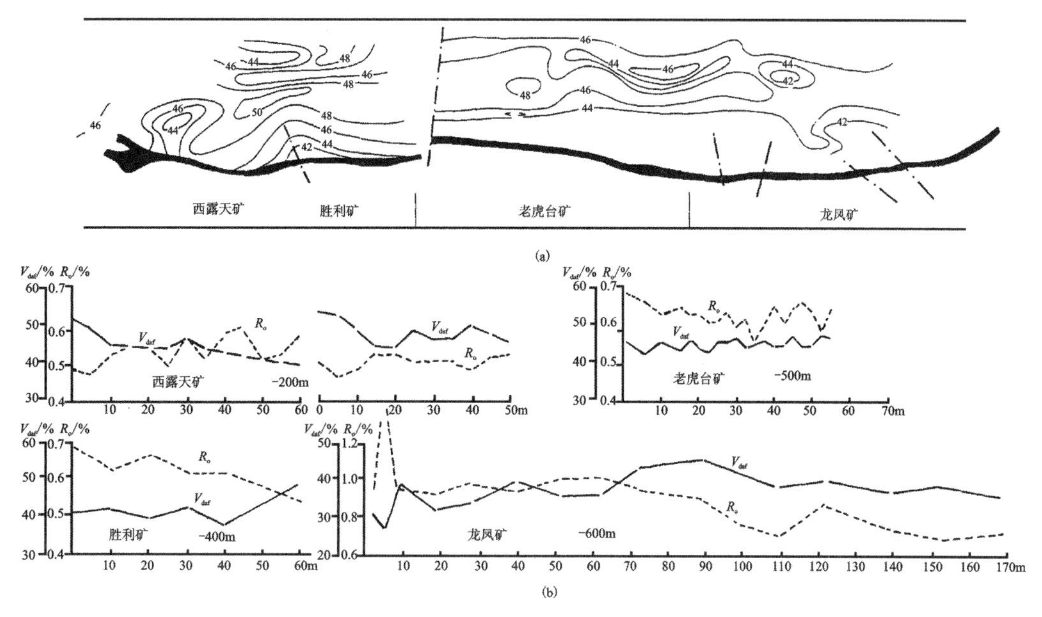

(a)挥发分等值线图,资料据抚顺矿务局;(b)一煤门剖面挥发分产率、镜煤的反射率变化图。

图1　抚顺煤田煤变质图

2.2　垂向变化

该煤田主煤层的钻孔煤样挥发分产率资料分析结果表明,主煤层煤级垂向变化可以分为3种类型:无明显变化、挥发分产率向上增高和挥发分产率向上减少。西露天矿主要以无明显变化为主;老虎台矿以挥发分产率向上增高为主;龙凤矿具有挥发分产率向上增高或减少两种类型。通过对老虎台矿北部4个钻孔主煤层的镜煤反射率与埋藏深度的关系分析(图2),可以看出每个钻孔都出现随深度增加镜煤反射率值增大的趋势。但是它们与现存埋藏深度的关系并不明显。753孔煤层埋深只有740m,但镜煤反射率相对较高,梯度值较大。而733孔煤层埋深达913m,但镜煤反射率却低于753孔,梯度值也相对较小。

抚顺煤田老虎台组、粟子沟组和古城子组都含有煤层。按照正常的煤变质规律,下部老虎台组、粟子沟组中煤的变质程度应高于古城子组中煤的变质程度。但西露天矿西南帮A煤和B煤的变质程度则较低,镜煤反射率都在0.5%左右,与西露天矿西部古城子组煤层的镜煤反射率非常接近,但明显地低于老虎台矿和龙凤矿古城子组煤层的镜煤反射率。

3　岩浆活动与煤变质的关系

3.1　辉绿岩与煤层的热接触关系

通过西露天矿的大比例尺填图,以及龙凤矿、老虎台矿井下煤门描述,发现大量辉绿岩以岩

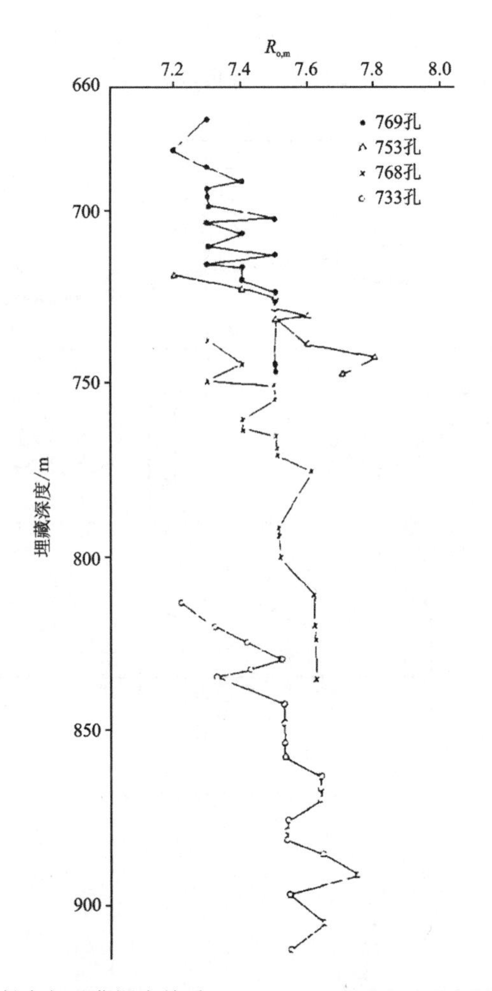

图 2　镜煤反射率与埋藏深度关系(资料据辽宁省煤田地质勘探公司研究室,1974)

床、岩脉的形式侵入煤层,它们的侵入对煤层产生极大的影响。在辉绿岩与煤层接触处,煤发生接触热变质(图 3)。接触热变质带的宽度受辉绿岩规模的控制,可从几厘米到几米。在西露天矿南帮老虎台组内,侵入 B 煤的辉绿岩岩脉仅厚 0.3～0.6m,而接触变质带的宽度仅几厘米。在西露天矿南帮东部,辉绿岩顺层和近于顺层侵入主煤和 A 煤中。辉绿岩沿露天矿边坡出露面积较大,断续出露约 1km²,为一较大的岩床,煤的接触变质带宽度可达 5～6m。在龙凤矿605 煤门主煤层底部,煤层与辉绿岩接触,煤的热接触变质带宽约 1m。在接触变质带附近,煤的脱挥发分作用非常明显。图 4 是西露天矿南帮东部接触热变质煤剖面的挥发分产率变化图。煤的挥发分产率在辉绿岩附近为 20%左右,远离辉绿岩煤的挥发分产率逐渐增高。在 6m 范围内煤的变化梯度较大,为 3.24/m。6m 以外则挥发分产率变化较小。

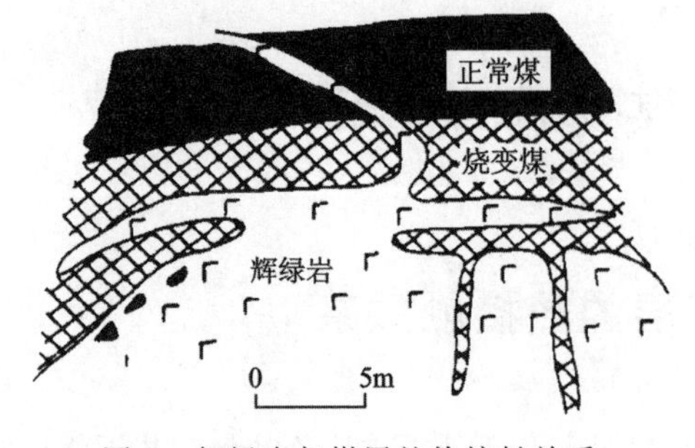

图 3　辉绿岩与煤层的热接触关系

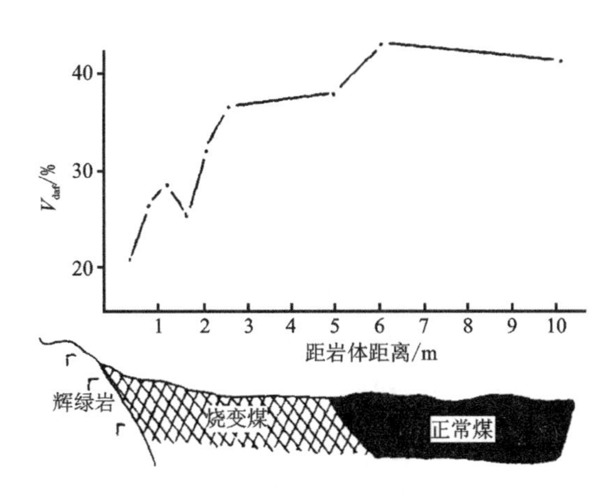

图4　接触热变质煤剖面的挥发分产率变化（剖面位置在西露天矿E1000附近）

3.2　接触热变质煤的岩石学特征

抚顺煤田接触热变质煤具有低变质煤接触热变质特征[2]。煤层裂隙发育，且多为碳酸盐岩和石英细脉充填，煤层中还见有一些细岩脉，其杏仁构造发育。煤已被强烈的碳化、碳酸盐岩化和硅化，煤中可见大量的硅质和方解石细脉，煤基质呈碳渣状，极易染手。在显微镜下观察，煤中见不到镜质体和壳质体显微组分。除丝质体保存比较完整外，其余组分均比较细碎，具有类似细粒镶嵌结构的特点。丝质体孢腔多被块状石英充填，偶尔能见到显微石英晶族发育。

4　煤变质作用

抚顺煤田的底部地层为老虎台组玄武岩，难以与侵入在玄武岩中的辉绿岩较区分。因此，在前人的研究报告中很少提到新生代煤系形成后期辉绿岩的侵入。对该区的煤变质作用认识很不统一。本次研究从煤变质带分布特征、岩浆活动与煤变质的关系入手，发现煤变质带的分布与辉绿岩的分布有着密切的关系。因而确定抚顺煤的变质作用为岩浆热力变质。它们的特征可归纳如下。

4.1　热源来自辉绿岩

在煤田南部露头区，出现有大量的辉绿岩体，它们从西露天矿东部（E500）一直延续到龙凤矿东部。根据以前的钻孔资料分析，煤田的深部和北部亦存在辉绿岩体，在西露天矿北帮可见由F_1断层带上来的辉绿岩。辉绿岩的这种分布特征与煤变质带的分布特征是一致的。此外，大量的辉绿岩与煤层的热接触变质带的存在也证实了这一点。

4.2　古地热场中温度分布不均匀

从该煤田主煤层煤变质带的分布特征可以看出，该煤田古地热场中温度分布是不均匀的。

煤田的东部明显高于西部，南北两侧高于中部。而且同一区域不同位置，温度梯度也有明显的变化。这种不均匀性是由于岩浆侵入的不均匀性造成的。

4.3 热活动的时间及其特征

抚顺盆地热活动主要表现有两期，第一期发育于古新世到始新世早期，第二期发育于始新世之后到新近纪之前。第一期热事件活动出现在盆地的裂陷始发期，主要表现为大量的玄武岩喷发。玄武岩喷发在盆地的西部比较发育，东部较不发育。这次热事件活动持续时间较长，从古新世中期开始一直延续到始新世早期。这次热事件活动主要表现在对古新世沼泽的火焚作用。大量的火山熔岩流流入沼泽以及火山喷发导致森林着火，致使古新世以及始新世底部煤层和沉积岩中存在大量的火焚丝炭，而且西露天矿比老虎台矿和龙凤矿表现得更为突出。第二期热事件活动，据推测最早出现在始新世地层沉积之后。由于抚顺盆地后期褶皱抬升，部分地层遭受剥蚀，岩体与地层的穿插关系只能确定到始新世。最晚形成于煤田大规模褶皱抬升之前。这期热事件活动主要表现为辉绿岩沿盆地基底断裂和盆缘断裂的侵入，它可能代表了盆地的第二次裂陷作用。这次热事件活动致使煤层产生强的变质作用。现存煤变质带的分布特征就是由这期热事件活动所决定的。

4.4 煤层早期的区域变质作用最高只达亚烟煤阶段

西露天矿西端未见出露规模较大的辉绿岩体，因此，煤层受岩浆热的影响也较小，主煤层的最低镜煤反射率 $R_{o,m}$ 只有 0.4%左右。B 煤和 A 煤的镜煤反射率也较小，只有 0.55%左右。由此可见，早期的区域变质作用所达到的煤级应低于西露天矿最低的煤级。此外，同处于抚顺煤田一个断裂带内的梅河煤田，它的形成时代与抚顺煤田相同，由于没有岩体侵入的影响，现在仍为亚烟煤，镜煤反射率 $R_{o,m}$ 均在 0.35%～0.40%之间。由于抚顺煤田早期变质作用程度较低，煤级低于亚烟煤阶段，因此，在与辉绿岩接触的接触热变质带中，煤没有形成天然焦，而是被强烈热解碳化，形成了一些类似细粒镶嵌结构的中间产物和镜塑体。此外，煤中水分含量较高，热解产生的二氧化碳气体易于水解形成碳酸根离子，使得侵入的辉绿岩和接触热变质煤碳酸盐化比较强烈。

5 结论

(1)抚顺煤田煤变质是岩浆热力变质作用的产物，煤变质带的分布呈 EW 向，与现存盆地的展布方向基本一致。

(2)根据煤变质带的分布特征可以推测引起煤变质的辉绿岩呈 EW 向展布，其岩体形态主要为岩墙和岩床，这与野外露头观察和钻孔资料是基本吻合的。

(3)抚顺煤田接触热变质煤具有低变质煤接触热变质的特点，不是形成天然焦，而是形成“烧变煤”。

(4)抚顺第三纪(古近纪＋新近纪)盆地经历了两期热事件活动，第一期表现为喷发相，在盆地的西端西露天矿比东端老虎台矿和龙凤矿要发育，第二期表现为侵入相，盆地的东端要比西端发育。

参考文献

[1]武汉地质学院煤田教研室.煤田地质学(下册)[M]. 北京:地质出版社，1979.

[2]COLIN R W，PRTER R W，IVOR F R. Geochemical and mineralogical changes in a coal seam due to Contact metamorphism, Sydney Basin, New South Wales, Australia[J]. International Journal of Coal Geology，1989，11:105-125.

大庆油田成藏条件及油气系统研究*

松辽盆地大庆油田是我国乃至世界规模最大的陆相油气田。在近50年的勘探和开发过程中，许多学者对松辽盆地及大庆油田的盆地形成、演化，区域构造背景，盆地构造沉积特征，生、储、盖层及圈闭特征，油气的生成、运移、聚集，油气藏的分布规律等方面进行了研究，取得了大量成果。本文重点研究这一巨型陆相油气田形成的深层次地球动力学背景，定量阐明大庆油田油藏形成过程、油气运移聚集的通道、成藏机理，准确确定油藏的成藏时间和期次，建立油藏形成的模式等。

1　地球动力学背景

松辽盆地是深部软流圈隆起作用下，在不稳定的拼合基底上发育起来的大陆裂谷盆地。松辽盆地的深部对应于软流圈隆起部位，软流圈顶面高点埋深在60km左右。软流圈上隆发生于J_3-K_1，K_2以来软流圈顶面一直保持隆起形态。松辽盆地的基底，孙吴-双辽断裂带以西为西伯利亚侧向增生的陆壳，以东为布列亚-佳木斯地块和边缘增生成分。盆地基底结构和断裂对盆地构造与沉积格架具有明显的控制作用。裂谷演化的热衰减沉降阶段的两次沉降、两幕反转控制了大庆长垣油气藏成藏要素的形成和成藏过程的发生。大庆长垣地区极为有利的成藏要素及其空间配置的形成与孙吴-双辽基底断裂带密切相关。

2　生、排油及圈闭形成过程

自青山口组沉积以来，盆地处于热衰减规模沉降阶段，研究区普遍经历了三次沉降、两次抬升，控制了生排油及圈闭的动态过程。青山口组到嫩江组、四方台组到明水组、新近纪泰康组到第四纪，构成三次沉降，其中以嫩江组沉积后期(嫩三-嫩五段沉积时期)和明水组沉积时期沉积速率最大，分别达160m/Ma和180m/Ma。而两次区域抬升分别发生于嫩江组沉积后和明水组沉积后，大庆长垣背斜构造主要是在这两次构造抬升过程中形成的。

主要生油层在77.4Ma打开生油窗，到73Ma进入生油高峰，生油量达120亿t，排油量达40亿t。此时，大庆长垣已具雏形，最大闭合高度近200m，闭合面积达1180km^2。73～65Ma为生油高峰时期，总生油量达320亿t，总排油量达120亿t。65Ma后正是大庆长垣构造的迅速增长与构造定型阶段，最大闭合高度达350m，闭合面积达1800km^2。

3　油气二次运移、聚集机理

自73Ma以来，大庆长垣始终处于低势区，齐家-古龙凹陷和三肇凹陷为高势区，前者向大庆

* 论文发表在《现代地质——中国地质大学研究生院学报》，1999，1，作者为辛仁臣、李思田。

长垣北部的势降梯度约为后者的3倍，因此大庆长垣北部的油气主要来自齐家-古龙凹陷。从齐家-古龙凹陷到大庆长垣原油 $\delta^{13}C$ 由－2.56%减小到－2.8%。而三肇凹陷仅向大庆长垣南部碳同位素有减小的趋势。表明大庆长垣北部主要是西侧齐家-古龙凹陷运移而来的油气，南部则两侧凹陷均有贡献。

物理模拟实验表明，石油二次运移的通道十分有限，在50cm宽的实验模型上，运移通道的宽度约5cm。石油主要沿指状砂体中央有限的通道由油源向圈闭运移，而且运移速度很快，约1.4cm/min，通道上含油饱和度较低，约16%。当到达顶部的封闭层后，石油开始聚集成藏。垂向运移速率1.4cm/min，按Thomas1995年推导的换算公式，相当于在生油层TOC含量为5%，干酪根为I型，输导层孔隙度为28%，渗透率为1500mD条件下500m/a的运移速度。这一运移速度值与Dembcki和Anderson1989年的石油自然上浮实验观测值接近。表明石油二次运移在地质年代上是短暂的，二次运移及成藏与大量排油同步。

4　成藏年代及成藏期次

储层砂岩样品的自生伊利石K-Ar同位素年代学分析结果表明，喇萨杏构造油藏的成藏年代为古近纪初期。自上而下，萨尔图油层自生伊利石K-Ar同位素年龄在61.5～50.8Ma之间，葡萄花油层自生伊利石K-Ar同位素年龄在52.1～45.4Ma之间，高台子油层自生伊利石K-Ar同位素年龄在53～41Ma之间。饱和压力法成藏年代学研究表明，以背斜构造为主控因素的喇嘛甸、萨尔图、杏树岗3个油田成藏地质时间在65Ma以后，以岩性和构造为主控因素的太平屯、高台子、葡萄花、敖宝塔油藏，成藏时间在77.4～73Ma之间。

大庆油田主要源岩在77.4Ma进入生排油门限，73～65Ma为生排油高峰期。大庆长垣构造在65Ma后定型。

因此，大庆长垣地区存在两个成藏期，具有岩性-构造油藏成藏早，构造油藏成藏晚的成藏规律。位于大庆长垣南部的岩性-构造油藏为第一成藏期产物，成藏年龄均在77.4～73Ma之间，而位于大庆长垣北部的喇嘛甸、萨尔图、杏树岗油藏为第二成藏期产物，成藏年龄均在65～40Ma之间。笔者采用数值模拟方法证实了这一结论。

5　成藏模式

长期大规模发育的深湖-半深湖及前三角洲沉积，以及河流三角洲长期发育部位与大庆长垣背斜构造基本吻合，形成了生、储、盖、圈等优越的成藏地质要素及其间有效的配置关系。随着生油层埋深加大，有机质成熟度逐步增高，油气不断生成，当油气的生成量大于烃源岩各种吸附、残留总量后，油气就会从源岩中排出，进入邻近的储集层，并在储层中发生二次运移，在圈闭中聚集成藏。大庆长垣油藏是77.4～73Ma和65～40Ma两期成藏事件的产物，前者主要形成岩性或岩性断层油藏，后者主要形成背斜构造油藏。大庆长垣地区已发现及已开发的油藏主要是构造油藏和规模较大的岩性构造油藏，但大庆长垣及其周边地区发育大量薄层及透镜状砂体形成的岩性及岩性构造油藏。这类油藏是进一步勘探、寻找后备储量的重要目标。

胶莱盆地东北缘中生界粗碎屑岩段的沉积层序及含金性*

摘　要　胶莱盆地属于晚中生代断陷盆地，其东北缘广泛出露中生界粗碎屑岩系。在对胶莱盆地进行野外宏观描述、室内微观鉴定及样品含金量测试的基础上，研究了粗碎屑岩段的沉积物组成、沉积类型和微观特征，建立了该岩段在不同地区的垂向沉积层序及典型层序组合类型。不同的水动力条件是造成砾岩层内部结构复杂性变化的主要原因。通过与国内外有关资料的对比分析，指出研究区粗碎屑岩段形成于干旱、近源快速堆积的陆上冲积扇环境，且探讨了其含金性。

关键词　胶莱盆地东北缘　中生界　粗碎屑岩段　古砂金

1　盆地地质概况

胶莱盆地位于山东半岛中部，介于胶北和胶南两个隆起区之间，属晚中生代断陷盆地。它总体呈 NE 向展布，总面积约 $2700km^2$。古元古代末期，胶东地区一直处于隆起剥蚀状态，仅在蓬莱地区沉积了一套海相的砂岩、泥岩和灰岩，且已经受区域变质作用，盆缘隆起区主要为一套太古宇—元古宇的变质岩系。直到中生代晚侏罗世，由于受燕山运动的影响，经历了长期隆起剥蚀的胶东地区产生二隆一坳的构造格局，胶莱盆地形成并开始莱阳组的陆源粗碎屑沉积，此时期的构造-岩浆活动较弱。到晚侏罗世末，胶莱盆地及周围的构造-岩浆活动频繁，早白垩世早期以大量酸性和中酸性岩浆喷发为主，伴有基性岩浆喷发，到中晚期发生较大规模的岩浆侵入活动，在胶北隆起区形成了我国著名的胶东招远-掖县金矿成矿带，在盆地内部沉积了上千米的青山组火山岩及火山碎屑岩。晚白垩世，构造-岩浆活动较弱，气候温暖干燥，沉积了王氏组厚达数千米的陆源碎屑岩[1,2]。

研究区位于胶莱盆地东北缘莱阳地区，以盆缘附近广泛出露上侏罗统莱阳组和上白垩统王氏组底部粗碎屑岩段为特征。盆地内部主要充填中生代晚侏罗世及白垩纪地层，局部发育新生代地层，盆地边界主要为侵蚀边界(图 1)。

2　盆地充填序列

胶莱盆地在太古宇胶东群及元古宇粉子山群变质岩系基底之上，充填了一套巨厚的晚中生代陆源碎屑岩系夹火山碎屑岩系[3]。自下而上可分为 3 个组(图 2)。

上侏罗统莱阳组(J_3l)下部陆源碎屑岩段：为一套灰绿色、紫红色的砂岩、砂砾岩、砾岩夹页岩和粉砂岩。自下而上可分为四段：第一段为底部粗碎屑岩段(J_3l_1)，第二段为湖相泥岩、粉砂岩段，产动植物化石(J_3l_2)，第三段为含砾砂岩及砂岩段(J_3l_3)，第四段为砂砾岩段(J_3l_4)。总厚

* 论文发表在《沉积学报》，1998，16(1)，作者为周江羽、李思田、杨士恭、刘长青。

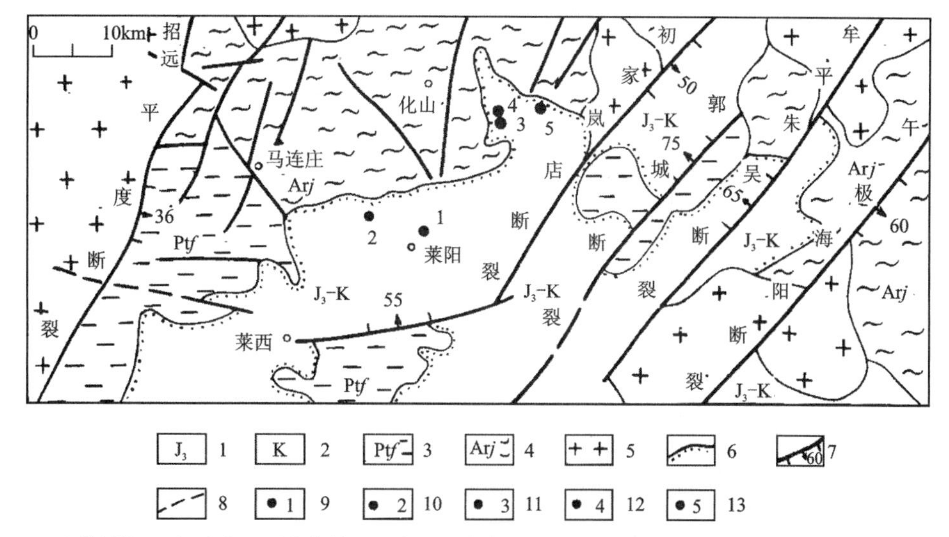

1.上侏罗统;2.白垩系;3.元古宇粉子山群;4.太古宇胶东群;5.花岗岩体;6.盆地边界;7.正断层及产状;8.推测断层;9.水沐头实测剖面;10.柏林庄实测剖面;11.南崮实测剖面;12.河西实测剖面;13.大咽喉。

图1　胶莱盆地东北缘地质略图

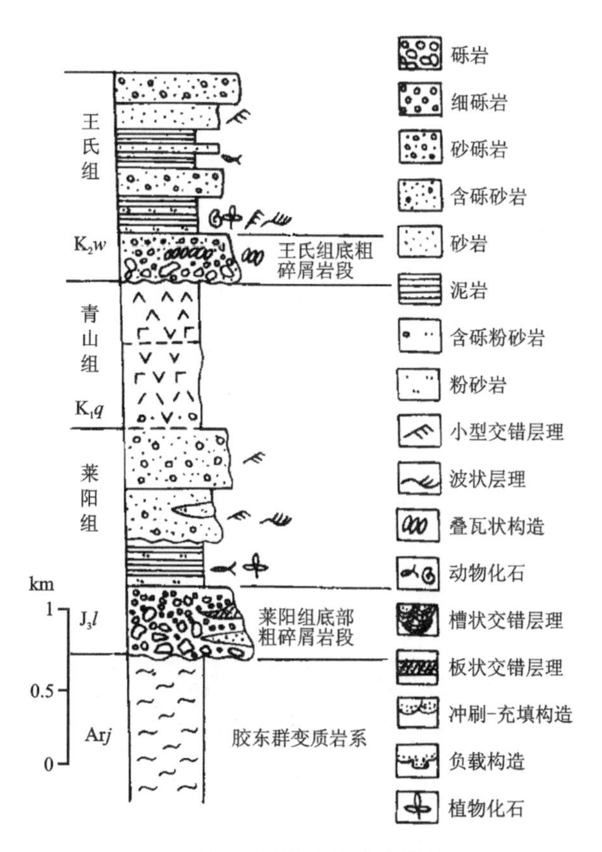

图2　胶莱盆地充填序列

度为390～2700m。

下白垩统青山组(K_1q)中部火山岩及火山碎屑岩段：为一套中基性、中酸性的火山熔岩、火山碎屑岩夹陆源碎屑岩。总厚度大于1500m。

上白垩统王氏组(K_2w)上部陆源碎屑岩段：为一套紫红色、黄绿色的砂岩、砂砾岩夹粉砂岩和泥岩，紫红色粉砂岩、泥岩与砂岩互层。自下而上可分为六段：第一段为底部粗碎屑岩段（K_2w_1），第二段为泥岩、粉砂岩段（K_2w_2），产动植物化石，第三段为砂砾岩段（K_2w_3），第四段为砂岩、泥岩互层段（K_2w_4），泥岩中产动植物化石，第五段为砂岩段（K_2w_5），第六段为砂砾岩段（K_2w_6）。总厚度为1000～4000m。

本文研究的重点为莱阳组和王氏组底部普遍发育的由紫红色、杂色砾岩和砂砾岩组成的粗碎屑岩段，它们广泛出露于胶莱盆地的东北缘，厚度一般为100～500m。

3 粗碎屑岩段的沉积学特征及垂向层序

3.1 沉积物组成及沉积类型

研究区莱阳组和王氏组底部粗碎屑岩段的沉积物以紫红色、紫灰色的砾岩、砂砾岩为主，内夹灰白色、灰色、紫红色的砂岩、含砾粉砂岩、泥岩薄层或透镜体。根据沉积物的宏观和微观特征，并与国内外现代和古代环境的类比[4-6]，组成粗碎屑岩段的主要沉积类型如下。

3.1.1 泥石流沉积

泥石流沉积主要由砾岩组成，砾径大小一般为10～50cm，最大可达140cm，砾石含量一般为60％～80％，主要成分为安山岩、英安岩、流纹岩、片麻岩，石英岩、花岗岩等，表明物源主要来自盆缘胶东群变质岩及燕山期花岗岩体。砾石以次棱角状一次圆状为主，排列杂乱，局部由于砾径及砾石含量的变化显示粒序性，反映了稀性泥石流沉积的特征。有时可见泥石流具波状起伏的底界和平整的顶界，且对下伏的紫红色含砾粉砂岩或泥岩有削截现象，显示了该泥石流具有一定的黏性流动特征（图3、图4）。砾岩呈基质支撑，基质主要由含砾中粗砂岩或砾质砂岩组成，其粒度随砾岩中砾径的增大而增大，基质含量随砾径的增大而减小。单层砾岩厚度变化较大，一般为3～5m，最厚可达10m以上。野外实测的5个剖面层序统计结果表明，各地砾岩的宏观沉积特征有一定差异（表1）。

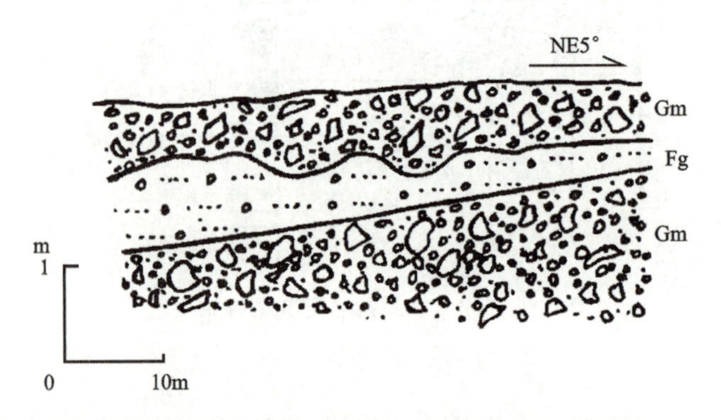

图3 黏性泥石流的顶、底界面形态（柏林庄剖面，图例同图2）

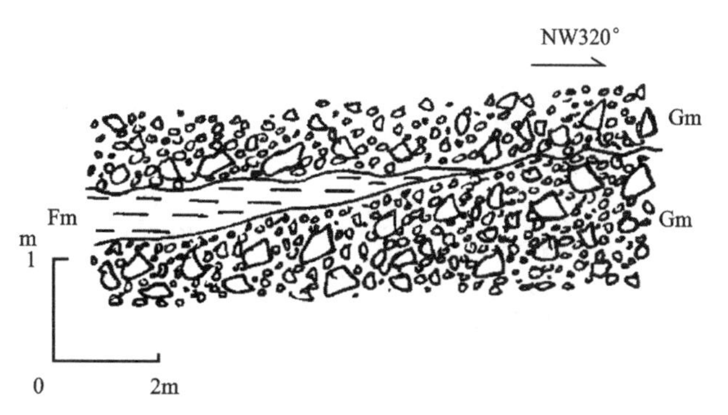

图 4　泥石流对下伏泥岩的削截现象(柏林庄剖面,图例同图 2)

表 1　各地区砾岩的宏观沉积特征统计结果

特征项目 \ 组 \ 地区	莱阳组 J_3l_1			王氏组 K_2w_1	
	南崮	河西	大咽喉	柏林庄	水沐头
单层厚/m 最小～最大/平均	2.08～9.27 / 5.45	1.66～7.26 / 4.50	3.4～11.24 / 5..35	2.29～10.31 / 5.75	1.80～7.05 / 3.57
砾径/cm 最小～最大/平均	2～1.40 / 15	2～30 / 8	2～40 / 4	2～50 / 8	2～40 / 7
基质含量/%	10～20	15～30	25～35	20～30	15～20
沉积构造	块状为主,见平行层理	块状为主,见平行、大型槽状、板状交错层理	块状为主,见叠瓦状构造	块状为主,见粒序、平行、交错层理、负载、叠瓦状构造	块状为主,见粒序、平行层理、冲刷-充填构造
砂砾岩透镜体	少见	常见	常见	少见	多见
紫红色含砾粉砂岩、泥岩夹层	少见	常见	少见	常见	少见

3.1.2　扇面河道沉积

扇面河道沉积主要由砂砾岩、含砾粗砂岩、砂岩等组成。砾石分选、磨圆较好,砂体底部可见冲刷面、负载构造、冲刷—充填构造和叠瓦状构造,砂体内部具向上变细的粒序,可见槽状交错层理、板状交错层理和平行层理。砂体厚度一般为 1～3m,常呈透镜状向两侧尖灭(图 5)。

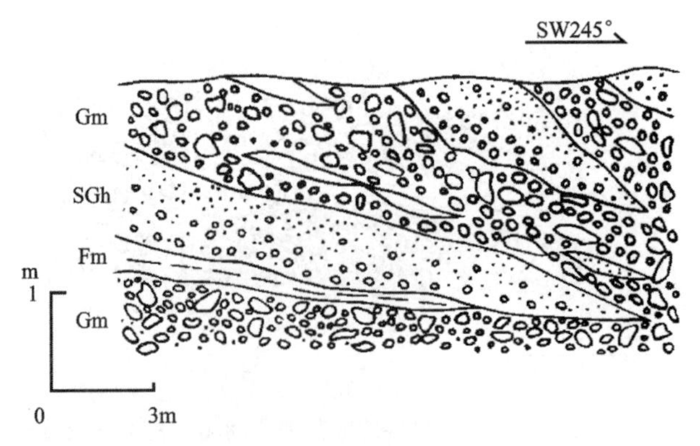

图5　侧向叠置的透镜状扇面河道砂体，内部具向上变细的粒序，并对下伏泥岩薄层有冲刷

（水沐头剖面，图例同图2）

3.1.3　漫流沉积

漫流沉积主要由具平行层理和粒序层理的含砾砂岩及砂岩组成，剖面中不常见。砂体呈薄层状，厚度稳定，一般厚度为0.5～1.0m。有时可见砂体被上覆泥石流削截或被河道冲蚀，造成砂体顶面起伏而底面平整的形态。

3.1.4　扇面河道间湾或泥流沉积

扇面河道间湾或泥流沉积由块状的含砾粉砂岩或泥岩组成，厚度为0.1～0.5m，常作为砾岩体间的夹层出现，受上覆沉积体的改造，造成顶面凸凹不平，底面较平整的形态。

3.2　沉积物的微观特征

对取自不同地区粗碎屑岩段的砂级基质及砂岩透镜体进行了详细的镜下研究，结果表明，砂级基质的成分与砾岩的成分基本一致，主要是石英、长石、中酸性岩类及变质岩。基质含量8%～10%，胶结物含量14%～24%。砂基质粒度一般在0.3～1.0mm之间，以次棱角状—棱角状为主，分选中等—差，常见含斑性，斑屑大小可达5～8mm，斑屑成分主要为次圆状的岩屑。砂基质的主要成分是石英、长石及少量的黏土矿物。胶结物的主要成分为玉髓及少量的铁质、钙质，有些沿颗粒边缘分布的玉髓胶结物已重结晶成完好的晶体，在石英颗粒多的地方，硅质胶结物明显增多。砾岩砂基质的微相以少泥颗粒支撑（GST）、接触—孔隙式胶结类型为主，砾岩中砂岩薄层或透镜体的微相以杂基支撑、基底式胶结类型为主。

粒度统计分析结果表明，泥石流沉积物基质的概率累积曲线平缓，无明显截点，分选很差，平均粒径M=16mm；偏度Sk=－0.644 3，φ值Md=1.4mm，φ1值C=1.41mm，φ50值M=0.32mm；扇面河道沉积物三段式明显，分选较好，M=1.32mm；Sk=－0.207 0，Md=1.30mm，C=0.879mm，M=0.347mm；漫流沉积物三段式明显，分选好，曲线较陡，M=1.83mm；Sk=－0.711 8，Md=1.75mm，C=0.89mm，M=0.297mm（图6）。

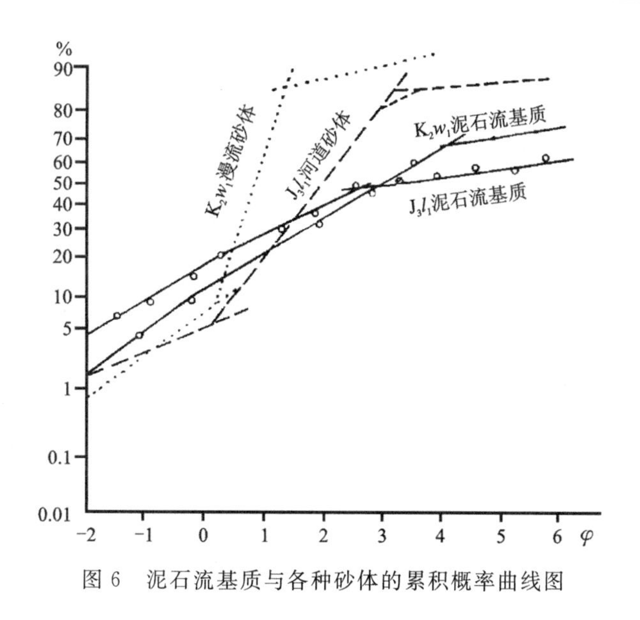

图6　泥石流基质与各种砂体的累积概率曲线图

3.2　垂向层序

冲积扇沉积物类型在垂向上的规律交替构成了冲积扇的垂向层序。对研究区5个实测层序的统计结果表明，组成粗碎屑岩段垂向层序的岩性相主要有：块状砾岩相(Gm、Gms)，具槽状或板状交错层理的含砾砂岩相(St、Sp)，具平行层理、粒序层理、块状层理的细砂岩或砂砾岩相(Gh)，具平行层理、粒序层理的含砾砂岩或砂岩相(SGh、Sh)，块状含砾粉砂岩或泥岩相(Fg、Fm)、块状砂岩相(Sm)(表2)。

表2　各主要岩性相及成因解释

代号	岩性相	主要沉积构造	成因解释
Gm、Gms	砾岩、杂基支撑或颗粒支撑	块状或叠瓦状	泥石流(黏性或稀性的)
Gh	细岩砂岩，磨圆中等	平行层理或块状、叠瓦状	砾质平床(高流态、河道)
SGh	含砾中粗砂岩，分选中—差	平行层理、粒序层理、块状	辫状砂坝(高流态)
Sp	含砾中粗砂岩，分选中—差	大型板状交错层理	砂波(低流态，扇面河道)
St	含砾中粗砂岩，分选中—较差	大型槽状交错层理	砂丘(低流态，扇面河道)
Sh	中粗砂岩，分选中等	平行层理，粒序层理	上部平床(高流态，漫流沉积)
Sm	粗—细砂岩，分选差	块状	快速堆积(洪水流卸载)
Gg、Fm	含砾粉砂岩，泥岩	块状	泥流沉积或扇面河间沉积

每个层序厚度为80～150m，以块状砾岩相占优势，单一砾岩层厚度及砾径的变化在王氏组底部粗碎屑段中表现为向上变小，而在莱阳组层序中表现不明显，这些层序可与Trollheim型冲积扇层序比较(图7)。其中常见的岩性相垂向组合类型有：Gm或Gms-Gh-SGh-Sh、Gms-Sp或St-Sh、Gm-Fm、SGh-Sh-Fg或Fm(图8)。单一砾岩层内部结构也有较大变化，表现出明显的粒度不均一性和成层性(图9)。

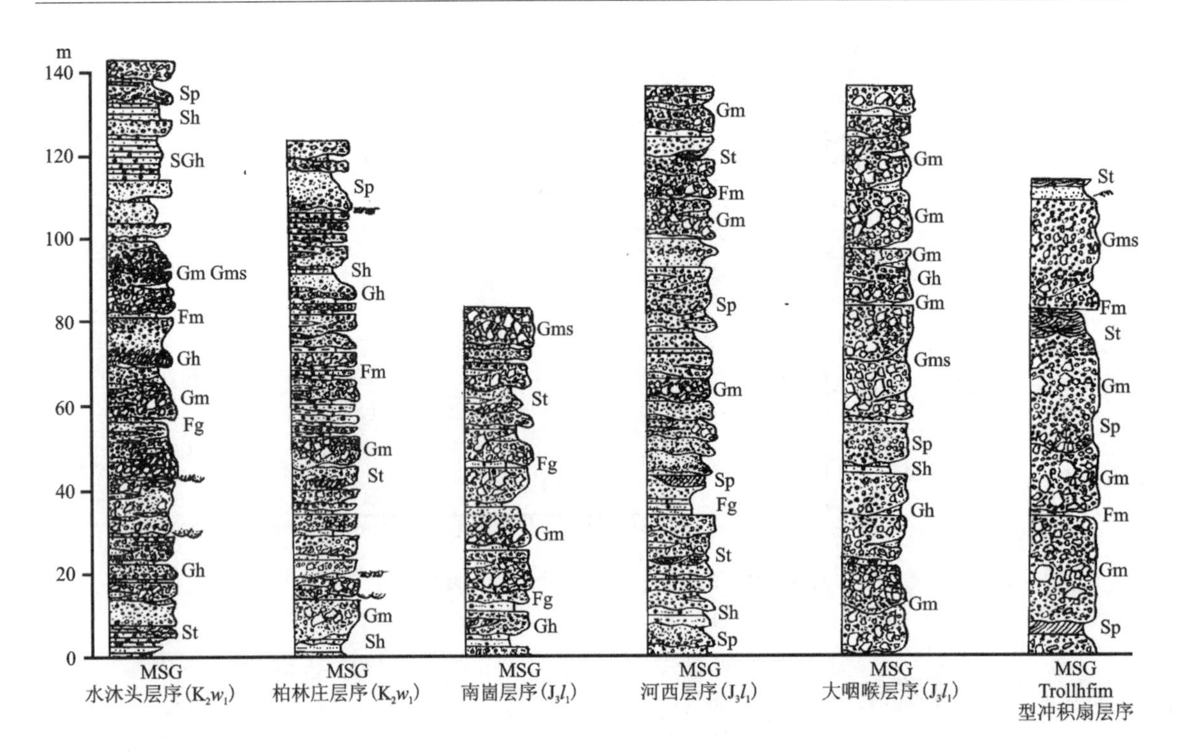

图7 实测层序与 Trollheim 层序的比较(图例同图2)

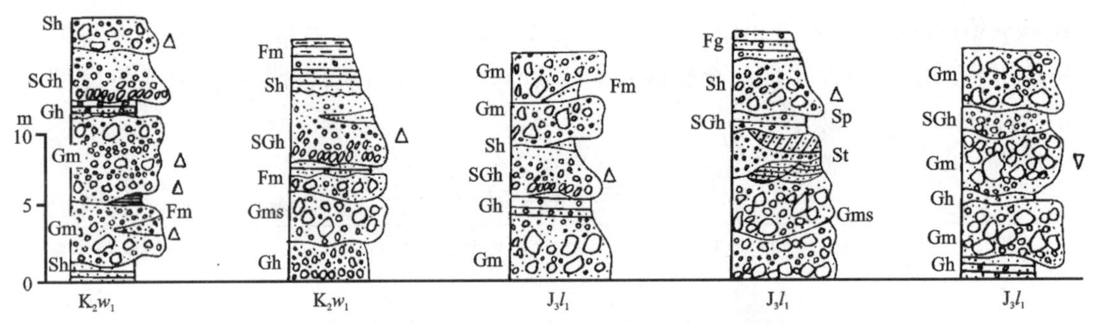

图8 底部粗碎屑岩段的一些典型层序组合类型(图例同图2)

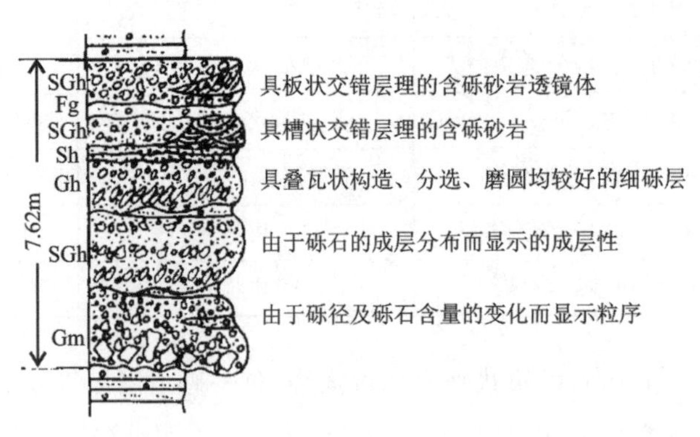

图9 一个砾岩层内部的结构变化(图例同图2)

砾岩层之间常常有一层厚度为20～40cm的紫红色含砾粉砂岩或泥岩薄层。有的粉砂岩薄层厚度稳定,可远距离追索,其上覆砾岩层常具反粒序特征,有的粉砂岩薄层厚度不稳定,延伸不远即尖灭,这往往是由于具正粒序的上覆砾岩层的冲刷、削截造成的。反粒序的砾岩层显示了与下伏含砾粉砂岩或泥岩沉积的一种过渡的水动力条件，是一种缓慢的沉积过程，如扇体间或河间漫流沉积，而正粒序的砾岩层显示了一种突变的水动力条件，是一种突发性的沉积过程，如泥石流、河道或突发性漫流沉积。上述特征表明在总体较强的水动力条件下仍存在间歇性的弱水动力条件，从而导致了单一砾岩层内部砾石含量、砾径、分选、磨圆及砂、泥岩夹层等的复杂的变化。

上述层序特征与我国阜新盆地海州组及国外一些潮湿型盆缘冲积扇层序有很大区别[7-9]。紫红色及杂色沉积物、无煤系地层及黑色泥页岩，分布于盆地边缘的砾岩层及其复杂多变的宏观和微观沉积特征、典型层序组合规律等，都表明研究区莱阳组和王氏组底部粗碎屑岩段应形成于干旱的、近源快速变化的水动力条件，是典型的干旱型陆上盆缘冲积扇体系的产物。

4　粗碎屑岩段的含金性

国内外许多砾岩型古砂金矿床（点）的发现表明，在沉积盆地中寻找古砂金已成为可能[10,11]。这些砾岩型古砂金矿所具有的共同特点是产于太古宇与元古宇不整合面之上的沉积盆地侵蚀盆缘冲积扇体系的砾岩层或砂砾岩层中（即底部粗碎屑岩段），砂金就聚集在扇中或扇尾部位的砾岩基质及扇面河道沉积物中。金品位变化较大，高品位矿层不一定分布在砾岩层的底部。由此，笔者采用了连续拣块采样法，对研究区粗碎屑岩段的 22 块样品进行了金品位测试。样品大多取自紫红色砾岩层基质、内部砂砾岩、砂岩透镜体底部及含砾粉砂岩薄层。结果表明，只有南崮、河西、大咽喉地区的 4 件样品金品位超过 10×10^{-9}，其他样品的含金量仅接近或略高于地壳金丰度值（$3\times10^{-9}\sim5\times10^{-9}$）。造成该结果的主要原因有：

（1）胶北隆起区岩金矿的主要成矿期在燕山运动晚期，而盆缘附近隆起区至今未发现岩金矿床（点），从而缺乏岩金矿源层中金的补给。

（2）从砾石成分和重矿物组合特征来看，物源来自盆缘附近隆起区的胶东群变质岩系和花岗岩体，但金丰度值偏低，平均分别为 1.85×10^{-9} 和 2.38×10^{-9}[2]。大咽喉 RZS－13 号样品金品位达 107×10^{-9}，可能是由于该点离其北部栖霞地区含金高背景值的矿源层距离较近。

（3）砂金聚集的不均一性和采样的不系统性。

（4）本区工作和研究程度较低，笔者的研究也是初步的，无法确定扇体形态和扇面河道的平面分布，从而影响含金性评价。尽管如此，从沉积物的沉积特征、形成环境和成矿地质条件分析，粗碎屑岩段可与国内外一些冲积扇体系砾岩段相对比，在具有较高金丰度值的隆起区盆地边缘附近，仍有可能存在古砂金矿，值得进行进一步工作。

参考文献

[1]陈光远，邵伟，孙岱生，等. 胶东金矿成因矿物学与找矿[M]. 重庆：重庆出版社，1989.

[2]袭有守，王孔海，杨广华，等. 山东招远掖县地区金矿区域成矿条件[M]. 沈阳：辽宁科学技术出版社，1988.

[3]山东省地质矿产局. 山东省区域地质志[M]. 北京：地质出版社，1991.

[4]李思田. 断陷盆地分析与煤聚积规律[M]. 北京：地质出版社，1988.

[5]NEMEC W，STEEL R J. Alluvial and coastal conglomerates：their significant features

and some comments on gravelly′ massflow deposits[M]// KOSTER E H, STEEL R J. Sedimentology of gravels and conglomerates. Quebec: Canadian Society of Petroleum Geologists, 1984:1-31.

[6]WILLAM B B. Recognition of alluvial-fan deposits in the strati-graphic record[M]// RIGBY J K, HAMBLIN W K. Recognition of ancient sedimentary environmengts. Broken Arrow,OK:SEPM,1972: 340-359.

[7]WU C L,LI S T,CHENG S T. Humid-type alluvial-fan deposits and associated coal seams in the Lower Cretaceous Haozhou Formation,Fuxin Basin of Northeastern China[M]// PETER J M,JUDITH T P. Contruls on the distribution and quality of Cretaceous coals. Colorado:GSA,1992,269-285.

[8]BLISSENBACH E. Geology of alluvial fans in semiarid regions[J]. GAS Bulletin, 1954,65(2):175-190.

[9]KOCHEL R C. Humid fans of the Appalachian Mountains[M]// RACHOSKI A H, CHURCH M. Alluvial fans:a field approach. New Jersey: John Wiley &Sons Ltd. ,1990:109-129.

[10]《国外黄金矿床译文集》翻译组. 国外黄金矿床译文集[M]. 北京:冶金工业出版社,1985.

[11]KLEIN G D. 砂岩沉积模式与能源矿产勘探[M]. 李思田,李宝芳,林畅松,译. 北京:地质出版社,1989.

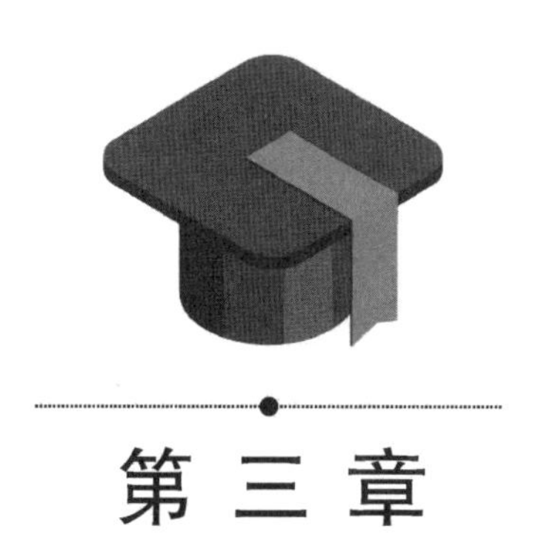

第三章

大型叠合盆地与能源资源勘探

活动论构造古地理与中国大型叠合盆地海相油气聚集研究*

摘　要　20世纪60年代板块学说的诞生为活动论构造古地理研究提供了理论基础并推动了这一领域的发展。90年代该领域有关地质历史中洋、陆重建，古地理和古气候成果已被石油地质学家用于全球石油聚集和分布规律研究。在中国，王鸿祯先生是对活动论构造古地理领域做出重要贡献的先驱。本文阐述了笔者对他的概念体系和学术思想的理解和应用。当前中国能源战略研究中大型叠合盆地古生界和早中生界海相油气已被证实为我国今后油气资源接替的重要领域之一，这就更需要用活动论构造古地理的思想和方法重建地质历史过程中盆地及烃源岩的形成环境，以预测大型油气系统的分布。

关键词　活动论　构造古地理　叠合盆地

1　板块构造、活动论构造古地理与沉积盆地

纵观沉积盆地研究的历史过程，其发展的主线总是与大地构造学说密切相关。从盆地的成因、分类到对各种不同类型盆地的分析都需要先进的地球动力学理论的指导。20世纪60年代开始，地球科学发展中具革命性意义并影响地球科学各分支学科的板块学说给盆地分析领域也注入了新的活力，人们从板块构造的全球格架及其动力学演化中重新认识沉积盆地的成因和性质。沉积盆地分类、盆地形成演化的构造分析，也都以板块学说为基础[1]。20世纪90年代到近期国内外有关沉积盆地的一些系统著作亦延续了这一基本趋势[2-5]。在以板块学说为基础的分类出现之后，却缺少有关盆地演化动力过程的深入研究。盆地动力学研究思路的系统提出[6]，盆地深部探测的地球物理手段的提高以及盆地定量动力学模拟技术的完善，使盆地研究步入新阶段。当代盆地动力学研究的特点是以先进的地球动力学思想为理论基础，应用先进的技术方法揭示盆地演化的动力学过程。在理论基础上不仅要研究盆地与板块构造格架的关系，还要揭示盆地与地幔对流系统的关系，这样才能解决盆地的成因。在当代"地球系统"研究的重要思想指导下，沉积盆地中的古环境、古气候和古海洋记录研究也被列入当代盆地动力学研究的重要内容。上述内容体现在以Dickinson为首席的美国地球动力学委员会一批多学科专家编写的具有研究纲要性质的专著 *The Dynamics of Sedimentary Basins*[7]中。

板块学说的提出，特别是海底扩张和磁条带年龄的证据，使古地理、古气候研究进入了全新的领域，地质学家必须重建原来沉积盆地所处的位置。这就使活动论构造古地理的概念具备了新的理论基础和研究方法。在此之前大陆漂移说的出现，开辟了活动论思潮的萌芽阶段，其最重要的标志是承认大规模水平运动的存在。20世纪60年代以前部分古生物、古地理学家已经做出了具有先驱性的推断。在作为地学革命的板块学说研究高潮中，地质学家们以全球构造的活动论为基础，应用当代古地磁方法和成图技术，致力于地质历史时期的古大陆重建。许多学

*　论文发表在《地学边缘》，2006，13(6)，作者为李思田。

者编制了地质历史不同阶段的古地理再造和古气候带预测图[8-12]。由于技术缺乏和数据密度不足等原因，目前全球性成图比例尺还较小，并带有推断性。随着古地磁和成图技术的进步以及资料的积累，这一领域正取得扎实的进展。一些学者如Scotese等建立了数据库，不断根据新数据的积累修改全球及大区域古地理重建的结果。孙枢先生曾在“第三届全国沉积大会”上评述了此领域的研究现状与趋向[13]。

上述活动论构造古地理研究的思想很快引起了石油地质学家和沉积地质学家的重视。一些专题性的研究对全球油气聚集分析有更重要的价值，如法国学者德高特等的“特提斯古地理图集”[14]。古大陆重建与油气聚集规律研究成功结合的一例体现在Klemme等的著作中[15,16]。Klemme等从全球尺度研究了自古生代早期以来各时代烃源岩形成油气资源的比例，并在古大陆重建的基础上标定了全球大型油气系统的分布，从而揭示了沉积盆地所处的古纬度与古气候带及其与古海洋的关系。其中特别强调了晚侏罗世和白垩纪优质烃源岩的重要性——世界上一半以上的油气资源形成于该期的烃源岩。这取决于当时特有的古构造、古气候和古海洋环境[17]。其中最为突出的是被动边缘盆地形成的巨大规模的油气聚集。在特提斯洋的被动边缘，以中东阿拉伯海湾地区为代表，形成了全球最为富集的油气聚集带。

2　王鸿祯先生关于活动论构造古地理的概念体系与贡献

在我国，有几代地质学家按照活动论的思想进行大地构造和古地理的重建。王鸿祯先生是倡导和进行活动论构造古地理研究的先驱之一。早在20世纪40年代王鸿祯先生在剑桥大学期间，地质学界活动论的早期假说和卓见已引起了他的重视；50年代后期他即潜心研究世界地质并追踪作为板块学说基础的全球构造活动论的一系列早期成果；70年代初即开始用板块学说重新审视中国大地构造的演化。30余年来，笔者在多次参与以王鸿祯先生为首的研究项目过程中感受到他在历史大地构造和古地理研究中的系统贡献。这里仅从个人的肤浅体会阐述他在活动论构造-古地理领域的概念体系及其与盆地研究的关系。

2.1　古大陆及其边缘的整体研究和大地构造域的特定含义

由于我国领域内地质结构的复杂性，一些国外学者曾使用“复合大陆块”形容这种由不同规模相对稳定和古老的块体与不同时期的造山带和地体形成的复杂的镶嵌结构。在历史重建中如何解析这样复杂的结构？对主体的简单划分是划分为大陆地块与造山带两种单元，这在较近时期的保存现状固然十分清楚，但基于多年的古地理重建研究每个对应于刚性地块的不同规模的古大陆都发育有一定类型的大陆边缘，如离散/被动的，汇聚/活动的和以走滑为主的，在经过板块的汇聚碰撞之后大陆边缘的沉积建造系卷入了造山带。在活动大陆边缘还包括了当初的岛弧、弧后和弧前的充填物。王鸿祯先生将古大陆及其边缘作为一个整体，作为大地构造的基本单元[18,19]，这是基于板块构造理论的更为合理的划分。这样在构造古地理重建中就需要分解和识别这些不同大陆边缘沉积的变形体，即已转化成造山带组成部分的原来的盆地充填物。在我国许多层控矿床的成矿带研究中此种重建具有重要意义，如黑色岩系金矿和浊积岩系金矿都需要放在当时的构造域中考虑沉积盆地背景。

20 世纪 80 年代后期至 90 年代，王鸿祯先生经常使用“古大陆及其边缘”的提法，并将古大陆及其边缘的整体界定为一个基本的构造域。此种概括在古地理重建中更加明确了地质单元的成因关系。

2.2　对接带和叠接带——碰撞-消减和加积的边界

如果将古大陆及其边缘作为一个整体，那么在汇聚和碰撞之后就在现今造山带中保留着一个边界——对接削减带(convergent crustal / lithospheric consumption zone)。一种复杂大陆边缘还可能有多次的外来地质体的拼贴、加积，其间洋壳消减的位置，即叠接消减带[20]。对接带是高级别大地构造单元即两大构造域的界限。这种划分与原有槽台体系思想有重大区别，并较好地解决了成图的难题，即在当今的拼合后的地理格局中较明确地标明了具有历史含义的大地构造域的界限。

2.3　大陆地块的基底年龄和增生过程

在中国大地构造研究中，王鸿祯先生一直关注着大陆地块的基底及其增生过程，提出了陆核—原地台—地台的演化序列，并与地球演化历史的阶段性相联系[18]。基底性质和年龄的确定不仅在古大陆再造中有重要作用，也是盆地形成演化研究的基本前提。较稳定的大型克拉通型及前陆型含油气盆地均有古老基底的依托，如鄂尔多斯、四川、塔里木和华北的古生代盆地。基底构成的性质对盆地形成及变形样式都具有重要影响[21]。

基于多年对全球前寒武纪基底的研究，王鸿祯等发表了全球重要陆块基底年龄结构的研究成果[22]，这对分析全球性沉积盆地分布的大地构造背景有重要意义(图 1)。

2.4　构造古地理和生物古地理结合进行古大陆重建

早自 20 世纪 80 年代，王鸿桢先生及其研究群体即开始研究中国乃至全球古大陆重建问题。其重要学术特色是将生物古地理和构造古地理密切结合，即用各时代生物古地理区系的观点结合地层和沉积记录分析古大陆在全球格局中的位置及其相互关系。这种研究避免了当时古地磁方法导致的多解性。研究内容包括寒武纪到二叠纪等多个时代，其中最具代表性的是基于他多年对四射珊瑚的研究并结合地层沉积记录所完成的全球古大陆再造[23]。

2.5　地球历史演化的阶段性和 Pangea 周期

王鸿祯先生的历史大地构造研究在以全球构造的活动论(板块学说)为基本理论依据的同时，强调地球演化的阶段论，即不同阶段不仅有其特有的全球板块构造格局，而且具有独特的地球动力学历史背景[24]。其中最高级别和最为重要的周期是泛大陆形成和裂解周期[25,26]，最为重要也有最丰富证据的两个泛大陆是 Pangea 250 和 Pangea 850。Pangea 250 即二叠纪、三叠纪之交 250Ma B. P. 形成的泛大陆，也称联合古陆。由于其时代较新，各种地质证据较为充分，其裂

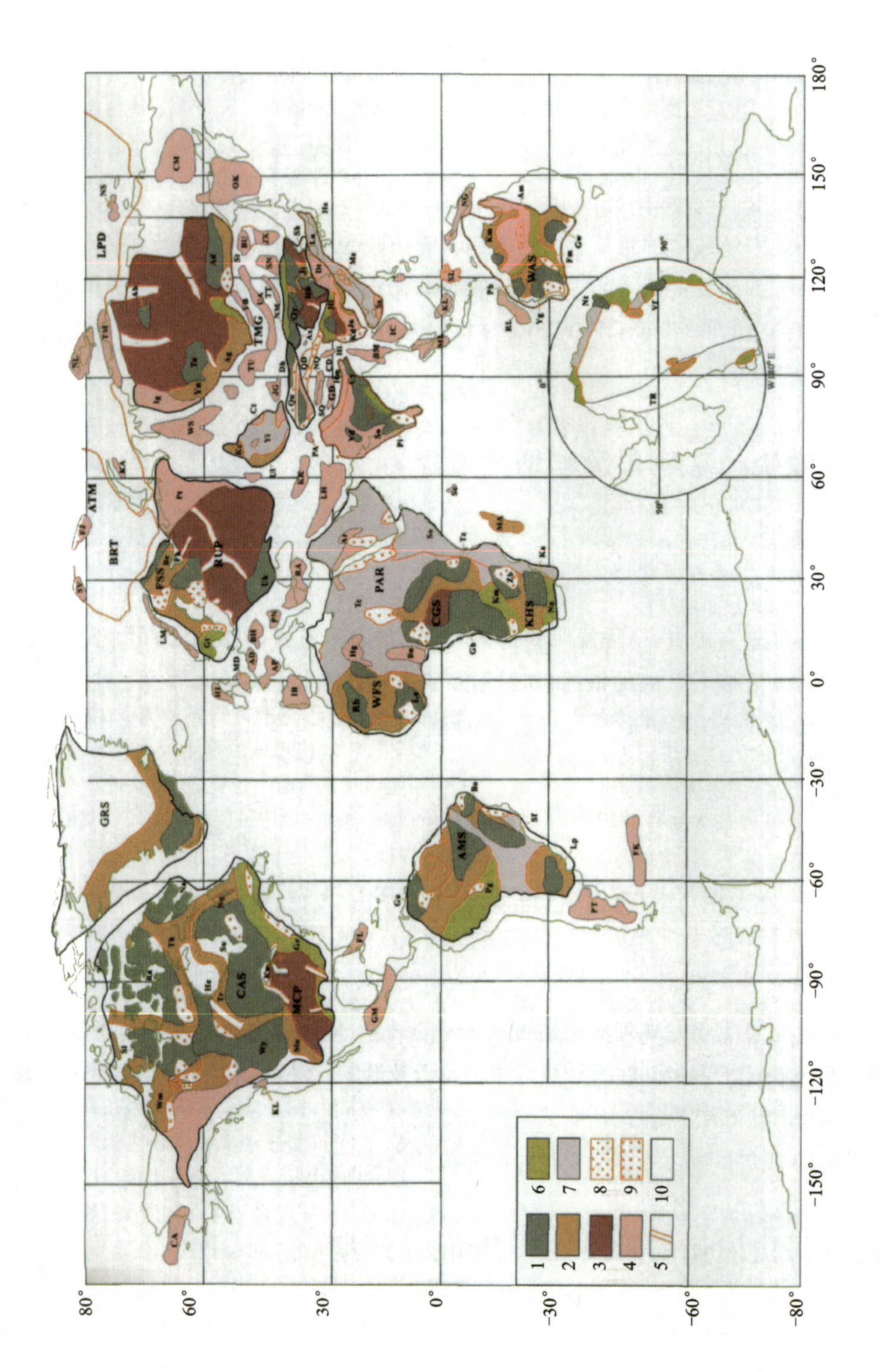

1.陆核(>2.8~2.5Ga)；2.古元古代造山带(2.5~1.8Ga)；3.原地台(1.8~1.6Ga前固结)；4.地台及分离地块(0.8~0.6Ga前固结)；5.中、新元古代裂陷槽；6.格林威尔及晋宁造山带(1.1~0.8Ga)；7.泛非期构造活动区(0.8~0.5Ga)；8.太古宙及古元古代花岗岩类；9.中、新元古代花岗岩类门；10.显生宙造山区。

图1 全球前寒武系基底构造格局[22]

解时间可确定在 180Ma 左右，即大西洋开始形成的时间，这已成为地质学家的共识。20 世纪90 年代天然地震层析技术的发展和超级地幔柱学说的兴起，在板块学说的基础上结合超级地幔柱对岩石圈的影响，使地质学家对 Pangea 250 的裂解有了全新的解释。这一地球历史上的巨大变革期对油气和煤资源的聚集显示出巨大的影响。泛大陆形成前期，即石炭纪至二叠纪，相互靠近的古大陆处于相对稳定的阶段，在湿热气候条件下形成了巨大规模的煤聚集，在古大陆内部及其边缘的前陆盆地以及裂陷槽的上覆坳陷中形成了许多大煤田，在北美、欧洲和中国，这些大煤田形成了近代历史上最重要的煤炭工业区。从侏罗纪晚期开始的联合古陆裂解过程中在原大西洋两侧，特提斯海南、北侧和澳洲西北侧广泛形成了被动大陆边缘盆地。在晚侏罗世至早白垩世地球系统各层圈特有的条件下形成了全球成油居首位的烃源岩[16,17]。裂后期的海相地层则形成了斜坡扇和海底扇等多种类型的大型储集体。我国白垩纪大型含油气盆地——松辽盆地则属于裂谷型。

3　油气地质相关的基础性、战略性研究与活动论构造古地理

经过了板块学说与沉积盆地成因研究的热潮之后，构造古地理和盆地整体分析等具战略性、基础性的研究曾经在若干年内被淡化。因为对许多盆地投入了大量地球物理探测和钻探之后，一些宏观的大区域基础性、战略性研究的必要性常被认为与油气勘探无密切关系而被忽视。

在当今油气资源紧张的形势下，人们认识到只有向新领域或新地区进军才可能有重大的突破，如 20 世纪的后 10 年世界发现的新油田 40%来自大陆边缘深水区，30%来源于非洲。此种认识重新燃起了学者们对盆地动力学和大地构造、古地理研究的兴趣。国外学者统计了占全球油气储量 64%的 877 个大油气田分布的构造背景[27]，并按形成油气资源的重要性为序，列出了 6 个大类，这些大油气田又集中分布于对油气聚集最有利的 27 个地区。上述 6 类盆地按发现大油气田的数目排序如下：①面向主要洋盆的被动大陆边缘盆地（304 个大油气田，占 34.66%）；②大陆裂谷及其上覆的坳陷（271 个，占 30.90%）；③陆-陆碰撞边缘（173 个，占 19.73%）；④由于地体加积，弧-陆碰撞/或浅俯冲形成的碰撞边缘（71 个，占 8.10%）；⑤走滑边缘（50 个，占 5.70%）；⑥俯冲边缘（8 个，占 0.91%）。

以上统计资料深刻地说明了大地构造背景对形成大型油气田的重要性。以世界上油气最为富集的中东波斯湾地区为例，那里具备 3 种最好的油气聚集背景，即陆-陆碰撞形成的前陆盆地，特提斯被动边缘和大陆裂谷（东阿拉伯半岛）。

值得进一步强调的是，有利的大地构造背景必须与有利的古气候和古环境结合才具备大规模油气形成的物质基础。正如 Klemme 的计算所示，全球 1/2 以上的石油源于晚侏罗世和早白垩世的烃源岩，这取决于当时地球系统所特有的古气候、古海洋以及生物圈的环境[15]。

当前全球油气资源供求关系面临日趋紧张的形势，为取得油气资源勘探的重大突破，必须考虑新领域和新地区。地质学家面临着这种新挑战，他们意识到必须重新强化基础性和战略性研究。因此，应用新的理论和技术对含油气盆地及其油气聚集规律的整体性研究被国家和有关单位列入到重要的议程和规划中。

在我国中、西部大型叠合盆地的下、中油气组合（即古生界和下中三叠统）在几个大型的接替领域中占有特殊地位。以塔河油田为代表的塔里木盆地北部油田群和以普光气田为代表的川东北气田群的发现证实了海相领域的巨大潜力，也导致对我国其他地区，特别是包括上、中、

下扬子的扬子地台系统和塔里木碳酸盐岩领域的重新注意和重视。上述领域地史时期的盆地原型均不在当今的位置,因此活动论构造古地理研究的作用更为凸显。

扬子地台具有多套生烃层系,其中尤以二叠系最为重要,根据古大陆重建,石炭纪—二叠纪扬子地台处于赤道附近。在湿热的古气候环境下,陆表海及浅水海陆交替相沉积形成了富含有机质的多套源岩[15,28]。四川盆地的勘探历史,特别是近年在川东北取得的重要突破表明了该领域形成天然气的巨大潜力。然而在中扬子、下扬子和南黄海(扬子基底的延伸部分),由于构造的复杂性、隐伏性和勘探投入的不足,迄今尚无大的突破。但其生烃和储集条件与四川盆地有许多相似之处,区别在于构造条件较四川复杂。在复杂构造带中的较稳定区域找到大中型圈闭仍有不容忽视的前景。

奥陶纪的塔里木地块在古大陆重建中处于赤道带和近赤道带部位,加之塔里木内部存在着下古生界的深坳陷区,这可能是中上奥陶统成为塔里木最重要生油层系的原因[23,29,30]。晚古生代中国西南地区的古地理研究还存在着"大扬子构造域"重建的重要问题,上扬子以西的一些微地块如松潘-甘孜,一向被认为是从扬子地块分裂隔离而成的。罗志立等提出了"峨嵋地裂运动"的论点[5]。峨眉山玄武岩的地幔柱成因研究成果为此期运动的性质和规模提供了重要的深部背景。在此基础上,罗志立等提出塔里木地台与扬子地台关系密切,都发育有二叠纪溢流玄武岩。因而现今位置的距离可能与陆块裂解过程有关[5]。陆松年等基于新元古代热-构造事件对比提出了当时塔里木与扬子相连接的假设[31]。

4 活动论构造古地理与油气地质结合研究的前景展望

与油气资源战略性预测相关的活动论构造古地理研究需要多学科结合做更为精细的区域性工作和使用当代高新技术。早在20世纪90年代中后期,一些区域性的研究对沉积盆地形成的构造背景的认识已经有了重要的基础。典型代表之一是对南海及其邻区的研究。南海地处欧亚、印-澳和菲律宾等板块相互作用区,地质历史十分复杂,亟需重建构造演化的动态过程。由于对洋壳磁条带年龄以及周围地区的岩石定年已做了精细的工作,一些学者完成了历史的、动态的构造重建过程,如Hall对整个东南亚包括南海在内新生代构造过程的重建。这些工作的重要目的之一是研究盆地形成和预测油气资源[32]。Lee等对南海板块构造进行了重建并编制了动态演示图[33]。这些工作的重要支柱是构造定年工作。中国学者对塔里木和扬子地台等地区的活动论构造古地理研究仍需进行更为深入细致的工作。

近期,国际上一些活动论古地理研究是以沉积盆地动力背景和油气资源研究为目标的。北欧地质学家对北大西洋边缘挪威海域进行了海陆对比研究。他们主要是借助于洋底磁条带的精确定年和精细的洋底构造制图,从而重建了晚古生代以来不同阶段的古地理面貌,并确定了当时形成海底扇的物源区,如地史时期中的格陵兰地块,以及冰岛附近的Jan Mayen微地块等。这些物源区控制了对油气生成至关重要的斜坡扇和海底扇体的形成。根据物源分析中大量沉积岩中进行的锆石、铀、铅同位素定年工作,确定了主要物源区地块年龄为1780~1790Ma[34]。

环墨西哥湾和加勒比海地区是美国和拉丁美洲北部国家的重要油田分布区。构造古地理重建和编图显示:该区在晚三叠世—中侏罗世属于中西部的裂谷系,形成了近东西向连接西特提斯海和东太平洋的通道。从154Ma开始与其北的墨西哥湾盆地连通。

在全球范围油气资源供应关系严峻的形势下，为了开拓新领域和新地区，包括活动论构造古地理研究在内的一系列基础研究都将得到更高的重视和更广泛的应用。为此本文重点阐述了王鸿祯先生关于活动论构造-古地理研究的学术思想体系，其内容深入结合了中国及邻区广大地域的构造特征，王鸿祯先生的这一学术思想体系必将在今后盆地与能源研究中进一步发展，并发挥重要的指导作用。

参考文献

[1]DICKINSON W R . Platetectonic and sedimentation[M]. Washington D. C. :Society of Economic Paleontologist and Mineralogists Special Publication, 1974.

[2]INGERSOLL R V,BUSBY C J. Tectonic of sedimentary basins[M] . Cambridge: Black well Science,1995.

[3]EINSEL E G. Sedimentary basins evolution ,facies, and sediment budget[M]. New York:Springer,2000.

[4]翟光明，宋建国，靳久强，等. 板块构造演化与含油气盆地形成和评价[M]. 北京：石油工业出版社，2002.

[5]罗志立，李景明，刘树根，等. 中国板块构造和含油气盆地分析[M]. 北京：石油工业出版社，2005.

[6]DICKINSON W R . Basin geodynamic[J]. Basin Research,1994, 5:195-196.

[7]DICKINSON W R . The dynamics of sedimentary basins[M]. Washington D. C. : National Academy Press, 1997.

[8]FRANCIS J, KLEIN G D. Pangea:paleoclimate, tectonics and sedimentation during accretion, zenith, and breakup of a supercontinent[J]. Palaios,1996,11(1):92.

[9]SCOTESE C R . Paleogeographic atlas[R]. Paleomap Project, University of Texas Arlington,1997, 22:1-27.

[10]SCOTESE C R, BOUCOT A J, MCKERROW W S. Gondwanan palaeogeography and palaeoclimatology[J]. Journal of African Earth Sciences,1999,28:90-114.

[11]BOUCOT A J, CHEN X, SCOTESE C R. Correlation between geologically marked climatic changes and extinctions[J]. Geobios,1997,30(1):61-65.

[12]陈旭，BOUCOT A J，阮亦萍，等. 显生宙全球气候变化与生物绝灭事件的联系[J]. 地学前缘，1997, 4(3):123-128.

[13]孙枢. 活动论古地理研究进展评述[C]// 第三届全国沉积大会论文摘要汇编 1-2,2005.

[14]DERCOUR T J, BASSOULLET J P, BAUD A. Paleoenvironment alatlas of the Tethys from Permian to recent[C] // The 29th international geological congress, abstracts, 1992,29:116.

[15]KLEMME H D, ULMISHEK G F. Efectivepet roleum source rocks of the world: stratigraphic distribution and controlling depositonal fact[J]. AAPG Bulletin,1991,75(12):

1808-1851.

[16]KLEMME H D. Petroleum systems of the world involving upper Jurassic source rocks [M]// KLEMME H D. The petroleum system: from source to trap. Tulsa: AAPG, 1994: 51-72.

[17]李思田. 联合古陆演化周期中超大型含煤及含油气盆地的形成[J]. 地学前缘，1997,4(4):299-304.

[18]WANG H Z, QIAO X F. Ptroterozoic stratigraphy and tectonic frame work of China [J]. Geological Magazine,1984,121(6):599-614.

[19]王鸿祯. 中国古大陆边缘与大地构造名词体系[M]// 王鸿祯. 王鸿祯文集. 北京:科学出版社,2005:383-392.

[20]王鸿祯. 从活动论观点论中国大地构造分区[J]. 地球科学,1981 (1): 383-392.

[21]WANG H Z, LI S. The tectonic frame of China and its control over the main oil basins[C]// Abst Pap 32th IGC,Florence,2004:698.

[22]王鸿祯，张世红. 全球前寒武纪基底构造格局与古大陆再造问题[J]. 地球科学——中国地质大学学报，2002,27(5): 468-481.

[23]王鸿祯，陈建强，张玲华. 奥陶纪和志留纪四射珊瑚生物古地理与全球古大陆再造[M]. 北京:地质出版社,1989.

[24]王鸿祯，刘本培，李思田. 中国及邻区大地构造分区和构造发展阶段[M]. 武汉:中国地质大学出版社,1990.

[25]WANG H Z, SHI X Y. Sequence stratigraphy and sea level changes in China[J]. Earth Science:Journal of China University of Geosciences,1996,7(1):1-12.

[26] 王鸿祯，史晓颖，王训练，等. 中国层序地层研究[M]. 广州:广东科技出版社,2000.

[27]MANN P, GAHAGAN L, GORDON M B. Tectonic setting of the worlds giant oil and gas fields[M]// MAGOON L B,DOW W G. Giant oil and gas fields of the decade 1990-1999. Tulsa:AAPG,2003:15-105.

[28]王鸿祯，王训练，陈建强. 四射珊瑚组合、演化阶段与生物古地理[M]// 中国古生代珊瑚分类演化及生物古地理. 北京:科学出版社,1989:175-225.

[29]贾承造. 中国塔里木盆地构造特征与油气[M]. 北京:石油工业出版社,1997.

[30]贾承造，杨树锋，陈汉林，等. 特提斯北缘盆地群构造地质与天然气[M]. 北京:石油工业出版社,2001.

[31]陆松年，李怀坤，陈志宏. 塔里木与扬子新元古代热-构造事件特征、序列和时代:扬子与塔里木连接假设[J]. 地学前缘,2003,10(4): 321-326.

[32]HALL R. Cenozoic tectonics of SE Asia and Australasia[M]// Petroleum systems of SE Asia and Australasia conference. Beijing :Indonesian Petroleum Association,1997:47-62.

[33]LEE T Y, LAWVER L A. Cenozoic plate reconstruction of Southeast Asia[J]. Tectonophysics,1995,251: 85-138.

[34] BANDASB T G ,NUSTUEN J P ,EIDE E A. Onshore-offshore relationship on the North Atlantic margin[M]. Amsterdam:Elsevier NPF Special Publication, 2005.

王鸿祯先生陆内大地构造域的概念体系及其在大型叠合盆地研究中的应用*

摘　要　由于东亚古大陆具有非常复杂的大地构造格架和地质演化历史，板块构造学说在本地区的应用面临很大挑战。王鸿祯先生提出了大地构造域（tectonic domain）的概念作为大陆内部的一级大地构造单元，同时提出了岩石圈对接消减带（convergent lithosphere consumption zones）的概念作为大地构造域的边界。王鸿祯、李思田等基于上述概念编制了新一代的大地构造和主要含油气盆地分布图，揭示了中国中西部主要大型叠合盆地（塔里木、四川、鄂尔多斯等）均分布于具有稳定前寒武纪基底的大地构造域中心部位，稳定的地质条件为大规模油气聚集提供了重要条件。多阶段的构造运动对应于构造域间的相互作用过程，并控制了盆地演化历史。

关键词　大地构造域　叠合盆地　油气聚集

王鸿祯先生是最早关注具地学革命意义的板块构造学说的我国地学界老前辈学者之一。曾记得1972年北京地质学院的教师们在老院长高元贵的主持下，从“五七干校”劳动现场和江陵等地调回北京校园，恢复和从事正常的教学和科学研究活动。当时北京校园内的书刊室内门可罗雀，但笔者多次注意到王鸿祯先生独自一人静坐阅读，查阅文献，以了解多年来世界地球科学界的新进展。在一次活动中他提醒笔者要注意国际上新兴起的板块学说，了解其内容和新动向，并指出这可能是具重大意义的新的全球构造理论体系。作为他的学生，在日后的多年学习和实践中，笔者深感与他的谈话对自己学术上的启示和导向意义。

板块学说提出后的早期发展还局限于在全球格架中洋、陆板块的相互作用等非常宏观的内容，这一新的学说在大陆内部如何应用还处于探索阶段。在研究大陆构造的早期也出现了简单套用板块构造概念的情况，将原有的地台乃至较小的地块都简单化地给以“板块构造”的称谓。20世纪80年代从国际到国内大陆动力学研究的兴起推动了以板块学说为代表的活动论学术思想在大陆构造研究中的探索和应用，重建了不同历史时期陆内的板块构造格架，并基于古地磁等资料重建了各历史阶段古洋陆分布的格局。

王鸿祯先生基于数十年对历史大地构造研究的丰富资料和成果的积累，提出了在陆内划分“大地构造域”（tectonic domain）的概念体系[1]；提出划分的每个大地构造域都是以古老的地台或地块为核心，并包括环绕其的古大陆边缘带，大陆构造域是大陆内部的一级大地构造单元。

基于地质学家们对造山带多年来的研究成果，王鸿祯先生指出，构成造山带的沉积及变质建造的主体形成于大陆边缘带，并包括了以蛇绿岩套为代表的洋壳残余。由此他提出了“对接带”和“叠接带”的重要概念。“对接带”是以蛇绿岩套为代表的洋壳残余，代表两个古大陆汇聚碰撞后的产物和界限。“叠接带”则代表同一大陆边缘中不同加积体的界限，如古岛弧带与大陆拼合后的界限。

此种关于陆内大地构造域的划分，既体现了板块学说的内涵，又体现了古今大陆构造的特

* 论文发表在《地学前缘》，2016，23(6)，作者为李思田。

点。按上述概念体系，王鸿祯先生及其科研团队重建和编制了中国各历史阶段大地构造的略图[2,3]，其中也对大地构造与盆地的关系进行了探讨[4]。

笔者等多年来在中国西部大型叠合盆地研究中应用了王鸿祯先生大地构造域的思想体系并体会了其对我国陆内盆地动力学研究的重要性。中国中西部的大型叠合盆地油气潜力巨大，是中国未来可开发能源资源的最重要部分。这些叠合盆地规模大，发育历史漫长，都发育于稳定的古地块基底之上，相当于一个大地构造域的核心部位，使其在复杂的地质变形历史中保持了相对的构造稳定性。每个大型盆地都由多个不同时期的盆地原型相叠合组成，这些类型各受控于不同演化阶段的构造背景。因此对叠合盆地的研究，首先须做整体解析，按构成叠合盆地的每个原型单元分别进行研究，才能有效地进行油气资源预测的勘查[5,6]。

塔里木盆地的研究可以作为一个典型实例，该盆地面积达 56 万 km^2，是中国最大的叠合盆地。盆地具有古老而稳定的前寒武纪变质基底，其沉积地层序列发育漫长，自新元古界至古生界、中生界和新生界。盆地充填序列最厚处可达 15 000m。地震探测已发现古间断面 20 余个，其中重要的、代表有巨大影响的构造运动事件的不整合面有 9 个之多，这些构造运动的动力来源多与相邻大地构造域的相互作用有关[7]。每期构造运动都对盆地的变形产生一定的影响，这些运动的性质多为水平方向的挤压，包括正向和斜向，有时亦有走滑运动。重要的构造运动期可形成岩石圈尺度的褶皱，并在盆地中形成大型的隆起和坳陷结构，这给油气的形成和运移、聚集提供了条件。如盆地北部的满加尔凹陷和阿瓦提凹陷带及其间地区成为最大的生烃中心，盆地中的塔北隆起和塔中隆起及其斜坡带则成为油气聚集的重要场所[8-11]。因此对盆地构造成因的动力学分析必须结合周缘造山带的整体研究，并扩展到相邻大地构造域的相互作用才能取得正确的解释和认识。

鄂尔多斯盆地和四川盆地是当今中国天然气最为富集的大型叠合盆地，盆地中具有前陆性质的坳陷和盆地内部的古隆起是天然气形成和富集的重要区域，其成因亦都与相邻构造域的侧向挤压密切相关[12-16]。这些有利油气形成和聚集的构造运动过程并未导致油气圈闭的破坏，这与盆地基底性质密切相关。正如王鸿祯先生所说：鄂尔多斯盆地和四川盆地的基底分别为华北地台和扬子地台中最古老和稳定的陆核。

参考文献

[1]王鸿祯. 中国大陆边缘与大地构造名词体系[A]// 王鸿祯，王自强，张玲华，等. 1994. 中国古大陆边缘中新元古代及古生代构造演化. 北京：地质出版社，1994.

[2]WANG H Z, MO X X. Anoutlineo the tectonic evolution China[J]. Episodes, 1995, 18 (1/2): 6-16.

[3]WANG H Z, LI X, MEI S L, et al. Pangaea cycles, Earth's rhythms and possible earth expansion[C]// WANG H Z, JAHN B, MEI S L. Origin and history of the earth. 30th IGX. Utrecht, Netherlands: VSP, 1997: 111-128.

[4]WANG H Z, LI S T. Tectonic evolution China and its control over oil basins[J]. Journal of China University of Geosciences, 2004, 15(1): 1-8.

[5]何等发，李德生. 沉积盆地动力学研究的新进展[J]. 地学前缘，1995，2(3)：53-58.

[6]李思田，解习龙，王华，等. 沉积盆地分析基础与应用[M]. 北京：高等教育出版社，2004.

[7]LIN C S，LI H，LIU J Y. Major unconformities，tectonostratigraphic frameword，and evolution of the superimposed Tarim Basin，Northwest China[J]. Journal of Earth Sciences，2012，23(4)：395-407.

[8]贾承造，王良书，魏国齐，等. 塔里木盆地板块构造与大陆动力学[M]. 北京：石油工业出版社，2004.

[9]林畅松，李思田，刘景彦，等. 塔里木盆地古生代重要演化阶段的古构造格局与古地理演化[J]. 岩石学报，2011.27(1)：210-218.

[10]林畅松，于炳松，刘景彦，等. 叠合盆地层序地层与构造古地理：以塔里木盆地为例[M]. 北京：科学出版社，2011.

[11]LI S T，REN Z Y，XING F C，et al. Dynamics processes of the Paleozoic Tarim Basin and its significances for hydrocarbon accumulation：a preview and discussion[J]. Journal of Earth Sciences，2012，23(4)：381-394.

[12]李思田. 活动论构造古地理与中国大型叠合盆地海相油气聚集研究[J]. 地学前缘，2006，13(6)：22-29.

[13]王鸿祯，杨森楠，李思田. 中国东部及邻区中、新生代盆地发育及大陆边缘区的构造发展[J]. 地质学报，1983，57(3)：213-223.

[14]许效松，刘宝珺，牟侏龙，等. 中国中西部海相盆地分析与油气资源[M]. 北京：地质出版社，2004.

[15]许志琴，李思田，张建新，等. 塔里木地块与古亚洲/特提斯构造体系的对接[J]. 岩石学报，2011，27(1)：1-22.

[16]赵文智，何登发，宋岩，等. 中国陆上主要含油盆地石油地质基本特征[J]. 地质论评，1999，45(3)：232-240.

联合古陆演化周期中超大型含煤及含油气盆地的形成*

摘　要　联合古陆——Pangea的拼合与裂解反映了地球系统内部的巨大变革，这一过程从根本上改变了浅部圈层的构造和环境。地史上超大型含煤盆地及含油气盆地与Pangea的演化周期密切相关。在石炭纪及二叠纪拼合过程中形成了一系列超大型聚煤盆地；晚侏罗世Pangea开始裂解，出现全球性裂陷作用期，大西洋张开，许多与裂陷有关的大型叠合盆地形成。在这些盆地中已发现十余个与晚侏罗世烃源岩有关的巨型含油气系统。上述情况表明Pangea演化过程中出现了对能源资源聚集极为有利的古构造、古环境和古气候条件。

关键词　联合古陆　超大型含煤盆地　巨型含油气系统　地幔柱构造

沉积盆地的形成演化及其充填序列记录了地球演化历史中的节律现象——不同级别的周期性及幕式过程。当代层序地层学及全球性海平面变化研究的进展进一步深化并促进了地层记录中的节律研究热潮。地质周期与天文因素及地球内部动力过程关系的研究，更从成因上深化了对节律的认识。已经发现高级别的层序地层单元——巨层序和Sloss层序与联合古陆形成及裂解有密切的时空关系[1,2]。一系列大陆地块汇聚为联合古陆以及其后的裂解均反映了地球演化历史中的剧变期，这种剧变全面地影响了地球上部圈层环境变化。一个重大问题是超大型含煤盆地及含油气盆地的形成与Pangea的演化密切相关，特别是分布于世界许多地区的石炭纪及二叠纪超大型含煤盆地和与晚侏罗世至白垩纪烃源岩有关的巨型含油气系统。

1　联合古陆演化与盆地形成的动力条件

迄今为止研究程度最高的古超级大陆为在二叠纪完成了汇聚的联合古陆（简称Pangea 250Ma）。Veevers等对联合古陆的重建成果表明其起始时间为石炭纪（320Ma），其标志是劳亚大陆与冈瓦纳大陆在海西运动期的碰撞[3]，250Ma时联合古陆最为完整。上述两个大陆对接后从沉积构造演化上仍保持了明显的区别，显示为两个有差异的沉积-构造域，例如劳亚大陆有更多的地区被海相沉积覆盖；而对接碰撞后的冈瓦纳大陆海相沉积覆盖区则很小（<15%）。联合古陆的裂解始于中侏罗世末（约160Ma）。在此之后大西洋开始形成，并出现了全球性的裂陷作用高潮。因此Pangea的持续期大约为160Ma，但包括其汇聚和裂解过程的周期则要长得多。地史及大地构造学家推断，更老的超级大陆存在于新元古代（800～700Ma），Veevers等称之为文德期超大陆或原联合古陆。这一古老的超大陆在大约距今600Ma，即震旦纪时开始裂解。王鸿祯先生通过对全球古地理的重建，认为新元古代超大陆的形成期可能更早（850～800Ma）。在国际地球科学联合会支持下的全球沉积地质对比项目（GSGP）关于Pangea及其相关的古气

* 论文发表在《地学前缘》，1997，4(3-4)，作者为李思田。

候、大地构造和沉积作用的研究成果自 20 世纪 90 年代初已系统发表[4]。

对 Pangea 研究的新兴趣则源于其演化的深部驱动力，这一点也正是板块构造理论的核心问题。White 等[5]根据对南大西洋、西印度洋等地大陆边缘岩浆活动的研究，提出从大陆裂陷到新的洋盆形成受控于热软流圈地幔上升，并指出这种热异常源于附近的地幔柱(图 1)。

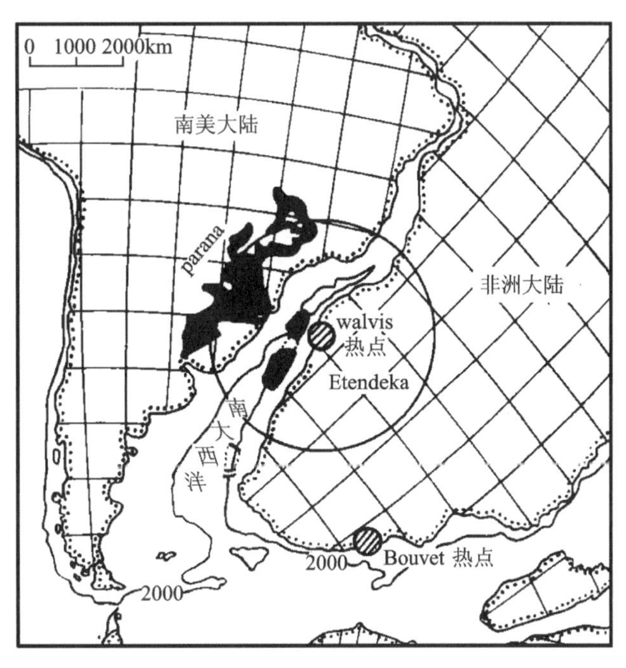

图 1　重建的南大西洋 120Ma 以前(M4 异常期)地幔柱的位置(黑色部分为玄武岩)[5]

Fukao 等[6]根据全球天然地震层析的研究成果提出了地幔柱构造(plume tectonic)的系统见解，在原有板块构造理论的基础上用超级地幔柱解释了板块汇聚和大陆裂解的机制，认为联合古陆的裂解受控于来自核幔边界的超级地幔柱，如大西洋开始形成即是由一系列排列成行的地幔柱驱动的。一系列古大陆块汇聚成联合古陆的过程则受旁侧地幔柱的推动，并在联合大陆之下由于板块俯冲而造成向下的地幔流，即“冷地幔柱”。冷地幔柱引起大陆内部大面积沉降，为形成大盆地创造了条件。

Kominz 等[7]对北美东部及西部许多古生代盆地如 Williston、Michigan 和 Illinois 等进行了沉降史模拟，发现普遍在晚泥盆世和石炭纪早期出现了沉降加速期，同时海平面大幅度上升，根据 Gurnis 的地幔对流模式[8]推断，可能是在地幔下降流区域之上汇聚成 Pangea 的雏形。尽管 Gurnis 和 Fukao 的模式不尽相同，但都是把大规模的地幔对流作为 Pangea 的形成与裂解的驱动力。

Fukao 等还提出：当俯冲的板片在 670 km 深度处聚集形成规模巨大的块体——Megalith 时，就会下沉到下地幔，从而引起更热的下地幔物质上涌到上地幔。这种地幔物质的倒转可能会导致大陆之下新的地幔柱形成。

上述联合古陆的形成与裂解过程极大地影响着盆地形成和能源资源聚集的条件，总体上说汇聚阶段在联合古陆内部以挠曲类盆地占优势，裂解之后则以伸展类盆地占优势；汇聚期形成了超大型含煤盆地及重要油气资源，裂解期则形成了一系列巨型的含油气系统。地史上煤、油气聚集与联合古陆演化的时间关系见图 2。

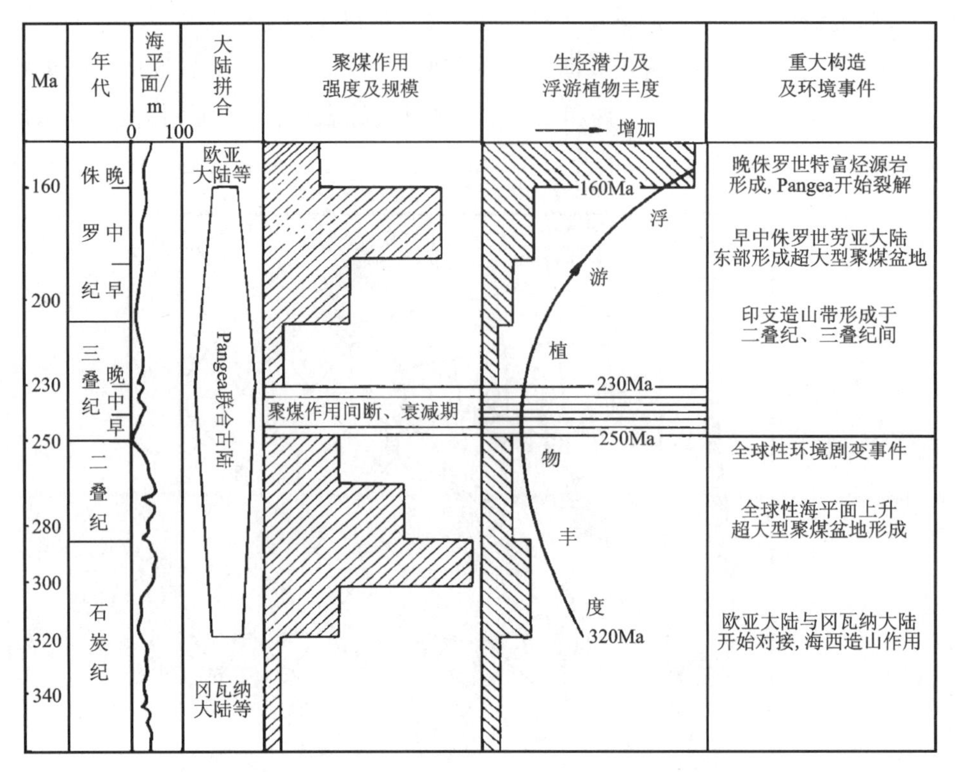

图 2　石炭纪—侏罗纪煤、油气聚集与 Pangea 演化的关系图

2　石炭纪和二叠纪超大型聚煤盆地

地史上面积最为巨大的聚煤盆地形成于石炭纪—二叠纪，在世界煤炭生产的历史上其重要性始终居于首位。在北美 Pennsylvanian 时期的大型含煤盆地有阿巴拉契亚、伊利诺、密执安等，其中阿巴拉契亚属于资源量＞5000×10^8 t 的超大型含煤盆地。从英国、法国、德国、波兰到俄罗斯和乌克兰存在着巨大的石炭纪煤聚集带，其中顿涅茨为 $2000\times10^8\sim5000\times10^8$ t 级资源量的超大型含煤盆地。

二叠纪最为巨大的聚煤盆地形成于俄罗斯和中国境内。俄罗斯的通古斯、泰梅尔和库兹涅茨均为资源量 5000×10^8 t 级的超大型聚煤盆地。发育于西伯利亚地台之上的二叠纪通古斯盆地面积最大，超过 100×10^4 km^2。俄罗斯地台与乌拉尔造山带之间的彼乔拉前陆盆地为 $2000\times10^8\sim5000\times10^8$ t 级资源量的含煤盆地，也含有重要的油气田。

在我国分布于中朝地台范围的石炭纪—二叠纪煤田形成于同一聚煤盆地，聚煤期后中生代变形时才分开。在扬子地台范围以贵州西部为富煤中心的晚二叠世聚煤盆地也曾覆盖了扬子地台的绝大部分。上述地区内最大规模的煤聚集主要发生在二叠纪。石炭纪及二叠纪煤田提供了我国大部分煤炭产量[9]。

全球性(特别是北半球)石炭纪及二叠纪超大规模含油气盆地的形成取决于 Pangea 形成期特殊有利的古构造、古地理及古气候环境：①块体大规模汇聚造成了板内挠曲变形，在汇聚造山带边缘形成了前陆盆地，如阿巴拉契亚、鲁尔、泰梅尔和彼乔拉等盆地。在稳定地块内部则形成低幅度但面积巨大的挠曲变形，如西伯利亚地台的通古斯盆地，中朝地台的华北聚煤盆地以及北美密执安和伊利诺等盆地。特别值得提出的是石炭纪、二叠纪盆地从造山带边缘一直到远离造山带的克拉通内部，其成因远不能用造山带边缘的负载效应和挤压效应来解释。地幔对流模式即向下的地幔流加上岩石圈下部的挤压应力则可较好地解释大面积的板内挠曲变形。②一些聚煤盆地形成于热事件之后，如顿涅茨盆地石炭纪聚煤期之前曾经历了裂陷阶段，其后的热衰减及负载沉降形成了稳定的聚煤条件。Pangea形成过程中的热事件尚无明确的解释，Gurnis等的地幔对流模式中提到了热毯效应，即具有厚岩石圈的大陆地块汇聚之后会造成地幔温度的缓慢增加，最终会导致下降的地幔流转变为地幔物质上升(down welling to up welling)。Fukao关于俯冲板片在670km深度处聚集、下沉，引起下地幔更热的物质向上地幔侵位是另一种重要的机制。③海平面变化提供了适当的古地理条件，石炭纪和二叠纪主要的聚煤层系均发生于海平面上升即大规模海侵转化为海退的过渡阶段，著名的石炭纪—二叠纪高频旋回反映了海平面的周期性变化，在Pangea内部主要为陆表海环境，每次海退都造成大面积沼泽化的条件。植物演化和古气候与此种古地理环境相配合，提供了大规模煤聚集的条件。

3 联合古陆裂解初期巨型含油气系统的形成

联合古陆的裂解初期即晚侏罗世—早白垩世在世界上形成了规模巨大的油气聚集。Klemme[10]指出：与晚侏罗世烃源岩有关的14个巨型含油气系统(mega-petroleum system)占了全球已发现油气的1/4(表1)。众所周知，大油田形成首先要有丰富的源岩，晚侏罗世富集而巨大的生烃凹陷是在Pangea裂解期，特别是在其早期特有的地质背景下形成的。

表1 世界上与晚侏罗世烃源岩有关的巨型含油气系统[10]

油气系统编号	所在油区或盆地名称	盆地演化序列
1	阿拉伯/伊朗盆地	P—R—S—F
2	西西伯利亚盆地	R—S
3	西北欧大陆架	R—S—R—S
4	墨西哥湾盆地	R—S—HS
5	阿姆河-塔吉克区	R—S—F
6	中里海区	R—S—F
7	也门区	P—R—S
8	Neuquen盆地(阿根廷)	R—S—F
9	大巴布亚区	R—S—F
10	澳大利亚西北缘陆架(Barrow-Dampier亚区)	R/S—R—S—HS
11	Grand Bank-Jeane d'Are亚盆地	R—S—HS
12	Grand Bank-Scotia陆架	R—S—HS
13	Vienna盆地(奥地利)	复合型
14	Vulcan地堑(澳西北缘陆架)	R/S—R—S—HS

注：R.裂谷；P.地台；S.坳陷；HS.半坳陷；F.前渊。

从板块构造背景上分析，笔者发现下列特征是明显的和最为重要的：

(1)形成巨型含油气系统的盆地早期都经历了裂陷作用阶段，快速及深沉降与适宜的古地理、古气候配合是形成厚而富的烃源岩的最有利条件，并利于形成油气运聚的温、压系统。盆地演化的后阶段多为挠曲变形，如前陆或坳陷，其中多伴有后期的挤压和反转，有利于形成大型构造圈闭。

(2)形成侏罗纪富烃源岩的盆地分布在古老的克拉通地区及其周缘加积构造带(图3)。但在如此广阔区域中都有裂陷作用发生，表明地球系统发生了重大变革。辽阔的Pangea之下有地幔上隆或地幔柱活动。关于地球的波动式有限膨胀的探讨也很值得以Pangea裂解阶段为目标进行剖析。

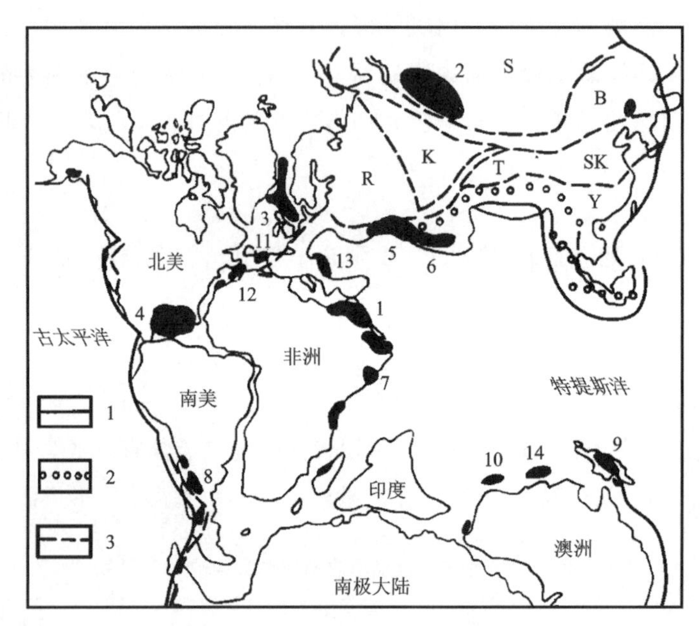

1.侏罗纪俯冲带；2.中、晚三叠世俯冲带；3.二叠世—早三叠世俯冲带(巨型含油气系统编号同表1；洋陆分布据文献[7]；含油气系统据文献[11])。

图3 Pangea裂解期晚侏罗世特富烃源岩分布地带

(3)前述巨型含油气系统在Gondwana北部沿着特提斯海最为集中，如阿拉伯/伊朗盆地、也门裂谷区、巴布亚盆地和澳大利亚西北缘陆架等。特提斯边缘有利于海相烃源岩及海相储层形成，其后造山期前陆式过程中有利于大型圈闭的形成。其他的重要盆地分布于劳亚大陆周缘的古生界造山-加积带之上，如西西伯利亚盆地东部。

联合古陆演化历史及其演化的周期性始终是被作为全球构造的重大基础理论问题研究的，20世纪80年代晚期以来，从地幔对流模式到超级地幔柱模式都是着眼于整个地球系统的演化并试图用以解释地球表面巨大的环境变迁。和人类生存与发展密切相关的能源资源也受控于地球历史上的这种巨大变革。从全球动力学演化过程及其节律性出发，对煤和油气等能源资源时空分布的规律性的研究将带来新的认识。

参考文献

[1]PLINT A G，EYLES N，EYLES C H，et al. Control of sea level change[A]//WALKER

R G,JAMES N P. Facies models response to sea level change. Ontario: Geological Association of Canada, 1992:15-25.

[2]WANG H,SHI X. A scheme of the hierarchy for sequence stratigraphy[J]. Journal of China University of Geosciences,1996, 7(1): 1-12.

[3] VEEVERS J J, TEWARI R C. Permian-Carboniferous and Permian — Triassic magmatism in the rift zone bordering the Terhyan margin of southern Pangea[J]. Geology, 1995,23(5): 467-470.

[4]FRANCIS J,KLEIN G D. Pangea:paleoclimate, tectonics and sedimentation during accretion, zenith, and breakup of a supercontinent[J]. Palaios,1994,11(1):92.

[5] WHITE R, MCKENIZE D. Magmatism at rift zones: the generation of volcanic continental margins and flood basalts[J]. Journal of Geophysical Research,1989,94(B6): 7685-7729.

[6] FUKAO Y, MARUYAMA S, OBAYASHI M, et al. Geologic implication of the whole mantle P-wave tomography [J]. Journal of Geological Society of Japan, 1994, 100 (1): 4-23.

[7]KOMINZ M A,BOND G C. Unusually large subsidence and sea-level events during middle Paleozoic time: new evidence supporting mantle convection models for supercontinent assembly[J]. Geology,1991,19: 56-61.

[8] GURNIS M. Large-scale mantle convection and the aggregation and dispersal of supercontinents[J]. Nature,1988,332: 695-699.

[9]LI S,MAO B,LIN C. Coal resources and coal geology in China[J]. Episodes,1996,18 (1-2) : 26-30.

[10]KLEMME H D. Petroleum systems of the world involving upper jurassic source rocks[M]// MAGOON L B,DOW W G. The petroleum system:from source to trap. Tulsa: AAPG,1994:51-72.

中国西部大型盆地的深部结构及对盆地形成和演化的意义*

摘　要　地震层析成像是研究地球深部结构和动力过程的重要手段。本文简单介绍了岩石圈地震层析成像的几种基本方法。相对于人工震源地震勘探，基于天然震源的地震层析成像是提供盆地基底和周边深部背景的有效和极其经济的手段。笔者最近得到了中国大陆岩石圈高分辨率表面波层析成像的三维S波速度模型，该模型结合了地震和噪声互相关的数据，大大提高了射线覆盖，结果显示了中国西部与青藏高原接壤的三大盆地（塔里木、柴达木和四川盆地）的共同特征：①盆地上地壳速度很低，反映出盆地沉积层很厚；②相对于周边山系，盆地中、下地壳的S波速度较快，上地幔顶部尤其明显；③盆地的地壳厚度比相邻的山脉区薄，同时莫霍面深度在盆山结合带变化大。盆地内地壳和岩石圈地幔存在明显的横向结构，尤其是塔里木盆地和四川盆地。塔里木盆地基底东西向中央古缝合带在地壳和岩石圈地幔的速度、莫霍面深度图中有清楚显示。笔者推测区域构造挤压的影响很可能涉及盆地的整个岩石圈，进而提出了一个简单的盆地形成机械模型，即挤压隆升沉降模型，认为在挤压环境下，较弱的周边山系的岩石圈增厚和隆升，高强度的盆地块体在重力均衡下整体沉降，形成陆内叠合盆地。挤压应力可能导致巨大的塔里木和四川盆地产生岩石圈范围的褶皱变形。在西部盆地漫长的地质历史中，新生代的印度板块-西藏板块碰撞和新元古代以来的多次构造运动产生的岩石圈挤压对西部盆地的形成和演化可能起了决定性的作用。

关键词　中国西部盆地　S波速度　地震层析

1　引言

中国西部地形变化极大。在地质历史中比较近的新生代，亚洲主体的大规模构造变形受控于印度-欧亚板块碰撞[1]。这个碰撞始于约60Ma[2-4]，导致喜马拉雅山系的形成、青藏高原的隆升及其地壳的增厚。自该碰撞开始，至少1400km的南北向缩短被喜马拉雅-青藏造山带吸收[4,5]。这个世界范围最大、海拔最高的喜马拉雅山系和青藏高原，为解释造山带隆升机制及过程、高原形成和大陆形变的基本问题提供了极佳的研究场所。从北面至东面，青藏高原被塔里木盆地、柴达木盆地和四川盆地包围（图1），这些以坚硬的基底地块为基础的盆地可能在高原类三角状（藏羚羊状）的形成过程中起决定性的作用[6,7]。同时，青藏高原的形成和新元古代以来的多次挤压构造运动也可能在这些主要盆地形成和演化过程中起到关键作用[8,9]。

地震层析成像是研究现今地球深部结构非常重要和有效的工具，地球深部结构的确定也是推断地球内部过程的重要依据。为了方便盆地研究和地质学的读者，本文先简单介绍地球浅部（岩石圈深度范围）地震层析成像的主要方法。然后介绍我们利用面波层析成像得到的最新高分辨率三维模型，着重展示中国西部与青藏高原接壤的三大盆地（塔里木盆地、柴达木盆地和四川盆地）的深部结构，并试图以此为基础探讨岩石圈深部结构对西部大型盆地形成和演化的意义。

* 论文发表在《地学前缘》，2005，22(1)，作者为宋晓东、李江涛、鲍学伟、李思田、王良书、任建业。

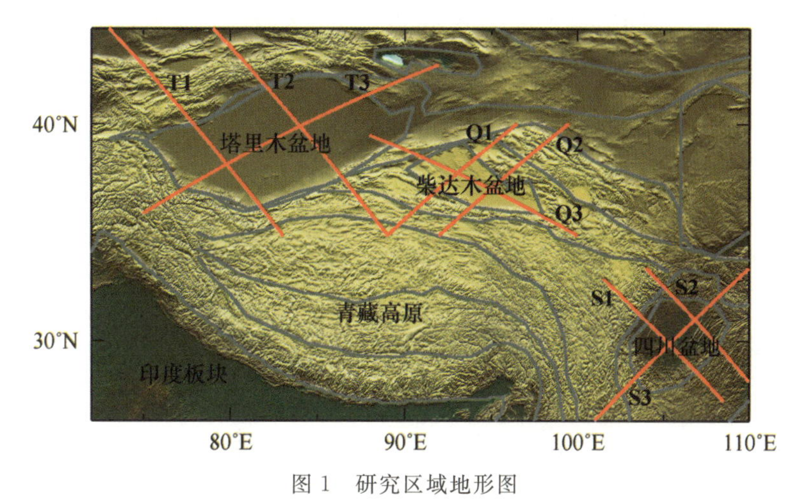

图1　研究区域地形图

注：灰线代表构造边界；红线代表穿过盆地的九条剖面。

2　岩石圈地震层析成像简介

相对于全球深部结构研究，岩石圈深度范围的地震层析成像可以根据所利用的地震波信号类型划分为体波走时层析成像、表面波频散层析成像和基于部分或全部波形的波形反演。比如，许多学者利用区域和远震数据，对中国及其邻域岩石圈和上地幔进行了体波及面波层析成像的研究[6,7,10-15]。

体波包括P波(纵波)和S波(剪切波)。通常的体波走时层析成像利用大量的从震源到地震台站的地震射线传播所需时间来反演射线穿过的介质内各路径处的速度。对于反演地壳结构，因为要求震源较近(100～200km范围内)，此方法(称为本地层析成像)只有在地震活跃台站密集区域才适用，或者利用人工源做反射勘探或宽角折射观测。在超过200km至1000多千米，用P波成像是反演上地幔顶部结构的有效方法，详见对中国大陆盆地基底环境研究的应用[16]。还有一个方法叫远震层析成像，它利用从远处(3000km以外)地震产生的、通过下地幔到达一个较密集台网的体波，并利用其中同一地震到达台网中不同台站的走时差别(称为相对走时)。由于这种相对走时主要受台网下面结构的影响，此方法是反演岩石圈甚至更深一点的结构的有效方法，但由于射线通过地壳几乎是垂直到达台站，此方法不能用于反演地壳结构而且还需要做地壳结构校正。

基于地震波波形的方法有许多，其中一个广泛应用的是接收函数的方法。它利用P波或S波在间断界面的转换波(P波转S波、S波转P波)和直达波的比较来得到间断面的性质(深度和跳跃锐度)，对于探测莫霍面、地壳内部界面、沉积层底界面，甚至岩石圈及软流圈界面都是有效的方法。此方法的一大局限是只适用于反演台站下的深部结构。台站密的地方可利用类似于人工地震勘探方法做叠加和偏移来提高间断面的分辨率。国际上，目前的一个重要趋势是利用“全波形”反演地球内部结构，包括面波和各种体波(P波、S波、直达波、后续波和转换波等)。由于地球内部具有复杂的三维结构、各向异性和衰减，需要大型计算机计算理论地震图，同时波形反演非线性强，这个工作极具挑战性，目前主要集中在方法开发上，但也有一些很好的应用例子，如对南加州洛杉矶盆地的成像[17]。

地震面波(包括瑞利波和勒夫波)是地震波受地表边界条件限制而产生的,其震动能量局限在地球浅部一定深度。面波采样深度范围取决于面波的周期,周期越长,“看到”的深度越深。由于地球介质的弹性波速度总体随深度增加,面波存在频散现象即速度随频率变化现象,一般长期周期面波速度(群速度和相速度)更大,因此,可利用面波频散来反演下地表结构。面波能采样从地表到一定深度的体积范围,是研究地球浅部总体结构最有效的介质。

传统的面波成像利用地震波产生的信号,然而,基于地震的研究有一定的局限性,因为地震的分布经常是不均匀的,进而导致射线路径的覆盖不均匀而造成某些区域分辨率很低。此外,层析成像结果的分辨率还会受到地震定位和发震时间上的误差的影响。近几年发展起来的一种革命性的方法——基于从背景噪声中提取的经验格林函数的面波层析成像[18-21],以其独特的优势大大地增加了数据的覆盖。首先,经验格林函数是从台站对之间提取的,因此射线覆盖只依赖于台站的分布,而台站分布通常比地震的分布要均匀很多;其次,这种方法消除了震源方面的不确定性;此外,由于受到震源谱、衰减和散射的影响,传统的地震数据较难提取出短周期的面波,而用这种方法则易于提取,因此可以更好地约束浅层结构,特别是地壳结构。这种新方法已很快被运用到了各种层析成像研究中[6,7,22-34]。然而,这种方法的缺点是所得到的长周期面波信号(70s 及以上)经常很弱且不稳定,而另一方面,地震面波则包含了稳定的长周期信号。因此,把背景噪声数据和地震数据结合可以提供更广的周期范围,从而更好地约束和分辨浅层至深部的结构[7,25,35]。本文中所用模型的建立亦采用了结合地震和噪声互相关的面波层析成像的方法。

3 中国大陆岩石圈表面波层析成像

最近,笔者进一步更新了我们早先发表的中国及邻区岩石圈表面波成像模型[6,7]。所用地震台站由 3 部分构成:中国地震区域台网数据、临时台阵数据及研究区其他国际的固定台站数据。本文的模型同时利用了环境噪声互相关提取的表面波格林函数和天然地震产生的面波。由于地震射线覆盖和噪声互相关用的台站间射线覆盖具有很强的互补,两种数据的结合极大地增加了路径覆盖率,同时拓宽了频散数据的频率范围,提高了速度结构的分辨率。环境噪声互相关主要数据来自中国地震台网的 864 个台站 2008—2011 年期间记录的连续波形数据,临时台阵数据及研究区主要在青藏高原、天山、尼泊尔。利用连续波形数据,通过环境噪声互相关[36],提取了格林函数,并对其进行时频分析,得到 10～70s 的相速度和群速度数据。同时,从连续波形数据截取了震级 5.0 级以上,震中距 1400km 以外的远震事件,并提取了 10～120s 群速度。

为了提高频散数据测量的准确性,按以下标准剔除了部分数据。首先,计算了格林函数和地震波形在所有周期的信噪比;然后,剔除信噪比低于 10 的测量数据。由于远场要求,舍弃了台站间距低于 3 倍波长的格林函数频散测量;最后,剔除了在初始反演中走时残差大于 2 倍平均残差的频散数据。经过以上处理最终从格林函数和地震波形共得到 30 000～450 000 个群速度测量数据,40 000～260 000 个相速度测量数据。通过线性反演程序,对最终频散数据进行了成像,得到不同周期群速度和相速度分布图。通过线性程序[37],反演成像网格点的群速度和相速度频散曲线得到相应的横波(S 波)速度结构,进而得到研究区三维 S 波速度模型。

4　三大盆地的深部结构

图2—图8展示我们最新面波层析成像模型在三大盆地及周边的深部结构。图2显示出盆地与周边山系深部结构差异明显。从本文的三维S波模型,利用全球地壳模型CRUST 1.0[38]标定推测出研究区的地壳厚度,具体方法见文献[7]。从图2(a)可见,盆地地壳厚度要比周边山系薄很多。本文中,把0～15km深的地壳称为"上地壳",15km至莫霍面的地壳平均分为两层,分别称为"中地壳"和"下地壳",其中在中地壳[图2(b)]、下地壳[图2(c)]及上地幔顶部[上部50km,图2(d)],盆地区域的S波速度都要比周边山脉区域的快。

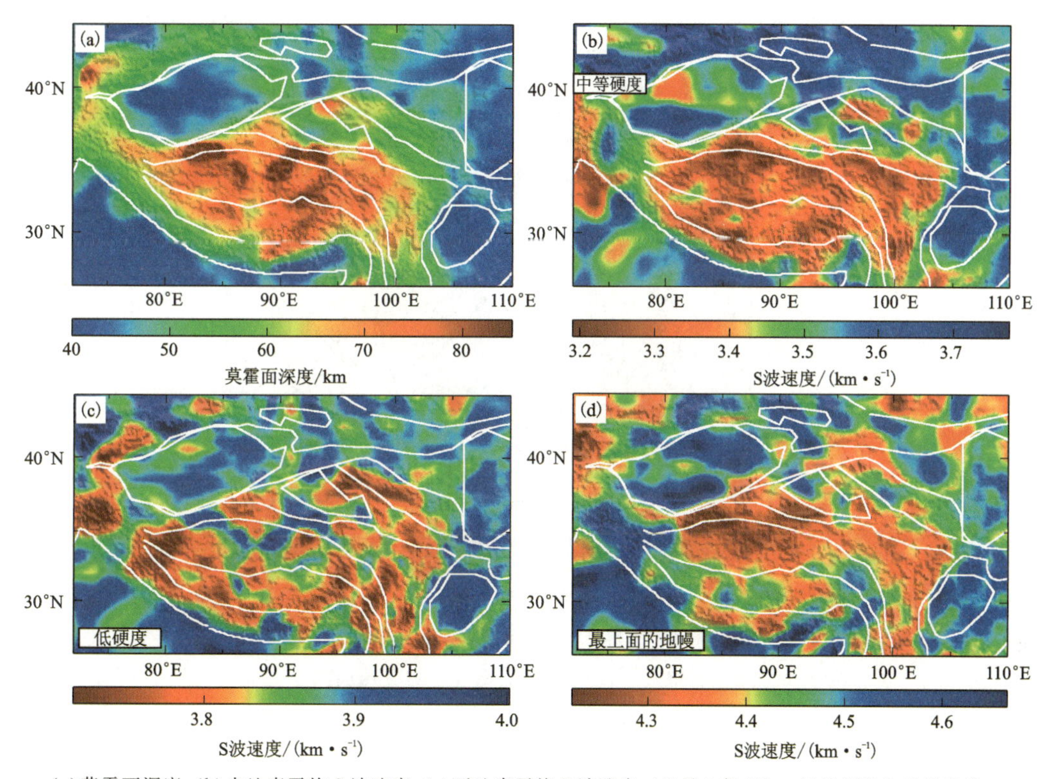

(a)莫霍面深度;(b)中地壳平均S波速度;(c)下地壳平均S波速度;(d)最上部50km地幔的平均S波速度。

图2　研究区域的莫霍面深度和分层平均S波速度模型

图3是3个主要盆地区域地壳厚度图。由图可见,塔里木盆地的地壳厚度为40～50km,最薄处位于盆地西部;柴达木盆地的地壳厚度为50～60km,最薄处位于盆地的中偏西部;四川盆地的地壳厚度为38～44km,在西北和南部各有一块地壳较薄区域。海拔较高的柴达木盆地的地壳也比较厚,但是相对于周围地区其地壳仍然是偏薄的。

图4显示了3个盆地区域的上地壳0～15km平均S波速度,盆地内部绝大部分都表现为低速,反映盆地内很厚的沉积层。塔里木盆地的低速区主要在西部和中偏东部,柴达木盆地从中部往四周速度递增,四川盆地则自西北向东南递增。图5是根据三维模型和全球盆地沉积层厚度模型CRYST 1.0[38]标定推测得到的3个盆地的沉积层厚度,方法跟地壳厚度标定类似。由于三维模型和全球盆地模型的有限分辨率,推测的沉积层厚度并不准确,然而其分布的大致形状和趋势与勘探地球物理得到的精细沉积层厚度分布基本是一致的(如见Li等[29]显示的塔里木盆地)。图5中盆地厚度的变化和图4中低速区域的变化有非常好的对应关系。

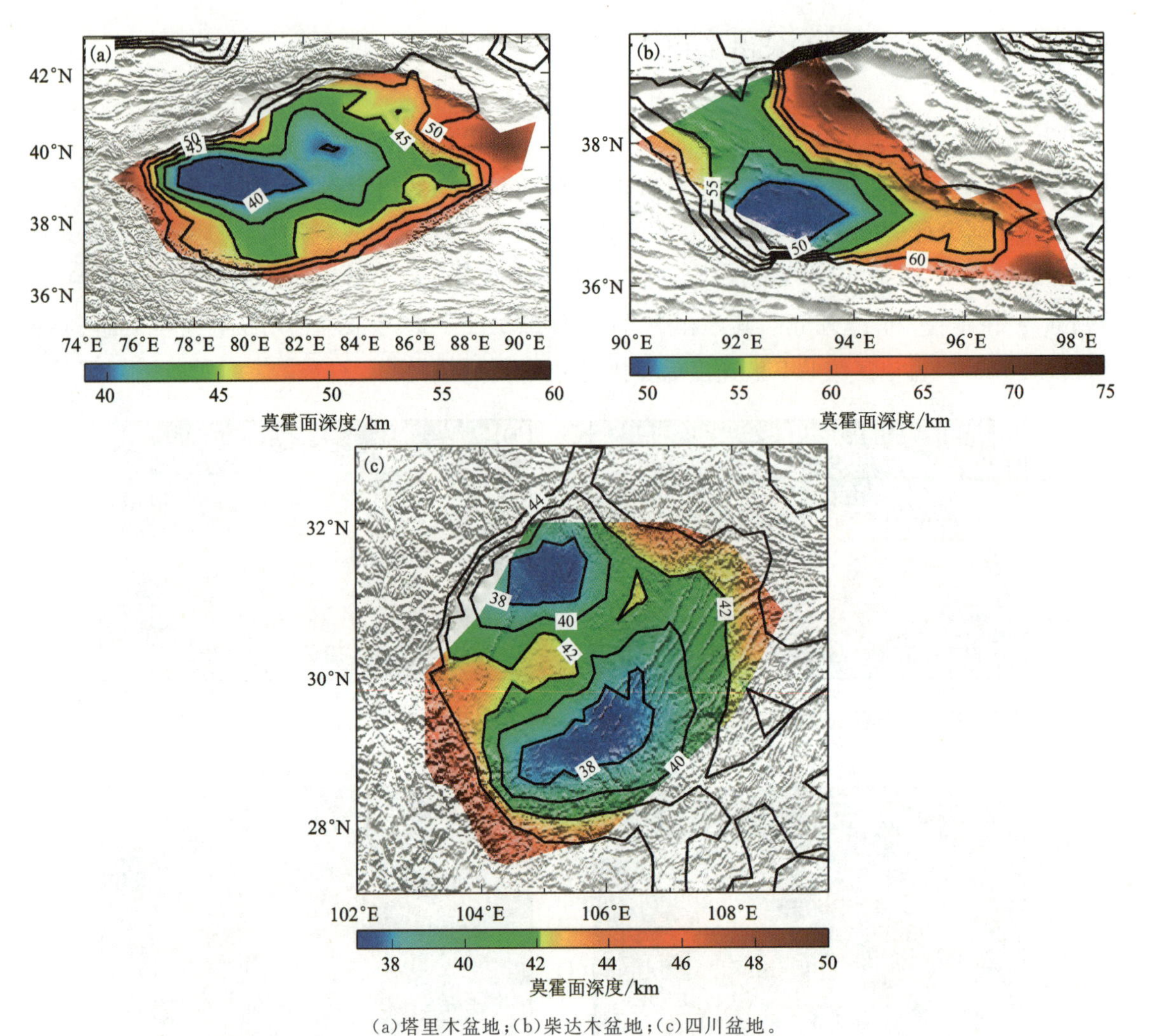

(a)塔里木盆地;(b)柴达木盆地;(c)四川盆地。

图 3　青藏高原周围 3 个主要盆地的莫霍面深度

注:黑线表示间隔为 2.5km(塔里木、柴达木盆地)或 1km(四川盆地)的等高线。

穿过盆地的 S 波速度剖面(图 6—图 8)显示,盆地区域在中地壳及以下的 S 波速度大都比周围区域同一深度范围的要高,顶部地幔中的波速差异尤为明显。从盆地到山脉地壳明显增厚。同时参照图 2,盆地下方的高速性质表明这 3 个盆地所在区域都是低温和坚硬的块体。而青藏高原下方(T1、T2 及 Q1、Q2 南部,S1、S2 西部)则在 20～40km 和顶部地幔中普遍存在较大范围的低速区,说明其强度较弱。

这些结果都说明 3 个盆地整体来说是比较冷和坚硬的块体,在挤压环境下不易变形,这个结果与地幔最顶部的 P 波成像吻合[12,16]。盆地内的结构也有显著横向变化。塔里木盆地基底东西向的中央古缝合带[8,9,33]存在明显的下地壳和上地幔低速和较浅的莫霍面[图 2(c)、图 2(d)、图 3(a)、图 6(c)],把盆地分为东北和西南两部分,这在沉积层厚度[图 5(a)]、上中下地壳及地幔速度[图 2(b)、(c)、(d)]、莫霍面深度[图 3(a)]上都有明显的反映,说明塔里木盆地受整个岩石圈结构的影响。四川盆地内部也显示出东西结构差别,虽然没有塔里木盆地明显,在莫霍面深度[图 3(c)]和上地幔速度上[图 2(d)]尤其明显。

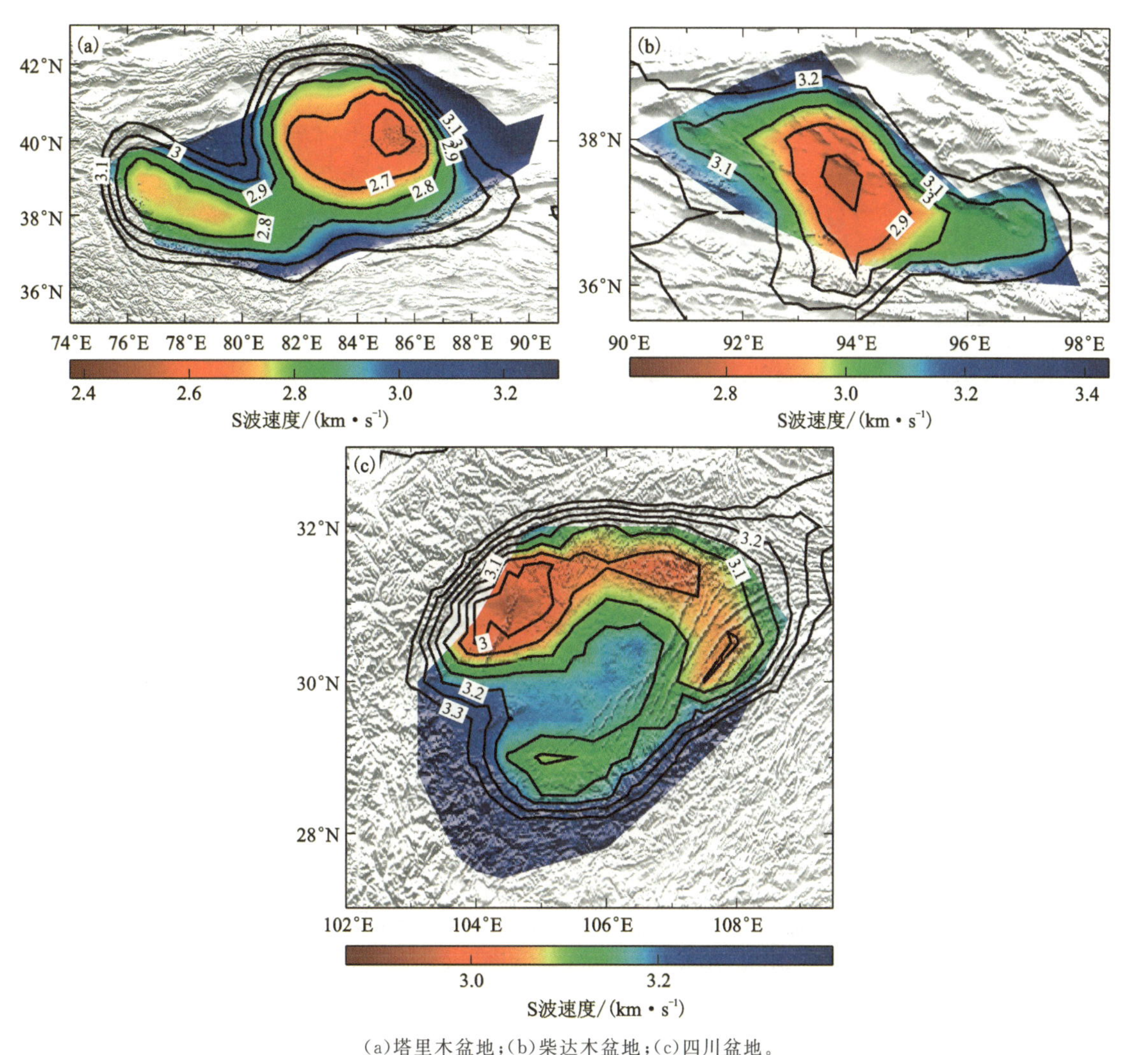

(a)塔里木盆地；(b)柴达木盆地；(c)四川盆地。

图4 3个盆地的上地壳(0～15km)平均S波速度

注：黑线表示间隔为0.1km/s(塔里木、柴达木盆地)或0.05km/s(四川盆地)的等值线。

5 对成盆动力学的讨论

以上层析成像的结果显示三大盆地岩石圈强度从地壳到上地幔相对于周边山系较高。在挤压背景下，其变形相对较弱。这可能是塔里木、柴达木、四川盆地形成和演化的重要因素。Li等[9]概括了控制塔里木盆地演化和构造框架的3个因素：盆地基底性质、深部地幔作用和区域构造挤压背景。本文的结果显示这种构造挤压的控制很可能涉及整个岩石圈。我们提出一个简单的盆地形成模型，称为“挤压隆升沉降模型”。在区域挤压背景下(如新生代的印藏陆-陆碰撞)，坚硬的盆地变形相对小，其周边山系较弱强度的岩石圈在挤压碰撞下相对隆升，盆地区相对沉降，接受沉积，形成陆内叠合盆地。盆地周边山系区地壳明显增厚，而盆地区地壳主要为沉积加厚。在重力均衡的作用下，地壳增厚的周边山系区的莫霍面明显深于盆地区的莫霍面，造成盆山结合带莫霍面深度的快速变化[39]。并且由于盆地块体比较硬，盆地和山系的重力均衡也许在比较深处，如软流圈才达到，使得比较冷和高密度的盆地块体保持比山系低的位置。特

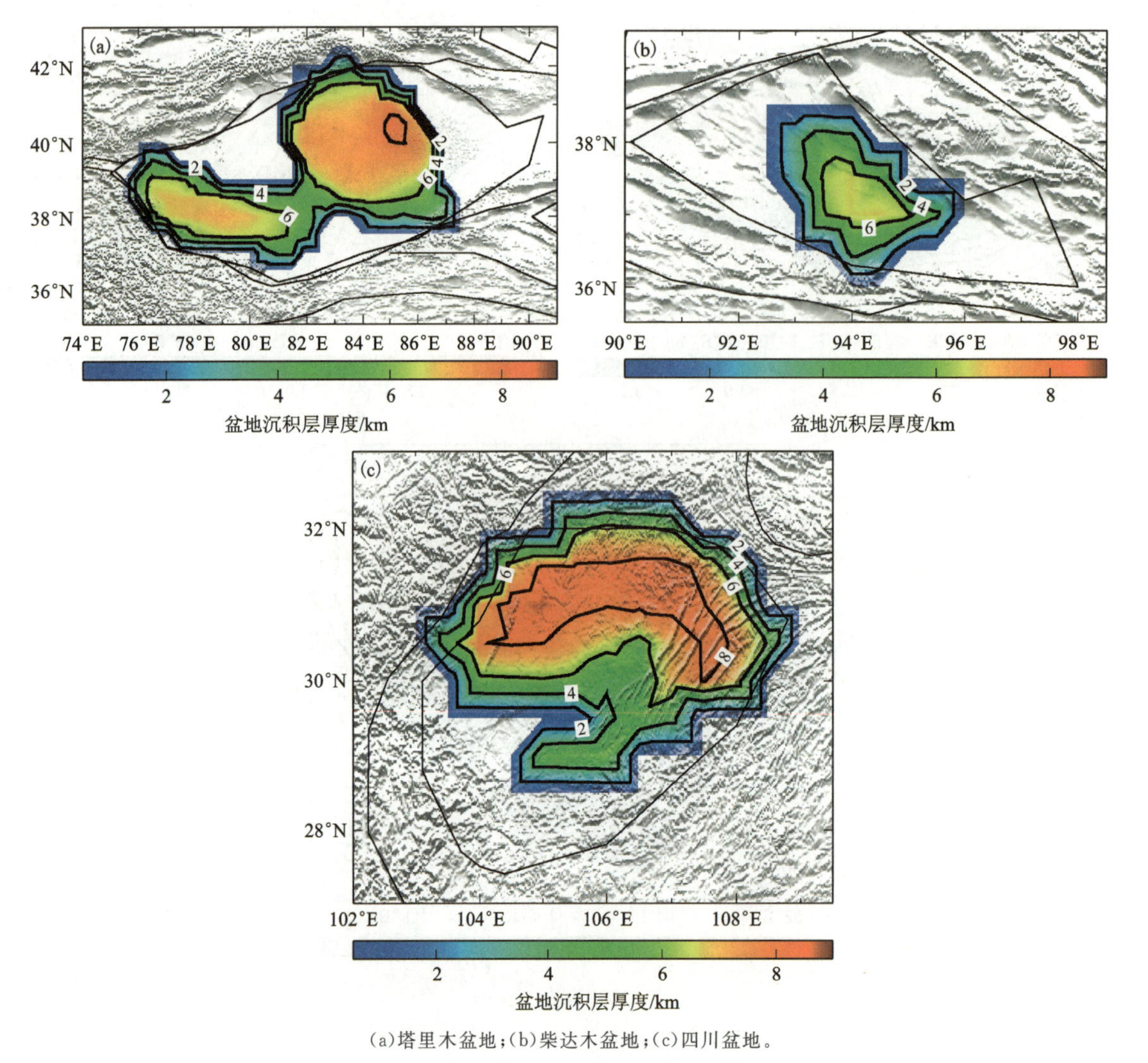

(a)塔里木盆地;(b)柴达木盆地;(c)四川盆地。

图 5　3 个盆地的沉积层厚度

注:细黑线表示构造边界;粗黑线表示间隔为 2km 的等高线。

别值得注意的是,在比较深处达到重力均衡的一个重要结果是使得盆山高差加大。因此,盆地岩石圈的相对高强度导致在区域挤压的地球动力学背景中,盆地整体沉降,周边山系地壳增厚隆升,形成了现今隆拗相间的山间盆地。

板块间相互作用产生的挤压应力是岩石圈尺度的,由此导致的盆地内的岩石圈块体本身可能会发生变形和褶皱,其变形程度取决于应力的强度和盆地块体的硬度、大小、内部结构和周边块体的性质。我们观察到的盆地莫霍面有明显起伏(图 3),也许是岩石圈挤压褶皱的结果。塔里木块体因为规模大,基底存在东西向中央古缝合带,因此在挤压环境下容易被弯曲,使得沉积盆地和莫霍面在盆地中部较浅、南北两侧深。四川盆地的莫霍面也有一个明显北东向的、较深的分界线,大致与现今龙门山走向平行。新生代的青藏高原挤压应力通过坚硬的盆地块体可以传输到盆地周边块体,其变形产生了天山、祁连山、秦岭等山脉,其中四川盆地东面的扬子块体比较坚硬,这可能是导致四川盆地东边的山脉规模较小的因素之一。

值得注意的是,层析成像看到的是现今的深部结构,是漫长的地质历史变形和演化累积的结果。比如,塔里木盆地从早古生代就有巨大的沉积厚度,直到现今最厚的沉积达 20km。历史

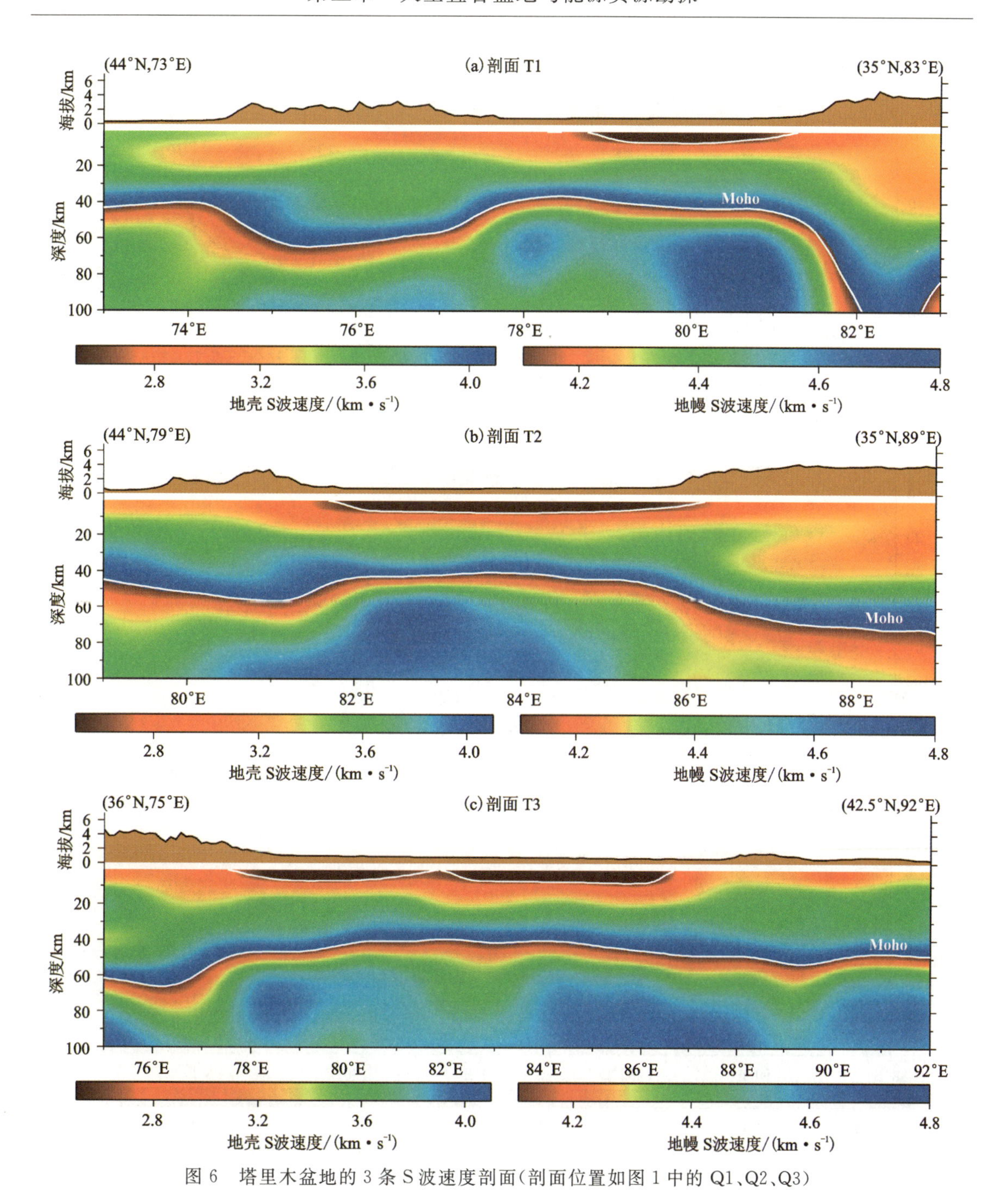

图 6 塔里木盆地的 3 条 S 波速度剖面(剖面位置如图 1 中的 Q1、Q2、Q3)

上塔里木盆地受过多次挤压和变形，在地层序列中发现过 8 个大的不整合面，在基底存在多个古隆起[9]。以上描述的过程适合于解释新生代强大的印藏陆-陆碰撞造成的区域挤压构造的影响。然而，我们推测在更早的挤压构造运动中，以上描述的基本机械原理和物理过程也可能适合，值得考虑。

6 结论

地震层析成像是研究地球深部结构和地球内部过程的重要手段。本文简单介绍了岩石圈

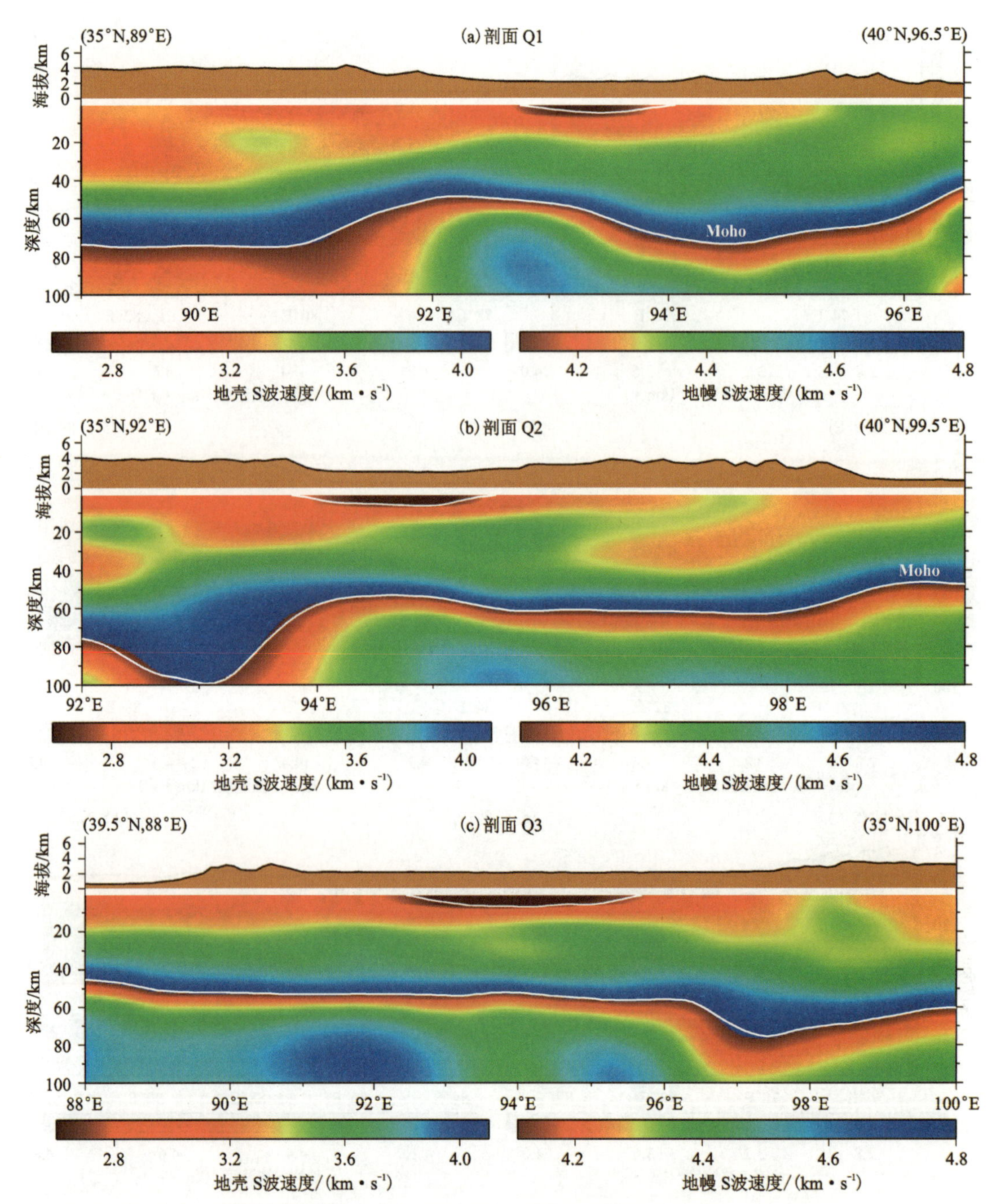

图7 柴达木盆地的3条S波速度剖面(剖面位置如图1中的Q1、Q2、Q3)

地震层析成像的几种基本方法。与人工震源地震勘探相比，地震层析成像利用天然地震和现有的区域地震台网(虽然通常需要增加一定的临时台站以增加射性覆盖)，是提供盆地基底和深部背景的有效和极其经济的手段。本文展示了由高分辨率面波层析成像得到的中国西部三大盆地(塔里木、柴达木和四川盆地)和周边山系的岩石圈深部结构。盆地上地壳的低速反映出盆地具有很厚的沉积层。相对于周边山系，盆地中、下地壳的S波速度较快，上地幔顶部尤其明显。盆地的地壳厚度比山脉薄，同时莫霍面深度在盆山结合带变化很快。盆地基底整体来说是比较冷而坚硬的块体，不易变形。盆地内的结构也有显著横向变化。塔里木盆地基底东西向中央古缝合带在地壳和地幔岩石圈速度、莫霍面深度上都有显著的反映，盆地沿中央古缝合带可明显分为东北和西南两部分，在沉积层厚度、上中下地壳速度、莫霍面深度及地幔速度上都有明显反映。四川盆地内部的莫霍面深度和上地幔速度也有明显差别。结果显示这种区域构造挤压的控制很可能涉及盆地的整个岩石圈，对盆地的形成和演化有重要意义。我们提出一个简单的盆地形成的机械模型，称为“挤压隆升沉降模型”。在挤压环境下，周边山系块体增厚和隆升，高强度的盆地块体整体沉降，形成陆内叠合盆地。挤压应力可能造成盆地岩石圈的褶皱变形。在西部盆地漫长的地质历史中，新生代的印度板块-西藏板块碰撞和新元古代以来的多次挤压构造运动对西部盆地的形成和演化可能起了决定性的作用。

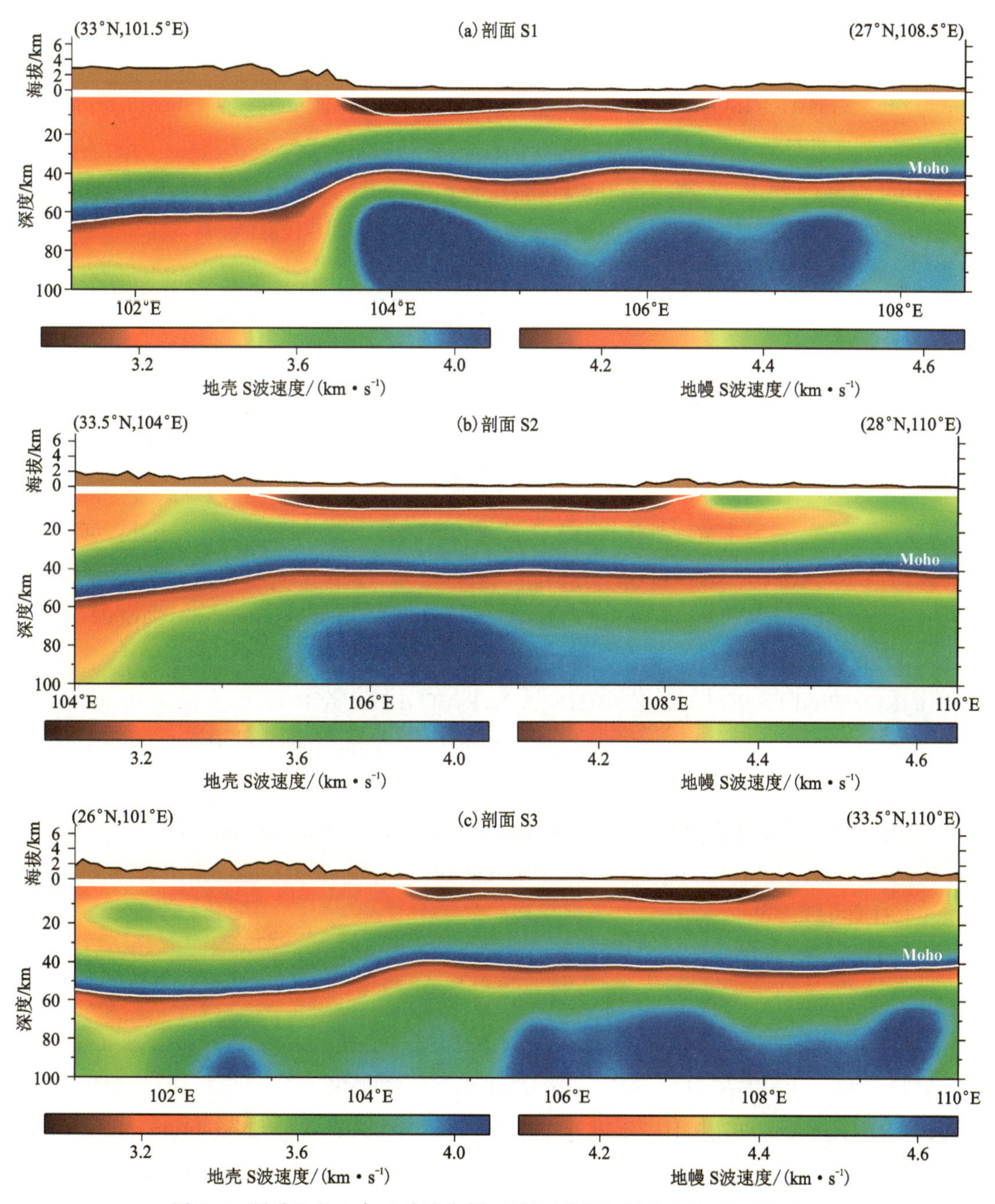

图 8　四川盆地的 3 条 S 波速度剖面(剖面位置如图 1 中的 Q1、Q2、Q3)

参考文献

[1] MOLNAR P, TAPPONNIER P. Cenozoictectonics of Asia: effects of continental collision[J]. Science,1975,189:419-426.

[2]MOLNAR P,ENGLAND P,MARTINOD J. Mantle dynamics,uplift of the Tibetan Plateau,and the Indian monsoon[J]. Reviewsot Geophysics,1993,31:357-396.

[3]ROWLEY D B. Age of initiation of collision between India and Asia: a review of stratigraphic data[J]. Earth and Planetary Science Letters,1996,145:1-13.

[4]YIN A,HARRISON T M. Geologic evolution of the Himalayan Tibetan orogen[J]. Annual Review of Earth and Planetary Sciences,2000,28(1):211-280.

[5]JOHNSON M R W. Shortening budgets and the role of continental subduction during the India-Asia collision[J]. Earth-Science Reviews,2002,59:101-123.

[6]SUN X,SONG X,ZHENG S,et al. Three dimensional shearwave velocity structure of the crust and upper mantle beneath China from ambient noise surface wave tomography[J]. Earthquake Science,2010,23(5):449-463.

[7]XU Z,SONG X,ZHENG S. Shear velocity structure of crust and uppermost mantle in China from surface wave tomography u-sing ambient noise and earthquake data[J]. Earthquake Science,2013,26(5):267-281.

[8]贾承造,等.塔里木盆地板块构造与大陆动力学[M].北京:石油工业出版社,2004.

[9]LI S,REN J,XING F,et al. Dynamic processes of the Paleozoic Tarim Basin and its significance for hydrocarbon accumu-lation: a review and discussion[J]. Journal of Earth Science,2012,23(4):381-394.

[10]RITZWOLLER M H,LEVSHIN A L,RATNIKOVA L I,et al. Intermediate period group velocity maps across Central Asia,Western China,and parts of the Middle East[J]. Geophysical Journal lnternational,1998 ,134:315-328.

[11]XU Y,LIU F,LIU J,et al. Crust and upper mantle structure beneath Western China from P wave travel time tomography[J]. Journal of Geophysical Rescarch,2002,107(B10): ESE4-1-ESE 4-15.

[12]LIANG C,SONG X,HUANG J. Tomographic inversion of Pn travel times in China [J]. Journal of Geophysical Research,2004,109:B11304.

[13]HUANG J,ZHAO D. High-resolution mantle tomography of China and surrounding regions[J]. Journal of Geophysical Research,2006,111:B09305.

[14]LI C,VAN DER HILST R D,MELTZER A S,et al. Subduction of the Indian lithosphere beneath the Tibetan Plateau and Burma[J]. Earth and Planetary Science Letters, 2008,274:157-168.

[15]OBREBSKI M,ALLEN R M,ZHANG F X,et al. Shear wavetomography of China using joint inversion of body and surfacewave constraints[J]. Journal of Geophysical Research,

2012,117:B01311.

[16]宋晓东,李思田,李迎春,等.岩石圈地幔结构及其对中国大型盆地的演化意义[J].地球科学——中国地质大学学报,2004,29(5):531-538.

[17]TAPE C,LIU Q,MAGGI A,et al. Adjoint tomography of the Southern California crust[J]. Science,2009,325(21):988-992.

[18]WEAVER R L,LOBKIS O I. On the emergence of the Green′s function in the correlations of a diffuse field[J]. Journal of the Acoustical Society of America,2004,110:3011-3017.

[19]WEAVER R L,LOBKIS O I. Diffuse fields in open systems and the emergence of the Green′s function (L) [J]. Journal of the Acoustical Society of America, 2004, 116 (5): 2731-2734.

[20]CAMPILLO M,PANL A. Long-range correlations in the diffuseseismic coda[J]. Science,2003,299:547-549.

[21]SHAPIRO N M,CAMPILLO M. Emergence of broadband Rayleigh waves from correlations of the ambient seismic noise [J]. Geophysical Research Letters, 2004, 31 (7):L07614.

[22]SHAPIRO N M,CAMPILLO M,STEHLY L,et al. High resolution surf ace-wave tomography from ambient seismic noise[J]. Science,2005,307:1615-1618.

[23]SABRA K G,GERSTOFT P,ROUX P,et al. Surface wave tomography from microseisms in Southern California[J]. Geophysical Research Letters,2005,32:L14311.

[24]YAO H,VAN DER HILST R D,DE HOOP M V. Surface wave array tomography in SE Tibet from ambient seismic noise and two-station analysis: Ⅰ. Phase velocity maps[J]. Geophysical Journal International,2006,166:732-744.

[25]YAO H,BEGHEIN C,VAN DER HILST R D. Surface wave array tomography in SE Tibet from ambient seismic noise and two-station analysis: Ⅱ. Crustal and upper-mantle structure[J]. Geophysical Journal International,2008,173(1):205-219.

[26]YANG Y,RITZWOLLER M H,LEVSHIN A L,et al. Ambient noise Rayleigh wave tomography across Europe[J]. Geophysical Journal International,2007,168(1):259-274.

[27]YANG Y J,RITZWOLLER M H ,ZHENG Y ,et al. A synoptic view of the distribution and connectivity of the mid-crustal low velocity zone beneath Tibet[J]. Journal of Geophysical Research,2012,117:B04303.

[28]BENSEN G D,RITZWOLLER M H,SHAPIRO N M. Broadband ambient noise surface wave tomography across the United States[J]. Journal of Geophysical Research,2008,113:B05306.

[29]LIN F C,MOSCHETTI M P,RITZWOLLER M H. Surface wave tomography of the western United States from ambient seismic noise:Rayleigh and Love wave phase velocity maps[J]. Geophysical Journal International,2008,173(1):281-298.

[30]ZHENG S. SUN X,SONG X,et al. Surface wave tomography of China from ambient

seismic noise correlation[J]. Geochemistry,Geophysics,Geosystems,2008,9:Q05020.

[31]ZHENG Y,SHEN W,ZHOU L,et al. Crust and uppermost mantle beneath the North China Craton,Northeastern China,and the Sea of Japan from ambient noise tomography[J]. Journal of Geophysical Research,2011,116:B12312.

[32] ZHOU L,XIE J ,SHEN W, et al. The structure of the crust and uppermost mantle beneath South China from ambient noise and earthquake tomography[J]. Geophysical Journal International,2012,189:1565-1583.

[33]LI H,LI S,SONG X,et al. Crustal and uppermost mantle velocity structure beneath north western China from seismic ambient noise tomography [J]. Geophysical Journal International,2012,188:131-143.

[34]BAO X,SONG X,XU M,et al. Crust and upper mantle structure of the North China Craton and the NE Tibetan Plateau and its tectonic implications[J]. Earth and Planetary Science Letters,2013,369/370:129-137.

[35]YANG Y,LI A,RITZWOLLER M H. Crustal and uppermost mantle structure in southern Africa revealed from ambient noiseand teleseismic tomography[J]. Geophysical Journal International,2008,174(1):235-248.

[36]BENSEN G D, RITZWOLLER M H, BARRMIN M P, et al. Processing seismic ambient noise data to obtain reliable broad-band surface wave dispersion measurements[J]. Geophysical Journal International,2007,169(3):1239-1260.

[37]HERRMANN R B,AMMON C J. Computer programs in seismology:surface wave, receiver function and crustal structure[M]. St. Louis, MO, USA: Saint Louis University Press,2002.

[38]LASKE G, MASTERS G, MA Z, et al. Update on CRUST 1. 0: A l-degree global model of Earth's crust[J]. Geophysical Research,2013,15:EGU2013-2658(Abstract).

[39] ZHU L, HELMBERGER D V. Moho offset across the northern margin of the Tibetan Plateau[J]. Science,1998,281:1170-1172.

塔里木盆地古生代重要演化阶段的古构造格局与古地理演化*

摘 要 塔里木盆地在古生代经历了中—晚奥陶世、晚奥陶世末、中泥盆世末等多个重要的盆地变革期，形成了多个重要的不整合，盆地构造古地理发生了重要的变化。中、晚奥陶世盆地的变革形成了由巴楚古斜坡-塔中隆起-和田河隆起构成的大型古隆起带、相对沉降的北部坳陷带以及由于挤压挠曲沉降形成的塘古孜巴斯坳陷带。中部古隆起带制约着晚奥陶世东窄西宽的孤立碳酸盐岩台地体系的发育，而开始形成于震旦纪的满加尔拗拉槽及东南侧的塘古孜巴斯坳陷接受了巨厚的中、晚奥陶世重力流沉积。奥陶纪末的盆地变革形成了北东东向展布的西南—东南缘和西北缘的强烈隆起带，总体的古构造地貌控制着早志留世北东东向展布的滨浅海陆源碎屑盆地的沉积格局。中泥盆世末期的盆地强烈隆升并遭受了夷平化的剥蚀作用，形成了大范围分布的角度不整合面，并以塔北隆起和塔东隆起的强烈抬升为显著特征。盆地古构造地貌从东低西高转为东高西低，制约着晚泥盆世和早石炭世由东向西南方向从滨岸到浅海的古地理分布。中、晚奥陶世主要不整合及其剥蚀量的分布反映出北昆仑向北碰撞和挤入是造成盆地南缘、东南缘及盆内隆起的主要原因。南天山洋的俯冲、碰撞在奥陶世末至早志留世已对盆地西北缘产生影响，导致塔北英买力隆起的抬升和剥蚀。

关键词 主要变革期 隆坳格局 古地理 早古生代塔里木盆地

1 引言

塔里木盆地是位于中国西部含有丰富能源资源的一个大型的叠合盆地。从震旦纪到新近纪，盆地经历过漫长的、多期构造变革和多个原盆地叠合、改造的地质演化史，发育一系列重要的不整合面及古隆起带。在形成重要不整合的盆地变革期，盆地的隆坳格局和古地理往往发生了重要的变化，并与盆地周边地球动力学背景的演化密切相关，对盆内的油气等资源的形成和富集产生深刻的影响[1-7]。研究盆地重要变革期的不整合分布和构造古地理变迁在揭示盆地动力学过程和指导资源勘查等方面都具有重要的意义。

本文综合利用地震、测井及野外剖面等资料，特别是通过横跨盆地的主干地震剖面的构造-地层综合解释和追踪对比，综合研究了塔里木盆地古生代重要盆地变革期的主要不整合面的分布样式、构造古地理演化及其与周边构造背景的成因联系，为进一步研究盆地动力学演化和预测油气藏的形成和分布提供基础。

2 区域地质背景

塔里木盆地介于巨型的天山山脉（北缘）和昆仑山脉（南缘）之间，其东侧边缘以阿尔金断裂带为界，面积达56 000km^2。盆内构造复杂，基底分异明显，可划分为多个具有不同演化历史的

* 论文发表在《岩石学报》，2011，27(1)，作者为林畅松、李思田、刘景彦、钱一熊、罗宏、陈建强、彭莉、芮志峰。

构造单元，主要包括库车坳陷带、塔北隆起带、北部坳陷带、中部隆起带、塔西南坳陷带、东南隆起带等[3]。这些构造单元具有不同的构造-沉积演化历史，显示出复杂的构造地层结构。

塔里木盆地是在前震旦纪陆壳基底上发展起来的。前震旦纪基底形成于新元古代晚期的塔里木运动。震旦纪盆地开始裂解，塔里木陆块分别与西南侧羌塘地块、东北侧的准噶尔地块以及北侧的中天山伊犁地块等相继分离[8,9]。震旦纪晚期至早寒武世，塔里木盆地周边已被大洋环绕。在整个古生代，盆内的基底分块明显，盆地及周边构造活动，经历了板内大陆裂谷或拗拉槽、被动大陆边缘、克拉通内坳陷、周缘或弧后前陆等盆地发育背景（图1）。盆地周边构造作用及演化对盆内古构造、古地理的变迁产生了深刻的影响。

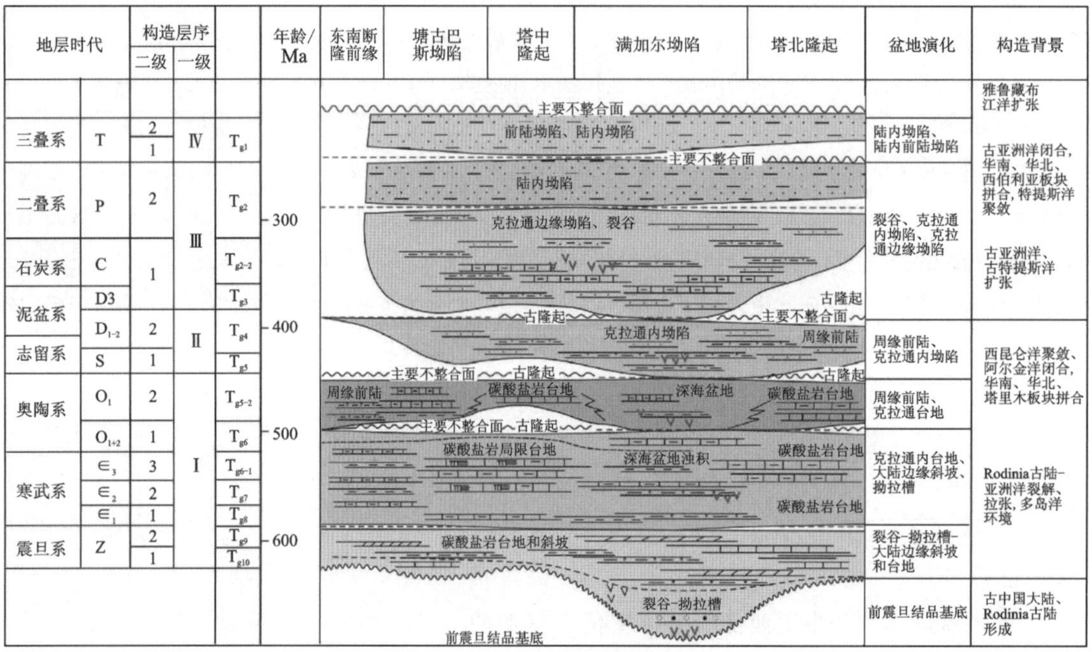

图1 塔里木盆地构造-沉积演化序列

塔里木盆地内的震旦纪至古生代地层发育较全。下震旦统主要由冰渍砾岩、紫灰色陆源碎屑岩等组成，上震旦统主要为灰岩和白云岩及深海浊积岩等，夹有多套辉绿岩，发育有酸性和基性双峰式大陆裂谷火山岩系。地震剖面揭示出盆地东北部的满加尔深裂陷带内发育有巨厚的震旦纪地层。寒武纪盆内广泛发育碳酸盐岩台地环境，周边为被动大陆边缘斜坡所围绕。盆内碳酸盐岩台地以发育厚层的藻白云岩、膏质或盐质白云岩夹薄层灰岩等局限台地相沉积为特征。早寒武世早期出现了大规模的海侵。下寒武统底部普遍见有磷块岩或含磷泥质沉积。中寒武统含有较多的石膏和盐岩层，以蒸发性的碳酸盐岩台地环境为主。从台地区向东北部的深水盆地区，寒武系厚度明显变小，过渡为深水泥质岩和硅质岩沉积。奥陶纪广泛发育开阔碳酸盐岩台地和深水陆棚环境，东北部满加尔坳陷带接受了深水盆地泥岩和巨厚的浊积沉积。奥陶系内发育了多个与挤压作用有关的不整合面，代表了盆地从离散的被动陆缘环境向挤压的前陆、弧后前陆背景的转化。奥陶纪末的盆地大规模抬升，形成了志留系与奥陶系之间广泛分布的角度或微角度不整合。志留系以河流三角洲、碎屑海岸等滨浅海碎屑岩沉积为主，形成于周缘前陆至克拉通边缘坳陷的构造背景。中泥盆世末期盆地大规模抬升，遭受强烈的剥蚀和夷平化作用，形成了中、上泥盆统之间区域性的角度不整合面。这一界面延至高隆起带过渡为石炭系与下伏地层的角度不整合接触。晚泥盆世和早石炭世发育滨浅海碎屑岩及河流三角洲等沉积，形成于弱伸长的陆表海盆地背景。石炭系中部夹有生物砂屑灰岩及盐岩层。二叠系以河流、滨浅湖碎屑岩沉积为主，发育中酸性—基性火山岩。二叠纪后盆地基本上结束了海相盆地的发育历史。

3　重要盆地变革期的隆坳格局与古地理

塔里木盆地的隆坳格局和构造古地理的重要变化往往发生在以重要不整合面为标志的盆地变革期。从奥陶纪至泥盆纪、石炭纪，盆地的主要变革主要发育于中奥陶世末、晚奥陶世末、晚泥盆世等演化阶段。这些变化主要体现在：①古隆起、古坳陷带的展布变化；②海、陆分布及物源分布的变迁；③沉积环境、古地理的变化等。

3.1　寒武纪至早奥陶世

塔里木盆地早古生代的大型克拉通碳酸盐岩台地是围绕着塔西南和塔北大型古隆起带发育的。从区域构造背景上看，盆地南、北侧的塔西南（和田隆起）和塔北隆起等早期的大型隆起带是在与天山、昆仑等古洋盆裂解过程中形成的。塔北隆起的发育同时伴随着北部的满加尔拗拉槽的裂陷作用。在地震剖面上可观察到寒武系、奥陶系向塔北隆起超覆减薄或尖灭现象。盆地西南缘的塔西南隆起南侧同样可观察到寒武系的上超变薄。早寒武世大规模的海侵后，盆内大部分地区接受一套黑色含磷硅质岩、放射虫硅质岩等较深水环境的沉积，随后围绕着塔西南和塔北古隆起形成了大型的碳酸盐岩台地环境、深水陆棚及被动大陆边缘环境[5]。早奥陶世早期的构造古地理面貌总体上继承了寒武纪的总体景观，并逐渐由局限碳酸盐岩台地环境向正常开阔台地环境转化。满加尔拗拉槽沉降带开始接受深水浊积沉积。塔中构造带在震旦纪至早、中寒武世表现为弱伸长的被动大陆边缘斜坡环境，早奥陶世到早寒武世为碳酸盐岩台内环境。总体上，构造古地理格局呈北西西向、北东东向展布，受到南、北古隆起、古斜坡地貌及拗拉槽发育分布的制约。

3.2　中、晚奥陶世

早奥陶世晚期到晚奥陶世末是塔里木盆地内中加里东期构造明显活动的一个重要阶段。奥陶系发育有多个不整合面。其中，中奥陶世至晚奥陶世早期形成的不整合面是一分布广泛的微角度、局部高角度的构造不整合，代表了相对强的一次构造挤压隆升和盆地变革期，形成了近东西向展布的中央（塔中）隆起带。通过重点区带的精细地震-测井解释和跨盆地的主干剖面追踪对比表明，中奥陶世末期发育的不整合主要分布于从巴楚古斜坡、塔中隆起到和田河隆起组成的古隆起-古斜坡带，造成了中奥陶统（一间房组和鹰山组上部）和晚奥陶世早期吐木休克组在塔中古隆起带的大面积缺失。从不整合分布样式与剥蚀量分布图上可看出（图 2），在塔中古隆起区中部的高角度不整合分布带，主要沿中央断裂带和塔中 10 断裂带形成的挤压断隆构造呈窄条带状分布，剥蚀量较大（达 400～500m）。古隆起边缘主要为微角度到平行不整合接触带，追踪不整合初始剥蚀点的分布可确定古隆起的边缘。这期断裂的挤压反转延至晚奥陶世桑塔木组沉积早期，在地震剖面上可观察到断裂逆冲形成的隆起被桑塔木组沉积层上超。塔中隆起的高隆带在中奥陶世遭受了较为强烈的隆升剥蚀和岩溶风化作用。在地震剖面上可观察到垂向上的串珠状溶洞结构和层状的洞穴层反射带。这一孤立台地状的高隆岩溶带是受塔中古隆起两侧的边缘断裂控制的，不整合界面剥蚀带的追踪圈定了这一岩溶高地的分布。当前盆内的油气勘探已发现这一层位形成了重要的喀斯特储层油气藏。

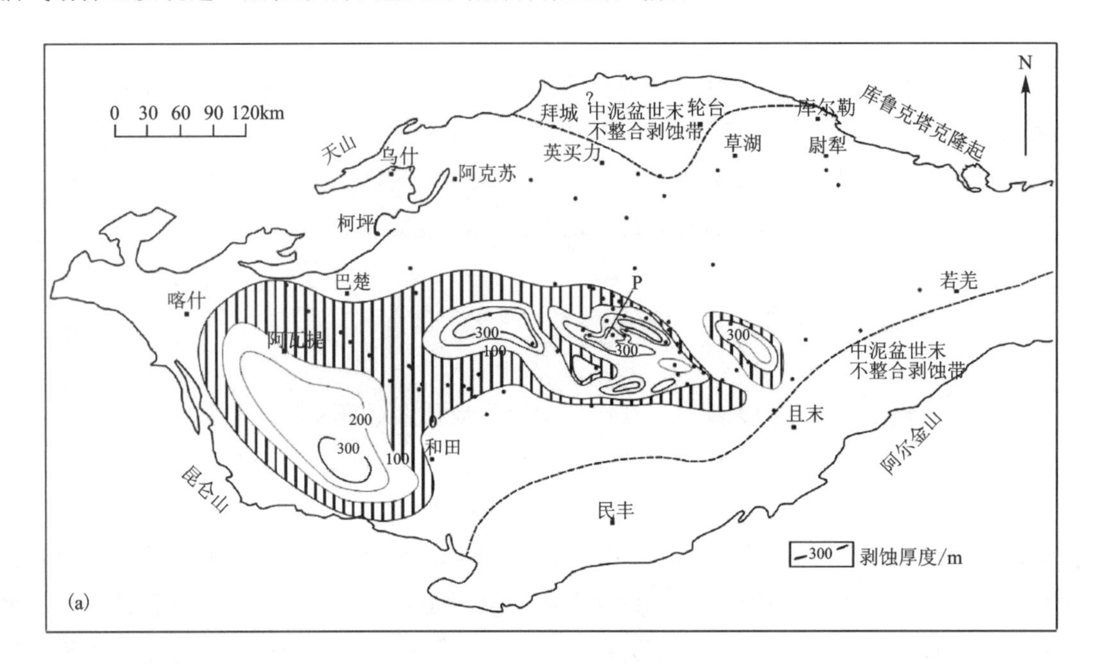

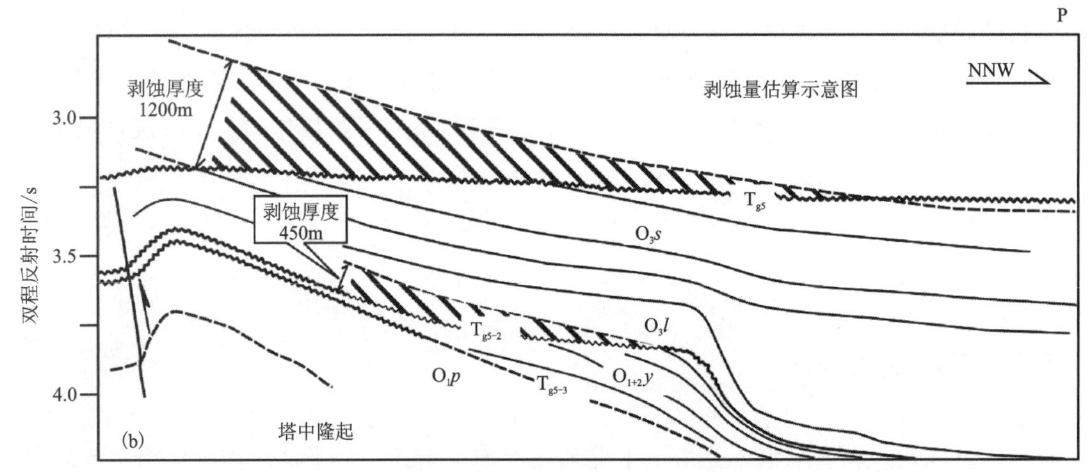

图2 中奥陶世末不整合面剥蚀量分布(a)和依据过塔中古隆起地震剖面外延地层估算主要不整合面剥蚀量(b)

中奥陶世末至晚奥陶世早期的构造变革改变了早奥陶世前的隆坳格局和构造古地理展布，形成了近东西向展布的中央（塔中）隆起带、北部坳陷带以及沿东南缘分布的塘古孜巴斯坳陷（图3）。中央古隆起带事实上是由向北倾的巴楚古斜坡、北东走向的和田河-和田河东古隆起、北西西向展布的塔中古隆起所组成的大型古隆起-古斜坡带。古隆起带北部的构造古地理展布由中奥陶世之前的近南北向展布改变为近东西向展布。从古隆起的高隆区向坳陷区，形成了隆起边缘斜坡、深水陆棚、陆架坡折以及深海平原等构造古地理单元。满加尔坳陷内接受了巨厚的盆底扇浊积碎屑岩沉积，来自东缘和东北缘的大量陆源碎屑标志着阿尔金地块和库鲁克塔格的挤压隆起。塘古孜巴斯坳陷的沉降与东南缘的挤压挠曲沉降有关，发育了深水环境，接受厚层的浊积沉积。受古隆起地貌的制约，晚奥陶世良里塔格组沉积期在塔中古隆起带形成了总体东窄西宽，并向东倾没的半岛型碳酸盐岩台地体系。在塔中古隆起的东段，碳酸盐岩台地南、北两侧的台地边缘是沿古隆起南、北两侧的二号和一号边缘断裂带分布的。北部的碳酸盐岩台地边缘从原来的拗拉槽深水盆地斜坡边缘后退至塔中古隆起的北斜坡一号断裂带上。古隆起东南侧的台缘斜坡沿古隆起南缘断裂带分布，向西南方向延伸到和田河东古隆起的东南台缘斜坡带。沿台地边缘广泛发育了生物礁和滩坝相等高能沉积相，形成了盆内重要的油气储集层。

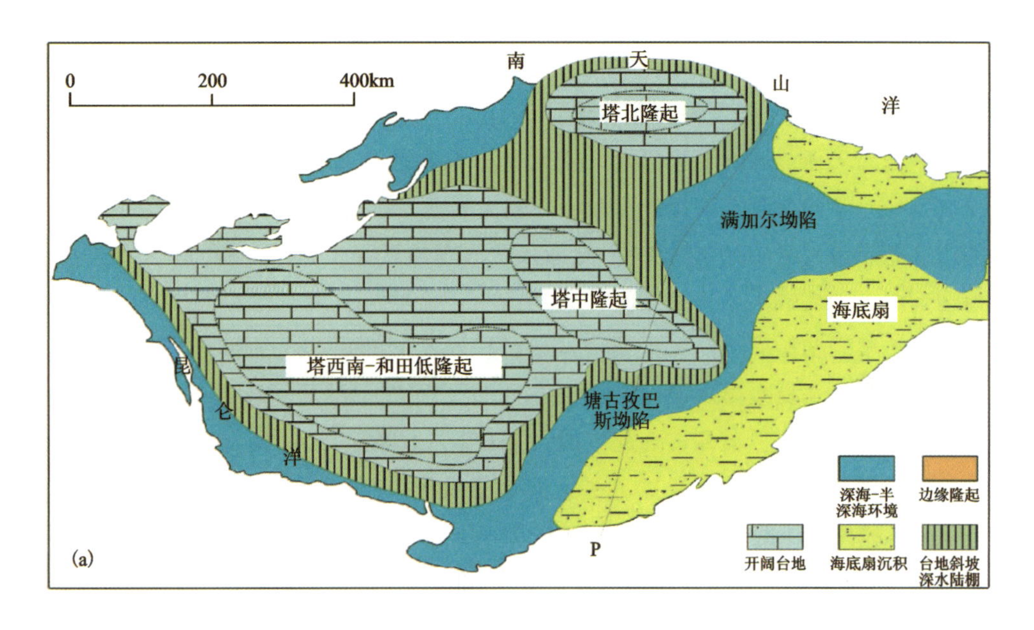

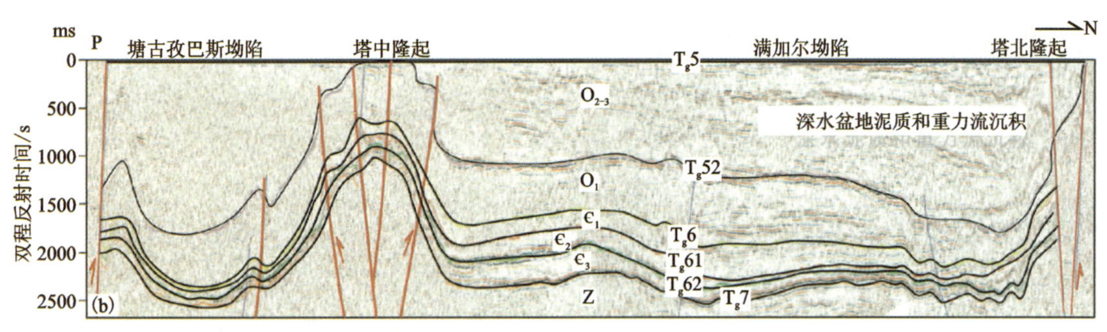

图 3　晚奥陶世晚期（桑塔木组）的盆地构造古地理(a)和过盆地中部通过拉平地震剖面恢复的构造古地貌(b)

晚奥陶世晚期（桑塔木组沉积期）盆地出现了大规模海侵，形成了盆地范围的深水盆地环境，以发育深水浊积体系、深水陆棚及混积浅海-半深海体系为特征（图 3）。依据大量地震剖面上观察到的地震反射结构所反映的相对宏观的沉积几何学形态和钻井资料分析，盆内的深水重力流沉积发育有大型的 U 型下切沟道充填体系、楔状的斜坡滑塌扇体至盆底扇体系等。分布于满加尔坳陷北缘的大规模的陆源碎屑海底扇可能来源于北缘的造山隆起带，特别是库鲁克塔格古隆起。所区分出的多个垂向叠置的浊积扇体由北向南变薄并呈向南扩展的朵状体。地震剖面上，发育由北向南叠置的扇体。北缘库鲁克塔格露头剖面上测得的古流方向由北西指向南东。盆地东部满加尔坳陷东缘的塔东区陆源碎屑浊积扇从砂体的展布、岩石组构造等特征表明其来自东缘的阿尔金隆起带。这套浊积复合体系分布于由东南向北西方向进积的三角洲-陆架边缘体系的前方。钻井岩芯浊积砂岩的岩石组分特征表明是来自活动陆缘的岛弧环境。沿盆地中部塔中古隆起的北斜坡和北部塔北古隆起的东南斜坡带主要发育内源的滑塌碳酸盐岩扇裙，上斜坡带可观察到大规模的沟道或峡谷充填。塔中古隆起是在中奥陶世开始发育的，挤压隆起形成了陡缓的、不稳定斜坡边缘，为滑塌-重力流体系的发育提供了条件。

3.3 晚奥陶世至早志留世

奥陶纪末期盆地遭到强烈挤压和隆升，形成了奥陶纪末期广泛分布的角度到微角度不整合面，界面下伏地层遭到了强烈的挤压变形，代表盆地演化上的一次重要的变革。区域挤压作用使盆地的东南缘和西北缘大规模隆起。中北部形成近东西或北东东向的北部坳陷带。盆地东南缘形成了一个从西南到东南缘的高角度不整合接触和强烈剥蚀隆起带[图 4(a)]。从盆地东南缘的唐北断裂带到塔中隆起的中部，为最强烈的剥蚀隆起带，具有高角度的不整合接触关系，依据地震剖面上地层缺失估算最大剥蚀量达 2000～3000m。北部坳陷带为平行不整合或整合分布区。从不整合初始剥蚀点以下残余盆地沉积厚度分布看，东、西部分别存在两个相对沉降的满加尔坳陷和阿瓦提坳陷沉积区，其间存在一个北东东向的相对隆起带。塔北古隆起带为明显的角度不整合分布区。塔北古隆起带的西段(英买力隆起)明显隆起，遭受强烈剥蚀；而东段的隆起幅度相对较小。在中西段的英买力隆起主要为高角度不整合接触带，剥蚀量达 2000～3000m。轮南和孔雀河低凸起形成两个向南或南西方向凸出的、剥蚀厚度较大的角度不整合分布区。总体上，盆地这一时期的构造地貌具有南、北高，中部低的南北分带的古构造格局。

奥陶纪末期的构造隆升使盆地迅速变浅，遭受强烈剥蚀。随后进入了志留纪克拉通内滨浅海陆源碎屑坳陷和周缘或弧后前陆坳陷的盆地发育阶段。构造变形末期的古构造地貌格局，对早志留世的古地理格局产生了深刻的影响[10]。从东南向西北方向，形成了从河流-三角洲和碎屑海岸沉积、坳陷中部的浅海碎屑岩到塔北隆起南缘的碎屑海岸、三角洲沉积相带的古地理格局[图 4(b)]。盆地的北缘、东缘具有较陡的古斜坡地貌，而南部或东南部则相对较缓，沉积较薄，沿相对缓的古斜坡带(如塔中古隆起北斜坡)形成了广泛的地层上超变薄或尖灭带。北部坳陷带总体呈北东东向展布，东端和西缘在早志留世早期具有浅海或半深海环境。沿西南边缘见有深海盆地的浊积碎屑岩沉积。塔北古隆起的东南斜坡带发育了碎屑海岸和河流三角洲体系。东北缘斜坡带以发育三角洲体系为主，上超于奥陶纪末不整合之上。地震沉积学分析揭示出志留系底部低位域三角洲体系的前积反射结构和曲流河三角洲体系的地震沉积地貌特征。钻井岩芯和测井资料也显示出早志留世柯坪组底部发育有典型的河流三角洲沉积序列。塔东隆起的西斜坡带以发育河流三角洲体系为特征，东缘的阿尔金地块碰撞隆起可能形成了重要的物源区。沿塔中隆起斜坡带主要发育潮坪和滨岸碎屑体系，从钻井岩芯观察到泥披盖、双黏土层、压扁或透镜状层理等各种潮汐作用的沉积构造。盆地的西南缘在早志留世晚期也发育了大型的河流三角洲体系。

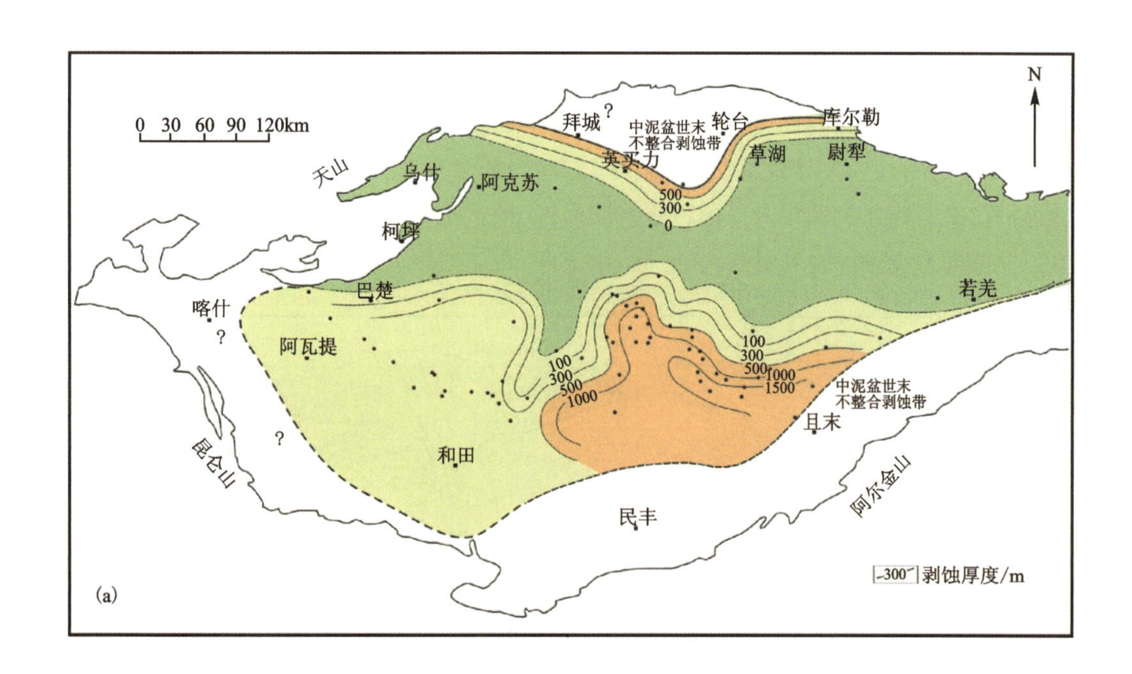

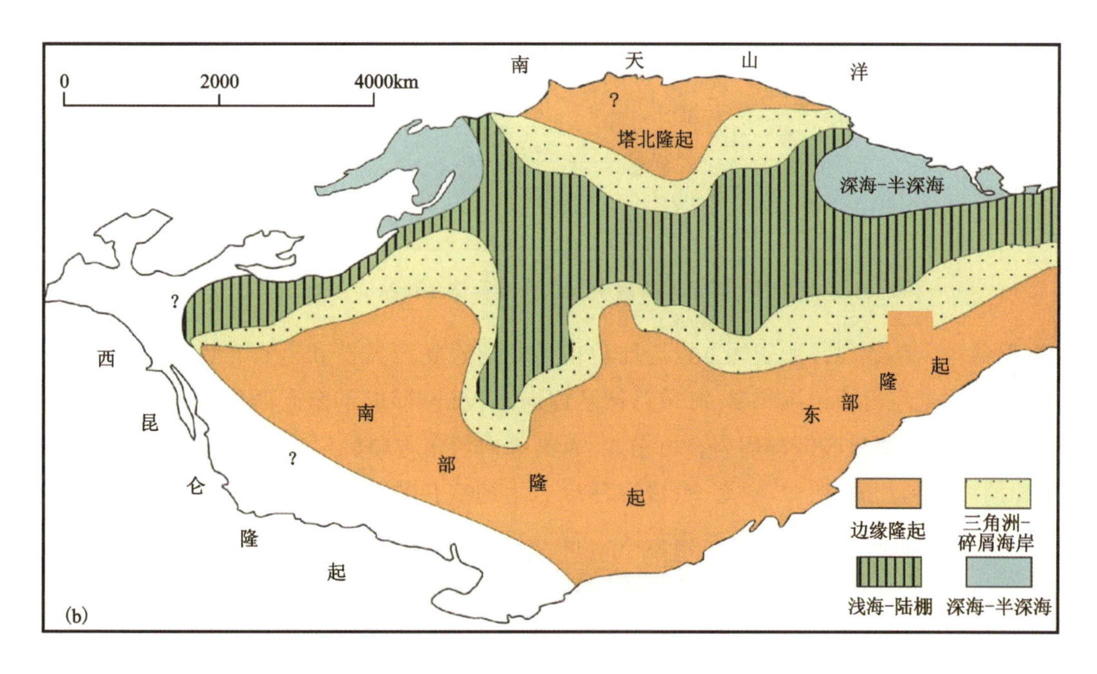

图 4 晚奥陶世末期不整合剥蚀量分布(a)和早志留世盆地构造古地理(b)

3.4 晚泥盆世至早石炭世早期

中泥盆世末期盆地的构造抬升,形成盆内规模最大的构造不整合之一。不整合面下伏地层遭受了较强烈的剥蚀和变形,盆地的古构造格局发生了重大变化。塔北隆起和塔东隆起强烈抬升,发育高角度不整合,遭受强烈剥蚀(图 5)。同时,最大的剥蚀带具有由西往东迁移的趋势。盆地东南部,从塔南隆起、和田隆起至满加尔坳陷东部的塔东隆起形成近北东向的一个中泥盆世末大型角度不整合剥蚀带。剥蚀厚度达数千米。最大剥蚀区分布在和田隆起及其以北的唐北断隆带、古城墟—塔中东段隆起一带，剥蚀量达 3000～5000m。北部坳陷带的东部比西部受到更明显的挤压和抬升隆起作用。满加尔坳陷整体受到了挤压隆起，为高角度不整合区，至阿瓦提凹陷过渡为平行不整合或整合带，形成了一个由北东向南西开口和倾斜的相对坳陷带。总体上，海西早期的盆地变革导致了盆地东北缘、东南缘的强烈隆升，形成了北缘和东南缘的强烈隆起剥蚀带。来自南东和北东方向的构造挤压作用，使盆地由东向西掀斜隆起。盆地北缘也遭受了强烈的隆起和剥蚀。盆地具有南、北高，中部低，东北部高、西南部低的构造地貌。

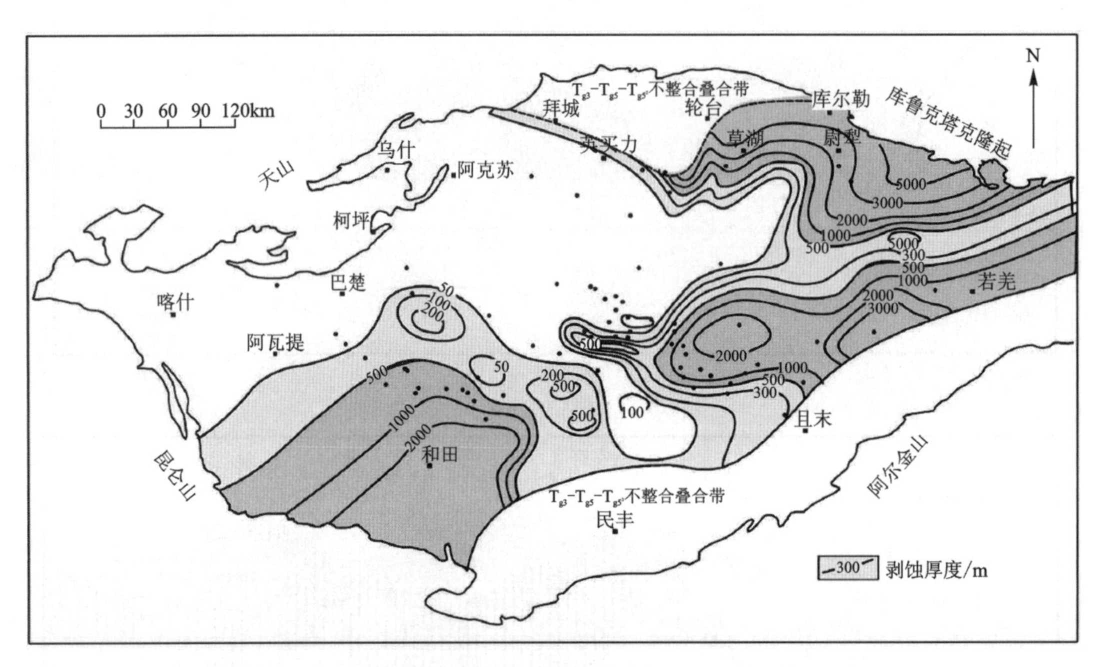

图 5　塔里木盆地中泥盆世末不整合剥蚀量分布

中泥盆世末构造隆升形成的古构造地貌格局制约着晚泥盆世和早石炭世沉积古地理的分布。在晚泥盆世东河塘组沉积期，海域总体从西向东侵进，形成了东高西低的塔西克拉通内滨海坳陷，沉积了一套滨浅海碎屑岩。由东缘、东南缘向西南方向沉积环境显示出从滨岸、河流三角洲、碎屑海岸和潟湖-海湾，到海湾、浅海环境为主的变化趋势。西北缘以西的深水盆地区发育了巨厚的浊积碎屑岩体系。巴楚露头区一带，可观察到受波浪强烈改造的海滩沉积，由干净的石英砂岩组成，发育典型的、大型的海滩层理。盆地的东部和东北部广泛发育滨岸体系和波浪改造的河流三角洲体系以及潟湖-海湾体系。在塔中古隆起和塔北古隆起南斜坡的东河塘及草湖区均发育受波浪改造的三角洲体系。东河塘一带的地震沉积学分析揭示出典型的辫状河三角洲体系的前积结构。在塔北哈得古隆起的研究表明，局部古隆起形成的滨岸浅滩地貌可形成结构和成分成熟度高的海滩沙坝，构成重要的油气储集体。

4　地球动力学背景讨论

从震旦纪至寒武纪，随着板块不断裂解，塔里木盆地周边发育了北昆仑洋、南天山洋或古亚洲洋，塔里木陆块及周缘地区处于伸展的构造环境。早、中奥陶世，盆地动力学背景从弱伸长的被动陆缘向前陆挤压背景转化。盆内受到挤压隆起是在早奥陶世晚期开始的，以塔中古隆起带鹰山组底不整合的发育为明显标志。研究表明，从早奥陶世晚期、中奥陶世末期到晚奥陶世末期的多个构造不整合代表了中晚加里东期不断增加的构造挤压作用，是盆地周边板块构造作用的直接响应。早奥陶世至中奥陶世早期，周边北昆仑洋、北天山洋、阿尔金洋已由洋盆扩张转向闭合挤压背景。库地岛弧花岗岩带中，发育有大量早古生代形成于岛弧构造背景的中酸性侵入岩和火山岩，断续分布长达600km以上。这些岩体的同位素年龄集中在494～449Ma之间[11]。这表明古昆仑洋开始俯冲的时间在早、中奥陶世。在中奥陶世时这一俯冲作用达到一个高峰期，造成大规模的火山和侵入作用。盆内中奥陶世地层中火山灰和火山碎屑广泛分布。在阿尔金山北缘早古生代拗拉槽内发育有岛弧构造环境的中、酸性侵入岩带和蛇绿岩。其中拉配泉西侧的流纹岩同位素年龄大约为480Ma，与祁连山地区早、中奥陶世同属于完整的沟弧盆体系和成熟大洋[12]，在中、晚奥陶世碰撞闭合。

西昆仑，特别是东昆仑西段在早奥陶世末至晚奥陶世的向北碰撞和挤入，是造成盆内塔中构造隆起，形成早、中奥陶世不整合的主要原因。同时，阿尔金沟-弧-盆体系的消亡挤压导致阿尔金北缘地区与罗布泊地区褶皱隆起，成为满加尔坳陷大型海底扇以及志留纪早期河流三角洲沉积的重要物源。晚奥陶世北昆仑洋进一步消减闭合，中昆仑早古生代岛弧和中昆仑地体相继与塔里木板块发生碰撞，形成了碰撞造山带，导致了盆地的进一步挤压隆起，形成了大范围分布的奥陶纪末高角度不整合及西南、东南缘的大型古隆起带。从盆地总体的剥蚀量和不整合结构分布可看出，盆地南缘的挤压对盆地隆升的影响从西向东随时间逐次加强，这可能与北昆仑洋由西向东的剪刀叉式相继关闭与碰撞存在成因联系。

天山造山带主要形成于晚古生代[13,14]。但南天山洋至少在志留纪至中泥盆世期间已开始俯冲消减，并遭受高压变质作用。中天山南缘蛇绿混杂岩带西段的变质时代在415～401Ma之间[15,16]；东段为392～390Ma[17]。作为弧后环境的南天山库勒湖蛇绿岩的形成时间为(418.2±2.6)Ma[18]，与上述南天山洋的俯冲-消减时代大体相当。此外，南天山有一系列大型海西早期花岗岩岩基，包括艾尔宾山岩体、克孜勒塔格岩体等，侵位的最新地层为上泥盆统，并被下石炭统底砾岩沉积覆盖。在库米什和库尔勒西发现的490Ma的碰撞型花岗岩体[19]意味着南天山洋板块的俯冲作用可能始于早、中奥陶世。显然，盆内塔北隆起在奥陶纪末至早、中泥盆世的大规模隆升，无疑与上述动力学背景有关。南天山的聚合挤压和阿尔金沟-弧-盆体系的消亡挤压是导致塔北隆起和满加尔坳陷褶皱并向西掀斜隆起的主要原因。

5 结论

塔里木盆地在古生代经历了早奥陶世晚期至中奥陶世、晚奥陶世末至早志留世、晚泥盆世至早石炭世早期等多期的盆地变革，相应形成了多个重要的构造不整合，导致了盆地古构造、古地理的突变。早、中奥陶世的盆地变革形成了由巴楚古斜坡-塔中隆起-和田隆起构成的大型古隆起带、相对沉降的北部坳陷带以及由于挤压挠曲沉降形成的塘古孜巴斯坳陷带。晚奥陶世受古隆起地貌的制约塔中古隆起带形成了受断裂控制台地边缘、东窄西宽并向东倾没的孤立碳酸盐岩台地体系。北部坳陷带的满加尔坳陷和东南部的塘古孜巴斯坳陷接受了巨厚的中、晚奥陶世陆源海底扇沉积体系。塔中、塔北古隆起边缘发育有大规模滑塌-重力流体系。中央古隆起带缺失了中奥陶世、晚奥陶世早期沉积，遭受强烈的岩溶风化作用。不整合界面剥蚀带的追踪可圈定了这一岩溶高地的分布。

奥陶纪末的盆地变革以发育了盆内广泛分布的角度到微角度不整合面为标志，形成了盆地西南、东南缘强烈隆起带，北部坳陷带及北缘隆起带的古构造地貌格局，并对早志留世的古地理格局产生了深刻的影响，形成了从河流-三角洲和碎屑海岸沉积、坳陷中部的浅海碎屑岩到塔北隆起南缘的碎屑海岸、三角洲沉积相带的古地理格局。

中泥盆世末的构造挤压作用使盆地大范围隆升并遭受了夷平化的剥蚀作用。东缘的强烈隆升导致了盆地古构造地貌从早期的东低西高转为东高、西低，并制约着晚泥盆世和早石炭世的沉积古地理分布，形成了东高西低的塔西克拉通内滨海坳陷，由北东向南西方向显示出从滨岸、河流三角洲、碎屑海岸和潟湖-海湾，到海湾、浅海环境的变化。

早、中奥陶世盆地的地球动力学背景发生了重大转折，从弱伸长的被动陆缘向前陆挤压背景转化。中奥陶世不整合和剥蚀量的分布反映出北昆仑在中奥陶世开始的向北碰撞和挤入是造成和田-塔中构造隆起的主要原因。奥陶纪末期除了盆地西南到东南缘受到强烈的挤压作用外，盆地北缘的塔北(英买力)隆起等也遭受了挤压隆起和剥蚀。南天山洋的俯冲消减、碰撞在奥陶纪末期已导致了盆地西北缘的隆起并遭受剥蚀。中泥盆世末塔北、塔东隆起的大规模隆升和满加尔坳陷的褶皱并向西掀斜隆起与南天山洋的消亡挤压密切相关。

参考文献

[1] 何登发.塔里木盆地的地层不整合面与油气聚集[J].石油学报，1995，16(3)：14-21.

[2] LI D S，LIANG D G，JIA C Z，et al. Hydrocarbon accumulation in the Tarim Basin，China[J]. AAPG Bulletin，1996，80(10)：1587-1603.

[3] 贾承造.中国塔里木盆地构造特征与油气[M].北京：石油工业出版社，1997.

[4] JIN Z J，WANG Q C. Recent developments in study of the typical superimposed basins and petroleum accumulaltion in China：exemplified by the Tarim Basin[J]. Science in China (Series D)，2004，47(Suppl. 2) ：1-15.

[5] 林畅松，杨海军，刘景彦，等.塔里木早古生代原盆地古隆起地貌和古地理格局与地层圈闭发育分布[J].石油与天然气地质，2008，29(2)：189-197.

[6] 刘景彦，林畅松，彭丽，等.构造不整合的分布样式及其对地层圈闭的制约：以塔里木盆地中泥盆世末为例[J].石油与天然气地质，2008，29(2)：268-275.

[7]LIN C S，YANG H J，LIU J Y. Paleostrucltural geomorphology of the Paleozoic central uplifnt belt and ils constraint on the development of depositional facies in the Tarim Basin[J]. Science in China (Series D)，2009，52(6)：823-834.

[8] 黄汲清，任纪舜，姜春发，等.中国大地构造及其演化[M].北京：科学出版社，1980.

[9] 肖序常，汤耀庆，李锦轶，等.古中亚复合巨型缝合带南缘构造演化[M].北京：北京科学技术出版社，1991.

[10] LIU J Y，LIN C S，CAI Z，et al. Palacogeomorphology and its control on the development of sequence stral igraphy and deposit ional systems of the Early Silurian in the Tarim Basin[J]. Petroleum Science，2010，7(3) ：311-322.

[11] 马瑞士.东天山构造格架及其演化[M].南京：南京大学出版社，1993.

[12] 冯益民. 祁连造山带研究概况——历史、现状及展望[J]. 地球科学进展,1997,12(4):307-313.

[13] CARROLL A R, LIANG Y H, GRAHAM S A, et al. Junggar Basin, Northwest China-rapped Late Paleozoic ocean[J]. Tectonophysics, 1990,181(1-4):1-14

[14] SENGOR A M C. Evolution of the Altaid tectonic collage and Paleozoic crustal growth in Eurasia[J]. Nature,1993,364(6435): 299-307.

[15] 高俊,张立飞,刘圣伟. 西天山蓝片岩榴辉岩形成和抬升的$^{40}Ar/^{39}Ar$年龄记录[J]. 科学通报,2000,45(1):89-94.

[16] 汤耀庆,高俊,赵民. 西南天山蛇绿岩和蓝片岩[M]. 北京:地质出版社,1995.

[17] 周鼎武,苏犁,简平,等. 南天山榆树沟蛇绿岩地体中高压麻粒岩 SHRIMP 锆石 U-Pb 年龄及构造意义[J]. 科学通报,2004,49(14):1411-1415.

[18] 马中平,夏林圻,徐学义,等. 南天山库勒湖蛇绿岩锆石年龄及其地质意义[J]. 西北大学学报(自然科学版),2007,37(1):107-110.

[19] 韩宝福,何国琦,吴泰然,等. 天山早古生代花岗岩锆石 U-Pb 定年、岩石地球化学特征及其大地构造意义[J]. 新疆地质,2004,22(1):4-11.

鄂尔多斯西南缘前陆盆地沉降和沉积过程模拟*

摘　要　本文将东祁连逆冲带与鄂尔多斯西南缘晚三叠世前陆盆地相结合，研究了逆冲带内部变形特征，前陆盆地中层序地层格架特征及其反映的盆缘构造性质和幕式逆冲作用。在此基础上，建立了逆冲带与前陆盆地对耦合机制的地质模型和力学模型，并选定参数模拟了前陆盆地沉降和沉积过程。

关键词　逆冲带　前陆盆地　层序地层格架　幕式逆冲作用　模拟

近年来，由于现代构造地质学、地球物理学和层序地层学的发展，人们越来越发现造山带的前陆褶皱逆冲带(简称逆冲带)和前陆盆地之间的成因联系，并且将其作为一个整体，即逆冲带与前陆盆地对[1,2]进行观察和研究，从而建立了逆冲带与前陆盆地对构造、沉积演化的各种定量模型[1,3-5]。它们共同反映了逆冲带与前陆盆地对逆冲作用、岩石圈挠曲及沉积响应是相互关联的3个方面[6]：造山带逆冲负荷、下部岩石圈区域性挠曲沉降，在构造带的前陆形成前陆盆地。因此，逆冲作用控制着盆地沉积充填，前陆盆地沉积地层潜在地记录了岩石圈流变过程和造山带的褶皱逆冲历史[1]。本文通过对鄂尔多斯西南缘晚三叠世前陆盆地层序地层格架及盆缘东祁连逆冲带构造特征分析，恢复逆冲带幕式逆冲作用阶段及盆地充填历史，从而模拟前陆盆地在逆冲作用下的沉降和沉积过程。

1　逆冲带构造特征

鄂尔多斯西南缘位于安口至石沟驿一带，与西南侧东祁连逆冲带相邻(图1)。区域构造研究表明，东祁连逆冲带与武山-青海湖断裂带以南的西秦岭构造带一起构成东祁连双侧造山带，具有花状构造特征，在横剖面上以轴部为中心两侧逆冲断层或剪切带背向逆冲(图2)；该双侧造山带内部可划分出北带、南带和轴部。南带主要为西秦岭构造带，与勉略(勉县-略阳-玛曲-昆仑)印支期俯冲带相邻，主要为厚皮的逆冲变形。轴部武山-青海湖断裂带主要为韧性转换压缩变形，同时伴随着造山带核部变质杂岩体的剥露。北带为东祁连逆冲带，其北侧为六盘山前陆褶皱逆冲带。根据Koons[7]和索书田等[2]对双侧造山带内部的划分原则，东祁连双侧造山带北侧为外侧楔，南侧为内侧楔。南侧为双侧造山带的主动推挤端，其动力主要来自南部的特提斯构造域的活动和勉略俯冲带挤压碰撞，从而导致地壳物质向北扩展逆冲，并与东经108°线以东的东秦岭双侧造山带地壳物质主要向南逆冲呈鲜明对比。

以北道—固关一带为例(图2)，东祁连逆冲带南部主要发育新阳-黄家坪韧性剪切带、山门-保平韧性剪切带及固关隐伏断裂带。以固关隐伏断裂带为界，北侧为六盘山前陆褶皱逆冲带。通过恢复晚三叠世鄂尔多斯西南缘前陆盆地原型面貌，其西南边缘控制性同沉积逆冲断层为景福山逆冲断层带的后缘(区域上为青铜峡-固原逆冲断层)。断层带之上发育与下伏地层呈不整

* 论文发表在《地质学报》，1996，70(1)，作者为刘少峰、李思田、庄新国、焦养泉、卢宗盛。

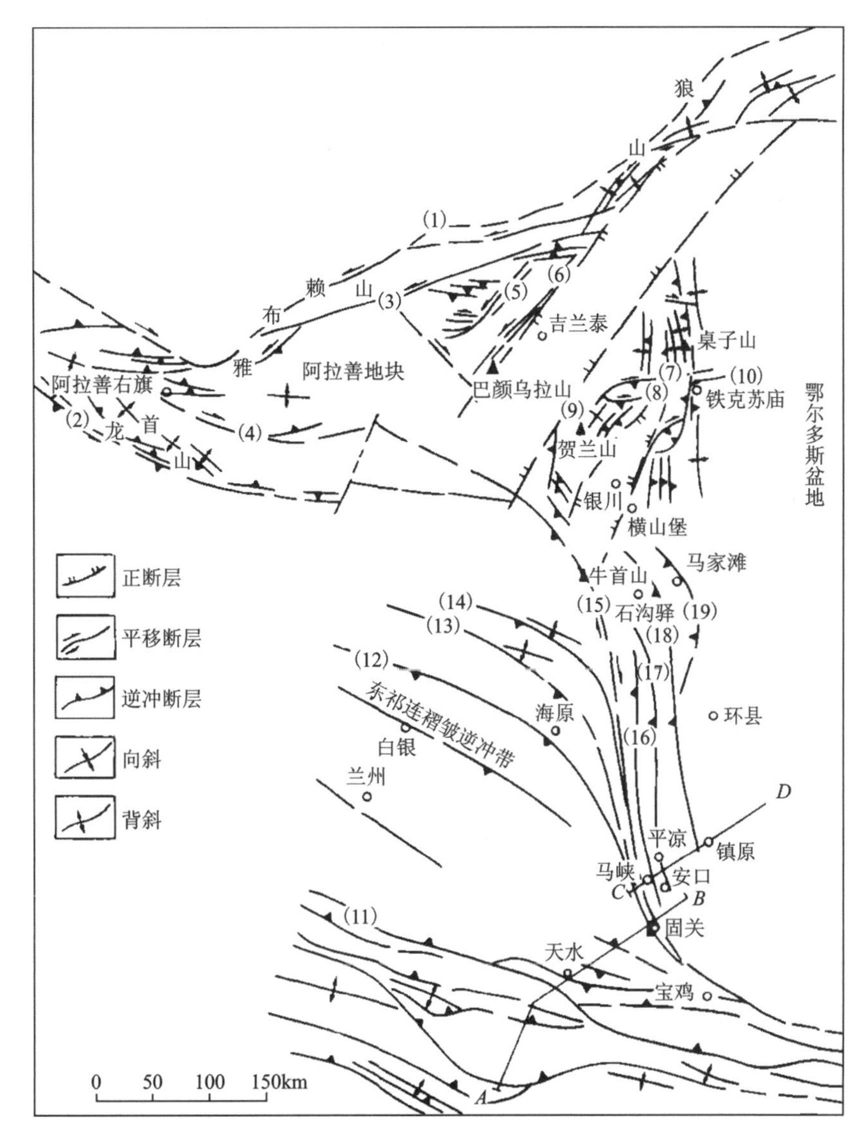

(1)雅布赖山-狼山西麓断裂；(2)龙首山-青铜峡断裂；(3)诺尔公剪切带；(4)阿拉善右旗剪切带；(5)得力记剪切带；(6)狼山-巴彦乌拉剪切带；(7)宗别立-正谊关横向断层；(8)龙墩尖-大蹬沟横向断层；(9)小松山逆冲断层；(10)铁克苏庙逆冲断层；(11)武山-青海湖断裂；(12)西华山-六盘山东麓断裂；(13)清水河断裂；(14)窑山断裂；(15)青铜峡-固原断裂；(16)韦州-安国断裂；(17)青龙山-平凉断裂；(18)惠安堡-砂井子断裂；(19)马儿庄断裂。

图1　鄂尔多斯盆地西缘及邻区区域构造简图

合接触的上三叠统下部地层沉积。由于逆冲带前展逆冲，前缘逆冲断层及由其控制的盆地边缘相带向盆地方向迁移。马峡镇是晚三叠世前锋逆冲断层发育部位。该处震旦系白云岩逆冲于上三叠统中部巨砾岩之上。砾石成分大量为断层上盘岩石，为典型的同沉积逆冲断层。在马峡镇附近的阎家庄、策底坡一带出现上三叠统上部地层的边缘相。因此可以认为马峡镇一带是前陆盆地在晚三叠世末期的西南部边界，而初期边界为景福山西侧，两者相距约15km。整个逆冲带的初始宽度为景福山至双侧造山带轴部距离，约77.5km(略去后期变形的影响)。六盘山前陆褶皱逆冲带平面宽度向北北西方向不断加大，呈向北东凸出的弧形[8]。

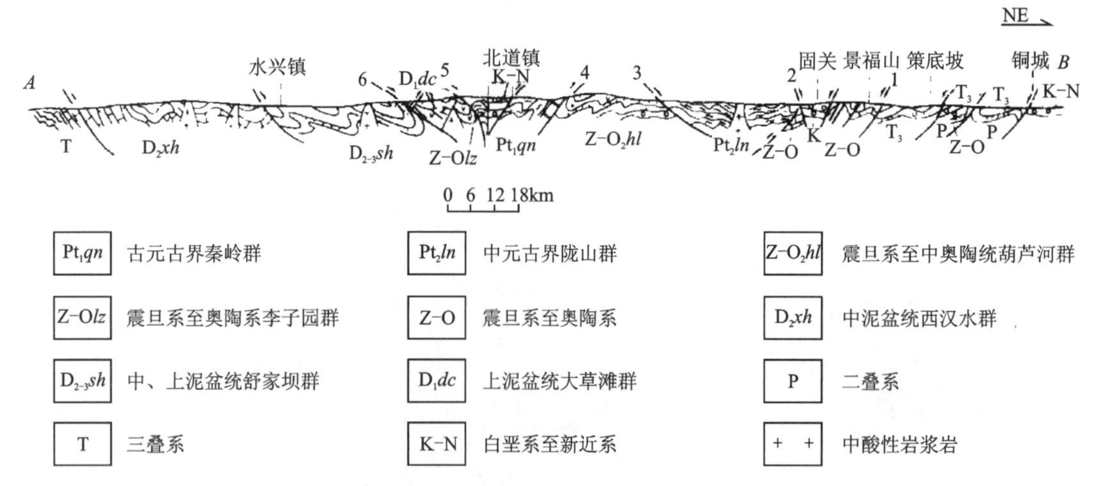

1.景福山逆冲断层带;2.固关断裂;3.山门-保平韧性剪切带;4.新阳-黄家坪韧性剪切带;5.关子镇-元家坪韧性剪切带;6.舒家坝-娘娘坝脆韧性剪切带。

图2 北道-固关巨型花状构造剖面图(据索书田资料补充修编,剖面位置如图1所示)

2 前陆盆地层序地层格架

层序地层格架是指盆地充填的不同层序单元的几何样式和构成特征。陆相盆地层序单元发育规律往往受幕式构造作用控制。通过西南缘前陆盆地的层序地层分析,可揭示盆缘东祁连逆冲带中低级别的幕式构造作用事件。

2.1 层序地层单元划分

陆相盆地层序地层单元及其边界形成的主控因素是盆地基底沉降、沉积物供给和气候,而这些因素在地质过程中综合体现为盆地沉降速率和沉积速率,并且它们直接受盆地的幕式构造作用制约。因此根据幕式构造作用与层序地层单元之间的级别对应关系,确定构造层序(TS)是在一个构造运动期中形成的一个原型盆地的全部沉积充填;层序(S)作为构造层序的组成单元定义为在一次盆地构造沉降事件中的沉积产物;小层序组(PSS)(或沉积体系域)作为层序的构成单元,它的划分应反映盆地沉降速率和沉积速率两个变量之间的关系在一次幕式构造沉降旋回中的变化过程。沉积体系作为体系域的构成单元,其发育类型尽管与多种因素有关,但是最为关键的控制因素是盆地边缘构造性质。它决定了盆地边缘的坡度、物源供给速率。至于小层序及其以下的低级别层序单元则主要受盆地内部自沉积旋回控制。根据以上原则,鄂尔多斯西南缘前陆盆地的沉积充填确定为一个构造层序,内部进一步划分3个层序、6个小层序组(或体系域)(图3)。沉积体系划归两类,即逆冲背景的沉积体系和坳陷背景的沉积体系。

2.2 沉积体系与盆缘构造性质

鄂尔多斯西缘前陆盆地与六盘山前陆褶皱逆冲带相邻,盆缘同沉积构造性质主要为逆冲式,但是由于逆冲作用的递进发展和幕式过程,在一定时期盆地边缘也表现为坳陷式。逆冲式

地层单位			构造层序	层序	小层序组	垂向层序	沉积体系	盆地总沉降量/m	构造沉降速率/$(m \cdot Ma^{-1})$	盆地构造活动特征
统	组	段								
上三叠统	延长组	五段	TS-1	S-3	PSS-6		曲流河体系	809.07	39.31	晚期缓慢均衡沉降
					PSS-5		湖三角洲体系			
		三—四段		S-2	PSS-4		冲积扇-陡坡三角洲体系，顶部发育两层滑塌角砾状灰岩断片	1 072.89	110.73	中期快速逆冲负荷沉降
		二段			PSS-3		湖泊体系	243.23	37.21	
				S-1	PSS-2		冲积扇-陡坡三角洲体系	709.4	161.25	早期由快速坳陷转入逆冲负荷沉降
		一段			PSS-1		低弯度河流体系	906.21	114.25	

图 3　鄂尔多斯西南缘前陆盆地层序单元的构成和构造特征(据安口地区地层剖面计算)

盆地边缘形成了陡坡三角洲沉积体系、冲积扇沉积体系；坳陷式边缘发育了河流沉积体系和湖泊三角洲沉积体系。

晚三叠世中期盆地西南缘陡坡三角洲与冲积扇并存，处于同一层位。陡坡三角洲体系是由源于逆冲席之上的具有相对远源性质的一条或几条山间主河流提供物质垂直于逆冲断层带走向迅速入湖而形成的独立体系。鄂尔多斯西南缘陡坡三角洲体系分别分布于平凉安口、环县和石沟驿地区。由于前陆逆冲带的前展式逆冲作用，物源区不断隆起，前渊不断沉降，既增加了盆地的物源供给量，也增大了盆缘的坡度和不稳定性。因而，三角洲平原相带很窄，分布于山前断裂带与前渊湖盆之间，主要发育砾质辫状河道沉积；三角洲前缘以近端前缘砂体为主，其厚度巨大，呈“板状”分布。内部水下滑塌构造、冲刷面、滞留沉积非常发育，层理类型由下往上常常是块状层理、粗糙的平行层理、大型宽缓的槽状交错层理等。冲积扇沉积体系分布于陡坡三角洲杂体之间或重叠。它以发育粗大砾石为特征，主要由泥石流、辫状河道和泥流等沉积相构成。在前陆盆地边缘阎家庄至策底坡一带冲积扇和陡坡三角洲体系砾岩层中多处发育了两层厚度分别为 13m、16m，侧向延伸 200～300m 的角砾状灰岩(为奥陶系灰岩)(图 4)。灰岩层与砾岩层之间界线明显，无断层迹象。它是逆冲带前缘的逆冲断片在失稳条件下由于重力滑塌进入前渊盆地边缘的一种事件沉积。以上地质事实有力地证明了陡坡三角洲体系和冲积扇体系形成于逆冲构造背景。

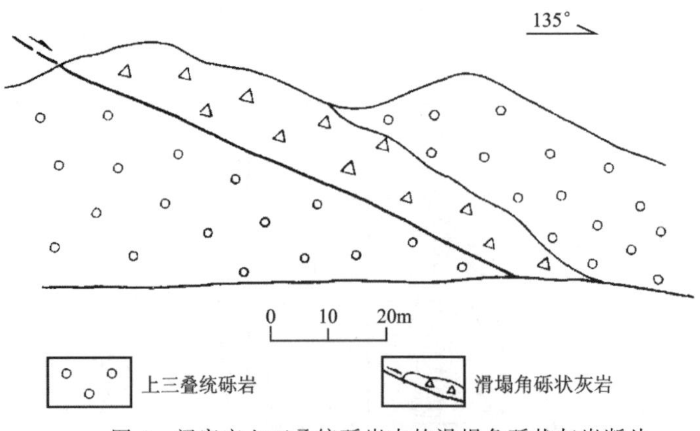

图4 阎家庄上三叠统砾岩中的滑塌角砾状灰岩断片

前陆盆地的坳陷边缘一般发育于盆缘逆冲作用早期、停止期或间歇期。盆地边缘坡度渐变，不存在突变的坡折点，沉积物供给不如逆冲边缘丰富。在前陆盆地演化初期，造山带开始褶皱隆起、盆地初始坳陷沉降，盆缘不发育逆冲断层，但坡度较大，从而在山前往往形成小型冲积扇和宽度较大的低弯度河流体系。在前陆盆地演化末期，造山带隆升停止，盆地沉降减慢，从而形成沉积演化相对缓慢的曲流河体系或湖泊三角洲体系。两种体系内部结构清晰，突发性沉积事件不太发育。

2.3 层序单元与幕式逆冲作用

鄂尔多斯西南缘前陆盆地沉积充填的总体形态呈楔形，靠近逆冲带沉积厚度巨大，向北东方向减小，并在镇原至环县一带存在一条北西向的前隆(图5)。前陆盆地中3个层序反映了盆地3次幕式构造作用阶段(图3、图5)：层序1和层序2是盆地西南侧六盘山前陆褶皱逆冲带两次逆冲活动的沉积响应；层序3是逆冲期后均衡调整坳陷式沉降的沉积响应。层序1中的小层序组1主要由坳陷背景的低弯度河流体系构成，反映了逆冲作用初期西南造山带隆起不高，未发生地表逆冲作用，盆地边缘呈坳陷式快速沉降，沉积快速供给的特点；小层序组2由逆冲背景的陡坡三角洲体系、冲积扇体系、湖泊体系构成，呈退积型，反映造山带继续隆起，并开始发生强烈的逆冲，盆地进入逆冲负荷沉降阶段。尽管沉积物供给充分，但沉降速率相对更快，导致湖岸线向西南迁移。层序2内部的小层序组3主要由逆冲背景的湖泊体系及盆缘很窄的陡坡三角洲体系及冲积扇体系构成，呈退积型(或湖泛型)。它代表了第二次逆冲事件的初始期。造山带经早期剥蚀夷平，沉积物供给不充分，盆地沉降幅度不大。小层序组4由逆冲背景的陡坡三角洲体系、冲积扇体系及湖泊体系构成，呈进积型，反映造山带再次强烈隆起和逆冲，盆地快速负荷沉降，沉积物供给充分，沉积楔状体向盆地快速进积。层序3中的小层序组5由湖泊三角洲体系和曲流河体系构成，呈退积型；小层序组6由曲流河体系及河间湖沼相构成，呈进积型。它们共同反映了在层序3形成时期，逆冲作用基本停止，但来自造山带方向的挤压作用及山体负荷仍在进行，盆地西南边缘处于挤压坳陷背景。

前陆盆地总沉降量和构造沉降速率的计算结果进一步揭示了盆地构造活动特点(图3)。构造沉降速率在层序1和层序2时期表现为两次由小到大的过程，与两次逆冲事件相吻合。而层序3沉降速率慢，是逆冲期后的沉降过程。因此，前陆盆地构造活动规律表现为，早期由快速坳

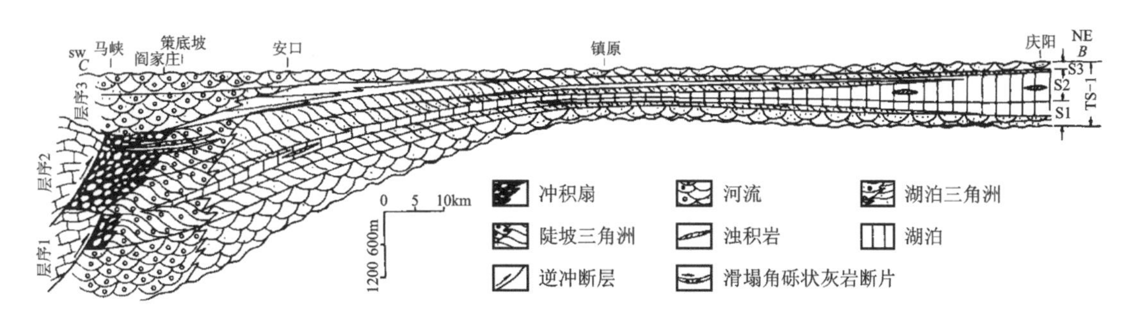

图 5　鄂尔多斯西南缘晚三叠世盆地原型剖面图

陷转入逆冲负荷沉降，中期快速逆冲负荷沉降，晚期缓慢均衡沉降。

3　前陆盆地沉降和沉积过程模拟

根据以上分析，逆冲带与前陆盆地之间存在着耦合关系，将其作为一个整体，建立逆冲带与前陆盆地对耦合机制的理论模型，通过计算机可模拟前陆盆地沉降和沉积过程。

3.1　地质模型及其主要参数

前陆盆地形成的驱动机制主要为逆冲带的构造负荷、盆地沉积负荷以及在造山过程中形成的地壳内部水平挤压力。三种构造力同时作用于地壳，从而导致地壳在克服地幔均衡反力作用的同时发生挠曲沉降。因此，建立逆冲带与前陆盆地对地质模型的关键是确定逆冲负荷、沉积负荷和地壳力学性质。

(1)逆冲负荷。鄂尔多斯西南缘前陆盆地与东祁连双侧造山带具有成因联系。双侧造山带具有共同的逆冲楔状体，它们漂浮于两碰撞岩石圈的边缘之上，从而导致前陆盆地负荷沉降。由于双侧造山带轴部岩石圈是破裂的，可只考虑一侧逆冲楔对其下部岩石圈的负荷作用，而另一侧逆冲楔的负荷则由对应另一侧岩石圈所承担。因此，逆冲负荷的定量表述只考虑一侧楔状体(外侧楔)，由楔状体初始长度(L_0)、逆冲前缘推进速度(v)、逆冲楔地表坡度(α)及楔状体底部拆离面角度(β)决定(图 6)。

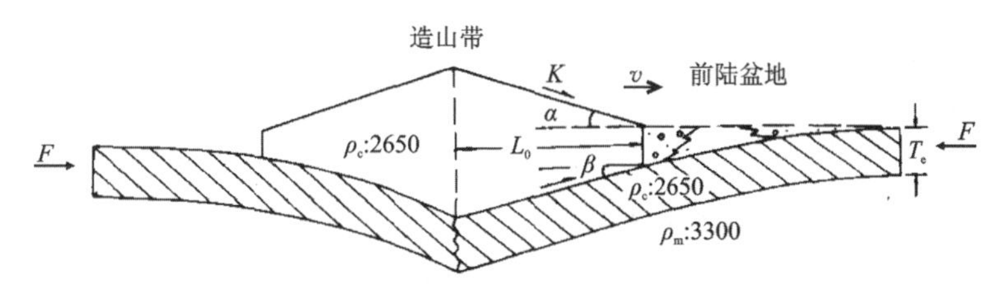

图 6　双侧造山带与前陆盆地的地质模型(图中各变量解释见正文)

(2)盆地沉积负荷。在盆地中，由造山带剥蚀搬运而来的沉积物负荷作用也可导致盆地沉降。盆地沉积量和造山带剥蚀量，国内外学者普遍采用扩散方程进行定量描述，即

$$\frac{\partial h}{\partial t}=K\frac{\partial^2 h}{\partial x^2} \tag{1}$$

式中，K 为沉积的搬运系数；h 为地形高度；t 为时间变量；x 为空间变量。据 Roache[9]，式(1)可

用差分法近似地表示为地层厚度相对时间坐标和空间坐标的函数。

(3)地壳力学性质。在盆地形成过程中，地壳宏观流变过程极其复杂，关于地壳所经历的黏弹性松驰程度是一个尚未解决的问题，因而用弹性模型近似模拟盆地演化是可行的[5]。在模拟时，弹性模型只考虑地壳的有效弹性厚度(T_e)在负荷作用下的挠曲[5]。

(4)地壳内部水平挤压力。在碰撞造山过程中，地壳内部存在应力作用，它必将影响盆地沉降过程。国外学者在建立模型时普遍忽略了该项作用因素。

综上所述，描述逆冲带与前陆盆地对形成和演化主要参数包括逆冲楔初始宽度(L_0)、逆冲前缘推进速度(v)、地表坡度(α)、拆离面倾角(β)、搬运系数(K)、地壳有效弹性厚度(T_e)和地壳内部作用力(F)(图 6)。

3.2 力学模型及其求解

依据造山带深部岩石圈是破裂的，逆冲带与前陆盆地对力学模型为中间破裂的无限宽线弹性薄板在负荷作用下的挠曲。该模型可进一步简化为一端固定在无限远处($x=\infty$)，而另一端自由($x=0$)的单位宽度(垂直纸面方向)悬臂薄板在逆冲体负荷和盆地沉积物负荷作用下，同时克服地幔均衡反力作用而产生的挠曲。力学模型的平衡方程为

$$D\frac{\mathrm{d}^4 y}{\mathrm{d}x^4}+F\frac{\mathrm{d}^2 y}{\mathrm{d}x^2}+\rho_m g y = P(x) \tag{2}$$

式中，$D=\dfrac{ETe^3}{12(1-\nu^2)}$为挠曲刚度；$y$ 为挠度；x 为空间坐标；g 为重力；F 为地壳内部作用力；ρ_c、ρ_m 分别为地壳物质、地幔物质的密度；E、ν 分别为弹性模量和泊松比；$P(x)=\left(\dfrac{\partial T}{\partial t}+\dfrac{\partial h}{\partial t}\right)g\rho_c$，$\dfrac{\partial T}{\partial t}g\rho_c$，$\dfrac{\partial h}{\partial t}g\rho_c$，分别表示逆冲带和沉积物负荷随时间的变化。

在求解逆冲带负荷沉降时，将逆冲带简化为宽度 L，地表坡度(α)与拆离面倾角(β)之和为 θ，逆冲带前缘高度为 H 的梯形体，按模型的边界条件可求解解析表达式。在求解沉积负荷沉降时，由于盆地沉积负荷为不规则形态，只能分段($\Delta\chi$)表示，沉积负荷沉降也只能分段求解再累加。

3.3 前陆盆地模拟计算

前陆盆地模拟实例选取马峡-镇原的盆地原型剖面(图 5)，对应的逆冲带为北道-固关巨型花状构造北东侧逆冲带(图 2)。在模拟过程中，将逆冲带与前陆盆地演化过程划分为若干时间段。在每时间段内分别计算逆冲负荷沉降和盆地沉积负荷沉降，两者之和即为该时间段内的盆地总沉降量。已知盆地沉积地形及逆冲带地表坡度，根据扩散方程，用差分法计算盆地沉积厚度。该时间段的沉积厚度作为下一时间段的沉积负荷。在盆地沉积同时，逆冲带不断变形。变形后的逆冲带形态作为下一时间段的逆冲负荷。如此反复计算，就可以再造盆地沉积过程。在每一个时间段中由扩散方程确定的盆地沉积物即为等时性地层层序单元。

(1)参数的取值。由于有效弹性厚度(T_e)决定了地壳挠曲的半波长(盆地宽度与逆冲楔宽

度之和)，因此，有效弹性厚度可根据现有的盆地宽度及逆冲楔宽度确定，求得 $T_e=32$km；根据甘肃第一地质大队研究成果，北道—固关一带造山时期的应力作用水平为 $3\times10^7\sim1\times10^8$ Pa，在模型中取值为 5×10^7 Pa，已知地壳有效弹性厚度约 32km，那么单位宽度的地壳水平挤压力 $F=1.6\times10^{12}$ N；根据前述的逆冲带地质构造研究，确定逆冲带初始宽度(L_0)为 77.5km；根据秦岭造山带深部剖面资料[10]，确定拆离面倾角为 6°；由于盆地在演化过程中叠加了大范围的区域性沉降，因此，在模拟中应在每一演化阶段加上区域性沉降量和沉积厚度。根据前隆处沉积厚度推测区域沉降为 1000m；搬运系数 K 值取决于古地理环境和古气候，可根据盆地沉积体系分布、沉积物粒度、古气候以及与国外资料对比确定[1]；构造变形研究表明，晚三叠世逆冲带向盆地方向扩展量为 15km。根据层序地层学研究，确定了逆冲事件发育时期，因此，可计算出逆冲前缘推进速度；逆冲楔地表坡度与逆冲作用有关，每次逆冲事件均将导致逆冲楔厚度增大，若拆离面倾角不变，则地表坡度加大，据此可推断逆冲楔地表坡度值；关于地层单位的绝对年龄是通过对安口地区标准地层剖面进行系统的古地磁测试和与标准的古地磁极性柱对比分析确定的(表 1)。模拟计算分 21 个时间段，每段 1Ma。

表 1　前陆盆地的部分模拟参数

地层单位		绝对年龄/Ma	搬运系数/($m^2\cdot a^{-1}$)	逆冲前缘推进速率/($mm\cdot a^{-1}$)	逆冲楔地表坡度/(°)
层序	小层序组				
S3	PSS5-6	218～210	250	0	1.5
S2	PSS4	222～218	500	2.5	3
	PSS3	225～222	300	0	1.5
S1	PSS2	227～225	500	2.5	4
	PSS1	231～227	450	0	2

注：绝对年龄由中国地质大学(武汉)古地磁实验室测定。

(2)模拟结果分析。模拟结果如图 7 所示，与实测剖面(图 5)经压实校正后的地层厚度及宽度基本一致。

在 231～227Ma 期间，逆冲带前缘处盆地等时性界面向盆地方向呈较大角度倾斜，说明沉积物搬运能力强，形成高能量的低弯度河流体系。该时期的逆冲带主要通过内部变形加厚，前缘逆冲作用不明显，地表坡度较小。

227～225Ma 期间，逆冲带向盆地逆冲扩展，地表坡度加大，盆地快速沉降和沉积，盆地中等时性界面仍呈较大角度向盆地中心倾斜，形成陡坡三角洲、冲积扇体系，呈楔形。

225～222Ma 期间是第二次逆冲旋回的初始期。逆冲带坡度小，逆冲作用基本停止。盆地缓慢沉降和沉积，形成饥饿盆地。等时性沉积界面向逆冲带退覆，在逆冲前缘接近水平，沉积物搬运能力弱，主要形成湖泊体系和窄的陡坡三角洲体系。222～218Ma 期间，逆冲带强烈逆冲扩展，地表坡度加大，等时性界面快速向前隆上超。靠近逆冲带地层界面倾角愈大，沉积了陡坡三角洲和冲积扇体系，呈楔形。

218～210Ma 期间，逆冲带前缘前展逆冲作用停止。由于长期的剥蚀作用，逆冲带地表坡度减小。前陆盆地沉降和沉积仅限于逆冲带前缘。前隆上升明显，沉积厚度极薄。等时性界面在逆冲带前缘平缓，沉积物搬运弱，主要形成曲流河体系及少量湖泊三角洲体系。

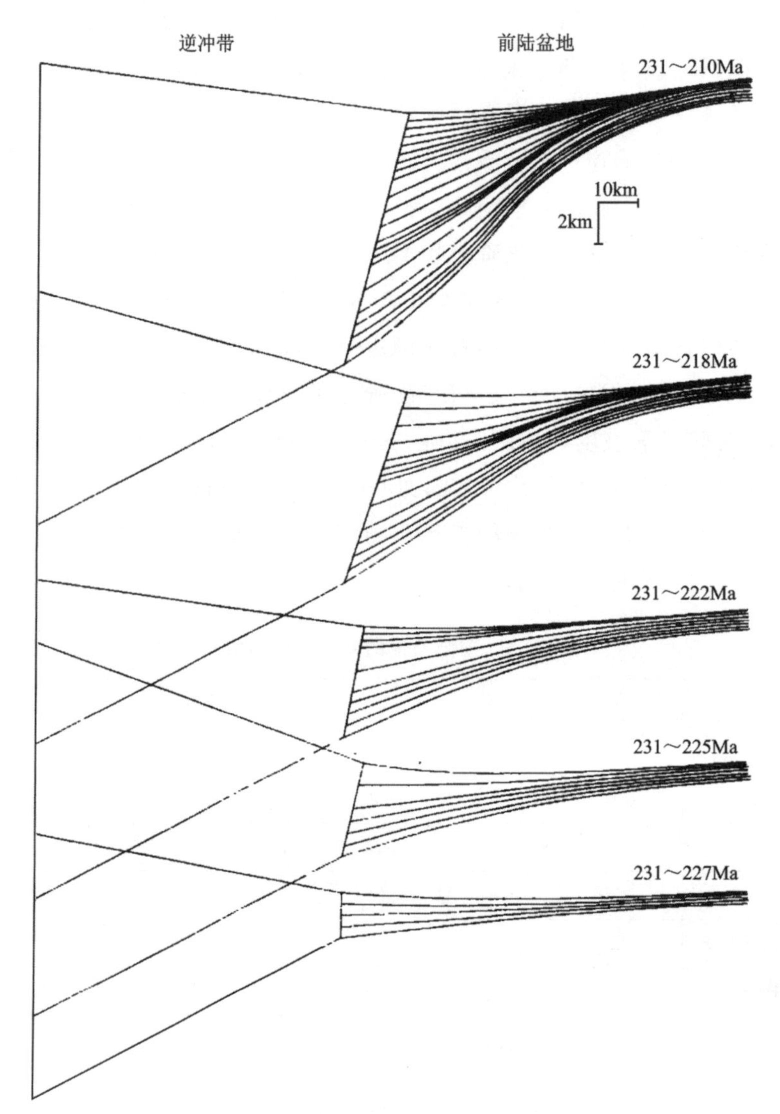

图 7　鄂尔多斯西南缘前陆盆地演化模拟结果

参考文献

[1] FLEMINGS P B, JORDAN T E. A synthetic stratigraphic model of foreland basin development[J]. Journal of Geophysical Research Solid Earth,1989,94 (B4):3851-3866.

[2]索书田,张维吉.论双侧造山带:以桐柏-大别造山带为例[J].西安地质学院学报,1993,15(增刊):29-37.

[3] FLEMINGS P B, JORDAN T E. Stratigraphic modeling of foreland basin: interpreting thrust deformation and lithosphere rheology[J]. Geology,1990,18:430-434.

[4]BEAUMONT C, QUINLAN G, HAMILTON J. Orogeny and stratigraphy:numerical models of the Paleozoic in the eastern interior of North America[J]. Tectonics, 1988, 7: 389-416.

[5]SINCLAIR H D, COAKLEY B J, ALLEN P A, et al. Simulation of foreland basin

stratigraphy using a diffusion model of mountain belt uplift and erosion: an example from the central Alps, Switzerland[J]. Tectonics,1991,10(3):599-620.

[6]刘少峰.前陆盆地几种构造-沉积演化模式综述[J].地质科技情报,1991,10(4):39-44.

[7] KOONS P O. Two-sided orogen: collision and erosion from the sandbox to the Southern Alps, New Zealand[J]. Geology,1990,18:679-682.

[8]刘和甫,陆伟文,王玉新.鄂尔多斯地块西掩冲断-褶皱带形成与形变[M]//杨俊杰,等.鄂尔多斯西缘掩冲带构造与油气.兰州:甘肃科学技术出版社,1990:54-75.

[9] ROACHE P J. Computational fluid dynamics[M]. Albuquerque: Hermoa Hermosa Publishers,1982.

[10] YUAN X C. Deep structure and structural evolution of the Qinling orogenic zone [C]// YE L J. A selection of papers presented at the conferance on the Qinling orogenic belt. Xi'an: Northwestern University Press,1991:174-184.

塔中地区奥陶系白云岩岩石地球化学特征及成因机理分析*

摘　要　塔中地区奥陶系白云岩分布广泛，厚度大，是该区重要的油气储层之一。根据白云石晶体结构大小、原始沉积特征保存情况，将该区白云岩分为泥晶白云岩、藻纹层泥晶白云岩、颗粒白云岩、粗粉晶—细晶白云岩、中晶—粗晶白云岩、斑状白云岩等6种类型。泥晶白云岩、藻纹层泥晶白云岩保留了其原岩沉积特征，地球化学特征表现为碳、氧同位素偏高，盐度指数略高于正常海水，微量元素锶、钠含量高和铁、锰含量低，稀土元素特征大体相似，将其解释为准同生白云石化作用产物。结晶白云岩和颗粒白云岩具有晶体相对粗大、明显的交代结构（如雾心亮边结构和环带构造）特点，地球化学特征表现为碳、氧同位素具有随着成岩作用加强依次向负值偏移，盐度指数逐渐降低的特点，微量元素锶、钠含量低和铁、锰含量高，稀土元素总量变化较大，REE配分模式和Ce、Eu异常相似，将其解释为埋藏阶段白云石化作用的产物，并且在白云石化过程中可能叠加有构造热液作用的影响。在白云岩成因机理分析的基础上，建立了适合研究区发育的各种白云岩类型的白云石化作用模式。

关键词　白云岩成因　碳氧同位素　元素地球化学　奥陶系　塔中地区

白云岩的形成机理是碳酸盐岩研究领域最复杂和最有争议的问题之一，多年来围绕白云岩的形成环境、物质来源、成因模式等一直是地质工作者讨论的前沿课题[1]。随着科学研究的深入、技术手段的进步和勘探实践的拓展，与热液作用有关的白云岩成因和埋藏白云石化成岩系统备受国内外学者的关注，已成为当前研究白云岩储层成因的主导模式[2]。塔中地区奥陶系白云岩分布广泛、厚度大，是该地区重要的油气储集层之一，虽然前人对该区白云岩做过较多的研究工作，但仍未取得满意的结果。本文在对该区白云岩岩石学特征研究的基础上，结合碳氧同位素、微量元素、稀土元素和包裹体等多种地球化学分析资料，对该区奥陶系白云岩成因机理进行了全面的分析，认为塔中地区奥陶系白云岩可划分出准同生交代和埋藏成岩交代两种成因类型，优质白云岩储层主要与埋藏交代的白云石化作用有关。

1　区域地质背景

塔里木盆地是我国重要的含油气沉积盆地之一，盆地下古生界碳酸盐岩具有巨大的油气勘探潜力。塔里木盆地经历了复杂的构造演化过程，形成了不同阶段、不同性质的原型盆地及叠加的复杂的地质结构，根据盆地构造性质及基底起伏特征将盆地划分为塔北隆起、中央隆起、东南隆起、库车坳陷、北部坳陷、塔西南坳陷、塔东南坳陷等“三隆四坳”的构造格局[3-5]。本文研究的塔中地区是指中央隆起带上的巴楚隆起和卡塔克隆起，其北部为满加尔坳陷和阿瓦提凹陷，南部为塘古孜巴斯坳陷和麦盖提斜坡，东部为塔东低凸起，西部为柯坪隆起（图1）。塔中地区奥陶系自下而上发育有下奥陶统蓬莱坝组和鹰山组，中奥陶统一间房组，上奥陶统恰尔巴克组、良里

* 论文发表在《地质学报》，2011，85(12)，作者为胡明毅、胡忠贵、李思田、王延奇。

塔格组、桑塔木组和柯坪塔格组(下段)。该区奥陶系主要为一套海相碳酸盐岩沉积,其下部以白云岩沉积为主,向上逐渐过渡到灰岩沉积。根据塔中地区奥陶纪地层及岩性发育特征可以看出,该区由下奥陶统→中上奥陶统,大体上存在白云岩段→云灰岩过渡段→灰岩段的过渡关系。也就是说白云岩主要分布于下奥陶统,以局限台地相沉积为主;灰岩主要分布在中上奥陶统中,为开阔台地相和台地边缘相沉积。

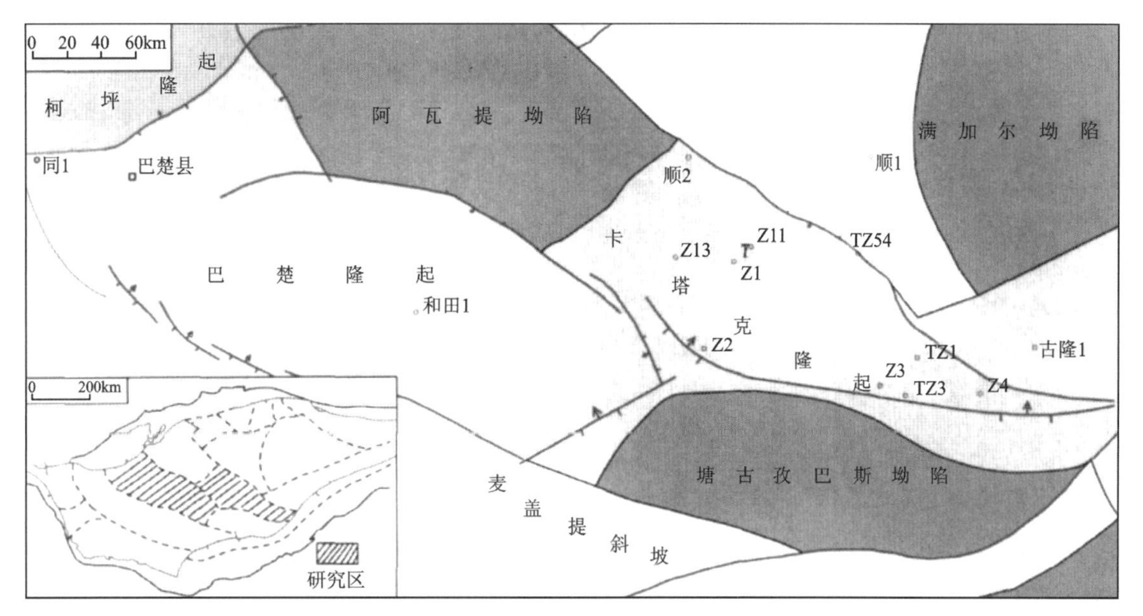

图1　研究区及邻区构造单元划分及位置图

2　白云岩岩石学特征

塔中地区下奥陶统白云岩分布广泛、厚度巨大,其岩石类型复杂多样。前人对塔里木盆地白云岩进行过多种分类[6-12],本次研究过程中以白云岩晶体结构、原岩沉积特征和特殊构造作为白云岩分类的主要依据,将塔中地区奥陶系白云岩分为泥晶白云岩、藻纹层泥晶白云岩、颗粒白云岩、粗粉晶—细晶白云岩、中晶—粗晶白云岩、斑状白云岩等6种类型,各类白云岩岩石学特征如下。

2.1　泥晶白云岩

泥晶白云岩中的白云石晶粒细小,一般在0.003～0.05mm之间,为泥晶—细粉晶级,晶体形态以他形为主,少量半自形,晶体之间多为致密镶嵌接触。泥晶—细粉晶白云岩呈浅灰色、灰褐色,薄—中层产出,岩层中常发育水平或微波状纹理及鸟眼构造,偶见针状石膏假晶。薄片观察泥晶—细粉晶白云岩中未见到任何颗粒或其交代残余,加之岩石中的白云石晶体细小、自形程度较差,原岩中可见保存完好的显微水平层理等特征,表明其原始沉积环境具有水体浅、能量较低和盐度较高的特点。从上述岩石学特征分析可以看出,泥晶—细粉晶白云岩为干旱潮坪环境中在早期由准同生白云石化作用形成。

2.2 藻纹层泥晶白云岩

藻纹层泥晶白云岩又称叠层石泥晶白云岩，叠层石形态多呈水平状或水平波纹状，少数呈丘状，其形成环境属局限台地潮坪沉积。藻纹层白云岩中的藻纹层总体保留了原岩的沉积结构特征，其特征类似于灰岩中未白云石化的藻纹层，藻纹层内部白云石晶体细小，以泥晶—细粉晶结构为主，表明其白云石化作用时间较早，为准同生白云石化作用产物。

2.3 颗粒白云岩

颗粒白云岩在塔中地区奥陶纪地层剖面中总体含量较少，主要见于上丘里塔格群下段，岩芯观察中常见颗粒白云岩与泥晶白云岩、叠层石白云岩构成米级旋回，表明该类颗粒白云岩形成于海平面频繁波动的潮坪-浅滩环境。颗粒白云岩主要类型有砂屑白云岩、含砾砂屑白云岩和鲕粒白云岩等，其总体特征是白云石化后还完好地保留原岩的结构和形态特征，如砾屑和砂屑等颗粒的原始外形、鲕粒的同心纹层等，同时保留胶结物的形态特征如纤状或粒状胶结物的形态等，颗粒一般由粉晶白云石组成，胶结物由粉晶白云石及细晶白云石组成，上述特征表明颗粒白云岩其白云石化时间较早，可能为早成岩期经浅埋藏白云石化作用交代原岩——颗粒灰岩而形成。

2.4 粗粉晶—细晶白云岩

粗粉晶—细晶白云岩主要见于下奥陶统蓬莱坝组，该类白云岩中的白云石晶体大小在0.05～0.25mm之间，晶体形态从他形—自形晶均有，以半自形晶为主。该类岩石中的白云石含量变化范围较大，一般在50%～100%之间。在不纯白云岩中，可见白云石呈疏密不等的星散状分布于灰质原岩中。这种白云石一般晶形较好，在交代较为彻底的纯白云岩中，白云石晶形变差，常具交代雾心亮边结构。这种结构特征表明粗粉晶—细晶白云岩为埋藏阶段白云石化作用形成。

2.5 中晶—粗晶白云岩

该类白云岩中的白云石晶体大小在中晶—粗晶级之间(0.25～1.0mm)，以中晶级(0.25～0.5mm)最为常见，粗晶级(0.5～1mm)次之，白云石晶形以半自形—自形晶为主，少数为他形晶，粗大白云石晶体常显雾心亮边外加环带结构特征。雾心亮边外加环带结构则是在一个雾心外围分布数层或亮或浊的边，使得亮边明显加宽，晶体也明显长大，显然这是一种生长环带，是埋藏过程中多期白云石化流体活动或多期白云石化作用交代原岩(可能为晶粒、颗粒灰岩或早期不完全交代的云质灰岩等)的产物。值得注意的是，在此类白云岩类型中，少量白云石晶体具有马鞍状结构特征和波状消光现象。与之相关，塔中地区奥陶纪地层中发现有岩浆侵入，表明后期的构造活动及与之伴生的热液流体对奥陶纪地层具有一定的影响，因而，此类马鞍状白云石应属于构造热液成因[13,15]，后文将通过地球化学分析进一步论证。

2.6　斑状白云岩(含云—云质灰岩)

斑状白云岩(含云—云质灰岩)主要由斑体和基质两部分组成,其中“斑体”含量一般介于25%～50%之间,少数大于50%,“斑体”形态多样,可呈斑块、条带状或不规则状等,成分以白云石为主,结晶较粗、色较暗;“基质”为灰质原岩,还保留原始灰质沉积的各种组构特征,晶粒细小、颜色较浅。斑状白云岩显然是一种选择性白云石化的产物。岩芯观察及薄片观察发现,“斑体”的分布具有明显的组构控制特点,常见的“控斑组构”为缝合线,其表现是在岩石中见细晶白云石沿缝合线及两侧集中分布。另一“控斑组构”为生物屑,表现为在生物屑发育的地方见白云石化作用,而生物屑不发育的地方未见白云石化作用。在上述两种“控斑组构”中,缝合线的控制作用更为普遍和直接,具体表现为“斑体”可以在仅有缝合线而无生物屑处出现,而被白云石化的生物屑处一般常有缝合线的伴生。究其原因,可能是缝合线的存在,为这种选择性白云石化的流体提供了运移通道。斑状白云岩主要普遍分布于下奥陶统鹰山组,在蓬莱坝组上部及一间房组下部也有少量发育。与压溶缝合线有关的具“控斑组构”的斑状白云岩显然为埋藏白云石化产物;而与生物活动有关而被白云石化形成的含生物屑云质斑状白云岩可能与微生物的活动有关。

3　白云岩地球化学特征

3.1　碳、氧同位素特征

对塔中地区颗粒灰岩(参照样品)和不同类型白云岩样品做了碳、氧同位素分析(表1),其统计结果如表2所示,分析结果表明:

表1　塔中地区碳酸盐岩样品碳、氧同位素组成

岩样类型	样品编号	层位	岩性	$\delta^{18}O$(‰,PDB)	$\delta^{13}C$(‰,PDB)
灰岩类	塔中3-B24	O	亮晶含砾砂屑灰岩	−9.4	−3.6
	顺2-B5	O_3l	鲕粒砂屑灰岩	−8.7	0.6
	中4-B5	O_3s	亮晶含砾屑砂屑灰岩	−8.6	−0.7
	塔中30-B10	O	生屑砾屑砂屑灰岩	−8.4	−0.6
	塔中30-B8	O	生屑砂屑灰岩	−8.3	−0.4
	顺2-B1	O_3l	含生屑砂屑灰岩	−8.1	−0.7
	塔中1-B10	O_1	亮晶含砾砂屑灰岩	−8.1	−3.9
	中12-B1	O_2y	亮晶含砾屑砂屑灰岩	−8.0	−0.8
	塔中1-B15	O_1	亮晶含砾砂屑灰岩	−7.9	−3.4
	塔中30-B4	O	生屑灰岩	−7	0.4

续表 1

岩样类型	样品编号	层位	岩性	$\delta^{18}O$(‰,PDB)	$\delta^{13}C$(‰,PDB)
泥晶—粉晶白云岩或藻纹层泥晶白云岩	塔中 1-B19	O_1	藻纹层泥晶白云岩	−5.43	−0.6
	和田 1-B7	O	泥晶—细粉晶白云岩	−4.2	−0.9
	和田 1-B8	O	泥晶—细粉晶白云岩	−4.6	−1.1
	古隆 1-B2	O_1p	粉晶白云岩	−3.1	0.05
颗粒白云岩	中 12-B4	$O_{1+2}y$	亮晶含云颗粒灰岩	−9.0	−3.7
	中 12-B5	$O_{1+2}y$	含砂屑亮晶含云灰岩	−9.6	−3.6
	塔中 1-B7	O_1	砾屑白云岩	−7.4	−3.6
	塔中 1-B20	O_1	含残余颗粒粉晶白云岩	−7.8	−3.5
	塔中 1-B21	O_2	含砾屑粉晶白云岩	−8.2	−3.5
	塔中 3-B13	O	粉晶—细晶云岩	−7.4	−2.3
	塔中 3-B18	O	亮晶含云砂屑灰岩	−8.3	−1.9
	塔中 3-B26	O	亮晶含云鲕粒砂屑灰岩	−10.6	−1.7
细晶白云岩	中 4-B12	O	细晶白云岩	−9.9	−3.6
	中 4-B13	O	粉晶—细晶白云岩	−10.8	−3.1
	同 1-B2	$O_{1+2}y$	灰质细晶云岩	−7.4	−2.4
	同 1-B5	O	细晶白云岩	−7.0	−2.8
	和田 1-B1	O_1q	细晶白云岩	−8.1	−3.6
	和田 1-B4	O	粉晶白云岩	−8.0	−3.6
	和田 1-B6	O	粉晶白云岩	−8.6	−3.1
	中 12-B3	O_2y	细晶白云岩	−7.1	−0.5
	中 12-B6	$O_{1+2}y$	粗粉晶—细晶白云岩	−7.2	−3.4
	古隆 1-B1	O_1p	粉晶白云岩	−9.0	−3.9
	古隆 1-B3	$O_{1+2}y$	粉晶白云岩	−10.3	−3.7
	塔中 1-B1	O_1	粗粉晶—细晶白云岩	−8.2	−2.5
	塔中 1-B3	O_1	粗粉晶—细晶白云岩	−8.5	−2.7
中晶—粗晶白云岩	中 4-B2	O_1	细—中晶白云岩	−7.6	−3.6
	中 4-B3	O_1	细—中晶白云岩	−10.4	−3.1
	同 1-B4	O	中晶白云岩	−8.4	−3.1
	塔中 3-B2	O	中—细晶云质灰岩	−9.8	−2.9

注:碳、氧同位素由长江大学地球化学实验室分析,测试仪器为 MAT252 气体同位素质谱仪,实验条件温度为 22℃,湿度为 50%,检测依据为《碳酸盐岩碳氧同位素测定 磷酸法》(SY/T6039—94),分析误差碳同位素为 0.002‰～0.014‰,氧同位素为 0.004‰～0.02‰。

表 2　塔中地区不同类型碳酸盐岩碳、氧同位素统计表

分类	结构组分	$\delta^{18}O$(‰,PDB)		$\delta^{13}C$(‰,PDB)		Z(盐度指数)		样品数/件
		范围	平均值	范围	均值	范围	均值	
1	灰岩类	−9.4～−7.0	−8.25	−3.9～0.6	−1.31	127.29～127.3	127.3	10
2	泥晶云岩或藻纹层泥晶白云岩	−5.43～−3.1	−4.30	−1.1～0.05	−0.64	118.6～126.3	122.8	4
3	颗粒白云岩	−10.6～−7.4	−8.54	−3.7～−1.7	−2.98	115.1～119.2	116.9	8
4	细晶白云岩	−10.8～−7.0	−8.47	−3.9～−0.5	−2.99	114.5～122.7	116.9	13
5	中晶—粗晶白云岩	−10.4～−7.6	−9.05	−3.6～−2.9	−3.10	115.7～116.7	116.3	4

(1)该区绝大部分白云岩 $\delta^{13}C$ 值都分布在 0‰～−3.9‰之间(PDB),$\delta^{18}O$ 值分布在 −3.1‰～−10.8‰之间(PDB),仅个别样品 $\delta^{13}C$ 大于 0(为 0.05‰)。

(2)与该区海相灰岩(颗粒灰岩 $\delta^{18}O$=−8.25‰,$\delta^{13}C$=−1.31‰)相比,泥晶白云岩和藻纹层泥晶白云岩碳、氧同位素明显要高一些,反映了此二类白云岩形成于相对局限、盐度较高的蒸发环境[16-20]。

(3)各类成岩白云岩(颗粒白云岩、细—粗晶白云岩)的碳、氧同位素组成和分布范围与各种颗粒灰岩类比较接近(表 1,图 2),表明该类白云岩是在埋藏条件下白云石化流体交代原岩而形成,从残余的颗粒结构也可印证,其碳氧同位素值也基本上继承了原岩性质。

(4)白云岩类中,泥晶白云岩、藻纹层泥晶白云岩→颗粒白云岩→细晶白云岩→中晶—粗晶白云岩碳、氧同位素依次具有随着成岩作用加强同步向负偏移的特点,氧同位素向负值偏移更明显,该特征与 Choquette 概括出碳、氧稳定同位素成分变化[21]与碳酸盐岩成岩作用的关系一致(图 2),进一步表明颗粒白云岩、细晶白云岩和中晶—粗晶白云岩为成岩期埋藏白云石化作用的结果。

(5)根据盐度指数(Z)计算公式[22]:

$$Z=2.048\times(\delta^{13}C+50)+0.498\times(\delta^{18}O+50)$$

可知研究区绝大部分白云岩的盐度指数分布范围为 114～126,总体均属正常海水盐度分布范围。其中海相灰岩 Z 值为 120.5,接近理想的海水盐度指数,与之相比,泥晶白云岩和藻纹层泥晶白云岩盐度指数略高一些,而颗粒白云岩、细晶白云岩、中晶—粗晶白云岩等盐度指数要略低一些,表明泥晶白云岩和藻纹层泥晶白云岩形成于盐度较高的受局限蒸发台地环境,此二类白云石化过程中的白云石化流体在埋藏过程中受到囚禁在围岩中的地层水稀释,形成盐度降低的白云石化流体,进一步交代围岩而形成颗粒白云岩、细晶白云岩和中晶—粗晶白云岩。

3.2　微量元素特征

研究区不同结构组分白云岩和代表古沉积环境的泥晶灰岩的微量元素组成如表 3 所示,通过分析可以看出:

(1)泥晶灰岩各项微量元素组成与各种白云岩类型差别较大,反映了白云石化流体交代围岩过程中对原岩的微量元素组成发生了迁移和分馏。

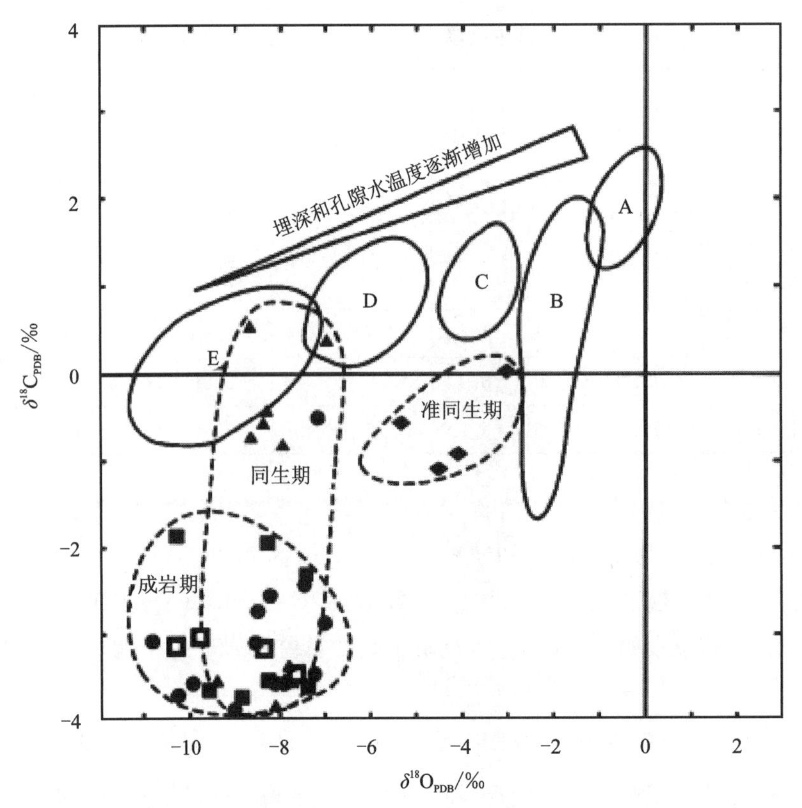

图 2　海相碳酸盐沉积物碳、氧同位素随成岩作用假定的变化趋势图

说明：海相碳酸盐沉积物(A)首先在大气水环境中发生成岩作用(B)，然后在混合带沉淀叶片状胶结物(C)，最后在深埋藏环境中发生粗粒方解石(D)和鞍状白云石(E)的沉淀，从B到E的一系列胶结物是从越来越热的水中沉淀的。这个总的发展趋势，虽然是假定的，但已从许多古代碳酸盐岩(灰岩和白云岩)中观察到。

表 3　塔中地区碳酸盐岩各种结构组分微量元素平均值

结构组分	$Na^{+}/10^{-6}$	$Sr^{2+}/10^{-6}$	$Fe^{2+}/10^{-6}$	$Mn^{2+}/10^{-6}$	样品数/件
泥晶灰岩	246	352	186	132	3
颗粒(粉晶白云石)	235	805	175	360	5
粉晶白云石	260	320	325	190	6
细晶白云石	90	200	300	1000	8
中晶—粗晶白云石	91	340	650	650	6

(2)颗粒白云岩的颗粒和粉晶白云石其 Na^{+} 含量较为相近，并且远高于细晶白云石和中晶—粗晶白云石中 Na^{+} 的含量，表明前者形成时的流体性质更接近沉积期的海水，而后者主要形成于成岩期的不同阶段，成岩流体性质发生了较大变化。

(3)海水是碳酸盐矿物最重要的 Sr 来源，因而 Sr 含量越高，表明该样品对海水的代表性越好[20]。Derry 等[23]在对萨瓦尔巴特群岛和东格陵兰前寒武系碳酸盐岩进行同位素地层学研究后认为，只有当样品中的 Sr 含量大于 200×10^{-6} 时，其组成才能较好地代表均一化的海水。表 2 中各类白云岩结构组分 Sr^{2+} 含量均在 200×10^{-6} 以上，其中细晶白云石相对低一些，表明各类样品的白云石化流体均具有海水性质，主要来源于准同生期的咸化海水或成岩期囚禁在地层中的海源水，各类结构组分 Sr^{2+} 含量的差异反映可能存在大气水或热液流体的影响。

(4)细晶白云岩和中晶—粗晶白云岩的 Fe^{2+}、Mn^{2+} 含量具有高于粉晶胶结物和颗粒的趋势，表明其还原程度增加，反映埋藏成岩环境的特征。

3.3　稀土元素特征

稀土元素的丰度和配分模式可提供物质来源信息，同时由于 REE 具有很强的金属性和 Ce^{4+} 和 Eu^{2+} 的变价性和易溶性，如在氧化环境中，Ce^{3+} 将不断氧化成相对易溶的 Ce^{4+} 被迁移而贫化，出现 Ce 负异常($\delta Ce<1$)；又如在低温碱性环境中，Eu^{3+} 被还原为相对易溶的 Eu^{2+} 被迁移而贫化，出现 Eu 负异常($\delta Eu<1$)，但在氧化性或高温的环境中易被氧化为难溶的 Eu^{+} 发生相对富集而出现 Eu 正异常($\delta Eu>1$)，因此，成岩期矿物中的 Ce 和 Eu 异常通常被作为判断成岩环境和成岩流体物化条件的标志[24-26]。塔中地区不同类型白云岩稀土元素组成见表 4，其配分模式均采用球粒陨石标准化（图 3）。稀土元素地球化学特征如下。

表 4　塔中地区各类白云岩稀土元素组成　　单位：10^{-6}

白云岩类型	藻纹层白云岩	粉晶白云岩	亮晶砂屑云岩	细晶白云岩	细晶—中晶白云岩	球粒陨石标准值
La	4.604 9	7.111 7	3.896 5	13.76	2.343 3	0.367
Ce	4.786 3	5.172 4	2.894 5	9.540 2	1.964 5	0.957
Pr	4.233 6	4.671 5	2.627 7	6.496 4	1.751 8	0.137
Nd	1.814 3	2.855 1	1.715 9	4.261 6	0.984 5	0.711
Sm	1.342 0	1.904 8	1.342 0	1.991 3	0.692 6	0.231
Eu	0.459 8	0.689 7	0.459 8	0.919 5	0.229 9	0.087
Gd	0.686 3	0.947 7	0.653 6	1.111 1	0.392 2	0.306
Tb	0.517 2	0.689 7	0.517 2	0.689 7	0.344 8	0.058
Dy	0.498 7	0.603 7	0.367 5	0.629 9	0.262 5	0.381
Ho	0.47	0.587 5	0.352 5	0.587 5	0.352 5	0.085
Er	0.441 8	0.562 2	0.241 0	0.481 9	0.281 1	0.249
Tm	0.561 8	0.561 8	0.280 9	0.561 8	0.280 9	0.036
Yb	0.443 5	0.483 9	0.241 9	0.403 2	0.282 3	0.248
Lu	0.524 9	0.524 9	0.262 5	0.524 9	0.262 5	0.038
Y	0.804 8	0.742 9	0.576 2	0.633 3	0.428 6	2.100
ΣREE	22.19	28.11	16.43	42.59	10.85	—
δCe	1.083 1	0.877 9	0.887 3	0.941 9	0.959 4	—
δEu	0.453 4	0.483 5	0.460 8	0.592 8	0.423 8	—

(1)所有样品 ΣREE 值变化范围为 $10.85\times10^{-6}\sim42.59\times10^{-6}$，平均为 24×10^{-6}，总体上处于正常海相碳酸盐岩 ΣREE 变化范围内(海相碳酸盐岩 ΣREE 值一般低于 100×10^{-6}。不同

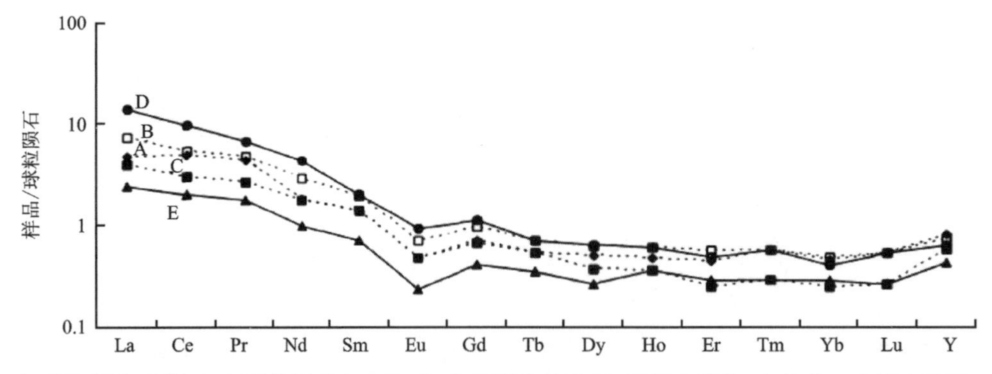

A. 藻纹层白云岩；B. 角砾状泥晶白云岩；C. 含云颗粒灰岩；D. 细晶白云岩；E. 细晶—中晶白云岩。

图 3　塔中地区各种不同类型白云岩稀土元素配分模式图

白云岩类型 ΣREE 值各异，由细晶白云岩→粉晶白云岩→藻纹层白云岩→亮晶砂屑白云岩→细晶→中晶白云岩 ΣREE 值依次减小，显示成岩过程中流体对 REE 的迁移和贫化作用活跃，可有效地反映各成岩环境和成岩流体的物化条件。其中藻纹层白云岩和粉晶白云岩 ΣREE 值中等且较为相近，表明其白云石化流体性质相似，基本继承了原始海水 ΣREE 的特征；亮晶砂屑白云岩 ΣREE 值略低于前二者，表明在浅埋藏环境中稀土元素具有贫化迁移的特点；细晶—中晶白云岩具有最低的 ΣREE 值，可能与构造热液作用引起的 REE 活化迁移有关。

（2）由稀土元素配分模式图（图 3）可以看出，各类样品的配分模式形态大体一致，均表现为右倾型和轻稀土元素富集型，表明不同阶段的白云石化流体具有一定的继承性，且在白云石化过程中重稀土元素的迁移高于轻稀土元素。

（3）对比 Ce、Eu 异常变化，所有样品的 δCe 和 δEu 值变化范围很小，分别为 0.877 9～1.083 和 0.423 8～0.592 8，δCe 均小于并接近于 1，δEu 均远小于 1，表明各类白云岩的成岩环境具有相似性，为弱氧化—弱还原的特点。

3.4　包裹体温度分析

对塔中地区奥陶系细晶—中晶白云岩中白云石晶体进行的包裹体温度分析研究表明，该区包裹体较发育。将所测定的原生包裹体温度进行了统计，编制了包裹体均一温度分布直方图（图 4）。从图中可以看出，该区包裹体均一温度范围较大，其原因可能有两点：①白云石晶体的结晶速度缓慢，因此白云石结晶过程中俘获包裹体跨越了相当长的时间；②在测定过程中尽管是测定原生包裹体的温度，但由于原生包裹体和次生包裹体较难区分，可能测定了少量次生包裹体温度；③白云石包裹体形成之后，在埋藏受热或其他原因受热时包裹体将发生再平衡，其均一温度随之升高，白云石包裹体的最高温度可能反映了热液活动事件的形成温度。研究区细晶—中晶白云岩最低结晶温度为 90℃，主要分布在 100～120℃之间，假设地表温度为 20℃左右，古地温梯度平均为 2～2.5℃/100m，则白云岩结晶最浅深度为 2800～3500m，反映出研究区细晶—中晶白云岩主要为埋藏白云石化的特征。研究区细晶—中晶白云岩包裹体最高结晶温度为 165℃，可能与局部的热液活动有关。

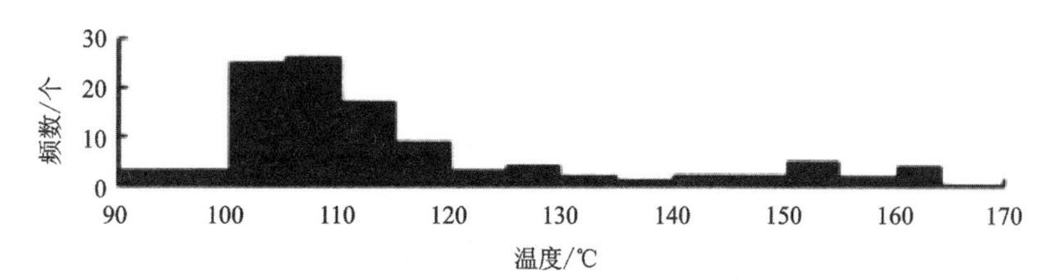

图4　塔中地区奥陶系结晶白云岩包裹体均一温度分布直方图

4　白云岩成因机理分析

综合研究区白云岩岩石学及地球化学等研究表明：

(1)研究区藻纹层白云岩和泥晶—微晶白云岩为近地表准同生白云化的产物。其主要特点和依据为：该类白云岩保持原始组构特征，保留蒸发环境下膏岩沉积物的痕迹；碳、氧同位素和盐度指数均高于代表原始海水性质的海相灰岩；微量元素总体上具有钠、锶高，而铁、锰低的特征；ΣREE值中等且较为相近，稀土元素配分模式和Ce、Eu异常一致。对于该类白云岩的成因，解释为近地表准同生期的白云化作用的结果，镁离子来源（海水或来自海水的浅部地层水）及搬运机理（蒸发泵、潮汐泵及淡水头等）是毫无疑问的，其白云石化作用模式类似萨布哈潮上蒸发泵白云石化作用。

(2)结晶白云岩（细晶以上，特别是中晶—粗晶白云岩）和颗粒白云岩是埋藏期不同成岩阶段的白云石化作用产物。其主要特点和依据为：该类晶体结晶较大、具明显的交代结构如雾心亮边和环带构造，颗粒结构保存较好；碳、氧同位素具有随成岩作用加强均向负值偏移、盐度指数下降等特点；微量元素总体具钠、锶低，而铁、锰高的特征；ΣREE变化较大，REE配分模式和Ce、Eu异常特征相似；两相流体包裹体的均一温度相对较高。对于埋藏白云石化作用，有些学者认为地下深部缺乏足够的镁离子来源，同时缺乏输送镁离子所需要的流体运动，因而认为在埋藏环境不能形成大规模的白云岩。但实际情况并非完全如此。例如对墨西哥湾沿岸等地的地下超压带的性质和分布研究的进展曾描绘出一幅超出人们意料的复杂压力系统，它可以导致层内和层系间有大规模的流体运动。Garven指出由地形所引起的水头之驱动，深部盆地卤水可能向上朝盆地边缘及台地上运动，运动距离可达数百千米。Bethke在实验模拟和盆地水动力研究的基础上提出了重力流模式，提出一种能使大量地层水从盆地流到相邻台地的机理。此外，由于断裂和裂隙系统的存在，也有下伏地层中的卤水向上运动的可能。塔中地区深埋环境中所形成的结晶白云岩，其镁离子来源可能主要与塔东盆地深部流体的运动有关。塔中碳酸盐岩台地邻近塔东盆地，该盆地寒武系至奥陶系主要为大套泥质碳酸盐岩及黏土岩沉积，随埋藏深度逐步增大时，蒙脱石将转化为伊利石，并释放出镁离子。在一定条件下，含镁离子的地层水将在压实流或重力流的驱动下，从盆地向斜坡及邻近的台地流动，而发生广泛的白云石化（图5）。此外深部热液流体沿断层或裂缝发育带向上运动也可发生热液白云石化形成热液白云岩，但总体上看热液白云石化作用在研究区分布较为局限，这在中晶—粗晶白云岩包裹体均一温度上反映明显，只有少部分包裹体温度高达160℃[27,30]。

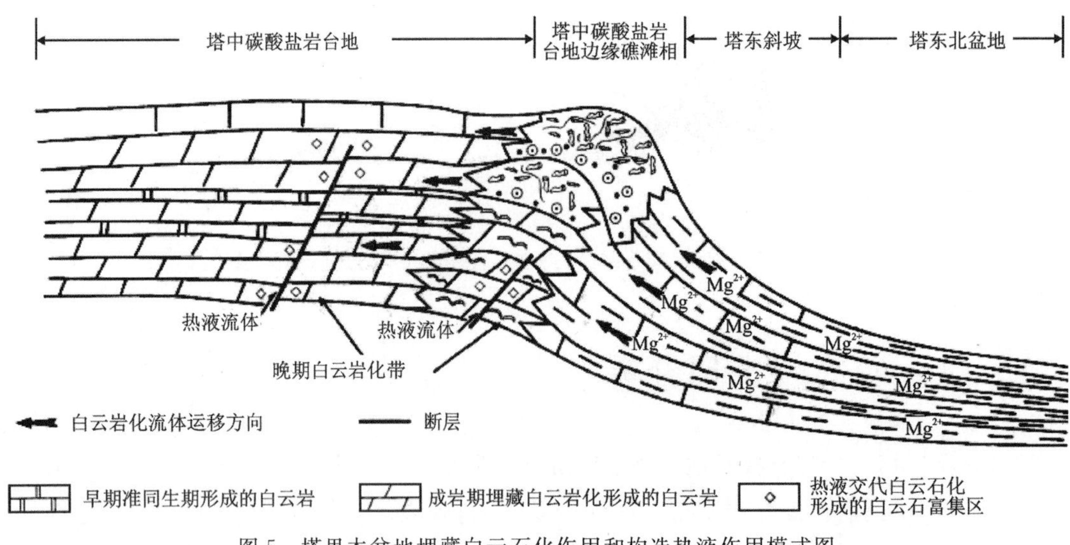

图5　塔里木盆地埋藏白云石化作用和构造热液作用模式图

参考文献

[1]ADAMS J,RHODES M. Dolomitization by seepage refluxion[J]. AAPG Bulletin, 1960,44:1912-1920.

[2]GRAHAM R D,LANGHOME B S. Structurally controlled hydrothermal dolomite reservoir facies: an overview[J]. AAPG Bulletin,2006,90:1641-1690.

[3]顾家裕.塔里木盆地沉积层序特征及其演化[M].北京:石油工业出版社,1996.

[4]贾承造.中国塔里木盆地构造特征与油气[M].北京:石油工业出版社,1997.

[5]何登发,周新源,张朝军,等.塔里木多旋回叠合盆地地质结构特征[J].中国石油勘探,2006(1):31-41.

[6]胡明毅,贾振远.塔里木柯坪地区下丘里塔格群白云岩成因[J].江汉石油学院学报,1991,13(2):10-17.

[7]叶德胜.塔里木盆地北部丘里塔格群(寒武系至奥陶系)白云岩的成因[J].沉积学报,1992,10(4): 77-86.

[8]郭建华,沈昭国,李建明.塔北东段下奥陶统白云石化作用[J].石油与天然气地质,1994,15(1): 51-59.

[9]顾家裕.塔里木盆地下奥陶统白云岩特征及成因[J].新疆石油地质,2000,21(2) : 120-123.

[10]杨威,王清华,刘效曾.塔里木盆地和田河气田下奥陶统白云岩成因[J].沉积学报,2000,18(4):544-548.

[11]邵龙义,何宏,彭苏萍,等.塔里木盆地巴楚隆起寒武系及奥陶系白云岩类型及形成机理[J].古地理学报,2002,4(2):19-30.

[12]朱井泉,吴仕强,王国学,等.塔里木盆地寒武—奥陶系主要白云岩类型及孔隙发育特征[J].地学前缘,2008,15(2):67-79.

[13]刘永福，桑洪，孙雄伟，等. 塔里木盆地东部震旦—寒武系白云岩类型及成因[J]. 西南石油大学学报(自然科学版)，2008，30 (5)：27-31.

[14]马锋，许怀先，顾家裕，等. 塔东寒武系白云岩成因及储集层演化特征[J]. 石油勘探与开发，2009，36(2)：144-155.

[15]邵龙义，韩俊，马锋，等. 塔里木盆地东部寒武系白云岩储层及相控特征[J]. 沉积学报，2010，28(5)：953-961.

[16]邵龙义，窦建伟，张鹏飞. 西南地区晚二叠世碳、氧同位素的古地理意义[J]. 地球化学，1996，25(6)：575-581.

[17]罗平，苏立萍，罗忠，等. 激光显微取样技术在川东北飞仙关组鲕粒白云岩碳氧同位素特征研究中的应用[J]. 地球化学，2006，35(3)：221-226.

[18]郑和荣，吴茂炳，邬兴威，等. 塔里木盆地下古生界白云岩储层油气勘探前景[J]. 石油学报，2007，28(2)：1-8.

[19]胡忠贵，郑荣才，文华国，等. 川东邻水—渝北地区黄龙组白云岩成因[J]. 岩石学报，2008，24 (6)：1369-1378.

[20]黄思静，佟宏鹏，刘丽红，等. 川东北飞仙关组白云岩的主要类型、地球化学特征和白云化机制[J]. 岩石学报，2009，25(10)：2363-2372.

[21]CHOQUETTE P W，JAMES N P. Diagenesis in limestones-3，the deep burial environment[J]. Geoscience Canada，1987，14(1)：3-35.

[22]KEITH M L，WEBER J N. Carbon and oxygen isotopic composition of selected limestones and fossils[J]. Geochimica et Cosmochimica Acta，1964，28(11)：1787-1816.

[23]DERRY L A，KETO L S，JACOBSEN S B，ct al. Sr isotope variations in Upper Proterozoic carbonates from Svalbard and East Greenland[J]. Geochimica Et Cosmochimica Acta，1989，53：2331-2339.

[24]陈潜德，陈刚. 实用稀土元素地球化学[M]. 北京：冶金工业出版社，1990.

[25]郑荣才，陈洪德. 川东黄龙组古岩溶储层微量和稀土元素地球化学特征[J]. 成都理工学院学报，1997，24(1)：1-7.

[26]郑荣才，胡忠贵，郑超，等. 渝北-川东地区黄龙组古岩溶储层稳定同位素地球化学特征[J]. 地学前缘，2008，5(6)：303-311.

[27]金之钧，张刘平，杨雷，等. 沉积盆地深部流体的地球化学特征及其油气成藏效应初探[J]. 地球科学——中国地质大学学报，2002，27(6)：42-44.

[28]钱一雄，邹远荣，陈强路，等. 塔里木盆地塔中西部多期、多成因岩溶作用地质-地球化学表征[J]. 沉积学报，2005，23(4)：596-603.

[29]吕修祥，杨宁，解启来，等. 塔中地区深部流体对碳酸盐岩储层的改造作用[J]. 石油与天然气地质，2005，26(3)：284-289.

[30]胡明毅，吴一慧，胡忠贵，等. 塔中地区奥陶系碳酸盐岩深部埋藏溶蚀作用研究[J]. 石油天然气学报，2009，31(6)：49-54.

塔里木盆地石炭系卡拉沙依组旋回地层与层序地层综合研究*

摘　要　塔里木盆地石炭系卡拉沙依组形成于盆地演化相对稳定期的陆表海陆棚环境，由多层碎屑岩与碳酸盐岩及膏岩相互叠置而成，是重要的成藏组合之一。根据古生物研究及地层对比，卡拉沙依组在国际地层表上对应于维宪阶和谢尔普霍夫阶，时限约为27Ma，目前卡拉沙依组层序地层学方面的研究工作尚较薄弱，由于内部难以识别出明显的古间断面，有的研究将其划分为3～4个三级层序，这与其所跨越的地质时限之间存在较大的矛盾，通过频谱分析和小波分析等处理方法对卡拉沙依组的自然伽马、自然电位等测井曲线进行了旋回地层学研究，同时结合岩芯观察及基准面分析，对塔中及邻近区域的麦6井、中1井、中17井及顺6井的卡拉沙依组地层分别划分出了9～11个层序地层单元，每个层序的延续时限约为2.40Ma，对应于地球轨道3个参数组合形成的天文周期，这在实现精细划分三级层序的同时，也在一定程度上反映了此处三级层序成因与天文气候因素的形成机理。

关键词　塔里木盆地　卡拉沙依组　层序地层　旋回地层　能源地质

塔里木盆地石炭系卡拉沙依组发育多层碎屑岩与碳酸盐岩及膏岩叠置的沉积组合，是重要的成藏组合之一(图1)，自1991年发现砂泥岩段油藏以来，不断有新的发现。随着勘探的不断深入，人们对其沉积特征、储层特征、生物化石及时代归属等方面的研究也更加重视[1-12]。目前盆地区已有多口钻井钻遇了该套地层，但目前针对该套地层开展的层序地层学研究尚较薄弱，这在一定程度上制约了该层系的勘探与开发工作。已有的少量层序地层工作多是针对该套地

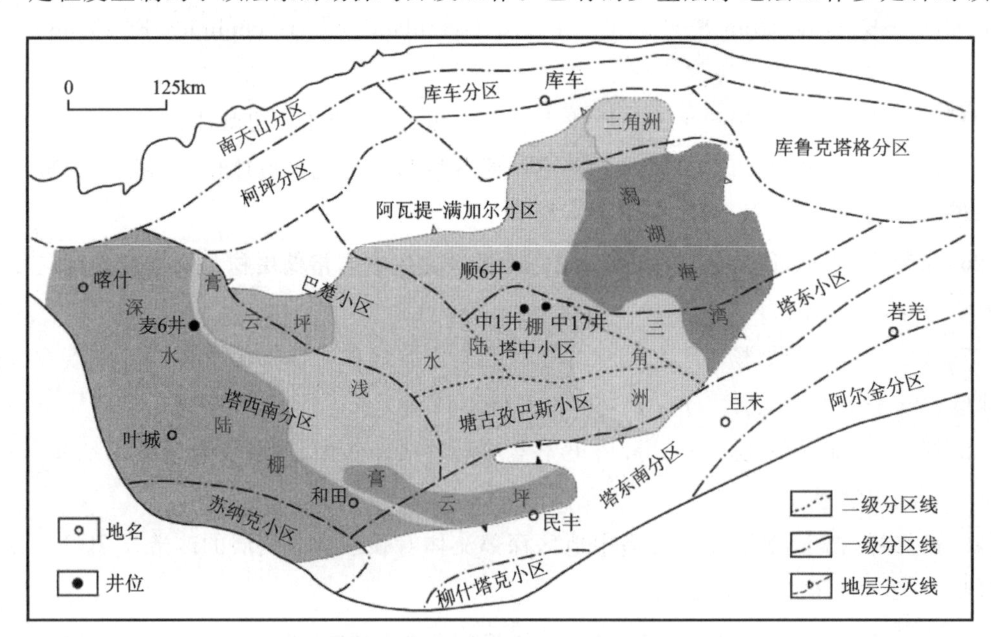

图1　塔里木盆地分区及石炭系沉积环境分布

* 论文发表在《地球科学——中国地质大学学报》，2012，37(5)，作者为刘占红、陈荣、宋成兵、李思田。

层中的某一岩性段而开展的，缺乏对整个层系较系统的认识，概括起来多将卡拉沙依组划分为3～4个三级层序[13,14]。但根据已有的地层学及牙形石、孢粉化石带等古生物学的研究成果，卡拉沙依组可对比为大塘阶、德坞阶和罗苏阶；此外通过中国石炭系孢粉组合带的研究成果，大塘阶可对比国际地层表中的维宪阶[15]，德坞阶和罗苏阶对比国际地层表中的谢尔普霍夫阶[16]。根据国际标准剖面的测定，维宪阶—谢尔普霍夫阶所延续的时限约为27Ma[17]，而层序地层学的定义中，每个三级层序的时限为2～3Ma，这就使得该套地层的延续时限与3～4个三级层序的划分方案之间存在较大的矛盾。针对这一问题，本文在前人研究的基础上，利用频谱分析和小波分析的处理方法，对塔中及邻近区域4口钻井卡拉沙依组的自然伽马测井（natural gamma ray log，GR）、自然电位测井（spontaneous potential log，SP）等测井曲线进行了详细的旋回地层学研究，同时结合岩芯观察及岩相和基准面变化的分析，建立了层序地层序列，并进一步探讨了三级层序的成因机制。

1　区域地质背景

1.1　构造古地理背景

塔里木盆地位于新疆维吾尔自治区南部，面积约$56\times10^4km^2$，是由古生界克拉通与中新生界前陆盆地组成的大型叠合盆地[18,19]。塔里木盆地在经历了奥陶纪末的晚加里东运动之后，早、中泥盆世整体抬升，遭受剥蚀，形成了奥陶系与志留系之间全盆性质的角度不整合以及盆地东高西低的古地理格局。

之后，中晚泥盆世发生的早海西运动，又导致了塔里木盆地的大范围抬升，并遭受不同程度的剥蚀、夷平，形成了中、晚泥盆世之间，即东河塘组底部，全盆大范围分布的不整合。自晚泥盆世开始，伴随着全球性的海平面上升，海水自西向东推进，在起伏不平的剥蚀面之上，发育了分布稳定、具有海侵初期填平补齐作用的东河塘组砂岩沉积[20]。自晚泥盆世末开始，构造运动逐渐减弱，并继续保持了东高西低的古地理格局。到了石炭纪，在较为稳定的构造背景之下，整个塔里木盆地的大部分地区形成了宽阔的内陆表海的沉积环境。这也使得其地层层序的形成、发展主要受气候及海平面变化的控制。

总的来说，塔里木盆地石炭纪的构造-沉积古地理格局表现为克拉通边缘坳陷盆地与克拉通内坳陷的分异[21]。自早石炭世早期开始，海水仍由西部地区向塔里木盆地进侵，继续发育自西向东的海侵。随着海平面的不断上升，海水从西南、西北向盆地进侵，沉积范围不断扩大，盆地中除少数孤岛外，大部分地区被海水淹没。自卡拉沙依组沉积开始，除塔中区以外，柯坪区的边缘也开始接受沉积[22]。整体看来，石炭纪只有南天山区和塔中区之间东西向的北部隆起区未接受沉积。沉积区域在气候干湿变化及海平面升降的作用下，主要发育了深水陆棚、浅水陆棚、潟湖海湾、三角洲等沉积环境（图1）。

1.2　地层划分及分布

石炭系广泛分布于塔中地区，自上而下划分为小海子组、卡拉沙依组和巴楚组。顶部地层在部分钻井中缺失，与上覆二叠系呈不整合接触；底部与下伏泥盆系东河塘组为连续沉积（图 2）。其中卡拉沙依组的地面露头仅见于小海子水库东岸及卡拉沙依两地，除库车坳陷、塔北隆起等地缺失外，在广大覆盖区分布比较稳定。

界	系	组	段	生物组合		全球海平面变化
				孢粉	牙形石	降　升
	系	组		Florinites-Qipanapollis talimensis-Limitisporites (FQL)	Sweetognathus whitei-Neostreptognathodus pequopensis	
					Streptognathodus isolatus	缺失 格舍尔阶
		海组	灰岩段	Calamospora-Laevigatosporites (CL)	Streptognathodus suberectus-S. Parvus-Gondolella bella	
			含灰岩段	Lycospora orbicula-Rugospora minuta (OM)	Idiognathodus delicatus-Idiognathoides corrugata-Neognathodus bassleri	
				Limitisporites-Cordaitina (LC)	Declinognathodus noduliferus-D.lateralis	
			砂泥岩段	Potonieisporites-Punctatisporites (PP)		
				Punctatisporites-Cyclogranisporites (PC)	Rhachistognathus muricatus Gnathodus bilineatus	
				Schulzospora campyloptera-S.ocellata (CO)		
				Cyclogranisporites pressoides-Florinites spp. (PC)		
上生界	石系	组	上泥岩段	Lycospora-Grumosisporites (LG)	Mestognathus cf. beckmanni	
			标准灰岩	Spelaeotriletes balteatus-Rugospora polyptycha (BP)		
			中泥岩段（云膏岩段）		Ampullichara talimuica	
			生屑灰岩段	Verrucosisporites nitidus-Dibolisporites distinctus (ND)	Polygnathus communis carinus	
					Polygnathus inornatus	
					Polygnathus communis-Bispathodus aculeatus-C.gilwernensis	
		组	下泥岩段	Cymbosporites spp.-Retusotriletes incohatus (SI)		
				Apiculiretusispora hunanensis-Ancyrospora spp. (HS)		
			含砾岩段			
	泥系	组	砂岩段	Apiculiretusispora hunanensis, A.spp., Cyclogranisporites, Cymbosporites, Grandispora等		

图 2　塔中地区石炭系地层划分（古生物组合据文献[16,23]；海平面变化曲线据文献[24]。

卡拉沙依组自下而上包括中泥岩段、标准灰岩段、上泥岩段、砂泥岩段及含灰岩段5个岩性段。中泥岩段为一套深灰色、灰褐色泥岩和深灰色粉砂质泥岩组合；标准灰岩段为一套厚层浅灰色泥晶灰岩组合；上泥岩段为一套以灰褐色泥岩、深灰色粉砂质泥岩及黑色碳质泥岩为主夹浅绿色泥质粉砂岩组合[图3(a)、(b)]；砂泥岩段为一套褐灰色泥岩、绿灰色砂质泥岩、含砾砂岩、细砂岩、粉砂岩及泥质粉砂岩不等厚互层[图3(c)、(d)]；含灰岩段为一套中—厚层状褐色、灰色灰岩，泥岩夹浅褐色、浅灰色灰岩组合。另外，中泥岩段向塔西南地区相变为云膏岩段，如本文中的麦6井[图3(e)、(f)]。

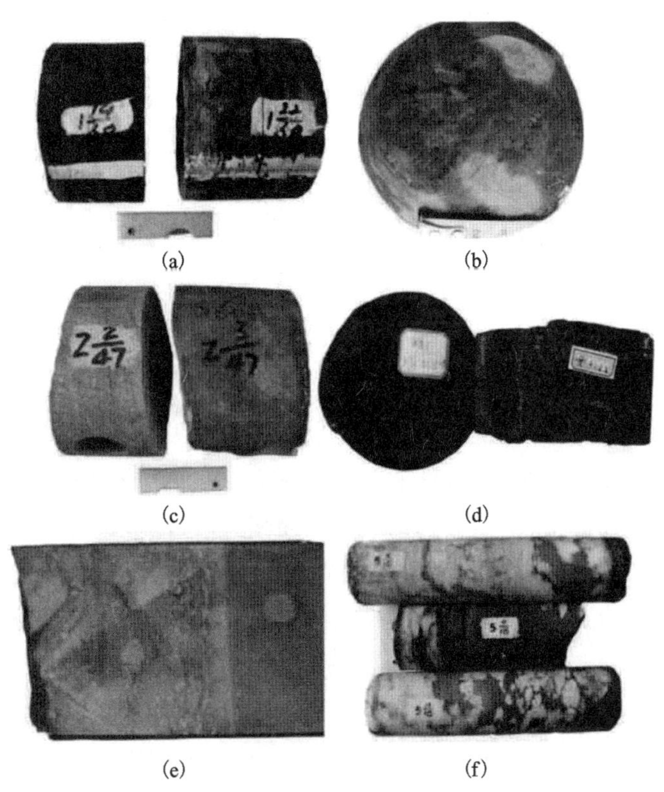

(a)和田1井3010m处灰绿色泥岩；(b)和田1井3014m处紫红色泥岩；(c)沙60井4102m处绿灰色细砂岩；(d)顺1井5(22/69)煤层；(e)和田1井2(8/70)处生屑—砂屑灰岩；(f)麦6井卡拉沙依组下部云膏岩段。

图3　塔里木盆地石炭系卡拉沙依组典型岩性

下伏巴楚组包括含砾砂岩段、下泥岩段、生屑灰岩段3个岩性段。含砾砂岩段为一套浅灰色、棕褐色砂岩、灰绿色砂岩夹含砾不等粒砂岩组合；下泥岩段为一套棕褐色泥岩夹薄层灰色、灰绿色粉砂质泥岩组合；生屑灰岩段为一套泥质灰岩、生屑灰岩、浅灰色鲕状灰岩、泥晶砾屑灰岩夹褐灰色针孔状微晶灰岩组合。另外，巴楚组的下两个岩性段或整个巴楚组，向塔北相变为角砾岩段。

顶部小海子组为一套灰色薄—中层灰岩、深灰色泥质灰岩夹杂色石英质砂岩，灰绿色、紫红色泥岩及薄石膏层的组合[23]。

2 旋回地层分析的理论依据与数据选择

2.1 理论依据

旋回地层学基本的理论依据是天文驱动气候周期性变化的米兰科维奇理论(米氏理论)。米氏理论的核心是计算出了3个地球轨道运行参数的周期性变化,即偏心率、倾斜度及岁差周期[25,26]。其中偏心率是指地球绕太阳公转椭圆轨道的偏心率,即地球公转轨道的形状随时间推移发生着缓慢的变化,其偏心率变化范围在0.00~0.077之间,且该变化具有100ka左右的短周期和400ka左右的长周期,分别称为偏心率短周期和偏心率长周期;倾斜度周期,即地球自转轴倾斜的角度也在发生着周期性的变化,其周期在第四纪及当前约为40ka;岁差周期,地球在自转的过程中,由于太阳、月亮等星体的引力,对地轴施加了垂向力矩,使地轴在自转的同时,又以黄极为顶点做周期性的圆锥运动,这造成了春分点的逐年迁移,即岁差现象,其周期当前为19~23ka。同时,米氏理论还认为地球轨道的周期性变化会造成地球接收太阳辐射量的周期变化,并会造成地球上气候的周期性变化,进而形成沉积环境的周期性变化并保存到沉积物中,形成地层沉积的旋回性[25,27]。

学术界从拒绝到承认轨道驱动气候旋回的概念,至少经历了半个世纪。这些规律性已经不断地从不同区域、不同时间的地质记录中被揭示出来,尤其是深海沉积物的氧同位素分析证明冰期旋回不仅多次发生,而且与计算得出的轨道周期相符。目前米兰科维奇理论已被绝大多数地学工作者承认[28-31]。同时由于其在地层定年方面的重要作用,近年来已受到广泛关注,Rio等[32]提出了天文年代表(astronomical time scale)的概念,之后不久Gradstein等[33]即在"国际地质年代表2004"中把天文轨道因素用作确定地质年代的一个重要方法。

值得注意的是,虽然我们能准确地计算出现在的轨道变化周期,但不能认为地质历史中的轨道周期是恒定的,特别是潮汐摩擦正在使地球的旋转速率下降,必然会引起地球轨道参数的变化。研究表明,潮汐摩擦对岁差和倾斜度变化的影响比较明显,而对偏心率基本没有影响[33-35],因此岁差与偏心率以及倾斜度与偏心率的周期比值也随着地质时间的演化而发生变化。例如,在中泥盆世,岁差旋回周期为16~18ka,逐渐变慢至现在的19~23ka,因此岁差旋回和短偏心率旋回之间的周期比值,也有可能由现在的1∶5变为那时的1∶6(或7)左右,这需要在沉积记录中做进一步的验证。但短偏心率旋回与长偏心率旋回之比约1∶4,这个比值在地质历史中有可能最为稳定,尤其400ka的偏心率长周期最为稳定,可作为整个地质时代计时的"钟摆"[34-38]。

如龚一鸣等[39]对广西上泥盆统盆地相和斜坡相碳酸盐岩地层开展的轨道旋回研究也表明,泥盆纪时偏心率和偏心率长周期分别为100ka和400ka,与现在相同;但当时的岁差则为8~10ka或16.67ka,斜度周期为33.33ka,即岁差和斜度周期值都比第四纪的短,但偏心率恒定。

此外,尤其值得注意的是,偏心率周期有规律的叠加还可以形成2.4Ma及更长的周期[32]或3个地球轨道参数同时交点可形成2.45Ma的周期。已有对白垩纪大洋缺氧事件的研究中,也发现了两次缺氧事件存在2.4Ma的时间间隔[40]。在层序地层学研究中,三级层序的延续时限为 2～3Ma，因此，2.4Ma 这一周期的发现，对我们探讨三级层序成因的气候因素具有重要意义。

2.2 数据选择

气候级别地层旋回的形成主要与气候引起的沉积物类型供给、基准面的周期性变化有关。进行旋回地层分析，即需要找到一种能反映沉积物或基准面周期性变化的替代性指标，以从中解读出地层周期性变化的信息。

地层中对气候、环境响应敏感的地球化学参数（如碳、氧同位素）、地球物理参数（如自然伽马、磁化率等）均可用于旋回地层学分析[41]。目前石油钻井中，测井曲线是最为连续和采样点间距最为密集和均一的资料，其中自然伽马（GR）和自然电位（SP）曲线对地层中泥质含量及与之相关的基准面变化有着很好的响应。GR 是测量岩层中放射性元素衰变过程中伽马射线的强度，黏土物质和有机质对放射性物质的吸附能力较强，而且泥质物质沉降缓慢，使其有足够的时间从溶液中吸附放射性元素。因此，GR 曲线能够反映沉积物中的泥质或有机质的含量变化，而泥质和有机质的含量又与古气候所引起的古环境及海平面变化息息相关，即 GR 曲线可在一定程度上作为反映古气候、古环境变化的代用指标[42,43]。

由此，本文以下对塔中及邻近区域的麦 6 井、中 1 井、中 17 井及顺 6 井卡拉沙依组开展的旋回地层研究，均以 GR 曲线为主进行分析。其中顺 6 井、中 1 井、中 17 井的石炭系发育于浅水陆棚相，麦 6 井的石炭系沉积于浅水-深水陆棚的过渡相。卡拉沙依组地层在各钻井中的深度范围分别为顺 6 井，4525～4849m；中 1 井，3953～4375m；中 17 井，3911～4 281.2m；麦 6 井，4 442.55～4 799.25m。各测井曲线的测点间隔均为 0.125m。

3 旋回及层序地层分析

3.1 频谱分析

目前，旋回地层分析的主要手段是对 GR、SP 等含有旋回信息的曲线进行滤波和频谱分析，其中最为常用的处理方法为傅里叶变换（fourier transform）和小波分析（wavelet analysis）。

傅里叶变换简单理解就是把一个看似杂乱无章的波动信号（曲线），考虑成一个由一系列具有固定周期、频率的简谐波信号组合、叠加而成的复合信号。即任何一个周期函数都可以展开为傅里叶级数的形式：

$$f(x) \approx \frac{a_0}{2} + \sum_{n=1}^{\infty}(a_n \cos nx + b_n \sin nx)$$

傅里叶变换的目的就是将这些有固定周期的简单信号逐一分离出来，并找出其中振幅较大（能量较高）的简谐信号的周期，从而找出整个叠加信号的周期变化特征。

对于地层旋回分析而言，我们认为测井曲线的周期性变化反映了地层形成时沉积环境的周期性变化，即在构造稳定的前提下，可认为其主要受控于天文周期的海平面变化。也就是说可以把一条 GR 或 SP 等测井曲线，看作是由一系列具有米氏周期的曲线相互叠加、组合而成，但它们在影响地层形成中所起的作用则强弱有别。对一段地层的测井曲线进行频谱分析，即是要找出这段曲线的主要周期成分，揭示该段地层旋回特征的形成主要受到了哪些天文周期的控制。

本次研究中，首先利用 Paillard[44] 开发的 Analyseries 2.0 软件采用傅里叶变换的多窗口法(MTM-multitaper method[45])对各钻井的 GR 曲线进行了频谱分析，所得结果见图 4。以其中的顺 6 井为例[图 4(a)]，其横坐标为频率。对于随时间序列变化的信号而言，频率是指单位时间内该信号周期变化的次数。而对于深度序列的地层而言，此处“频率”的含义则是指单位厚度内地层旋回变化的次数，即厚度为 1m 的一段地层中所包含的旋回个数。纵坐标为“功率”或称“能量”，指示在整个序列中各“频率”的“能量”大小，即主要由哪些频率(周期)构成。

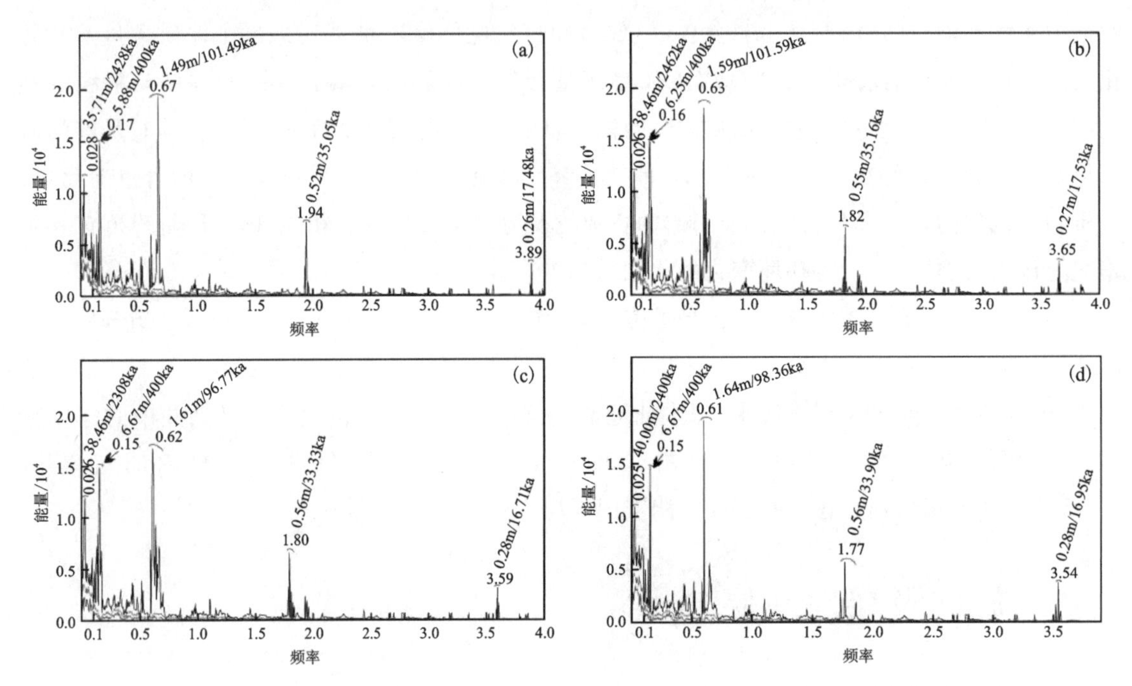

(a)顺 6 井卡拉沙依组 GR 频谱图；(b)中 1 井卡拉沙依组 GR 频谱图；(c)中 17 井卡拉沙依组 GR 频谱图；(d)麦 6 井卡拉沙依组 GR 频谱图。

图 4　自然伽马测井曲线多窗口法频谱分析图谱

由图 4(a)中可以看出，顺 6 井的分析结果显示，该井卡拉沙依组地层中，频率为 0.028、0.17、0.67、1.94 及 3.89 等几个信号的能量较高，计算其对应的旋回厚度分别为(周期为频率的倒数)35.71m、5.88m、1.49m、0.52m 及 0.26m，也就是说该井卡拉沙依组主要由 35.71m、5.88m、1.49m、0.52m 及 0.26m 等级别的地层旋回构成。但这些旋回代表了什么含义？是否对应于米兰科维奇的轨道周期？回答这一问题的常用方法是将各旋回厚度的比值与天文周期之间的固有比值进行比对，以确定地层的旋回性是否成因于天文轨道周期[46,47]。由于从“频率”到旋回厚度的计算过程中，采取四舍五入的原则对旋回厚度值仅保留了两位小数，为了避免误差累积，此处未采用旋回厚度的比值进行对比，而是直接采用原始频率的比值进行相关计算。

如顺 6 井中，0.67 与 0.17 两个频率的比值为 3.94∶1，那么其周期比为 1∶3.94，与短偏心率和长偏心率 1∶4 的周期比值非常接近；推断这两个旋回的成因，可能是由于长偏心率和短偏心率周期的控制。前已述及，400ka 和 100ka 这两个偏心率周期在地质历史上是最为稳定的天文周期，尤其是400ka这个周期可以作为地质计时的“钟摆”。因此，我们以400ka这个周期为标准来计算其他周期的时间长度，即首先将0.17这个频率所对应的时间周期标定为400ka[图4(a)]，再通过其与另外几个旋回的比值关系计算出相应的周期值。例如，0.17∶0.028＝607∶1，那么0.028这个旋回的周期应为400ka×6.07＝2428ka(≈2.43Ma)。同理，0.67对应的周期为400ka×0.17÷0.67＝101.49ka；1.94对应于400ka×0.17÷1.94＝35.05ka；3.89对应于400ka×0.17÷3.89＝17.48ka。

类似地，中1井、中17井和麦6井的分析过程与顺6井相同，频谱分析图谱见图4(b)—图4(d)，数值计算结果见表1。

表1　卡拉沙依组旋回分析结果

	顺6井	中1井	中17井	麦6井	平均周期
频率/旋回厚度/周期值	0.028/35.71m/2.43Ma	0.026/38.46m/2.46Ma	0.026/38.46m/2.31Ma	0.025/40.00m/2.40Ma	2.4Ma
	0.17/5.88m/400ka	0.16/6.25m/400ka	0.15/6.67m/400ka	0.15/6.67m/400ka	400ka
	0.67/1.49m/101.49ka	0.63/1.59m/101.59ka	0.62/1.61m/96.77ka	0.61/1.64m/98.36ka	99.55ka
	1.94/0.52m/35.05ka	1.82/0.55m/35.16ka	1.80/0.56m/33.33ka	1.77/0.56m/33.90ka	34.36ka
	3.89/0.26m/17.48ka	3.65/0.27m/17.53ka	3.59/0.28m/16.71ka	3.54/0.28m/16.95ka	17.16ka

由图4及表1可以看出，通过对4口钻井的卡拉沙依组地层分别开展频谱分析及相关计算，得出了非常相近的频谱特征和旋回组成，较一致地反映出米氏旋回的天文周期在该组地层形成过程中起到了重要的控制作用。经计算各旋回周期的平均值分别为2400ka、400ka、99.55ka、34.36ka和17.16ka。即在认为长偏心率周期为400ka的前提下，以其为标准进行计算，所得石炭纪时期的短偏心率平均周期为99.55ka，斜率和岁差平均周期分别为34.36ka和17.16ka，这与前人所得晚古生代时期100ka、33.33ka和16.67ka的结果较为接近[39]，也进一步验证了天文周期在卡拉沙依组地层中的记录。另外，尤其需要指出的是，此处还揭示了2.4Ma这一周期的存在，其对于本文卡拉沙依组三级层序的划分及成因分析具有重要意义。

3.2　地层旋回与层序划分

通过上述旋回分析，本文在塔中及邻区4口钻井的卡拉沙依组地层中均识别出了基于天文周期的地层旋回。其中最稳定的400ka长偏心率周期，在各钻井中对应的旋回厚度在5.88～6.67m之间；另外一个值得关注且对于三级层序划分最具指导意义的是2.4Ma这一周期的检出，各钻井中对应的旋回厚度在35.71～40m之间(表1)，在延续时限上正好对应于三级层序的规模(2～3Ma)。依据这一旋回厚度，可以初步判断出每个三级层序大致的发育规模在35～40m之间。但实际上地层的沉积速率不可能是稳定不变的，因此在同一周期控制下形成的一系列地层旋回，其厚度也不可能完全相同。也就是说，上述计算出的各旋回厚度值其实是一个平均值，代表了各级别地层旋回的平均发育规模，若要完成旋回的系统划分，尚需进一步确定各旋回分界面的具体位置。

仍以顺6井为例，由以上计算可知该井处每个最大旋回的平均厚度约为35.71m，但也只是表明该井处一系列该级别旋回的厚度多在35.71m上下，而各旋回的具体厚度还有待进一步确定，才能实现该井旋回地层的系统划分。

针对这一问题，为了检出该井处一系列与2.4Ma这一周期相关的各旋回在整套地层中的分布特征。本文接下来以0.028这个频率值为基本滤波制约参数，采用Stanford大学开发的Matlab小波软件包Wavelab850对该钻井的GR曲线进行高斯滤波处理和小波分析，所得滤波曲线记作GR_{filter}(图5)。另外，为了验证其结果的可靠性，还对该井的自然电位和伽马能谱U、Th、K等测井曲线一并进行了类似分析，并将其结果与GR曲线的处理结果一起成图对比(图5)。

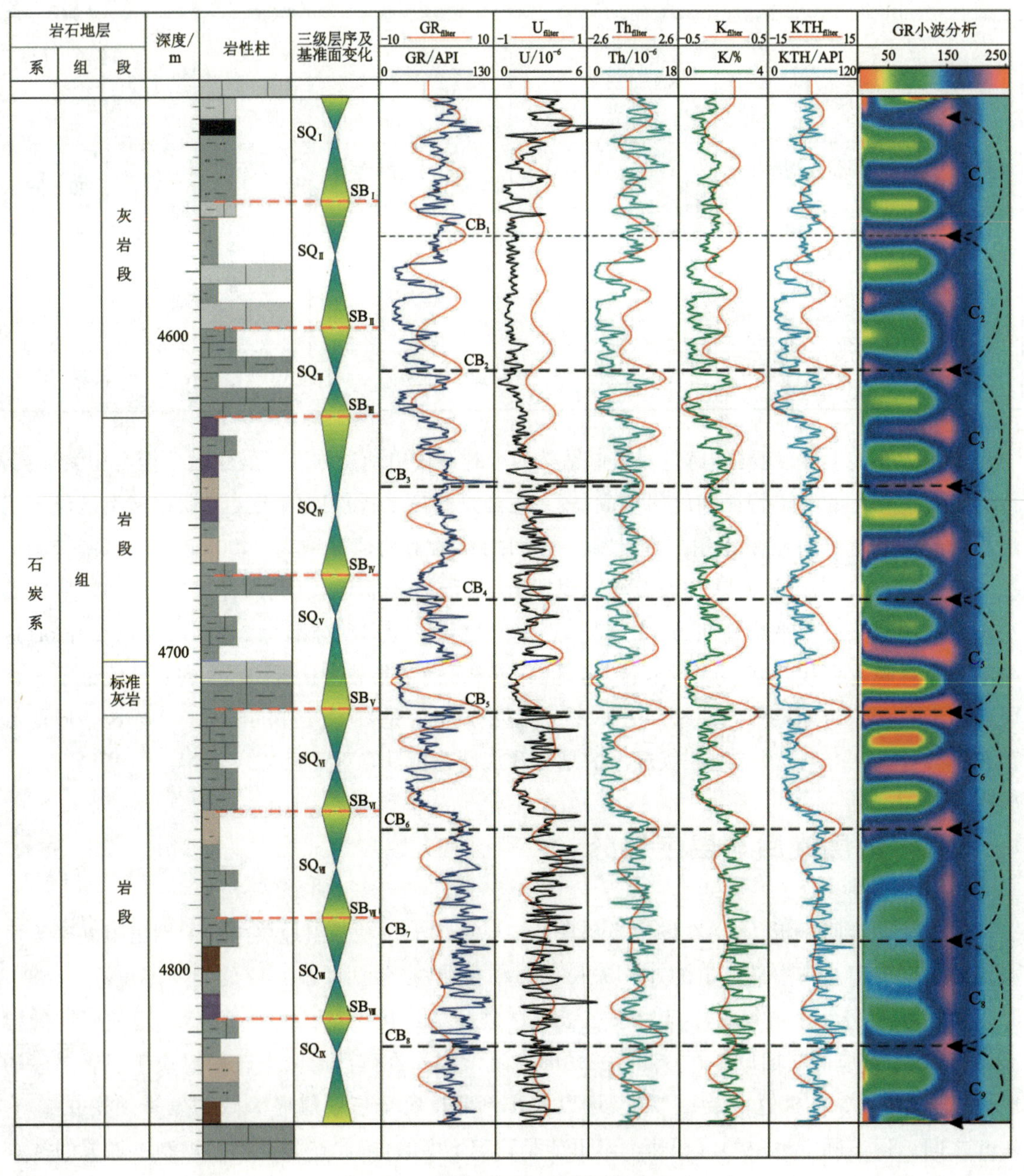

图5 顺6井旋回地层及层序地层划分

由图5中可以看出，GR曲线经滤波后所得的GR_{filter}曲线在保持原始曲线基本变化趋势的基础上，与小波图谱及其他曲线的滤波结果均具有非常一致的周期性变化。由此，综合各滤波曲线及小波分析结果共同的周期性变化特征，可将顺6井卡拉沙依组地层划分为9个地层旋回，如图5中编号C_1(Cycle1)，C_2，…，C_9所示。

本文研究的主要目的在于结合旋回地层学的技术方法，提高研究区卡拉沙依组层序地层学研究的精度。通过上述分析，虽然划分出了与三级层序级别相当的地层旋回，但由于旋回地层学和层序地层学所依托的理论基础并不相同；旋回地层学重在寻找地层记录中重复出现的周期性变化，层序地层学则是重在地层中的不整合面或沉积间断面，即层序界面的识别，因此上述划分出的地层旋回并不能直接对比为三级层序。但根据旋回地层所推断出的地层延续年龄及相当时限内地层的厚度规模，对进行层序地层的划分而言，仍具有重要的参考价值。也就是说，由于划分标准的不同，各钻井上层序界面的位置虽不能与各旋回的分界面对应，但由于其相似的厚度规模，根据旋回界面仍可判断出层序界面的大致范围，以作为层序划分的重要参考。基于这一原则，本文综合分析了钻井岩芯上所体现的基准面变化、不整合、沉积间断及岩相突变界面等特征，并将之与旋回分析结果所指示界面范围相对应，确定出各层序界面的具体位置，对顺6井划分出了相应的层序单元(图5中编号$SQ_{Ⅰ}$，$SQ_{Ⅱ}$，…，$SQ_{Ⅸ}$等所示)。类似地，对于中1井、中17井及麦6井也同样划分出了9～11个不等的三级层序(图6—图8)。

层序界面的具体确定过程如下：顺6井中层序$SQ_{Ⅰ}$与$SQ_{Ⅱ}$之间的界面$SB_{Ⅰ}$，首先根据其与旋回界面$CB_{Ⅰ}$之间的大致对应关系，可判断出其大致的分布范围；其次根据层序界面的基本定义和层序内部体系域的构成原则，层序界面应对应于不整合面、岩性突变面以及基准面由下降(水体变浅)到上升(水体变深)的转换面。由此可将层序$SQ_{Ⅰ}$与$SQ_{Ⅱ}$之间的界面标定于$SB_{Ⅰ}$的位置(图5)。又如中1井的$SQ_{Ⅶ}$与$SQ_{Ⅷ}$之间的界面$SB_{Ⅶ}$(图6)，以及中17井的$SQ_{Ⅰ}$与$SQ_{Ⅱ}$之间的界面$SB_{Ⅰ}$(图7)，也均以水体变至最浅时的底砾岩为上覆层序的底界，层序界面为下伏层序高位体系域和上覆层序低位体系域的转换面。

4　讨论与结论

正确的地层划分和对比是能源盆地研究中一个不可或缺的工作重心。塔里木盆地重要的储集层段卡拉沙依组，目前已开展的层序地层工作尚较薄弱且存在较大问题，主要是三级层序的划分与其所跨越的时限之间存在着较大的矛盾。

一般而言，地层层序是构造沉降、古气候以及它们引起的海平面变化联合作用的产物。对于层序成因分析，很多情况下很难把构造和气候因素截然分开。塔里木盆地卡拉沙依组沉积时期，恰为构造活动较不发育的稳定时期，地层分布平稳，鲜有变形和明显的剥蚀不整合发育，这虽为层序界面的识别带来不便，但可作为开展旋回地层研究的良好载体。

本文利用频谱分析的方法，在对塔中及邻近区域顺6井、中1井、中17井及麦6井进行旋回地层分析的基础上，对以上各钻井的卡拉沙依组地层分别划分出了9个、11个、10个和9个三级层序。

以上多口钻井、多项指标较一致的周期性变化，均说明塔里木盆地卡拉沙依组地层中确实记录着明显的周期性信号。虽然目前尚无十分精确定年资料，但通过天文周期的标定和计算，

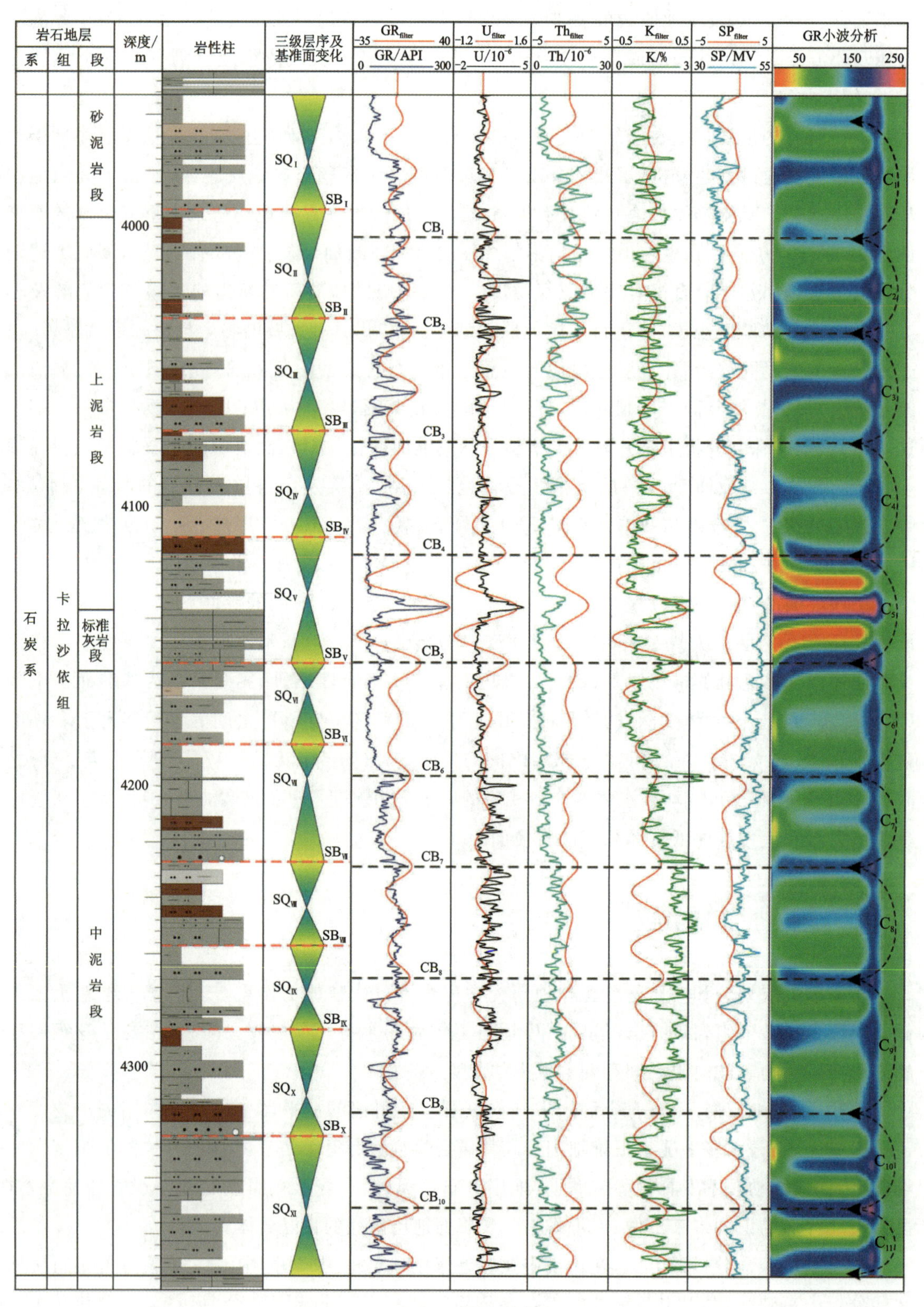

图 6　中 1 井旋回地层及层序地层划分

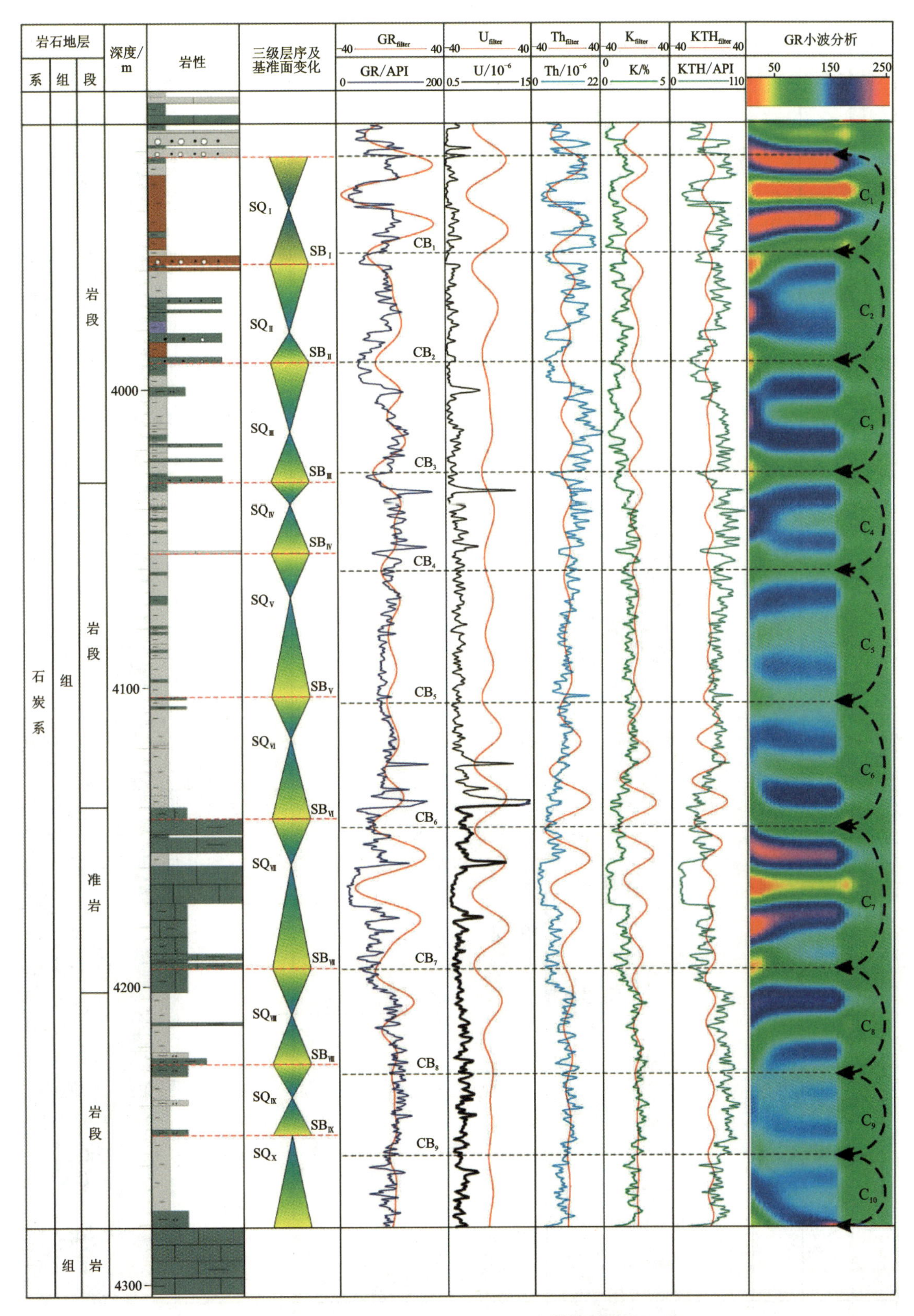

图7　中17井旋回地层及层序地层划分

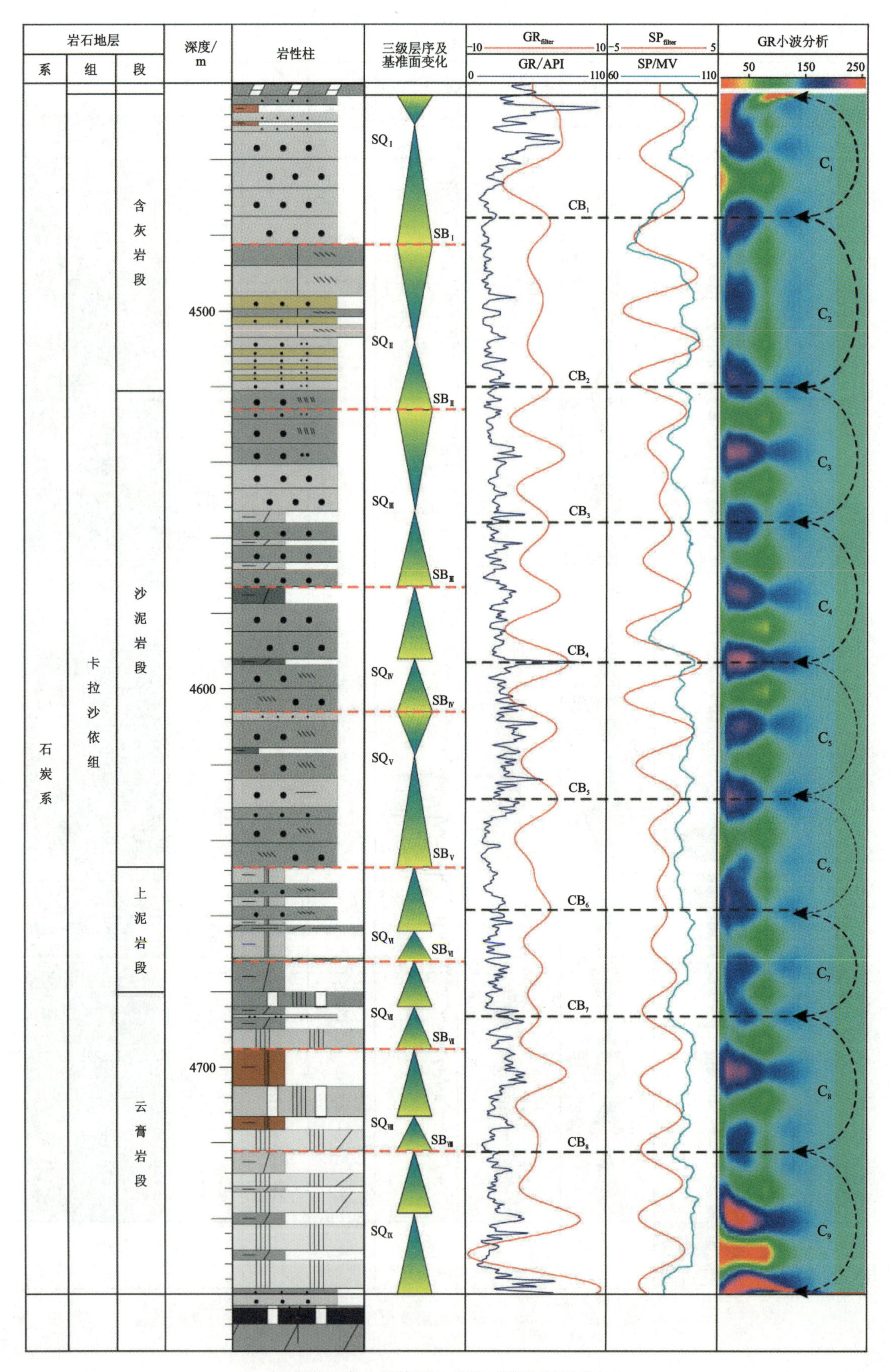

图8 麦6井旋回地层及层序地层划分

仍可确定出各层序的延续时限大致为2.4Ma，对应于地球轨道3个参数组合形成的天文周期。这在一定程度上反映了构造稳定的背景下，卡拉沙依组的层序发育主要受控于天文成因气候旋回。该研究结果在揭示此处三级层序成因的基础上，也为回答三级层序的延续时限为什么是2～3Ma提供了相应的理论解释。

其次，通过每个层序的延续时限以及层序的个数，还可以计算出各钻井中卡拉沙依组地层总的延续时限在21.6～26.4Ma不等，这与古生物地层对比的研究结果约27Ma的结论相接近，也在一定程度上验证了本文研究结论的合理性。

此外，同为卡拉沙依组地层，但在各钻井上出现了旋回及层序的划分个数不一致的问题，这可能是因为卡拉沙依组地层在各钻井处发育、保存程度的不一致。如顺6井和麦6井中该组地层较薄，各为324m和317.32m；而中1井该组地层较厚，为422m；中17井居中，卡拉沙依组总厚370m，反映了各井处该组地层的沉积过程除共同受控于天文周期之外，尚存在动力过程的具体差异，有待深入研究。

总的来说，本文通过对卡拉沙依组开展以旋回地层研究方法为基础的层序地层研究，较大程度地提高了对该组地层层序的划分精度和准确性，并揭示了三级层序与天文轨道周期之间的对应关系，反映了该区的层序发育形成于天文气候周期对沉积过程的控制作用。同时也表明将天文旋回的分析方法与层序研究相结合进行综合分析，在层序的划分和成因分析方面具有重要的应用价值和理论意义。

参考文献

[1]赵秀岐，张振生，李洪文，等. 塔里木盆地石炭系层序地层学及岩相古地理研究[J]. 石油地球物理勘探，1995，30(4)：533-545.

[2]王毅. 塔里木盆地晚泥盆世与石炭纪沉积演化[J]. 石油大学学报，1998，22(6)：14-20.

[3]朱怀诚，赵治信，刘静江，等. 塔里木盆地早石炭世早期孢子化石的发现及其地层意义[J]. 地层学杂志，1998，22(4)：295-298.

[4]朱怀诚，赵治信. 塔里木盆地泥盆—石炭系孢粉研究新进展[J]. 新疆石油地质，1999，20(3)：248-251.

[5]郭齐军，赵省民. 塔河地区石炭系沉积特征[J]. 石油与天然气地质，2002，23(1)：99-102.

[6]宋彬林，张春冬，王琪. 新疆塔河油田石炭系卡拉沙依组储层特征及油气分布[J]. 沉积与特提斯地质，2002，22(2)：53-57.

[7]朱如凯，罗平，罗忠. 塔里木盆地晚泥盆世及石炭纪岩相古地理[J]. 古地理学报，2002，4(1)：13-24.

[8]樊怀阳，陈文，刘百春. 塔河油田卡拉沙依组砂组沉积相与储层研究[J]. 新疆地质，2004，22(4)：417-421.

[9]何发岐，翟晓先，俞仁连，等. 塔河油田石炭系卡拉沙依组沉积与成因分析[J]. 石油与天然气地质，2004，25(3)：258-262.

[10]魏福军，何发岐，蒲仁海. 塔河油田卡拉沙依组储层物性及评价[J]. 石油试验地质，2004，26(4)：344-358.

[11]黄智斌,杜品德,张师本,等.塔里木盆地石炭系卡拉沙依组的厘定[J].地层学杂志,2005,29(1):55-70.

[12]刘辰生,郭建华.塔里木盆地阿克库勒凸起卡拉沙依组储层特征研究[J].沉积与特提斯地质,2005,25(3):68-73.

[13]阎相宾,李永宏.塔河油田石炭系砂层划分对比及横向预测[J].勘探地球物理进展,2002,25(5):36-51.

[14]许杰,何治亮,郭建华,等.卡拉沙依组砂泥岩段层序地层及沉积体系[J].新疆地质,2009,27(2):155-159.

[15]朱怀诚.中国石炭系孢粉组合带序列[J].微体古生物学报,2001,18(1):48-54.

[16]张师本,黄智斌,杜品德,等.塔里木盆地石炭—二叠系划分对比研究进展[M]// 周新源.塔里木油田会战20周年论文集(勘探分册).北京:石油工业出版社,2009.

[17]International Commission on Stratigraphy(ICS),2008. Geologic time scale. http://eps. berkeley. edu/courses/eps50/documents/timescale. pdf.

[18]贾承造.中国塔里木盆地构造特征与油气[M].北京:石油工业出版社,1997.

[19]贾承造,魏国齐.塔里木盆地构造特征与含油气性[J].科学通报,2002,47(增刊):1-8.

[20]顾家裕,张兴阳,郭彬程.塔里木盆地东河砂岩沉积和储层特征及综合分析[J].古地理学报,2006,8(3):285-294.

[21]张水昌,梁狄刚,张宝民,等.塔里木盆地海相油气的生成[M].北京:石油工业出版社,2004.

[22]王大悦,白玉雷,贾承造.塔里木盆地油区石炭系海相碳酸盐岩同位素地球化学研究[J].石油勘探与开发,2001,28(6):38-41.

[23]张师本,黄智斌,朱怀诚,等.塔里木盆地覆盖区显生宙地层[M].北京:石油工业出版社,2004.

[24]MARKELLO J R, KOEPNICK R B, WAITE L E, et al. The carbonate analogs through time(CATT)hypothesis-a systematic and predictive look at Phanerozoic carbonate reservoirs[C]// Extended abstract prepared for presentation at AAPG Annual Convention, Calgary, Alberta, June 19-22, 2005.

[25]DE BOER P L, SMITH D G. Orbital forcing and cyclic sequences[M]. Oxford: Blackwell, 1994.

[26]DOYLE P, BENNETT M R. Unlocking the stratigraphical record-advances in modern stratigraphy[M]. Chichester: John Wiley & Sons Ltd., 1998.

[27]MULLER R A, MACDONALD G J. Ice ages and astronomical causes[M]. UK: Chichester, Praxis Publishing, 2000.

[28]HAYS J D, IMBRIE J, SHACKLETON N J. Variations in the Earth's orbit: pacemaker of the ice ages[J]. Science, 1976, 194: 1121-1132.

[29]BERGER A. The Milankovitch astronomical theory of paleoclimates: a modern review [J]. Vistas in Astronomy, 1980, 24(2): 103-122.

[30]BERGER A. Milankovitch theory and climate[J]. Reviews of Geophysics, 1988, 26

(4):624-657.

[31]HERBERT T D, MAYER L A. Long climatic time series from sediment physical property measurements[J]. Journal of Sedimentary Research, 1991, 61(7):1089-1108.

[32] RIO D, SILVA L P, CAPRARO L. The geologic time scale and the Italian stratigraphic record[J]. Episodes, 2003, 26(3):259-263.

[33]GRADSTEIN F M, OGG J G, SMITH A G. A geologic time scale 2004[M]. UK: Cambridge University Press, 2004.

[34]BERGER A, LOUTRE M F, DEHANT V. Influence of the changing lunar orbit on the astronomical frequencies of Pre-Quaternary insolation patterns[J]. Palaeoceanography, 1989, 4(5):555-564.

[35]BERGER A, LOUTRE M F, LASKAR J. Stability of the astronomical frequencies over the earth's history for paleoclimate studies[J]. Science, 1992, 255:560-566.

[36]BERGER A, LOUTRE M F. Astronomical forcing through geological time[M]// DE BOER P L, SMITH D G. Orbital forcing and cyclic sequences. Oxford: Black well Scientific Publications, 1994:15-24.

[37]LASKAR J. The limits of earth orbital calculations for geological time-scale use[J]. Philosophocal Transactions of the Royal Society of London, 1999, 357(1757):1735-1759.

[38]汪品先. 地质计时的天文"钟摆"[J]. 海洋地质与第四纪地质, 2006, 26(1):1-7.

[39]龚一鸣, 徐冉, 汤中道, 等. 广西上泥盆统轨道旋回地层与牙形石带的数字定年[J]. 中国科学(D辑), 2004, 34(7):635-643.

[40]MITCHEL R N, BICE D M, MONTANARI A, et al. Oceanic anoxic cycles? Orbital prelude to the Bonarelli Level(OAE2)[J]. Earth and Planetary Science Letters, 2008, 267(1-2):1-16.

[41]HINNOV L A. New perspectives on orbitally forced stratigraphy[J]. Annual Review of Earth and Planetary Sciences, 2000, 28:419-475.

[42]PROKOPH A, VILLENEUVE M, AGTERBERG F P, et al. Geochronology and calibration of global Milankovitch cyclicity at the Cenomanian-Turonian boundary[J]. Geology, 2001, 29(6):523-526.

[43]吴怀春, 张世红, 黄清华. 中国东北松辽盆地晚白垩世青山口组浮动天文年代标尺的建立[J]. 地学前缘, 2008, 15(4):159-169.

[44]PAILLARD D, LABEYRIE L, YIOU P. Macintosh program performs time-series analysis[J]. EOS, Transactions American Geophysical Union, 1996, 77(39):379.

[45]THOMSON D J. Spectrum estimation and harmonic analysis[J]. Prcc. IEEE, 1982, 70(9):1055-1096.

[46]HILGEN F J, KRIJGAMAN W, LANGEREIS C G, et al. Breakthrough made in dating of the geological records[J]. EOS, Transactions American Geophysical Union, 1997, 78(28):285+288-289.

[47] WEEDON G P. Time-series analysis and cyclostratigraphy [M]. Cambridge: Cambridge University Press, 2003.

鄂尔多斯盆地东北缘神木地区浅湖三角洲沉积作用及煤聚集*

摘　要　鄂尔多斯盆地东北缘延安组含有大量的优质煤，属稳定大地构造条件下的浅湖三角洲沉积物。三角洲体系由以下单元组成：①前三角洲；②三角洲前缘（水下分流河道相和河口坝相）；③三角洲平原（分流河道相，天然堤、决口扇、沼泽和具决口三角洲的分流间湾）；④废弃三角洲平原。通过详细的露头观察和岩芯研究及沉积岩的地质填图工作，浅湖三角洲特征可归纳如下：①推进速度非常快、舌形体长而窄，间湾在其间发育，决口事件频繁发生；②前三角洲非常薄（0.2～0.5m），三角洲剖面几乎绝大部分由三角洲前缘和三角洲平原构成；③河口坝相由砂岩和泥岩互层组成；④水下分流河道砂岩厚度在 0.5～3.5m 范围内，被河口坝沉积物围绕；⑤在废弃三角洲平原中，由于极少沉积物带入沼泽，因此沉积了厚的低灰煤层。

关键词　浅湖三角洲　延安组　鄂尔多斯盆地

1　引言

近年来的煤田地质勘探工作表明，鄂尔多斯盆地东北缘早中侏罗世延安组含有丰富的煤炭资源，在 1200km^2 的神木北部矿区，已公布控制的储量达 1.45×10^9 t。这些煤都属于优质煤，煤质指标显示了低灰（<10%，大部分 3%～5%）、低硫（<1%，一般 0.23%～0.4%）、低磷（一般 0.014%～0.035%）和高的发热量（27 447.6～33 285.06J）。上部主煤层埋藏浅，厚度大，稳定性好，适合于露天开采，具有极大的经济价值。国家已把该区的煤炭资源列入重点开发对象。

随着勘探程度的提高，以沉积学研究为主要内容的地质研究工作也有必要不断深入，以便更好地评价该区的煤炭资源及总结优质煤的聚集规律。对该区延安组沉积环境的认识在 1980 年以前的报道中主要划入河流体系。近年来 185 煤田队与笔者重新进行的研究工作确认为三角洲体系。笔者自 1983—1986 年在 185 煤田队进行大量普查勘探工作的基础上利用该区极为良好的出露条件进行了沉积过程分析，并汲取了近代沉积学中有关沉积体系分析和构成单元的概念[1]，对每一种反映特定沉积环境的沉积体进行了内、外部几何形态和沉积构造的详细观测，最后详细研究相的三维配置关系，从而阐明鄂尔多斯盆地东北缘延安组形成的总体环境为河流-三角洲。研究区（神木北部）的主要煤层皆赋存于浅湖三角洲体系。稳定的优质厚煤层皆形成于废弃的三角洲平原环境。

2　地质背景

研究区位于鄂尔多斯盆地东北缘陕西省神木市北部柠条塔一带（图 1），面积约 1000km^2。现今鄂尔多斯盆地的古生代—三叠纪地层的原始沉积范围远大于现今盆地，自侏罗纪开始的成

* 论文发表在《地球科学——中国地质大学学报》，1989，14(4)，作者为胡元现、李思田、杨士恭。

盆期盆地才与现今轮廓相近，三叠纪在盆地西缘显示了强烈的拗陷，但到侏罗纪盆地内部差异沉降不明显，向西缘仅略有加厚，总体为一轴向 NNE 的大型内陆坳陷。晚燕山运动(晚侏罗世开始)盆地西缘发生逆冲、推覆，但盆地的大部分地区构造活动较为稳定，尤其是盆地东缘，侏罗纪地层产状几乎水平，断层罕见，这种构造特点可能主要与盆地的基底性质有关，该盆地是在华北地台的基底中最古老而稳定的陆核基础上发育的，这种稳定的构造条件对盆地的沉降和沉积作用有明显的影响，延安组沉积期发育了河流、三角洲和湖泊沉积体系，相变迅速，但地层、煤层和成因地层单元的厚度都相当稳定。研究区延安组厚 140～270m，含 9 个主煤层。根据煤层的组成分布和沉积层序的发育可以划分出 5 个成因地层单元(图 2)，代表三角洲的 5 个主要发育周期，在这 5 个成因地层单元中，根据层序底部的浅湖沉积和三角洲前缘沉积的厚度判断，以第Ⅱ和第Ⅲ单元湖面相对较大，湖泊相对较深，第Ⅳ和Ⅴ单元表现出水退。

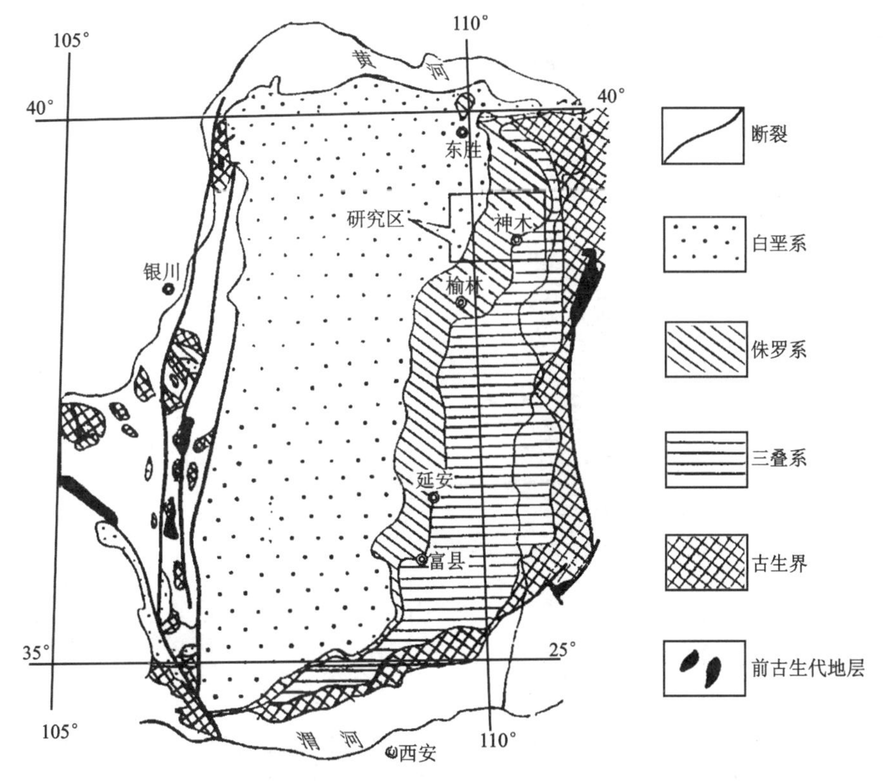

图 1　鄂尔多斯盆地地质略图及研究区位置

区内露头良好，可以很清楚地观察到各种岩石成因标志，多个方向的冲沟(考考乌苏沟及其支沟)沟壁很好地暴露出沉积体的空间形态及相互关系。笔者进行了大比例尺写实断面和详细的、有时是厘米级的层序研究，真实地反映浅湖三角洲沉积特征，结合钻井及测井曲线研究，对本区浅湖三角洲的沉积特征及沉积作用进行了深入的分析。

3　延安组浅湖三角洲沉积特征

浅湖三角洲虽然也由前三角洲、三角洲前缘、三角洲平原及废弃三角洲平原 4 个部分组成，但相的组合状况有其特色。

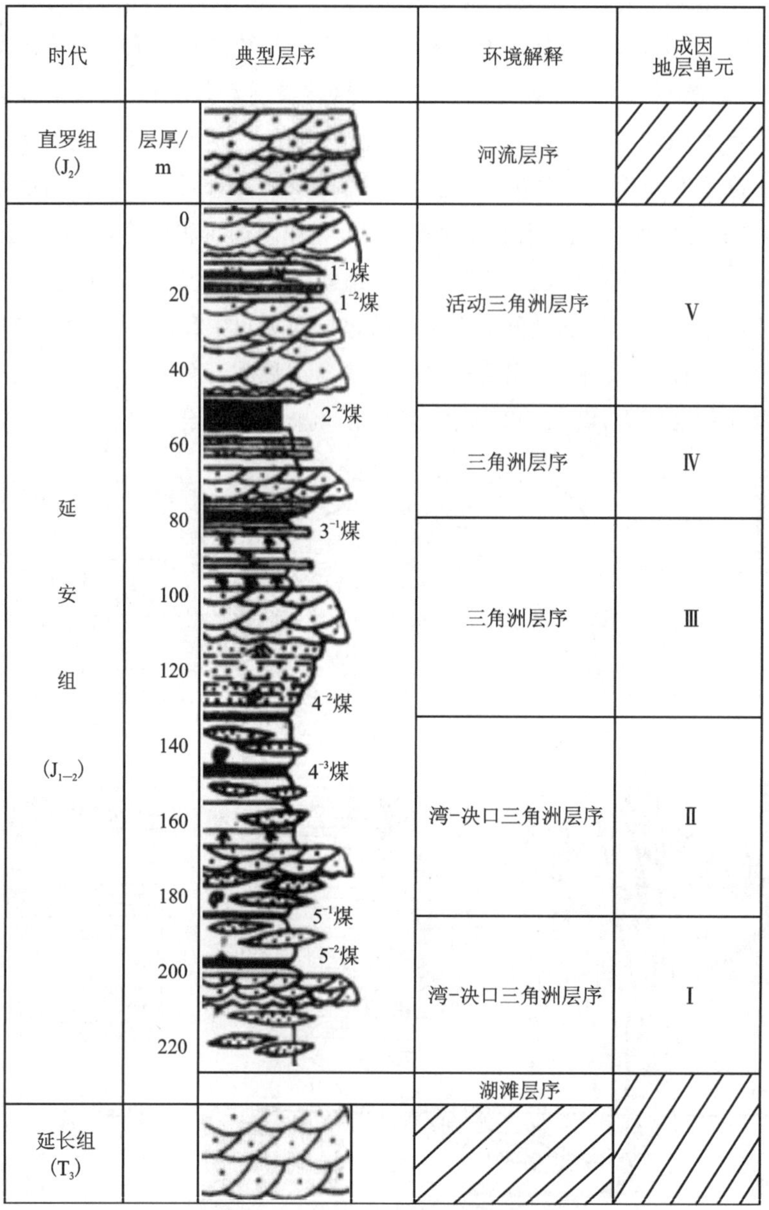

时代	层厚/m	典型层序	环境解释	成因地层单元
直罗组 (J_2)			河流层序	
延安组 (J_{1-2})	0 20 40	1^{-1}煤 1^{-2}煤	活动三角洲层序	Ⅴ
	60	2^{-2}煤	三角洲层序	Ⅳ
	80 100 120	3^{-1}煤	三角洲层序	Ⅲ
	140 160	4^{-2}煤 4^{-3}煤	湾-决口三角洲层序	Ⅱ
	180 200 220	5^{-1}煤 5^{-2}煤	湾-决口三角洲层序	Ⅰ
			湖滩层序	
延长组 (T_3)				

图 2　考考乌苏沟一带延安组典型层序及成因地层单元划分

3.1　浅湖和前三角洲沉积

三角洲层序最下部都可以见到浅湖成因的暗色泥岩和粉砂岩，厚为 0.5～15m，经常含有菱铁矿夹层和菱铁质结核，向上逐渐出现较粗的粉砂或极细砂的薄夹层。在浅水湖泊条件下浅湖部分与前三角洲部分难以再进一步划分，故放在一起叙述。浅湖沉积中常可发现淡水动物化石，如依斯法珍珠蚌 *Margaritifera isfarensis* 和近中费尔干蚌 *Ferganoconcha subcentralis* 等，在湖湾部分有时动物化石更为富集，在入湖水动力条件较强的情况下浅湖沉积被改造，往往只余下几十厘米厚的泥岩。

3.2　三角洲前缘沉积

三角洲前缘沉积为一套沉积组合，主要由河口坝和水下分流河道沉积组成，个别情况下可见水下堤和水下决口沉积。

3.2.1　河口坝沉积相

河口坝沉积相由一系列的席状砂与泥岩、粉砂岩的频繁互层组成，一般厚十余米，显示总体向上变粗的层序(图3)，考考乌苏沟3煤组层序中的三角洲前缘组合可作为一代表性实例。

河口坝砂多为席状，部分水道化的为扁透镜状。从水动力条件上看可区分出以牵引流为主和以重力流为主，前者具清楚的或过渡的底界面，后者则为突然的和冲刷的底界面，在多数三角洲前缘层序中牵引流成因的河口坝砂层占主要比例。河口坝砂中可见多种类型的沉积构造如水流波痕纹理、水平纹理、高流态平行纹理等，变形层理、逸水构造等亦常见到。宏观上，在一些大的峭壁面上可见大型低角度交错层理。在重力流成因的席状砂层中除变化突然的底界面外，可见向上变细的粒序，沉积构造可以递变砂到平行层理、波痕纹理砂或粉砂的有规律变化，底界面处可见负载构造和枕状构造等。

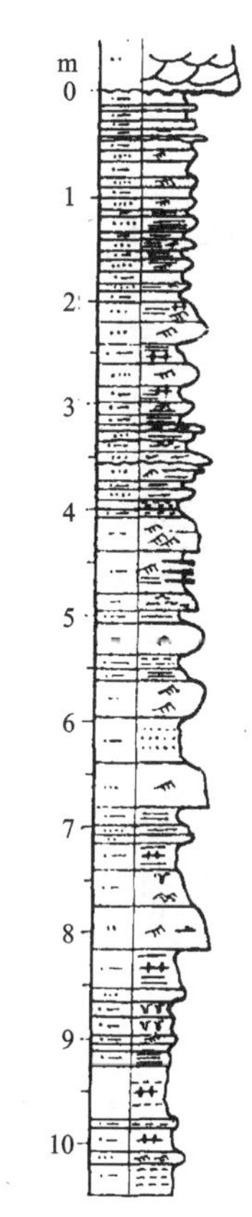

图3　三角洲前缘垂向层序图
(第Ⅱ单元(3煤组)，位于神木县考考乌苏沟56 km处)

河口坝砂层愈靠近水下分流河道者愈显示较强的水动力条件，其底界面常为突然接触；而在前缘层序的下部，即相当远端部分则以过渡的底界面为主，河口坝席状砂与水下分流河道的关系如图4所示。该图是照像写实的，并于不同部位进行了垂向层序细测。

河口坝沉积层序表现出的砂泥频繁交替反映河口水动力条件的频繁变化，其成因主要是洪水期与间洪水期的交替。它也可以形成于搬运和沉积过程中发生的分异。

3.2.2　水下分流河道相

水下分流河道相夹于河口坝沉积之中(图4、图5)，厚为1.5～4m，宽为30～200m，具扁透镜状的横断面形态，底界为冲刷面，岩性一般为细砂岩，内部沉积构造最特征的是ε层理很发育，常表现为复合型层理，宏观上可看到一系列侧向加积的层面，这些层理虽向一侧倾斜，但角度略有差异，并切割其下纹层。在侧向加积面之间又可以看到小型的定向排列的水流波痕纹理，内冲刷面发育时，沉积构造则可见大型槽状交错层理。ε层理的发育表明水下河道具游荡或侧向迁移特征。

水下河道砂体中有的砂层，特别是靠近层序顶部的，经常与两侧的河口坝砂层相连(图5)，

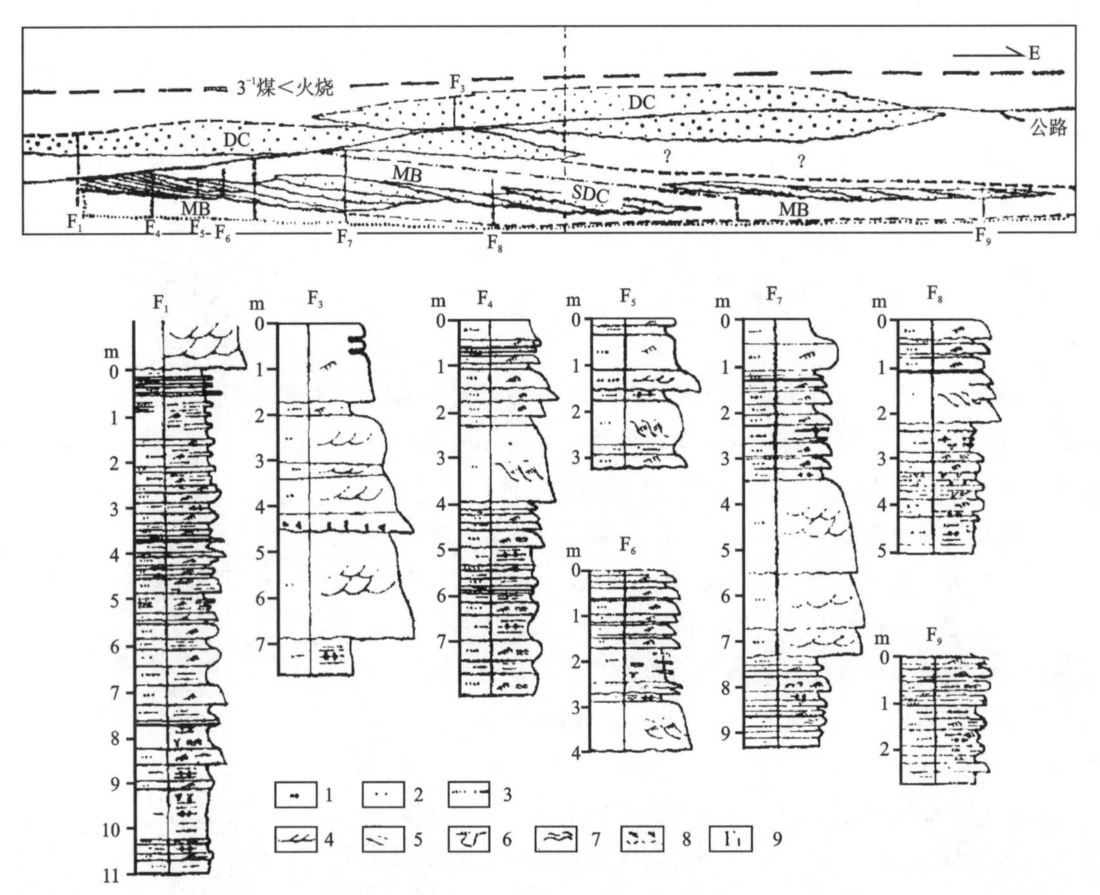

1. 中粒砂岩；2. 细砂岩；3. 极细砂岩、粉砂岩；4. 大型槽状交错层理；5. ε层理；6. 负软及枕状构造；7. 生物扰动构造；8. 冲刷面及其上泥砾；9. 实测剖面编号；DC. 分流河道；SDC. 水下分流河道；MB. 河口坝。

图4　3煤组三角洲层序断面写实图（剖面方向垂直古流向，剖面长约150m，位于考考乌苏沟56km处）

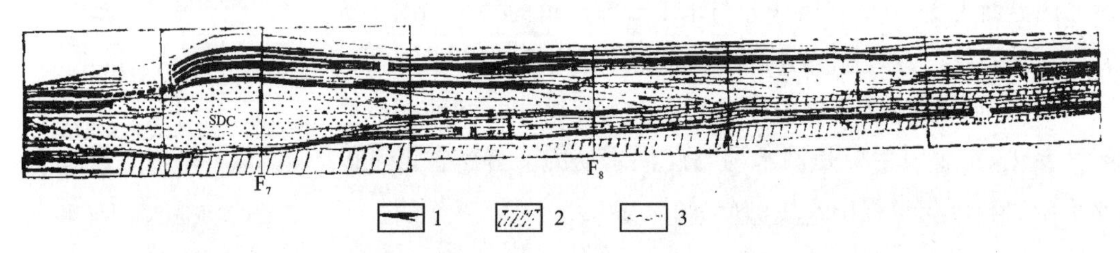

1. 泥岩；2. 砂泥薄互层；3. 冲刷面。

图5　水下分流河道砂体写实断面（位置见图4，定向排列的内冲刷面显示砂体向右迁移，标尺长1.5m）

其间没有水下堤相隔，表明水下分流河道很浅，洪水带入的沉积物可以在水道与其两侧的河口坝表面同时发生沉积。

研究区第Ⅱ单元三角洲前缘沉积中水下河道砂体最为发育（图4、图6）。许多砂体内部可见ε层理，部分较窄的透镜状砂体中则不明显。

3.3　三角洲平原沉积

三角洲平原沉积是由分流河道、废弃分流河道充填、天然堤、分流间洼地的越岸细沉积物、决口扇、沼泽和泥炭沼泽以及分流间湾充填构成的复杂沉积相组合。

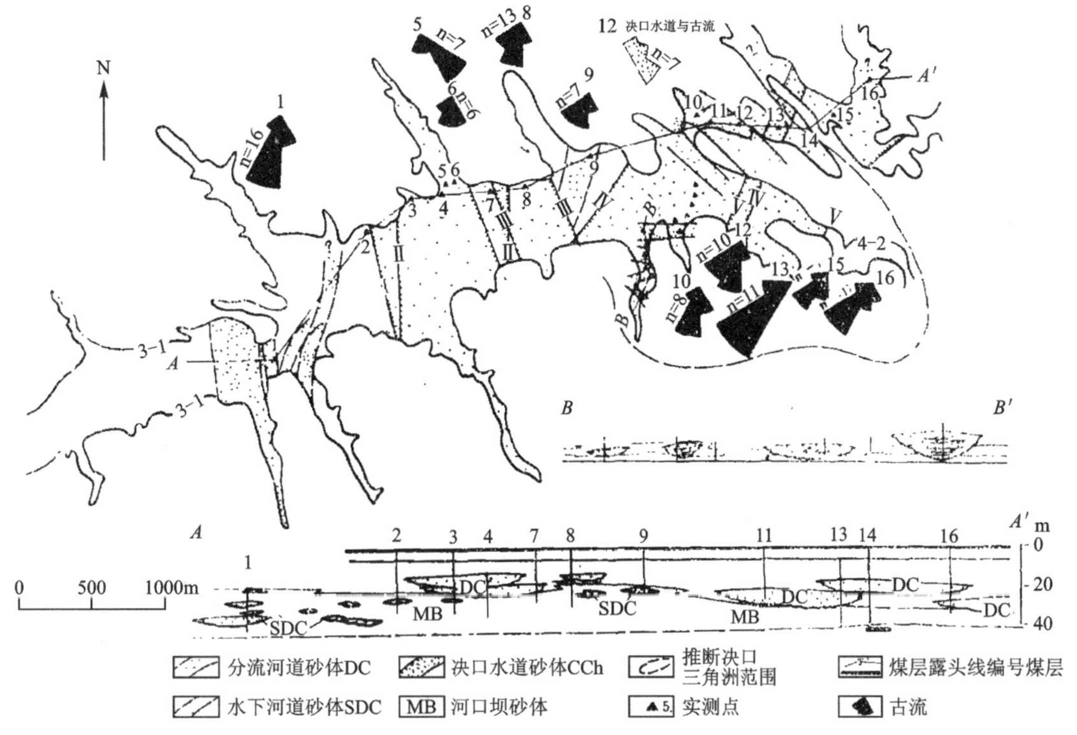

图 6　分流河道和水下分流河道砂体中的指向构造测量

（神木县考考乌苏沟 53～61km 处，延安组第Ⅱ单元，Ⅰ～Ⅴ为分流河道砂体编号）

3.3.1　分流河道相

一般由中—粗粒砂岩构成的凸镜状砂体，底部为明显的冲刷面，冲刷面之上常有砾石、泥砾，常含大量的茎、干化石。沉积构造以大型交错层理为主（图 7），层序上部变为规模较小的交错层理。

实际观察及曲线形态特征分析表明，大部分分流河道砂体粒度在垂向上变化不明显。据 41 条分流河道砂体曲线形态统计，箱状形态占 78%，向上变细形态占 22%，同时，分流河道砂体内部有时可见贯穿整个砂体的内冲刷面。

分流河道砂体单个厚为 3～10m，宽为 100～700m。具上平下凸的横断面形态（图 6）及树枝状分叉的平面形态（图 8），复合砂体厚度可达 30m，宽度可达数千米。

上述特征表明，分流河道大部分以垂向充填为主。与这一充填特点相适应，河道下切能力很强，最大下切深度可达 16m，可以切穿其下的所有沉积而直接盖在前一三角洲层序的沉积物之上。少量分流河道也有一定的侧向迁移能力，形成复合砂体。

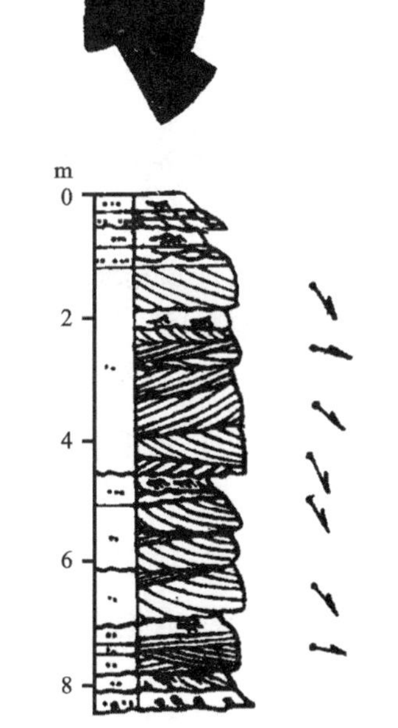

图 7　分流河道砂体写实层序

（位置见图 9 标记部分，箭头为对应层位古流）

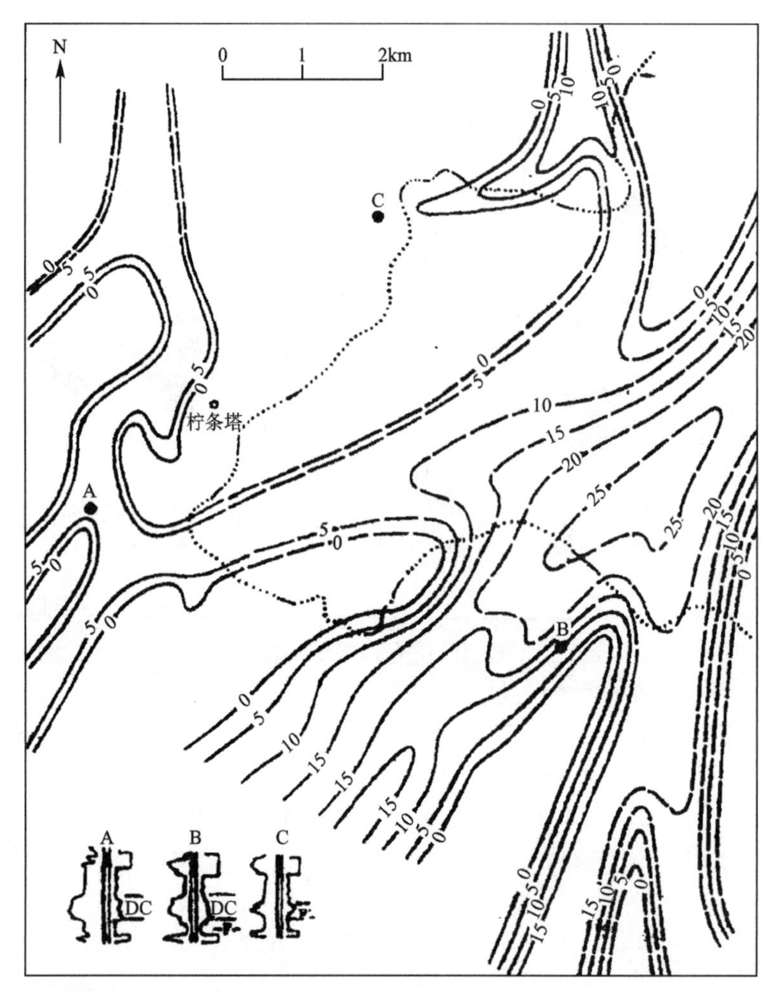

图 8　分流河道砂体等厚图(第Ⅳ单元,单位 m)

3.3.2　废弃分流河道充填相

废弃分流河道充填相出现于分流河道砂体上部,为泥岩及粉砂岩充填,外观形态显现出“水道”特点,但规模明显小于分流河道砂体。

3.3.3　天然堤相

该相分布在分流河道砂体的侧翼,具不对称透镜状横剖面形态。往分流间洼地方向,则逐渐尖灭。天然堤相近端为厚层状的细砂岩,具发育很好的攀升层理,往远端则变为砂泥的互层。砂泥互层是洪水泛滥事件多次发生的记录。天然堤沉积的顶部富含根化石。

3.3.4　分流间洼地的越岸沉积物相

堤外的越岸沉积物通常为泥和粉砂互层,有水平纹理、波痕纹理、攀升纹理等,并经常与决口扇沉积和沼泽沉积互层。

3.3.5 决口扇相

决口扇砂体通常呈席状或板状，顶底界面平整，底界面为突变接触界面，沉积构造可见递变粒序，交错层理等，上部常被上覆岩层中的根系穿过，单个决口扇砂体厚度一般小于 5m。

3.3.6 沼泽和泥炭沼泽相

沼泽和泥炭沼泽相为灰色、深灰色泥岩、粉砂岩，常见根化石和直立树干化石，植物叶碎片也较丰富，有的有机质大量富集，其上常为煤层。

3.3.7 分流间湾充填相

分流间湾充填相为具水平层理的泥岩和细粉砂岩，有的夹有泥灰岩薄层，可见动物化石，该相更典型的特征是充填有决口三角洲，而且决口三角洲经常成群错置出现(图 9)。

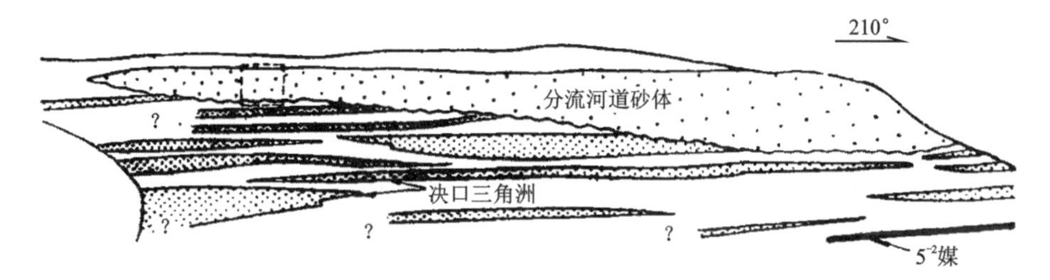

图 9 分流间湾充填写实断面图(决口三角洲成群错置出现，决口水道进一步发展成分流河道，总长约 400m，考考乌苏沟 623km 处，第Ⅱ单元)

决口三角洲单个层序厚为 5～15m，宽为 300～2000m，由砂岩与泥岩的互层组成，砂岩具小型交错纹理，底部经常见有冲刷面及伴生的大量泥砾，顶面有时可见水流式波浪作用形成的波痕，决口水道的砂层，粒度可达中砂，发育大型槽状交错层理，含较多的树干化石。砂体呈树枝状分叉，古流与分流河道有较大的交角(图 6)。

互层状的决口砂岩与泥岩是决口洪水事件多次发生的反映，砂层为决口洪水沉积，泥岩则为正常湾环境的悬浮沉积。

3.4 废弃三角洲平原相

主分流河道废弃后，三角洲平原上早期仍有一些小水系活动，堆积的砂体一般仅厚为 1.5～3m，宽度一般小于 100m。ε 层理的发育表明其侧向加积特征，局部地区也可能被浅水覆盖。随着三角洲的废弃，开始出现薄而稳定的煤层，如 3^{-2}煤，随后，出现厚而稳定的煤层，也是废弃相的重要特征。由于原分流间洼地和分流间湾至此时已被填满，加之本区地壳沉降的均衡性，煤层厚薄变化与下伏粗碎屑沉积体的分异没有明显关系(图 6)，而与废弃三角洲的规模有关。在废弃三角洲范围内，煤层厚度较为稳定，煤灰分含量低，往废弃三角洲边部，煤层变薄分叉，煤质变差。

4　浅湖三角洲沉积作用的讨论

稳定构造背景下的浅湖三角洲沉积特征与其他类型的三角洲沉积有明显的差异，在三角洲前缘部分表现得更为明显，这主要是由于浅湖三角洲具有独特的水动力条件及沉积作用。

4.1　河流作用占绝对优势

浅湖三角洲沉积中，前三角洲及浅湖沉积很不发育，表明三角洲的进积速度很快，前三角洲及浅湖环境很快被三角洲前缘代替，这是在稳定构造背景下河流作用占绝对优势的三角洲沉积作用的共同特点。研究区三角洲水下河道特别发育表明了河流能量明显地占优势，这种情况也常见于现代浅水湖泊三角洲中，如我国鄱阳湖赣江三角洲[2]。

4.2　决口是分流河道改道和三角洲朵叶迁移的重要方式

三角洲的快速进积作用，造成河口地区很快向湖推进，而分流间地区则出现大面积的积水洼地-分流间湾，这两个地区也因此而出现较明显的地貌起伏，从而使分流河道处于不稳定状态，洪水期洪水极易决口把沉积物带入间湾形成决口三角洲。由于决口水道不稳定，经常改道，决口三角洲呈现成群错置的分布特点。同时，部分决口水道不断扩大，最后导致原分流河道的改道和三角洲朵叶的迁移。这种决口—分流河道改道—朵叶迁移的作用的不断发生，就会导致三角洲朵叶的多个叠加，为最后形成大面积的废弃三角洲平原打下基础。

4.3　洪水入湖后的席状扩散过程

洪水入湖后，都要经过与湖水的混合过程，再把沉积物沉积下来，若水下堤存在，则会减缓这种过程，使“洪水”可以向前移动较远的距离，在浅水环境下，可能底质的摩擦力很强，给入湖洪水的阻力很大，洪水入湖后以席状流的形式大面积向前撒开。水下河道砂体的砂层与河口坝砂层相连及水下堤不发育，都说明水下河道砂与河口坝砂沉积作用的同时性。

由于水下堤一般不存在，水下河道受约束很少，其迁移能力势必会增加。水下河道砂体具扁透镜状外形和 ε 层理很发育都说明水道具侧向加积特征。

4.4　废弃三角洲平原是形成稳定厚煤层的理想场所

分流河道活动时，分流间洼地上有一些煤层，但这些煤层厚度较小，分布于局部，不具备经济价值。分流河道废弃后，废弃三角洲平原上才能大面积泥炭沼泽化，堆积稳定厚煤层。煤层厚度分布表明，煤层在废弃三角洲平原上很稳定，下伏分流河道砂体的分布状况对煤层厚度没有明显的影响，未显示出底垫作用[3]。似乎频繁的溢岸、决口事件堆积的砂层已使废弃三角洲平原明显的“均夷化”。

溢岸、决口事件的频繁发生给分流间地带带入大量的粗粒沉积，增加了该区地层的含砂率，这对形成平坦的废弃三角洲平原及其上堆积稳定煤层起着重要作用，这些粗粒堆积在三角洲活动阶段起到填平的作用，在废弃阶段煤层堆积过程中，又跟分流河道砂体一起构成地层的抗压实格架，使整个废弃三角洲朵叶上的差异压实很弱，在整个废弃三角洲平原上出现统一、相似的煤堆积环境。

稳定的构造背景使泥炭堆积与基底沉降能长时间保持均衡状(煤层很少夹矸)，甚至出现微弱的过补偿状态，形成突起沼泽。煤相研究表明，煤层的沼泽类型可能发生过从低位森林沼泽往高位沼泽的演化，表明沼泽突起后，营养物质的供给受到了限制，突起沼泽的形成，避免了湖水携带碎屑物的侵入，废弃三角洲平原又远离活动河道，排除了泛滥洪水的影响。上述诸因素的共同作用，使废弃三角洲平原堆积了结构简单、厚度较大而稳定的低灰煤层。

综上所述，对本区三角洲沉积作用可概括如下。

(1)鄂尔多斯盆地东北缘神木北部地区延安组最优质的厚煤层形成于具稳定构造背景的浅水湖泊三角洲废弃平原上。三角洲古流体系来自北部、东北部。

(2)三角洲充填浅湖具有很快速的进积过程，形成鸟足状朵叶，分流间湾发育，洪水决口泛滥事件频繁，对三角洲朵叶迁移和形成大面积均夷的废弃三角洲平原起着重要作用。

(3)湖水浅及三角洲前缘坡度平缓使入湖河水以席状流形式向水下分流河道及其两侧的河口坝大面积撒开，这使水下堤难以发育起来。水下分流河道没有约束而游荡性很强。

(4)三角洲经历建设阶段与废弃阶段的演化，建设阶段堆积了前三角洲、三角洲前缘和三角洲平原三部分沉积，稳定的构造背景与快速的进积作用使前三角洲很不发育。在整个层序中三角洲前缘与三角洲平原沉积占有很大的比例。废弃阶段的典型特征是发育厚且稳定的优质煤层。

(5)保存下来的三角洲层序在结构上变化很大，这主要反映在水下部分的保存程度上。分流河道较强的下切能力使三角洲前缘的相当一部分经常被冲刷掉，有时甚至前三角洲及浅湖沉积都难以保存下来，结果分流河道砂体可以直接盖在前一个三角洲层序之上，但横向追索可以发现未被冲刷的前缘及前三角洲部分，从而并不难与河流体系相区别。

(6)废弃三角洲平原具有平坦的地貌，其上的泥炭沼泽化是大面积发生的。当时的泥炭沼泽可能曾演化为突起沼泽，使碎屑物难以被带入，加上其构造背景稳定，堆积了分布面积广、厚度较大且稳定的低灰煤。因此，废弃三角洲平原是今后继续寻找优质煤层的方向。

参考文献

[1]MIALL A D. Architectural-element analysis：a new method of facies analysis applied to fluvial deposits[J]. Earth Science Reviews，1985，22：261-308.

[2]朱海虹，郑长苏，王云飞. 鄱阳湖现代三角洲沉积相研究[J]. 石油与天然气地质，1981，2(2)：89-103.

[3]FERM J C，FLORES R M. Depositional controls of mineable coal bodies[M]// RAHMANI R A，FLORES R M. Sedimentology of coal and coal-bearing sequences. The International Association of Sedimentologists，1985，7：273-289.

三角洲-湖泊沉积体系及聚煤研究
——以鄂尔多斯盆地神木地区延安组Ⅱ单元为例*

摘　要　本文主要应用沉积体系及层序地层分析的思路和方法，利用大量的野外露头及钻孔资料将侏罗系延安组第Ⅱ成因地层单元解析为3个低级别建造块——A、B和C亚单元；以亚单元为单位，在三维空间内识别了三角洲-湖泊沉积体系的多种成因相及组合，重建了体系域，总结了体系演化的规律性；对聚煤作用进行了成因探讨。

关键词　成因地层单元　沉积体系域　三角洲-湖泊沉积体系　成因相　聚煤作用　延安组　神木地区　鄂尔多斯盆地

1　引言

研究区位于鄂尔多斯盆地东北缘的神木地区（图1），面积达3350km²。该盆地是一个大型能源盆地，已证实整个盆地延安组煤炭远景储量极为可观，居世界十个特大型煤田之列，因而对其进行沉积学研究在探求聚煤作用的成因规律、预测新富煤单元以及指导煤质应用等方面具有重要意义。鄂尔多斯盆地基底属于华北地台基底的组成部分，该盆地为大型叠合盆地，由一系列盆地单型构成，不同成盆期的盆地单型受控于不同的大地构造背景[1,2]，延安组属于盆地稳定坳陷阶段的产物。由于区域构造稳定及下伏地层充填使古地貌趋于平坦，所以Ⅱ单元的水进、体系演化及聚煤作用规律性明显。

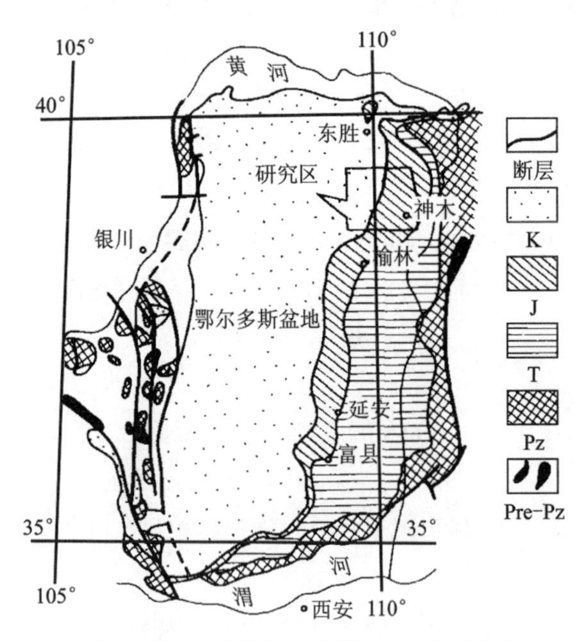

图1　鄂尔多斯盆地地质及研究区位置略图

*　论文发表在《地球科学——中国地质大学学报》，1992，17(2)，作者为焦养泉、李思田、杨士恭。

2　成因地层单元划分

通过全区露头、钻孔资料分析对比，依据古构造运动面、主要水进事件、生物-生态演化、区域性水系废弃及广泛的泥炭化事件等标志，可将侏罗系延安组划分为5个成因地层单元[3-5]。现今盆地的大面积范围内，第Ⅱ成因地层单元包含了3个煤层组，与之对应有3次程度不等的水进事件和三角洲进积事件(图2、图3)，因此可将Ⅱ单元细分为A、B和C亚单元，或称A、B、C体系单元或体系域单元。A、B和C亚单元在研究区分别构成了各自的体系域。实际上，亚单元相当于Busch等的地层成因增量(GIS)[6]，可能与当前北美层序地层分析中使用的parasequence规模相当[7,8]，延安组是一个完整的地层成因序列(GSS)。

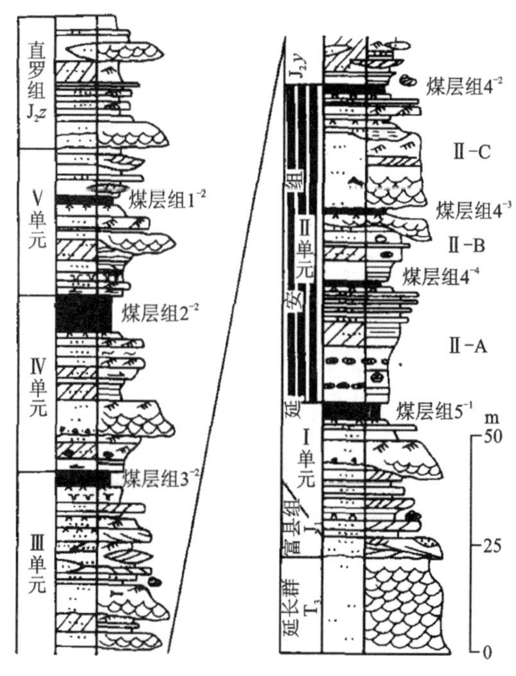

图2　神木地区考考乌素沟延安组成因地层单元

3　三角洲-湖泊沉积体系的内部构成

沉积体系是与作用过程有关的各种成因相的三维集合体，成因相是构成沉积体系的基本单位[9,10]，所以对成因相的识别是研究沉积体系的基础。同一种成因相是在相同的环境、条件和作用控制下形成的，这是划分成因相的基本原则。通过对工作区三角洲-湖泊沉积体系的详细研究发现，该体系具有十分复杂的内部构成，能从中识别出一系列的成因相[3,5]，与滨海三角洲相似，三角洲-湖泊沉积体系也是以三角洲平原成因相组合和三角洲前缘成因相组合为主，前三角洲沉积及开阔湖沉积不很发育。研究区考考乌素沟属近于水平出露、连续性极好的地层剖面，为进行详细沉积过程分析和识别各种成因相并进行大范围的三维空间研究奠定了良好的基础。通过对考考乌素沟剖面的研究，建立的三角洲-湖泊沉积体系的基本特征和成因相识别标志列于表1。

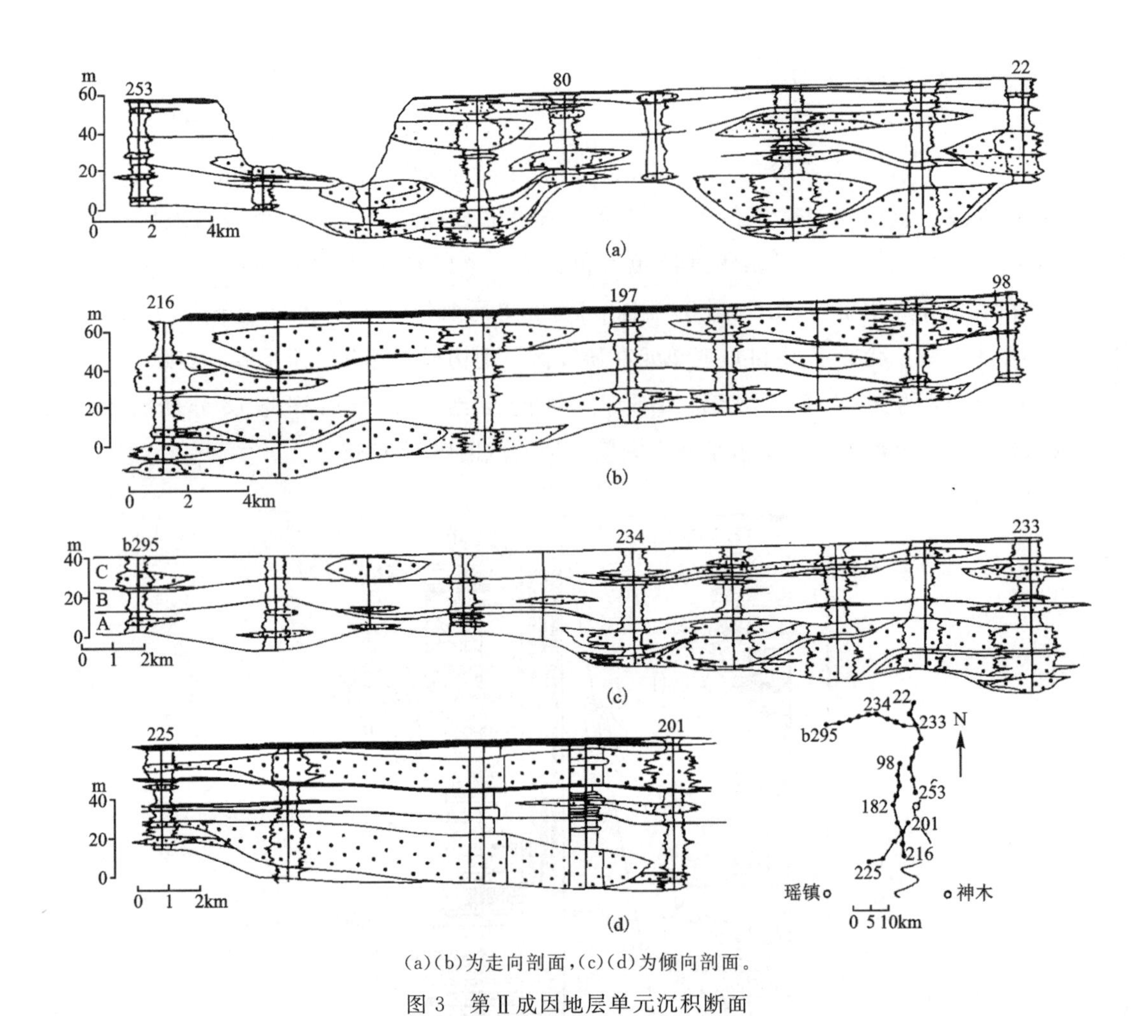

(a)(b)为走向剖面,(c)(d)为倾向剖面。

图 3　第Ⅱ成因地层单元沉积断面

表 1　三角洲-湖泊沉积体系的成因相构成

组合	成因相	组合	主要特征及识别标志	备注
三角洲平原组合	分流河道	DC	是三角洲的骨架部分,通常位于三角洲平原的底部,平面上呈指状分布,剖面上为透镜状,厚约 15m,宽度＜200m。其底界面为冲刷面,通常下切三角洲前缘沉积。河道内部以大型槽状交错层理为主,向上层理规模变小。在三角洲-湖泊沉积体系中其粒度最粗、杂基最少、孔渗性相对最高	见图 5,图版 I-3
	废弃分流河道	ADC	位于分流河道上部,废弃平原沉积的下部。通常完整地保存了原始水道的透镜状形态,宽约 70m,深约 8m。内部主要为富含有机质的泥岩充填,偶夹有决口砂体	见图版 I-6
	天然堤	LV	位于分流河道砂体旁侧,一般厚约 2m,宽度＜10m,主要为细砂与粉砂或泥岩互层,偶见根化石,其中爬升层理发育,爬升方向指向分流间洼地,向分流间洼地过渡为越岸沉积	
	越岸沉积	OB	位于分流间洼地边缘,为砂泥互层沉积,小型水流波痕纹理、波状层理及水平纹理发育。植物碎屑及根化石丰富	见图版 I-5

续表 1

组合	成因相	组合	主要特征及识别标志	备注
三角洲平原组合	三角洲平原小型湖	PL	位于分流间洼地区，有水体覆盖，沉积物主要是富含有机质的黑色泥岩，水平纹理极发育，顺层面保存有大量较完整的大型羽状真蕨叶化石	见图版 I-4
	分流间湾	BA	位于分流河道间，可以与开阔湖连通，通常为浅灰色泥岩，产大个体双壳类化石珍珠蚌等，叠锥发育	见图版 I-2
	决口扇	CVS	位于分流河道旁侧、分流间洼地中，平面上呈扇状，面积一般>2km^2，剖面上呈板状或楔状，厚度一般为 1～3m。其顶底界面平整。决口扇具有特征的较大规模的低角度倾斜层，其倾向与决口扇的进积方向一致	见图版 I-2、图版 I-4
	决口三角洲	CVD	当大量决口沉积物进入间湾或三角洲平原小型湖中时，即构成决口三角洲。其几何形态与决口扇相似，沉积构造以块状层理、小型水流波痕纹理为主，变形层理发育，其底界面处常保存有分流间湾中的大型双壳类化石，常与间湾泥岩共生。倒粒序常见	
	决口河道	CCH	通常保存于决口层序的顶部，砂体为小型透镜状，宽度<5m，厚度<3m。底部可见被冲倒的碳化树干，两侧及上部沉积物暴露标志发育	
	沼泽	SP	分布于三角洲层序的上部和顶部，由泥岩和粉砂岩组成，其中发育大量的植物根化石，即根土岩，根土岩上部通常发育煤层或煤线	见图版 I-1、图版 I-4
三角洲前缘组合	分流河口坝	MB	河口坝砂体通常与三角洲前缘泥（无暴露标志，产双壳类化石）互层，据两者所含比例不同，可将其分为近端河口坝(PMB)、远端河口坝(DMB)及介于近端与远端之间的过渡型河口坝。典型的近端河口坝砂体呈透镜状，一般厚为 0.4～0.5m，宽为 8～10m，冲刷现象明显，前缘泥所占比例极少；远端河口坝砂体很薄，厚为 5～8cm 不等，呈不连续的席状分布，前缘泥占有相当大的比例；具有特色的是席状的过渡型口坝砂体，厚度一般为 0.1～0.4m，宽度可达 400～500m，前缘泥较近端多、较远端少，层理类型丰富（块状层理、小型水流波痕纹理、爬升层理、反丘层理、小型槽状交错层理、变形层理等）。河口坝砂体往往是多次决口事件的复合叠加体	
	水下分流河道	SCH	被包围于河口坝砂体之中，通常由一系列侧向叠置的透镜状河道砂体单元组成。单个河道砂体单元一般宽为 20～35m，厚为 0.7～2m。其沉积构造或者以复合层理为主，或者以小型槽状交错层理为主。与分流河道砂体相比，除了规模小以外，还具有冲刷能力弱、粒度细、杂基含量高、孔渗性低、钙质结核发育等特征	
	水下天然堤	SLV	位于水下分流河道旁侧，以爬升层理为主，外侧与水下越岸沉积过渡	
	水下越岸沉积	SOB	最主要的特点是越岸的细砂岩与三角洲前缘泥呈互层状	

续表 1

组合	成因相	组合	主要特征及识别标志	备注
前三角洲及开阔湖沉积		OL	开阔湖沉积、前三角洲沉积及三角洲前缘沉积三者之间均为渐变接触。前三角洲沉积是由极细砂、粉砂与泥的互层构成，极细砂、粉砂沉积可能与洪水事件有关。开阔湖沉积通常位于三角洲-湖泊沉积层序的最底部，以黑色泥岩为主，水平纹理不发育，含少量菱铁矿结核，产小型双壳类动物化石费尔干蚌、西伯利亚蚌	见图版 I-1

4 沉积体系展布及时空演化

研究区 A 亚单元早期发生了大规模的水进，代表开阔湖沉积的含小型双壳类化石的黑色泥岩在考考乌素沟厚达 15m(图版Ⅰ-1)，据湖相泥岩及三角洲前缘厚度推测其水深在研究区为 20～30m。随后发生了三角洲进积作用，三角洲骨架砂体呈指状分布[图 4(a)]，河流作用占优势。如图 4(a)所示，A 亚单元发育了 4 个三角洲亚朵体，1～3 号朵体物源在东部，4 号朵体沉积物来自西北部，它们构成了 A 亚单元的体系域。图 5 是该体系域单元中 3 号朵体的三维地质解剖图，显示了三角洲砂体的空间展布形态；体系域单元 B 由 3 个亚朵体组成，突出的表现是体系展布方向演变为 NE-SW 向，碎屑体系规模变小，但波及面积扩大[图 4(a)]，单元 B 在考考乌素沟处的间湾泥厚度不足 12m(图版Ⅰ-2)；体系域单元 C 中三角洲砂体分布面积较 A、B 亚单元更为广泛[图 4(a)]。该亚单元在考考乌素沟地区主要由三角洲平原组成(图版Ⅰ-1—图版Ⅰ-5)，表现了较强的三角洲进积作用。

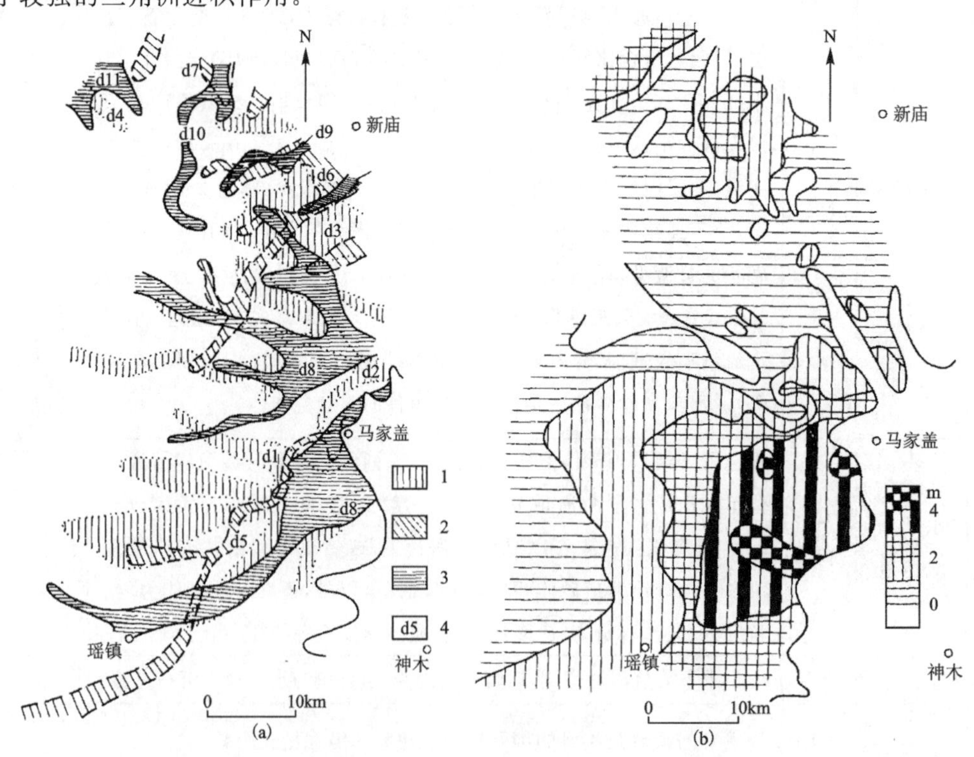

1. A 亚单元三角洲；2. B 亚单元三角洲；3. C 亚单元三角洲；4. 标号。

图 4　神木地区Ⅱ单元三角洲体系演化图(a)及 4^{-2}煤等厚图(b)

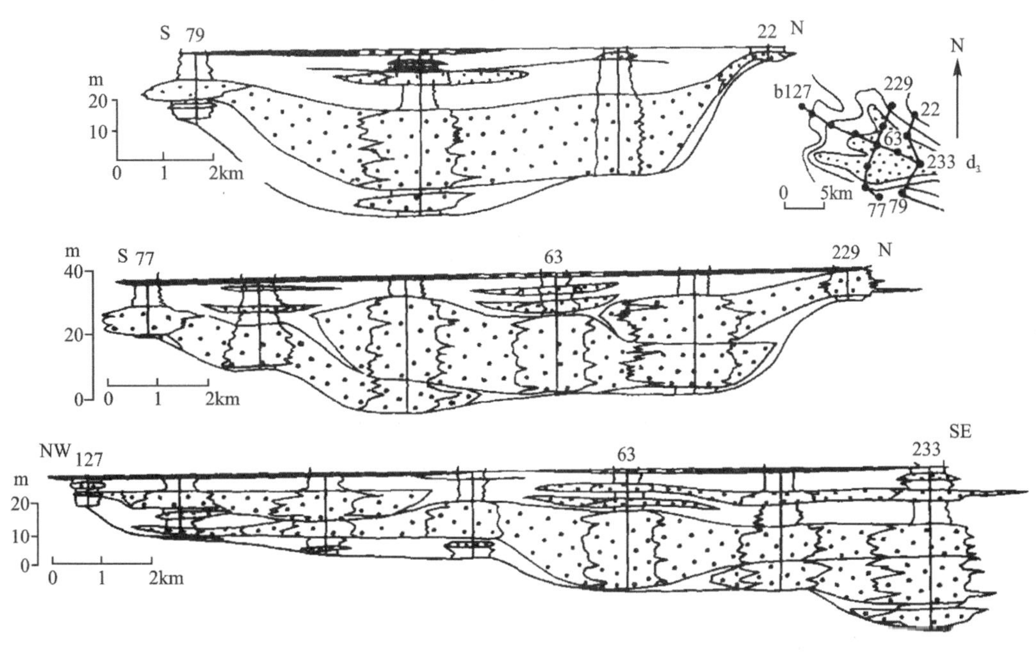

图 5　体系域单元 A 中 3 号三角洲朵体剖面

体系域单元 A、B、C 的演化规律性在于：①3 个亚单元均由早期的水进过程和晚期的三角洲进积过程构成。不同的是随时间的推移，水进规模越来越小而三角洲进积作用却愈来愈强。3 个亚单元又构成了更高一级由水进到水退的幕式旋回（图 2）。②如图 3 所示，稍后一期三角洲朵体（或分流河道）总是无一例外地发育于前一期三角洲间湾（或分流间湾）区。

各亚单元的地层厚度与砂体厚度呈正相关，较厚的地层与三角洲朵体吻合，表明在区域构造稳定及古地貌影响甚微的情况下，三角洲体系进积是湖泊淤浅的根本原因。

体系单元或体系域单元既有沉积学意义又有地层学意义。一方面它们被赋予沉积环境和沉积作用过程的解释；另一方面它们又是一个三维地质体，是一种成因地层单元，具有等时意义[10,11]，本文即把亚单元作为编图单位来研究。

5　三角洲-湖泊体系的聚煤特征

三角洲体系发育过程与煤聚集过程有内在的成因联系，三角洲建设期聚煤作用极差，而三角洲由废弃早期向彻底废弃期演化，聚煤作用由差渐变为极好（表 2，图版 I-4）。砂体图与煤厚图的比较发现，三角洲体系废弃后三角洲平原是最好的聚煤场所，4^{-2}煤南部富煤单元就位于 8 号朵体之上；三角洲间湾次之；开阔湖区无聚煤（图 4）。由于古构造条件稳定，废弃的三角洲平原上发育的泥炭沼泽容易高位化而形成“表盖状”凸起，这使小型水流难于入侵煤层，显示了低灰的特点，同时由于泥炭沼泽长期暴露遭受氧化而富丝。

研究区Ⅱ单元沉积体系及聚煤作用经历了 3 个演化阶段，早期的 4^{-4}煤、中期的 4^{-3}煤和晚期的 4^{-2}煤分别形成于 A、B、C 亚单元末期。随着水进规模的减弱，体系进积作用的加强，无煤区逐渐变小，煤厚增加，最好的 4^{-2}煤形成于Ⅱ单元的顶部（表 3，图 3）。

表 2　三角洲发育及煤聚焦过程(露头研究)

三角洲发育阶段	煤层发育状况	
建设期	煤层罕见	极差
废弃早期	不连续煤线	差
废弃中期	连续性极好的煤线	↓
	稳定的薄煤层发育	
彻底废弃期	极稳定的厚煤层出现	好

表 3　体系域单元演化与聚煤演化关系

亚单元	时间	湖水面积	三角洲平原面积	煤层编号	无煤区	煤层连续性	煤层厚度	厚煤层分布面积
A	早	大	小	4^{-4}	大	差	薄	小
B	↓	↓	↓	↓	↓	↓	↓	↓
C	晚	小	大	4^{-2}	小	好	厚	大

6　主要结论

(1)研究结果认为研究区延安组第Ⅱ成因地层单元为三角洲-湖泊沉积体系,该体系具有十分复杂的内部构成,其成因相组合可以归为3类——三角洲平原组合、三角洲前缘组合及前三角洲和开阔湖沉积,由15种成因相组成。

(2)Ⅱ单元被分解为3个亚单元,3个亚单元在平面上构成了3个体系域单元。

(3)每个亚单元都有各自的水进事件和随之发生的三角洲进积事件。

(4)体系演化特征:随时间推移,水进规模变小,三角洲进积作用加强,湖泊逐渐被淤浅,聚煤作用加强。

(5)沉积物源有2个,东部物源对该区影响较大,而西北部物源影响相对较小。

(6)聚煤作用发生于三角洲体系废弃之后,最有利的聚煤场所是三角洲平原,三角洲间湾次之,开阔湖最差。

(7)煤层低灰富丝主要取决于三角洲-湖泊沉积体系及稳定的大地构造背景。

参考文献

[1] 张抗. 鄂尔多斯盆地断块构造和资源[M]. 西安:陕西科学技术出版社,1989.

[2] 孙肇才,谢秋元,杨俊杰. 鄂尔多斯盆地:一个不稳定的克拉通内部叠合盆地的典型[M]// 朱夏,徐旺. 中国中新生代沉积盆地. 北京:石油工业出版社,1990:148-168.

[3] 胡元现,李思田,杨士恭. 鄂尔多斯盆地东北缘神木地区浅湖三角洲沉积作用及煤聚集[J]. 地球科学——中国地质大学学报,1989,14(4):377-390.

[4] 陕西煤田地质勘探公司185队.陕西早中侏罗世含煤岩系沉积环境[M].西安:陕西科学出版社,1989.

[5] LI S T, et al. Analysis of depositional processes and architecture of lacustrine delta, Jurassic Yan'an Formation, Ordos Basin[J]. China Earth Sciences,1990,1(3) :217-231.

[6] BUSCH D A, LINK D A. Genetic unit of stratigraphy[M]// BUSCH D A. Exploration methods for sandstone reservoirs[J]. Tulsa:OGCI Publication,1985: 13-27.

[7] BAUM G A, VAIL P R. Sequence stratigraphic concepts applied to paleogene outcrops, Gulf and Atlantic Basins[M]// WILGUS C K, et al. Sea-level changes: an integrated approach. Broken Arrow,OK: SEPM Special Publication,1988: 309-327.

[8] VAN WAGONER J C, MITCHUM R M, CAMPION K M, et al. Siliciclastic sequence stratigraphy in well logs, cores and outcrops:concepts for high-resolution correlation of time and facies[M]// AAPG Methods in Exploration Series No. 7, Tulsa: AAPG. 1990: 8-22.

[9] GALLOWAY W E. Reservoir facies architecture of mlcrotidal barrier systems[J]. AAPG Bulletin, 1986, 70(7): 787-808.

[10] 李思田.沉积盆地分析中的沉积体系研究[J].矿物岩石地球化学通讯,1988(3):90-92.

[11] MIALL A D. Principles of Sedimentary Basin Analysis[M]. 2nd ed. New York: Springer-Verlag. 1990: 341-404.

图版说明

图版Ⅰ

1.考考乌素沟(下同)60km处Ⅱ单元沉积断面,下部具有15m厚的开阔湖泥。

2.B亚单元间湾充填层序(60.6km处)。

3.A亚单元完整三角洲充填层序(62.5km处)。

4.59.3km处C亚单元三角洲平原组合及聚煤演化特征(a为8mm厚植物碎屑层;b为极薄的煤线,c为稳定薄煤层;d为主要可采煤层4^{-2}煤)。

5.三角洲平原上的越岸沉积。

6.C亚单元中废弃分流河道沉积(58.0km处)。

图版Ⅰ

DC
Unit II—C
Coal4
BA
DC
Coal4
MB
MB
Unit II—A
OL
1
Unit II—C
DC
Coal4
CVD
BA
UnitII—B
CVS
II—A
Coal4
2
CVS PL OB SP
DC
UnitII—A
MB
OL
3
DC
Unit—II
BA
clinker
CVS
d
CVS
UnitII—C
PL
PL
DC
a
b
c
4
OB
5
BA
clinker
Unit—II
Coal 4
ADC
DC
DC
UnitII—C
6

塔中地区奥陶系碳酸盐岩储层与油气聚集带*

摘　要　塔里木盆地塔中地区早中奥陶世为局限-开阔台地相碳酸盐岩沉积，晚奥陶世早期发展为半岛式的孤立台地，发育台缘礁滩相沉积。塔中地区经历了加里东中期—海西早期的抬升改造，发育多期不同程度的表生岩溶作用。在不同期构造沉积演化分析的基础上，提出奥陶系碳酸盐岩储层受构造古地理环境、沉积相组合、成岩改造期次等多因素综合控制，发育表生岩溶型、台缘礁滩型、白云岩型及热液改造型4种类型储层。根据储层成因类型及其展布，在塔中含油气区划分出上述4种类型的碳酸盐岩油气聚集带。

关键词　碳酸盐岩　储层　油气聚集带　塔中地区

塔中地区奥陶系碳酸盐岩是塔里木台盆区最早获得油气突破的地区之一，近年来又获得了重要油气发现[1]。油气成藏富集与碳酸盐岩储层的发育程度密切相关，本文以控制碳酸盐岩储层形成的构造古地理背景分析为基础，剖析了不同成因类型储层及其控制的油气聚集带的发育特征与形成机理，旨在为油气勘探方向与领域的选择提供依据。

1　沉积-构造演化

震旦纪—早古生代，塔里木板块北缘经历了原洋裂谷、被动大陆边缘到活动大陆边缘的构造环境[2]。受此构造背景控制，塔里木盆地寒武纪—中奥陶世东北部以盆地相沉积为主，西南部以局限-开阔台地相沉积为主，具有东西分带的构造-沉积格局。晚奥陶世是塔里木盆地沉积构造转换的重要时期，在早期东西分异的古地理格局基础上，逐步叠加转化为南北分带的构造古地理面貌。塔中地区位于盆地中部，奥陶系自下而上分别为上丘里塔格群的蓬莱坝组、鹰山组、一间房组及上统的恰尔巴克组、良里塔格组、桑塔木组。其中由于构造隆升及剥蚀作用，鹰山组残留不一，一间房组、恰尔巴克组在塔中台地主体区缺失，仅在台地外缘局部存在(表1)。

1.1　早中奥陶世碳酸盐岩台地沉积与隆升剥蚀

寒武纪—中奥陶世，塔中地区处于塔西克拉通内坳陷的东部，在伸展构造背景下，沉积厚度超过3000m的台地碳酸盐岩建造。

早中奥陶世，塔中地区继承了寒武纪古地理格局，古隆1井—塔中32井一线以西地区主要发育局限—半局限海台地相、开阔海台地相及台地边缘相沉积。其中，局限-半局限海台地相沉积岩性以浅灰色—灰白色泥粉晶白云岩、藻白云岩及藻黏结泥晶灰岩为主；开阔海台地相主要发育台内滩及滩间海亚相沉积，其中，台内滩亚相以浅灰色—灰色颗粒灰岩为主，滩间海亚相主要为灰色—深灰色泥晶灰岩及泥质泥晶灰岩；台地边缘相主要为浅灰色颗粒灰岩。古隆1井—塔中32井一线以东逐渐演变为斜坡相和盆地相沉积。

* 论文发表在《石油实验地质》，2007，29(4)，作者为陈强路、何治亮、李思田。

表 1　塔中地区奥陶系地层岩性

系	统	组	岩性剖面	地层岩性描述	地震波组
志留系					
奥陶系	上统	桑塔木组		灰色厚层泥岩、粉砂岩夹泥晶灰岩条带。潜山及低隆区缺失	T_7^0
		良里塔格组		灰色上部泥质条带灰岩，中部颗粒灰岩、生物灰岩，底部泥质泥晶灰岩。背冲潜山带缺失	T_7^1
		恰尔巴克组		紫红色瘤状类岩，仅古隆1井揭示	
	中统	一间房组		灰色厚层藻黏结灰岩、颗粒灰岩，台内大部分缺失，古隆1井揭示	T_7^4
		鹰山组		灰顶部为泥晶灰岩、颗粒灰岩，剥蚀缺失。上部为灰色中—薄层含云灰岩、云质灰岩，中部灰色云质灰岩、灰质云岩不厚互层，下部细粉晶白云岩、藻云岩	
	下统	蓬莱坝组			
寒武系					T_8^0

中奥陶世末，由于昆仑洋向塔里木板块俯冲消减加剧，盆地南部处于挤压构造环境，塔中地区地层变形隆升，卡塔克隆起初步形成，塔中Ⅰ号、塔中Ⅱ号和塔中5井、塔中22井南等断裂带开始活动(图1)，塔中地区呈北西—南东走向被背冲断裂复杂化的断隆并由北西向南东倾覆的构造面貌。地震剖面 T_4^7～T_8^1 层序所代表的上寒武统—中奥陶统由隆起的顶部向南、北两翼厚度明显变厚，并向北部的满加尔坳陷、南部的塘古孜巴斯坳陷地区厚度增大，表明加里东中期Ⅰ幕卡塔克隆起形成及中下奥陶统剥蚀，全区一间房组及鹰山组上部灰岩剥蚀殆尽(表1)，发生了广泛的加里东期岩溶。晚奥陶世早期，塔中地区仍处于隆起状态，恰尔巴克组缺失。

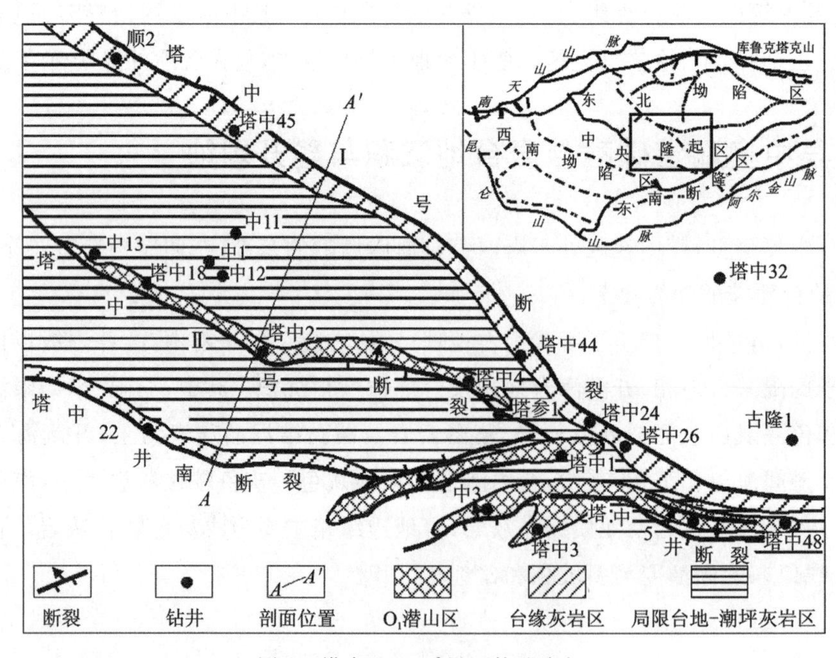

图 1　塔中地区 T_7^2 界面构造岩相

1.2 晚奥陶世早期碳酸盐岩镶边台地沉积与晚期混积陆棚沉积

晚奥陶世艾家山期，塔中Ⅰ号、塔中22号南断裂形成的断裂坡折带控制了良里塔格期碳酸盐岩台地沉积。沿断裂坡折带发育具带状延展的高能带，形成了一套台地边缘滩和生物礁丘相的碳酸盐岩镶边组合沉积序列[3-5]（图1），主要为粒屑滩及生物格架灰岩。台内其他地区主要为开阔台地环境，沉积了微晶灰岩和微晶颗粒灰岩。礁丘相生长速率较高，地层厚度较其他沉积区大。南、北台地边缘外（即塔中22井南断裂带以南、塔中Ⅰ号断裂带以北）分别为斜坡-盆地相的砂泥岩沉积（图1）。晚奥陶世晚期，随着陆源碎屑和碳酸盐岩碎屑物质注入量的增加，碳酸盐岩台地逐渐收缩，塔中大部分地区逐渐由碳酸盐岩台地转化为混积陆棚环境，下部发育泥质条带灰岩，上部为暗色泥岩和粉砂岩。塔中Ⅰ号断裂带东北部满加尔坳陷地区及西南部塘古孜巴斯坳陷地区，以发育浊流盆地相和斜坡相沉积为主。

1.3 奥陶纪末及海西期背冲隆升与掀斜

奥陶纪末的加里东中期Ⅱ幕运动，塔中地区再度大范围隆升，其上的上奥陶统遭受不同程度的剥蚀，近塔中Ⅱ号断裂带（中央背冲带）处及古凸起（中1井古凸起）桑塔木组泥岩及良里塔格组上部遭受强烈剥蚀，塔中Ⅱ号断裂带内上奥陶统则荡然无存。中泥盆世末的海西早期运动使卡塔克隆起再次褶皱隆升，由于受东南部车尔臣断裂的强烈冲断影响，塔中地区构造变形总体东强西弱、南强北弱，构造面貌发生了向北西倾覆的翘倾转变，并产生了一系列雁行排列的北东向断裂（塔中1—8井背冲断裂）。塔中Ⅱ号、塔中东南部背冲断裂带及东部地区，志留系—中泥盆统遭受强烈剥蚀，并向下剥蚀残留的下奥陶统，形成了带状展布的下奥陶统碳酸盐岩潜山。晚泥盆世—石炭纪伸展构造环境中，塔中地区调整为以中央背冲带为轴的向北西倾的鼻状隆起，海西期后塔中地区构造活动总体变动较弱。

2 碳酸盐岩储层特征

构造—沉积—成岩演化为碳酸盐岩储层成因的主要控制因素，塔中地区碳酸盐岩储层发育受构造古地理环境、沉积相组合、成岩改造期次等多因素综合控制（图2）。据此，可以将该地区的碳酸盐岩储层划分为表生岩溶储层、礁滩相储层、白云岩储层及热液改造型储层4种类型。

2.1 表生岩溶储层

表生岩溶储层是指主要受表生岩溶作用形成的碳酸盐岩储层。塔中地区经历了加里东中期Ⅰ幕、Ⅱ幕及海西早期多期表生岩溶作用。

中奥陶世末期即加里东中期Ⅰ幕运动，塔中地区经历大规模的构造抬升和暴露，缺失鹰山组上部及一间房组地层，上奥陶统恰尔巴克组超覆缺失，缺失6～7个牙形石带，长期遭受风化淋滤，形成了广泛的加里东中期岩溶。塔中西部的中1井取芯段揭示，岩性主要为灰色似花斑状

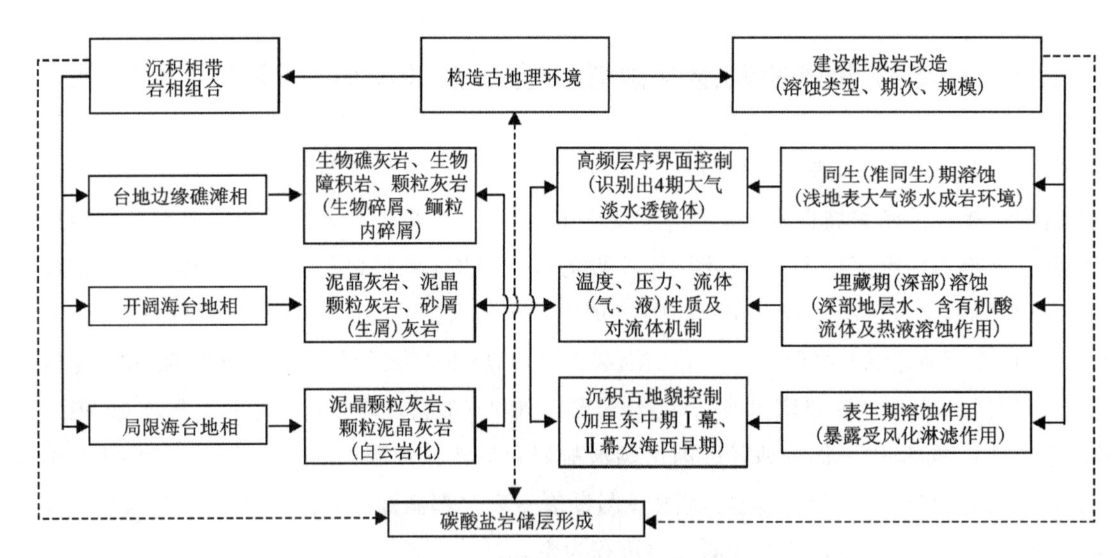

图 2　塔中地区奥陶系碳酸盐岩储层成因模式

的粉—细晶白云岩，溶蚀孔洞发育，一般大小为 3～5mm，局部可达 5～20mm，基本未充填或极少充填，大多呈层状分布，见有油迹的沥青呈团块状，占 3%～5%，平均面孔率为 10%，是风化壳的溶蚀产物。

晚奥陶世末的加里东中期Ⅱ幕运动，中上奥陶统进一步隆升并遭受剥蚀，塔中 18—塔中 4 井Ⅱ号构造带及东部潜山缺失上奥陶统，志留系直接覆盖在下奥陶统之上，由此形成了本期的表生岩溶。

泥盆纪末期的海西早期运动，东部背冲潜山带（塔中 1、塔中 3、塔中 5、中 3、塔中 38 井区等）志留系、泥盆系遭到广泛剥蚀。海西早期岩溶作用对前期岩溶储层进行了强烈改造。

根据塔中地区岩溶地貌及岩溶期次的差异，可概括为潜山型风化壳及夷平型风化壳岩溶储层 2 种类型（图 1，表 2）。潜山型岩溶储层分布于塔中Ⅱ号构造带及东南部潜山带（塔中 3、塔中 5、塔中 48 井区等），具有典型的表生岩溶特征，岩溶高地呈带状展布，岩溶斜坡发育局限，受加里东期及海西期岩溶作用，可形成大型溶蚀洞穴型岩溶储层，储层层位为下奥陶统。夷平型岩溶储层主要受加里东中期Ⅰ幕运动影响，该期塔中地区整体隆升，夷平式剥蚀，未见大的角度不整合，古地貌相对平坦，岩溶高地、岩溶斜坡特征不明显。古断裂带、古残丘是岩溶储层发育的有利地区，如中 1 井古凸起区。

表 2　塔中地区表生岩溶储层发育特征

岩溶储层类型	岩溶地貌	岩溶地层/上覆地层	岩溶期次	储层特征
潜山型	岩溶高地带状展布，岩溶斜坡局限	O_1/S,D_3,C	加里东中期Ⅰ幕、Ⅱ幕，海西早期	大型溶蚀孔洞发育，充填强烈，非均质性强
夷平型	地貌平坦，岩溶高地、斜坡不发育	O_1中上部/O_3l	加里东中期Ⅰ幕	针状溶孔、小洞，似层状分布

2.2　礁滩相储层

礁滩相储层发育于台地边缘、台内建隆高能相带，特定的沉积环境控制着岩石的类型及其组构。台地边缘的生物礁主要有珊瑚、苔藓虫、海绵等生物格架岩，粒屑滩相主要有砂屑灰岩、生屑砂屑灰岩、砂砾屑灰岩、鲕粒灰岩等，岩石具有粒屑结构，为藻屑、内碎屑，亮晶或微亮晶胶结。礁滩相颗粒灰岩孔隙类型主要有粒间溶孔、粒内溶孔、晶间溶孔和微裂缝。可形成裂缝-溶孔复合型、裂缝-溶洞复合型、溶孔型、裂缝型储集。

礁滩相颗粒灰岩次生孔隙的发育，在同生（准同生）期溶解作用的基础上，埋藏溶蚀作用可能更为重要[6]。成岩研究表明（图 2），第一期海底纤维环边方解石被溶蚀，并与随后的刃状和粒状方解石呈胶结不整合。铸体薄片中见渗流粉砂充填物，表明经受了早期浅地表或大气淡水的溶解，这种溶解作用受高频层序控制。海平面相对下降，处于大气淡水透镜体内，形成了大气淡水的淋滤，但随成岩演化，早期孔隙大多被胶结充填[图 3(a)]。在后期埋藏过程中，断裂裂隙及高频层序界面成为流体流动的输导体系[7]，进而促进层序界面附近埋藏溶蚀作用的发生，薄片分析表明溶蚀作用无选择性。溶蚀孔隙有颗粒内溶孔、粒缘（棘屑）溶蚀孔、砂屑微泥晶和基质微泥晶的晶间溶孔、亮晶胶结物或重结晶的晶间溶孔[图 3(b)]—[图 3(d)]，也有沿缝合线发育的溶缝和穿过铁方解石的溶缝以及少量亮晶胶结物晶内溶孔。可见，原岩的原生高孔隙、埋藏溶蚀作用及构造破裂作用对形成优质储层起着重要作用。

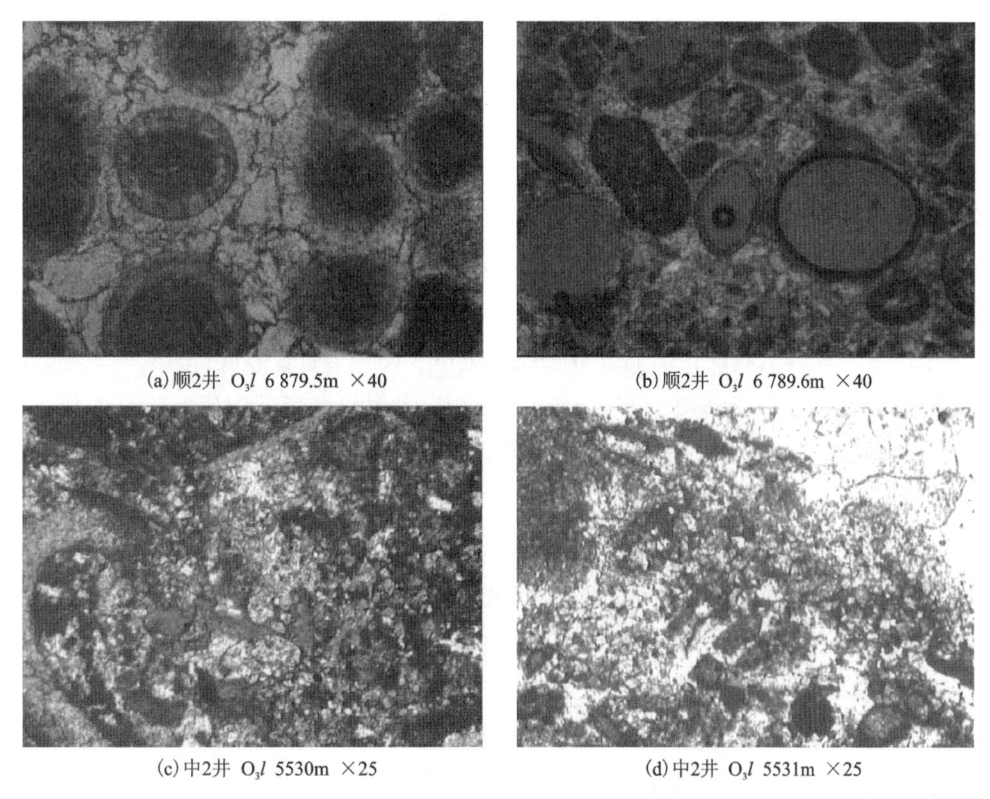

(a)顺2井 O_3l 6 879.5m ×40　　(b)顺2井 O_3l 6 789.6m ×40

(c)中2井 O_3l 5530m ×25　　(d)中2井 O_3l 5531m ×25

图 3　塔中地区礁滩相灰岩孔隙发育显微特征

2.3　白云岩储层

白云岩储层的形成与沉积成岩环境关系密切。早奥陶世，塔中地区以蒸发台地-局限台地沉积为主，包括潮上、潮间、台内滩等亚相。主要为灰白色粉—细晶、中细晶（部分中—粗晶结构）含白云质灰岩、灰质白云岩、白云岩，由浅至深白云石化程度增强。

白云岩储层除与白云石化作用相关的“原生孔隙”增加外，白云岩形成后的溶蚀与改造作用对储层更为有效。同生（准同生）期高镁方解石白云石化，产生晶间微孔隙。成岩期进一步重结晶，晶间孔合并增大，为后期进一步溶蚀提供流体通道。白云岩在发生去白云石化和选择性溶蚀时，易沿原有晶间缝隙形成晶间溶孔，这些因素促进了白云岩储层的形成。如塔里木盆地巴楚隆起的同1井及塔北隆起的塔深1井，上寒武统白云岩中发育较大的溶蚀孔洞，孔径达20～30 mm，与断裂作用及诱发的大气水溶蚀作用有关。而塔中地区奥陶系白云岩储层根据其成岩改造环境可划分为2类，一类赋存层位距风化壳较近，受表生溶蚀作用制约，溶蚀孔洞较发育。如中1井、中11井、中12井等鹰山组白云岩段（含白云质灰岩、灰质白云岩段），白云石呈粒状自形—半自形晶，嵌晶粒状结构，不同程度发育晶间孔、晶内溶孔、晶间溶孔及裂缝，面孔率一般为1%～3%，局部可达5%，分布不均匀。另一类为内幕白云岩，距不整合面埋藏较深，是受表生岩溶作用影响较弱的白云岩储层。如塔中162井鹰山组白云岩储层距 T_7^4 风化壳达800m，古隆1井奥陶系为连续沉积。储集空间主要为晶间孔及针状溶孔，成像测井揭示裂缝较发育，构成裂缝-孔隙型储层。研究表明[8,9]，随着埋深的增加，白云岩溶解度大为提高，后期的埋藏溶蚀、热液活动对微孔形成或改造有重要作用。由于白云岩的岩性较灰岩更脆，故在断裂-褶皱作用、差异压实作用下，比灰岩更易产生裂缝。白云岩的岩石性质和成岩环境是储层发育的关键。

2.4 热液改造型储层

热水成岩作用还没有通用的定义，岩浆期后热液流体沿裂隙或断裂循环并改造地层水从而发生水岩作用，热水成岩及溶蚀作用可以形成一类新的储集体。

热水成岩作用在塔河、塔中地区主要表现为萤石化、异形白云石化、绿泥石化和褪色作用等。萤石化一般表现为萤石交代结晶方解石或呈斑块状交代岩石，如塔河S76井5 580.72m可见萤石交代结晶铁方解石，S85井5 872.42m裂缝充填方解石被萤石交代。萤石中盐水包裹体的均一温度为208.5～218.5℃，平均为213.6℃，而被交代的裂缝方解石盐水包裹体均一温度为125.9～131.4℃，明显高于被交代矿物的成岩温度，即埋藏成岩温度，说明热水成岩作用的存在。

塔中地区热液改造形成储集体，塔中45井奥陶系可谓典型实例。井段6081～6108m岩芯破碎，萤石发育，萤石晶粒粗大，以自形晶为主，萤石脉分布受断裂、裂隙控制，萤石段发育了较多的溶蚀孔（洞），多位于萤石脉内部及萤石脉-围岩接触部位附近，连通性较好，缝洞壁还发育方解石、石英晶体及白云石，而远离萤石脉的灰岩围岩缝洞欠发育。综合分析热水成岩改造的储层（储集体），储集空间类型主要有：①裂缝（萤石晶体解理缝、构造缝）；②孔隙（晶间孔隙）；③溶蚀孔洞（一般为0.1～8.0mm，最大可达50mm×110mm）及溶缝。解理缝、构造缝与晶间孔隙交织并沟通溶蚀孔洞，成为良好的储集岩。

3 油气聚集带

油气聚集带是指同一二级构造带中，互有成因联系、油气聚集条件相似的一系列油气田的总和[10]。油气聚集带的形成是二级构造带同油源区和储集岩相带有机配合的结果。碎屑岩油气聚集带强调同一构造或地层岩性单位的控制。但在碳酸盐岩同油源供烃区内，储层的非均质性对油气成藏聚集起着主要的控制作用。塔中地区存在寒武系—中下奥陶统、上奥陶统 2 套烃源岩，处于同一供烃单元，储层仍然是制约油气充注的关键因素。笔者尝试性地提出根据储集层(体)的形成类型划分油气聚集带，由此将塔中地区奥陶系划分为表生岩溶型、台缘礁滩型、白云岩内幕型及热液改造型 4 种油气聚集带(图 4)。

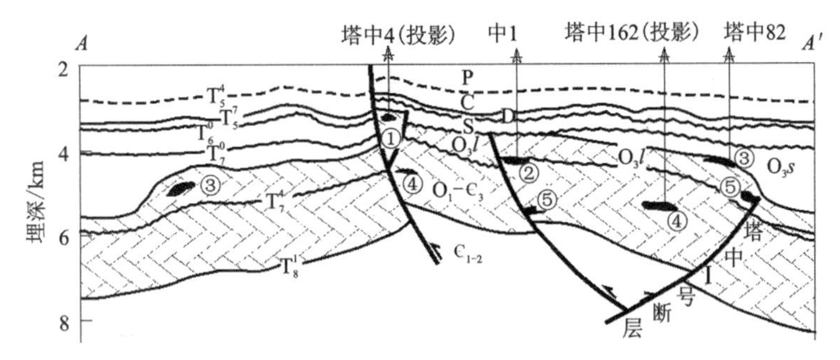

①表生岩溶型(潜山式)油气藏；②表生岩溶型(夷平式)油气藏；③台缘礁滩型油气藏；④白云岩内幕型油气藏；⑤热液改造型油气藏。

图 4　塔中地区奥陶系碳酸盐岩油气聚集模式(剖面位置见图 1)

3.1　表生岩溶型油气聚集带

加里东中期、晚期及海西早期，卡塔克隆起发生多期次的构造隆升和剥蚀作用，奥陶系碳酸盐岩经历了加里东期—海西期多期表生岩溶作用及断裂作用的改造叠加，下奥陶统形成了潜山式及夷平式表生岩溶储层。晚泥盆世—早二叠世，塔中地区成为水下隆起，大面积接受沉积并形成了石炭系区域盖层，有 2 种类型油气聚集。

表生岩溶(潜山式)油气藏：以塔中 1、塔中 4 井区为代表，形成了下奥陶统潜山型油气藏。潜山型具有古隆起聚集油气的优势，溶蚀孔洞较发育，封闭保存条件是油气富集的关键，塔中Ⅱ号背冲潜山带有类似的聚集条件。

表生岩溶(夷平式)油气藏：加里东中期Ⅰ幕广泛发育了表生溶蚀作用，与上奥陶统致密灰岩、泥岩形成了有利的储盖组合。塔中西部中 1 井、中 1H 井及塔中 721 井、塔中 83 井在这一领域已获重要突破。古岩溶地貌、古断裂对岩溶储层的形成及油气输导起重要作用，是油气富集的关键。

3.2　礁滩型油气聚集带

塔中地区发育中—晚奥陶世早期碳酸盐岩台地，晚奥陶世中晚期为混积陆棚相沉积，沉积环境演变过程中发育了不同时期的台地边缘，该相带内同生(准同生)溶解作用发育，礁(丘)、滩向上营建及海平面下降导致礁滩体出露，接受大气水成岩作用的改造，为进一步埋藏溶蚀提供了有利条件，形成礁滩相储集体。台缘斜坡发育灰泥丘相烃源岩，储集体上覆桑塔木组泥岩盖层，生储盖近源配置，有利于成藏。烃源与储集体输导体系的发育程度及充注强度是富集的关键。现已发现塔中Ⅰ号台缘大型油气聚集带[1]。晚奥陶世，塔中南坡的台地边缘及台地内地形转折带分布的碳酸盐岩建隆，是有利的勘探领域。

3.3 白云岩内幕型油气聚集带

塔中地区下奥陶统发育厚度巨大的白云岩地层，白云岩以晶间孔、溶蚀孔洞及裂缝为主要储集空间，形成裂缝-孔隙型储层。塔中 162 井下奥陶统内幕白云岩（距 T_7^4 风化壳 800m）获 $20\times10^4m^3$ 气[11]，奥陶系保存完整（无明显间断）的古隆 1 井下奥陶系白云岩也获得了油气突破，证实了该区域的油气聚集。该区域在塔中地区分布广泛、地层厚，勘探潜力大。

3.4 热液改造型油气聚集带

盆地深部流体通过深大断裂及火山活动进入盆地内，通过物质和能量交换对碳酸盐岩储层进行溶蚀和交代，形成热液交代矿物并溶蚀形成有利储集体，从而聚集成藏（如塔中 45 井奥陶系油藏）[11]。二叠纪，塔里木盆地中央为克拉通内裂谷盆地，大范围发生火山活动，基性、超基性岩浆侵入和喷溢，石炭系顶部及以下地层发育厚度不等的灰绿色英安岩、深灰色玄武岩岩体和辉绿岩岩脉。和热液活动有关的微量元素 F 和 B 与地层水混合并沿构造裂隙渗滤，地层水与围岩进行交代作用形成萤石（CaF_2）。因此，塔中地区具有形成类似塔中 45 井萤石储集体及油气藏的条件，也是值得关注的领域。

4 结论

（1）塔里木盆地塔中地区奥陶纪发育镶嵌陆架型碳酸盐岩台地，由早奥陶世至晚奥陶世由东向西迁移并淹没，经历了加里东期—海西期的断裂隆升，发育 3 期表生岩溶等成岩改造，具有形成多类型碳酸盐岩储集体的构造古地理环境。

（2）奥陶系碳酸盐岩储层受构造古地理环境、沉积相组合、成岩改造期次等多因素综合控制，发育表生岩溶型、台缘礁滩型、白云岩型及热液改造型 4 种类型的储层。

（3）碳酸盐岩储层的发育程度是控制油气成藏与富集的主要因素。在塔中含油气区，根据储层的成因类型及其展布，可划分出表生岩溶型、台缘礁滩型、白云岩内幕型及热液改造型 4 种类型的奥陶系碳酸盐岩油气聚集带。

参考文献

[1] 周新源，王招明，杨海军，等. 塔中奥陶系大型凝析气田的勘探和发现[J]. 海相油气地质，2006，11(1)：45-52.

[2] 高长林，叶德燎. 塔里木库鲁克塔克古原洋裂谷与地幔柱[J]. 石油实验地质，2004，26(2)：161-168.

[3] 顾家裕，张兴阳，罗平，等. 塔里木盆地奥陶系台地边缘生物礁、滩发育特征[J]. 石油与天然气地质，2005，26(3)：278-283.

[4] 王恕一,黄继文,蒋小琼.塔里木盆地上奥陶统沉积及古地理特征[J].石油实验地质,2006,28(3):236-242.

[5] 马明侠,陈新军,张学恒.塔里木盆地塔中地区寒武—奥陶系沉积特征及构造控制[J].石油实验地质,2006,28(6):549-553.

[6] 陈强路,王恕一,马红强.塔里木盆地塔河油田奥陶系碳酸盐岩成岩作用与孔隙演化[J].石油实验地质,2003,25(6):729-734.

[7] 刘忠宝,于炳松,高志前,等.塔中地区西部倾没端奥陶系高频层序地层格架中岩溶发育特征[J].石油天然气学报(江汉石油学院学报),2005,27(4):570-573.

[8] SUN S Q. Dolomite reservoirs : porosity evolution and reservoir characteristics[J]. AAPG Bulletin,1995,79:186-204.

[9] WARREN J. Dolomite: occurrence, evolution and economically important associations[J]. Earth-Science Reviews, 2000, 52: 1-81.

[10]张厚福,方朝亮,高先志,等.石油地质学[M].北京:石油工业出版社,1999.

[11] 刘克奇,金之钧,吕修祥,等.塔里木盆地塔中低凸起奥陶系碳酸盐岩油气成藏[J].石油实验地质,2004,26(4): 531-536.

热流体对深埋白云岩储集性影响及其油气勘探意义——塔里木盆地柯坪露头区研究*

摘　要　深埋条件下白云岩能否形成有效储层是塔里木盆地深层油气勘探面临的主要挑战之一，塔深1井大于8000m深度白云岩岩芯仍具有多孔洞带发育，并具有形成储层的孔渗性，揭示了深部白云岩有效储层的存在。研究证实，该类孔洞的形成与热流体活动相关，但其在地层中分布的特征和广泛性有待揭示。通过野外露头观察及室内测试分析，在柯坪地区经历过深埋条件的上震旦统—下奥陶统白云岩中发现了与塔深1井相似的溶蚀孔洞的普遍存在现象。孔洞内充填的石英、自形白云石以及方解石矿物原生盐水溶液包裹体均一温度依次可达到368℃、314℃和303℃，远高于相应地层最大埋深（约6000m）条件下推测的正常地层温度范围（120～240℃），盐度分布范围依次为3.39%～9.86%NaCleqv、1.05%～18.13%NaCleqv和4.34%～9.98%NaCleqv。同时，研究也发现了黄铁矿、萤石、重晶石、石英、菱铁矿、毒砂和鞍形白云石等与热流体相关矿物组合，并在相应流体包裹体内发现了CO_2、H_2S和烃类气体等对白云岩具有溶蚀性的气体存在。综合以上测试成果，证实柯坪露头区白云岩地层内存在大规模的异常热流体活动，推断可能与盆地深部大规模岩浆热事件相关。研究揭示热流体活动产生了顺层溶蚀、冷缩裂缝、差异性溶蚀以及热流体再作用的大型溶塌等多种孔隙空间结构，孔隙类型主要为缝-洞复合型。揭示热流体溶蚀改造作用主要受构造裂缝和地层界面等因素控制，其对白云岩地层孔隙空间的改造主要表现为建设性与破坏性共存，研究区则以建设性为主。

关键词　热流体　白云岩成岩作用　储集性

1　引言

塔里木盆地寒武系深层因具有优质的玉尔吐丝组泥页岩烃源岩及中寒武统厚度较大、分布稳定的膏岩盖层而备受关注，是塔里木盆地重要的油气勘探远景区之一。但由于寒武系埋深普遍较大，能否存在有效储层是其面临的主要挑战之一。塔里木盆地超深井塔深1井完钻井深达8408m，在7000m以下的深部寒武系白云岩地层中仍然发现了大量的溶蚀孔洞[图1(a)、图1(c)]，孔渗性能达到储层的标准，孔隙度可达到9.1%，渗透率可达到$34.14\times10^{-3}\mu m^2$[1]。前人研究揭示其成因与深部热流体活动及有机酸溶蚀相关[1,2]。这证实了深埋白云岩在一定条件下仍然具备储集性，同时发现孔隙随深度增加仍有增大的反序现象，这对现代碳酸盐岩经典成岩及孔隙演化认识提出了挑战。此种现象如具普遍性，则对深层油气勘探具有重要的现实及深远意义，同时揭示该类溶蚀作用的形成机理也具有重要的科学意义。由于超深井取芯珍贵且较少，且不能确定热流体对储层改造的规模、空间展布特征及普遍性。露头区则可以提供宏观到微观各种尺度的二维—三维观察和研究空间。

热流体对碳酸盐岩储层的改造作用是目前国际油气勘探领域研究的一个新的热点问题，主要侧重热流体白云岩化作用[3-7]及热化学硫酸盐还原作用（TSR）[8-11]等相关的研究。近年来，国

* 论文发表在《岩石学报》，2011，027(01)，作者为邢凤存、张文淮、李思田。

内也开展了热流体相关碳酸盐岩储层的研究工作[12-19]，主要侧重白云岩化作用。而对与岩浆相关的热流体溶蚀作用的研究论述较少[20]。

近年来，笔者通过对柯坪露头区震旦系—下奥陶统白云岩地层观察研究，发现了具有与塔深1井寒武系类似的溶蚀孔洞的大面积区域性分布现象[图1(b)、图1(d)]，且孔洞充填物类似，经各种测试分析证实为与内生作用相关的深部热流体活动所致，这为热流体岩溶作用及其对白云岩储集性的改造研究提供了难得的研究场所。

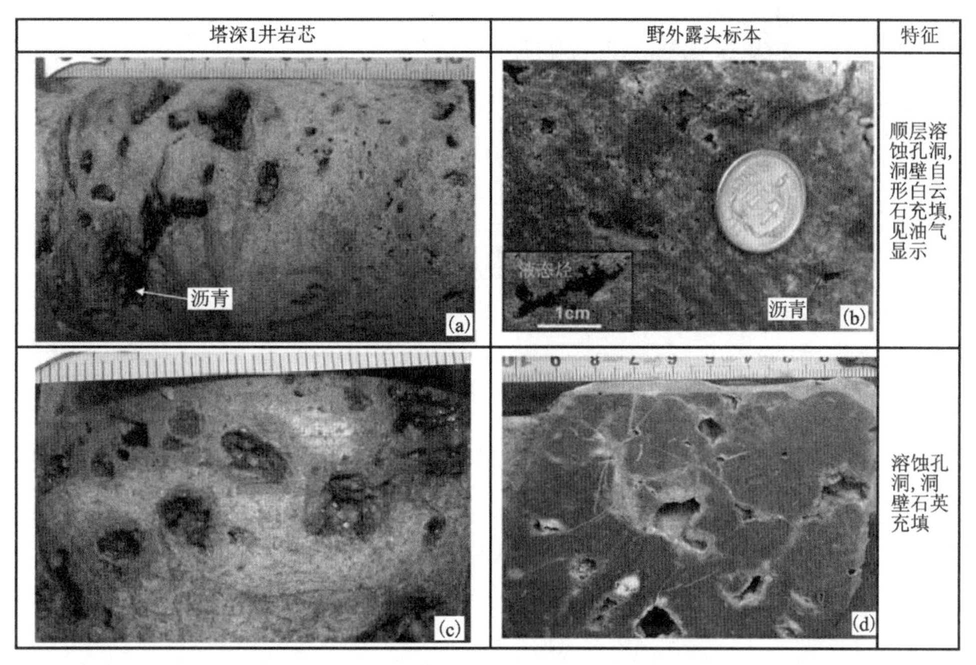

图1 塔深1井深层($\in_3 ql$)白云岩溶蚀孔洞及充填物与野外露头观察现象类比

本文以柯坪石灰窑剖面、肖尔布拉克剖面及其附近剖面大面积出露区为重点，针对震旦系、寒武系和下奥陶统白云岩地层中发现的与内生作用相关的热流体溶蚀现象开展了系统采样和测试分析工作，以研究热流体对白云岩储集性改造的普遍性及空间结构特点。

2 区域地质背景

柯坪露头区位于塔里木盆地西北缘，构造单元上归属柯坪断隆。柯坪断隆形成于新生代喜马拉雅期[21]，表现为一个向东南推进的冲断构造，明显截切并逆掩于巴楚隆起及阿瓦提坳陷的西北边缘上(图2)。

在柯坪露头区，震旦系—二叠系均有连续良好的出露，其特征与盆内具有较好的可对比性，是原来塔里木盆地的一部分，因此可作为认识塔里木盆地的一个重要窗口。该区上震旦统—下奥陶统出露的各套地层名称及厚度如下：上震旦统出露苏盖特布拉克组和奇格布拉克组，下寒武统出露玉尔吐丝组(7.8～35m)、肖尔布拉克组(142～214m)及吾松格尔组(100～150m)，中寒武统出露沙依里克组(厚约100m)和阿瓦塔格组(143～261m)，上寒武统出露下丘里塔格群(29～610m)，下奥陶统出露上丘里塔格群(180～445m)(可进一步细分为蓬莱坝组和鹰山组)[22]。柯坪地区除下寒武统玉尔吐丝组为盆地相沉积外，上震旦统奇格布拉克组—下奥陶统

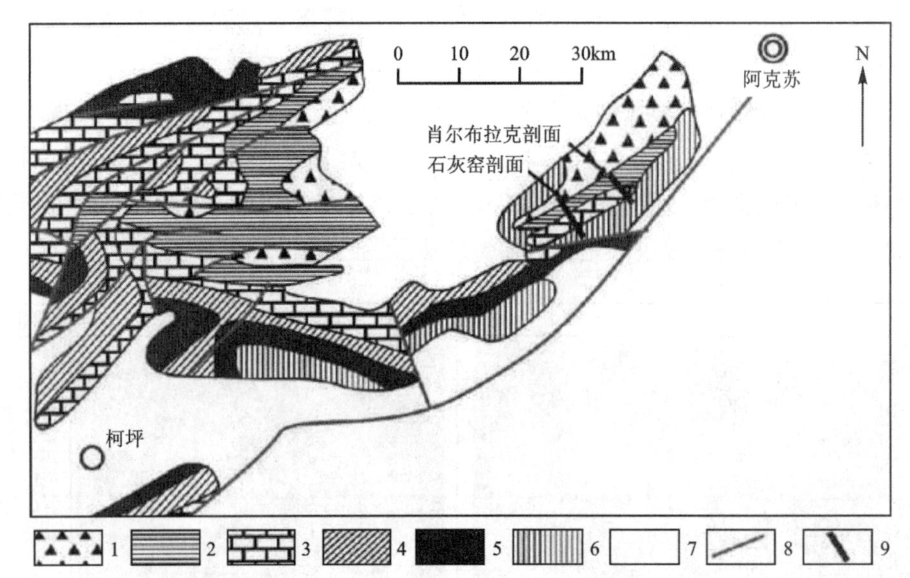

1.元古宇;2.寒武系;3.奥陶系;4.志留系—泥盆系;5.石炭系—二叠系;6.新近系;7.第四系;8.断裂;9.剖面位置。

图2 柯坪露头区地质简图

主要以台地型碳酸盐岩为主,其中,上震旦统奇格布拉克组—下奥陶统蓬莱坝组主要为白云岩。该区玉尔吐丝组泥页岩是良好的烃源岩。

柯坪地区岩浆活动普遍,且分布于多个层位,以二叠系玄武岩分布最广,分别产于下二叠统下亚统的库普库兹曼组和上亚统的开派兹雷克组,其厚度变化很大,从100多米到600多米不等[23]。

3 柯坪露头区热流体溶蚀现象的发现、证据及主要溶蚀结构特征

3.1 露头区热流体溶蚀现象的发现

通过对上震旦统—下奥陶统白云岩地层出露的柯坪石灰窑剖面及邻区几条剖面以及阿克苏肖尔布拉克剖面(图2)的踏勘及精细观察,发现了大量的顺层溶蚀孔洞[图3(a)],以及差异性溶蚀现象[图3(b)](如球状、蜂窝状和环带状溶蚀结构等),该现象早期也曾被认为是表生岩溶作用。溶蚀孔洞以小型(一般小于1.5cm)为主,但分布密集,且与裂缝或各级层序界面存在相关性,这与塔深1井[图1(a)]等许多深井岩芯中的所见结构类似。溶洞内充填了石英、方解石及自形白云石,其中石英与围岩区渐变接触,具石英交代白云石特征,石英以粒状—柱状为主,方解石以柱状为主,也可见粒状。但溶蚀孔洞内未见黏土矿物充填,这与表生岩溶结构具有差异性。

研究区发育密集的张性及剪性裂缝[图3(c)],可见及大到切穿整个丘里塔格群的高角度裂缝组合,也可见小到几米甚至几厘米的裂缝,这些裂缝内普遍充填石英和方解石脉,晶体垂直裂缝面生长。

同时，在阿克苏肖尔布拉克剖面上震旦统奇格布拉克组顶部不整合面上发现了大规模的溶塌结构[图 3(d)]，岩溶角砾化及液化滑塌明显，发育大量的溶蚀孔洞、构造裂缝及溶蚀裂缝，溶蚀孔洞及裂缝内充填了石英及方解石。

(a)顺层溶蚀，由准层序下部向上溶蚀孔隙逐渐增大，反映其受原始的同沉积期暴露形成的孔隙空间影响，$\in_3 ql$，石灰窑剖面；(b)断层附近差异溶蚀，$\in_3 ql$，石灰窑剖面西 1km 处剖面；(c)树枝状裂缝，方解石脉充填，$\in_3 ql$，石灰窑剖面；(d)在不整合面表生岩溶的基础上叠加了后期的热流体岩溶改造，形成了大型热流体再作用溶蚀滑塌结构，上震旦统奇格布拉克组顶部白云岩，肖尔布拉克剖面。

图 3　柯坪露头区白云岩地层中普遍存在的溶蚀现象

3.2　区域性热流体活动及其对白云岩溶蚀作用证据

证实区域性热流体对白云岩储层改造作用的存在，不单纯证实裂缝脉内充填物具热流体特点，更需要寻找溶蚀孔洞内充填物中保留的热流体改造相关证据。为此，本次研究中，以石灰窑及附近剖面为重点研究区，在野外多次系统采样的基础上，对上寒武统下丘里塔格群—下奥陶统蓬莱坝组内断层内石英脉及溶蚀孔隙和孔洞内普遍充填的自形白云石、石英和方解石 3 种主要结晶矿物进行了系统的气液两相原生流体包裹体(图 4)测试及分析工作。同时，也开展了光片、岩石薄片(包括铸体薄片)、电子探针以及激光拉曼等测试分析。从岩矿特征、包裹体温度、盐度和成分等多个方面寻找和揭示热流体活动的存在及其对白云岩孔隙的改造作用。

3.2.1　包裹体温度和盐度特征

孔洞内石英流体包裹体均一温度在 200～368℃之间，主要集中在 200～320℃之间，平均温度为 261.3℃，盐度分布在 3.39%～9.86%NaCleqv 之间，总体上，高温对应高盐度(图 5、图 6)，低温对应低盐度。

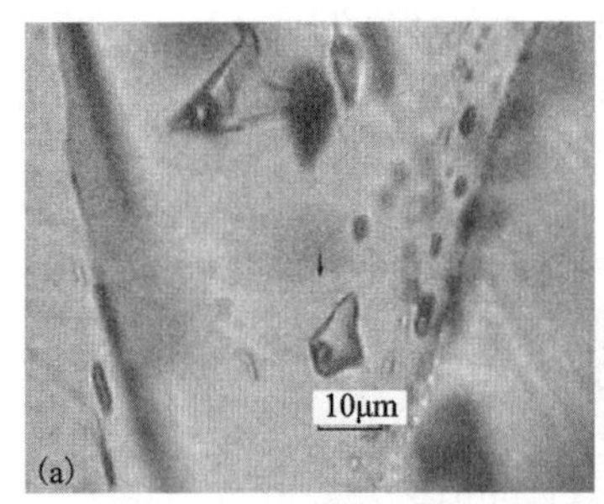

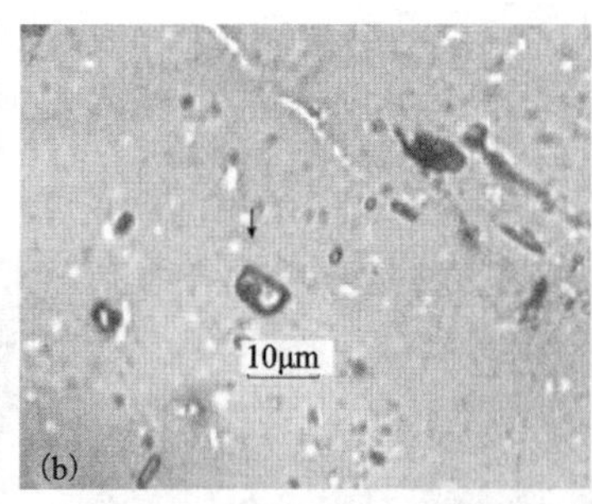

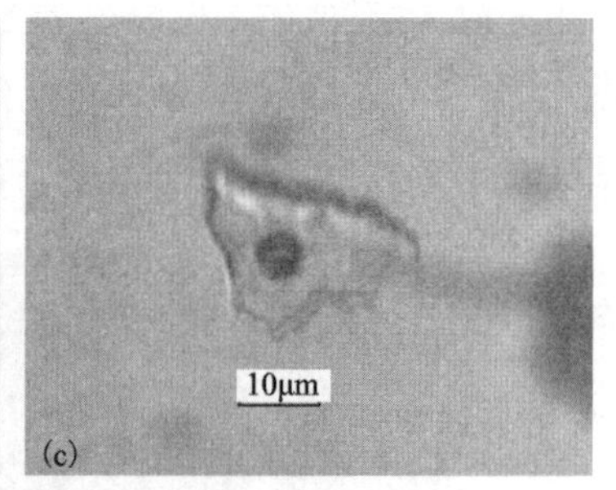

图 4　自形白云石(a)、石英(b)及方解石(c)中代表性原生盐水包裹体照片

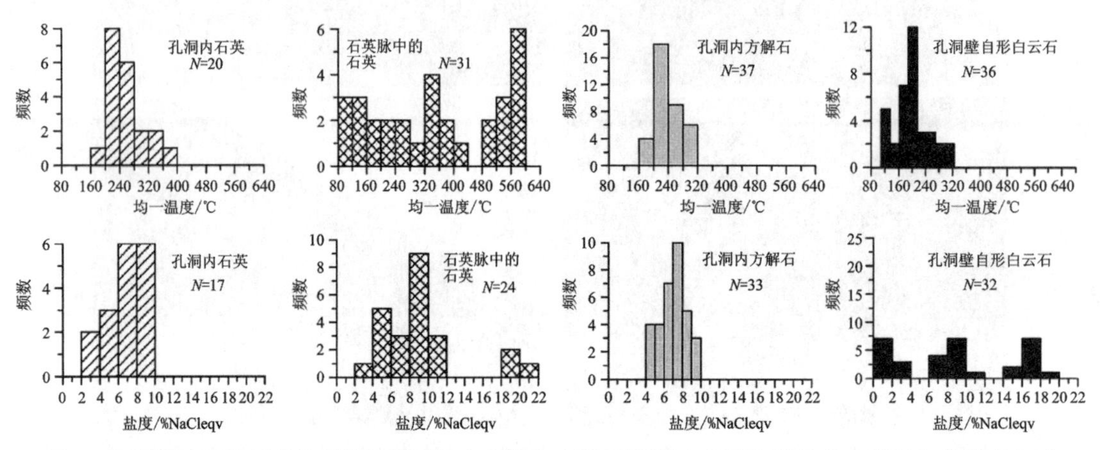

图 5　柯坪露头区白云岩地层孔洞及裂缝内自形白云石、石英及方解石包裹体均一温度和盐度直方图

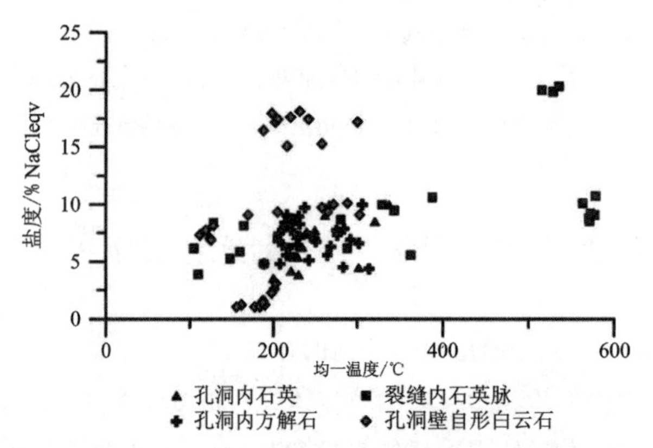

图 6　自形白云石、石英及方解石包裹体盐度和均一温度交会图

石英脉中石英包裹体均一温度分布在 105～578℃之间，分布范围广，又可进一步分为 105～280℃、322～387℃以及 495～578℃等 3 个温度区间，接近 600℃的异常高温反映了与岩浆活动相关热流体的存在。盐度分布在 3.87%～20.30%NaCleqv 之间，主要分布在 4.80%～10.73%NaCleqv 及 19.84%～20.3%NaCleqv 2 个区间，高盐度反映了深部流体的注入。总体上，高温对应高盐度(图 5、图 6)，低温度对应低盐度。

孔洞内方解石包裹体均一温度在 186～314℃之间，主要集中在 207～292℃之间，平均为 238.5℃。较孔洞内石英包裹体均一温度分布范围集中，且温度略低。盐度主要分布在 4.34%～9.98%NaCleqv 之间(图 5)。

孔洞内自形白云石包裹体均一温度在 112～303℃之间，主要集中在 119～271℃之间，平均温度为 202.2℃。盐度可识别出 3 个区间，即 1.05%～3.06%NaCleqv、6.88%～10.11%NaCleqv及15.07%～18.13%NaCleqv(图 5)，表现出了淡水及深部高盐度流体共存及混合特征。与石英和方解石包裹体测试结果相比，自形白云石包裹体均一温度低于石英包裹体均一温度，而近似于方解石脉包裹体均一温度；盐度与方解石脉包裹体相似，均存在低盐度部分，但总体低于石英包裹体盐度范围(图 6)。

前人对阿克苏肖尔布拉克剖面下寒武统玉尔吐丝组泥岩测得的等效镜质体反射率(R_o)值具有很大差异性，王飞宇等[24]测得 R_o 值范围在 2.63%～2.85%之间。参考相同层位 R_o 值相似的塔东 2 井埋藏史图，推测研究区玉尔吐丝组最大埋深小于 7000m，去除寒武系地层厚度(≥1000m)，上寒武统顶部的下丘里塔格群最大埋深在 6000m 左右。由于对塔里木盆地的地温史认识存在差异，热盆和冷盆都有学者提出[25,26]，地温梯度在 19～40℃/km 范围浮动，按此地温梯度区间，推测下丘里塔格群在最大埋深条件下地层温度为 120～240℃，即正常埋深的地层温度不超过 240℃。而测定的裂缝及溶洞内 3 种矿物的包裹体均一温度明显高于该温度(图 5)，这证实了高温热流体的存在。

3.2.2　包裹体气体成分特征

气相及气液两相包裹体激光拉曼成分测定结果表明，石英、方解石及孔洞壁自形白云石矿物内原生包裹体均普遍含有 CO_2、H_2O 及气态烃类(图 7)，可见 H_2S 气体，说明热流体进入白云岩地层的同时也伴有油气的注入(推测为下寒武统玉尔吐丝组油源)。方解石脉内的沥青充填以及镜下荧光鉴定也反映了明显的含油气性。CO_2 和 H_2S 气体及油气中的有机酸为白云岩的溶蚀提供了很重要的物质条件。

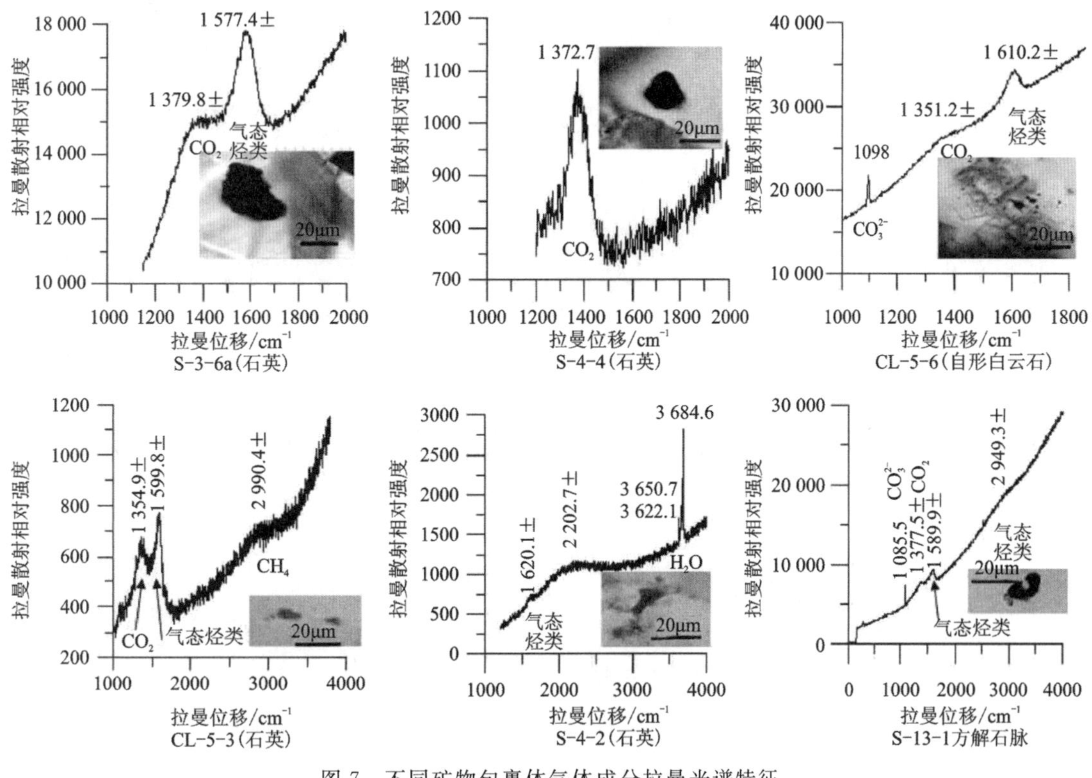

图 7　不同矿物包裹体气体成分拉曼光谱特征

3.2.3 岩矿特征

岩矿研究表现出各种高温矿物组合特点。石灰窑剖面上寒武统下丘里塔格群及下奥陶统蓬莱坝组白云岩地层内可见及黄铁矿[图 8(a)]、菱铁矿、萤石[图 8(b)]、毒砂[图 8(c)]、鞍形白云石[图 8(d)](被认为是热流体白云石化作用的典型标志之一,具雾心亮边的铁白云石、石英[图 1(d)、图 8(e)、图 9(a)、图 9(b)]和玉髓[图 8(f)]及重晶石等热流体矿物,且热流体边部存在暗色矿物环边。研究区热流体矿物以石英和鞍形白云石为主(或自形白云石),主要分布在断层带附近裂缝及孔洞内,也具有顺层分布特点。

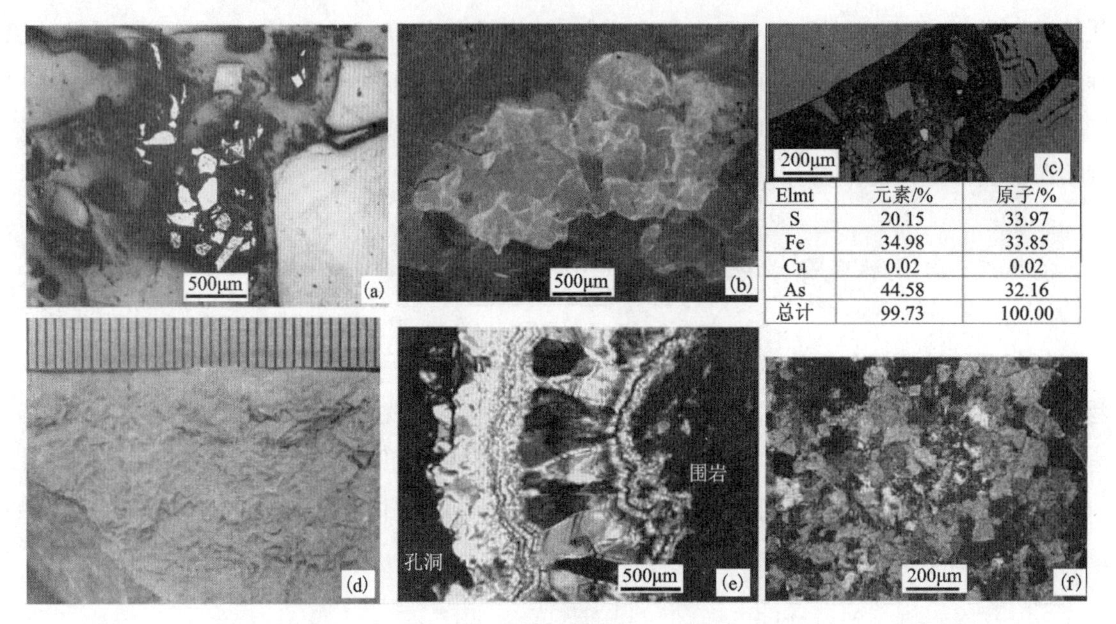

Elmt	元素/%	原子/%
S	20.15	33.97
Fe	34.98	33.85
Cu	0.02	0.02
As	44.58	32.16
总计	99.73	100.00

(a)黄铁矿,上寒武统下丘里塔格群($\in_3 ql$),石灰窑剖面,反射光;(b)萤石,反射荧光(蓝光激发),$\in_3 ql$,石灰窑剖面;(c)毒砂,$\in_3 ql$,石灰窑剖面,电子探针;(d)鞍形白云石;(e)石英脉,$\in_3 ql$,石灰窑剖面,正交偏光;(f)玉髓,$\in_3 ql$,石灰窑剖面,正交偏光。

图 8 柯坪地区热流体活动的岩石学和矿物学证据

综上所述,柯坪露头区震旦系—下奥陶统与岩浆活动相关的异常热流体活动具有普遍存在及区域性活动的特点,结合研究区大规模岩浆岩活动时间[23,27],推测热流体形成时期可能在二叠纪。

3.3 热流体对白云岩改造的典型溶蚀结构、空间分布特点及成因分析

3.3.1 顺层溶蚀结构

该溶蚀现象主要表现为溶蚀孔洞具有顺层分布的特点,明显受控于准层序格架[图 3(a)]。这种顺层溶蚀现象在垂向上存在明显差异性,在准层序内部,由下向上,溶蚀程度逐渐增强[图 3(a)],底部主要为差异性溶蚀[图 9(b)],溶蚀孔隙较小,到顶部可见及超过 1cm 以上的溶蚀孔

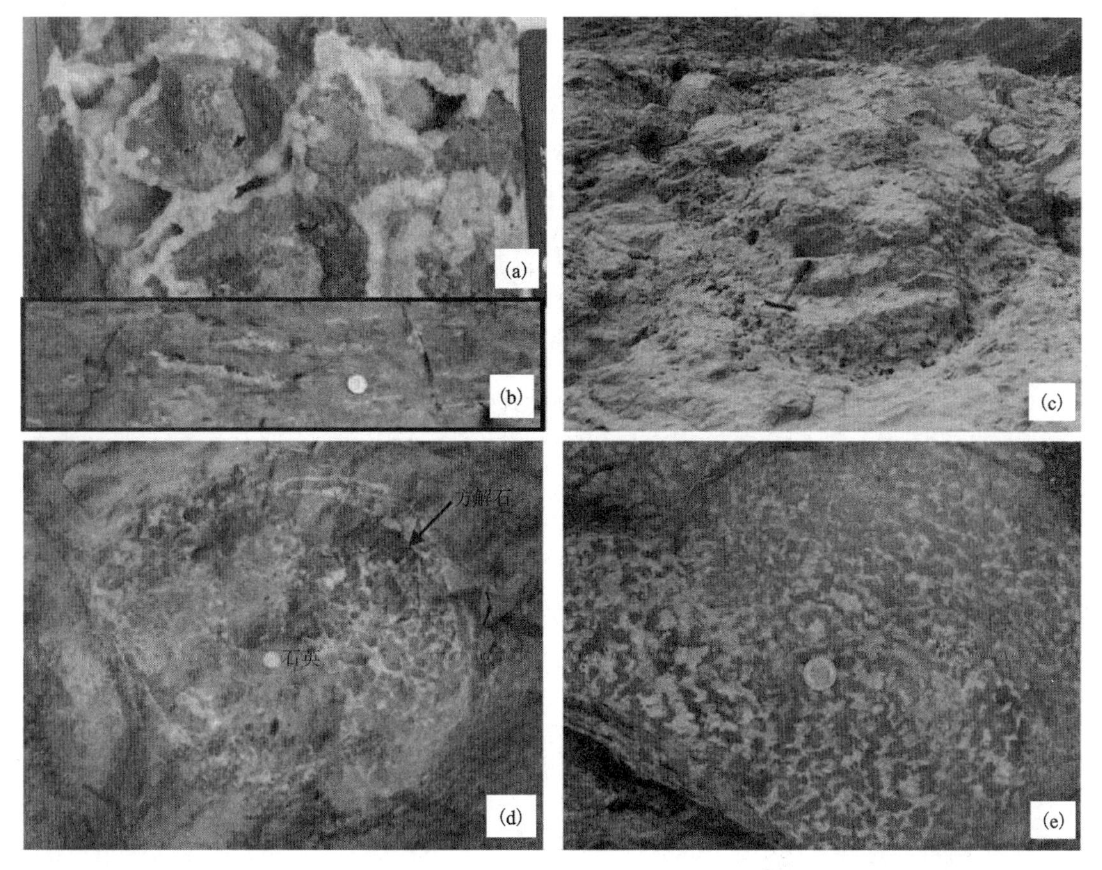

(a)网状溶蚀,石英半充填,准层序顶部,$\in_3 ql$,石灰窑剖面东 1km;(b)顺层溶蚀,准层序下部,下奥陶统蓬莱坝组($O_1 p$),石灰窑剖面;(c)林带状溶蚀,$\in_3 ql$,石灰窑剖面;(d)岩溶角砾,方解石充填,$\in_3 ql$,石灰窑剖面;(e)斑状溶蚀,方解石充填,$\in_3 ql$,石灰窑剖面。

图 9　热流体典型溶蚀结构露头及标本照片

洞[图 1(d)]以及白云岩的角砾化和网状溶蚀[图 9(a)]结构,这种结构与塔深 1 井岩芯孔洞结构类似。这里的网状溶蚀结构不等同于网状裂缝结构,而是在裂缝及地层孔隙基础上受热流体溶蚀和矿物充填形成的网状交织结构。顺层溶蚀现象与地层的原始孔隙空间分布有关。

3.3.2　差异溶蚀结构

由于受到裂缝及原始孔隙结构的差异性影响,热流体对围岩的溶蚀具有差异性。前面提及的顺层溶蚀结构中垂向上的差异性溶蚀反映了该特点。除此之外,研究区还可普遍见及蜂窝状、环带状[图 9(c)]及网状[图 3(b)、图 9(a)]的溶蚀结构,也可表现为不连续的顺层溶蚀[图 8(b)]特点。环带状、蜂窝状和网状溶蚀主要分布在断层附近;而网状溶蚀,主要在准层序顶部高孔渗层顺层分布,与原始地层内的微裂缝存在有关。这些差异性溶蚀现象主要与地层的原始孔渗性有关,如果围岩孔渗性较差,通过裂缝可形成蜂窝状的溶蚀结构,表明了热流体对该种地层的溶蚀能力具有局限性。而具高孔渗性和开放式的地层,有利于热流体注入后快速流动和疏导,易形成顺层的区域性溶蚀。顺层的网状溶蚀结构也是该种溶蚀的一个反映[图 9(a)]。

3.3.3 冷缩裂缝结构

岩石具有热胀冷缩的特征，因此高温热流体的侵入，势必会导致白云岩的热胀和冷缩现象。在热流体影响下，白云岩体积增大，其后随温度下降，发生体积收缩。由于不同岩石存在不同的可塑性，如泥岩可塑性很强，白云岩和硅质岩类脆性较强，高温所导致的脆性岩类体积膨胀和收缩往往存在不可逆性。前人研究表明，因为多数矿物具有各向异性，当加热温度在350℃以下时，冷却后岩石的体积和体重基本上保持不变；当加热温度更高时，一些矿物沿热膨胀系数大的方向显著增长，以致使矿物间紧密镶嵌结构受到破坏，冷却后矿物不能恢复原位，导致岩石体重变小，体积增大，产生了裂缝或粒间孔隙[28]。

研究区部分大型高角度裂缝的存在可能与区域性岩浆活动导致的地层热胀冷缩有关，大规模高温热流体活动加热了地层，体积膨胀后的部分不可逆性，必然导致冷却后形成大规模的裂缝。柯坪露头区裂缝内方解石脉和石英脉的高温性是较好的证据。而在小范围内也将表现出冷缩裂缝结构，如环状裂缝[图9(d)]，其中部充填了高温的石英，温度可达到500℃以上，向外主要充填200～300℃相对低温的方解石。

3.3.4 大型溶塌结构

该现象发现于肖尔布拉克剖面上震旦统奇格布拉克组顶部不整合面上[图3(d)]。溶塌形成的孔隙空间内充填了大量的石英和方解石。经测定，石英包裹体温度可达到550℃，但具有低盐度和高盐度共存的特点，低盐度说明了大气淡水的存在。与顺层溶蚀不同，热流体的大型溶塌结构主要是叠置在不整合面的表生岩溶基础上。总体上，溶塌结构塑性变形明显，并形成了大量的溶塌角砾。

4 热流体形成的孔隙类型及其分布差异性

热流体对白云岩改造主要形成缝-洞复合型储集空间。可进一步识别出冷缩裂缝[图9(d)]、溶蚀缝[图10(g)]、晶体解理缝[图10(a)、(b)]、溶蚀孔洞[图1(b)、(d)，图3(a)、(b)，图9(a)、(c)，图10(a)、(b)、(e)、(h)、(i)]、晶间孔以及晶内溶孔[图10(c)、(h)]等热流体活动相关储层孔隙结构，除此之外，还发育与不整合面表生岩溶叠置的热流体溶塌结构[图3(d)]。一些孔隙结构现象在前面已论述，这里就不再赘述。

在白云岩地层内，不同热流体改造形成的孔隙空间类型及其之间的组合样式存在空间分布的差异性，在断裂带附近主要表现为裂缝与差异性溶蚀孔洞的组合结构，在不整合面上主要表现为溶塌形成的构造缝与热流体溶蚀孔洞的组合样式；在原始地层的顺层高孔渗区则主要形成受微裂缝影响的、以顺层分布的溶蚀孔洞为主的储集空间结构，而低孔渗区则主要在微裂缝的沟通下形成差异性溶蚀的孔隙结构。

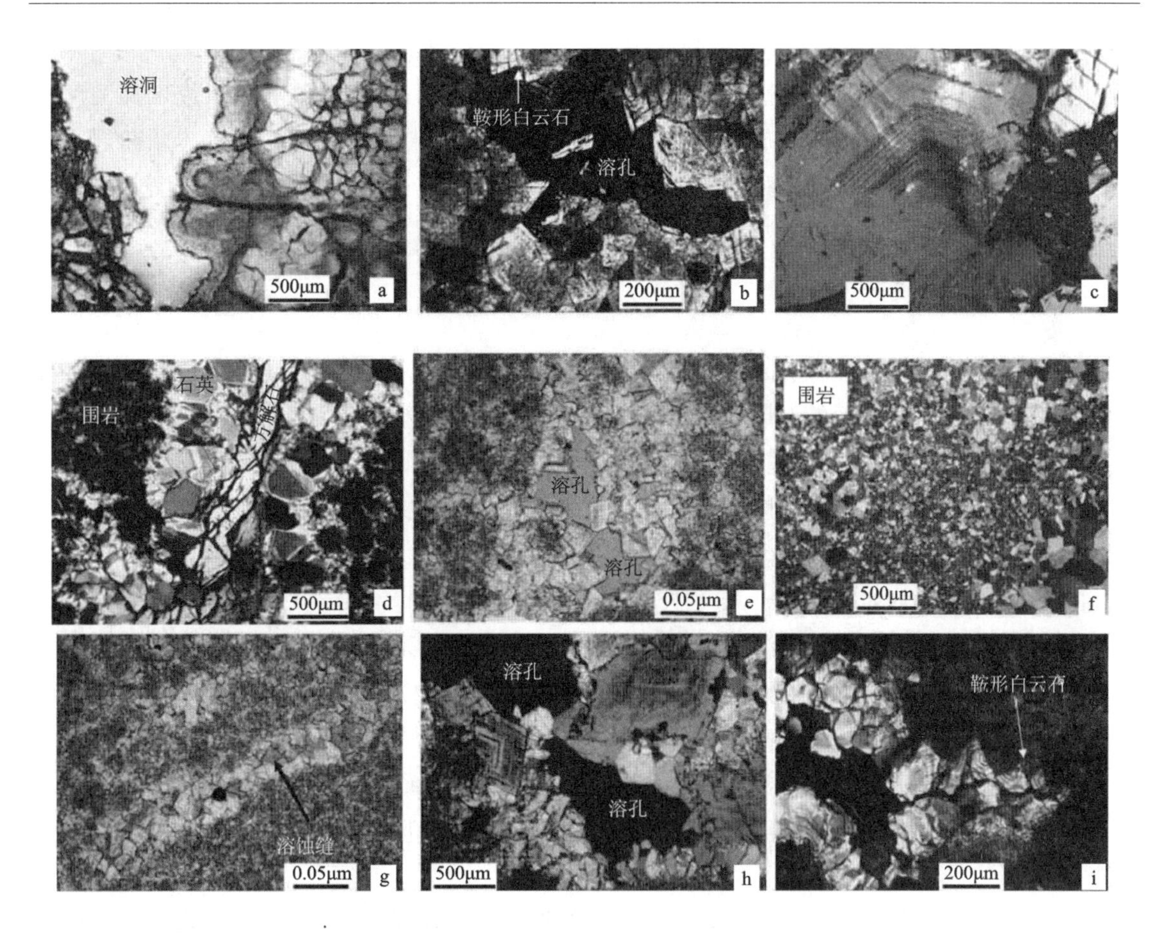

(a)后期热流体对先期石英晶体改造形成不完全解理，$\in_3ql$，石灰窑剖面，包裹体薄片，单偏光；(b)溶蚀孔洞，下部洞壁见硅质充填，具示顶底结构，上部洞壁自形白云石，左上角见鞍形白云石，O_1p，石灰窑剖面东 4km，包裹体薄片，正交偏光；(c)石英晶内溶孔，$\in_3ql$，石灰窑剖面，普通薄片，正交偏光；(d)裂缝内先期硅质胶结和后期方解石胶结，$\in_3ql$，石灰窑剖面，包裹体薄片，正交偏光；(e)溶洞内的自形白云石，$\in_3ql$，石灰窑剖面，包裹体薄片，单偏光；(f)热液溶蚀，向围岩方向硅质胶结逐渐变弱，$\in_3ql$，石灰窑剖面，普通薄片，正交偏光；(g)溶蚀缝，$\in_3ql$，石灰窑剖面，普通薄片，正交偏光；(h)溶蚀孔洞壁自形白云石，$\in_3ql$，石灰窑剖面，普通薄片，正交偏光；(i)鞍形白云石及后期顺自形白云石晶面生长的石英，O_1p，石灰窑剖面东 4km，包裹体薄片，正交偏光。

图 10 柯坪露头区溶蚀孔隙薄片显微照片

5 热流体活动及其溶蚀作用受控因素分析

影响热流体活动及其对白云岩储集性改造的因素较多，改造过程具有复杂性。本文主要从热流体输导运移路径及其对白云岩改造的空间分布位置等方面入手，来探讨热流体活动及其对白云岩溶蚀改造的受控因素。

5.1 构造断裂控制

断裂带是岩浆热液及相关热流体活动的主要运移通道[图 3(c)]，同时也是热流体的主体改造区[图 9(c)]。在这些区域常形成大规模的、较强的热流体改造。

断层的密度及其与地层孔渗性特征直接决定了热流体溶蚀改造的强弱。研究区高角度断层发育,且断层密度大,这使得断层与高孔渗层形成网状的优势运移通道,热流体顺断层进入后,能很快在立体空间进行温度和物质的交换传导。

5.2 地层界面控制

研究表明,热流体溶蚀改造区明显受层序地层格架控制,不同级别的层序地层格架对溶蚀的控制程度不同,层序界面的下部是相对明显的热流体溶蚀改造区。

二级或三级层序界面是区域性热流体溶蚀改造部位,这是因为,层序界面附近常伴有区域分布的表生岩溶带,原始储层物性较好,这种条件形成的热流体溶蚀一般具有顺地层界面的区域性分布特点[图 3(d)]。

次级的层序界面(如准层序界面)也控制着热流体溶蚀的发育,准层序内部原始孔隙空间分布存在差异性,这导致了热流体溶蚀的改造强度在准层序内部具有明显的差异性[图 3(a),图 9(a)、(b)]。前已论及,较好的溶蚀改造区主要分布在准层序的顶部,且连通性较好,顺层分布,在微裂缝沟通下可形成网状的溶蚀结构[图 9(a)],但一般被硅质充填洞壁或完全充填。而准层序下部物性和连通性都较差,主要形成顺着相对高孔渗区或层面的零星分布结构[图 9(b)]。总体上,由准层序底部向上逐渐由零星的顺层或局部差异溶蚀过渡为顺层延伸较远的网状强溶蚀改造。

需要指出的是,热流体对白云岩储集性改造的控制因素间是相辅相成的,断裂带与地层界面附近的高孔渗带组合能形成空间立体的网状运移通道及改造空间,从而形成热流体溶蚀的普遍改造特点。

上述控制因素是白云岩热流体溶蚀作用的一部分。它们直接或间接与地层的原始孔渗性及孔隙空间上的连通性和开放性有关,同时也受其控制。

6 热流体活动对白云岩储集性的改造作用及对深层油气勘探意义的讨论

热流体对白云岩储集性的改造具有建设性和破坏性共存的特点,露头区主要以建设性为主。

6.1 建设性作用

露头区研究揭示,热流体活动改善了白云岩储集性能,其建设性作用主要包括溶蚀作用和冷缩作用。

6.1.1 溶蚀作用

热流体顺裂缝及孔隙进入白云岩地层,改变了原始地层的物理及化学环境平衡,使白云岩及孔隙流体升温，同时也带来大量 CO_2、有机酸（图 7）及 H_2S 等溶蚀性气、液相流体，其对白云岩的溶蚀作用明显，产生了大量溶蚀孔隙空间，并改善孔隙空间的连通性，进而提高了白云岩储集物性。表 1 是热流体溶蚀改造的白云岩样品物性测试结果，表现出较好的孔渗性，孔隙度可达到 5.35%，渗透率一般小于 $0.397\times10^{-3}\mu m^2$，其中序号 4 样品由于有裂缝存在而渗透率明显增加，可达到 $27.4\times10^{-3}\mu m^2$，总体上达到了储层的标准。需要指出的是，表 1 中测试样品孔隙空间主要以小型溶蚀孔隙为主，能一定程度上反映储集性，而宽大裂缝及较大的溶蚀孔洞样品的物性会更好。但现有物性测试方法还很难实现定量化，有待进一步探讨和深入。

6.1.2　冷缩作用

在高温热流体侵入及其后的快速降温过程中，会在与其接触及邻近的白云岩地层内产生大量的与冷缩作用相关的裂缝[图 9(d)]（详见本文 3.3 节论述），可改善白云岩孔隙空间的连通性。冷缩作用由于受高温影响明显，只能在靠近高温流体的主体区产生，因而分布范围局限，而溶蚀作用则具有区域的普遍性意义。

6.2　破坏性作用

胶结作用是热流体对白云岩储集性改造的主要破坏性作用。热流体进入白云岩地层孔隙空间后，随着温度的降低会产生结晶作用，如果孔隙及裂缝中的流体不能及时排出或流通，析出的晶体会胶结封堵一部分孔隙空间，如研究中见及的石英、白云石及方解石半充填—完全充填孔洞及裂缝的现象[图 10(a)、(d)、(f)、(i)]。在降低孔隙空间的同时也使得储集空间非均质性增强。

露头区研究揭示了热流体对白云岩储集性改造具有区域规模，并进一步揭示了储集空间的普遍存在特点，加之深层钻井白云岩储层的钻遇，均为塔里木盆地深层白云岩油气勘探提供了储层存在及区域性分布的证据。

由于热流体类型多样、成分构成各异，其对白云岩储集性改造具有多样性和复杂性的一面，不一定以建设性为主，这还有待进一步深入研究和探讨。

表 1　热流体改造白云岩孔隙度和渗透率特征

序号	岩性	孔隙度/%	渗透率/$10^{-3}\mu m^2$
1	白云岩	2.63	0.052 6
2	白云岩	5.73	0.319
3	白云岩	5.35	0.112
4	白云岩	1.38	2 700.4
5	白云岩	2.88	0.522
6	白云岩	2.68	0.397

参考文献

[1]云露，翟晓先. 塔里木盆地塔深1井寒武系储层与成藏特征探讨[J]. 石油与天然气地质，2008，29(6)：726-732.

[2]乔冀超. 塔深1井寒武系白云岩储层特征及其地球化学特征研究[D]. 成都：成都理工大学，2008.

[3]LAVOIE D，MORIN C. Hydrothermal dolomitization in the Lower Silurian Sayabec Formation in northern Gaspé-Watap-édia (Québec)：constraint on timing of porosity and regional significance for hydrocarbon reservoirs[J]. Bulletin of Canadian Petroleum Geolog，2004，52：256-269.

[4]LAVOIE D，CHI G X. Hydrothermal dolomitization in the Lower Silurian La Vieille Formation in northern New Brunswick Geological context and significance for hydrocarbon exploration[J]. Bulletin of Canadian Petroleum Geology，2006，54：380-395.

[5]DAVIES G R，SMITH L B. Structurally controlled hydrothermal dolomite reservoir facies：an overview[J]. AAPG Bulletin，2006，90：1641-1690.

[6]FRIEDMAN G M. Structurally controlled hydrothermal dolomite reservoir facies：an overview：discussion[J]. AAPG Bulletin，2007，91：1339-1341.

[7]BARNES D A，PARRIS T M，GRAMMER G M. Hydrothermal dolomitization of fluid reservoirs in the Michigan basin，U. S. A[C]. san Antonio，Texas：2008 AAPG Annual Convention & Exhibition，2008.

[8]WORDEN R H，SMALLEY P C，CROSS M M. The influence of rock fabric and mineralogy on thermochemical sulfate reduction：Khuff Formation，Abu Dhabi[J]. Journal of Sedimentary Research，2000，70：1210-1221.

[9]WORDEN R H，CAI C F. Geochemical characteristics of the Zhaolanzhuang sour gas accumulation and thermochemical sulfate reduction in the Jixian Sag of Bohai Bay Basin：discussion[J]. Organic Geochemistry，2006，37(4)：511-514.

[10]MACHEL H G，BUSCHKUEHLE B E. Diagenesis of the Devonian Southesk-Cairn carbonate complex，Alberta，Canada：marine cementation，burial dolomitization，thermochemical sulfate reduction，anhydritization，and squeegee fluid flow[J]. Journal of Sedimentary Research，2008，78：366-389.

[11]ZHANG T，AMRANI A，ELLIS G S，et al. Experimental investigation on thermochemical sulfate reduction by H_2S initiation[J]. Geochimica et Cosmochimica Acta，2008，72 (14)：3518-3530.

[12]王嗣敏，金之钧，解启来. 塔里木盆地塔中45井区碳酸盐岩储层的深部流体改造作用[J]. 地质论评，2004，50(5)：543-547.

[13]李纯泉，陈红汉，陈汉林. 塔河油田奥陶系热流体活动期次的流体包裹体证据[J]. 浙江大学学报(理学版)，2005，32(2)：231-240.

[14]吕修祥，杨宁，解启来，等. 塔中地区深部流体对碳酸盐岩储层的改造作用[J]. 石油与天然气地质，2005，26(3)：284-296.

[15]金之钧，朱东亚，胡文瑄，等. 塔里木盆地热液活动地质地球化学特征及其对储层影响[J]. 地质学报，2006：80(2)：245-254.

[16]张兴阳，顾家裕，罗平，等. 塔里木盆地奥陶系萤石成因及其油气地质意义[J]. 岩石学报，2006，20(2)：2220-2228.

[17]朱光有，张水昌，梁英波，等. TSR 对深部碳酸盐岩储层的溶蚀改造：四川盆地深部碳酸盐岩优质储层形成的重要方式[J]. 岩石学报，2006，22(8)：2182-2194.

[18]朱东亚，金之钧，胡文瑄，等. 塔里木盆地深部流体对碳酸盐岩储层影响[J]. 地质论评，2008，54(3)：348-354.

[19]刘全有，金之钧，高波，等. 川东北地区酸性气体中 CO_2 成因与 TSR 作用影响[J]. 地质学报，2009，83(8)：1195-1202.

[20]吴茂炳，王毅，郑孟林. 塔中地区奥陶纪碳酸盐岩热液岩溶及其对储层的影响[J]. 中国科学(D 辑)，2007，37 (Z1) ：83 -92.

[21]张岜，郑多明，李江海. 柯坪断隆古生代的构造属性及其演化特征[J]. 石油与天然气地质，2001，22(4)：314-318.

[22]张师本，倪寓楠，龚福华，等. 塔里木盆地周缘地层考察指南[M]. 北京：石油工业出版社，2003.

[23]姜常义，张蓬勃，卢登蓉，等. 柯坪玄武岩的岩石学、地球化学、Nd、Sr、Pb 同位素组成与岩石成因[J]. 地质论评，2004，50(5)：492-500.

[24]王飞宇，张水昌，张宝民，等. 塔里木盆地寒武系海相烃源岩有机成熟度及演化史[J]. 地球化学，2003，32(5)：461-468.

[25]范善发，周中毅. 塔里木古地温与油气[M]. 北京：科学出版社，1990.

[26]金奎励. 有机岩石学研究：以塔里木盆地为例[M]. 北京：地震出版社，1997.

[27]李勇，苏文，孔屏，等. 塔里木盆地塔中丑楚地区早二叠世岩浆岩的 LA-ICP-MS 锆石 U-Pb 年龄[J]. 岩石学报，2007：23(5)：1097-1107.

[28]季克俭，吴学汉，张国柄，等. 热液矿床的矿源、水源和热源及矿床分布规律[M]. 北京：北京科技出版社，1989.

柴达木盆地东部第四系局部构造形成的控制因素及分布规律*

摘　要　柴达木盆地东部三湖地区第四纪湖相沉积面积达 $1\times10^4\,km^2$ 以上，第四系厚度最大为 3400m，其中，下更新统涩北组中上段的泥岩夹粉砂岩段是该区的主力气源岩，也是原生构造型气藏发育层段。目前的勘探和研究成果表明，该区第四系局部构造属同沉积构造，其形成虽受深层第三纪（古近纪＋新近纪）古构造和古地形影响，但第四纪变形的边界控制条件不同。采用遥感解译手段，结合地震剖面研究，本文认为三湖地区第四系局部构造的形成受盆地北侧边界断裂的影响更大，变形动力主要来自盆地北缘，构造分布在一定程度上受盆地边界断裂、盆内主干断裂等控制，根据主干断裂的分布特征可推测局部构造的分布位置。

关键词　柴达木盆地　三湖坳陷　第四纪　背斜圈闭　形成　分布

1　新构造运动控制局部构造的证据

已有研究成果认为，柴达木盆地东部三湖地区第四系局部构造为同沉积构造[1]，构造幅度上小下大，浅层局部构造的形成受深部第三纪（古近纪＋新近纪）古构造和古地形控制。本文认为，第四纪以来的新构造运动对三湖地区局部构造的形成也有控制作用，与新构造运动的阶段性相关。这可从第四系不同层位局部构造闭合度差异性方面获得证据。由表 1 可见，已知几个含气构造的 K13 标准层的闭合度均比其以上层位闭合度大，表明 K13 标准层沉积后有一次较大的构造变形。台南气田第四系 K1、K3 标准层与 K5、K8 标准层的闭合度相差悬殊，涩北一号和盐湖气田也有类似特点，说明 K3 标准层沉积之前有过一次较强的构造变动。驼峰山气田 K1

表 1　已知气田圈闭面积及闭合度值

气田名称	圈闭要素	标准层位				
		K1	K3	K5	K8	K13
台南	面积/km^2	64	64	97	111	140.5
	闭合度/m	50	55	120	33	165
涩北一号	面积/km^2	24.5	26	32	35	40.5
	闭合度/m	27	45	55	70	90
涩北二号	面积/km^2	43	43.5	45	47	48.5
	闭合度/m	55	75	75	75	80
盐湖	闭合度/m	63	80	99	121	228
驼峰山	闭合度/m	21	18	—	24	200
台吉乃尔	闭合度/m	40	49	52	—	500

* 论文发表在《石油勘探与开发》，2000，27(2)，作者为王桂宏、张友焱、王世洪、余华琪、马力宁、李思田。

标准层的闭合度大于 K3 标准层，且 K8 标准层闭合度仅为 24m，说明 K1 标准层沉积后的构造变形对驼峰山构造的定型起一定作用。

此外，在靠近第四系坳陷边界处，局部构造较为发育，构造幅度大，往坳陷中心构造发育差，幅度降低（表 1）。如靠近坳陷北界的南陵丘、伊克雅乌汝等构造，闭合度分别为 370m、450m，远大于涩北构造和台南构造的闭合度。这说明局部构造发育不仅仅受深部构造的控制，还受边界断裂的影响。这类局部构造还有盐湖、驼峰山构造等，它们受第四纪中晚期新构造运动的影响而变形加剧，核部地层遭受强烈剥蚀。

柴达木盆地西部地区广泛发育第四系表层褶皱，揉曲作用非常强烈，反映表层的水平挤压作用很强烈。在多数情况下，其深部有对应的局部构造发育，但无论是构造样式还是局部构造规模，深部都与表层有很大区别。深部古构造对浅层构造的发育有一定的导引作用，使得表层构造更易在有深部古构造的地方发育，如大风山、碱山等构造；但也有深部为凹陷结构，只在地表发育第四系表层褶皱，如红三旱三号、四号构造等在中央坳陷带内发育的褶皱。因此，第四纪局部构造的发育不一定都受第三纪（古近纪＋新近纪）古构造空间分布的控制，可以表现为上陡下缓的尖顶背斜构造。这类局部构造的发育主要与盆地内上新世至第四纪的构造运动有关[2]。

2　第四系构造形成的控制因素

2.1　边界断裂对局部构造形成的影响

柴达木盆地周边地质构造复杂，其北、南、西三侧主要地段明显受断裂控制，越靠近盆地的西北角和西南角，断裂对盆地沉积和构造的控制作用就越强，同时断裂性质不同以及地质阶段不同，对沉积和局部构造控制的作用方式也不相同。

在东西方向上，边界断裂对柴达木盆地新生界变形控制作用的差异表现在：①在盆地南侧边界，西段的祁曼塔格山前断裂带和东段的格尔木-诺木洪断裂带在新构造运动时期性质明显不同。走向北西西的祁曼塔格山前断裂带广泛发育逆冲构造，在祁曼塔格山南侧发育一中、新生代盆地（库木库里盆地），说明祁曼塔格山以向其两侧盆地逆冲挤压的造山方式抬升；而格尔木-诺木洪断裂深部断面北倾，在地表表现出一定的走滑性质，说明东段布尔汗布达山向盆地的逆冲作用较弱，以断裂走滑的造山方式抬升。这两条断裂的相交部位正好对应于三湖坳陷的沉降中心。②在盆地北侧，柴北缘断裂带（西段为北西向，东段为近东西向宗务隆山，过渡带位于大柴旦一带）在不同地段的特征也存在显著差异。北西向延伸的绿梁山-锡铁山-埃姆尼克山南缘断裂没有明显的连续的线性遥感影像特征，尽管在重力图上表现出明显的密集梯度带，但这只说明了这一系列山体与盆地盖层的巨大密度反差，不能说明该断裂带在第四纪是活动的。如绿梁山断裂被第四系覆盖，埃南断裂消失于上新统[2]，由此可见，西段断裂带活动在第四纪是相对平静的，不能作为第四纪构造变形的控制边界。东西向的宗务隆山南缘断裂带过大柴旦后，由鱼卡北向西，与赛什腾山北逆冲带交会，断裂呈舒缓波状，向南逆冲，是新生代盆地的北边界，可作为第四纪构造变形的控制边界。柴北缘断裂带总体呈向南西方向逆冲的弧形，大柴旦地区位于其弧顶部位，因此应力较为集中，应变方式表现为鱼卡地区及大红沟、无柴沟地区的强烈压扭变形。

目前对柴北缘侏罗系的勘探表明，侏罗系在柴北缘断裂带附近有不同的分布特点。在西段，侏罗系在断裂带的两侧均有分布，北侧为苏干湖盆地，南侧为赛西凹陷，赛西凹陷向东还有几个小的侏罗系凹陷。但在对应于三湖坳陷处的盆地主体内，目前没发现侏罗系凹陷（图 1）。大柴旦凹陷内有发育侏罗系的区域构造背景，但规模小，第四系快速堆积。向东发生了变化，断裂的北侧发育有一定规模的德令哈侏罗系凹陷，其南侧有人认为存在侏罗系凹陷，但也有人持不同意见。

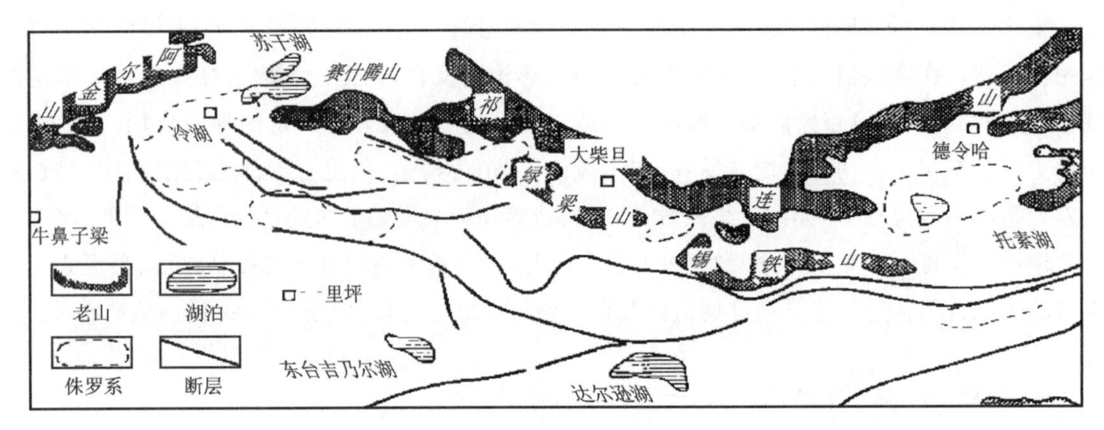

图 1　柴达木盆地北部侏罗系分布图

由上述边界特点不难看出，对应于三湖坳陷，盆地边界具有与其他地段不同的地质特点：南侧与三湖坳陷中心地带相对应的是两条走向不同的断裂的交会部位；北侧对应于三湖坳陷中部的弧形柴北缘断裂有较明显的向盆地逆冲的特点（野外地质测量剖面证实边界老山逆冲于新生界之上）。因此三湖坳陷局部构造变形受北侧边界的影响更大，受南侧影响较小。

2.2　坳陷内大的断裂构造影响二级构造带发育

研究柴达木盆地第四系坳陷局部构造的分布规律时，仅仅分析盆地边界断裂是不够的，还要分析坳陷内基底断裂的构造性质和力学性质。柴达木盆地第四系坳陷内发育的基底断裂与邻近的边界断裂性质有一定区别，甚至完全不同。这主要是地质体变形的空间不均一性、地质构造演化的阶段性以及各类地质体之间的相关性差异等造成的。柴达木盆地第四系坳陷沉积时代新、构造运动比较简单，构造变形的控制因素较为单一，易于分析研究断裂构造之间的切错关系，是一个较理想的研究现代应力场与构造变形的场所。

(1)盐湖断裂。盐湖断裂位于达布逊湖北侧（图 2），在卫星图像上呈平直的暗色条带异常，由东往西向南侧接，侧接处的地表为积水条带和长条洼地（张裂隙的产物），东、西两个侧接宽度分别为 6km 和 8km。据此特征可推断盐湖断裂为左行走滑断裂。

盐湖断裂两盘地层的层面较陡，断面北倾，北盘上升，南盘下降（图 3）；断裂北侧发育多个局部构造，如盐湖、哑巴尔构造等。与该区段相对应的锡铁山山前断裂（盆地边界断裂）呈弧形弯曲，弧顶指向南南西方向（图 2），锡铁山山体老地层逆冲于渐新统之上，其特征与盐湖断裂相似，说明渐新世后期发生由北向南的逆冲作用，很显然这是喜马拉雅运动的影响[3]。结合盐湖断裂的剖面和平面特征，可推断其为一北倾的压性走滑断裂。因此，影响盐湖断裂活动及其北侧局

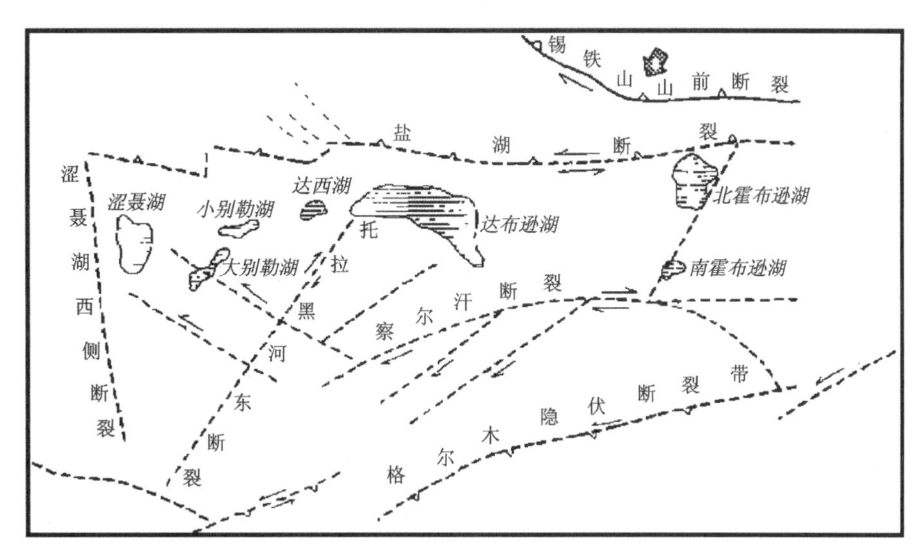

图 2　达布逊湖地区断裂构造格架图

部构造形成的压应力来自北侧，其方向为南南西向，这与新构造运动时期柴达木盆地及邻区的区域压应力为南南西-北北东方向一致。

图 3　盐湖断裂地震剖面图

(2)察尔汗断裂。察尔汗断裂在察尔汗和南霍布逊湖两者的南侧之间平直延伸(图 2)，北侧为淤泥湖泊区，南侧为冲积平原，地貌特征差异大。察尔汗断裂南侧出现小型菱形块体(碎片)，几条分支断裂(其走滑变形导致多条河沟一致折拐)向西南延伸，与主断裂构成帚状。由以上特点不难看出察尔汗断裂为一右行走滑断裂。该断裂东侧(即南霍布逊湖东南侧)有一北、东边界平直而西、南边界不规则的现代沉陷小洼地，其北侧平直的边界正好与察尔汗断裂东段一致，由此可以判断该洼地是在走滑断裂控制下形成的。通过该洼地几条平直边界的长度可分析其走滑量，据分析结果推测，察尔汗断裂的走滑量大于格尔木断裂(盆地边界断裂)的走滑量。

2.3 走滑断裂控制全新世沉积并影响第四系变形

走滑断裂活动形成沉积盆地或凹陷的机制前人已做过系统研究，如通过对拉分盆地的研究，其机制有走滑断裂的叠覆和离散断层的活动。

达布逊湖全新世凹陷(位于达布逊湖及南、北霍布逊湖之间)是在其南、北两侧两条走滑方向相反的断裂(左行走滑的盐湖断裂和右行走滑的察尔汗断裂)控制下形成的(图2)。两条断裂的反向走滑位移导致中央坳陷基底岩层向东滑移，产生东西方向的引张力。由图2可看出，凹陷北侧走滑断层规模大，南侧走滑断层规模小，由此可形成北东向的断陷和褶皱隆起，使凹陷内出现分隔的沉积中心。走滑断裂的持续活动使得基底边滑移地表边接受沉积充填。如前所述，南侧的察尔汗南断裂在察尔汗南侧已出现尾端分支断裂，表明向西已不再有对凹陷沉积的控制作用，由此可推断走滑作用所控制的沉陷中心的范围，即达布逊湖凹陷为全新世的一个沉积中心。

3 第四系局部构造分布规律

由上述分析可以推论，柴达木盆地东部第四纪局部构造的分布在一定程度上受边界断裂的控制。断层的活动更易通过遥感图像识别，可以从分析断层的组合关系出发，来探讨局部构造的分布规律。

通过对柴达木盆地东部第四系坳陷的遥感图像解译，得出走滑断裂在该区现代构造变形中占主导地位的认识。在对局部构造变形的影响上，对应于走滑构造格局，应发育北西西向局部构造带，这种北西西向构造带(以达南4号构造带为代表)应具有一定的新生性，未必与深部构造有继承性发育关系。

走滑断裂带两端附近应发育伴生的局部构造，因为在走滑断裂终止位置，断裂一侧岩体的侧向滑移不得不停止，造成断裂端点附近的岩层体积增大，从而产生局部构造。本区这种类型的局部构造可能出现在盐湖断裂带、察尔汗断裂带及托拉黑河东的北北东向断裂带附近，横穿大别勒湖的走滑断裂的西北侧和东南侧也值得注意。察尔汗帚状断裂的西南部位应发育一些断片构造。

根据盐湖断裂与察尔汗断裂的走滑方向相反，可以大概判断出，在靠近南、北霍布逊湖处，局部构造应更为发育，原因是两组走滑断裂所造成的中央地块向东滑移在这一带基本终止，从而引起局部地段岩层体积的增大，形成一系列局部构造。

4 结论

本文认为柴达木盆地东部第四系沉积和构造变形的边界控制条件与第三纪(古近纪+新近纪)不同，北侧以压性走滑为主，南侧部分地段(格尔木-诺木洪段)以走滑为主，部分地段(托拉黑-茫崖段)第四纪与南缘呈不整合接触。第四纪构造变形的动力主要来自盆地北缘，走滑断裂活动对构造变形也有一定影响。根据主干断裂的分布特征可推测局部构造的分布位置。

参考文献

[1] 顾树松.柴达木盆地东部第四系气田形成条件及勘探实践[M].北京:石油工业出版社,1993.

[2] 黄汉纯,黄庆华,马寅生.柴达木盆地地质与油气预测[M].北京:地质出版社,1996.

[3] 黄汲清,陈炳蔚.中国及邻区特提斯海的演化[M].北京:地质出版社,1987.

Dynamic Processes of the Paleozoic Tarim Basin and Its Significance for Hydrocarbon Accumulation*

Abstract The structural framework and evolution processes of the giant superimposed Tarim Basin in Paleozoic Era are controlled by three main factors: ①features and structures of the basin basement; ②deep mantle dynamics process (such as the Sinian rifting and the Permian plume-related magmatic activities); ③the powerful regional compressional or compresso-shear stress regime generated by the orogenic movement from surrounding regions. The latter of which occurring in multiple episodes is the most important factor for the Paleozoic Tarim Basin evolution. Under the above tectonic background, the underlying lithosphere of the Tarim Basin had been flexed, and then the upper crust was folded. The paleo-uplifts (e. g., Tabei and Tazhong) and depressions occurred in both of the flexural and folding processes, which are different with the models of foreland basin in stable and large cratons in the world. During the early evolution stage in Cambrian-Early Ordovician, low-relief paleo-uplifts, and open carbonate platforms formed in center area, while during the Late Ordovician compressional tectonic regime, the belted uplifts and restricted platforms formed in the contemporaneous folding processes. Denudated stages occurred during the strong tectonic events marked by the unconformities and karstified weathered crusts formed on platforms. All the discovered giant-middle oilfields are closely related to the paleo-uplift and karstified crust evolution. There are two main types of oil reservoir: paleo-karst type and reef-bank type on the carbonate platform in paleo-uplift areas. In Permian, plume-related massive magmatic activities led to geotemperature increase and the regional uplifting in this basin, ending the marine deposit filling sequences and starting the formation of terrestrial deposits-dominated sequences. With abundant supply from giant hydrocarbon generation depressions, the most important oil fields formed in Tabei and Tazhong areas. To reveal the multi-stage evolution processes and the structural framework of the paleo-uplifts may be helpful for the prediction of new hydrocarbon domains. The integrated study on coupling relationship between the basin and surrounding orogens can provide an important approach for the superimposed basin dynamic research.

Keywords Paleozoic Tarim Basin Geodynamics Hydrocarbon accumulation

1 Introduction

The Tarim Basin, located in the northwestern China, covers an area of $56\times10^4 km^2$. It is the largest superimposed basin with the most complicated evolution history in China. From Sinian to Quaternary, this basin received massive deposit fillings, with a maximum depth of bottom surface of basin-fill strata nearly 18km. The basin is encircled by giant orogens, which is Tianshan orogen at the north margin, West Kunlun orogen at the southwest margin, East

* Published on Journal of Earth Science, 2012, 23(4), Authors: Li Sitian, Ren Jianye, Xing Fengcun, Liu Zhanhong, Li Hongyi, Chen Qianglu, Li Zhen.

Kunlun orogen and Altyn orogen at the southeast margin[1]. Decades of efforts in hydrocarbon exploration and geological research have contributed greatly to the discovery of a giant marine petroleum system and many middle-large oil fields, the majority of which distributed in Paleozoic uplifts and their slopes. The complicated evolution process during the Paleozoic Era has become the focus of exploration and research work of the Tarim Basin. In recent years, the petroleum exploration departments have pumped efforts and made achievements in high-precision seismic survey and deep well drilling, providing precious information for investigating the deep-buried Paleozoic strata and revealing their stratigraphic and structural frameworks. Multi-discipline research, especially the investigation on the surrounding giant orogens and tectonic event dating in the past decade, makes them possible to the integrated study of the basin and orogens as a united Earth dynamics system and to discuss some new frontier of basin dynamics[2].

2 Features of the Basin Basement and the Precambrian Tarim Block

The Tarim Basin formed on the Tarim block, which is composed of Pre-Sinian metamorphic basement[3,4]. Based on some comprehensive evidences (such as paleo-magnetism), it is deduced that this block originated from the breakup of the East Gondwana paleo-continent and convergence toward the Eurasia after a long distance drifting in NE direction[5,6]. Because of the regional multi-stage convergence processes in Early Paleozoic, especially the continental collision between the India plate and the Eurasian plate, exert powerful compression to the Tarim block since 65Ma, both the south and north margins of the lithosphere of the Tarim block subducted below the Tianshan, Kunlun and Altyn orogenic belts. As a result of the subduction, the marginal part of proto-Paleozoic basin may have been consumed. The subduction lithosphere of the Tarim block has been proved by deep geophysical survey data[7-9]. The area of the Tarim Basin bounded by the present orogens is much smaller than that of the primary Tarim block.

Dating of the basin basement rocks shows that the basement is composed of Early Proterozoic to Neoproterozoic metamorphic rocks. Several deep wells (including Well TC-1 in the Tazhong uplift, Well Tong-1 in the Bachu uplift, and Well XH-1 and Well Sha-53 in the Tabei uplift) in this basin have been drilled into the basement. The metamorphic ages are 932—837Ma, 718Ma, 833Ma and 1851Ma, respectively. The oldest basement rocks have been found in Kuruktag Mountain belt, the age of which is more than 2500Ma[10]. The basin basement in Kuruktag area was involved into the deformation of the Tianshan orogen.

Based on air magnetic survey, an east-west high magnetic belt crossing the basin was found, and there are many anomalies revealing igneous rocks along the E-W suturing zone

(Fig. 1(a)). The magnetic structures have different features in the southern and northern part of the basin basement, which may indicate two blocks' mergence together[11]. Recently, the image from seismic ambient noise tomography research showed the same morphological features as magnetic anomaly distribution, with the S-wave velocity in the south higher than that in the north (Fig. 1(b))[12]. The Paleozoic uplifts distributed in E-W direction occurred overlying the same position of the high magnetic belt approximately, which may be controlled by the structural framework of basin basement.

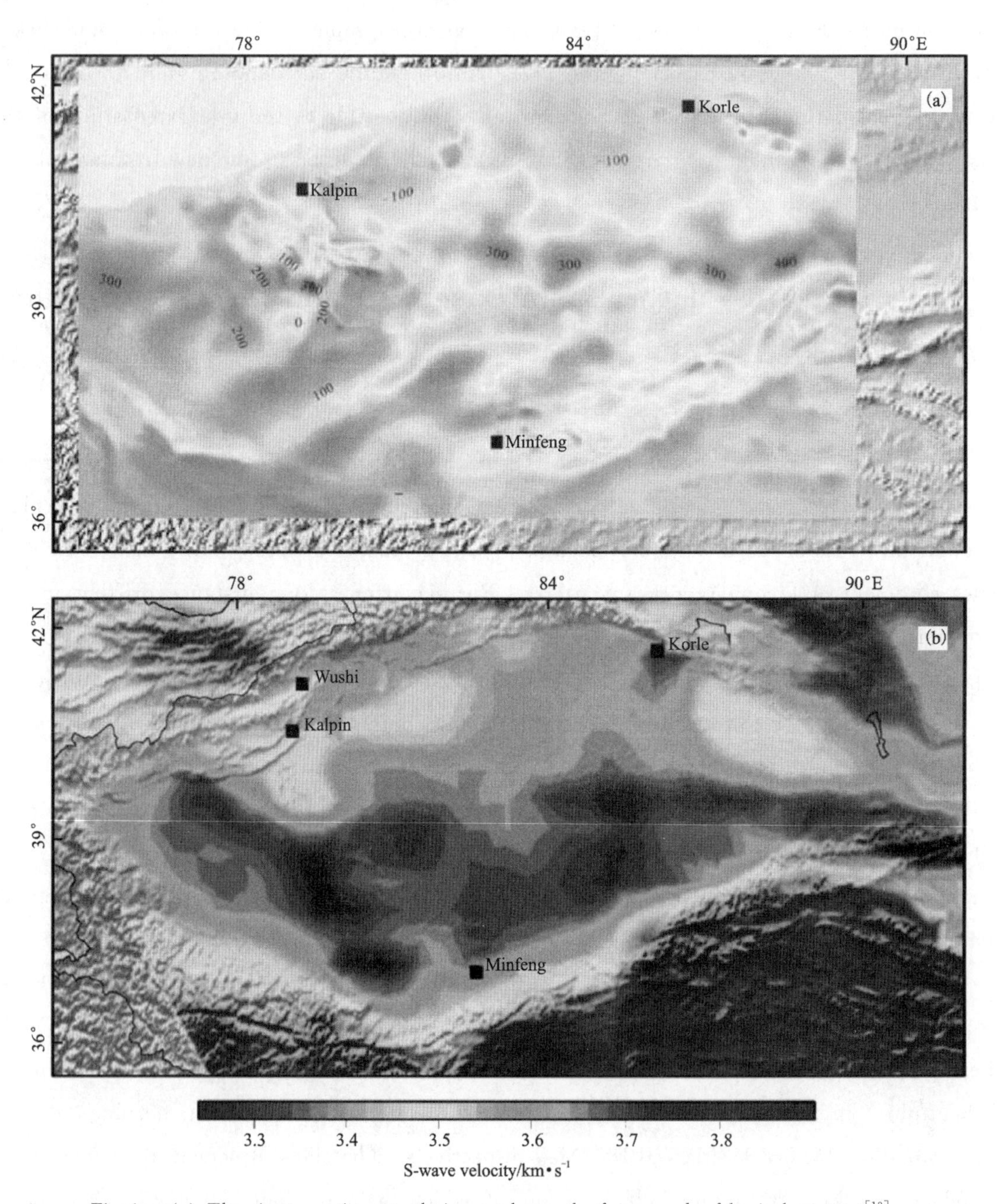

Fig. 1 (a) The air magnetic anomaly image shows the framework of basin basement[13]; (b) seismic ambient noise tomography image shows the framework of basin basement[12]

3 Basin Evolution Stages and Their Geodynamic Backgrounds

As a large superimposed basin, the Tarim Basin received deposits over a long geologic history. From the Neoproterozoic Ⅲ (Sinian in China) to Cenozoic, a considerable stratigraphy sequences formed in the Tarim Basin, and the depth of basin basement is about 18km in the Manjiaer depression. Twenty regional seismic profiles crossing the whole basin acquired by CNPC in the 1990s revealed and correlated the existence of a series of unconformity surfaces in basin-fill sequences. These unconformities are meaningful coincidence with the most important events occurred during the regional tectonic evolution. Long persisting denudation exist underlying the main unconformities. The proto-type units of the superimposed basin are bounded by the important unconformity surfaces. On this basis, years of exploration and successive studies have achieved and continuously improved the correlation of the important reflecting boundaries in the whole basin, which is the basis for setting up the evolution stages and revealing the stratigraphic framework of the Tarim Basin. Many systematic works and papers about the geologic structure and evolution of this basin have been published[3,14-17].

In the past ten years, the study on the orogens surrounding the basin has made breakthroughs[1,2,18], including systematic dating works of geologic events and processes, and comparison with the stages, important events during the evolution of the Tarim Basin. The integrated research provided a new basis for basin dynamics analysis. Fig. 2 shows the stages of basin-fill history, main unconformities and tectonic events.

Thickness of basin-fill sequences is very different between the depression and paleo-uplift area (Fig. 3) and the denudation stages occurred in the uplifts periodically.

Fig. 4 shows the present tectonic units of the Tarim Basin. Although the paleo-uplifts and depressions formed in Paleozoic were reconstructed by later tectonic movements, their basic outlines are preserved.

The most critical progress in the past ten years is the research on reconstruction of the paleo-geography and paleo-structures of the Tarim Basin. Systematic geological maps were compiled by tectonic stages[19-23]. The reconstruction results played an important role in revealing the complex superimposing relationship caused by multi-stage tectonic deformation.

3.1 Sinian Rifting and the Aulacogens Forming Stage: The Basis for Forming Paleozoic Giant Depressions in the Northern Tarim Basin

Sinian is the earliest period to form sedimentary strata in the Tarim Basin. Marine clastic and dolomite strata with volcanic rock intercalation are mainly distributed in the north of the basin. Two deep depressions are recognized[24]. Manjiaer depression in the NE and Awat

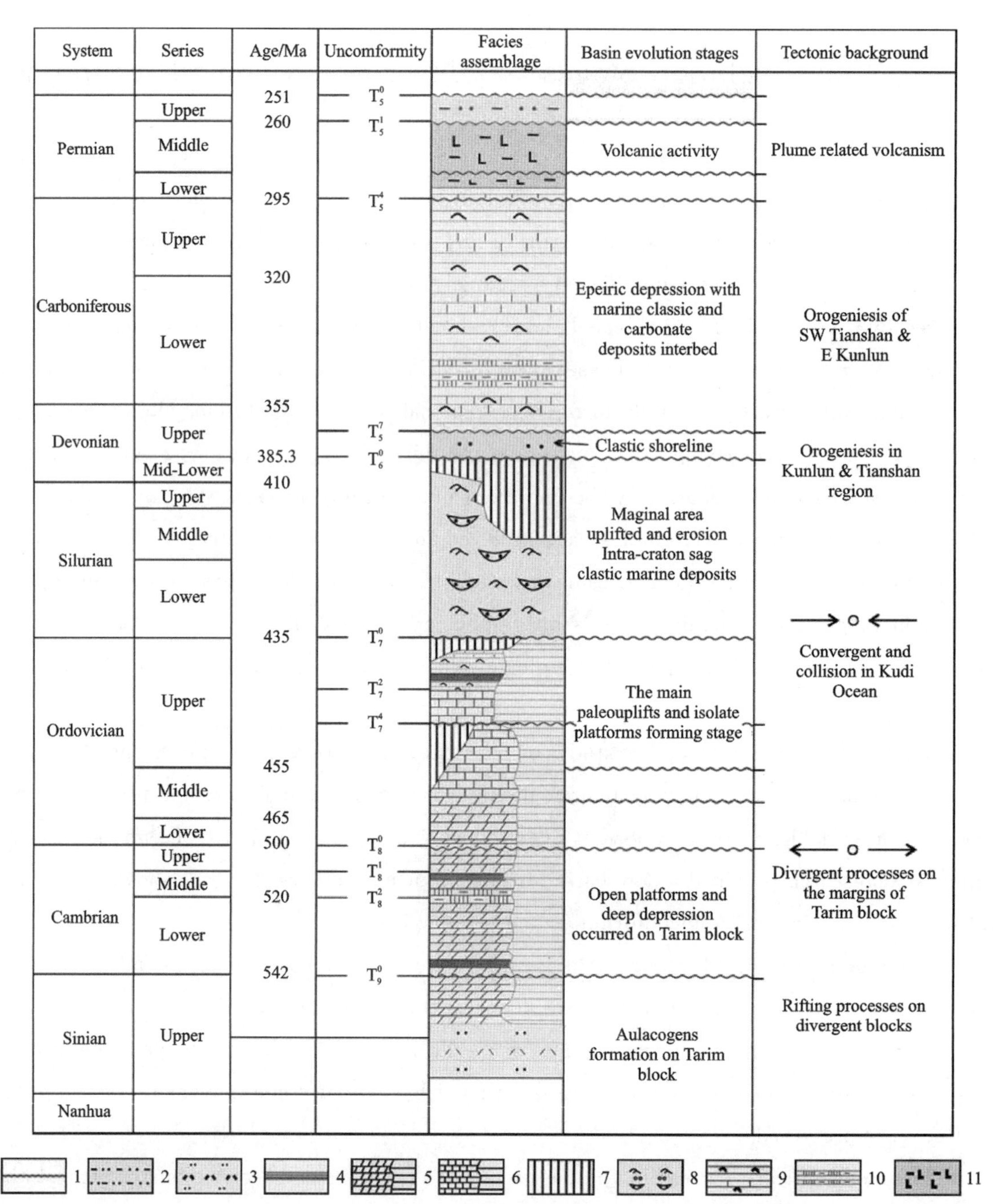

1. main unconformity; 2. terrestrial deposits; 3. clastic deposits with bimodal volcanic rock interbed; 4. black shales (hydrocarbon source rocks); 5. dolomite deposited in platform, and marine clastic rocks in depression; 6. limestone deposited in platform, and marine clastic rocks in depression; 7. stratigraphy eroded; 8. marine tidal and delta deposits; 9. clastic and carbonate rocks with marine fossils; 10. marine clastic deposits with evaporite rock interbed; 11. mainly Permian basic and intermediate volcanic rocks.

Fig. 2 Basin-fill stages, unconformities of Tarim Basin and their tectonic background

depression in the NW, open to the paleo-oceans, respectively[16]. Both of them belong aulacogen, and the Manjiaer depression has the maximum fill thickness up to 4000m in the deposition center. The lower part of Sinian strata in the Kalpin outcrop area is dominated by marine clastics, interbedded with rift-type volcanic rocks, while the upper mainly marine

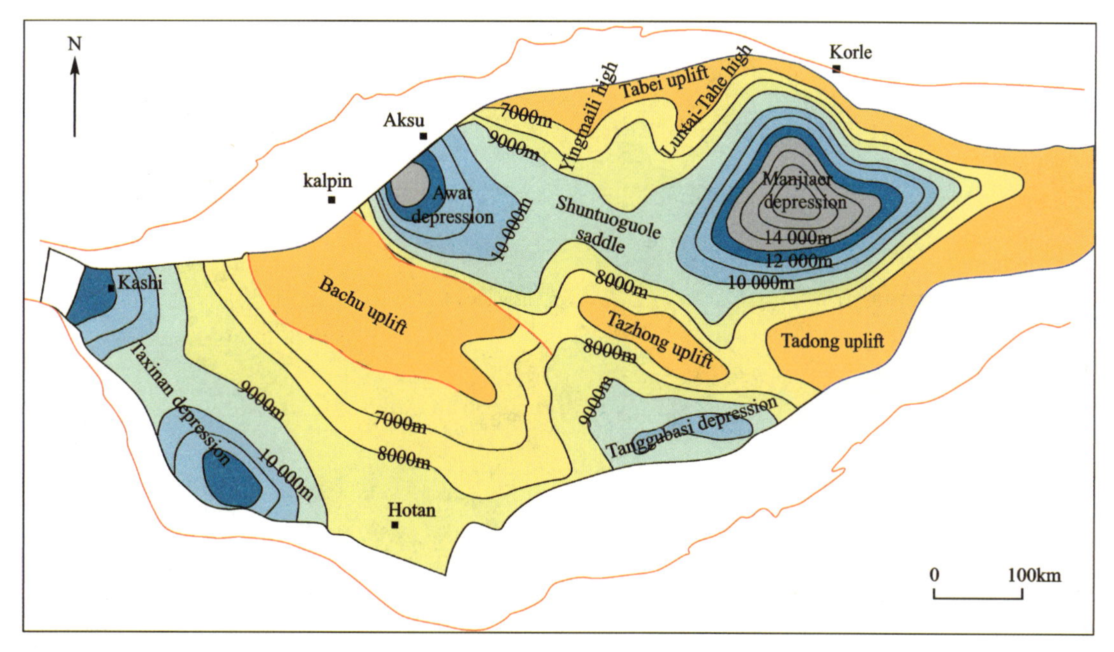

Fig. 3　Buried depth of the surface between Upper Cambrian and evaporate bearing strata of Middle Cambrian, Tarim Basin (data after CNPC)

dolomites. They represent the component features of syn-rifting phase and post-rifting phase, respectively.

During the Lower Paleozoic Period, the two depressions mentioned above kept rapid subsiding and forming the giant hydrocarbon-enriched sags.

3. 2　Facies Assemblages, Paleo-Geographic Feature and Their Tectonic Background of the Paleozoic Tarim Basin

In Early Paleozoic, the Tarim Basin was typically filled by carbonate deposits mainly in platform area and deep marine deposits in the deep slope, its evolution can be divided into several stages which are bounded by regional tectonic unconformities[20,25].

3. 3　Cambrian-Early Ordovician

The Cambrian and the Sinian are separated by a discontinuity surface (T_9^0). In the Kalpin outcrop area, paleo-karst and slump structures can be found in the dolomite strata at the top of Sinian strata. Organic-rich dark mudstone is developed in the Yuertus Formation at the bottom of Cambrian, widely distributed in the basin, and it is a very important hydrocarbon source rock of the Tarim Basin. On the structure and paleogeography framework, open carbonate platforms were developed in both Cambrian and early stage of Middle Ordovician, with major lithology of dolomite. Thick evaporate formations were widely developed during Middle Cambrian Period.

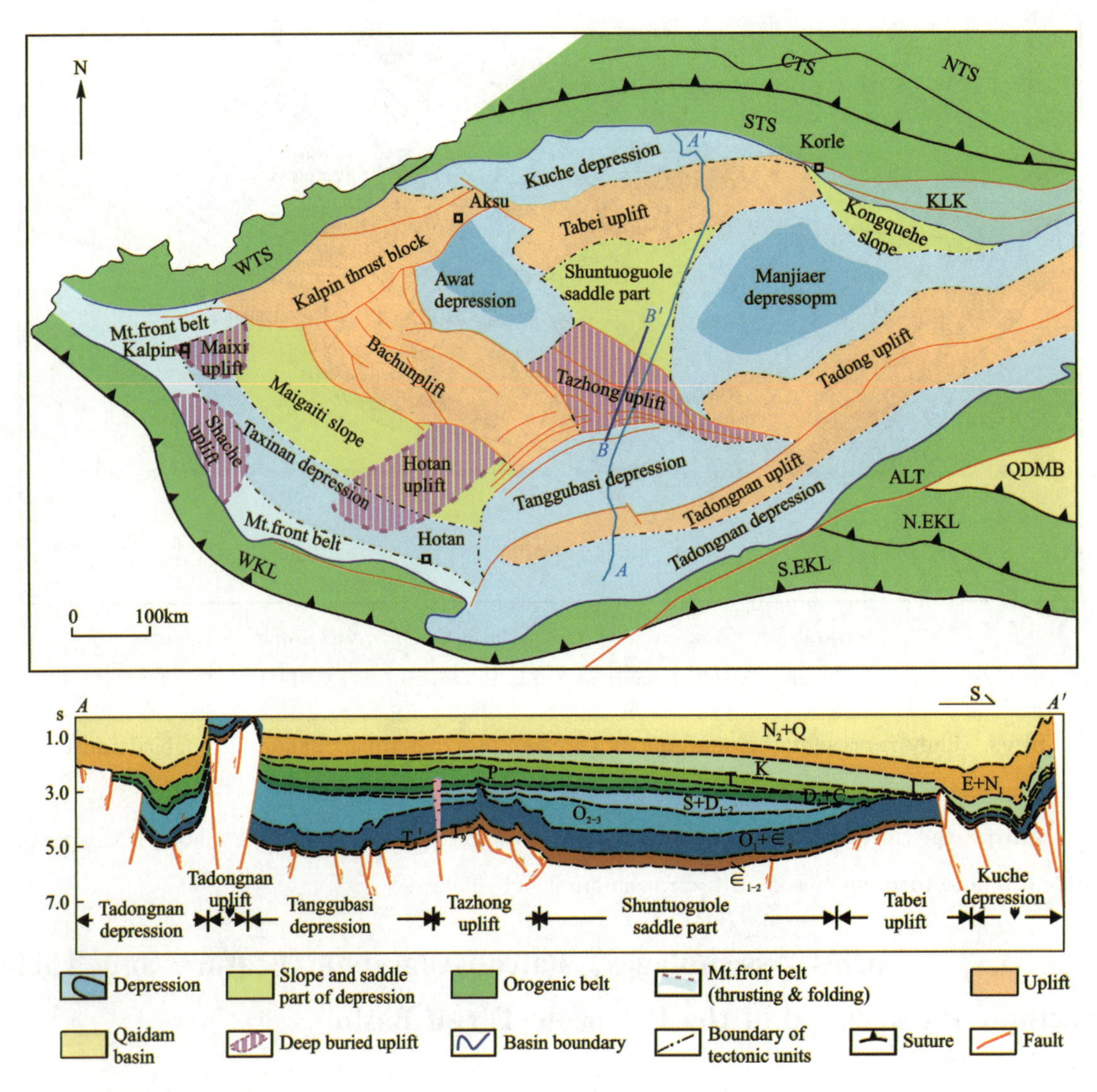

WTS. West Tianshan; STS. South Tianshan; KLK. Kuluketage Mountain; WKL. West Kunlun Mountain; S. EKL. southern East Kunlun Mountain; N. EKL. northern East Kunlun Mountain; ALT. Altyn fault; QDMB. Qaidam Basin.

Fig. 4 Tectonic units of the Tarim Basin and surrounding orogens

(tectonic units revised locally according to CNPC and SINOPEC′s figures; orogenic belts after [1] and [2])

The area outside the platform was featured by slope and deep marine depression. Inherited from the Sinian aulacogens, considerable sediment fillings were formed during the Early Paleozoic, especially the Late Ordovician marine sequences, their maximum thickness may be up to 8000m in the subsiding center of the Manjiaer depression. In the marginal slope of the above depression, source rocks were widely distributed, providing major hydrocarbon source for oil and gas accumulation.

The structural framework formed by Sinian rifting may had been a most important controlling factor for forming the Early Paleozoic deep depression.

3. 4　Middle-Late Ordovician-Devonian: Intense Change of Tectonic Stress Field and Paleogeographic Framework

During the late stage of Middle Ordovician to Late Ordovician, regional tectonic dynamic background changed dramatically. This basin was compressed by regional tectonic stress from the north and south margins. During this period, the Kudi Ocean terrain system from the south of the Tarim block started to convergence and collision[8,26], then the convergent and orogenic process occurred in the Paleo-Tianshan Ocean terrain system from the north of the Tarim block. The former may have much more effects on the southern Tarim Basin[2]. Large fault systems formed in the basin during Early Paleozoic were mainly distributed in the south part of this basin[27].

The flexural and folding process of the basin basement under the regional compression stress regime led to great change of paleo-geography framework. The large open platform formed in Cambrain-Early Ordovicion was changed into smaller and belted isolate platforms (including Tabei, Tazhong-Bachu, Tangnan and Manxi) [22,23] (Fig. 3, Fig. 4).

Several unconformities were identified in the basin-fill sequences of Middle-Late Ordovician. The underlying formation of the unconformities was eroded and widely karstified, indicating the episodic feature of paleo-tectonic movement in this period. The unconformity surface (T_7^4) below the Late Ordovician Lianglitage Formation and the karstification zones are in regional scale in the platform areas. The maximum eroded thickness at the paleo-uplift of the underlying formation can be more than 1000m.

During the late period of Late Ordovician, the basin basement subsided quickly under the global sea level rising background. The deep marine deposits of the Sangtamu Formation in the depressing area reached a considerable thickness and covered the paleo-uplifts also. Deepwater gravity flow deposits were well developed. Turbidity submarine fan bodies moved from south to north, indicating the strong uplifting of the Kunlun orogenic belt[23].

At the end of Ordovician, the basin-wide tectonic unconformity (T_7^0) occurred, which had the great effect on the paleoenvironment. During this period, wide uplifting and erosion happened in the south margin, north margin and east area of this basin. The deposit area of Silurian was apparently shrinked, forming an E-W narrow depression. Large quantity of clastics supply from eroded area to the basin led to the end of carbonate dominated deposit environment, replaced by marine clastic rocks dominated deposit environment, which includes tidal deposits and delta deposits[28].

Most of the Paleozoic structural deformations displayed in the reflection seismic profiles are below this unconformity under the Silurian too (see the seismic interpretation section in Fig. 4 and Fig. 5).

The basin-wide regional unconformity with considerable absence of strata occurred

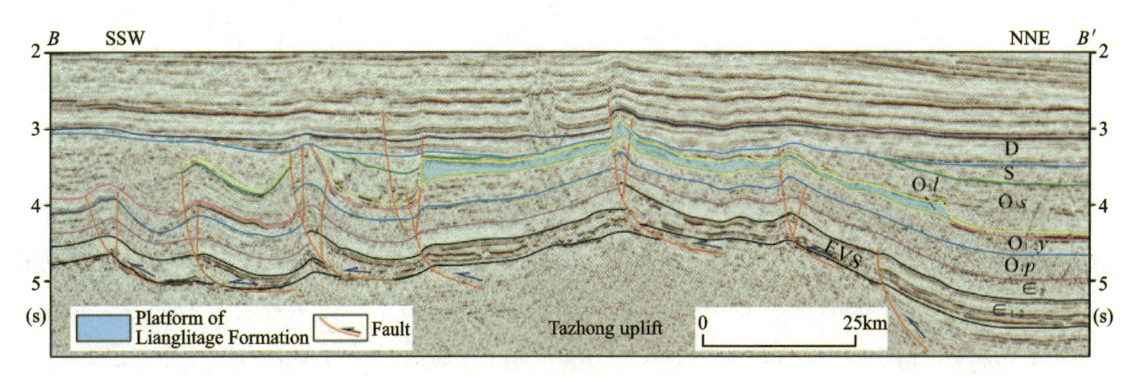

O_1p. Penglaiba Formation; $O_{1-2}y$. Yingshan Formation; O_3l. Lianglitage Formation; O_3s. Santamu Formation; EVS. evaporate bearing strata. The blue area, the strata of Lianglitage Formation deposited in carbonate platform and slope environments.

Fig. 5 Seismic profile 448 across the Tazhong uplift (data from SINOPEC)

between the Silurian and Late Devonian Donghe sandstone strata. The Lower-Middle Devonian is distributed just locally and the upper part of Middle Silurian and Late Silurian is widely absent in the basin, indicating that there were wide uplifting and denudating processes during this tectonic movement. Donghe sandstone—the best marine sandstone reservoir occurred above the unconformity T_6^0 and its depositional environment is clastic shoreline, including beach deposits and wave dominated delta deposits, indicating a relatively gentle paleo-geomorphology after long time of erosion.

3.5 The Important Changes of Regional Stress Regime from Late Ordovician to Early Carboniferous and Their Effects to the Basin Structural Framework

The paleo-uplifts formed in the Tarim Basin during Middle-Upper Ordovician are generally in near west-east direction, and the compression stress mainly from the Kunlun orogen. However, compression stress in NW-SE direction occurred at the end of Late Ordovician to Early Carboniferous, which led to the formation of NE structures. The petroleum exploration departments discovered the buried NE Hotan paleo-uplift at the Maigaiti slope in the SW area of this basin (Fig. 4, Fig. 5)[29] and geologists have recently found that this paleo-uplift crossed and superimposed above the former NWW trending Taxinan paleo-uplift. To the west of Hotan uplift, synchronal structural inversion occurred in the Tanggubasi sag, forming multi-line NE thrust faults and linear folds[19,30]. The Carboniferous strata directly overlies the Ordovician rocks in some areas and was involved in folding deformation. Thus it can be concluded that the formation of Hotan paleo-uplift and inversion struiuctures in Tanggubasi sag started from the Late Caledonian tectonic movement and continued to the Early Hercynian tectonic movement.

The Tazhong uplift is a typical case of such multi-stage and complex deformation.

Through high-precision seismic exploration across the uplift, its complex folding and fracturing systems are delineated thoroughly (Fig. 5)[21,31-33]. There are mainly two sets of fault systems developed in Tazhong area, including the NW-trending basement-involved fault system and the NE-trending bow-shaped fault system in the SE area. The former mainly developed during regional tectonic movement in Late Ordovician, controlling the tectonic framework which was established when the Tazhong uplift started to form, and changed the carbonate platform from the open type to the isolated type. The latter mainly formed during in end of Late Ordovician, strong activity resulted in the tilting of Tazhong area, and destroyed the SE part of the platform that formed earlier (Fig. 6).

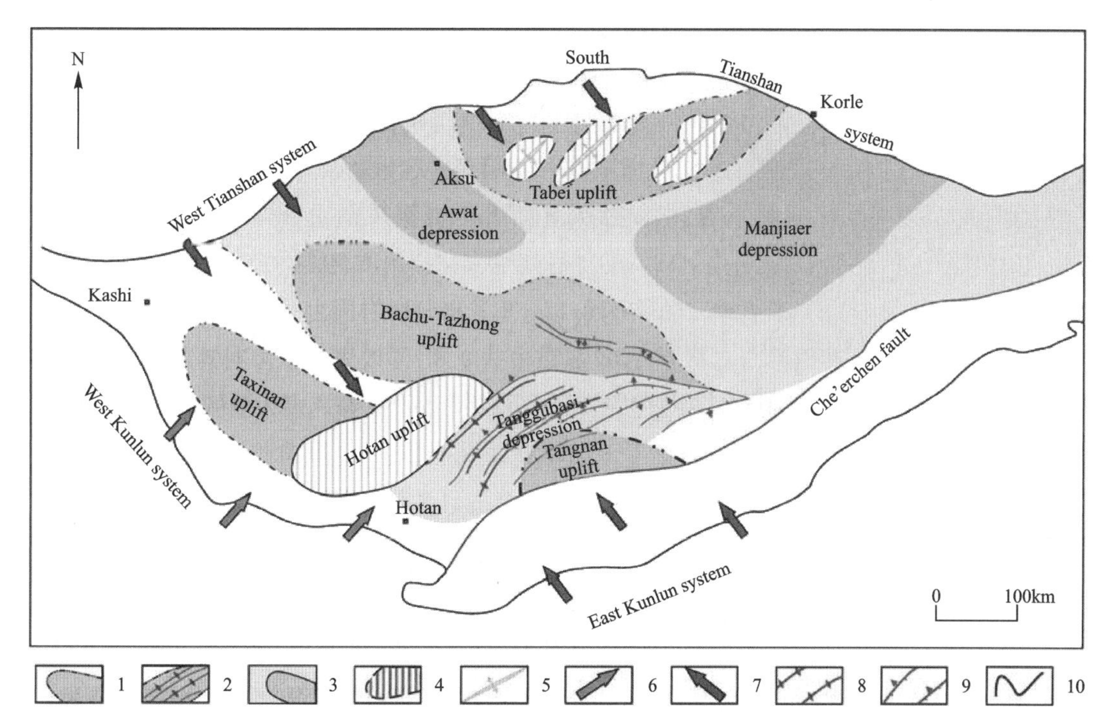

1. Uplifts, formed in O_2-O_3^2; 2. inversion stage of Tanggubasi depression; 3. deep depression; 4. uplifts, formed in Late O_3^3-C_1; 5. anticlinal axis; 6. direction of compressional force in O_2-O_3^2; 7. direction of compressional force in Late O_3-C_1; 8. fault-related linear fold; 9. thrust fault; 10. present basin boundary.

Fig. 6 An explanation model of the paleo-uplifts forming process and the dynamic background

In the same stage anticline structures in NE direction occurred in Tabei paleo-uplift area—the Luntai-Tahe anticline and the Yingmaili anticline, which are the secondary structures of Tabei paleo-uplift, forming very important for hydrocarbon accumulation (Fig. 3 and Fig. 6) and the giant carbonate oil fields in China located in Luntai-Tahe uplift.

3.6 Discussion on the Dynamic Processes of the Superposed NE Structures in Tarim Basin

Based upon the regional geological survey results, the direction of compression stress forming the NE structures may have been determined from the surrounding orogenic belts.

(1)The SW Tianshan area, where the orogenesis during Early Hercynian period was very strong. The major unconformity occurred between the Lower and Upper Carboniferous, and the former was metamorphosed[13].

(2)In the southeastern area of the basin, based on the dynamics analysis of the faulting and folding system, powerful compression stress may have been from the eastern Kunlun orogen (Kalamilan tectonic belt)[1,34], in correspondence with the compression from the SW Tianshan orogen.

(3)Strong compresso-shear belts have been found in the northern and southern margin of Middle Tianshan area[2,35,36], and the 383 — 400Ma mylonites may relate to the oblique subduction and collision between the Tianshan terrain system and Tarim block[37], which may lead to the regional compresso-shear stress regime in northern Tarim Basin.

The Altyn orogen at the SE of the basin underwent long distance strike-slip of the Altyn major fault during Cenozoic to get the present position, and its internal framework and evolution history show closer relationship with the Qilian orogen[2]. So the relationship between the Altyn orogen and the Paleozoic Tarim Basin need further study.

3.7 Effects of the Early-Middle Permian Intensive Plume-Related Magmatic Activity in the Paleoenvironment Changes and Hydrocarbon Accumulation

After the tectonic deformation and uplift of the whole area from Late Silurian to Early Devonian, intensive denudation-planation happened. From the deposit of Donghe sandstone in Late Devonian to Carboniferous, the basin basement subsided and sea level rose. Under the background of intensive marine transgression, sedimentary sequences which are mainly characterized by interbedded of carbonate rocks and marine clastic rocks formed, generally representing epeiric sea environment. The Carboniferous strata widely distributed in the basin, especially oil and gas plays developed in the SW of the basin. In recent years, CNPC has found important gas fields originated from Carboniferous source rocks in the mountain front structural belt in the SW margin of the basin, which indicates that the Carboniferous petroleum system has important potentials in the SW of the basin[38].

During Early to Middle Permian, magmatic activities have taken place in this basin, resulting in extensive distribution of basic-dominated volcanic rocks in most of the middle-west areas of Tarim Basin. At the same time of volcanic activities, abundant syntectic intrusives appeared. According to the studies of many researchers, the magmatic activity in this period was related to regional plume activity. Recently, samples of Early-Middle Permian magmatic rocks were systematically collected and studied again. They were confirmed to be high titanium alkaline basalt. Both their geochemical and mineralogical features of elements are comparable with the Emeishan plume basalt confirmed previously, so they are parts of the same large plume volcanic province.

The tectonic events in this period had a great effect on basin evolution and hydrocarbon accumulation, including as follows.

There was obvious paleo-geothermal increasing period in this basin, which is proved by the R_o value of the rock samples[39]. The event may promote the hydrocarbon expulsion from the source pots. New research shows that an important hydrocarbon generation stage occurred after this process[40].

The change of basin-fill sequences shows that the plume activity led to the rising of the deposition base level, which basically ended the marine fillings. As a result, all the formations from Upper Permian to Triassic and Jurassic deposits are terrestrial.

Fluids related to magmatic activities mixed with formation water, forming the massive active geofluids, which had crucial effects on carbonate diagenesis and reservoir quality.

Based on the analysis of regional tectonic conditions, we proposed that before Permian, the Tarim block and the upper Yangtze block may have been a same large craton. Just because of the formation of Emeishan plume, they were separated.

3.8 Evolution of the Tarim Basin in Post-Paleozoic

The unconformity between Upper Permian and Middle Permian is the boundary of marine sequences and terrestrial sequences in the basin-fill sequences. Continued to Mesozoic, both the Triassic and Jurassic deposits were terrestrial, with much more confined deposit area than that of Paleozoic, belonging to intracratonic depression basin, tectonically.

Because of the general humid paleo-climate condition, the lacustrine deposits were well developed with hydrocarbon source rocks in the Triassic sequences. The Jurassic coal-bearing strata exerted important contribution on forming the giant gas fields in Kuche depression.

The major lithology of the Cretaceous is continental clastic rocks, with thick evaporate rocks. Several marine beds were found in the fore-deep area of the north basin, where the marine transgression was from the west.

Affected by collision and indention northward between the Indian plate and Eurasian plate since 65Ma, strong flexural deformation and considerable subsidence happened in the foreland basin[24,41]. Most of the Paleozoic structural units (except for those at the marginal area) were deeply buried under the Meso-Cenozoic strata (Fig. 4).

3.9 Discussion on the Main Controlling Factors and Geodynamic Background for Forming the Giant Carbonate Oilfields in the Tarim Basin

After more than 30 years of petroleum exploration in the Tarim Basin, many giant-middle oil fields have been discovered in the field of Early Paleozoic carbonate strata and there are some important common understandings on the controlling factors for forming the giant carbonate oilfields.

All the discovered giant oil fields are developed in the paleo-uplifts, and the slope area is the best for hydrocarbon accumulation. Great breakthroughs have been made in the eastern Tabei uplift, finding two giant oil fields—Tahe and Luntai. Recent years, important achievements have also been obtained in the middle and western areas of Tabei uplift. Tabei uplift has been proven to be the most important petroleum play with giant hydrocarbon potential in the Tarim Basin[14,19,24,42-44]. The important discoveries in Tazhong uplift are mainly in the northern belt near Manjiaer depression[31,33,40].

The paleo-karst zones on unconformities and marginal reef-bank belt at carbonate platforms are the most important types of oil reservoir for forming the giant-middle oil and gas fields[30,31,45,46]. Affected by tectonic movements and sea level changes, carbonate depositional filling and denudation stages in the platforms are multi-cycled[22,25,47]. Explorers are looking forward to explore more karstified paleo-unconformities in deep level (Fig. 2)[48].

Near the hydrocarbon-rich depression is the most important condition for forming giant oilfields[49]. It has been proven that the west slope zone of the Manjiaer depression and the Shuntuoguole saddle area are the most important active hydrocarbon source areas of the Tarim Basin.

Some new insights and explorations for finding new petroleum play are focusing on the unsystematically explored deep buried paleo-uplifts in Maigaiti slope in the SW Tarim and the fault related folding zone in Tanggubasi area in the SE Tarim (Fig. 3). Structures in NE direction dominated over the above exploration domains all formed incompressional regime during the Late Caledonian to Early Hercynian movement and finalized in Early Carboniferous (Fig. 6)[49].

Except for the above, the Lower Cambrian dolomites underlying thick evaporates cover a large area which may become a new exploration domain because there are great hydrocarbon generation potentials in the black shale beds in Lower Cambrian. Dolomite reservoirs have been found below 8000m in the Well Tashen1[50]. According to observation in the outcrop area, bitumen distributes very commonly in rocks and indicators of geo-fluids activity widely appear in dolomite rocks.

4 Conclusions and Discussion

The considerable basin-filling sequences of the Tarim Basin can be divided into a series of tectonic sequences units bounded by regional unconformities which marked the events of regional tectonic movements. Results of the integrated research of basin and orogen dynamics show that the evolution stages of paleo-environment and paleo-structures of the Paleozoic

Tarim Basin were mainly controlled by the regional tectonic stress-regime generated by the surrounding orogenic belts.

Framework of the pre-Sinian basement and the effects of Sinian rifting may have important influence for forming the giant depressions overlying the Sinian aulacogens. The position and direction of the Paleozoic center uplift belts also coincide with the old suture zone of the basement.

Paleo-uplifts are the best location for forming carbonate platforms and hydrocarbon accumulation. Because of the strong regional compressional or compresso-shear stress regime and effects of thrust blocks loading in the Ordovacian, flexural and folding process occurred in the whole basin including the basin center. Folding process may have been the main factor for forming the paleo-uplifts.

Multi-episodes tectonisms led to the superposition of structural frameworks formed in different stages. The paleo-structures in NE direction superposed on the paleo-uplifts in EW and NWW direction indicate the great changes of the regional stress fields controlled by the orogenesis. The process occurred in Carboniferous in some regions. To recognize the superimposed structures is very important for finding new petroleum plays.

The plume-related volcanic and intrusion activity in the Permain period may lead to great influences on the geothermal and geofluid regimes, which may have been an important factor for hydrocarbon accumulation. After the Permain volcanic activity the marine deposits dominated stage ended, instead of the terrestrial deposits dominated stage in the Tarim Basin.

The optimum assemblage and configuration of the geological factors for forming giant petroleum systems developed in the multi-stage dynamic processes of the Tarim basin.

References

[1]HE G Q. Tectonic map of Xinjiang and adjacent areas, China[M]. Beijing: Geological Publishing House, 2004. (in Chinese)

[2]XU Z Q, LI S T, ZHANG J X, et al. Paleo-Asia and Tethyan tectonic systems with docking the Tarim block[J]. Acta Petrologica Sinica, 2011, 27(1): 1-22. (in Chinese with English Abstract)

[3]JIA C Z. Plate tectonic and continental dynamics of Tarim Basin[M]. Beijing: Petroleum Industry Press, 2004. (in Chinese)

[4]WANG H Z, LI S T. Tectonic evolution of China and its control over oil basins[J]. Journal of China University of Geosciences, 2004, 15(1): 1-8.

[5]BOUCOT A J, CHEN X, SCOTESE C R, et al. Reconstruction of Phanerozoic global paleoclimate[M]. Beijing: Science Press, 2009.

[6]MARKELLO J R, KOEPNICK R B, WAITE L E. The carbonate analogs through time (CATT) hypothesis—a systematic and predictive look at Phanerozoic carbonate reservoirs[C].

2005－2006 AAPG Distinguished Lecture, 2006. Search and Discovery Article ＃40221 (2006) Posted November 6, 2006.

[7]ZHAO J M, MOOCY W D, ZHANG X K, et al. Crustal structure across the Altyn Tagh Range at the northern margin of the Tibetan Plateau and tectonic implications[J]. Earth and Planetary Science Letters, 2006,241(3-4):804-814. (in Chinese with English Abstract)

[8]XIAO X C, LIU X, GAO R. Geotransect of Tianshan-Tarim-Kunlunshan, Xinjiang, China[M]. Beijing: Geological Publishing House, 2004. (in Chinese)

[9]ZHAO J M. Lithospheric structure and dynamic processes of the Tianshan orogenic belt and the Jungger Basin[J]. Tectonophysics, 2003, 376: 199-239. (in Chinese with English Abstract)

[10] DONG X, ZHANG Z M, TANG W. Precambrian tectono-thermal events of the northern margin of the Tarim craton: constrains of zircon U-Pb chronology from high grade metamorphic rocks of the Korla, Xinjiang[J]. Acta Petrologica Sinica, 2011, 27(1): 47-58. (in Chinese with English Abstract)

[11] YANG W C. Tectonophysics of paleo-tethyan [M]. Beijing: Petroleum Industry Press, 2009. (in Chinese)

[12]LI H Y, LI S T, SONG X D, et al. Crustal and uppermost mantle velocity structure beneath northwestern China from seismic ambient noise tomography[J]. Geophysical Journal International, 2012, 188(1): 131-143.

[13]YUAN X C. Geophysical atlas of China[M]. Beijing: Geological Publishing House, 1996. (in Chinese)

[14] HE D F, LI D S, TONG X G. Strereoscopic exploration model for multi-cycle superimposed basins in China[J]. Acta Petrolei Sinica, 2010, 31(5): 695-709. (in Chinese with English Abstract)

[15]HE D F, ZHOU X Y, YANG H J, et al. Formation mechanism and tectonic types of intracratonic paleo-uplifts in the Tarim Basin[J]. Earth Science Frontiers, 2008, 15(2): 207-221. (in Chinese with English Abstract)

[16]HE D F, ZHOU X Y, ZHANG C J, et al. Tectonic types and evolution of ordovician proto-type basins in the Tarim region[J]. Chinese Science Bulletin, 2007, 52 (Suppl. 1): 164-177.

[17]LI D S, LIANG D G, JIA C Z, et al. Hydrocarbon accumulation in the Tarim Basin, China[J]. AAPG Bulletin, 1996, 80: 1587-1603.

[18]XU Z Q, LI H B, YANG J S. An orogenic plateau—the orogenic collage and orogenic types of the Qinghai-Tibet plateau[J]. Earth Science Frontiers, 2006, 13(4): 1-17. (in Chinese with English Abstract)

[19]DU J H, WANG Z M. Oil and gas exploration of Cambrian-Ordovician carbonate in Tarim Basin[M]. Beijing: Petroleum Industry Press, 2010. (in Chinese)

[20]LIN C S, LI S T, LIU J Y, et al. Tectonic framework and paleogeographic evolution

of the Tarim Basin during the Paleozoic major evolutionary stages[J]. Acta Petrologica Sinica, 2011,27(1):210-218. (in Chinese with English Abstract)

[21]LIN C S,YANG H J,LIU J Y,et al. Paleohigh geomorphology and paleogeographic framework and their controls on the formation and distribution of stratigraphic traps in the Tarim Basin[J]. Oil and Gas Geology, 2008, 29 (2): 189-197. (in Chinese with English Abstract)

[22]ZHANG L J,LI Y,ZHOU C G,et al. Lithofacies paleogeographical characteristics and reef-shoal distribution during the Ordovician in the Tarim Basin[J]. Oil & Gas Geology, 2007,28(6):731-737. (in Chinese with English Abstract)

[23]ZHAO Z J, WU X N, PAN W Q, et al. Sequence lithofacies paleogeography of Ordovician in Tarim Basin[J]. Acta Sedimentologica Sinica, 2009,27(5):939-955. (in Chinese with English Abstract)

[24]JIA C Z,ZHANG S B,WU S Z. Stratigraphy of the Tarim Basin and adjacent areas [M]. Beijing:Sciences Press, 2004. (in Chinese)

[25]HE B Z, XU Z Q, JIAO C L, et al. Tectonic unconformities and their forming: implication for hydrocarbon accumulations in Tarim Basin[J]. Acta Petrologica Sinica, 2011, 27(1): 253-265. (in Chinese with English Abstract)

[26]XIAO X C, WANG J, SU L, et al. An early aged ophiolite in the Western Kunlun Mts., NW Tibet plateau and its tectonic implications[J]. Acta Geologica Sinica, 2005,79(6): 778-786. (in Chinese with English Abstract)

[27]REN J Y,ZHANG J X,YANG H Z,et al. Analysis of fault systems in the central uplift, Tarim Basin[J]. Acta Petrologica Sinica, 2011, 27 (1): 219-248. (in Chinese with English Abstract)

[28]LIU J Y, LIN C S, CAI Z Z, et al. Palaeogeomorphology and its control on the development of sequence stratigraphy and depositional systems of the Early Silurian in the Tarim Basin[J]. Pet. Sci, 2010,7(3):311-322.

[29]Lü H T, ZHANG Z P, SHAO Z B, et al. Structural evolution and exploration significance of the Early Paleozoic palaeo-uplifts in Bachu-Maigaiti area, the Tarim Basin[J]. Oil & Gas Geology, 2010,31(1):76-83. (in Chinese with English Abstract)

[30]DU J H,ZHOU X Y, LI Q M, et al. Characteristics and controlling factors of the large carbonate petroleum province in the Tarim Basin, NW China[J]. Petroleum Exploration and Development, 2011,38(6): 652-661.

[31]XIANG C F,PANG X Q,YANG W J,et al. Hydrocarbon migration and accumulation along the fault intersection zone—a case study on the reef-flat systems of the No. 1 slope break zone in the Tazhong area, Tarim Basin[J]. Pet. Sci., 2010,7:211-225.

[32]YU X, HUANG T Z, TANG L J, et al. Salt-related faults in the Tazhong uplift, Tarim Basin[J]. Acta Geologica Sinica, 2011, 85 (2): 179-184. (in Chinese with English Abstract)

[33]ZHOU X Y, PANG X Q, LI Q M, et al. Advances and problems in hydrocarbon exploration in the Tazhong area, Tarim Basin[J]. Pet. Sci. ,2010,(7):164-178.

[34]REN J Y, HU D S, YANG H Z, et al. Fault system and its control of carbonate platform in Tazhong uplift area, Tairm Basin[J]. Geology in China, 2011,38(4):935-944. (in Chinese with English Abstract)

[35]CAI Z H, XU Z Q, TANG Z M, et al. The Crustal Deformation during the Early Paleozoic and the timing of orogeny in Kuruktag area on the northeast margin of Tarim Basin [J]. Geology in China, 2011,38(4): 855-867. (in Chinese with English Abstract)

[36]GAO J, LI M S, XIAO X C, et al. Paleozoic tectonic evolution of the Tianshan orogen northwestern China[J]. Tectonophysics, 1998,287(1-4):213-231.

[37]YANG J S, XU X Z, LI T F, et al. U-Pb ages of zircons from ophiolite and related rocks in the Kumishi region at the southern margin of middle Tianshan, Xinjiang: evidence of Early Paleozoic oceanic basin[J]. Acta Petrologica Sinica, 2011,27(1):77-95. (in Chinese with English Abstract)

[38]ZHANG G Y, ZHAO W Z, WANG H J, et al. Multicycle tectonic evolution and composite petroleum system in the Tarim Basin[J]. Oil & Gas Geology, 2007,28(5):653-663. (in Chinese with English Abstract)

[39]LI M J, WANG T G, CHEN J F, et al. Paleo-heat flow evolution of the Tabei uplift in Tarim Basin, northwest China[J]. Journal of Asian Earth Sciences, 2009,37(1):52-66.

[40]PANG X Q, ZHOU X Y, JIANG Z X, et al. Hydrocarbon reservoirs formation, evolution, prediction and evaluation in the superimposed basins[J]. Acta Geologica Sinica, 2012,86(1):1-103. (in Chinese with English Abstract)

[41]XU Z Q, YANG J S, LI H B, et al. On the tectonics of the India-Asia collision[J]. Acta Geologica Sinica, 2011,85(1):1-33. (in Chinese with English Abstract)

[42]CAI X Y. Main factors controlling hydrocarbon accumulation of middle-and large-sized oil and gas fields and their distribution rules in the Tarim Basin[J]. Oil & Gas Geology, 2007,28(6):693-702. (in Chinese with English Abstract)

[43]KANG Y Z. Review and revelation of oil/gas discoveries in the Paleozoic marine strata of China[J]. Oil & Gas Geology, 2007,28(5):570-575. (in Chinese with English Abstract)

[44]ZHAO Z Z, DU J H, ZOU C N, et al. Geological exploration theory for large oil and gas provinces and its significance[J]. Petroleum Exploration and Development, 2011,38(5): 513-522.

[45]QI L X, YUN L. Development characteristics and main controlling factors of the Ordovician carbonate karst in Tahe oilfield[J]. Oil & Gas Geology, 2010,31(1):1-12. (in Chinese with English Abstract)

[46]ZHAI X X, YUN L. Geology of giant Tahe oilfield and a review of exploration thinking in the Tarim Basin[J]. Oil & Gas Geology, 2008,29(5):565-573. (in Chinese with

English Abstract)

[47]LI Q M,CAI Z Z,Tang Z J,et al. Significance of hercynian movement in hydrocarbon accumulation in Tarim Basin[J]. Xinjiang Petroleum Geology, 2009,30(2): 171-174. (in Chinese with English Abstract)

[48]HE Z L,PENG S T,ZHANG T. Controlling factors and genetic pattern of the Ordovician reservoirs in the Tahe area, Tarim Basin[J]. Oil & Gas Geology,2010,31(6): 745-752. (in Chinese with English Abstract)

[49] ZHANG S C,ZHANG B M,LI B L,et al. History of hydrocarbon accumulations spanning important tectonic phases in marine sedimentary basins of China: taking the Tarim Basin as an example[J]. Petroleum Exploration and Development, 2011,38(1): 1-15. (in Chinese with English Abstract)

[50]YUN L,ZHAI X X. Discussion on characteristics of the cambrian reservoirs and hydrocarbon accumulation on Well Tashen-1, Tarim Basin[J]. Oil & Gas Geology, 2008,29(6):726-732. (in Chinese with English Abstract)

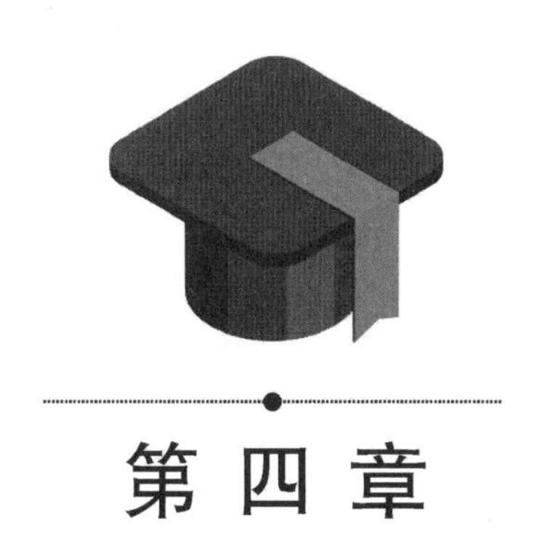

第四章

大陆边缘盆地动力学和海洋油气勘探

南海北部大陆边缘盆地幕式裂陷的动力过程及10Ma以来的构造事件*

摘　要　基于油气勘探中所积累的地质-地球物理新资料，对南海北部大陆边缘第三纪(古近纪＋新近纪)盆地进行了构造、沉积充填、热及深部背景的综合研究和定量动力学模拟，揭示了南海北部裂陷大陆边缘的非被动性质及西部边缘的转换-伸展性质。在此基础上对盆地演化进行了动力过程分析，阐明了裂陷期多幕伸展及裂后晚期10Ma以来构造-热事件及其对盆地特征和油气聚集的重要影响，其中特别是5Ma以来吕宋岛弧的向西碰撞，在珠江盆地产生的密集断裂系和与深部地幔活动有关的莺歌海、琼东南盆地快速沉降，高热流、大规模异常压力体系的形成及流体的突破，对油气成藏有决定意义。

关键词　大陆边缘盆地　动力过程　幕式裂陷

南海作为一个大型边缘海盆地，地处欧亚、印-澳、菲律宾及太平洋等板块相互作用的交会点，地质现象复杂而丰富，被一些地质学家称作“最好的天然地质实验室”[1]，因为在这里可以直接观测地球动力学的许多重要过程，如大陆碰撞、板块俯冲的效应，岩石圈大规模的伸展及洋壳的形成，并验证一些当今地学界最流行的思潮，如地幔柱及侧向地幔流等。自20世纪70年代末以来，中国海洋石油总公司在南海北部陆架及陆坡施工采集地震测线达47万km，钻探井260口，发现了10余个重要的油气田，积累了丰富的第一性资料。在此基础上，笔者对南海北部边缘的珠江口、琼东南、莺歌海及北部湾等4个主要的含油气盆地进行了形成演化的动力过程研究，所获成果与以往流行的模式，如南海北部盆地的被动边缘模式及控制南海形成的印支地块侧向挤出模式等明显不一致。

1　南海北部第三纪(古近纪＋新近纪)盆地演化特征——裂陷期的多幕、多向伸展及裂后晚期10 Ma以来的再活动

南海北部大陆边缘第三纪(古近纪＋新近纪)沉积盆地，包括珠江口、琼东南、莺歌海及北部湾等，均分布于减薄的陆壳之上，莫霍面埋深最浅处仅20～22km(图1)。这些盆地具有裂陷的大陆边缘盆地所具备的典型双层结构，即下层为断陷和断隆，上层为披盖式坳陷。断陷与坳陷之间为破裂不整合，其位置一般在古近系、新近系之间，并以此为界划分裂陷期和裂后期。在典型被动大陆边缘盆地，裂后期主要是热衰减及沉积负载造成的沉降，横跨琼东南盆地的反射地震剖面显示了大陆边缘离散型盆地的典型结构(图2)。

通过对第三纪(古近纪＋新近纪)盆地地质-地球物理研究及定量动力学模拟，发现南海北部大陆边缘盆地在裂陷期及裂后期均有其特色，表现在：①裂陷期岩石圈伸展的多幕性和空间上同期发育的多方向的伸展构造；②裂后晚期新的构造-热事件特别是距今10Ma以来大陆边缘的新活动。上述两项重要特征对油气生成与聚集有决定性意义。

* 论文发表在《科学通报》，1998，43(8)，作者为李思田、林畅松、张启明、杨士恭、吴培康。

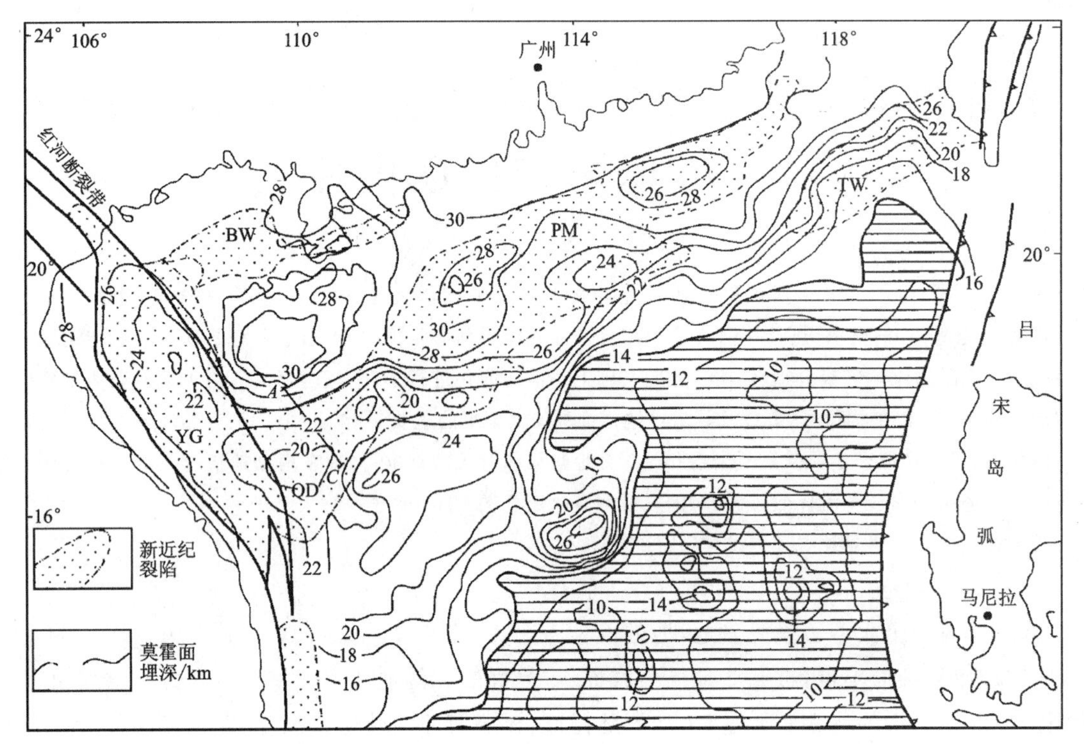

PM. 珠江口盆地；QD. 琼东南盆地；TW. 台西南盆地；BW. 北部湾盆地；YG. 莺歌海盆地；画横线区与洋壳范围大致吻合。

图 1 南海北部边缘第三纪(古近纪+新近纪)盆地分布与莫霍面埋深关系图

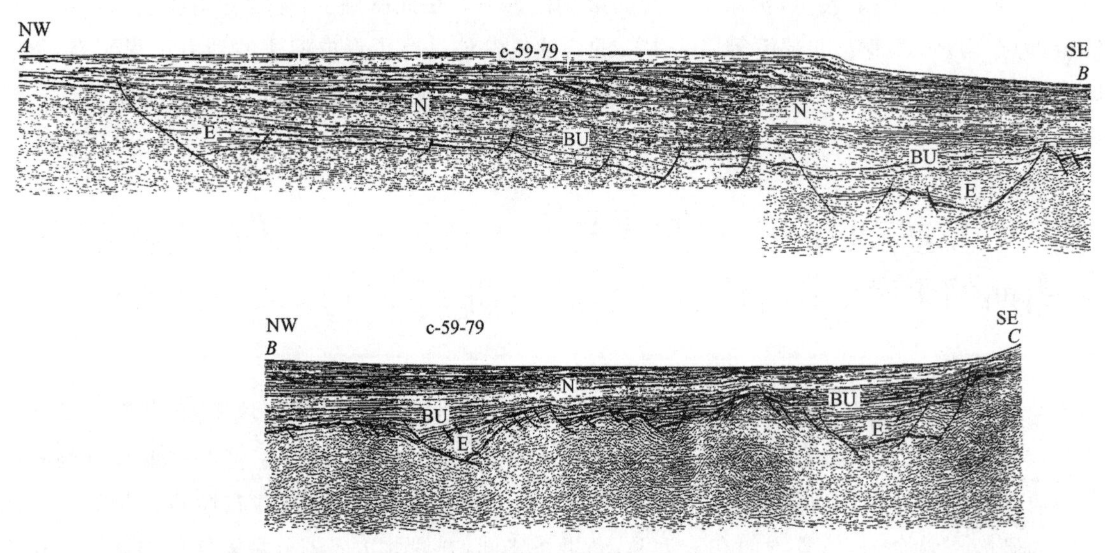

图 2 横跨琼东南盆地的反射地震剖面[第三系(古近系+新近系)底面埋深可达 12 000m，剖面位置见图 1，*A*—*C*]

1.1 古近纪裂陷作用的时-空格局(65～23Ma)

密集的反射地震测网及数以百计的勘探钻井揭示了第三纪(古近纪+新近纪)盆地深层结构的面貌：在岩石圈伸展的机制下，形成的裂陷大陆边缘。珠江口与琼东南盆地构成 NE 向构造的主体部分，受 NE 向主干断层系统的控制形成了断陷带和断隆带相间分布的格局，半地堑是断陷的主要形式。以珠江口盆地为例，可划分出总体呈 NE 向的 3 个隆起带及其间的两个断陷带，断陷充填的地层厚度通常为 2000～4000m 不等，生烃中心皆分布于断陷带中。在总体 NE 向的构造背景下，其间也分布着 EW 和 NW 向构造。NW 向的断裂在岩石圈不均匀伸展中起着调整作用[图 3(a)]。

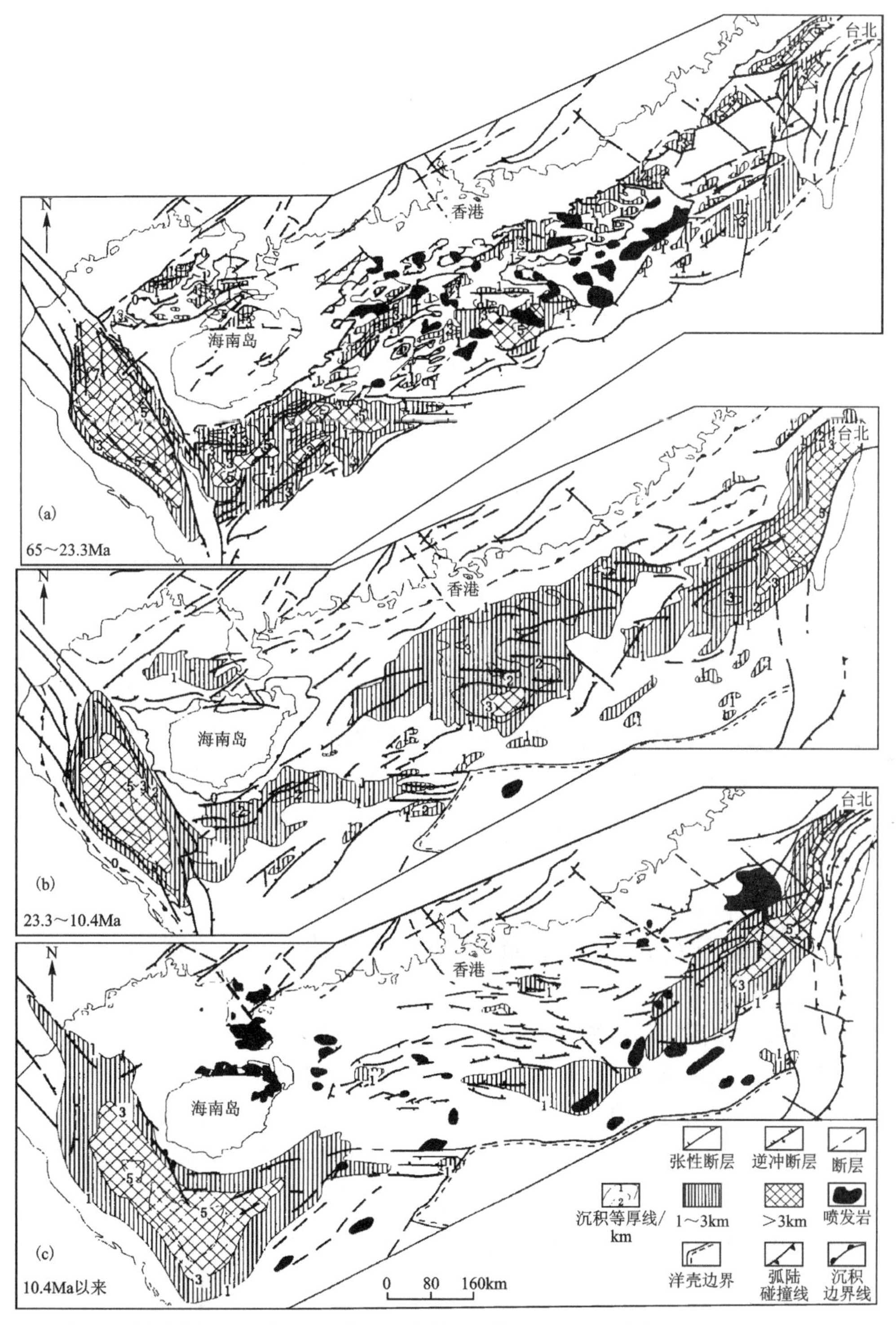

(a)古近纪裂陷分布格局；(b)新近纪早期(早—中中新世)构造格局；(c)晚中新世—全新世构造格局（杨士恭、吴万祥编制）。

图 3　南海北部及西北部裂陷的大陆边缘构造图

Ru 等[2]曾提出 NE 向构造形成于早期裂陷幕，而 EW 向构造与中、晚期裂陷幕有关，并反映古应力场随时间的变化。位于南海西北部的莺歌海盆地总体呈 NW 向，以 F_1 断裂带与琼东南盆地相隔，其间有一狭窄的 NW 向断隆带，两个盆地几乎呈正交关系。莺歌海盆地的 NW 端在红河三角洲平原，向 SW 延到海域中，地震探测发现古近纪充填巨厚，在盆地中心＞6000m，控制断陷的基底断裂系与红河断裂带在陆上的部分相连，可清楚地证明莺歌海盆地直接发育于古红河断裂带之上。莺歌海盆地的南端与 SN 向的越东断裂带相接，归仁及万安北盆地即沿此南北向断裂分布。NE、NW 与 SN 向断陷的这种相接关系与典型的三联点不同之处是莺歌海盆地的 NW 向断裂系切过了琼东南盆地 NE 向断裂系，二者呈“截接”关系。

在古近纪裂陷阶段有较强烈的岩浆运动，仅在珠江口盆地钻遇古近纪火山喷发岩的钻井有10余口，层位上判别至少有9次喷发。值得注意的是，在晚古新世至始新世早期主要为中酸性火山岩；中始新世及渐新世兼有中性及基性喷发岩，后者主要为碱性岩武岩。与典型的裂谷盆地不同，早期岩浆岩的特征在某种程度上是中生代活动大陆边缘中酸性火山岩带特征的延续，即流纹岩—英安岩—安山岩序列，其中火山碎屑岩及火山灰占优势，此种面貌充分显示了新生代裂陷大陆边缘的活动性。

在古近纪裂陷期盆地充填过程中，根据区域性不整合面，沉积充填和构造演化的阶段性，特别是构造沉降的周期性加速，识别了裂陷过程的幕式特征，通常对古近纪充填可识别出3个裂陷幕，即古新世—早始新世裂陷幕（Ⅰ），中始新世—早渐新世裂陷幕（Ⅱ）。在一些活动性较大的盆地中如莺歌海及琼东南盆地以渐新世晚期陵水组为代表，是第Ⅲ次构造沉降加速阶段即第Ⅲ幕。

在裂陷作用的幕式过程识别中最关键的标志是：①区域性的不整合面，这种间断面通常伴有不同程度的构造反转；②构造沉降的周期性加速，通常每一个裂陷幕以沉降加速开始，继之为相对减速阶段，但后者有时因地层的剥蚀而缺失。根据盆地模拟所做的沉降史回剥可得出构造沉降曲线，这一模拟过程进行了沉积物压实、古水深以及负载沉降等一系列校正[3]。

南海北部主要第三纪（古近纪＋新近纪）盆地裂陷期及裂后期演化阶段的划分对比如图4所示。

1.2 裂后期盆地演化特征及10Ma以来的构造-热事件

在已有的裂谷及被动大陆边缘盆地中裂后期沉降被解释为深部热衰减，物质密度加大而发生的区域性回沉。在沉降曲线上表现出裂后期构造沉降速率降低，盆地进入构造活动减弱阶段。与典型的被动边缘模式不同，裂后阶段南海北部及西北部仍显示了较强烈的构造活动，并有一系列构造-热事件发生。表现在以下4个方面，即构造沉降的加速、幔源岩浆活动、新的断裂体系形成及大规模盆地热流体运动。莺歌海盆地渐新世末的构造反转及破裂不整合面形成之后，盆地虽转化为坳陷形态，但直到中中新世末一直保持着快速沉降，在沉降中心处地层厚度逾6000m，即每百万年充填的地层厚度逾300m，可能裂陷作用仍以新的形式在局部持续[图3(b)]。10Ma以后南海北部构造-热事件更为活跃和普遍。

(1)区域性的幔源基性岩浆喷发活动在南海北部陆架及围区广泛发育，主要为碱性玄武岩及拉斑玄武岩，其形成时代多小于10Ma。如莺歌海盆地边缘Y32-1-1井钻遇厚度达115m拉斑玄武岩。

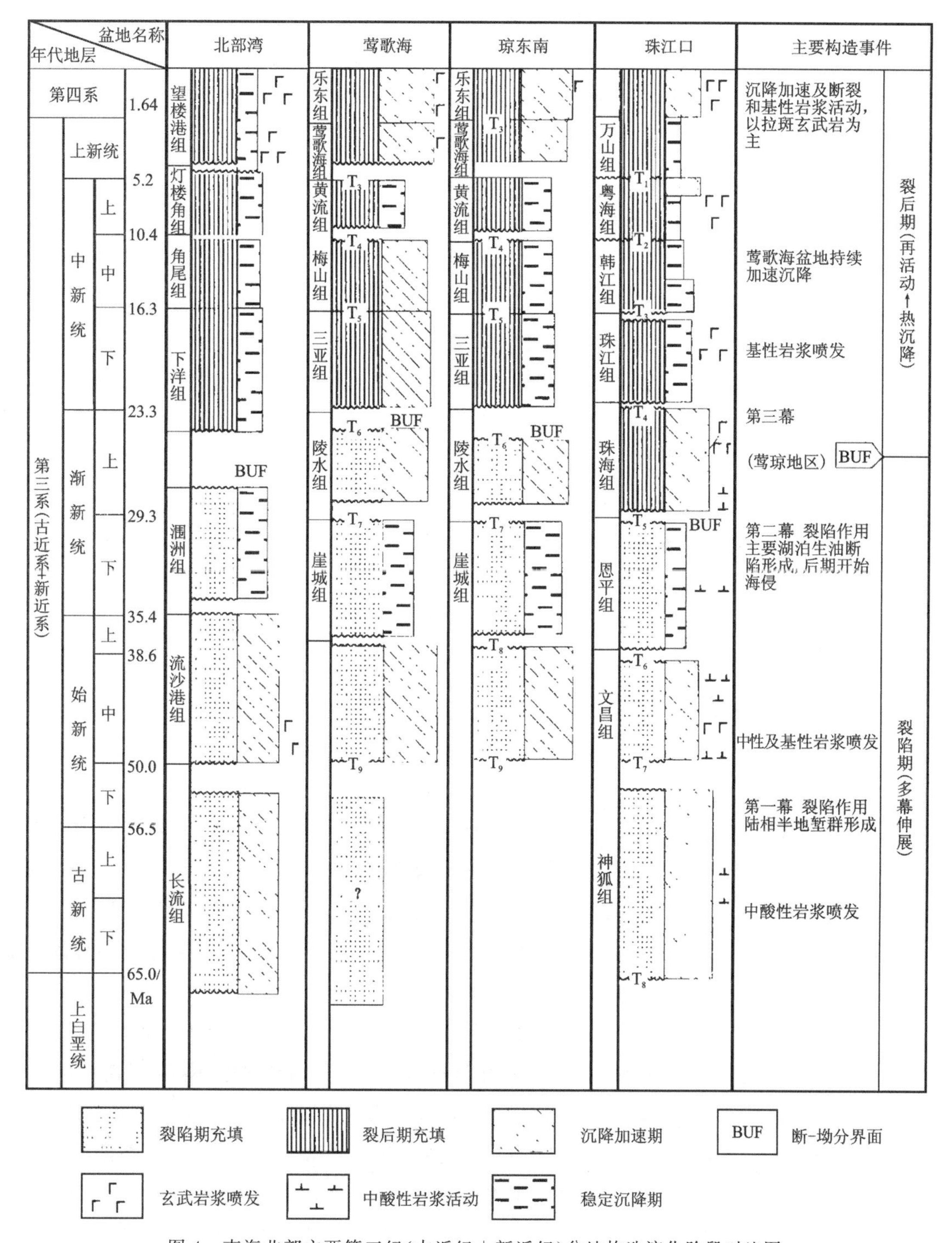

图 4 南海北部主要第三纪(古近纪+新近纪)盆地构造演化阶段对比图

(2)珠江口盆地自 5Ma 以来，吕宋岛弧向欧亚大陆及南海构造域的碰撞产生了密集的近东西向张性、张剪性断裂。据前人统计，中新世晚期以来的活动断裂达 1400 余条，其中 900 余条是新形成的。此断裂系向西迅速减少。

(3)在莺歌海及琼东南盆地中中新世末形成了全区发育的古间断面 T_4，其后从晚中新世开始快速沉降，沉积物覆盖了两个盆地之间的断裂边界，两个盆地形成一个整体，坳陷中心处地层厚逾 5000m，主要为深水海相沉积[图 3(c)]。

上述新生代晚期的构造事件，对沉积盆地中油气的最终成藏起了决定性作用。在珠江口盆地5Ma以后的构造活动控制了烃类最后阶段的运聚，由于缺少裂后阶段的快速沉降，后期断裂活动剧烈，不利于大气田形成，迄今珠江口盆地已找到的主要是油藏。在莺歌海及琼东南盆地裂后期的快速沉降，巨厚的富泥沉积物充填以及高热流导致了规模巨大的异常压力体系形成，并在其周围常压区形成了气藏。

此种情况发生在莺歌海盆地东部，压力系数为1.2的异常压力界面埋深通常在2000～3000m，深部压力系数高达2以上。烃源岩主要在异常压力体系中成熟，并转化为气态烃，在流体压力不断增强时，可导致水力压裂和幕式排烃。但更重要的是与区域性右旋扭动相关的同生断裂带的活动形成的流体排出通道，导致大规模泥-流体底辟的形成。与此相关的重要气田，如东方1-1气田和乐东22-1气田。沿输导界面及输导层侧向运移形成的气田，如崖城13-1-1。

2 沉积序列对构造的响应和盆地充填样式

盆地的沉积充填特征决定于构造、海平面变化、物源补给体系和古气候，盆地中沉积体系的配置及整体古地理面貌是上述因素综合影响决定的，其中构造因素是最基本的，裂陷期所划分出的各幕及裂后期的构造演化事件都有相应的沉积响应并形成了特有的盆地充填样式。

2.1 裂陷充填阶段的沉积特征

裂陷期沉积体系的配置受同沉积断裂控制，快速沉降和物源充分补给决定了沉积体系的构成特征。砂分散体系的类型主要是扇三角洲、辫状三角洲和冲积扇。河流体系主要是短源河道。在半地堑的陡坡边缘主要发育扇三角洲，而在半地堑的缓坡以及从盆地轴向进入者主要是小型三角洲和辫状三角洲。在半地堑中心部位除早期是冲积体系外，每一裂陷幕发育了湖泊，在快速沉降阶段常形成深水湖泊。由于气候和构造、古地理背景不同，裂陷期除上述总的特征外，每一裂陷幕沉积充填特征又有不同(图5)。

裂陷Ⅰ幕：即白垩纪晚期—古新世，由于处于干旱气候条件，主要充填了红色碎屑沉积，因只有个别钻井穿过这套地层，推断此期充填特征与华南广泛分布的红盆地(K_2-E早期)相似。

裂陷Ⅱ幕：是潮湿气候条件下的断陷充填，其前期除大量发育了扇三角洲和三角洲外，盆地中心形成了巨厚的湖相泥岩段，如北部湾盆地流沙港组和珠江口盆地文昌组，都是最重要的烃源岩。第Ⅱ幕后期相对稳定沉降阶段发育了以恩平组、崖城组和涠州组为代表的含煤地层，在凹陷中心仍可有良好的湖相泥岩段发育，也具有生烃能力，此外这一裂陷幕后开始有海浸。

裂陷Ⅲ幕：以琼东南、莺歌海盆地陵水组为代表。由于有海水进入，在断陷背景下形成了海湾。盆地边缘的扇三角洲/三角洲砂体受到潮汐和海浪作用以及生物活动的改造，明显提高了砂体的孔渗性，因此陵水组的扇三角洲砂岩，成为崖城13-1-1大气田的主力储层。

2.2 裂后充填阶段

裂后阶段大面积区域性的新近纪海相沉积覆盖了各个盆地，这是由裂后期区域性的沉降和

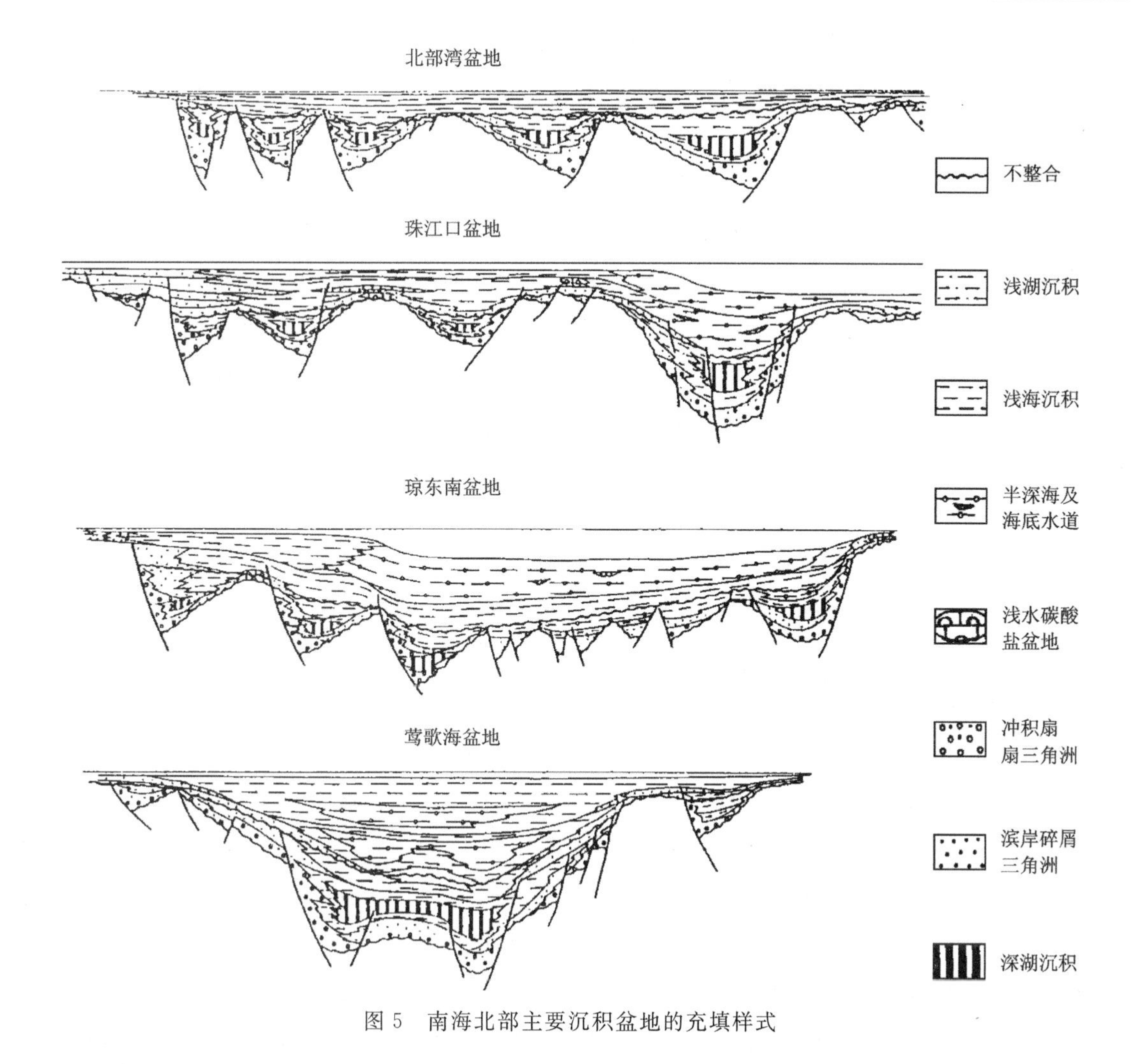

图5　南海北部主要沉积盆地的充填样式

海平面上升造成的。北部湾盆地主要表现为内陆海或海湾相沉积，珠江口及琼东南则清楚地显示了由碎屑海岸至三角洲-陆架-陆坡的分带性在珠江口盆地裂后早期（21～15Ma）形成了最有利的油气成藏组合，这一时期发育了岸线-浅海和三角洲砂体以及碳酸盐台地和礁，形成了我国储集性能最佳的海相储集体，其上又有最大海泛期的海相泥岩覆盖，形成最有利的储盖条件，被称为油气成藏的黄金组合[4]。

莺歌海盆地下—中中新统三亚组和梅山组形成时正处于盆地继续快速沉降阶段，沉积中心地层厚度＞6000m，富含海相泥岩，是形成规模巨大的异常压力囊的物质条件，也是含海相烃源岩的层位。10Ma 的 T_4 界面在构造及海平面变化上都有重要意义，这一古间断面处发育了许多明显的下切谷，标志着海平面的下降。T_3 界面，即大致 5.2Ma 以后，盆地快速沉降形成了内陆架和内斜坡，深水重力流沉积发育，除浊积岩外还有大型浊积水道，长度大于 160km。

3　盆地的动力学性质及形成的区域构造背景

在盆地动力学研究上，一种简明的、按盆地形成期的构造力学机制所做的划分已被广泛使用，并和盆地的板块构造分类互为补充。其基本类型是伸展的、挠曲的和走滑的。已经发现许多盆地的形成演化是多种机制的联合作用，如伸展与走滑的结合。此外在盆地演化的漫长历史中其性质可以改变，即不同阶段有不同的形成机制，其交替也形成一定序列[5]。在南海大陆边缘盆地分析中，特别是在像莺歌海那样具有非常独特性质的盆地中，已发现多种机制的联合作用。

Mckenzie[6]所建立的拉伸盆地纯剪切模型及定量动力学模拟方法将盆地研究放大到岩石圈的尺度，揭示了岩石圈拉伸、盆地沉降和热历史的相互关系。以后又有 Wernicke[7]的简单剪切模型和几种双层模型[8-10]。大多数拉伸盆地的深部地球物理资料表明，双层模型更符合实际，地壳(主要是上地壳)表现为简单剪切，以发育低角度拆离正断层为特色，而深部岩石圈地幔，可能也包括力学性质弱化的下地壳，属于纯剪切性质。在南海北部的主体部分珠江口及琼东南盆地多条地震剖面上发现了低角度拆离正断层，其延伸深度可追溯到 8km 以下，因此以双层模型为基础编制了拉伸盆地二维模拟系统，并对南海北部珠江口、琼东南、莺歌海及北部湾等盆地进行了系统的模拟分析[3]。

通过正反演模拟技术求得盆地分布区岩石圈不同部位的拉伸系数，以及岩石圈底界面的起伏。成果表明，珠江口及琼东南盆地岩石圈拉伸系数的变化是不对称的，总趋势为向南海中央海盆方向岩石圈厚度递减，拉伸系数 β 值为 1.3～2.5，个别地段可达到 6。根据拉伸系数的变化和软流圈顶界面的起伏，正演计算的热流值与实测热流值变化趋势能较好地拟合。

很明显，南海北部边缘的珠江口及琼东南属于伸展的、裂陷的大陆边缘盆地。反映盆地基本动力学性质的参数见图 6。需要强调的是，一系列特征表明其不属于被动边缘盆地，即①较强的构造活动性，特别是与板块的汇聚与碰撞有直接关系；②频繁的岩浆活动，如前所述裂陷前期的以中酸性为主的岩浆活动是晚中生代活动边缘的特征的继续，10Ma 以来又出现多期火山喷发活动；③较高的热流一直持续到现今，实测海底热流值一般为 60～100mW/m^2，在陆坡深水区新的裂陷活动部位高达 121mW/m^2[11]；④中美合作[12,13]及中日合作南海考察通过重力及地震探测均在珠江口盆地南侧高热流区发现地壳底部地幔物质的侵位(underplating)。所有这些特点都带有活动边缘的烙印，因此南海北部边缘盆地构造样式虽然是伸展和离散的，但不属于被动边缘。

直接发育于古红河断裂带之上的莺歌海盆地，其形成演化的动力背景更为复杂，快速沉降、高地温、大规模的异常压力体系及泥-热流体底辟是该盆地最突出的特征，且已经证实有巨大的天然气资源潜力。横穿盆地的剖面显示了下部断陷、上部坳陷的双层结构，表明其主要形成于裂陷作用。地球物理探测结果表明前古近纪基底埋深达 17km 左右，根据重磁数据推断第三系(古近系＋新近系)底部可能有火山岩系存在。根据重力反演所确定的莫霍面埋深约 22km。若扣除 17km 厚的第三系(古近系＋新近系)充填，原地壳厚度仅余 5km。地壳的强烈减薄主要是整个岩石圈被拉伸的结果。根据定量动力学模拟成果，莺歌海盆地岩石圈的厚度很薄，为 55～60km，盆地高地温梯度(4～5℃/100m)和高热流值(82～87mW/m^2)也反映了软流圈顶面的隆起或底辟(图 7)。值得指出的是，云南省红河断裂带附近地震层析的结果显示软流圈也明显隆起。此外赵海玲[14]根据海南岛第三纪(古近系＋新近系)玄武岩计算的软流圈顶面埋深为 60km 左右，与莺歌海盆地模拟结果基本一致。根据地球物理及盆地模拟成果所推断的盆地深部结构如图 8 所示。

莺歌海盆地形成是各种动力过程的联合。地幔活动引起的岩石圈伸展起着主导作用，同时也显示出走滑拉分活动的影响。密集的地震测网揭示出盆地西部边缘断裂是 SN 向的，即总体

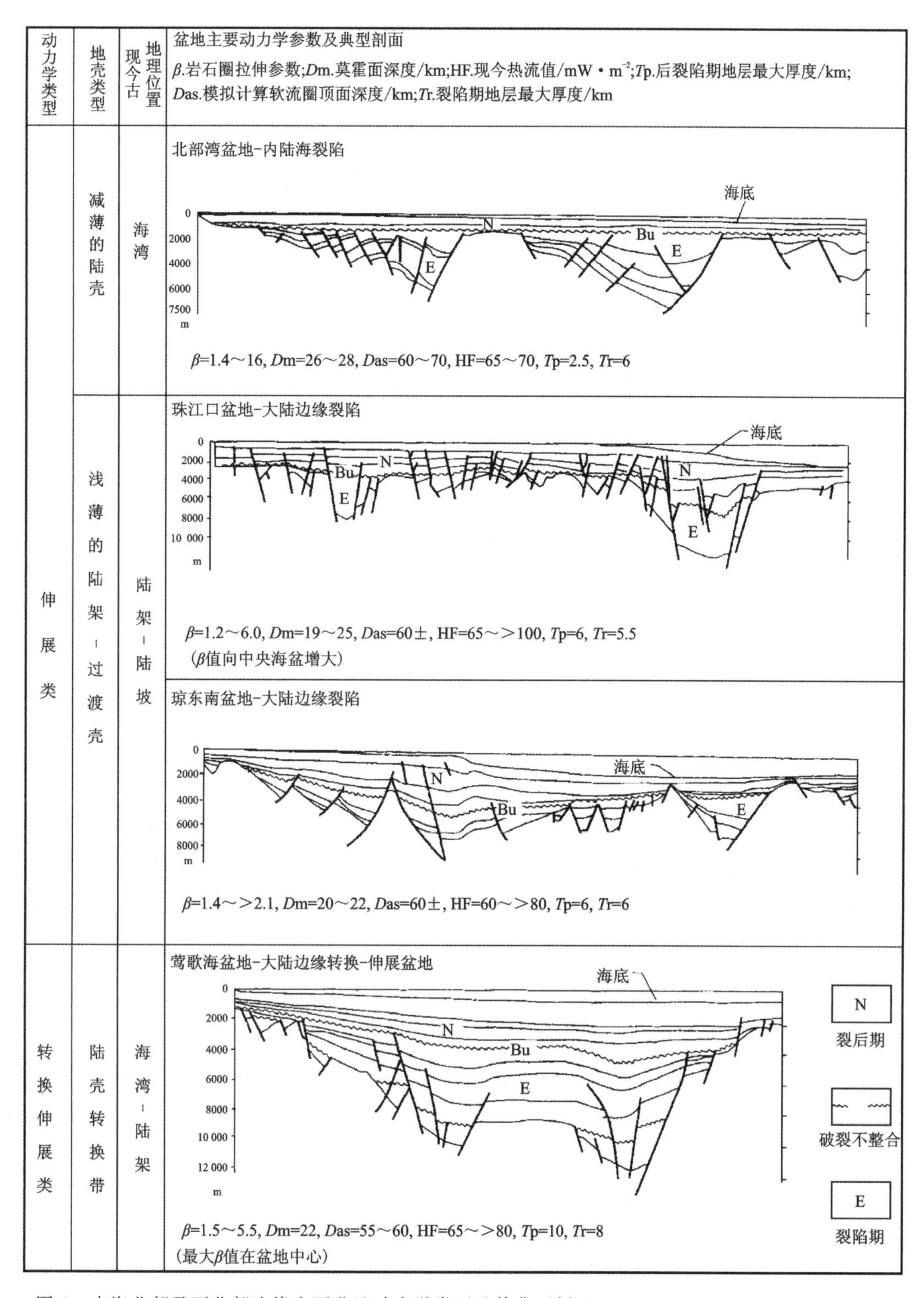

图 6　南海北部及西北部边缘主要盆地动力学类型及其典型剖面(剖面据南海西部及南海东部石油公司)

为 NW 向的红河断裂带的一个分支进入海域后发生了转折(图 9)。古近纪各层段厚度最大的地域经地震测网圈定也呈 SN 向,并依次向东迁移,这表明盆地西北部受 SN 向断裂控制的基底断块,在东西向伸展的条件下沉降速度最快的区域向东递进。这种构造现象及盆地北缘的旁侧张扭性断裂所指示的方向,均表明在晚渐新世以前总体伸展的过程中,伴随着基底 NW 向主断裂的右旋剪切和走滑。新近纪的沉降中心则呈 NW 向,与盆地总体方向一致。

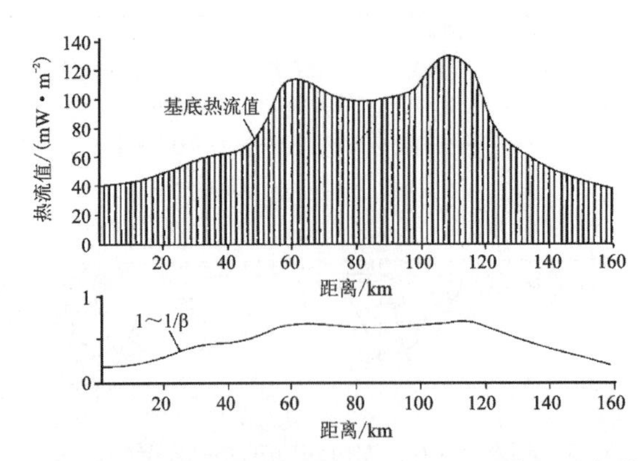

图 7　莺歌海盆地的拉伸系数及通过基底的热流值(β为拉伸系数)

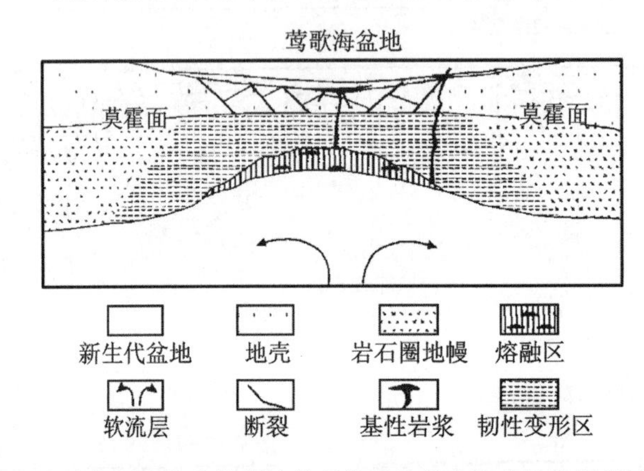

图 8　根据地球物理及盆地模拟结果所推断的莺歌海盆地的深部结构模式图

对于莺歌海这种受伸展与走滑(或扭动)双重机制控制的盆地需给以新的命名。Ben-Avraham 等[15]研究死海盆地时发现正断层伸展与走滑同时控制了该盆地的演化,建议用“转换-正断层伸展盆地”(transform-normalextensionbasin)来命名。许多学者如 Sylvester、Woodcock 和 MiaH 等在使用转换断层这一术语上主张扩大其范围,洋脊转换断层仅是其中一种类型[16-18]。Sylvester 建议将切过岩石圈,位于板块之间起调整作用的大型走滑断裂称为转换断层,以表示其规模性质上的特殊性,并分出了边界转换断层、陆内转换断层等。控制莺歌海盆地的红河断裂带为特提斯构造域与欧亚大陆之间汇聚、碰撞造成的古缝合带并随着印度地块的楔入而转化成大型走滑带,因此笔者建议,使用转换-伸展盆地来表达莺歌海这种多重机制控制并直接发育于大型走滑带上的盆地。在南海周缘与莺歌海盆地属于相同类型的是马来盆地。一个需要通过深入研究的课题是红河断裂带云南地段发现的古近纪左行走滑的证据[19],但在莺歌海盆地迄今未能发现,代之的是强的岩石圈伸展和似乎相反的扭动方向。

4　有关南海及其边缘盆地成因及地球动力背景的讨论

南海边缘盆地的演化与整个南海海盆的认识密切相关,这方面是地学领域争论的一个热点。其中影响最大的是渐进挤出模式[20,21],这一模式的基本点是印支各地块长距离滑移和红河断裂左旋,并认为是导致南海扩张的主要原因。另一批学者则提出了不同的观点和反证,指出印支地块只可能发生有限的滑移,这意味着不能导致南海扩张[22-26]。近 10 年来日益增多的第

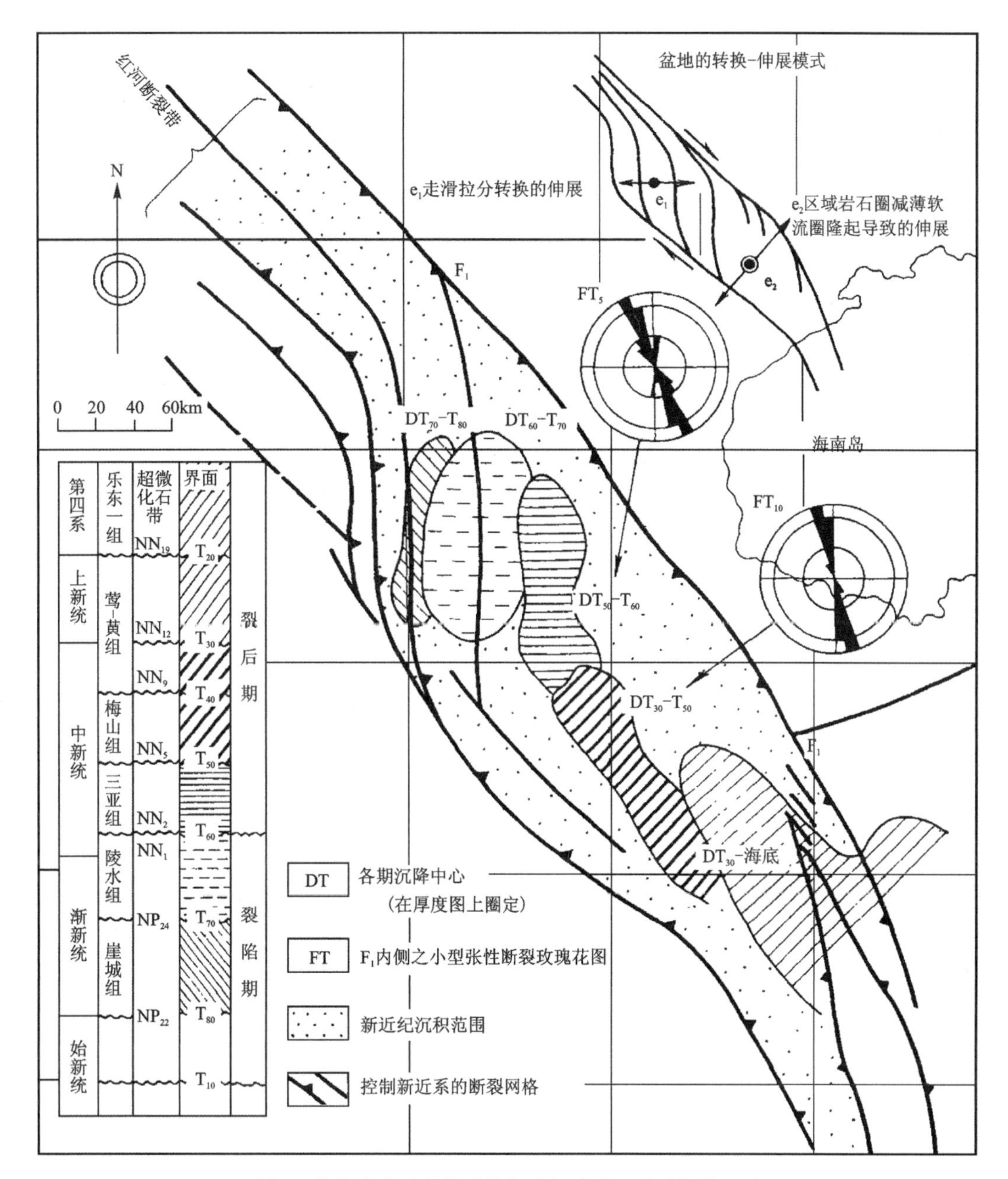

图9　莺歌海盆地的构造格架及沉降中心随时间的迁移

（沉降中心根据南海西部石油公司编制的厚度图圈定）

三纪（古近纪＋新近纪）盆地演化历史的资料与南海扩张的渐进挤出模式相矛盾：①南海西缘从莺歌海到沿越东断裂分布的归仁、万安北以至万安盆地古近纪都是以伸展为主，伴有不同程度的右行扭动或走滑的影响；②处于印支地块向SE滑移前锋的湄公盆地古近纪也属伸展性质；③南海周缘不同方向的盆地在古近纪都属伸展和裂陷性质，包括NE向的珠江口、琼东南、纳土纳等盆地和近EW向的北部湾盆地；NW向的莺歌海和马来盆地。特别是同期不同方向的裂陷相交叉，如莺歌海盆地、琼东南盆地、马来盆地和纳土纳盆地的截接关系。因此仅从平面变形出发难于解释此种盆地分布的格局；④岩石圈薄化，出现许多地幔隆起的高点或壳下底侵以及由此产生的频繁的热事件和区域性高热流。

上述情况使笔者更多地考虑深部的驱动因素——多分枝的地幔柱上升及其引起的局部对

流和向东及向南东的侧向地幔流，或者是两种因素的综合作用。Fukao 等[27]和 Zhang 等[28]应用地震层析技术揭示了南海及邻域现今地幔热柱的存在，需进一步研究它的形成时代。岩石学研究者根据岩石化学及同位素资料推断印支半岛南部 15～0.5Ma 的火山岩可能源于地幔柱活动[29]。Fukao 等的地震层析成果另一重要成就是揭示了向北俯冲的印-澳板块的板片及其在深达 670km 界面处的堆积，以及向西俯冲到南海东缘之下的菲律宾海板块的板片，很可能这些俯冲板片对地幔深部的影响导致了南海及邻域地幔柱的产生。另一重要假说是以 Tamaki 为代表的向东的侧向地幔流假说，即由于特提斯构造域与欧亚大陆的汇聚以及印度地块的向北碰撞和楔入，导致地幔物质向东挤出。Tamaki 认为此种地幔流可能使俯冲板片后退，从而导致南海等边缘海盆的张开，南海扩张的不对称性有利于此种推断。

上述成果和假说引起了学者们对南海扩张及其边缘盆地伸展原因更深刻的思考，从本文阐述的盆地演化历史判断，很可能地幔柱及侧向地幔流对南海及其边缘盆地的形成起了关键作用。但此项研究仅处于起步阶段，有赖于更为精确的深部地球物理、火山岩石化学等多学科结合研究的进展。

参考文献

[1] HALL R, BLUNDELL D J. Tectonic evolution of SE Asia: introdution[J]. Geological Society Special Publication, 1996, 106: 7-8.

[2] RU K, PIGOTT S D. Episodic rifting and subsidence in the South China Sea[J]. AAPG Bulletin, 1986,70(9) : 1136-1155.

[3] LIN C S, LI S T,ZHANG Q M, et al. Subsidence and stretching of some Mesozoic and Cenozoic rift Basins in East China[C]// LIU B J, LI S T. Basin analysis, globle sedimentology geology and sedimentology. Amsterdam: International Geological Congress, 1997: 176-196.

[4] CHEN J S, XU S C, SANG J Y. The depositional characteristics and oil potential of paleo Pearl River delta systems in the Peal River Mouth basin[J]. Tectonphysics, 1994, 235: 1-11.

[5] DICKINSON W R. Basin geodynamics[J]. Basin Reaseach, 1993(2): 205-222.

[6] MCKENZIE D . Some remarks on the development of sedimentary basins[J]. Earth Planet Sciences Letters, 1978, 40: 25-32.

[7] WERNICKE B . Low-angle normal faults in the basin and range province: nappe tectonics in an extending orogen[J]. Nature, 1981, 291: 645-648.

[8] ROYDEN L, KEEN C E . Rifting processes and thermal evolution of the continental margin of eastern Canada determined from subsidence curves[J]. Earth and Planetary Sciences Letters, 1980, 51: 343-361.

[9] BARBIER F, DUVWERY B, LE PICHON X . Structure prof one dela marge Nord Gascogne, implications surle mechanisme derifting erde formation dela marge continentle[J]. Ball Cent Rech Explor Prod Elf-Aquitaine, 1986, 10(1): 105-121.

[10] KUSZNIR N S, ZIEGLER P A. The mechanics of continental extension and sedimentary basin formation: a simplefhear/purefhear flexural cantilever model [J]. Tectonophysics, 1992, 215: 117-131.

[11] XIA K Y, XIA S G, CHEN Z G, et al. Geothermal characteristics of the South China Sea[M]// GUPTA M L, YAM A M. Terrestrial heat flow and geothermal energy in Asia. Oxford: Oxford & IBH Publishing Co, 1995: 113-128.

[12] NISSEN S P, HAYES D E. Gravity, heat flow and seismic const rains on the processes of crustal extension: northern margin of the South China Sea [J]. Journal of Geological Research, 1995, 100(B11) : 22 447-22 483.

[13] 姚伯初,曾维军,HAYES D E,等.中美合作调查南海地质专报 GMSCS[M].武汉:中国地质大学出版社,1994.

[14] 赵海玲.东南沿海地区晚第三纪至第四纪大陆裂谷型火山作用及深部作用过程[M].武汉:中国地质大学出版社,1990.

[15] BEN-AVRAHAM Z, ZOBACK M D. Transform-normal extension and asymmetric basins: an alternative to pulfapart models[J]. Geology, 1992, 20: 423-426.

[16] SYLVESTER A G. Strike-slip faults[J]. Geological Sociaty of America Bulletin, 1988, 100(4): 327-341.

[17] WOODCOCK N H. The role of strike-slip fault systems at plate boundaries[J]. Royal Sociaty of London Phylosophical Transactions SerA, 1986, 317: 13-29.

[18] MIALL A D. Rinciples of Sedimontary Basin Analysis[M]. Berlin: Springer-Verlag, 1984.

[19] 张连生,钟大责.从红河剪切带走滑运动看东亚大陆新生代构造[J].地质科学,1996, 31(4) : 327-341.

[20] TAPPONIER P, PELTZER G, ARMIJO R. On the mechanics of the collision between India and Asia [J]. Geological Society of London Special Publication, 1986, 19: 115-157.

[21] BRIAIS A, PATRIAT P, TAPPONIER P. Updated interpretation of magnetic anomalies and seafloor spreading stages in the South China Sea: Implications for the Tertiary Tectonics of Southeast Asia[J]. Journal of Geophysical Research, 1993, 98(B4) : 6299-6328.

[22] HAYES D E. Margins of the south-west sub-basin of the South China Sea: a frontier exploration target[J]. Energy, 1985, 10(34) : 373-382.

[23] BURCHFIEL B C, ROYDEN L H. Tectioncs of Asia 50 years after the death of Emile Argand[J]. Eclogae Geologicae Helvetiae, 1991, 84(3) : 599-629.

[24] ROYDEN L, BURCHFIEL B C, KING R W, et al. Coupling and decoupling of crust and mantle in convergent orogens: implications for strain partitioning in the crust[J]. Journal of Geophysical Research, 1996, 101(88) : 17 679-17 705.

[25] PACKHAM G H. Plate tectonics and the development of sedimentary basins of the dextral regime in western Southeast Asia[J]. Journal of Southeast Asia Earth Sciences, 1993,

8(1-4)：497-514.

[26] DEWAY J F，CANDE S，PITMAN W C. Tectonic evlution of the India / Eurasia Collision zone[J]. Eclogae Geologicae Helvetiae，1989，82(3) ：717-734.

[27] FUKAO Y，OBAYASHI M，INOUE H，et al. Subducting Slabs Stagnant in the mantle Transition zone[J]. Journal of Geophysical Research，1992，97(B4)：4809-4822.

[28] ZHANG Y Z，TANIMOTO T. High-resolution global upper mantle structure and plate tectonics[J]. Journal of Geophysical，1993，98(B6)，9793-9823.

[29] FLOWER M F J，HOANG N，YEM N T，et al. Cenozoic magmatism in Indochina：lithosphere extension and mantle potential temperature[J]. Bulletin of the Geological Society of Malaysia，1993，33：211-222.

莺歌海-琼东南盆地的有机成熟作用及油气生成模式*

摘　要　通过对莺歌海-琼东南盆地地质、地球化学的综合分析，结合盆地动态模拟技术，本文系统论证了高地温梯度、强超压环境活动热流体的运移和聚集对有机质热演化和油气生成的强化作用，发现并论证了异常孔隙流体压力对有机质热演化和油气生成的抑制作用及其表现形式、动力学机制，并进行了化学动力学模拟。在此基础上，总结出高地温梯度、异常压力环境有机质的热演化和油气生成模式。

关键词　莺歌海-琼东南盆地　活动热流体　超压　有机成熟作用　油气生成模式

长期以来，人们一直强调有机质热演化对油气运移和聚集的控制作用，而忽视了流体的运移和聚集对有机质热演化的影响，压力被视为油气初次运移的重要动力，但学术界关于压力在有机质热演化和油气生成过程中的作用存在三种相互矛盾的观点[1-3]。本文的目的在于通过地质、地球化学的综合分析结合动态模拟技术，研究活动热流体和异常孔隙流体压力对有机质热演化和油气生成的影响，揭示高地温梯度、强超压环境下油气生成的独特规律。

1　地质背景

莺歌海盆地和琼东南盆地以①号断层为界，均是我国南海北部大陆架重要的新生代含油气盆地。琼东南盆地呈北东—近东西走向，是一个具幕式裂陷特征的裂谷盆地，莺歌海盆地走向北西，是一个在岩石圈拉伸和红河断裂走滑双重机制控制下发育的转换-伸展盆地。

莺-琼盆地第三系（古近系+新近系）—第四系的最大厚度超过17km，图1给出了莺-琼盆地钻遇层位的岩性构成。莺歌海盆地的实测地温梯度为46℃/km，明显高于世界范围内各时代沉积盆地的平均地温梯度（30℃/km）。莺-琼盆地具有较高的沉降-沉积速率，由于快速增载引起的压实不均衡，加之烃类的生成和高温引起的流体膨胀，第三系（古近系+新近系）普遍发育了超压。由于强烈的超压加之剪切应力的诱导作用，莺歌海盆地发育了大规模的底辟构造并伴有强烈的流体活动。

2　活动热流体对有机质热演化和油气生成作用的强化

2.1　沿不整合面的流体运移对有机质成熟度的影响

琼东南盆地YA2112井的镜质体反射率（R_o）和热解峰温（T_{max}）剖面明显分为三段（图2），中段（3500～4000m）R_o和T_{max}出现明显的倒置，即上部R_o和T_{max}值高于下部，R_o和

* 论文发表在《中国科学（D辑）》，1996，26（6），作者为郝芳、李思田、孙永传、张启明。

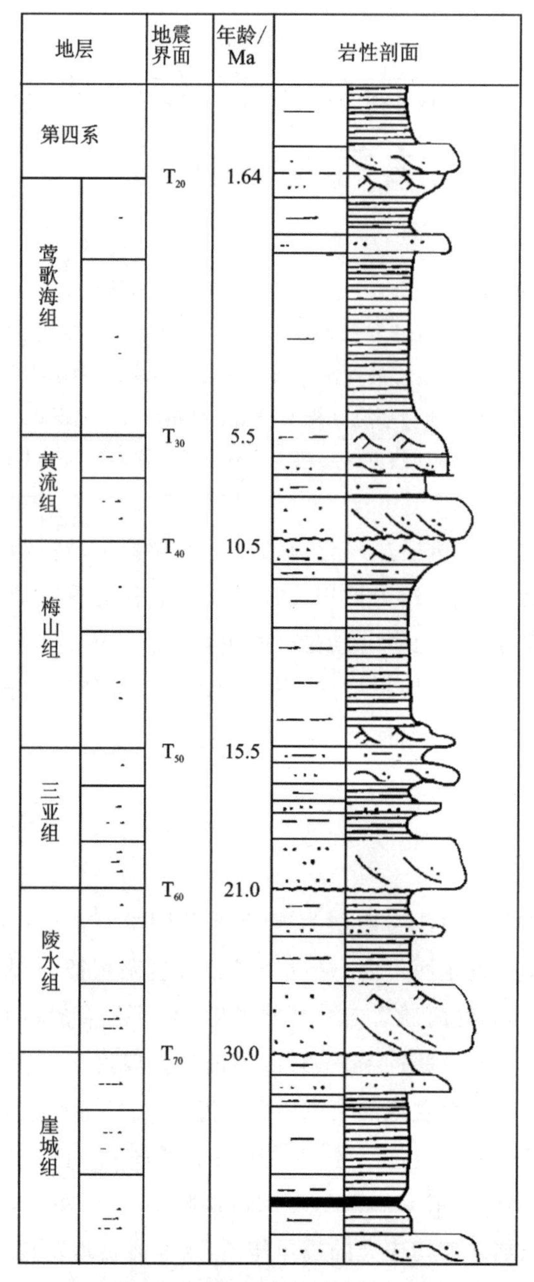

图1 莺-琼盆地钻遇层位综合岩性柱状图

T_{max}剖面均呈扭曲的"Z"形，与3500～4000m层段R_o和T_{max}的倒置相对应，氯仿沥青"A"及总烃的绝对含量及其在有机质中所占的比例在3500m急剧增大，且在3500～4000m层段呈现相对高值，C_{21-}/C_{22+}和$(C_{21}+C_{22})/(C_{28}+C_{29})$亦在3500m左右明显增大，而姥鲛烷(Pr)/$nC_{17}$和植烷(Ph)/$nC_{18}$则在3500m左右开始明显减小并在3500～4000m层段内保持相对低值。3 639.1m甾烷C_{29}20S/(20S+20R)已达0.51，而4 201.3m和4 686.3m甾烷C_{29}20S/(20S+20R)值分别为0.30和0.44，同样反映出有机质成熟度的倒置现象，YA2112井中所有层位的总有机碳(TOC)含量变化不大，氢指数(HI)不超过100(图2)，表明不同深度的源岩均以Ⅲ型干酪根占优势。因此有机质成熟度指标的上述异常变化不是有机质生源或沉积-成岩条件的变化引起的。

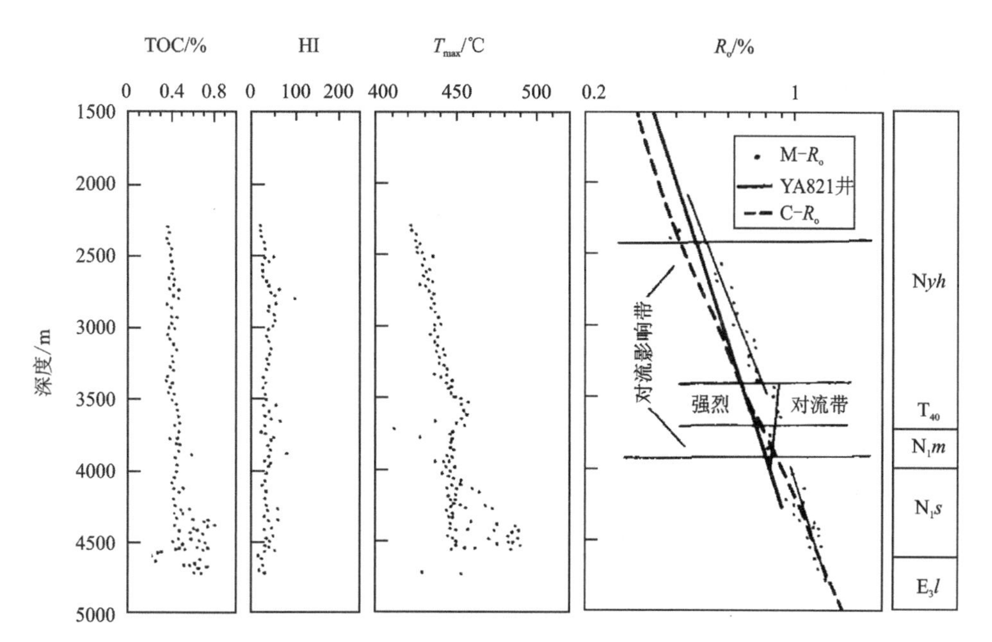

E_3l. 陵水组；N_1s. 三亚组；N_1m. 梅山组；Nyh. 莺黄组；M-R_o. 实测 R_o值；C-R_o. 模拟计算的 R_o值。

图 2 琼东南盆地 YA2112 井有机质成熟度剖面

YA2112 井的实测地温梯度为 36.4℃/km，与 YA821 井(36.5℃/km)相近，但 YA2112 井 2500～4000m 层段有机质的成熟度明显高于 YA821 井。未考虑对流热传导的热演化模拟结果与 4000m 以下层段的实测 R_o相吻合，但明显低于 2500～4000 层段的实测 R_o值(图 2)。

实测资料和热演化模拟均表明，YA2112 井 2500～4000m 层段有机质的成熟度出现了明显的高异常。非常有意义的是，YA2112 井有机质成熟度的倒置出现在莺-琼盆地重要的不整合面 T_{40}附近(图 2)，可能是沿不整合面运移的流体引起的。温度较高的流体沿不整合面运移，使不整合面附近的地温明显增高，有机质热演化程度明显增强，从而引起有机质成熟度倒置，并由于对流与传导热场的叠加，使上覆地层有机质成熟度增高，不整合面附近温度最高，有机质热演化异常最明显，是强烈对流带，上下出现对流影响带。

2.2 油气聚集区有机质热演化程度的增高

YA13-1 构造上未钻遇气层的 YA1318 井的地温梯度为 38℃/km，其他各井均出现了明显的储层温度异常，表明为储层段的高地温和低地温梯度，与对流热传导的理论地温剖面(图 3 中的插图)非常相似，与地温异常相对应，YA13-1 构造 3500m 以下有机质成熟度出现突变性增高。泥底辟构造带有莺歌海盆地已探明的重要油气聚集区。该构造带 YD111 井 2000～2650m 层段有机质的成熟度明显高于无底辟区埋深相近的源岩及热演化模拟结果，但出现了异常低的 R_o/T_{max}梯度(图 3)。油气聚集区有机质的成熟度异常实际上是油气聚集引起的对流与传导热场叠加的结果，就成因而言，YA13-1 气田的局部地温场为深源流体侧向输导增温型，而泥底辟构造带则是深源流体垂向输导增温型。

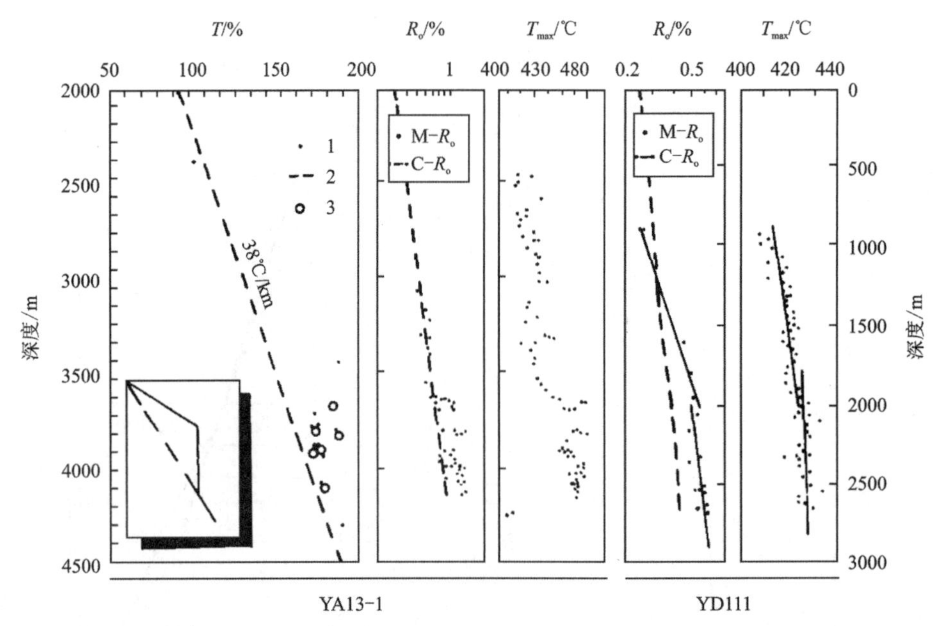

1. DST 测试温度；2. 背景地温梯度；3. 流体包裹体测温；M-R_o. 实测 R_o值；C-R_o. 模拟计算的 R_o值。

图 3　YA13-1 气田及莺歌海盆地底辟构造带地温和有机质成熟度剖面

3　有机质热演化和油气生成的超压抑制作用

3.1　超压抑制作用的表现形式

莺歌海盆地 LD3011 井有机质的热演化出现了明显的异常(图 4)：①R_o剖面不连续而呈明显的三段，上段(3300m 以上)R_o梯度正常而下段(3900m 以下)R_o梯度接近零；②热解峰温(T_{max})剖面亦非线性而分为三段，分别对应于上、中、下 R_o梯度段，上段 T_{max}值随深度增大而逐渐增大，但随埋藏深度增大，中段和下段的 T_{max}值未表现出规律性变化，且中段的平均 T_{max}值低于上段底部，而下段的平均 T_{max}值更低；③上段 T_{max}和 R_o值互相吻合，而中段和下段 T_{max}和 R_o随深度的变化相互矛盾，即随深度增大 R_o微弱增大而 T_{max}值呈现逐渐减小的趋势；④R_o和 T_{max}值随深度的异常变化与孔隙流体压力的分布完全吻合，上、中、下 R_o/T_{max}段分别对应于浅部常压系统、中部超压系统和深部强超压系统；⑤浅部(4000m 以上)C_{25+}饱和烃的相对含量随深度的增大而降低，但在深度超过 4000m 的强超压系统中，不同深度样品正构烷烃的组成和碳数分布非常相似，与该段异常低的 T_{max}/R_o梯度相对应(图 5)。

LD3011 井浅部正常压力系统的 T_{max}值与 R_o值相互吻合，证明该段的实测 T_{max}和 R_o值有效地反映了有机质成熟度，中部超压系统特别是深部强超压层段的实测 R_o值明显低于下延浅部正常 R_o趋势线预测的有机质成熟度及根据盆地热史模拟计算的 R_o值(图 4)。中部超压系统和深部强超压层段的有机质成熟度亦明显低于地温梯度相近的其他钻井中埋深相近的源岩，例如，YA1911(地温梯度为 41℃/km)5000m 的实测地温约为 220℃，实测 R_o值高达 2.4%；而 LD3011 井(地温梯度为 46℃/km)5000m 的实测地温高达 240℃，但实测 R_o值仅为 1.2%。

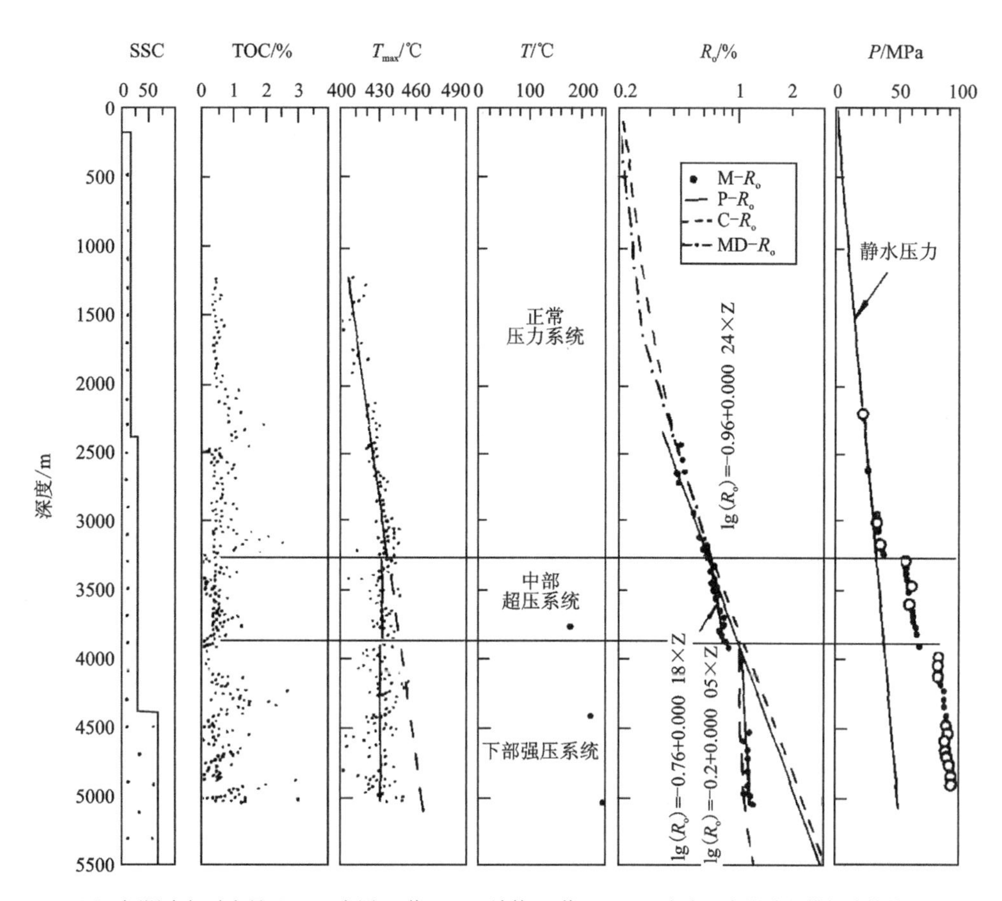

SSC. 砂/泥岩相对含量；M-R_o. 实测 R_o值；C-R_o. 计算 R_o值；MD-R_o. 考虑压力影响的模拟计算结果。

图 4　莺歌海盆地 LD3011 井有机质热演化剖面

LD3011 井有机质成熟度的低异常与活化能的差异[4]、对流热传导的影响(见本文第 2 部分)、地层热导率的差异等引起的有机质热演化异常存在本质区别，实际上是压力对有机质热演化抑制作用的结果。

3.2　压力抑制作用的化学动力学机制及模拟

由于根据源岩热史模拟计算的 R_o值与下延浅部有机质热演化正常段的线性 R_o趋势线预测的源岩成熟度相吻合，这些计算得出的 R_o值反映了在没有压力抑制作用的情况下源岩所应达到的成熟度。因此，我们可以用预测的 R_o值与实测 R_o值之差反映压力对有机质热演化的抑制程度，我们称之为超压抑制指数(R_1)。如图 6 所示，超压抑制指数随孔隙流体压力(a)和剩余压力(b)的增大而增大，并与压力呈指数关系，这不仅进一步证明超压抑制作用是 LD3011 井有机质热演化异常的主要原因，而且揭示了压力抑制作用的动力学机制，即压力对有机质热演化的抑制作用是通过增大有机反应的活化能实现的。

有机质的热演化速率决定于有机质的活化能和温度，尽管有机成熟作用是由一系列平行而连续的反应组成的，但在某一成熟阶段，可用单一的活化能加以简化。由于压力对有机质热演化和油气生成的抑制作用是通过增大有机反应的活化能实现的，因此可以在随成熟度而变化的活化能参数中增加压力因子模拟超压抑制有机成熟作用的过程，模拟结果与实测 R_o剖面基本一

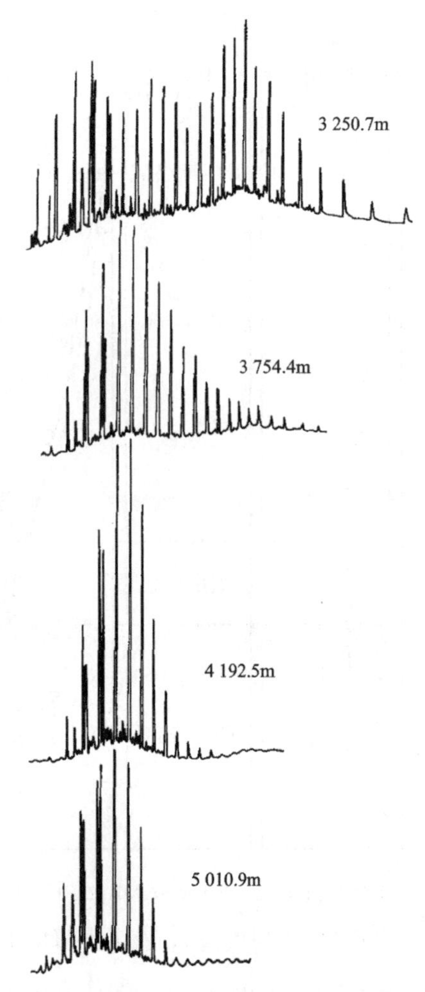

图 5　LD3011 井饱和烃气相色谱图

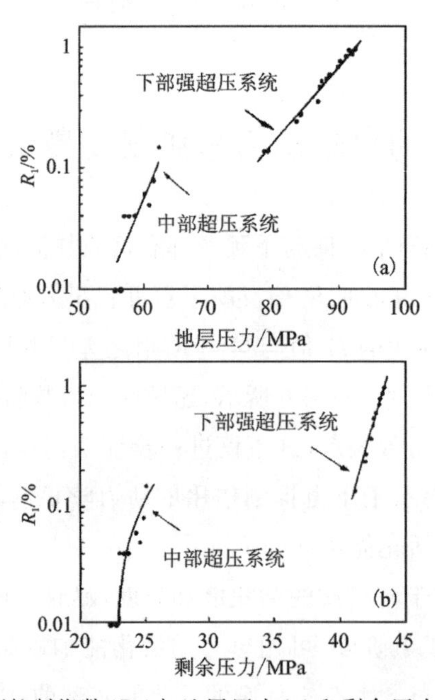

图 6　超压抑制指数(R_1)与地层压力(a)和剩余压力(b)的关系

致(图 4),不仅进一步证明压力抑制作用是 LD3011 井超压层段有机质热演化异常的主要原因,而且表明超压抑制作用是一个可以模拟的动力学过程。

4　高地温梯度强超压环境有机成熟作用的化学动力学及油气生成模式

温度是沉积盆地中各种化学过程的主要动力。目前,盆地的热史和油气生成过程的研究和模拟大多只考虑传导热流的作用而忽视了对流热效应。在地温梯度较高的沉积盆地中,深源流体与其运移通道附近及聚集场所周围的岩层之间存在较高的温度差,从而引起明显的地温异常,进而提高周围地层有机质的热演化温度。活动热流体对浅层源岩热演化程度的强化使在单一传导背景下不可能成熟的地层进入生烃门限(图 7),因此增加了成熟源岩的层位和体积。在莺歌海、琼东南盆地中,无对流影响区有机质的生烃门限深度为 3000～3100m,而在受活动热流体强烈影响的地区,有机质生烃门限深度仅为 2500～2700m。因此流体的热效应及其对有机质热演化的影响不仅具有重要的学术意义,而且具有重要的现实意义。

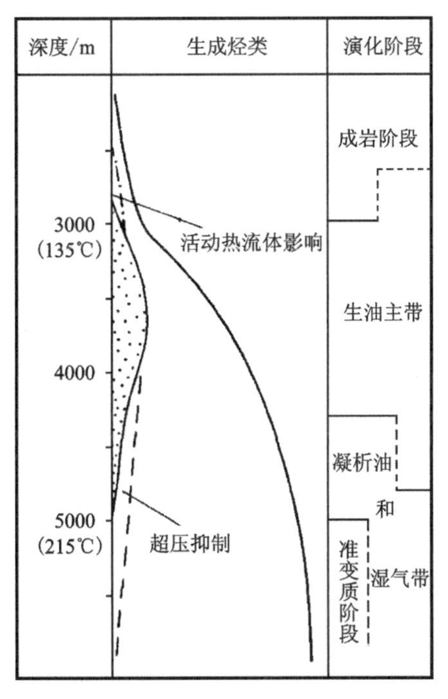

图 7　莺-琼盆地高地温梯度强超压环境有机质热演化和油气生成模式

压力是控制沉积盆地各种化学过程的另一重要因素。在强超压环境,异常压力可能对有机质热演化和油气生成产生明显的抑制作用。传统油气地球化学理论认为,温度达到 200℃左右时,液态烃已不能稳定存在。因此通常将 200℃视为石油的"死亡线"[5]。由于压力的抑制作用,深部超压层段内有机质的成熟速率大大减缓,使在没有压力抑制作用的条件下已进入准变质作用阶段的源岩保持在有利的生、排烃带之内(图 7),从而增加了有效源岩的层位和体积,并大大拓展了石油勘探领域。

参考文献

[1] MONTHIOUX M, LANDAIS P, DURAND D. Comparison between extrcts from natural and artificial maturation series of Mahakam delta coals[J]. Organic Geochemistry, 1986, 10:299-311.

[2] BRAUN R L, BURNHARM A K. Mathematical model of oil generation, degradation and expulsion[J]. Energy Fules,1990, 4: 132-146.

[3] PRICE L C, WENGER L M. The infuence of pressure on petroleum generation and maturation as suggested by aqueous pyrolysis[J]. Organic Geochemistry, 1992, 19 : 141-159.

[4] HAO F, CHEN J Y. The cause and mechenism of vitrinite reflectance anomalies[J]. Journal of Petroleun Geology, 1992, 15: 419-434.

[5] TISSOT B P, WELTE H D. Petroleum formation and Occurrene [M]. 2nd ed. Berlin:Springer, 1984.

沉积盆地泥质岩石的水力破裂和幕式压实作用*

摘　要　近年来，沉积盆地中幕式流体活动是人们十分关心的热点问题，其主要活动形式有伴随泥或盐底劈活动，沿先存断裂系统突破和水力破裂(hydrofracturing)。水力破裂是低渗的泥质岩石中幕式流体活动的主要途径之一，它是指由孔隙空间中流体压力的增大而导致泥质岩石内的破裂，这种破裂面通常形成于异常高的流体压力背景。水力破裂大大改善了沉积物的渗透性，这样孔隙中流体的流动远远大于没有水力破裂时的情形。因此，低渗泥质岩石中的水力破裂不仅影响油气的运移[1]，而且还影响沉积物的压实作用[2,3]。迄今为止，水力破裂现象已经在世界上的许多沉积盆地中见到，如墨西哥湾盆地[4]、北海盆地[3]以及我国的莺歌海-琼东南盆地。但有关水力破裂定量模拟的文献极少，与之相伴生的幕式压实作用也很少被提及。本文运用一维动态模型，模型中只考虑不均衡压实、黏土脱水和水热增压，模拟沉积盆地演化过程中水力破裂的形成过程，并且指出在水力破裂过程中沉积物具有幕式压实的特点。

关键词　盆地模拟　异常流体压力　幕式压实作用

1　数值模拟方法及基本原理

在沉积物埋藏压实过程中，孔隙流体的运动导致孔隙的变化，这一过程遵循流体运动的达西定律和质量守恒定律。因此，孔隙流体的温度和压力可依据质量守恒的连续性方程导出[5]：

$$(\beta_b + n\beta_w)\frac{\mathrm{d}P_{ex}}{\mathrm{d}t} = -\nabla\cdot q + \beta_b\frac{\mathrm{d}P_t}{\mathrm{d}t} + n\alpha_w\frac{\mathrm{d}T}{\mathrm{d}t} + H \quad (1)$$

$$C_b\rho_b\frac{\mathrm{d}T}{\mathrm{d}t} = -C_w\rho_w q\cdot\nabla T + \nabla\cdot(K_b\nabla T) + Q \quad (2)$$

式中：$q=-(k/\mu)\nabla P_{ex}$，k 为渗透率，μ 为流体黏度；n 为孔隙度；β 为压缩系数；α 为热膨胀系数；K 为热传导系数；C 为特征热；ρ 为密度；下标 b 和 w 分别代表骨架岩石和水；P_{ex}为剩余流体压力(流体压力与静水压力之差)；P_t为剩余总压力(总压力与静水压力之差)；T 为温度(℃)；t 为时间；H 为由黏土矿物脱水所产生的单位体积水量；Q 为由放射性元素所产生的单位体积的产热量。

假定初始边界条件包括沉积物表面温度为 0℃，岩石圈底界温度为 1300℃，盆地基底没有水流进入盆地，地表流体压力为静水压力。

利用有限元法解上述非线性耦合方程，其中单元网格划分和水力破裂面的渗透率依据经验而定。灵敏性检验结果表明，当单元网格大于 200 时，水力破裂频数几乎不受网格数的影响。许多实验结果表明，破裂面的渗透率为岩石渗透率的数百倍至数千倍[6]，因此，本文研究中采用网格数为 200，水力破裂期的渗透率为其原岩的 1000 倍。同时参考数值模拟中较通用的判别准则[7-9]，当沉积物从塑性状态变成半固结状态后，由于遭受应力或上覆负载的压力，流体压力超过静岩压力的 85%时，将形成水力破裂。依据以上假定，联立解上述耦合方程(1)和(2)，即可计

* 论文发表在《科学通报》，1997，42(20)，作者为解习农、王其允、李思田。

算出不同时间的孔隙度、渗透率、有效压力、流量以及压实量等一系列参数。

2 水力破裂中的压实作用

沉积物的温度和压力将随着埋深的增大而增大，低渗泥质岩石则容易形成异常流体压力。当流体压力超过静岩压力的85%时，将形成水力破裂面，破裂面的开启使流体进入上覆层。由于流体的释放导致孔隙压力低于上述的临界值时，水力破裂面自动封闭并导致水流停止。很显然，在不考虑水力破裂的条件下，孔隙流体将通过粒间渗透排出，沉积物的孔隙度也将随着埋深而逐渐减小；而在有水力破裂的条件下，孔隙度将发生间断的变化，这是因为在水力破裂期间，由于孔隙水的快速排出导致孔隙度急剧降低。图1说明单一泥岩层中流体释放和孔隙度随时间的变化特征。其中假定泥岩层原始厚度为2000m，沉积速率为100m/Ma。显然，在水力破裂期间，流体释放速率每年达数毫米[图1(a)]，而水力破裂间歇期，流体的流速相当低，为水力破裂期间的流体释放速率几百分之一甚至1/1000，所以在图中几乎显示不出来。同样与流体释放相伴生的孔隙度变化也显示同样的规律性，即在水力破裂期间沉积物的孔隙度急剧减少[图1(b)]。显然，对于相同的时间段而言，在水力破裂期间泥质沉积物的压实率远大于间歇期的压实率，这一结果说明在低渗岩石中水力破裂导致沉积物的幕式压实作用是沉积物压实的重要方式之一。

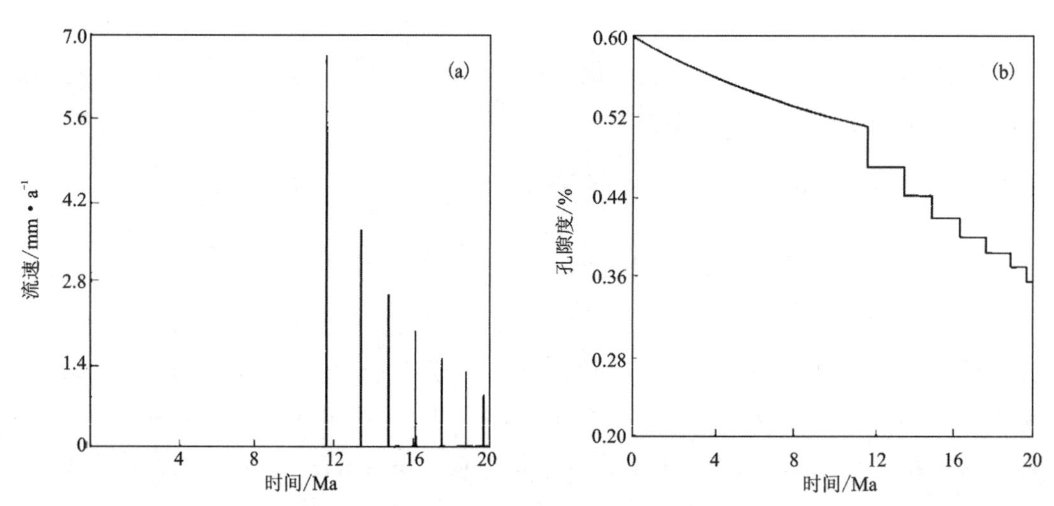

图1 模拟流体排出速率(a)和孔隙度(b)随时间的变化(泥质岩石的沉积速率为100m/Ma，初始渗透率为$3\times10^{-20}m^2$，地表孔隙度为0.60%)

大量的模拟成果表明，在低渗岩石中水力破裂受沉积物的初始孔隙度、渗透率影响，同时还受沉积物沉积速率的影响。在沉积速率为100m/Ma、持续时间为20Ma和初始渗透率为$3\times10^{-20}m^2$的条件下，其水力破裂频数为0.35次/Ma，幕式压实率(即水力破裂期间减少的孔隙度与总减少的孔隙度的比值)为57.5%；当沉积速率改为60m/Ma时，水力破裂频数为0.05次/Ma，幕式压实率为19.3%；而当沉积速率为300m/Ma时，水力破裂频数为3.2次/Ma，幕式压实率为84.9%；同样当初始渗透率改为$6.75\times10^{-20}m^2$时，水力破裂频数为0.2次/Ma，幕式压实率为83.4%；当初始渗透率改为$2.7\times10^{-20}m^2$时，水力破裂频数为3.35次/Ma，幕式压实率为41.1%。此外，初始孔隙度的变化也显示相同的规律，即在高的初始孔隙度条件下，其水力破裂频数小，幕式压实率小，而在低的初始孔隙度条件下，其水力破裂频数大，幕式压实率高。这一结果说明在低的沉积速率或高渗透率的泥质岩石中，负载压实作用占主导位置，而在高的沉积速率或低的渗透率的泥质岩石中，由水力破裂导致的幕式压实作用占主导位置。

3　实例分析

南海北部大陆架西部的莺歌海盆地、琼东南盆地（以下简称为莺-琼盆地），面积约100 000km^2，以NW-SE向的①号断裂为界，东侧为NE向的琼东南盆地，西侧为NW向的呈条带状分布的莺歌海盆地。盆地的充填演化可划分为3个阶段，即始新世—渐新世裂陷期，中新世裂后坳陷期和上新世—更新世被动边缘裂谷期。自上新世—更新世以来，盆地以快速沉降和沉积为特征，最大的沉降速率达1000m/Ma，主要沉积巨厚的滨浅海、陆架-陆坡及半深海碎屑及泥质沉积。快速的泥质沉积导致莺-琼盆地形成异常流体压力[10]。目前在海底表面见到许多流体和气体的逸散坑，此外在一些经过精细处理的地震剖面上也见到许多近于垂直的流体释放的水力破裂的通道，显然，以往的粒间渗透观点无法解释上述现象，而是幕式流体活动的结果。

通过对乐东30-1-1A井的正演模拟，在有水力破裂的条件下，泥岩孔隙度与实际资料吻合较好，而在没有水力破裂的条件下，泥岩孔隙度远大于实际资料。因此，在莺-琼盆地快速沉降和沉积时期，由水力破裂导致沉积物的幕式压实作用可能是其主要压实作用方式之一。

参考文献

[1] UNGERER P, BURRUS J, DOLIGEZ B, et al. Basin evaluation by integrated two-dimensional modeling of heat transfer, fluid flow, hydrocarbon generation and migration[J]. AAPG Bulletin, 1990, 74(3): 309-335.

[2] MAGARA K. The significance of the expulsion of water in oil-phase primary migration[J]. Bulletin of Canadian Petroleum Geology, 1978, 26(1) :123-131.

[3] CARTWRIGHT J A. Episodic basin－wide fluid expulsion from geopressured shale sequences in the North Sea basin[J]. Geology, 1994, 22(5): 447-45.

[4] CAPUANO R M. Evidence of fluid flow in microfractures in geopressured shales[J]. AAPG Bulletin, 1993, 77(8): 1303-1314.

[5] SHI Y L, WANG C Y. Pore pressure generation in sedimentary basins: overloading versus aquathermal [J]. Journal of Geophysical Research: Solid Earth, 1986, 91 (B2): 2153-2162.

[6] MORROW C, SHI L, BYERLEE J. Permeability of fault gouge tinder confining pressure and shear stress[J]. Journal of Geophysical Research: Solid Earth, 1984, 89 (B3): 3193-3200.

[7] LERCHE I. Basin analysis, quantitative methods [M]. New York: Academic

Press, 1991.

[8] WANG C Y, LIANG G P, SHI Y L. Heat flow across the toe of accretionary prisms: the role of fluid flux[J]. Geophysical Research Letters, 1993, 20(5): 659-662.

[9] ROBERTS S J, NUNN J A. Episodic fluid expulsion from geopressured sediments [J]. Marine and Petroleum Geology, 1995, 12(2): 195-204.

[10]张启明,胡忠良.莺-琼盆地高温高压环境及油气运移机制[J].中国海上油气(地质),1992,6(1):1-9.

西太平洋边缘海盆地的扩张过程和动力学背景*

摘　要　西太平洋集中发育了全球75%的边缘海盆地，这些盆地形成于始新世、渐新世—中新世和晚中新世—第四纪3个边缘海扩张幕。本文介绍了边缘海盆地的基本特征和发育模式，详细讨论了西北太平洋边缘海盆地周缘板块构造时空格架及其对边缘海盆地形成、演化和关闭过程的控制作用。太平洋板块的俯冲及俯冲带的后退，印度-亚洲大陆碰撞的远程效应以及澳洲与印度尼西亚的碰撞是边缘海盆地的3个重要的区域性控制因素。印度-亚洲大陆的碰撞所形成的向东和东南的地幔流可能推动了东亚大陆东侧和南侧俯冲带的后退，并引发弧后扩张作用。同时，由这一碰撞引起的东亚大陆边缘NE向或NNE向断裂的右旋走滑，进一步影响和控制了边缘海盆地的几何学特征及演化。澳大利亚和印度尼西亚的碰撞阻碍了俯冲带的后退，导致了南海、Sulu海和Celebes海盆地的扩张终止。同时这一碰撞推动菲律宾海板块向北运移，并使Bonin弧与中央日本碰撞，导致日本海关闭。

关键词　边缘海盆地　俯冲后退　幔舌构造　NNE向断裂的右旋走滑作用

自从弧后盆地的概念出现以来[1-3]，主动大陆边缘海盆地的形成和演化机制就成为地球科学研究中广泛关注的前沿课题。早期的研究多集中在西太平洋超巨型俯冲带对边缘海盆地发育的控制作用，近10多年来，更多地集中于印度板块与欧亚大陆碰撞的远程效应导致的巨型NE向或NNE向断裂右旋走滑作用对边缘海盆地几何学特征和形成过程的影响。目前地震层析成像技术突飞猛进的发展和火山作用的研究，已经使人们对边缘海深部的状况有了更清晰的认识，地幔柱以及与碰撞有关的向东或南东方向流动的深部地幔流(mantle flow)引起的幔舌(mantle lobes)构造被广泛用来解释边缘海盆地的形成和演化。本文总结了边缘海盆地的基本特征，介绍和评述了边缘海盆地研究方面的一些最新进展，在全球构造和区域板块和深部构造框架内探讨了边缘海盆地扩张的过程和动力学背景。

1　边缘海盆地与板块俯冲带

西太平洋是现今地球上超巨型俯冲带发育区，该俯冲带环绕太平洋北部和西部边缘，从北太平洋的阿留申海沟，向南过西太平洋的日本海沟、马里亚纳海沟，并一直延伸到南太平洋新西兰南部的Puysegur海沟。在这一超巨型的俯冲带与欧亚大陆和澳洲大陆之间集中发育了全球75%的边缘海盆地(图1)。因此，边缘海盆地是西太平洋边缘最突出的地质特征之一。根据边缘海盆地与俯冲带的关系，可以将边缘海盆地划分为与俯冲带有关的和与俯冲带无关的两大类型[4]。与俯冲带有关的边缘海盆地又可进一步分为两个亚类，其中弧后盆地分布最广泛，发育在活动岛弧的弧后一侧。现今仍然活动的马里亚纳盆地和Lau盆地就属这种类型，这两个盆地分别发育在马里亚纳岛弧和Tonga岛弧的弧后一侧，而马里亚纳岛弧和Tonga岛弧是大洋岛弧，所以马里亚纳盆地和Lau盆地被称为大洋型弧后盆地。大陆型的弧后盆地发育在大陆弧的

* 论文发表在《地学前缘》，2000，7(3)，作者为任建业、李思田。

弧后一侧，日本海是最典型的例子。第二亚类与俯冲带有关的边缘海盆地类型是捕获洋壳型边缘海盆地，一般是由于在洋盆中新的俯冲带的发育，通过捕获洋壳而形成。Aleutian 盆地和 Tasman 盆地是典型的实例[4,5]。与俯冲带无关的边缘海盆地发育较少。最典型的例子是 Caribbean海中的 Cayman 海槽，40Ma 以来一直作为一个北美和 Caribbean 板块之间的拉分盆地而活动[6]。Caroline 边缘海盆地位于西太平洋赤道海沟系向海的一侧，显然是一个与俯冲带无关的盆地。然而，这个盆地曾经可能是一个弧后盆地，然后被"焊接"到太平洋板块，向西移动到现在的位置。按中国南海、Sulu 海、Celebes 海、Coral 海和 New Caledonia 盆地现在所处的板块构造位置，它们远离海沟，似乎与板块俯冲无关，但是大多数盆地的板块构造演化的重建表明，在它们的形成过程中都曾与俯冲带相邻，后来由于俯冲带的后退而成为残余弧后盆地。

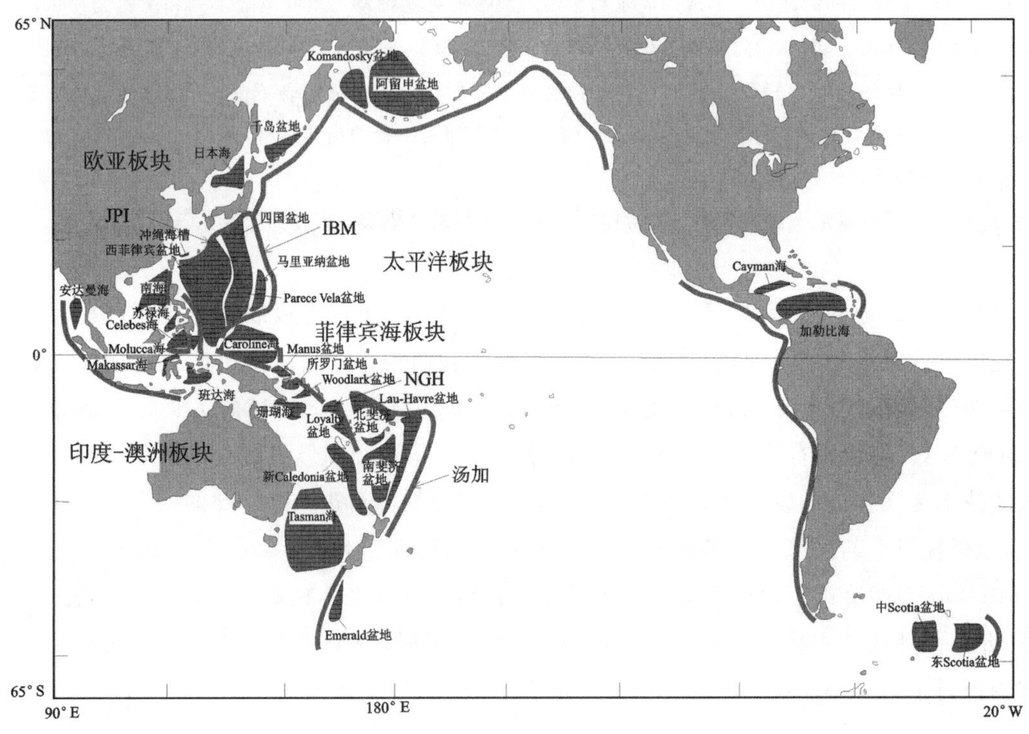

JPI. 日本-菲律宾-印度尼西亚俯冲带；IBM. Izu-Bonin-Mariana 俯冲带；NGH. 新圭亚那-新海布里坦俯冲带。

图 1　全球边缘海盆地分布简图

2　边缘海盆地的主要特征和发育模式

2.1　基本特征概述

与大洋盆地比较，边缘海盆地具有明显的特征：①绝大多数边缘海盆地分布在西太平洋区域，少量的分布在大西洋的西侧。尤其值得注意的是大多数边缘海盆地分布在大陆的东侧。边缘海盆地的分布与俯冲带有密切的关系，但是并非有俯冲带的地方就有边缘海盆地。例如，秘鲁智利海沟有强烈的俯冲，但南美大陆西侧没有边缘海盆地发育。②西太平洋巨型俯冲带至少已有 180Ma 的活动历史，但是今天海洋中留存的边缘海盆地形成于 80Ma(图 2)以来。边缘海盆地的寿命很短，一般均小于 25Ma。一个例外是 Caribbean 海的 Cayman 海槽的活动延续了 40Ma

以上，至今仍然活动。③现存的西北太平洋边缘海盆地主要发育于3个扩张幕，即始新世扩张幕；渐新世—中新世扩张幕；晚中新世—第四纪扩张幕。从图2中可以看出不同扩张幕时期形成的边缘海盆地。④一些边缘海盆地在扩张作用停止后即转向关闭、消失，一般是由盆地的俯冲造成的。15～12Ma前，日本海的扩张作用停止。目前，日本海正在沿日本岛弧的西侧的一个新形成的俯冲带向日本岛弧之下俯冲消亡[7]。中国南海盆地和菲律宾海盆正在沿着Nankai-Ryukyu-Philippine海沟俯冲。南亚Molucca盆地沿其东、西两侧的一对俯冲带俯冲，几乎消失。

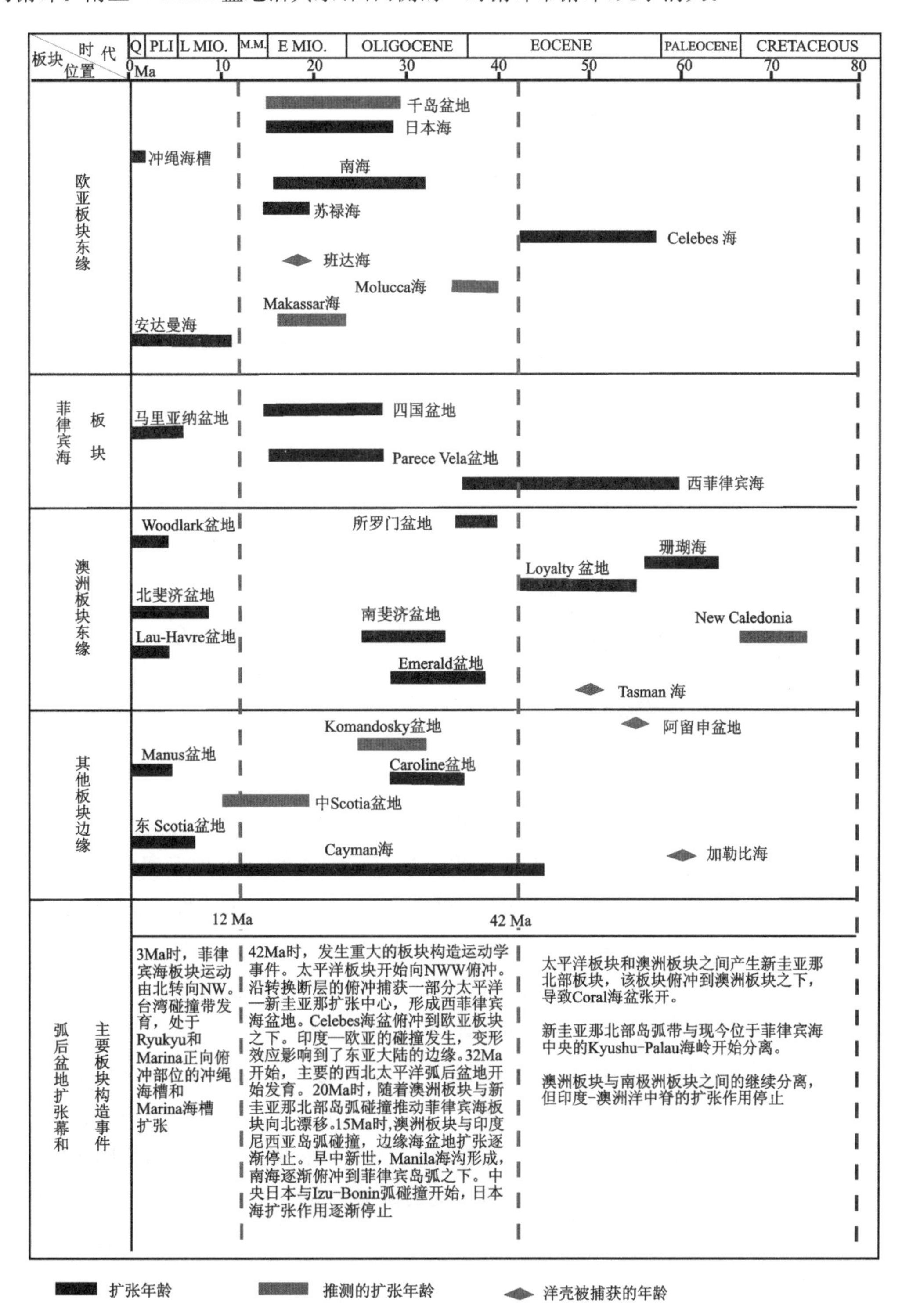

图2 边缘海盆地张开的时间

2.2 弧后盆地的发育模式

长期以来，弧后盆地的发育机制一直是一个难以解决的问题。研究者从不同的角度提出了许多的模式。如果仅考虑岩石圈板块的运动，这些模式可以概括为两个基本的类型，即主动扩张模式和被动扩张模式。前者如图 3 中的模式 1 到模式 3，后者如图 3 中的模式 4 到模式 6。

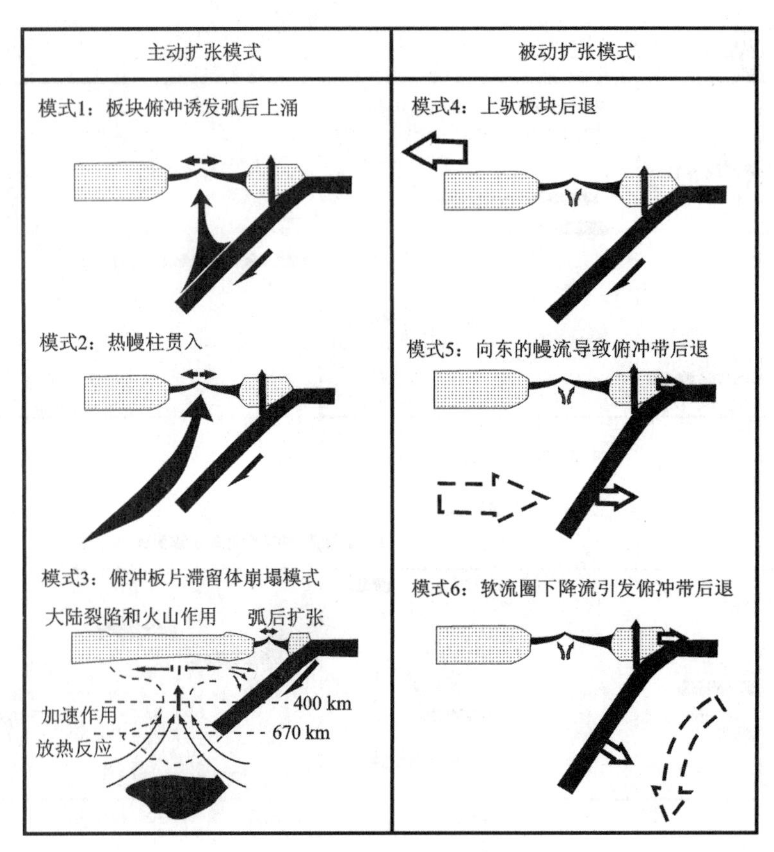

图 3　弧后盆地扩张模式

模式 1 即板块诱发的上涌模式，下插到岛弧之下的俯冲板片，由于摩擦生热熔融[1]或者是下插板片引起的次生地幔对流[3]导致弧后扩张，形成弧后盆地。模式 2 即所谓的地幔热柱注入模式，与热点(hot spot)或热区(hot region)的活动有关[8]。模式 3 是俯冲板片滞留体崩塌模式，Maruyama[9]用此模式解释中国东部的裂陷作用和日本海的张开。

模式 4 表示仰冲板块相对于俯冲带后退，引起弧后扩张。Manus 盆地是一个典型的例子[10]，太平洋板块以 10cm/a 的速度向北西移动，带动 Manus 盆地以同样的速度扩张。与模式 4 相反，模式 5 和模式 6 假定海沟向洋盆方向后退[11]。这种后退作用取决于俯冲带之下软流圈的流动。向东流动的软流圈(模式 4)或软流圈向下流动(模式 5)[11]导致俯冲板块向东移动，造成岩石圈不稳定，并引起海沟向东后退，从而被动地引发弧后扩张。向东的软流圈运动可以由地球的自转引起[12]，或者与印度洋板块与欧亚大陆的碰撞挤出作用有关[13,14]。模式 5 和模式 6 较好地解释了边缘海盆地的分布和伸展、收缩交替变化导致的弧后盆地的扩张和消亡，是未来弧后盆地形成机制研究的一个方向。模式 4 只有 Manus 盆地一个实例，因此，该模式也许仅仅在一定的条件下起作用。

3　大陆碰撞和陆内变形对边缘海盆地发育的影响

弧后盆地形成机制的问题主要涉及为什么伸展盆地发育在汇聚板块的边缘，为什么弧后盆地主要分布在西太平洋，为何它们不是与所有的岛弧有关。近几年，大陆碰撞的远程效应和边缘海盆地演化的板块构造重建取得了很大的进展，弧后盆地中深海钻探和地球物理观测已经积累了丰富的资料，特别是典型边缘海盆地扩张年龄的精确确定及其变形几何学的研究促进了对弧后盆地形成机制的了解。下面以已经被详细研究的日本海为例，介绍这方面的研究进展，试图阐明：①NNE向巨型走滑带的右旋作用对弧后盆地发育的影响；②NNE向巨型走滑带右旋作用的动力来源。

3.1　大型NNE向剪切带的右旋走滑作用与日本海的扩张

日本海是典型的大陆型弧后盆地，南部由于一系列弧裂陷作用形成的NE向海底高地和裂谷盆地交替排列导致复杂的海底地形；北部以宽阔的深海洋盆为特征，海底地形相当简单。日本海洋壳发育区呈一向东张开的三角形形态。磁异常条带显示洋盆扩张作用首先始于东侧，向西逐渐扩展，海底扩张的方向为NW-SE向。磁条带、热流和ODP(大洋钻探项目)资料表明，原日本岛弧的伸展裂陷作用开始于30Ma，海底扩张始于28Ma，并在18Ma停止[15]。一些研究者认为，扩张作用持续到15～12Ma[16]，与Izu-Bonin弧和中央日本之间的碰撞时间基本一致。大约在10Ma前，洋盆中形成新的收缩构造体制，并最终导致第四纪晚期盆地东侧俯冲带发育[7]。

盆地张开的几何学不仅受盆地内部构造的控制，而且受盆地边缘构造演化的控制。在晚渐新世到中中新世的扩张期间，盆地东侧边缘是一条巨型的走滑剪切带(图4)。这条剪切带从俄罗斯Sakhalin岛起始，向南过日本北海道一直延伸到日本中部，延伸长度达2000km[15,16]。剪切带由两个主要的分支组成，北部的分支从Sakhalin岛延伸到北海道，以右旋走滑挤压为特征；从北海道向南是该剪切带的南部分支，以右旋走滑伸展为特征，并构成了日本海盆东侧边界。这条剪切带的右旋走滑位移量达到400km。在日本海盆西南侧的Tsushima盆地，发育第二条右旋剪切带，位移量达到200km。这两条巨型右旋走滑剪切带的活动时期是晚渐新世到中中新世，与日本海盆的张开时间一致。从变形机制分析，在右旋走滑作用条件下，东侧剪切带的南端将形成一个局部的引张区，日本海盆就处于这个引张区内。由于东部边缘右旋走滑剪切带比西南边缘右旋走滑剪切带有更大的位移(分别为400km与200km)[16]，因此，在张开期间，弧后右旋走滑伸展应力场将导致西南日本弧反时针旋转，而北部分支的右旋走滑挤压应力场将使日本弧东北部分顺时针旋转，这已经被日本岛弧的古地磁资料所证实[17]。在盆地东缘剪切和伸展区的交会点上，高剪切应变速率使岩石圈完全破裂形成新的洋壳，其后伸展区的大部分位移被洋壳的扩张所吸收。这种沿盆缘走滑断层岩石圈被撕裂，从而触发海底扩张作用的过程被Tamaki[15]认为是弧后盆地形成的一个普遍的过程。

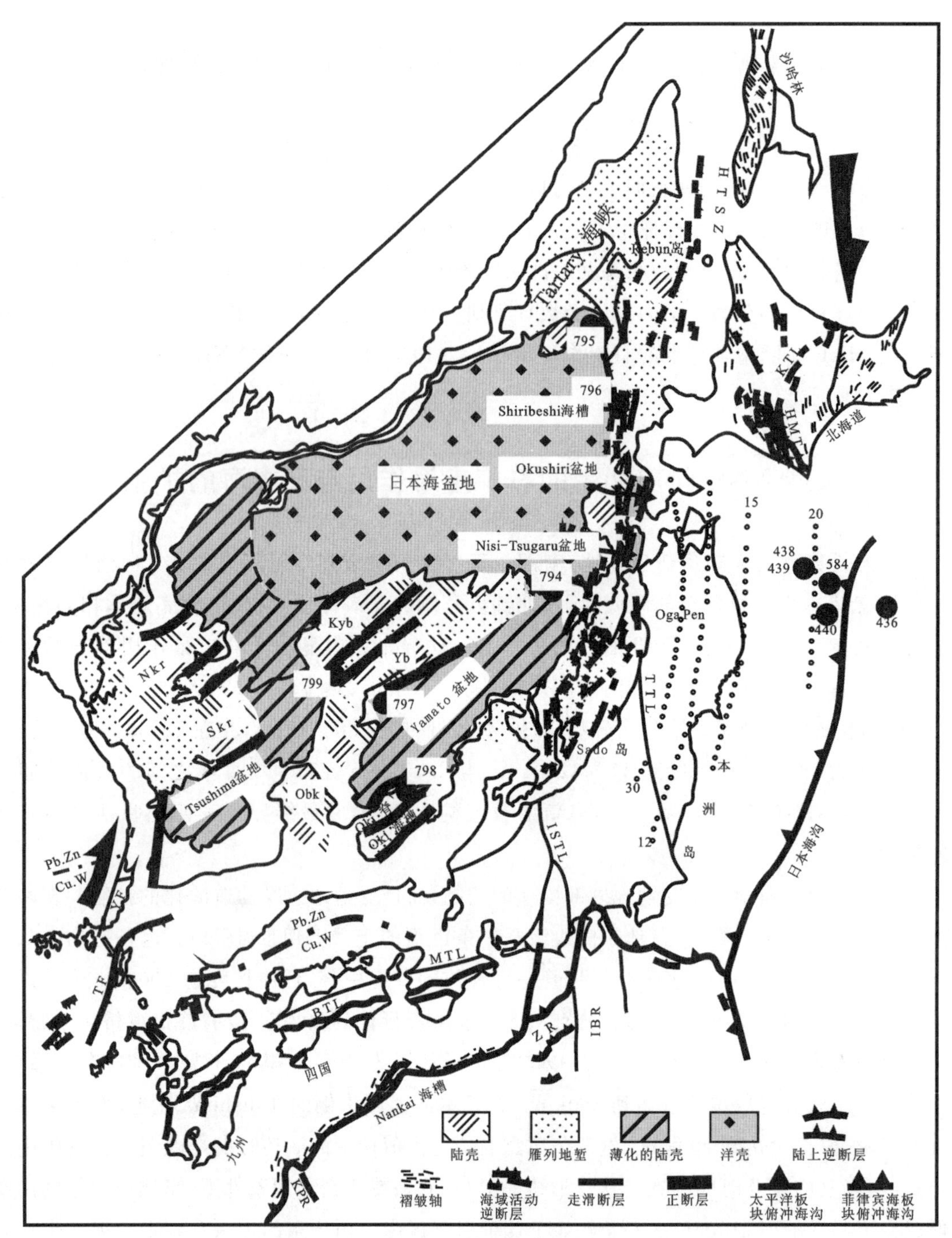

图4 日本海盆构造格架

3.2 印度-亚洲大陆的碰撞与亚洲大陆东部NNE向剪切带的右旋剪切运动

除了日本海盆和南海盆地东部之外，东亚大陆内部也有大型的NNE向走滑断裂发育，最典型的是郯庐断裂带。新生代裂陷作用期间，这些断裂表现为右旋走滑作用[18]。因此，NNE向大型陆内右旋走滑剪切带发育于亚洲大陆东部，并与遭受弧后伸展的亚洲东缘斜交。从日本海的情形我们看到，在右旋剪切带截击弧后伸展，并控制扩张几何特征的区域，将产生不对称的弧后扩张作用。为了探讨东亚地区沿 NNE 向走滑带发生右旋运动的动力学背景，Fournier 等[19]做了关于大陆碰撞效应的模拟实验(图 5)。这一个模拟实验试图运用漂浮在低速软流圈之上的大陆岩石圈"三层"结构模型，模拟大陆的碰撞过程。应变样式通过上层(砂层)断裂排布显示。右侧微弯曲的边缘是自由边界。随着"楔入体(印度)"向北运动，在挤出构造的北部边缘区域发育了许多 NE 向的左旋剪切构造体系(由图中的细实线表示)，与这些左旋剪切带相伴发育了几条相关的、近南北向共轭右旋剪切带(由图中的粗实线表示)。在模型的东北部区域发育不连续的块体(微板块)，块体的北界为左旋剪切带，东界和西界为右旋剪切带，块体顺时针方向微弱旋转。这个实验证明印度-亚洲大陆的碰撞导致了亚洲大陆东部大型 NNE 向陆内走滑剪切带的右旋走滑。最近的研究表明，这一碰撞的远程效应最远已经传递到了 Okhotsk 海域[20]。

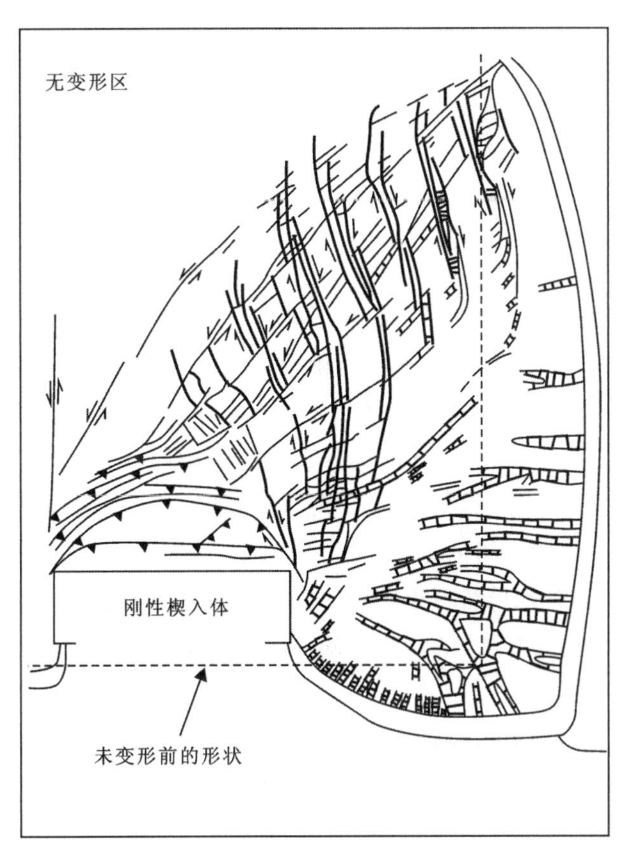

图 5　大陆碰撞模拟实验图示[19]

4　西北太平洋边缘海盆地发育的板块构造背景

西北太平洋地区主要的弧后盆地分布在欧亚板块的东缘和菲律宾海板块的东部。在东亚大陆的边缘有 4 个大型盆地，相对于俯冲带，这些盆地表现为不对称的张开。Kuril 盆地的形态与日本海盆相对应，呈向西张开的三角形形态，张开时间也为 30～15Ma(图 2)。南海盆地的形态与日本海类似，Taylor 等[21]基于磁条带 11 到 5d 的鉴定，确定南海的扩张年龄为 32～17Ma。Bariais 等[22]进一步识别出磁条带 5c，因而将其扩张年龄确定为 32～15.64Ma。Sulu 海盆地的性质仍有争议，一些研究者认为它是一个捕获型的盆地[23]，基于 ODP 资料的研究，Rangin

等[24]认为这个盆地是欧亚大陆的边缘裂陷和扩张所致，扩张期为早、中中新世。位于东亚大陆边缘的所有大型弧后盆地的一个共同特征是边缘海盆地扩张之前一般都经历了长期的伸展。日本海28Ma开始扩张前，首先是原日本弧的弧后伸展作用[15]。南海在32Ma开始扩张前已经遭受了古新世以来长约30Ma左右的伸展[25,26]。这些盆地的扩张作用似乎与俯冲带的方向斜交，而且在它们的演化过程中明显地受到大规模的走滑作用的影响，如同日本海盆一样。在南海的张开过程中，红河断裂的左旋位移达到500km[27]；沿日本海边缘的右旋走滑运动可以远离俯冲带向北延伸到2000km远的Sakhalin岛，总位移达到400km[16]，这些特征很难仅仅由太平洋板块的俯冲来解释，正如图5模拟实验所示，可能与印度-亚洲大陆碰撞的远程效应有关。

同一时期在菲律宾海板块的东缘形成两个大的弧后盆地，即Shikoku盆地和Parece Vela盆地，这是世界上最大的两个弧后盆地，其东侧是Bonin-Mariana沟弧系，盆地的扩张期为27～15Ma(图2)。这两个边缘海盆地在几何学上显示出对称特征，并平行于俯冲带分布。由于菲律宾海板块的周缘都以俯冲带为界与欧亚板块分隔，显然，印度-亚洲大陆碰撞的远程效应不会影响到菲律宾海板块。因此，Shikoku盆地和Parece Vela盆地的形成和演化主要与太平洋板块的俯冲有关。

由上所述，我们有以下重要的认识。第一，欧亚板块东缘的边缘海盆地既受太平洋板块俯冲的影响，又受印度-亚洲大陆碰撞的远程效应形成的右旋走滑作用的控制，所以，盆地的几何学形态以相对于俯冲带不对称发育为特征；菲律宾海板块仅受到太平洋板块俯冲的影响，没有受到上述碰撞远程效应的影响，因而形成平行俯冲带的对称的弧后盆地。由此可见，局部构造应力场对盆地的几何学形态及演化有重要的控制作用。第二，西太平洋地区几乎所有大型的弧后盆地，不论其发育在靠近东亚大陆的边缘，还是菲律宾海板块的东缘，它们几乎是在同一时间张开和闭合的，这个时间为30～10Ma(图2)。这表明共同的板块构造背景控制了边缘海盆地的发育，图6显示的板块构造时空演化说明了这一背景。

图6是基于大陆变形的地质资料和边缘海盆地和周缘板块的地质、地球物理资料所做的边缘海盆地演化的板块构造重建[16]。在图中明确表示了45Ma、25Ma、15Ma和现今4个关键时期板块边界的位置。

从图中可以看出，边缘海盆地的形成和演化是在一个现今除了菲律宾海板块东缘外已经不再活动的板块运动学和动力学的格架内进行的。变形的伸展分量(在图6中表示为km/EU)向日本海沟和Sunda海沟的弧后区增加，表明海沟的俯冲后退(rollback)是弧后盆地张开的主要机制。板块俯冲速率由慢到快的快速变化，地球自转引起的[12]，或者是大陆碰撞引起的[13,14]向东或东南的地幔流都是俯冲带后退的可能原因。西北太平洋地区的边缘海盆地从张开到关闭的变化大体是澳大利亚与印度尼西亚第一次碰撞发生时。此时，这个地区的应力场变化为不同的情形。在15Ma左右看，Sunda弧的东部海沟的后退和伸展终止，转为挤压。红河断层由左旋转变为右旋[27]。东南亚不再向南移动，南海被限制在左旋的秦岭断层和右旋的红河断层之间向东挤出。马尼拉海沟形成于早中新世，之后南海逐渐向菲律宾岛弧之下俯冲。Sulu海盆在它张开之后不久开始下插到Sulu岛弧之下。Celebes海盆从15Ma开始消减到Sulawesi岛之下。菲律宾群岛的左旋压扭运动至少从20Ma开始活动一直延续到现在，现今的菲律宾海沟形成于大约5Ma前。在15Ma时，Bonin弧与中央日本碰撞发生时，日本海的扩张开始停止，逐渐转为挤压。由于澳大利亚板块的递进碰撞，太平洋-菲律宾海-欧亚板块三联点在渐新世和早、中中

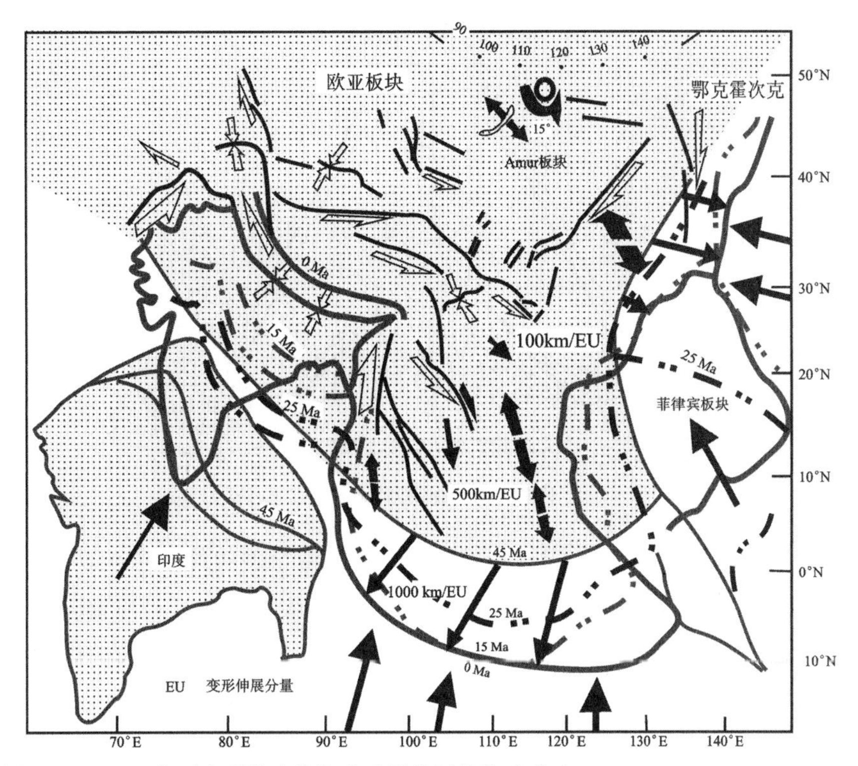

图 6　45Ma 以来西太平洋边缘海盆地周缘板块构造重建(据文献[16],简化,说明见正文)

新世向北运移到现今的位置。因此东亚大陆东部边缘太平洋板块主动俯冲作用的自由边界长度随着菲律宾海板块的向北漂移被逐渐减少到日本海沟的长度。上述这些情形是从 20Ma 到 10Ma 之间逐渐发生的。值得注意的是,在这一复杂的演化过程中,Bonin 弧后的 Shikoku 盆地和 Parece-Vela 盆地的扩张作用一直进行。现今仍然活动的冲绳海槽和马里亚纳盆地处于正向俯冲带的部位。

综上所述,我们可以概括出西太平洋弧后盆地的演化的 3 个重要的区域板块构造控制因素:①太平洋板块的俯冲后退作用是弧后盆地发育的主要机制,纯俯冲后退作用产生对称扩张的弧后盆地,如现今仍然活动的 Mariana 盆地和冲绳海槽以及已经停止活动的 Shikoku 盆地和 Parece Vela 盆地。②印度-亚洲大陆碰撞的远程效应导致了东亚大陆边缘强烈的右旋走滑作用,进而影响了边缘海盆地的几何学及其演化。假如没有碰撞的远程效应,日本海、南海等边缘海盆地将会如同 Shikoku 盆地、Parece Vela 盆地、Mariana 盆地和冲绳海槽一样以对称的方式张开。③澳大利亚、欧亚和菲律宾海板块的碰撞作用是边缘海盆地关闭的主要动力因素。图 7 概要表示了上述因素的相互作用效应。

5　边缘海盆地发育的深部动力学背景

近 10 年来,以天然地震数据为基础的地震层析技术发展迅速,人们已经能够获得非常精细的深部软流圈的三维图像。环太平洋天然地震层析成像成果在西太平洋区域发现了一系列的软流圈上隆区[28],其分布区与边缘海盆地区吻合。边缘海盆地的研究者将其解释为区域性的地幔柱(plume)、地幔热区图、幔流或幔舌[13,14]。

热区注入模式是 20 世纪 80 年代中期曾经流行的一个模式。Miyashiro[8] 对比了整个西太

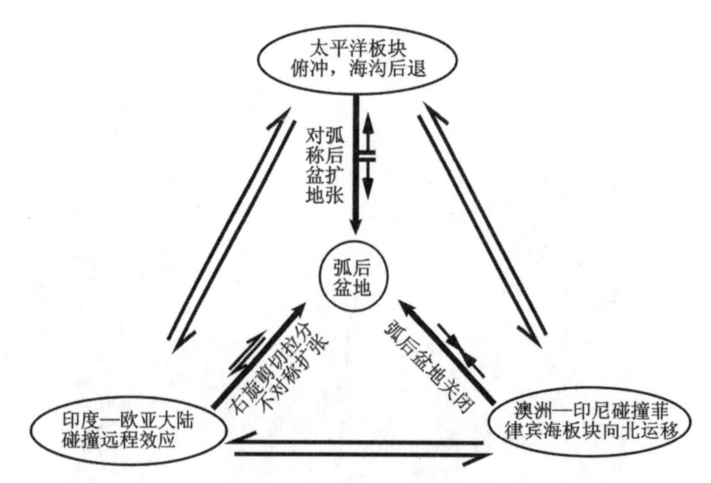

图7　西太平洋边缘海盆地演化的主要控制因素

平洋地区的边缘海盆地的形成年龄，发现所有15Ma之前发育的边缘海盆地从澳洲大陆东侧的Tasman盆地开始向北发育年龄逐渐变新(图2)。因此，他认为一个直径可能是地幔柱10倍大小的地幔热区可以相对于大陆以及地幔深部自由移动。并认为这个热区在晚白垩世时位于澳大利亚地区，然后逐渐向北运移，在一定条件下于不同的时期注入弧后地区，引起岩石圈加热、变薄和裂开。这个热区现今位于华北之下，由高热流、强烈的第四纪火山活动和热异常地幔等表现出来。这个模式的主要问题是现今亚洲大陆之下的地幔流动方向是由西向东和东南方向，而不是由这个模式假定的北西方向。

弧后盆地下部热异常的另一个解释是与俯冲相联系。有关这方面的最新进展是考虑岩石圈内俯冲板片滞留体的影响。地震层析揭示的板块俯冲可抵达670 km的岩石圈深部过渡层部位，形成俯冲板片滞留体，最终该滞留体会下沉到下地幔[9](图3中的模式3)。Maruyama[9]认为，俯冲板片滞留体灾难性崩塌过程中，可以诱导地幔发生从钙钛矿＋方铁矿相到γ橄榄岩相的相变化，这种相变是一种放热反应，因而可以驱动下地幔物质上升。如果灾难性崩塌的规模足够大，就会在670km热边界层上形成一个“灯泡”状的地幔上涌，形成新的地幔柱，产生广泛的弧后热区，导致地表强烈的火山活动，并导致弧后盆地张开。

许多学者将印度-亚洲大陆的碰撞与边缘海盆地区地幔热异常相联系。Tamaki[13]和Flower等[14]认为，印度-亚洲大陆的碰撞不仅可以影响岩石圈的变形，而且也影响了软流圈的流动。亚洲大陆的东侧和南侧均以向西和向北的俯冲板片为界，这些俯冲板片在东亚大陆岩石圈之下围限了一个软流圈域。当印度-亚洲大陆的碰撞发生时，加厚的岩石圈根会迫使软流圈向东或向东南方向流动。流动的软流圈遇到俯冲板片的阻挡将会有两种效应，一个是迫使岩石圈俯冲带后退，导致弧后扩张，另一个是向上注入到俯冲带后侧，引起边缘海深部热异常，从而进一步强化弧后裂陷作用。西太平洋边缘海盆地发育区的东部边界均表现为向东或向南东的弧形凸出，就是深部软流圈向东或东南方向流动效应的岩石圈构造表现，他们称之为“幔舌”构造。如图1所示，西太平洋边缘海盆地在时空上与4个重要的弧形带一致，Izu-Bonin-Mariana弧形带(IBM)，日本-菲律宾-印度尼西亚弧形带(JPI)和新圭亚那-新海布里坦弧形带(NGH)和Tonga俯冲带。IBM和JPI弧形带反映了印度-亚洲大陆的碰撞，而NGH弧形带和Tonga弧形带则与澳大利亚与印度尼西亚的碰撞有关。

目前，关于弧后盆地区深部地幔的热异常仍然没有一个统一的认识模式，以上每个模式都有某一方面的合理性。目前边缘海盆地的研究者们也难以估计在西太平洋边缘海盆地的形成过程中是来自太平洋板块的俯冲，还是来自印度洋板块和欧亚板块的碰撞，或者是深部过程起了主要的作用。弧后盆地形成最明显的事实是，弧后盆地的发育都是在有俯冲作用的活动大陆边缘地区。板块俯冲引起火山活动，从而使上覆板块岩石圈变热软化。这就给予了弧后盆地形成的最大机会，因为即使是一个很小的力也会导致被加热的岩石圈裂开，进而扩张。因此，从这个角度来看，似乎来自太平洋板块的俯冲起了主要的作用。但是，西太平洋边缘海盆地是在大致统一的时间内形成和演化的，而且，位于欧亚大陆边缘的盆地普遍受到了右旋走滑作用的影响，因此，我们又必须考虑来自印度板块和欧亚大陆碰撞的效应。由此看来，边缘海盆地的发育是一种综合的地球动力学过程，进一步了解其形成和演化必须结合地震学、岩石学和地球动力学等各方面的参数和边界条件，多学科的合作有可能提供更精确的发育模型。

总之，当前边缘海盆地的研究正在进入一个新的时期，已经不再局限于简单的沟弧盆系统内。边缘海的张开和闭合机制不单是一个简单的俯冲问题，而是一个非常复杂的地球动力学过程。未来的研究必须把边缘海盆地置于更大区域上或全球板块构造和地球深部构造格架内才有可能阐明其形成和演化。

参考文献

[1] KARIG D E. Origin and development of marginal basins in the western Pacific[J]. Journal of Geophysical Reseach, 1971, 84: 6796-6802.

[2] PACHAM G H, FALVEY D A. An hypothesis for the formation of marginal seas in the western Pacific[J]. Tectonophysics, 1971, 11: 79-109.

[3] SLEEP N H, TOKSOZ M N. Evolution of marginal basins[J]. Nature, 1971, 33: 548-550.

[4] TAMAKI K, HONZA E. Global tectonics and formation of marginal basins: role of the western Pacific[J]. Episodes, 1991, 14(3): 224-230.

[5] SCHOLL D W, VALLIER T L, STEVENSON A J. Terrane accretion, production, and continental growth: a perspective based on the origin and tectonic fate of the Aleutian-Berring Sea region[J]. Geology, 1986, 14: 43-47.

[6] RO SENCRANTZ E, ROSS M I, SCLATER J G. Age and spreading history of the Cayman T rough as determined from depth, heat flow, and magnetic anomalies[J]. Journal of Geophysical Research, 1988, 93: 2141-2157.

[7] TAMAKI K, HONZA E. Incipient subduction and obduction along the eastern margin of the Japan Sea[J]. Tectonophysics, 1985, 119: 381-406.

[8] MIYASHIRO A. Hot regions and the origin of marginal basins in the western Pacific [J]. Tectonophysics, 1986, 122: 122-216.

[9] MARUYAMA S. Pacificype orogeny revisited: miyashirotype orogeny proposed[J]. The Island Arc, 1997, 6: 91-120.

[10] TAYLOR B. Bismarck Sea: evolution of a back-arc basin[J]. Geology, 1979, 7:

171-174.

[11] CARLSON R L, MELIA P J. Subduction hinge migration[J]. Tectonophysics, 1984, 102: 399-411.

[12] GLATZMAIER G A, SCHUBERT G, BERCOVICI D. Chaotic, subductionike downflows in a spherical model of convection in the Earth's mantle[J]. Nature, 1990, 347: 274-277.

[13] TAMAKI K. Upper mantle extrusion tectonics of Southeast Asia and formation of the western Pacific backarc basins[C]// Workshop: Cenozoic Evolution of the Indochina Peninsula. Hanoi/ Do Son, Abstract with Program, 1995: 89.

[14] FLOWER M F J, TAMAKI K, HOANG N. Mantle extrusion: a model for dispersed volcanism and DUPAL-like asthenosphere in east Asia and the western Pacific[M]// FLOWER M F J, CHUN S L, LO C H, et al. Mantle dynamics and plate interactions in East Asia. Washington D. C. :AGU, 1998:67-88.

[15] TAMAKI K. Opening tectonics of the Japan Sea[M]// TAYLOR B. Backarc basins: tectonics and magmatism. New York:Pleum Press,1995: 407-419.

[16] JOLIVET L, TAMAKI K, FOURNIER M. Japan Sea, opening history and mechanism: a synthesis [J]. Journal of Geophysical Research, 1994,99(B11):22 237-22 259.

[17] OTOFUJI Y, ITAYA T, MATSUDA T. Rapid rotation of the southwest Japan-Paleom agnet ism and K-Ar ages of Miocene volcanic rocks of southwest Japan[J]. Geophysical Journal International, 1991, 105: 397-405.

[18] LI S, MO X, YANG S. Evolution of circum-Pacific basins and volcanic belts in East China and their geodynamic background[J]. Earth Science: Journal of China University of Geosciences, 1995, 6(1): 48-58.

[19] FOURNIER M, JOLIVET L, HUCHON P, et al. Neogene strike-lip faulting in Sakhalin and the Japan Sea opening[J]. Journal of Geophysical Research Atmosheres, 1994, 99(B2): 2701-2725.

[20] WORRALL D M, KRUGLYAK V, KUNST F. Tertiary tectonics of the Sea of Okhotsk,Russia:far-field effects of the India Eurasia collision[J]. Tectonics, 1996, 15(4): 813-826.

[21] TAYLOR B D, HAYES D E. Origin and history of the South China Basin[C]// HAYES D E. Tectonic and geologic evolution of Southeast Asia seas and islands, Part 2. Washington D. C. : AGU, Geophys Monogr Ser, 1983, 27: 23-56.

[22] BRIAIS A, PATRIAT P, TAPPONNIER P. Updated interpretation of magnetic anomalies and seafloor spreading stages in the South China Sea: implication for the Tertiary tectonics of southeast Asia[J]. Journal of Geophysical Research, 1993,98(B4):6299-6328.

[23] LEE T Y, LAWVER L A. Cenozoic plate reconstruction of Southeast Asia[J]. Tectonophysics, 1995, 251: 85-138.

[24] RANGIN C. A simple model for the tectonic evolution of sout heast Asia and

Indonesia region for the past 43Ma[J]. Bulletion de la Societe Geologique de France, 1990, 6 (6): 889-905.

[25] RU K, PIGOTT J D. Episodic rifting and subsidence in the South China Sea[J]. AAPG Bull, 1986, 70: 1136-1155.

[26] 龚再生，李思田. 南海北部大陆边缘盆地分析与油气聚集[M]. 北京:科学出版社,1997.

[27] TAPPONNIER P, G PELTZER A Y, LE D, et al. Propagating extrusion tectonics in Asia: new insights from simple experiments with plasticine[J]. Geology, 1982, 7: 611-616.

[28] FUKAO Y, OBYASHI M, INOUE H, et al. Subducting slabs stagnant in the mantle transition zone[J]. Journal of Geophysical Research. 1992, 97: 4809-4299.

莺歌海盆地超压体系的成因及与油气的关系*

摘　要　莺歌海盆地独特的地质进程形成多套泥源层，泥源岩的压实与排液不均衡导致盆地内存在大规模的超压体系，大量的生烃及水热增压使盆地内超压进一步加剧。底辟作用将超压传递至浅层，使超压体系的分布在不同深度和不同构造带中的差异均较大。在中央底辟带，由于泥-流体底辟活动极强，突破的地层多，超压顶面埋深很浅；超压的释放不仅仅是孔隙流体的逸散，更重要的是烃源（主要是泥源层）所生成的油和气作为热流体的一部分，伴随热流体向上突破、运移到浅部分异、逸散和聚集形成气藏。

关键词　超压体系　油气运移　孔隙流体

近几十年来，随着含油气盆地异常压力带的普遍被发现，对异常压力带形成的动力学机制的探讨愈来愈深入，同时对超压条件下盆地生烃的研究也有了很大的飞跃。据统计，世界上180个超压体系盆地中，有160个盆地具有重要油气藏[1]。烃类在该体系中形成，并由同生断裂和水力压裂引发流体的幕式突破和运移，对它的研究已成为油气界的热点[2-4]。

莺歌海盆地具有独特的沉积和构造演化模式，在其浅层发现了一系列与底辟有关的气田和含气构造。总结近几年来的勘探成果，可以认为天然气气藏的形成、分布与底辟区超压体系有着千丝万缕的联系，尤其是与超压体系相关的源岩的生烃、排烃、运移、聚集和泄漏都在继续，所以，莺歌海盆地是研究超压活动的“天然实验室”[5-7]。

1　地质背景

莺歌海盆地位于我国海南岛与中南半岛之间，总体走向NW。构造上处于欧亚板块东南缘和太平洋板块与印度-澳大利亚板块的交会地带，是在古印支板块和欧亚板块拼接的红河断裂带上发育起来的一个新生代沉积盆地[5]，沉积了巨厚的新生代地层，最深处达16～17km。整体不整合面(T_6）把上、下构造层划分成两个演化阶段，即早期裂谷断陷的张裂阶段（rifting stage）和晚期坳陷的裂后阶段（postrifting stage）（图1）。盆地沉降史模拟显示了古近纪的3次沉降加速过程：50～45Ma(T_{100}—T_{90})、28～16Ma(T_{70}—T_{50})、5.5Ma至现今(T_{30}—现今)。盆地中沉积速度快且泥岩发育，导致排液不畅，使盆地具高压特征，而水热增压及新生流体增压等亦会使压力进一步升高。

2　超压体系分布特征

莺歌海盆地的异常超压主要是由盆地的快速沉降、有机质生烃以及烃类裂解所致，具有异常压力的泥岩层由于处于欠压实状态，所以含有大量孔隙流体。因此，随深度的增加在测井资料上表现为各参数偏离正常趋势，即密度变小，声波时差度大，电阻率变小，孔隙度变大。此外，

* 论文发表在《地质力学学报》，2000，6(3)，作者为殷秀兰、李思田。

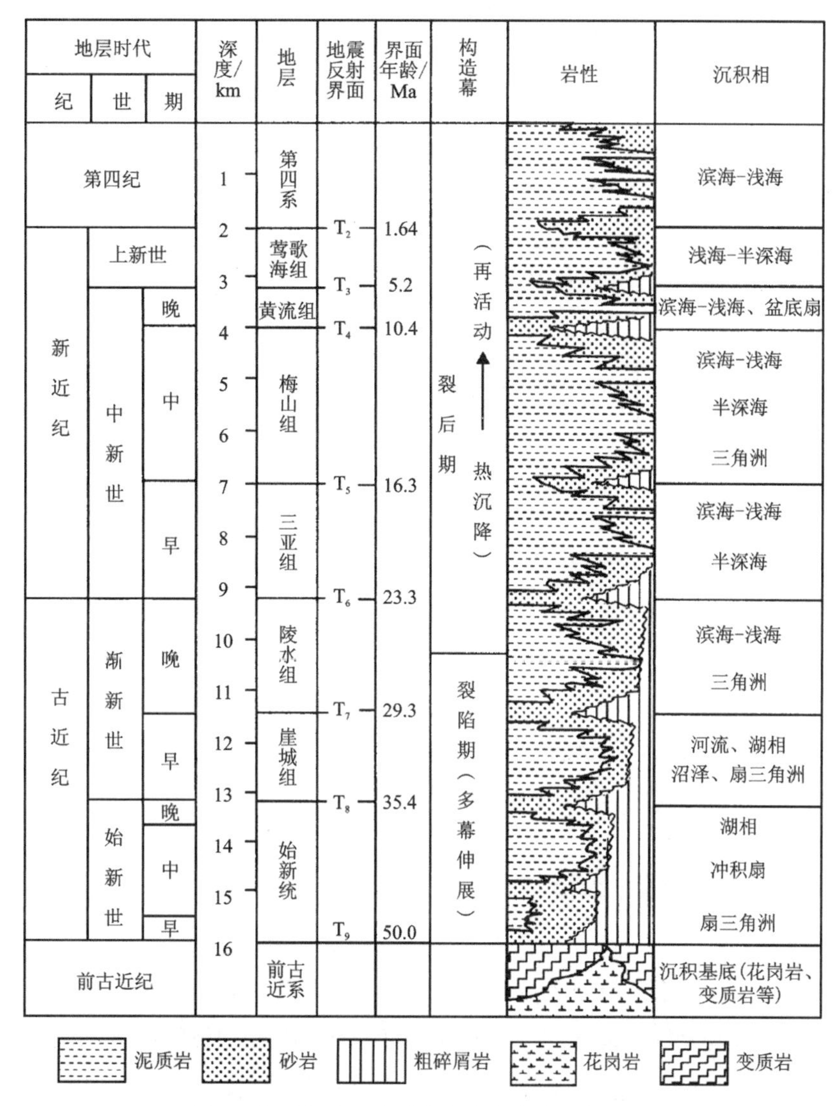

图 1　莺歌海盆地构造演化与沉积序列综合图

异常高压地层的地温梯度一般也突然增高，故可根据以上参数变化确定地层的压力分布特征。

2.1　异常压力纵向分布样式

异常高压系统在各构造单元和不同地区变化较大。根据不同压力系统底辟活动强度的差异和封闭条件的好坏，可以将莺歌海盆地正常与异常压力系统纵向变化关系分为突变式和渐变式两种(图 2)。

2.1.1　突变式

从常压系统向异常高压-超压系统转变显著，其间的过渡段厚度较小或不明显，如 DF1-1-1、LD15-1-1 等。这种突变式压力剖面反映超压界面上封闭性较好。

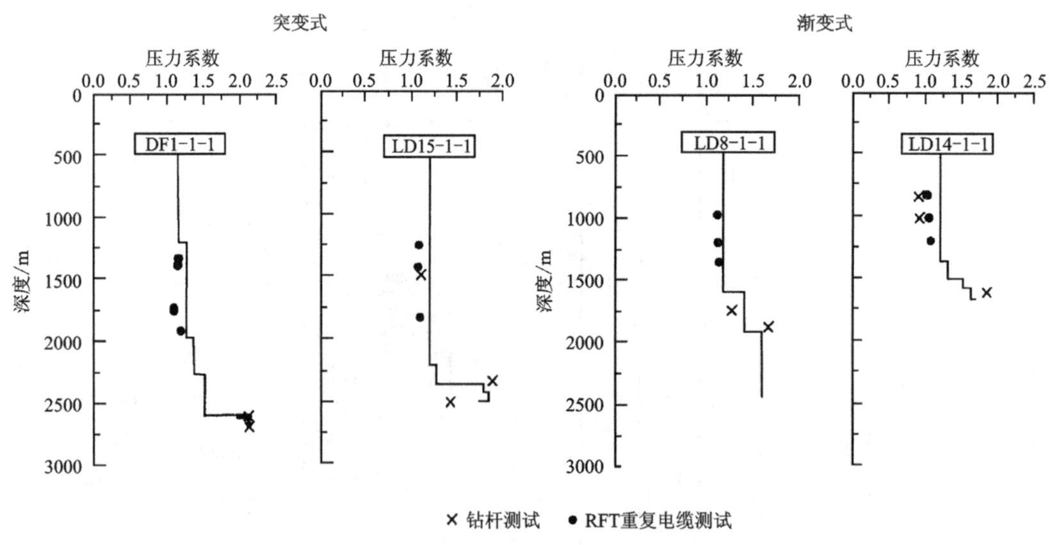

图 2　莺歌海盆地异常压力分布样式

2.1.2　渐变式

在常压系统与高压-超高压系统之间有较厚的过渡段，如 LD8-1-1、LD14-1-1。这种渐变式压力剖面反映超压界面上封闭性差，甚至是泄压区。

2.2　异常压力系统分区

不同构造带异常压力系统的分布差异较大，而且超压顶界面变化也较大。在莺歌海盆地，高压顶面深度分布的最大特征是：中央底辟带超压顶面的深浅直接受底辟作用的影响，即泥-流体底辟活动越强，突破的地层越多，异常高压顶面埋深就越浅（图 3），如 LD14-1 底辟处。它的底辟活动引起的杂乱反射带距海底仅 500m 左右（第四系的中、上部）。因此，LD14-1-1 井所钻遇的高压顶面较浅（1480m）。

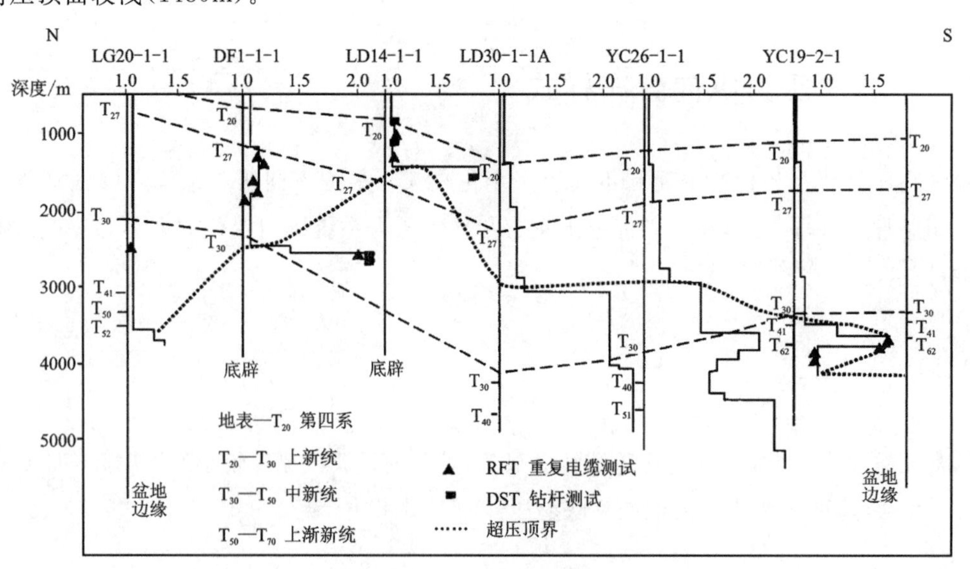

图 3　莺歌海盆地由北至南过井压力剖面

2.2.1　底辟区

中央底辟区超压界面(压力系数为1.2)均较浅,但不同底辟构造仍有不同的超压界面。超压界面一般在1500～2500m之间(图4)。显然,异常超压界面不是发育在某一等时界面上或者是某一层位内,而是在T_{20}—T_{60}地层均有存在。总之,超压界面的分布与底辟构造强度及其发育层位有关。如DF1-1-1,超压界面在2200m左右;LD8-1-1超压界面在1600m左右;而LD14-1-1超压界面在1480m左右。底辟区异常压力顶界的最小埋深仅为1480m,也就是说,异常高压界面在底辟构造发育部位通常比其他部位浅几百米,甚至几千米。

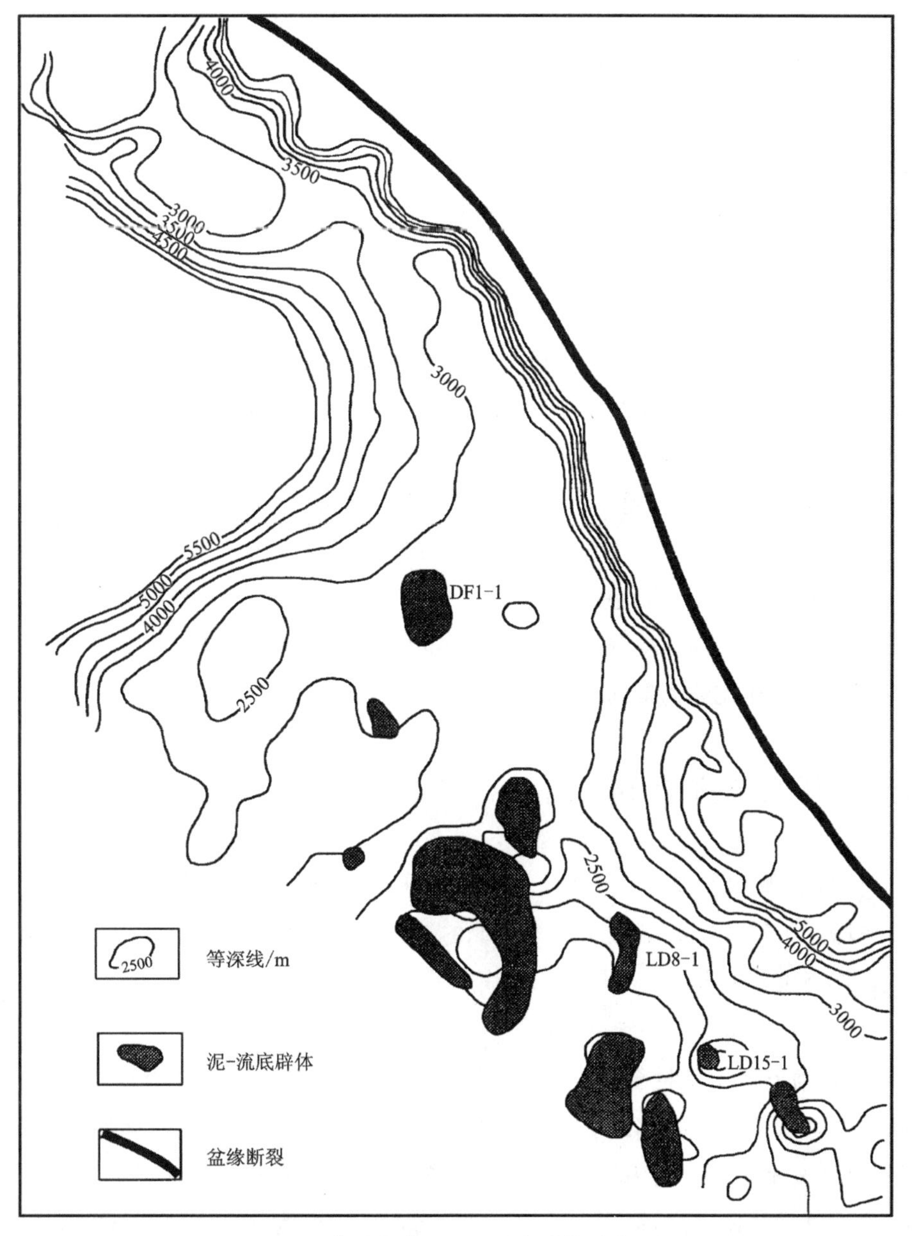

图4　莺歌海盆地1.2压力系数顶界面

2.2.2 非底辟区

在盆地南部超压界面一般较深，且超压明显受地层、岩性和盆地边界断裂的控制。如LD30-1-1A 井，其高压顶面深度为 3200m。

3 莺歌海盆地中超压的成因

沉积盆地中的超压带通常为盆地中低渗的富泥岩石，流体异常高压的形成取决于生压与限制流体流动的条件。虽然对超压成因机理迄今仍有不少分歧，而且许多机理还难以定量表达，但比较流行或得到较多研究者确认的认识有以下 6 种：①地层的欠压实作用；②水热增压作用；③黏土矿物转化作用；④烃类生成作用；⑤构造作用；⑥渗透增压效应。上述作用对特定盆地超压的形成可以作为主导作用，但又都不是唯一的作用，而是多种机理的综合效应。一般来说，变形是盆地动力学演化的重要部分，其中的断裂和裂缝的作用是盆地形成过程中的基本作用之一[8-11]。

欠压实作用长期以来曾被认为是超压形成的主要作用[12]，是基于快速负载引起沉积物的压实与孔隙流体逸散之间不平衡关系之上的。如果负载过程极其迅速，即使在排泄速率高的环境中也能形成超压，但是，要使超压在地质时期内得以保持，那么，充分限制流体外泄的封闭条件是非常必要的。因此，连续性较好，分布较广的厚层页岩或膏盐层的存在是超压形成的重要条件。根据对莺歌海盆地的研究，超压带出现在区域性厚层泥岩（常常是烃源岩）之下，超压带存在的深度及其分布在很大程度上，随封闭层和储集层组合关系的变化而变化。

莺歌海盆地的异常高压主要是由于第三系（古近系＋新近系）—第四系的快速沉积，使下伏地层产生压实与排液不均衡。底辟带浅部地层的异常高压主要是由于底辟以及高压流体上冲，将下伏地层的高温高压流体携带到上覆地层。

3.1 欠压实与排液不均衡

自中始新世至第四纪的 40Ma 间，莺歌海盆地沉积速率一般为 0.5mm/a，最大可达1.4mm/a，平均为 0.78mm/a，较波罗的海西北的波罗的盆地平均沉积速率（0.06mm/a）高 10～15 倍；较我国渤海湾盆地古近系平均沉积速率（0.199mm/a）高 4 倍以上，相当于地台区平均沉积速率（0.02mm/a）的 35 倍[13,14]。

图 5 是莺歌海盆地始新世至第四纪的沉积速率变化曲线。早渐新世以前，至少 10Ma 时间内，莺歌海盆地快速、连续地沉积了巨厚的、以泥岩为主的沉积物。在此期间，沉积的始新统和下渐新统恢复地层古厚度为 12 900m，而现今最大厚度仅为 7200m[13,14]。在中新世到第四纪时期，盆地继续快速沉降，同时沉积了巨厚的新近系（厚为 200～4000m）和第四系（厚为400～3000m）的海相沉积物，很容易使沉积地层压实与排液不均衡，从而形成区域上特别高的地层压力。

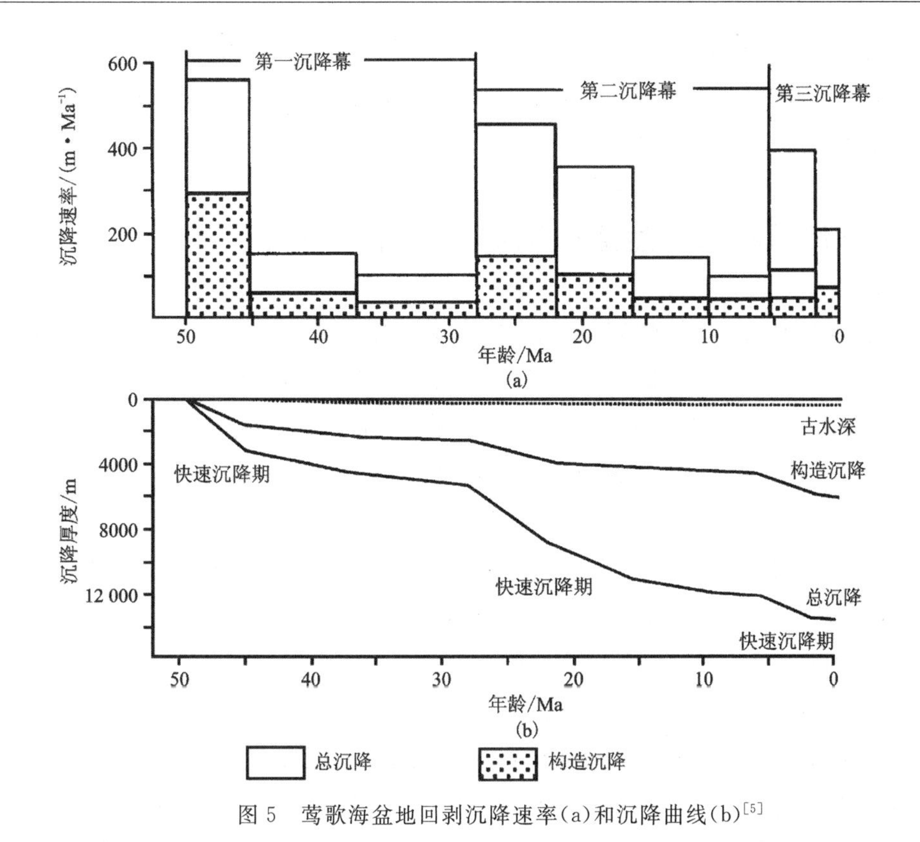

图 5　莺歌海盆地回剥沉降速率(a)和沉降曲线(b)[5]

3.2　大量生烃与水热增压作用使超压进一步加剧

从南中国海各盆地已知的地温梯度看，绝大部分地温梯度均在标准值以上，一般为 3.6～4.2℃/100m（表 1），莺歌海盆地的地温梯度最高（4.55℃/100m），个别高达 6.28℃/100m；热流值一般为 74～77mW/m^2，最高值位于底辟带之上，可达 87.5mW/m^2，与我国平均值（61.5mW/m^2 相比属高热流区。罗晓容等认为莺歌海盆地维持较高温度的热量主要来自基底以下的深部热传导作用和盆地内富含放射性物质的放射性生成热，两者的比例为 4∶1。

表 1　南海主要沉积盆地地温梯度

盆地名称	地温梯度/[℃·(100m)$^{-1}$]	盆地名称	地温梯度/[℃·(100m)$^{-1}$]
北部湾盆地	2.7～3.6	西纳土纳盆地	3.63～5.18
莺歌海盆地	1.34～6.28	曾母盆地	3.72～9.40
琼东南盆地	3.5～4.2	沙巴-文莱盆地	1.82～3.28
珠江口盆地	2.71～6.1	西巴拉望盆地	2.24
台西南盆地	4.3～4.7	北巴拉望盆地	1.73～3.28
北大年盆地	4.0～7.3	日宋中央河谷盆地	2.41
马来盆地	3.5～5.5	—	—

莺歌海盆地渐新世到第四纪沉积了巨厚的海相沉积物，这些沉积物富含有机质，具有很强的生烃，特别是生气能力，大量的新生流体作用也是形成异常高压的重要原因。

莺歌海盆地的莫霍面埋深很浅[3],莫霍面处的平均温度如果为1300℃,经基底岩石传导到沉积层中的温度就不低于1000℃。这为莺歌海盆地产生异常高温提供了必要的条件,也为该区底辟的形成提供了热演化环境,故水热增压作用也是形成异常高压的原因之一。

3.3 底辟作用将深部生成的高温高压流体携带至浅层

莺歌海盆地发育的底辟构造是异常高温高压地质体的具体表现,它是深部极高的异常压力和高温体释放本身能量的一种方式。从图2和图4可以看出,靠近底辟构造的异常高压相对较浅,如LD14-1-11井1480m、LD15-1-1井2300m、LD8-1-1井1680m钻遇高压地层,而远离底辟构造的LD30-1-1A井,虽然该井从渐新世开始一直处于沉降中心和沉积中心部位,但其高压顶面深达3200m,这进一步说明底辟构造可以将深部的高压高温流体携带至浅层。已钻井浅层气样干燥系数和碳氢同位素分析结果基本反映出天然气为成熟和高成熟阶段的产物,相当于R_o(镜质体反射率)范围在1.1%~1.8%之间,形成温度需达200℃以上,深度应大于4000m。以上资料说明,浅部的异常高压高温流体是底辟带上来的。

如上所述,莺歌海盆地底辟构造带超高压分布广泛,这些异常高压体系的存在,导致了莺歌海盆地地质构造独具特色。首先,随着超压体系中孔隙流体压力的逐渐升高,当孔隙流体压力达到某个临界值,即孔隙流体压力大于沉积物抗张强度时,垂直裂缝形成。其次,这些开启的断裂系统极大地提高了岩层的渗透性,使具有不同孔隙压力的地层贯通,使其成为超压流体的主要输导通道,导致流体的垂向流动。这种垂向流动极大地改变了地层中的压力分布,特别是从压力囊中快速排出的超压流体。同时,由于地层中垂向上的温度差异,超压流体的流动极可能引起地下温度的对流传导,从而造成局部的高温异常[15]。由于下部地层的深度大,温度高,而这种输导通道的开启往往又很突然,因而地下深处的高温流体迅速向上流动,造成浅部地层具有高温高压特征。

4 超压体系与油气运聚

如前所述,泥质沉积物的快速沉积和烃类的生成(尤其是气态烃类的生成),对异常压力体系的形成起着决定作用。在异常压力体系中,有机质的热演化与油气生成又受到抑制。然而,当压力不断积累并超过上覆岩层的破裂压力时,异常压力体系将产生物质突破和释放能量,作为流体的油气在压力作用下会从烃源岩(异常压力体系)中排出,导致油气运移。

4.1 异常压力体系为烃类初次运移提供排驱动力

目前大多数人认为,烃类主要以游离相态进行初次运移。Bear[16]提出:“当母岩中生成的烃类数量足以使水饱和并能满足克服颗粒和有机质的吸附能力时,就会在孔隙空间中形成连续性的游离烃相。”它们将受到泥岩细小孔径中巨大毛细管阻力的束缚,只有当泥岩与邻近储集层和输导层孔隙流体间的压差超过了油气运移的阻力时,油气才能从母岩中排出。因此,异常高的孔隙流体压力无疑为烃类的运移提供了动力条件。同时,异常高压还可减缓泥岩的压实进程，使泥岩在深部仍保留相对较大的孔隙度及渗透性，进而加快烃类排驱的作用。有的学者提出水溶运移论："在某种情况下，烃类以水溶状态进行运移。"[12,15]虽然烃类在水中的溶解度是有限的，但是，随着温度的升高，溶解度增大(随温度升高，溶解度先是降低到最小值，然后持续增加)。这种理论的实质是：在盆地深部，烃类在孔隙中达到饱和，要使一部分石油从溶液里析出来，形成游离烃类相，通常要求这种饱和烃类的溶液向浅层、低温区大量转移。换句话说，饱和溶液必须相对于等温面做向上运移。马克西莫夫等[17]在观察了许多盆地之后发现，只有液态烃才能以游离状态运移，而天然气则呈水溶状态运移。因此只有在饱和压力与地层压力平衡带，天然气才能以游离状态运移。但是，无论是游离相还是水溶相运移，烃类要从母岩中排出，必须有足够的动力。在超压体系发育的盆地中，油气的初次运移都是在压力的驱动下，伴随着超压体系的破裂，物质和能量的释放，导致油气呈幕式大量排驱出烃源岩。

4.2　油气幕式运移

Hunt[9]认为：随着沉积盆地的下沉，超压体系中的烃类不断生成，同时温度的升高等因素使孔隙压力不断升高。当达到地层破裂压力梯度时(泥岩、页岩、煤层破裂压力梯度大于砂岩)垂直裂缝产生，烃类和其他孔隙流体向上运移进入上覆较低压层中，并聚集在最近的构造或地层圈闭中。伴随此过程的推进，超压体系中的孔隙压力下降，裂缝合拢，烃类的排驱作用停止。然后由于热液矿化沉淀作用，裂缝被充填而形成新的封闭体系。随着盆地的不断下降充填，压力不断积累，烃类继续生成而逐渐形成新的超压体系。当压力再次积累到破裂压力时，新的一幕排烃作用开始。

关于此种机理，DuRouchet[10]曾做过定量解释。他认为，当异常压力体系中的孔隙压力达到上覆地层静压力的70%～90%时，异常压力体系开始产生裂缝，且裂缝带长度可达数百米。进而烃类和其他孔隙流体排出，地层压力逐渐下降，当孔隙压力下降到上覆地层静压力的60%时，裂缝合拢，形成新的封闭体系。伴随沉积盆地不断充填，生烃-承压-排烃的过程往复循环出现，导致超压体系的顶面不断向上推进。据 Hunt 的统计，许多盆地的超压顶界平均深度约为3048m，而 Du Rouchet 推测的深度为3500～5000m；据杜栩[1]统计，超压体系顶界深度在2200～3000m之间。因此，虽然异常压力顶面深度有其普遍的规律，但各盆地的地质条件千差万别，超压体系在垂向上的分布差异是普遍存在的。

莺歌海盆地超压极其发育，它的幕式释放导致底辟作用发生，并引发大规模超压流体活动，致使超压体系的顶面不断向上推进，最浅埋深只有1480m[18,19]，而且超压体系顶面形态不同于 Hunt 的平直模式，而与 Anderson 的地压囊模式相同，是起伏不平的。区域上，盆地中心超压顶界面较浅，向盆地边缘变深以致消失；局部上，底辟构造的上方埋深浅，向底辟周围变深，反映了超压体系的幕式发育过程。

5　结论

莺歌海盆地超压体系主要集中在底辟带，独特的地质作用过程形成多套泥源层，不同泥源层的流体压力演变的历程不同导致底辟作用的多幕性。底辟带超压的释放不仅仅是孔隙流体的逸散,更重要的是烃源(主要是泥源层)所生成的油和气也作为热流体的一部分,伴随热流体向上突破运移到浅部分异、逸散和聚集。因此,超压体系对油气的运移和聚集具有重要意义。

参考文献

[1] 杜栩,郑洪印,焦秀琼.异常压力与油气分布[J]. 地学前缘,1995, 3(2):137-147.

[2] 解习农,李思田.断裂带流体作用及动力学模型[J].地学前缘,1996,3(3):145-151.

[3] 解习农,王其允,李思田.沉积盆地低渗泥质岩石的水力破裂和幕式压实作用[J]. 科学通报,1997,42(20):2193-2195.

[4] YASSI N A, ROGERS A L. Overpressures, fluid flow and stress regimes in the Jeanned' Arc Basin, Canada[J]. International Journal of Rock Mechanics and Mining Science & Geomechanics Abstracts, 1993, 30(7):1209-1213.

[5]龚再升,李思田,谢泰俊,等. 南海北部大陆边缘盆地分析与油气聚集[M].北京:科学出版社,1997.

[6] LI S T, LIN C S, ZHONG Q M,et al. Episodic rifting of continental marginal basins and tectonic events since 10Ma in the South China Sea [J]. Chinese Science Bulletin, 1999,44(1):10-22.

[7]张启明,郝芳. 莺-琼盆地演化与含油气系统[J].中国科学(D辑),1997,27:149-154.

[8] POWERS M C. Fluid relase mechanisms incompacting marine mudstones and their importance in oil exploration[J]. AAPG Bulletin,1967,51:1240-1254.

[9] HUNT J M. Generation and migration of petroleum from abnormally pressured fluid compartments[J]. AAPG Bulletin,1990,74(1):1-12.

[10] DU ROUCHET J. Stress field, a key to oil migration[J]. AAPG Bulletin, 1991, 65:74-85.

[11] CAPUANO R M. Evidence of fluid flow in microfractures in geopressured shales [J]. AAPG Bulletin,1993,77:1304-1314.

[12] DICKINSON G. Geological aspects of abnormal reservoir pressures in Gulf Coast Louisiana[J]. Bulletin of the American Association of Petroleum Geologists, 1953,37(2):410-432.

[13]单家增,张启明,汪集旸. 莺歌海盆地泥底辟构造成因机制的模拟实验(一)[J]. 中国海上油气(地质),1994,8(5):311-317.

[14]单家增,张启明,蔡世祥.莺歌海盆地泥底辟构造成因机制的模拟实验(二)[J]. 中国海上油气(地质),1995,9(1):7-12.

[15] MATHIEU Y, VALDE B. Identification of thermal anomalies using clay mineral composition[J]. Clay Minerals, 1989,24:591-602.

[16] BEAR J. Dynamics of fluids in porous media [M]. New York: American Elsevier, 1972.

[17] C. N. 马克西莫夫，等. 深层油气藏的形成与分布[M]. 北京：石油工业出版社，1988.

[18]张启明，刘福宁，杨计海. 莺歌海盆地超压体系与油气聚集[J]. 中国海上油气（地质），1996，10：65-75.

[19]陈红汉，孙永传，李思田. 沉积盆地异常超压与岩石破裂耦合动力学模型综述[J]. 地质科技情报，1994，13(4)：65-71.

东海陆架盆地第三系层序地层格架与海平面变化*

摘　要　依据地震反射特征和层序界面性质特征，对东海陆架盆地第三系进行了层序地层划分，并建立了层序地层格架。共划分出3个构造层序，7个超层序和19个层序。以岩芯成因相的精细描述及测井相分析为基础，对该盆地第三系进行了沉积体系分析。共识别出9种沉积体系，20种沉积组合和若干种成因相。对盆地构造演化各阶段的沉积体系发育、空间展布及体系域组合等沉积响应进行了分析。以微体古生物年代化石为主要依据，结合沉积环境和沉积构造反映的古水深标志，编制了东海陆架盆地第三系海平面变化曲线。反映长周期的海平面变化有4次，短周期的海平面变化共有22次。相对海平面变化的幅度在0～150m之间。海平面长周期反映的海侵、海退作用速度具有不对称性。以上述研究为基础，总结了盆地有利的油气生成和储集相带类型。

关键词　层序格架　沉积体系　海平面变化　第三系　东海陆架盆地

东海陆架盆地位于太平洋板块西缘，是以新生代为主的大型沉积盆地。自第三纪以来，盆地经历了裂陷、裂后沉降和区域沉降3个主要演化阶段[1,2]，特别是海相第三系。该盆地是西太平洋地区发育最完整的地区之一。层序地层学认为，盆地的斜坡地带对层序界面特征及其变化反映最灵敏。笔者选择对层序界面特征及其变化反映灵敏的西湖凹陷和瓯江凹陷，通过详细解剖，建立了东海陆架盆地的层序地层格架，并进行了沉积体系构成和演化分析[3]。

1　东海陆架盆地的层序地层格架

盆地的层序地层格架综合包括地震相及反射特征、岩芯成因相精细描述、沉积体系分析在内的各种资料，从层序地层学的基本原理出发[4]，借鉴大型内陆坳陷盆地[5]、内陆表海盆地[6]和内陆断陷盆地[7]层序地层分析的思路和方法，针对该盆地的具体地质特征，把东海陆架盆地的层序地层划分为3个构造层序、7个超层序和19个层序（图1）。其中，构造层序（tectonic sequence）是指由大的区域性不整合面所限定的、在基本相同的构造体制下形成的一系列层序组合，与Wang等[8]提出的二级层序地层单元大致相当。

1.1　构造层序Ⅰ(TS_1)

构造层序Ⅰ(TS_1)介于T_6^0与T_3^0古构造运动面之间，包括4个超层序和12个层序。

超层序1(SS_1)，位于T_6^0与T_5^0不整合面之间，包括两个层序。层序$Ⅰ_A$相当于石门潭组一段，厚度250m，以红色粗碎屑沉积为主。层序$Ⅰ_B$相当于石门潭组二段，厚150m，以细碎屑岩为主。超层序SS_1仅发育于台北坳陷（瓯江凹陷）中。

* 论文发表在《地球科学——中国地质大学学报》，1998，23(1)，作者为武法东、陆永潮、李思田、解习农、李培廉、周平、赵金海。

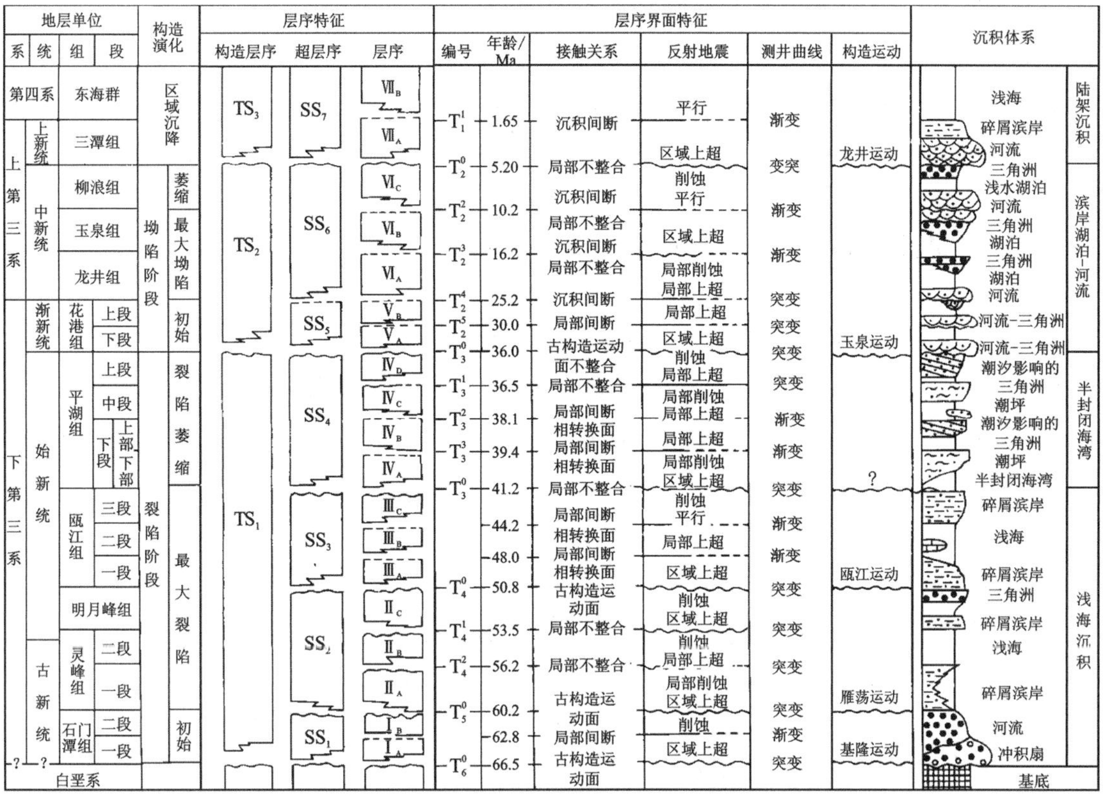

图1　东海陆架盆地层序地层单元划分及特征

超层序2(SS_2),由T_5^0与T_4^0不整合面所限定,包括3个层序($Ⅱ_A$、$Ⅱ_B$、$Ⅱ_C$),其间由T_4^2局部不整合面和T_4^1区域不整合面分割。层序$Ⅱ_A$厚为0～396m,以砂岩为主,夹灰黑色泥岩、粉砂质泥岩,含火山岩屑及大量海相微体古生物化石。层序$Ⅱ_B$厚为113～556m,以暗色细碎屑岩为主,含丰富的海相微体古生物化石,是最大海侵的沉积。层序$Ⅱ_C$厚为400～600 m,灰色—灰白色泥岩、粉砂岩、砂岩及砾岩,由下而上粒度变粗,颜色变浅。含少量海相化石,总体属煤系沉积。

超层序3(SS_3),自T_4^0至T_3^0不整合面,包括3个层序。层序$Ⅲ_A$厚为32.5～214m,由暗色细碎屑岩(泥岩、粉砂岩及细砂岩)互层组成;$Ⅲ_B$厚为205～393m,浅色细碎屑岩交互;$Ⅲ_C$厚为130～491m,下部浅色粗碎屑岩(砾岩、含砾砂岩)为主,上部浅色细碎屑岩。

超层序4(SS_4),自T_3^0开始至T_3^0界面,分为4个层序,分别相当于西湖凹陷平湖组下段下部、下段上部、中段和上段。以相转换面(T_3^2,T_3^2)和不整合面(T_3^1)将其分开,总体为一套裂陷晚期水退背景下的半封闭海湾沉积。

1.2　构造层序2(TS_2)

构造层序2(TS_2)由古构造运动面T_3^0和平行不整合面T_2^0所限定,包括2个超层序。

(1)超层序5(SS_5),其底、顶界面分别是T_3^0区域不整合面和T_4^2局部不整合面,厚为1000～2500m,包括2个层序,各个层序基本可以分为上、下两部分。下部岩性为浅色砾岩、砂岩和泥岩,上部是以泥岩为主的湖相沉积。由下(层序$Ⅴ_A$)向上(层序$Ⅴ_B$)浅湖相的泥质沉积分布范围明显扩大。

(2)超层序 6(SS_6),自T_4^2至T_2^0不整合面,包括 3 个层序。层序$Ⅵ_A$厚为 250～1250m,灰色泥岩、粉砂岩、砂岩及砾岩,夹 10～30m 海相细碎屑岩,$Ⅵ_B$厚为 200～1000m,总体为湖泊扩张背景下的沉积。由东向西碎屑物粒度变粗,沉积厚度变薄。层序$Ⅵ_C$相当于上中新统柳浪组,残留厚度 800m,由砾岩、浅色粉砂岩、泥岩夹煤层组成,含少量石膏,属氧化环境下的河流-湖泊沉积。

1.3　构造层序 3(TS_3)

构造层序 3(TS_3)自 T_2^0至现代沉积表面,由一个超层序(SS_7)构成,包括$Ⅶ_A$、$Ⅶ_B$2 个层序,分别相当于上新统三潭组和东海群,以 T_1^1平行不整合面为界。层序$Ⅶ_A$由浅灰色砂岩、砂质砾岩及黏土夹煤层组成,厚为 800～900m。层序$Ⅶ_B$由浅灰色—灰色黏土、粉砂和细砂堆积物构成,夹生物碎屑,为正常海沉积。

上述各级层序界面的地震反射特征、构造运动性质、界面接触关系及其测井曲线特征见图 1。

2　东海陆架盆地的沉积体系构成及演化

2.1　沉积体系构成及特征

从钻井岩芯的成因相精细分析入手,通过剖面的详细过程沉积学研究,结合地球物理资料分析,在东海陆架盆地第三系共识别出 9 种沉积体系、20 种主要沉积组合和若干种成因相。其中,潮坪沉积体系、受潮汐作用影响的三角洲体系是该盆地最具特色的体系。沉积体系的类型、主要特征及时空分布见表 1。

表 1　东海陆架盆地沉积体系构成及主要特征

沉积体系	沉积组合	主要成因相	主要沉积特征	空间分布
河流沉积体系	河道充填	河床充填 点砂坝沉积	河道弯度小,以辫状为主;河床充填物发育,以富泥的中、细砂沉积为主;属近源搬运沉积	三潭组[1] 柳浪组 龙井组 石门潭组[7]
	河道边缘	天然堤 决口扇		
	泛滥平原	越岸沉积泛滥平原(泥炭)沼泽		
冲积扇-扇三角洲沉积体系	扇根 扇中 扇端		粒度、成分混杂,分选、磨圆差,泥质含量高	平湖组中段及龙井组发育扇三角洲远端,石门潭组发育冲积扇[7]
滨岸湖泊沉积体系	湖泊滨岸带 (浅—深水)湖泊沉积		陆相细粒沉积为主,含少量海绿石,局部夹海泛层,反映受海水影响	花港组上、下段的上部

续表 1

沉积体系	沉积组合	主要成因相	主要沉积特征	空间分布
滨岸平原沉积体系	薄层席状砂及细粒碎屑岩		成分成熟度高，具双跳跃组分，含少量海相化石	石门潭组二段、灵峰组一段、明月峰组、瓯江组三段
潮坪沉积体系	潮上带	(泥炭)沼泽 泥坪沉积 砂泥混合坪	潮汐作用特征明显，脉状、透镜状层理，波纹交错层理及α层理、β层理发育；潮汐作用能量较弱，古潮差为2～4m，属中潮差范围	平湖组中段 平湖组下段上部 平湖组下段下部
	潮间带	砂坪 潮道(渠)		
	潮下带	高能坪 低能坪		
三角洲沉积体系	三角洲平原	分流河道 分流间湾 泛滥平原 (泥炭)沼泽	表征大规模三角洲进积的倒粒序不发育；在受潮汐作用影响的三角洲前缘部分发育泥披盖 三角洲前缘部分沉积厚度一般＜10m，表明受水盆地水体较浅 深水细粒沉积物中常见不完整的鲍马序列	龙井组、玉泉组、柳浪组、花港组、平湖组(受潮汐影响的三角洲) 明月峰组(雁湖斜坡带) 灵峰组二段(雁湖斜坡带)
	三角洲前缘	河口坝 前缘席状砂		
	前三角洲	前三角洲泥 (风暴)浊流沉积		
	三角洲边缘	三角洲间湾 间湾潮坪		
半封闭海湾沉积体系	海湾细粒沉积 风暴浊流沉积		暗色细碎屑为主，含非正常海化石，具鲍马序列	平湖组中、下段
浅海沉积体系	细粒陆源碎屑沉积 碳酸盐岩沉积		富含正常海化石	瓯江组二段、灵峰组、东海群

2.2 各构造阶段沉积体系的演化

东海陆架盆地自晚白垩世(?)—古新世开始，在地幔柱活动、太平洋板块俯冲及印度板块楔入导致的远程效应等多因素叠加应力场综合作用下，盆地经历了多幕幕式裂陷作用、裂后沉降作用和区域性沉降作用，接受了巨厚的海相、海陆交互相和近海陆相的碎屑岩系沉积。在以构造作用为主以及海平面变化、物源供应、古气候等因素的综合影响下，各阶段有不同的沉积响应。

(1)晚白垩世(?)—始新世裂陷阶段(构造层序 TS_1)。①初始裂陷阶段(晚白垩世—早古新世)。盆地从晚白垩世(?)开始接受沉积，并形成了超层序 SS_1。受裂陷作用引起的基底不均衡沉降及裂陷作用强度的控制，盆地南部瓯江凹陷内部表现为分割性强、连通性差的特点。早期在次级凹陷边缘发育冲积扇体系，内部以河流体系为主；晚期裂陷作用加强，在凹陷南部出现碎屑滨岸体系，中部、北部仍以冲积扇、河流沉积为主[9]（图 2，表 1）。②最大裂陷阶段（中古新世—中始新世）。裂陷作用逐渐加强，并在灵峰组二段达到高峰。然后，裂陷作用逐渐减弱。灵峰组一段沉积体系分异较大，瓯江凹陷边缘近物源区为冲积扇、扇三角洲沉积，向南成为滨岸体系，海相化石含量依次增高。灵峰组二段主要为浅海沉积，富含海相微体古生物化石。明月峰组显示为裂陷作用减弱条件下的沉积，主要包括滨岸平原和三角洲沉积。瓯江组是幕式裂陷作用的又一体现，是一个完整的海进-海退旋回，以滨岸平原-浅海体系为主（图 2）。③裂陷萎缩阶段（中始新世—晚始新世）。以平湖组为代表，以半封闭海湾、碎屑滨岸平原、受潮汐作用影响的三角洲体系为主（图 3）。沉积单元构成如图 4 所示。通常低水位体系域显示为进积的楔状体，沿层序的底界面下超，且仅仅发育于局部地区。海进体系域显示较强的反射特征，并呈退积的小层序组超覆在低水位体系域之上。

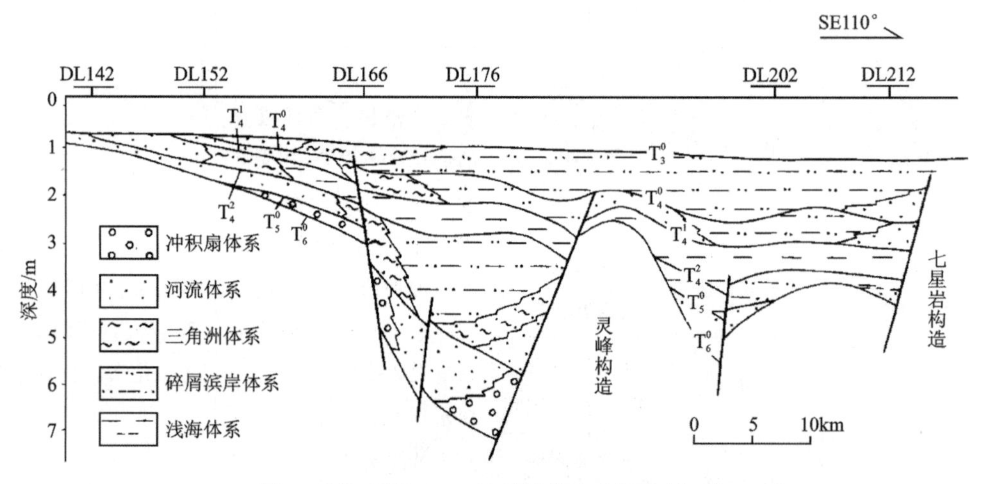

图 2　瓯江凹陷 D196 地震测线地质解释剖面①

（2）渐新世—中新世坳陷阶段（构造层序 TS_2）。玉泉运动以后，盆地进入坳陷阶段。包括 2 个超层序（SS_5，SS_6）共 5 个层序。①初始沉降阶段（渐新世）由花港组低水位河流体系和水进体系域的湖泊体系构成（图 4）。在地震剖面上，前者表现为弱杂乱反射，后者显示为弱连续反射[10]。层序 V_A、V_B上部反映了两次水体扩展过程。在下部砂岩中发现了为数不多的非正常海相海绿石，反映古盐度的微量元素也出现 2 个峰值，指示该阶段仍受海水的影响。②最大坳陷阶段（早中新世—中中新世）。河流体系在沉积中的比例减少，湖泊沉积体系展布范围扩大沉积中心位于西湖凹陷北部（图 5）。早中新世晚期，龙井组出现广泛分布的海相层，可能与坳陷沉降幅度的加大有关。③坳陷萎缩阶段（晚中新世）。由于区域构造应力的加强，各坳陷边缘逐渐抬升，河流、三角洲体系活力增强，湖泊沉积作用减弱。层序主要由水进体系域和高位体系域组成。在盆地北部为近海冲积平原的河流、三角洲体系和浅湖体系，而在盆地的南部则以海陆交互沉积为主。

（3）上新世—第四纪区域沉降阶段。盆地进入整体区域沉降阶段。上新世早期为河流体系，至第四纪逐渐过渡为浅海沉积体系。沉积中心发育在盆地东部，地层近于水平，无褶皱和断层，具有典型稳定陆架盆地的沉积特征。

①据上海海洋地质局综合研究大队（1989）修改。

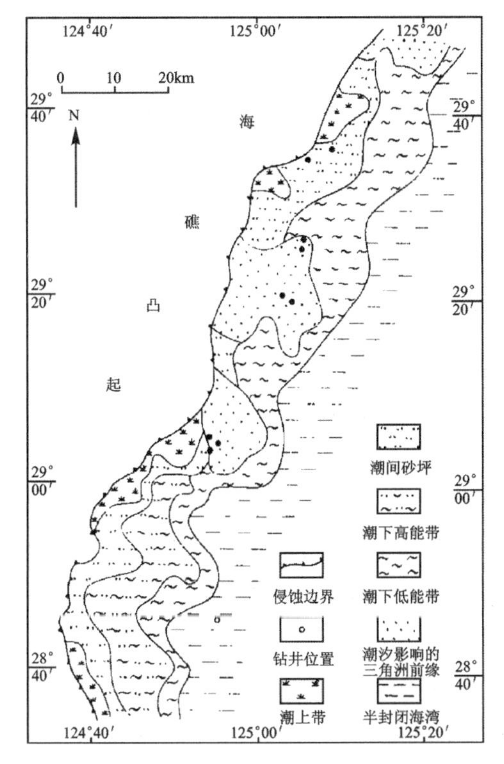

图3　西湖凹陷斜坡带平湖组中段沉积体系空间配置

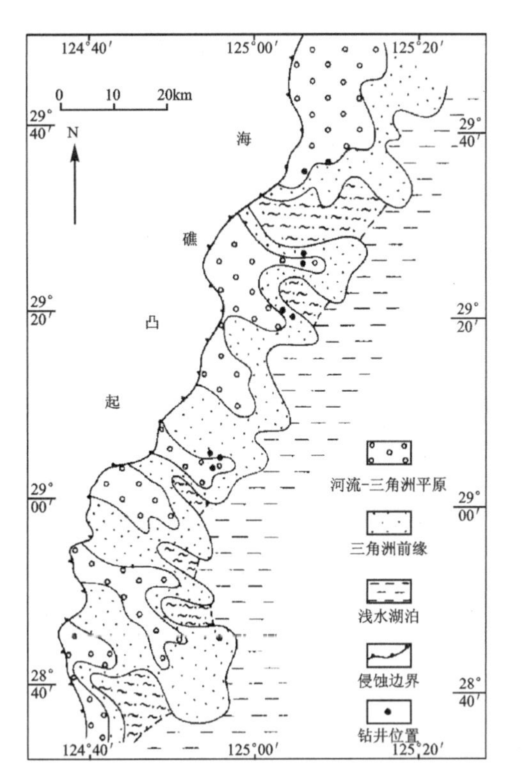

图4　西湖凹陷斜坡带花港组下段沉积体系空间配置

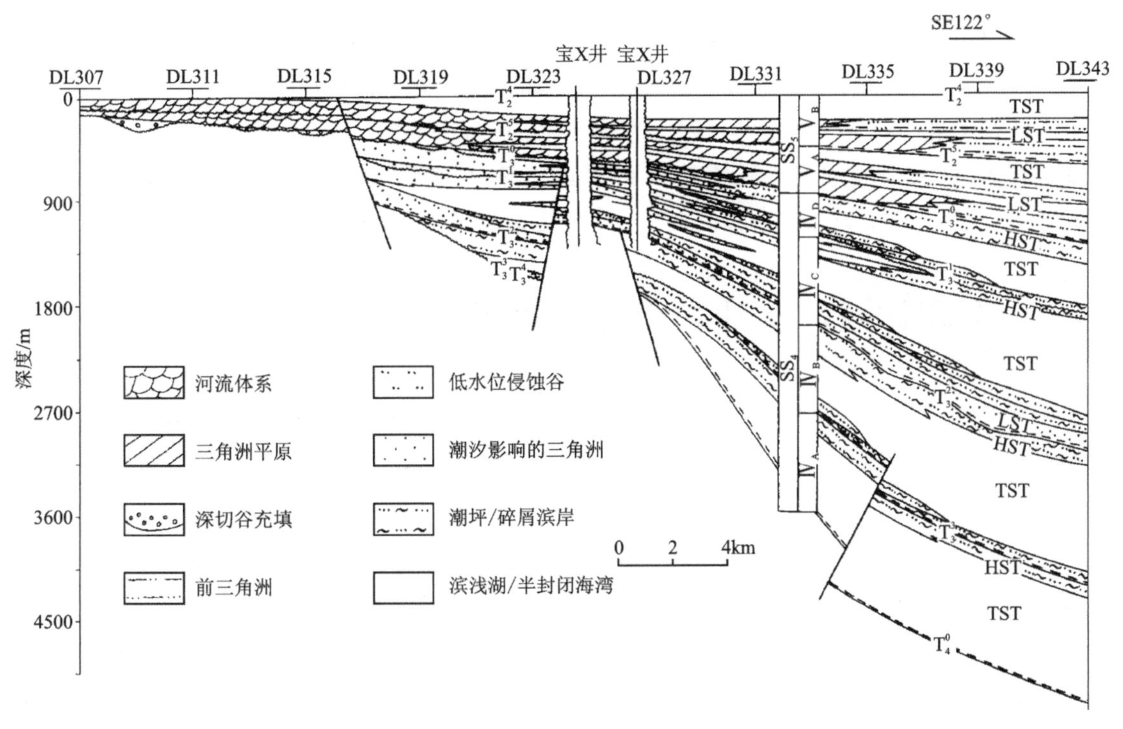

图5　西湖凹陷565地震剖面沉积构成解释图

3　东海陆架盆地第三系海平面变化

以钙质超微和有孔虫等微体古生物带化石为主要依据，以旋回地层学、沉积体系分析为基础，以层序地层为主要框架，结合沉积环境和特征沉积构造反映的古水深，编制了东海陆架盆地第三系相对海平面变化曲线。

自第三纪以来，东海陆架盆地反映长周期、高级别的海平面变化共出现 4 次，短周期、低级别的海平面变化共出现 22 次。相对海平面变化的幅度在 0～150m 之间。其中在古新世、始新世盆地裂陷作用阶段，出现长周期的海平面变化 2 次，短周期变化 14 次(图 6)。

可以看出，自裂陷初始阶段至最大裂陷阶段的中期，3 个幅度逐次增大的海平面升降旋回构成了总体海平面旋回(长周期)的快速上升部分；最大裂陷阶段的后期，7 个幅度总体逐次降低的次级旋回构成了海平面长周期的缓慢下降部分。裂陷萎缩阶段出现的长周期变化几乎缺失逐渐海侵部分，4 个次级旋回海平面上升幅度逐次降低。因此，2 个长周期都表现为海侵部分海平面变化梯度大、海退部分变化梯度小的非对称周期变化，即在长周期变化中，海侵作用迅速，海退作用缓慢。

与 Haq 等[11]编制的海平面变化曲线相比较可以看出(图 6)，上新世以前反映高级别的长周期变化趋势二者基本相同，只是相对变化幅度和最大幅值点有差异。但是，在以下几方面有比较大的差别:①东海陆架盆地上新世以来海平面长周期呈现上升趋势，而在 Haq 曲线上则表现为下降趋势；②在次级变化周期(相当于三级层序周期)的频度及数量上差异较大；③在次级旋回变化的方向和幅度上，二者有对应关系的不多；④渐新世至中中新世在 Haq 曲线 上表现为3 次规模较大的海侵，而在东海陆架盆地仅表现为 3 次规模不大的海泛和 2 次湖水面的上升，其幅度也不大。这种海平面升降变化的差异很可能是全球海平面变化与局部地区构造沉降叠加的结果。

对比结果表明，仅高级别的海平面变化旋回(二级以上)才具有变化的相似性，因而也才有可能进行大范围或全球对比。低级别(三级及其以下)的海平面变化周期并无升降变化的一致性和对应关系，因此它可能不适合用来进行全球甚至不同地区之间的对比。

4　沉积体系域与油气生储的关系

东海陆架盆地有利的生烃源岩主要发育于最大裂陷和裂后沉降期的水进体系域，以浅海沉积体系和半封闭海湾沉积体系的泥岩为主。此外，滨岸平原、三角洲平原的煤系地层也具有较大的生烃潜力。

油气的聚集除了受构造因素控制以外，还明显受岩性制约。发育于裂陷阶段水进体系域边缘和高位体系域的扇三角洲、三角洲及潮坪体系是有利的油气储集体；裂后沉降阶段低水位体系域和水进体系域的河流体系、三角洲体系也是有利的储集相带。西湖凹陷含油气储层的主要砂体类型包括:①三角洲水下分流河道砂；②三角洲前缘席状砂；③扇三角洲前缘砂；④潮下带砂坪砂；⑤潮道砂；⑥河道-分流河道砂。

据上述规律，预测在斜坡带平北地区平湖组、浙东长垣构造的花港组等发育有利的含油气相带。

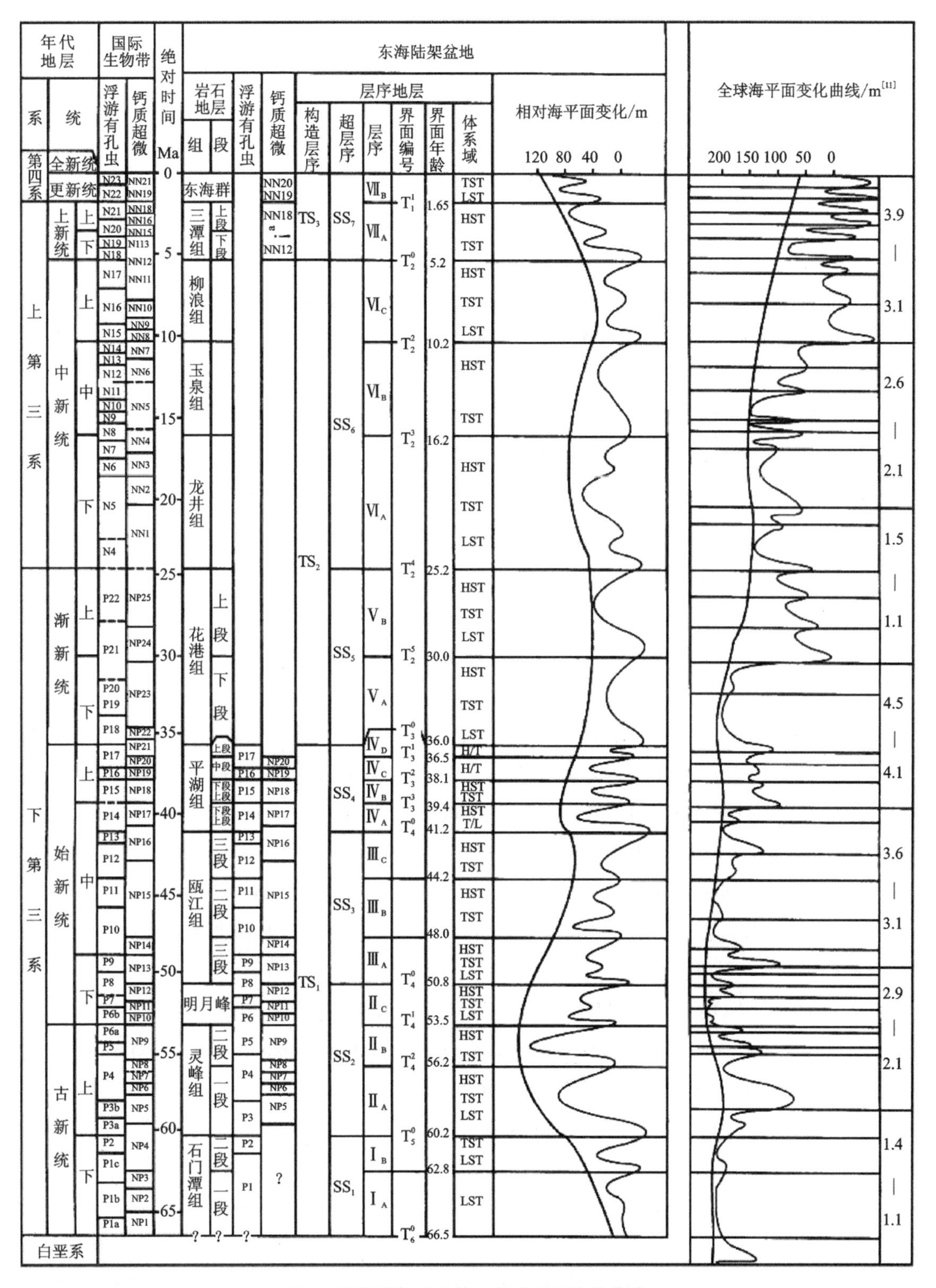

图6 东海陆架盆地第三纪海平面变化曲线

5 结论

(1)东海陆架盆地第三系可划分为3个构造层序、7个超层序和19个层序。3个构造层序分别对应于盆地的裂陷、裂后沉降和区域性沉降3个阶段。

(2)盆地第三系可识别出9种沉积体系、20种沉积组合。低水位体系域的构成单元主要包括冲积扇、河流体系;水进体系域包括浅海、半封闭海湾、扇三角洲和湖泊体系;高水位体系域则由滨岸平原、潮坪、受潮汐作用影响的三角洲及湖泊三角洲组成。各沉积体系、沉积组合和成因相具有自身的特点。

(3)沉积体系的发育及展布主要受构造演化的控制。裂陷阶段以海相沉积、半封闭海湾沉积为主;裂后沉降阶段则以陆相沉积为主,但多次受到海水的影响。花港组的海绿石及龙井组的海相层都是这种影响的反映。

(4)长周期的海平面变化具有不对称性,海侵作用速度比海退作用速度快。与Haq海平面变化曲线相比,盆地次级海平面变化周期有很大的不同。

(5)最大裂陷、裂陷萎缩阶段的水进体系域(浅海、半封闭海湾、扇三角洲及湖泊体系)是生烃源岩发育的主要环境;裂陷阶段高水位体系域及裂后初始沉降阶段的低水位体系域所形成的砂体是有利的油气储集层。

参考文献

[1]ZHOU Z W,ZHAO J H,YIN P L. Characteristics and tectonic evolution of the East China Sea[J]. //ZHU X. China sedimentary basin. Amsterdam: Elsevier, 1989:165-179.

[2]WU F D,LU Y C,LI S T,et al. The Tertiary sequence stratigraphic framework and sedimentary architecture in the East China Sea shelf Basin[C]// proceedings of international symposium on petroleum geology in the East China Sea. 1996:57-66.

[3]武法东.东海陆架盆地第三系沉积体系及海平面变化研究[D].北京:中国地质大学(北京),1996.

[4]VAN WAGONER J C,MITCHUM R M,CAMPION K M,et al. Siliciclastic sequence stratigraphy in well logs, cores and ouf rops:concepts for high-resolution correlation of time and facies[J]. AAPG Methods in Exploration Series,1990,7: 1-57.

[5]李思田,程守田.鄂尔多斯盆地东北部层序地层及沉积体系分析[M].北京:地质出版社,1992.

[6]武法东,陈钟惠.华北晚古生代含煤盆地层序地层初探[J].中国煤田地质,1994, 6(1): 11-18.

[7]解习农,李思田.陆相盆地层序地层研究特点[J].地质科技情报,1992,12(1):22-26.

[8]WANG H Z,SHI X Y. A scheme of the hierarchy for sequence stratigraphy[J]. Journal of China University of Geosciences,1996,7(1):1-2.

[9]周平,林志强.东海瓯江凹陷新生界沉积相的演化[J].地质科技情报,1992,11(4):

31-34.

[10]王丽顺,陈琳琳.东海西湖凹陷下第三系层序地层分析[J].海洋地质与第四纪地质,1994,14(3):33-42.

[11]HAQ B U, HARDEBOL J,VAIL P R. Mesozoic and Cenozoic chronostratigraphy and eust atic cycles[M]// WILGUS C K,HASTINGS B S,KENDALL C G S C,et al. Sea-level changes:an integrated approach. Broken Arrow,OK:SEPM,1989:71-108.

油气储集层地质学研究体系*

1 前言

储集层地质学于20世纪60年代末在国外提出,70年代后期储集层沉积学引入油田开发领域。此后,尤其是80年代以来,与储集层有关的学科或理论(如现代沉积学、成岩作用等)的研究有了重要突破,地震及测井数据的处理与解释、油藏描述、计算机模拟、油藏管理等先进的综合技术也有了长足的进展,这些都为油气储集层地质学本身的发展创造了条件。1985年4月在美国的达拉斯召开了第一届国际"储集层表征"技术会议,此后定期举行,标志着油气储集层地质学已进入成熟阶段。十几年来,一系列有代表性的、专题性的专著出版和国际会议相继召开,油气储集层地质学已成为石油地质学和油藏工程学的学科交叉生长点,并已形成相对独立的分支学科。

我国储集层研究基本与国外同时起步,"七五"期间就开展了"中国陆相储层特征及评价"科技攻关研究,取得一批高水平成果;经过"八五"期间进一步攻关,以裘亦楠教授为首席科学家的研究人员出版了一系列有影响、有特色的专著,极大地丰富了陆相油气储集层地质学的内容。

但到目前为止,国内外还没有形成统一的、完整的储集层地质学体系。本文在汇总最新储集层研究成果的基础上,结合笔者的认识,试图论述碎屑岩油气储集层地质学应有的研究思路、内容体系和方法体系,供同行专家讨论指正。

2 研究思路

碎屑岩储集层是沉积物在沉积后经成岩演化形成的多孔地质体,其内部包含的油、气、水等流体一直处于物理或化学的动态变化之中。储集层既是相对静止的又是动态变化的,是"动"与"静"并存的动力学复合地质体,因此对储集层的研究也要"动态"与"静态"相结合。

"静态"研究指对储集层空间展布、内部建造结构和岩石物理特性进行精细描述或表征及预测,研究过程强调空间上的层次性;"动态"研究则指对储集层演化、流体动态、油气水分布及与其相关的岩石物性特征等方面的研究,强调演化的时速性。因此,层次性研究、时速性研究和综合性研究应是油气储集层地质学研究的基本思路。

2.1 储集层层次性研究

碎屑岩储集体是多层系多孔介质,是具复杂结构建造的碎形体,本身具有规模(尺度)层次

* 论文发表在《石油勘探与开发》,1999,26(1),作者为姚光庆、孙永传、李思田。

性。在不同层次上，储集层表现出各不相同的非均质特性，对应的研究目的、方法和精度亦不相同，因此必须分层次进行研究。储集层层次性与其他地质体的层次性一样，有2个基本要素，即层次界面和层次实体。按这2个要素的识别手段和规模大小，在盆地内进行储集层研究时，一般分为大尺度(gigascopic scale)、中尺度(megascopic scale)、小尺度(macroscopic scale)和微尺度(microscopic scale) 4个层次进行工作比较合理；进一步可划分出8个低级别的层次，即盆地级、油田级、砂组级、砂层级、砂体级、层理级、毫米级和微米级。

大尺度研究包括盆地级和油田级2个层次，重点是沉积体系三维空间展布的非均质性，旨在为寻找和探明油气藏的勘探或滚动勘探阶段服务。研究手段以地震资料分析为主，结合地质和测井资料分析。

中尺度研究包括砂组级和砂层级2个层次，重点是储集层内部详细三维构成建造的非均质性，强调储集层(砂体间)的垂向连通性(connectivity)和横向连续性(continuity)，为油田开发(尤其是注水开发生产)阶段服务。研究手段以生产井测井资料分析为主，结合高分辨率地震和精细地质解释分析。

小尺度研究包括砂体级和层理级2个层次，重点是砂体内部建造的非均质性，为高含水期油田开发或三次采油生产阶段服务。主要采用地面露头与地下类比的手段研究。

微尺度研究包括毫米级和微米级2个层次，重点是孔隙结构及黏土矿物的非均质性，服务于驱油机理、储集层保护或储集层演化研究。

尽管储集层研究按尺度大小分层次进行，但各尺度的储集层层次性研究都包括层次划分、层次描述、层次表征、层次建模以及层次动态模拟5个部分。

2.2　储集层时速性研究

储集层时速性指储集层本身演化及储集层内流体流动和相互作用对储集层施加影响的时间和速度总和，即储集层动力学演化的时间和速度。研究时段(时间尺度)是从储集层沉积到油层被开发(多次开发)直到油藏废弃这一全过程，在此动态时间坐标系中，储集层经历的以下几个时期有重要研究意义：沉积期，埋藏期，成藏期，抬升期，油藏原始能量衰减期，外来流体或能量注入期。其中，油层被打开、油气被采出那一时刻是临界点，储集层动力学过程在此之前是自然地质作用过程，而在此之后主要受人为开采方式的控制。每一时期储集层内(骨架和流体)均发生着连续不断的物理、化学作用和反应，研究这些作用和反应发生的条件、过程及结果是储集层动力学的重要内容。孙永传等在成岩作用研究中提出的“温度场、压力场、化学场”的概念可以推广应用于油田开发阶段的储集层研究。

储集层演化的时速性最终要通过过程模拟的方法实现其定量化和动态可视化。油层打开临界点以前的过程模拟属盆地模拟范畴；临界点以后的过程则是油藏模拟的内容。

很显然，不同规模层次上储集层内流体流动规律不同，因此笔者认为，只有将不同层次的“静态”储集层纳入到“动态”时间坐标系中进行研究，才能对储集层做出规律性的切合实际的预测和评价。

2.3 储集层综合性研究

储集层研究是一项系统工程，要求在研究手段、研究资料和研究人员等方面有高度的综合性。研究手段的综合性表现在综合应用勘探技术、钻井工程、采油工程、地质分析、实验测试、计算机应用等手段，这是厘清地下储集层的前提。研究资料的综合性指对露头、岩芯、工程、物探等各方面的资料综合考虑、全面研究，强调这些资料的配套性和准确性，这一工作是储集层地质学研究的核心。研究人员的综合性强调的是地质、油藏工程、物探、计算机、数学、地球化学等专业人才协作攻关，以及各专业人员之间的相互交叉渗透，尤其是作为核心人员的储集层地质学家应是“全才”。

3 研究内容

简而言之，研究储集层静态特征及动态特征，是根据各个层次储集层非均质性的表征对其进行四维预测的学科，即是储集层地质学。在油田开发，尤其是二次或三次采油过程中，储集层地质学研究显得尤其重要。有学者曾精辟指出：“二次采油开发方式的普遍展开，使以油藏研究为主要内容的油田开发地质学有了很大发展。首先在储集层连通方面，引用沉积学原理从成因特征上掌握储集层的分布特点，对井间连通性做出科学的判断。进而研究储集层内部的非均质性，包括影响水驱油运动途径的各种岩性储油物性因素。对储集层的地质研究不断深入，形成了新兴的分支学科——储集层地质学。”很显然，储集层地质学研究必须以储集层沉积学为基础；以储集层非均质性研究为重点；紧紧围绕油田开发的地质和工程问题开展工作。结合陆相碎屑岩储集层特点，储集层地质学重点研究内容应包括以下 3 个部分。

3.1 储集层形成及演化的基本原理

储集层形成及演化的基本原理包括储集层沉积学、储集层埋藏史及成岩演化、储集层动力学以及构造作用等主要内容。这一部分主要研究储集层形成的地质背景、沉积过程及沉积相、成岩过程及成岩储集相以及储集层埋藏演化动力学等。这方面的研究是储集层地质学的理论基础，其中的储集层沉积学研究堪称该学科体系的基础；储集层动力学研究则是储集层埋藏成岩作用研究的深入，是成藏动力学的一部分，也是目前的研究热点。这方面的研究将为寻找优质储集层的研究建立理论基础。

3.2 储集层非均质性评价技术

储集层非均质性评价技术包括不同尺度储集层非均质性评价与预测、储集层表征与三维建模、低渗-裂缝性储集层评价等内容。储集层非均质性表征主要研究储集层三维构成、连续性与连通性以及储集层特性（如岩性、物性、电性、含油性）的空间展布及定量预测等，储集层内流体（油、气、水）非均质性也是重要研究内容。储集层建模是储集层表征的最高阶段，应用随机建模技术建立由离散到连续的三维储集层地质模型，是当前储集层研究的热点。低渗-裂缝性储集层是常见(在陆相地层中尤为常见)的特殊类型储集层，其研究重点是相对高渗单元三维连通体的展布以及储集层内裂缝特性及其空间展布的非均质性。

3.3　储集层开发动态研究

储集层开发动态研究包括储集层伤害与储集层保护、储集层内流体动态响应及开发对策等。油田开发过程中流体(油、气、水，尤其是剩余油)的四维表征、储集层特性的四维表征以及油藏优化管理是油藏工程研究的3项重大任务，其中动态储集层研究是重点。动态储集层研究注重储集层保护技术，剩余油分布、储集层特性(尤其是物性)的动态变化以及流体流动单元的精细表征等，根据储集层的四维表征成果，可以制订科学经济的油藏开发策略或调整对策，实现油藏优化管理。

4　研究方法与技术手段

储集层地质学的研究方法通常可按研究手段来划分，如地质的、物探的、工程的、数学与计算机的、地球化学的、实验室的等。这里具体强调一些重要而独特的储集层研究方法。

露头、岩芯沉积学分析方法：以第一性实物资料为基础，应用现代沉积学理论分析储集层沉积相构成(重点是微相或成因相)，建立沉积体系的概念模型。通过良好的露头剖面实现对构型单元的精细表征。

地震-测井综合分析方法：以地质分析为基础，充分利用地震资料三维连续性和测井资料垂向高分辨率的优势，构建储集层三维格架，分析储集层宏观非均质性，表征储集层特性参数。

储集层动力学与储集层地球化学分析方法：分析储集层演化中的压力、温度、流体性质等动力学参数的变化规律，可从根本上解决储集层演化的理论问题。具体的分析方法包括包裹体分析，同位素分析，压力测试，水-岩化学反应，黏土矿物演化，等等。

储集层参数集总与数据库技术：储集层研究要面对庞大的地质、地震、测井、测试等第一手数据体，要对这些数据进行多次处理和分类。因此，建立和使用数据库对数据进行管理是必然的。

储集层定量化建模技术：在建立的地质模型基础上，应用先进的数学方法(如随机条件模拟等)建立三维储集层定量化模型，实现对储集层特性的定量化、自动化评价与预测，尤其是对储集层“四性”的评价与预测。储集层建模既是储集层表征的最高阶段，又是油藏模拟的基础。

储集层表征中复杂性学科分析方法：储集层非均质性评价与预测离不开先进数学方法(包括分形、混沌、神经网络、线性与非线性统计学等)，这些方法的应用使储集层定量化准确预测成为可能。

精细储集层三维可视化技术：应用计算机强大的制图与显示功能，实现不同层次、多角度、任意切片的三维储集层动态显示，为油藏优化管理和决策创造条件。

油藏工程动态响应反推法：油田开发的一系列数据或资料从不同侧面反映了地下储集层特征，利用这些资料完全可以反推预测储集层特征。这也是动态储集层研究必不可少的研究方法。同时，这一方法在储集层研究与提高油气采收率研究之间架起了桥梁，可使储集层研究直接应用于采油工程。

5 发展趋势

随着储集层研究和油田开发的不断深入，油气储集层地质学研究将更加理论化、精细化、实用化和动态化。预计近期会在以下几个方面取得长足进展。

储集层动力学：作为盆地动力学的组成部分，储集层（岩）与流体（水等）之间的化学动力学过程研究将有重要突破，进而推动相关的成藏动力学与油藏动力学的发展。

储集层三维精细表征与可视化：油藏开发面临的地质问题及许多工程问题主要是储集层非均质性的问题。引进先进储集层研究理论，实现储集层三维精细表征，开发先进的相应软件实现三维动态可视化，可以解决储集层非均质性研究问题。

三次采油中的储集层动态问题：油气开采过程中，地下流体处于快速流动以及被快速驱替的运动状态。在这种动力学背景下，储集层结构、连通性尤其是其物性将有重要变化。这方面的研究刚刚起步。

参考文献(略)

Evidence for Episodic Expulsion of Hot Fluids Along Faults Near Diapiric Structures of the Yinggehai Basin, South China Sea*

Abstract Diapiric structures are well developed and occur in most of the central part of the Yinggehai Basin, on the western side of the South China margin. A strong thermal anomaly due to hot fluid flows occurs in the diapiric zone, as evidenced from vitrinite reflectance(R_o), clay mineral transformation, and fluid inclusion homogenization temperatures. This anomaly results from hydrothermal fluid flow along vertical faults from overpressured compartments into the overlying Late Miocene and Quaternary sand-rich layers. The magnitude of thermal anomaly is related not only to the distance to which the vertical fault is hydraulically open, but the permeability of rocks interconnected with the faults. Intense heat transfer for convection of fluids occurs in the sand-rich intervals adjacent to vertical faults. Abnormal organic-matter maturation, together with rapid transformation of clay minerals, which occurs at certain intervals within the present-day normally pressured system and normal conductive temperatures in a diapir, can be used to identify palaeo high pressure zones. Abnormal high temperatures measured from a drill-stem test in a diapir can be inferred to be the results of recent expulsion of hydrothermal fluid flow. The results of this study suggest that thermal fluid expulsion along faults plays an important role in the modification of thermal regimes, the enhancement of organic-matter maturation, and rapid transformation of clay minerals, as well as the accumulation of hydrocarbons in diapiric structures of the Yinggehai Basin, South China Sea.

Keywords Thermal effect　Vertical fluid flow　Overpressured system　Yinggehai Basin

1　Introduction

Overpressured sediments have been observed in a number of sedimentary basins. Several observations suggest that fluid from overpressured sediments is episodically expulsed into the overlying section[1,2]. This expulsive release of fluids is thought to effect the migration of hydrocarbons[3], the transportation of ore-forming fluids[1], local temperature anomalies[4], the variation in salinity of pore water[5], and compaction processes[6,7]. Hydrothermal distortion by groundwater flow has been widely published[8-10]. Using a fnite difference model, Roberts et al.[4,10] suggested that temperature anomalies resulting from episodic fluid expulsion from geopressure sediments occurred in the overlying section, and that perturbations in temperature decayed rapidly with time. Although much attention has been focused on mechanisms of fluid migration and heat transport, published studies of thermal anomalies recorded in the wells due to hot fluid flow from geopressured sediments are rare.

The Yinggehai Basin is most important hydrocarbon-bearing basin in the South China Sea,

* Published on Marine and Petroleum Geology, 2001, 18, Authors: Xie Xinong, Li Sitian, Dong Weiliang, Hu Zhongliang.

and has drawn great attention from geologists[11-17]. Recent exploration has provided a large amount of geological data, and enhanced the understanding of the hydrocarbon accumulation process and history of fluid flow. As evidenced from conventional 2D seismic sections and high-resolution seismic sections, fluid plumes or' chimneys' have formed along fault zones comprising dense, vertical and parallel faults in the core of diapiric structures, in the Yinggehai Basin[18], where hot fluid was expulsed from the deeper Early and Middle Miocene geopressured sediments. The purpose of this paper is to analyze in detail the thermal anomalies due to vertical fluid flow from overpressured sediments using paleo-temperature measurements such as vitrinite reflectance, clay diagenesis, and fluid inclusion data, and to investigate the thermal effects of vertical fault and lithology on hydrothermal fluid flow. Finally, the thermal affects of two deep wells are compared to elaborate the relationship between thermal anomalies and the overpresssured system.

2 Geological Setting

The Yinggehai Basin is a Cenozoic Basin on the northern margin of the South China Sea. The basin is bordered on the north and the east by the Beibuwan and Qiongdongnan basins respectively (Fig. 1). The Beibuwan, Qiongdongnan and adjacent Pearl River Mouth basins trend east to north-east, but the Yinggehai Basin has a northwest trend with a general transform-extensional structure[16,19]. The rift phase accompanied initial opening of the South China Sea in the Eocene and Oligocene, which has been shown from conventional seismic sections in the northwestern part of the basin. Post-rift subsidence began in the early Miocene[16,17].

The Yinggehai Basin is filled by Neocene and Quaternary clastic deposits with a thickness of up to 17km. The Yinggehai Basin is characterized by rapid subsidence and rapid basin infill since Early Miocene time. The post-rift subsidence sequence is up to 10km in thickness and increases from northwest to southeast. Since middle Miocene time, deposition of a shale dominated succession took place within littoral, neritic, shelf and slope environments (Fig. 2). Based on seismic and drilling data, subsidence rates were 334m/Ma during the Pliocene and 643m/Ma during the Quaternary[20]. The Yinggehai Basin is characterized by high measured heat flow value of 84.1mW/m^{-2} and high thermal gradient of 43.6－49.8℃/km[21]. One of main reasons for the latter is the strong extension of the lithosphere and the resulting upwelling of the mantle asthenosphere. Below the Yinggehai Basin the crust is around 22km thick and the lithosphere is 65－70km thick from geophysical data[12,18]. Abnormal organic-matter maturation occurred in the diapiric structures of the basin. Plume-like features with the low-middle seismic amplitudes and intermittently chaotic and blank reflecting seismic facies are shown on seismic profiles (Fig. 3). A set of vertical faults has also been shown on seismic profiles crossing the core of diapiric structures[18]. In some diapiric structures, the faults can

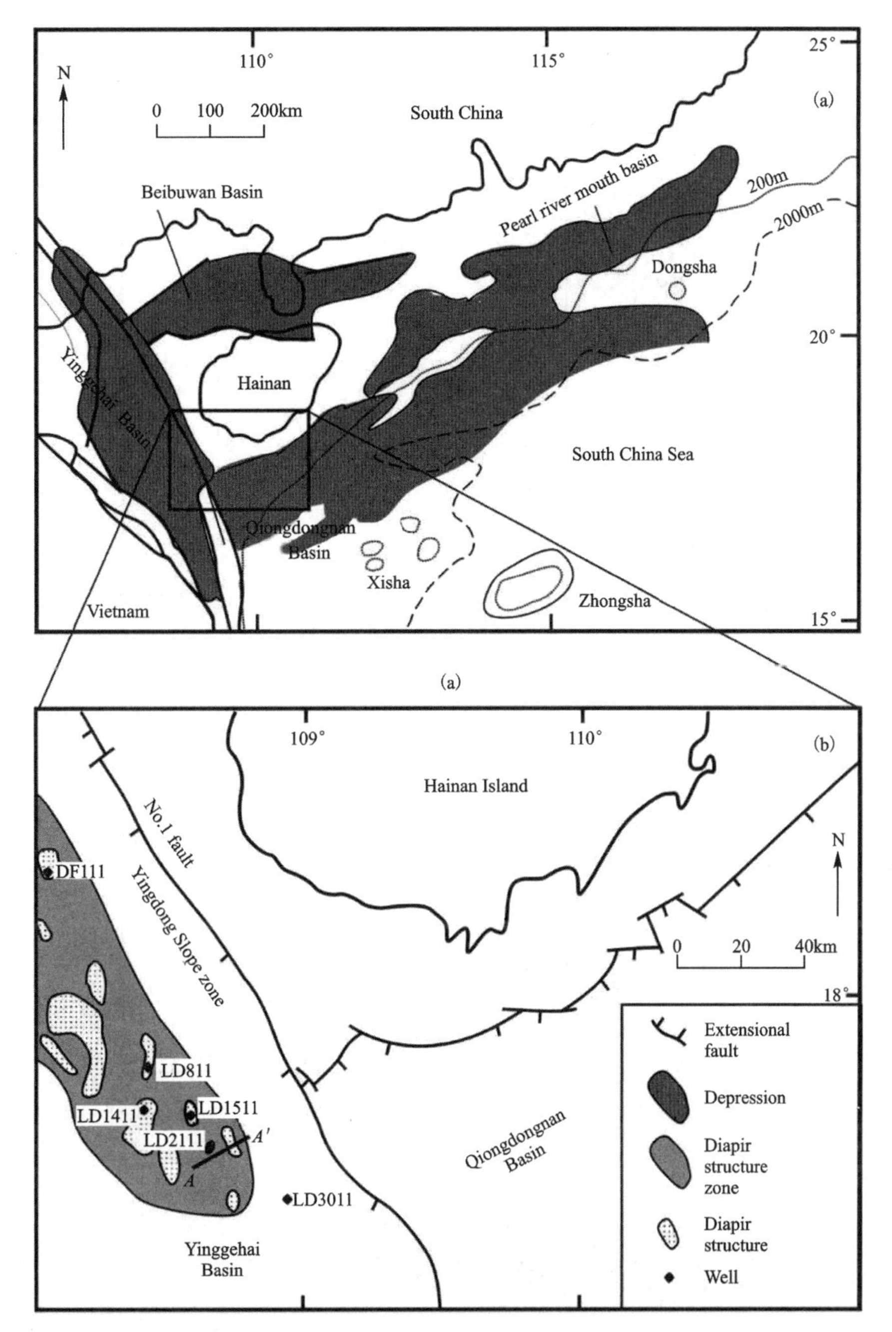

Fig. 1 (a) Regional location map of the Yinggehai Basin, South China Sea; (b) Location map of the study area, showing the location of seismic section ($A-A'$) and wells referred to in the text

reach the sea floor and may allow escape of large volumes of fluid and hydrocarbon. Investigation from sidescan sonar of the Yinggehai Basin seabed indicates that there are more than 100 gas seepages[22]. The composition of seeping gas is dominated by methane. In most samples, the $\delta^{13}C_1$ of gas seepages ranging from $-33.91‰$ to $-38.34‰$ (PDB) indicate a thermogenic origin for the gas which may originate from the deeply buried Miocene Sanya and Meishan formations[22], where organic matter is now highly mature. These seeps may have a similar origin to the vertical gas plumes observed from depths >3000m in the offshore Louisiana Gulf of Mexico[23].

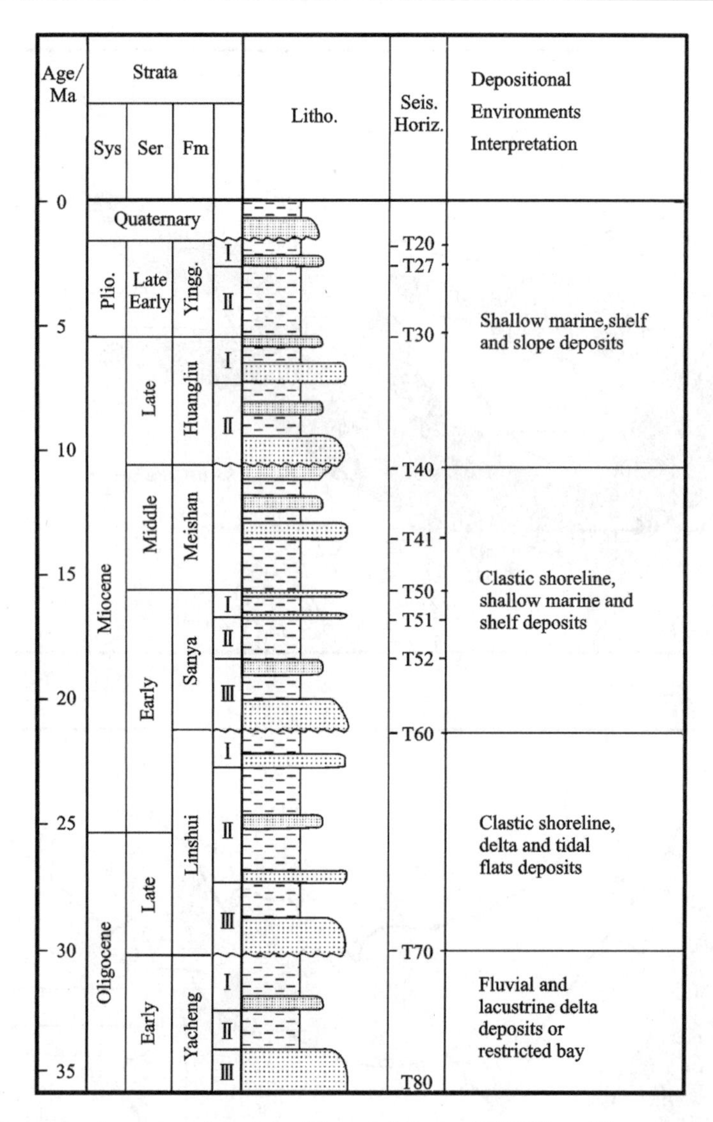

Fig. 2 Generalized stratigraphy of the Yinggehai Basin (YINGG. =Yinggehai Formation)

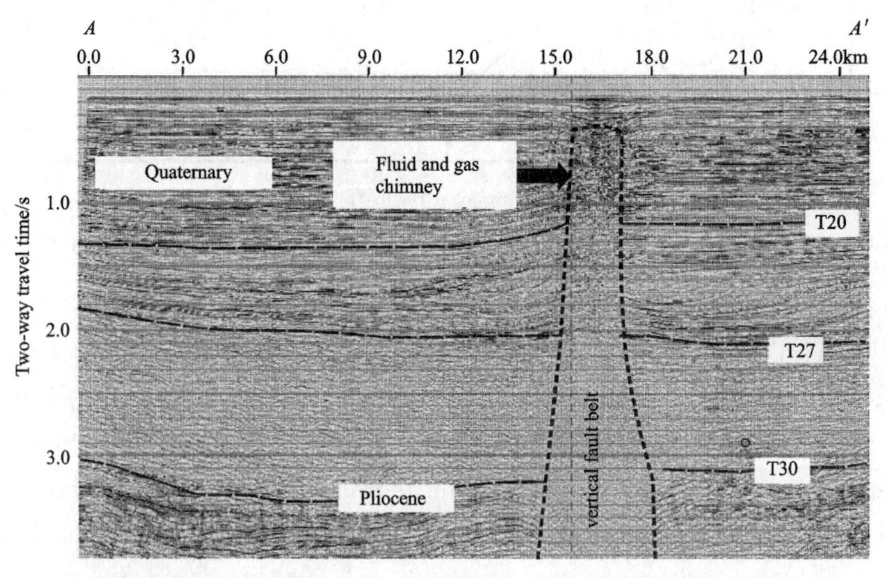

Fig. 3 The Seismic Section of $A-A'$ in the Yinggehai Basin, showing the plume-like structure due to the diapirism of mud and fluids

In the Yinggehai Basin, a series of unique central diapiric structures have developed because of mud and fluid diapirism[24]. There are more than 20 diapiric structures in the area ranging in size from 350km^2 to the as small as 10km^2. Diapiric structures are apparently distributed in a N—S trending zone (Fig. 1(b)). In plan, the diapiric structures form an en echelon pattern, and differ in shape, most being brachy-anticlines. In seismic sections, the core of diapiric structures show intermittently chaotic and blank seismic facies because of the occurrence of large amounts of fluids and gas (Fig. 3). Fluid has been inferred to expulse from geopressured compartments in deeper sediments along the dense vertical faults[18]. Most drill holes in diapiric structures reveal thermal anomalies in a present-day normally pressured system at different depths in different diapiric structures. However, only three drill holes have penetrated into the present abnormally overpressured system, e. g. wells DF111, LD1511 and LD811. Recent exploration has confirmed that the gas accumulations tend to occur in shallow late Pliocene and Quaternary reservoirs located above diapiric structures[17].

3 Evidence for Thermal Anomaly

3.1 Vitrinite Reflectance Rate

The organic matter in sediments of the Yinggehai Basin is type Ⅲ kerogen, according to the classification of Tissot et al. According to the data from the Nanhai West Oil Corporation, the TOC of Early and Middle Miocene dark mudstones is less than 1.0%[24]. More than fifty samples of vitrinite reflectance have been analyzed by determination of the reflectance of dispersed organic matter (DOM) .

A comparison of vitrinite reflectance data in the diapir zone with that in the Yingdong Slope zone shows quite different organic matter maturation (Fig. 4), although both areas have a similar subsidence history and thickness of sediments. Vitrinite reflectance (R_o) increases linearly with increasing burial depth on a semi-log plot in well LT1911 of the Yingdong Slope zone (Fig. 4(c)), giving a R_o-depth correlation of $H=2.10\times\ln(R_o)+3.52$, where H is depth in kilometers. An obvious thermal anomaly occurs in the diapir zone of the Yinggehai Basin. As shown in Fig. 4, R_o values in the shallow part closely match this correlation in wells DF111 and DF119, however, those in the deeper part depart from the correlating line.

There are two types of distinct R_o gradient profiles in diapiric structures. One is composed of three or more non-parallel segments. There is a sharp variation at a certain depth in the R_o profiles. Above that depth, a gradual increase in R_o is visible. Below that depth, the value of R_o increases abruptly. The boundary of this sharp variation is quite different in different wells. For instance, at depth of about 1420m, the R_o values in well DF111 increase abruptly from 0.34% to 0.51% (Fig. 4(a)); but in well DF112, from 0.35% to 0.48%, at depth of 1310m;

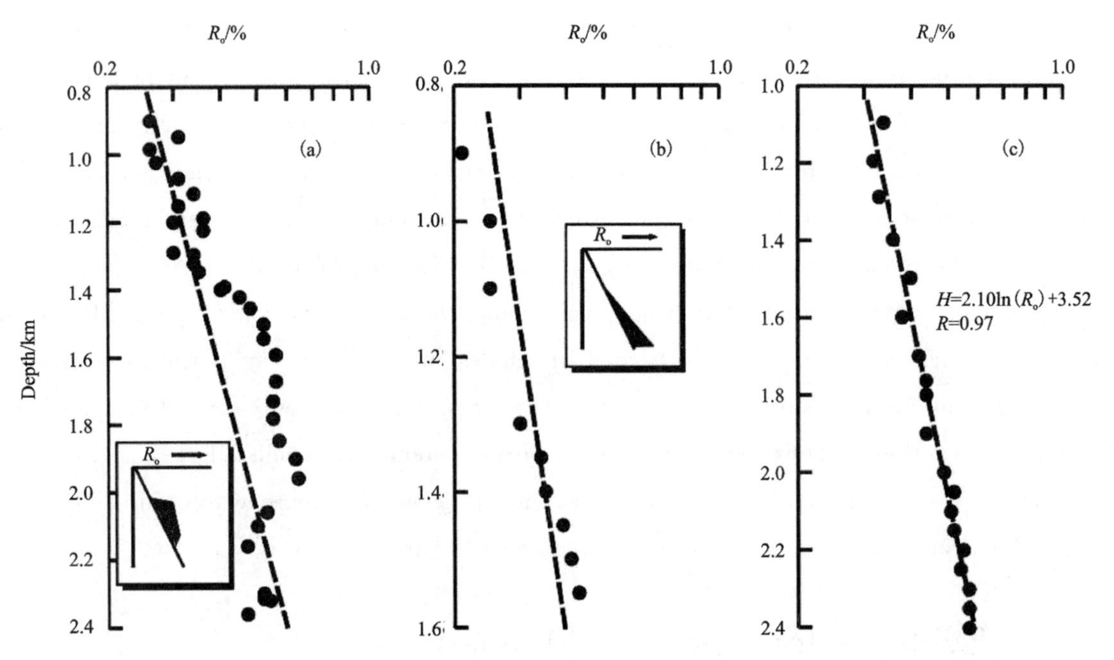

Fig. 4 Comparison of vitrinite reflectance rate in the diapir and the Yingdong Slope zones of the Yinggehai Basin, showing the clear thermal anomalies in the diapiric area. The grey line indicates the correlating line fitting the data from well LT1911, where coefficency of R is 0.97((a) well DF111;(b) well DF119;(c) well LT1911)

and in well LD1511 at diapiric structure of LD151, the depth is 1875m. In this pattern, R_o values are elevated over a section and then return to the background correlating line in R_o versus depth profile, such as DF111.

Another well DF119 shows two segments in the R_o profile. In the deeper segment the measured R_o values are higher than those measured from nearby wells with similar geothermal gradients. There is no sharp variation between the two segments, which indicate a gradual change through the deeper segment departs from the background gradient, e. g. well DF119 (Fig. 4(b)).

3.2 Clay Diagenesis

A analysis of 200 samples from the Yinggehai Basin shows that clays in the Yinggehai Basin are composed of kaolinite, illite, smectite, and chlorite. Generally, the kaolinite content is about 15%—55%, smectite 15%—40% and chlorite content about 10%—25%.

As smectite is altered to illite, it forms a mixed layer illite/smectite (I/S) with increasing burial[25]. Hydrothermal fluid flow with high temperature may also accelerate the transformation of smectite to illite. Fig. 5 shows the difference in smectite to illite transformation depth. In well LD3011, the mixed layer of I/S begins to appear at 2400m, but in well DF111, the initial transition from smectite to illite is at 1420m. Generally, the transition depth in non-diapiric areas and basin margins shows gradual change, but sharp variation is present in the diapiric area (Fig. 5). At a depth of 1420m in well DF111, for example, the amount of smectite in the I/S decreases abruptly from 60% to 30% (Fig. 5). Below this depth, the smectite content in I/S is constant or only shows a slight variation.

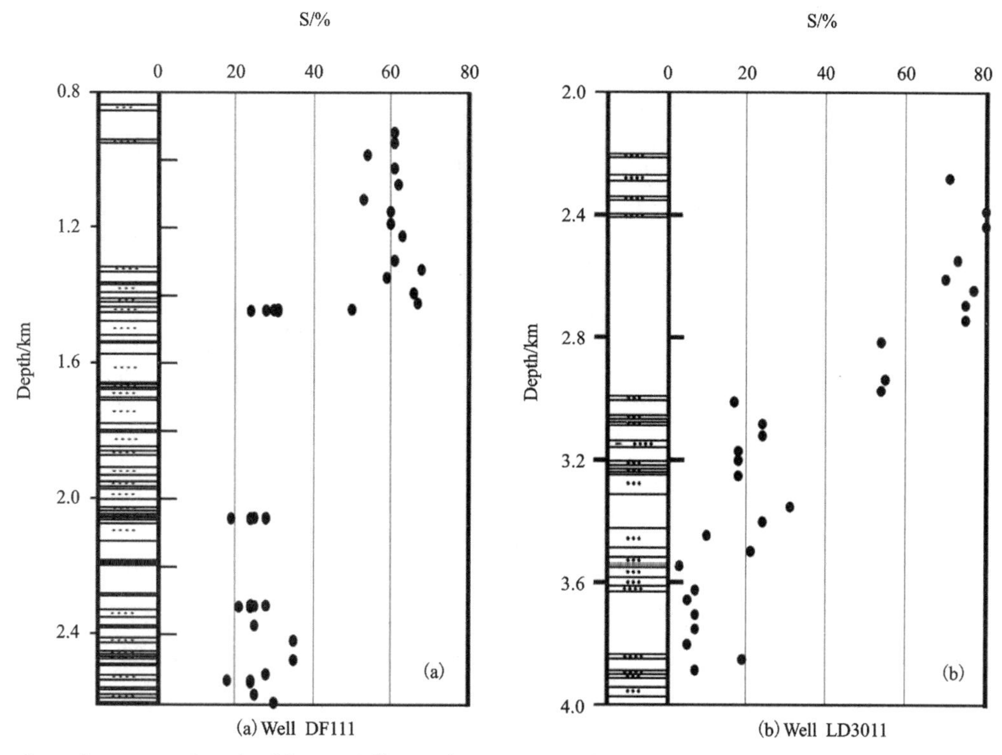

Fig. 5 Smectite content in mixed layer of illite and smectite, in diapiric and non-diapir areas, Yinggehai Basin

3.3 Fluid Inclusions

Fluid inclusions also provide signatures of palaeo-thermal fluid flow in the Yinggehai Basin. Many fluid inclusions were observed in quartz overgrowths and quartz fractures from siltstones or silty mudstones of the diapir zone. Fluid inclusion homogenization temperatures (T_h) are considerably higher than that measured from drill-stem test (DST) (see Table 1 and Fig. 6).

Table 1 Comparison of homogenization temperatures of fluid inclusion and present temperatures in diapiric structure of LD151, the Yinggehai Basin

well	Depth/m	Homogenization temperature/℃		Modern temperature/℃
		Along margin of grains	Quartz fractures	
LD1512	1 373.30	98—100	152—156	71.5
LD1512	1 376.00	101—102	152—158	71.5
LD1512	1 379.00	101—103	154—159	71.5
LD1512	1 390.80	102—105	158—162	—
LD1511	1 557.00	88—102	—	—
LD1511	1 848.50	115—118	148—154	94
LD1511	2 340.84	136	—	109.4

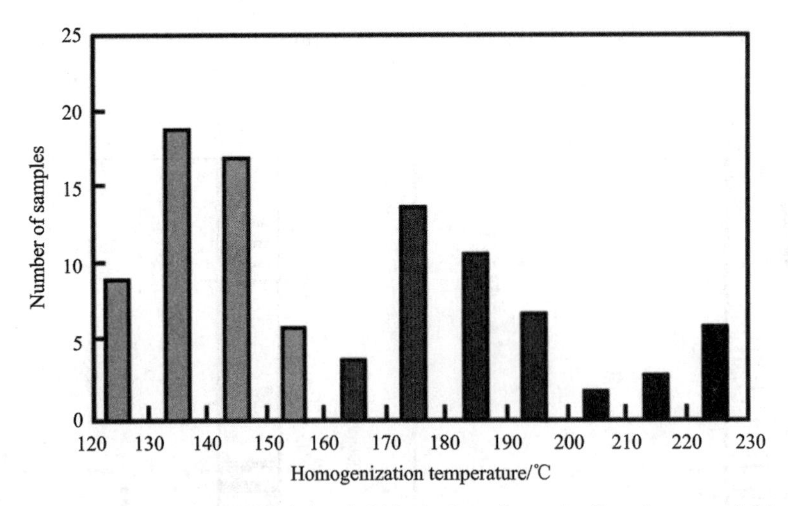

Fig. 6　Homogenization temperature (T_h) for fluid inclusions from the Dongfang gas field reservoirs[26]

In the DF11 structure, the highest fluid-inclusion homogenization temperature is coincident with the thermal anomaly recorded by the high R_o values and elevated smectite-illite transformation. Fig. 6 shows homogenization temperatures for fluid inclusions from the depth of 1200－1600m in DF11 structure. There are three sets of homogenization temperatures, 120－150 ℃, 160－190℃, 200－230 ℃ [26]. These T_h values are all higher than the DST temperature.

However, in the LD151 structure, the high T_h value does not agree with the paleo-temperatures shown by vitrinite reflectance and the I/S data. For example, in the shallow part characterized by a background R_o gradient, fluid inclusions in quartz overgrowths and fractures gave homogenization temperatures ranging between 88℃ and 162℃ (Table 1). These data can be classified into two sets, one covers 88－120℃ found in grain margins and quartz overgrowths. The second set covers 152－168 ℃ and is found in quartz fractures. These homogenization temperatures are higher than the DST temperature, which indicates that there are at least two hot fluid flow events in the LD151 structure. In addition, fluid-inclusion homogenization temperatures of 136℃ in overpressured strata remain higher than the DST temperature at a depth of 2 340. 84m in well LD1511. The evidence thus indicates multiple hydrothermal fluid flow in the LD151 structure though this may result in different thermal affects on the rocks, as discussed in section 4.

4　Integrated Interpretation on Thermal Anomaly

To provide a comprehensive understanding of the thermal effects from vertical fluid flow in the Yinggehai Basin, we focus on (1) the relationship between vitrinite reflectance and clay mineral evolution, (2) the influence of faults and lithology on vertical fluid flow, and (3) the relationship between thermal anomalies and overpressure compartments.

4.1 Relationship Between Vitrinite Reflectance and Clay Mineral Evolution

Since the pioneering work of Burst, the conversion of I/S into illite has been a major focus of diagenetic studies. Clay mineral evolution during burial diagenesis occurs along complex pathways governed by a series of interrelated physical and chemical factors, including clay mineralogy, porosity and permeability of the host rocks, chemical characteristics of the pore fluids, temperature, and time[25,27]. Several investigators have compared the evolution of organic matter with that of I/S[28,29]. The evolution of vitrinite reflectance and clay mineralogy in the Yinggehai Basin, however, has rather different characteristics.

(1) High organic maturity and smectite to illite transformation occurs in relatively shallow and young sediments. The transformation of clay minerals is primarily controlled by temperature and to a lesser extent by time, pressure, water/rock ratio, and the composition of the fluid and solid phases[30]. In Bekins's kinetic model, the larger the thermal gradient, the shallower the depth to the I/S transition. In the non-diapir zone of the Yinggehai Basin, the ordering of I/S begins to change at 2400m, similar to other wells in the Qiongdongnan Basin. In well DF112 of the diapir zone, however, the ordering of I/S changes abruptly from $R=0$ above 1310m to $R\geqslant 1$ below the depth. The thermal anomaly, together with the rapid I/S transition, occurs in the Late Pliocene Yinggehai Formation and Quaternary strata. It indicates that the duration of the thermal effect on sediments of vertical hot fluid flow is very short. Some investigators also believe that complete conversion of I/S can occur in sediments of young basins with high geothermal gradients[31].

(2) The variation of vitrinite reaectance (R_o) is coincident with the sharp change of transition rate from smectite to illite (Fig. 7). In most studies, disappearance of smectite and short-distance ordering of I/S occur at a vitrinite reflectance of 0.4%–0.7%[27]. In the Yinggehai Basin, transition of clay dewatering begins at about a vitrinite reflectance of 0.4%. Thermal anomalies occur in sand-rich internals near hydraulically opened vertical faults in agreement with the variation in rock types. Hence, the hot fluid mainly flows laterally through sand-rich strata with higher porosity and permeability. The rapid transition from smectite to illite in well DF113 only occurs in a sand-rich interval with high porosity and permeability (Fig. 5 in [32]).

4.2 Influence of Lithology and Faults on Vertical Feuid Flow

Hot fluids from deep strata below diapiric structures[16,17,24] flow into sand-rich intervals with high porosity and permeability through different scales of very dense vertical faults. High thermal anomalies depend on the following two factors in this study.

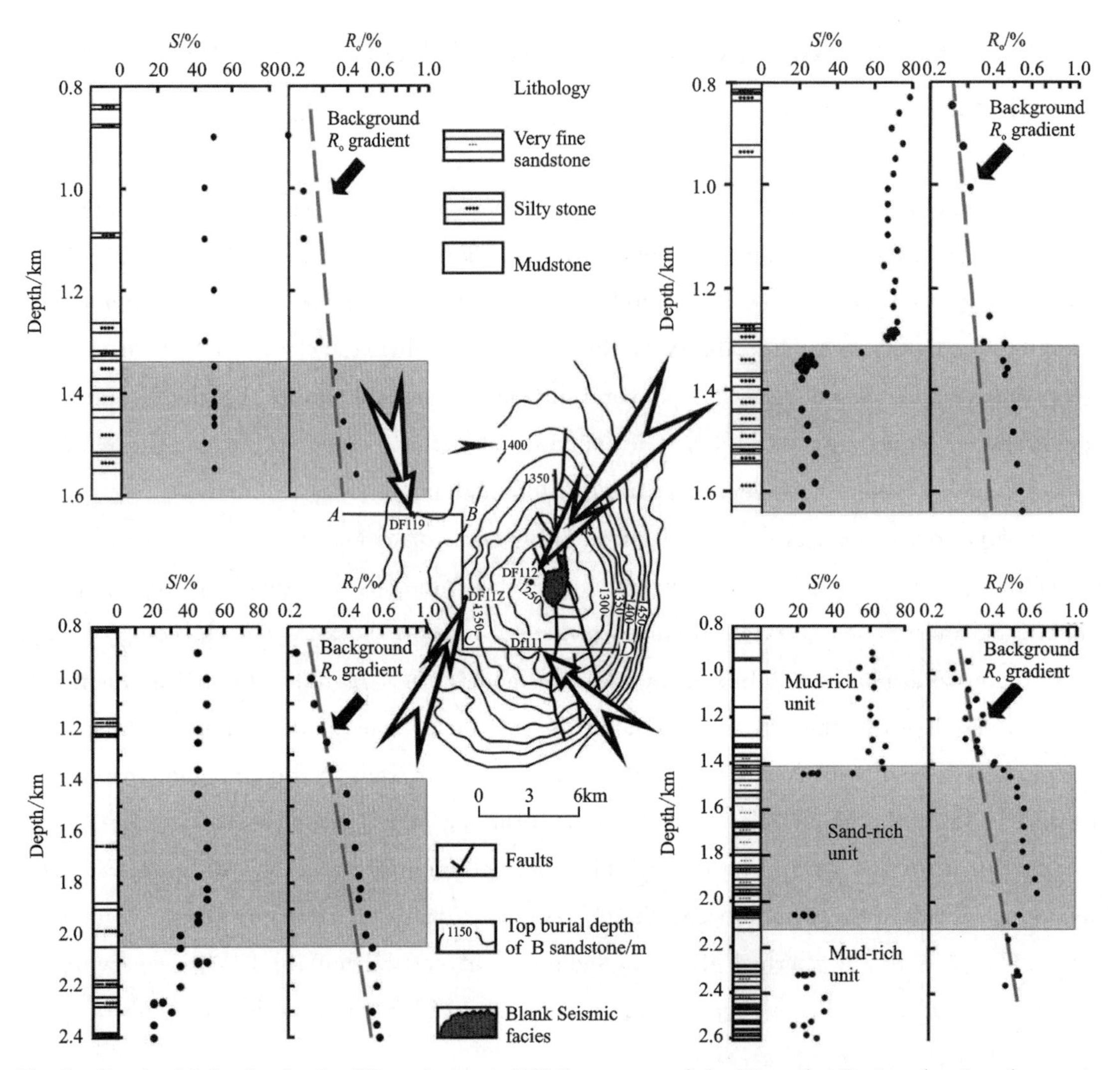

Fig. 7 Top burial depth of unit of B sandstone in DF11 structure of the Yinggehai Basin, showing the varying pattern of R_o gradient and smectite content in I/S adjacent to and away from the vertical faults. The grey zone indicates the thermal anomaly recognized from R_o and clay transition of I/S

(1) The controlling role of vertical faults: in the central part of the Yinggehai Basin, the main conduit for fluid and hydrocarbons consists of two scales of faults and fractures. One comprises hydrofractures, which occur in Lower Pliocene mud-rich sequences. These fractures accelerate fluid flow in source rocks[6,17,33]. The second consists of steeply dipping faults, which cut across seals, allowing fluids to be expelled from the over pressured compartments into normally pressured shallow reservoirs[17]. Fig. 7 shows that the sharp variation in R_o gradient and smectite content in I/S profiles occurs adjacent to vertical faults. However, on the flanks of diapiric structure away from the vertical faults, the R_o gradient shows two segments, where R_o values are higher than the background R_o values in the deeper segment, e. g. DF119. These observations suggest that hot fluids migrate into overlying sand-rich strata mainly through vertical faults, and then flow laterally into higher permeability units. Loss of thermal energy will result in a decrease in temperature anomalies gradually along carrier with

time. Those observations are similar to the modeling results of Roberts et al. [10]

(2) The controlling role of lithology: from a comparison of rock types, the thermal anomalies seem to occur mainly in the sand-rich intervals, e. g. wells DF111 and DF112 (Fig. 7). Therefore, hot fluid flow takes place mainly along the high permeable sand layers where the faults cut across sand layers. Some evidence in well LD2111 indicates that hot fluids from the deep Miocene deposits only flows along the permeable layer interconnected with vertical faults.

It is unfortunate that most of the wells terminate at shallow depth (<2500m) because the main reservoirs are above 2500m. Therefore, the variation of R_o at greater depths is not very clear except in well DF111 (Fig. 4). As shown in Fig. 8, the interval with the thermal anomaly shown by wells seems to be coincident with the area where intermittently wavy and blank seismic facies are developed in seismic section, which may indicate intense thermal fluid flow.

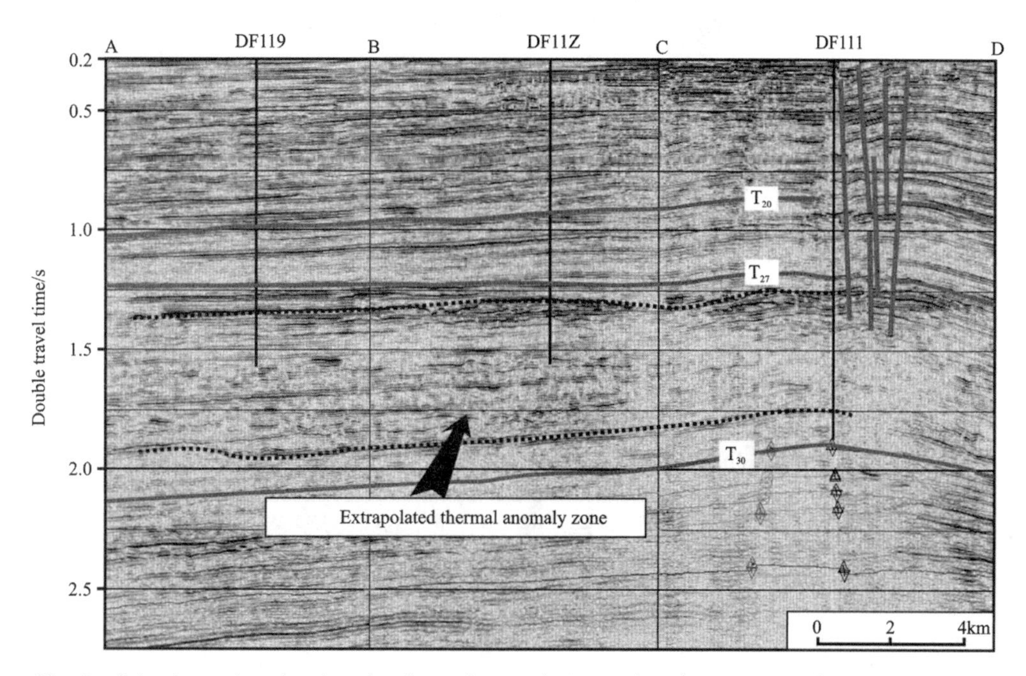

Fig. 8 Seismic section showing the thermal anomaly interval with intermittently wavy and blank reflecting seismic facies(the position of section see Fig. 7)

4.3 Relationship Between Thermal Anomalies and Overpressured Compartment

A comparison of measured R_o values, calculated formation pressures and DST temperatures for well LD1511 with those for well DF111 has demonstrated the relationship between thermal anomalies and overpressure compartments (Fig. 9). An obvious thermal anomaly occurs mainly in the present normally pressured system in well DF111 in the diapir structures. However, in well LD1511, the abnormal R_o gradient occurs in overpressured strata. The boundary between normally pressured and overpressured systems in these wells does not coincide with the sharp variation of R_o and transition of I/S.

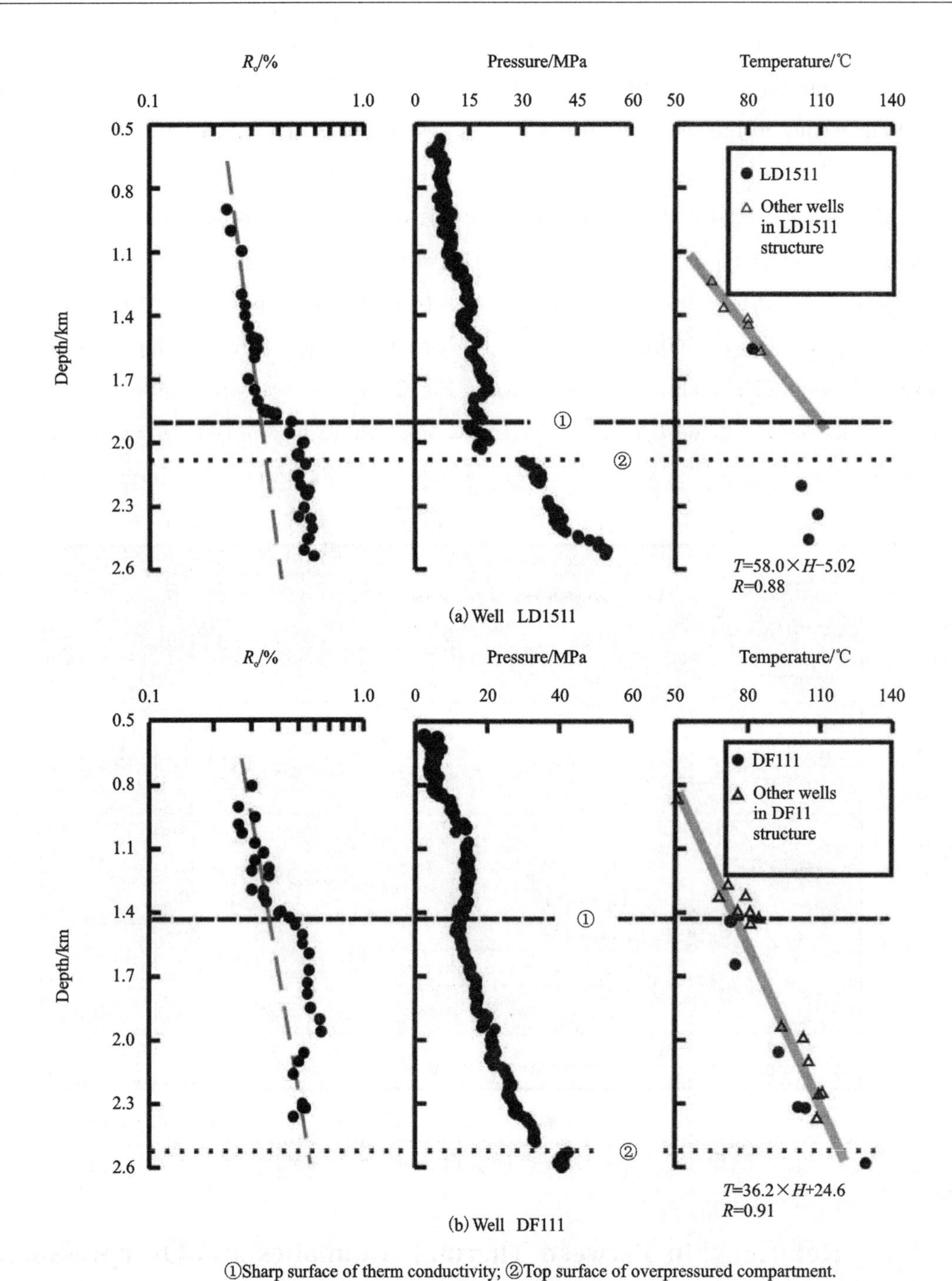

①Sharp surface of therm conductivity; ②Top surface of overpressured compartment.

Fig. 9 The relationship between overpressured system and thermal anomalies shown by vitrinite reflectance (R_o); The pressure is calculated by the Magara's method[38] based on data of sonic logging curve

In well DF111, strong high hydrothermal effects can be observed from increased R_o values, enhanced clay mineral transformation, and high fluid-inclusion homogenization temperatures. Those thermal anomalies occur in the hydro-static pressure system. Formation pressures calculated from the sonic log agrees with that from the DST. The DST temperature in DF11 structure gives a temperature-depth correlation of $T=36.2\times H+24.6$, where H is the depth in kilometers (Fig. 9(b)). This correlation gives a sea-bottom temperature of about

20℃, which is close to the conductive background thermal gradient of the Yinggehai Basin[34] and the real sea-floor temperature in the South China Sea. The evidence of thermal anomalies in the sand-rich unit is believed to be the result of intense convective heat transfer and could be taken as paleo-fluid flow thermal signatures. Law, Nuccio, and Barker[35] recognized kinked R_o gradients in several basins of the Rocky Mountain region of the United States and Canada and concluded that the thermal effects on vitrinite could be used to identify paleo high pressure zones that existed in the past. Therefore, intense thermal anomalies at certain intervals with a normally pressured system and normal conductive temperatures at present in DF111 can be inferred to be a palaeo overpressured compartment.

In well LD1511, the DST temperature in a normally pressured system, however, yields a temperature-depth correlation of $T = 58.0 \times H - 5.02$, which gives an unreasonably high geothermal gradient and an unreasonably low sea-floor temperature, and low thermal gradient shows in overpressured strata (Fig. 9(a)). Clearly, the high DST temperatures do not match with the palaeothermal gradient shown by R_o values above 1875m in well LD1511, which indicate a perturbation in temperature for deeper fluid flow. According to the interpretation of the seismic section, sediments above 1875m consist of mudstones with thin sand layers interconnected with vertical faults. Fluid inclusions with high T_h occur in two sand layers, allowing the inference that hot fluid from the deeper section flowed vertically through faults into thin sand layers. Evidence of transient high thermal gradient mentioned earlier indicates that heat is related to the convection of the fluid flowing along thin sand layers, and the conduction of heat from nearby overpressured cells with high temperatures. The fluid-inclusion homogenization temperature at 2 340.85m (overpressured strata) in well LD1511 is higher than the DST temperature (Table 1). The abnormally high R_o gradient in well LD1511 could also be taken as the record of a paleo-overpressured compartment. Abnormal high temperatures at present may indicate recent hydrothermal fluid expulsion. The plume-like structures with the low-middle seismic amplitudes and intermittently chaotic and blank reflecting seismic facies may indicate thermal fluid flow.

5 Discussion

Thermal anomalies in sedimentary basins have been discussed in many papers[8]. Typical thermal effects have been identified along extensional faults and aquifers[36,37]. Several observations suggest that fluid from overpressured source sediments is episodically expulsed into the overlying section[1,2,4,7]. In this case, signifcant thermal anomalies are interpreted as the result of heat transfer of fluid convection due to hydrothermal fluid flow from deeper overpressured strata into sand-rich units. The hot fluid flow from overpressured strata is dependent on the episodic opening and closure of vertical faults. As vertical faults open, a large amount of fluid will flow due to the effectiveness of these conduits. As a result, the forced convection of fluid enhances and causes a distortion in the temperature due to convective heat transfer within the shallow highly permeable sand-rich interval.

Temperature anomalies resulting from episodic fluid expulsion from geopressured sediments occur in the over-lying section, but the perturbation in temperature rapidly decays with time. Using mathematical methods, Roberts et al.[10] concluded that temperature and pressure anomalies formed as abnormally pressured fluid is expulsed along a fracture network, and that the perturbation in high temperature is confined to those sediments immediately adjacent to the fault zone. These anomalies would decay with time. Law et al.[35] recognized the kinked reflectance gradient in some overpressured basins of the Rocky Mountain region. Jessop et al.[37] also found that a strong heat flow occurred in a geopressured zone on the Nova Scotia Shelf. A geopressured zone may have a high temperature anomaly and strongly enhanced heat flow. At 2580m in well DF111, for example, the DST temperature is 129℃ but the conductive temperature calculated by $T = 36.3 \times H + 24.6$ is only 118℃. The high temperature anomaly may relate to a reduction in effective conductivity in the over-saturated strata[37]. Temperature and associated time are important factors affecting organic matter maturation[39] and clay mineral diagenesis[30]. As further evidence for fluid inclusion homogenization temperatures, R_o values do not change in the normally pressured system above 1500m in well LD1511, although some fluid inclusions with high T_h occur, as shown in Table 1. It is supposed that the organic matter maturation anomaly may be inferred to result from multiple fluid expulsions. The presence of overpressured compartment will result from organic-matter maturation and rapid transformation of clay minerals because of the maintained high temperatures.

The abrupt variation in thermal effects indicates differentthermal regimes. Based on these observations, it is concluded that variation of lithology is a major factor in thermal convection and conduction. In the Yinggehai Basin, rapid sedimentation of fine-grained siliciclastics since the Early Miocene may be the main cause of the formation of sealed compartments. Mud-rich units have provided successive barriers to upward fluid flow. Higher heat transfers from convection of fluid in sand-rich hydro-thermal fluid carriers while lower heat is transferred conductively in mud-rich units. The boundary in the sharp R_o variation and I/S transformation is in good agreement with lithological variation. As shown in Fig. 9, the top surface of presently overpressured strata in well DF111 lies at 2550m, and temperatures in the paleo-overpressured zone also decrease to the conductive background temperature. However, in well LD1511, the top surface of the presently overpressured strata is very close to the boundary between thermal convection and conduction, which could be inferred as the top surface of a paleo-overpressured system and the temperature in well LD1511 is also higher than that in well DF111. Those observations suggest that the paleo-overpressured system in well DF111 is due to fluid seepage, and that the decrease in fluid pressure in well LD1511 is due to seepage. It is proposed that, during basin evolution, fluid flow through fractures associated with tectonic stresses, resulted from forced convective heat transfer of fluids and increases in internal pore pressure in the sand—rich intervals in diapiric structures. Increases in temperature do appear to be associated with fluid convection as noted by Roberts et al.[4] The overlying mud-rich unit may have acted as a new seal for the overpressured section. Microfracture and seepage in the overlying seal may occur with continued basin subsidence and increasing pore pressure in sand-rich intervals. The loss of fluid, involving either gas or water, resulted in decreases in pore pressure, and also in the decay with time of the perturbation temperature to close to the normal thermal gradient controlled by conductive effects.

The localization of thermal anomalies in the Yinggehai Basin indicates that expulsion does not drive fluid flow on a basin-wide scale. However, thermal energy is redistributed only in the diapiric zone, especially in the core of diapiric structures. The expulsive process may play an important part in the secondary migration of petroleum-bearing fluids in and adjacent to the geopressured compartments and faults cutting the strata between overpressured compartments to normally pressured sediments.

Following the comprehensive analysis above, the model summarized in Fig. 10 illustrates the different patterns of thermal effects in transient hydrothermal fluid flow. For example, in the area adjacent to dense vertical parallel faults, there are breaks in R_o variation at the boundary of sand and mud and the transformation rate of smectite-illite: and the gradual pattern in R_o profile away from the faults. Although there is different evolutionary history in different diapiric structures, thermal anomalies in sand-rich units may allow paleo-thermal fluid effects to be recognized.

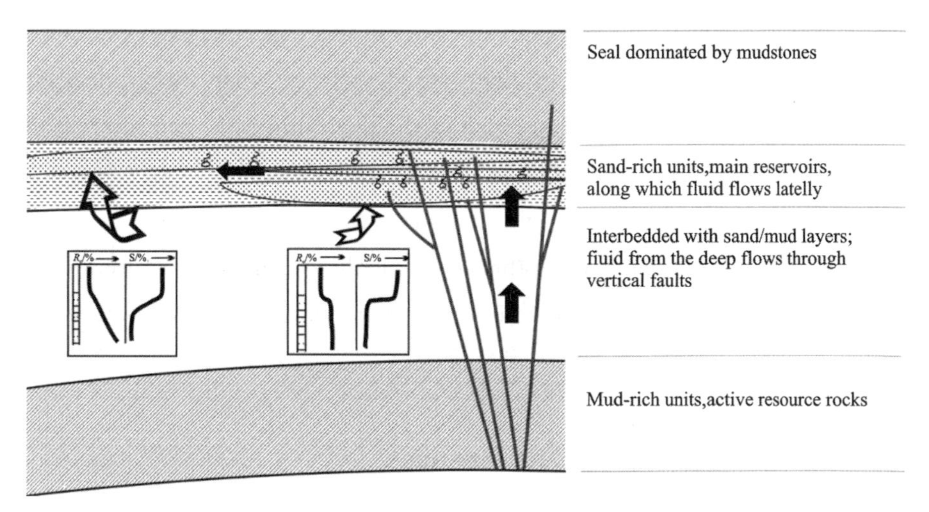

Fig. 10　Schematic model of different patterns of thermal affects due to thermal fluid flow from overpressured compartments

6　Conclusion

(1) In the central Yinggehai Basin, hydrothermal fluid, expelled from the deeper

overpressured sediments into shallower sand-rich intervals connected with the dense vertical faults in the diapiric structures, elevated R_o values and accelerated clay mineral transformation. In addition, fluid inclusion studies also show evidence of multiple, hot fluid expulsion.

(2) Two zones of distinct thermal processes can be differentiated, i. e. thermal convection and conduction, with sharp changes in the vitrinite reflectance (R_o) and smectite/illite ratio at the boundary. In the convective zone, closely associated with highly permeable sandstone and faults, R_o values abruptly increase with a low R_o gradient or multiple step R_o gradient, to become signifcantly higher than in the conductive zone.

(3) Thermal effects on the sediments are related to host rocks and distance away from the vertical faults connected with overpressured system. In the sand-rich strata adjacent to vertical faults, vitrinite reflectance and I/S transformation show the same sharp variation pattern. A low R_o gradient in the whole sand-rich interval indicates that fluid flowing from the deeper sediments is trapped at the same temperature because of the good transmissibility of vertical faults. But on the flanks of diapiric structures, away from the vertical faults, the R_o profile shows gradual variation. These observations indicate that hot fluid permeates through vertical faults into overlying sand-rich strata and then flows laterally through the highly permeable sand layers.

(4) Consideration of the evolution of temperatures and pressures, presence of thermal anomalies in the present-day normally pressured system indicate that organic matter and clay minerals were affected by high thermal convection of fluid. By comparison of the thermal processes between wells DF111 and LD1511, the boundary surface between thermal convection and conduction is inferred to be a paleo-overpressured surface. when the vertical faults open, large amounts of fluid permeate and are trapped in the overlying sand-rich interval beneath the seal-mud-rich interval, and thermal anomalies form at the same time. With the seepage of fluid in shallow young strata, however, fluid overpressure would decrease and temperature anomalies begin to decay. Therefore, the thermal anomalies in most wells occur in the present normally pressured system in diapiric structures of the Yinggehai Basin, South China Sea.

References

[1]CATHLES L M, SMITH A T. Thermal constraints on the formation of Mississippi Valley-type lead-zinc deposits and their implications for episodic basin dewatering and deposit genesis[J]. Economic Geology, 1983, 78: 983-1002.

[2]HUNT J M. Generation and migration of petroleum from abnormally pressured fluid compartments[J]. AAPG Bulletin, 1990, 74: 1-12.

[3]ANDERSON R N. Recovering dynamic Gulf of Mexico reserves and the US energy

future[J]. Oil Gas Journal, 1993(Ⅱ):85-91.

[4]ROBERTS S J, NUNN J A. Episodic fluid expulsion from geopressured sediments [J]. Marine and Petroleum Geology, 1995,12:195-204.

[5]LIN G C, NUNN J A. Evidence for recent migration of geopressured fluids along faults in Eugene Island, Block 330, offshore Louisiana, from estimates of pore water salinity [C]. Gulf Coast Association of Geological Societies Transactions, 1997(XLⅦ): 419-424.

[6]WANG C Y, XIE X N. Hydrofracturing and episodic fluid flow in shale-rich basins: a numerical study[J]. AAPG Bulletin, 1998,82 (10):1857-1869.

[7]XIE X N, WANG C, LI S T. Hydrofracturing and episodic compaction in low permeable muddy rocks of sedimentary basin [J]. Chinese Science Bulletin, 1998, 42 (9):666-670.

[8]SMITH L, CHAPMAN D S. On the thermal effects of groundwater flow, 1—regional scale systems[J]. Journal of Geophysical Research, 1983, 88 (B1): 539-608.

[9]DEMING D, SASS J H, LACHENBRUCH A H, et al. Heat flow and subsurface temperature as evidence for basin-scale ground water flow, North slope of Alaska [J]. Geological society of America Bulletin, 1992,104 (5):528-542.

[10]ROBERTS S J, NUNN J A. Expulsion of abnormally pressured fluids along faults [J]. Journal of Geophysical Research, 1996,101 (B12): 28 231-28 252.

[11]RU K, PIGOTT J D. Episodic rifting and subsidence in the South China Sea[J]. AAPG Bulletin, 1986, 70 (9): 1136-1155.

[12]ZHANG Q M, HU Z L. High temperature and pressure environments and migrating regime of hydrocarbon in Yinggehai-Qiongdongnan Basin[J]. China Offshore Oil and Gas (Geology), 1992, 6 (1): 1-9. (in Chinese)

[13]CHEN P H, CHEN Z Y, ZHANG Q M. Sequence stratigraphy and continental margin development of the northwestern shelf of the South China Sea[J]. AAPG Bulletin, 1993,77:842-862.

[14]HAO F, SUN Y C, LI S T, et al. Overpressure retar dation of organic-matter maturation and hydrocarbon generation: a case study form the Yinggehai and Qiongdongnan basins, offshore South China Sea[J]. AAPG Bulletin, 1995,79 (4):551-562.

[15]WANG C Y, WANG M J, SUN P T, et al. Trans-basinal fluids migration between fault-bound basins on the south China margin[M]// LIU B, LI S. Proceedings of the 30th International Geological Congress . New York: Springer, 1997:1-16.

[16]LI S T, LIN C S, ZHANG O M. Dynamic process of episodic rifting in continental marginal basin and tectonic events since 10Ma in South China Sea [J]. Chinese Science Bulletin, 1998,43 (8):797-810.

[17]XIE X N, LI S T, DONG W L, et al. Overpressure development and hydrofracturing in the Yinggehai Basin, South China Sea[J]. Journal of Petroleum Geology, 1999, 22 (4): 437-454.

[18]XIE X N, LI S T, HU X Y, et al. Conduit system and forming mechnism of heat fluid flow in Diapiric Area of Yinggehai Basin[J]. Science in China(Series D), 1999, 42 (6): 461-471.

[19]LI S T, MO X X, YANG S G. Evolution of Circum-Pacific basins and volcanic belts in east China and their geodynamic background[J]. Journal of China University Geosciences, 1995, 6:48-58.

[20]LIU F N. Identity potential sites of gas accumulation in overpressure formation in Qiongdongnan Basin of South China Sea[J]. AAPG Bulletin, 1993, 77 (5): 888-895.

[21]WANG Z F, HU D S. Prospecting for giant gas fields in the central mud diapir structure belt in Yinggehai Basin[J]. Natural Gas Industry, 1999, 19 (1):28-30. (in Chinese)

[22]HUANG B J, ZHANG Q X, ZHANG Q M. Investigation of oil and seepages and their origin in Yinggehai Sea[M]// ZHANG Q M. A Collection on Petroleum Geology of Yinggehai Basin, South China. Beijing: Seismic Press,1993:21-56. (in Chinese)

[23]HUNT J M. Petroleum geology and geochemistry[M]. 2nd ed. New York: W. H. Free man and Company, 1996.

[24]GONG Z S, LI S T. Continental margin basin analysis and hydrocarbon accumulation of the Northern South China Sea[M]. Beijing: Science Press,1997. (in Chinese)

[25]BRUCE C H. Smectite dehydration: its relation to structural development and hydrocarbon accumulation in northern Gulf of Mexico Basin[J]. Bulletin, 1984, 68 (6): 673-683.

[26]HAO F, LI S T, GONG Z S, et al. Thermal regime, interreservoir compositional heterogeneities, and reservoir-filling history of the Dongfang gas field, Yinggehai Basin, South China Sea: evidence for episodic fluid injections in overpressured basins[J]. AAPG Bulletin, 2000,84 (5):607-626.

[27]CLAUER N, RINCKENBACH T, WEBER F, et al. Diagenetic evolution of clay minerals in oil-bear-ing Neogene sandstones and associated shales, Mahakam Delta Basin, Kalimantan, Indonesia[J]. AAPG Bulletin,1999,83 (1):62-87.

[28]PEARSON M J,WATKINS D, SMALL J S. Clay diagenesis and organic maturation in Northern North Sea sediments [C]// OLPHEN H V, VENIALE F. Proceedings international clay conference Pzvia and Bologna. Amsterdam:Elsevier,1981:665-675.

[29]CHANG H K, MACKENZIE F T, SCHOONMAKER J. Comparisions between the diagenesis of dioctahedral and trioctahedral smectite, Brazilian offshore basins[J]. Clays and Clay minerals, 1986,34:407-423.

[30]BEKINS B, MCCAFFREY A M, DREISS S J. Influence of kinetics on the smectite to illite transition in the Barbados accretionary prism[J]. Journal of Geophysical Research, 1994, 99 (B9):18 147-18 158.

[31]JENNINGS S, THOMPSON G R. Diagenesis of Plio-Pleistocene sediments of the Colorado River delta, southern California[J]. Journal of Sedimentary Petrology, 1986,51:

89-98.

[32]XIE X N, LI S T, DOMG W L, et al. Trace marker of hot flow and their geological implication—a case study of Yinggehai Basin[J]. Earth Science: Journal of China University of Geosciences, 1999, 24 (2): 183-188. (in Chinese)

[33]CARTWRIGHT J A. Episodic basin-wide fluid expulsion from geo-pressured shale sequences in the North Sea Basin[J]. Geology, 1994,22:447-450.

[34]HAO F, LI S T, DONG W L, et al. Abnormal organic-matter maturation in the Yinggehai Basin, South China Sea: implications for hydrocarbon expulsion and fluid migration from over pressured systems[J]. Journal of Petroleum Geology, 1998, 21 (4): 427-444.

[35]LAW B E, NUCCIO V F, BARKER C E. Kinky vitrinite reflectance well profiles: evidence of paleopore pressure in low-permeability, gas-bearing sequences in Rocky Mountain foreland basins[J]. AAPG Bulletin, 1989, 73 (8): 999-1010.

[36]PERSON M, GARVEN G. Hydrologic constraints on petroleum generation within continental rift basins: theory and application to the Rhine Garben[J]. AAPG Bulletin, 1992, 76: 468-488.

[37]JESSOP A M, MAJOROWICZ J A. Fluids flow and heat transfer in sedimentary basins[M]// PARNELL J. Geofluids: origin, migration and evolution of fluids in sedimentary basins[S. l.]: Geological Society Special Publication, 1994: 43-54.

[38]MAGARA K. Compaction and fluid migration: practical petroleum geology[M]. Amsterdam: Elsevier, 1978.

[39]TISSOT B P, WELTE D H. Petroleum formation and occurrence[M]. 2nd ed. Berlin: Springer, 1984.

Geology, Compositional Heterogeneities, and Geochemical Origin of theYacheng Gas Field, Qiongdongnan Basin, South China Sea*

Abstract The Yacheng gas field is located in the footwall of the No. 1 fault, the boundary fault between the Yinggehai and Qiongdongnan basins. The main reservoir is the fan-delta sandstones in the Lingshui Formation. The seals are Meishan Formation shales near the No. 1 fault and Lingshui Formation shales away from the No. 1 fault. All strata are normally pressured in the gas field except for the Meishan Formation. The Meishan Formation is overpressured near the No. 1 fault in the gas field and in the adjacent Yinggehai Basin. Away from this fault into the Qiongdongnan Basin, the overpressure diminishes. An obvious thermal anomaly occurs below 3600 m in the gas field. This anomaly, characterized by an abrupt increase in drill-stem test and fluid-inclusion homogenization temperatures, vitrinite reflectance (R_o), and Rock-Eval T_{max}, and by an abnormally low temperature/R_o/T_{max} gradient, diminishes away from the Yinggehai Basin. The gases and condensates have abnormally high aromatic hydrocarbon contents and show obvious heterogeneities. Away from the No. 1 fault, the C_{2+} hydrocarbon content and $C_{2+}/\sum C_n$ increase; carbon dioxide content decreases; $\delta^{13}C$ values for methane, ethane, and carbon dioxide become lighter; the heptane and isoheptane values decrease; and the relative contents of aromatic hydrocarbons, both in C_6/C_7 light hydrocarbons and in the condensates, decrease. Such heterogeneities reflect the reservoir-filling process and origin of the gas field. The gas field was charged from both the Qiongdongnan and the Yinggehai basins. Hydrocarbons sourced from the Qiongdongnan Basin have relatively low maturities, whereas hydrocarbons from the Yinggehai Basin have relatively higher maturities and seem to have been in association with hydrothermal fluids. The hydrothermal fluids from the Yinggehai Basin, in which methane, ethane, carbon dioxide, and especially aromatic hydrocarbons dissolved under the high-temperature and high-pressure subsurface conditions, migrated along the No. 1 fault and caused the abnormally high concentration of aromatic hydrocarbons, as well as the thermal anomalies in the gas field, especially near the No. 1 fault.

1 Introduction

The Yacheng gas field is the largest gas field found offshore South China Sea. Since its discovery in the 1980s, the origin of the gas field has been a topic of discussion[1,2]. Most researchers have focused their discussions on the "characteristic" biomarkers, "T" and "W" bicadinanes in the condensates, and have tried to relate these biomarkers to specific rock intervals[1-3]. The generic relationship between the gases and potential source rocks, however, remains controversial. Some researchers believe that the marine shales in the Meishan Formation in the Yinggehai Basin are the

* Published on The American Association of Petroleum Geologists Bulletin, 1998, 82(7), Authors: Hao Fang, Li Sitian, Sun Yongchuan, Hu Zhongliang and Zhang Qiming.

major source rocks[2,4]. Other researchers believe that the Yacheng gas field was sourced mainly from the coal-bearing Yacheng Formation in the Qiongdongnan Basin[1,3].

The Yinggehai and Qiongdongnan basins are important Tertiary basins developed in the north continental shelf of the South China Sea (Fig. 1). Recent exploration in the two basins has shown significant gas potential. Detailed investigation of the geological and geochemical characteristics and origin of the gas fields would help to better define petroleum systems, accelerate oil and gas exploration, and reduce the risk associated with finding petroleum accumulations. The purpose of this paper is to examine the compositional heterogeneities of the gases and associated condensates in the Yacheng gas field, determine the origin of the gas field, and demonstrate the influence of hydrothermal fluids on pressure and temperature regimes, petroleum generation and migration, and the composition of trapped petroleum.

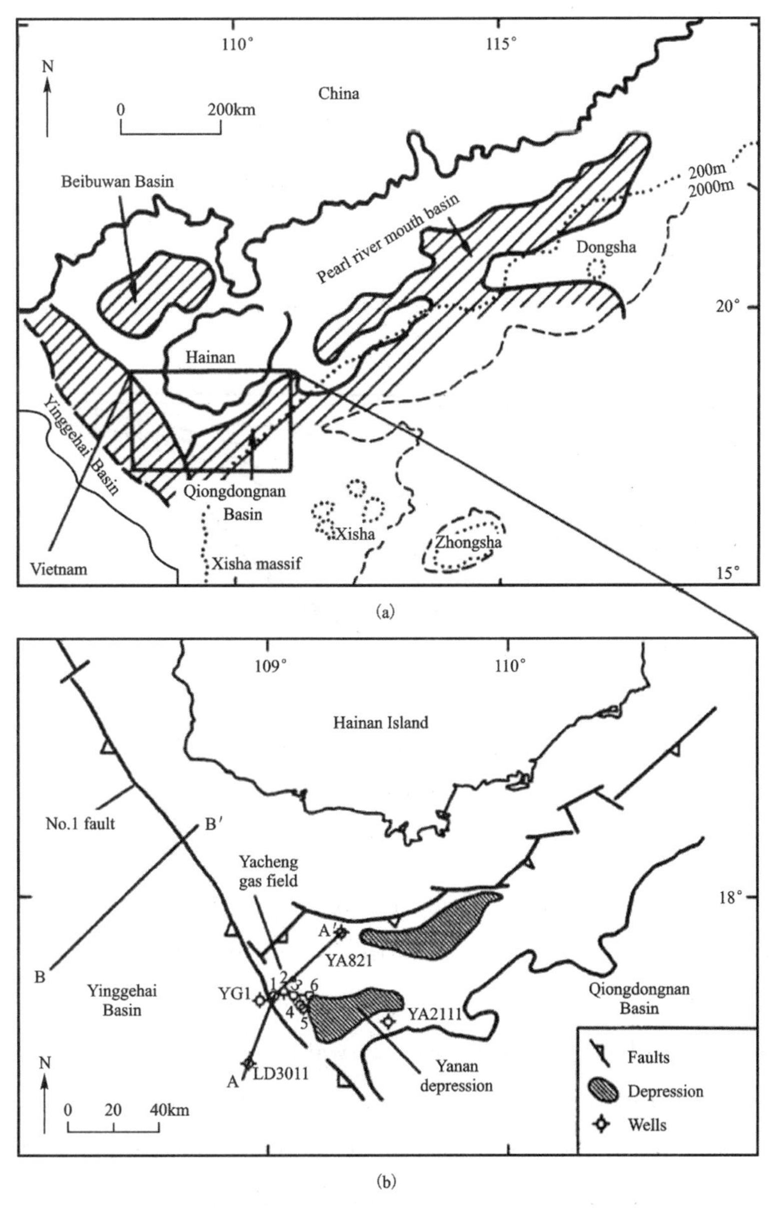

Fig. 1 (a) Bathymetric map showing the study area and the four major offshore basins in the South China Sea and (b) location map showing wells from which samples were taken

2 Geological Setting

The study area lies in the area south of Hainan Island and covers the southern Yinggehai Basin and the western Qiongdongnan Basin. The Yinggehai and Qiongdongnan basins are two of the four major Tertiary basins developed in the northern continental shelf of the South China Sea (Fig. 1). These two basins, which are separated by a major basin boundary fault (the No. 1 fault), show significant differences in structural development. The Qiongdongnan Basin trends east-northeast and displays a characteristic passive-margin basin development from rifting to regional subsidence. The Qiongdongnan is filled with Eocene and Oligocene rift sediments and Miocene-Quaternary postrift sediments (Fig. 2(a)). The formation and evolution of the Qiongdongnan Basin are believed to be closely related to the opening of the South China Sea[6].

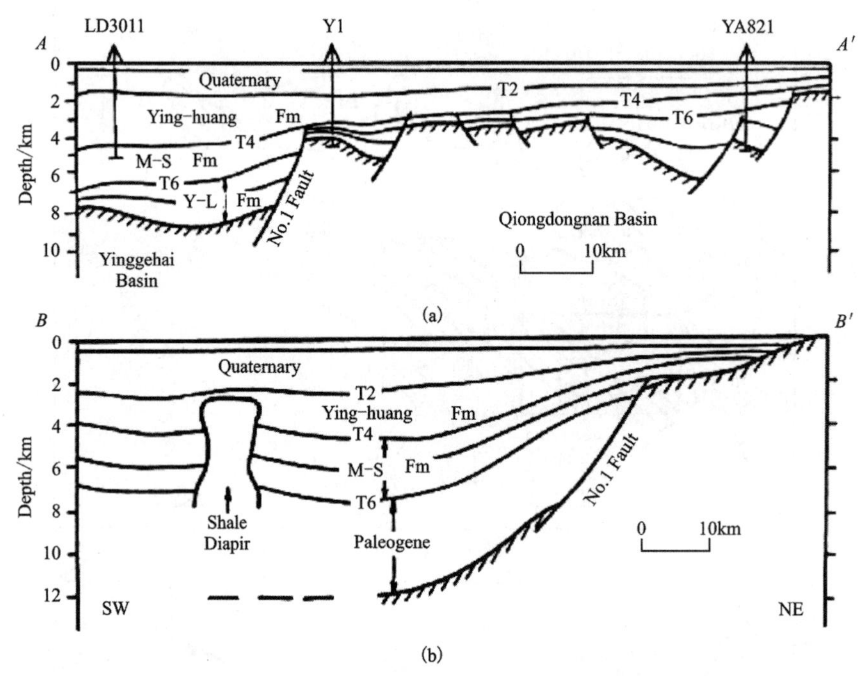

Y—L= Yacheng and Lingshui formations; M—S= Meishan and Sanya formations[5].

Fig. 2 Cross sections showing the structural differences between (a) the Qiongdongnan Basin and (b) the Yinggehai Basin

In contrast, the Yinggehai Basin trends northwest. Its northeastern basin boundary fault (No. 1 fault, Fig. 1) extends 250km to the northwest and appears to connect to the Red River fault system[7]. The Red River fault system is a suture zone along which huge lateral movements occurred as Indochina extruded eastward from Eurasia[8]. The role of lateral movements along the Red River fault system in the formation and development of the Yinggehai Basin is shown by the transpressional structures[7]. Geophysical data indicate that in the Yinggehai Basin the depth to Moho is as shallow as 22km, and the depth to the top of the paleoasthenosphere was estimated to be 65 — 70km, indicating that extensive lithosphere extension occurred. Based on these data, Zhang[7] interpreted the Yinggehai Basin to be a transform-extensional basin whose formation and development were controlled by lithosphere extension and strike-slip movement along the Red River suture zone.

The Yinggehai and Qiongdongnan basins are filled with Tertiary sediments up to 17km thick. A complete stratigraphic column has not been revealed by drilling. Fig. 3 shows generalized Cenozoic stratigraphy for the study area. The thick Cenozoic sediments are the products of five major depositional cycles as revealed by interpretation of offshore drilling results and seismic stratigraphic analysis. Each of these cycles is characterized by an overall succession of regressive, transgressive, regressive sedimentary facies and is separated by regional unconformities.

Age/ Ma	Formation & Age	Lithology	Seismic horizon	Maximum thickness/m	Depositional environment	Major sedimentary cycle
2	Quaternaty & L.Pliocene		T2	2750	Littoral	
11	Ying-huang L.Miocene		T4	2650	Littoral to Bathyal	V
16	Meishan M.Miocene		T5-1	1500	Littoral to Nermc	Ⅳ
24	Sanya E.Miocene		T6	1200	Littoral to Nermc	
30	Lingshui L.Oligocene		T7	3500	Coastal to Restricted Marine	Ⅲ
33	Yacheng E.Oligocene		T8	2500	Littoral to Restricted Marine	Ⅱ
65	Eocene & Paleocene		T10	2000	Lacustrine	I
	Basement					

Fig. 3 Generalized stratigraphy of the study area

Potential source rocks in the Yinggehai and Qiongdongnan basins include the Yacheng, Meishan, and Ying-huang formations[1,2,9]. The Yacheng Formation is a coal-bearing unit deposited during the rift stage of the basin evolution. The Meishan and Ying-huang formations are shale-dominated units deposited in marine environments during the regional subsidence. All strata in the basins are dominated by higher plant-derived type Ⅲ organic matter, as indicated by elemental analysis, Rock-Eval pyrolysis, and microscopic kerogen study (for details see

[8-9]); therefore, these rocks are gas prone rather than oil prone.

The Yacheng gas field is located in the footwall of the No. 1 fault (Fig. 2(a), Fig. 4). The main producing interval is the fan-delta sandstones in the third member of the Lingshui Formation (E_3l^3). The seal of the gas field is shales in the Meishan Formation and shales in the second member of theLingshui Formation (E_3l^2).

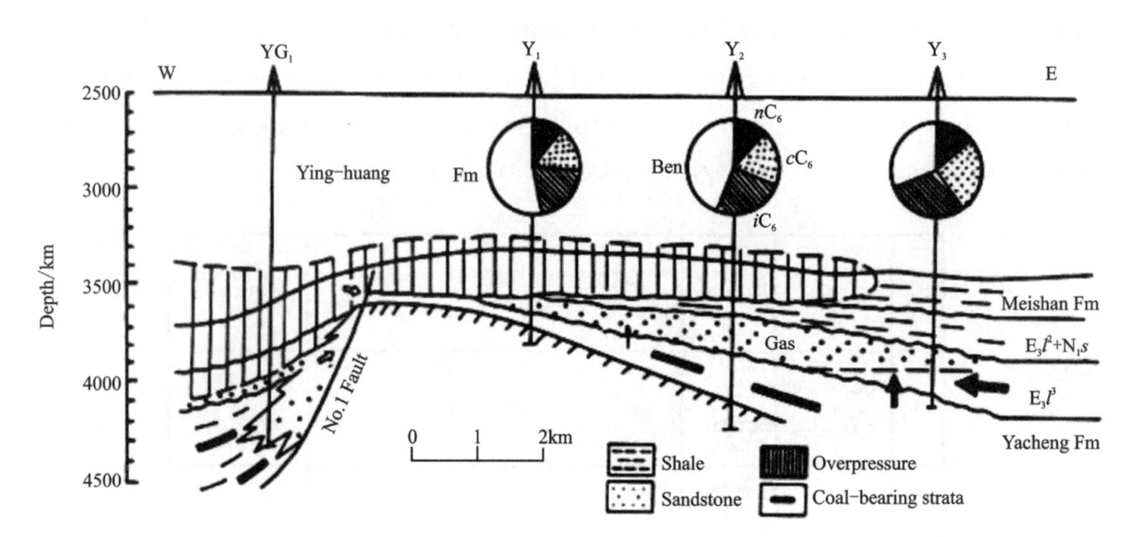

E_3l^2, E_3l^3 = the second and third members of the Lingshui Formation, respectively; N_1S = Sanya formation; Ben = benzene; nC_6, iC_6, and cC_6 represent normal, branched, and cyclic C_6 hydrocarbons, respectively. Open arrows represent hydrocarbon migration by hydrothermal fluids, mainly in solution phase.

Fig. 4 Simplified section across the No. 1 fault and the Yacheng gas field (see Fig. 1 for location)

3 Pressure and Temperature Regime

The Meishan and Yinghuang formations are overpressured over a large part of the Yinggehai Basin. Because the subsidence and sedimentation rate in the Yinggehai Basin is high (estimated average sedimentation rate in the center of the basin since the beginning of the Miocene is 780m/Ma, with maximum sedimentation rate being up to 1400m/Ma) and the organic matter contents of the overpressured intervals are usually low (usually less than 1.0%) [9] with varying maturity levels, the overpressure seems to have been developed due mainly to rapid loading [5]. In the Yacheng gas field, all strata are normally pressured except the Meishan Formation near the basin-boundary fault (the No. 1 fault, Fig. 4). The Meishan Formation in Y1 well is overpressured (measured pressure 60MPa, pressure coefficient 1.7, excess pressure 24MPa). Overpressure also occurs in Y2 well, but to a lesser degree (measured pressure 45MPa, pressure coefficient 1.3, excess pressure 11MPa). The formations penetrated in wells away from the No. 1 fault (Y3—Y6) are similar to those drilled in Y1 and Y2 wells, but no overpressure was observed (Fig. 4).

High-quality drill-stem test (DST) temperatures are available in the gas field. Y5 and Y6 wells that are away from the No. 1 fault have regular temperature gradients (Fig. 5), and the temperature profiles agree well with the results of basin modeling [9-11]. We refer to the temperature gradient for Y5 and Y6 wells as representative of the "background" thermal gradient (Fig. 5(a)). Obvious thermal anomalies occur in wells near the No. 1 fault, especially in Y1 and Y2 wells. In these wells, subsurface temperatures at shallow depth (<3600m) are in good agreement with the background thermal gradient; however, strata deeper than 3600m have elevated subsurface temperatures but abnormally low thermal gradients (Fig. 5(a)). Such a temperature profile is similar to the theoretical temperature profile of convective heat transfer [13] (inset in Fig. 5(a)).

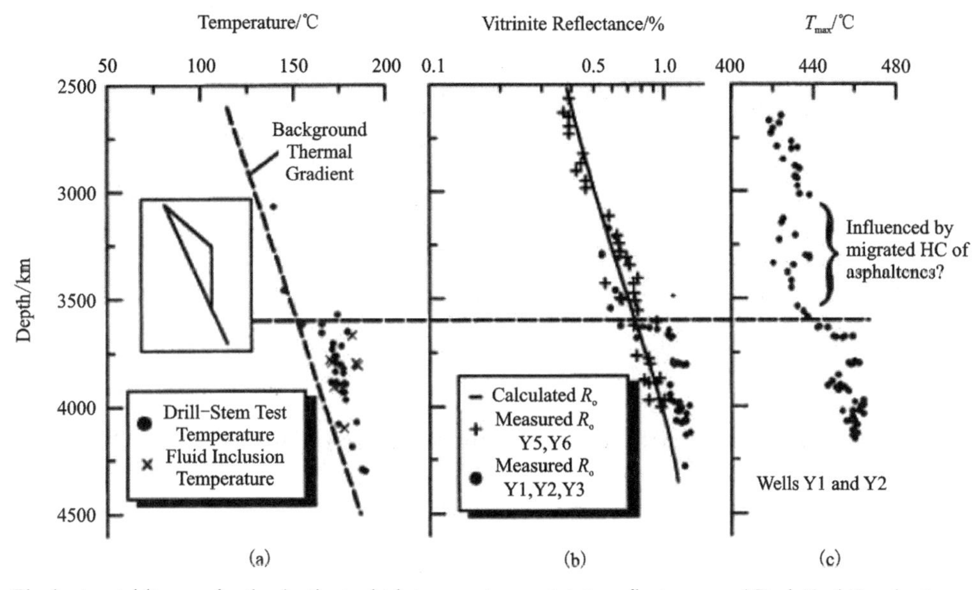

The horizontal line marks the depth at which temperature, vitrinite reflectance, and Rock-Eval T_{max} begin to increase abruptly. The inset in (a) illustrates the theoretical temperature profile of convective heat transfer.

Fig. 5　(a) Temperature, (b) vitrinite reflectance (R_o), and (c) Rock-Eval T_{max} profiles for the Yacheng gas field

Fluid inclusions are widely used for fluid history analysis [13-15]. We analyzed fluid inclusions trapped within authigenic quartz in the reservoirs from Y1 and Y2 wells. The homogenization temperatures of the fluid inclusions are also higher than the background temperature, but are in reasonable agreement with DST temperatures (Fig. 5(a)).

Vitrinite reflectance (R_o) shows a similar distribution pattern. R_o values increase regularly with increasing burial depth in Y5 and Y6 wells. The logarithmic R_o vs. arithmetic depth plot yields a nearly straight line, and the measured R_o values are in good agreement with those calculated from thermal histories (solid line, Fig. 5(b)). In Y1 and Y2 wells, R_o values (solid dots, Fig. 5(b)) measured from the shallow strata (<3600m) agree well with values measured from Y5 and Y6 wells and those calculated from thermal histories. R_o values measured from deeper (>3600m) strata, however, abruptly increase and are significantly higher than R_o values measured from strata in Y5 and Y6 wells at equivalent depth and R_o values calculated from thermal histories.

In some cases, Rock-Eval T_{max} may be influenced by asphaltenes, migrated hydrocarbons, or contamination[16-18]. The measured T_{max} values for the 3000－3500m interval in Y1 and Y2 wells seem to be abnormally low (Fig. 5(c)), and the influence of asphaltenes or migrated hydrocarbons could not be completely ruled out based on available data, although no visual asphaltenes were observed in these samples. Despite this interval's low values, Rock-Eval T_{max} values for samples deeper than 3600m agree well with measured R_o, indicating that these T_{max} values reflect the true maturity levels. The interval below 3600m in Y1 and Y2 wells displays elevated T_{max} values but abnormally low T_{max} gradients (Fig. 5(c)), completely coinciding with the temperature (Fig. 5(a)) and vitrinite reflectance profiles (Fig. 5(b)).

In summary, near the No.1 fault in the Yacheng gas field, the Meishan Formation is overpressured, and an obvious thermal anomaly exists; this anomaly is characterized by elevated temperature (T), vitrinite reflectance, and Rock-Eval T_{max} values, but low $T/R_o/T_{max}$ gradients below 3600m. Away from the No. 1 fault, both overpressure and the thermal anomaly diminish.

4 Oil And Gas Ceochemistry

4.1 Chemical and Stable Isotopic Composition of Natural Gases

The chemical composition of the gases is shown in Table 1. The natural gas shows little variation in methane content (84.18%－88.52%). The heavy hydrocarbon gas (C_{2+}) content ranges from less than 1% to 8.58%, and the C_1/C_n ratio ranges from 0.99% to 0.91% (Table 1; Fig. 6). Carbon dioxide content ranges from 4.99% to 11.50%, and nitrogen content is usually low (usually <1.5%).

Table 1 Chemical and Isotope Composition for Natural Gases, Yacheng Gas Field

Well	Depth/m	Interval	Content/%				$C_1/\Sigma C_n$	$\delta^{13}C$/‰PDB*					δDC_1
			CO_2	N_2	C_1	C_{2+}		C_1	C_2	C_3	C_4	CO_2	
Y1	3 586.1	E_3l^3	9.60	0.72	85.03	3.74	0.95	－35.80	－25.20	nd	nd	－4.90	－131
Y1	3 702.1	E_3l^3	10.79	1.04	84.18	3.36	0.96	－35.50	nd	nd	nd	nd	nd
Y2	3 849.6	E_3l^3	10.10	0.30	88.52	0.98	0.99	－34.75	－24.57	－24.20	nd	nd	－122
Y2	3 907.5	E_3l^3	11.50	0.10	86.53	1.81	0.98	－35.12	nd	nd	nd	nd	nd
Y3	3 871.0	E_3l^3	6.70	1.23	85.71	6.09	0.93	－37.78	－25.96	－24.51	－24.68	－8.31	－142
Y3	3 921.6	E_3l^3	8.73	1.76	84.58	4.65	0.94	－37.09	－26.29	－27.71	－24.78	－7.70	－124
Y3	3 743.6	N_1s	6.53	0.25	86.32	6.76	0.93	－36.94	－26.31	－24.93	nd	－6.08	nd
Y4	3 817.3	E_3l^3	8.54	1.04	83.22	6.98	0.92	－39.36	－26.47	－25.01	－26.85	nd	－127
Y5	3 817.6	E_3l^3	4.99	0.93	85.50	8.58	0.91	－39.88	－26.82	－25.39	－26.21	－10.29	－142

* nd= no data.

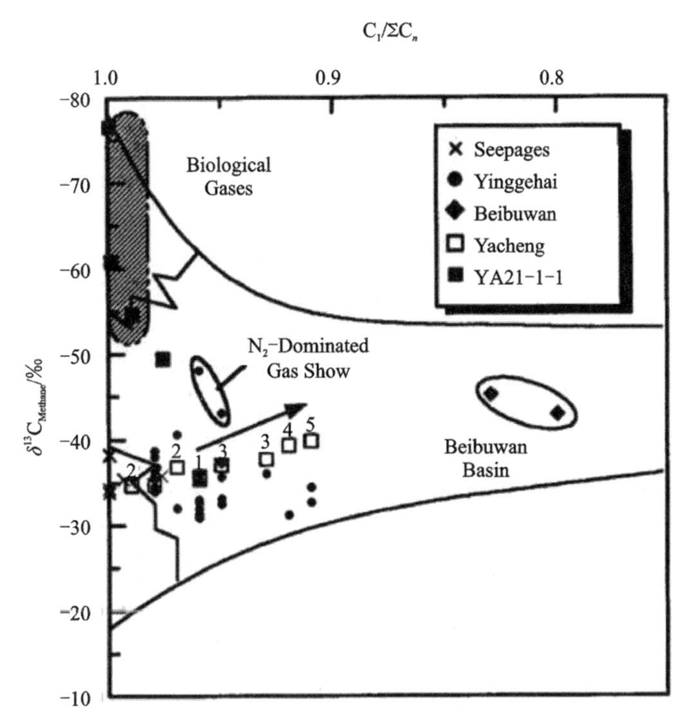

Numbers near the open squares are well numbers; arrow shows the variation trend away from the No. 1 fault/Yinggehai Basin into the Yanan depression of the Qiongdongnan Basin.

Fig. 6　Variation of methane $\delta^{13}C$ with $C_1/\sum C_n$ for gases from the Yacheng gas field

The isotope composition of the gas components from the Yacheng gas field is reported in Table 1. Some of the data in Table 1 are averages of duplicate measurements on the same sample, and repeat analyses have shown excellent agreement.

The natural gases display methane $\delta^{13}C$ values ranging from −40‰ to −35‰, carbon dioxide $\delta^{13}C$ values from −4.9‰ to −10.3‰, and methane δD values from −142‰ to −122‰. All samples display ethane $\delta^{13}C$ heavier than −27‰ (Table 1).

4.2　Light Hydrocarbon Composition

Light hydrocarbon compositions are very useful parameters for gas and oil classification[19,20]. Selected light hydrocarbon parameters for the Yacheng gases/conden-sates are reported in Table 2.

The gases/condensates have heptane values ranging from 10.86 to 15.22, andisoheptane values less than 1.5 (1.06 to 1.49). In C_6 and C_7 hydrocarbons, the relative contents of normal C_6/C_7 alkane are less than 20% (Table 2). Gases from Y1 and Y2 wells have high benzene and toluene contents, whereas gases from Y4 and Y5 wells are dominated by branched and cyclic light hydrocarbons in C_6 and C_7 light hydrocarbons (Fig. 7). With the exception of gases from Y5 well, all gases have a benzene/nC_6 ratio higher than 1 (Table 2).

Table 2 Light Hydrocarbon Composition for Natural Gases, Yacheng Gas Field*

Well	Depth/m	Relative Content/%								Ratios					
		nC_6	iC_6	cC_6	Ben	nC_7	iC_7	cC_7	Tol	Ben/nC_6	Tol/nC_7	iC_4/nC_4	iC_5/nC_5	H	I
Y1	3 702.1	10.30	19.01	19.89	50.8	15.74	21.91	35.49	26.9	4.95	1.69	0.94	1.45	15.22	1.49
	3 586.0	9.4	18.3	20.4	51.9	12.5	17.2	31.5	38.9	5.52	3.11	0.96	1.43	14.92	1.36
Y2	3 725.6	11.46	19.80	24.88	43.9	16.92	16.92	29.85	36.3	3.83	2.15	nd	nd	nd	nd
	3 849.6	11.32	19.02	23.46	46.2	17.77	7.97	35.76	38.5	4.07	2.18	0.89	1.33	nd	nd
	3 907.5	12.37	17.76	17.90	52.0	19.65	0	55.88	26.5	4.17	1.50	0.86	1.50	nd	nd
Y3	3 743.6	14.73	28.66	30.76	25.9	14.54	22.31	42.36	20.8	1.76	1.43	1.03	1.60	12.75	1.36
	3 871.0	13.25	27.50	29.63	29.6	13.49	22.22	42.06	22.2	2.24	1.65	1.03	1.75	11.83	1.37
	3 921.6	11.70	21.48	27.79	39.0	12.48	18.90	38.19	30.4	3.33	2.44	1.00	1.67	12.87	1.40
Y4	3817.3	16.85	33.26	29.13	20.8	17.06	25.40	44.44	13.1	1.23	0.77	1.09	1.66	13.19	1.19
Y5	3817.6	16.19	40.11	34.05	9.7	14.58	25.66	51.94	7.82	0.59	0.54	1.12	1.78	10.86	1.06

* $nC_6(C_7)$ = normal $C_6(C_7)$ alkane; $iC_6(C_7)$ = branched $C_6(C_7)$ hydrocarbon; Ben = benzene; Tol = toluene; $cC_6(C_7)$ = cyclic $C_6(C_7)$ hydrocarbon; Relative Content $X_6 = X_6/(nC_6 + iC_6 + cC_6 + \text{Ben})$ (%); Relative Content $X_7 = X_7/(nC_7 + iC_7 + cC_7 + \text{Tol})$ (wt. %); H = heptance value = 100 · nC_7/(cyclohexane + 2-methylhexane) + 1,1-dimethylcyclopentane + 3-methylhexane + 1-c-3-dimethyl-cyclopentane + 1-t-3-dimethylcyclopentane + 1-t-2dimethylcyclopentane + nC_7 + methylcyclohexane); i = isoheptane value = (2-methylhexane + 3-methylhexane)/(1-c-3-dimethylcyclopentane + 1-t-3-dimethylcyclopentane + 1-t-2-dimethylcyclopentane); nd = no data.

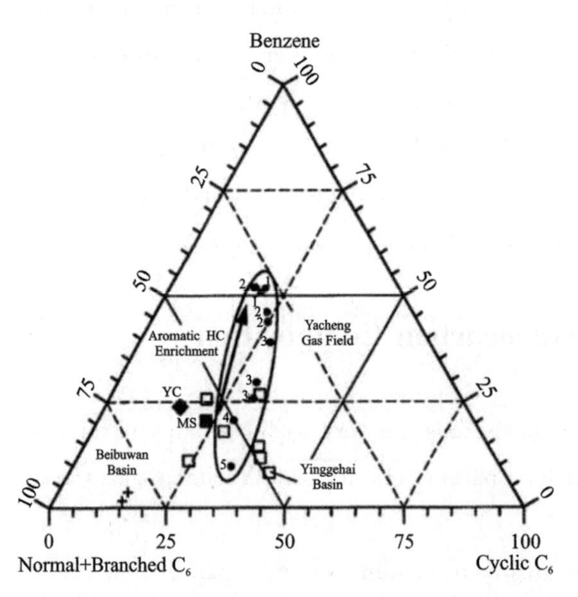

Numbers near the solid dots represent well numbers. Samples labeled YC and MS are products of pyrolysis experiments on Yacheng Formation coal and Meishan Formation shale, respectively. Arrow shows the variation trend as the distance from the No. 1 fault decreases.

Fig. 7 Ternary diagram showing the composition of the C_6 light hydrocarbons from the Yacheng gas field

4.3 Characteristics of Associated Condensates

The associated condensates from the Yacheng gas field have low sulfur content (<0.06%), low asphaltene and resin content (0.1%−1.1%), but high aromatic hydrocarbon content (48%−40%). The condensates have a wide range of saturated hydrocarbon distribution (C_9-C_{39}). In the whole-oil gas chromatograms (Fig. 8), aromatic hydrocarbons, especially the benzene and naphthalene series, constitute the highest peaks.

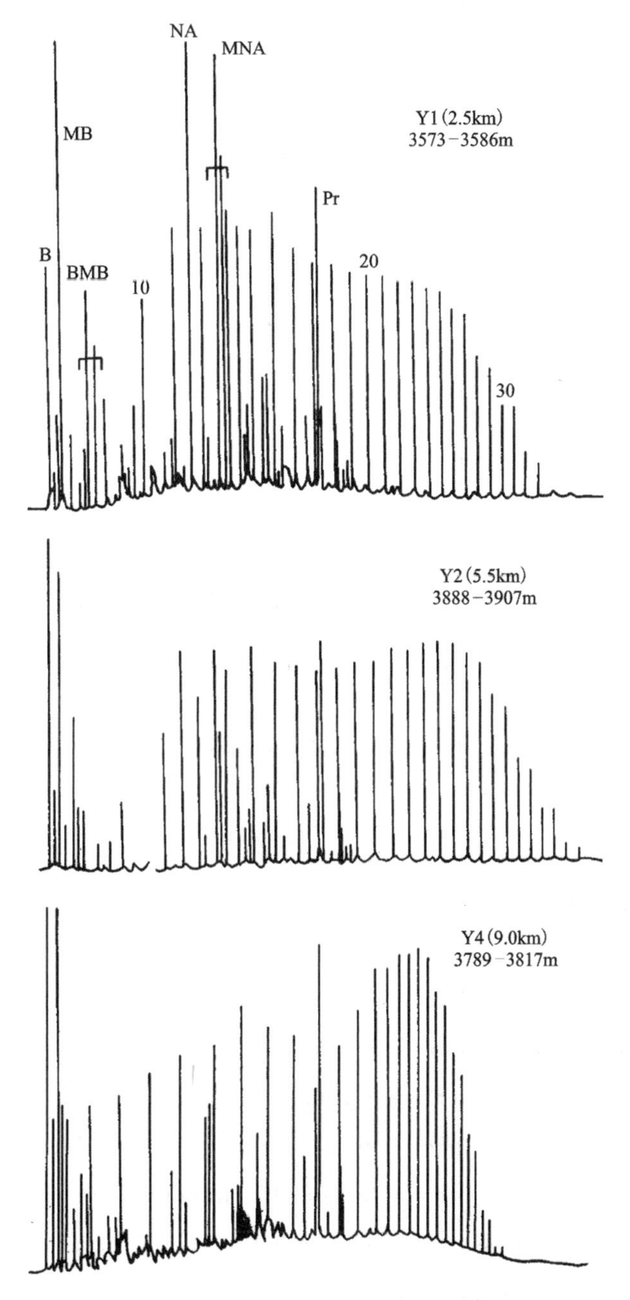

B=benzene, MB=toluene, BMB = bimethylbenzene, NA = naphthalene, MNA = methylnaphthalene, Pr= pristane. The number in parentheses is the distance from the No. 1 fault(Numbers in meters are depths).

Fig. 8　Whole-oil gas chromatogram for condensates from the Yacheng gas field

The condensates also exhibit very high pris-tane/phytane (Pr/Ph) ratios (7.11－9.02), high abundance of bicadinanes (Fig. 9), especially trans-trans-trans-bicadinane[21] and cis-cis-trans-bicadinane[22,23]. The condensates have high abundance of oleanane, with oleanane/$C_{30}\alpha\beta$ hopane ranging from 2.3 to 5.6.

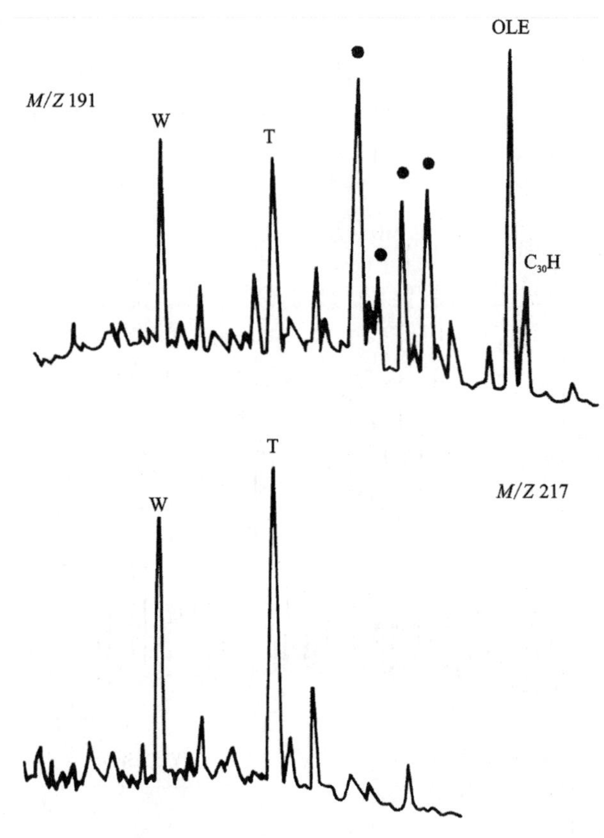

T＝trans-trans-trans-bicadinane, W＝cis-cis-trans-bicadinane, OLE＝oleanane(Peaks labeled by dots are unrecognized triterpanes).

Fig. 9 Mass fragmentograms M/Z 191 and 217 from gas chromatography-mass spectrometry analysis of condensate from well Y1 (3573－3586m depth)

5 Discussion

High Pr/Ph ratios, abundant bicadinanes, and high oleanane/$C_{30}\alpha\beta$ hopane ratios constitute the most important characteristics of biomarker distribution in the Yacheng condensates; however, because such a biomarker association has been observed in all the Yacheng[1,3], Lingshui and Sanya[3,10], and Meishan[2,4] formations, it is impossible to determine the source intervals of the condensates solely on the basis of biomarker distribution.

Isotopes of hydrocarbon gases have been widely used to classify natural gas origin[24-30]. Recently, Chinese researchers emphasized the significance of ethane $\delta^{13}C$ values in classifying natural gas origin. Xu[31] found that almost all gases with ethane $\delta^{13}C$ values lighter than －29‰ were generated from sapropelic organic matter. The Yacheng gases display ethane $\delta^{13}C$

values no lighter than $-27‰$ (Table 1). The relatively heavy $\delta^{13}C$ values of the C_{2+} hydrocarbons in the Yacheng gases, together with their low wetness values (Table 1) and relatively heavy methane isotopes ($>-40‰$), suggest a humic origin, which is consistent with the nature of the organic matter of the possible source rocks in the Yinggehai and Qiongdongnan basins[5,9]. The humic origin of the gases is also suggested by the high oleanane/$C_{30}\alpha\beta$ hopane ratios. The abundant bicadinanes in the condensates indicate an important contribution from resins[22,32,33].

Maturity is another important factor affecting the chemical and isotopic composition of the natural gases. Since severaldifferent $\delta^{13}C_{(methane)}$-R_o relationships for gases of humic origin have been proposed in the literature[31,34,35], gas maturity extrapolated directly from $\delta^{13}C$(methane) values can be equivocal. Because of the reversed carbon isotope ratios among gas components (see following paragraphs), it is difficult to get the gas maturities using the $\delta^{13}C$ vs. LOM (levels of organic metamorphism) plot of James[36]. Sterane ratios are widely used to determine oil/rock maturity. Due to the high abundance of bicadinanes, steranes could not be readily identified by GC-MS (gas chromatography-mass spectrometry) analyses (Fig. 9). Recent GC-MS analyses on high carbon-number branched hydrocarbons and cyclic hydrocarbons from Yacheng condensates gave a sterane C_{29} aaa-20S/S + R ratio of 0.52, and $C_{29}\alpha\beta\beta/\sum C_{29}$ ratio of 0.60, with obvious predominance of rearranged steranes over normal steranes[3]. These sterane parameters would suggest a maturity at peak oil generation (around 1% R_o)[37]. Other parameters, such as methane $\delta^{13}C$, $C_{2+}/\sum C_n$, heptane, and isoheptane values, display obvious variation within the gas field. In other words, the Yacheng gases and condensates show obvious heterogeneities. From the Y1 well through to the Y5 well, as the distances from the No. 1 fault increase, systematic variations in nature and composition of the gases and condensates occur (Fig. 10). These variations are as follows.

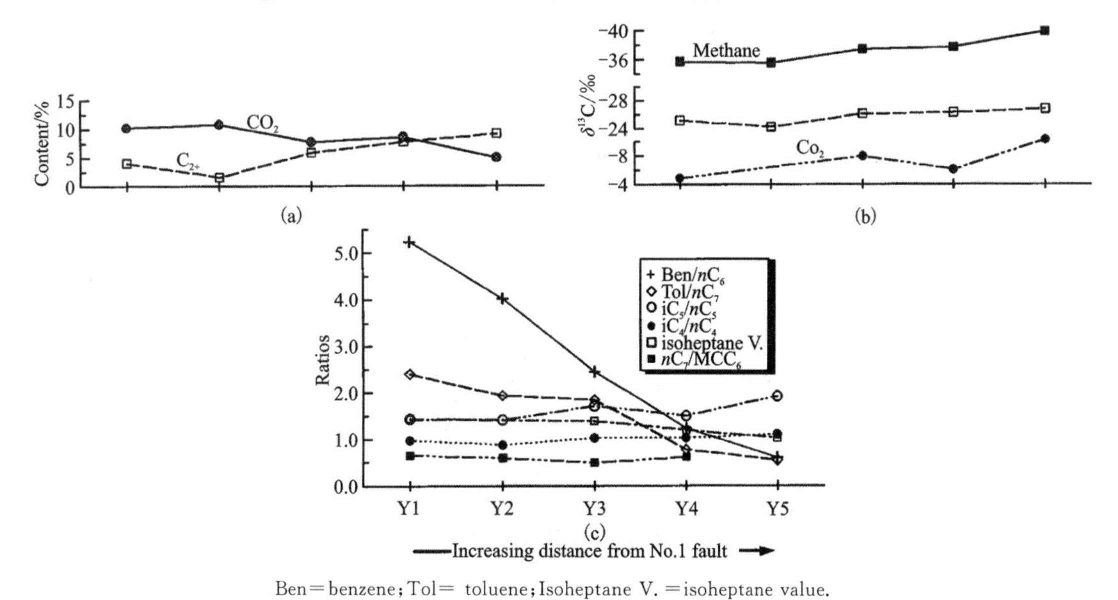

Ben=benzene; Tol= toluene; Isoheptane V. =isoheptane value.

Fig. 10　Variation of various parameters (average for each well) with increasing distance from the No. 1 fault in the Yacheng gas field

(1) The content of C_{2+} hydrocarbon gases and $C_{2+}/\sum C_n$ increase (Fig. 10(a)), and $\delta^{13}C$ values for both methane and ethane become lighter (Fig. 10(b)). For example, Y1 gas has an average C_{2+} hydrocarbon gas content of 3.5% and an average $C_{2+}/\sum C_n$ of 4%, whereas gas from the Y5 well has C_{2+} hydrocarbon gas content of 8.58% and $C_{2+}/\sum C_n$ of 9.1% (Table 1, Fig. 6).

(2) Carbon dioxide content decreases and $\delta^{13}C$ values for carbon dioxide become lighter (Table 1, Fig. 10). Gases from the Y1 well have an average carbon dioxide content of 10.2% and CO_2 $\delta^{13}C$ value of −4.9‰. In the Y5 well, carbon dioxide content is reduced to 5% and CO_2 $\delta^{13}C$ value to −10.3‰. Carbon dioxide generated from organic matter has a lighter carbon isotope composition than inorganic carbon dioxide[31,35]. The isotopic data indicate that organic matter must have made a relatively large contribution to carbon dioxide from the Y5 well, whereas carbon dioxide from wells near the No. 1 fault is predominantly inorganic in origin.

(3) The heptane and isoheptane values decrease (Table 2). Gases from the Y1 well have an average heptane value of 15.07 and isoheptane value of 1.43. The heptane and isoheptane values for gases from the Y5 well are reduced to 10.86 and 1.06, respectively (Table 2).

(4) The iC_5/nC_5 values increase, although the iC_4/nC_4 values display no obvious variation (Table 2; Fig. 10).

(5) The relative content of benzene and toluene in C_6 and C_7 light hydrocarbons decreases, and the aromaticity parameters (as defined by [38]), benzene/nC_6 and toluene/nC_7, dramatically decrease (Table 2, Fig. 10).

(6) The relative saturated hydrocarbon content of the condensates increases. In the whole-oil gas chromatogram, the concentration of naphthalene relative to adjacent n-paraffins decreases (Fig. 8).

Because all possible source rocks in the Yinggehai and Qiongdongnan basins are dominated by higher plant-derived type Ⅲ organic matter[5,9], variation in isotopic ratios and chemical compositions mainly reflects changes in maturity or postgeneration processes. Gases from wells near the Yanan depression of the Qiongdongnan Basin (Y4 and Y5 wells; see Fig. 1 for well locations) have relatively higher C_{2+} hydrocarbon contents, lighter methane and ethane isotopic ratios, and associated condensates have relatively lower heptane and isoheptane values, indicating that these gases/condensates have relatively low maturities (Fig. 6)[39]. By contrast, gases from wells near the No. 1 fault (Y1 and Y2 wells) have lower C_{2+} hydrocarbon contents, heavier methane $\delta^{13}C$ values, and higher heptane and isoheptane values, suggesting a relatively high maturity level[20,39].

Such a pattern cannot be explained by eastward (from the Yinggehai Basin)[2,4] or westward (from the Yanan depression)[1] migration. Instead, the heterogeneities reflect reservoir-filling processes ; that is, mixing of petroleum from different directions. Hydrocarbons generated in the Yanan depression of the Qiongdongnan Basin, most possibly from the coal-bearing Yacheng Formation, mixing with hydrocarbons generated from the

Yinggehai Basin that migrated along the No. 1 fault (Fig. 4). Hydrocarbons generated from the Yanan depression seem to have relatively low maturity and thus have relatively high C_{2+} hydrocarbon contents, lighter methane and ethane $\delta^{13}C$ values, and lower heptane and isoheptane values.

The mixing effect is also reflected by isotopic ratios of hydrocarbon components. Theoretical and empirical evidence indicates that cogenetic hydrocarbons (i. e., those generated from a common source at the same level of organic maturity) generally obey the relationship $\delta^{13}C_{(methane)} < \delta^{13}C_{(ethane)} < \delta^{13}C_{(propane)} < \delta^{13}C_{(butane)}$[36,40]. As shown in Table 1, all samples for which $\delta^{13}C$ values of methane, ethane, propane, and butane are all available display reversed carbon isotope ratios among gas components. For example, gases from Y3 (3871m), Y4 (3817m), and Y5 wells have propane isotopically heavier than butane, whereas Y3 (3921m) gas has ethane isotopically heavier than propane (Table 1). The reversal in carbon isotope ratios among hydrocarbon gas components reinforces the explanation that the gas is derived from multiple sources[29,36].

Mixing effect alone, however, cannot explain the abnormally high concentration of aromatic hydrocarbons, especially in gases/condensates from wells near the No. 1 fault (Y1 and Y2 wells). Aromatic hydrocarbons constitute nearly 50% of the condensate. As shown in Fig. 8, aromatic hydrocarbons, such as benzene, toluene, and naphthalene, constitute the highest peaks in the whole oil gas-chromatograms for the condensates from Y1 and Y2 wells. The relative benzene content in the C_6 hydrocarbons is greater than 40% for gases from the Y2 well, and up to 50% for gases from the Y1 well (Table 2, Fig. 7).

Compared to other natural gases and condensates/crude oils believed to have been generated from humic organic matter in China, the aromatic hydrocarbon contents of the gases and condensates from the Yacheng gas field are abnormally high. For example, gases and condensates in the Yitong graben, also confirmed to have been generated from humic organic matter at a maturity of around 1% R_o[30], have relative benzene contents in the C_6 hydrocarbons less than 22%. Gases found in the adjacent Yinggehai Basin, also generated from higher plant-derived type Ⅲ organic matter but at higher maturity levels (within the condensate window)[9], display relative benzene content in the C_6 hydrocarbons usually less than 25% (Fig. 7). Experiments on the Meishan shale and Yacheng coal, the most important potential source rocks in the Yinggehai and Qiongdongnan basins, yield products that have relative benzene contents in the C_6 hydrocarbons also of less than 25% (Fig. 7). It seems that the abnormally high concentrations in aromatic hydrocarbons are caused by postgeneration processes (either during migration or after reservoir entrapment).

One possible mechanism of aromatic hydrocarbon enrichment is evaporative fractionation of gasoline-range hydrocarbons, as demonstrated by Thompson[38,41]. This process preferentially removes the lower molecular weight, saturated compounds. As a result, the residual oils have a high concentration of aromatic hydrocarbons (and therefore high Tol/nC_7 and Ben/nC_6) compared to the unaltered oils, whereas the migrated hydrocarbons display low aromaticity (low Tol/nC_7 and Ben/nC_6) but relatively high paraffinicity (high nC_7/MCC_6, high isoheptane and heptane values)[38,41,42]. The evaporative fractionation mechanism cannot explain the heterogeneities of the Yacheng gas field because ① the large, but systematic, variation in aromatic hydrocarbon concentration occurs in a single gas reservoir and ② gases with relatively low aromatic values (gases from wells away from the No. 1 fault) have paraffin values similar to or even higher than gases with high aromatic values (gases from well near the No. 1 fault).

Migration mechanisms may exert an important influence on the characteristics of migrated petroleum. All potential source rocks in the Yinggehai and Qiongdongnan basins are dominated by higher plant-derived type Ⅲ kerogens with usually low total organic carbons[5,9]. Recent research indicates that hydrocarbons migrate in organic-lean rocks with hydrogenpoor organic matter by gaseous solution[43,44]. Migration by gaseous solution, however, could not explain either the abnormally high concentration of aromatic hydrocarbons for gases/condensates near the No. 1 fault or the heterogeneities of the gas field.

The eastward decreases in the concentration of aromatic hydrocarbons coincide with the diminishing of the thermal anomaly observed in the gas field (Fig. 5). As in the Grant Canyon and Bacon Flat oil fields, Railroad Valley, Nevada[13], the nearly vertical temperature/R_o/T_{max} profiles for Y1 and Y2 wells (Fig. 5) were caused by hydrothermal fluids. Because the thermal anomaly diminishes eastward, the hydrothermal fluids must flow eastward from the Yinggehai Basin.

The similar patterns in aromatic hydrocarbon concentration and thermal regime imply that the abnormally high concentration of aromatic hydrocarbons might be related to migration by hydrothermal fluids. One plausible explanation is that hydrocarbons, especially aromatic hydrocarbons such as benzene and naphthalene, generated in the Yinggehai Basin, migrated by hydrothermal fluids in aqueous solution, and made an important contribution to the gas field. As discussed by Simoneit et al.[45] and Simoneit[46], hydrocarbon mixtures in hydrothermal fluids exhibit large variations in character in terms of carbon number range, structural diversity, and polarity. Methane, ethane, and aromatic hydrocarbons have relatively high solubilities, especially at elevated subsurface temperature and pressure[47-50]. In the Yinggehai Basin, strong compaction disequilibrium occurred due to the high sedimentation and burial rates[5]. As a result, deeply buried rocks still have high porosity, and large volumes of water are available at peak oil or gas generation; however, due to strong extension of the lithosphere and the resulting asthenosphere bumping, the Yinggehai Basin is very hot[7], with measured temperature gradients up to 46℃/km. In such cases, hydrocarbons generated in deeply buried rocks could be selectively dissolved and expelled with water. The deeply sourced hydrothermal fluids thus formed transported the most soluble compounds, such as methane, carbon dioxide, and aromatic hydrocarbons, and migrated along the No.1 fault and unconformities (Fig. 4) into the Yacheng gas field, causing the abnormal enrichment in aromatic hydrocarbons[50], the relatively high concentration of carbon dioxide (Table 1), and the elevated temperature/R_o/T_{max}(Fig. 5) near the No. 1 fault in the gas field.

Another notable problem is the genesis of the overpressure in the Meishan Formation near the No. 1 fault in the gas field. Because the sedimentation and burial rates for the Meishan Formation in Y1 and Y2 wells are significantly lower than those rates in Y5 and Y6 wells, disequilibrium compaction could not be the cause of the overpressure. Although overpressure generated in the Yinggehai Basin could be redistributed laterally[51], the similar distribution of overpressure in the Meishan Formation and the thermal anomalies suggest that the hydrothermal fluids might have played some role in the overpressure formation. One explanation is that the heating effect of the hydrothermal fluids, which enhanced petroleum generation[52] and aquathermal expansion, contributes to the overpressure. An alternative explanation is that the deeply derived hot fluids, particularly gas flow, caused the overpressure, as has been proposed by [42].

6 Conclusions

Because the "characteristic" biomarker associations of the Yacheng gas field (high Pr/Ph ratios, high abundance of bicadinanes and oleanane) are not unique for any rock interval, it would be misleading to identify source rocks based only on biomarker distribution in the Yinggehai and Qiongdongnan basins. The compositional heterogeneities within the Yacheng gas field, along with the thermal and pressure regimes, give clear suggestions about the reservoir-filling processes. The Yacheng gas field could be best explained to be sourced from the Yacheng Formation in the Qiongdongnan Basin and from source rocks in the Yinggehai Basin. Hydrocarbons from the Yinggehai Basin seem to have been migrating along with hydrothermal fluids, and are enriched in the most soluble compounds, such as aromatic hydrocarbons. Hydrothermal activity caused the enrichment of aromatic hydrocarbons in the Yacheng gas field and the thermal anomalies.

Hydrothermal fluids, as an important agent for heat transfer, have greatly influenced the thermal regime. What is more important is that hydrothermal fluids have significantly enhanced organic-matter maturation and petroleum generation, as confirmed by the elevated R_o and Rock-Eval T_{max} values. Our study indicates that hydrothermal fluids may exert important influence on petroleum generation and migration and, at least in some cases of gas accumulation, on the composition of the trapped petroleum.

REFERENCES

[1]CHEN W H. Natural gas resource prediction in major sedimentary basins in the north continental shelf of the South China Sea[R]. [S. l.]: CNOOC Research Report, 1990. (in

Chinese)

[2]ZHANG Q X, LI L, HUANG B J. Discrimination of hydrocarbon source rocks in the gas field Ya13-1 using GC-MS data[M]// ZHANG Q M. A collection on the petroleum geology of the Yinggehai Basin, South China. Beijing: Seismic Press, 1993. (in Chinese)

[3]ZHOU Y, SHENG G Y. Crude oil geochemistry and oilsource correlation in the Yinggehai and Qiongdongnan basins[R]// FU J M. Studies on Tertiary source rocks in the Yinggehai and Qiongdongnan basins, South China Sea[R]. [S. l.]: CNOOC Research Report, 1995. (in Chinese)

[4]ZHANG Q M, ZHANG Q X. The deep thermal generation of petroleum from the Meishan Formation in the Yinggehai Basin[J]. China Offshore Oil and Gas Geology, 1989, 3: 25-33. (in Chinese)

[5]HAO F, SUN Y C, LI S T, et al. Overpressure retardation of organic-matter maturation and hydrocarbon generation a case study from the Yinggehai and Qiongdongnan basins, offshore South China Sea[J]. AAPG Bulletin, 1995, 79:551-562.

[6]CHEN P H,CHEN Z Y,ZHANG Q M. Sequence stratigraphy and continental margin development of the northwestern shelf of the South China Sea[J]. AAPG Bulletin,1993, 77: 842-862.

[7]ZHANG Q M. The genetic type of the Yinggehai Basin[R]. [S. l.]:CNOOC Research Report,1994. (in Chinese)

[8]TAPPONNIER P G, PELTZER G, LE DAIN A Y, et al. Propagating extrusion tectonics in Asia: new insights from simple experiments with plastic[J]. Geology, 1982, 10: 611-616.

[9]HAO F, LI S T, SUN Y C, et al. Characteristics and origin of the gas and condensate in the Yinggehai Basin, offshore South China Sea: evidence for effects of overpressure on petroleum generation and migration[J]. Organic Geochemistry, 1996, 24: 363-375.

[10] HAO F. Geodynamic studies of petroleum accumulation in the high-gradient, overpressured Yinggehai Basin, South China Sea [D]. Wuhan: China University of Geosciences, 1995. (in Chinese)

[11] LI Y L, YANG G. Tectonic subsidence and thermal histories of the Yabei depression, the Qiongdongnan Basin[J]. China Offshore Oil and Gas Geology, 1989, 3: 21-30. (in Chinese)

[12]LI Y L, HUANG Z M. Thermal evolution histories of the west part of the north continental shelf of the South China Sea[J]. China Offshore Oil and Gas Geology,1990, 4: 56-66. (in Chinese)

[13]HULEN J B, GOFF F, ROSS J R, et al. Geology and geothermal origin of Grant Canyon and Bacon Flat oil fields, Railroad Valley, Nevada[J]. AAPG Bulletin, 1994, 78: 596-623.

[14] CATHELINEAU M, BOIRON M C, ESSARRAJ S, et al. Reconstruction of

palaeofluid migration in microfissured rocks [M]// PARNELL J,RUFFELL A H, MOLES N R. British gas exploration and production. Berkshire:Geofluids'93 extended abstracts,1993: 162-166.

[15]GUSCOTT S C, BURLEY S D. A systematic approach to reconstructingpalaeofluid evolution from fluid inclusions in authigenic quartz overgrowths [M]// PARNELL J, RUFFELL A H,MOLES N R. British gas exploration and production. Berkshire:Geofluids'93 extended abstracts, 1993: 323-328.

[16]PETERS K E. Guidelines for evaluating petroleum source rocks using programmed pyrolysis[J]. AAPG Bulletin, 1986, 70: 318-329.

[17]WHELAN J K, FARRINGTON J W, TARAFA M E. Maturity of organic matter and migration of hydrocarbons in two Alaskan North Slope wells[J]. Organic Geochemistry, 1986, 10: 207-219.

[18]TARAFA M E, WHELAN J K, FARRINGTON J W. Investigation on the effects of organic matter solvent extraction on whole-rock pyrolysis[J]. Organic Geochemistry, 1988, 12: 137-149.

[19]THOMPSON K F M. Light hydrocarbons in subsurface sediments[J]. Geochimica et Cosmochimica Acta, 1979, 43: 657-672.

[20]THOMPSON K F M. Classification and thermal history of petroleum based on light hydrocarbons[J]. Geochimica et Cosmochimica Acta, 1983, 47: 303-316.

[21]COX A C, LEEUW J W, SCHENCK P A, et al. Bicadinane, a C_{30} pentacyclic isoprenoid hydrocarbon found in crude oil[J]. Nature, 1986, 319: 316-318.

[22]VAN ARSSEN B, COX H C, HOOGENDOOM P, et al. A cadinene biopolymer present in fossil and extant dammer resins as a source for cadinances and bicadinanes in crude oils for south east Asia[J]. Geochimica et Cosmochimica Acta, 1990, 54: 3021-3031.

[23]VAN ARSSEN B, HESSEL J K C, ABBINK O A, et al. The occurrence of polycyclic sesqui-, tri-and oligoterpenoids from a resinous polymeric cadinene in crude oils for south east Asia[J]. Geochimica et Cosmochimica Acta, 1992, 56: 1231-1246.

[24]SCHOELL M. The hydrogen and carbon isotopic composition of methane from natural gases of various origin[J]. Geochimica et Cosmochimica Acta, 1980, 44: 649-661.

[25]SCHOELL M. Genetic characterization of natural gases[J]. AAPG Bulletin, 1983, 67: 2225-2238.

[26]MATTAVELLI L, RICCHIUTO T, GRIGNANI D, et al. Geochemistry and habitat of natural gases in Po basin, northern Italy[J]. AAPG Bulletin, 1983, 67: 2239-2254.

[27]WOLTEMATE I, WHITICAR M J, SCHOELL M. Carbon and hydrogen isotopic composition of bacterial methane in a shallow freshwater lake [J]. Limnology and Oceanography, 1984, 29: 985-992.

[28]JENDEN P D, KAPLAN I R. Composition of microbial gases from the Middle America Trench and Scripps Submarine Canyon: implications for the origin of natural gas[J]:

Applied Geochemistry, 1986, 1: 631-646.

[29]JENDEN P D, KAPLAN I R. Origin of natural gas in Sacramento basin, California [J]. AAPG Bulletin, 1989, 73: 431-453.

[30]CHEN J Y, HAO F, DING Z Y, et al. Petroleum potential and thermal history of the Yitong basin[J]. Organic Geochemistry, 1994, 22: 331-341.

[31]XU Y C. Theory of natural gas formation and its application[M]. Beijing: Science Press, 1994. (in Chinese)

[32]ALAM M, PEARSON M J. Bicadinanes in oils from the Surma basin, Bangladesh [J]. Organic Geochemistry, 1990, 15(4): 461-464.

[33]PEARSON M J, ALAM M. Bicadinanes and other terrestrial terpenoids in immature Oligocene rocks and a related oil from the Surma basin[J]. Organic Geochemistry, 1993, 20: 539-554.

[34]STAHL W J. Carbon and nitrogen isotopes in hydrocarbon research and exploration [J]. Chemical Geology, 1977, 20: 121-149.

[35]DAI J X, PEI X G, QI H F. Geology of natural gases[M]. Beijing: Petroleum Industry Press, 1986. (in Chinese)

[36]JAMES A T. Correlation of natural gas by use of carbon isotopic distribution between hydrocarbon components [J]. AAPG Bulletin, 1983(67): 1176-1191.

[37]PETERS K E, MOLDOWAN J M. The biomarker guide: Englewood Cliffs[M]. New Jersey: Prentice Hall, 1993.

[38]THOMPSON K F M. Fractionated aromatic petroleums and the generation of gas condensates[J]. Organic Geochemistry, 1987, 11: 573-590.

[39]TISSOT B P, WELTE D H. Petroleum formation and occurrence[M]. 2d ed. Berlin: Springer-Verlag, 1984.

[40]DES MARAIS D J, DONCHIN J H, NEHRING N N, et al. Molecular carbon isotopic evidence for the origin of geothermal hydrocarbons[J]. Nature, 1986, 292: 826-828.

[41]THOMPSON K F M. Gas-condensate migration and oil fractionation in deltaic systems[J]. Marine and Petroleum Geology, 1988, 5: 237-246.

[42]WHELAN J K, KENNICUTT M C Ⅱ, BROOKS J M, et al. Organic geochemical indicators of dynamic fluid flow process in petroleum basins[J]. Organic Geochemistry, 1994, 22: 587-615.

[43]PRICE L C. Primary petroleum migration from shales with oxygen-rich organic matter[J]. Journal of Petroleum Geology, 1989, 12: 289-324.

[44]WHELAN J K, CATHLES L M Ⅲ. Pressure seals-interac tions with organic matter, experimental observations, and relation to a "hydrocarbon plugging" hypothesis for pressure seal formation [M]// ORTOLEVA P J. Basin compartments and seals. Tulsa: AAPG, 1994: 97-117.

[45]SIMONEIT B R T, KAWKA O E, BRAULT M. Origin of gases and condensates in

the Guaymas basin hydrothermal system[J]. Chemical Geology, 1988, 71: 169-182.

[46] SIMONEIT B R T. Hydrocarbon alteration, expulsion and migration by hydrothermal fluids: evidence for a single step process[M]// PARNELL J, RUFFELL A H, MOLES N R. British gas exploration and production. Berkshire: Geofluids' 93 extended abstracts, 1993: 60-65.

[47]PRICE L C. Aqueous solubility of petroleum as applied to its origin and primary migration: reply[J]. AAPG Bulletin, 1977, 61: 2146-2156.

[48]PRICE L C. Aqueous solubility of methane at elevated pressures and temperatures [J]. AAPG Bulletin, 1979, 63: 1527-1533.

[49]MCAULIFFE C D. Chemical and physical constraints in petroleum migration with emphasis on hydrocarbon solubilities in water[J]. AAPG Continuing Education Course Note Series, 1978, 8: 123-162.

[50]MC AULIFFE C D. Oil and gas migration: chemical and physical constraints[J]. AAPG Studies in Geology, 1980, 10: 89-108.

[51]SWARBRICK R E. Distribution and generation of the overpressure system, eastern Delaware basin, western Texas and southern New Mexico: discussion[J]. AAPG Bulletin, 1995, 79: 1817-1821.

[52] HAO F, LI S T, SUN Y C, et al. Organic-matter maturation and petroleum generation model in the Yinggehai Basin[J]. Sciences in China (Series D), 1996, 39: 650-658.

Two Petroleum Systems Charge the YA13-1 Gas Field in Yinggehai and Qiongdongnan Basins, South China Sea*

Abstract Restoring burial history, correlating maturities and biomarkers of gas-condensate source rocks, measuring fluid inclusions, and stable carbon isotope data show that two petroleum systems charge the YA13-1 gas field in Yinggehai and Qiongdongnan basins in the South China Sea. The first source came from the Yanan depression in Qiongdongnan basin, at a depth of 4450m, with the critical moment of 5.8Ma. The second source came from the Yinggehai basin, at a depth of 4700m, with the critical moment of 2.0Ma. The YA13-1 drape anticline trap formed at 10.5Ma, which was earlier than gas migration and accumulation. The Meishan Formation, with 7—10MPa (1015—1450 psi) expelling pressure and 49—66MPa (7105—9570 psi) overpressure combined, effectively seals YA13-1 gases. The reservoir of Lingshui Formation sands has average values of 14.9% porosity and 213×10^{-3} μm^2 permeability because the weathering of the feldspathic sands at the end of the Oligocene, the preserving of K-feldspar and quartz overgrowths, and dissolution of carbonate cements by organic acid enhanced the reservoir quality. Consequently, trap formation coincided with gas generation, migration, and accumulation.

1 Introduction

The dynamic study of petroleum geology consists of petroleum generation, migration, accumulation, preservation (or destruction), and the evolution of reservoir and seal in sedimentary basins[1]. Petroleum geologists are focusing more on risk related to petroleum exploration in the world than at any time in the past[1-5]. The objectives are not only to develop a better understanding of hydrocarbon-forming processes, but also to lower the risk of petroleum exploration.

A successful study of a petroleum system requires a great deal of information that is used to determine a precise restoration of burial history; oil and gas generation thresholds; time and path of hydrocarbon generation, migration, and accumulation; correlation between hydrocarbon and source rock; paleothermal gradient; and paleofluid pressure.

In this paper, we discuss the basic characteristics of two petroleum systems of Yacheng-Lingshui and Lingshui-Lingshui, which charge the YA13-1 gas field in Yinggehai and Qiongdongnan basins, South China Sea. Our model of this area can be used as a doubly charging model to investigate the potential natural gases in other areas.

* Published on AAPG Bulletin, 1998, 82(5A), Authors: Chen Honghan, Li Sitian, Sun Yongchuan, Zhang Qiming.

2 Regional Geological Background

The Yinggehai and Qiongdongnan basins are located at what was the shelf and upper slope of the passive continental margin of the South China Sea[6]. The two basins are separated by the No. 1 fault system, which is oriented northwest to southeast (Fig. 1). These basins are filled with Tertiary sediments, as illustrated on the general stratigraphic column of Fig. 2.

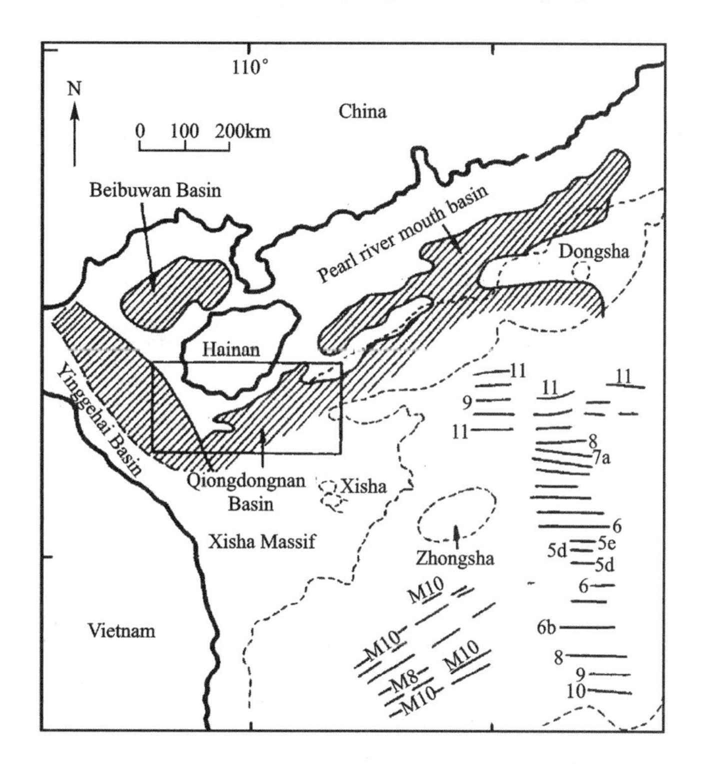

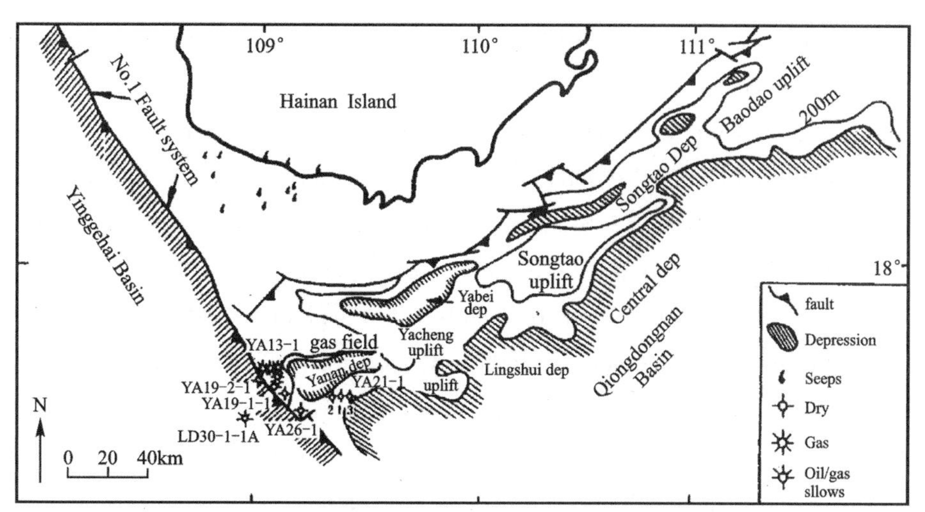

The Qiongdongnan Basin and the Yinggehai Basin are defined as the areas northwest and northeast, respectively, of the No. 1 fault system (modified from[6]).

Fig. 1 Maps of the South China Sea indicate the location of the major basins and structural elements

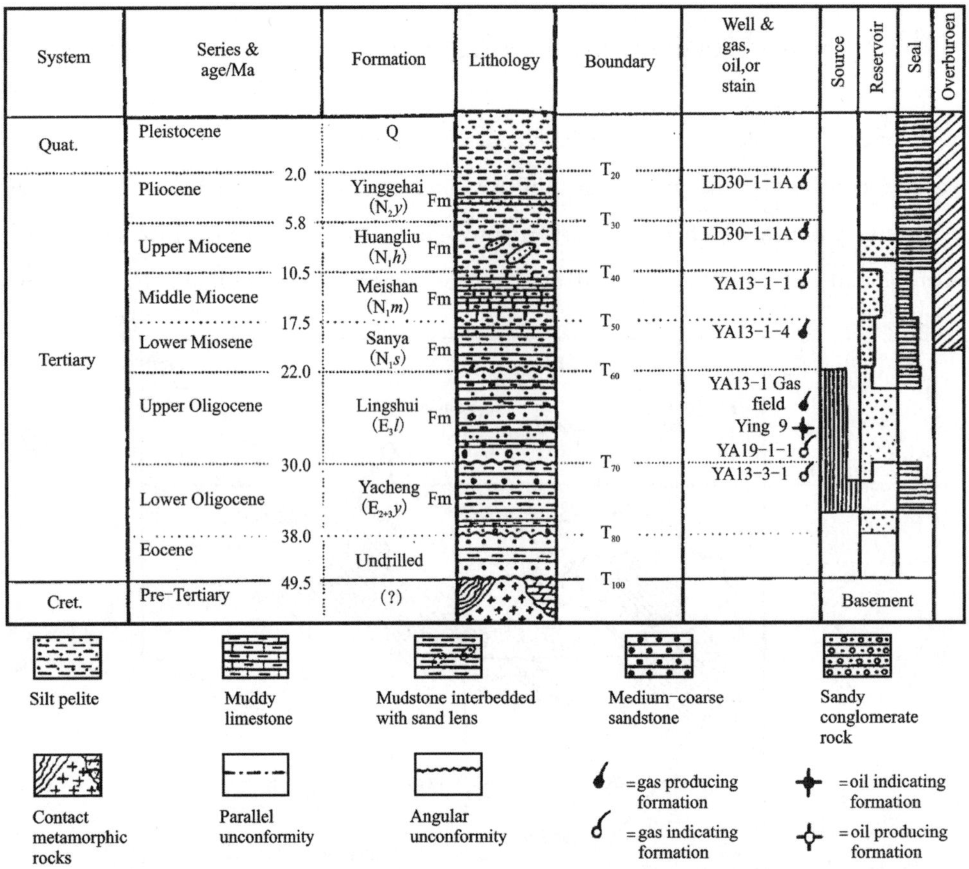

Fig. 2 Neralized stratigraphic column for Ying-Qiong Basin showing the ages and distribution of source, reservoir, and sealing rocks

The Yinggehai Basin southwest of the No. 1 fault is thought to be the result of a transform-extensional system related to tectonic movements along the No. 1 fault[6,7]. The basin is filled with a thick wedge of Tertiary, mostly marine, sediments interrupted between the Oligocene and Miocene by a pronounced angular unconformity, known as the T_{60} layer (Fig. 2). The marine sediments from the Miocene to the Quaternary approach 8000m in thickness, overlaying about 2000 m of Paleocene sediments that have not been penetrated. The basin developeden echelon from north to south. Diapirs and basement-detached folds support the interpretation of a transform-extensional environment[6,7]. Seismic records show that diapirs are separated by high-angled fractures and contemporaneous faults, but can be traced. We did not see any changes in the thickness of the lower source layers; therefore, we conclude that the migrating-upward matter in the diapirs is thermal fluids, rather than mud or salt, and refer to the layers as hydrothermal diapirs. These hydrothermal diapirs can be caused by over pressured discharging and induced dextral slip of marginal faults, because the diapirs are abnormally pressured. Several gas fields, such as parts of Dongfang 1-1 and Ledong 15-1, were found to be over the abnormally pressured zones by China Offshore Oil Nanhai West Corporation in recent years.

The Qiongdongnan Basin is found in a passive continental margin. The basin shows evidence of an early rifting phase through the Oligocene, which created a series of down-to-the-south half grabens, followed by a large-scale marine sediment infilling of the basin from the Miocene through the Quaternary (Fig. 2). As in the Yinggehai Basin, the majority of the sediments are Miocene-Quaternary and unconformably overly the Oligocene lacustrine sediments. The unconformity at the top of the Oligocene is thought to be the result of a lowering of sea level, which principally caused the associated weathering of the feldspathic Oligocene sands of the Lingshui and Yacheng formations, creating good porosity and permeability where the tilted fault blocks would later be sealed by younger sediments. Drilling has revealed that the different over pressured systems developed in the principal reservoir targets of the Oligocene sandstones in some tilted fault blocks, except the Yacheng part of the half grabens.

When the area was opened to western companies in 1979, 15 wells were drilled by ARCO China in conjunction with China Offshore Oil Nanhai West. This effort met with success in the discovery of the YA13-1 field, which is estimated to have recoverable reserves of 3.5tcf($1tcf = 283.17 \times 10^9 m^3$) of gas in Oligocene sandstones at about 3700m depth in YA13-1 structural closure.

Based on seismic lines over the two basins as described by[6], the two basins have undergone initial fault depression, principal rifting, postrifting, and reactive rapid subsidence stages since the Cretaceous. These basins are characterized by a high geothermal gradient, widely developed overpressure, and hydrothermal flow in the last stage. Seismic and borehole records reveal three stratigraphic sequences from the bottom to the top (Fig. 2). Sequence Ⅰ includes two subsequences of the Yacheng Formation ($E_{2+3}y$) and the Lingshui Formation (E_3l) through the Oligocene; sequence Ⅱ is made up of two subsequences of the Sanya Formation (N_1s) and Meishan Formation (N_1m) from the later Miocene to the middle Miocene; sequence Ⅲ is composed of the Quaternary Yinggehai and Huangliu formations ($N_1h + N_2y$). No Paleocene deposits have been found.

The sequence stratigraphy and sedimentary environment analysis indicate that the Yacheng Formation records a transgressive sequence marked by alluvial fan and paralic coal-bearing deposits, which may be the major source rocks. The angular unconformity on the top of T_{70} developed widely in the basins and resulted from episodic tectonic elevation during the principal rifting stage. The Lingshui Formation consists of fan-delta and littoral facies representing a thicker transgressive sequence marked by three smaller scale regressive and transgressive cycles. The angular unconformity on the top of T_{60} represents a diachronic unconformity from east to west, dated at 32Ma in the Pearl River Mouth Basin to 22.5Ma in the Qiongdongnan Basin to 21Ma in the Yinggehai Basin, suggesting the rifting stage ended earlier in the east than that in the west. The Sanya Formation represents the detrital wedge filling during the postrifting stage, and the upper disconformity (T_{50}) resulted from eustatic change. The Meishan Formation represents the postrifting stage characterized by limestones and calcareous mudstones and silts. The T_{40} disconformity reflects a large drop of relative sea level. The Yinggehai and Huangliu formations indicate a special basin fill that cannot simply be attributed to a new rifting deposits because of the absence of faults developing within its layers and rapid subsidence (at a rate of 600 — 1200m/Ma). The lithologies encompass paralic, shallow-shelf sandstones, bathyal gravity-flow deposits, and clay minerals.

3 Burial History

To fit the burial history with formation of the hydrocarbon-generation window, hydrocarbon migration, and accumulation, it is first necessary to do the backstripping corrections. The traditional tools, such as porosity (or difference in sonic transit time) and a maturity indicator (e. g. vitrinite reflectance) changing with depth cannot be directly used to perform the backstripping calculations because we are not able to obtain the normal-trending lines of these parameters changing with depth due to overpressure compartments and thermal fluid flowing laterally in the basins.

In this paper, we present a new method, deposit rate linear extrapolation[8], to restore the eroded sediments of T_{60} and T_{50} in the YA13-1 area. Assuming that the rate of deposition is compensated in a half graben, and the difference of deposit thicknesses between fault blocks is negligible, the linear changing ratio of deposit rate can be obtained by dividing the difference in the thickness by the distance at two points in the continually deposited area. Based on the linear changing ratio to deposition and time of deposition, we can calculate the deposited thickness that is equal to the product of the deposited rate and span of time in the erosional area. The erosional thickness is the difference between the deposited thickness and the residual thickness.

Correction overpressure to undercompaction derives from an equation developed by Chapman[9]:

$$\varphi = \varphi_0 e^{-c\delta z} \quad (1)$$

Where φ= the porosity at depth z, φ_0 = the initial porosity at depth 0, e = the base of Nepierian logarithms, c = a factor related to lithology, and δ = a dimensionless measure of fluid expulsion. Rubey et al.[10] gave the calculation for δ as

$$\delta = (1 - P_f/S)/(1 - P_e/S) \quad (2)$$

where P_f = fluid pressure, S = lithostatic pressure, and P_e = effective stress, which can be calculated by the formula

$$P_e = S - P_f \quad (3)$$

The fluid pressure (P_f) and lithostatic pressure (S) were measured in many wells in Yinggehai and Qiongdongnan basins, which enables us to correct overpressure to under compaction during the burial-history restoration. The paleobathymetric data come from the determinations of micropaleontology and sedimentary environment analysis. Finally, a modified back stripping method was used to restore the burial history on the basis of YA19-1-1 well data. Some obvious conclusions can be gained from Fig. 3. ① The burial history of the objective strata from the Yacheng Formation to the Meishan Formation ($E_{2+3}y$-N_1m) may be divided into two stages. The first stage is an earlier slow shallow burial from 38Ma to 10. 5Ma in which the Yacheng Formation and Meishan Formation were buried no more than 2000m; the second stage is a later, rapid, deep burial from 10.5Ma to the present. The objective layer was buried to a depth of more than 4500—5000m. Actually, based on the seismic interpretation[6], the maximum burial depth of the Yacheng Formation in the subsiding centers of both basins reaches approximately 6000m in the Yanan depression of Qiongdongnan Basin, and 10 000m in the Yinggehai Basin. ②The influence of burial history on petroleum system evolution in the subsiding centers of the two basins is more extensive than that in the YA13-1 area because subsidence is greater (discussed in detail in the next section); however, no wells penetrate the active source rocks of the Yacheng and Lingshui formations that buried depressions in both the Qiongdongnan and Yinggehai basins.

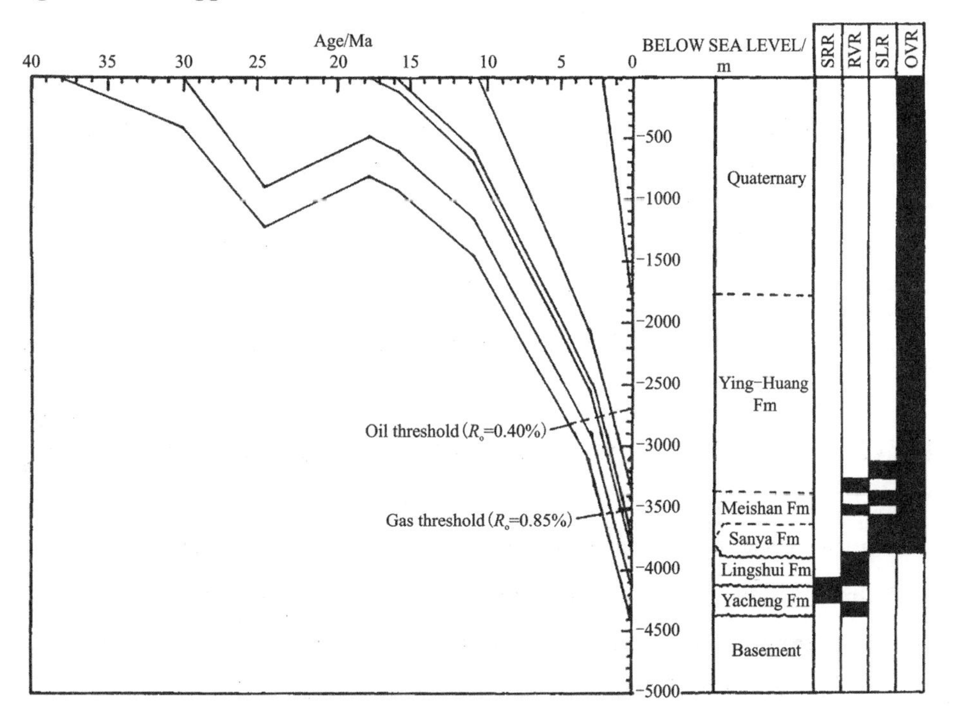

The diagram does not show the active source rocks for well YA13-1 gas field that are buried deeper in the Yanan depression of the Qiongdongnan Basin and in the Yinggehai Basin. SRR=source rock, RVR=reservoir rock, SLR=seal rock, OVR=overburden rock. Well locations are shown in Fig. 1 and 8.

Fig. 3　Burial-history diagram for well YA19-1-1 showing the onset of oil (5.8Ma) and gas (2.0Ma) generation

4　Thermal History

Calculated temperatures based on the method of oxygen isotope ratio[11] sampled from carbonate cements indicate that the paleotemperature on the sea bottom changed from 20℃ in the Oligocene to 30℃ in the Quaternary. Formation temperatures of fluid inclusions[12] suggest that thepaleothermal gradient is 3.4—3.6℃/100m in the rifting stage, 2.4—2.7℃/ 100m in the postrifting stage, and 3.80—4.55℃/100m in the last rapid subsidence stage (Fig. 4), an amount that infers renewed rifting, as confirmed by the magmatic activity around the north margin of the two basins, but no extensional faults developed within the basins (Discussion of why the thermal gradient goes up during the final subsidence is beyond the scope of this paper). Consequently, this thermal history has had a great effect on the overpressure development, which is relative to petroleum migration and accumulation, and kerogen evolution in source rocks in Yinggehai and Qiongdongnan basins.

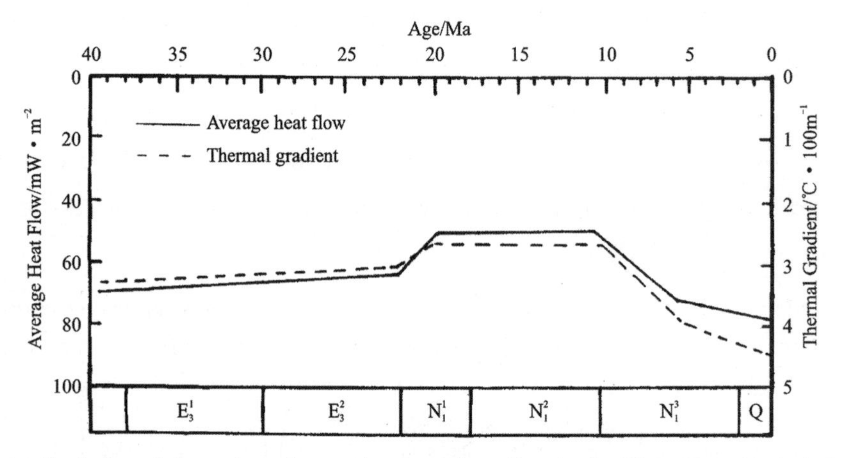

Fig. 4 Evolution of thermal gradient and average heat flow in the Ying-Qiong Basin is based on the formation temperatures, which are based on the fluid inclusion measurement

5 Correlation of Condensate, Gases, and Source Rocks

5.1 Geochemical Components and Maturities for Source Rocks

To assess the type, amount, quality, and thermal maturity of source rocks, we analyzed rock samples from Yinggehai and Qiongdongnan basins. Elemental analysis of kerogens shows that the kerogens from the Yacheng Formation to the Yinggehai and Huangliu formations are type Ⅲ with some type Ⅱb [13], which suggests that these source rocks are gas prone. We analyzed a selected subset of these samples for their organic carbon component to help ascertain a genetic link between the source kerogen and generated gas. Primary analysis consisted of Rock-Eval pyrolysis, which yields data regarding the remaining generative potential of the rock (Table 1). Our analysis yielded two groups. The first group is composed of rocks in Sanya, Meishan, and Ying-Huang formations with an average TOC (total organic carbon) of 0.62%; the second group consists of rocks from the Lingshui and Yacheng formations having an average TOC of 3.63%. Considering TOC, S_1 (the first pyrolysis peak of organic matter representing the generated hydrocarbon), and S_2 (the second pyrolysis peak of organic matter, representing the residual hydrocarbon), the remaining generative potential of source rocks in the second group is greater than that in the first group. The assemblage of biomarkers in the Yacheng-Lingshui formations in Qiongdongnan Basin is characterized by ① a wide range of Pr/Ph ratio (1.0－7.5), with most ratios greater than 3.0; ② an abundance of terrigenous hemiterpane, diterpane, and triterpane; ③ a C_{29}-sterane dominance and a high content of rearranged steranes, all of which suggest that the parent kerogen in source rocks was chiefly derived from the terrigenous sediments.

Table 1　Rock-Eval Pyrolysis Data of Source Rocks in Ying-Qiong Basins, South China Sea*

Well	Depth/m	Lithology	Formation	Age	TOC	S_1	S_2	S_3	T_{max}	HI	OI	S_2/S_3
YA7-4-1	2 339.9	Mud Siltstone	Meishan Fm	M. Mioc.	0.36	0.04	0.23	0.28	430	64	78	0.82
YA7-4-1	2 346.1	Silty Mudstone	Meishan Fm	M. Mioc.	0.44	0.04	0.38	0.24	432	86	55	1.58
YA13-1-2	2869	Mudstone	Ying-Huang Fm	U. Mioc.	0.79	0.12	0.42	1.12	430	53	142	0.38
YA13-1-2	2 974.9	Mudstone	Ying-Huang Fm	U. Mioc.	0.36	0.07	0.22	0.49	434	61	136	0.45
YA21-1-1	3 639.3	Mudstone	Ying-Huang Fm	U. Mioc.	0.27	0.03	0.12	0.63	445	44	233	0.19
YA21-1-1	3 797.8	Shale	Meishan Fm	M. Mioc.	0.27	0.03	0.11	0.39	441	41	144	0.28
YA21-1-1	3810	Shale	Meishan Fm	M. Mioc.	0.58	0.56	0.27	0.24	338	47	41	1.13
YA21-1-1	4 422.7	Shale	Sanya Fm	L. Mioc.	0.58	0.27	0.26	0.22	461	45	38	1.18
YA21-1-2	4 404.4	Shale	Sanya Fm	L. Mioc.	0.34	0.07	0.14	0.33	430	41	97	0.42
YA21-1-2	4 520.2	Shale	Sanya Fm	L. Mioc.	0.45	0.13	0.22	0.34	433	49	78	0.63
LD30-1-1A	3 797.8	Mudstone	Ying-Huang Fm	U. Mioc.	0.37	0.09	0.15	0.37	423	38	100	0.38
LD30-1-1A	4 200.1	Mudstone	Ying-Huang Fm	U. Mioc.	0.84	1.38	1.36	1.15	441	162	137	1.18
LD30-1-1A	4 937.8	Mudstone	Meishan Fm	M. Mioc.	1.31	0.31	0.74	1.97	394	56	150	0.38
LD30-1-1A	4 965.2	Mudstone	Meishan Fm	M. Mioc.	1.70	0.23	0.92	3.11	430	54	183	0.30
Average Value		—	—	—	0.62	0.24	0.40	0.78	429	60	115	0.66
YA7-4-1	2898	Shale	Lingshui Fm	L. Olig.	0.44	0.06	0.30	0.40	435	68	91	0.75
YA7-4-1	2913	Shale	Lingshui Fm	L. Olig.	0.33	0.04	0.21	0.29	431	64	88	0.72
YA7-4-1	2937	Shale	Lingshui Fm	L. Olig.	0.41	0.05	0.30	0.27	435	73	66	1.11
YA13-1-2	2 680.2	Shale	Lingshui Fm	U. Olig.	0.47	0.11	0.19	0.15	452	40	32	1.27
YA13-1-2	3 892.3	Shale	Lingshui Fm	U. Olig.	2.95	0.46	2.15	0.40	454	71	14	5.38
YA13-1-2	3 934.9	Shale	Yacheng Fm	E. Olig.	28.26	7.83	56.91	1.79	456	201	6	31.79
YA13-1-2	4 120.9	Shale	Yacheng Fm	E. Olig.	8.39	1.89	6.34	0.55	459	76	7	11.53
YA13-1-3	3 817.1	Shale	Yacheng Fm	E. Olig.	0.21	0.01	0.04	0.24	463	19	114	0.17
YA13-1-3	3 823.3	Shale	Yacheng Fm	E. Olig.	1.44	0.39	0.67	0.21	457	47	15	3.19
YA13-1-3	3 843.1	Shale	Yacheng Fm	E. Olig.	0.27	0.03	0.09	0.11	464	33	41	0.82
YA13-1-3	3 905.1	Shale	Yacheng Fm	E. Olig.	0.12	0.02	0.02	0.07	323	17	58	0.29
YA21-1-1	4 617.7	Shale	Lingshui Fm	L. Olig.	0.034	0.07	0.17	0.15	348	50	44	1.13
Average Value		—	—	—	3.63	0.91	5.61	0.39	431	63	48	4.81

* TOC=% total organic carbon. S_1=mg HC/g rock that volatilizes < 300℃. S_2=mg HC/g rock cracked from kerogen at 300−600℃. S_3=mg CO_2/g rock generated from kerogen at 300−390℃. T_{max}=temperature of maximum rate of hydrocarbon generation (℃).

Measurements of the selected homogeneous vitrinite reflectances (%, R_o) depict that although the source rock maturities are controlled by multiple conditions, such as burial depth, strata, thermal history, and location, these rocks can be classified into two groups (Fig. 5). The first assemblage, based on data from wells YA13-1-1, YA13-1-2, YA13-1-3, YA13-1-4, YA13-1-6, YA13-1-8, and YA19-1-1 in Qiongdongnan Basin, shows the oil threshold (R_o=0.40%) at 2700m, and the gas threshold (R_o = 0.85%) at 3500m. The second assemblage, based on data from wells LD30-1-1A, DF1-1-1, and LD15-1-1 in Yinggehai Basin, shows the oil threshold (R_o=0.40%) is at 1837m, and the gas threshold (R_o =0.85%) is at 3400m. Obviously, the oil threshold in Yinggehai Basin is shallower by 863m than that in the Qiongdongnan Basin. The likely reason for this difference is that the upward-migrating thermal fluids in the diapir zone in Yinggehai Basin increased the thermal gradient[1], while the overpressure slowed the organic-matter maturation in the overpressured compartment at the deeper part[13] of the basin. Both of these actionsenlarged the range of organic matter maturation vertically. Considering the burial history of well YA19-1-1 (Fig. 3), the source rocks entered the oil window at approximately 5.8Ma (2700m depth), and the gas window at approximately 2.0Ma (3500m depth). In other words, the source rocks of the Yacheng and Lingshui formations arrived in the gas window by rapidly passing the oil threshold. Consequently, the kinetic chemical reactive path of organic matter in both the Yinggehai and Qiongdongnan basins is mainly from kerogen to natural gases. The process was controlled by type Ⅲ kerogen being gas prone, heating of thermal fluid to shallower source rocks, overpressure slowing organic-matter maturation, and special burial and thermal histories.

5.2 Chemical Composition and Maturity for Oil and Gas

Various hydrocarbon component measurements of samples from DST (drill-stem tests) show that gases are dominant in the YA13-1 gas field (Table 2), with a gas/condensate ratio of 13 000 — 600 000m^3/m^3. The biomarkers in condensate are characterized by high a Pr/Ph ratio of 7—9, a paraffin/arene ratio of about 3, abundant hemiterpane and C_{24}-tetranucleated terpane, absolute priority of C_{29}-sterane, and the content of rearranged sterane being much greater than that of angular sterane, which all demonstrate that the parent of condensate came from chiefly terrigenous higher plants that have a good affiliation with the biomarkers in the Yacheng-Lingshui formations. The C_{29} $20S/(20S + 20R)$ of angular sterane condensate is 0.52, suggesting that its source rocks reached optimum maturity, consistent with the burial history (Fig. 3). The $C_{29}\alpha\beta\beta\beta/\Sigma C_{29}$ of the condensate is 0.29, which indicates that the condensate came from source rocks with associated vitrinite reflectance in the range of 0.9%—1.1%.

Methane is predominant in the natural gases (Table 2), averaging 85.80% of the gas. The content of nonhydrocarbon is relatively low, averaging about 8.77% for CO_2 and 0.83% for N_2. The average index $C_1/\Sigma C_{1-5}$ is 0.95. The stable carbon isotope of methane is heavy, with smaller differences among methane, ethane, propane, and butane (Table 3). These data confirm that the gases in the YA13-1 gas field consist mainly of terrestrially sourced gases that

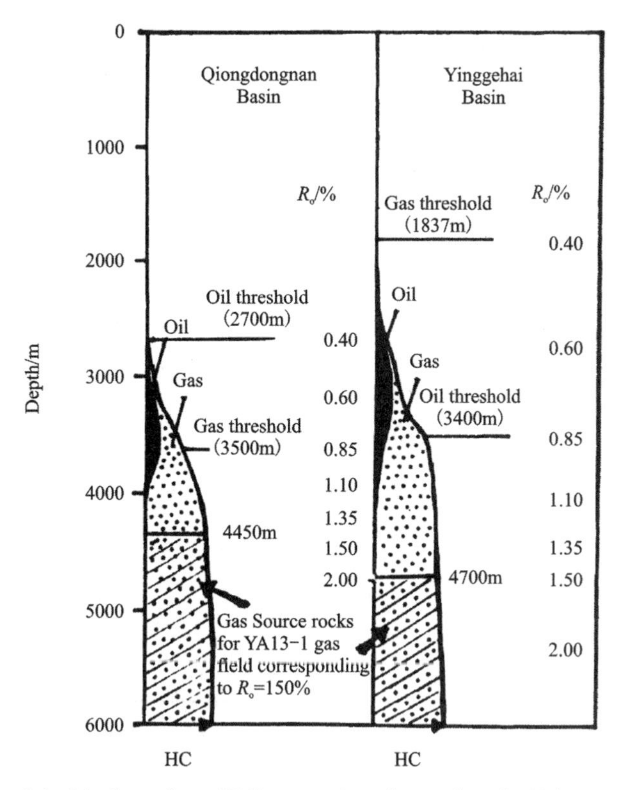

Fig. 5　Conceptual model of hydrocarbon (HC) generation shows that the YA13-1 well gases came from the source rocks in which R_o is greater than 1.50% in both the Qiongdongnan and Yinggehai basins

were partly mixed with a few gases produced from the cracking of oil[14]. Thus, the same correlation between petroleum and source rocks has been obtained on the basis of comparisons of gases and condensates with their source rocks; the terrestrially sourced gases in the YA13-1 gas field are the product of the highly mature terrigenous humic kerogen affiliated with the source rocks of the Yacheng and Linsui formations in YA13-1.

Table 2　Natural Gas Chemical Components, YA13-1 Gas Field

Well	DST	Depth/m	Production section	Concentration /%				
				C_1	C_{2+}	CO_2	N_2	$C_1/\Sigma C_{1-5}$
YA13-1-1	DST_3	3 573.8—3 586.3	E_3l^3	85.03	3.74	9.60	0.72	0.96
YA13-1-1	DST_2	3 658.8—3 702.1	E_3l^3	84.18	3.36	10.79	1.04	0.96
YA13-1-2	DST_5	3 708.8—3 725.6	E_3l^3	88.95	2.72	8.00	0.33	0.97
YA13-1-2	DST_4	3 771.6—3 849.6	E_3l^3	88.52	0.98	10.10	0.30	0.99
YA13-1-2	DST_3	3 888.6—3 907.5	E_3l^3	86.53	1.81	11.50	0.10	0.98
YA13-1-3	DST_5	3 788.7—3 817.3	E_3l^3	83.22	6.98	8.54	1.04	0.93
YA13-1-4	DST_4	3 842.0—3 870.9	$E31^2$	85.71	6.09	6.70	1.23	0.94
YA13-1-4	DST_3	3 898.3—3 921.5	E_3l^3	84.58	4.65	8.73	1.76	0.95
YA13-1-6	DST_3	3 774.9—3 817.6	E_3l^3	85.50	8.58	4.99	0.93	0.91
Average value	—	—	—	85.80	4.32	8.77	0.83	0.95

Table 3　Stable Carbon Isotope Ratios of Natural Gas, YA13-1 Gas Field

Well	Depth/m	$\delta^{13}C_1$/‰	$\delta^{13}C_2$/‰	$\delta^{13}C_3$/‰	$\delta^{13}C_4$/‰	$\delta^{13}C_{CO_2}$/‰	δD_{C1}/‰
YA13-1-1	3 573.8—3 586.3	−35.80	−25.20	−24.20	—	−4.90	—
YA13-1-1	3 658.8—3 702.1	−35.50	—	—	—	—	—
YA13-1-1	3 728.9—3 754.2	−34.40	—	—	—	—	—
YA13-1-2	3 708.8—3 725.6	−36.86	−23.97	—	—	—	—
YA13-1-2	3 771.6—3 849.6	−34.75	−24.57	—	—	—	−121.71
YA13-1-2	3 888.6—3 907.5	−35.12	—	—	—	—	—
YA13-1-3	3 788.7—3 817.3	−39.36	−36.47	−25.01	−26.85	—	−127.29
YA13-1-3	3 943.5—3 961.8	−36.94	−26.21	−24.93	—	−6.08	—
YA13-1-4	3 842.0—3 870.9	−37.78	−25.96	−24.51	−24.68	−8.31	−141.90
YA13-1-4	3 898.3—3 921.5	−37.09	−26.29	−27.71	−24.78	−7.70	−124.06
YA13-1-4	3 943.5—3 961.8	−36.89	−26.29	−25.16	—	−6.09	—
YA13-1-6	3 774.9—3 817.6	−39.88	−26.82	−25.39	−26.21	−10.20	−142.20

5.3　Identification and Evaluation of Gas Source Rocks

Stable carbon isotopes are commonly used to recognize the gas source rocks because they record the source and maturation history of the gas[15]. Based on the Raleigh distillation relationship, the isotope ratios of the remaining reactant pool (a generating kerogen) and the generated gases from the kerogen can be approximated[15,16], respectively, by

$$\delta^{13}C_k = (1000 + \delta^{13}C_{kl}) \times f^{k-1} - 1000 \quad (4)$$

and

$$\delta^{13}C_g = (1000 + \delta^{13}C_{kl}) \times \frac{1 - f^k}{1 - f} - 1000 \quad (5)$$

where $\delta^{13}C_{kl}$ = the stable carbon isotope ratio of the initial reactant, $\delta^{13}C_k$ = the stable carbon isotope ratio of kerogen during the thermogenic gas phase, $\delta^{13}C_g$ = the stable carbon isotope ratio of cumulatively generated gas, f = the fraction of the reactant remaining, and k = the carbon kinetic fractionation factor; therefore, let

$$A = (1000 + \delta^{13}C_k)/(1000 + \delta^{13}C_{kl}) \quad (6)$$

$$B = (1000 + \delta^{13}C_g)/(1000 + \delta^{13}C_{kl}) \quad (7)$$

Then, substituting equations (6) and (7) into equation (4) yields

$$f = A^{1/(k-1)} \quad (8)$$

Inserting equation (8) into equation (5) and comparing with equation (7) to obtain

$$(1 - f^k)/(1 - f) = B \quad (9)$$

and substituting equation (8) into equation (9) and rearranging yields

$$BA^{1/(k-1)} - A^{k/(k-1)} = B - 1 \quad (10)$$

Let $k = 1 + 1/x$ and place it in equation (10) to get

$$x = \ln[(B-1)/(B-A)]/\ln A \quad (11)$$

and then

$$k = \ln A/\ln[(B-1)/(B-A)] \quad (12)$$

Replacing equation (12) with equation (8) obtains the following function:

$$f = A^{\ln[(B-1)/(B-A)]/\ln A} \quad (13)$$

Because f is related to kerogen maturity, it is easy to prove that f represents the theoretical potential gas in source rock kerogen[14]. We can calculate the theoretical potential gas amount (f) of kerogen by equation (13) only using its generated gaseous carbon isotope ratio ($\delta^{13}C_g$), the assumed initial carbon isotope ratio ($\delta^{13}C_{kI}$), and its carbon isotope ratio ($\delta^{13}C_k$) during catagenesis. In other words, if the calculated f were different from the measured f and the assumption is valid, the cause-effect relationship between the gas and the kerogen would not exist.

There is some uncertainty in using the method; this uncertainty is caused by the assumption of the initial carbon isotope ratio; mixture of pyrolysis hydrocarbon gases with the hydrocarbon gases generated by other mechanisms, such as methanogenic bacteria; and the isotope exchange with other carbon-bearing species, such as calcite and CO_2; however, it appears that the isotopic signatures can remain intact over geologic time, provided that secondary effects have not altered their composition[17]. Despite the limitations, our method was applied to attempt to discover the sources of the YA13-1 gas field; we compared our conclusions with conclusions reached by other methods, and our results are in the next section.

In accordance with the measurement of $\delta^{13}C_g$ (Table 3) and $\delta^{13}C_k$ (Table 4), and supposing a $\delta^{13}C_{kI}$ value of $-28‰$ (PDB)[18], $\delta^{13}C_{CH_4}$ of the highest maturity for YA13-1 gases is about $-34.5‰$, and the average $\delta^{13}C_k$ ranges from 3920m to 3993m (Yacheng and Linshui formations). In the Yacheng area, $\delta^{13}C_{CH_4}$ is about -27.31%, and the average $\delta^{13}C_k$ is 4700m (Meishan Formation); in the Yinggehai Basin, $\delta^{13}C_{CH_4}$ is $-24.28‰$. Based on these data, we make two assumptions. First, assuming that YA13-1 gases come from the source rocks of the Yacheng and Linshui formations, using equation (13) the theoretically potential gas amount (f) of kerogen is more than 0.90. In other words, based on this method, although the biomarkers and maturities in the YA13-1 area indicate the source rocks of the Yacheng and Linshui formations are in the gas window (below 3500m), they are still inactive for YA13-1 gas; therefore, the active source rocks for the YA13-1 gas field are buried deeper or are more mature. Second, supposing that YA13-1 gases come from the source rock of the Meishan Formation at 4700m in Yinggehai Basin, similarly we calculate its theoretical potential gas amount at about 0.50. The source rocks of the Meishan Formation in Yinggehai Basin have generated about one-half of the gases that have the equivalent maturity of YA13-1 gas. Additionally, the source rock of the Meishan Formation in Yinggehai Basin is rich in calcareous cement, which may produce abundant inorganic CO_2 with heavier stable carbon isotopes to go in the reservoirs with natural gases, as in the DF1-1 gas pool. The content of CO_2 in YA13-1 gas field, however, is low (the average value is not more than 8.77%) (Table 2). Even if YA13-1 gases come from Yinggehai Basin, their source rocks must be in the Yacheng and Linshui formations, which were buried deeper than the Meishan Formation (>4700m).

Table 4 Stable Carbon Isotope Ratio of Kerogen Extracted from Source Rocks with Kerosene, Ying-Qiong Basin

Basin	Well	Formation	Depth/m	$\delta^{13}C$/‰, PDB
Qiongdongnan	YA13-1-2	$E_{2+3}y$	3920−3923	−27.26
Qiongdongnan	YA19-1-1	N_1m	3 989.0−3 992.9	−27.38
Yinggehai	LD30-1-1A	N_2y	2 511.5	−24.16
Yinggehai	LD-1-1A	N_1m	4700	−24.41

Of course, migration mixing, multiple sources, and other factors can decrease the accuracy of this method, so we include adiamantane index:

$$F = 4MD/(1MD + 3MD + 4MD) \quad (14)$$

where 1MD, 3MD, and 4MD are 1−methyl diamantane, 3−methyl diamantane, and 4−methyl diamantane, respectively, and a regressive relationship between F and R_o proposed by Fu et al. [18] has been used to further state that YA13-1 gases come from the source or sources where the R_o corresponds to more than 1.5%. Considering the burial history (Fig. 3) and source rock thermal evolution (Fig. 4) described, if YA13-1 gases came from the Yanan depression in the Qiong-dongnan Basin, the burial depth for active source rocks must be more than 4450m, and if the gases came from the Yinggehai Basin, the burial depth for active source rocks must be more than 4700m (Fig. 5).

Note that the two different methods being used to recognize YA13-1 gas sources have arrived at the same conclusion: the gases certainly derived from the deeply buried source rocks of Yacheng and Lingshui formations in both the Qiongdongnan Basin and in the Yinggehai Basin; however, there is an angular discordance between the Yacheng Formation and the Lingshui Formation. We treat them as a single source rock partly because the two formations have a similar kerogen type and maturity. Well data and seismic sections indicate both formations developed both in highs and deeps in the two basins; nevertheless, how the gases replenished in the YA13-1 gas field is not yet well known.

6 Migration and Accumulation

The sources of the YA13-1 gas field have been disputed for a long time. Considering the fluid potential analysis and theoretical calculation of mass transform equilibrium equation, Li [19] thought that the hydrocarbons in the YA13-1 gas field came from the Yanan depression of the Qiongdongnan Basin. Considering the widely developed overpressure in the basins and the conclusions of natural gas migration experiments using high temperatures and pressures in the laboratory, Zhang et al.[20] summarized the current notions of abnormal pressure and hydrocarbon migration as simply that hydrocarbons tend to migrate from areas of high abnormal pressure to areas of lower pressure. Based on this general concept[21], and supported by geochemical data, they believed that the gas in the YA13-1 gas field migrated from deep and abnormally pressured Miocene source rocks in the Yinggehai Basin to the east[20]. Zhang et al.[20] also believed that the No. 1 fault (Fig. 1) acts as a migration conduit for high-pressure fluids to migrate to the normally pressured Oligocene sandstones from the YA13-1 field. The geochemical composition of gases and condensate in the YA13-1 field are used to support this migration scenario. The amount of the larger and polar hydrocarbons decreases systematically away from the No. 1 fault, a trend that also is reflected in the specific gravity, pourpoint, and carbon isotopes of methane[20,22,23]. This geochemical trend is described as reflecting the absorption of larger hydrocarbon molecules on rocks during secondary migration (chromatographic effecting). Zhang et al.[20] also make a strong theoretical case that gas migrated in an aqueous phase (dissolved in formation water) rather than as a separate gas phase.

The evaluation by Amoco Orient supports the interpretation by Zhang et al.[22,23] that the majority of the gas in the YA13-1 field likely migrated from the Yinggehai Basin to the west, with only small amounts of gas migrating from the Yanan depression to the east in the Qiongdongnan Basin. Many geologists of Nanhai West Oil Corporation also believed that the prospective YA26-1 structure to the south of YA13-1 along the No. 1 fault is also likely sourced from the Yinggehai Basin. Their evaluation of migration pathways is based on structure maps and basin models that indicate that only the YA21-1 structure was likely to have received the majority of its potential gas from within the Qiongdongnan Basin in the Yanan depression to the north. In recent years, however, the DST (drill-stem tests) and RFT (repeat formation tests) of the wells of the YA19-2-1 directly to the west in Yinggehai Basin, YA26-1-1 at the YA26-1 structure drilled by ARCO China, Inc. , and YA21-1-1, YA21-1- 2, and YA21-1-3 drilled by Nanhai West Oil Corp. At the YA21-1 structure in Qiongdongnan Basin to the south of the YA13-1 gas field indicate the Oligocene sands were wet and within the abnormally high-pressured system; therefore, no large gas accumulation was present in the Oligocene sands of the three structures. Consequently, many workers interpret the source of the YA13-1 gas field as being derived from Yanan depression.

We use fluid inclusion and stable carbon isotope measurements to trace the thermal fluids of the hydrocarbon migration and accumulation processes in the YA13-1 gas field. The formation temperatures of fluid inclusions occurring in the overgrowths and cements of fractures across the overgrowths indicate that there are three orders of thermal fluid movement (Fig. 6): 80—100℃, 120—160℃, and 160—210℃; only the second and third orders are relative to gas migration and accumulation, as confirmed by chemical component analysis of fluid inclusion (Table 5). Using the formula

$$H = (T_f - T_o)/G \times 100 \tag{15}$$

where H=migration depth (in meters), T_f=formation temperature of saline fluid inclusion on the same order as petroliferous fluid inclusion, T_o = temperature of the sea bottom (20℃, determined with oxygen isotope of carbonate cements by Yang Baoxing and Zhang Guohua, and G is the paleothermal gradient (the average value being 4.3℃/100m); and considering the burial history previously described, we have come up with two events of gas migration and accumulation. The first session of gas migration ad accumulation occurred between 5.8Ma and 2.0Ma (Pliocene) and corresponds to a reservoir burial depth of about 3000m. The second session has occurred since 2.0Ma (Quaternary) and corresponds to a reservoir burial depth of 3700—3800m.

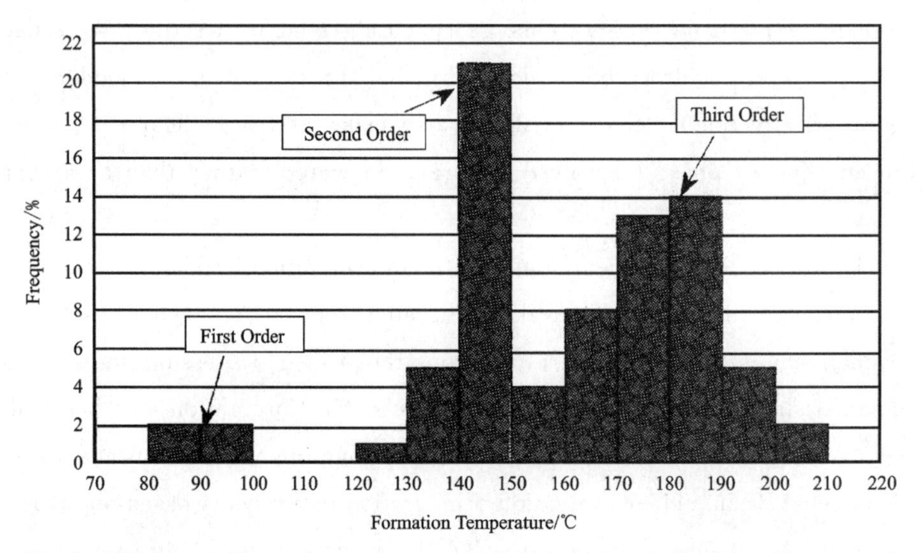

Fig. 6 Histogram of formation temperature of fluid inclusions in the Qiongdongnan and Yinggehai basins, South China Sea

Table 5 Compositions and Content of Organic Field Inclusion of the Second and Third Orders

Well	Formation	Depth/m	Relative Content /%					
			C_1	HC	C_2	C_3	iC_4	nC_5
YA13-1-2	E_3l	3 669.36	64.31	11.97	19.26	2.18	1.72	4.76
YA13-1-4	E_3l	3 895.75	88.25	2.92	4.45	0.46	3.90	3.66
YA13-1-6	E_3l	3 793.50	63.45	2.30	16.60	3.70	14.40	3.59
LD30-1-1A	N_1h+N_2y	3 250.07	81.71	7.22	4.89	0.62	5.50	5.15

The average salinity of liquid fluid inclusion is about 10.75 wt.% NaCl (Table 6), which suggests that the fluid forming the fluid inclusions came from low-salinity water by the dehydration transition of smectite into illite/smectite mixed-layer clay minerals. In the inorganic chemical components (Table 7), the chlorine anion concentration is similarly low, but the sulfuric anion concentration is so high that little anhydrite discovered from the cements precipitated from the porous water; hence, the chemical components of fluid-bearing hydrocarbon inclusions are comparable with those of the Yacheng Formation deposited in paralic environments with abundant sulfide and fresh water.

Table 6 Salinity of Fluid Inclusions

Well	Formation	Depth/m	Salinity/(wt. % NaCl)
LD30-1-1A	N_1h+N_2y	3 250.07	11.8
YA13-1-1	N_1m	3 338.61	12.1
YA13-1-2	E_3l	3 795.08	12.9
YA13-1-3	$E_{2+3}y$	3 935.57	7.2
YA13-1-4	E_3l	3 896.95	11.9
YA13-1-8	N_1s	3 855.00	8.6

Table 7 Inorganic Ion Concentrations of Fluid Inclusions*

Well	Formation	Depth/m	F^-	Cl^-	SO_4^{2-}	K^+	Na^+	Ca^{2+}	Mg^{2+}
YA13-1-1	N_1m	3 338.61	2.62	2.74	373.00	19.80	4.75	156.00	6.63
YA13-1-2	E_3l	3 669.36	0.47	1.76	144.00	30.80	4.54	20.10	0.01
YA13-1-4	E_3l	3 895.75	0.92	6.34	20.50	17.80	7.84	22.40	5.31
LD30-1-1A	N_1h+N_2y	3 250.07	1.13	4.28	96.70	16.10	9.00	126.00	5.99

* Concentrations are in g/L. Sampling by extraction of blasting the liquid fluid inclusions.

The existence of a great number of petroliferous fluid inclusions (Table 5) suggests that the gases that migrated possibly were dissolved in water. Zhang et al. [22] performed an experiment to further prove this mechanism for the YA13-1 gas field. The average content of methane in fluid conclusions ranges from 64.31% to 88.25% (Table 5), which is comparable with that (85.80%, Table 2) sampled by DST in the YA13-1 gas field.

The cross section of $\delta^{13}C_{CH_4}$ contour map (Fig. 7) further shows that there are possibly two gaseous sources for the YA13-1 gas field. The first source comes from the active source rocks having temperatures ranging from 120℃ to 160℃ in the Yanan depression in Qiongdongnan Basin; this source replenished the drape anticline in the limb of YA13-1 because the reservoir rock and source rock are in lateral communication. The second source of gas was derived from the deep part of the Yinggehai Basin having temperatures ranging from 160℃ to 210℃; this source replenished in the crest of the trap, and the No. 1 fault served as a conduit for gas migration, as is confirmed by seeps near the offshore South China Sea (Fig. 1). The distributions of gases within the trap are controlled by the fluid potential[24], and the second source may be replenished into the trap later than the first; therefore, even though there are two sources replenishing the YA13-1 gas field (Fig. 8), the fact that two critical moments (points in time that best depict the generation, migration, and accumulation of most hydrocarbon in a petroleum system)[4] occurred is reasonable: 5.8Ma for the (Yacheng-Lingshui)-Linshui petroleum system in Qiongdongnan Basin, and 2.0Ma for the (Yacheng-Linshui)-Lingshui petroleum system in Yinggehai Basin.

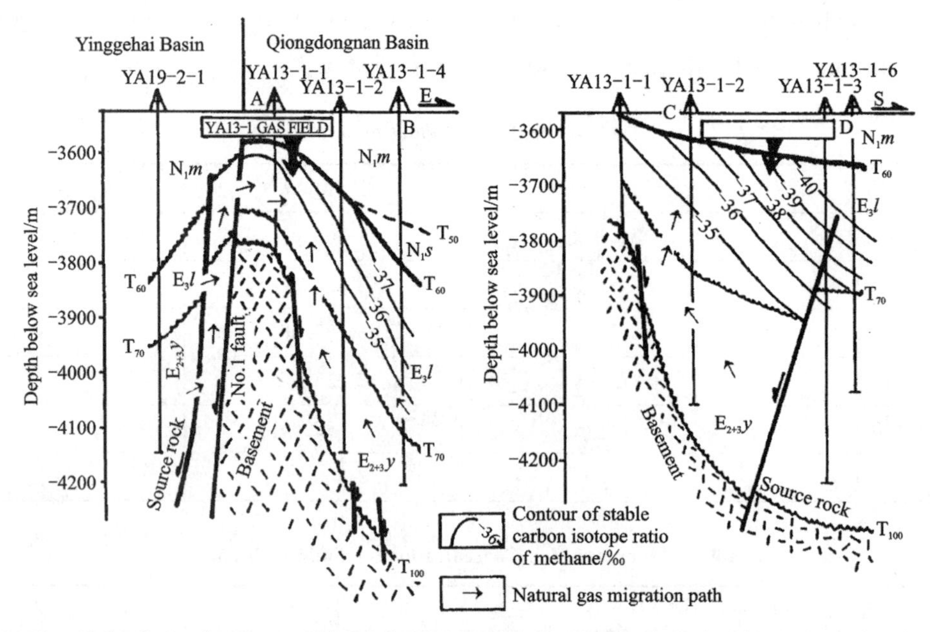

Note in this figure that the vertical scale has been enlarged, and that depths begin at −3600m.

Fig. 7 Cross section contour map of stable carbon isotopic ratio of methane (‰ PDB), possibly indicating double lateral migration and accumulation paths and distribution of different mature gases of the YA13-1 gas field (see Fig. 1 for locations of wells)

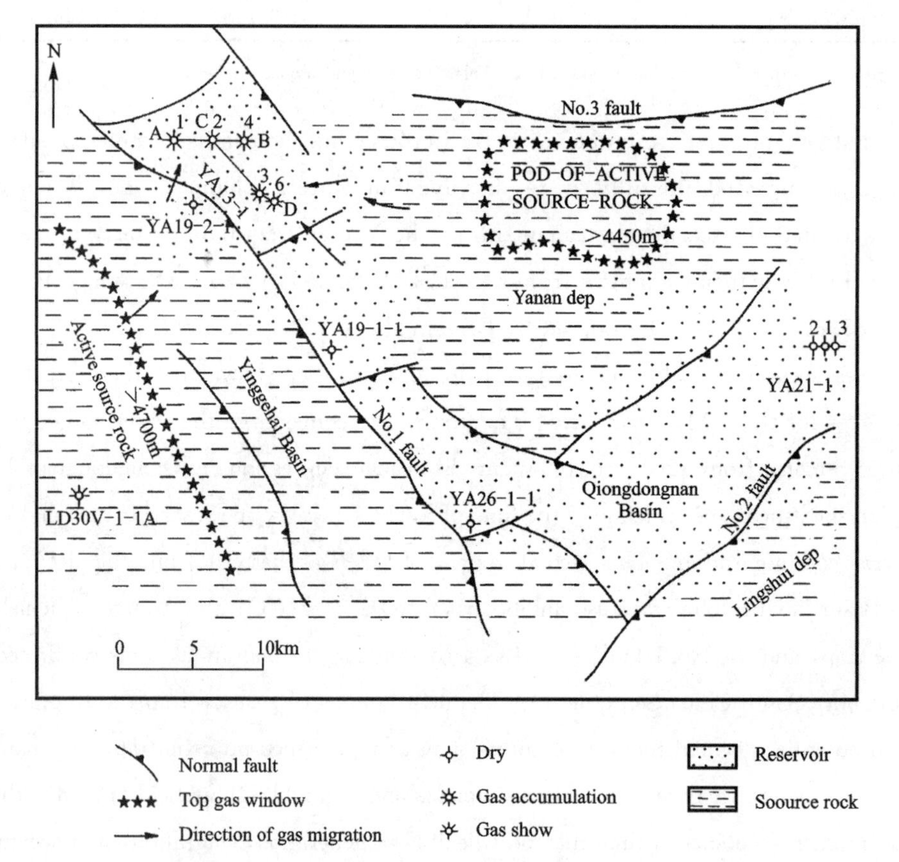

Fig. 8 Plane map showing the geographic extent of the (Yacheng-Lingshui)-Lingshui petroleum system at the critical moments (5.8Ma and 2.0Ma) (The active source rocks for the YA13-1 gas field lie within gas windows in the Yanan depression of Qiongdongnan Basin and in the Yinggehai Basin)

7 Evolution of Reservoir and Seal

The reservoirs of the Lingshui Formation in the YA13-1 area mainly consist of lithic arkoses deposited in distributary channels and subaqueous distributary channels of a fan delta, but these reservoirs also contain quartz sandstones of high maturity and good sorting deposited in a paralic beach. The average porosity and permeability for the sandstones is 14.9% and 213 $\times 10^{-3} \mu m^2$, respectively. The reservoir diagenesis is characterized by feldspar kaolinization due to leaching by fresh water at the end of the Oligocene, dissolution and precipitation of aluminosilicates and carbonate cements caused by thermal fluid-bearing organic acid, and dehydration of smectite transition into I/S mixed-layer clay minerals in depressions during a shallow (<2000m) burial stage, which resulted in primary and secondary complex porous types in reservoirs. The overgrowths around the framework grains of potassium feldspar and quartz during the early and middle stages not only decreased the porosity and permeability of the reservoirs due to their "supporting" function at the contact surface between overgrowth grains, but also preserved the reservoir quality during the deep-burial stage. When the content of overgrowths is between 2% and 4%, as is shown in Fig. 9, the porosity and permeability will have high values.

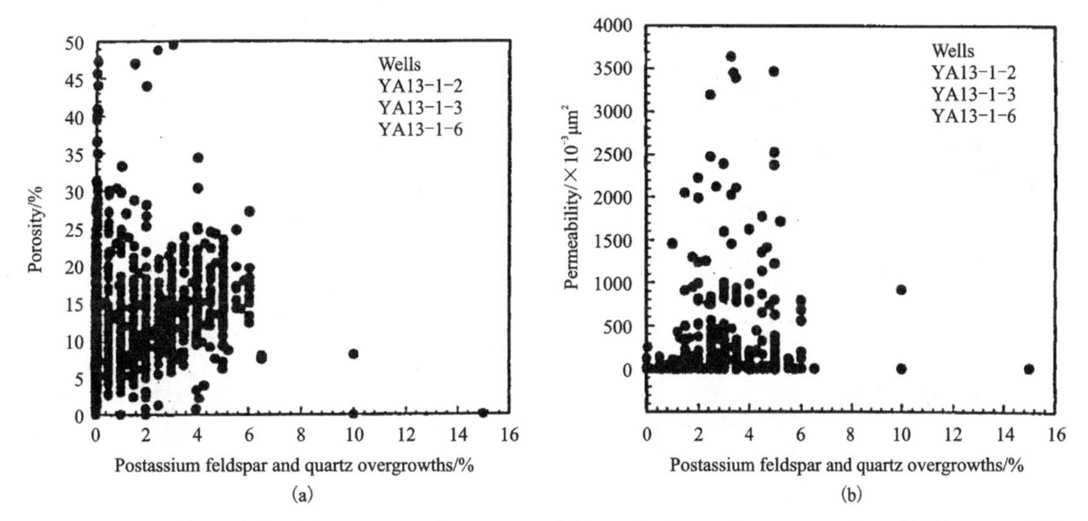

Fig. 9 Scatter plots of the (a) porosity of potassium feldspar and quartz overgrowths and (b) permeability of potassium feldspar and quartz overgrowths for Lingshui Formation sandstones, YA13-1 area (Note that between 1% and 6% overgrowths improves reservoir quality because they occur at shallower depths (<2000 m))

The overburden rock in the YA13-1 gas field includes the Meishan Formation, the Yinggehai and Huangliu formations, and the Quaternary System, with an average thickness of 3000m. The seal is composed of carbonate rocks, calcareous silts, and mudstones in the Meishan Formation, in which the single layer is 2.5 — 10m thick with 7 — 10MPa expelling pressure. There is a superpressured system with 49 — 66MPa fluid pressure developing within the Meishan Formation; therefore, the efforts of the 51.5—75MPa expelling pressure formed an effective seal for the YA13-1 gas field.

The cross section of burial history (Fig. 10) shows that the YA13-1 area is an inherited paleohigh and developed a drape anticline because of structural elevation and differential compaction after the overloading sedimentation. The trap formed at the end of the middle Miocene (approximately 10.5Ma), which is much earlier than the beginning of gaseous migration and accumulation (approximately 5.8Ma); thus, the essential elements of trap formation and the generation, migration, and accumulation of gas basically occurred together.

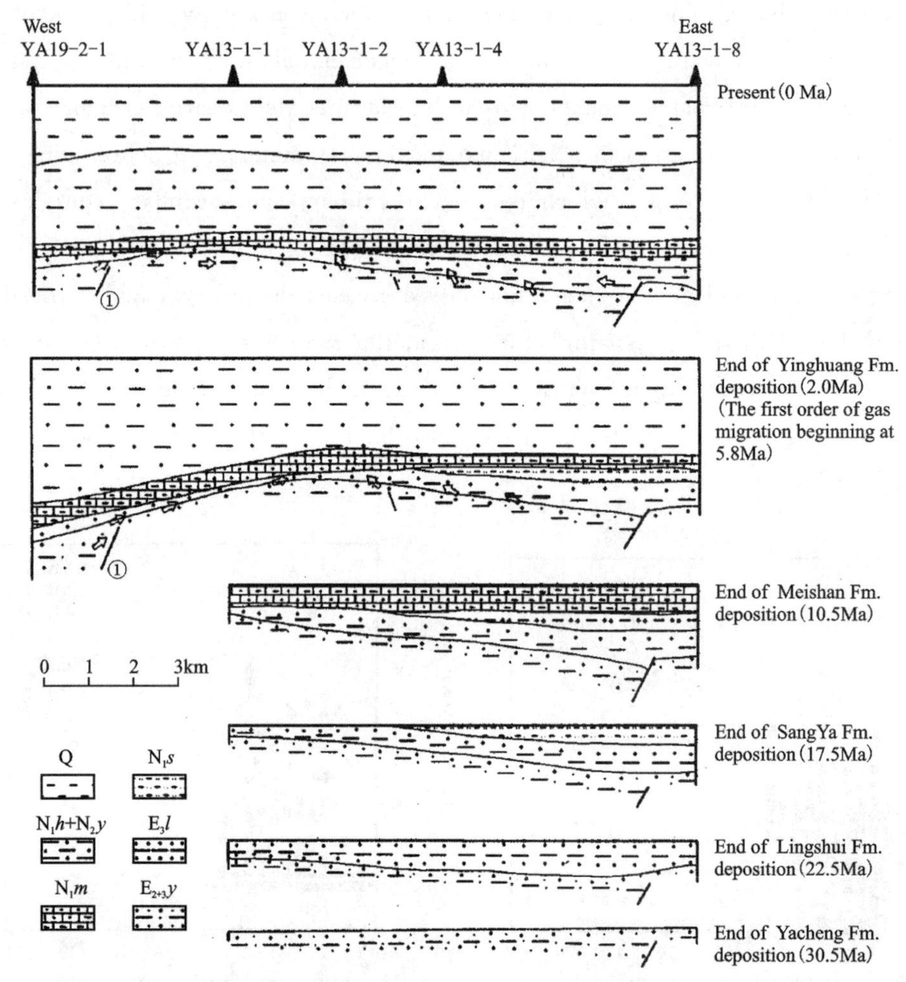

Fig. 10 Cross sections of burial history show the YA13-1 trap forming at 10.5Ma, earlier than the time of major gas migration and accumulation (5.8Ma to the present), Yinggehai Basin (Note that the restoration of the YA19-1-1 well burial history was corrected by calculating decompaction, paleowater depth, erosive thickness of layers T_{50} and T_{60}, and overpressure)[8]

Because the reservoirs of theLingshui Formation in the YA13-1 area are well connected with the open systems, they kept a hydrostatic pressure in the course of evolution, which became a good site for discharge of thermal fluids bearing hydrocarbons, exsolution and accumulation of natural gases confirmed by thermal anomaly, restoration of paleofluid pressure, and measurement of fluid inclusions[12].

8 Conclisions

The major features of the (Yacheng-Lingshui)-Lingshui petroleum systems are summarized in Fig. 11 and are defined by the following conclusions.

49.5 38.0 30.0 22.0 17.5 10.5 5.8 2.0									Geologic Time Scale / Petroleum System Events
Mz.	TERTIARY							Q	
Pre-Tr	E_2	$E_{2+3}y$	E_3l	N_1s	N_1m	N_1h	N_2y	Q	
									Source Rock
									Reservoir Rock
									Seal Rock
									Overburden Rock
									Trap Formation
									Generalization-Migration-Accumulation
									Preservation Time
									Critical Moment

Fig. 11 Events chart showing the relationship among the essential elements, processes, preservation times, and critical moments for YA13-1 gas field, Ying-Qiong Basin, South China Sea

(1) Two petroleum systems charge the YA13-1 gas field. The first system is from the Yacheng and Lingshui formations at a depth greater than 4450m in the Yanan depression in the Qiongdongnan Basin; the second system is from the Yacheng and Lingshui formations at a depth greater than 4700m west of the No. 1 fault in Yinggehai Basin.

(2) Rapid subsidence and dominant gas-prone type Ⅲ kerogen controlled the chemical reactive path of hydrocarbon generation, from kerogen directly to natural gas.

(3) Two orders of migration and accumulation occurred after the Pliocene. The first critical moment occurred at 5.8Ma; the second critical moment occurred at 2.0Ma.

(4) The special burial histories and dissolution and precipitation of aluminosilicates and carbonate cement are helpful in maintaining the reservoir′s quality, and a good closed overpressure system and thick fine-grained sediments with higher expelling pressure in the Meishan Formation combined for a good reservoir seal.

Note that the evolution of the fluid pressure system, burial history, and thermal history are three important controls on the petroleum system. For example, there is no significant difference in the quality of reservoir and seal integrity between the YA13-1 area and the YA21-1 or YA26-1 area, but the great risk in exploring the YA21-1 or YA26-1 area has been confirmed by drilling. The main reason for this greater risk is that deposits in the YA21-1 and YA26-1 areas subsided more rapidly than did deposits in the YA13-1 area and developed very high fluid pressure during the regional gas migration, which is not favorable for gas accumulation.

REFERENCES

[1]SUN Y C, CHEN H H. Characteristics and prospect for dynamic study of petroleum geology[J]. Earth Science Frontiers, 1995, 2(3): 9-14. (in Chinese)

[2] DOW W G. Application of oil correlation and source rock data to exploration, Williston basin[J]. AAPG Bulletin, 1974, 58(7): 1253-1262.

[3]PERRODON A, MASSE P. Subsidence, sedimentation and petroleum systems[J]. Journal of Petroleum Geology, 1984, 7(1): 5-26.

[4]MAGOON L B, DOW W G. The petroleum system: from source to trap[M]. Tulsa: AAPG, 1991.

[5]MAGOON L B. The petroleum system: a classification scheme for research, resource assessment, and exploration[R]. Petroleum systems of the United States: U. S. Geological Survey Bulletin, 1987, 1988: 2-15.

[6] CHEN P H, CHEN Z Y, ZHANG Q M. Sequence stratigraphy and continental margin development of the northwestern shelf of the South China Sea[J]. AAPG Bulletin, 1993, 77: 842-862.

[7]LI S T, MO X X, YANG S G. Evolution of circum- Pacific basins and volcanic belts in east China and their geodynamic background[J]. Journal of China University of Geosciences, 1995, 6(1): 48-58. (in English)

[8]CHEN H, SUN Y, YE J, et al. Unique burial history of Ying-Qiong Basin[J]. China Offshore Oil and Gas (Geology), 1994, 8(5): 329-336. (in Chinese)

[9]CHAPMAN R E. Primary migration of petroleum from clay source rocks[J]. AAPG Bulletin, 1972, 56(11): 2185-2191.

[10]RUBEY W W, HUBBERT M K. Role of fluid pressure in mechanics of overthrust faulting, pt. 2: overthrust belt in geosynclinal area of western Wyoming in light of fluid-pressure hypothesis[J]. AAPG Bulletin, 1959, 70(2): 167-205.

[11] SUNDBERG K R, BENNETT C R. Carbon isotope paleothermometry of natural gas[C]// BJOROY M, ALBRCCHT P, CORNFORD C, et al. Advances in organic geochemistry—1981. Chichester:John wiley and son,1983:769-774.

[12]CHEN H H, ZHANG Q M, SHI J X. Evidence of fluid inclusion for thermal fluid-bearing hydrocarbon movements in Qiongdongnan Basin, South China Sea[J]. Science in China (Series D), 1997, 40(6): 648-655.

[13] HAO F, SUN C, LI S T, et al. Overpressure retardation of organic-matter maturation and petroleum generation: a case study from the Yinggehai and Qiongdongnan basins, South China Sea[J]. AAPG Bulletin, 1995, 79(4): 551-562.

[14]CHEN H H, SUN Y C, ZHANG Q M, et al. Calculation of theoretically potential gas amount using stable carbon isotope ratio[J]. Chinese Science Bulletin, 1995, 40(20):

1731-1733.

[15]CLAYTON C. Carbon isotope fractionation during natural gas generation from kerogen[J]. Marine and Petroleum Geology, 1991, 8: 232-240.

[16]CLAYPOOL G E, KAPLAN I. The origin and distribution of methane in marine sediments[M]// KAPLAN I R. Natural gases in marine sediments. New York: Plenum Press, 1974:232-240.

[17]WHITICAR M J. Correlation of natural gases with their sources[M]// MAGOON L B, DOW W F. The petroleum system: from source to trap. Tulsa: AAPG, 1994: 261-283.

[18]FU J M, LIU T H, SHENG G Y. Stable isotope geochemistry analysis[M]. Beijing: Science Press, 1990. (in Chinese)

[19]LI M C. Migration of oil and gas[M]. Beijing: Petroleum Industry Press, 1994. (in Chinese)

[20]ZHANG Q M, HU Z L. High-temperature and high-pressure conditions and migration of hydrocarbons in Yinggehai-Qiongdongnan Basin[M]// ZHANG Q M. A collection on petroleum geology of Yinggehai Basin, South China Sea. Beijing: Seismic Press, 1993.

[21]HUNT J M. Generation and migration of petroleum from abnormally pressured fluid compartments[J]. AAPG Bulletin, 1990, 74: 1-12.

[22]ZHANG Q X, LI Y L, HUANG B J. Discrimination of hydrocarbon source rocks in gas field YA13-1 using GC-MS data[M]// ZHANG Q M. A collection on petroleum geology of Yinggehai Basin, South China Sea. Beijing: Seismic Press, 1993: 37-43.

[23]ZHANG Q X, LI Y L, HU Z L. Thermal origin of oil and its aqueous phase migration in Meihsan Formation of Yinggehai Basin[M]// ZHANG Q M. A collection on petroleum geology of Yinggehai Basin, South China Sea. Beijing: Seismic Press, 1993: 98-104.

[24]LIU F L. An analysis of the conditions for oil and gas migration and accumulation of Lingshui Group in region N, Qiongdongnan Basin[J]. Acta Petroleum Sinica, 1992, 13(3): 36-43. (in Chinese)

Lateral Migration Pathways of Petroleum in the Zhu Ⅲ Subbasin, Pearl River Mouth Basin, South China Sea*

Abstract The discovery of the WC13-1 and WC13-2 oil fields in the Zhu Ⅲ subbasin of the Pearl River Mouth basin in the South China Sea has led to debate as to the oils on Horst Qionghai (HQH) are sourced from Half-graben Wenchang-A (HGWC-A) or Half-graben Wenchang-B (HGWC-B). Using the previous findings of sequence stratigraphers, this paper further analyzes the sedimentological characteristics of the Zhuhai and Zhujiang formations and points out that the sandstones deposited on the unconformities (basement, T_6 and T_7) possess good porosity, permeability and lateral connectedness for hydrocarbon migration. The depositional systems and facies for the major reservoir rocks had gradually changed from fan-delta and semi-enclosed bay via barrier islands and washover to tidal flats, tidal channels and tide-influenced shoreface in response to the rise in sea level in the early Miocene. The sandy carrier beds of the transgressive systems tract in the Zhujiang Formation, especially in Zhujiang Formation Ⅱ, act as the principal migration conduits for the WC13-1 and WC13-2 oil fields. Measurement of sandstones in drilling holes shows an increase in porosity in the Zhujiang Formation Ⅱ and implies that the oil had ever passed through. Furthermore, the structural morphologies of T_5 and T_4 demonstrate that there are two salient structural noses connecting HQH with the HGWC-B and plunging into HGWC-B. T_5, a regional muddy seal, seals the porous standstones underneath and accounts for the key role played by the sandy carrier beds in transporting the oils generated in HGWC-B to HQH. Correlation of oils in HQH and HGWC-B supports the plausibility of this migration pathway.

Keywords Zhu Ⅲ subbasin Pearl River Mouth basin South China Sea

1 Introduction

As Magoon et al. [1] stated in their valuable paper, "a petroleum system encompasses a pod of active source rock and all related oil and gas and includes all the essential elements and processes needed for oil and gas accumulations to exist." A great number of papers have focused on petroleum systems, in which the source rock or active source rock is thought of as being closely associate with the trap, i. e. petroleum migration destination. Although eight features — sources, reservoir rock, seal deposition, overburden deposition, trap formation, generation-migration-accumulation, preservation time and critical moment are rigorously emphasized by most geologists in petroleum system studies[2-5], one of the important processes, the migration pathway system, requires further understanding. Methodologically, the most effective approach seems to be basin modeling. However, it is difficult to precisely

* Published on Marine and Petroleum Geology, 2001, 18(5). Authors: Nie Fengjun, Li Sitian, Wang Hua, Xie Xinong, Wu Keqiang, Jiang Meizhu.

constrain migration routes for petroleum with computer models no matter whether the modeling is one-or two-or even three-dimensional. Migration routes in a basin cannot radiate out of the generative area; the petroleum will in most cases migrate in a small number of directions. Hence, our present understanding of migration pathway systems still leaves much to be desired.

The existence of preferred migratory directions had been deduced as early as the middle of the 19th century. Hunt stated that "oil naturally rises and accumulates along the crown of theseanticlinals. This process is favored by the fact the strata on either side of the anticlinal dip in the opposite direction." Since the mid-20th century, the study of migration pathways has been progressively strengthened[6-13]. Durand[14], England et al.[15], Mills et al.[16], Ungerer et al.[17], Welte[18] have demonstrated that the phases of fluid flows control petroleum migration and charges. The physical mechanisms of oil and gas migration between a source rock and first entrapment have been established for some time (England et al.[15], Schaowalter[19]). The possible mechanisms for secondary migration have been thoroughly reviewed in many papers[19-22]. Secondary migration of hydrocarbons within the carrier bed is controlled primarily by the buoyancy of the hydrocarbon phase and by the hydrodynamic flow, driven by gradual compaction and porosity loss in the sediments with increasing burial, and is resisted by capillary pressures[15]. Recently, Hindle[9] used three-dimensional computer modeling to predict a subsurface migration pathway. Following prediction in the Paris Basin in France and the Williston Basin in the United States and Canada, he proposed that oil migrates under the sealing surface, taking the most structurally advantageous route (especially a plunging anticlinal ridge, commonly referred to as a structural nose). He further pointed out that the optimum location for a commercial accumulation is the top of an oil or gas window and the edge of the generative area for the basin. When Thompson[23] studied the migration problems of Mesozoic petroleums in the Gulf of Mexico, he pointed out that intraformational migration is the hallmark of oils in region′s Mesozoic reservoirs. Migration has taken place within the Smackover Formation, which includes the reservoir. Evidently first oil and then gas-condensate migrated along the same pathways during a protracted period of generation. This means that the newly generated hydrocarbons are prone to take the conduits through which previously generated hydrocarbons had migrated. Piggott et al.[24] claimed that at a regional level, charge of the major producing play systems in the basin is dominated by extensive lateral carrier bed migration. They demonstrated that oil in the Dodsland accumulation Saskatchewan has moved 200—300km up-dip through lateral migration.

Miles[25] studied the secondary migration routes in the Brent sandstones in the North Sea and concluded that within the Brent Group, the Etive Formation, a coastal barrier sand, both is areally continuous and has excellent porosity and permeability. He emphasized that in a given unit of time during secondary migration, more oil will pass through the upper part (Etive Formation) of a highly permeable, thin sandstone (about 6m) than through a less permeable, thick sandstone.

2 Geological Settings

The Zhu Ⅲ subbasin, about 11 000km^2 in area, located in the western part of the Pearl River Mouth basin (PRM) of South China Sea (SCS) consists of nine sub-tectonic units: Half-graben Wenchange A (HGW C-A), Half-graben Wenchang B (HGWC-B), Half-graben Wenchang C (HGWC-C), Half-graben Qionghai (HGQH), Horst Qionghai (HQH), Half-graben Yangjiang A (HGYJ-A), Half-graben Yangjiang B (HGYJ-B), Low Horst Ynagjiang (LHYJ) and Horst Yangjiang (HYJ) (Fig. 1). According to Wang et al.[26], Zhu et al.[27], Zhu et al.[5], two major series of source rocks, the Wenchang and Enping Formations, and two major series of reservoir rocks, the Zhujiang and Zhuhai formations, have been determined by domestic companies and foreign operators. The migration pathway conduits are not very clear and the source of the WC13-1 and 13-2 oil fields is under debate.

As the largest of the continental marginal basins in the northern SCS, the PRM basin is not a passive margin basin, but a rifted continental margin basin[28]. Like most of the world's rifted basins, such as the Red Sea-Gulf of Aden[29], the North Atlantic[30] and the North Sea[31], the PRM basin was not created through a continuous rifting process at the end of Paleogene, but from several stages of rifting as stated by Ru and Pigott[32]. Deposition in the basin was initiated with deposition of the Shenhu Formation of Paleocene age, during the early stage of rifting. The Wenchang Formation, the ideal source rock for the study area, was deposited at the climax of rifting. The first fining-upward (FU) sequence was formed from the onset of deposition to about middle Eocene time. The Enping Formation, which was formed toward the end of this period, which was a transition from the continental to the marine environment. The coal-bearing sediments are considered the gas-generating source rocks of the PRM basin and adjacent areas in the northern SCS (Fig. 2). The coarsening-upward (CU) sequence developed in response to the ending of rifting. In the filling sequences, boundary T_7 between the Lower and Upper Tertiary, which marks the transition from faulting to thermal decay subsidence of the basin, and boundary T_6 in the early Miocene, seem to be extremely significant for all aspects of sedimentary environments, depositional facies, paleontology, petroleum source rocks, reservoir rocks etc. Starting in the middle Miocene, the Hanjiang Formation, Yuehai Formation, Wanshan Formation and Quaternary sequences were deposited in turn. Sandy sediments decrease gradually with increasing muds in response to the rise in sea level. Thus, a FU sequence developed after the end of rifting. Seismic reflector T_5 constitutes the top of the Zhujiang Formation Ⅱ and extends continuously throughout the subbasin, with an average thickness of 18—40m mudstone beneath it. It is considered the most promising seal for regional migration and accumulation.

As with other basins in eastern China, the typical two-layered structure of the Zhu Ⅲ

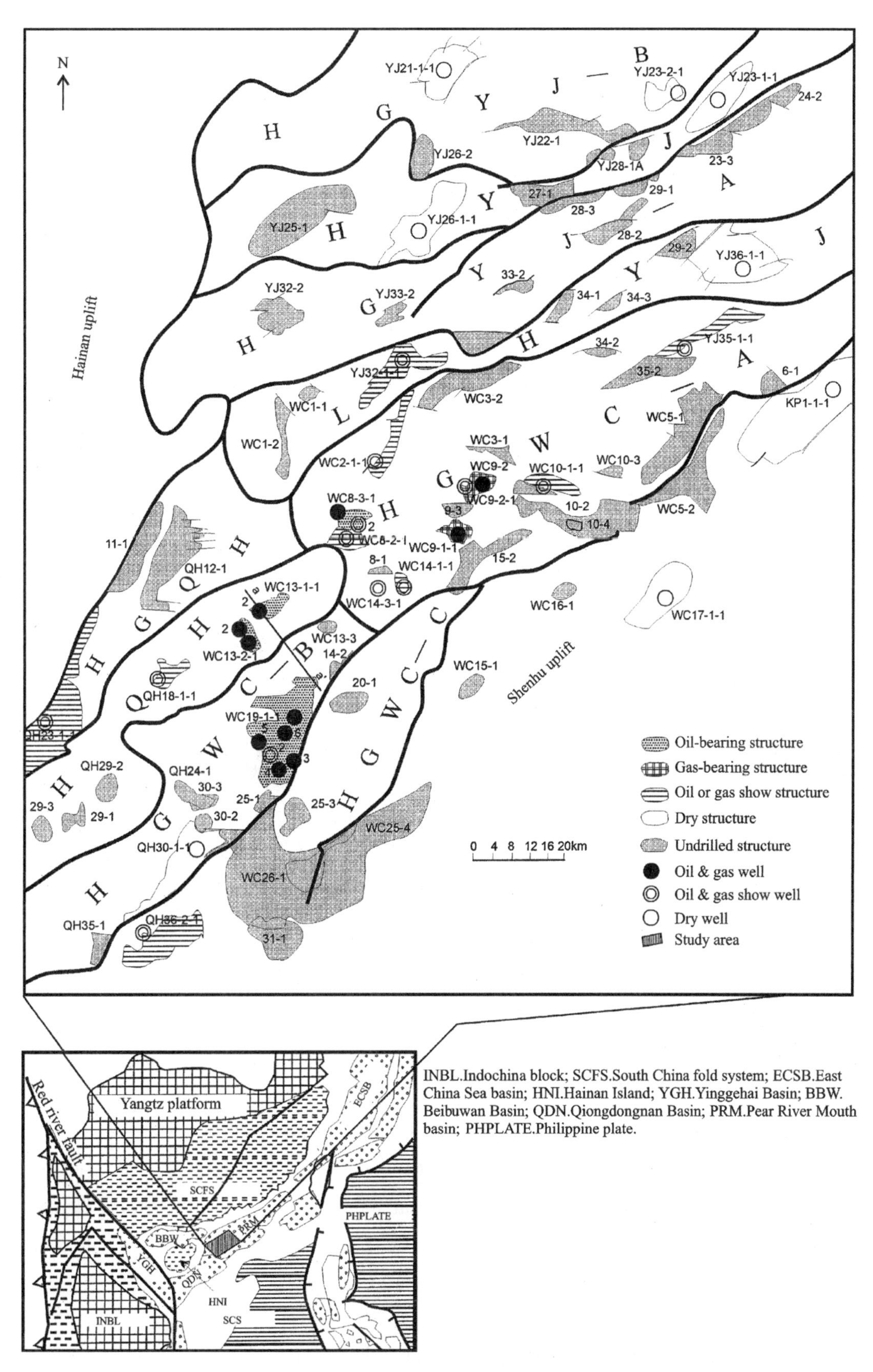

Fig. 1 Diagram showing the study area and tectonic units of Zhu Ⅲ subbasin

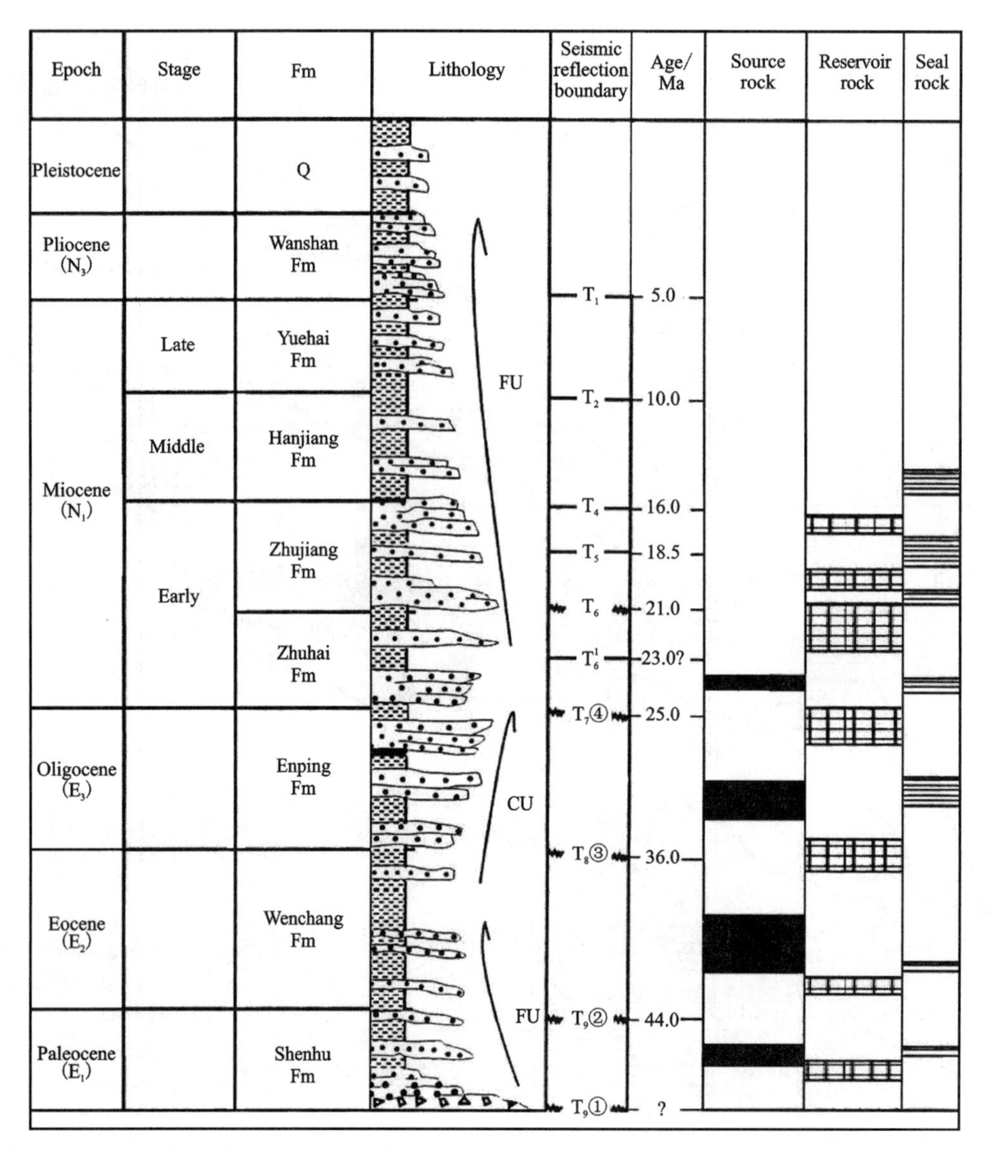

Fig. 2 Stratigraphic column, stratigraphic sequence, accumulation elements, tectonic sequences and basin-filling sequence of Zhu Ⅲ subbasin

subbasin can be observed clearly on the section across Half-graben Wenchang-A (Fig. 3). The Paleogene top and base of the section are marked by unconformities. The burial depth of the Paleogene in HGWC-A reaches about 10km. The top of the Neogene section is conformable and the base is marked by unconformity BU. This unconformity indicates the transition from continental to open sea facies. Before the period in which BU was formed, the depositional environments were locally separated rifted lakes and semi-enclosed bays of various sizes; later the whole subbasin was completely inundated by progressive transgressions. Regionally continuous strata than developed over the whole study area.

3 Features of the Zhuhai and Zhujiang Formations

The HGWC-A and-B are the hydrocarbon kitchens of the Zhu Ⅲ subbasin. The two source

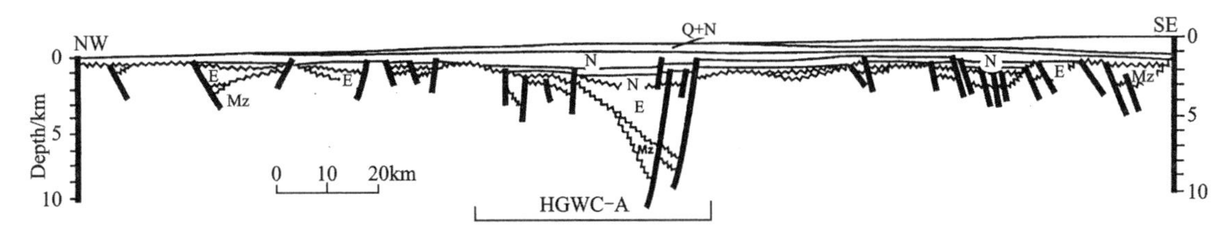

Mz=Mesozoic; Pg=Paleogene; Ng=Neogene; Q=Quarterary; and HGWC-A=Half-graben Wenchang-A (modified after [32]).

Fig. 3　Cross-section across the western part of the PRM basin

rock intervals, the Wenchang and Enping formations, which contain a good deal of organic matter (TOC=2.84% for the Wenchang Formation; TOC=2.53% for the Enping Formation) were mainly deposited in lacustrine and swamp environments during the rift stage. The major reservoir rocks (Table 1) of the Zhuhai and Zhujiang formations, which were deposited in tidal, lagoon, barrier bar and shoreface facies during the post-rift stage[27], consists of siliciclastics. Nie et al.[33] show that the sandstones of the Zhuhai and Zhujiang formations are rich in rock fragments (R) and feldspars (F), averaging 15% and 17%, respectively.

Table 1　Oil and gas fields and their reservoir rocks[33]

Oil and gas feld	Reservoir rocks
WC 9-1	Zhuhai Formation
WC9-2	Zhuhai Formation
WC19-1	Zhuhai Formation (major), Zhujiang and Hanjinag formations (minor)
WC13-1	Zhujiang Formation
WC13-2	Zhujiang Formation
WC14-3	Zhuhai and Zhujiang formations
WC8-3	Zhuhai Formation
QH18-1	Zhujiang Formation

Lithologically, the sandstones of the Zhuhai Formation consist of detrital quartz grains (0.1—0.35mm, 60%—70%), feldspar grains (potassium feldspar almost equal to plagioclase, 0.1—0.25mm, 12%—18%) and rock fragments (mainly volcanic, quartzitic and clayey, 0.15—0.45mm, 13%—21%). Most of the detrital clasts are subangular to subrounded, fairly sorted, porous and permeable, and favorable to reserve oil and gas. Minor reservoir rocks are present in the Hanjiang Formation (Table 1).

To create the ternary Fig. 4, samples of six boreholes, QH18-1-2, WC19-1-1, WC13-1-1, WC13-2-1, WC8-3-1 and WC13-1-2, were plotted into areas of feldspathic quartzose sandstone, lithic quartzose sandstone, lithic arkose and feldspathic lithic sandstone. Although composed of four different kinds of sandstone, they can be centralized at the intersection of the quartz 75% line with the median of F and R.

Marking the transition from syn-rift to post-rift, the Zhuhai Formation is not only

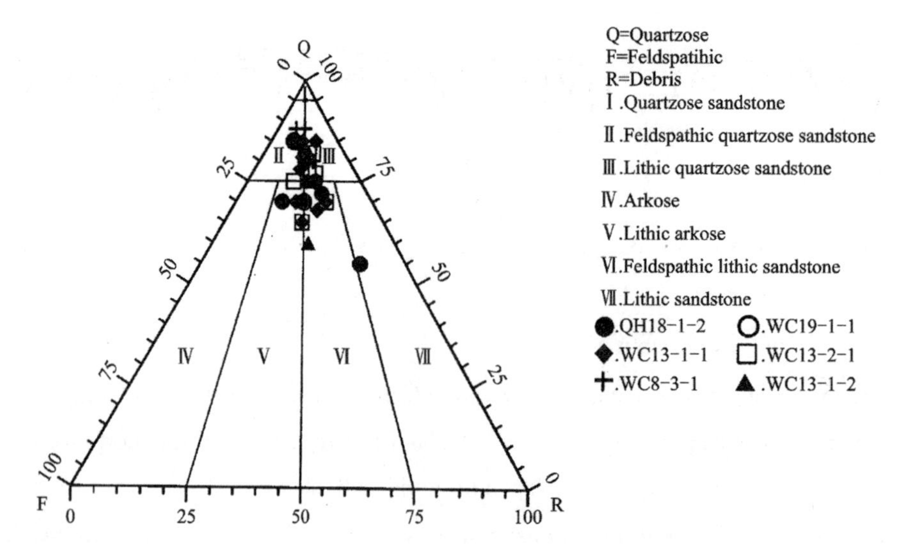

Fig. 4 Diagram showing classification of sandstones of Zhujiang and Zhuhai formations

significant for the change in environments, but also as a migration pathway system. This is because the sediments deposited on the unconformity (T_7) possess fair porosity and permeability, which are necessary for petroleum migration. Due to the spreading of the SCS and sea level rise in the PRM basin, the depositional environments in the Zhu Ⅲ subbasin during deposition of Zhuhai Formation changed from the swamps and shallow lakes of the Enping Formation to siliciclastic sedimentation in lagoons, tidal flats and shoreface environments. It is worth noting that fan-delta deposition developed only in the WC9 and WC14 areas during the Zhuhai Formation Ⅱ deposition. Furthermore, the fan-deltas in these two areas were separated by semi-enclosed bay deposits or deep lake mudstones. The fan-delta sediments were obviously reworked by tidal currents and organisms because ① terrigenous clasts are amalgamated with fragments of organisms and intraclastic glauconite; ②the physical and chemical maturity of sediments apparently is better than that of typical fan-delta sediments; ③ tidal sedimentary structures, such as mud-layer couplets, have been found at wells WC9-2-2 and WC14-1-1; ④strongly burrowed and bioturbated structures are recognized in these two areas. The mudstone between fan-deltas isolates the sandstones and constrains lateral migration of oil and gas in these two areas in Zhuhai Formation Ⅱ. This demonstrates that the lateral migration of fluid flows in the Zhuhai Formation in these areas is out of the question; only vertical migration along faults is possible. Fan-delta front to a semi-enclosed bay and shallow lake environments to semi-enclosed bay environment were well-developed in WC8 and WC19 areas, respectively. It can be assumed that the northern uplift provided the Zhu Ⅲ subbasin with sediments to build a braided delta that was likely reworked by tidal currents, because the half-graben slope is much gentler in the north than in the south of the subbasin. Zhuhai Formation Ⅰ consist of barrier beaches with wash over, lagoon and tidal channel systems in the WC8 area. The overall paleogeography and depositional facies of Zhuhai Formations Ⅱ and Ⅰ are illustrated in Fig. 5(a) and Fig. 5(b).

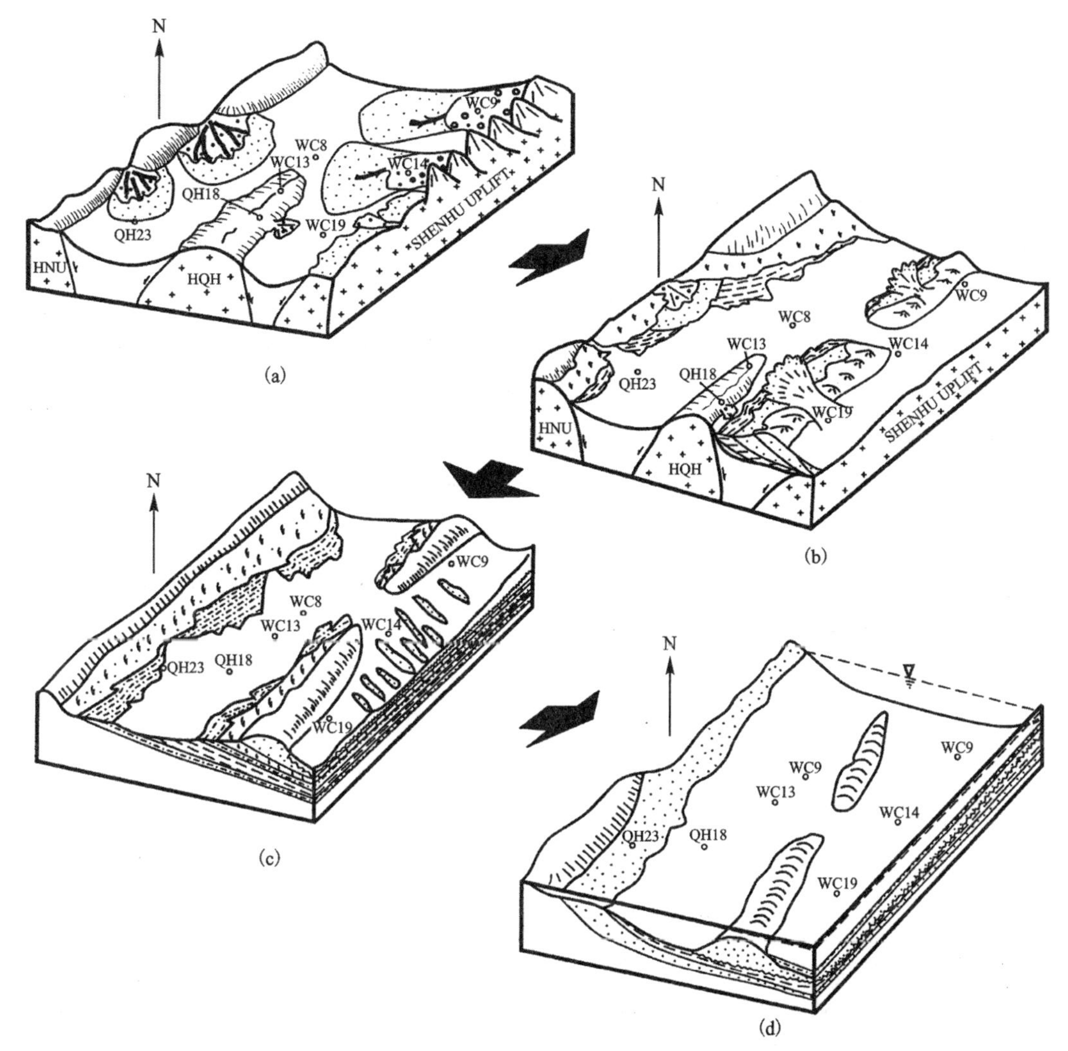

Fig. 5　Sketch map showing the paleogeography and depositional facies during (a) Zhuhai Fm Ⅱ, (b) Zhuhai Fm Ⅰ, (c) Zhujiang Fm Ⅱ and (d) Zhujiang Fm Ⅰ, Zhu Ⅲ subbasin, PRM basin, SCS

Zhujiang Formation Ⅱ is composed of tidal and barrier sediments. The tidal environment can be further divided into tidal channel lag, tidal channel fill and tidal flats. Because of a continuing rise in sea level during Zhujiang deposition, the Horst Qionghai was inundated (Fig. 4, Fig. 5) and draped by the Zhujiang Formation; a drape anticline was formed. Sand beds alternating with mud beds were strongly burrowed and bioturbated. Soft deformation occurred in the Zhujiang Formation due to the local steeper slope. Walker et al.[34] suggested that in most shelf mudstones, all physically formed structures have been partly or completely destroyed by the burrowing and grazing activities of organisms. Mudstone interbedded with sandstone suggest an offshore depositional environment, in which sediment transport can be perpendicular, oblique or parallel to the shoreline. The barrier beach environment is marked by abundant shells, shell fragments, moderate bioturbation and fining-upward successions. Recent studies of modern barrier island systems have shown that washover deposits form a significant portion of transgressive barrier sand bodies[35,36]. Reinson[37] proposed that during transgression, washover is one of the main processes by which the barrier island migrates landward and that washover facies are probably much more common than has been recognized to date. Sand bodies deposited from tidal processes are very important reservoirs for oil and gas in the Zhu Ⅲ subbasin. Dalrymple's[38] studies indicate that tidal systems are potentially more sensitive to sea level change than wave-dominated systems, since tidal resonance, which favors tidal sedimentation, is a sensitive function of basin geometry. Thus, the tide-dominated condition may have turned on or off in a geological instant because of sea level rise or fall. This suggestion sheds light on the facies changes in the Zhujiang Formation as we would expect if they were, where the facies and environments alternate vertically, just responding to rise or fall in sea level in the PRM basin. Fig. 5(c) shows that the sedimentation of Zhujiang Formation Ⅱ was still governed by tides. The bay environment persisted because of the well-developed barrier bars. In the fore-barrier area, especially at the mouth of the tidal current, tidal ridges perpendicular to the NE-trending shoreline developed during the period of Zhujian Formation Ⅱ. These ridges deposited onto the unconformity (T_6) were laterally superimposed along the HQH. The lateral continuity in the sandstones of the ridges plays an important role in migration of oil to HQH sites, such as WC13-1 and WC13-2.

The progressive rise in sea level eventually flooded the entire area during the period of Zhujiang Formation Ⅰ. Only small subaqueous bars formed locally as the coast beach moved progressively toward the north (Fig. 5(d)).

In general, the main depositional environments of the Zhuhai formation are tidal flats and semi-enclosed bays, developed immediately after rifting; these depositional environments evolved into tidal flat and offshore environments with continuing rise in sea level. During the deposition of both the Zhuhai and Zhujiang formations, however, rises and falls in sea level frequently alternated, as mentioned earlier.

Nie et al.[39] analysed the sequence stratigraphy of the Zhujiang and Zhuhai formations and discovered that the oil and gas or oil and gas shows occur almost wholly within the transgressive systems tract (TST) sandy bodies, especially the TST sandy bodies in Zhujiang Formation Ⅰ and Zhuhai Formation Ⅰ.

The statistical data for the thickness and percentage of sandstone in Zhujiang Formation Ⅰ and Ⅱ and Zhuhai Formation Ⅰ and Ⅱ are presented in Table 2. From the data in this table, one may concludethat the thickness and percentage of sandstones are apparently greater in Zhujiang Formation Ⅱ than in Zhujiang Formation Ⅰ; the thickness and percentage of Zhuhai Formation Ⅱ are better than Zhuhai Formation Ⅰ (Fig. 6, Fig. 7). In Fig. 6, from well WC14-1-1 to WC10-1-1, the total thickness of the Zhujiang and Zhuhai formations in HGWC-A ranges from nearly 800 to 1400m. The total thickness of the formations at WC19-1-1 and WC19-1-4 is less than 600m in HGWC-B.

Table 2　Statistical data showing the thickness and percentage in the sandstone of Zhujiang and Zhuhai formations

Formation	Sandstone	QH30-1-1	QH23-1-1	QH18-1-1	WC19-1-1	WC19-1-4	WC13-2-1	WC13-1-1	WC14-1-1	WC8-2-1	WC8-3-1	WC2-1-1	WC9-1-1	WC9-2-1	WC10-1-1	YJ32-1-1	YJ35-1-1	KP1-1-1
ZHJ Ⅰ	Thickness/m	—	106	28	135.5	183	191	113.5	278.5	210	148	230	185	241	292.5	234	213	29
	Percentage/%	—	51	10	47	61	59	30	57	49	28	41	32	35	43	58	49	15
ZHJ Ⅱ	Thickness/m	—	125	106	181.5	209.5	53.5	77	370.5	331	232	296.5	290.5	391	412	223	215	231
	Percentage /%	—	93	55	56	61	60	52	70	71	50	79	54	56	61	49	60	88
ZHH Ⅰ	Thickness/m	90.6	115	—	81.5	51.5	—	—	168.5	164	244	235.5	219.5	284	326	71.5	123	—
	Percentage/%	76.1	85	—	25	19	—	—	37	67	57	63	45	44	47	53	48	—
ZHH Ⅱ	Thickness/m	133	118	—	197	158	—	—	148.5	65	268	251.5	396	401	354.5	—	353	—
	Percentage/%	90.4	94	—	40	40	—	—	44	74	58	81	58	55	54	—	89	—

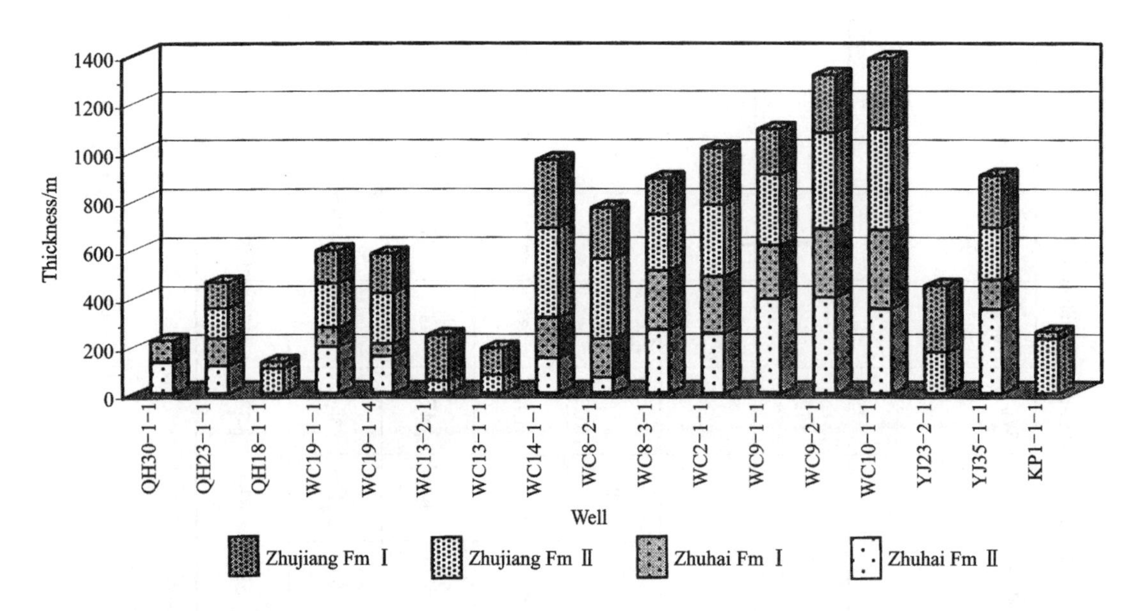

Fig. 6 Histogram showing thickness of Zhujiang Fm Ⅰ and Ⅱ and Zhuhai Fm Ⅰ and Ⅱ

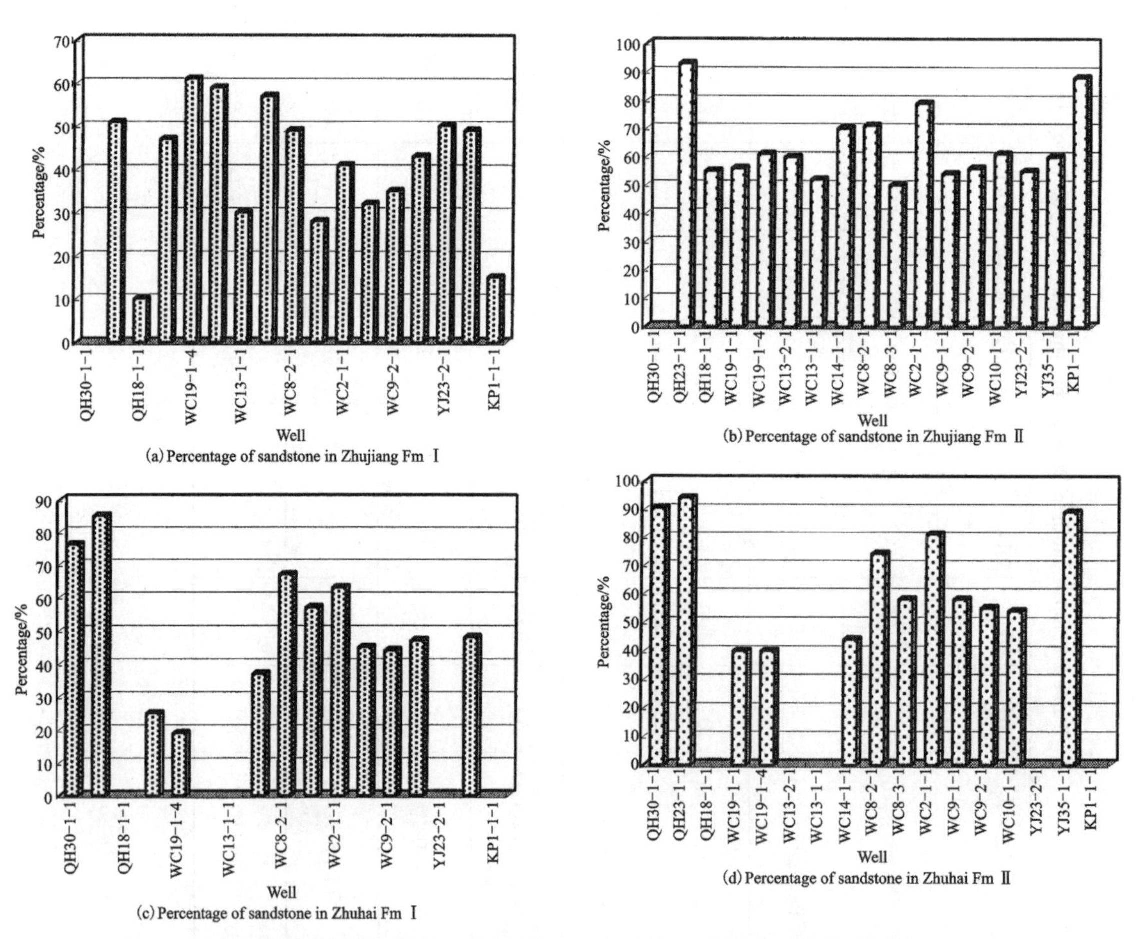

Fig. 7 Histogram showing the percentages of sandstone of Zhujiang Fm Ⅰ and Ⅱ and Zhuhai Fm Ⅰ and Ⅱ

Although the total thickness of the Zhujiang and Zhuhai formations in HGWC-A is larger than that in HGWC-B, the thickness and precentage of sandstones are smaller in HGWC-A than those in HGWC-B. Another characteristic of HGWC-B is that the ratios of Zhuhai Formation Ⅱ to Zhuhai Formation Ⅰ and Zhujiang Formation Ⅱ to Zhujiang Formation Ⅰ are much greater than in HGWC-A. It is assumed that the lateral migration of hydrocarbon fluid flow is more likely in the lower part of the Zhujiang and Zhuhai formations in HGWC-B than in HGWC-A. Fig. 7 shows that the percentage of sandstones of Zhujiang Formation in HGWC-A and -B is more homogeneous than that of the Zhuhai Formation. It varies greatly in different places during the Zhuhai deposition, from $<20\%$ to $>80\%$. In contrast, the percentage ranges from approximately 30% to 80% for Zhujiang Formation Ⅰ except at two particular wells (QH18-1-1 and KP1-1-1), and from 50% to 90% for Zhujiang Formation Ⅱ.

4 Oil-oil Correlation

The most useful parameters for correlation fall into two categories: ① bulk parameters, which describe properties of the whole sample and include API gravity, percent sulfur and nitrogen, optical activity, infrared spectra, saturate/aromatic hydrocarbon ratios, and isotopic composition; and ② molecular parameters, detailed chemical characteristics that can be measured on a fraction of the sample, such as biomarker distribution. Whenever possible, several independent correlation parameters from both types of analyses should be used to prove or disprove a genetic relationship.

Geologists and geochemists generally view oil characterization as a means of correlating oils and relating oils to their source rocks. The density of oil is commonly used to correlate the oils, and in HGWC-A and LHYJ, ranges from 0.746 to 0.81g/cm^3 — light oil. However, the density of oils in HGWC-B ranges from 0.84 to 0.92g/cm^3 — intermediate to heavy oils (Table 3). On HQH and in HGQH, the situation is different from both HGWC-A and HGWC-B. It seems that oils from the western part are much heavier than those in the eastern part on HQH. API gravity and IBP (initial boiling point) are useful for purpose of correlation. The APIs of WC8-3 and WC14-3 in HGWC-A range from 43.87 to 52.50, while the APIs of WC19-1 in HGWC-B, QH18-1 in HQH and QH23-1 in HGQH are 32.6, 27.3 and 27.7, respectively. The IBP data from HGWC-A are quite different from those of HGWC-B and HQH. The IBP of oils in HGWC-B and HQH is similar and much greater than in HGWC-A.

HGWC-A, HGWC-B and HQH differ in the percentage of wax, their aromatics and the viscosity of the oils.

Overall, these properties of the oils in HGWC-B tend to be similar to those of HQH oils and markedly different from those of HGWC-A oils.

Table 3　Properties of oil in several main units of the Zhu Ⅲ subbasin (Prop. of oil=properties of oil, API=American Petroleum Institute, IBP=initial boiling point, visco. =viscosity (in 50℃, mm^2/s), 4-m/re. =4-methyl sterane/ regular sterane, re. comp. =resin compound. HGWC-A=Half-graben Wenchang A, LHYJ=Low Horst Yangjiang, HGWC-B=Half-graben Wenchang-B, HQH=Horst Qionghai, HGQH=Half-graben Qionghai. WC, YJ and QH stand for oil-bearing structures)

Prop. of oil	HGWC-A+LHYJ	HGWC-B	QHQ+HGQH
Density	WC14-3 (0.746—0.761) WC8-3 (0.76—0.80) YJ32-1 (0.81)	WC19-1N (0.91-0.92) WC19-1S (0.84—0.88)	QH23-1 (0.89) QH18-1 (0.89—0.90) WC13-2 (0.80—0.90) WC13-1 (0.78—0.83)
API (60F)	WC8-3 (43.87), WC14-3 (52.50)	WC19-1 (32.6)	QH18-1 (27.3), QH23-1 (27.7)
IBP	WC14-3 (46.67), YJ32-1 (67)	WC19-1 (103)	QH18-1 (102)
Wax/%	WC8-3(4.92), WC14-3(2.70), YJ32-1(6.92)	WC19-1 (22.14)	QH18-1 (9.43), WC13-1 (6.93), WC13-2 (6.78)
Aromatics	WC8-3 and WC14-3 (higher)	WC19-1 (low)	WC13-1 (low)
Visco.	WC8-3 (2.10), WC14-3 (0.97), YJ32-1 (2.62)	WC19-1 (6.33)	QH18-1 (14.57), WC13-1 (3.9), WC13-2 (19)
S/%	WC8-3 (0.10), WC14-3(0.04), YJ32-1 (0.07)	WC19-1 (0.07)	QH18-1 (0.12), WC13-1 (0.09), WC13-2 (0.12)
4-m/re/%	WC14-3 and YJ32-1 (little)	WC19-1 (26, high)	QH18-1 (16.9, higher), QH23-1 (10.4, higher)
re. Comp.	WC8-3 (higher)	WC19-1 (little)	WC13-1 (low—higher)

Percent sulfur is another important correlation parameter to some extent. Oil in the central part of HGWC-A is apparently lower in sulfur (only 0.07%, average) whereas oils in HGWC-B and HQH have a sulfur content of 0.07%—0.12%.

Fig. 8 shows the lithology and the properties of oils in well WC13-1-1 on HQH. This borehole penetrated into the pre-Tertiary basement, which is composed of weathered rhyolite. Just above the basement is a series of sandstones interbedded with mudstone. The best oil bed is located at depths of 1382—1408m. Almost all the sandy beds from the bottom of the sediments to 1223m are charged with oil and gas. Lithologically, the oil-bearing or oil-rich sandstones are fine-to medium-grained; a few are gravelly standstones. The density of oils in this well ranges from 0.780 3 to 0.910 0g/cm^3. Apart from one sample, the viscosity ranges from 1.95 to 5.98mPa•s. The sulfur content is moderate to somewhat high (0.07%—0.12%) and the wax content is relatively low, ranging from 5.09% to 9.98%. Thus, judging from the properties of the crude oils in well WC13-1-1, the oils on Horst Qionghai are more likely sourced from Half-graben Wenchang-B (HGWC-B).

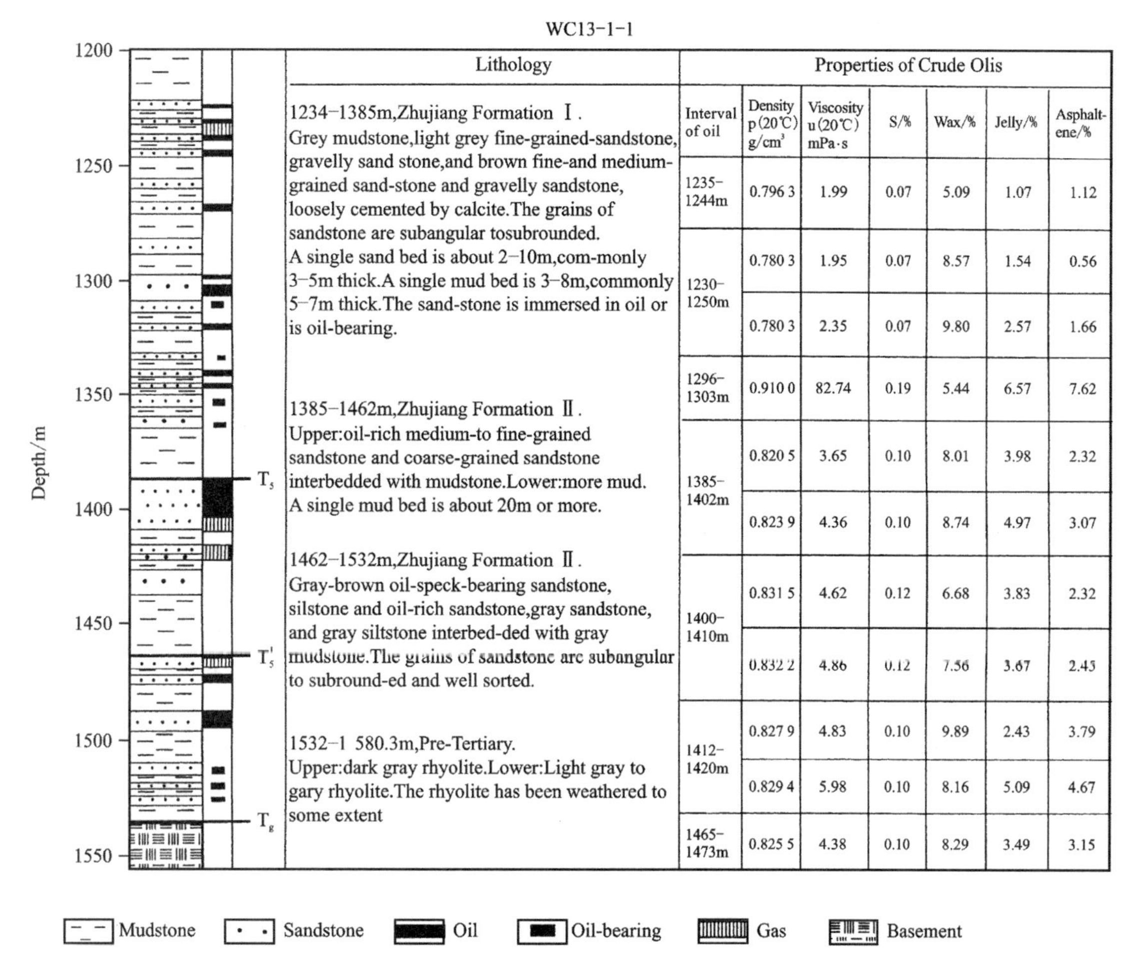

Interval of oil	Density ρ(20℃) g/cm³	Viscosity u(20℃) mPa·s	S/%	Wax/%	Jelly/%	Asphalt-ene/%
1235–1244m	0.796 3	1.99	0.07	5.09	1.07	1.12
1230–1250m	0.780 3	1.95	0.07	8.57	1.54	0.56
	0.780 3	2.35	0.07	9.80	2.57	1.66
1296–1303m	0.910 0	82.74	0.19	5.44	6.57	7.62
1385–1402m	0.820 5	3.65	0.10	8.01	3.98	2.32
	0.823 9	4.36	0.10	8.74	4.97	3.07
1400–1410m	0.831 5	4.62	0.12	6.68	3.83	2.32
	0.832 2	4.86	0.12	7.56	3.67	2.45
1412–1420m	0.827 9	4.83	0.10	9.89	2.43	3.79
	0.829 4	5.98	0.10	8.16	5.09	4.67
1465–1473m	0.825 5	4.38	0.10	8.29	3.49	3.15

Fig. 8　Lithology and properties of crude oils in well WC13-1-1, HQH

In choosing correlation parameters, compound types with distinguishing characteristics and little affected by migration, maturation, or other alteration processes should be preferred[40-46]. During the past three decades, much emphasis has been put on biomarkers in combination with bulk properties for correlation. The typical biomarker of the Enping Formation in HGWC-A is discardarane[5], which is related to terrigenous organic matter[47]. The Enping Formation is also characterized by a certain amount of resin compound ‘T’ according to Yu et al.[48] Because the depositional environment of the source rock (Wenchang Formation) in HGWC-A is different from that of the Enping Formation, the oils (i. e. WC19-1-1) generated from the Wenchang Formation in HGWC-B contain abundant 4-methyl sterane, which is somewhat related to sapropelic organic matter. As in WC19-1-1, all oils from HQH, such as those from wells WC13-1-1, WC13-2-1, QH18-1-1 and QH23-1-1 (Fig. 9), contain a considerable amount of 4-methyl sterane. For the resin compounds, the oils of HGWC-B (WC19-1-2) and HQH (WC13-1-1, WC13-2-1, QH18-1-1, QH23-1-1) have low ‘W’, medium T and high ‘X’ content; In contrast, the oils in wells WC9-1-1 and WC8-3-1 have a high T content and low W and X content. This implies that there is an affinity between the oils in HGWC-B and HQH. It is worth noting that oil on the plunging end of HQH and in well WC8-3-1 contains both a certain amount of 4-methyl sterane (while the oil of WC8-2-1 has no 4-methyl sterane) and resin compound T. Hence, both the Enping and Wenchang formations may have contributed to oils in the easternmost part of HQH. This area may have received hydrocarbons provided by both HGWC-A and -B. It is commonly accepted that migration does not appear to affect the major hydrocarbon molecular parameters used for comparison[49].

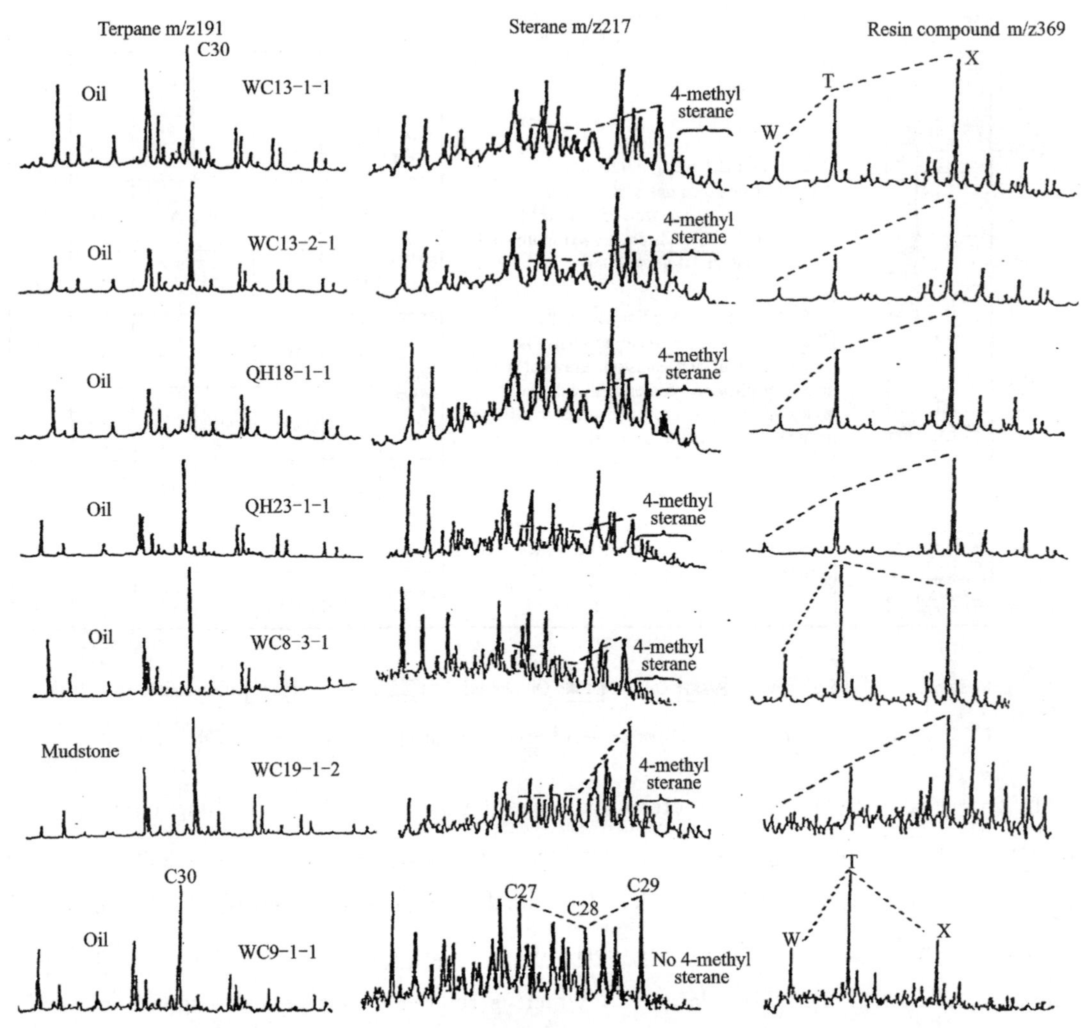

Fig. 9 Comparison of biomarkers of oils in Horst Qionghai with the organic matter in mudstone in WC19-1-2, HGWC-B and oil in WC9-1-1, HGWC-A

5 Porosity and Permeability

The porosity of sandstones is important for the lateral migration of hydrocarbon fluid flows. Fig. 10 shows the change in porosity with depth. In Fig. 10(a), the rapid increase in porosity corresponds to Zhujiang Formation Ⅱ. The progressive increase from 1320 to 1400m is clearly within Zhujiang Formation Ⅱ. The progressive increase from 1320 to 1400m is clearly within Zhujiang Formation Ⅱ in Fig. 10(b). The rapid increase starts from the top of Zhujiang Formation Ⅱ in Fig. 10(c). The situation in WC14-1-1 is a little different from that of HQH because it is situated in HGWC-A. The rapid increase in porosity for Enping Formation Ⅰ indicates reservoir presence and probably local lateral carrier beds for petroleum migration in half-grabens (Fig. 10(d)).

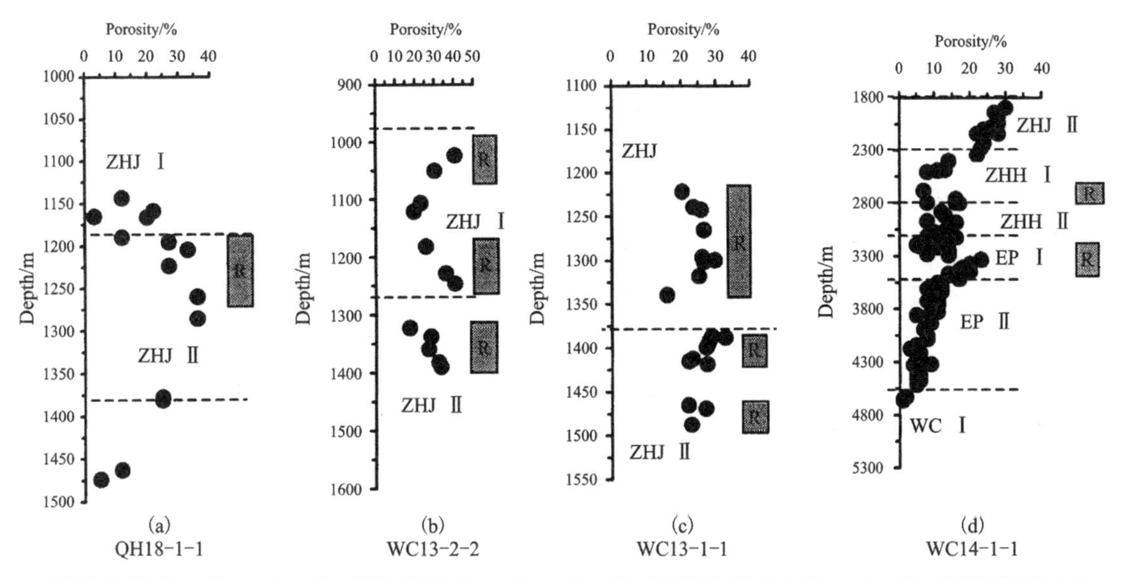

ZHJ Ⅰ-Zhujiang Formation Ⅰ, ZHJ Ⅱ-Zhujiang Formation Ⅱ, ZHH Ⅰ-Zhuhai Formation Ⅰ, ZHH Ⅱ-Zhuhai Formation Ⅱ, EP Ⅰ-Enping Formation Ⅰ, EP Ⅱ-Enping Formation Ⅱ and WC Ⅰ-Wenchang Formation Ⅰ

Fig. 10　Variation in porosity of sandstone with depth in QH18-1-1, WC13-2-2, WC13-1-1 and WC14-1-1

In both Zhuhai and Zhujiang formations, the sediments are coarser in the lower part than in the upper. The lower parts, which were developed onto the T_7 and T_6 unconformities and reworked by tidal currents, possess better porosity, permeability and connectedness for fluid transport. The average porosity of sandstones in the Zhuhai is approximately 10%－20% at depths of 3700－2500m and >20% at depths of 2500 m or less. The average porosity of sandstones in the lower Zhujiang is about 26%－36% with $(320-2560)\times10^{-3}\mu m^2$ permeability. Although the average porosity reaches 24%－36% in the upper Zhujiang, the permeability ranges from 10×10^{-3} to $10\ 240\times10^{-3}\mu m^2$ due to an increase in the amount of mudstone. Hence, compared with the upper part of the Zhujiang Formation, the lower is more favorable to oil migration in the study area. In fact, the oldest sediments draping the HQH are the lower part of the Zhujiang Formation. It is highly likely that oils in the WC13-1 and WC13-2 fields migrated through the sandy carrier beds in Zhujiang Formation Ⅱ and charged reservoirs on the HQH.

Overall, the TST sandstones of a sequence are better than other sandstones as carrier beds, acting as fair migration conduits; the Zhujiang Formation Ⅱ and Zhuhai Formation Ⅱ are much better than their respective Formation Ⅰ. Hence, it is quite probable that the oils on HQH migrated laterally through the TST sandstones of Zhujiang Formation Ⅱ Zhuhai Formation Ⅱ to traps. This problem will be discussed further in the following paragraphs.

6 Discussion and Conclusions

There is no doubt that the WC19-1 oil is from HGWC-B and the oil and gas of WC9-1 and WC9-2 is from HCWC-A. And many lines of evidence, discussed in detail, support vertical migration in these fields within the hydrocarbon-generating half-grabens. But from which half-graben are the oils on HQH sourced, HGWC-A or HGWC-B?

Over all, the characteristics of the crude oils on HQH suggest that they are more likely sourced from HGWC-B rather than HGWC-A. However, Yu et al.[48] proposed a derivation from HGWC-A, based upon the types and homogeneous temperatures of inclusions, carbonic isotopes and so on, especially for the eastern part of HQH. Wang et al.[26] concluded that the oil in field WC13-1 is sourced from HGWC-B. However, they did not present sufficient evidence to verify their hypothesis. The findings of this study are more in agreement with Wang et al.[26] The oils on HQH are mainly sourced from HGWC-B, but the possibility that a small amount of oil is partly sourced from HGWC-A cannot be completely ruled out. Firstly, there is a high content of 4-methyl sterane, which characterizes the lacustrine source rocks of the Wenchang Formation in HGWC-B, in the oils in the WC13-1 and WC13-2 and WC8-3 fields. Based upon generation conditions, the lacustrine mudstones of the Wenchang Formation areunanimosly considered the active source rock in HGWC-B and a spent source rock in HGWC-A. The active source rock in HGWC-A is the Enping Formation and it mainly generates gaseous hydrocarbons. Secondly, the other chemical and physical properties of oils in HQH are more similar to those of the oils in HGWC-B than in HGWC-A, for instance, API, S (%) etc. (Table 3). Thirdly, the depth isopach map (Fig. 11(a) and (b)) of T_5 and T_4 reflectors shows that there are two structural noses (dark gray arrows) between the WC13 and HGWC-B depocenters. This means that the hydrocarbon generated in HGWC-B is readily transported under the cover of the noses toward structural highs on HQH. The structural nose acts as an effective migration conduit in many famous oil fields around the world. Chen[50], Zou et al.[51] demonstrated that the paleo-structural nose plays a key role in transporting oils for oil fields from Huizhou 32-2, 32-3, 26-1, 32-5 and 33-1 to Liuhua 11-1 at the top of Dongsha Uplift in the eastern part of the PRM basin. Another example, given by Chen[50], is the paleo-structural nose on the Shijiutuo Uplift in Bohai Gulf Basin. Fourthly, the distance between the WC13 and HGWC-B depocenter is much smaller than that between WC13 and HGWC-A. It is obvious that the charge into a reservoir always takes the shortest possible distance to avoid impedance exerted along the migration routes, all other conditions being equal.

On the one hand, because the total amount of hydrocarbons generated in HGWC-A is much greater than that generated in HGWC-B, it is likely that HGWC-A supplied some oil to the WC13-1 and WC13-2 oil fields. On theother hand, the generation time in HGWC-A is

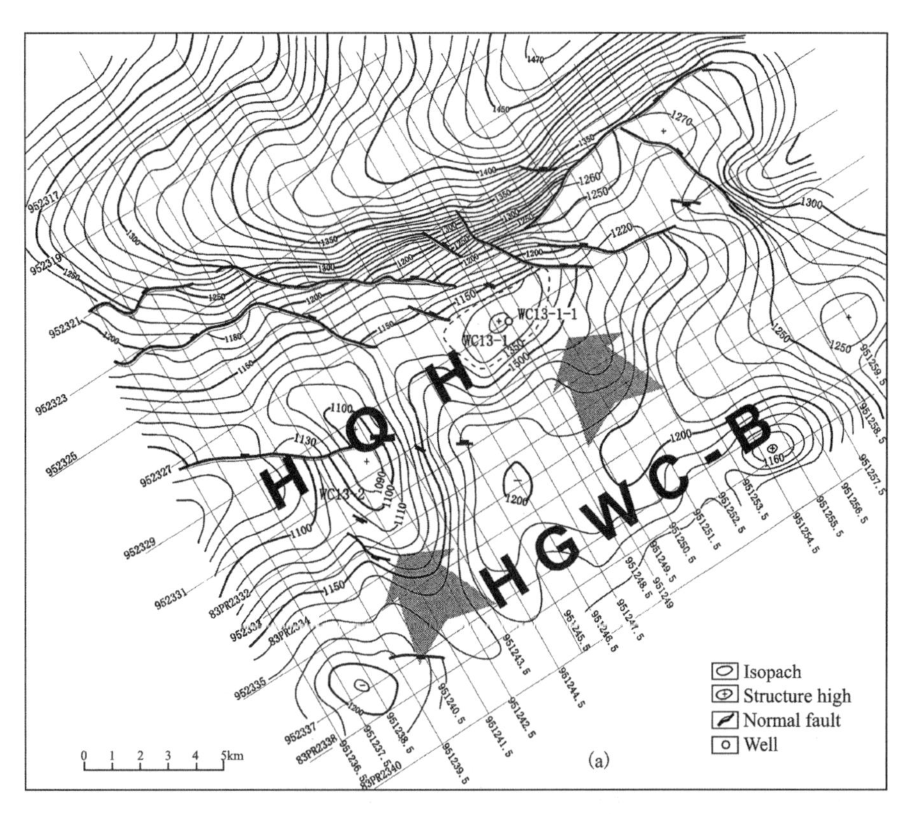

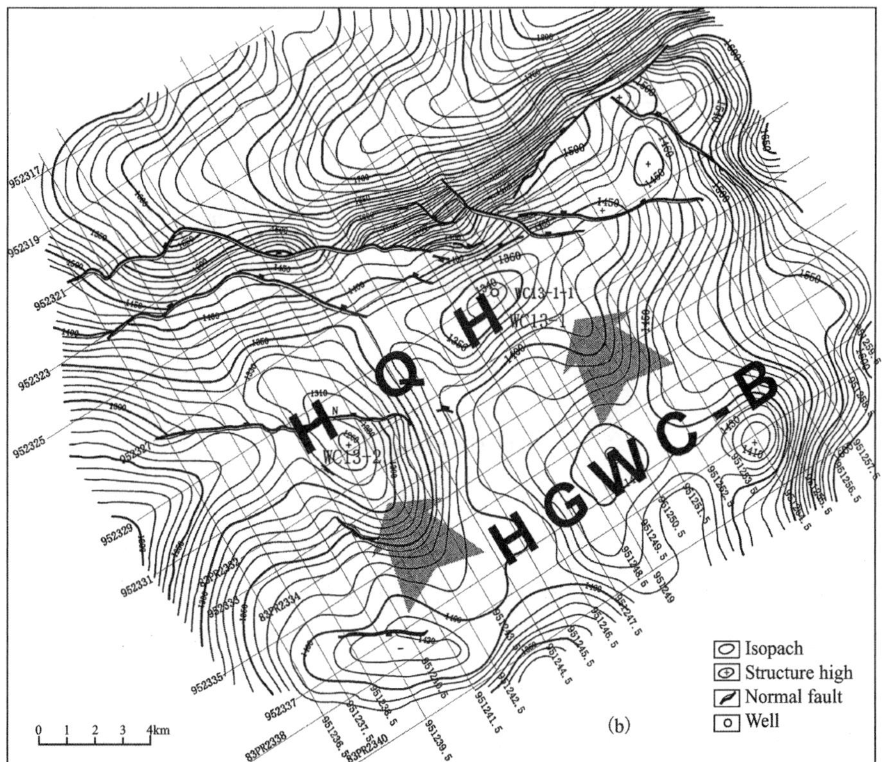

Fig. 11 Relief diagram of T_4(a) and T_5(b) surfaces showing two structural noses plunging into HGWC-B (data provided by CNOOC)

much earlier than in HGWC-B, which means that the hydrocarbon in some reservoirs dissipated or a large amount of hydrocarbon from source rocks migrated up via faults to the surface. Subsequent tectonic activity is probably the direct cause of hydrocarbon loss. According to Wang et al.[27], the total hydrocarbon reserves in the Zhu Ⅲ subbasin amount to 3 224.5×10^8 bbl. Basin modeling indicates that there were two main generation-migration-accumulation phases[26], in the late Oligocene and the late middle Miocene. However, Zhu et al.[27] proposed that the generation-migration-accumulation peak should be after the mid-Miocene. The discovered reserves are conservatively estimated to be only a small part of the total, but it is highly likely that a large amount of hydrocarbon has been lost or that there is still a considerable amount to be found in undrilled structures.

The oil migration processes for WC13-1 are integrated in Fig. 12. The sandstones deposited on the unconformities are the preferred conduits for migration. The faults played a certain role in connecting source rocks with the upper sandy carrier beds and unconformities.

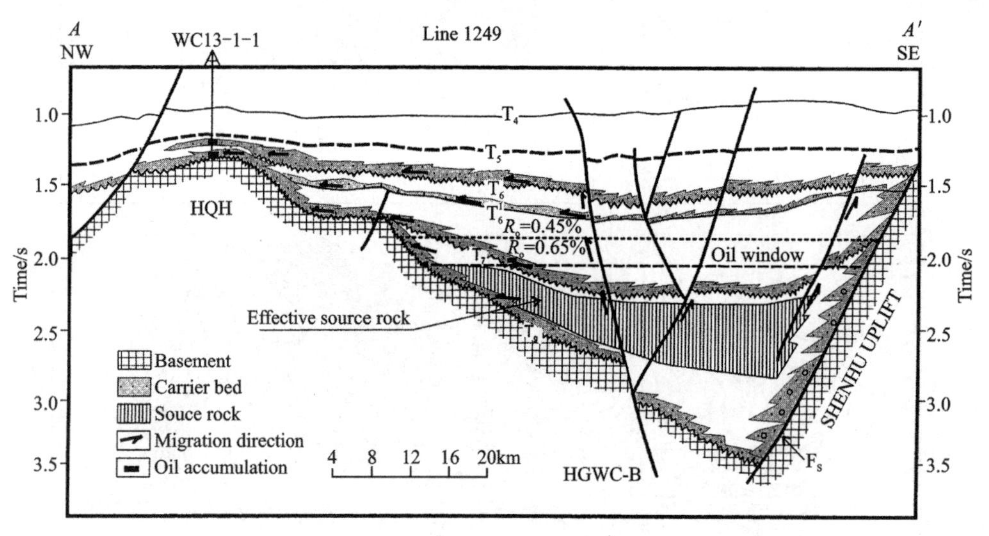

Fig. 12 Migration pathway configuration of carrier beds, unconformities and faults for oil field WC13-1

References

[1]MAGOON L B, DOW W C. The petroleum system[M]// MAGOON L B, DOW W C. The petroleum system: from source to trap. Tulsa: AAPG, 1994:3-24.

[2]HE G, WU J, LIU H. Study on petroleum systems in Zhu-Ⅲ Subbasin of South China Sea[J]. Experimental Petroleum Geology, 2000, 22(1):35-39.

[3]SMITH J T. Petroleum system logic as an exploration tool in a frontier setting[M]// MAGOON L B, DOW W C. The petroleum system: from source to trap. Tulsa: AAPG, 1994:25-49.

[4] WAPLES D W. Modeling of sedimentary basin and petroleum systems [M]//

MAGOON L, DOW W C. The petroleum system: from source to trap. Tulsa: AAPG, 1994: 307-322.

[5]ZHU W L, LI M B, WU P K. Petroleum systems of the Zhu Ⅲ subbasin, Pearl River Mouth Basin, South China Sea[J]. AAPG Bulletin, 1999, 83(6): 990-1003.

[6]BERG R R. Capillary pressures in stratigraphic traps[J]. AAPG Bulletin, 1975, 59 (6): 939-956.

[7]DOWNEY M W. Evaluating seals for hydrocarbon accumulations[J]. AAPG Bulletin, 1984, 68(11): 1752-1763.

[8]HINDLE A D. Downthrown traps of the NW Witch Ground Graben, UK North Sea [J]. Journal of Petroleum Geology, 1989 (4): 405-418.

[9]HINDLE A D. Petroleum migration pathways and charge concentration: a three-dimensional model[J]. AAPG Bulletin, 1997, 81(9): 1451-1481.

[10]MILTON N J, BERTRAM G T. Trap styles: a new classification based on sealing surfaces[J]. AAPG Bulletin, 1992, 76(7): 983-999.

[11]SILVERMAN S R. Migration and segregation of oil and gas[M]// YOUNG A, GALLEY J E. Fluids in subsurface environment. Tulsa: AAPG, 1965: 53-65.

[12]SMITH D A. Sealing andnonsealing faults in Louisiana Gulf Coast salt basin[J]. AAPG Bulletin, 1980, 64(2): 145-172.

[13]WATTS N L. Theoretical aspects of cap-rock and fault seals for single-and two-phase hydrocarbon columns[J]. Marine and Petroleum Geology, 1987, 4(4): 274-307.

[14]DURAND B. Present trends in organic geochemistry in research on migration of hydrocarbons[M]// BJOROY M. Advances in organic geochemistry 1981. Wiley:Chichester, 1983:117-128.

[15]ENGLAND W A, MACKENZIE A S, MANN D M, et al. The movement and entrapment of petroleum fluids in the subsurface[J]. Journal of the Geological Society, 1987, 144(2): 327-347.

[16]MILLS N, LARTER S. Phase-controlled molecular fractionations in migrating petroleum charges[J]. Geological Society, London, Special Publications, 1991, 59(1): 137-147.

[17]UNGERER P, DOLIGEZ B, CHENET P Y, et al. A 2-D model of basin scale petroleum migration by two-phase fluid flow. Application to some case studies[J]. Collection colloques et séminaires-Institut français du pétrole, 1987 (45): 415-456.

[18]WELTE D H. Migration of hydrocarbons, facts and theory[M]. Paris: Editions Technip, 1988.

[19]SCHOWALTER T T. Mechanics of secondary hydrocarbon migration and entrapment[J]. AAPG Bulletin, 1979, 63(5): 723-760.

[20]DURAND B. Understanding of HC migration in sedimentary basins (present state of

knowledge) [M]// MATTAVELLI L, NOVELLI L. Organic Geochemistry In Petroleum Exploration. Oxford: Pergamon Press, 1988:445-459.

[21]JONES R W. Some mass balance and geological constraints on migration mechanisms [J]. AAPG Bulletin, 1981, 65(1): 103-122.

[22]MOMPER J A. Oil migration limitations suggested by geological and geochemical considerations in physical and chemical constraints on petroleum migration[C]. Oklahoma: Notes for AAPG short course, April 9, AAPG National Meeting, 1978.

[23]THOMPSON K F M. Contrasting characteristics attributed to migration observed inpetroleums reservoired in clastic and carbonate sequences in the Gulf of Mexico region[J]. Geological Society, London, Special Publications, 1991, 59(1): 191-205.

[24]PIGGOTT N, LINES M D. A case study of migration from the West Canada Basin [J]. Geological Society, London, Special Publications, 1991, 59(1): 207-225.

[25]MILES J A. Secondary migration routes in the Brent sandstones of the Viking Graben and East Shetland Basin: Evidence from oil residues and subsurface pressure data[J]. AAPG Bulletin, 1990, 74(11): 1718-1735.

[26]WANG C X, ZHANG Q Y. Typical oil and gas reservoirs and their forming conditions in Zhu Ⅲ sag[J]. China Offshore Oil and Gas, 1999, 13(4): 248-254.

[27]ZHU W L, LI M B, WU P K. The petroleum system in the Zhu Ⅲ subbasin of the Pearl River Mouth basin[J]. Pelroleum Exploralion and Developmenl, 1997, 24 (6): 21-23. (in Chinese)

[28]LI S T, LIN C, ZHANG Q, et al. Episodic rifting of continental marginal basins and tectonic events since 10Ma in the South China Sea[J]. Chinese Science Bulletin, 1999, 44: 10-23.

[29]GIRDLER R W. Processes of planetary rifting as seen in the rifting and break up of Africa[J]. Developments in Geotectonics, 1983,19:241-252.

[30]TANKARD A J, BALKWILL H R. Extensional tectonics and stratigraphy of the North Atlantic margins: introduction[M]// TANKARD A J, BALKWILL H R. Extensional tectonic and stratigraphy of the North Atlantic margins. Tulsa:AAPG, 1989:1-6.

[31]SCOTT D L, ROSENDAHL B R. North Viking graben: an east African perspective [J]. AAPG Bulletin, 1989, 73(2): 155-165.

[32]RU K, PIGOTT J D. Episodic rifting and subsidence in the South China Sea[J]. AAPG Bulletin, 1986, 70(9): 1136-1155.

[33]NIE F J, LI S T, XIE X N. Study of the sandstone compositional features and tectonic setting of the Zhujiang and Zhuhai formations, Zhu Ⅲ subbasin, Pearl River Mouth basin[J]. Acta Geoscientifica Sinica, 1999, 57:111-117. (in Chinese)

[34]WALKER R G,PLINT A G. Wave and stromdominated shallow marine systems[J]. Facies Models-Response to Sea Level Change, 1992: 219-238.

[35]BOOTHROYD J C, FRIEDRICH N E, MCGINN S R. Geology of microtidal coastal lagoons: Rhode Island[J]. Marine Geology, 1985, 63(1-4): 35-76.

[36]NICHOLS M M. Sediment accumulation rates and relative sea-level rise in lagoons [J]. Marine geology, 1989, 88(3-4): 201-219.

[37]REINSON G E. Transgressive barrier island and estuarine systems[J]. Facies Models Response to Sea Level Change, 1992: 179-194.

[38]DALRYMPLE R W. Tidal depositional systems[M]// WALKER R G, JAMES N P. Facies models: response to sea level chang. Newfoundland: Geological Association of Canada,1992:195-218.

[39]NIE F J, LI S T, WANG H, et al. Study on Sequence Stratigraphy of Zhujiang and Zhuhai formations, Zhu Ⅲ Subbasin, Pearl River Mouth Basin, South China Sea[J]. Journal of Earth Science, 2001, 12(1): 11-21.

[40]GRANSCH J A, EISMAN E. Geochemical aspects of the occurrence of porphyrins in west venezuelan mineral oil and rocks[M]// HOBSON G D, SPEERS G C. Advances in organic geochemislry l966. Oxford: Pergamon Press, 1970:69-86.

[41]KOONS C B, BOND J G, PEIRCE F L. Effects of depositional environment and postdepositional history on chemical composition of Lower Tuscaloosa oils[J]. AAPG Bulletin, 1974, 58(7): 1272-1280.

[42]POWELL T G,MCKIRDY D M. Geologic factors controlling crude oil composition in Australia and Papua, New Guinea[J]. AAPG Bulletin, 1975, 59(7): 1176 1197.

[43]SEIFERT W K, MOLDOWAN J M. Applications of steranes, terpanes and monoaromatics to the maturation, migration and source of crude oils[J]. Geochimica et Cosmochimica Acta, 1978, 42(1): 77-95.

[44]SEIFERT W K, MOLDOWAN J M. Paleoreconstruction by biological markers[J]. Geochemica et Cosmochimica Acta, 1981, 45: 783-794.

[45]SEIFERT W K, MOLDOWAN J M. Use of biological markers in petroleum exploration[J]. Methods in geochemistry and geophysics, 1986, 24: 261-290.

[46]VAN EGGELPOEL A. Comparison entre les porphyrins extraites de la rocks reservoir (argiles silicifices) d'Ozori (Gabon) et celles de l'huile[C]// Paris Proceedings 2nd International Geochemical Congress, 1964.

[47]GONG Z S, LI S T,XIE T, et al. Continental margin basin analysis and hydrocarbon accumulation of the northern South China Sea[M]. Beijing: Science Press, 1997.

[48]YU X G, XI X Y, ZHOU W W. The geochemical evidence for petroleum accumulation in the Zhu Ⅲ subbasin, Pearl River Mouth basin[J]. China Offshore Oil and Gas (Geology), 1999, 13(4):268-274.

[49]ANDERS D. Geochemical exploration methods[M]// MERRIL R K. Source and migralion processes and evalualion technigues. Tulsa:AAPG, 1991: 89-95.

[50]CHEN S Z. Overpressured stratigraphic formations, common in offshore sedimentary basins, are closely associated with oil and gas distribution[J]. Petroleum Exploration in China. Hydrocarbon Exploration in China Offshore, 1999, 4: 947-956.

[51]ZOU Y C, CHEN Y K, HUANG Z H. Discussion on oil and gas prospecting in the Eastern Pearl River Mouth basin from structural ridges study[J]. China Offshore Oil and Gas, 1991, 5(2): 1-7.

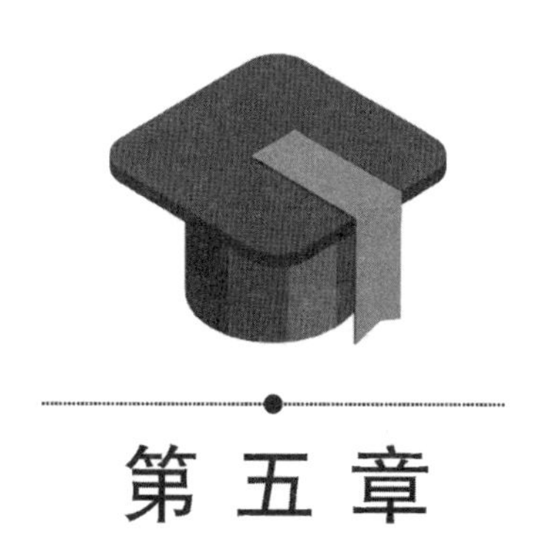

第五章

陆相盆地层序地层学和隐蔽油气勘探

断陷湖盆隐蔽油藏预测及勘探的关键技术
——高精度地震探测基础上的层序地层学研究*

摘　要　近十余年来世界和我国隐蔽油藏勘探取得了巨大进展，其关键技术是高精度的三维地震及在此基础上的层序地层学研究，二者的结合已被油气产业部门当作勘探中的“权威性技术”。断陷湖盆在我国东部含油气资源的重要性居首位，控制层序形成演化的诸因素中，构造、古气候和在区域古地理格局中的位置对湖盆的类型和演化起着决定作用。需要按照断陷湖盆的沉积构造演化特征建立有预测功能的层序构成模式。在成熟的勘探区，重新建立等时层序地层格架，进行体系域精度的工业制图，阐明沉积体系的分布规律，使用高精度地球物理技术对圈闭定位，并对构造坡折带和低位域扇体给予重点注意。用这种技术方法指导隐蔽油气藏的勘探，已经并必将有许多重要发现。

关键词　隐蔽油藏　层序地层学　断坡带　低位扇

1　引言

进行了数十年勘探和高强度开发之后，我国东部许多重要的油区已进入勘探的高成熟阶段和开发的中晚期阶段。由于已完成了密集的地球物理探测和钻探工作，再发现重要的构造圈闭的概率已日益减少，隐蔽圈闭(subtle trap)勘探越来越占有重要地位，甚至是首要地位。隐蔽圈闭是勘探上相对难以发现和描述的圈闭，在圈闭分类上主要包括各种地层、岩性和非构造成因的古潜山圈闭等。隐蔽圈闭也可以是复合的，即有某些构造因素存在，如油源断裂。隐蔽圈闭发现的难度和勘探的风险性明显高于构造圈闭。

近十余年来，国际上在隐蔽油藏勘探上有重大突破，重要的成果之一是在大西洋两侧被动边缘盆地和墨西哥湾深水领域勘探海底扇储集体取得的巨大成功，新发现的油田许多是亿吨级。取得如此巨大的成就，其最基本的经验是以三维地震为代表的地震探测技术与层序地层学理论和方法的应用，这两方面紧密结合在一起提供了一种非常有效的油气勘探方法技术体系，许多石油公司称之为“油气勘探的权威性工具”，南非离散大陆边缘盆地的系统总结成果是一典型代表。众所周知，层序地层学的发展起源于海相、海陆交替相地层的研究，盆地充填过程中沉积层序的发育特征主要受控于海平面变化、构造和物源补给，层序的构成特征和模式在以海相沉积为主的盆地中已相当成熟，并已有大量著作出版。

在陆相盆地条件下许多控制层序形成和充填序列演化的因素与海洋有很大不同，同时相变剧烈、构造复杂、地层对比的难度大等因素给陆相地层的研究带来了许多困难。近十余年来国内外学者及勘探家均认识到陆相层序地层学研究的重要性，已发表了大量探索性研究成果[1-7]。我国在许多陆相盆地中正广泛开展层序地层研究工作。

当前，由于能源需求的严峻形势，层序地层学研究已聚焦到找寻隐蔽圈闭领域，这需要开展

* 论文发表在《地球科学——中国地质大学学报》，2002，27(5)，作者为李思田、潘元林、陆永潮、任建业、解习农、王华。

系统的理论、方法和技术上的研究。其中首先需要对陆相盆地层序形成的特有背景及控制因素有明确的认识。本文基于对胜利油田济阳坳陷等断陷湖盆的研究，就相关问题进行探讨。

2 陆相断陷湖盆层序地层学研究特点

2.1 构造因素的决定性作用

构造因素在断陷盆地层序形成中占首要的控制作用。在济阳坳陷已证实，古近系所划分的4个二级层序与盆地裂陷期发生的多幕伸展过程相吻合，其间均有较明显的间断面，许多是反转后的剥蚀面。裂陷后期划分的两个二级层序分别形成于裂后热衰减沉降和其后发生的沉降加速期。上述特征在渤海湾盆地各油区和油田中有普遍性。三级层序在成因上尚不明朗，多数学者认为形成于气候周期导致的基准面变化。Cloetingh[8]认为板内应力的强化和松弛也可以造成层序的旋回式交替；Peper 等[9]则认为 10^4a 周期的高频层序都可以受构造作用所驱动。

断陷类盆地以快速沉降期为特征，厚的含优质烃源岩的深水湖相泥岩沉积都与快速沉降阶段相吻合，如沙河街组三、四段沉积时期。厚的以暗色泥岩占优势的沉积持续形成期可大于10Ma。

构造格架控制了层序的构成样式、沉积体系的特征和分布。渤海湾盆地的大多数凹陷具有半地堑的构造样式，以东营凹陷为代表，其控制性边缘断裂内侧的陡坡带、对侧的缓坡带以及轴向方向的剖面所显示的层序构成样式、沉积体系特征有明显不同。

2.2 湖盆对古气候变化的敏感性

由于其局限性，湖泊对气候变化的反映比较敏感，因此湖相沉积被当作气候变化的良好记录。从地质历史的角度看，一个湖泊从形成到消亡，其周期相对短暂。干旱气候条件的出现使湖泊迅速咸化，变为盐湖直至干涸消亡，此种情况可周期性出现。渤海湾盆地济阳坳陷及邻近地区，古近系最下部的孔店组沉积早期为红层，是干旱条件下的湖泊；中期即孔二段沉积时期出现潮湿气候，在黄骅坳陷南部和淮北凹陷形成重要的烃源岩；孔一段及沙河街组第四段下亚段沉积时期又转化为干旱条件下的红色及杂色沉积，与蒸发岩频繁互层，其高频韵律可达到米兰科维奇周期范围。沙河街组四中段进入了盐湖发育的鼎盛期。自沙河街组四上段沉积开始古气候环境转化为潮湿，沙河街组四段上部及沙河街组三段中部形成了深湖-半深湖环境，为主力烃源岩段的形成提供了前提条件。

上述气候因素决定的不同类型的湖盆在沉积介质、水动力条件以及所形成的沉积物方面均有重大差别，不能用统一的层序地层模式概括。

2.3 物源补给条件的复杂性——多物源及近物源

多物源和近物源是断陷湖盆物源补给的重要特色。按物源方向大致分为侧向物源和轴向物源两种类型。侧向物源的沉积特征受控于盆地边界构造的性质，断裂边缘以冲积扇、扇三角洲和短轴水下扇为主，无控制性断裂的缓坡边缘则以辫状河三角洲和较大型的低位扇为主。轴向物源进入的体系常与较大型的远源河流有关，如东营凹陷的东营三角洲自东向西进入凹陷，进积过程中形成了6个四级层序，是凹陷内规模最大的三角洲。上述多向物源形成的入湖沉积体系随着湖平面和沉降速率引起的可容空间变化在不同的体系域中形成不同的沉积体系类型。

2.4　湖盆类型及其在区域古地理格局中的位置

沉积盆地古湖盆的重建与现代湖盆类型对比，可充分显示湖盆类型的多样性。这种多样性与湖盆在大区域古地理格局中的位置密切相关，按此原则主要可划分为内陆湖盆和近海湖盆两种类型。

内陆湖盆是指远离海岸线或因地形地貌等因素不受海平面变化影响的湖盆，其湖平面变化主要受局部因素和气候变化影响，如汇水区状况和气候条件引起的入湖流量和蒸发量的变化。总体上内陆湖盆又可区分为开放式和封闭式两种，开放式湖盆有泄水口，在水位过高时向湖盆外排出，或像洞庭湖、鄱阳湖那样与巨大江河连通，在水量上相互调节，湖平面和湖泊面积在年周期内即可有很大的变化。封闭式的内陆湖盆常因气候因素形成盐类的聚集。

大型近海湖盆则常受海平面变化的直接或间接影响，特别是在湖区地形低平、有低凹的谷地与海岸相连时。在高海平面期海水可以灌入，从而改变湖水的盐度和其他地球化学性质，并出现与海相生物类似的种群，松辽盆地青山口期和嫩江期日益增多的生物-地球化学证据表明存在此种情况的可能性。

济阳坳陷在沙河街组四段上部曾发现过多种海源生物，如有孔虫、钙质超微、多毛类和某些鱼类如艾氏鱼和双棱鲱等）。由于这些生物化石与典型的海相组合存在着某些差异，如有孔虫一般个体小、种属单调等，因而，多年来一直存在着学术上的争论。如果考虑到仅是海水沿通道入湖而非大面积海泛，那么这种差异是合乎逻辑的。

总之，大型近海湖盆在特定的演化阶段出现高海平面和通道口时，若发现有海水进入湖泊的线索时不应忽视，并需要进一步取得古生物、地球化学的相关证据，这类湖泊对于有机质的保存甚有利，国内外的实例均表明此类湖泊具有很大的生烃潜力。

2.5　基准面及可容空间变化的复杂性

基准面变化直接控制着层序和体系域的交替，形成盆地充填序列中的旋回性，这对三级和三级以下的高频层序地层单元的发育更为有利。

在海相盆地中海平面即代表了基准面，并可根据相标志直接识别，海平面变化在构造活动较弱的被动边缘和克拉通盆地中被认为是控制层序形成的多种因素中的首要因素。在陆相湖盆，尤其是断陷湖盆条件下，基准面的变化要复杂得多。在湖泊的周围区域，基准面是河流侵蚀的下界面，是与河流梯度相吻合的倾斜面；在湖区则是湖平面。这在大型内陆湖盆，如鄂尔多斯盆地的三叠纪和侏罗纪的古湖盆以及大型近海湖盆是适用的。在内陆高原和山区的某些湖泊，由于其封闭性，湖平面与区域基准面并不一致。此外湖泊有无泄水口对湖平面变化也有很大影响。总之湖平面变化受更多的局部因素影响。

构造沉降、湖平面变化和物源补给共同决定着可容空间的变化。必须强调的是由于湖盆面积的局限性，物源补给因素的影响比海相盆地要大得多。我国云南昆明盆地和澄江盆地同为新生代断陷湖盆，前者有较大规模河流注入，物源补给充分，形成浅水湖——滇池；后者无重要河流补给物源，形成深水湖泊——抚仙湖[10]。因此在进行陆相湖盆层序地层研究时不仅要研究沉积区，还需充分注意补给区的地貌及水系特征。Bohacs 等根据可容空间被充填的程度将湖泊分成 3 种类型：过补偿的、均衡补偿的和欠补偿的，并指出了其生烃潜力的差异。

3　在深入"解剖"典型盆地的基础上概括出不同类型陆相盆地的层序构成模式

陆相层序地层研究的许多早期概念、应用的模式甚至术语体系均借鉴于海相层序地层的研究。一些明显不适合于陆相地层的名词迄今仍被使用。Katz 等[11]和许多研究者都已经意识到按陆相湖盆特点总结相应的概念体系、模式及研究方法的必要性。

我国是陆相盆地众多的国家，迄今所获油气储量绝大部分集中于陆相盆地。正因为如此，可从我国丰富多彩的陆相盆地中概括出不同类型盆地的层序构成模式。勘探中是否有预测功能是对模式最好的检验。海相与陆相层序地层研究在基本方法上有共同点，例如：①关键性界面的识别和对比，包括作为层序界面的间断及其相应的整合面；初始湖泛面和最大湖泛面等；②划分和对比不同级别的层序地层单元，盆地充填序列中的层序地层单元是一种旋回性的交替，不同级别的单元有一定的时限，例如作为基本单元的三级层序在陆相地层中的经验值一般也以 1～3Ma 为宜；③建立全凹陷乃至盆地的等时地层格架，在此格架中研究沉积体系和相构成单元的类型和分布，预测储集体和隐蔽圈闭。

陆相盆地特别是占主要比例的裂陷类和前陆类等活动构造背景下的盆地的构造运动对沉积作用的影响强烈，古气候又处于地质历史上的显著变化期，沉积层序形成及时空变化均有其独特之处和多样性。在研究方法及最终建立的模式方面均应体现上述特色。在胜利油田济阳坳陷的勘探实践中取得了初步经验：首先是模式中构造要素与沉积要素的整体性；其次物源补给体系和构造复杂性模式应是三维的；最后按照不同类型的湖盆，分别进行典型解剖并建立不同的模式。上述种种考虑是相互交织、互为影响的。

在断陷湖盆中同沉积断裂有特殊的重要性，它包括对盆地或凹陷演化有控制作用的盆缘断裂和凹陷内部的同沉积断裂。后者在沉降、沉积和古地貌上易形成坡折，即构造坡折带[10]。

在近年的油气勘探中构造坡折带日益引起油气勘探家的注意。在断陷湖盆中受同沉积断裂控制的坡折带笔者建议称之为断坡带(fault controlled slope-break zone)，在沾化凹陷和东营凹陷多有发现。林畅松等[12]阐明差别，不能用统一的层序地层模式来概括其对生烃环境的影响。李思田等揭示了东营凹陷近环形分布的断裂系控制的断坡带对沙河街组低位域扇体的控制(图 1)。另一种类型的坡折起因于挠曲作用，在坳陷类盆地包括裂后沉降盆地中，如松辽盆地古龙坳陷边缘，以及准噶尔盆地等和断陷类盆地中都有发现。此类主要由挠曲作用引起的沉积坡折称为坳折带或弯折带(bend break zone)。

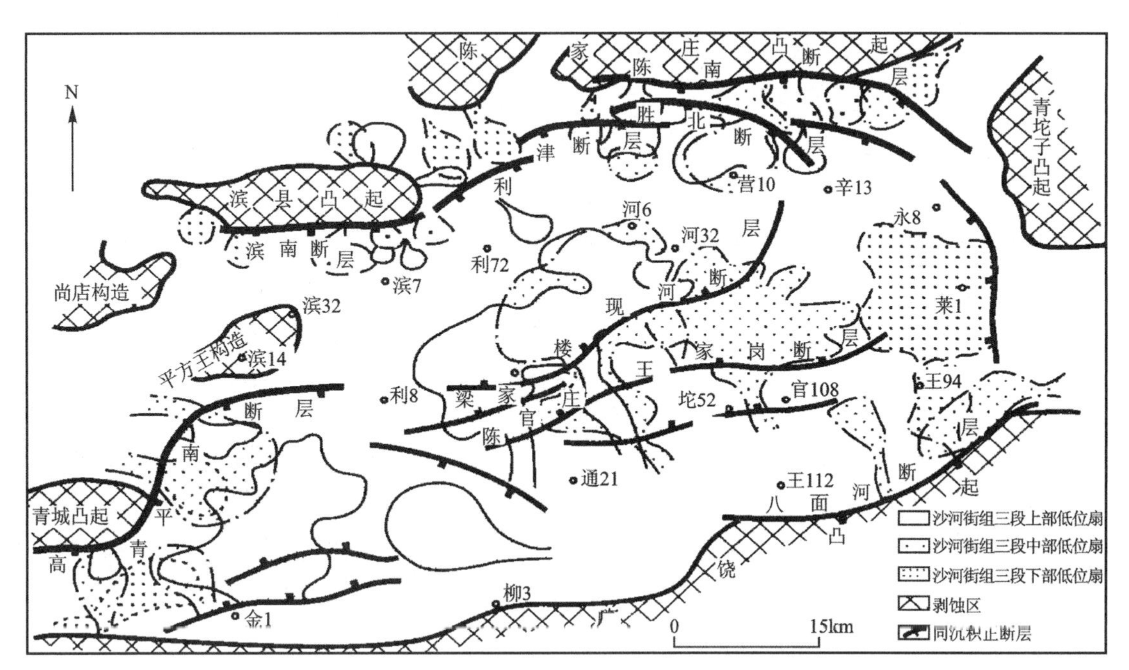

图 1　胜利油区东营凹陷近环形断裂系形成的断坡带对沙河街组低位扇群分布的控制

在深水湖盆的条件下，断坡带有较厚的低位域发育并可形成斜坡扇或盆底扇类型的优质储集体。

此类低位域扇体在大陆边缘盆地中虽非常普遍，但在陆相盆地中以往的发现率和研究程度均较低。我国大庆油田及胜利油田勘探的低位体系域扇体均有重大的突破，已成为勘探隐蔽油藏最引人注目的热点。断坡带加低位扇与其他有利成藏条件相匹配能形成隐蔽油藏群。上述已经勘探证实的断陷湖盆中控制隐蔽油藏的主要地质要素必须表现于模式中才有预测意义。图 2 为东营凹陷断裂边缘陡坡带、缓坡带和轴向方向剖面所表现的沙河街组深水湖盆发育期的层序地层构成模式图。

上述断陷湖盆 3 种不同部位的层序构成各有不同的特点。高位域发育不同类型的三角洲，断缘陡坡带以扇三角洲为主；缓坡带以辫状河三角洲为主；轴向带以大型河流三角洲为主。低位域扇体在陡坡带主要发育于第二断阶，并以短轴的水下扇为主，其中盆底扇占多数，扇体成群分布，并受控于断坡带。缓坡带则发育了大型低位域扇体，其规模大、延伸远，根部有水下河道或下切谷，如梁家楼扇体。扇体的分布也受缓坡发育的同沉积断裂控制；轴向进入的三角洲规模大，进积过程中沉积体相互叠加，形成多个四级层序，向深湖延伸未发现与之相关的盆底扇，但三角洲前缘滑塌浊积体普遍存在，可形成为数众多的小型隐蔽油藏。

以上充分表明不同构造背景下层序构成有很多构成特征在许多盆地中具普遍性，每种体系域中各有其预测勘探的目标。在东营凹陷的多年勘探中，高位域储集体多数在勘探构造圈闭时已经被发现，低位域储集体更具隐蔽性，因此在现阶段勘探中有更多的机遇。

勘探实践证明，低位域储集体，储层物性好，直接被湖扩域泥岩封盖；在断坡带处断裂发育，有良好的油源运输通道，成藏条件优越，是勘探隐蔽油藏的重点。

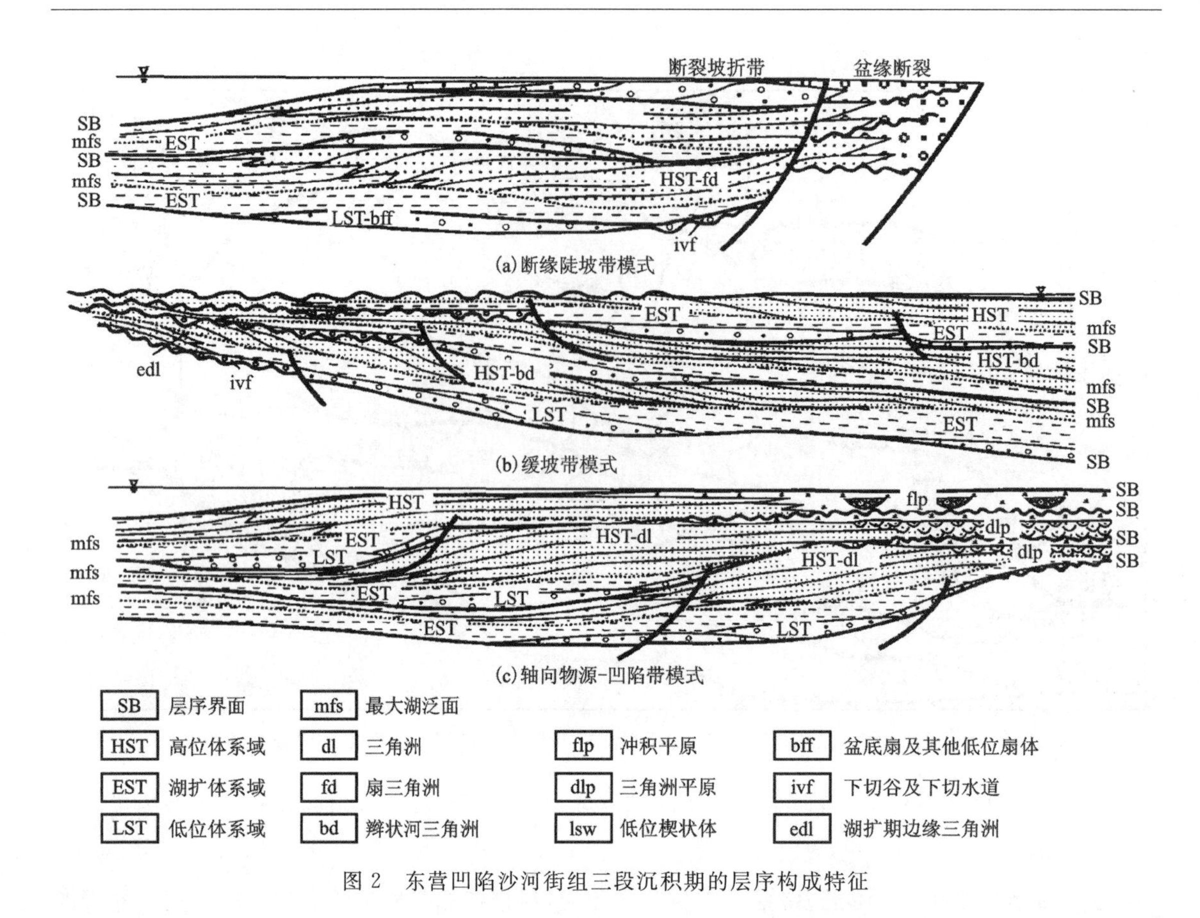

图 2　东营凹陷沙河街组三段沉积期的层序构成特征

4　高精度地震探测是层序地层研究和隐蔽油藏勘探的最重要基础

当代层序地层学的形成和发展与地震技术的进步密不可分，层序地层学的前身即地震地层学。尽管钻井资料可以精细划分出层序或旋回地层的高频单元，但只局限于井点上，在盆地中界面的对比仍以地震资料最为直观和有效。建立等时地层格架首先有赖于地震资料对比和圈闭等时界面。三维地震技术的进步是 20 世纪 90 年代勘探取得重大突破的技术关键[13]。最引人注目的进展即大西洋两侧被动边缘盆地和墨西哥湾等盆地在深水领域勘探海底扇储集体取得的巨大成功。在世界近 10 余年发现的大油田中，此种类型占 6 个之多。这些成功的勘探实例中，均首先进行高精度三维地震，在此基础上进行层序地层学研究，划分三级及四级层序及体系域，在低位域中识别和标定海底扇体。此种地质和地球物理新技术相结合带来了很高的勘探成功率，在非洲大陆边缘勘探盆底扇储层时成功率高达 75%。目前在海上和陆上有些地区已做到三维地震大面积连续施工或处理，如墨西哥湾、胜利油田、中原油田等，为层序地层学的研究奠定了重要基础。

目前在三维地震基础上发展了多种特殊处理及可视化技术，可以在钻前对层序地层研究预测的储集体精细标定和判别。三维地震数据体的切片可以精确地显示复杂的沉积体系构成状况，如三角洲平原上和海底扇表面的曲流水道。应用地球物理测井参数与三维地震数据做约束反演以及直接反映油气的 AVO 技术等都成为钻前锁定目标的有力工具。根据与胜利油田合作的对东营凹陷的研究经验以及与河南油田合作的对南阳、泌阳凹陷的研究经验，建议将如图 3 所示的工作流程作为系统进行层序地层与隐蔽油气藏预测的研究框架。

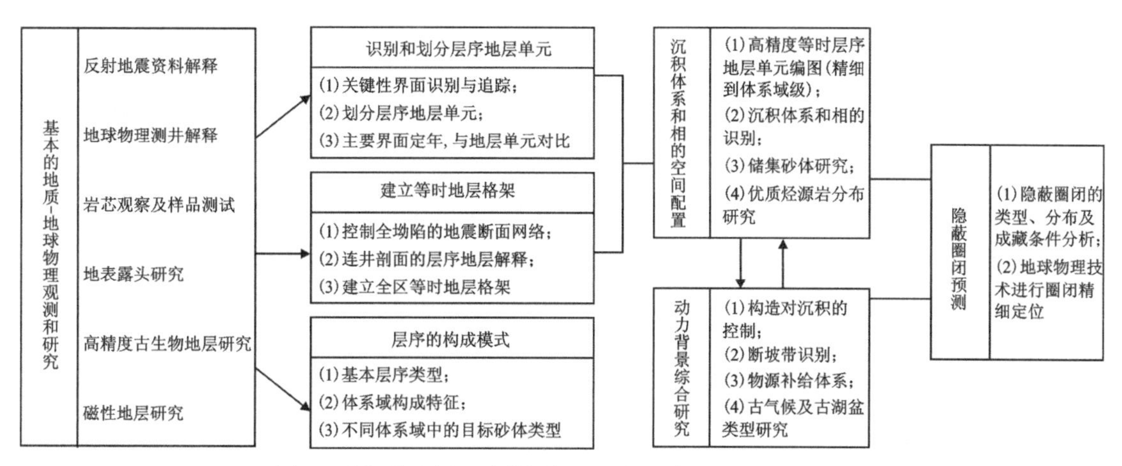

图 3　陆相盆地用于隐蔽圈闭预测的层序地层学研究框架

本文中所阐述的观点和认识是基于笔者与胜利油田、河南油田、吉林油田等多年合作，特别是 20 世纪 90 年代后期与胜利油田“济阳坳陷沉积、构造及含油性”研究项目密切合作的体会。在此衷心感谢上述石油部门给予的巨大支持和合作。陆相层序地层学研究还需要从理论上进一步深入和发展，更好地服务于隐蔽油藏勘探并丰富我国石油地质工作者奋斗多年的陆相石油理论体系。

参考文献

[1]LIN C S, ERIKSSON K, LI S T, et al. Sequence architecture, depositional systems, and controls on development of lacustrine basin fills in part of the Erlian Basin, Northeast China[J]. AAPG Bulletin, 2001, 85(11): 2017-2043.

[2]CROSS T A. Stratigraphic controls on reservoir attributes in continental strata[J]. Earth Science Frontiers, 2000, 7(4): 322-350.

[3]李思田，林畅松，解习农，等. 大型陆相盆地层序地层学研究:以鄂尔多斯中生代盆地为例[J]. 地学前缘，1995，2(4)：133-136.

[4] 吴应业，邵文斌. 含油气盆地层序解释技术与应用[M]. 北京：石油工业出版社，2000.

[5] 樊太亮，吕延仓，丁明华. 层序地层体制中的陆相储层发育规律[J]. 地学前缘，2000，7(4)：315-321.

[6] SHANLEY K W, MCCABE P J. Perspectives on the sequence stratigraphy of continental strata[J]. AAPG Bulletin, 1994, 78(4): 544-568.

[7] 纪有亮. 陆相断陷湖盆层序地层学模式[M]// 顾家裕，邓宏文，朱筱敏. 层序地层学及其在油气勘探开发中的应用. 北京：石油工业出版社，1997：9-16.

[8] CLOETINGH S. Intraplate stresses: a new tectonic mechanism for fluctuations of relative sea level[J]. Geology, 1986, 14(7): 617-620.

[9] PEPER T, BEEKMAN F, CLOETINGH S. Consequences of thrusting and intraplate stress fluctuations for vertical motions in foreland basins and peripheral areas[J]. Geophysical Journal International, 1992, 111(1): 104-126.

[10] 李思田. 断陷盆地分析与煤聚积规律[J]. 北京：地质出版社，1988.

[11] KATZ B J, XING C L. Summary of the AAPG research symposium on lacustrine basin exploration in China and Southeast Asia[J]. AAPG Bulletin, 1998, 82(7): 1300-1307.

[12] 林畅松，潘元林，肖建新，等. "构造坡折带"：断陷盆地层序分析和油气预测的重要概念[J]. 地球科学——中国地质大学学报，2000，25(3)：260-266.

[13] 何汉漪. 二十一世纪的地震勘技术[J]. 地学前缘，2000，7(3)：267-273.

大型油气系统形成的盆地动力学背景*

摘　要　找寻大油气田的急迫任务带动了当今新一轮战略性、区域性的基础地质和石油地质研究工作。在盆地中识别富生烃凹陷及其所控制的油气系统具有关键意义，没有富生烃凹陷就没有大油气田赖以形成的首要基础，富生烃凹陷及大型油气系统的形成又有其特有的盆地动力学背景，认识后者对前者的控制关系可提供战略性预测。渤海湾盆地作为中国东部陆上及海域伸展类盆地重要、典型的代表，其数十年勘探和研究历程揭示了富生烃凹陷、大型油气系统和盆地动力学过程的内在联系，在岩石圈伸展和裂陷的背景下，盆地内隆坳分异的构造格架、快速沉降、高地温和异常高压系统提供了富生烃凹陷和大型油气系统形成的构造背景，与古近系中晚期有利的古气候、古环境条件匹配形成了最有利生烃的超富养湖盆类型。笔者根据多个富生烃凹陷的典型研究提出了大型油气系统形成的模式，进一步分析了富生烃凹陷形成背景的多样性。值得指出的是，目前所知西北地区大型叠合盆地中最重要的富生油凹陷，如准噶尔盆地的二叠纪中央凹陷、塔里木盆地的满加尔凹陷可能都形成于伸展和裂陷背景下，中新生代则以挤压、挠曲占优势，笔者提出用当代盆地动力学和油气系统的思路与方法重新认识含油气盆地及其油气系统演化的动力过程，进行新一轮基础性、区域性研究，为发现新领域、找寻大油气田提供地质理论基础。

关键词　富生烃凹陷　大型油气系统　盆地动力学

1　引言

由于国民经济的快速增长，我国油气资源在供求关系方面正面临严峻形势。在寻求多种渠道解决国民经济对能源需求快速增长的同时，关键和根本的问题仍然是在我国陆上及海域发现新的勘探领域，找寻大型油气田，进而发现包含油气田群的大型油气系统，这对地质工作者提出了新的挑战。近十余年来的勘探历程表明我国仍具备这样的资源潜力，许多新的发现不仅令人振奋，也发人深省。实现这一目标需要先进的地球科学理论、多学科结合的勘探新技术和高素质的研究及勘探队伍。数十年来，我国在勘探实践中对大油气田形成条件的理论研究已有诸多积累，但需要更为深入的理论总结。

在我国东部地区诸多大、中型盆地中，以渤海湾盆地在勘探上取得的新突破最具典型意义。在渤海中部环渤中坳陷地带10个大油气田的发现，揭示了一个巨型的结构复杂的油气系统，其形成的前提条件是渤中坳陷及环渤中坳陷多个较小的富生烃凹陷的存在，它们提供了丰富的油源，以及在新构造运动控制下，形成连通深部生烃灶的输导系统[1,2]。2003年在南堡凹陷取得亿吨级储量的勘探成果，有力地证明了富生烃凹陷虽然规模较小，但也能有很大的生烃潜力，并再次证明富生烃凹陷与喜马拉雅期构造运动相关。济阳坳陷是众所周知的高成熟勘探区，对其可采石油资源已做了多年密集勘探和高强度开发，但由于加强了地质研究，综合应用地球物理新技术，不断发现新领域，仍保持了年均增长1亿t可采石油储量的成绩，特别是近年来在隐蔽油

* 论文发表在《地球科学——中国地质大学学报》，2004，29(5)，作者为李思田。

藏领域取得了重大突破[3,4]。

上述令人振奋的成果来源于思路、方法和技术方面的一系列创新,或者是成功地应用了当代石油地质、地球物理等相关的理论与技术。从油气勘探战略研究的角度思索,已发现的大型和巨型油气系统均受控于富生烃凹陷,可以说"没有富生烃凹陷就没有大油田",而富生烃凹陷的形成又需要特殊的盆地动力学和古环境背景。渤海湾盆地作为我国研究程度较高、最具有石油资源潜力的盆地之一,对其演化的动力学和油气成藏过程的再认识不仅有助于该盆地资源的挖潜,也有助于全国范围油气资源战略选区新思路的形成。

2 盆地的构造格架和油气系统的分布——以渤海湾盆地为例

渤海湾盆地是我国规模最大的裂谷型含油气盆地,其主要演化期为古近纪—新近纪的裂陷作用。像多数大型盆地一样,盆地的形成演化受控于多重机制,源于深部过程的裂陷作用为主导机制,郯庐断裂及与之近平行的断裂系统的右旋走滑过程,对盆地的演化也有重要影响。盆地的构造格架以NNE向、NW向和EW向大断裂为主干,这些巨型断裂切穿盆地基底,多数属于先存断裂再活动,并在盆地演化过程中对沉降和沉积充填起控制作用。在几组巨型断裂中郯庐断裂系对盆地演化的作用最为重要,新生代这些断裂表现为右旋走滑-拉伸性质,近期在渤海海域进行的三维地震观测及时间切片提供了新的证据。渤海湾盆地的总体方向NNE,但中部为EW向,平面形态为"膝状"。部分研究者根据盆地的形态,特别是盆地中部走向显示其受南北向的拉伸并与郯庐断裂系的右旋拉分效应吻合,将盆地类型解释为拉分盆地,此种论点把走滑运动作为盆地形成的主要机制。事实上盆地的NNE向部分,如辽河区-辽东湾和整个盆地西部的裂陷过程都是沿NWW向伸展的,这一特征不可能用郯庐断裂系的拉分来解释。上述渤海湾盆地双向拉伸的特点用裂陷作用和走滑拉分的联合效应给以解释更为合理,其中裂陷作用对盆地的形成演化起主导作用。

在盆地的裂陷阶段形成了一系列断陷和断隆(图1),前者多为半地堑形态,部分为复式地堑构造。在油气勘探中已形成的习惯性术语将负向构造单元按级别称为"坳陷""凹陷"和"洼陷",这些术语仅表示盆地中的沉降和充填的单元,而不表示严格的构造性质。事实上在渤海湾盆地古近纪形成的这些负向单元均为断陷性质。在油气勘探中精确划分这些次级的正向和负向单元及其控制性边缘断裂,是重建盆地构造格架最为重要的工作,这一工作为后来的一系列突破提供了基础。

在渤海湾盆地的一系列断陷中有许多个已经被勘探证实的富生烃凹陷,即具有非常优质的烃源岩,演化过程中形成相当规模的生烃灶,向各种类型的圈闭提供了丰富的油气,如东营、沾化、大民屯、辽河西部、大港、冀中、东濮等以及近期证实的渤中坳陷,对已发现油气田分布及其与凹陷中烃源体关系的研究,展示出富生烃凹陷为中心控制着含油气系统的分布。在油源极其丰富的条件下其沿输导格架运移成藏可呈辐射状,其中的大油田又与主运移通道相关。在渤海湾盆地中多数油气系统受一个富生烃凹陷所控制,少数则是复式的或边界叠合的。特别是一些形成于断隆上的油藏可能受双源甚至多源供烃,如渤海南部的油田群(图1)。"No basin, no oil",Perrodon[5]的这句简明突出的结论早已成为广大油气地质工作者的共识:"没有富生烃凹陷就没有大油田",也日益成为勘探家们制定勘探战略选区的重要原则。我国石油地质学家

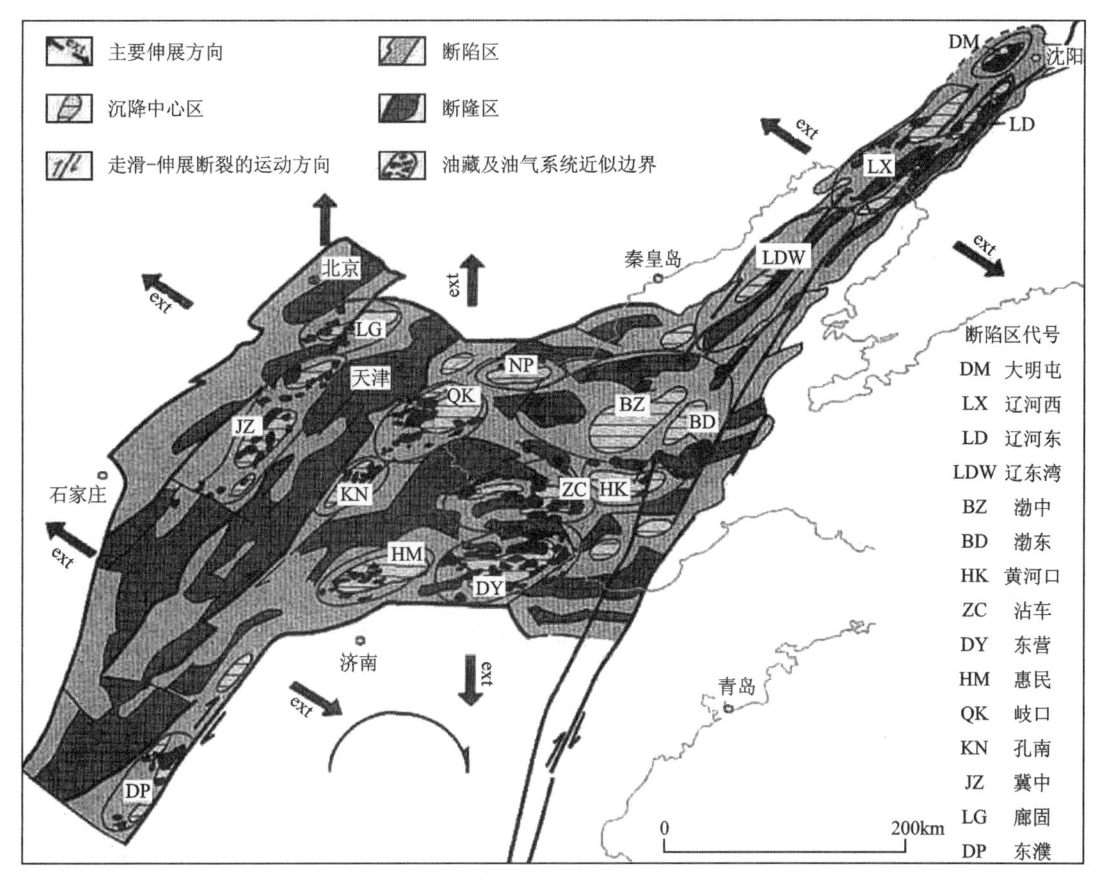

图1　渤海湾盆地构造格架、富生烃凹陷与油气系统分布关系

早已提出源控论的思想[6]，在许多大型油气系统的勘探中进一步得到了共识。

3　富生烃凹陷形成的古环境和古构造条件

中华人民共和国成立50年来的油气勘探历程中，我国在陆相和海相领域均取得了重要成就，其中尤以对陆相领域油气聚集规律的认识深入，已形成体系，并发表和出版了大量论著，积累了浩瀚的资料[7-11]。在海相领域许多基本的、关键性的问题有待进一步深入研究，因此，本文仅探讨陆相湖盆条件下富生烃凹陷的形成条件。

3.1　地质时代和古环境条件

优质湖相烃源岩的形成需要最佳的古环境条件的匹配，其中古气候条件和古湖盆类型最为重要。始新世成为中国东部及海域第一主力烃源岩的层位，首先是由于其潮湿、温暖的古气候条件，利于湖盆中藻类等微生物的高产能[12]。湖盆类型、物源补给及相应的水动力条件对有机质的产率及保存有重要意义，如松辽、渤海湾及南海大陆边缘盆地的优质湖相烃源岩，多形成于超富养半深湖及深湖条件，湖水的分层性使浅部富氧的湖水难以循环至湖底，使有机质在还原条件下得以保存。一些周期性的在高海平面期有海水进入的近海湖泊更有利于形成此种分层性，如松辽中央凹陷青山口期和嫩江期的大型近海湖泊[13-15]。有利的古气候、古环境常常是大区域或全球性事件，因此有明显的时代特征。正如全球占首位的烃源岩是晚侏罗世—早白垩世，形成了一批世界上最重要的巨型油气系统，如沙特、伊朗、墨西哥湾、大西洋两侧边缘盆地的许多油气系统[16]。中国东部及海域最好、最广泛分布的烃源岩来自始新世，松辽则来自白垩纪中期，这都决定于当时的古气候和古环境。

3.2 构造条件

我国陆上和海域古近纪的主力烃源岩都形成于盆地的主裂陷幕。裂陷期的快速沉降（一般为300～500m/Ma）和较低的欠补偿环境，为形成半深水-深水湖盆提供了条件。基底的深沉降使烃源岩大部分或全部进入生油窗范围，有效烃源岩体积大，因此凹陷基底的深度被看作是早期预测的第一要素。

松辽盆地的主力烃源岩则形成于盆地裂后阶段，即上白垩统下部青山口组。早白垩世裂陷阶段虽然也广泛发育烃源岩，但其规模和有机质丰度都远小于青山口组。因为青山口期处于最有利的古气候、古地理条件，这表明富生烃凹陷的形成需有利的古构造和古环境条件相匹配。

富生烃凹陷是形成大型油气系统的基础和前提，但还必须有各项有利的成藏基本要素，包括生、储、盖组合，输导系统，上覆地层和圈闭，以及成藏过程（生、排、运、聚）的时空匹配，才能形成大型油气系统[16]。

4 富生烃凹陷及大型油气系统的盆地动力学背景

盆地动力学思路和研究内容的系统提出标志着盆地研究进入新阶段[17]。其基本思想是以先进的地球动力学理论为基础，研究盆地形成演化的动态过程，并系统应用先进的信息技术进行过程模拟。以Dickinson为首提出的盆地动力学的研究纲要中有两个方面最为突出：①不仅要在板块构造格架中研究沉积盆地，还要从地幔对流系统研究沉积盆地，揭示盆地形成演化与深部过程的关系。此项任务显然十分艰巨和具有探索性。由于地球物理技术特别是地震层析技术的进展，岩石-地球化学参数作为地幔状态标记的研究以及盆地的定量动力学模拟技术等方面的巨大发展，已初步具备了探索盆地深部的手段。②盆地流体研究。以往的盆地分析对盆地结构、沉积充填和构造等相对静态的要素已有许多成熟的研究方法，但对以流体为中心的动态要素则由于研究难度高而较为薄弱，因此被作为盆地动力学研究中的最优先领域。与之密切相关的盆地能量场、运移输导系统的研究也被提到了更为重要的地位。

纵观中国东部及海域新生代及白垩纪的富生烃凹陷及其相关的大型油气系统皆具有特殊的盆地动力学背景，笔者等于1999年曾在我国全海域盆地和坳陷编图的基础上对惠州、崖南、渤中等8个富生烃凹陷的形成条件和盆地动力学背景进行过初步分析，研究了盆地形成的动力学背景。现结合近十年的新进展做如下概括：①盆地快速沉降，并具备较大的基底埋深，裂陷期沉积充填可达3～8km，从而保证了有效烃源岩的形成和体积。②高的大地热流背景，通常能达到60～80mW/m^{2}或更高，有利于烃源岩的高效转化，如莺歌海盆地可达到80mW/m^2[18]。上述盆地中的高大地热流主要源于地壳减薄和软流层界面向上隆起。在此种条件下幔源热的比例远超过壳源热，约占总来源的70%。③凹陷中深部通常有异常超压体，压力系数一般为2.0～11，强超压区则>2.0。超压体的范围通常与富泥地层段相吻合，在渤海湾盆地作为主力烃源岩产出的沙河街组四段和三段即常处于超压体范围，当发生流体突破时，在高压驱动下可产生快速的和高效的运移。④有良好的生、储、盖组合及适当厚度的上覆地层。裂陷期的快速沉降与区域性有利的古气候、古环境条件，利于形成富养和超富养的湖盆类型，形成高生烃指数的烃源岩。断陷-断隆相间的构造格局造成多物源条件，发育了扇三角洲、三角洲、湖底扇和河流等多种类型的储集体。周期性的湖泛层则提供了良好的盖层。在海域大陆边缘盆地条件下，以珠江口盆地为例，以文昌组为代表的湖相生油层与优质海相储盖层，形成了最佳的成藏组合。⑤盆地后期反转形成有利的构造圈闭条件。在陆内及大陆边缘的裂陷作用形成的盆地中均存在着深部过程变化导致的构造反转。在中国东部及海域，中新生代盆地中反转运动普遍存在，有时是多幕的，如松辽、渤海湾和东海陆架盆地。反转运动形成了重要的构造圈闭，如松辽盆地的大庆长垣和东营凹陷的中央构造带。⑥构造运动对输导系统和晚期成藏的巨大影响。新构造运动和晚期成藏是近十年来石油界的研究热点，勘探中的重大发现始于海域含油气盆地，逐渐扩展到大陆广大区域[1,19]。与裂谷演化自身机制导致的后期反转不同，盆地中的新构造运动多来自区域性的构造应力场变化，甚至来自板块边界力和板块构造的重组。如5Ma以来的菲律宾板块向东挤压碰撞导致东海陆架及台西盆地晚期强烈的挠曲变形。

新构造运动的力源是大区域性的，其在盆内的效应首先体现在控制性构造运动方式和方向的改变及所派生的构造上，如渤海湾盆地以郯庐断裂带为主的断裂系在上新世—第四纪早期的运动和穿过莺歌海盆地基底的古红河断裂的右旋扭动在盆地内部产生的断裂[20,21]。前者与渤海海域的晚期成藏密切相关。正是这些断裂的活动产生了新的输导系统，使油气大规模运移到馆陶组和明化镇组，形成了大油田群；后者即古红河断裂带在中新世以来的右旋扭动，在盆地内部产生的近南北向张剪性断裂组，触发了大规模的高压流体自高压囊中突破，并形成了底辟构造及相应的圈闭，是迄今为止该盆地发现的主要气藏类型。上述6个方面有利条件的耦合形成了我国东部及海域多个大油气系统，在渤海湾盆地成藏的层位可从古老基底到新生代晚期，圈闭类型丰富多彩，以东营凹陷为代表所概括的模式，如图2所示。以沙河街组三段及四段下部形成的超压烃源体为中心，经过输导系统运移至多种构造及非构造圈闭中形成了包括油气藏群的大型油气系统。

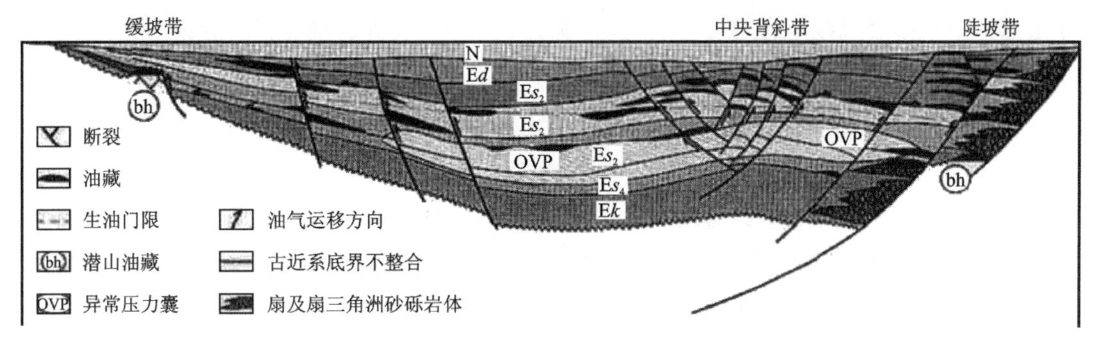

图2　渤海湾盆地富生烃凹陷中的油气系统形成模式——以东营凹陷为代表

在渤海海域新近纪和古近纪东营期的沉降达到了巨大的深度，盆地基底埋深>12 000m，形成了两套主力烃源岩和多个成藏组合，喜马拉雅期构造运动导致了新近系中大型油气系统的形成(图3)。

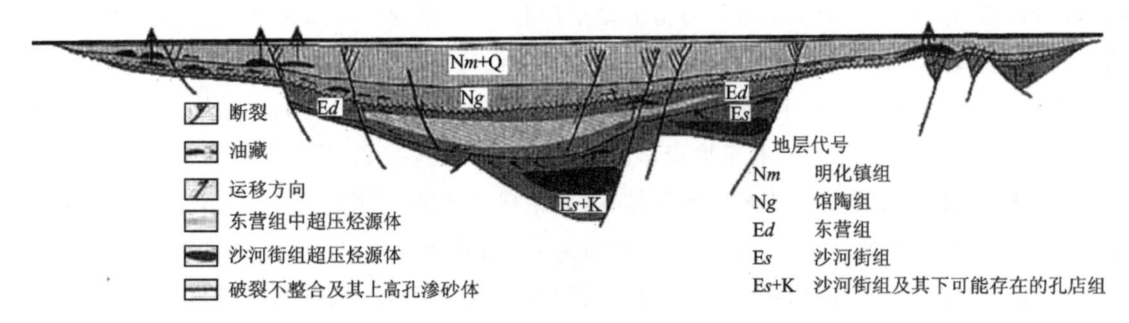

图3 渤海晚期深沉降区大型油气系统的形成模式——以渤中凹陷为代表

以上所列举的在中国东部及海域形成的大型油气系统具有的共同性的特征，皆取决于岩石圈大规模裂陷作用的动力学过程。这一过程受控于板块相互作用和地幔动力学系统。后者至今尚未能阐明其细节。

多年来进行的多学科的探索，均证明了这些盆地发育部位岩石圈的强烈减薄和软流层的上隆[22,23]。利用大地电磁、幔源玄武岩岩石-地球化学参数和盆地定量动力学模拟技术获得的岩石圈厚度数据都大致相吻合[24]。在陆内以渤海湾盆地为代表，在海域以东海陆架盆地、珠江口盆地及莺歌海盆地等为代表，岩石圈最薄处为55～65km，模拟计算的岩石圈拉伸系数β值为1.4～2或更大。上述数据有待于更精确的探测技术检验，但岩石圈的大幅度减薄和软流层的上隆则是确定的。至于软流层上隆的原因有多种假说，这些假说提出与俯冲板片的深部效应或大陆碰撞引起的侧向地幔流相关，板块相互作用与地幔动力过程在地球系统演化中处于不可分割的整体之中。Zegler[25]、Zeigler等[26]认为裂陷类盆地的伸展机制受控于多重因素的联合作用，包括板块边界应力、软流层对流、岩石圈底部的磨擦力以及软流层对流系统上涌的分支引起的偏张应力等。了解地幔流的方向比了解软流层的顶界面埋深更难，除重力资料反演和天然地震层析所提供的变化趋势外，Flower[27]根据岩石地球化学参数论证了印度板块与欧亚板块碰撞以来发生的自西向东的侧向地幔流，并将这些成果作为所提出的边缘海成因假说的证据，即认为侧向地幔流使太平洋俯冲板片后退导致岩石圈拉张和边缘海形成。这一假说也提供了新生代伸展类盆地的发生背景。

深部过程是导致盆地快速沉降、高热流和产生异常高压系统的根本原因，这一系列过程不仅提供了可形成多套成藏组合的可容空间，也提供了对油气成藏过程有利的能量场。

5 富生烃凹陷类型及形成条件多样性的讨论

以上阐述了中国东部裂陷类盆地富生烃凹陷及大型油气系统的形成条件。在其他类型盆地中由于盆地动力学背景的差异，富生烃凹陷及相应所控制的油气系统各有其特色[28]。此外与煤成气相关的生烃凹陷更有显著差异。

我国西部的大型叠合盆地生油的主力烃源岩主要在古生界。中三叠世以后在我国西部和中部的多数大型盆地在板块汇聚背景下发育了前陆类盆地，并有其特有的成藏组合。但准噶尔和塔里木最优质的古生界烃源岩却并非形成于挤压、挠曲背景，塔里木盆地最受关注的生烃单元——满加尔凹陷中有厚达6000m左右的中上奥陶统，这可能形成于岩石圈减薄的背景，尽管尚需进一步取得深部结构的证据以判断[29]。迄今所知，准噶尔盆地第一主力烃源层位在上二叠统，其形成是在前期海相残余盆地（remnant basin）基础上，经过潟湖阶段过渡形成的富生烃湖盆，在构造性质上仍处于伸展和裂陷背景[30]。可见在我国包括西部盆地在内的许多富生烃凹陷多与伸展、裂陷背景相关。

鄂尔多斯盆地晚三叠世延长期生烃凹陷是在挠曲背景下形成的，经过漫长的勘探历程在其周边以晚三叠世三角洲为主的砂体和上侏罗统底部的下切谷砂体中发现了一系列油田，证明其富生烃凹陷性质[31]。

与富生烃凹陷明显不同，煤成气相关的生烃凹陷则大多形成于盆地演化的相对稳定期，通常为浅水湖盆或陆表海条件，这是含煤地层大面积发育所要求的。如作为库车大气田群源岩的侏罗纪含煤地层和作为鄂尔多斯盆地古生界气田的重要烃源岩的石炭系—二叠纪煤系，以及四川盆地的晚二叠世煤系，均形成于盆地演化的相对稳定阶段。

由于国民经济对油气资源供应高速增长的需求，地质工作者面临着严峻挑战。数十年勘探历程的经验，人们意识到只有开拓新领域才能找到更多的对可持续发展起支柱作用的大油气田。这就需要用新理论、新技术对含油气盆地开展新一轮区域性、基础性的研究，识别富生烃凹陷及其相关油气系统的形成和分布的规律性及其特有的盆地动力学背景，此种研究将是庞大的多学科聚焦的系统工程，并可能对今后长时间内的勘探工作有重要指导意义。

参考文献

[1] 龚再升，王国纯. 渤海新构造运动控制晚期油气成藏[J]. 石油学报，2001，22(2)：1-7.

[2] 邓运华. 渤海湾盆地上第三系油藏类型及成藏控制因素分析[J]. 中国海上油气（地质），2003，17(6)：359-364.

[3] 潘元林，张善文，肖焕钦. 济阳断陷盆地隐蔽油气藏勘探[M]. 北京：石油工业出版社，2003.

[4] 李丕龙，金之钧，张善文，等. 济阳坳陷油气勘探现状及主要研究进展[J]. 石油勘探与开发，2003，30(3)：1-4.

[5] PERRODON A. Dynamics of oil accumulation [J]. Bulletin Des Centres De Recherches Exploration-Production ElfAquitaine,1983,MEMS(english edition)：1-80.

[6] 胡朝元. 生油区控制油气田分布：中国东部陆相盆地进行区域勘探的有效理论[J]. 石油学报，1982，3(2)：9-13.

[7] 胡见义，黄第藩. 中国陆相石油地质理论基础[M]. 北京：石油工业出版社，1991.

[8] 田在艺，张庆春. 中国含油气盆地论[M]. 北京：石油工业出版社，1996.

[9] 李德生. 中国含油气盆地构造学[M]. 北京：石油工业出版社，2002.

[10] 李思田，潘元林，陆永潮，等. 断陷湖盆隐蔽油藏预测及勘探的关键技术：高精度地震探测基础上的层序地层学研究[J]. 地球科学——中国地质大学学报，2002，27(5)：592-598.

[11] 翟光明，宋建国，靳久强，等. 板块构造演化与含油气盆地形成和评价[M]. 北京：石油工业出版社，2002.

[12] 刘传联，徐金鲤. 生油古湖泊生产力的估算方法及应用实例[J]. 沉积学报，2002，20(1)：144-150.

[13] 高瑞祺，蔡希源. 松辽盆地油气田形成条件与分布规律[M]. 北京：石油工业出版社，1997.

[14] BOHACS K M, CARROLL A R, NEAL J E, et al. Lake-basin type, source potential, and hydrocarbon character: an integrated sequence-stratigraphic-geochemical framework[M]// GIERLOWSKI-KORDESCH E H, KELTS K R. Lake basins through space and time. Tulsa: AAPG, 2000: 3-33.

[15] CARROLL A R, BOHACS K M. Lake-type controls on petroleum source rock potential in nonmarine basins[J]. AAPG Bulletin, 2001, 85(6): 1033-1053.

[16] KLEMME H D. Petroleum systems of the world involving upper jurassic source rocks[M]// MAGOON L B, DOW W G. The petroleum system from source to trap. Tulsa: AAPG, 1994: 51-72.

[17] DICKINSON W. R. Basin geodynamics[J]. Basin Research, 1994, 5: 195-196.

[18] 汪集旸，黄少鹏. 中国大陆地区大地热流数据汇编[J]. 地质科学，1988(2)：196-204.

[19] 孙肇才. 板内形变与晚期成藏：孙肇才石油地质论文选[M]. 北京：地质出版社，2003.

[20] 龚再升，李思思，谢泰俊，等. 南海北部大陆边缘盆地分析与油气聚集[M]. 北京：科学出版社，1997.

[21] LI S T, LIN C S, ZHANG Q M, et al. Episodic rifting of continental marginal basins and tectonic events since 10Ma in the South China Sea[J]. Chinese Science Bulletin, 1999, 44: 10-23.

[22] ZHANG Y S, TANIMOTO T. Global Love wave phase velocity variation and its significance to plate tectonics[J]. Physics of the Earth and Planetary Interiors, 1991, 66(3-4): 160-202.

[23] GRIFFIN B, ANDI Z, O'REILLY S, et al. Phanerozoic evolution of the lithosphere beneath the Sino-Korean Craton[C]//Conference on Mantle Dynamics and Plate Interactions in East Asia. Amer Geophysical Union, 1998: 107-126.

[24] 李思田，路凤香，林畅松，等. 中国东部及邻区中新生代盆地演化及地球动力学背景[M]. 武汉：中国地质大学出版社，1997.

[25] ZIEGLER P A. Geodynamics of rifting and implications for hydrocarbon habitat[J]. Tectonophysics, 1992, 215(1-2): 221-253.

[26] ZIEGLER P A, CLOETINGH S. Dynamic processes controlling evolution of rifted basins[J]. Earth-Science Reviews, 2004, 64(1-2): 1-50.

[27] FLOWER M, TAMAKI K, HOANG N. Mantle extrusion: A model for dispersed volcanism and [1] DUPAL-like asthenosphere in East Asia and the western Pacific[M]// FLOWER M F J, CHUNG S L, LO C H, et al. Mantle dynamics and plate interactions in East Asia. Washington, D. C.: American Geophysical Union, 1998: 67-88.

[28] 宋建国，张光亚. 中国油气系统分类与勘探方向[M]// 中国含油气系统的应用与发展. 北京：石油工业出版社，1997:25-32.

[29] 梁狄刚，张水昌，张宝民，等. 从塔里木盆地看中国海相生油问题[J]. 地学前缘，2000，7(4)：534-547.

[30] 蔡忠贤，陈发景，贾振远. 准噶尔盆地的类型和构造演化[J]. 地学前缘，2000，7(4)：431-440.

[31] 杨俊杰. 鄂尔多斯盆地构造演化与油气分布规律[M]. 北京:石油工业出版社，2002.

陆相盆地层序地层研究特点*

摘　要　陆相盆地具有多物源、物源近、相带窄、相变快、多沉积中心等特点，因而陆相盆地层序地层研究与大陆边缘盆地相比具有较大的差异。本文分别从层序形成的控制因素、层序界面、小层序组和体系域特征等方面论述了陆相盆地层序地层研究的特殊性。

关键词　陆相盆地　层序地层　体系域

层序地层分析是当代地质学的热点。层序地层学是在地震地层学基础之上发展而来的，并逐渐形成以高精度地震资料与岩芯、测井及露头资料综合分析为基础的新兴发展领域[1-3]。层序地层分析系统地建立了地层的序次及其构成关系，合理地解释地层内部构成与盆地形成的构造机制和地球动力学背景的成因联系。层序地层学的重要意义不仅在于思路的先进性，而且还在于对能源预测的有效性。因此，引起了地质学不同领域许多学者的广泛重视。

层序地层学是根据地震、钻孔和露头资料对地层型式做出综合解释[3]，其中心思想在于建立沉积盆地的等时地层格架。目前层序地层研究的成功经验主要来源于大陆边缘盆地，有关陆相盆地层序地层研究的报道甚少。由于板内构造条件下陆相盆地的地质结构明显不同于大陆边缘盆地，因此陆相盆地层序地层研究与大陆边缘盆地相比具有较大的差异。其主要区别包括：①陆相盆地主要受控于构造因素，而且沉积盆地内构造分区明显，沉降分异大；②陆相盆地具物源近、堆积快等特点，沉积物中突发性事件沉积所占比例较大，其气候变化对沉积物供给影响更明显；③陆相盆地具有多物源、多沉积中心、相变快、相带窄、水域面积小、变化大等特点，其沉积体系域类型比大陆边缘盆地更多样化和复杂化；④陆相盆地内湖底扇或深水重力流沉积主要发育于深湖泥岩段，而大陆边缘盆地海底扇则发育于低位体系域。

1　层序发育的控制因素

大陆边缘盆地控制层序发育的主要因素是海平面升降变化、沉降速率和沉积物供给[4,5]。Sangree 等还强调了气候是层序形成中的另一控制因素[3]。在陆相盆地中，控制层序发育的主要因素是基底沉降、沉积物供给和气候。气候条件主要影响沉积物类型，而构造沉降和沉积物供给则直接控制沉积体系空间配置和不同级别层序单元的界面，其中构造沉降是最关键的因素。陆相盆地内层序的形成和结束与不同时期的构造幕有关，也就是说陆相盆地构造应力场的改变或构造背景的改变必然导致沉积体系和体系域的变化。陆相盆地构造背景的转变有 4 种形式，即间歇沉降型（如前陆盆地间歇性俯冲、断陷盆地盆缘断裂间歇性活动）、构造应力场转换型、盆地构造属性转换型（如断坳转换型）和构造抬升型。这些构造背景改变在沉积上的响应就是层序界面。在地史记录中，层序界面可能出现地层缺失或剥蚀、地层超覆或沉积体系域的转

* 论文发表在《地质科技情报》，1993，12(1)，作者为解习农、李思田。

换。简而言之，这些因素都综合反映在沉积盆地内沉降速率和沉积物供给两大参数上。由于陆相盆地具有多物源、物源近、相变快、相带窄、盆缘边界条件复杂等特点，因此，陆相盆地沉降速率和沉积物供给参数比大陆边缘盆地变化更大。

1.1　沉降速率

沉降是构造作用(地壳拉张、冷却、构造负载)或沉积负载的产物[4]。板块间及板块内区域应力场的变化显著地影响板内沉积盆地不同地区的沉降速率。盆地内沉降速率的变化既受控于区域构造应力场，还受控于局部构造格局。陆相盆地内沉降分异很大，尤其是在断陷盆地，盆地内同生断裂的边界条件差异较大，进而导致沉降速率差异较大。因此断陷盆地盆缘主干断裂的活动周期直接控制和影响层序的构成及发育。

1.2　沉积物供给

沉积物供给量是一种对物源区至盆地的地形、岩性以及物源区气候的复杂响应。流域盆地地形本身又受控于物源区和至盆地的搬运通道区的构造。气候变化可引起沉积物供给量的波动[4,6]。陆相盆地内物源近，短期事件沉积比例较大，如泥石流、短期扇行为和短命水道沉积都与气候密切相关。在断陷盆地中许多冲积扇和扇三角洲沉积都是短期洪泛事件沉积的产物。

2　层序界面特征

陆相盆地分析过程中，准确地控制各级层序地层单位的沉积构成及其相互关系的关键在于不同级别界面的分析。在陆相盆地中各沉积湖盆往往相互分隔，盆地内相变又十分复杂，寻找区域性稳定的层序界面比较困难。但沉积盆地的形成和演变过程仍具有某种相似性[7]。沉积盆地内较高级别的层序界面，如构造层序和层序界面都与区域性构造事件有关。结合我国中新生代陆相盆地特点，以下4种界面可作为层序界面(图1)。

2.1　古构造运动面

古构造运动面代表盆地的基底面或湖盆萎缩阶段古风化剥蚀面，通常代表一定规模的构造运动中所形成的不整合面。这种界面与区域构造事件吻合，即区域性不整合面。这种古构造运动面不仅在同一沉积盆地内等时并普遍发育，而且在相同应力场作用下的同期盆地也普遍发育，因而具有较好的可比性。

2.2　构造应力场转换面

盆地从扩张到萎缩过程有时是由于盆地构造应力场的转换导致盆地沉降速率的急剧变化，进而使得充填沉积物发生较大的变化[8]。构造应力场的转换面在沉积上表现为沉积体系或体

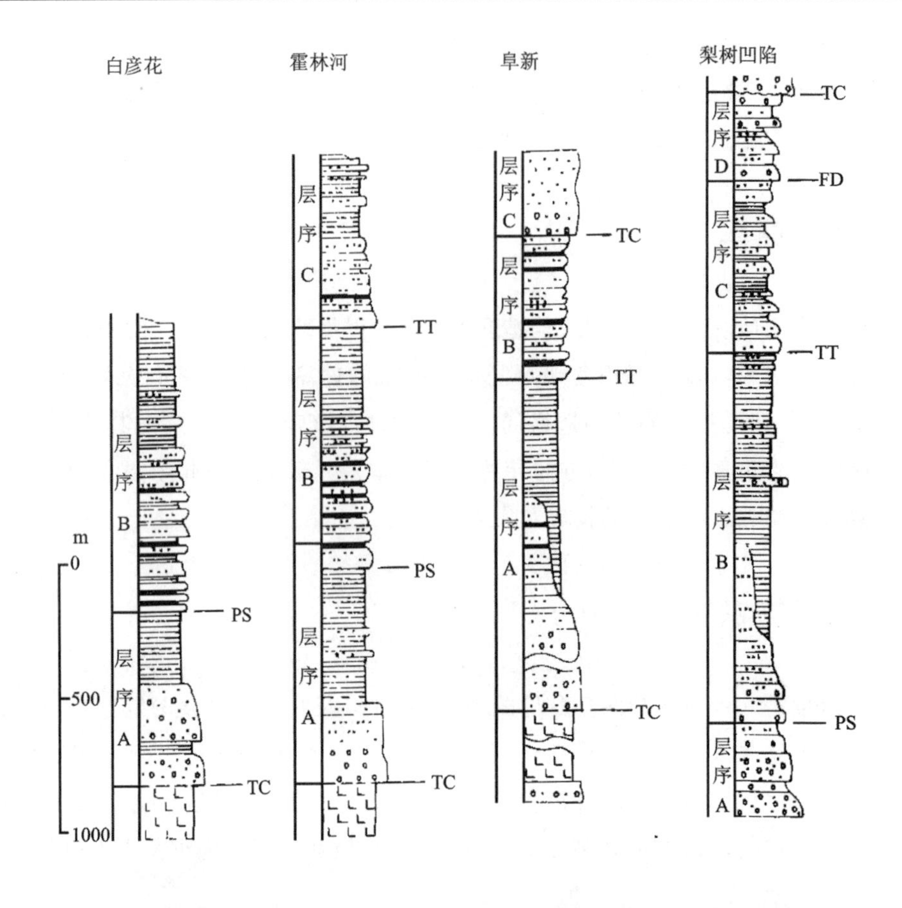

TC. 古构造运动面；TT. 构造应力场转换面；PS. 大面积侵蚀或冲刷不整合面；FD. 大面积超覆界面；

1. 砾岩；2. 砂砾岩；3. 粗砂岩；4. 中砂岩；5. 细砂岩；6. 泥岩和粉砂岩；7. 煤层；8. 火山岩。

图 1　某些典型陆相盆地的层序界面

系域的转换面。这种界面在盆地中央可能为整合界面，而在盆缘地带为侵蚀或冲刷界面。

2.3　大面积侵蚀或冲刷不整合面（或称沉积间断型界面）

大面积侵蚀或冲刷不整合面（或称沉积间断型界面）相当于 Van Wagoner 等[1]的层序-I 型不整合界面。这种沉积间断型界面在盆地不同地区表现出不同特征。盆缘地带为陆上沉积间断，除出现无沉积作用外，还出现明显的大面积侵蚀和冲刷现象，地震剖面上常见到明显的顶削现象。坳陷中央为水下沉积间断，出现由沉积作用非常缓慢或无沉积作用所产生的时间间断，间断面上下不仅岩性差异较大，而且在有机质丰度和有机质类型上具明显差异。

2.4　大面积超覆界面

由于盆地构造机制的改变，如断陷向坳陷转变，必然导致全盆范围内出现大面积的超覆界面。这种界面在盆地周缘地带为多角度不整合界面，而盆地中央地带可能为连续整合沉积或者为平行不整合面。

以上4种界面在野外露头、钻孔岩芯或测井曲线中往往显示古风化壳、古土壤层或强烈冲刷现象等一系列特征标志，界面上下地层不仅有明显的岩性差异，而且在古生物组合、有机质丰度和有机质类型等方面有显著的差异。这些层序界面在地震剖面上常见顶削现象和超覆现象。

3　小层序组及体系域特征

Van Wagoner等[1]将大陆边缘盆地的沉积体系域概括为4类：陆架体系域、低位体系域、海侵体系域和高位体系域。这种分类方案不适合于陆相盆地，因为在陆相盆地演化过程中不同时期湖水面变化很大。陆相盆地沉积体系的空间配置取决于冲积体系（包括冲积扇、河流、三角洲、扇三角洲）与湖泊体系不同比例的组合，直接受控于冲积体系的进积、加积和退积演化的全过程。因此，陆相盆地的小层序组和体系域的划分主要依赖于冲积体系的沉积作用方式和区域性水进事件，笔者建议将陆相盆地小层序组划分为4类：进积小层序组、加积小层序组、退积小层序组和湖泛小层序组（图2）。

小层序组	沉积速率/沉降速率	沉积体系空间配置	示意图
进积小层序组	>1	进积于深水环境构成周缘三角洲或扇三角洲-深水湖盆型体系域； 进积于浅水环境构成河流-三角洲或扇三角洲-浅水湖盆型体系域	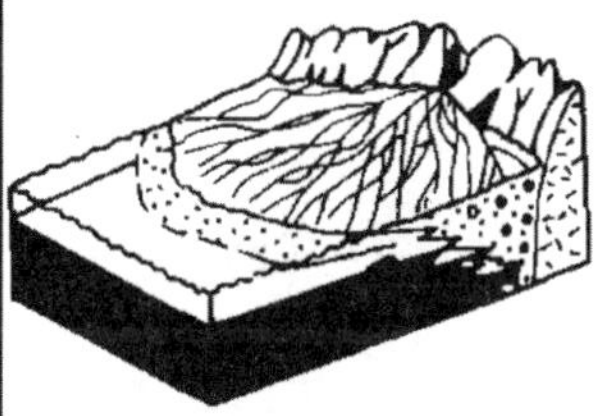
加积小层序组	=1	扇三角洲和三角洲-浅水湖盆型体系域，湖盆中央可能出现较深湖沉积；	
退积小层序组	<1	扇三角洲或三角洲-深水湖盆型体系域	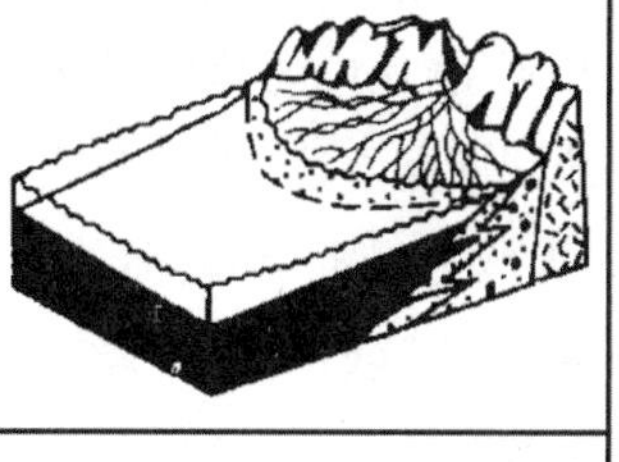
湖泛小层序组	<1	周缘小型扇三角洲或三角洲-深水湖盆型体系域；深水湖盆型体系域；深湖中往往夹有重力流沉积	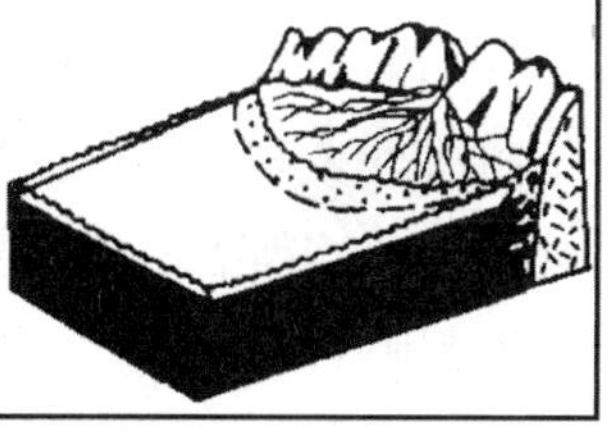

图2　陆相盆地小层序组类型

3.1 进积小层序组

沉积速率大于沉降速率，反映了沉积体系不断向湖盆方向进积的过程。冲积体系可以进积于两种背景环境，即深水环境和浅水环境。进积于深水环境的冲积体系以陡坡型扇三角洲和吉尔伯特型三角洲沉积为主，前缘沉积物中水下重力流沉积常见，变形构造也较发育，总体构成周缘三角洲或扇三角洲-深水湖盆型体系域，如伊通地堑永吉组二段；进积于浅水环境的冲积体系以缓坡型扇三角洲和河口坝型三角洲沉积为主，朵体前积较远，水下水道延伸较远，总体构成河流-三角洲或扇三角洲-浅水湖盆型体系域，鄂尔多斯盆地延安组第四、第五成因地层单元就是最好的例证。

3.2 加积小层序组

沉积速率等于或接近于沉降速率，反映了冲积体系不断地垂向加积的过程。总体构成三角洲和扇三角洲-浅水湖盆型或深水湖盆型体系域。

3.3 退积小层序组

沉积速率小于沉降速率，反映了沉积体系不断后退，每个扇三角洲或三角洲朵体的位置依次后退。退积小层序组的形成既可以是由水进所致，如伊通地堑双阳组，也可以是由沉积物供给减少所致。

3.4 湖泛小层序组

沉积速率大大小于沉降速率，湖盆范围很大，仅在盆缘地带发育一些小规模的扇三角洲或三角洲沉积。湖泛小层序组仅发育于深水环境，构成周缘小型扇三角洲或三角洲-深水湖盆型体系域。湖泛小层序组相当于大陆边缘盆地的压缩层(condensed beds)，在大陆边缘盆地由于海平面变化相对较频繁，压缩层厚度较小，因而不能构成一个独立的小层序组。在有些陆相盆地可形成相当厚的深湖泥岩段，如阜新盆地为300～500m，伊通地堑奢岭组为200～700m。在有些陆相盆地内，尤其是稳定坳陷型陆相盆地内湖相泥岩层相对较薄，这样不能独立构成湖泛小层序组。盆地内湖底扇或深水重力流沉积主要发育于湖泛小层序组，而大陆边缘盆地海底扇则发育于低位体系域。

陆相盆地每个层序内部包括了不同类型的沉积体系域，小层序是体系域的基本单元。陆相盆地具有多物源、多沉积中心、相带窄、相变快等特点，因此小层序对比难度很大，除较稳定基底条件下的坳陷盆地(如鄂尔多斯盆地延安组)中小层序可以进行全盆范围内对比外，大多数断陷盆地均很难进行全盆范围内的小层序对比，只能进行小层序组的对比。因此，陆相盆地体系域的划分精度大多只能与小层序组相当。李思田[7]通过中国东北部中生代断陷盆地的研究提出6种体系域类型。其他类型盆地研究表明，陆相盆地体系域类型十分复杂。所以，在陆相盆地层序地层研究过程中，可根据各小层序或小层序组的沉积体系组合特征来命名体系域类型。

4　层序地层分析在资源预测中的应用

层序地层分析以思路的先进性和预测的有效性引起地质学家的高度重视。目前层序地层分析已广泛应用于煤和油气地质勘探，其突出的成果在于：①层序地层兼具年代地层和成因地层意义，高分辨率年代地层和更精细的地层单元界面的划分和对比，使得等时地层单位对比更准确；②层序地层强调沉积体三维形态研究，将成因相和沉积体系放入盆地等时地层格架中研究，从整体上阐明沉积体的展布规律，从而更合理地评价砂体连续性、延伸方向及其内部构成特征，更有效地确定煤体形态；③层序地层分析的主要任务之一是从盆地整体性出发建立盆地等时地层格架，这样才能更全面地评估生、储、盖层分布及组合规律，更准确地预测有利的烃源岩和储集层。

我国含煤和含油气盆地中内陆盆地占很大的比例，因此，陆相盆地层序地层研究具有较广阔的研究前景。近年来，松辽盆地、伊通地堑、鄂尔多斯盆地层序地层学研究已取得初步成果，研究经验表明陆相盆地地质背景差异很大，研究过程中不能生搬硬套大陆边缘盆地层序地层模式，重要的是汲取层序地层学研究思路，依据不同盆地的地质背景建立不同盆地的层序地层模式。

参考文献

[1] VAN WAGONER J C, POSAMENTIER H W, MITCHUM R M J, et al. An overview of the fundamentals of sequence stratigraphy and key definitions[M]// WILGUS C K, et al. Sea-level changes: an integrated approach. Broken Arrow, OK: SEPM, 1988: 39-45.

[2] VAN WAGONER J C, MITCHUM R M, CAMPION K M, et al. Siliciclastic sequence stratigraphy in well logs, cores, and outcrops: concepts for high-resolution correlation of time and fucies[M]. Tulsa: AAPG, 1990.

[3] SANGREE J B, VAIL P R. Sequence stratigraphy interpretation of seismic, well and outcrop data workbook[M]. 张宏逵，等，译. 东营：石油大学出版社，1988.

[4] GALLOWAY W E. Genetic stratigraphic sequences in basin analysis Ⅰ: architecture and genesis of flooding-surface bounded depositional units[J]. AAPG Bulletin, 1989, 73(2): 125-142.

[5] SCHLAGER W. Depositional bias and environmental change: important factors in sequence stratigraphy[J]. Sedimentary Geology, 1991, 70(2-4): 109-130.

[6] POSAMENTIER H W, VAIL P R. Eustatic controls on clastic deposition Ⅱ: sequence and systems tract models[M]// WILGUS C K, HASTING B S, KENDALL C G, et al. Sea-level changes: an integrated approach. Broken Arrow, OK: SEPM, 1988: 109-124.

[7] 李思田. 断陷盆地分析与煤聚积规律[M]. 北京：地质出版社，1988

[8] 吴冲龙. 阜新盆地古构造应力场研究[J]. 地球科学——武汉地质学院学报，1984，2(25)：43-52.

断陷湖盆层序地层研究和计算机模拟
——以二连盆地乌里雅斯太断陷为例*

摘　要　断陷湖盆高级别的层序单元可依据不整合面及其对应的整合面来划分。高级别的不整合面主要是古构造运动面。应用二维回剥法恢复盆地构造沉降的速率曲线与层序界面比较分析表明，高级别层序界面的形成与构造沉降速率的幕式变化和断块掀斜运动有关。湖泛面可作为副层序和副层序组划分的依据，湖平面变化受到气候、沉积物供给和盆地构造沉降相互作用的控制。各级层序界面的确定需要综合地质、地球物理及地球化学资料等系统分析。二连盆地乌里雅斯太断陷内充填了3000多米厚的陆相湖盆沉积，可划分为5个层序组，识别出9～11个三级层序，以湖泛面和碎屑体系的废弃为标志划分了副层序组和副层序，建立了湖盆地层格架。系统的沉积学研究概括出3种层序的体系域模式，即深湖盆型层序体系域、浅湖-深湖盆型层序体系域及浅湖-河流型层序体系域模式。不同体系域模式中的沉积体系做有序的分布，并受控于湖平面相对的高低变化和构造格架样式。

层序地层模拟是近年来发展起来的一门新兴技术。通过模拟可分析层序的发育和形成机制，揭示构造沉降、海平面或湖平面变化及沉积物供给对层序发育和盆地充填演化的控制作用。以乌里雅斯太断陷为例的模拟验证了构造沉降速率的幕式变化，横向上的差异沉降是高级别层序界面和发育的重要控制因素。模拟还动态地重塑了盆地沉积体系域的发育过程，并对各种可能的层序类型的内部沉积相构成进行了定量预测。

关键词　断陷湖盆　层序地层　计算机模拟

由于盆地构造背景和沉积环境的差异和研究精度的提高，简单地套用经典的层序模式已不能很好地解释多样化的盆地充填和层序发育史，也不能满足难度日益增高的油气勘探和开发的需要。尤其是在陆相盆地中，对层序的形成过程、层序界面的地质含义和识别特征、沉积体系域的划分及控制机制等都要做出新的探讨，以建立陆相层序地层的全新模式。本文结合二连盆地乌里雅斯太断陷的层序地层研究和目前国际上的一些研究进展，对断陷湖盆的沉积层序和沉积体系域的研究方法和思路做初步讨论。

二连盆地群是我国东北部的一个重要的油气勘探开发区。乌里雅斯太断陷位于该盆地群的东北部，含有3000多米厚的早、中侏罗世至早白垩世的内陆湖泊碎屑岩沉积。盆地宽10～16km，长约90km，总体呈NNE向展布。盆地为半地堑，其西北缘为同沉积的盆缘断裂所限，向东南缘基底逐渐隆起。在盆内进行了大量的三维地震勘探，地震剖面分辨率较高，有较丰富的钻井、测井和岩芯资料，为层序地层学和体系域的研究提供了很好的条件。

1　断陷湖盆沉积层序的划分和识别

以“不整合面及其对应的整合面”来划分基本层序单元是Exxon层序地层学的一个核心[1,2]。现代和古代的湖盆层序研究表明，依据不整合面划分较高级别层序的方法仍适用于湖

* 论文发表在《地学前缘》，1995，2(3-4)，作者为林畅松、李思田、任建业。

盆沉积层序的划分，但层序界面与海平面变化无直接的成因联系，而主要受控于古构造作用和古气候变化[3-5]。层序内部的沉积体系域或副层序组和副层序则主要依据湖泛面和碎屑体系的进退演化等进行划分。综合应用测井、露头和岩芯及高分辨率的地震剖面，可建立高分辨率的湖盆层序地层格架并做出精确的沉积相解释和预测。

在乌里雅斯太断陷的层序地层研究中，我们把整个盆地的充填看作一个一级的构造层序，其底界角度不整合于古生代的褶皱基底或花岗岩之上，顶界为第四系所覆，是裂谷幕的产物。根据不整合面及其对应的整合面划分了9～11个三级的沉积层序，再按构造演化较高级别的旋回归并为5个二级的层序组(图1)。一般来说，二级层序的顶底界面均由盆地范围内大部分地区都可追索的不整合面所限，是构造作用和盆地充填演化阶段性的产物。

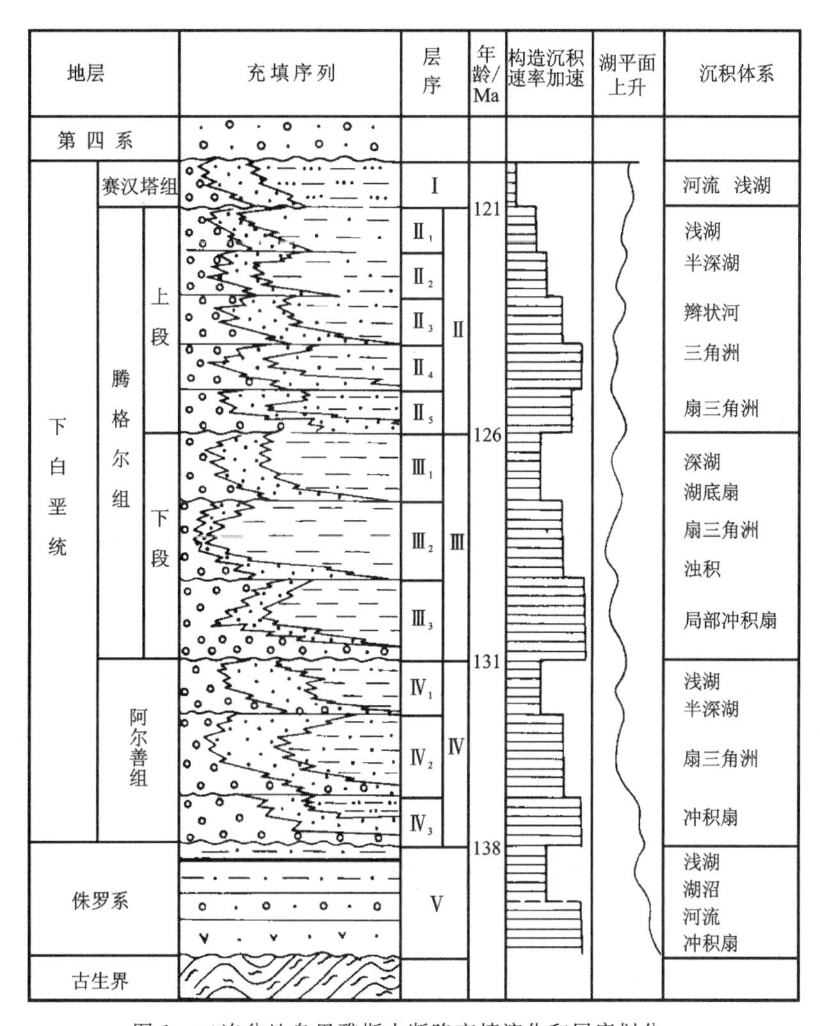

图1　二连盆地乌里雅斯太断陷充填演化和层序划分

盆内三级层序的不整合面一般只发育于盆地的边缘，向盆地的中部过渡为整合接触关系。三级层序的不整合面是一种侵蚀不整合面，是由相对湖平面或沉积基准面下降所造成的。这些层序的划分是建立在大量的三维地震剖面和测井曲线、岩芯及合成地震记录等的综合分析基础上的，建立了比以往工作精度要高得多的层序地层格架，为盆地精细的古地理再造和储集体分布预测提供了地层对比基础。层序界面的划分必须强调综合利用各种资料全面分析。主要的依据包括：

（1）地震剖面上显示的反射不整合关系，如削顶或下切冲刷造成的不整合关系、上超不整合面、低湖平面期的底超和高水位期的顶超界面等。盆地中部三级沉积层序的界面常过渡为强的反射界面而无明显的削顶或冲刷。

（2）合成地震记录、层速度等反映的突变界面，根据声波和密度测井计算合成的地震记录是反射界面时深标定的主要依据，也是层序界面重要的辅助识别标志。值得指出的是，在合成地震记录限定的深度范围内，要结合测井曲线和岩相录井分析层序界面的特征，达到最佳优化的结果。

（3）测井曲线、岩芯和露头上识别下切谷水道充填和古风化或古暴露面，下切谷水道充填具有强烈的下切冲刷底界和箱状的曲线形态，在垂向上多层叠置构成巨厚砂岩体。在侧向上共生的古土壤层和风化面是重要的辅助性标志。

（4）根据沉积体系域的演化过程分析层序界面的存在，尤其是缺少明显的侵蚀不整合面时需要依据沉积体系域的演化过程进行划分。

一般认为，湖平面的变化可以看作类似于海相盆地的海平面变化，控制着沉积基准面的升降。因此，湖盆中副层序可理解为“由湖泛面为顶底界面的、相对整合的、有成因联系的岩层或岩层组成的地层单元”。深色湖相泥岩层、碎屑体系废弃后湖进的再改造面、大面积的生物扰动构造层等都可作为湖泛面识别的标志。副层序组的划分主要依据副层序的堆积方式和主要的湖泛面。对二连盆地的研究表明，副层序组以进积型或垂向加积的副层序组为多见。

2　断陷湖盆层序的沉积体系域分析

断陷湖盆中发育的沉积体系包括冲积扇、河流、扇三角洲、辫状河三角洲、湖底扇、滨浅湖和深湖以及沼泽沉积等。它们在盆地中的发育和分布受到构造格架和湖平面变化的控制。研究表明，在高湖平面和低湖平面期的沉积体系域存在着明显的差异，许多学者力图从湖平面的相对高低来分析层序内沉积体系域的发育和分布特征，但在沉积体系类型上与海相盆地存在重要差异。对二连盆地的乌里雅斯太断陷的层序地层和体系域的系统研究可概括出如下几种湖盆层序的体系域模式（图 2）。

2.1　深湖盆层序的沉积体系域模式（A 型）

在深湖盆发育阶段，沉积物供给量一般比构造沉降和湖平面上升所产生的可容空间小，在盆地中部长期有深水湖泊存在。层序内部构成以深湖碎屑岩沉积为主体。在水进和高水位体系域中，以湖底扇、深湖扇三角洲的发育为特征，向盆地中部过渡为较深湖或深湖的泥质和浊积沉积。湖底扇多发育于水进晚期或高水位的早期。由于水体较深，沉积物供给充分，三角洲沉积旋回的厚度较大，往往形成较厚的扇三角洲前积结构。这在盆地的缓坡和陡坡都有发育，在缓坡边缘前积作用更为明显。

低湖水位期沉积包括下切河道、近端冲积扇和河流、浅水扇三角洲或辫状河三角洲及浅湖、半深湖细粒沉积等。下切河道在盆地两侧都有发育，但在缓坡一侧可能切割较深。这些水道可能成为水进期湖底扇发育的沉积物供给通道。在盆地中部，层序界面多表现为深湖相泥岩与浅

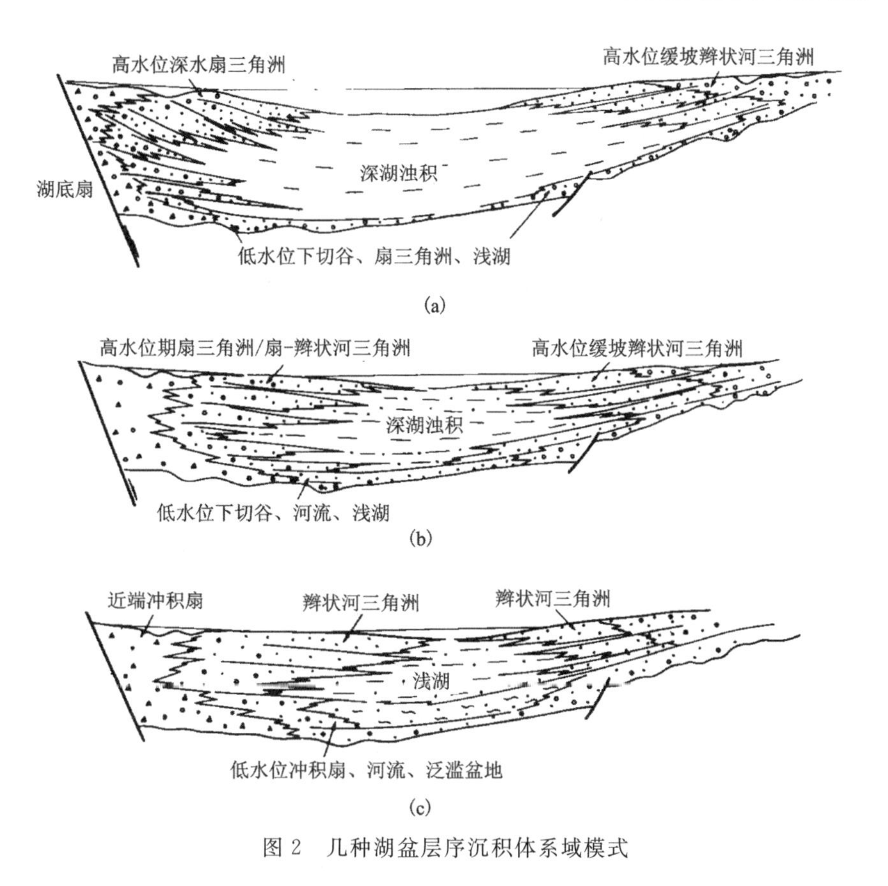

图 2　几种湖盆层序沉积体系域模式

湖、前三角洲和浊积的沉积转化面，与低水位的浅水扇三角洲或辫状河三角洲的底超面相一致。这种层序中的深湖泥岩是最重要的生油源岩。这类层序主要发育于腾格尔组一段。

Scholz 等[4]研究了非洲 Tanganyika 半地堑湖盆的层序地层和体系域模式，认为高位和低位体系域代表了沉积体系域的两个端元。高位发育水下扇、深湖浊积、扇三角洲、湖岸砂滩、鲕粒滩或贝壳滩堆积等。低位发育下切河流、冲积扇和局部的扇三角洲、缓坡湖岸三角洲、蒸发盐湖等沉积。Cohen[5]研究了同样的湖盆，总结出相似的层序地层模式。这些研究成果与本区的深湖盆层序的沉积体系域模式相似。

2.2　浅湖盆层序的沉积体系域模式(B 型、C 型)

浅湖盆发育期盆地充填以浅湖、半深湖沉积体系为主。可以进一步划分为两种类型：①浅湖-半深湖盆地充填层序(B 型)，这类层序内扇三角洲、辫状河三角洲体系主要形成于高水位阶段，在盆地中部可发育薄的前三角洲浊积，湖底扇不是很发育。扇三角洲等的沉积旋回厚度相对较小，所形成的前积层厚度小，但有时仍可观察到前积结构和底超关系。低水位期冲积碎屑体系向湖泊中心推进，发育冲积扇、河流及局部的扇三角洲沉积。盆地中部为浅湖沉积，盆地边缘形成下切河道充填。这种层序主要发育于腾格尔组和阿尔善组中，在腾格尔组二段湖泊较浅，但较开阔，相带较宽，辫状河三角洲体系发育。阿尔善组中的扇三角洲沉积粒度相对较粗，相带较窄。②浅湖-河流盆地充填层序(C 型)，盆地的充填由浅湖和河流、冲积扇沉积组成，在低水位期盆地中部只残存小型湖泊，由冲积扇、河流和泛滥盆地沉积组成。在高水位期发育有扇三角洲或湖泊三角洲及浅湖沉积。一般缺乏半深湖泥岩和浊积沉积。

上述几种湖泊沉积层序类型发育于湖盆演化的不同阶段(图 1)。值得指出的是,在它们之间存在着过渡类型序列。Olsen[6]总结了 3 种断陷湖盆的层序地层格架和体系域分布模式,其中的 Richmond 型以较深湖为背景,Newark 型以浅湖盆为背景,分别与上述的 B 型和 C 型相似。Olsen 提出的 Fundy 型为干燥条件下的盐湖和风沉积。

3 盆地沉降过程与层序发育

盆地的沉降过程控制着盆地总体的充填演化,无疑对层序的发育具有重要的控制作用。为了探讨这一问题,必须首先对盆地的沉降史做定量分析。本研究采用了 BSM 的模拟软件[7],对乌里雅斯太断陷的沉积史进行了回剥分析。

研究表明,盆地的沉降速率出现了三次从快到慢的变化。这种变化反映了裂陷作用的不均速或多幕性(图 1)。目前在许多断陷或裂谷盆地中都发现了裂陷作用的多幕性。沉降速率的三次快速变化恰好与划分的三个二级层序界面完全相一致,即每个二级层序都是在构造沉降从快到慢的变化期间发育的,这种惊人的吻合使我们不得不考虑其成因联系。综合分析得出下列初步认识:

(1)一个二级层序是一个构造沉降幕或裂陷幕的产物,即盆地沉降速率从明显加大到缓慢减小的盆地充填过程。这种突然性加大,然后逐渐减小,是裂陷过程的特点。

(2)二级层序的不整合面是沉降速率减小至零、直至抬升遭受剥蚀的结果,断块的掀斜作用强化了界面的不整合特征。在沉降曲线上,二级层序界面位于最低沉降速率与加快沉降速率之间的突变面上。

(3)三级层序的发育也可能与更次一级的间歇性构造沉降差异有关。气候等的变化造成相对高频的湖平面变化,也可能与三级层序的发育有关,但主要是控制相对低级别的层序单元的发育。

国际上不少研究成果也表明,盆地沉降速率的变化控制着相对高级别的层序发育。如 Anadon 等[8]研究中新世 Rubielos de mora 断陷盆地时,认为一、二级的旋回与沉降速率变化有关,三、四级旋回可能与气候变化引起的湖平面变化有更直接的关系。Kasinski[9]研究 Ohre 第三纪(古近纪+新近纪)裂谷盆地时也指出,裂谷幕控制着湖盆充填的高级别的沉积旋回。Lambias[10]总结了断陷湖盆构造对充填的控制作用。

4 层序地层模拟

层序地层模拟是近年来发展起来的一项新兴技术,对层序地层学的理论发展产生了重要的影响[11]。实践表明,通过计算机模拟可加深对层序发育和构成特征的认识,揭示层序形成演化的控制因素,定量分析沉积体系和沉积相的空间分布,检验地质模型,并进行有效的预测。

4.1 概念模型

沉积盆地充填过程和沉积层序形成演化的模拟是一项复杂的系统工程,需要综合考虑盆地沉降、海或湖平面变化、沉积物供给、沉积物压实、沉积和剥蚀过程、沉积体形态等参数的定量描述。目前，盆地充填模拟的技术路线和方法很多，其选择取决于模拟的目的、尺度和对象。着重研究沉积物的搬运和分散、堆积过程的模拟常采用水动力学方法来描述[12,13]；以宏观过程和分析沉积层序几何形态关系为目的模拟则常采用几何学的方法来描述[14,15]。本项研究建立的SSM模拟软件以模拟沉积体系的几何形态和分布为主要目的。

4.1.1　盆地的沉降

盆地的构造沉降可用正演或反演的方法进行定量描述。在SSM软件中可由下列方法输入：①应用回剥法求得沉降速率作为层序模拟的沉降输入。回剥必须在二维剖面上进行，以便求得沉降速率在横向上的分布。②应用合适的理论模型计算沉降量，对裂谷型盆地可采取均匀瞬时拉伸模型等确定盆地的沉降速率及其演化。③由软件使用者根据需要任意确定沉降速率及其变化。根据某种目的设定沉降过程，分析某种过程和结果与实测观察结果比较，是模拟研究中需要采用的重要方法。

沉积物负载均衡沉降可选择局部均衡或挠曲均衡。挠曲均衡需确定地壳的有限弹性厚度，或已知局部均衡与挠曲均衡的比值大小。

4.1.2　沉积体形态

沉积层序和沉积体的形态与分布是沉积物搬运、堆积、再改造直至被埋藏之前各种沉积营力及构造作用的综合结果。我们并不是很关心这些作用的具体的过程，而着重研究其结果，即它们在一定时期内相互作用所产生的沉积层序及沉积体的外部形态和内部构成特征。在达到均衡的条件下，沉积体几何关系和总的岩相格局可用所谓的“沉积均衡面”来描述。

“沉积均衡面”的概念由来已久，但应用到层序定量模拟则是近年来才开始的。沉积均衡面事实上是盆地动能条件与沉积地貌达到均衡的状态。从陆相环境至海洋环境沉积均衡面具有一定的变化趋势，沉积均衡面的确定，可依据现代环境观察结果并结合地震剖面显示的沉积形态加以分析确定(要去压实和消除构造的影响)。

4.1.3　沉积物压实

沉积物堆积后被压实一般用指数函数来描述[7]。需注意压实系数是随岩相带的变化而变化的，软件使用者可输入不同的压实系数表来描述不同岩相带的压实作用。

4.1.4　湖平面变化

在湖盆中湖平面变化可看作类似于海盆中海平面的变化，直接控制着沉积基准面的变化。海平面变化常用正弦(sin)函数来描述，同样在湖盆中也可采用正弦(sin)函数来描述湖平面的变化。

4.2 模拟分析

在湖盆中构造沉降和湖平面变化被认为是层序界面形成的主要控制因素。沉积物供给的大小则与沉积体系的进退密切相关。为了分析某一因素的控制作用，往往需要假定其他因素不变。以下分几种情况进行模拟分析(图3)。

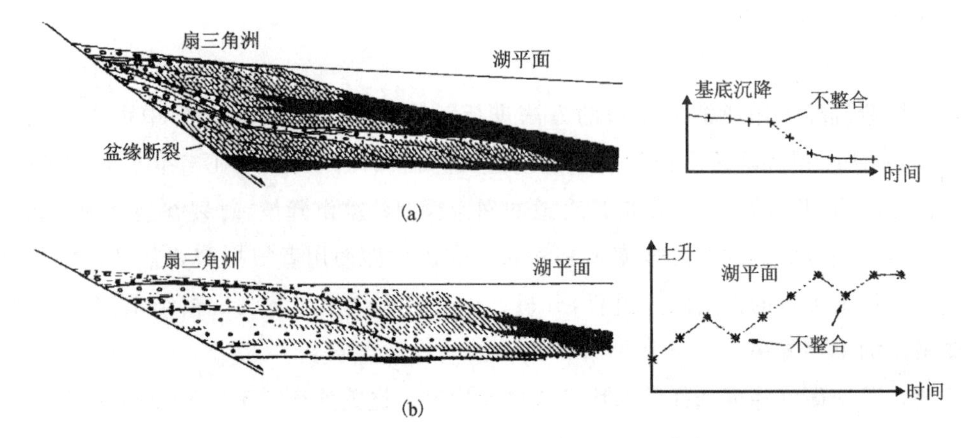

图3 计算机模拟的两种层序及其内部沉积体系分布

4.2.1 构造差异沉降

(1)沉降速度不变或逐渐减弱，然后突然加快，这种过程所产生的层序界面是高水位期进积体系的顶超面，与随后的水进面相一致。水退是由不断的沉积物堆积、可容空间逐渐减少所造成的，盆地基底没有明显抬升或湖平面没有明显下降，不发育下切谷充填，因而在地震剖面上缺少削顶现象。这种层序的下部以水进的细粒沉积为主，退积的副层序组不是十分发育。砂体主要分布于层序的上部，在乌里雅斯太断陷可观察到这种层序。

(2)沉降速率逐渐减弱至最后出现抬升或构造反转，由于盆地基底的抬升，发育低位的下切谷和低水位的粗粒沉积。同时，水进的副层序组相对发育。这类层序底界面上的低水位粗粒沉积和下切谷砂体可能构成重要的储集体。

(3)在断陷盆地中，横向上的差异沉降作用对层序的界面形成可产生重要的影响。在断陷过程中，下盘由于挠曲均衡作用或深部引起的热隆而上升。这种隆升与上盘的沉降是同步的，隆升的下盘不断遭受剥蚀导致进一步地上升。上盘的沉降具有掀斜旋转的特点，也与挠曲作用有关。

从模拟结果可看出，差异沉降是造成角度不整合接触关系的主要原因之一，无论是在缓坡或陡坡的不整合关系都可能与差异升降作用有关，尤其是在盆地的缓坡更为明显。同时，旋转掀斜引起盆地边缘的隆升可造成明显的边部冲刷下切作用，形成深切水道充填。这在盆地的缓坡边缘尤为发育。

4.2.2 湖平面升降

第四纪及现代湖泊沉积的研究表明，湖平面变化的周期很快，气候和区域构造作用可能是湖平面变化的直接控制因素。模拟结果表明，单一的湖平面呈周期性变化很难保存沉积(只有很少的一部分由于均衡沉降而保存下来)，要形成沉积层序并保存下来必须具备下列条件之一：①湖平面保持总体上升，即在总体上升的背景叠加次一级的旋回；②在湖平面发生周期性变化的同时，叠加盆地基底的沉降。这种情况所模拟的结果与实际剖面拟合较好。

4.2.3　沉积物供给变化

沉积物供给变化在二维剖面上可能存在下列两种情况：①物源区的剥蚀沉积物量少，搬运入盆地的沉积物也少，这种变化的周期时间可能相对较长，同时，气候变化也可引起沉积物供给量的变化。沉积物供给量的变化控制着砂体的规模和沉积体系的进退。②由于沉积碎屑体系的侧向迁移，造成原位置上的沉积物减少，这种情况在三角洲发育过程中是很常见的。

因此，沉积物供给的变化似乎不产生三级或更高级别层序的界面，而可能与副层序的界面有关，即可引起相对的湖进湖退。

沉积物供给量与可容空间的比值大小控制着相对的进积、退积或加积的副层序组。若 SL、SS 和 SP 分别代表湖平面变化、构造升降以及沉积物充填空间，那么：

当 $\frac{SL+SS}{SP}=1$，沉积体系在垂向加积；

当 $\frac{SL+SS}{SP}<1$，出现水进体系域；

当 $\frac{SL+SS}{SP}>1$，出现进积体系域。

模拟可动态显示这些过程和预测二维剖面上的沉积构成。

综上所述，层序组或超层序的发育主要与构造沉降速率的不均一变化或升降有关，部分可能与湖平面或气候变化有联系。副层序和副层序组则主要与湖平面及沉积物供给量的变化有关系。层序内部结构和层序界面的特征与相对沉积基准面的变化过程有很密切的关系。

参考文献

[1]VAIL P R, MITCHUM R M, THOMPSON S. Global cycles of relative changes of sea level[M]// VAIL P R, MITCHUM R M, THOMPSON S. Seismic stratigraphy and global changes of sealeval. Tulsa：AAPG，1977：469-472.

[2] VAN WAGONER J C, MITCHUM R M, CAMPION K M, et al. Siliciclastic sequence stratigraphy in well logs, cores and outcrops: conceptsy for high-resolution correlation of time and facies[M]. Tulsa：AAPG，1990.

[3]ROSENDAHL B R, REYNOLDS D J, LORBER P M, et al. Structural expressions of rifting：Lessons from Lake Tanganyika, Africa[J]. Geological Society, London, Special Publications, 1986, 25(1)：29-43.

[4]SCHOLZ C A, ROSENDAHL B R. Coarse-Clastic facies and stratigraphic sequence models from lakes Malawi and Tanganyika，East Africa[M]// KATI B J. Lacustrine basin

exploration:case studies and modern analogs. Tulsa:AAPG,1990: 151-168.

[5]COHEN A S. Tectono-Stratigraphic Model for Sedimentation in Lake Tanganyika, Africa[M]// KATZ B J. Lacustrine basin exploration: case studies and modern analogs. Tulsa: AAPG,1991:137-150.

[6]OLSEN P E. Tectonic, climatic, and biotic modulation of lacustrine ecosystems-examples from newark supergroup of Eastern North America[M]// KATZ B J. Lacustrine basin exploration: case studies and modern analogs. Tulsa:AAPG,1990:209-224.

[7]林畅松,张燕梅. 拉伸盆地模拟理论基础与新进展[J]. 地学前缘,1995,2 (3-4):79-87.

[8]ANADON P, CABRERA L L, JULIA R, et al. Sequential arrangement and asymmetrical fill in the Miocene Rubie-los de Mors Basin (northeast Spain)[M]// ANADON P, CABRERA L L, KELTS K, et al. Lacustrine facies analysis. New Jersey: Blackwell Publishing,1991:257-275.

[9]KASINSKI J R. Tertiary lignite-bearing lacustrine facies of the Zittau Basin: Ohre rift system (Poland, Germany and Czechoslovakia)[M]// ANADON P,CABRERA L,KELTS K. Lacustrine facies analysis. Tulsa:AAPG,1991: 93-107.

[10]LAMBIAS J J. A model for tectonic control of lacustrine stratigraphic sequences in continental rift basins[M]// KATZ B J. Lacustrine basin exploration: case studies and modern analogs. Tulsa:AAPG,1990:265-276.

[11]JERVEY M T. Quantitative geological modeling of siliciclastic rock sequences and their seismic expression[M]// ROSS C A, ROSS J R P. Sea-level changes: an integrated approach. Broken Arrow,OK:SEPM,1988:47-69.

[12]TETZLAFF D M. Clastic simulation model of clastic sedimentary processes[J]. AAPG Bulletin, 1986, 70(5):655.

[13]BITZER K, HARBAUGH J W. DEPOSIM: A Macintosh computer model for two-dimensional simulation of transport. deposition, erosion, and compaction of clastic sediments [J]. Computers & Geosciences, 1987, 13(6):611-637.

[14]DAVID T L, MARK D, THOMAS A. Stratigraphic simulation of sedimentary basins: concepts and calibration[J]. AAPG Bulletin, 1990, 74 (3):273-295.

[15]DOUGLAS J C. Geometric modelling of facies migration' theoretical development of facies successions and local unconformities[J]. Basin Research, 1991, 3:51-62.

间断面缺失时间的计算问题
——以贵州紫云上二叠统台地边缘礁剖面为例*

摘　要　本文以贵州紫云上二叠统碳酸盐岩台地边缘礁剖面为例，运用宇宙化学的概念，讨论了化学层序地层学研究中一个至关重要的问题，即各种间断面缺失时间的估算，由此而提出一系列有关化学层序地层理论的新概念，包括时间凝缩面、时间间断面、相对压实因子和时间缺失因子等，最后还恢复了具线性时标的紫云地区晚二叠世相对海平面变化定量曲线。

关键词　化学层序地层　间断面　台地边缘礁　时间缺失因子　相对海平面变化

层序地层学是近几年来地学领域最活跃的学科之一。在将层序地层学概念和方法应用到露头地质学的实际工作中时，人们遇到了一些难以解决的问题，其中包括对层序地层学理论和概念的理解，高分辨率层序地层的对比，相对海平面变化的定量化，以及层序界面的时间计算等。事实上，传统的层序地层学在应用于高分辨率研究，不同级别层序界面的识别和划分，高精度的定量海平面变化曲线，层序格架与环境演变，以及各种级别全球变化的形成机理等方面时，已显得越来越“力不从心”。因为在极大多数情况下层序的形成都是全球变化与局部环境过程综合影响的结果。这些影响因素包括构造、气候、海平面升降，以及以各种周期表现的和随机出现的单一和多种事件的发生[1-5]，无论如何，在如此错综复杂的情况下，单纯依靠传统的层序地层学手段，难以满足人们越来越高的对自然界认识的需求。

化学层序地层学(chemical sequence stratigraphy)概念是最近几年运用地球化学的手段，在解决层序地层学问题中逐渐形成的，目前尚无系统的研究。化学层序地层学是指通过对岩层中化学沉积记录的研究，以了解有成因间隔的等时岩石组合(packages)的化学演变，以及它们在时间和空间上的联系。构造运动、全球海平面变化、沉积作用和气候变化的影响都是通过物理和化学方式产生的。因此，地层记录中每一种物理和化学标识都能与某种特定的作用联系起来。通过物理标识，例如界面物理特征、粒序变化、空间变化和空间组合等，了解其影响因素的方法是传统层序地层学的研究内容；而通过地层记录中的化学标识，例如界面的化学特征、岩石组合的化学演变等一系列化学记录，来研究各种全球变化和局部演变因素对容纳空间的影响，则是化学层序地层学的主要研究内容。在研究界面特征，高分辨率层序划分，以及定量海平面变化等方面，化学层序地层学方法已显示了强大的生命力。在笔者最近的工作中，已对化学层序地层学的概念和方法学做了初步探讨和总结，提出了以通过对地层记录中 Co 和 REE 丰度特征的测定来计算沉积速率($S.R.$)和沉积水深(h)的方法，在压实因子、线性时标和陆源 Co 随粒度的变化等方面做了新的探索，并在高分辨率层序地层和定量海平面变化研究等方面，成功地将化学层序地层学方法应用到贵州紫云二叠系生物礁层序地层的研究中[6]。本文将运用化学层序地层的有关方法和概念，重点讨论层序地层中几种不同类型界面的化学演变特征，以及它们在时间记录上的恢复方法，通过对贵州紫云上二叠统台地边缘礁剖面这一实例的讨论，试图再造该地区晚二叠世相对海平面变化的定量曲线。

* 论文发表在《地质学报》，1997，71(1)，作者为周瑶琪、陆永潮、李思田、王鸿祯。

1 地质背景

贵州紫云地区二叠纪古地理位置处于扬子盆地西南缘。晚二叠世的古地理格局如图1所示，处于碳酸盐岩台地边缘向深水盆地过渡地带，区域上属于呈喇叭状分布的生物礁带中的一部分。从镇雄开始，经过那雍、织金、安顺，到紫云连一条剖面，跨越了大陆玄武岩相、河流相、海陆过渡相、碳酸盐岩台地相和台地边缘礁相，形成一个由陆朝海的走廊(图2)。

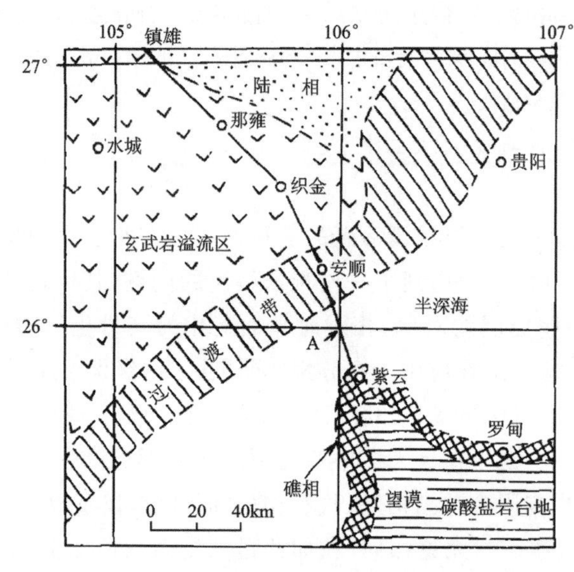

图1 贵州西部晚二叠世岩相古地理略图

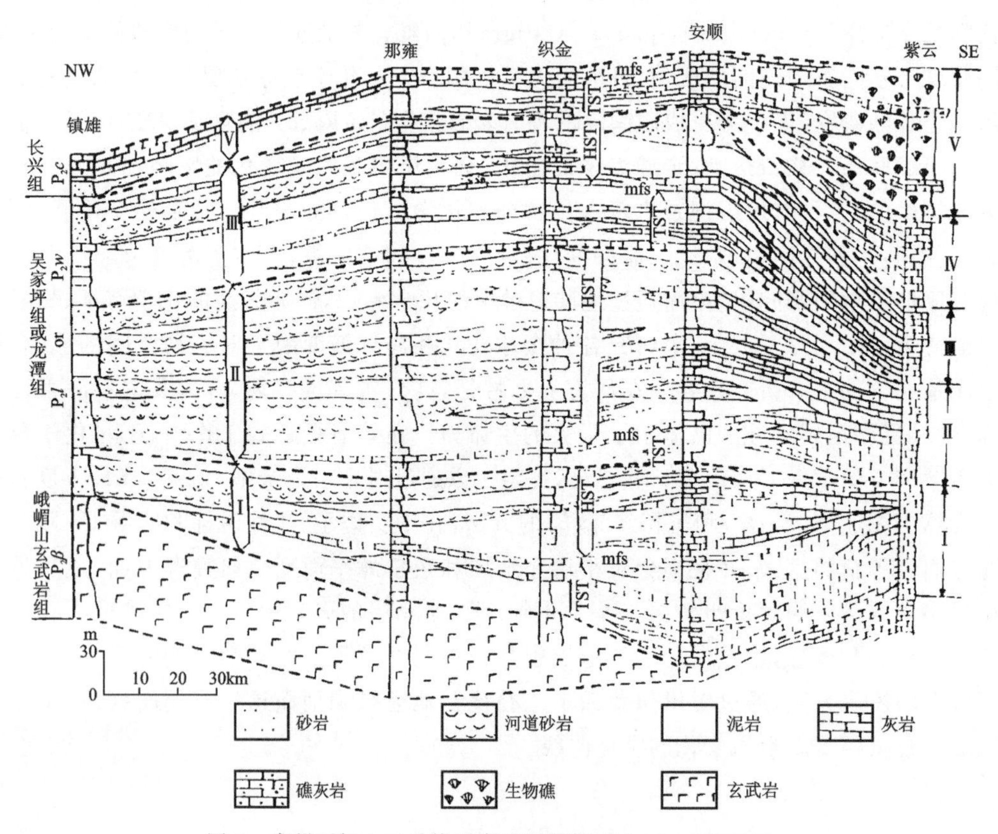

图2 贵州西部上二叠统层序地层格架(横切面A位置见图1)

露头层序地层学工作表明，该地区晚二叠世(茅口组以上)大体可划分出5个三级层序，其中吴家坪组相当于层序Ⅰ、Ⅱ、Ⅲ，长兴组相当于层序Ⅳ、Ⅴ。因为全区古地理格局整体属于碳酸盐岩台地向陆的盆地边缘区，所以低位域沉积不太发育，只发育海侵域和高位域沉积。从区域上看，层序Ⅳ仅发育于紫云一带，朝陆方向的其他剖面均为风化暴露面，沉积间断的时间比紫云礁要长得多。

紫云礁主要发育于第Ⅴ个层序，即长兴期晚期，该剖面其他晚二叠世三级层序的上部相当于高位域的位置也均有生物礁。长兴期层序的海侵域下部以枝状海绵造礁生物为主；海侵域上部和高位域下部以块状海绵造礁生物为主；而高位域上部则以前管孔藻造礁生物为主。一个层序的发展与生物的演化是同步的。

2　礁体生长与海平面变化

长兴期层序(层序Ⅴ和Ⅳ)经过详细的高分辨露头层序地层学工作和化学层序地层学工作，可划分出13个4级小层序。其中层序Ⅴ由9个小层序组成，层序Ⅳ仅发育高位域，由4个小层序组成。一个层序的发展大体可分为4个阶段，第一阶段为海侵域早期，沉积构成以退积作用为主，石头寨沉积相为礁后滩相，生物构成为枝状海绵，此时礁核位于紫云洞一带，而沙地、后寨则为滩和礁后浅水盆地相。第二阶段为海侵域晚期，沉积构成仍以退积作用为主。此时礁核部位已退至石头寨，其生物构成则转变为块状海绵造礁生物。在这一阶段末期，海平面升至最高点，全区形成了最大海泛沉积，石头寨以薄层泥灰岩为特征。第三阶段为高位域早期，沉积作用转变为进积作用，石头寨地区生物构成仍以块状海绵造礁生物为主。海平面开始逐渐下降。第四阶段则为高位域晚期阶段，沉积作用仍为进积作用，由于海平面进一步下降，石头寨地区礁核部位经常处于暴露状态，礁沟相也逐渐常见，此时生物构成变为以前管孔藻造礁生物为主。由于这一阶段沉积物经常暴露在海面以上，因此孔隙度大大增加，成为有机质富集的最佳地层段，这也是以后油、气藏贮存的有利部位。有关生物礁体生长的沉积模式见图3。

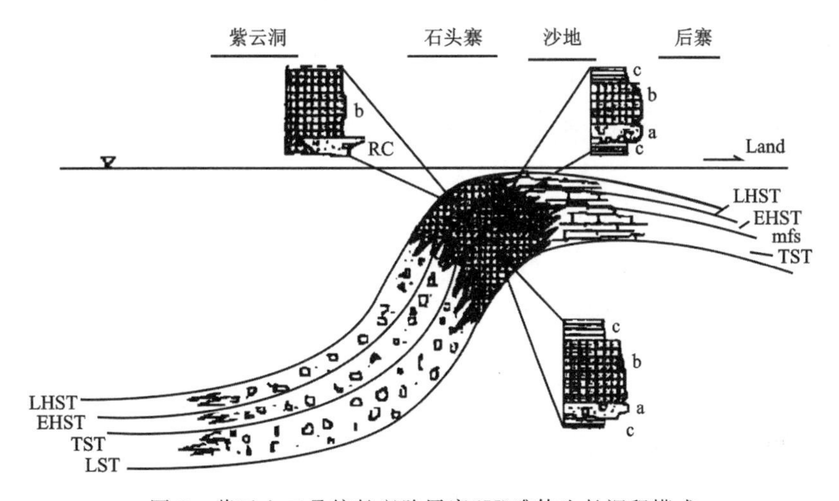

图3　紫云上二叠统长兴阶层序(Ⅴ)礁体生长沉积模式

图3和图4还列出了几种四级小层序的基本构成样式。海侵域(TST)小层序主要有三种基本构型：完整的小层序从下至上由浪蚀面上滩沉积(a)、块状海绵礁灰岩(b)和海泛纹理状灰

岩组成，但由于滩沉积的浪蚀作用，薄层状的纹理灰岩经常被侵蚀掉，因而常见的构成仅由滩相(a)和礁相(b)组成。到海侵域更晚期，由于海平面较高，礁后滩不发育，此时小层序样式仅由礁相(b)和纹理状灰岩(c)组成。高位域(HST)小层序构成有两种或三种基本样式。早期高位域小层序自下而上由滩相、海绵礁相和海泛纹理灰岩相组成；晚期高位域小层序由礁沟相、礁相和暴露面构成，少量礁沟相顶部可以薄层状纹理灰岩代表该小层序的最大海泛期沉积；此时在礁沟相不发育的地段，则仅由不明显的暴露面所限定的礁相构成。

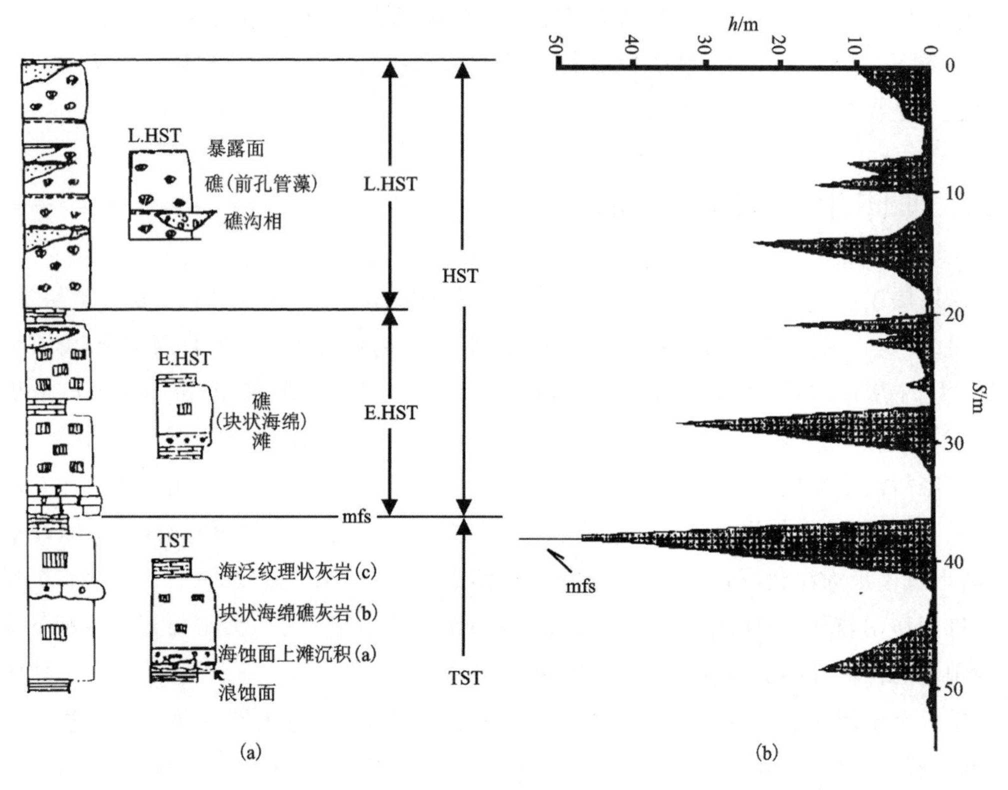

h.沉积水深；*S*.层厚。

图4　紫云层序Ⅴ(长兴组)高位域层序地层柱状图(a)和相应的化学地层计算的相对海平面变化曲线图(b)

Zhou等[6]提出了运用中子活化分析测定碳酸盐岩样品的Co和REE丰度数据，计算该样品的沉积速率(对礁灰岩而言也可称之为生长速率或堆积速率)*SR*和沉积水深*h*的方法，其计算公式如下：

$$\mathrm{SR}=\mathrm{SR}'(\mathrm{Co}'-\mathrm{Co}''\times\mathrm{La}'/\mathrm{La}'')/(\mathrm{Co}-\mathrm{Co}''\times\mathrm{La}/\mathrm{La}'') \tag{1}$$

$$h=3.05\times10^{5}/\mathrm{SR}^{3/2} \tag{2}$$

其中沉积速率是与现代沉积环境研究中沉积速率的含义相当的，而沉积水深也是真实意义上的水深度，相当于相对海平面的定量值。

贵州紫云剖面共取了113个中子活化分析样品，其中长兴期层序(Ⅴ和Ⅳ)共取74个样品，吴家坪期3个层序共取18个样品，三叠系底部罗楼组共取21个样品。

运用式(1)和式(2)所计算出的长兴期层序高位域海平面相对地层距离的变化见图4。可以看出计算结果与露头层序地层学的工作是完全吻合的。最大海泛面的水深大约为56m。礁体的正常生长水深范围为0～10m，礁沟相水深范围为5～15m，暴露面附近沉积物的水深均在0～0.2m之间。运用化学层序地层学方法所计算出的相对海平面变化曲线，对小层序构成的反映也是极其清楚的。图5总结出了高位域晚期小层序的基本构成与海平面升降之间的关系，从图中可以看出，礁沟相沉积是小层序高位期浪蚀形成，并是在海侵期退积过程中被逐渐充填满的，其顶部还经常可见小层序最高水位期的纹层状薄层灰岩沉积物。

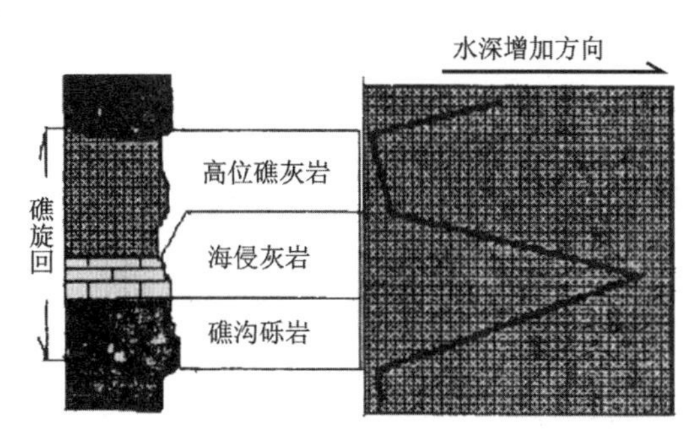

图5 礁灰岩准层序典型结构和相应的水深变化曲线（礁旋回中也可以不出现礁沟砾岩）

因为没有时间坐标，图4所示的水深变化曲线只能反映水深与沉积相变化之间的关系，并不能完整反映当时的海平面变化情况。而时间坐标的获得，有赖于对一系列复杂因素的讨论，压实因子和间断面缺失时间的计算便是其中最重要的两个因素。

3 压实因子和时间缺失因子

为了获得一个实用的时间坐标，除沉积速率和少量绝对年龄值，我们还必须考虑岩层的压实因子（compaction coefficient）(c)和衡量地层记录完整程度的时间缺失因子（missing time coefficient）(m)。在以往的研究中较多地考虑了压实因子，而时间缺失因子要么被忽略了，要么根本就没有意识到它的重要性。

我们首先讨论一下压实因子(c)和时间缺失因子(m)的基本概念。

影响压实因子的主要因素包括：①压实时间的长短；②岩层埋藏深度和历史；③岩石种类和它的物理力学性质；④埋藏环境的温度和压力等。在通常情况下，①和③是比较容易获得的，但要了解②和④则是比较困难的。

影响时间缺失因子的主要因素包括：①沉积环境的水动力学状况；②沉积物供给和基底沉降之间的补偿性；③单位时间内相对海平面的升降幅度；④沉积物抵抗风化和浪蚀能力的大小等。除了因素③是我们研究的目的外，其他因素经过详细的露头沉积学工作都是可以被获得的。但关键的问题是这些影响因素与沉积记录完整程度之间内在的联系还缺乏足够有分量的工作，这是今后层序地层学研究中所必须加强的一方面。

定义压实因子(c)可以用下面的公式：

$$c=L/(t'\times \mathrm{SR}) \tag{3}$$

式中：L 为目的地层的实际测量厚度；t' 为该地层段沉积历史的时间记录长度；SR 则为该层段沉积速率的平均值。显然这样的目的层段划分得越细对压实因子(c)的计算就会越精确。

定义时间缺失因子(m)可以用下面的公式：

$$m=t'/t=L/t\times \mathrm{SR}\times c \tag{4}$$

式中：t'、L、SR、c 同公式(3)；t 为该地层段全部历史的实际时间长度。

在实际工作中 t' 数值通常无法直接获得。为了获得 t' 值，我们不得不假定地层记录的不完整性可以被忽略,即假定 $t'=t$,$m=1$,这样可以用公式(3)获得相对压实因子(c')的大小。

$$c'=L/(t\times SR) \tag{5}$$

事实上,我们以前所讨论的压实因子[6]相当于这里所提的相对压实因子(c')。对紫云石头寨长兴阶生物礁剖面而言,$L=176$m,$t=5$Ma,SR=5992m/Ma,其中 SR 是长兴阶层序中 73 个 SR 值的平均值。代入公式(5)可得:

$$c'=176/(5\times 5992)=0.005\,9$$

这里相对压实因子如此之小,其原因之一是忽略了时间记录的不完整性。

运用各测量样品的沉积速率值和相对压实因子(c')可以获得具相对时间坐标的海平面变化曲线(图 6,图 7)。图 7 中吴家坪组时间坐标的获得仍使用了长兴组相对压实因子。从图 8 中可以看出长兴组地层记录的时间仅为 1.40Ma,时间缺失因子 $m=140/500=0.28$,也就是说沉积记录还不到全部历史的 30%。

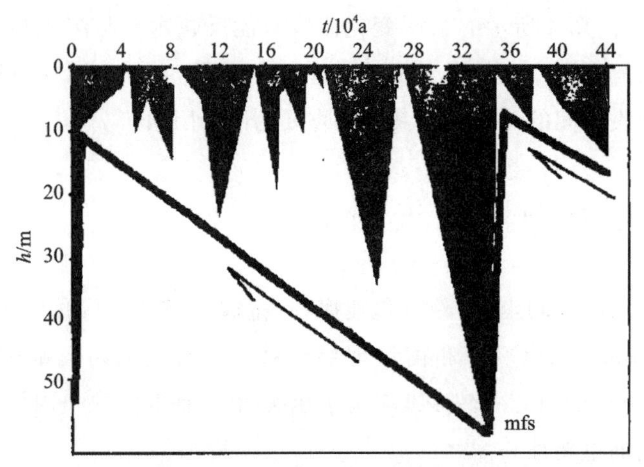

h. 沉积水深;t. 时间。

图 6 紫云层序 V(长兴组)高位域的相对海平面变化曲线

(时间坐标的计算中没有考虑间断面的时间缺失问题)

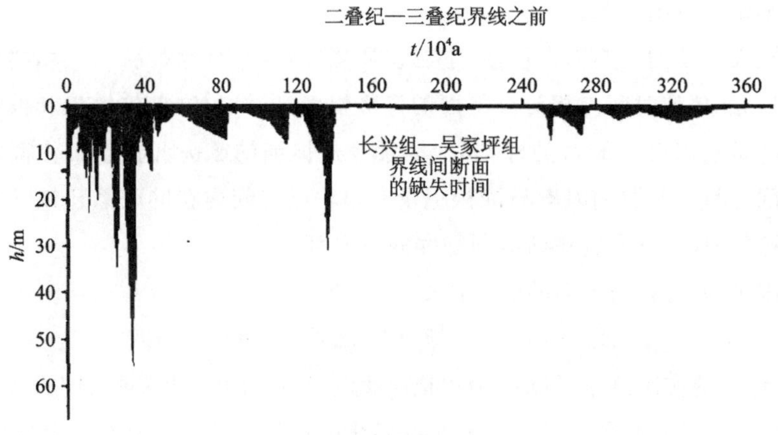

h. 沉积水深;t. 时间。

图 7 贵州紫云晚二叠世的相对海平面变化曲线

(时间坐标的计算中只考虑了长兴组—吴家坪组界线间断面的时间缺失问题)

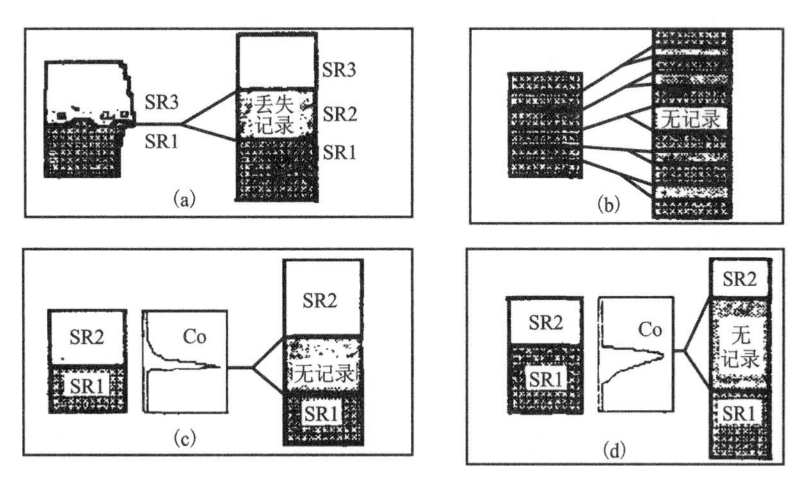

(a)侵蚀面;(b)高频间断面;(c)水下硬底面;(d)古风化暴露面。

图 8　丢失时间记录和没有时间记录的一些界面类型

4　间断面缺失时间的计算

地质历史只有依靠地层记录才能得以恢复。地层记录包括物理记录、化学记录和生物记录三种类型。传统地层学依靠的主要是物理记录和生物记录,地层的化学记录一直没有引起足够的重视。在恢复地质历史时间记录方面,单纯依靠物理和生物记录已显得“勉为其难”了,尤其在恢复沉积间断面的间断时间长短方面,更是困难重重。

层序地层界面有许多类型,可以是暴露面、侵蚀面、结构转换面和上超面等。从沉积连续性方面可以将沉积界面划分为连续面和间断面两大类,在时间记录上前者是完整的,后者是不完整或不连续的。连续的界面在时间坐标的确立方面没有什么问题,但沉积不连续的界面则给时间坐标的确立带来许多麻烦,因为间断面上时间缺失的长短是不一的,而间断面上往往既无物理记录也无生物记录,长时间以来,间断面上的历史空白一直没有有效的方法予以恢复。图 8 列出了几种常见的间断面类型,它们的时间记录要么丢失掉了,要么根本没有记录过。

图 8(a)和图 8(b)所示的间断面或不连续面组在高能沉积环境下是十分常见的。图 8(a)所示的侵蚀面是在河流、潮道、礁沟,甚至浊流等环境下常见的类型。由于下蚀作用的影响,原来具有沉积速率 SR2 的地层记录被破坏。在这种情况下时间记录发生了丢失,我们可以称这类界面为时间记录丢失面。图 8(b)所示的高频间断面组在潮坪、滩、礁顶部,甚至河漫滩上均能见到。在这种情况下时间记录的间断往往是发生在小尺度上的,可以称为小尺度时间间断面。有时这类间断面也伴随有对下覆地层的侵蚀作用,当然也是小尺度的,则可称为小尺度时间缺失面。图 8(c)和图 8(d)所示的间断面有一定的相似性,只不过图 8(c)发生在水下,称为硬底面;图 8(d)发生在水上,称为风化暴露面。这两类间断面上往往有大段的时间没有记录,当然也没有物理和生物记录。图 8(c)是相对海平面的突然性大规模上升,沉积物补给不及时而造成沉积间断;图 8(d)则是相对海平面突然性大规模下降,暴露地表而接受长时间风化。这两类界面往往是重大的地质历史分界面,也往往是二、三级层序的分界面,其重要性是显然的。在这两类界面上虽然没有物理和生物的记录,但化学记录却是存在的,例如,宇宙尘埃的沉降就没有间断。在硬底面上,由于长时间宇宙尘埃的沉积,可以形成一个具有特征元素(例如 Ir、Co 等)的异常

峰[7,8]。由于水下风化作用的影响，这个异常峰的宽度会向上扩展一些。相反在图 8(d)所示的这类风化暴露面上，由于风化淋滤作用形成风化壳，这里宇宙化学异常峰会向下扩展并略有移位。依靠这些化学记录我们便可恢复这类间断面上地质历史的长度，而这个时间长度往往是很漫长的。所以我们称图 8(c)和图 8(d)所示的这两类间断面为时间记录的凝缩面(condensation surface)。

对于图 8(a)、图 8(b)这两类时间记录丢失面和小尺度时间缺失面，由于化学记录也往往同时发生丢失，使得其时间长度的恢复变得十分困难。一种可能的解决途径便是建立起高能环境的能量指数(e)与地层记录时间缺失因子(m)之间的经验相关关系，以对时间缺失量进行估算。但更科学的办法则是依靠“下蚀动力学”方面的研究，这显然是今后要努力的方向。

对于图 8(c)、图 8(d)这两类时间记录的凝缩面，我们可以采用宇宙化学方法恢复其时间长度，计算过程如下：

已知宇宙尘埃的年沉降量为 1.62×10^{-4} g/(cm^2 a)，宇宙尘中 Co 的平均丰度为 4000×10^{-6}，所以宇宙 Co 的年沉降量为：$V_{Co}=4\times10^{-3}\times1.62\times10^{-4}=6.48\times10^{-7}$ g/(cm^2 · a)

假定间断面附近的 Co 异常均来自宇宙尘和地球化学背景值，岩石密度 $\rho=3$g/cm^3，则单位面积内 Co 的总量为

$$Co_{total}=\rho\cdot\sum_{t=1}^{n}(Co_i-Co_b)L_i$$

建立拟合曲线 $$f(L)=Co_i-Co_b$$

则有 $$Co_{total}=\rho(L_1-L_2)\int_{L_1}^{L_2}f(L)\mathrm{d}L\quad(\mathrm{g/cm^2})$$

所以 $$t=Co_{total}/V_{Co}=4.629\,6\times10^6(L_1-L_2)\int_{L_1}^{L_2}f(L)\mathrm{d}L\tag{6}$$

式中：t 为时间，单位为年；L_1，L_2 分别为间断面附近宇宙化学异常起始点的距离，单位为 cm；$f(L)$则是扣除地球化学背景值后元素 Co 丰度的位置分布函数，通常由测量数据点进行拟合。如果测量数据太少，也可采用下式对间断时间进行估算：

$$t=4.629\,6\times10^6\sum_{i=1}^{n}(Co_i-Co_b)L_i\tag{7}$$

式中：t 为时间，单位为年；Co_i为第 i 个测量样品的 Co 丰度值；Co_b为该剖面 Co 的地球化学背景值，为常数；n 为样品数；L_i为所测样品代表的地层厚度。

贵州紫云二叠系长兴组与吴家坪组的界线，也就是层序Ⅳ与层序Ⅲ的界线，便是一个典型的风化暴露面(图 9)。其古风化壳剖面自上而下分别是灰白色土壤层、钙结壳层、红壤层、铁质结核层。长时间暴露接受了大量的宇宙尘埃，而宇宙尘埃的主要矿物成分是极容易被风化的。风化后的宇宙化学特征元素受地表水的淋滤作用而向下渗透，在古风化壳内部形成具舌形的正态或泊松分布模式。

运用公式(6)所计算出的该暴露面间断的时间为 $t=1.10$Ma(图 8)。

对于紫云长兴期生物礁剖面中其他时间记录丢失面或小尺度时间缺失面而言，尽管目前尚没有精确计算它们缺失时间的有效方法，但我们可以根据该剖面的其他已知数据对它们进行估算。

已知长兴期总时间为 5.00Ma，从所测定样品的沉积记录获得的总记录时间为 1.40Ma，因此该层序组(Ⅴ＋Ⅳ)总的缺失时间为 $t'=5.00-1.40-1.10=2.50$Ma。此外长兴期层序总共

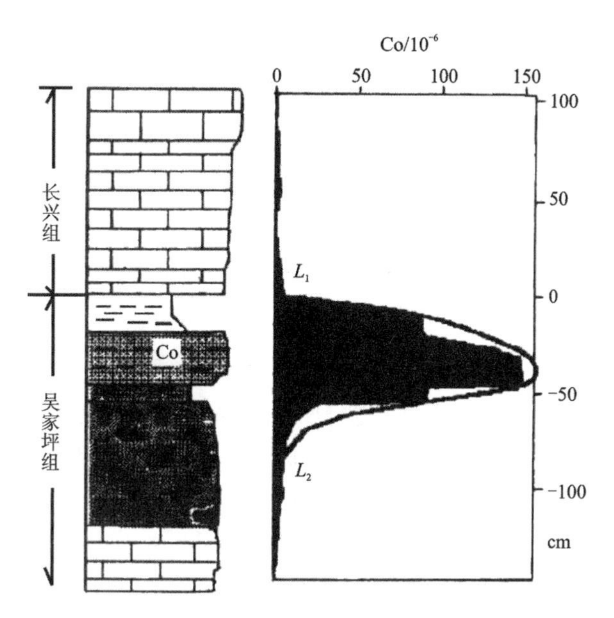

图 9　紫云剖面长兴组和吴家坪组之间的古风化壳界面和来自宇宙尘埃的元素 Co 的位置分布

有 13 个四级层序，如果假定四级层序具有精确周期性（这一假定一般是正确的），那么平均每个四级层序所占用的时间为（5.00－1.10）/13＝30万年。尽管每一四级层序记录的时间有长有短，但因为 12 个主要侵蚀面和无数野外分辨不清的小尺度时间缺失面所缺失的时间也是有长有短的，因而有理由认为每个四级层序所用的时间彼此是相等的，处理结果如图 10 所示，可以认为图 10 所示的紫云剖面长兴期层序相对海平面变化曲线更接近于真实情况。

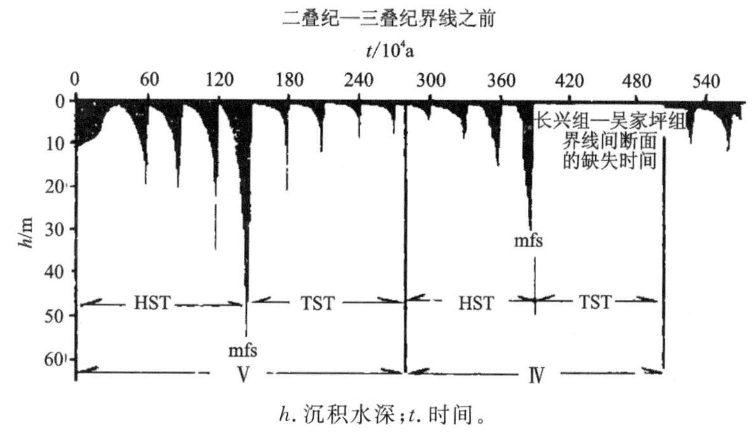

h. 沉积水深；t. 时间。

图 10　紫云剖面长兴组（层序Ⅴ和Ⅳ）的相对海平面变化曲线

（时间坐标的计算中已考虑了所有间断面和暴露面的时间缺失问题）

有意义的是长兴阶底部暴露面所缺失的时间可能正好是盆地深部区域低位域形成的时间。因此相对海平面变化曲线的区域对比将变得更为简单易行。

5　讨论

在计算间断面缺失时间时，有两个问题必须特别注意。问题之一是必须特别小心事件界线与暴露间断的区别，尤其是地外撞击事件界线，因为它往往也具有明显的宇宙化学特征元素的异常。这种区别我们在以前的事件地层学研究中早已论及[9-12]，这里不再详述。问题之二是界面附近的取样密度，取样密度的差异有可能给界面缺失时间的计算带来很大误差。原则上，界面附近样品的最小获取原则是岩性任何细小的变化都必须有样品代表。此外，类似的计算方法也可以建立在其他元素宇宙化学特征的丰度测定之上，例如，Ir、Ds 甚至 Ni，只要有合适的分析测试手段，这种新的探索是应当提倡的。

在运用宇宙化学的概念和方法恢复层序地层研究中，海平面变化曲线和间断面缺失时间方面，尽管还有许多工作要做，但前景应当是比较乐观的。然而地层中的化学记录不仅仅只包含宇宙化学记录，还有内容更为丰富的沉积地球化学记录本文尚未论及。众所周知的是，沉积地球化学信息对古环境、古气候的判定十分方便，但沉积地球化学记录的利用应当还有更广泛的意义，例如与层序演变、体系域的转换、容纳空间的大小，以及沉积界面的突变之间可能均有或多或少的内在联系。建立化学层序地层格架，首先必须对层序形成的化学机制做深入的研究，并运用微量元素及其同位素在层序地层演变中的分布规律，建立由化学内涵标定的线性时标，然后才能在空间上做化学层序地层的高分辨对比。

参考文献

[1]EMSELE G. Cycles and events in stratigraphy[M]. Heideberg: Springer, 1991.

[2]DREYER T, FAIT L M. Facies analysis and high-resolution sequence stratigraphy of Lower Eocene shallow marine Ametlla Formation, Spanish Pyrenees[J]. Sedimentology, 1993,40:667-697.

[3]VAIL P R, MITCHCHUM R M, THOMPSON I. Seismic stratigraphy and global changes of sea level, part 3: relative changes of sea level from coastal onlap[M]// PAYTON C W. Seismic stratigraphy applications to hydrocarbon exploration. Tulsa:AAPG,1977:63-97.

[4] VAIL P R, HARDENBOL J, TODD R G. Jurassic unconformities, chronostratigraphy and sea-level changes from seismic stratigraphy and biostratigraphy[M]// SCHLEE J S. Inter-regional unconfomities and hydrocarbon accumulation. Tulsa: AAPG, 1984:129-144.

[5]HAQ B U, HARDENBOL J, VAIL P R. Chronology of fluctuating sea levels since the Triassic[J]. Science, 1987, 235: 1156-1167.

[6]LU Y C, ZHOU Y Q, LI S T, et al. Dipositional archtecture and evolution of the Upper Permian reefs in Ziyun, Guizhou, China[J]. Journal of China University of Geosciences, 1996, 7(1): 95-100.

[7]ALVAREZ L W, ALVAREZ W, ASARO F, et al. Extraterrestrial cause for the Cretaceous-Tertiary extinction[J]. Science, 1980, 208:1095-1107.

[8]XU D, ZHANG Q, SUN Y, et al. Abundance variation of iridium and trace elements at the Permian /Triassic boundary at Shangshi in China[J]. Nature, 1984,314:154-156.

[9]CHAI C, ZHOU Y. Geochemical constrains on the Permo-Triassic boundary event in South China[M]// SWEET W C. Perrno-Triassic events in the eastern Tethys. Cambridge:

Cambridge University press, 1992:158-168.

[10]CHAI C, MA S, MAO X, et al. Neutron-activation studies of refractory siderophile element anomaly and other trace-element patterns in boundary clay between Permian/Triassic, Changxing, China[J]. Radio analytical and Nuclear Chemistry, Articles, 1987, 114(2): 293-301.

[11]ZHOU Y, CHAI C, MAO X, et al. On the REE across the Permian/Triassic boundary in South China[J]. 中国科学院大学学报, 1992, 9(2):212-224.

[12]周瑶琪,柴之芳,毛雪瑛,等.混合成因模式——中国南方二叠、三叠系地层元素地球化学及其启示[J].地质论评,1991.37(1):51-63.

伊通地堑的沉积充填序列及其对转换-伸展过程的响应*

摘 要 伊通地堑处于中国东部第三纪(古近纪+新近纪)裂谷系向东北延伸的分支,其东侧盆缘断裂为正断层,西侧为高角度走滑断层,其旁侧为扇-扇三角洲楔状体,表明这些断裂控制着沉积充填。第三系(古近系+新近系)在断陷中厚达6000m,油气勘探中已识别出一系列不同级别的间断面及构造反转事件,根据大的区域性间断面划分出3个构造层序,并进一步划分了三级和四级层序,在构造层序界面处识别出了深切谷充填。在层序地层格架的基础上重建了沉积体系域。结合各阶段同生构造的配置揭示了总体伸展背景下构造体制由右旋张剪向左旋压剪的转化,盆地属于转换-伸展性质。伸展及走滑两种机制共同控制了盆地的演化及各阶段的充填样式-沉积体系的三维配置。这一研究成果已作为预测储层和烃源岩分布及地层岩性圈闭的基础。

关键词 沉积体系域 层序地层格架 伊通地堑

1 引言

当代层序地层学的概念体系,主要经验和模式源于大陆边缘盆地和陆内近海盆地[1],陆相盆地层序地层分析尚处于探索阶段,但亦取得了一定进展[2]。中国东部大多数中新生代含油气盆地都是陆相盆地,而且多数为走滑-伸展双重机制控制的断陷盆地[3],因此如何将层序地层学的理论和方法应用于陆相断陷盆地,在我国就显得尤为重要。

2 盆地结构及其地质背景

伊通地堑是一狭长的、在郯庐断裂带上发展起来的转换-伸展型断陷盆地[4,5],充填有巨厚的古近系。近30多年的油气资源系统的地质和地球物理勘探,以及莫里青尖山油田和鹿乡长春油田的开发,获得了大量的地球物理资料及百余口井的录井和测井曲线资料。这些丰富的勘探和开发数据为该盆地的层序地层格架建立及其沉积充填对转换-伸展过程响应的研究提供了坚实的基础。

伊通地堑位于郯庐断裂系的北延部分——佳伊地堑系的南端,地堑呈NE向窄长形展布,面积达3400km^2。地堑被NNE向边界断裂夹持,被NW向断裂横切,总体表现为隆凹相间的构造格局,自南向北依次为莫里青断陷、鹿乡断陷、岔路河断陷(图1)。地堑的构造样式表现出一侧(西北边界)为大型走滑断裂,另一侧(东南边界)为正断层限制的不对称双断式地堑组合样式。

伊通地堑的形成是沿郯庐断裂带的由右旋向左旋走滑应力场反转的结果,这一应力场的反转与中国大陆周缘三大板块(印度板块、欧亚大陆、菲律宾板块)的相互作用相关[6-8]。白垩纪中

* 论文发表在《石油实验地质》,1999,21(3),作者为陆永潮、任建业、李思田、叶洪波。

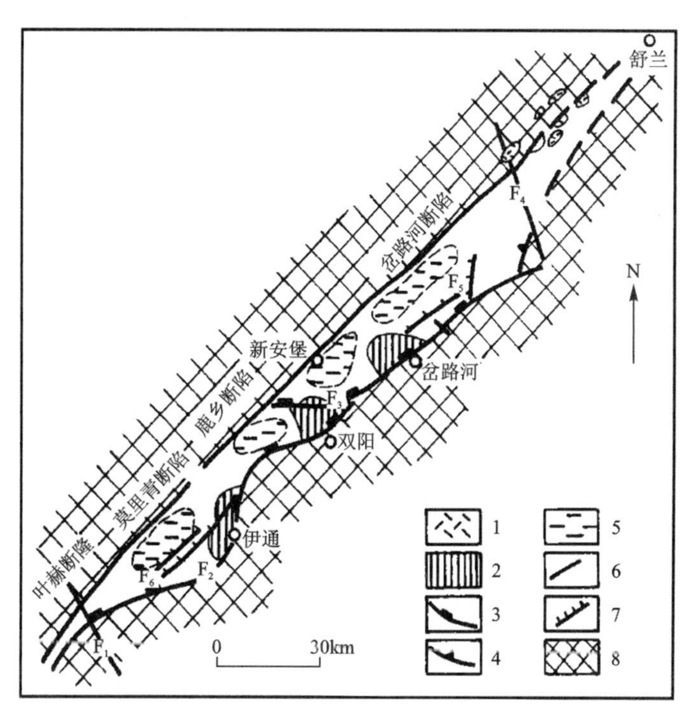

1.火山岩;2.隆起;3.边界正断层;4.沉积边界;5.盆内洼陷;6.走滑转换断层;7.盆内正断层;8.基岩区。

图 1 伊通地堑大地构造位置和构造单元区划略图

期(±100Ma)至渐新世,三大板块的相互作用致使郯庐断裂带发生右旋走滑,伊通地堑逐渐扩展形成;渐新世晚期至中新世,该三大板块的相互作用使郯庐断裂带受左旋走滑影响,伊通地堑发生回返和构造反转并结束主裂陷期的沉积充填。中新世以后该地堑进入再活动发展时期。

3 伊通地堑的层序地层格架

伊通地堑内主要充填前古近系、古近系、新近系和第四系,厚为2000~6000m。依据①地震反射结构和强震幅同相轴特征;②合成地震记录中层速度值差异特征;③岩芯、岩屑录井与测井曲线的形态特征;④副层序叠置和组合样式差异等,在伊通地堑中识别出 15 条主要的等时界面,其中构造层序界面 2 条(SB_G、SB_N),层序组界面 2 条(SB_C、SB_B),层序界面 11 条(SB_H、SB_F、SB_E、SB_D、SB_B^2、SB_B^1、SB_A^3、SB_A^2、SB_A^1、SB_N、SB_N^1)(图 2)。

据此,将伊通地堑的充填沉积划分为 3 个构造层序,即:前古近系构造层序(TS1),古近系构造层序(TS2),新近系—第四系构造层序(TS3)。其中古近系构造层序(TS2)为区内主要目的构造层序,并可进一步划分出 3 个层序组和 14 个层序(图 2)。

3.1 前古近系构造层序

前古近系构造层序位于 SB_G 界面以下,地震剖面上反射波为强震幅、中低频、较连续,底界面凹凸不平,与上覆双阳组呈微角度不整合。钻井揭露为白垩系的紫红色砂泥岩,下伏为花岗岩基底,分布在莫里青断陷、岔路河断陷的深部。

地层单元				层序地层			层序界面	年龄/Ma	沉积构成	多幕裂陷作用		
系	统	组	段	构造层序	层序组	层序				裂陷期	裂陷幕	构造背景
系四系				TS3					冲积平原沉积型	盆地转换		郯庐断裂左旋压扭
新近系		岔路河组					SB_N	23.7				
古近系	渐新统	齐家组	2	TS2	Ⅲ	ⅢF	SB_N^1		浅湖沉积型 高位体系域 冲积扇 辫状河三角洲 浅湖 低位体系域 冲积平原和沼泽	主裂陷期	扩张	岩石圈深部作用
			1			ⅢE	SB_A^1	27.8				
		万昌组	3			ⅢD	SB_A^2					
			2			ⅢC	SB_A^3					
			1			ⅢB	SB_A					
						ⅢA	SB_B	32.0				
	始新统	永吉组	4		Ⅱ	ⅡC	SB_B^1		半深湖型 湖扩展体系域和高位体系域 扇三角洲,浊积扇 辫状河三角洲 半深湖,水下扇		热沉降	软流圈沉降
			3			ⅡB	SB_B^2					
			2			ⅡA	SB_C	41.2				
			1		Ⅰ	ⅠE	SB_D		深湖型 湖扩展体系域 深水扇三角洲 水下扇 深水浊积岩 深湖 低位体系域 冲积扇 深切谷 半深湖 深湖		走滑扩张	郯庐断裂右旋张剪
		奢岭组	2			ⅠD	SB_E					
			1			ⅠC	SB_F	47.8				
		双阳组	3 2			ⅠB	SB_H					
			1			ⅠA	SB_G	57.8				
J-K				TS1						初始裂谷期		

图 2　伊通地堑沉积充填特征、层序划分及对应的多幕裂陷作用和构造背景

3.2　古近系构造层序及沉积体系域

古近系构造层序为伊通地堑主裂陷期充填沉积,其顶界为 SB_N 区域不整合面,底界为 SB_G 破裂不整合面。包括 3 个层序组(Ⅰ、Ⅱ、Ⅲ)和 14 个层序(图 2)。

层序组Ⅰ介于 SB_G 与 SB_C 区域不整合界面间,包括双阳组、奢岭组、永吉组一段地层。由于前古近系构造层序在伊通地堑大部分地区缺乏,因此 SB_G 界面是事实上的基底界面。该层序组的时间跨度约为 10.5Ma,厚度最大达 2000m。据其间次一级的沉积间断面和与之相对应的整合面及层序内部沉积构成和覆水条件可识别出 5 个深湖型层序($Ⅰ_A$、$Ⅰ_B$、$Ⅰ_C$、$Ⅰ_D$、$Ⅰ_E$)(图 2),其特征为:①各层序单元具明显的不对称性,通常地堑西北主走滑断裂侧的沉积厚度大于东南正断层侧;②同一层序的顶底界面在盆缘表现为明显的角度不整合,而向盆内则过渡为整合面;③各层序以发育深湖相泥岩为其主要特征,剖面上具明显的二分性。下部为低水位的扇砾岩体;上部为湖扩展或高水位的泥岩夹砂砾层沉积。一般盆缘发育陡坡冲积扇或湖底扇(西北主走滑断裂侧)、缓坡深水扇三角洲(东南齿状断裂侧),盆内为深湖浊积扇和泥岩沉积(图 3)。④从 $Ⅰ_A$ 至 $Ⅰ_E$,低位体系域的厚度、分布规模变小,而湖扩展体系域(或高位体系域)的厚度,分布规模加大,显示层序发育的幕式伸展性。层序组Ⅱ介于 SB_C 与 SB_B 界面间,包括永吉组二、三、四段,可划分出 3 个半深湖型层序($Ⅱ_A$、$Ⅱ_B$、$Ⅱ_C$)(图 2),厚为 300～600m,时间跨度为 5.5Ma。垂向上,显示出由细到粗的沉积旋回,各层序的沉积特征

有：①以半深湖相泥岩、粉砂质、泥岩沉积为主体，间夹浊积砂体，大型前积复合体少见。②每个层序大部分由细粒填积（盆内）和退积（盆缘）副层序组成的湖扩展高位体系域构成，进积或加积副层序构成的低位体发育薄或不发育（图3）。③两侧的盆缘断裂对层序的厚度控制不明显，各层序显示中部厚，两侧薄，并向两侧呈上超的"碟状"形态，指示了两侧断裂活动相对停滞，盆地整体缓慢下沉的特点。

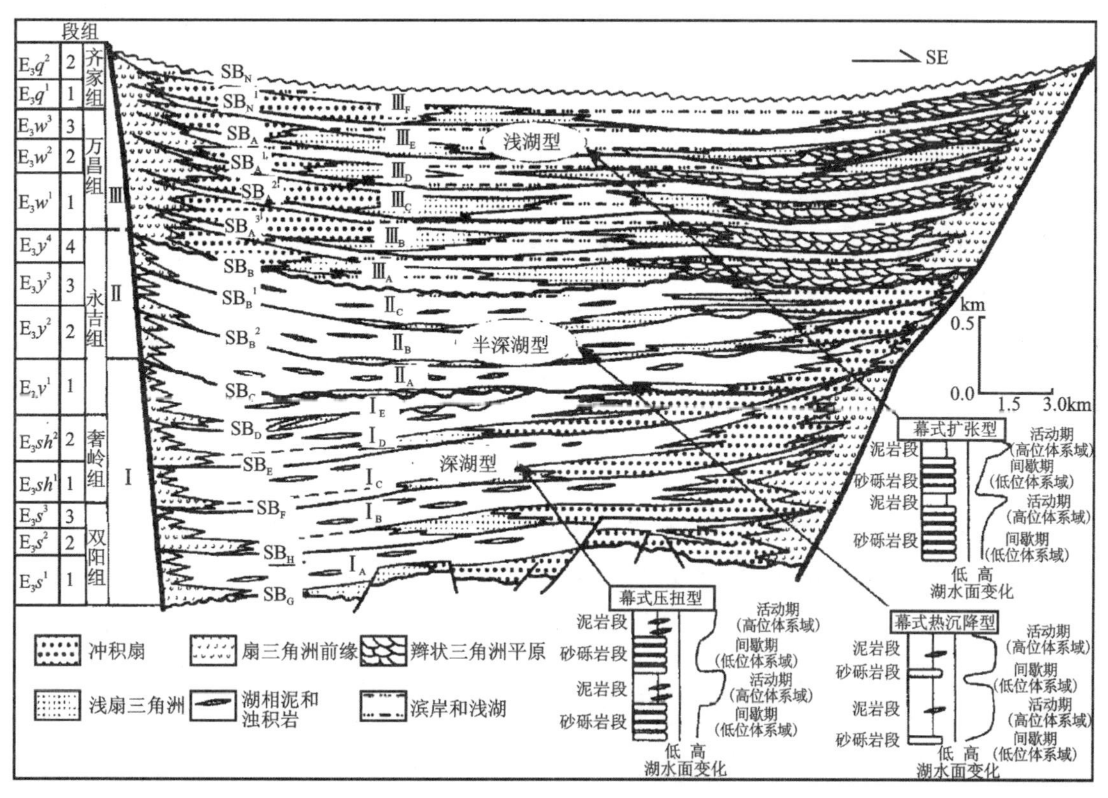

图3　伊通地堑层序地层格架图

层序组Ⅲ其顶界面为SB_N区域不整合面，底界面为内部前缘不整合面SB_B，包括万昌组和齐家组，厚为1000～1700m。根据该层序组中已识别出的三级界面，可进一步划分出6个层序。其中万昌组中识别出4个（$Ⅲ_A$、$Ⅲ_B$、$Ⅲ_C$、$Ⅲ_D$），齐家组中识别出2个（$Ⅲ_E$、$Ⅲ_F$）。上述各层序的充填特征均具明显的二分性（图3），下部为低水位的冲积扇、扇前冲积平原的含砾砂岩夹薄层浅水洼地和沼泽沉积。上部为湖扩展或高水位的冲积扇、扇三角洲（西北陡坡侧）、辫状冲积平原和辫状河三角洲（东南缓坡侧）及分布较大的滨浅湖的砂岩和粉砂质泥岩（盆内）。由于该层序组充填时，两侧边界断裂的强活动性，尤其是西北边界的强活动性，导致各层序呈不对称的地堑式分布。

3.3　新近系—第四系构造层序

新近系—第四系构造层序位于SB_N区域不整合界面之上。包括新近系岔路河组和第四系的粗碎屑冲积体系沉积，其岩性为砂砾岩，含砾砂岩夹泥岩、粉砂质泥岩，为断陷再活动充填的产物，厚度最大可达750m。

从上述层序特征可以看出,伊通地堑为由多个单型盆地叠覆的叠合式盆地,而每个单型盆地的沉积充填代表一个构造层序。尽管研究区内前古近系构造层序(TS1)和新近系—第四系构造层序(TS3)发育或保存不全。但该地堑式断陷的沉积充填仍具3“单型”构成特征(即SG、SN两条区域性等时的古构造界面将整个盆地划分成3个构造层序),代表了伊通地堑经历了3次大的成盆和沉积充填过程,而主成盆充填时(TS2)包括3个层序组和14个层序,并由相应的等时界面所分隔,它明显反映主成盆期的不同演化时期,并代表着一特定的构造发展及其沉积充填响应过程。

4 沉积作用对构造过程的响应

从上述的层序地层格架可以看出,伊通地堑古近系主裂陷期的沉积充填可明显地划分为3个阶段(图2,图3):①右旋张扭应力场作用下的走滑-伸展阶段的断陷充填——层序组Ⅰ;②热回沉作用下的区域沉降阶段的坳陷充填——层序组Ⅱ;③纯拉张作用下伸展阶段的断陷充填——层序组Ⅲ。尽管各阶段构造作用机制不同,即由走滑-伸展双重机制到热回沉及伸展的单机制,但其活动过程均具幕式的特征[9],即活动期与间歇期的交替构成一幕。而每幕的充填沉积相当于一个三级层序。

走滑-伸展阶段的沉积充填响应见于层序组Ⅰ中(包括双阳组、奢岭组和永吉组一段中的5个三级层序)。由于走滑-伸展的幕式性,地堑基底沉降的间歇期与活动期的交替,在间歇期,盆地侧缘剥蚀强,并有固定物源从盆缘大量注入盆地,使湖平面相对下降并保持长时间的低水位,形成由盆缘近端冲积扇、扇前冲积平原,向盆内相变为扇三角洲、浅湖和半深湖细粒沉积;在活动期,盆地两侧边界抬升变陡,分水岭改变导致入湖沉积物锐减,使湖盆不断伸展加深,并持续长时间有深湖盆存在,且盆缘充填湖底扇(陡坡侧)、深湖扇三角洲(缓坡侧)、向盆内迅速相变为深湖泥岩和浊积扇沉积。其一幕的沉积响应正好与二元结构构成的三级层序相对应,即下部为低位的砂砾岩段,上部为高位的深湖相泥岩、浊积岩段。由于该层序组发育时的走滑和伸展的双重机制作用,其沉积-沉降中心沿轴向不断地由南向北迁移。

热回沉阶段充填包括永吉组二、三、四段,由于该阶段的沉积基底表现为幕式的热回沉沉降,即间歇期与热回沉沉降活动期的交替,而每幕发展恰好形成一个三级层序。由于间歇期持续时间较短,充填的低位沉积体——下切河道,辫状河或扇三角洲(斜坡带)及浅湖-半深湖沉积物(盆中)发育薄或不发育;而沉降活动期的充填沉积——半深湖泥岩和浊积岩为其主体。从而构成永吉组二、三、四段的3个层序以细碎屑沉积为主(半深湖泥岩夹浊积薄砂体),大型的前积复合体少见的特征。

拉伸伸展阶段的充填沉积中(万昌组和齐家组)也可划分出反映次级幕式活动控制的低位和湖扩张——高位两个体系域。伸展间歇期,基底稳定但物源的大量供给导致相对湖平面持续下降直到最低水位,并形成低位体系域,其内部构成主要由冲积扇、扇前冲积平原、浅水洼地和残留的小湖组成;伸展时,基底沉降活动大于物源供给使湖平面快速上升至高水位,但湖盆始终维持浅水状态,形成高水位体系域,其内部主要由冲积扇、扇三角洲(陡坡侧)、辫状河平原和辫状河三角洲(缓坡侧)及分布较广的浅湖沉积(盆内)组成。

5　结论

综上所述，伊通地堑为转换-伸展型的陆相断陷盆地，其主裂陷期——古近系充填沉积中，各不同构造演化阶段（如走滑-伸展、热回沉、拉伸-伸展）所具有的沉积响应（层序样式和沉积体系配置）也明显不同。而各层序界面形成，层序沉积体系域的构成均反映构造幕式活动的主控性，同时物源和古气候也有一定的影响。

参考文献

[1] VAN WAGONER J C, MITCHUM R M, CAMPION K M, et al. Sili ciclastic sequence stratigraphy in well logs, cores and outcrops: concepts for high-resolution correlation of time and facies[M]. Tulsa: AAPG, 1990.

[2]解习农.伊通地堑层序构成及层序地层格架样式[J].现代地质，1994，8(3)：246-253.

[3] XIE X N, HUANG Y Q, LU Z S. Depositional model and tectonic evolution of tertiary Transform-Extensional basins in Northest China : case study on Yitong and Damintun grabens[J]. Journal of China University of Geosciences, 1997(8):62-67.

[4]李思田.论沉积盆地分析系统[J].地球科学——中国地质大学学报，1992，17(增刊)：31-39.

[5]解习农，任建业，焦养泉，等.断陷盆地构造作用与层序样式[J].地质论评，1996，42(3):239-244.

[6]李思田，杨士恭，吴冲龙，等.中国东北部晚中生代裂陷作用和东北亚断陷盆地系[J].中国科学(B辑)，1987，17(2):185-195.

[7] LI S T, YANG S G, XIE X N. Tectonic evolution of Tertiany basin in circum-Pacific Belt of China and their geodynamic setting [J]. Journal of China University of Geosciences, 1997, 8(1): 4-10.

[8]LI S T, MO M X, YANG S G. Evolution of Circum-Pacific Belts in East China and their geodynamic[J]. Journal of China University of Geosciences, 1995, 6(6): 48-58.

[9]焦养泉，周海民，刘少峰，等.断陷盆地多层次幕式裂陷作用与沉积响应：以南堡老第三纪断陷盆地为例[J].地球科学——中国地质大学学报，1996，21(6)：633-636.

松辽盆地深层孔隙流体压力预测*

摘　要　孔隙流体压力属于流体状态参量，它是进行盆地动力学分析、油气成藏动力学分析以及油气预测的重要因素之一。孔隙流体压力的预测模式应尽量将各种地质作用对其的贡献考虑进去，并且，利用大量的实际地层测试参数与各种地球物理参数之间的相互关系来选择适当的数学模型，选用神经网络计算技术对松辽盆地深层孔隙流体压力进行预测，并对孔隙流体压力的可能成因进行分析。

关键词　孔隙流体压力　神经网络　油气运移

1　引言

地壳上发育有各种成因类型的沉积盆地，它们由于不同的动力地质演化过程，而呈现出各自不同的地层压力类型及形态各异的三维压力展布特征。地层压力是指作用于地层孔隙空间里的流体（地层水、油、气）上的压力。地层压力是地下流体动力场的核心，油气的生、排、运、聚、散等油气地质过程就是随着流体动力场的演化而进行的，因此，弄清盆地孔隙流体压力特征，对含油气盆地勘探开发的整个过程都是非常重要的。

松辽盆地深层指泉二段及以下地层，自上而下为泉二段、泉一段、登四段（K_1d_4）、登三段（K_1d_3）、登二段（K_1d_2）、登一段（K_1d_1）、侏罗系（J）及基岩，平均深度大于2500m，总厚度在5500m以上；包含了冲积扇、河流、滨浅湖、三角洲、半深湖、深湖以及火山岩喷发相等多种沉积相，大部分属裂谷期产物，构造活跃，断裂发育。在大庆长垣东部三肇凹陷的3个层位（登三段、登四段，登一段、侏罗系，基岩）上发现了3个工业气藏（汪家屯、升平、昌德），储集层以砂砾岩、砾岩、火山岩、基岩风化壳为主。从储层地层测试资料可以看出（表1），地层压力的类型从低压到超高压都有分布，但基本以常压为主，而地温梯度基本在4°C/100m以上，属高地温梯度。地层测试资料精度较高，是验证预测的重要依据，但其只是储层中的某些局部点段数据。对整个地层的全面认识，需要结合地质规律，综合利用地层测试资料、测井资料、地震资料、重磁电资料，运用适当的方法进行压力预测。

表1　松辽盆地深层孔隙流体压力测试资料

井号	层位	h/m	t/℃	p/MPa	地温梯度/(℃·100m^{-1})	压力系数
升深2	K_1d_2	2 879.77	118.9	32.25	4.129	1.126
升深1	K_1d_3	2 769.08	118.3	27.58	4.272	0.996
升深4	Jy	3 013.46	119.4	30.49	3.960	1.012
	Jy	3 052.73	122.2	32.31	4.003	1.050

* 论文发表在《地球科学——中国地质大学学报》，2000，25(2)，作者为刘文龙、李思田、孙德君、柴文华、郑建东。

续表 1

井号	层位	h/m	t/℃	p/MPa	地温梯度/(℃・100m^{-1})	压力系数
升深 101	Jh	2 812.43	116.7	28.21	4.150	1.000
	Jh	2 867.80	116.1	27.34	4.050	0.950
	Jh	2 941.06	122.2	29.53	4.150	1.040
汪 901	K_1d_3	2 597.24	110.6	26.41	4.260	1.020
	K_1d_{3+2}	2 699.63	114.0	26.16	4.200	0.970
	K_1d_2	2 719.23	115.5	26.95	4.250	0.991
汪 902	K_1d_4	2 601.10	111.1	25.71	4.271	0.988
	K_1d_3	2 677.53	112.2	25.33	4.190	0.946
	K_1d_3	2 764.58	115.6	27.77	4.181	1.004
	K_1d_2	2 813.77	116.1	26.15	4.126	0.929
	K_1d_1	2 846.11	117.8	28.99	4.139	1.019
汪 903	K_1d_4	2 659.32	115.6	26.15	4.350	0.983
	K_1d_3	2 697.20	117.2	26.34	4.350	0.977

2 地层压力分类

描述地层压力的展布特征,首先有必要对其进行恰当的分类。国内外关于地层压力的分类一般都是以压力系数进行的,奥尔格夫等提出了地层压力的分类方案(据文献[1]),这种分类方案异常高压范围很宽,适合于快速沉积的年轻盆地。国内一些学者根据众多的含油气盆地资料总结了地层压力的分类,这种分类方案常压至超低压部分过分平均,而高压至超高压又过分集中,也不能反映松辽盆地深层这样有特色的地层压力特征。为了充分体现本区成岩作用强,构造运动剧烈,火山岩分布面积广等特点,本次研究采用如下分类方案(表 2)。

表 2 松辽盆地深层压力分类方案及与国内外分类对比

	压力系数	压力分类	压力系数	压力分类
松辽盆地	<0.90	超低压	1.02~1.12	高压
	0.90~0.98	低压	>1.12	超高压
	0.98~1.02	常压	—	—
国外	<0.96	低压异常	1.08~1.20	高压异常
	0.96~1.08	常压	>1.20	异常高压
国内其他	<0.75	超低压	1.10~1.50	高压
	0.75~0.90	低压	>1.50	超高压
	0.90~1.10	常压	—	—

3 地层压力预测

3.1 预测方法选择

地层压力预测方法传统上一般分两类:一是通过总结地质作用对孔隙体积、孔隙流体温度、孔隙流体特征参量等与孔隙流体压力相关参数的影响规律,结合孔隙流体压力的基本概念,提出相应数学模型,进而对流体动力学参数进行预测;二是通过寻找流体动力学参数与各种地球物理参数间的经验关系进行预测,常用的预测方法有如下几种,即等效深度法[2]、改进的等效深度法[3]、直接预测法[4]、迭代模拟法、比值预测法、图板预测法、利用地震振幅资料预测地层压力等方法。从理论上讲它们都可以求得纵、横向地层压力的特征。但是也存在两个明显的缺陷:①理论模式都是基于沉积压实理论建立起来的,而实际上几乎所有的地质作用都会影响到地层压力的稳定;②经验方法一般都是通过单一的地层测试参数与单一的地球物理参数建立起来的,没有考虑不同因素间的相互制约。

松辽盆地深层具有构造运动期次多、构造活动强烈、埋藏深、火山岩分布广、岩性复杂等特点,由于火山岩的压实作用不同于常规的沉积岩,并且成岩的后期改造作用强烈,在压实曲线中,剥蚀面的影响、断层的影响、不同沉积沉降速率的影响、火山岩的影响等很难被准确剔除,以它为基准求取的地层压力也只能是近似的。综合考虑,应从两方面入手:一是用于计算的函数映射关系式不能人为规定,而是要根据实际数据的对应关系来确定;二是要尽可能采用可靠的、多类型的参数确定这种对应关系。实际上,这种思想就是将神经网络系统用于计算的思想,利用人工神经网络建立异常地层压力与地层速度之间复杂的非线性关系。

本次研究即采用了改进的有序 BP 算法[5]。该算法每个变量受其序号前面的变量的影响,由此得出的模型为有序 BP 模型,即:

$$\frac{\partial^{+}E}{\partial_{xi}}=\frac{\partial E}{\partial_{xi}}+\sum_{j>i}\left[\frac{\partial^{+}E}{\partial_{xi}}\cdot\frac{\partial_{xj}}{\partial_{xi}}\right]$$

其中,“+”表示有序微分。对于一般多层前向网络,先对其节点进行编号,以构成有序系统。

3.2 计算参数选择

根据计算方法的需要,选择提取的参数共有三大类,它们是:钻井实测类参数,包括“D”指数、压力梯度、地层温度;声波时差测井曲线数据;地震层速度数据,由读取的速度谱换算而来。

3.3 计算过程

计算过程分为 4 个步骤:第一步为网络样本的输入(或特征量参数的输入)。本次计算选用对地层压力特征反映最敏感的 4 个钻井实测参数,即“D”指数、地层温度梯度、地层压力系数以及地震层速度参数。第二步为地震层速度校正，用声波测井数据去校正地震数据，以期使地震速度数据尽量准确。第三步为网络的学习过程，该过程由正向传播信息与反向传播信息两个过程组成。在正向传播信息过程中输出信息由输入层经隐含层逐层变换处理，并传向输出层，而且每一层神经元的状态只影响下一层神经元的工作状态。如果在输出层得不到期望输出，则转入信息反向传播过程，即将误差信号沿原来的连结通路返回，通过修改各层神经元之间的连接强度和阈值，以便使期望输出与实际输出之间误差达到最小，最后可求得一组固定的连接链，到此完成学习过程。第四步为工作过程，即利用已经训练好的压力系数网络和地震层速度网络外推，计算全区的地层压力系数。每一个层位都这样做，即可以得出各个层位的压力系数。

4　孔隙流体压力特征及成因分析

4.1　特征分析

(1)研究区断陷位置上压力类型自上而下的顺序为低压、正常、高压、正常、低压、超低压。正向局部构造部位压力类型自上而下的顺序为低压、正常、高压。

(2)压力囊分三类：超高压囊、高压囊、低到超低压囊。其中登娄库组内为高压，侏罗系下部的沙河子组、火石岭组内为低压至超低压囊，而在营城组的断坡、断坪一侧也有超高压囊(图 1)。

(3)压力囊在登娄库组内一般为扁圆形，在侏罗系内一般为半圆形或不规则形。

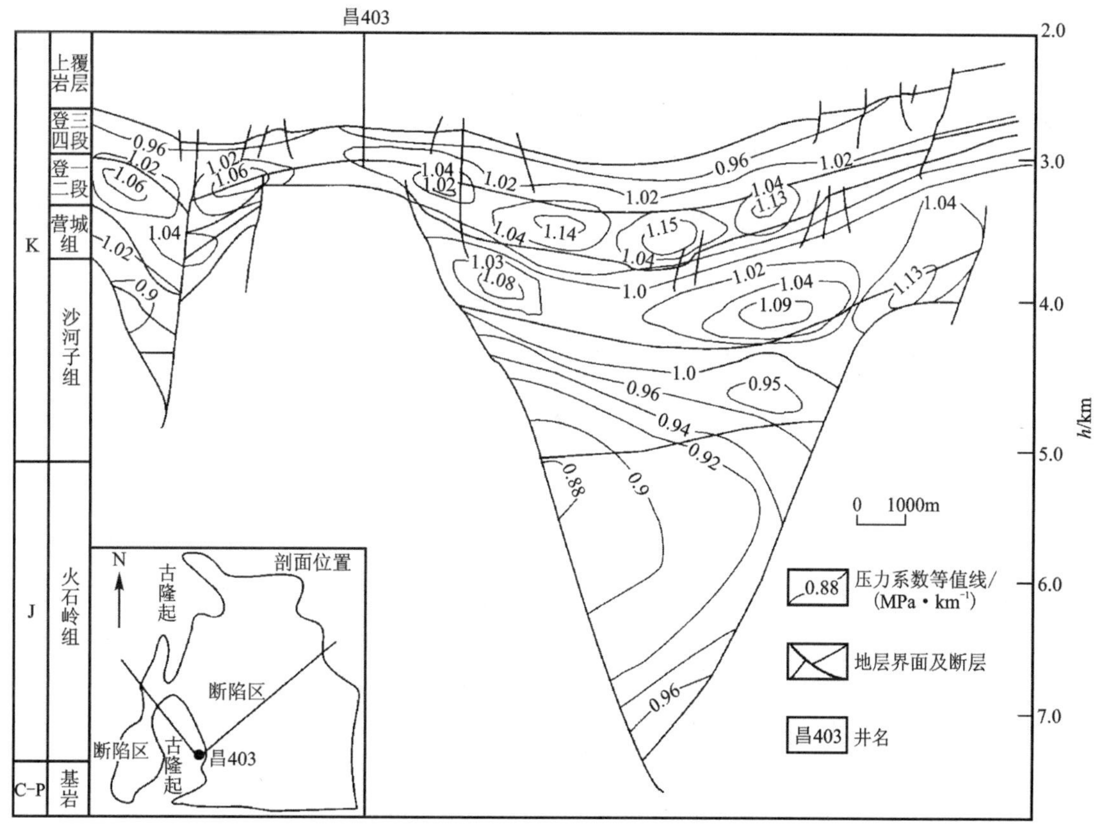

图 1　松辽盆地徐家围子断陷压力系数剖面

4.2 异常压力的成因

目前人们侧重于对异常高压的研究，因为异常高压较异常低压更为常见，所以对异常高压产生的原因研究得较为深入。实际上异常低压在世界许多盆地中均有分布，随着勘探工作的深入，发现的低压异常逐渐增多，对油气勘探的影响也越来越大。美国东南部得克萨斯100多个油气田(藏)中，属于常压的占51%，属于高压或超高压的占30.5%，属于低压或超低压的占18.5%。据对世界160余个知名油气藏的统计，属于常压的占37.5%，属高压或超高压的占47.7%，属低压或超低压的占14.8%。

4.2.1 异常高压的影响因素

(1)压实作用。主要是欠压实作用，多数学者认为是在沉积过程中压实与排水作用不平衡的结果。

(2)构造作用。包括区域性抬升、褶皱、断层、滑坡、崩塌、刺穿(盐岩或泥岩、页岩)等。区域性抬升、隆起是造成异常压力的重要因素，当某一深度下的正常压力系统整体抬升，而压力保持状况不变，则在浅层形成超压系统。

(3)烃的生成。在逐渐埋藏过程中有机质转变成烃也引起流体体积的增加，并最终导致形成异常压力封隔体。

(4)水热增压。随埋藏深度的增加而温度升高，孔隙水的膨胀速率大于岩石的膨胀速率。如果孔隙水的排出受阻，那么孔隙压力就会增大。

(5)蒙脱石向伊利石转变。在90～100℃，蒙脱石开始向伊利石转变，并排出大量水。如果岩石是封闭的，那么所释放出的水伴随孔隙流体的热膨胀，将导致地层压力高于正常值。

(6)渗透作用。指浓度低的水体经过半渗透层向浓度高的水体进行物质传递的过程。在隔离带中，渗透流也可产生高压异常。

(7)浮力作用。烃类(特别是天然气)和水之间的密度差异可以在烃聚集层的顶部产生异常压力。烃类聚集时间越长，烃与周围水的密度差异越大，异常超压越大。

4.2.2 异常低压的影响因素

除了因开采油气、水而导致的低压外，国内外对低压的成因认识主要有以下几点：①抬升和剥蚀。地下孤立的岩石被抬升后，地层温度降低，水体积也就相应下降，从而引起孔隙压力的减小。由于基质膨胀而导致的孔隙度增大，也会引起孔隙压力的降低。②饱和天然气藏的埋深。低压可以出现在天然气饱和的岩石或非压实性的岩石中。天然气的热压力随埋深增长的速率小于静水压力的增长，并且天然气可溶于任何水中，所以才产生低压异常。③非均衡流。在承压含水层被低渗透带与补给区隔离的条件下，由于排出量大于补给量，所以产生低压异常。通过含水层内水头的精确分析可以确定等势面的斜率。④封闭层泄漏。如果超压的、饱和天然气藏的封闭层泄漏，那么只有在压力产生速率大于损失速率的情况下才能维持超压状态。当压力的损失速率超过生成速率时，压力便会逐渐减至正常，甚至出现低压异常。由于相对渗透率的原因，水不能流入饱和天然气的岩石，即使水饱和带的压力大于天然气饱和带的压力。这种机制可以解释欠压实沉积物中的低压异常现象。⑤渗透作用。如果隔离带中水的浓度较低，那么水就会通过半渗透性层向外渗流，从而导致在隔离带中形成低压异常。⑥流体的排出。地下流体（油、天然气、水等）从储集体中排出后，会导致地层压力的减小，从而形成低压异常。⑦水平面降低。正常静水压力的计算都基于水柱到达地表这样一个假设，当水平面显著低于地表（例如在中东地区）时，就会显示为低压异常。异常压力的成因有多种，一种异常压力现象可能由多种影响因素所致，其中包括地质、物理、地球化学以及动力学因素。所以对某一特定研究区而言，应该具体问题具体分析，找出产生异常压力的主要因素。在对含油气盆地的压力场进行研究时，要从动态观点出发，分析压力场的形成、演化过程。

4.3　本区异常压力的成因

如前所述，本区深层既有异常高压，也有异常低压，前者主要出现在登二段和营城组，后者主要出现在登四段和火石岭组。

4.3.1　异常高压的成因

(1)天然气的生成作用。本区深层有两套主要烃源岩发育，一套为登二段，另一套为沙河子组。其他层位虽然也有一些生烃潜能，但因源岩数量少，所以不能作为主力烃源岩。登二段烃源岩为灰色、灰绿色、褐灰色泥岩，有机碳质量分数为 0.740%，氯仿沥青“A”质量分数为0.088%，总烃质量分数为 0.021 3%，干酪根类型为Ⅱ-Ⅲ型。沙河子组烃源岩为黑色泥岩和煤层，有机碳质量分数为 1.216%，氯仿沥青“A”质量分数为 0.004 3%，总烃质量分数为 0.015 7%，干酪根类型为Ⅱ-Ⅲ型。登二段的埋深为 2700～3500m，R_o值一般在 18%～2.2%之间。因此，登二段目前主要处于干气生成阶段。随温度的增高，热裂解作用使烃的 C-C 链不断破裂，甲烷的生成量越来越多。干酪根在热降解生成石油和甲烷气体等烃类的同时，也产生大量水和非烃气体（主要为 CO_2），这些流体的体积比原来有机物质的体积增加了 2～3 倍，因此引起泥岩中孔隙流体压力的大幅度升高，尤其是烃类和非烃类气体的生成，它们先在水中饱和而后又形成大量游离气体，这些气体不仅堵塞孔隙通道，而且当温度升高时还进一步膨胀，从而促使烃源岩层中的异常高压进一步升高。而沙河子组除在边缘地带埋深为 3000～3500m 外，大范围内埋深大于 3500m，烃的生成能力明显降低，甚至消失，因而除边缘地带存在异常高压外，本组地层中孔隙流体压力变化不显著。

(2)差异压实作用。泥岩的压实系数与岩石中黏土矿物成分、颗粒大小、沉积速率、地温及构造应力等因素有关。登二段泥岩累计厚度为 50～100m，占地层厚度的 50%。沙河子组湖相泥岩的厚度一般在 200～500m 之间，厚者可达千米以上。在上覆岩层的负荷压力下，随埋藏深度的增加，泥岩孔隙度有逐渐减小的趋势，在深 1200m 处，泥岩孔隙度为 8%，之后逐渐降低；但在 2600～3000m 处，孔隙度明显偏向高值一方，表明此带存在欠压实现象。从沉积学角度看，三角洲前缘和中深湖环境中容易出现欠压实作用。因为在三角洲和湖泊转换地带存在地形坡度的突然变化，而由于沉积物供给充分，沉积速率高，致使下覆泥岩中的水不能及时排出。中深湖环境中以泥岩沉积为主，粗碎屑物质甚少，随泥岩厚度的积累，深部泥岩的孔隙度也会偏离正常压实曲线。在昌德东地区营城组上部沉积相与压力系数叠合图中(图2)可以看出，在三角洲或扇三角洲前缘地带压力系数存在明显高异常，随湖泊泥岩厚度的增大，压力系数值也逐渐增高。

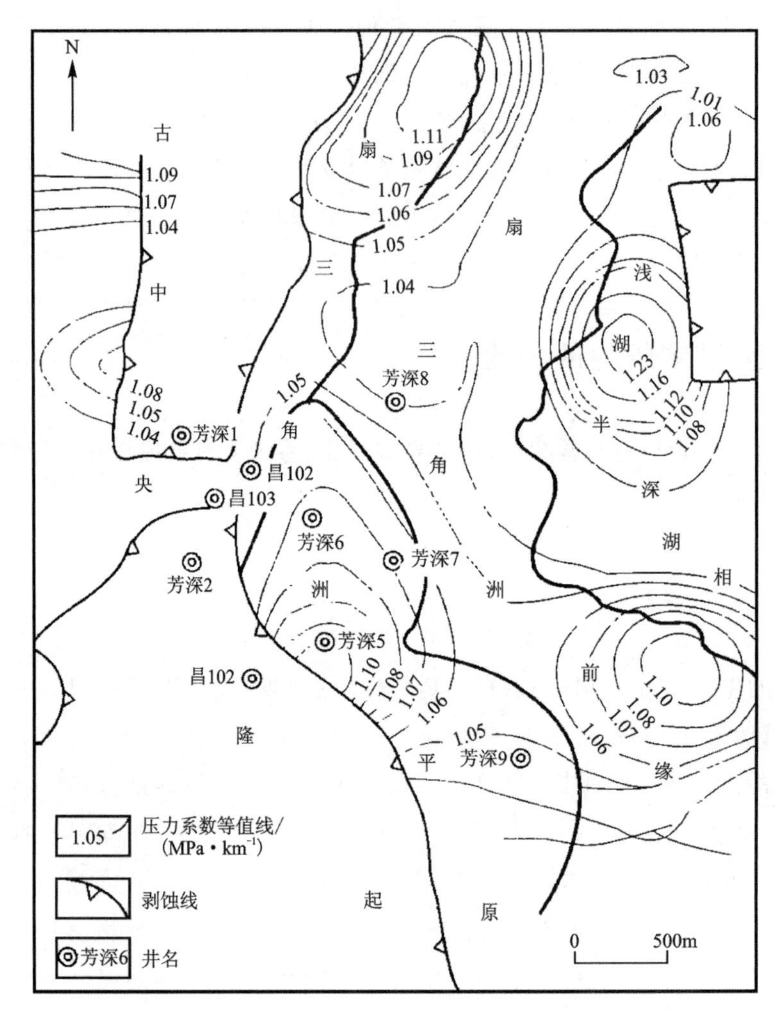

图2 昌德东地区营城组沉积相与压力系数叠合图

综上所述，本区异常高压是由烃的生成、差异压实共同作用而导致。

4.3.2 异常低压的成因

异常低压产生的各种原因可归纳为3个方面：承压系统的等高位置变化、孔隙空间体积增大或地下流体体积的减小。本区实际情况对低压异常产生的因素主要表现在岩层抬升，以及流体的运移方面。

(1)抬升剥蚀。沙河子组二段沉积末期，本区开始出现抬升，断陷萎缩，湖区缩小。沙三段沉积末期，抬升加剧，地层遭受剥蚀，形成区域性不整合面。营城组沉积初期，盆地再次发生裂陷作用，并伴随强烈抬升并遭受剥蚀，结束了断陷的历史。登一段是在区域构造抬升之后开始沉降并接受沉积的，沉积范围较小；登二段时期湖泊扩张，形成一套非补偿沉积；登三段沉积时，碎屑供应充分，河流体系发育；登四段末期盆地抬升并遭受剥蚀。所以，本区深层地层曾多次抬升并被剥蚀。并非所有的地层抬升剥蚀都可造成孔隙流体压力的降低。根据定量计算的模拟试验，有两种情况可导致两种不同的结果。一种情况是，地层抬升剥蚀后，由于岩石的弹性回升效应和温度降低，孔隙体积增加和孔隙压力降低；之后，盆地沉降并沉积致密封闭层；这样剥蚀面上下就成为两个相互独立的系统，流体不能进行交换和流动，因而在遭受剥蚀的地层中出现低压异常。另一种情况与之相反，如果剥蚀面之上沉积了渗透性储集岩，那么因剥蚀而造成的孔隙压力减小的状况不能长久维持，随着沉降压实和流体的流入，低压异常会逐渐消失。登娄库组顶部剥蚀面之上沉积了巨厚泥岩夹薄层砂岩的区域性盖层，可作为封闭层，因此在登四段地层中存在低压异常。同理，火石岭组上部为沙河子组巨厚泥岩盖层，也为火石岭组中的低压异常的保存起到了积极作用。

(2)流体的运移。流体运移或散失而导致孔隙压力降低的问题容易被理解。既然流体的生成、流入可以导致孔隙压力增高，那么当流体运移别处或通过通道散失也就会相应地导致压力下降。本区沙河子组泥岩为主力烃源岩，但该组地层下部已过成熟并不再生烃，它原已生成的油气已经向上运移或散失，所以造成孔隙压力出现一些低压异常。

5　结论

松辽盆地深层所具有的火山岩分布面积广，构造运动期次多，沉积压实作用强烈等特点，决定其孔隙流体压力的组成与分布必然十分复杂，因此，孔隙流体压力的预测不能简单地套用前人的方法，神经网络计算技术不失为一种可行方案。

参考文献

[1]崔宝琛，李思田．沉积盆地中的异常压力及其与油气运聚的关系[J]．长春地质学院学报，1997，10(增刊)：152-159.

[2]真柄钦次．压实与流体运移[M]．陈荷立，译．北京：石油工业出版社，1981.

[3]刘天佑，李思田．地层压力预测方法及其在南海北部构造-热体制分析中的应用[J]．地球科学——中国地质大学学报，1996，21(1)：84-88.

[4]徐怀大．地震地层学解释基础[M]．武汉：中国地质大学出版社，1990.

[5]王东生，曹磊．混沌、分形及其应用[M]．合肥：中国科学技术大学出版社，1995.

[6]赫英．济阳盆地(胜利油田)内外找寻新的金资源的可能性[J]．矿床地质，1998，17(增刊)：925-928.

[7]张义纲．天然气的生成聚集和保存[M]．南京：河海大学出版社，1991.

扇三角洲相与副层序关系的探讨*

摘 要 在湖泊中存在3种三角洲类型，即正常三角洲、辫状三角洲和扇三角洲。它们均由三角洲平原、三角洲前缘、前三角洲三部分组成。陆相地层具有强烈的旋回性，只要将基准面看成海平面就完全可以运用层序地层学思路与方法研究陆相地层。扇三角洲相在断陷湖盆的陡坡一侧发育，通过与标准三角洲副层序模式对比，一个完整的扇三角洲序列可以划分出两个副层序。

关键词 扇三角洲 层序地层 副层序

1 前言

扇三角洲相的存在已成为众人的共识，尤其是陆相断陷湖盆的陡坡一侧，扇三角洲几乎是沉积体的主要组成部分。扇三角洲(fan delta 或 fan-delta)的明确定义为："从邻近高地直接进入稳定水体的冲积扇"。这个概念首先由 Holmes[1] 和 McGowen 提出，历经 30 多年，世界各地现代的和古代的扇三角洲相继被发现，到目前为止，中国诸多盆地中已经发现扇三角洲沉积，如泌阳箕状凹陷双河砂体的扇三角洲复合沉积[2-4]，松辽盆地中扇三角洲的沉积作用[5-8]，辽河裂谷渐新世初期扇三角洲沉积[9]，洱海西岸的现代扇三角洲沉积[10]，鄂尔多斯盆地含煤建造中的扇三角洲发育[11]，准噶尔盆地南缘八道湾组的扇三角洲沉积[12]等。越来越多的研究表明，随着工作的深入，更多的扇三角洲体系将被识别和建立。

从地震地层学发展而来的层序地层学，在被动大陆边缘盆地的勘探中得到了广泛的应用。地质条件与被动大陆边缘盆地有所不同的是陆相湖盆中层序地层的应用受到了很大的限制。原因是：①陆相湖盆的基准面不是水平的，而是一个起伏不平的面，是侵蚀与沉积作用达到平衡时的表面；②陆相盆地的沉积速率远高于海相盆地，沉积与构造作用同样能形成巨厚沉积，这将给构造解释带来影响；③陆相盆地具多向物源，形成多向沉积体系，穿插了众多的河流决口，形成了自旋回的沉积朵叶体，使地层横向对比复杂化；④陆相盆地的气候影响远高于海相盆地；⑤陆相地层缺少断带化石，同位素定年工作量太大，给地层定年带来很大的困难；⑥局部构造运动对陆相湖盆的影响很大。鉴于上述原因，有学者认为陆相湖盆的层序地层格架难以建立，难以运用层序地层学方法指导勘探。但是陆相湖盆的地层具有强烈的旋回性，只要把基准面的变化看成海平面的变化，就可能把层序地层学的基本概念和思路、方法，运用到陆相盆地形成的地层中。李思田等[12]指出，在陆内条件下层序地层学的若干基本原理仍能适用，但必须从区域地质条件出发，而不能使用基于大陆边缘条件所建立的模式。陆相地层中不整合及假整合界面更为清楚，可以划分出以不整合及其相应的整合面为界的层序地层单元。陆相盆地中虽然不能直接看到海平面变化的影响，但沉积基准面的控制同样显著。

综上所述，陆相湖盆形成的地层是可以用层序地层的思路和方法来进行分析的。扇三角洲

* 论文发表在《华东地质学院学报》，2000，23(1)，作者为聂逢君、李思田、解习农。

在陆相盆地中的广泛发育，决定了探讨扇三角洲与层序及副层序之间关系的理论和实际应用意义。

2　陆相湖盆中的扇三角洲

2.1　三角洲

无论是在海相还是在陆相沉积中，三角洲沉积体系是常见的。在陆相盆地中，常见 3 种三角洲类型（图 1）：①正常三角洲，是由曲流河携带沉积物经过较长距离的搬运在湖盆中沉积富细粒的三角洲，常常发育于湖盆地的端部（图 2），即长轴方向；②扇三角洲，冲积扇从邻近的高地直接进入稳定的水体而形成的富砾石的三角洲[3]，通常形成于陆相湖盆的陡坡一侧（图 2）；③辫状三角洲，是由辫状河流系统进积到稳定的水体中而形成的富砾石的三角洲[4]，常形成于陆相湖盆的缓坡一侧（图 2）。从定义中可知，后两种三角洲沉积搬运的距离短，尤其是扇三角洲沉积物，风化剥蚀物几乎未经搬运就于水体中沉积下来，这就决定了扇三角洲的种种特性。

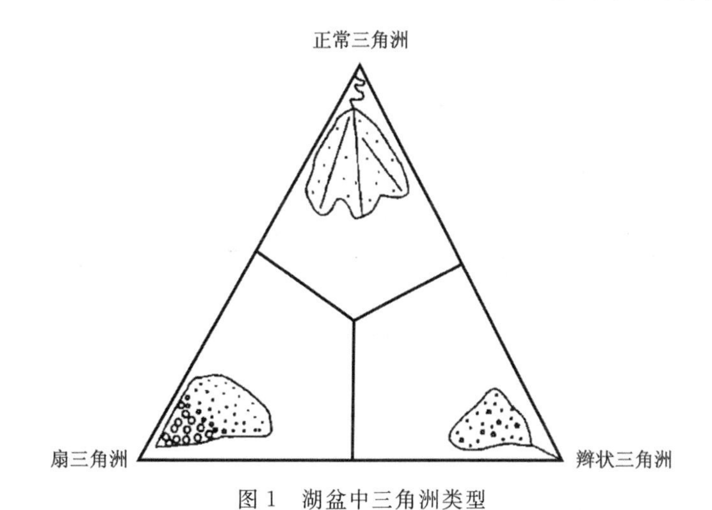

图 1　湖盆中三角洲类型

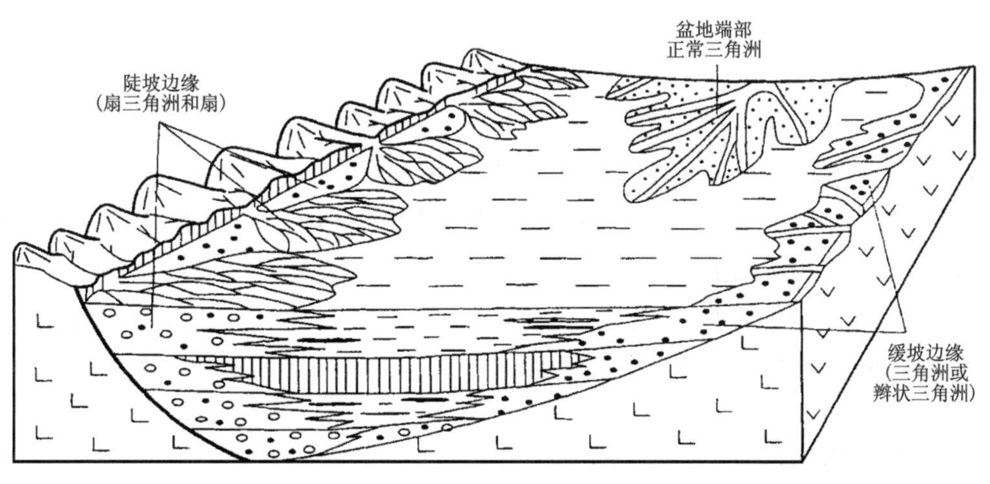

图 2　陆相断陷盆地填充模式图

2.2 扇三角洲

扇三角洲沉积在陆相盆地中十分常见，新生代与裂谷作用有关的盆地边缘粗碎楔状体多数应定为扇三角洲[12]。

和正常三角洲一样，扇三角洲也由3部分组成，即扇三角洲平原、扇三角洲前缘、前扇三角洲。在倾向剖面上，扇三角洲是一个由粗屑物组成的楔状或棱柱状沉积体，从盆地边缘往中心依次为近源扇→中源扇→远源扇→前三角洲→陆架/深湖，沉积物由粗变细（图3）；在平面上呈扇形、叶状体或伸长形，取决于物源供给条件及扇前缘是否被改造等因素。扇三角洲的基本特征有学者总结为：①具陆上、过渡带、水下3种环境，陆上为冲积扇、近源的砾质辫状河沉积，过渡带为河流与湖、海的联合作用形成的泥、砂、砾石透镜层呈指状交互；②地形坡降大、沉积面积小，正常三角洲的坡降为0.1‰，而扇三角洲的坡降为1‰～86‰不等，扇体面积为几平方千米至几十平方千米，有的不到1平方千米；③颗粒粗、成熟度低，多数是砂砾混杂，泥质含量高，分选、磨圆均差；④进积型向上变粗序列，一个完整的进积型扇三角洲沉积序列自下而上为：前扇三角洲泥岩→扇三角洲前缘末端席状粉砂、细砂岩→扇三角洲前缘河道砂岩、含砾砂岩→扇三角洲平原砂砾岩、砾岩。

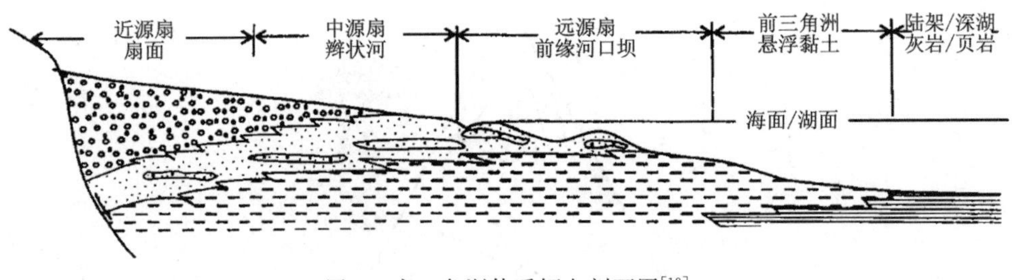

图3 扇三角洲体系倾向剖面图[18]

3 扇三角洲与副层序

3.1 层序界面

层序（sequence）是一套相对整体的、成因上存在联系的、顶底以不整合面或与之对应的整合面为界的地层单元[13]。根据定义层序界面就是不整合或与之对应的整合，它们将上下的新老地层分开。要确定层序，其界面识别是关键，综合起来，层序界面的标志有：①陆上的侵蚀不整合；②地层颜色、岩性及沉积相的垂向不连续或错位；③河流回春形成的深切谷；④生物化石断带或灭绝；⑤测井曲线的突变响应；⑥体系域类型、副层序类型突变。

3.2 副层序界面

副层序（parasequence）：由海泛面或其对应面限定的一组相对连续有成生联系的层和层组。

在层序里的特殊位置上，副层序可能要么上面，要么下面被层序界面限定[14]。从定义中可知，副层序界面就是海泛面和它的对应面，其界面的识别就是海泛面或湖泛面的识别。综合 Wagoner 等 4 种环境下（波浪或河流控制的海滩，河流或波浪控制的三角洲，沉积速率等于可容空间的海滩及潮坪、潮下）副层序界面的特征如下：①界面上下岩性突变；②界面上层厚度锐减或剧增；③界面下纹层可能有轻微的削截；④生物扰动强度自层面向下减弱；⑤界面上有海绿石、磷块岩、壳屑、富有机质页岩等；⑥穿过界面向上沉积环境的水深突然增加。

3.3　扇三角洲序列与副层序

Wagoner 等关于三角洲环境下副层序的标准模式如图 4(a)所示，自底部的前三角洲至上部的河口坝为一个向上变粗的副层序，除粒度向上变粗外，层的厚度也变大。Pollard 等[16]研究了挪威西部 Hornelen 盆地的中泥盆统湖相扇三角洲沉积特征，其垂向序列见图 4(b)，从底部的湖相泥岩至顶部的分流河道砂岩可以分出两个副层序，从湖相泥岩至河口坝砂岩为一向上变浅的副层序，这与 Wagoner 的标准模式完全一致，第二个副层序是从间湾的泥岩向上变为粗粒的分流河道砂岩，也是一个向上变浅的序列。Kleinspehn 等[17]研究了北欧 Spitsbergen 西部晚石炭世至早二叠世的砾石质扇三角洲沉积，如图 4(c)所示，这是一个海相的扇三角洲，而且距物源很近，其垂向上的特征与图 4(b)十分类似，从前三角洲泥岩至河口坝充填可划分出一个副层序，从三角洲前缘泥至平原河道沉积可划分出第二个副层序。图 4(d)是珠江口盆地珠三坳陷文昌19-1-1井文昌组湖相扇三角洲的沉积序列。珠三坳陷在文昌组时期湖泊非常发育，湖泊中心区形成优质烃源岩，在南部边缘陡坡区形成扇三角洲沉积，在 3830m 至 3840m 范围内，形成两个副层序，极粗粒（砾石层）沉积物快速推进到湖相泥岩上或推进到三角洲前缘的薄层砂泥互层之上。

综上所述，无论是湖相还是海相扇三角洲，其特征与正常三角洲十分相似，一个完整的扇三角洲序列可以划分出两个副层序，即从底部的深水泥岩至中部的河口坝砂岩为一个向上变浅的副层序，从河口坝上的间湾泥岩至平原分流河道的砂岩砾岩为另一个副层序。扇三角洲的副层序厚度不一，有的几米，有的十几米，一般不超过 30m。副层序界面上下岩性突变非常明显，水深突然变深，在垂向上的规律性很强。

4　结论

（1）和正常三角洲一样，扇三角洲由三角洲平原、三角洲前缘、前三角洲 3 部分组成。

（2）一个完整的扇三角洲序列可以划分出两个副层序，从底部的深水泥岩至中部的河口坝砂岩为一个副层序，间湾泥岩至平原分流河道的砂岩、砾岩为另一个副层序。副层序的界面特征为岩性突变，水深突然增加。

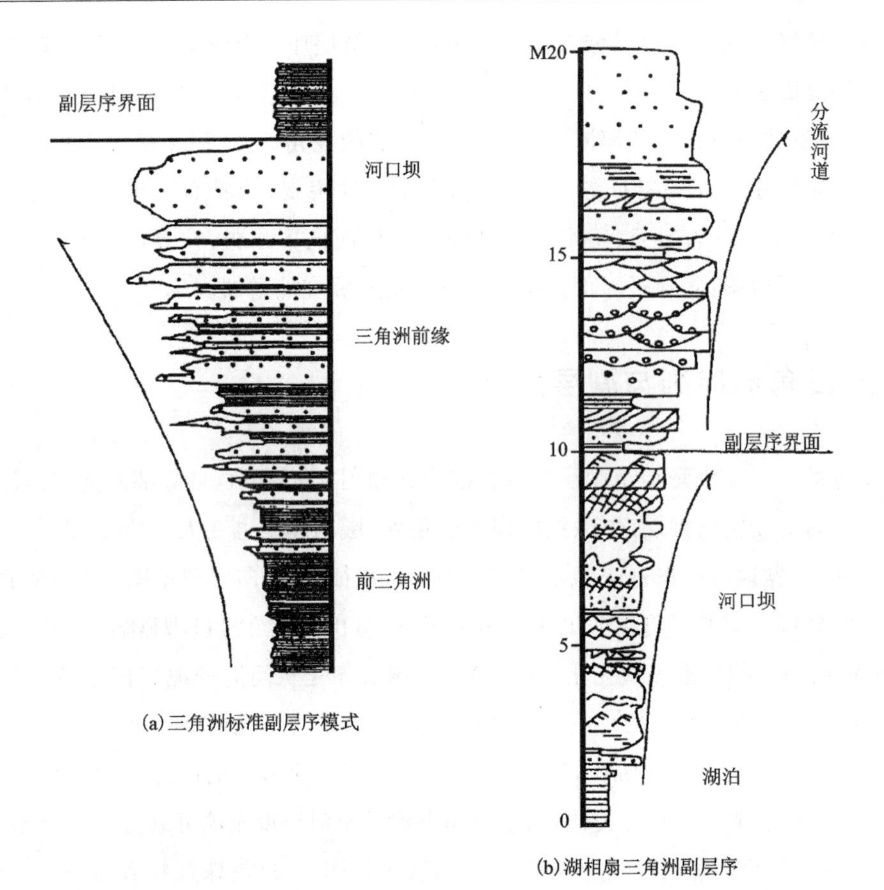

(a)三角洲标准副层序模式

(b)湖相扇三角洲副层序

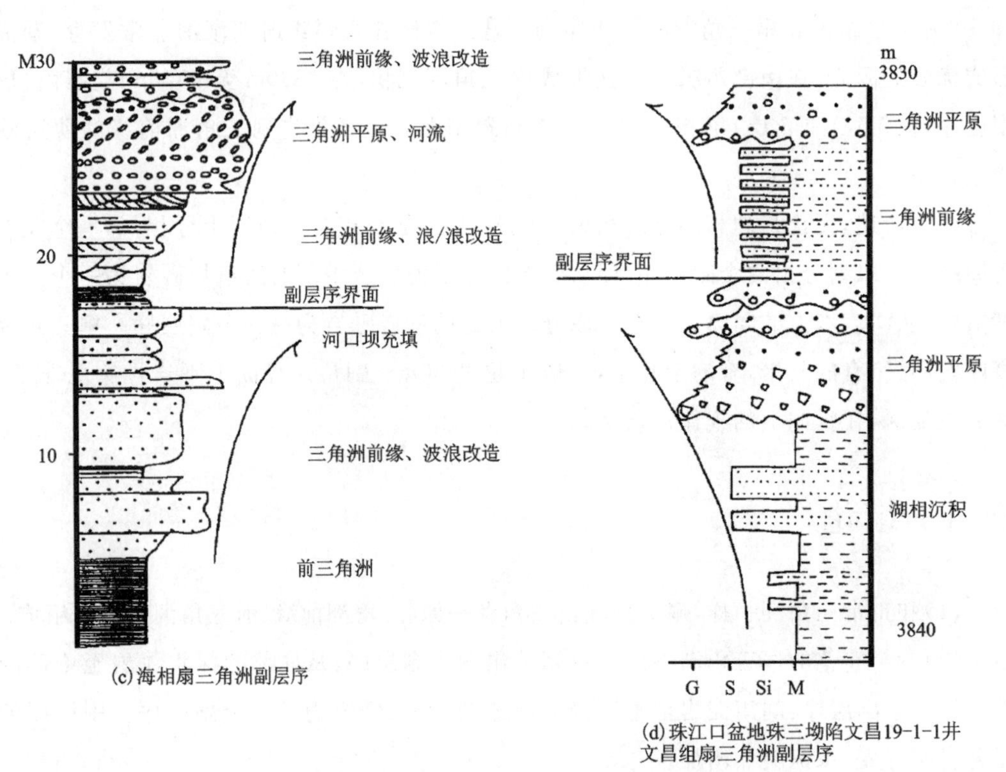

(c)海相扇三角洲副层序

(d)珠江口盆地珠三坳陷文昌19-1-1井文昌组扇三角洲副层序

图4　三角洲、扇三角洲与副层序的关系

参考文献

[1]HOLMES A. Principles of physical geology[M]. 2nd ed. New York: The Roland Press Co., 1965.

[2]王寿庆. 双河油田Ⅱ油组扇三角洲砂体研究[J]. 石油勘探与开发,1982,9(5):36-42.

[3]魏魁生. 河南泌阳凹陷双河地区核桃园组第三段重力流沉积研究[J]. 西南石油学院学报,1989,11(1):12-27.

[4]朱水安,李纯菊,陈永正,等. 泌阳凹陷双河水下冲积扇的沉积特征[J]. 石油学报,1983,4(1):11-16.

[5]石国平,矫革峰,张书麟. 试论松辽盆地湖盆三角洲沉积类型[J]. 石油实验地质,1984(4):279-286.

[6]王衡鉴,曹文富. 松辽湖盆白垩纪沉积相模式[J]. 石油与天然气地质 1981,2(3):227-242.

[7]李思田,李宝芳,杨士恭,等. 中国东北部晚中生代断陷型煤盆地的沉积作用和构造演化[J]. 地球科学——武汉地质学院学报,1982,18(3):275-294.

[8]李思田,夏文臣,杨士恭,等. 阜新盆地晚中生代沙海组浊流沉积和相的空间关系[J]. 地质学报,985(1):61-73+93-97.

[9]李应暹. 辽河裂谷渐新世初期的扇三角洲[J]. 石油勘探与开发,1982(4):17-23.

[10]冯敏,等. 洱海西岸扇三角洲沉积[M]// 中国科学院南京地理研究所集刊　第2号. 北京:科学出版社,1984.

[11]林畅松,杨起,李思田,等. 贺兰山-桌子山区太原组和山西组三角洲沉积体系的沉积构成和聚煤作用[J]. 煤炭学报,1991,16(3):61-76.

[12]李思田. 扇三角洲沉积特征及发育的构造背景[M]// 李思田. 含能源盆地沉积体系 中国内陆和近海主要沉积体系类型的典型分析. 武汉:中国地质大学出版社,1996:97-106.

[13]MCPERSON J G, SHANMUGAM G, MOIOLA R J. Fan-deltas and braid deltas : Varieties of coarse-grained deltas[J]. Geological Society of American Bulletin, 1987, 99: 331-340.

[14]MITCHUN R M. Seismic stratigraphy and global changes of sea level, part Ⅱ; glossary of terms used in seismic stratigraphy[M]// PAYTON C E. Seismic stratigraphy applications to hydrocarbon exploration. Tulsa: AAPG, 1977: 205-212.

[15]VAN WAGONER J C. Reservoir facies distribution as controlled by sea-level change [C]// SEPM Mid-Year meeting, Golden, co., 1985.

[16]POLLARD J E, STEEL R J, UNDERSAND E. Facies sequence and trace fossils in lacustrine fan delta deposits Hornelen Basin Western Norway[J]. Sedimentary geology, 1982, 32: 1-2.

[17]KLEINSPEHN K L, STEEL R J, JOHANNESSEN E, et al. Conglomeratic farrdelta sequenseces, Late Carboniferous— Early Permian, westerm Spitbergen[M]// KOSTER E H,

STEEL R J. Sedimentology of gravels and conglomerates. [S. l.]: Canadian Society of Petroleum Geologists, 1984: 279-294.

[18]ETHRIDGE F G, WESCOTT W A. Tectonic setting, recognition and hydrocarbon reservoir potential of fan-delta deposits[M]// KOSTER E H, STEEL R J. Sedimentology of gravels and conglomerates. [S. l.]: Canadian Society of Petroleum Geologists, 1984: 217-235.

有机质成烃动力学模型研究综述*

摘　要　目前有机质成烃动力学模型主要有总包反应模型、串联反应模型、无数平行一级反应模型及平行一级反应模型几种。不同学者之间得到的动力学参数存在较大差异。有机质成烃动力学模型的进一步研究，有助于其在油气勘探中的应用。

关键词　成烃模型　动力学参数　热解生烃

随着对干酪根热降解生烃机理的研究，目前油气的成因一般认为是埋藏于地下的有机质，经历合适的温压条件，转化成石油及天然气[1]。其过程实质上可视为热力作用下的化学反应过程。事实上，在干酪根热降解成油说提出之后，石油地球化学家通过反应热力学的研究，提出了油气生成动力参数的多种模式。笔者仅就有机质成烃的动力学模型研究的现状及进展予以讨论。

1　反应动力学基本原理

化学反应动力学主要是研究反应的条件(如温度、压力、介质等)对化学反应速率的影响，揭示化学反应的机理并研究物质的结构与反应能力、时间的关系。有机质成烃动力学研究有机质(如生油岩或干酪根等)热解成油和气的动力学模式，从而确定它转换成油气的动力学参数，结合有机质所处的介质和地温资料，获取不同埋深的生油岩干酪根的生烃率，为油气勘探提供依据。

(1)反应级数及反应的划分。反应级数定义为速率方程式中所有浓度指数的和。反应级数的确定常用以下方法：积分法(或称尝试法)、微分法、分离法(或称孤立法)、初速率法和半寿期法等。成烃动力学研究的主要反应包括：总包反应、连串反应、平行反应。

(2)频率因子与活化能。频率因子和活化能是成烃动力学研究的重要参数。活化能的本质是反应中相当于分子发生反碰撞所必须具有的最低相对平动能。碰撞理论与过渡态理论从分子层上对活化能进行了分析，指出反应途径上势垒的存在是产生活化能的内在原因。

2　有机质成烃动力学模型

根据温度与时间互相补偿原则[2]，成烃热解模拟及其动力学研究得到了很大发展，提出了各种动力学模型。利用实验数据回归出化学反应动力学参数(如表观活化能、指前因子或频率因子)，在多个盆地或油气区进行了生油岩的评价。

(1)总包反应动力学模型，由于干酪根等有机质结构的复杂性及其成烃环境的多样性，建立

* 论文发表在《地质科技情报》，2000，9(1)，作者为胡祥云、李思田、解习农。

其精确的动力学方程目前还无法实现。最简单就是将其复杂的反应过程用一个简单反应来描述，归纳其热解实验结果，分析其自然演化过程，这就是总包反应[3]的实质。其动力学方程可由反应速度方程和 Arrhenius 公式取得。

(2)Friedman 反应模型(串联反应动力学模型)。由于总包反应动力学模型中存在的局限性，人们提出了串联反应模型[4,5]。实质上是将干酪根的热解过程视为一系列串联的具有不同活化能(E)、频率因子(A)的一级或非一级反应。动力学方程与总包反应方程类似。

(3)无数平行一级反应模型。无数平行一级反应动力学模型[6,7]认为有机质的成烃过程可视为无数个频率因子 A 相同的平行反应组成，而所有平行反应的活化能(E_i)却服从某种函数形式的分布(如高斯分布)。其动力学方程为某种统计分布的函数。

(4)平行一级反应模型。有限个平行一级反应动力学模型[8-11](通常称为平行一级反应模型)是目前研究应用的重点，它将有机质成烃反应视为若干个具有不同或相同频率因子 Ai、不同表观活化能 E_i 同时发生的平行一级反应。其动力学方程式如下：

$$X = \sum_{i}^{N} X_{i0} \left\{ 1 - \exp\left[- \int_{0}^{i} Ai \exp\left(- \frac{E_i}{RT} \right) \mathrm{d}t \right] \right\}$$

式中：X 为时间 t 时的有机质生烃率；X_{i0} 为第 i 个反应的初始潜量，共 N 个反应。

3 成烃模型的主要动力学参数

尽管化学反应动力学模型的基本点均来源于化学反应速度方程及 Arrhenius 方程。但在不同的前提假设条件下，动力学方程各异，加上实验因素的影响，因而最后所发表的动力学参数(如活化能 E、频率因子 A 等)存在差异，将已发表的动力学参数归纳比较分析，将会对成烃动力学模型的研究产生积极的影响。表 1—表 3 按反应模型(化学的动力学方程)列出了收集到的部分动力学参数。

表 1 总包一级反应动力学模型参数

样品名称	有机质类型	A/s^{-1}	$E/(kJ \cdot mol^{-1})$	数据来源
辽河生油岩	—	5.493×10^{9}	162.239	文献[12]
泌阳生油岩	—	1.343×10^{10}	164.583	文献[12]
茂名油页岩	—	1.607×10^{9}	153.111	文献[12]
抚顺油页岩	—	2.000×10^{9}	162.029	文献[13]
东濮凹陷生油岩	Ⅱ	2.803×10^{13}	199.71	文献[14]
辽河生油岩	—	1.590×10^{10}	165.379	文献[15]
泌阳生油岩	—	1.370×10^{11}	177.772	文献[15]
抚顺油页岩	Ⅰ-Ⅱ	2.883×10^{9}	165.379	文献[16]
茂名油页岩	Ⅱ	1.900×10^{8}	150.725	文献[16]
茂名油页岩	(<372℃)	1.007×10^{2}	70.338	文献[17]
茂名油页岩	(372～454℃)	2.700×10^{7}	135.234	文献[17]
胜利桩 88 井生油岩	Ⅰ	1.024×10^{11}	175.846	文献[18]

续表 1

样品名称	有机质类型	A/s^{-1}	$E/(kJ \cdot mol^{-1})$	数据来源
茂名金塘油页岩	Ⅱ	3.935×10^{10}	173.794	文献[18]
胜利营10井生油岩	Ⅲ	2.286×10^{4}	90.979	文献[18]
胜利营10井干酪根	Ⅲ	3.066×10^{6}	118.319	文献[18]
东濮凹陷生油岩	（埋深1801m）	4.941×10^{6}	101.53	文献[19]
东濮凹陷生油岩	（埋深2704m）	3.498×10^{8}	132.094	文献[19]
东濮凹陷生油岩	（埋深4235m）	5.614×10^{12}	191.714	文献[19]

表 2　Friedman 反应模型动力学参数

转分率 Xi	$E/(kJ \cdot mol^{-1})$	A/s^{-1}	$E/(kJ \cdot mol^{-1})$	A/s^{-1}	$E/(kJ \cdot mol^{-1})$	A/s^{-1}	$E/(kJ \cdot mol^{-1})$	A/s^{-1}
0.1	220.221	1.33×10^{15}	117.281	3.34×10^{7}	58.866	1.056×10^{3}	140.09	5.71×10^{8}
0.3	206.405	8.91×10^{13}	222.219	6.38×10^{14}	84.615	1.022×10^{4}	183.089	1.40×10^{12}
0.5	191.291	5.51×10^{12}	279.226	4.51×10^{18}	94.496	3.200×10^{4}	201.887	3.82×10^{13}
0.7	198.831	1.91×10^{13}	295.09	1.69×10^{19}	104.503	1.084×10^{5}	205.781	6.67×10^{13}
0.8	198.86	2.01×10^{13}	326.311	1.97×10^{21}	110.615	2.257×10^{5}	210.303	1.28×10^{14}
0.9	195.67	5.20×10^{12}	359.621	1.14×10^{27}	115.221	4.653×10^{5}	220.686	6.54×10^{14}
样品名称	爱沙尼亚奥陶系黏球形藻干酪根		东濮凹陷盐相生油岩干酪根		台北凹陷温1井泥岩		东濮凹陷生油岩	
数据来源	文献[20]		文献[19]		文献[21]		文献[22]	
0.1	199.602	2.49×10^{13}	199.099	7.09×10^{13}	191.801	5.22×10^{12}	208.586	4.24×10^{13}
0.3	221.101	1.23×10^{15}	220.201	1.72×10^{15}	224.701	1.18×10^{15}	204.483	1.79×10^{13}
0.5	220.402	1.05×10^{15}	226.598	3.61×10^{15}	255.6	1.32×10^{17}	204.609	1.85×10^{13}
0.7	214	3.13×10^{14}	225.798	2.05×10^{15}	344.9	1.08×10^{23}	210.512	5.30×10^{13}
0.8	213.899	2.83×10^{14}	227.402	2.02×10^{15}	390.302	3.39×10^{25}	213.401	9.24×10^{13}
0.9	215.499	3.21×10^{14}	238.099	7.79×10^{15}	362.698	4.97×10^{22}	214.197	1.11×10^{14}
样品名称	吉林扶16-02井生油岩		河北任丘安29井生油岩		吉林扶余昌6井生油岩		美国科罗拉多油页岩干酪根	
类型	Ⅰ		Ⅱ		Ⅲ		Ⅰ	
数据来源	文献[18]		文献[18]		文献[18]		文献[18]	

表 3　平行反应模型动力学参数

$E/(kJ \cdot mol^{-1})$		83.736	125.604	167.472	209.34	251.208	293.076
抚顺油页岩[23]	A/s^{-1}	1.29×10^{4}	3.86×10^{6}	1.51×10^{10}	5.13×10^{13}	3.49×10^{16}	9.92×10^{18}
	$X(\infty)/\%$	2.56	7.24	36.44	40.1	12.84	0.82
茂名油页岩[23]	A/s^{-1}	1.69×10^{4}	5.95×10^{6}	2.08×10^{10}	4.25×10^{13}	7.05×10^{16}	6.45×10^{20}
	$X(\infty)/\%$	7.24	11.92	27.8	31.08	11.9	10.06

续表 3

$E/(\mathrm{kJ\cdot mol^{-1}})$		83.736	125.604	167.472	209.34	251.208	293.076
辽河生油岩[23]	$A/\mathrm{s^{-1}}$	6.17×10^{3}	2.17×10^{7}	1.83×10^{10}	3.92×10^{13}	2.12×10^{16}	3.36×10^{19}
	$X(\infty)/\%$	0.04	19.88	31.19	26.02	21.24	1.63
泌阳生油岩[23]	$A/\mathrm{s^{-1}}$	4.88×10^{4}	8.59×10^{6}	1.34×10^{10}	4.75×10^{13}	2.58×10^{16}	1.12×10^{20}
	$X(\infty)/\%$	4.06	15.32	45.43	29.01	3.93	2.25
$E/(\mathrm{kJ\cdot mol^{-1}})$		136.071	167.472	198.873	230.274	261.675	293.076
苏北干酪根[24]	$A/\mathrm{s^{-1}}$	2.11×10^{7}	9.57×10^{12}	3.40×10^{14}	2.88×10^{15}	1.17×10^{18}	5.32×10^{21}
	$C_{kio}/(\mathrm{g\cdot g^{-1}\cdot J^{-1}})$	0.010 9	0.024 7	0.023 8	0.043 2	0.024 1	0.021 4
茂名干酪根[24]	$A/\mathrm{s^{-1}}$	9.97×10^{7}	4.69×10^{12}	3.83×10^{13}	1.30×10^{15}	8.50×10^{15}	9.90×10^{16}
	$C_{kio}/(\mathrm{g\cdot g^{-1}\cdot J^{-1}})$	0.003 9	0.005 7	0.009 1	0.057 3	0.023 9	0.019 1

注：$X(\infty)$为反应总生烃量；C_{kio}为原始生沥青潜量。

从表 1 中可看出，频率因子在 $10^{2}\sim10^{15}$ s 之间变化，大部分在 $10^{6}\sim10^{12}$ s 之间；而表观活化能在 70.338～233.288kJ/mol 之间跳动，中心在 125.604～188.406kJ/mol 之间。理论上，同一个化学反应的动力学参数，不同学者所测应基本一致。但表 1 表明，同一地区，甚至同一类型的干酪根，不同学者用不同的方法求得的动力学参数存在着较大差异，给实际运用带来严重影响。产生差异的原因，除了实验所用不同的仪器、不同的数据整理方法所带来的误差外，更重要的是，有机沉积物的组成和结构的复杂性、其成烃过程的多样性，半经验型的总包反应动力学方程难以很好地反映成烃的实质。

由表 2 可看出，不同学者、不同样品所得的动力学参数仍然存在较大的差异，但仍体现了一些共性，如随着降解率或转分率的增高，活化能逐渐加大；进一步的统计表明，活化能的分布与干酪根的类型存在某种程度的关联[19]。

表 3 为平行一级反应的动力学数据。正如前述，由于有机质的组成、结构的复杂性，动力学演化过程的差异性，平行反应模型的动力学参数存在一定的差异，但平行一级反应动力学模型仍然是目前成烃动力学研究中使用最广泛的模型。

总之，同一类型的有机质在不同地区会有不同的动力学参数；不同的测试和数据整理方法也将产生相异的动力学参数。因而将动力学参数应用于实际油气勘探时，应建立各地区的动力学参数模型。

4 成烃动力学研究的应用

有机质成烃动力学的研究，不但能从动力学的角度加深对有机质成烃过程的理解，更重要的是为了解决油气勘探中的实际问题。正如前面所介绍，成烃动力学研究的最重要应用就是对油气生成量的计算，即烃源岩的定量评价。

简单地概述，烃源岩的动力学法定量评价就是在成烃动力学模型确定后，即得到了该地的降解率（转化率）随地质演化时间的关系，结合该地区的构造史和热史研究数据，就可定量地估算出各层的生油气量。

除此之外，成烃动力学的研究在确定有机质类型，热史恢复，生、排史评价等方面均有应用[2,9,25-29]，特别是 Sweeney 和 Burnham[30]通过动力学方法定义新的 Easy R_o研究成熟度，取得了较好的效果。

5　存在的问题及建议

(1)动力学研究基础在于反应物的结构，目前对于成烃有机质(如干酪根)还不能确定其完整的分子组成，因而也不能将成烃过程分解成完整的基元反应进行研究，加强对有机质分子及结构的研究对成烃动力学研究有重大意义。

(2)前述的成烃动力学模型主要是研究温度对油气生成的影响。尽管陈晓东等[31]也探讨了压力对有机质成烃的影响，也建立了压力下的降解动力学公式，但研究的深度与广度均远远不能满足实际的需要，特别是温、压共同作用下有机质成烃过程的机理及其与动力学表示过程。

(3)对烃类的催化裂解研究很多，但对于催化作用对有机质成烃的机理及其与动力学过程的关系，目前研究不够[32]。有机质的成烃是在开放的地下结构中的极其复杂的行为，各种催化作用均有可能对其产生影响。

(4)各种有机质成烃动力学模型的出现，加深了对成烃过程的理解，但不同模型或相同模型不同动力学参数之间的差异，阻碍了成烃动力学理论在实际油气勘探中的运用，有机质成烃动力学和盆地沉积动力学的综合类比研究，将有助于油气勘探的实际应用。

参考文献

[1]付家谟，秦匡宗. 干酪根地球化学[M]. 广州：广东科技出版社，1995.

[2]CONNAN J. Tim-temperature relation in oil genesis[J]. AAPG Bulletin，974，58：2516-2521.

[3]ALLRED V D. Kinetics of oil shale pyrolysis[J]. Chemical Engineering Progress，1966，62(8)：55-60.

[4]KLOMP U C，WRIGHT P A. A new method for the measurement of kinetic parameters of hydrocarbon generation from source rocks：advances in organic geochemistry [J]. Organic Geochemistry，1990，16：49-60.

[5]SHIH S M，SOHN H Y. Nonisothermal determination of the intrinsic kinetics of oil generation from oil shale [J]. Industrial Engineering Chemistry Process Design and Development，1980，19：420-426.

[6]MACKENIZE A，QUIGLEY T M. Principles of geochemical prospect aprasial[J]. AAPG Bulletin，1988，72：339-415.

[7]RITTER U A，ARESKJOLD K，SCHOU L. Distributed activation energy models of isomerisation reactions from hydrous pyrolysis[J]. Organic Geochemistry，1993，20：511-520.

[8]BRAUN R L，BURNHAM A K. Analysis of chemical reaction kinetics using a distribution of activation energies and simpler models [J]. Energy and Fuels，1987，1

(2)：153-161.

[9]BEHAR F，KRESSMANN S，RUDKIEWICZ J L，et al. Experimental simulation in a confined system and kinetic modelling of kerogen and oil cracking：advances in organic geochemistry 1991 [J]. Organic Geochemistry，1992，19：173-189.

[10]SWEENEY J J. BASINMAT：fortran program calculates oil and gas generation using a distribution of discrete activation energies[J]. Geobyte，1990，5(2)：37-43.

[11]TISSOT B P，PELET R，UNGERER P. Thermal history of sedimentary，basins，maturation indices，and kinetics of oil and gas generation[J]. AAPG Bulletin，1987，71：1445-1466.

[12]王道钰，王德进. 生油岩和油页岩热解总包一级反应动力学方程参数的数值计算[J]. 华东石油学院学报，1984，8(3)：312-317.

[13]杨继涛. 升温速率对抚顺油页岩热分解的影响[J]. 华东石学院学报，1985，9(3)：59-65.

[14]吴肇亮，王敛秋，钱家麟. 最大反应速率法在生油岩生烃率计算中的应用[J]. 石油学报，1990，11(1)：32-39.

[15]王剑秋，邬立言，钱家麟. 应用岩石评价仪进行生油岩热解生烃动力学的研究[J]. 华东石油学院学报，1984，8(1)：56-63.

[16]张大江，黄第藩，李晋超，等. 油页岩干酪根热降解的动力学性质及其地球化学意义[J]. 石油与天然气地质，1983，4(4)：383-392.

[17]杨继涛. 茂名油页岩热分解动力学的热重法考察[J]. 华东石油学院学报，1982，6(3)：85-93.

[18]杨国华，吴肇亮，徐伟民. 等. 不同类型干酪根热解生烃动力学研究(二)[J]. 石油大学学报，1990，14(2)：74-83.

[19]金强，钱家麟，黄醒汉. 生油岩干酪根热降解动力学研究及其在油气生成量计算中的应用[J]. 石油学报，986，7(3)：11-19.

[20]蒲秀刚，高岗，郝石生. 奥陶系烃源层中黏球形藻干酪根活化能参数初步研究[J]. 石油实验地质，1998，20(3)：272-275.

[21]李术元，郭绍辉，徐红喜，等. 烃源岩热解生烃动力学及其应用[J]. 沉积学报，1997，15(2)：138-141.

[22]吴肇亮，黄醒汉. 用生油岩生烃动力学模型计算生油气量[J]. 华东石油学院学报，986，10(3)：1-9.

[23]王道钰，王德进，钱家麟. 油页岩和生油岩热解平行和连续反应模型的研究数值计算[J]. 华东石油学院学报，1985，9(3)：92-99.

[24]李执，林宗男，周萱蜜，等. 干酪根热降解反应动力学参数测定的研究[J]. 石油实验地质，1982，4(3)：177-190.

[25]BURNHAM A K，SWEENEY J J. A chemical kinetic model of vitrinite maturation and reflect ance [J]. Geochimical et Cosmochimica Acta，1989，53：2649-2657.

[26]BEHAR F，VANDENBROUCKE M. Chemical modelling of kerogens [J]. Organic

Geochemistry, 1987, 11: 15-24.

[27] CAMPBELL J H, GALLEGES G, GREGG M. Gas evolution during oil shale pyrolysis[J]. Fuel, 1980, 59: 718-732.

[28]MAKHOUS M, GALUSHKIN Y, LOPATIN N. Burial history and kinetic modeling for hydrocarbon generation (Part Ⅰ): the GALO model[J]. AAPG Bulletin, 1997, 81: 1660-1678.

[29]ROHRBACK B G, PETERS K E, KAPLAN I R. Geochemistry of artificially heated humic and sapropelic sediments (Ⅱ): oil and gas generation[J]. AAPG Bulletin, 1984, 68: 961-970.

[30] SWEENEY J J, BURNHAM A K. Evolution of a simple model of vitrinite reflectance based on chemical kinetics [J]. AAPG Bulletin, 1990, 74(10): 1559-1570.

[31]陈晓东,王先彬. 压力对有机质成熟和油气生成的影响[J]. 地球科学进展,1999,14(1):31-35.

[32]孙立中,蔡龙,郭政隆,等. $ZnCl_2$分离液对煤影响之初步探讨(Ⅰ):热解分析部分(Rock-Eval pyrolysis)[J]. 石油实验地质,1998,20(2):171-173.

南阳凹陷隐蔽油气藏的分类及勘探思路*

摘　要　根据有关定义及勘探实践,对南阳凹陷隐蔽油气藏进行了分类,提出了成因隐蔽油气藏和技术隐蔽油气藏的概念,将低阻油气藏、易伤害油气藏列入技术隐蔽油气藏的范围。针对不同类型隐蔽油气藏的特征,提出了相应的勘探思路,对南阳凹陷下一步勘探工作具有指导作用。

关键词　隐蔽油气藏　隐蔽圈闭　分类　油气勘探　南阳凹陷

南阳凹陷是燕山晚期发育起来的中生代及新生代断坳型盆地,受区域应力场作用,区内发育了NW向及NE向两组主干断裂,控制了盆地边缘和盆内二级构造单元的格局。研究区以核桃园组为主要勘探目的层系,核二、核三段为主要生储层段。目前已发现东庄、魏岗、张店、北马庄等油田,累计探明石油地质储量约1700×10^4t,大部分集中在构造圈闭中,尚有5000×10^4t的勘探潜力。经过近30年的勘探,构造圈闭油气藏越来越难被发现,因此,发现隐蔽油气藏是下一步勘探的关键。

1　南阳凹陷隐蔽油气藏的分类

国内外许多学者都对隐蔽油气藏的分类进行过探讨[1-3],均限于成因意义。根据南阳凹陷的勘探实践,笔者认为隐蔽油气藏包括两层意义,一是成因意义上的隐蔽油气藏,二是技术意义上的隐蔽油气藏。

1.1　成因隐蔽油气藏

(1)砂岩相变隐蔽油气藏。根据成因特征,可将该类隐蔽油气藏划分为四类:①砂岩上倾尖灭油气藏。凹陷南部原始沉积时呈下倾状态的冲积锥砂体,由于凹陷整体南降北抬的掀斜作用,后来转为上倾状态,砂层尖灭线与鼻状构造(背斜-翼)或单斜背景配置成砂岩上倾尖灭圈闭,圈闭的上倾和侧缘方向均为泥岩遮挡,封堵条件优越,单层具独立的油、气、水系统,成组成套出现,发育规模主要受储层与构造条件制约;凹陷南部构造带地层南倾,为该类油气藏的形成提供了有利的构造背景,但由于南部冲积锥砂体规模小、相变快,有利区带难以把握,勘探难度较大。如北马庄油田核二2及核二3亚段的砂岩上倾尖灭油气藏。②侧缘上倾尖灭油气藏。来自凹陷北部的三角洲砂体尖灭方向总体下倾,但砂体延伸方向与鼻状构造(或背斜构造)轴向斜交时,局部与构造配置可形成砂岩侧缘上倾尖灭圈闭。如张店-金华三角洲砂体在魏岗构造东北翼,沙堰-焦店三角洲砂体在魏岗西北翼和东庄背斜北翼,均具备形成砂岩侧缘上倾尖灭圈闭的条件,依据该认识,目前已在魏岗东翼、张店西翼发现8个这种类型的油气藏。③断层-岩

* 论文发表在《江汉石油学院学报》,2004,26(1),作者为陆建林、李思田、邱荣华、杨道庆、全书进。

性圈闭油气藏。断层-岩性圈闭主要指砂岩尖灭加断层遮挡构成的圈闭;可进一步分为两种,一种是砂岩下倾尖灭加断层遮挡,另一种是砂岩(下倾)侧缘尖灭加断层遮挡。断层-岩性圈闭油气藏在南阳凹陷所占的储量比例较大,单个圈闭面积不大,但叠合面积可观。④低位体系域有关的油气藏。主要指盆底扇、水下扇形成的岩性透镜体油气藏和前积楔附近形成的与三角洲或河口湾有关的砂岩尖灭油气藏及与逆着海口或湖口向上追溯的古河道有关的油气藏。这类油气藏是下步勘探的重点之一。

(2)泥岩裂缝油气藏,是指以泥岩中发育的裂缝和孔隙为主要储集空间和渗滤通道所形成的油气藏,是一种极端非均质性的油气藏。油气藏中泥岩既是烃源岩、盖层,又可作为储层,因此具有特殊的成因机制和成藏条件。南阳凹陷深凹区是主要的生油中心,目的层段砂岩不发育,烃源岩排烃不畅,为泥岩裂缝油气藏的形成创造了有利条件。红 12 井试油 4.66t/d,根据综合分析,该井试油段为泥岩裂缝性储层;除红 12 井外,另有两口井具有类似的特征,说明泥岩裂缝储层在南阳凹陷深凹区普遍存在。

(3)地层圈闭油气藏,包括地层不整合圈闭油气藏、地层超覆圈闭油气藏、成岩圈闭油气藏等。根据现有资料预测,在南阳凹陷存在这些类型的隐蔽油气藏;但由于勘探难度大,对该类型的油气藏的勘探目前还没有取得突破,在凹陷中所占比例较小。

(4)复杂小断块油气藏,是指构造特别复杂、断裂规模和圈闭规模较小而难以评价、难以发现和勘探的油气藏。近几年在南阳凹陷的张店-马店地区、东庄地区已找到不少这样的圈闭,如在张店地区发现的南 66 井、南 68 井获得工业油气流。

1.2　技术隐蔽油气藏

技术隐蔽油气藏是指在现有技术条件下容易被遗漏、被忽视、被错过而难以被发现的油气藏。

(1)低阻油气藏包括:①油气层电阻率低于或接近邻近水层电阻率的油气藏;②油气层电阻率低于邻近泥岩层电阻率的油气藏;③油气层电阻率虽高于邻近水层或邻近泥岩层电阻率但比正常油气层电阻率范围要低的油气藏。南阳凹陷张店油田低阻油气层普遍存在,由于难以建立有效的电性判别标准,在以往的勘探中经常有油层遗漏。目前,通过加强攻关,不仅发现了新的油层(如南 79 井,测试日产油 51t),通过老井复查还发现了一批新的油层,扩大了勘探范围。

(2)易伤害油气藏是指油气层在作业过程中容易受到伤害而丧失生产能力被误判为没有工业价值的油气藏。南阳凹陷南部断超带发现严重水敏的油气藏,储层遇到清水或低矿化度的水产生水敏反应,使渗透率降低 50%～80%,使油层丧失生产能力。在早期勘探过程中没有充分注意该问题,目前通过老井复查、重新评价,并进行压裂改造和重新试油,使新南 63 井等重新获得工业油气流。

2　南阳凹陷隐蔽油气藏的勘探思路

对相变相关油气藏(或地层岩性油气藏),过去已有比较系统的论述和总结[4]。但随着计算机技术、地震技术及层序地层学尤其是高分辨率层序地层学的迅速发展,相应的隐蔽油气藏的勘探技术也得到迅速提高。李思田等对断陷湖盆隐蔽油气藏的勘探思路做了较深刻的论述[3]。目前已发现的储量中高位体系域占多数，近几年通过开展层序地层学及隐蔽油气藏预测研究，对陆相湖盆低位体系域的勘探已取得重大突破。但无论是高位体系域或是低位体系域，都可通过建立高精度层序地层学格架，客观地重建和预测地层格架内的体系域和沉积相的分布，来更有效地预测储层的空间展布和储盖组合关系，并应用先进的地球物理技术和井筒技术来进行圈闭的预测和综合评价，进而通过油气成藏机理的研究预测勘探的有利目标区。

对泥岩裂缝油气藏，目前的勘探难度仍然较大，还没有找到描述这类油气藏的最有效方法，控制因素和成藏机理的研究仍有待进一步深化。根据前人的研究情况和笔者开展的研究工作，目前主要通过以下程序开展研究工作：①建立泥岩裂缝的裂缝模型。研究裂缝发育带在测井资料、地震属性等方面的响应特征，建立泥岩裂缝的分布模式，对泥岩裂缝储层进行预测。②分析泥岩流体压力与构造应力场的变化、裂缝的形成与分布之间的关系，分析不同地质时期构造演化特征、应力场的变化及其与泥质岩裂缝形成、保存的关系。③利用有机包裹体、地球化学等手段，对泥岩裂缝油藏的有机质富集条件、裂缝间的关系和油气运移的时空配置关系进行综合分析，搞清流体与泥岩基质、裂缝间的关系，研究裂缝油藏的成藏机制。

对地层油气藏，主要通过精细的区域地质、地球物理研究，圈出有利的勘探目标区。对最有利的目标区应用有关技术做进一步的研究，包括应用一些直接的烃类检测技术，最后经过地震地质综合研究首先在最有利的地区实现突破。

对低阻油气藏，主要通过以下程序展开研究：①应用高分辨率层序地层学和高分辨率地震反演技术，提高储层识别和预测精度；②提高油气检测精度；③利用地震、测井、分析化验等多技术结合建立有效的油层识别标准。

对易伤害油气藏，应加强储层岩性、过敏性研究，查明储层伤害机理，制定相应的储层保护技术。

参考文献

[1]HALBOUTY M T. 寻找隐蔽油藏[M]. 刘民中，等，译. 北京：石油工业出版社，1988.

[2]陈荣书. 关于“隐蔽圈闭（油气藏）”的早期概念[J]. 石油与天然气地质，1984，5(3)：300-301.

[3]李思田，潘元林，陆永潮，等. 断陷湖盆隐蔽油藏预测及勘探的关键技术：高精度地震探测基础上的层序地层学研究[J]. 地球科学——中国地质大学学报，2002，27(5)：592-596.

[4]胡见义. 非构造油气藏[M]. 北京：石油工业出版社，1986.

层序地层地球化学及其在油气勘探中的作用*

摘　要　层序地层地球化学主要研究基于层序地层格架下的烃源层空间分布特征和源岩有机质的地球化学性质随层序、体系域的变化规律。以大民屯凹陷为实例的研究结果表明，层序地层地球化学研究在油气勘探中具有4个方面的主要作用：①预测未钻井或未取芯地区烃源层空间分布特征和源岩有机质地球化学性质；②通过细化烃源岩评价单元，提高资源量计算中烃源岩体积估算和有机质性质评价的精度；③为基于层序地层格架的油气成藏系统研究提供"油气源"和"资源量"的要素；④可以作为盆地沉积充填分析的线索，并对已建立的层序地层格架进行检验和校正。层序地层地球化学研究不仅对中国东部老油田隐蔽油气藏的勘探工作具有重要的意义，对勘探程度低、钻井少、源岩取芯少的西部含油气盆地中的烃源岩评价工作更为有效。

关键词　层序地层学　有机地球化学　烃源岩　油气勘探　大民屯凹陷

1　层序地层地球化学的兴起

层序地层学已成为油气勘探中一种广泛应用的技术，其主要作用就是在等时层序地层格架中进行沉积体系的分析，预测生油层、储层和盖层的分布及特征[1]。油气钻探的主要任务是寻找各种类型储集岩体，所以层序地层学在油气勘探中一开始就主要用于预测储层的展布、规模和储油气条件。国内外许多沉积学家和石油勘探家利用层序地层学在油气储层预测和描述的应用上取得了巨大的成功；相对而言，对生油层的研究就少得多。实际上，在层序地层学兴起后不久，关于层序地层格架下烃源岩的研究就引起了学者们的广泛关注，如在1991年的美国石油地质学家协会(AAPG)年会上，一些地球化学家就发表了关于层序地层格架下烃源岩研究方面的文章[2]；李思田曾指出层序地层学正向"烃源岩性质及生烃潜力预测延伸"[3]；Peters等，Bohacs等正式提出了地球化学层序地层学模型或层序地层地球化学格架的概念，并主要对海陆过渡环境和湖盆环境碎屑岩层序地层地球化学特征进行了详细研究，探讨了烃源层分布和源岩有机质性质随层序和体系域变化的规律，建立了相应的层序地层地球化学模型，推动了层序地层地球化学的发展和在油气勘探中的应用[4,5]。

2　层序地层地球化学的主要研究内容

层序地层地球化学是将层序地层学和有机地球化学方法结合起来，在建立层序地层格架的基础上，进行以层序和体系域为地层单元的烃源层评价。目前，层序地层地球化学有以下几个方面的主要研究内容。

* 论文发表在《地学前缘》，2005，12(3)，作者为李美俊、李思田、杨龙、胡礼国、刘晓峰、孙素青。

2.1 以层序和体系域为单元的烃源层划分和评价

按照层序地层学的基本观点，层序受盆地沉降、可容纳空间变化、海(湖)平面升降变化、气候以及沉积物输入等因素控制，它们同样是控制沉积盆地中烃源层分布和源岩有机质性质的主要因素，因此建立一个盆地或凹陷的层序地层格架，可以为烃源层的研究提供一个有效的框架背景，并将源岩有机质的评价单元细化到层序(Ⅲ级层序)、体系域甚至准层序组级别。

Peters 等[4]，Tobias 等[6]对印度尼西亚马哈坎(Mahakam)三角洲和麦加锡(Makassar)斜坡进行了系统的层序地层地球化学研究，主要探讨了层序地层格架下烃源层的分布和有机质地球化学特征。他们共识别出 4 套烃源层，并根据烃源层在层序地层格架中所处的位置不同，分别命名为高水位体系域沿岸平原煤层(HST 烃源层)，低水位体系域煤系页岩(LST 烃源层 1 和 LST 烃源层 2)和水进体系域烃源层(TST 烃源层)。受海平面升降、有机质生物来源、沉积物供应和保存条件差异的影响，同一层序中不同体系域烃源层的有机质具有明显不同的地球化学性质。例如在水进体系域沉积期间，在有机质大量沉积之前，沼泽已被淹没，所以水进体系域烃源层中的煤含量非常少，生成的烃类主要具海相有机质来源的特征，以藻类输入为主。

2.2 基于层序和体系域的有机相研究

有机相是具有一定丰度和特定成因类型有机质的地层单元，其中有机质丰度、类型和环境是确定有机相的必要条件。层序地层格架同样为有机相的研究提供了一个有效的框架背景，使有机相研究与盆地沉积充填和演化结合起来。而且，有机质同样是盆地沉积充填的重要组成部分，其组成和性质不仅是决定盆地油气潜力的重要因素，也是恢复和重建盆地沉积演化过程的重要线索。郝芳等[7]对莺-琼盆地层序地层格架下有机相的研究结果表明：在深水型层序中，在靠近陆地的一侧，只发育高位体系域，源岩有机质丰度很低，而且垂向变化不明显。向盆地中心依次出现水进体系域和低位体系域烃源层，同时有机质丰度发生较明显的垂向变化，有机质丰度最高的层段出现在高位体系域的下部。因此层序地层格架中有机相的分布规律可以用来预测烃源层的分布和源岩有机质性质，此外有机相分析可成为研究盆地充填演化的有效辅助手段。特别是在远离盆地边缘的盆地中心部位，作为主要层序边界的不整合面已过渡为整合面，在地震剖面、测井曲线对层序边界均无明显响应的情况下，有机相分析则成为准确确定层序边界的唯一有效途径[8]。

国外许多研究者对层序格架下的有机相变化特征进行了较深入的研究[9-12]，如 Peterson 等[9]，Tyson[10]，Mann 等[11]，Rangel[12]探讨了有机相、岩相和沉积环境随层序地层旋回变化的规律。国内的学者对陆相湖盆烃源岩有机相及对层序的意义也进行了研究[13]，杨明慧等[14]还对非海相盆地中准层序级别的有机相变化规律进行了探讨。总之，将有机相与层序地层学研究相结合，不仅发展了有机相的研究，同时也促进了有机相在盆地分析中的应用。

2.3 有机质性质随海(湖)平面变化规律

在控制层序发育的几个因素中，海(湖)平面变化是最主要的因素。同样，海(湖)平面变化通过影响生物生存的环境、有机质的保存条件和沉积速率等控制沉积有机质的类型和丰度。例如 Creaney 和 Passey 详细研究了海相烃源岩总有机碳(TOC)随海平面的变化规律[15,16]，发现在一个层序单元内的垂直剖面上，最大 TOC 含量往往与最大海泛面有关：在最大海泛面之上，由于高水位体系域的进积作用，沉积物被稀释，有机碳含量降低；在该海泛面之下，由于前一个水进体系域较高的沉积速率，TOC 也降低。伴随着向最大海泛面方向 TOC 的增加，有机质类型变好。

2.4　建立层序地层地球化学模型

层序地层地球化学研究最终目的是在建立层序地层格架的基础上，利用地震、测井和岩芯资料，分析烃源层在层序地层格架中的空间分布特征，并利用已取源岩样品的地球化学分析资料，分析沉积盆地中不同层序、同一层序不同体系域中有机质的变化规律，最终建立起研究区的层序地层地球化学模型(格架)，从而可以利用该模型预测未钻井或钻井取芯分析较少地区的烃源层分布情况和有机质的地球化学性质。一些学者[5,16-18]分别对海陆过渡环境、海相碎屑岩环境和陆相湖盆环境中的层序地层地球化学模型进行了探讨。

3　在油气勘探中的作用——以大民屯凹陷为例进行探讨

大民屯凹陷位于辽河裂谷的东北部，是新生代的断陷盆地，在太古宇和中、新元古界基底上沉积了巨厚的河湖沉积，古近系分布面积约 800km^2。目前已在凹陷内发现多套含油气储集层，其中前古近系潜山和古近系砂岩是最重要的产层。凹陷内资源丰富，含油气丰度高，是我国东部著名的“小而肥”的含油凹陷，也以原油中特别高的含蜡量而著称。主要构造单元可概括为“两洼一隆两斜坡”，即荣胜堡洼陷、安福屯洼陷，前进-静安堡中央构造带，边台-法哈牛和网户屯斜坡带(图 1)。主要生油层为沙河街组四段底部一套以油页岩为主的湖相沉积，沙河街组四段上部泥岩段和沙河街组三段底部泥岩段。原油以特别高的含蜡量为特征[19]，平均达 25％，如果把含蜡量大于 25％的原油作为高蜡油，则高蜡油分布较广泛，主要分布在中北部广大地区，而含蜡量低于 25％的正常油则集中分布在南部荣胜堡洼陷周围。

大民屯凹陷油藏分布另一个重要的特点是前古近系潜山油藏储量丰富，且都为高蜡油。目前油气勘探已进入高成熟阶段，勘探难度增大，储量规模比较大的构造油气藏已基本钻探完毕，勘探领域转向低潜山、各构造带之间的过渡带和老油田周边等；但目前对高蜡油的来源，不同类型油藏的成藏特征及勘探潜力等尚未完全研究清楚，制约了该区的油气勘探工作。

本文通过开展层序地层地球化学的研究，对高蜡油的来源，不同类型原油的资源潜力、成藏规律和勘探方向等取得了新的认识，体现了层序地层地球化学在油气勘探中的重要作用，主要表现在以下几个方面。

3.1　提高油源对比研究的精度

层序地层学为地层的划分和对比提供了一个更精细、更有效的等时地层格架，层序地层地

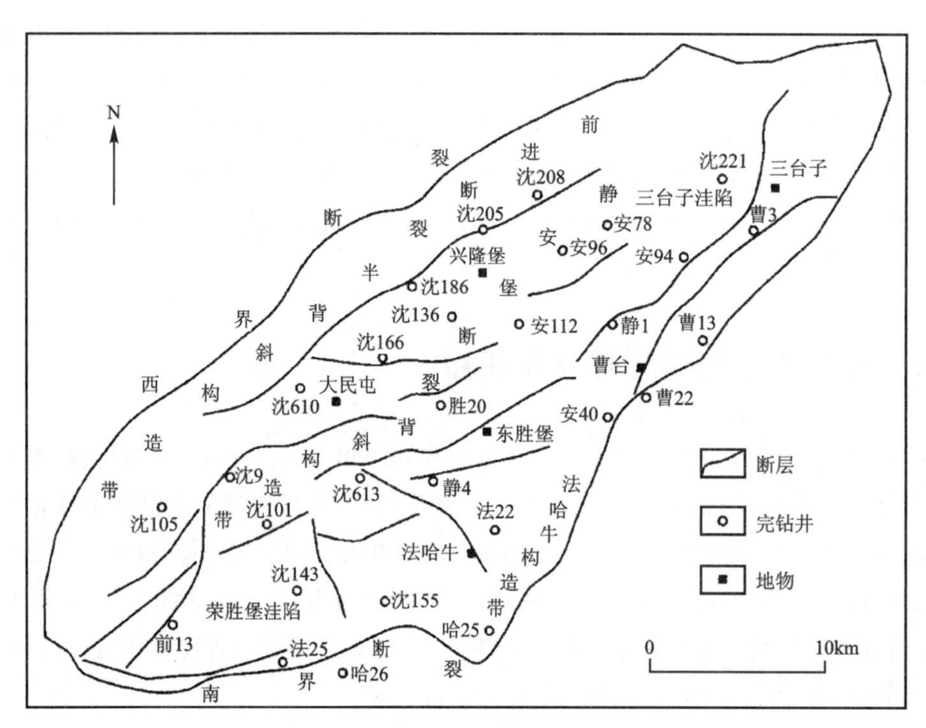

图 1　大民屯凹陷构造略图

球化学研究将传统的以组段为单元的烃源岩评价工作细化到层序、体系域甚至准层序组级别，提高了油源对比的精度。

通过层序地层格架的研究，将主要烃源层所在的原沙河街组四段（以下简称沙四段）和沙河街组三段（以下简称沙三段）地层划分为沙四层序，沙三下，沙三中和沙三上共 4 个Ⅲ级层序[19]，并将烃源层的研究和油源对比工作纳入到该层序格架中，结果对不同成因类型原油的来源有了新的认识，改变了对大民屯凹陷的高蜡油来自整个沙四段烃源层的传统观点，认为高蜡油主要来自沙四层序湖扩展体系域早期发育的一套以"油页岩"为主的沉积组合，而非整套沙四段烃源层。正常油则来自沙四层序高位体系域暗色泥岩和沙三下层序的湖扩展以及高位体系域泥岩，沙三中和沙三上层序中的泥岩段则几乎没有贡献。层序地层地球化学研究将油源对比工作细化到了层序和体系域级别，为油气资源评价和成藏规律研究奠定了基础。

3.2　提高生烃量计算结果的精度

影响生烃量计算结果准确度的两个重要因素分别是烃源层体积计算的准确性和源岩有机质生烃能力评价的精度。因为油气勘探一般以钻探构造高点和寻找储集岩体为主，揭露生烃洼陷泥岩段的井较少，在缺乏一种有效预测模型的情况下，靠推测得到的烃源岩体积准确度往往较低。此外，源岩有机质丰度和类型的确定只能依靠少数井、少量样品的分析化验结果，而且这些样品往往是在构造高部位钻井时获得的，代表性的烃源岩样品数量有限，烃源岩有机质地球化学性质评价也只能以点代面，以局部评价整体，其精度往往比较低；加上以传统组或段为地层单元的源岩有机质评价比较笼统，分析化验数据的统计平均值掩盖了一段地层内次一级地层单元有机质地球化学性质的差异，结果大大地制约了资源评价的准确性。层序地层地球化学格架为烃源层分布和源岩有机质评价提供了一个非常有用的预测模型，将它纳入到层序地层格架中去综合考虑，肯定会大大提高源岩有机质评价的精度，从而得出更可靠的生烃量计算结果。

在大民屯凹陷第二次资源评价研究中，认为高蜡油来自整个沙四段烃源岩，而非高蜡油（正常油）则来自整个沙三段烃源岩，整个沙四段烃源岩生油量为 287 亿 t，沙三段烃源岩生油量为 30.3 亿 t，总计 59 亿 t。在层序地层地球化学研究基础上的资源评价结果显示，沙四层序中，以“油页岩”为主的水进体系域烃源层生成的高蜡油为 26.2 亿 t，以泥岩为主的高位体系域烃源层生成的正常油为 21.9 亿 t；原沙四段总生油量达 48.1 亿 t，比第二次资源评价结果增加了约 20 亿 t。

对于沙三段烃源层，通过层序地层划分，将原沙三段划分为沙三下、沙三中和沙三上共 3 个层序，层序格架下的烃源岩地球化学研究结果表明，沙三中和沙三上层序中的暗色泥岩段不具备生烃条件，烃源层分布在沙三下层序。资源评价结果显示，其生油量只有 8.5 亿 t，与原沙三段生油量相比，减少约 21 亿 t。

比较两次资源评价的结果发现，在总生烃量变化不大的情况下，原沙四段生烃量大幅度增加，而沙三段大量减少，其主要原因是对沙三段和沙四段源岩有机质的重新评价。在本次研究中，以部分样品的地球化学分析结果为依据，结合层序发育特征，认识到沙四段以油页岩为主的湖相沉积组合是在沙四层序湖扩展体系域早期，水体相对宁静闭塞的环境中发育的一套丰度高、类型好的优质烃源岩，其有机质丰度平均达到 7%，最高可达 13%（图 2），类型为 Ⅰ 和 $Ⅱ_A$ 型，所以显著地增加了生烃量计算结果。而在没有建立这种模型之前的计算，把整个沙四段烃源层一起考虑，特别是在油页岩取芯较少的情况下，样品分析数据的统计平均结果把层段内部优质的烃源岩给“埋没”了，结果沙四段的平均有机碳含量只有 2.2%，最高不超过 6%，生烃量的计算结果自然降低。同样将整个沙三段划分为 3 个Ⅲ级层序以后，相应地细化了源岩评价单元，将一些层序和体系域中有机质品质差的泥岩段排除了，在生烃量计算中不予考虑。而以前将整个沙三段烃源层一起进行生烃量计算过程中，主要是采用沙三段底部，大致相当于现沙三下层序中的泥岩样品地球化学分析数据，用该层序中有机质的丰度和类型代表整个原沙三段地层源岩有机质的特征，掩盖了各层序中源岩有机质性质的差异，主要是高估了沙三中和沙三上层序中有机质的生烃能力，生烃量的结果自然偏高。勘探实践表明，本次计算的生烃量结果更符合已发现的资源和剩余资源的分布特征。

3.3　有利于开展层序地层格架下的油气成藏系统分析

层序地层地球化学研究有利于更细致、更深入的油气成藏特征分析，还可在层序地层研究所预测储集体的基础上，增加含油气性和油气性质的预测结果，有效地提高钻探成功率。

通过层序地层地球化学的研究，确定了沙四层序湖扩展体系域底以油页岩为主的湖相沉积组合是高蜡油源岩，在此基础上重新确定了大民屯凹陷以泥岩为主的正常油烃源层和以油页岩为主的高蜡油烃源层的分布情况。如图 3 所示，正常油烃源层集中分布在南部荣胜堡洼陷，具有厚度大、分布局限的特征；高蜡油烃源层则主要分布在凹陷中北部地区，具有厚度薄、分布均匀的特征（图 4），这就合理地解释了为什么正常油主要分布在南部，围绕荣胜堡洼陷，高蜡油则主要分布在广大中北部地区。

该凹陷的前古近系潜山，资源量非常丰富，探明储量占整个凹陷的 1/3，且全部为高蜡油，占所有高蜡油储量的 1/2，这可以由层序地层地球化学为基础的成藏系统分析合理地进行解释。

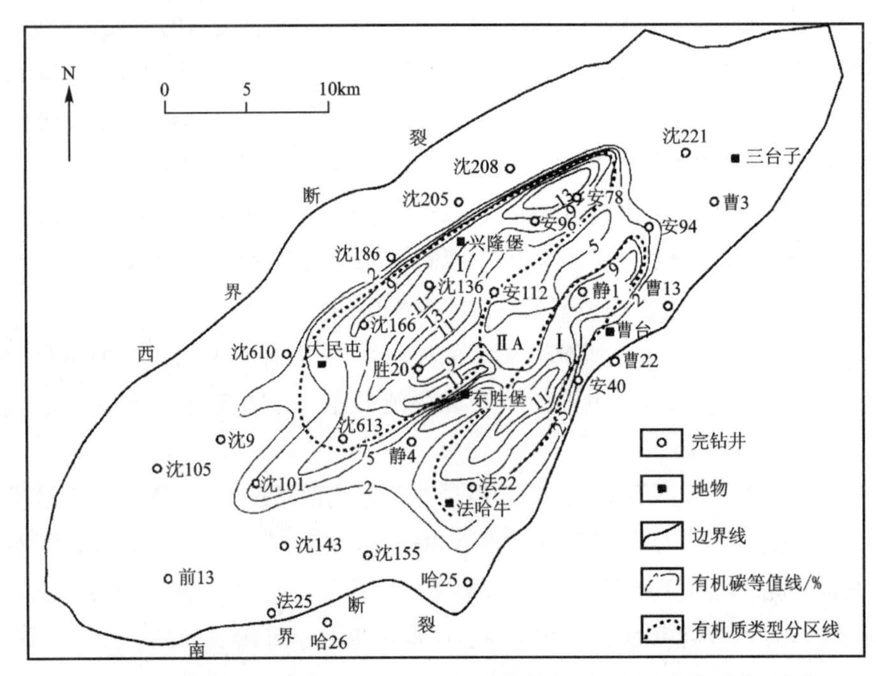

图 2　大民屯凹陷沙四层序油页岩有机碳等值线图及干酪根类型分区图

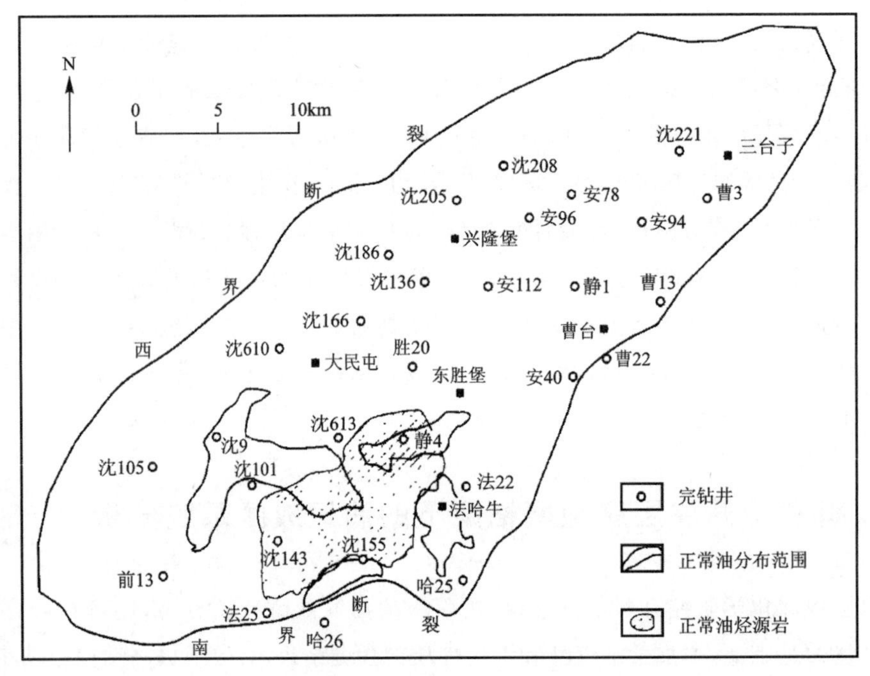

图 3　大民屯凹陷正常油油藏和烃源层分布图

面积广泛、品质优良的沙四层序湖扩展体系域发育的一套以油页岩为主的沉积组合直接覆盖于潜山之上，中间没有任何隔层，相当于一个浸满了石油的“油被子”盖在了潜山之上，油源通过断面和基岩不整合面直接进入潜山储集体，形成资源丰富的新生古储油藏。同时沙四层序湖扩展体系域和高位体系域发育的厚层块状暗色泥岩具有非常优良的封盖条件，可以作为优质的区域盖层，有效地封堵了进入潜山的油气，造成了潜山丰富的油气资源。也正是因为这一特殊的成藏条件，上部的正常油很难进入潜山成藏，从而造成了潜山原油无一例外全为高蜡油的局面。研究结果还认为潜山仍然是该区寻找高蜡油的远景区，具有最大的油气勘探潜力，待探明地质

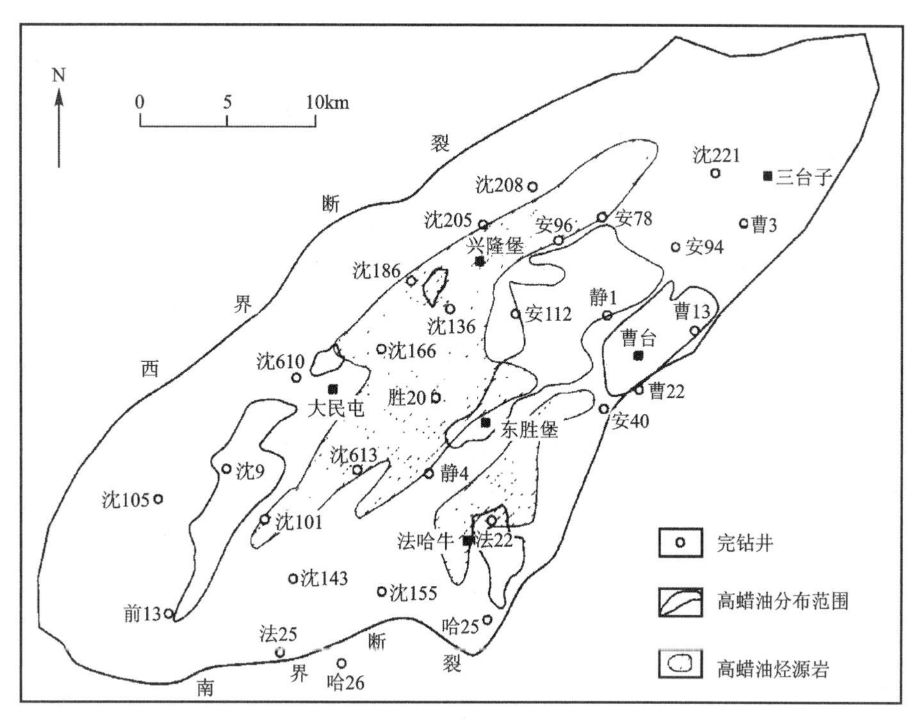

图4 大民屯凹陷高蜡油油藏和烃源层分布图

储量达 2500×10^4t。最近两年在低潜山取得的重要发现，证实了这一勘探思路的正确性[20]，层序地层地球化学显示了对勘探的重要指导作用。

4 层序地层地球化学应用前景

层序地层学在储层预测中取得了巨大的成功，特别是在中国东部陆相湖盆隐蔽油气藏的勘探中得到了广泛的应用，目前已成为东部老油田挖潜的重要支撑技术。相对而言，对层序地层格架下烃源层的研究还远远不够，究其原因，一是因为油气勘探以发现油气藏为最终目的，在工作中一直把储层和圈闭研究作为重点；二是在东部老油田，勘探程度已很高，对烃源层的分布和油气资源量已较明确，所以对烃源层的研究就没有得到足够的重视。

但层序地层格架为烃源层的研究提供了一个非常有效的框架背景，通过研究层序地层格架下烃源层空间分布特征及其源岩有机质地球化学性质的变化规律，建立起层序地层地球化学模型，可以预测未钻井和未取芯地区烃源层的分布和源岩有机质地球化学性质的变化规律；同时通过细化烃源层评价单元，揭示传统以组段为单位的源岩评价中所掩盖的有机质性质更细致的差别，从而有效地提高资源评价中烃源岩体积估算和有机质性质评价的精度。尽管老油田的勘探程度很高，但钻探生烃洼陷中心的井并不多，而且钻井所取源岩样品也很少，对烃源层的空间分布和源岩有机质性质的评价仍然有待进一步深化，所以仍有必要开展层序地层地球化学研究。

此外，尽管对储层的预测和描述已纳入到层序地层格架下，已细化到体系域甚至准层序级别的地层单元，但对烃源层和源岩有机质的评价、油源对比研究仍然是基于传统的组或段地层单元，显然不能满足层序格架下油气成藏研究的需要，只有全面进行层序地层格架下储层、烃源层和盖层的研究，才能真正做到层序地层格架下油气系统和成藏特征的分析，更加有效地指导油气勘探工作。例如 Peters 等预测在印度尼西亚马哈坎(Mahakam)三角洲和麦加锡(Makassar)斜坡的深水勘探中,在低水位域会有较大的发现,并结合盆地模拟结果,预测该地区的最终可采储量。4 个体系域油组,即高水位体系域(HST)、低水位体系域 1(LST-1)、低水位体系域 2 (LST-2)和水进体系域(TST),各油组分别占了最终可采储量的 45%、32%、11%和 12%,并预测出在深水勘探中将获得更多的 LST 原油[4]。

更重要的是层序地层地球化学研究还具有预测作用。在层序地层划分的基础上,结合钻井和部分源岩样品的地球化学分析资料,建立层序地层地球化学模型,可用来预测整个烃源层的空间分布和源岩有机质的地球化学特征。在我国西部一些盆地中,油气勘探程度低,钻井少,源岩取芯更少,对烃源层的空间分布特征,源岩有机质的变化规律认识得不太明确,导致资源评价结果不是十分精确,层序地层地球化学无疑将成为一个非常有效的研究手段。

国内的层序地层地球化学研究还不多。20 世纪 90 年代中期,除一些学者开展过较多层序格架下有机相的研究外[7,8,21],对层序地层地球化学研究还主要集中在概念方法的总结[22]、资源评价中意义的探讨[23]、盆地充填和层序地层划分作用的探讨[13,14]等方面,实质性的、系统性的研究还不多见。

5 结论

层序地层地球化学将有机地球化学与层序地层学方法结合起来,研究基于层序地层格架下的烃源层空间分布特征和有机质地球化学性质,通过建立层序地层地球化学模型,可以预测烃源层的分布和源岩有机质的性质,细化源岩评价单元,在储层预测的基础上增加“油气源”和“资源量”的因素,还可以作为盆地沉积充填分析的重要线索。

参考文献

[1] WAGONER J C, MITCHUM R M, CAMPION K M. Siliciclastic sequence stratigraphy in well, cores and out crops:Concept for high-resolution correlation of times and facies[J]. AAPG Methods in Exploration, 1990 (7) : 11-55 .

[2] KATZ B J, PRATT L M. Source rocks in a sequence stratigraphic framework[M]. Tulsa:AAPG, 1993.

[3]李思田. 盆地动力学与能源资源:世纪之交的回顾与展望[J]. 地学前缘,2000, 7(3):1-9.

[4] PETERS K E, SNEDDEN J W, SULAEMAN A, et al. A new geochemical-sequence stratigraphic model for the Mahakam Delta and Makassar Slope, Kalimantan, Indonesia[J]. AAPG Bulletin, 2000, 84(1): 12-44.

[5] BOHACS K M, CAROLL A R, NEAL J E, et al. Lake-basin type, source potential, and hydrocarbon character: an integrated sequence-stratigraphic geochemical framework[M]// GIERLOWSKI-KORDESCH E H, KELTS K R. Lake basins through space and time. Tulsa: AAPG, 2000, 46:3-33.

[6] TOBIAS H D, PAYENBERG, MIALL A D. A new geochemical-sequence stratigraphic model for the Mahakam Delta and Makassar slope, Kali mantan, Indonesia: Discussion[J]. AAPG Bulletin, 2001, 85(6):1098-1101.

[7]郝芳,陈建渝.层序和体系域的有机相构成及研究意义[J]. 地质科技情报,1995, 14(3):79-83.

[8]郝芳,陈建渝,孙永传,等.有机相研究及其在盆地分析中的应用[J]. 沉积学报,1994,12(4):77-86.

[9] PETERSON H I, ROSENBERG P, ANDSBJERG J. Organic geochemistry in relation to the depositional environments of middle Jurassic coal seams, Danish central graben, and implication for hydrocarbon generative potential[J]. AAPG Bulletin, 1996, 80(1): 47-62.

[10] TYSON T V. Sequence-stratigraphical interpretation of organic facies variations in marine siliciclastic system General principles and application to the onshore Kimmeridgeclay formation, UK[M]// Sequence stratgrahy in british geology. [S. l.]: Geology Society Special Publication, 1996: 75-96.

[11] MANN U, STEIN R. Organic facies variations, source rock potential, and sea level change in Cretaceous black shales of the Quebrada ocal, upper Magdalena valley, Colombia [J]. AAPG Bulletin, 1996,81(4) :556-576.

[12] RANGEL A, PARRA P, NINO C. The La Luna formation:chemostratigraphy and organic facies in the Middle Magdalena Basin[J]. Organic Geochemistry, 2000, 31: 1267-1284.

[13]刘立,王东坡.湖相油页岩的沉积环境及其层序地层意义[J]. 石油实验地质,1996,18(3):311-316.

[14]杨明慧,夏文臣,张兵山,等.非海相盆地准层序级别的有机相变化及其地质意义[J]. 沉积学报,2000, 18(2):297-301.

[15] PASSEY Q R. A practical model for organic richness from porosity resistance logs [J]. AAPG Bulletin, 1990, 77 (3): 1777-1794.

[16] CREANEY S, PASSEY Q R. Recurring patterns of total organic carbon and source rock quality within a sequence stratigraphic framework[J]. AAPG Bulletin, 1993, 77(3): 386-401.

[17] FLECKS, MICHELS R, FERRY S, et al. Organic geochemistry in a sequence stratigraphic framework. The siliciclastic shelf environment of Cretaceous series, SE France [J]. Organic Geochemistry, 2002, 33: 1533-1557.

[18]CARROLL A R, BOHACS K M. Lake types controls on petroleum source rock potential in non marine basins[J]. AAPG Bulletin, 2001, 86(6):1033-1053.

[19]李美俊.大民屯凹陷层序地层地球化学及油气成藏特征[D]. 北京:中国地质大学(北京),2003.

[20]肖乾华.断陷盆地成藏动力系统及油气富集规律研究——以大民屯凹陷为例[D].北京:中国矿业大学(北京).

[21]郝黎明,邵龙义.基于层序地层格架的有机相研究进展[J].地质科技情报,2000,19(4):60-64.

[22]LI M J, JI Y L, HU L G. Geochemical sequence stratigraphy and its application prospective in lake basin[J]. Chinese Journal of Geochemistry, 2003, 22(2):164-172.

[23] 鲁洪波,姜在兴.高分辨率层序地层学在资源序列评价中的应用[J].石油大学学报(自然科学版),1997, 21(5): 9-12.

锦州25-1S大型混合花岗岩潜山油藏发现的启示*

摘　要　在分析渤海锦州25-1S大型潜山油藏和辽东湾地区亿吨级的JZ25-1S大型混合花岗岩潜山复合油气藏成藏条件的基础上，综合分析了大型潜山油藏的成藏规律，认为大型潜山油藏的成藏除了基本的石油地质条件外，还必须具备条件独特的区域构造与沉积环境和断裂与岩性的耦合。构造与沉积条件要求生油岩要直接覆盖在潜山上，也就是潜山顶部只有新生界沉积，其风化效果好时，潜山基岩岩性与基底断裂发育的耦合也就决定了能否形成大型潜山油气藏。

关键词　潜山油气藏　混合花岗岩　太古宇　新生界　渤海

发现任丘超大型潜山油气藏以后至渤海锦州25-1S大型潜山油田发现(2003年)以前，近30年时间，各个坳陷均有潜山油藏被发现，但基本以小于1000×10⁴t的小型油气田为主，中型油气田(如辽河油区东胜堡油田)很少，没有大型油气田。2003年，在辽东湾地区获得了潜山油气藏的勘探突破，发现了储量超过亿吨级的锦州25-1S大型混合花岗岩潜山复合油气藏，是中国国内目前为止发现的储量最大、产量最高的以混合花岗岩为主的大型油气藏。其主力产层为太古宙混合花岗岩潜山基岩和古近系沙二段砂岩；潜山顶面高点海拔埋深1600m，构造幅度400m，含油幅度近350m。笔者作为该油藏发现者之一，对大型混合花岗岩潜山油气藏形成的最主要的控制因素进行了分析。

1　独特的区域构造与沉积环境

渤海湾盆地是一个第三系(古近系+新近系)断陷盆地，生油岩位于古近系，对于新近系、古近系、潜山三套油气成藏的目的层来说，如果同时具备油气聚集的其他条件时(即除去生油条件外的储、盖、运、圈、保)，它们能够形成油气聚集的可能性是不同的。对渤海湾盆地这种新生界断陷盆地来说，如果基本石油地质条件具备时，油气聚集的顺序首先是古近系、次为新近系、最后才是潜山。潜山要形成大规模油气聚集，必须具备特殊的区域构造与沉积条件。

综合对比研究锦州25-3S、任丘大型潜山油气藏，发现从区域构造与沉积环境来说两个大型潜山油气藏的形成与其他小型潜山藏气田不同，要求特殊的成藏条件。

(1)上覆四面下倾、分布很广且厚度很大的优质盖层。任丘古潜山是饶阳凹陷的凹中低隆起，其上覆的1300m巨厚沙一段、东营组高纯度泥岩形成很好的“被子”盖在油藏之上，重要的是这一“被子”分布很广，从凸起向四周凹陷延伸，直达各凹陷中心。这样，四周深凹生成的大量油气在上覆“被子”这一“汇油顶板”的作用下，向潜山运移汇聚，保证了任丘潜山成为最终油气聚集区。锦州25-1S油田同样如此。说明是否存在厚度大、四周下倾、范围广泛、能使潜山构造带成为最终的油气汇聚区的优质泥岩“被子”，是形成大型潜山油气藏的重要条件。

(2)潜山周边凹陷内古近系砂体不太发育，物性差。任丘油田发育于冀中坳陷，该坳陷前

* 论文发表在《石油天然气学报(江汉石油学院学报)》，2006，28(3)，作者为薛永安、项华、李思田。

古近系基底主要为下古生界、中新元古界碳酸盐岩地层，且周边隆起同样以碳酸盐岩为主，造成化学风化为主，因而古近系碎屑含量少，同时，造成古近系碎屑颗粒以及沉积水体中碳酸盐含量高，形成的扇体少，且碎屑颗粒之间碳酸盐胶结物含量高，物性差[1]。因此，冀中坳陷总体看古近系砂体不发育，物性差，位于东营组“被子”底下汇聚的油气在古近系没有储集空间可以进入，同时亦不能穿越“被子”进入新近系，只有进入下伏潜山地层中，形成了任丘大型潜山油气藏。锦州25-1S潜山位于辽东湾地区辽西低凸起中段，构造位置与锦州20-2凝析气田类似(图1)，两侧面对辽中、辽西富生油凹陷。20世纪80年代在其周围钻探了7口以古近系为目的层的探井，均告失败。近年来仔细分析7口井钻探结果及失利原因，发现主要原因是古近系以泥岩为主，缺乏储层，与任丘油田周边相似，但证实了潜山之上覆盖着巨厚的东营组、沙一段泥岩“被子”，分布很广，从辽中凹陷东侧一直覆盖到潜山构造部位，进入西侧辽西凹陷。对比以上分析，令人惊奇的是，这些导致古近系多口探井失利的原因正是潜山大型油气田形成的有利条件！与任丘潜山周边的区域构造沉积条件相似，因此成为我们优选的潜山勘探重要目标。

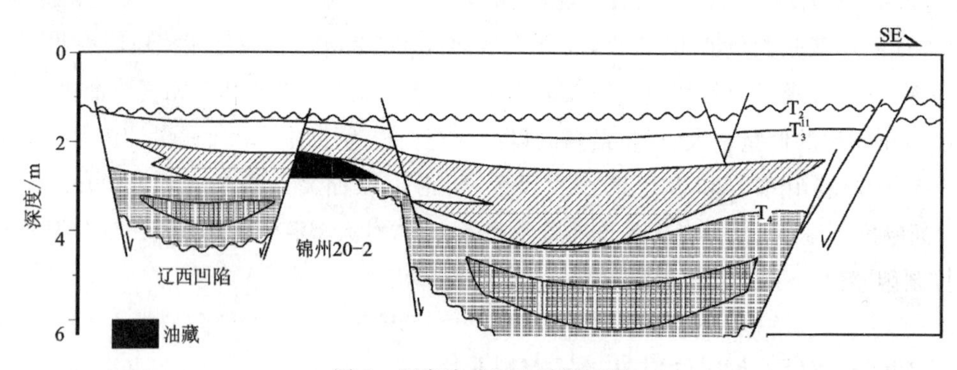

图1　辽东湾北区地质剖面图

(3)烃源岩侧向与潜山储层直接接触，且生油岩主体距潜山近。任丘油田构造上是凹中低隆起，四周被任西、谟东、河间、马西等深凹槽环绕，生油岩直接披覆在潜山之上，与潜山储集层直接接触，生成的油气在上述的盖层束缚之下没有向上逸散，直接进入潜山成藏。渤海地区过去发现的428油藏、427油藏、曹妃甸1-6油藏这些小型油气田背靠高凸起，只有一侧面对凹陷，且距离生油中心较远，油气运移过程中在斜坡部位可以通过浅层断层向新近系运移，形成类似渤中25-1南式浅层油气藏，同时向斜坡部位古近系砂体以及高凸起运移，这些油气田所处的潜山构造并不是油气最主要聚集部位，因而也不是大型潜山油气藏最有利的勘探部位。

2　断裂与岩性的耦合

特殊的区域构造与沉积环境是大型潜山油气田形成的必要条件，而潜山储层的发育特征控制了油藏规模及产能，是潜山油气藏形成的另一个主要条件。渤海湾盆地结晶基底的古老岩层，经历20多亿年的构造变动、风化淋滤、地下水溶蚀等，形成缝洞较发育的储集层。勘探与研究表明，混合花岗岩与碳酸盐岩是渤海潜山最有利的储集层系，尽管发现的太古宇潜山油气藏均为小型油气藏，但其平均孔隙度可以达到2.7%～7.2%，且分布相对均匀，与任丘油田主要产层元古宇碳酸盐岩 2.7%～8.1%的平均孔隙度相近，测试产量天然气可达 346 663m^3/d，凝析油可达 99.39m^3/d（渤中 26-2-1 井，太古宇，11.91mm 油嘴），这说明太古宙混合花岗岩潜山与碳酸盐岩潜山一样，只有找到较好的分布地区，方可以找到大型高产潜山油气藏。

任丘油田主要储层是元古宇碳酸盐岩，其孔洞、裂缝的发育主要与溶蚀、断裂活动有关。太古宙混合花岗岩由于岩性不同，溶蚀作用不大。对比研究周边同类潜山储层，发现岩性、断裂体系（应力）、风化时间是影响其物性的主要因素。

（1）岩性。从渤海钻遇的太古宇的 67 口井来看，绝大多数为混合花岗岩（二长花岗岩类、花岗闪长岩类、英云闪长岩类、石英闪长岩类），此外包括一些典型变质岩（如斜长角闪岩）及个别动力变质岩（如碎裂岩）。统计表明，伟晶岩和酸性花岗岩裂缝发育好，而黑云斜长片麻岩类发育程度差；岩石粒度也与裂缝发育程度有关，在其他条件相当的条件下，粒度比较粗的岩石中裂缝一般规模较小。

（2）断裂体系（应力）花岗岩潜山油田储层发育程度与断裂体系密切相关，而断裂体系的发育则与地应力的大小、作用方式有关，因此地应力是控制裂缝发育程度、分布规律的主要因素。不同的应力作用方式，形成不同的力学性质和分布规律的裂缝。因此，可以根据已知的应力场来推测裂缝的发育程度和分布规律。

为了研究应力与裂缝发育之间的关系，学者们曾经进行过裂缝成因的物理模拟试验。试验结果表明，不同边界条件（对应不同地质条件）所形成的裂缝性质不同。当围向应力减小时，形成的裂缝以张性为主，当围向应力增加时，形成的裂缝向剪切性转化，随围向应力增加，产生的裂缝由纵向张裂缝为主转变为高角度剪切裂缝为主。这一过程与常见的自然现象十分一致，例如在野外露头中，经常看到岩体在风化壳上部（围向应力小）以纵向张裂缝为主，而在离风化壳较远的部位（围向应力大），则以剪性裂缝为主。在很多钻孔资料中，也见到类似现象。

渤海勘探实践证明了以上分析。实际发现的油田中，渤中 26-2 构造位于郯庐断裂的西支经过的部位，形成的基底断裂复杂，其裂缝明显发育，渤中 26-2 构造钻井岩芯表现为“豆腐块”，两组裂缝很发育，线密度为 80～100 条/m，局部可达 200 条/m。与此不同，远离郯庐断裂体系的沙垒田凸起南侧的曹妃甸 182、曹妃甸 18-1 构造岩芯裂缝发育程度要差很多，相对发育的曹妃甸 18-2 裂缝线密度为 9～11.8 条/m，明显比郯庐大断裂经过的渤中 26-2 地区要差。

3　结语

综上所述，构造与沉积条件要求沙河街组生油岩要直接覆盖在潜山之上，也就是潜山顶部只有新生界沉积，其风化效果好。在确定了前述第一个条件之后，潜山基岩岩性与基底断裂发育的耦合就成为潜山储层发育与否的主要条件，也就决定了能否形成大型潜山油气藏。

锦州 25-3S 潜山钻前根据以上研究，认为符合“被子”控油及断裂与岩性的耦合是控制太古宇大型潜山油藏形成的两个条件，在此基础上，综合对比渤海其他潜山构造，优选出锦州 25-1S 潜山实施钻探，获得成功。

参考文献

[1]杜金虎,邹伟宏.冀中坳陷古潜山复式油气聚集区[M].北京:科学出版社,2002.

[2]张学汝,陈和平,张吉昌,等.变质岩储集层构造裂缝研究技术[M].北京:石油工业出版社,1998.

[3]王允诚.裂缝性致密油气储集层[M].北京:地质出版社,1992.

陆相盆地露头储层地质建模研究与概念体系*

摘 要 露头储层地质建模的关键是阐明储层非均质性特征(即储层沉积非均质性、储层成岩非均质性和储层物性非均质性特征)。储层非均质性具有层次性,并可以分为3种尺度(大尺度、中尺度和小尺度)进行研究。

在不同尺度的沉积非均质性研究基础上,建立储层内部构成格架模型是储层沉积非均质性研究所要解决的主要问题,因此补充和完善砂体内部构成单位和等级界面分析法的概念等级序列尤为重要。本文提出河道单元在各类河道中具有普遍存在的规律,并指出不同类型河道砂体的内部构成复杂性和层次性具有差异,认为形成这种差异的主要原因在于古流能量存在差异和沉积作用方式的不同。

建立高渗透网络格架模型的基础是识别和划分流体流动单元。流体流动单元是以隔挡层为边界按水动力条件划分的建造块,其规模和分布空间与砂体内部构成单位关系密切。

不同尺度的储层物性非均质性具有不同的研究对象和重点。以中尺度研究为例,储层物性非均质性的焦点在流体流动单元的差别上以及构成流体流动单元的储层岩性相的差别上。

沉积作用对储层物性的影响无疑是重要的,但如果叠加有不均匀的成岩作用的影响,那么整体孔渗值将会大大降低。

关键词 内部构成单位 隔挡层 流体流动单元 非均质性 储层地质建模

中国东部的老油田目前普遍面临着高含水和产量递减的严峻形势,为了稳定产量必须深入挖掘剩余油。多年的生产实践证实储层的内部结构(即非均质性)是影响挖掘潜力的关键因素[1]。地下储层结构特征可以根据现代或古代的露头研究加以完善,露头能提供高精度的便于总结储层非均质性的各种信息,它是解决储层地质和油田开发面临的诸多难题的重要途径,因此,以露头为特色的储层地质建模研究已引起人们的高度重视。

1 储层地质建模的研究内容

精细露头储层研究的核心在于建立定量的储层地质模型,其研究内容可分为4部分:即储层沉积非均质性、储层成岩非均质性、储层物性非均质性和建立储层地质模型。储层沉积非均质性研究所要解决的主要问题是建立储层的内部构成格架模型,这需要借助沉积体系分析法[2,3]、内部构成单位和等级界面分析法[4,5]完成。

储层成岩非均质性主要揭示成岩作用的不均匀发育与分布特征。

储层物性非均质性是沉积非均质性和成岩非均质性综合影响的结果,识别各级沉积界面上的隔挡层(isolate barrier beds)[6],并以隔挡层为边界划分流体流动单元(fluid flow units),阐明流体流动单元内部孔渗分布规律,建立高渗透网络格架模型是其研究重点。

储层地质模型是在上述3方面研究基础上探讨储层物性与沉积作用、成岩作用之间的相关

* 论文发表在《石油实验地质》,1998,20(4),作者为焦养泉、李思田。

性，对储层物性变化规律进行动力成因学解释，总结储层砂体内部结构与空间展布等规律，以便概括出能反映储层非均质性基本面貌的概念模型。构造运动所产生的非均质性不在考虑之列。

2 构成单位等级序列与完善——建立砂体内部构成格架模型的基础

2.1 构成单位等级序列

构成单位(architectural units)是一个由其形态、相组成及其规模所表征的沉积体[4]，它是沉积体系内部一种特定沉积作用过程的产物，并由各级内部界面彼此自然地分开。对不同级别构成单位和沉积界面的识别与研究，使划分构成单位的分级系统成为可能。正如 Tyier 用巨型尺度、大尺度、中尺度和微尺度对曲流河砂体所进行的分级解剖一样，Miall 将碎屑沉积物划分为8 级构成单位，并明确指出了最大级别的构成单位是盆地充填复合体，最小级别的构成单位是波痕。近年来，通过对鄂尔多斯盆地和准噶尔盆地中生代的几种沉积体系和典型河道砂体的精细解剖发现砂体内部构成单位研究实际上可以和层序地层分析、沉积体系分析融为一体而构成一个完整序列(表 1)。然而在进行储层建模研究中应将主要精力集中于第 6～14 级(图 1)。

表 1 陆相盆地沉积充填内部构成序列

<table>
<tr><th>构成单位等级</th><th>界面等级</th><th>尺度规模</th></tr>
<tr><td>1.盆地充填序列</td><td>盆地基底与盖层之边界面</td><td rowspan="4">—</td></tr>
<tr><td>2.构造层序</td><td>大区域不整合面</td></tr>
<tr><td>3.层序</td><td>区域不整合面及可与之对比的整合面</td></tr>
<tr><td>4.小层序组——体系域</td><td>主要湖泊扩张边界及可与之对比边界面</td></tr>
<tr><td>5.小层序——体系域单元</td><td>湖泊扩张边界及可与之对比边界面</td><td rowspan="3">大尺度</td></tr>
<tr><td>6.沉积体系单元</td><td>Miall 的第 6 级边界面</td></tr>
<tr><td>7.成因相</td><td>Miall 的第 5 级边界面</td></tr>
<tr><td>8.成因相内部构成单位</td><td>Miall 的第 5 级边界面</td><td rowspan="7">中尺度</td></tr>
<tr><td colspan="2">以曲流河道砂体为例，如果要进行精细储层研究，则此系统仍可继续划分</td></tr>
<tr><td>9.河道单元</td><td>Miall 的第 5 级边界面</td></tr>
<tr><td>10.点坝(大底形)</td><td>Miall 的第 4 级边界面</td></tr>
<tr><td>11.点坝增生单元(大底形生长增量)</td><td>Miall 的第 3 级边界面</td></tr>
<tr><td>12.交错层系组(中底形)——储层岩性相区</td><td>Miall 的第 2 级边界面</td></tr>
<tr><td>13.交错层系(微底)——储层岩性相</td><td>Miall 的第 1 级边界面</td></tr>
<tr><td colspan="2">14.纹层、显微纹层</td><td>微尺度</td></tr>
</table>

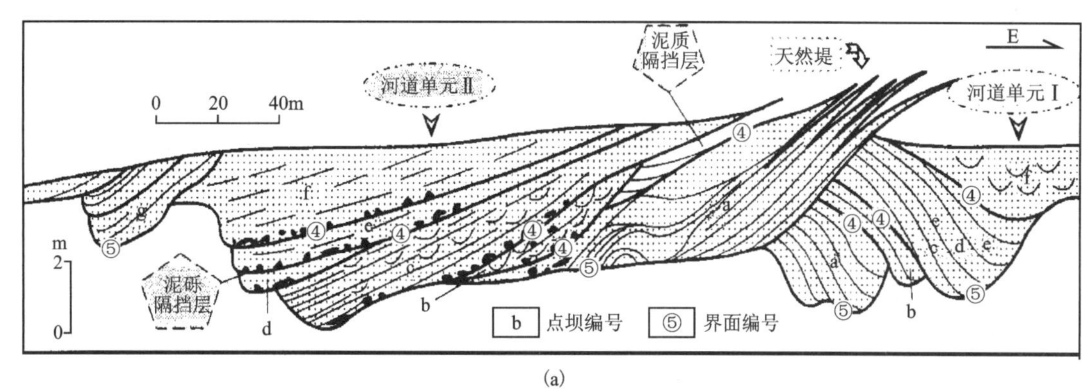

(a)

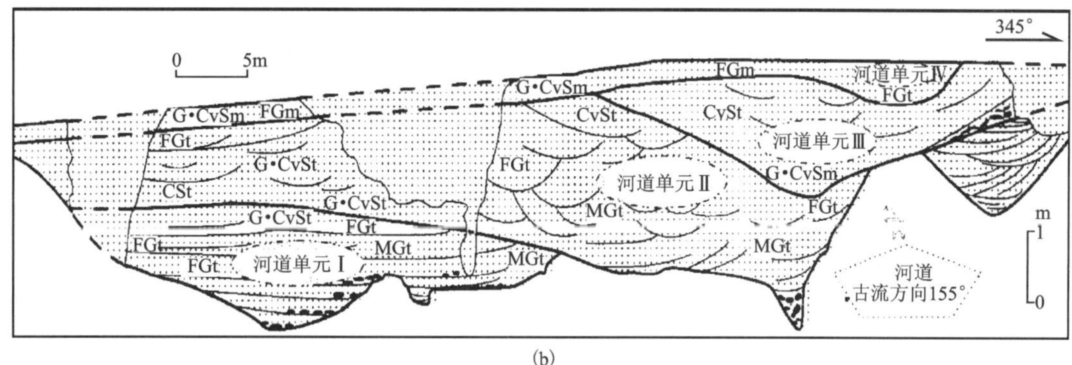

(b)

(a)曲流河道砂体，T_2e，鄂尔多斯盆地；(b)扇前湿地中的低弯度河道砂体，T_3k，准噶尔盆地；MGt. 具槽状交错层理的中砾岩；FGm. 具块状构造的细砾岩；FGt. 具槽状交错层理的细砾岩；G · CvSm. 具块状构造的含砾极粗砂岩；G · CvSt. 具槽状交错层理的含砾极粗砂岩；CvSt. 具槽状交错层理的极粗砂岩；CSt. 具槽状交错层理的粗砂岩。

图 1　典型河道砂体内部构成写实图

2.2　砂体内部构成单位等级序列的完善与讨论

(1)大尺度沉积非均质性的研究对象是沉积体系[7]。首先，在沉积体系内部，成因相(沉积体系的基本构成单位)具有各自独特的几何形态、内部结构和岩性相等特征，这是构成大尺度沉积非均质性的根本所在。体系中的骨架砂体通常是油气的主要储层；其次，不同类型沉积体系中的骨架砂体差别很大，尤其是在几何形态等方面(图 1，表 2)。

(2)在成因相内部(典型骨架砂体)进行各级构成单位的识别和划分最为重要，它是建立砂体内部构成格架模型的基础，这相当于中尺度的沉积非均质性研究[8]。

河道单元在各种类型的河道砂体中是普遍存在的(图 1，表 1)，它具有独立的三维几何形态，与周围沉积体边界清楚(被第 5 级界面所限定)，是一次相对连续的河道强化事件的完整记录，即包含了单个河道的发生、发展、衰退和消亡的全过程[9]。由于河道单元间的冲刷面所代表的时间和沉积过程是不连续的，因而它成为复合河道砂体内部的基本构成单位[10]。

不同类型河道砂体的内部构成复杂性和层次性具有差异，即由河流砂体到三角洲砂体的内部构成非均质性总体具有由复杂到简单的渐变过程(表 3)。主要原因在于：①古流能量和古水流变化周期有差别。河流沉积体系形成时的古水流能量较高，且古水流变化周期性强，这为形

表 2　鄂尔多斯盆地中生代河道砂体形态参数统计表

<table>
<tr><td colspan="3" rowspan="2">沉积体系类型</td><td colspan="3">复合河道</td><td colspan="3">点 坝 或 河 道 单 元</td><td rowspan="2">砂体横向出现频率</td><td rowspan="2">砂体垂向出现频率</td></tr>
<tr><td>宽度/m</td><td>厚度/m</td><td>宽/厚</td><td>宽度/m</td><td>厚度/m</td><td>宽/厚</td></tr>
<tr><td rowspan="8">曲流河体系</td><td rowspan="8">CH</td><td rowspan="2">No. 1</td><td rowspan="2">400</td><td rowspan="2">5</td><td rowspan="2">80∶1</td><td>204</td><td>2.8</td><td>73∶1</td><td rowspan="8">±1/700m</td><td rowspan="8">±1/10m</td></tr>
<tr><td>116</td><td>1.8</td><td>64∶1</td></tr>
<tr><td>No. 2</td><td>520</td><td>11.2</td><td>46∶1</td><td colspan="3" rowspan="2"></td></tr>
<tr><td>No. 3</td><td>170</td><td>4</td><td>42∶1</td></tr>
<tr><td>No. 4</td><td>325</td><td>7.5</td><td>43∶1</td><td>225</td><td>3.5</td><td>64∶1</td></tr>
<tr><td rowspan="2">No. 5</td><td rowspan="2">380</td><td rowspan="2">5</td><td rowspan="2">76∶1</td><td>260</td><td>5</td><td>52∶1</td></tr>
<tr><td>150</td><td>2.5</td><td>60∶1</td></tr>
<tr><td>No. 6</td><td>250</td><td>6</td><td>42∶1</td><td>45</td><td>1</td><td>45∶1</td></tr>
<tr><td rowspan="7">湖泊三角洲体系</td><td rowspan="7">DC</td><td rowspan="3">No. 1</td><td rowspan="3">440</td><td rowspan="3">26</td><td rowspan="3">17∶1</td><td>170</td><td>15</td><td>11.3∶1</td><td rowspan="7">±1/300m</td><td rowspan="7">±1/70m</td></tr>
<tr><td>200</td><td>20</td><td>10∶1</td></tr>
<tr><td>230</td><td>26</td><td>8.8∶1</td></tr>
<tr><td>No. 2</td><td>100</td><td>6</td><td>16.6∶1</td><td colspan="3"></td></tr>
<tr><td>No. 3</td><td>230</td><td>15</td><td>15∶1</td><td>154</td><td>7.5</td><td>21∶1</td></tr>
<tr><td>No. 4</td><td>120</td><td>4.5</td><td>26∶1</td><td colspan="3" rowspan="2"></td></tr>
<tr><td>No. 5</td><td>75</td><td>2</td><td>37∶1</td></tr>
<tr><td rowspan="3">辫状河体系</td><td rowspan="3">BCH</td><td>No. 1</td><td>>1500</td><td>12</td><td>>125∶1</td><td colspan="5" rowspan="3">注：CH. 曲流河道砂体；DC. 分流河道砂体；BCH. 辫状河道砂体</td></tr>
<tr><td>No. 2</td><td>1100</td><td>9</td><td>120∶1</td></tr>
<tr><td>No. 3</td><td>>800</td><td>15</td><td>>50∶1</td></tr>
</table>

成复杂的河道内部结构提供了条件。相比而言，水下分流河道砂体的古水流能量较弱，因而砂体内部结构相对简单。古流能量的差别可以从砂体的发育规模、沉积构造类型和沉积物粒度等方面得以印证。②沉积作用方式有差别。如曲流河的侧向加积作用有利于第 3 级及第 4 级界面的发育[图 1(a)]，而以下切作用为主的分流河道砂体中普遍缺乏第 4 级界面。

表 3　准噶尔和鄂尔多斯盆地中的河道型砂体内部构成等级序列比较

<table>
<tr><td>界面等级</td><td>扇前湿地中的低弯度河道砂体</td><td>曲流河道砂体</td><td>分流河道砂体</td><td>水下分流河道砂体</td></tr>
<tr><td>1</td><td colspan="3">交错层系(微底形)——储层岩性相</td><td>(很小，划分无意义)</td></tr>
<tr><td>2</td><td colspan="4">交错层系组(中底形)——储层岩性相区</td></tr>
<tr><td>3</td><td rowspan="2">顺流加积体及其增生单元</td><td>点坝增生单元</td><td colspan="2" rowspan="2">很少发育</td></tr>
<tr><td>4</td><td>点坝(大底形)</td></tr>
<tr><td>5</td><td colspan="4">河道单元</td></tr>
<tr><td>6</td><td colspan="4">河道复合体</td></tr>
</table>

2.3　微尺度沉积非均质性研究

借助显微镜、图像分析等手段，研究砂体内部纹层、显微纹层特征，以及粒度、分选性、填隙物含量和古流能量等的分布规律[图 2(a)]。

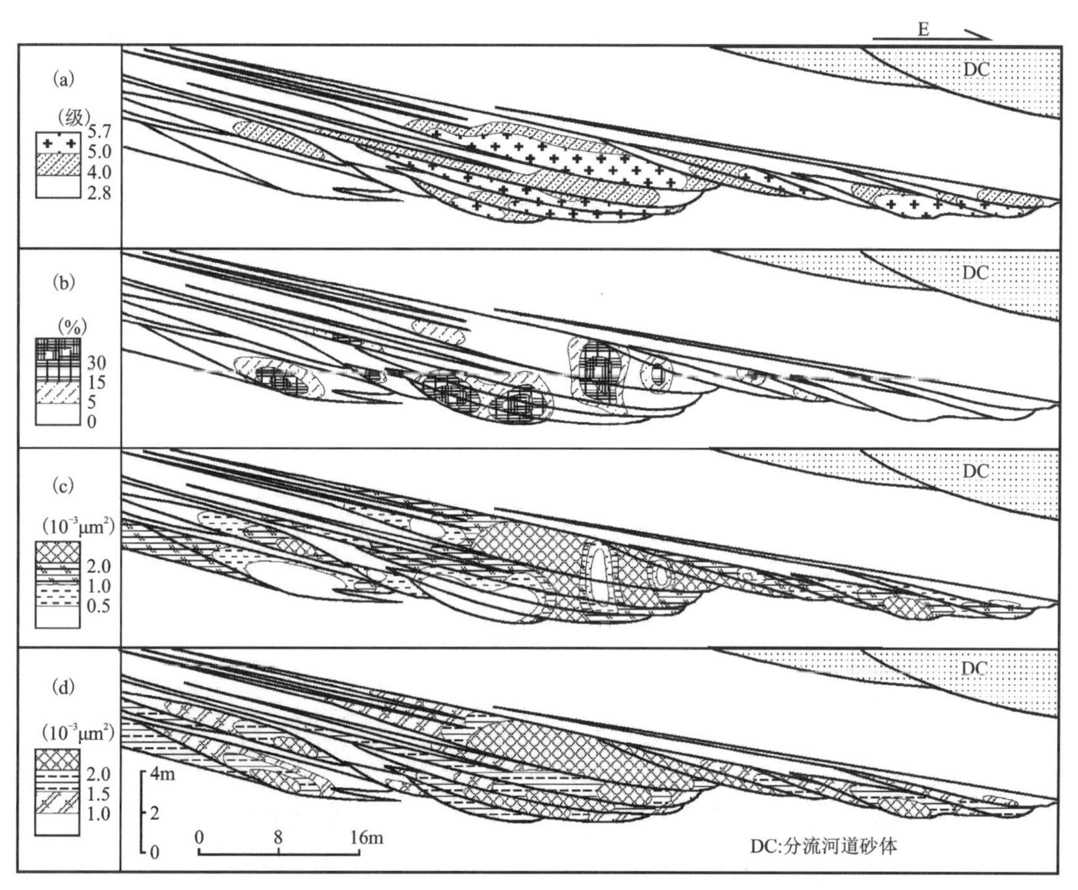

(a)古水流强度等级；(b)碳酸岩胶结物含量；(c)水平渗透率；(d)去除碳酸盐胶结物校正后的水平渗透率。

图 2　鄂尔多斯盆地延安组水下分流河道砂体几种参数分布图

3　隔挡层、流体流动单元与构成单位——建立高渗透网络格架模型的基础

由于河道砂体在沉积过程中能量与强度的差异以及随后成岩作用的影响便产生了大量的低渗透隔挡层。隔挡层按其物质成分可以划分为细粒物质隔挡层、泥砾隔挡层、植物碎屑隔挡层和成岩隔挡层 4 种类型。其渗透率通常是正常河道砂体的几十甚至几千分之一(表 4)。这 4 类隔挡层的成因和分布都与内部构成单位的边界面关系密切[6](图 3)。

表 4　曲流河道砂体中几种隔挡层的代表孔渗值

类型	水平渗透率/10^3 Lm^2		垂直渗透率/10^3 Lm^2	孔隙度/%
	平行古流	垂直古流		
泥砾隔挡层	5.613	4.661	3.789	17.3
泥质隔挡层	0.129	0.053	0.016	11.6
植物碎屑隔挡层	0.60		0.13	13.8
成岩隔挡层	0.438	0.013	0.01	9.3
正常砂岩	62.149	42.737	24.754	21.1

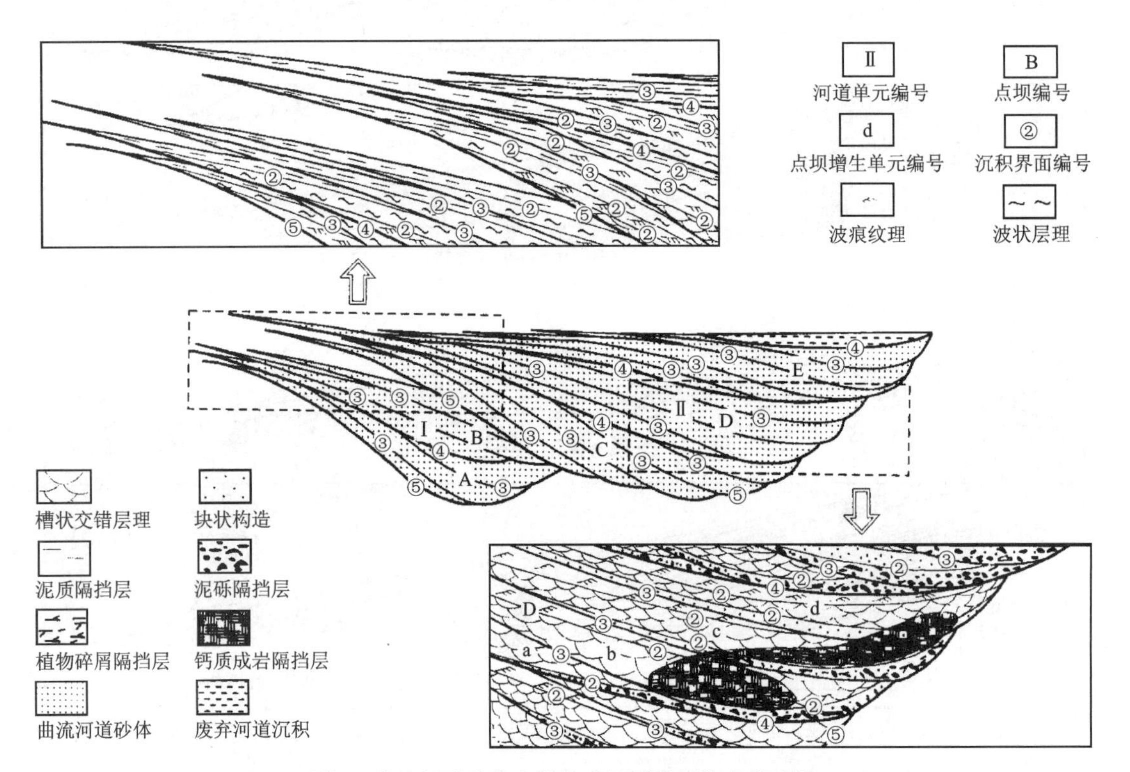

图 3　曲流河道砂体内部构成及隔挡层分布模式图

流体流动单元系指在复合砂体内部按水动力条件划分的建造块(building blocks)，它以隔挡层为边界。流体流动单元是高渗透网络的基本构成单元，它是进行储层物性分析、剖析高渗透网络的最佳编图单位(图 4)。流体流动单元的规模和分布空间与砂体内部构成单位关系密切，它和构成单位属于类似的概念，只是形态、规模和划分标准不同而已。构成两者最基本的物质单位是相同的，即储层岩性相，这对在流体流动单元中阐明储层物性非均质性和高渗透网络的成因动力学是极为有用的。

由复合河道砂体内部多个流体流动单元组成的集合体称为流体流动单元组。一个沉积体系可以包含多个相互孤立或半流通的流体流动单元组的空间组合，由此可以构成更高级别的高渗透网络(表 5)。

由此可见，在内部构成研究基础上正确识别隔挡层，并据此划分流体流动单元和流体流动单元组是深入探讨储层物性非均质，总结规律性，进行储层模拟的基础。

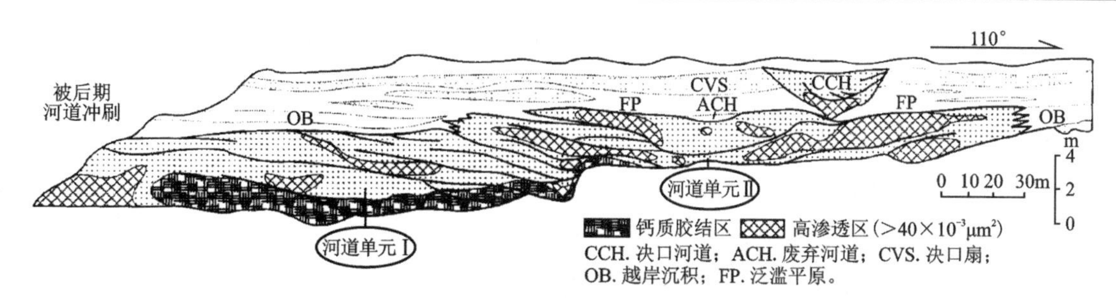

图 4　鄂尔多斯盆地延安组曲流河河道砂体中隔挡层及流体流动单元空间分布图

表 5　储层物性非均质性分级与研究重点

微尺度	1	岩芯级多孔介质研究——孔隙类型、孔隙结构、各向异性特征	高渗透网络基本单元研究
中尺度	2	砂体内部流体流动单元划分及储层物性非均质性变化规律	
	3	砂体内部各流体流动单元空间配置形式，以及其整体物性比较	建立中尺度高渗透网络格架模型
大尺度	4	同一体系中，不同成因相比较，识别流体流动单元组	建立大尺度高渗透网络格架模型
	5	同类体系中，流体流动单元组空间配置，以及整体物性比较	
	6	不同类型体系中，流体流动单元组比较	

4　建立高渗透网络格架模型——储层物性非均质性研究

储层物性非均质性与内部构成单位一样也具有层次性，可以分 3 种尺度进行研究(表 5)，注重储层物性非均质性的层次结构研究有助于阐明储层的复杂结构和规律性。

(1)在沉积体系级的大尺度范围内，同一沉积体系中，不同的成因相孔渗值差别极大，在曲流河沉积体系和湖泊三角洲沉积体系中均如此(图 5)。这主要取决于沉积作用过程和环境的不同[11]；另外，在同一体系中由于骨架砂体分布以及形成时的古流能量有差别，导致了流体流动单元组在空间上分布的不均一性和整体孔渗值的差异；不同的沉积体系具有不同的储集性能，通过统计发现，曲流河沉积体系中骨架砂体的整体物性相对较好，湖泊三角洲砂体相对较差。

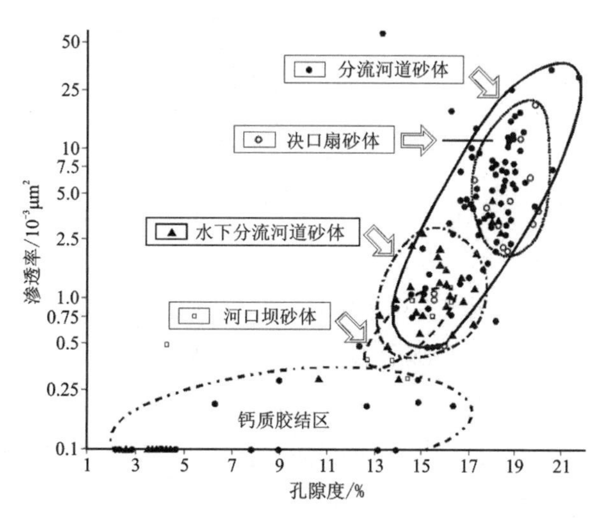

图 5　鄂尔多斯盆地延安组湖泊三角洲体系主要砂体孔渗值比较

(2)在成因相级的中尺度(即通常所指的单河道砂体规模)范围内,储层物性非均质性的焦点在流体流动单元和构成流体流动单元的储层岩性相的差别上。

在砂体中,各流体流动单元的物性分布具有相似性,即高孔渗区通常位于流体流动单元中部和下部,向上及两侧逐渐降低,最差的部位位于流体流动单元的顶部和两侧翼部[11]。究其原因,主要在于构成流体流动单元的基本构成单位——储层岩性相类型、空间分布和发育规模存在差别(图 6),从而使流体流动单元具有自相似性和多旋回韵律性[图 2(c)]。

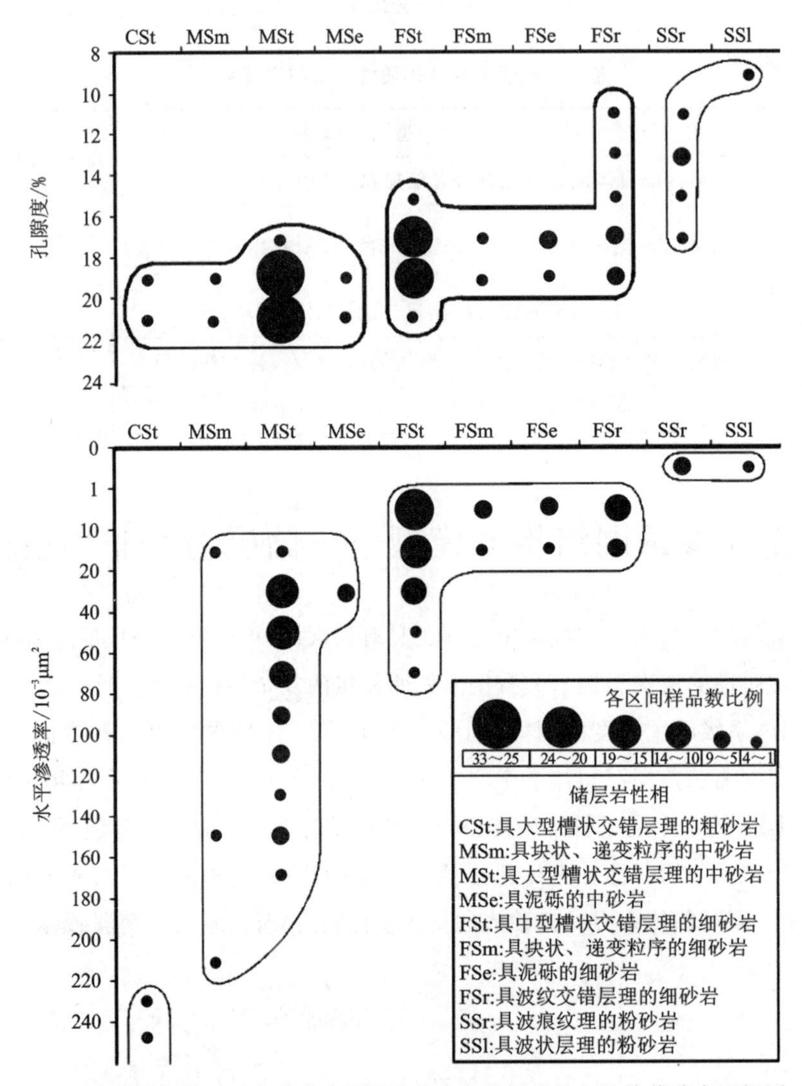

图 6 鄂尔多斯盆地延安组曲流河道砂体中各储层岩性相孔渗值分布区间图

各流体流动单元之间孔渗值存在整体差异,原因主要在于相对高孔渗的储层岩性相的发育规模,它越发育,孔渗整体值就越高,反之则相反(图 6)。

(3)在岩芯级的微尺度范围内,多孔介质具有各向异性特征,即平行古水流的水平渗透率(K_{H2})最大,垂直层面的垂向渗透率(K_V)最低,垂直古水流的水平渗透率(K_{H1})中等,即具有$K_{H2}>K_{H1}>K_V$的规律(图 7)。孔隙类型和孔隙结构特征是形成多孔介质各向异性特征的关键因素。各向异性模式在进行储层模拟时对于描述多孔介质的性质具有重要意义。

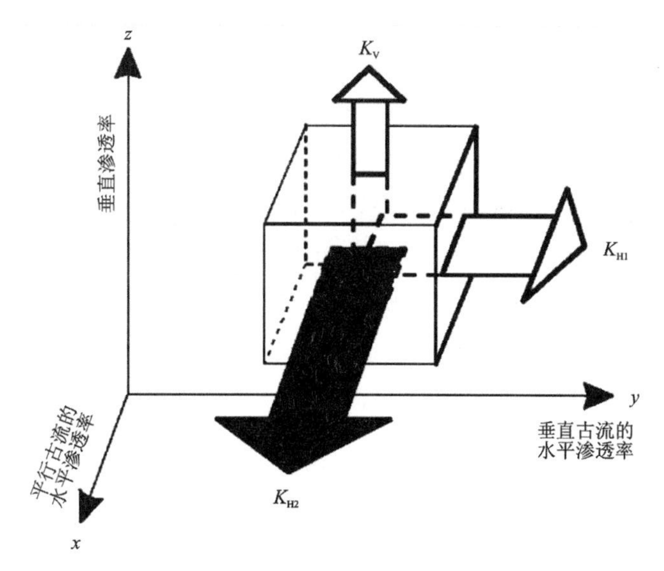

图7 河道储层砂体中各采样点微尺度各向异性模式图

5 成岩非均质性研究

如果在沉积非均质的基础上，叠加有不均匀的成岩作用的影响，那么整体孔渗值将会大大地降低[图2(b)、图2(c)]。与其他成岩作用比较，钙质胶结作用通常具有明显的非均质性，它在重力作用和流体作用下沿沉积界面以及原始高孔渗区分布[图2(b)]。如图2(a)、图2(d)所示，去除成岩非均质性影响后发现，储层物性分布与沉积作用关系密切，这说明沉积作用对储层物性的影响是第一位控制因素，而成岩作用处于第二位[11]。

参考文献

[1]裘亦楠.储层沉积学研究工作流程[J].石油勘探与开发，1990，17(1):85-90.

[2]FISHER W L, MCGOWEN J H. Depositional systems in the Wilcox Group (Eocene) of Texas and their relationship to occurrence of oil and gas[J]. Gulf Coast Association of Geological Societies Transactions, 1967, 17:105-125.

[3]李思田.沉积体系分析的进展和层序地层学[M]// 李思田.含能源盆地沉积体系：中国内陆和近海主要沉积体系类型的典型分析.武汉：中国地质大学出版社，1996:1-11.

[4]MIALL A D. Architectural elements analysis: a new method of facies analysis applied to fluvial deposits[J]. Earth Science Reviews, 1985, 22(4): 261-308.

[5]MIALL A D. Hierarchies of architectural units in terringenous clastic rocks: a framework for the analysis of flurial deposits[C]// 29th IGC Abstracts, Volume 2 of 3, Ⅲ－2－2, O－10, 1993: 293.

[6]焦养泉，李祯.河道储层砂体中隔挡层的成因与分布规律[J].石油勘探与开发，1995，22(4):78-81.

[7]焦养泉，李思田，李祯，等.曲流河与湖泊三角洲沉积体系及典型骨架砂体内部构成分析

[M]. 武汉：中国地质大学出版社，1995.

[8]焦养泉，李思田，杨士恭，等. 湖泊三角洲前缘砂体内部构成及不均一性露头研究[J]. 地球科学——中国地质大学学报，1993，18(4)：441-451.

[9]李思田，焦养泉，付清平. 鄂尔多斯盆地延安组三角洲砂体内部构成及非均质性研究[M]// 裘亦楠. 中国油气储层研究论文集(续一). 北京：石油工业出版社，1993：312-325.

[10]焦养泉，卢宗盛. 曲流河沉积体系内部构成和层次结构的典型分：以鄂尔多斯盆地南缘柳林镇二马营组为例[M]// 李思田. 含能源盆地沉积体系：中国内陆和近海主要沉积体系类型的典型分析. 武汉：中国地质大学出版社，1996：46-57.

[11]焦养泉，李思田，陈俊亮. 湖泊三角洲水下分流河道砂体储集性及储层地质模型研究[J]. 地学探索，1994，10：33-41.

Sequence Stratigraphy and Importance of Syndepositional Structural Slopebreak for Architecture of Paleogene Syn-rift Lacustrine Strata, Bohai Bay Basin, E. China*

Abstract Sequence stratigraphy and syndepositional structural slope break zones define the architecture of the Paleogene syn-rift, lacustrine succession in eastern China's Bohai Bay Basin. Jiyang, Huanghua and Liaohe subbasins are of particular interest and were our primary research objectives. Interpretation of 3D seismic data, well logs and cores reveals: One first-order sequence, four second-order sequences, and ten to thirteen third-order sequences were identified on the basis of the tectonic evolution, lithologic assemblage and unconformities in the subbasins of Bohai Bay Basin. Three types of syndepositional paleo-structure styles are recognized in this basin. They are identified as fault controlled, slope-break zone; flexure controlled, slope-break zone; and gentle slope.

The three active structural styles affect the sequence stratigraphy. Distinct third-order sequences, within second-order sequences, have variable systems tract architecture due to structuring effects during tectonic episodes. Second-order sequences 1 and 2 were formed during rifting episodes 1 and 2. The development of the third-order sequences within these two second-order sequences was controlled by the active NW and NE oriented fault controlled, slope break zones. Second-order sequence 3 formed during rifting episode 3, the most intense extensional faulting of the basin. Two types of distinctive lacustrine depositional sequence were formed during rifting episode 3: one was developed in an active fault controlled, slope-break zone, the other in an active flexure controlled, slope-break zone. Second-order sequence 4 was formed during the fourth episode of rifting. Syndepositional, fault-and flexure-controlled slope-break zones developed in the subsidence center (shore to offshore areas) of the basins and controlled the architecture of third-order sequences in a way similar to that in second-order sequence 3. Sequences in the gentle slope and syndepositional, flexure controlled slope-break zones were developed in subaerial region.

Distribution of lowstand sandbodies was controlled primarily by active structuring on the slope-break zones, and these sandbodies were deposited downdip of the slope-break zones. Sand bodies within lowstand systems tracts have good reservoir quality, and are usually sealed by the shale sediments of the subsequent transgressive systems tract. They are favorable plays for stratigraphic trap exploration.

Keywords Lacustrine basin Episodic rifting Sequence stratigraphy Syndepositional fault slope-break zone Syndepositional flexural slope-break zone Stratigraphic reservoir Paleogene Bohai Bay Basin

1 Introduction

Sequence stratigraphy was initially linked to accommodation changes caused mainly by rising and falling of global sea level, on passive continental margin environments. It was a

* Published on Marine and Petroleum Geology, 2016, 69. Authors: Feng Youliang, Jiang Shu, Hu Suyun, Li Sitian, Lin Changsong, Xie Xinong.

useful tool for constructing isochronous stratigraphic frameworks, predicting reservoirs, and exploring for stratigraphic traps[1-5], though it is recently being argued that the early 'solutions' attributed to key surfaces and architectures are likely to be non-unique (e. g. [6] and [7]). Research and exploration during the last three decades have also demonstrated that sequence-stratigraphic methodology and some of the concepts developed for passive continental margin strata may also be applied to the study of rifted lacustrine basins[8-12], even though they are not conditioned by global sea level. In the lacustrine basins, basin's tectonic movements and paleoclimate changes play an important role in sequence development rather than global sea level changes[9,12-15], which is an important difference between the sequence stratigraphy of lacustrine basins and original Exxonian sequence stratigraphy. However, the application of sequence stratigraphy to the description of ancient rift basin infills has been somewhat limited, particularly with regard to the tectonic evolution of nonmarine continental rift basins[8]. For example, there are a host of large-scale extensional structural components that develop syndepositionally in rift basins. These components include faulted margins, border faults, uplifted basin flanks, deep troughs, intra-basin fault blocks and transfer zones[16]. Rift basins also develop folds or anticlines genetically associated with normal faulting, including fault-displacement folds, fault-propagation folds, forced folds, faulted-bend folds and drape folds or anticlines associated with paleostructures[16-18]. Articles describing the application of sequence stratigraphy in rift basins include those focusing on the Suez rift basin, Egypt[19], the UK's North Sea central graben[20], Norway's marine rift basins[13], the Erlian Basin, northeastern China[10], the Dongying depression [12,21-23] and the Bozhong depression[24] located in the Bohai Bay Basin, eastern China, and Southern Sudan's Muglad rift basin[25]. Most of the previous work, however, focused on depositional systems and sequence architecture of small depressions within a large rift basin. In contrast, the controlling influence of active extensional structures on the sequence architecture of lacustrine rift basins have, to date, been less studied and reported, although Howell et al.[20], Jackson et al.[19], and Magbagbeola et al.[26], provided exceptions.

Located in the eastern portion of the North China Craton (Fig. 1(a)), the Bohai Bay Basin is a very complex, large Mesozoic and Cenozoic continental rift basin containing substantial petroleum reserves. The boundaries between the Bohai Bay Basin and these basement blocks are a series of normal faults with a history of multiple episodes of tectonic movement. During the Cenozoic era, there were several distinct phases of rifting and subsidence in the Bohai Bay Basin[27], resulting in thick Paleogene, Neogene and Quaternary lacustrine deposits. Subduction rollback of the Pacific plate relative to the eastern margin of Asia is probably the most important tectonic control on the extension of Bohai Bay Basin (e. g. [27] and [28]). Far-field effects of the collision between the Eurasia plate and the India plate is another possible tectonic driver[29]. These structural controls and characteristics of Bohai Bay Basin provide an exceptional opportunity for understanding the role that active extension plays, as an influence on sequence stratigraphic architecture of lacustrine rift basins.

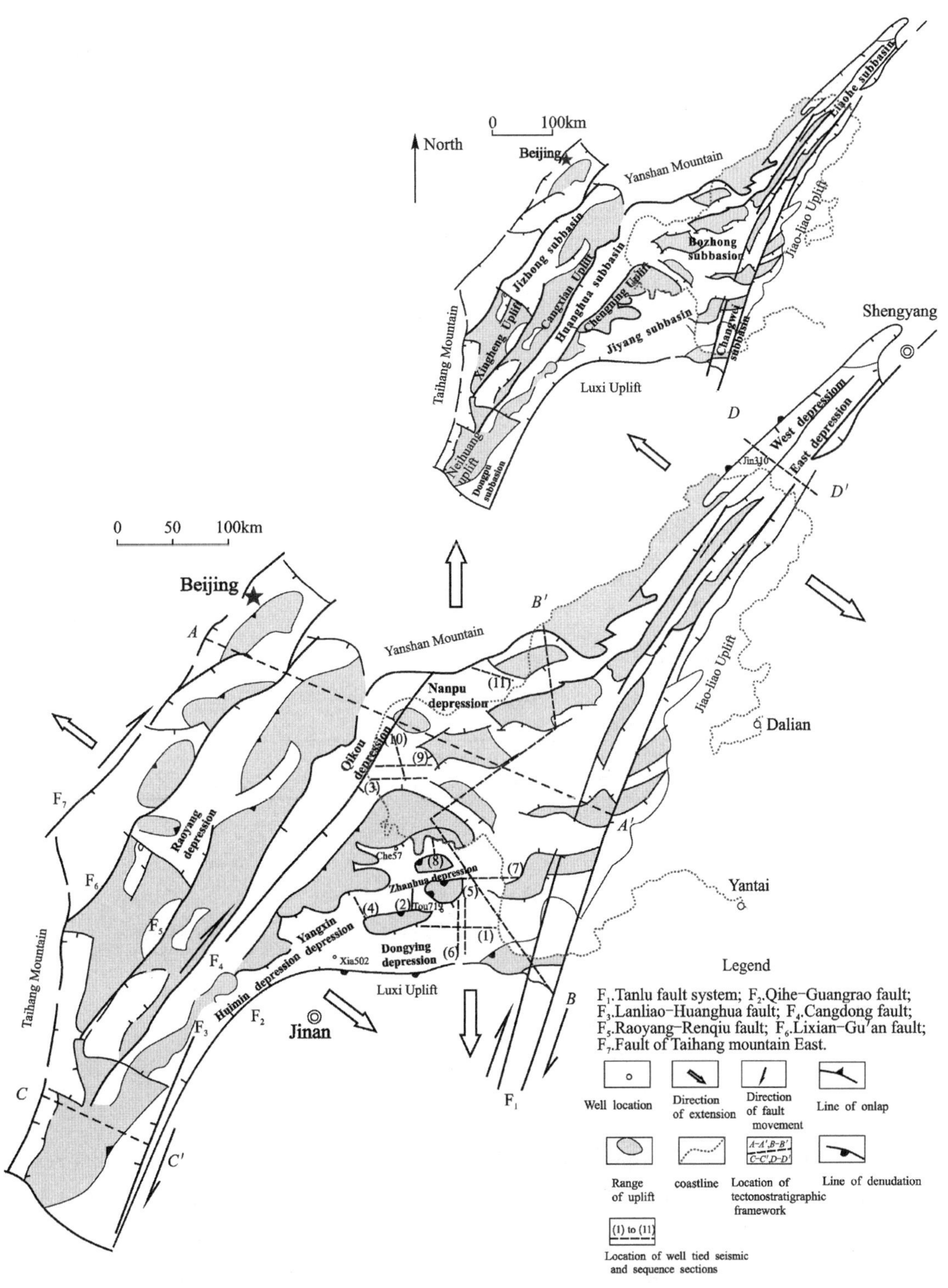

Fig. 1(a)

The locations of stratigraphic correlation in Fig. 3, Fig. 7, Fig. 9(b) and seismic cross sections in Fig. 4, Fig. 7, Fig. 9, Fig. 10(a) are indicated in the map. The locations $A-A'$, $B-B'$, $C-C'$ and $D-D'$ cross sections showing simplified tectonostratigraphic frameworks are also shown in broken lines (modified according to data of Research Institute of Petroleum Exploration and Development, PetroChina).

Fig. 1　Schematic map of the structure units (Fig. 1(a) and tectonostratigraphy Fig. 1(b) of the Bohai Bay Basin)

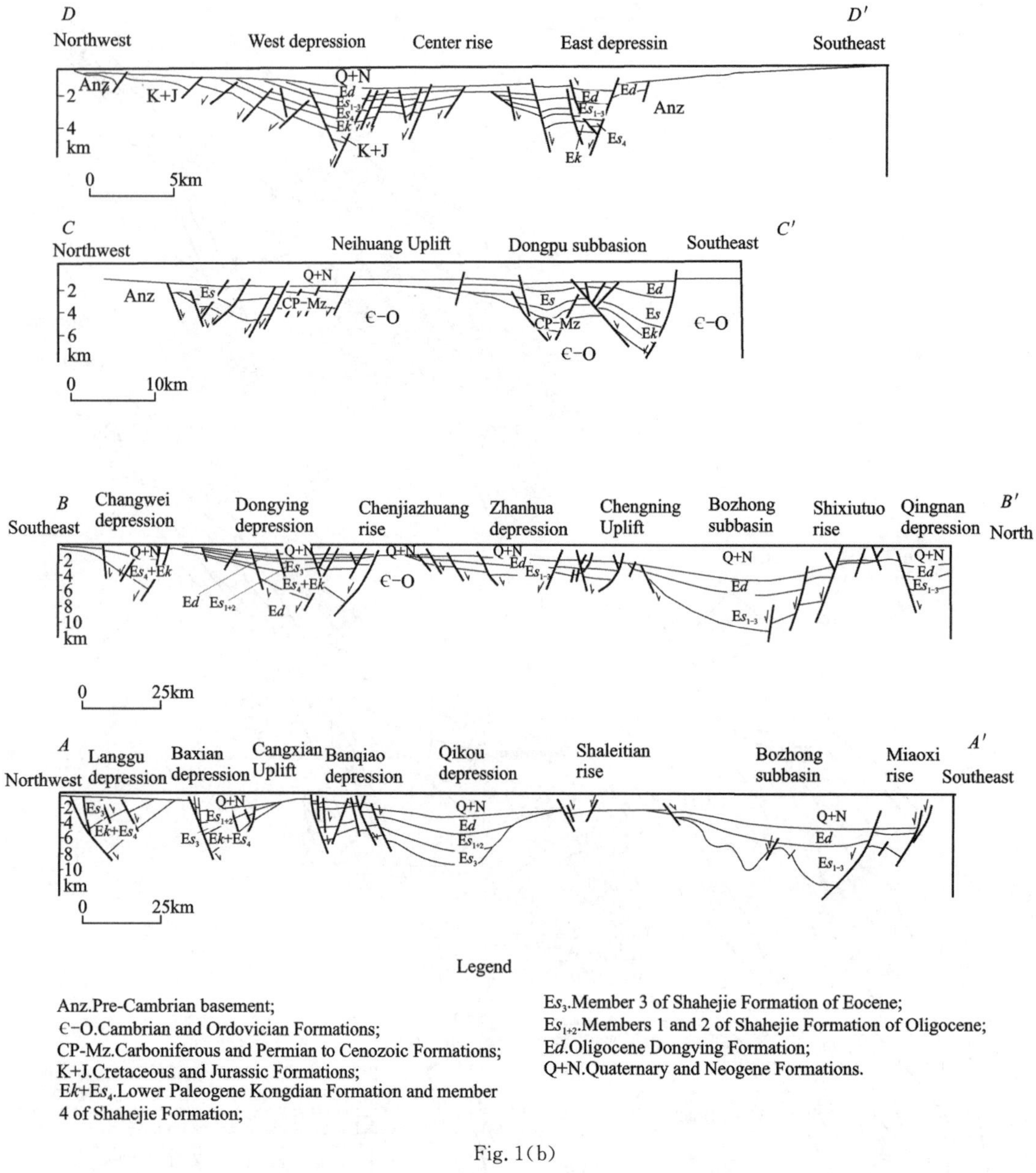

Fig. 1(b)

Fig. 1(continued)

The Bohai Bay Basin has been explored and exploited for over forty years. As a result, large subsurface data sets including cores, stratigraphic paleontology, well logs and high-resolution 3D seismic data are available across much of the basin. These data provide the foundation for further research, and allow the current work to focus on (1) the detailed sequence stratigraphy and (2) on the controls that extensional structures exert on sequence stratigraphic architecture of the Bohai Bay rift basin.

1.1 Data Acquistion

This study was based primarily on geological data from 1040 exploration boreholes and regional 3D seismic data covering approximately 11 500km^2 in the Dongying and Zhanhua depressions of Jiyang subbasin, Qikou and Nanpu depressions of Huanghua subbasin and the West depression of Liaohe subbasin in Bohai Bay Basin (Fig. 1(a)). The seismic data was extracted from a series of surveys acquired between the years of 2000 to 2010. It was reprocessed and assembled into a single dataset for this study. Data with very high vertical resolution of 15 to 25m (derived from a 35－40Hz dominant-frequency seismic dataset and 3600m/s average velocity) was judged to be sufficiently precise for the reconstructing the stratigraphic sequence framework within the regions of seismic coverage. Exploration well data (wireline logs, cores) was tied to the seismic data to complement and calibrate seismic interpretations in cases where the relatively low-resolution data was ambiguous. Well-log data were also used to interpret depositional systems on the basis of the shapes for spontaneous potential (SP) curves. Biostratigraphic data of Chen et al.[30], Li, et al.[31], Yao[32], Feng[33] was used to estimate the ages of strata and sequence boundaries.

1.2 The Methods Used in This Study are Set Out Below

First, three orders of unconformities and sequence boundaries were identified on seismic profiles using onlap surfaces or truncation surfaces, and in well-log data as surfaces of abrupt change in lithology or grain size. These interpretations served as a foundation for understanding the structural style and composite stratigraphic-sequence framework. After a regionally consistent seismic stratigraphic framework was constructed, biostratigraphic data was used to calibrate the seismic interpretations by age intervals. Stratigraphic orders follow the order hierarchy of Embry[34] which is tectonic based.

Second, depositional systems and their cyclic repetition were established based on synthetic seismograms of well-log data. At this stage, systems tracts were defined in the relation to maximum flooding surfaces appearing on seismic profiles as downlap surfaces, and as condensed sections characterized by organic-rich shale intervals in well logs motif.

Third, depositional systems and facies associations were delineated within the sequence frameworks previously established, by analyzing well logs and description of cores.

Fourth, slope break zones controlled by syndepositional structures which influenced stratigraphic development of basin: extensional structural components, normal faults, syndepositional anticlines associated with normal faults and paleostructures were determined, and slope break zones controlled by them were interpreted in the context of the sequence stratigraphic architecture.

Finally, the factors interpreted to control sequence development are addressed, along with their implications for stratigraphic traps. These discussions provide a framework for further exploration.

2 Geologic Setting of Bohai Bay Basin

The Bohai Bay Basin is a Mesozoic and Cenozoic rifted lacustrine basin in Eastern China and has a total area of 200 000km^2. Uplifted Precambrian basement blocks surround the basin. These include the Taihang Mountains to the west, the Yanshan Mountains to the north, Luxi Uplift to the south, and Jiaoliao Uplift to the east. The rhombic shape of Bohai Bay Basin (Fig. 1(a)) was developed prior to Paleogene time as a result of Mesozoic rifting. Paleogene strata, typically with thicknesses of 4000－7000m, rest unconformably on a variety of older pre-Paleogene strata[27,32].

Four major internal uplifts or horsts (Chengning, Cangxian, Neihuang, and Xingheng) and NE－NEE and NW striking faults divide the basin into six major subbasins: the NE striking Liaohe subbasin in the northeast; the NE striking Jizhong subbasin in the west; the NE striking Huanghua and the NEE striking Jiyang subbasins in the southeast; the NE and NW striking Bozhong subbasin in the east, and the NE striking Dongpu subbasin in the southwest (Fig. 1(a)). These subbasins are subdivided into numerous depressions and Rises or highs (Figs. 1(a),1(b)) that regionally correspond to grabens and/or half grabens and horsts respectively.

Jizhong subbasin to the west of Cangxian Uplift developed NE extensional structures and complex half graben structures during the Paleogene syn-rift stage. In the northern part of the Jizhong subbasin, the half-graben structure shows a faulted margin in the west and hinged margin in the east (Fig. 1(a)). The striking border and normal faults in the Huanghua, Jiyang subbasins to the east of Cangxian Uplift show dextral en echelon and secondary faults within each subbasin that are individually oblique in a clockwise direction to the major normal faults at the subbasin margins[35]. These subbasins show large half-graben structures: faulted margins in the west and hinged margins in the east and faulted margins in the north and hinged margins in the south (Fig. 1(b); $A-A'$ and $B-B'$). Liaohe subbasin in the Tanlu strike-slip fault zone developed NE striking extensional structures during the Paleogene syn-rift stage and contains half-graben and graben structures with a faulted margin in the east and a hinged margin in the west (Fig. 1(b), $D-D'$). The Bozhong depression located in the offshore region of the Bohai Bay Basin shows a complex half-graben structure with a faulted margin in the east and a hinged margin in the west and a faulted margin in the north and a hinged margin in the south(Fig. 1(a),1(b), $A-A'$, $B-B'$).

Similar to other rift basins, the tectonic history of the Bohai Bay Basin is complicated by multi-stage episodic rifting, including block faulting that is associated with rapid tectonic subsidence and volcanism[36,37]. A two-stage evolution model is popularly accepted, with Paleogene syn-rifting and differential subsidence, and Neogene post-rift thermal subsidence[27]. The Paleogene syn-rifting stage consists of four rifting episodes: ① the early-initial rifting episode beginning in the Paleocene and ending in the early Eocene (65—50.4Ma); ②the late-initial rifting episode in the middle Eocene (50.4—42.5Ma); ③the rifting climax in the late Eocene (42.5—38Ma); ④the weakened rifting episode during the Oligocene (38—24.6Ma) (Fig. 2).

The Paleogene strata in the basin consist of the Kongdian Formation ($E_{1\text{-}2}k$) overlain by the Shahejie Formation ($E_{2\text{-}3}s$), which is itself overlain by the Dongying Formation (E_3d).

The Kongdian Formation ($E_{1\text{-}2}k$) is divided into a second member at the bottom and a first member at the top. The lower part of the second member of the Kongdian Formation ($E_{1\text{-}2}k$) is composed of conglomerate, sandstone and coarse sandstones interbedded with purple to red mudstone, these are interpreted as alluvial deposits. The upper part of the second member of Kongdian Formation is interpreted as alternating units of delta and lacustrine deposits and is described as grey mudstone, oil shale and medium-to fine-grained sandstones (Fig. 2). The first member of the Kongdian Formation is interpreted as shoreline to shallow lacustrine sediments in alternating layers of red sandstone and grey mudstone [31].

The lower part of the fourth member of the Shahejie Formation ($E_{2\text{-}3}s^4$) is interpreted as saline lake deposits and consists of alternating layers of red sandstone and mudstone interbedded with salt. The upper part of E_2s^4 is interpreted as shallow lake deposits and distinguished by grey mudstone, oil shale intercalated with sandstones, and thin layers of limestone[38].

The lowest (oldest) strata of the third member of the Shahejie Formation ($E_{2\text{-}3}s^3$) are interpreted as primarily decent clinoform to lakebed deposits of grey to dark mudstones and oil shale. The middle and upper (youngest) sections of $E_{2\text{-}3}s^3$ are interpreted as fluvio-deltaic deposits comprised of fine-grained sandstone interbedded with grey mudstone, and coarse sandstone and sandy gravels intercalated with green mudstone[22,39].

The bottom (older) strata of the second member of the Shahejie Formation ($E_{2\text{-}3}s^2$) are interpreted as fluvial to deltaic deposits of conglomerate and sandy gravels, as well as sandstones interbedded with purple to red mudstones. The top (younger) strata of $E_{2\text{-}3}s^2$ are interpreted as braided-fluvial conglomerates and coarse sandstones interbedded with red mudstone (Fig. 2).

The lowest (oldest) part of the first member of the Shahejie Formation ($E_{2\text{-}3}s^1$) is interpreted as meandering-fluvial systems and contains sandstones interbedded with green and grey mudstones. The middle part of $E_{2\text{-}3}s^1$ is interpreted as shallow lacustrine systems with grey mudstone and shale interbedded with thin limestone layers as the predominant lithology. The uppermost (youngest) part is interpreted as deltaic deposits with mostly sandstone interbedded with grey mudstone.

The Dongying Formation (E_3d) consists of coarse sandstones, medium- and fine-grained sandstones interbedded with grey mudstone, and grey to greenish mudstone and red mudstone, these are interpreted as alluvial fans and braided deltaic deposits (Fig. 2).

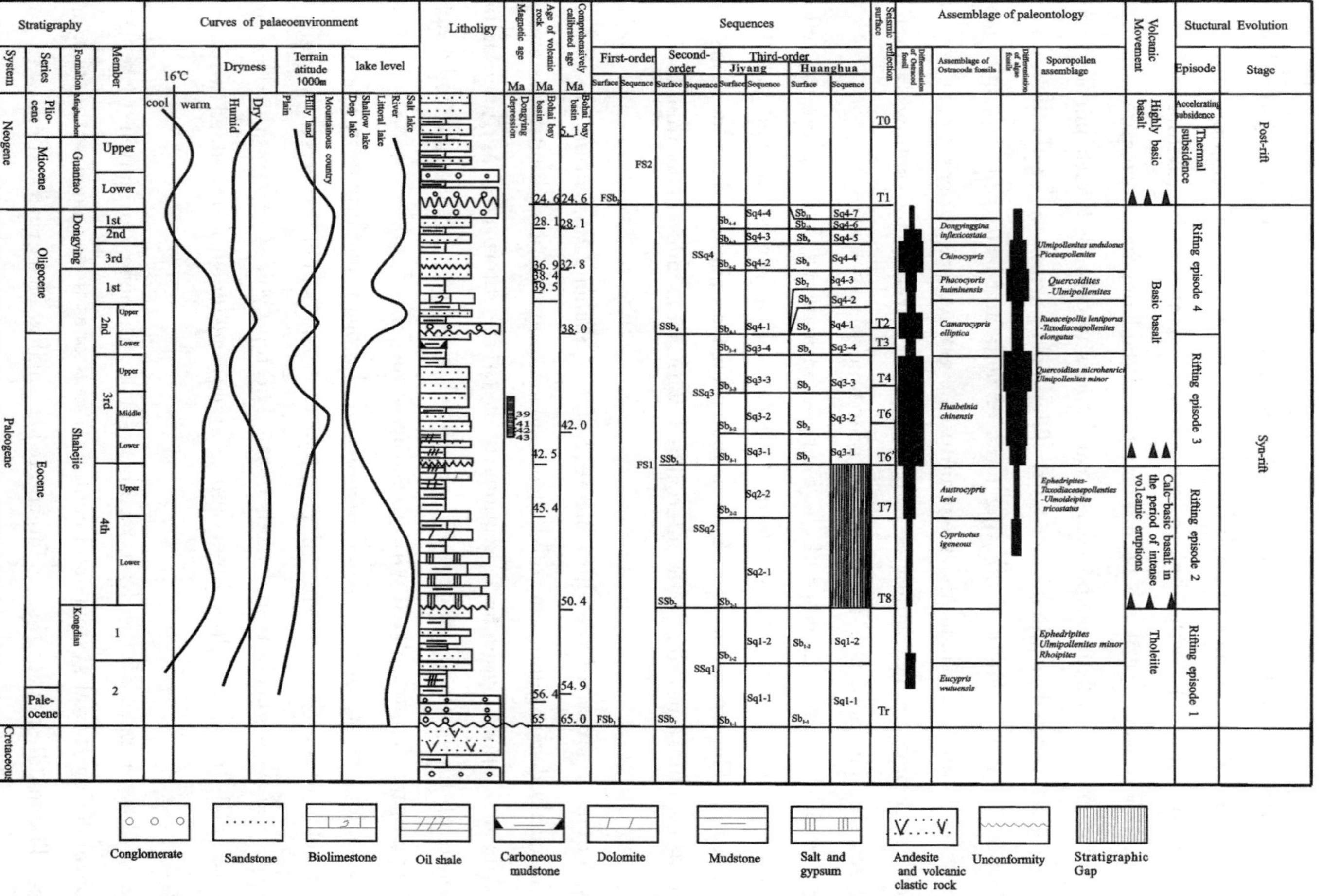

The order class ification of sequences is based on the changes in lake level,episodic tectonic activity,unconformities,assemblage biozones,climate and detailed work of this paper.The ages of sequence boundaries are determined from micropaleotologic data e.g. ostracoda and palynologic data,palaeomagnetic dating and volcanic rock dating[30-33].The sequence stratigraphic boundaries are not the same as lithostratigraphic boundaries.Sq1-1 means the first 3rd order sequence in Second-order sequence 1,Sq1-2 means the second 3rd order sequence above the first one in the Second-order sequence1 (Modified from [12]).

Fig.2 The general sequence stratigraphic chart of the Bohai Bay Basin

The Neogene Guantao Formation (N_1g) and the Minghuazhen Formation (N_2m) were developed during the Neogene period of basin evolution. The Guantao Formation (N_1g) is interpreted as braided fluvial to meandering river deposits with a predominance of medium-to fine-grained conglomerate and coarse-grained sandstones interbedded with gray to greenish, and purple to red mudstones. The Minghuazhen Formation (N_2m) is interpreted as lacustrine to fluvial-deltaic deposits and includes gray mudstones interbedded with sandstone (Fig. 2).

3 Sequence Stratigraphic Framework

Development of stratigraphic sequences in rifted lacustrine basins is controlled by the basin's tectonic/structural history, as well as by lake level changes driven by climate or by tectonic movements[14,23,40-42]. Characteristics of syn-rift stratigraphic sequences differ from those of post-rift sequences, so each should be regarded as a separate low order sequence respectively[12,40,41].

The age intervals of the syn-rift period ($E_{1\text{-}2}k$-E_3d) and post-rift period (N_1g-Q) of the Bohai Bay Basin are about 40Ma and 24Ma respectively. Following the work of Van Wagoner[4] and Embry[34] regarding the relative ordering of unconformity surfaces, we classified the syn- and post-rift stratigraphy as unique first-order sequences (FS). The syn-rift succession itself consists of multiple second-order sequences (SSq) formed during different rifting episodes. Within these second-order sequences, we were also able to identify multiple third-order sequences (Sq) (Fig. 2).

The hierarchy of sequence stratigraphy adopted by this paper is the unconventional hierarchy of sequence stratigraphy of Embry[34] which is tectonic based, and not time-scale based[43]. The hierarchy of sequence stratigraphy based on tectonic movements of the lacustrine basins is more suitable for sequence stratigraphic classification in rifted lacustrine basins[12].

3.1 Sequence Stratigraphic Classification

Based on the above tectonic classification of sequences, the strata of the Paleogene syn-rift succession are recognized as first-order sequence 1 (FS1) and the strata of the Neogene post-rift succession are first-order sequence 2 (FS2). Strata of the four rifting episodes in the syn-rift age correspond to four second-order sequences (SSq) (episodes 1 to 4 from bottom to top) respectively. SSq1, at the bottom of the syn-rift succession, corresponds to rifting episode 1, and roughly correlates to the Kongdian Formation ($E_{1\text{-}2}k^1$). SSq2 corresponds to rifting episode 2 and rough boundaries are aligned with the fourth member of the Shahejie Formation ($E_{2-3}s^4$). SSq3 corresponds to rifting Episode 3 and roughly corresponds to the third ($E_{2\text{-}3}s^3$) and lower part of the second members ($E_{2\text{-}3}s^2$) of the Shahejie Formation. SSq4, at the top of the syn-rift succession, aligns with rifting episode 4 and roughly equates to the section including the upper part of the second member ($E_{2\text{-}3}s^2$) of the Shahejie Formation to the Dongying Formation (E_3d). Based on our analyses, the Paleogene first-order sequence and second-order sequences are correlatable between sub-basins and depressions associated with the Bohai Bay Basin (Fig. 2).

In the Dongying depression of Jiyang subbasin Fig. 1(a), four second-order sequences are identified within the Paleogene first-order sequence. SSq1 and SSq2 correspond to two third-order sequences each, whereas, SSq3 and SSq4 are subdivided into four third-order sequences each. Based on the well log, high-resolution seismic, geochemical and paleontological data (Fig. 2) fourth-order sequences (parasequence sets) are also recognized within the third-order sequences in SSq3(Fig. 3).

In the Qikou depression of the Huanghua subbasin (Fig. 1), SSq1, SSq3 and SSq4 can be identified within the Paleogene first-order sequence. Correlations between subbasins suggest SSq2 is absent. Two third-order sequence was developed in SSq1; four and seven third-order sequences can be identified within SSq3 and SSq4 respectively (Fig. 2).

The sequence stratigraphic stacking pattern of the syn-rift stratal succession for the Dongying depression in the Jiyang subbasin is described as follows:

SSq1 and SSq2 are lacustrine deposits formed in an arid climate during early and later initial rifting episodes 1 and 2. Their stratigraphic stacking style is aggradation.

SSq3 represents sequences formed during climax rifting episode 3: mainly deep-lake environments consisting of mudstone; subaqueous fan deposits, fan delta deposits and fluvial delta deposits. Faulting activity caused the migration of the depositional center toward the lake center. The stratigraphic stacking pattern of the third-order sequences exhibits progradational patterns similar to the deltas in SSq3, as shown in Fig. 3.

SSq4 includes sequences that formed during the rifting episode 4. It mainly consists of fluvial, deltaic and shallow lake depositional systems. The stratigraphic architecture of the SSq4 third-order sequence shows a vertical aggradation-stacking pattern (Fig. 3).

3.2 Characteristics of Sequence Boundaries to Here

Three orders of unconformity, identified in the Paleogene syn-rift succession in the Bohai Bay Basin, represent three levels of sequence boundaries: first-order unconformities are angular unconformities at the top and bottom of the Paleogene syn-rift succession; second-order unconformities are also angular unconformities between two adjacent rifting episodes; third-order unconformities are localized and non-angular and represent hiatuses[34,44,45].

3.2.1 First-order Unconformities

The first-order unconformities, identified as sequence boundaries of first-order sequences,

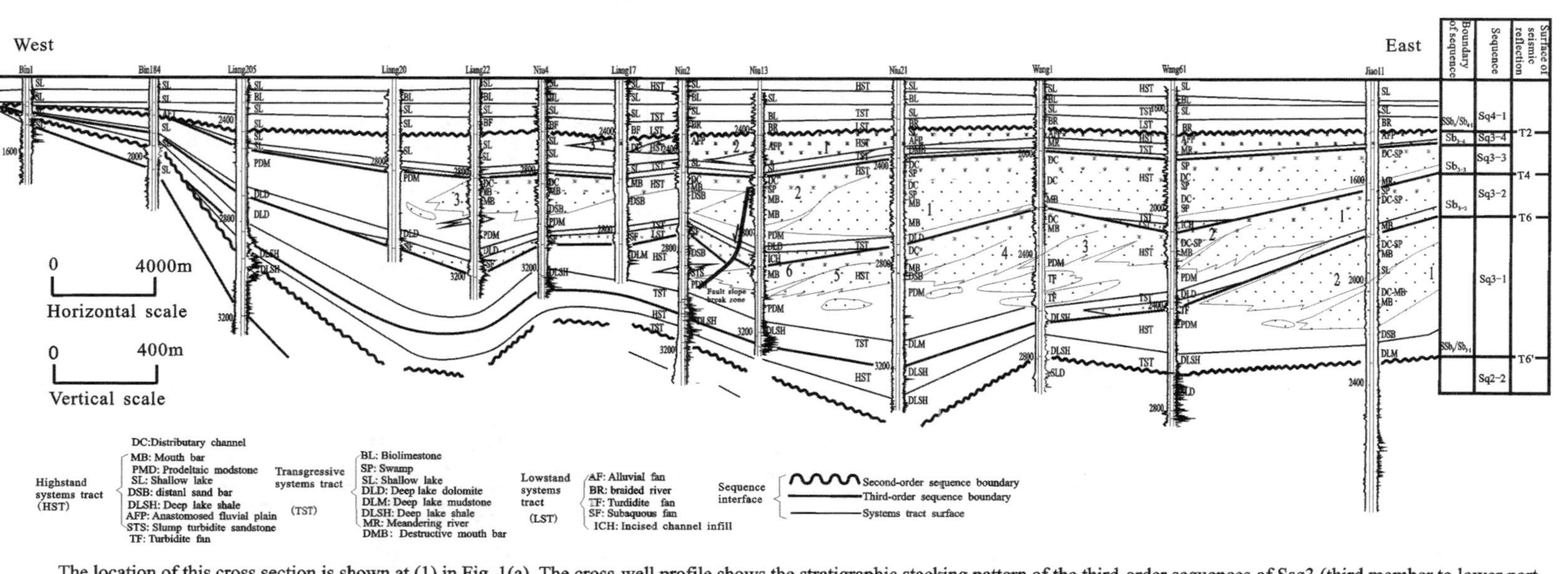

The location of this cross section is shown at (1) in Fig. 1(a). The cross-well profile shows the stratigraphic stacking pattern of the third-order sequences of Ssq3 (third member to lower part of second member of Shahe-jie Formation) is progradation on the profiles along axial direction of the depression. The curve at the left side of the well is the spontaneous potential log and the curve at the right side is the resistivity log. The numbers from 1 to 6 represent different prograding stages or fourth-order sequences e.g. , 1 stands for the first stage of deltaic prograding or forth-order sequence. Sq2-2: The third-order sequence 2 (3rd order) in the second-order sequence[12].

Fig. 3　Well-tied sequence stratigraphic framework from East to West in the Dongying depression can be traced across the basin on seismic cross sections. The unconformity between the Paleogene and the Pre-Paleogene (coded Tr on seismic reflection) is an angular unconformity showing the characteristic truncation below the boundary and onlap above the boundary (Fig. 2, Figs. 4(a), 4(b), 4(d)). The unconformity is dated at about 65Ma in age[31,32,46,47]. Another first order unconformity between the Paleogene and the Neogene (coded T1 on the seismic reflection, Fig. 2, Figs. 4(a), 4(b), 4(c), 4(d)) is also an angular unconformity that may be traced across the basin; it is identified on seismic profiles by truncation reflections below it, and onlap or parallel reflections above it. This unconformity is dated at about 24.6Ma in age[33,47] (Fig. 2).

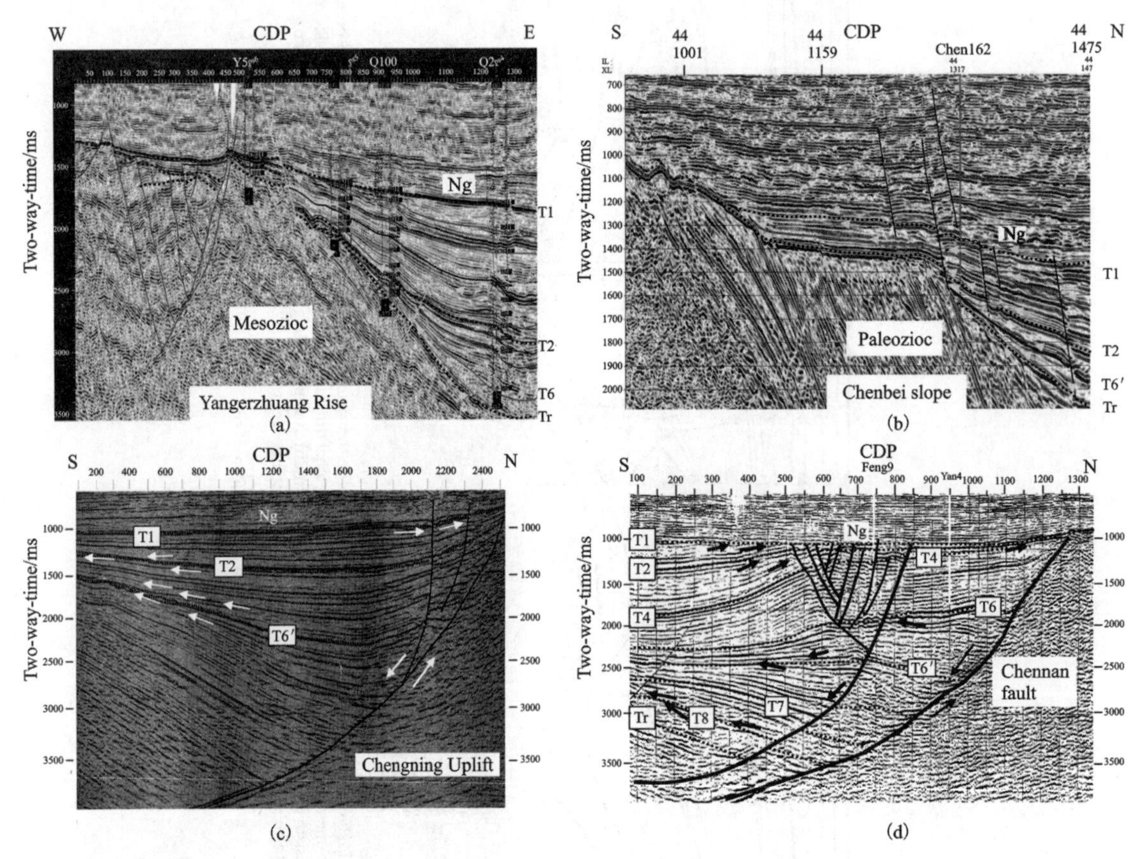

(a) east to west well-tied seismic cross section, Qikou depression, the location of this cross section is shown at (3) in Fig. 1(a); (b) well-tied seismic cross section, Luoxi sag, Zhanhua depression, shown at (2) in Fig. 1(a); (c) seismic cross section, Yangxin sag, Huimin depression, shown at (4) in Fig. 1(a); (d) seismic cross section in Dongying depression, shown at (5) (see Fig. 1(a) for the locations of these cross sections).

Fig. 4 Seismic reflection characteristics of the major unconformities in examples of the different sub-basin depressions of Bohai Bay Basin

3.2.2 Second-order Unconformities

Second-order unconformities, corresponding to second-order sequence boundaries, are interfaces subordinate to the first-order unconformities but are also correlated across the entire basin. They represent regional unconformities between two rifting episodes.

In the Paleogene syn-rift succession, three second-order unconformities developed: the T8 (seismic reflection horizon) between the Kongdian Formation ($E_{1\text{-}2}k$) and the fourth member of the Shahejie Formation ($E_{2\text{-}3}s^4$), T6′ (seismic reflection horizon) between the third and fourth members; and T2 (seismic reflection horizon) between the lower part and the upper part of the second member of Shahejie Formation (Fig. 2).

The unconformity T8 is a disconformity(Fig. 4(d)). It is absent locally, where the $E_{2\text{-}3}s^4$ and the Kongdian Formation are absent. For instance, the Kongdian Formation ($E_{1\text{-}2}k$) is absent in the Zhanhua depression in the Jiyang subbasin and the $E_{2\text{-}3}s^4$ is absent in the Qikou depression in Huanghua subbasin. Above it are alternate layers of brown-red mudstones and sandstones, which contain a paleontological assemblage of *Cypris* and *Limnocythere*. Below it are gray and purple to red calcareous mudstones interbedded with layers of gypsum, which contain the paleontological assemblage of *Cyprinotus igneous* (Fig. 2).

The unconformity T6′ is a typical combined angular unconformity and transgressive surface. There are obvious variations in the stratigraphic section above and below the unconformity: in the Yangxin sag of the Huimin depression in Jinyang subbasin, the stratigraphic dip above T6′ is gentle but the strata below it is steeply dipping(Fig. 4(c)); in the Dongying and the Zhanhua depressions of Jiyang subbasin, the strata below unconformity T6′ are truncated while the unconformity is onlapped directly above it(Figs. 4(b), 4(d)); in Qikou depression of Huanghua subbasin, the third member ($E_{2\text{-}3}s^3$) of the Shahejie Formation displays a sharp contact with the underlying Cretaceous system (K) (Fig. 4(a)). Sedimentary facies and paleobiological assemblages also exhibit variations above and below it with deep lake facies above the combined unconformity and transgressive surface and shallow-lake facies below it in the Dongying depression of Jiyang subbasin (Fig. 3) and the west depression of Liaohe subbasin. The upper part of the fourth member of the Shahejie Formation ($E_{2\text{-}3}s^{4U}$) below the T6′ unconformity mainly contains paleontological assemblages of *Austrocypris levis* ostracoda. Above the third member of the Shahejie Formation ($E_{2\text{-}3}s^3$) the primary paleontological assemblage of *Huabeinia* ostracoda is abundant (Fig. 2).

The above-mentioned characteristics indicate that the T6′ unconformity represents a change in the structural style and tectonic stress fields of the basin. For instance, the strike of extensional faults delineate northwest orientation beneath the T6′ unconformity in Jiyang subbasin and northeast orientation above it[27,35,48,49].

The unconformity T2 between the first and second members of the Shahejie Formation (e. g. in the Huanghua, Liaohe and Jizhong depressions), or the ones between the upper and lower parts of the second member (e. g. in the Jiyang subbasin (Fig. 3)) a regional angular unconformity surface, with a truncation below and onlap above are observed(Figs. 4(a), 4(b), 4(c), 4(d)). The conglomerate and red mudstone were deposited above the unconformity and it corresponds to an abrupt change in fossil assemblages(*Camarocypris* ostracods below the interface of the unconformity, and *Ilyocyprimorpha* above the interface (Fig. 2)).

3.2.3 Third-order Unconformities

Third-order unconformities, identified as third-order sequence boundaries within a stratigraphic succession constrained by second-order unconformities, are referred to as local unconformities or depositional hiatuses. These appear on the seismic reflections as a truncation below the unconformity and onlap above it. Down-dip towards the center of a depression these surfaces become correlative conformities (T7, T6, T4 in Fig. 4(d); other surfaces in Figs. 4(a), 4(b)).

Stratigraphic correlations using well logs like those in Fig.3, define a third-order unconformity with a scoured base and a fining-upward succession from conglomerate at the base to sandstones and mudstones; the SP curve motif for these sequences is bell shaped. Examples include the base sublacustrine fan or braided channels, or the interface between the fluvial deposits and the deltaic fronts or subaerial exposure surfaces (Fig. 3). Finger shaped SP curve motif suggests fluvial deposits; the serrated-funnel shapes suggest delta front deposits.

4 Patterns of Systems Tracts in Sequences Deposited in a Half-graben

4.1 Concept and Characteristics of Syndepositional Structural Slope-Break Zones

The stratigraphic sequences of the syn-rift succession in a rift basin are a result of interaction between the tectonic movement, the paleo-climate, and sediment supply. Sequences during various rifting episodes or in different extensional structural components of the same rifting episode have characteristics specific to their systems tracts architecture[19]. For example, sequences with extensional structural components in a half-graben (e. g. faulted margin, a relay ramp/transfer zone between faults, and/or hinged margins) respond to a variation in sediment supply and accommodation[20,50].

Vail et al.[1] proposed that sequences in passive continental margins with syndepositional faults are a unique type of sequence, and differ from type 1 sequences in a shelf-break. Howell et al.[20] considered that syndepositional fault zones in an extensional basin played the same role as the shelf-break zone in a passive continental margin.

However, one problem with structural control on the shelf-break is that the fault is fixed in position, whereas the shelf-break migrates basinward through time, sometimes very rapidly (e. g., at 40-60km/Ma in some cases[51]).

Growth normal faults on the passive continental margins are genetically associated with delta systems, load stress caused by relative third relative sea level fall and deep overpressured shale detachment, for example, growth faults in Oligocene Texas continental shelf[52-54] and Miocene Nigeria shelf-margin delta[55,56]. Sediment supply rate across shelf growth faults on delta exceed to the rate of accommodation creation due to the differential subsidence of the growth normal faults. High sediment supply conditions favored accumulation of thicker sediments on the downthrown sides of the faults. The area is overfilled during the downward rotation of thickened growth strata against the footwall. For this reason there is rarely any deepwater facies developed in such growth strata despite a great thickening, because the subsiding area is filled quickly. For example, wave dominance of deltas on the outer shelves in the growth faults within the Frio Formation on the South Texas shelf suggest that building of the upper slope rather lowers slope margin, and decreases the likelihood of the presence of sandy deep water fans[54]. Only when active normal fault system create faulted shelf edge or shelf-break, deep water facies occurs on downward side of shelf-break[52].

Nevertheless predominant normal faults in rifted lacustrine basin, genetically associated with extensional tectonic movements of basement, remain active during the entire rifting stages. They can create abrupt change in paleotopography of a lake bed due to differential subsidence between footwall and hangingwall. Rate of accommodation creation is greater than that of sediment supply on hangingwalls of the normal faults in particular. Lake basins are underfilled on hangingwall of a normal fault at faulted margins or hinged margins of half-graben depressions [12,20]. In the case of the downward rotating and thickening syn-rift strata of the Bohai Bay rifted subasins, the basin floor deepens and deepwater deposits form on downthrown side of the faults.

Feng[22], Lin et al.[57] and Li et al.[58] proposed the concept of a "syndepositional structural slope-break zone" based on the relationship between the Paleogene sequence development and syndepositional structures in the Bohai Bay Basin. It is defined as the zone of abrupt change in the paleotopography (water depth) of a lake bed resulting from syndepositional structural movement. These syndepositional structures include syndepositional anticlines genetically associated with normal faulting, draping on paleostructures and tilted fault blocks, and extensional structural components. In this paper, the zone of abrupt change in the depositional relief of the lakebed, controlled by syndepositional faults is defined as the "syndepositional fault slope-break zone". The syndepositional fault slope-break zone occurs where fault movement leads to the obvious differential uplift and subsidence relief in a lakebed, i. e., where there is more rapid deepening of lake bathymetry.

The production of significant amounts of differential depositional relief constitutes the boundaries between structural units and depositional areas in the basin. Once these fault slope-break zones are formed, they remain active during the entire rifting stages related to the Bohai Bay Basin(Figs. 1(a), 1(b)). The main feature is that the stratal thicknesses of the hanging wall and the footwall are clearly different[57]. The syndepositional fault slope-break zones control the development of the sedimentary systems, sedimentary environments and the distribution of lowstand systems tracts within a sequence.

The relationship between syndepositional fault slope-break zones and their controls on the distribution of sand bodies in lowstand systems tracts are showed in the Dongying(Fig. 5-1(a)) and Zhanhua depressions(Fig. 5-1(b)) within the Jiyang subbasin, in the west depression of Liaohe subbasin(Fig. 5-1(c)), and at the faulted margin of the Rongyang depression of Jizhong subbasin(Fig. 5-1(d)). These syndepositional fault slope-break zones can be further divided into six patterns based on plan-view morphology (Fig. 5-2). These patterns include: ①broom-shaped zones at hinged margins(based on area 1 in Fig. 5-1(a)); ②steeply dipping and parallel at faulted margins(based on area 2 in Figs. 5-1(b), and 5-1(c)); ③gently dipping parallel zones at hinged margins(based on area 3 in Fig. 5-1(a)); ④cross-shaped zones(based on area 4 in Fig. 5-1(b)); ⑤comb-shaped zones at faulted margins(based on area 5 in Fig. 5-1(b)); ⑥antithetic and parallel zones at hinged margins(based on area 6 in Fig. 5-1(d)).

This paper defines the zone of abrupt change in the depositional relief of the lake floor, controlled by syndepositional folds and/or anticlines genetically associated with shallow normal faults, paleostructures or buried hills, deep seated normal faults, and tilted fault block as "syndepositional flexural slope-break zones". The flexural slope-break zone can be formed by the flexure of two flanks of an anticline generated by syndepositional folding/reverse drag anticline(Fig. 6-1(a)). Similarly deep-seated fracture movement and draping on paleohighs and tilted fault blocks, or buried hills also leads to the flexure and deformation of shallow strata, forming a flexure slope break zone(Figs. 6-1(b), 6-1(c)). The main feature is the rapid change of dip and stratal thickening at the downdip side of the slope-break zone and stratal truncation or erosion at the updip portion of the slope-break zone[59].

Based on factors controlling syndepositional flexural slope break zones, three patterns can be constructed: ① flexural slope-break zones controlled by syndepositional anticlines genetically associated with normal faulting (Fig. 6-2(a)), based on Fig. 6-1(a); ②slope-break zones controlled by differential subsidence rates of deep seated faults or by drape anticline (Fig. 6-2(b)), based on (Fig. 6-1(b)); and ③those controlled by fault-block tilting of a half-graben (Fig. 6-2(c)), based on (Fig. 6-1(b)).

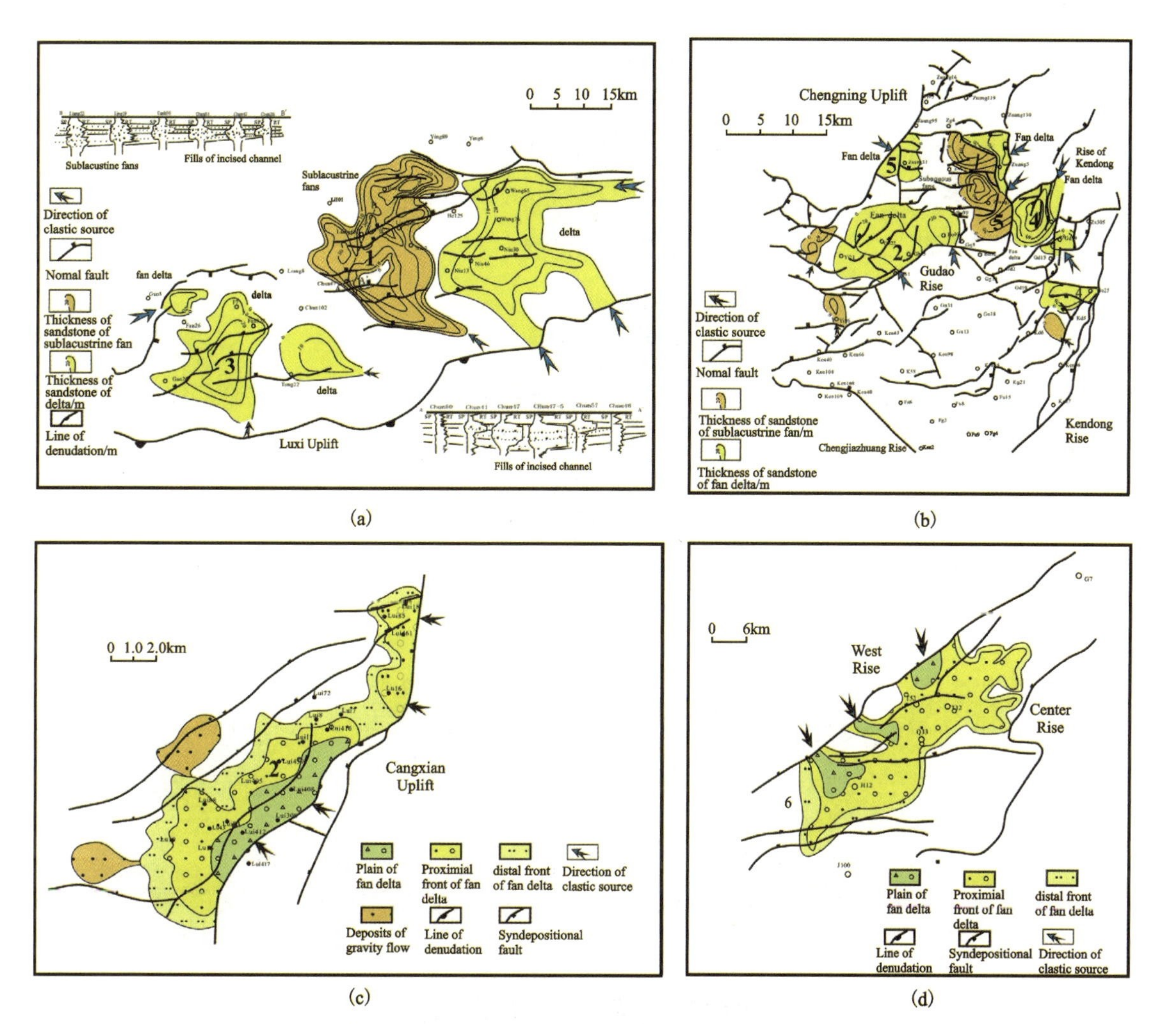

Fig. 5-1 shows some examples of syndepositional fault slope-break zones and their associated lowstand sand bodies. See Fig. 1(a) for the locations of these maps. Fig. 5-1(a) shows the fault slope-break zones controlling lowstand sand bodies of Sq3-3 ($E_{2-3}s^{3U}$) at the hinged margin of Dongying depression in Jiyang subbasin. Fig. 5-1(b) shows fault slope-break zones and lowstand sand bodies of Sq3-1($E_{2-3}s^{3U}$) in Zhanhua depression of Jiyang subbasin; Fig. 5-1(c) shows sedimentary facies controlled by steeply dipping parallel fault slope-break zones of Sq3-1 ($E_{2-3}s^{3l}$) at faulted margin of Raoyang depression of Jizhong subbasin. Fig. 5-1(d) shows sedimentary facies controlled by antithetic parallel fault slope-break zones of Sq2-2 (($E_{2-3}s^{4U}$) at hinged margin in the west depression of Liaohe subbasin. The numbers from 1 to 6 represent different shaped slope-break zones as described in Fig. 5-1 and below. Fig. 5-2 illustrates six patterns of syndepositional fault slope-break zones based on the examples in Fig. 5-1. Broom-shaped fault slope-break zone based on 1 in Fig. 5-1(a); Steeping dipping parallel fault slope-break zone at faulted margin based on 2 in Figs. 5-1(b),(c); Gently dipping parallel fault slope-break zone at hinged margin based on 3 in Fig. 5-1(a); Cross-shaped fault slope-break zone based on 4 in Fig. 5-1(b); Comb-shaped fault slope-break zone based on 5 in Fig. 5-1(b); Antithetic parallel fault slope-break zone based on 6 in Fig. 5-1(d).

Fig. 5　Examples and patterns ofsyndepositional fault slope-break zones in Bohai Bay Basin

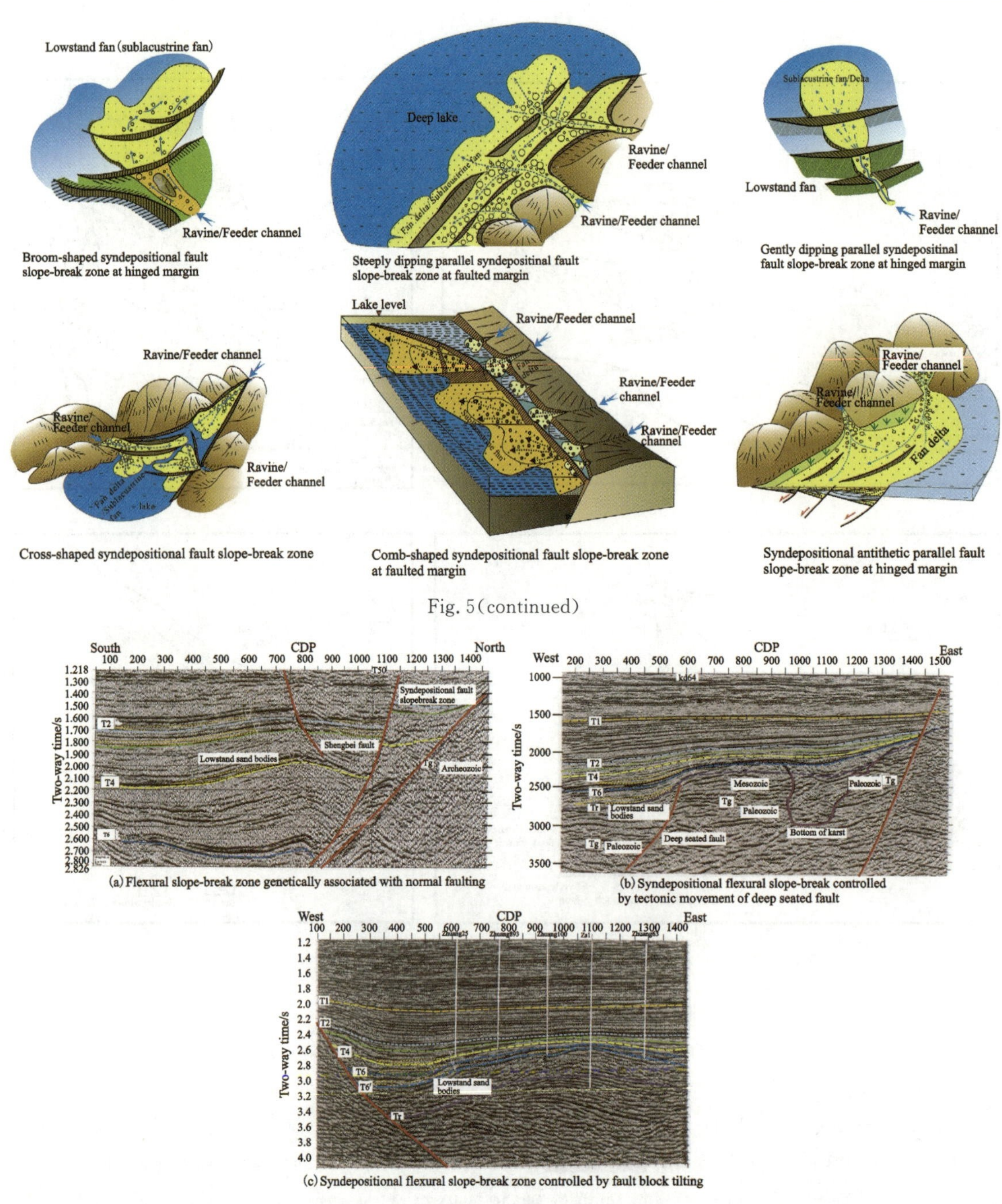

Fig. 5(continued)

Figs. 6-1 illustrates typical seismic sections showing syndepositional flexural slope-break zones in Dongying and Zhuanghua depressions. Fig. 6-1(a) shows that flexural slope-break zone controlled by anticline/reverse drag anticline associated with border faults of faulted margin, starting to develop at seismic reflection surface T4 at north faulted margin of Dongying depression in Jiyang subbasin. See position at (6) in Fig. 1(a). Fig. 6-1(b) shows flexural slope-break zone controlled by different subsidence of deep-seated fault in Zhanhua depression. See position at (7) in Fig. 1(a). Fig. 6-1(c) shows flexural slope-break zone controlled by fault block tilting in Zhanhua depression, Jiyang subbasin. See position at (8) in Fig. 1(a). Fig. 6-2 demonstrates three patterns of flexural slope-break zones based on these seismic profiles respectively (flexural slope-break zone controlled by syndepositional anticline is based on Fig. 6-1(a); flexural slope-break zone controlled by varying subsidence rates due to deep seated faults is based on Fig. 6-1(b); flexural slope-break zone controlled by fault-block tilting of hinged margin of a half-graben is based on Fig. 6-1(c)).

Fig. 6 Examples and patterns of syndepositional flexural slope-break zones for Paleogene strata in Bohai Bay Basin

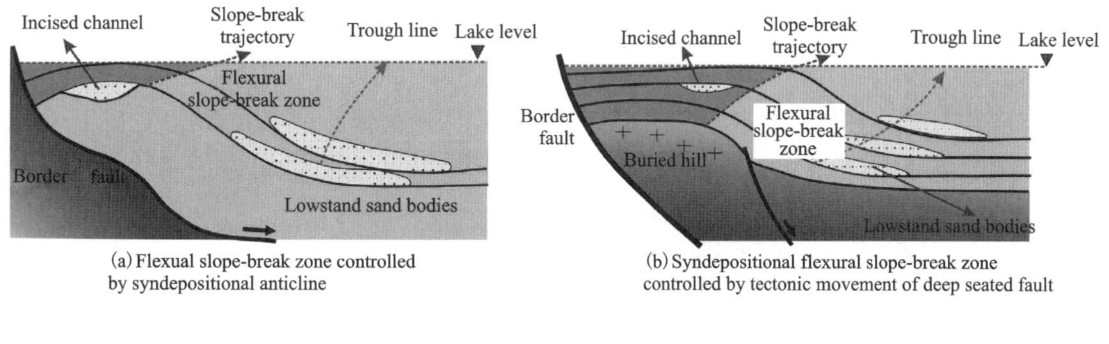

(a) Flexual slope-break zone controlled by syndepositional anticline

(b) Syndepositional flexural slope-break zone controlled by tectonic movement of deep seated fault

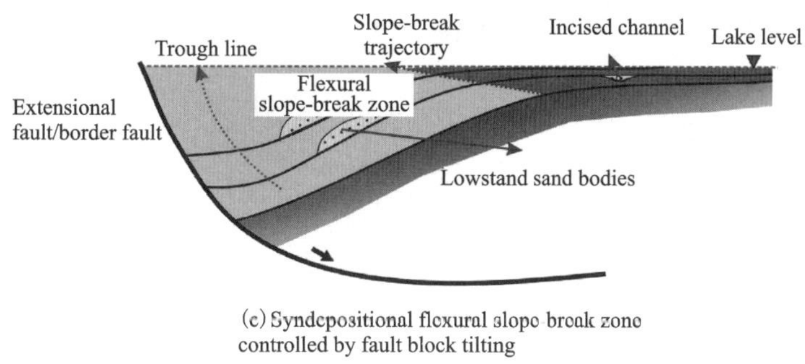

(c) Syndepositional flexural slope-break zone controlled by fault block tilting

Fig. 6(continued)

4.2 Pattern of Systems Tracts in Half-graben with Syndepositional Fault Slope-break Zones

In the Bohai Bay Basin, syndepositional slope-break zones were developed during the Paleogene period and they are the controlling factors for the distribution of systems tracts and sequence developments.

The sequence stratigraphy of second-order sequences 3 (SSq3) and 4 (SSq4) in Qikou depression of the Huanghua subbasin provides clear examples of syndepositional fault slope-break zones at the Beidagang faulted margin of the Qibei sag; at the Nandagang faulted margin of the Qinan sag; and at the stepping geometry normal faults belt of the Chengbei hinged margin of Qinan sag in this subbasin (Figs. 7(a), 7(b)). These syndepositional fault slope-break zones controlled the distribution of systems tracts of sequences and sequences development.

Lowstand systems tracts(LSTs) composed of subaqueous fan and turbidite sand bodies are present at the downdip areas of these syndepositional fault slope-break zones (e. g. lowstand sand bodies penetrated by well Gangshen 25 and well Qinan 2, Fig. 7(b)). The transgressive systems tracts (TSTs) are composed of lake plain to shallow lake subfacies whereas the highstand systems tracts (HSTs) consist of fan delta or fluvial delta facies that are thicker down dip of syndepositional fault slope break zones. In contrast, updip areas usually lack the development of lowstand systems tracts and the transgressive and the updip highstand systems tracts are much thinner than their downdip equivalents (Figs. 7(a),7(b)).

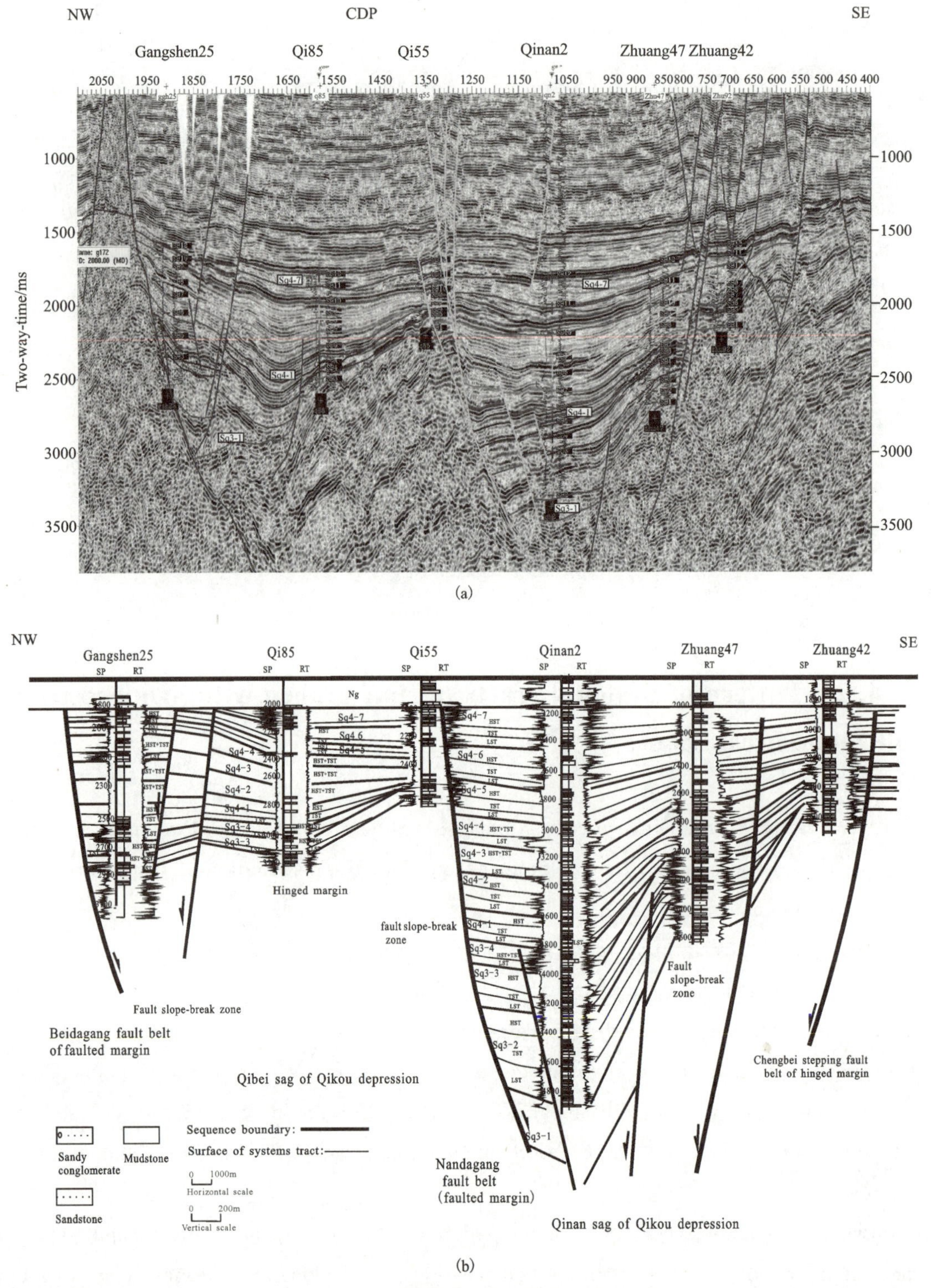

These profiles show that syndepositional fault slope-break zones control the development of sequences. See Fig. 2 for the meaning of coded sequences: LST-Lowstand systems tract; TST-Transgressive systems tract; HST-Highstand systems tract.

Fig. 7 South-North cross sections of the seismic line (Fig. 7(a)) and interpreted cross-well (Fig. 7(b)) sequence stratigraphic framework in the Qikou half-graben depression (see the location of profiles at (10) in Fig. 1(a))

Sequence Sq3-3 of the Dongying depression in the Jiyang subbasin shows lowstand subaqueous fans distributed on the downdip side of the syndepositional fault slope break zones.

In this instance, incised channels are distributed on the updip side of the syndepositional fault slope-break zones (Figs. 3, 5-1(a)). The transgressive systems tract of Sq3-3 is composed of deep and shallow lake subfacies and widely distributed throughout the depression. The highstand systems tract, Sq3-3 is predominantly composed of river-delta deposits.

Based on the architectural features of the systems tracts in Qikou depression of the Huanghuang subbasin, and the Dongying depression of the Jiyang subbasin, the pattern of systems tracts in a sequence deposited in half-graben structures with syndepositional fault slope-break zones can be constructed (Fig. 8).

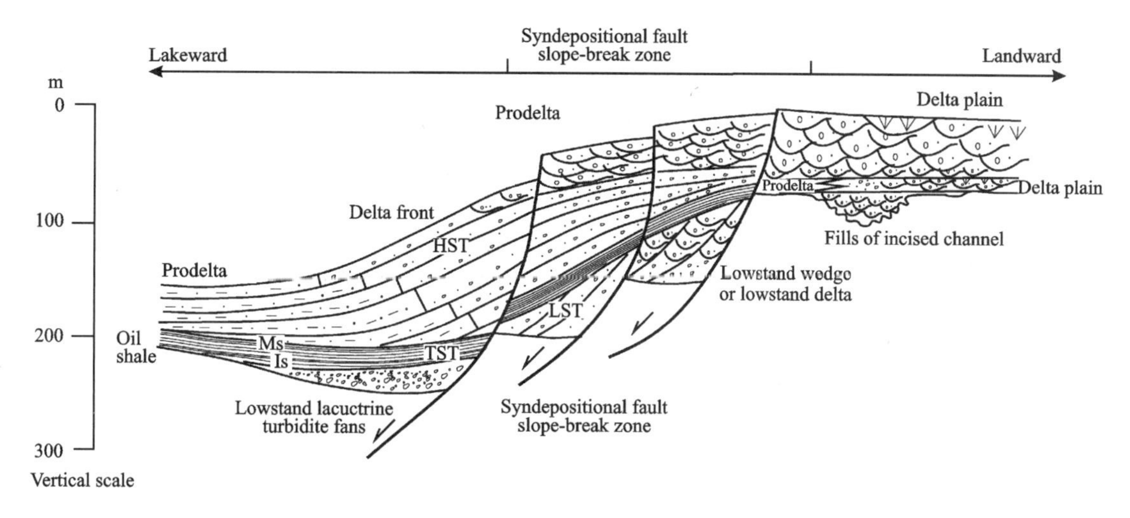

Is.Initial flooding surface; Ms.Maximum flooding surface.

Fig. 8 Pattern of systems tracts in a sequence deposited in a half-graben with syndepositional fault slope-break zone

There are usually no LSTs on the updip side of the fault slope-break zone but rather incised channel infillings of lowstand systems tracts are common. The lowstand delta, and subaqueous fans are generally deposited in areas downdip of the slope-break into the deep lake.

TST on the lakeward side of the fault slope-break zone consists chiefly of deep-lake mudstone and shale deposits. On the landward side of the fault slope-break zone related to faulted margins, TST consists chiefly of retro-gradational fan-deltas and coarse-grained shoreline deposits. On the landward side of the fault slope-break zones related to hinged margins, TST is composed chiefly of shoreline to shallow lake subfacies or retrogradational deltas.

TSTs consists chiefly of fan-deltaic systems at the faulted margin of a depression. It is composed chiefly of river-delta sedimentary systems at the hinged margins of a depression (Fig. 8).

Second-order sequences 1 and 2, corresponding to rifting episodes 1 and 2 respectively, also have sequences in depressions with syndepositional fault slope-break zones. However, the depositional architecture of these systems tracts differs from those of their overlying sequences: the lowstand systems tract, on the lakeward side of the syndepositional fault slope-break zone, consists of alluvial fans and braided rivers. The transgressive systems tracts consist chiefly of shoreline to shallow lake deposits, small deltas and fan deltas. The highstand systems tract consists of alluvial fans, fan deltas and saline lake deposits.

4.3 Systems Tract Pattern in Sequences Deposited in a Half-graben with Syndepositional Flexural Slope-break Zones in Hanging Wall

Syndepositional flexural slope-break zones commonly develop at flexures of growth anticlines associated with normal faulting (Figs. 6-1(a), 6-2(a)); drape folds/anticlines associated with paleostructures or buried hills; and deep-seated faults (Figs. 6-1(b), 6-2(b)), and fault-block tilting (Figs. 6-1(c), 6-2(c)). At the Kongdian high in the Qikou depression, syndepositional flexural slope-break zones developed at the flexure of the drape anticline (Figs. 9(a), 9(b)). Seismic to well tie analysis of slope break zones at the Kongdian high of the Qikou depression demonstrates that the thickness of a sequence at the lakeward side of the flexural break zone is thicker than that at the landward side. The lowstand systems tracts consist of deposits of shoal and shallow lake sediments in well Qibei85, well Gangshen51 and well Gangshen48 (Figs. 9(a), 9(b)). The transgressive systems tracts and highstand systems tracts contain delta and shallow lake facies in the lakeward area and are relatively thick. Lowstand systems tracts are not present updip of the flexural slope-break zone, although lowstand incised channel fills were deposited in some areas. The transgressive and highstand systems tracts at the landward area are also thinner (Figs. 9(a), 9(b)).

At the faulted margin of the Nanpu depression, deep-seated fault movement led to flexure and deformation of the shallow strata and thus formed the flexural slope break zones (Figs. 10(a), 10(b)). The characteristics of sequence thickness and depositional features of the systems tracts at the lakeward portions of the flexural slope break zones with faulted margins in the Nanpu depression are similar to those at the slope of the Kongdian high in the Qikou depression (Figs. 10(a), 10(b)). For example, the lowstand subaqueous fan of sequence Sq3-2 is distributed downdip of the syndepositional flexural slope-break zone, and lowstand fluvial deposits are present above it. Retrogradational fan deltas occur in transgressive systems tracts, and fan delta systems developed during the highstand phases of sequence Sq3-2.

The analysis of the architectural features of the systems tracts syndepositional flexural slope break zones shows that the syndepositional flexural slope break zone (shore line) shifts towards the depositional center of the depression through time (Figs. 9,10).

The pattern of systems tracts in a sequence deposited in a depression/half-graben with syndepositional flexural slope-break zones in a hanging wall is depicted in Fig. 11 (based on Figs. 9 and 10). Lowstand deltas and turbidite fans are deposited in lowstand systems tracts at the downdip position of syndepositional flexural slope-break zones. Incised channels which

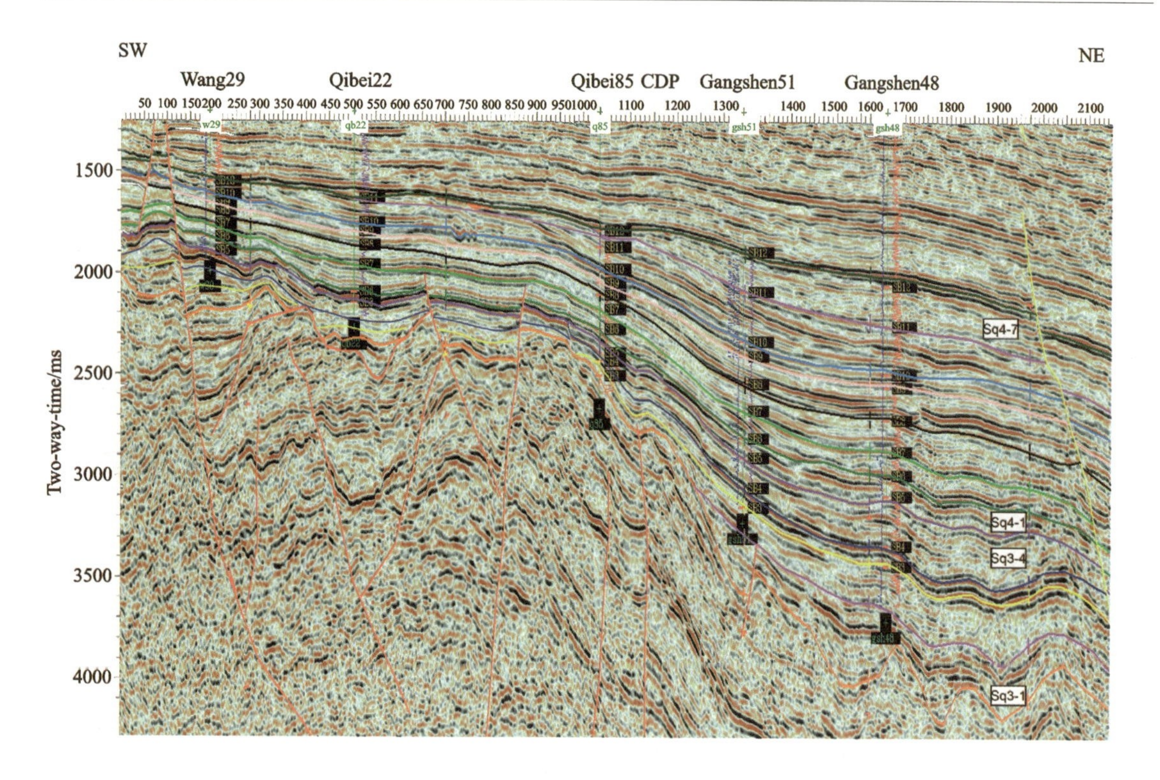

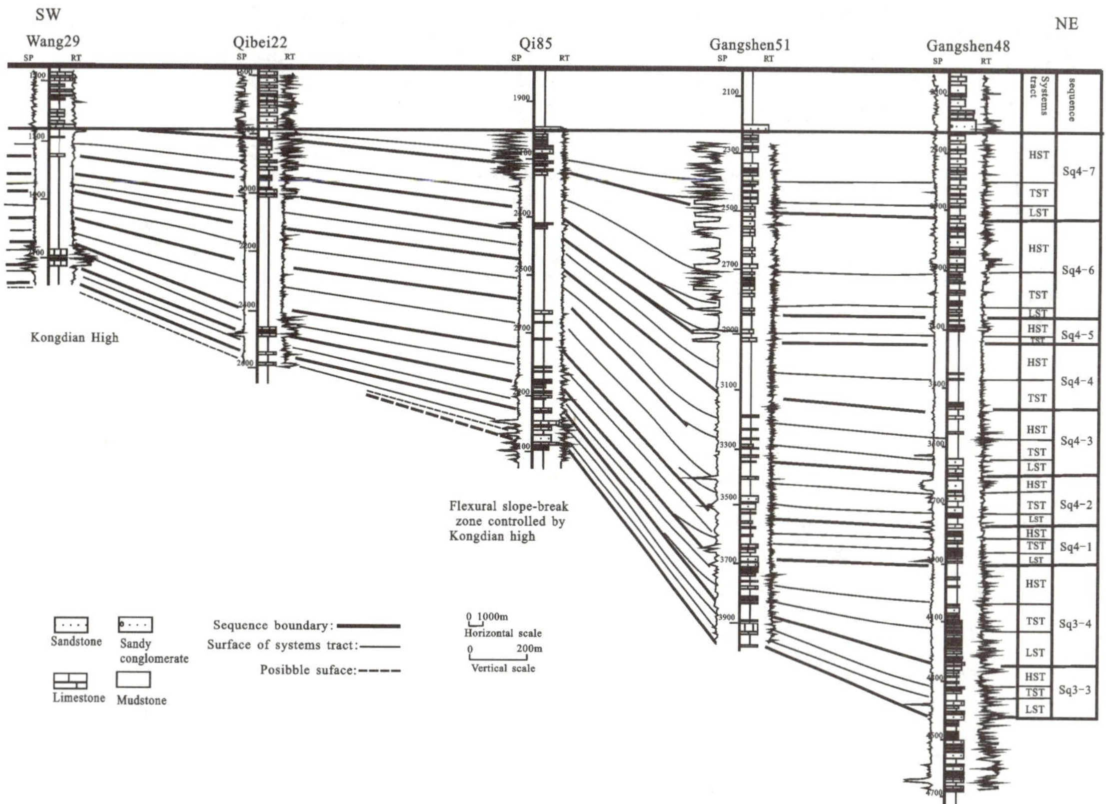

The legend is the same as that in Fig. 7. These profiles show the control exerted by syndepositional flexural slope-break zone associated with a drape anticline. See Fig. 2 for the meaning of Sq3-1 to Sq4-7.

Fig. 9　East-west cross sections of the seismic (Fig. 9(a)) and interpreted cross-well (Fig. 9(b)) sequence stratigraphic frameworks in the Qikou depression (see the location of the profile at (9) in Fig. 1(a))

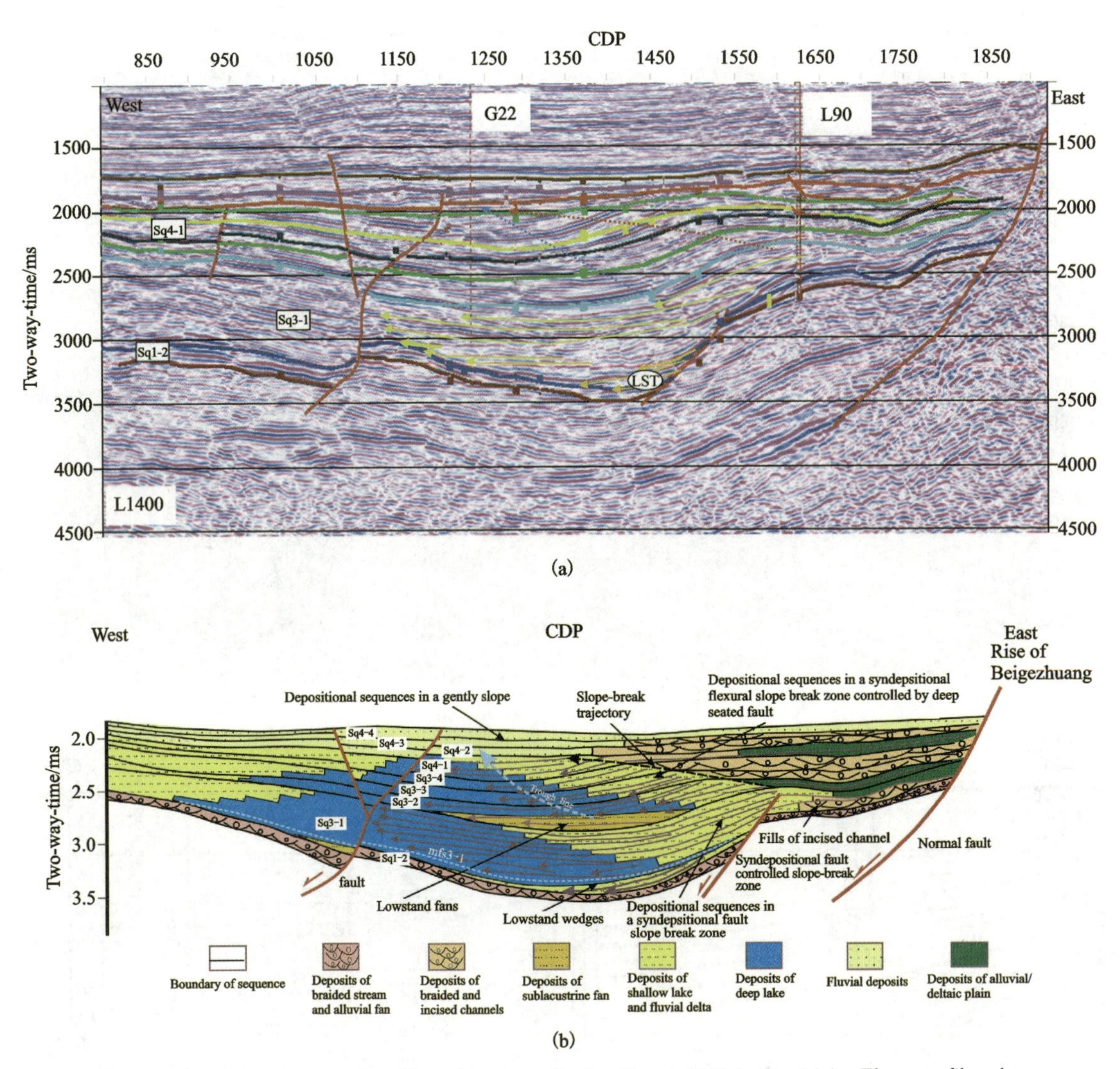

The map shows sequence stratigraphic architecture. See location at (11) in Fig. 1(a). These profiles show sequences characteristics with different slope-break zones and evolution of architecture from sequences in fault slope-break zone controlled by normal faults to sequences in flexural slope-break zone controlled by deep seated fault. See Fig. 2 for the meaning of Sq1-2 to Sq4-4.

Fig. 10 East-west oriented seismic sequence stratigraphy from the seismic line L1400 in the Nanpu depression (Fig. 10(a))(see in (11) Fig. 1(a) for the location of the profile). Fig. 10 (b) is the sequence stratigraphic interpretation of the seismic line1400 (Fig. 10(a))

filled with sand are deposited at the updip portion of the flexural slope-break zone in lowstand systems tracts. Deep-lake and semi-deep-lake sediments are mainly deposited in transgressive systems tracts at the downdip portion of the flexural slope-break zone, while shoreline and shallow lake sediments are mainly deposited in the transgressive systems tracts at the updip portion of the slope break zone. Highstand systems tracts are mainly composed of shoreline to shallow lake and fluvial-deltaic deposits with progradational configurations (Fig. 11).

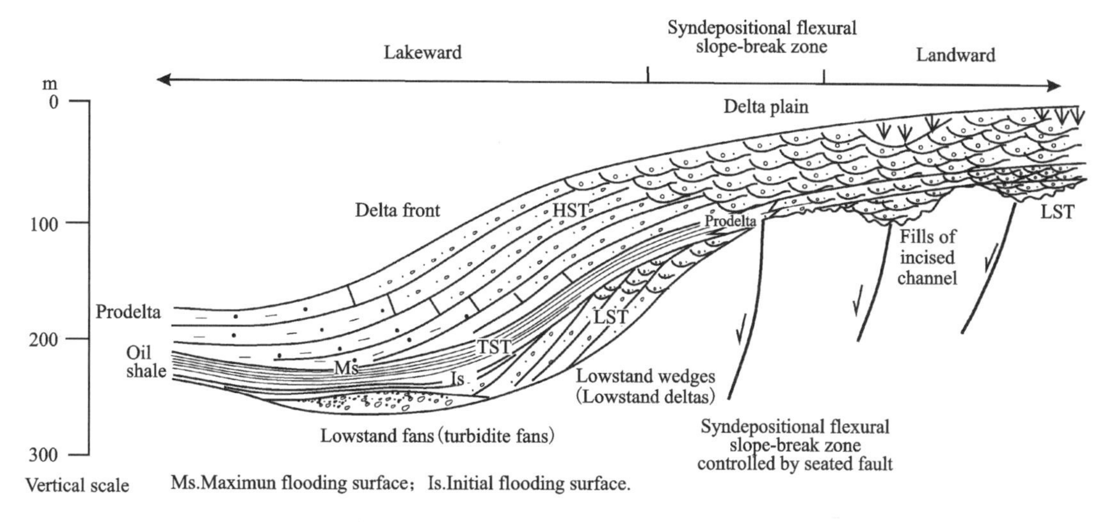

Fig. 11 Pattern of the systems tracts of a sequence deposited in a depression with syndepositional flexural slope-break zone

4.4 Systems Tract Pattern in a Half-grabens with Gentle Slope

Systems tracts of sequences deposited in depressions with a gentle slope architecture are markedly different from those with syndepositional structural slope break settings (e. g. Neogene Guantao Formation ($N_1 g$), Paleogene sequences (Sq4-7) of rifted episode 4 in the Qikou depression (Figs. 7(a), 7(b)) and Paleogene sequences (Sq4-2 to Sq4-4) in the Nanpu depression (Figs. 10(a), 10(b)). The lowstand systems tracts (LSTs) of Paleogene sequences deposited in depressions and/or half-grabens with gentle slopes consist of alluvial fans, braided rivers, fills of incised channels or subaqueous fans. Transgressive systems tracts (TSTs) are composed of deep lake mudstones, and shoreline to shallow lake sediments. Highstand systems tracts (HSTs) primarily have fluvial-deltaic or shoreline to shallow-lake deposits (Fig. 12).

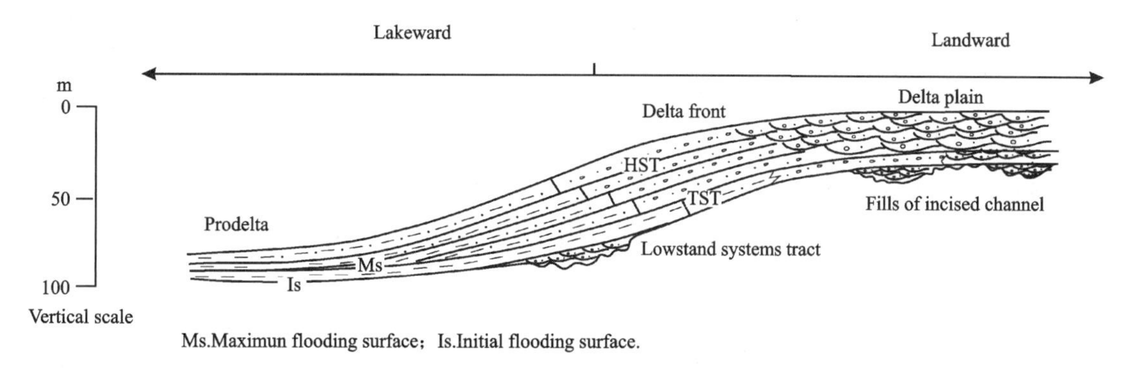

Fig. 12 Architecture of the systems tracts of a sequence deposited in a depression with a gentle slope

The sequences in the Neogene Guantao Formation ($N_1 g$), for instance, have thicker lowstand systems tract (LST) consisting chiefly of alluvial fans and braided rivers and thinner transgressive systems tracts (TSTs) consisting chiefly of flood plains. The highstand systems tract is absent in these depressions with the gentle slopes. Olson[60] defined these sequences as fluvial-alluvial sequences.

5 Significance for Petroleum Exploration for Sand Bodies in Lowstand Systems Tracts Controlled by Syndepositional Structural Slope Break Zones

The lowstand systems tracts, deposited in different sequences within second-order sequence 3 (SSq3), are composed of incised channel fills, lowstand wedges (lowstand deltas) and lowstand fans (lowstand sublacustrines fans, turbidite fans, and alluvial fans)[61]. Syndepositional fault or flexural slope-break zones control the distribution of these sand bodies in lowstand systems tracts.

For example, the steeply dipping parallel syndepositional fault slope-break zones were developed at faulted margins of the Raoyang depression in Jizhong subbasin, and control the distribution of sand bodies related to the lowstand fan deltas in Sq3-1 (Fig. 5-1 (c)). Syndepositional antithetic parallel fault slope-break zones occur at the hinged margin of the West depression in Liaohe subbasin and control the distribution of lowstand fan deltas in Sq2-1 (Fig. 5-1 (d)). "Comb-shaped" "Cross-shaped", and steeply dipping parallel syndepositional fault slope break zones were developed at the faulted margins of the Zhanhua depressions in Jiyang subbasin. They control the distribution of the sand bodies of fan deltas and subaqueous fans in the lowstand systems tract of Sq3-1 (Fig. 5-1(b)).

Steeply dipping, parallel and single syndepositional fault slope break zones are developed mostly at the faulted margins in the Dongying depression of Jiyang subbasin (Fig. 13, LST, Sq3-1; LST, Sq3-2). They also control the distribution of fan delta and turbidite fan sand bodies of the lowstand systems tracts in Sq3-1 and Sq3-2. "Broom-shaped" and gently dipping, parallel syndepositional fault slope break zones occur at hinged margins of the depression. The LST sand bodies of Sq3-3 such as sublacustrine fans and small deltas were also deposited chiefly on the downdip side of these zones, and are distributed along their length (Fig. 13, LST, Sq3-3). Fining upward sand bodies representing incised channel fills (Fig. 5-1(a)) were deposited on the updip side of the slope break zones (Fig. 13, LST, Sq3-3). The trajectories of syndepositional fault slope-break zones of Sq3-1 to Sq3-3 shifted from the margin towards the center of the Dongying depression through time. Therefore, the distribution of sand bodies within the lowstand systems tracts of Sq3-1 to Sq3-3 also shifted from the margin towards the center of the depression.

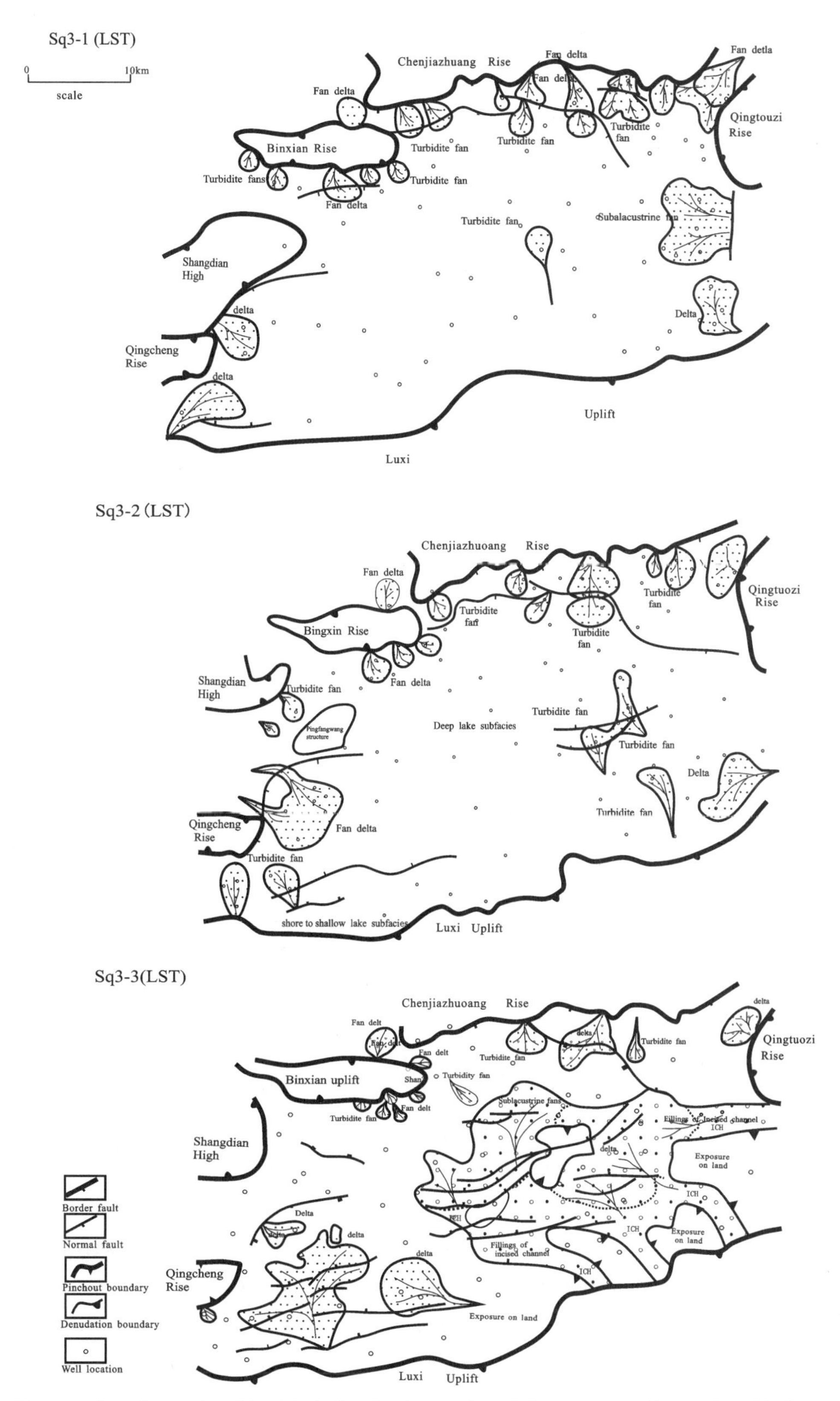

The maps show that syndepositional fault slope-break zones control the occurrence of lowstand sand bodies.

Fig. 13　Maps of depositional systems of the lowstand tract sand bodies of sequences (Sq3-1, Sq3-2, Sq3-3) of SSq3 in Dongying depression. See location of these maps in Fig. 1(a)

These sand bodies of lowstand systems tracts have a good reservoir quality with high porosity and permeability. Because high quality source rocks and mudstones of transgressive systems tracts overlay these sand bodies, hydrocarbons generated below them could migrate along the faults in the slope break zones. These sand bodies have good hydrocarbon accumulation potential and have become the most favorable zones for stratigraphic hydrocarbon reservoirs exploration.

The recently discovered stratigraphic traps of lowstand sand bodies controlled by syndepositional fault slope break zones are shown as follows in Table 1.

Table 1 List of the current discoveries attributed to stratigraphic/ lithologic traps in lowstand systems tracts (Well locations shown in Fig. 1(a); [62] and [63])

Number	reservoir type	Well	Location	Sequence	Depression
1	Lowstand wedges and lowstand fans	Tou 71. Tou 719	At the down dip area of steeply dipping parallel (step) fault slope-break zone at the north faulted margin of the Dongying depression	Sq3-2	Dongying depression of Jiyang subbasin
2	Lowstand fan	Che 57	At the down dip area of syndepositional fault slope-break zone in the north faulted margin	Sq4-2	Che zhen depression of Jiyang subbasin
3	Lowstand wedge	Xia 502	At the syndepositional fault slope-break zone of the south hinged margin	Sq3-2	The Huimin depression of Jiyang subbasin
4	Lowstand delta	Jin 310	At the Shuangnan syndepositional fault slope-break zone of the West depression	Sq3-4	The West depression of Liaohe subbasin

6 Discussion

Bohai Bay Rift Basin developed syndepositional structures during the Paleogene syn-rift period. These, include syndepositional normal faults, transfer zones, deep seated faults, and anticlines genetically associated with normal faulting, fault block tilting, and draping on paleo-high areas. Slope-break zones controlled by these types of syndepositional structures play a similar role in controlling sand body distribution as shelf-breaks in passive continental margins[20,57,64]. They can be classified into syndepositional fault and flexural slope-break zones based on their genesis. The syndepositional fault and flexural slope break zones controlled the architecture of sequences of the Paleogene strata in Bohai Bay Basin. The slope-break zones are closely related to episodes of tectonic movements of the basin. Because of the diversity of tectonic activities, the slope-break zones vary by differential rifting, inheritance and change of character in different periods and areas. The syndepositional structural slope break zones can lead to the change of accommodations above and under them and have significant controls on the stratigraphic architecture of sequences and the distribution of depositional systems.

SSq1 and SSq2 correspond to rifting episodes 1 and 2 respectively (Fig. 2). The basin was subjected to a sinistral transtension stress field caused by subduction of NNW direction of the pacific plate relative to the eastern margin of Asia[49,65,66]. Extension and subsidence were concentrated in the western, southwestern, and northeastern parts of the basin, principally in the Jizhong, Dongpu, and Liaohe subbasins and the western part of the Jiyang subbasin[27]. NW and NE riented boundary faults controlled basin fills and syndepositional fault slope break zones. During rifting episodes 1 and 2, climate was arid and the extensional and subsidence rates of basin's basement were higher, lake-level changes were controlled dominantly by climate[21,32]. Movements of NW and NE oriented border normal faults resulted in the development of alluvial fans, fluvial systems and saline lakes. The distribution of depositional systems, and architecture of systems tracts of sequences in rifting episodes 1 and 2 were controlled by syndepositional fault slope-break zones.

SSq3 corresponds to rifting episode 3 (climax rift). The basin was subjected to an intense dextral transtension stress field resulted from subduction of NWW direction of the pacific plate relative to the eastern margin of Eurasian plate since 42.5Ma [27,49,65,66] and the hard collision of the Indian plate against the Eurasian plate since 45Ma or 42Ma[67]. During this stage, climate was humid and rapidly fluctuating lake levels, caused by tectonic movements, resulted in a significant change in depositional facies at the scale of sequences. Transgressive ravinements were also developed at the faulted and hinged margins of a depression. The syndepositional fault and flexural slope break zones were developed at faulted margins and hinged margins of a half-graben. The stratigraphic sequences with syndepositional fault slope-break zones and flexural slope-break zones are especially well developed in SSq3.

An explanation of the formation of sequences in SSq3 is that during the stage of episode 3 rifting, intense episodic rifting of boundary faults related to a depression and/or half-graben, together with a limited water volume in the lake resulted in rapid accommodation increase and thus a significant lowering of lake level. This caused further formation of sequence boundaries and lowstand tracts controlled by syndepositional structural slope break zones (e. g. very local subaqueous fans, lowstand deltas and incised channel infillings, Fig. 13). When the structural movement decreased, the lake level rose rapidly and transgressive systems tracts (TSTs) formed with widespread deposits of deep-lake mudstone and shale; shoal to shallow lake deposits, and deltas with retrogradational stacking patterns developed during TSTs. When accommodation no longer increased and sediment supply continued, it greatly exceeded accommodation, and highstand systems tracts (HSTs) slowly formed: river deltas were deposited along the axial direction (perpendicular to regional extension direction) of the depression, at hinged margins and fan deltas were deposited at faulted margins[9]. Some fourth-order sequences developed within these highstand systems tracts. For instance, in each HST of third-order sequences in SSq3 of the Dongying depression, three to six fourth-order sequences have been identified (Fig. 3[12]).

SSq4 corresponds to rifting episode 4. The basin was also subjected to the dextral transtension stress field. During this stage, extensional and subsidence rates of the basin field were lower, some syndepositional fault slope-break zones of SSq3 were transformed into syndepositional flexural slope-break zones or gentle slopes of SSq4 in the subaerial part of the Bohai Bay Basin. The architecture of the sequence was changed and the controlling factors became the syndepositional flexural slope break zones or gentle slopes and lake-level changes controlled by tectonic movement and paleoclimate. This tectonic setting led to infill of subbasins by shallow lake to fluvial-deltaic systems that carried sufficient sediment to ultimately overfill the lake basin.

However, the structural subsidence and extensional centers of basement rock in Bohai Bay Basin were in the current onshore and offshore areas of the Bohai Bay Basin during rifting episode 4. Syndepositional fault and flexural slope break zones also controlled the development of sequence stratigraphy and the distribution of depositional systems. Slope-break zones developed in the subsidence center of the current onshore and offshore areas of the basin and controlled the architecture of sequences similar to that in second-order sequence 3 during rifting episode 3.

7 Conclusions

(1) On the basis of the study area definition of first-order, second-order, and third-order unconformities, we identified one first-order stratigraphic sequence corresponding to the Paleogene syn-rift succession of the basin, four second-order sequences corresponding to four rifting episodes, and ten to thirteen third-order sequences depending on the different depressions or subbasins recognized in the Paleogene syn-rift succession in the lacustrine Bohai Bay Basin.

(2) There are three types of syndepositional structure style in the Paleogene syn-rift Bohai Bay Basin. They are defined as syndepositional fault slope-break zone, syndepositional flexural slope-break zone as well as gentle slope. Because these three structural settings were active during sediment deposition, they were critical in generating the three types of sequence stratigraphic framework: sequences developed in syndepositional fault controlled slope break zone, in an active flexure controlled slop-break zone, and in gentle slope respectively.

(3) SSqs 1 and 2 formed during the extension and subsidence were concentrated in margin parts of the basin under arid climate. Depositional sequences with NW and NE oriented syndepositional fault slope-break zones developed. Sequences in an active fault and flexure controlled slope-break zones developed commonly within SSq3. Sequences in gentle slope and syndepositional flexure controlled slope-break zones developed within SSq4 of subaerial region of the basin, however sequences in syndepositional fault and flexure controlled slope-break

zones developed predominantly within SSq4 of the current onshore and offshore areas of the basin.

(4) Sand body distribution in the deepwater, downdip reaches of LSTs were controlled by syndepositional fault and flexural slope break zones. Slope-break zone trajectories indicate syndepositional fault and flexural slope break zones shifted from the margin towards the center of the depression through time. Therefore, the sand body distributions in LSTs also shifted from the margin towards the center of the depression through time. These sandbodies have good hydrocarbon accumulation potentials, and are favorable for stratigraphic trap exploration with the presence of an effective seal from the lacustrine shale in transgressive systems tracts.

References

[1] VAIL P R, MITCHUM R M, THOMPSON S. Global cycles of relative changes of sea level[M]// PAYTON C E. Seismic stratigraphy: application to hydrocarbon exploration. Tulsa: AAPG,1977:99-116.

[2] POSAMENTIER H W, JERVEY M T, VAIL P R. Eustatic controls on clastic deposition I: conceptual framework[M]// WILGUS C K, HASTINGS B S, KENDALLl C G S C, et al. Sea level changes: an integrated approach. Broken Arrow,OK: SEPM,1988: 110-124.

[3] POSAMENTIER H W, ALLEN G P, JAMES D P, et al. Forced regressions in a sequence stratigraphic framework: concepts,examples,and exploration significance[J]. AAPG Bulletin,1992,76(11):1687-1709.

[4] VAN WAGONER J C, MITCHUN R M, CAMPION K M, et al. Siliciclastic sequence stratigraphy in well, core and outcrops and outcrops-concept for high-resolution correlation of times and facies[M]. Tulsa: AAPG,1990.

[5] CATUNEANU O, ABREA J P, BHATTACHARYA M D, et al. Toward the standardization of sequence stratigraphy[J]. Earth-Science Reviews, 2009, 92: 1-33.

[6] PRINCE G D, BURGESS P M. Numerical modeling of falling-stage topset aggradation: Implications for distinguishing between forced and unforced regressions in the geological record[J]. Journal of Sedimentary Research,2013,83:767-781.

[7] MUTO T, STEEL R J. The autostratigraphic view of responses of river deltas to external forcing: A review of the concepts[M]// MARTINIUS A W, et al. From depositional systems to sedimentary successions on the Norwegian Continental Margin. Oxford: Wiley Blackwell,2014:39-148.

[8] SHANLEY K W, MCCABE P J. Perspective on the sequence stratigraphy of continental stata[J]. AAPG Bulletin,1994,78(4):544-568.

[9] STRECKER U,STRIDTMANN J R,SMITHSON A. Conceptual tectonostratigraphic model for seismic facies migration in a fluvio-lacustrine extensional basin[J]. AAPG Bulletin,

1999,83(1):43-61.

[10] LIN C S, ERIKSSON K, LI S T, et al. Sequence architecture, depositional systems, and controls on development of lacustrine basin fills in part of the Erlian Basin, Northeast China[J]. AAPG Bulletin, 2001, 85(11): 2017-2043.

[11] FOLKESTAD A, SATUR N. Regressive and transgressive cycles in a rift-basin: Depositional model and sedimentary partitioning of the Middle Jurassic Hugin Formation, southern Viking Graben, North Sea[J]. Sedimentary Geology, 2008, 207(1-4): 1-21.

[12] FENG Y, LI S, LU Y. Sequence stratigraphy and architectural variability in later Eocene lacustrine strata of Dongying Depression, Bohai Bay Basin, Eastern China [J]. Sedimentary Geology, 2013, 295: 1-26.

[13] RAVNAS R, STEEL R J. Architecture of marine rift-basin successions1[J]. AAPG Bulletin, 1998, 82(1): 110-146.

[14] ZCCHIN M, MELLERE D, RODA C. Sequence stratigraphy and architectural variability in growth fault-bounded basin fills: a review of Plio-Pleistocene stratal units of Croton basin, Southern Italy[J]. Journal of the Geological Society, 2006, 163: 471-486.

[15] FENG Y, JIANG S, WANG C. Sequence stratigraphy, sedimentary systems and petroleum plays in a low-accommodation basin: middle to upper members of the Lower Jurassic Sangonghe Formation, Central Junggar Basin, Northwestern China[J]. Journal of Asian Earth Sciences, 2015, 105: 85-103.

[16] WITHJACK M O, SCHLISCHE R W, OLSEN P E. Rift-basin structure and its influence on sedimentary systems[M]// RENAULT R W, ASHLEY G M. Sedimentation in continental rifts. Broken Arrow, OK: SEPM, 2002: 57-83.

[17] MOREY C K, NELSON R A, PATTON T L, et al. Transfer zones in the East African rift systems and their relevance to hydrocarbon exploration in rifts [J]. AAPG Bulletin, 1990, 74: 1234-1253.

[18] FAULDS J E, VAGRDA R J. The role of accommodation zones and transfer zones in the regional segmentation of extended terreanes[C]// FAULDS J E, STEWART J H. Accommodation zones and transfer zones: the regional segmentation of the basin and Range Province. Geological Society of America Special Paper, 1998: 1-45.

[19] JACKSON C A L, GAWTHORPE R L, SHARP I R. Normal faulting as a control on the stratigraphic development of shallow marine syn-rift sequences; the Nukhul and Lower Rudeis Formations, Hammam Faraun fault block, Suez Rift, Egypt[J]. Sedimentology, 2005, 52 (2): 313-338.

[20] HOWELL J A, FLINT S S. A model for high resolution sequence stratigraphy within extensional basins[M]// HOWEL J A, AITKEN J F. High resolution stratigraphy: innovations and applications. London: Geological Society Special Publication, 1996, 104: 129-137.

[21] JI Y L, ZHANG S Q. Continental rift-subsidence sequence statigraphy [M].

Beijing: Petroleum Industry Press,1996. (in Chinese)

[22] FENG Y L. Lower tertiary stratigraphic framework and basing filling model inDongying depression[J]. Earth Science:Journal of China University of Geosciences,1999,14(6):634-642. (in Chinese with English abstract)

[23] FENG Y L, LI S T, XIE X L. Dynamics of sequence generation and sequence stratigraphic model in continental rift subsidence basin [J]. Earth Science Frontiers,2000,7(3):119-132. (in Chinese with English abstract)

[24] DONG W, LIN C S, ERIKSSON K A, et al. Depositional systems and sequence architecture of the Oligocene Dongying Formation, Liaozhong depression, Bohai Bay Basin, Northeast China[J]. AAPG Bulletin, 2011, 95(9): 1475-1493.

[25] WU D Y, ZHU X, SU Y, et al. Tectono-sequence stratigraphic analysis of the Lower Cretaceous Abu Gabra Formation in the Fula Sub-basin, Muglad Basin, southern Sudan [J]. Marine and Petroleum Geology, 2015, 67: 286-306.

[26] MAGBAGEOLA O A, WILLIS B J. Sequence stratigraphy and syndepositional deformation of the Agbada Formation, Roberkiri field, Niger Delta, Nigeria[J]. AAPG Bulletin, 2007, 91(7): 945-958.

[27] ALLEN M B, MACDONALD D I M, ZHAO X, et al. Early Cenozoic two-phase extension and late Cenozoic thermal subsidence and inversion of the Bohai Basin, Northern China[J]. Marine and Petroleum Geology, 1997, 4(7/8): 951-972.

[28] WATSON M P, HAYWARD A B, PARKINSON D N, et al. Plate tectonic history, basin development and petroleum source rock deposition onshore China[J]. Marine and Petroleum Geology, 1987, 4: 205-225.

[29] WAN T F. Tectonic outline in China[M]. Beijing: Geological Publishing House, 2004. (in Chinese with English abstract)

[30] CHEN D G, PENG Z C. K-Ar Ages and Pb, Sr isotopic characteristic of Cenozoic volcanic rocks in Shandong, China[J]. Geochimica, 1985, 4: 293-303. (in Chinese with English abstract)

[31] LI J R, SHAN H G, YAO Y M, et al. A correlation of Tertiary Formations between the Jiyang-Changwei depressions and their adjacent area in Shandong province [J]. Acta Petrolei Sinica,1992,13(2):33-35. (in Chinese with English abstract)

[32] YAO Y M. Paleogene of hydrocarbon-bearing districts in China [M]. Beijing: Petroleum Industry Press,1994. (in Chinese)

[33] FENG Y L. Tectono-Magamatic evolution of Yangxing depression[J]. Oil and Gas Geology,1994,15(2):173-179. (in Chinese with English abstract)

[34] EMBRY A F. Sequence boundaries and sequence hierarchies: problems and proposals[M]// STEEL R J, FELT V L, JOHANNESSEN E P,et al. Sequence stratigraphy on the Northwest Margin. Amsterdam: Norwegian Petroleum Society Special Puplication, 1995:1-11.

[35] FENG Y L, ZHOU H M, REN J Y, et al. Paleogene sequence stratigraphy in the east of the Bohai Bay Basin and its response to structural movement[J]. Scientia Sinica Terrae, 2010, 40(10): 1356-1376. (in Chinese)

[36] LIN C S, REN J Y, ZHENG H R. The control ofsyndepositional faulting on the Eogene sedimentary basin fills of the Dongying and Zhanhua sags, Bohai Bay Basin[J]. Since in China (Ser. D),2004,47(9):769-782.

[37] HSIAO L Y, GRAHAM S A, TILANDER N. Seismic reflection imaging of a major strike-slip fault zone in a rift system: Paleogene structure and evolution of the Tan-Lu faultsystem,Liaodong Bay,Bohai,offshore China[J]. AAPG Bulletin,2004,88(1):71-97.

[38] SONG G Q, WANG Y Z, LU D, et al. Controlling factors of carbonate rock beach and bar development in lacustrine facies in the Chunxia submember of Member 4 of Shahejie Formation in south slope of Dongying Sag,Shandong Province[J]. Journal of Palaeogeography, 2012, 14(5): 565-570. (in Chinese with English abstract)

[39] FENG Y L, HE L K, ZHENG H R,et al. Gravity flow deposits of prodelta slope from 3rd member of Shahejie Formation,Niuzhuang region,Shadong[J]. Oil and Gas Geology, 1990,11(3):313-319. (in Chinese with English abstract)

[40] HUBBARD R J V. Depositional sequence boundaries on Jurassic and early Cretaceous rifted continental margins[J]. AAPG Bulletin,1988,71(1):49-72.

[41] WILLIAMS G D. Tectonics and Seismic sequence stratigraphy: an introduction [M]// WILLIAMS G D, DOBB A. Tectonics and Seismic sequence stratigraphy. London: Geological Society Special Publication,1993:1-13.

[42] CARROLL A R, BOHACS K M. Stratigraphic classification of ancient lakes: Balancing tectonic and climatic controls[J]. Geology, 1999, 27: 99-102.

[43] VAIL P R. Seismic stratigraphy interpretation using sequence stratigraphy. Part 1: Seismic stratigraphy interpretation procedure [M]// BALLY A W. Atlas of seismic stratigraphy, v. 1: AAPG Studies in Geology 27. Tulsa: AAPG,1987:1-10.

[44] XUE L Q. Classification of depositional sequence hierarchies [J]. Petroleum Exploration and Development,1989,25(3):10-14. (in Chinese with English abstract)

[45] EMBRY A F. Transgressive-regressive (T-R) sequence stratigraphy [C]// ARMENTROUT J M, et al. Sequence stratigraphic models for exploration and production: evolving methodology emerging models and application histories: proceedings of the 22nd Annual Gulf Coast Section SEPM foundation Bob F. perkings research conference. Houston: Gulf Coast Section SEPM Foundation Press,2002:151-172.

[46] MEN X H, GE R. China-Korea Sequence stratigraphy, events and evolution [M]. Beijing: Science Press, 2004. (in Chinese with English abstract)

[47] XU D Y, YAO Y M, ZHANG H F, et al. Stratigraphic study of the Oligocene Dongying Formation in the Dongying depression, Shandong province [J]. Journal Stratigraphy, 2007, 31[S(Ⅱ)]: 471-481. (in Chinese with English abstract)

[48] ZONG G H, LI C B, XIAO H Q. Evlution of Jiyang depression and its tectonic implications[J]. Geological Journal of China's University, 1999, 5(3): 275-282. (in Chinese with English abstract)

[49] REN J, TAMAKI K, LI S, et al. Late Mesozoicand Cenozoic rifting and its dynamic setting in Eastern China and adjacent areas[J]. Tectonophysics, 2002, 344: 175-205.

[50] REN J Y, LU Y C, ZHANG Q L. Forming mechanism of structural slope-break and its control on sequence style in faulted basin[J]. Earth Science: Journal of China University of Geosciences, 2004, 29(5): 596-603. (in Chinese with English abstract)

[51] CARVAJAL C, STEEL R, PETTER A. Sediment supply: The main driver of shelf-margin growth[J]. Earth Science Reviews, 2009, 96(4): 221-248.

[52] BROWN JR L F, LOUCKS R G, TREVINO R H, et al. Understanding growth-faulted, intraslope subbasins by applying sequence-stratigraphicprinciples: examples from the south Texas Oligocene Frio Formation[J]. AAPG Bulletin, 2004, 88(11): 1501-1522.

[53] NAGIHARA S. Characterization of the sedimentary thermal regime along the Corsair growth-fault zone, Texas continental shelf, using corrected bottomhole temperatures [J]. AAPG Bulletin, 2010, 94(7): 923-935.

[54] OLARIU M I, HAMMES U, AMBROSE W A. Depositional architecture of growth-fault related wave-dominated shelf edge deltas of the Oligocene Frio Formation in Corpus Christi Bay, Texas[J]. Marine and Petroleum Geology, 2013, 48: 423-440.

[55] VAN HEIJST M W I M, POSTMA G, VAN KESTEREN W P, et al. Control of syndepositional faulting on systems tract evolution across growth-faulted shelf margins: an analog experimental model of the Miocene Imo River field, Nigeria[J]. AAPG Bulletin, 2002, 86(8): 1335-1366.

[56] WU J E, MCCLAY K, FRANKOWICZ E. Niger delta gravity-driven deformation above the relict China and Charcot oceanic fracture zones, Gulf of Guinea: insights from analogue models[J]. Marine and Petroleum Geology, 2015, 65: 43-62.

[57] LIN C S, PAN Y L, XIAO J X. Structural slope break zone: key concept forstratigraphyic sequence analysis and petroleum forecasting in fault subsidence basins[J]. Earth Science: Journal of China University of Geosciences, 2000, 25(3): 260-267. (in Chinese with English abstract)

[58] LI S T, PAN Y L, LU Y C. Key technology of prospecting and exploration of subtle traps in lacustrine fault basins: sequence stratigraphic researches on the basis of high resolution seismic survey[J]. Earth Science: Journal of China University of Geosciences, 2003, 27(5): 502-598. (in Chinese with English abstract)

[59] LIU H, WANG Y, XIN R, et al. Study on the slope break belts in the Jurassic down-warped lacustrine basin in western-margin area, Junggar Basin, northwestern China[J]. Marine and Petroleum Geology, 2006, 23(9-10): 913-930.

[60] OLSON T. Sequence stratigraphy, alluvial architecture and potential reservoir

heterogeneities of fluvial deposits: evidence from outcrop studies in Price Canyon, Utah(Upper Cretaceous and Lower Tertiary[M]// VAN WAGONER J C, BERTRAM G T. Sequence stratigraphy of foreland basin deposits-Outcrop and subsurface examples from the Cretaceous of North America. Tulsa: AAPG, 1995:75-94.

[61] FENG Y L, LI S T. Depositional characteristics of lowstand sand bodies of the third member of the Shahejie Formation in the Dongying Depression and the significance in petroleum geology [J]. Geological Review, 2001, 47(3):278-286. (in Chinese with English abstract)

[62] FENG Y L, QIU Y G, Application of high-resolution sequence stratigraphy to exploration of Lower Tertiary subtle reservoirs in Jiyang Subbasin[J]. Acta Petrolei Sinica, 2003, 24(1):49-52. (in Chinese with English abstract)

[63] FENG Y L, LU W H, MENG X Y. Eogene sequence stratigraphy and stratigraphic and lithologic reservoirs prediction in Liaohe Depression West[J]. Acta Sedimentologica Sinica, 2009, 27(1): 38-44. (in Chinese with English abstract)

[64] FENG Y L, XU X S. Control of valley and tectonic slope-break zone on sand bodies in rift-subsidence basin[J]. Petroleum Exploration and Development, 2006, 27(1): 13-16. (in Chinese with English abstract)

[65] GORDON R G, JURDY D M. Cenozoic global plate motions[J]. Journal of Geophysics Review, 1986, 91:12 389-12 406.

[66] SHARP W D, CLAGUE D A. 50Ma initiation of Hawaiian-Emperor Bend records major change in Pacific plate motion[J]. Science, 2006, 3131(9):10-13.

[67] LEE T Y, LAWVER L A. Cenozoic plate reconstruction of Southeast Asia[J]. Tectonophysics, 1995, 251:85-138.

Upper Triassic Jurassic Foreland Sequences of The Ordos Basin in China*

Abstract The Ordos Basin is one of the most important coal and hydrocarbon-bearing sedimentary basins in China. The sedimentary cover, which overlies crystalline basement, is subdivided into seven unconformity-bounded stratigraphic sequences. The Upper Triassic to Upper Jurassic sequences are interpreted to be of foreland basin deposits. Development of a rapidly subsiding foredeep, adjacent to the rising western and southern flanks of the Ordos Basin. Commenced in late Triassic time during the late phases of the Indosinian Orogeny. A lake which developed in the axial part of the foredeep was a site of sedimentation of organic-rich mudstones which are the major hydrocarbon source in the basin. The main, late Triassic phase of foreland deposition is represented by over 3000m of proximal, coarse-grained sediments interfingering with the lacustrine facies. Lacustrine fan deltas and steep-sloped deltas were the main sites of foreland deposition. The depositional history of the Ordos foreland basin includes an overfilled phase in early Jurassic time and changes of source area in late Jurassic time. Unlike the Mesozoic retroarc basins of North America, which developed under a generally unidirectional, west-east compressional regime, the Ordos foreland basin was developed under the influence of transpression related to collision in the Tethys tectonic domain of Southwest China and the collision of North China and Yangtze blocks.

Foreland sedimentation was terminated in early Cretaceous time due to a continent-wide shift to an extensional tectonic regime.

1 Introduction

The Ordos Basin is one of the largest (>250 000 km^2) and most important hydrocarbon-bearing basins in China. More than 500 billion metric tons of high-quality coal reserves have been found since the 1970′s. Results of exploration for oil and natural gas carried out in the 1980′s have also been very encouraging. Data on the stratigraphy and structure of the Ordos Basin have been collected over the last decade due to exploration drilling, high quality seismic reflection profiles and field work. Some of this data have been published[1-5], but a concise account on the depositional history of the basin in Triassic-Jurassic has not yet been attempted. The Ordos Basin provides an example of an inland basin isolated from direct marine influence throughout almost the entire Mesozoic history. It is therefore reasonable to assume that the elastic wedges and the boundaries of the stratigraphic sequences of the Ordos Basin are controlled primarily by tectonics.

The Ordos Basin has been described in terms of " an unstable cratonic interior

* Pubilished on Stratigraphic Evolution of Foreland Basins, 1995, Authors: Li Sitian, Yang Shigong, Tom Jerzykiewicz.

superimposed basin" [1]. Hsu [6] pointed out that Ordos is in fact not located in a "cratonic interior"; it is surrounded by mountain chains and the basin subsidence at various times was largely related to compressional deformation. The subsidence of the Ordos Basin in late Triassic time is related to the collision of the North China and Yangtze blocks. According to Li [7] the genesis of the Ordos Basin is comparable to that of a foreland basin because the subsidence is related to the process of thrusting one segment of continental crust under another.

The purpose of this paper is to provide a stratigraphic, sedimentologic, and geotectonic framework for the late Triassic-Jurassic, Ordos foreland sequences. We hope that the brief descriptions of stratigraphic sequences and sedimentary geology which follow may be useful not only for those studying the sedimentary response to tectonism in sedimentary basins worldwide but also for sequence stratigraphers.

2 Regional Setting

The Ordos Basin is situated in central China within the Yellow River drainage basin. It is limited by latitudes 34°00′N to 40°35′N and by longitudes 106°50′E to 111°10′E (Fig. 1).

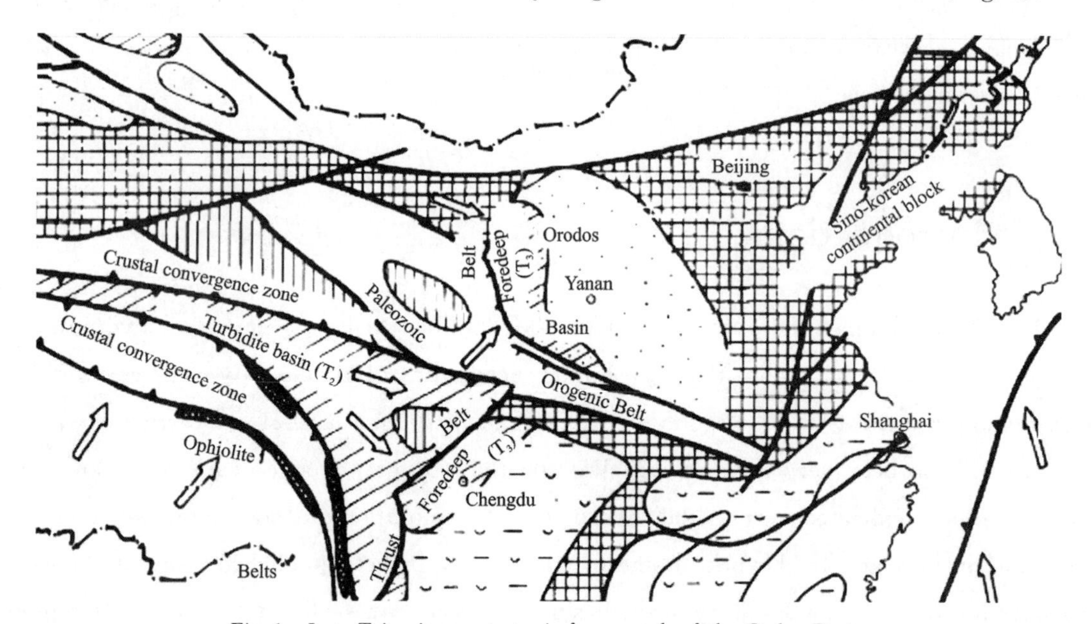

Fig. 1 Late Triassic, geotectonic framework of the Ordos Basin

Geologically, the Ordos Basin is situated in the western part of the Sino-Korean continental massif. The basin is bordered on the north, west, and south by the Yinshan-Tianshan, Helan, and Qinling-Qilian Paleozoic orogenic belts respectively (Fig. 1). The crystalline basement of the Ordos Basin, dated at 1900—3400Ma [3,8], is one of the oldest and most stable structural nuclei in east Asia.

The middle-to-late Proterozoic marine strata distributed in fault-bounded troughs of the

Ordos Basin are interpreted as deposited in aulacogens. Cambrian and Ordovician shallow-marine carbonates are part of large sedimentary cover of the Sino-Korean continental block. Near the southern margin of the Ordos Basin, the early Paleozoic platform carbonate rocks grade into continental slope, deep-water deposits which represent the northern margin of Qilian-Qinling seaway. Situated on the western flank of the Ordos Basin, the Helan aulacogen is related to early Paleozoic collisional events recorded in the Qilian-Qinling orogenic belt [9]. Carboniferous, Permian, and early-to-middle Triassic paralic deposits are distributed in both the Ordos Basin and the Helan aulacogen.

Base-level drop and deformation events which took place in the Ordos Basin in mid-to-late Traissic, referred to as the Indosinian Orogenesis, coincide with the collision event at the Jinsha-Menglian suture of the Tethys tectonic domain in Southwest China [10]. The collision event led to transpression in the intercontinental area and produced thrust belts that formed the southwestern margin of the Ordos Basin, the northwestern margin of Sichuan basin, and the late Triassic foreland basin which is the subject this report.

Paleozoic seaways into the Ordos Basin were closed by the end of the era in the north and by Triassic time in the south; therefore, the Mesozoic stratigraphic record of the basin is exclusively nonmarine. The youngest marine fossils are of early Triassic age and occur in the southernmost Ordos Basin [11].

3　Stratigraphic Framework

The stratigraphic setting of the Upper Triassic and Jurassic foreland sequences, which exceed 5000m in thickness along the western margin of the Ordos Basin, is shown in Fig. 2. The sedimentary cover of the crystalline basement in the Ordos Basin is subdivided into seven, unconformity bounded, stratigraphic megasequences. Proterozoic sedimentary and volcanic rocks are separated from the high grade metamorphic rocks of the Sino-Korean continental block by an unconformity that extends far beyond the Ordos Basin. In the Ordos Basin, this unconformity is clearly visible on the seismic profiles and in some surface sections exposed in the bordering mountain belts.

The middle-late Proterozoic megasequence (MS-I in Fig. 2) consists of silicious limestone, sandstone, and volcanic rocks which are distributed in the deep-buried, fault-bounded troughs underlying the Paleozoic strata. The upper Proterozoic silicious limestone is separated from the lower Cambrian trilobite-bearing limestone by a widespread unconformity [3].

The lower Paleozoic megasequence (MS-Ⅱ in Fig. 2) consists of up to 800m shallow marine carbonates consisting of limestone, dolomite, and evaporite[12]. These carbonate strata are the reservoir rocks for natural gas. The early Paleozoic platform carbonates are covered by Carboniferous continental, coal-bearing elastics.

The upper Paleozoic to middle Triassic megasequence (MS-Ⅲ in Fig. 2) in the Ordos Basin

Time	Stratigraphy	Facies assemblage	Mega-sequence	Tectonic regime
Cretaceous	Zhidan Group K	Eolian, lacustrine, and alluvial fan >1000m	MS-Ⅶ	Inland sag, extentional
Jurassic	Fenfanghe Fm J_3	Alluvial fan 0~1100m	MS-Ⅵ	foreland sequences, flexural: Molasse wedge
Jurassic	Anding Fm	Lacustrine 150m±	MS-Ⅴ	foreland sequences, flexural: quiescence period
Jurassic	Zhiluo Fm J_2	Fluvial 200~600m	MS-Ⅴ	foreland sequences, flexural: Fluvial rejuven ation
Jurassic	Yanan Fm J_{1-2}	Coal bearing strata 200~350m	MS-Ⅴ	foreland sequences, flexural: Quiescence period
Jurassic	Fuxian Fm	Lacustrine, fluvial delta and fan-delta >3000m	MS-Ⅳ	foreland sequences, flexural: Main stage of foreland basin, rapid subsidence
Triassic	Yanchang Group T_3			
Triassic	Zhifang Fm T_2	Red clastic deposits 1100m±	MS-Ⅲ	Cratonic (aulacogen filling at the west margin. during Paleozoic)
Triassic	T_1			
Upper Paleozoic	P_2–C_2	Red clastic deposits coal bearing strata 900m±		
Lower Paleozoic	O–Є	Carbonate plat form and shelf deposits 400~800m	MS-Ⅱ	
Middle-Upper Protero-zoic	Pt_3–Pt_2	Siliceous carbonate, sandstone and volcanic rocks >1500m	MS-Ⅰ	Aulacogen filling, extensional
Archaean	Pt_1–Ar	Metamorphic basement		

Fig. 2 Stratigraphic sequences of the Ordos Basin

is about 2000m thick and consists of elastics which were laid down largely in nonmarine environments extending north of the present boundaries of the basin. Sedimentation of the lower Carboniferous, coal-bearing strata was limited to the western margin of the Ordos Basin. Gradually, the coal-bearing, Carboniferous sedimentation embraced eastern parts of the basin where the upper Carboniferous strata were documented immediately above the sub-upper

Paleozoic disconformity[13,14]. The lower part of the megasequence Ⅲ is dominated by the coal-bearing strata of the upper Carboniferous and lower Permian. The upper part of the megasequence Ⅲ consists of late Permian to middle Triassic red beds which are known to extend far beyond the present boundaries of the Ordos Basin. The lower and middle Triassic red beds (Zhifang Formation) are separated by a second order unconformity in the western part of the Ordos Basin[3,4,14].

The sub-upper Triassic unconformity occurs throughout the entire Ordos Basin and has been observed in seismic reflection profiles, boreholes, and surface sections in the marginal area of the basin [1,4]. This unconformity is marked by a substantial change in sedimentation pattern and in the nature of erosional surfaces. The late Triassic sedimentation in the western and southwestern part of the Ordos Basin commenced with development of conglomerates. Proximal breccia and conglomerate were deposited near the western and south-western flanks of the basin. Farther east, the conglomerates interfinger with channelized sandstone, known largely from borehole information. Distal facies in the central part of the Ordos Basin are represented by fine-grained sediments with lacustrine fauna. The upper Triassic megasequence (MS-IV in Fig. 2), which corresponds to the Yanchang Group, forms more than a 3000m thick elastic wedge in the western and southwestern parts of the Ordos Basin, tapering to the east to less than 1000m (Figs. 2,3).

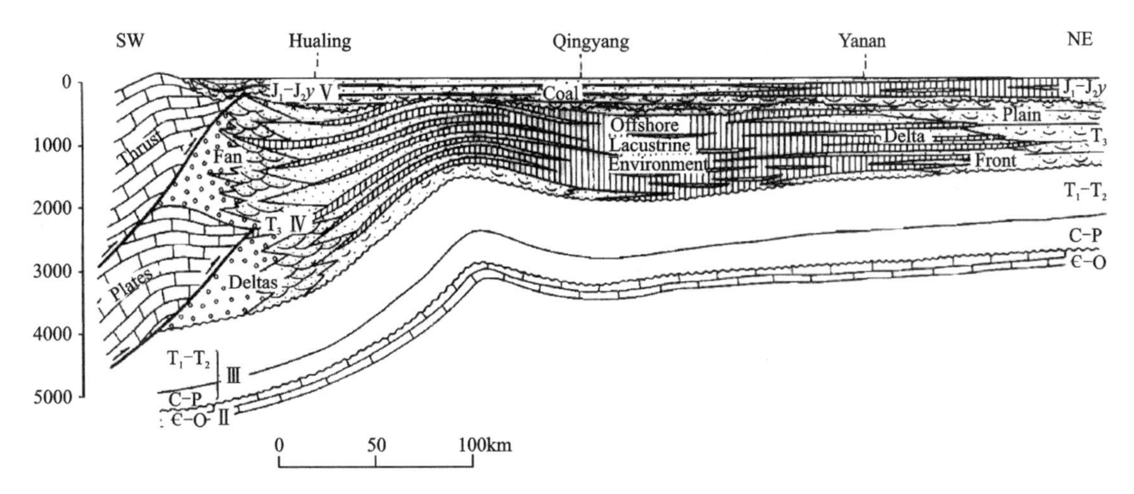

Fig. 3 Seccion across the Ordos Basin based on seismic data and exploration wells

The sub-Jurassic unconformity is marked by a basin-wide erosional surface. The lithologic, faunistic, and floristic differences between the uppermost sediments of the Triassic Yanchang Group and Jurassic strata in the Ordos Basin are distinct. The lowermost Jurassic Fuxian Formation, which shows rapid lateral facies changes from conglomerates to shale, infills local depressions on the pre-Jurassic erosion surface. The bulk of the lower to middle Jurassic megasequence (MS-Ⅴ, Fig. 2) consists of fluvio-lacustrine strata with an economic coal-bearing unit in the lower part (the Yanan Formation).

The upper Jurassic sediments form an unconformity bounded, coarse-grained elastic wedge along the western flank of the Ordos Basin (MS-Ⅵ in Fig. 2) . The wedge consists of breccia and conglomerate of alluvial fan origin and extends 100km east from the western flank of the basin. Maximum thickness of the alluvial fan deposits near the western flank of the basin exceeds 1000m. Farther eastward, this upper Jurassic megasequence, known as the Fenfanghe Formation, pinches out between the middle Jurassic Anding Formation and Cretaceous Zhidan Group sediments.

Cretaceous sediments in the Ordos Basin are represented by a thick succession of red beds of alluvial fan, fluvio-lacustrine, and eolian origin (Zhidan Group, MS-Ⅶ, Fig. 2). The Cretaceous red beds are underlain by an unconformity documented far beyond the Ordos Basin. Their thickness across most of the Ordos Basin is about 1000m. The thickest sections of the Cretaceous red beds, referred to as the Liupanshan Group are grabens on the southwestern edge of Ordos Basin (west of Huating).

4 Late Triassic and Jurassic Foreland Deposition

Since early Triassic time, when the sea retreated from the southern part of the Ordos Basin and the connection with the seaway located to the south was broken, the basin maintained a nonmarine character. The drainage systems developed in the Ordos Basin in Mesozoic time were of internal types. A large inland lake, which is referred to here as the Ordos Lake, developed in the Ordos Basin by late Triassic time. A rapidly subsiding foredeep, in front of the rising western and southwestern flanks of the Ordos Basin, developed (or formed) a foreland lake (Ordos Lake) during the late phases of the Indosinian Orogeny[1,14]. The western and southwestern Ordos foredeep was infilled by a succession of elastics more than 3000m thick derived from the emerging thrust plates to the west and southwest (Fig. 3).

The Ordos Lake, which developed in response to tectonically induced changes in the deposition pattern between middle and upper Triassic times, extended from NNW to SSE in the axial part of the Ordos Basin. During the main phase of late Triassic foreland deposition, the center of the Ordos Lake near Huachi and Qingyang received up to 400m of organic-rich, dark mudstones, covering an area of approximately 100 000km^2. These mudstones interbedded with turbidites are the major source rock of the hydrocarbons in the Ordos Basin.

These late Triassic Yanchang Group in the western Ordos (MS-Ⅳ) are interpretated to have formed as part of a fan delta system. Over 3000m of proximal, coarse-grained sediments which interfinger with fine-grained, offshore lacustrine mudstone are well exposed in several sections through the Helan Mountains west of Yinchuan and in the south-western margin of the Ordos Basin near Huating and Kongtongshan (Figs. 4(a)、4(b), 5).

The base of the megasequence consists of conglomerates or breccias derived from the southwestern, thrusted margin of the basin. The coarsest and most proximal known facies are located in the western part of Helan Mountains and the southwestern part of the Ordos Basin

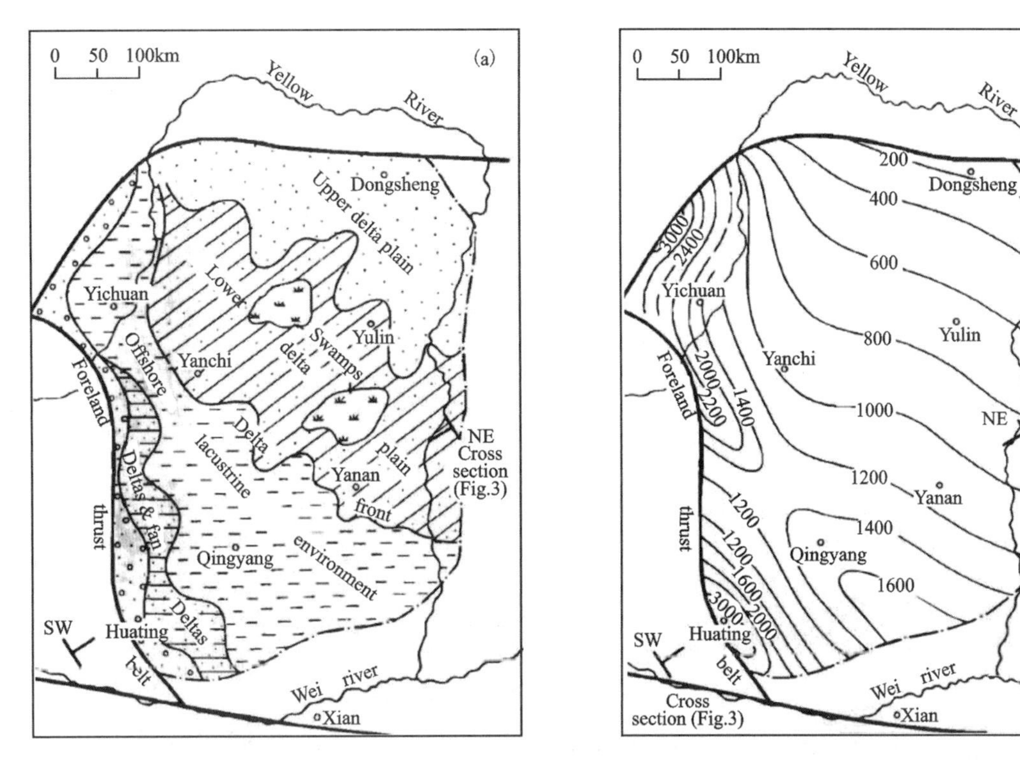

Fig. 4　Distribution of facies (a) and corresponding isopach map (b) of the upper Triassic foreland sequence of the Ordos Basin

Fig. 5　Lacustrine mudstone interbedded with turbidite sandstone layers of Yanchang Group, west Ordos(book is 20cm high)

near Kongtongshan. There, the basal sediments of the Yanchang Group consist of poorly sorted, unstratified boulders, cobbles, and pebbles supported by arkosic matrix. Large angular clasts (some>1m in diameter), poor sorting, and general lack of stratification clearly indicate an extremely proximal fanglomerate setting. Pebbles derived largely from Paleozoic and pre-Paleozoic rocks of the thrust belt are often very closely packed and show pock marks and fractures. Very similar, tectonically deformed conglomerates in the Upper Cretaceous portion of the Alberta foreland basin[15] developed adjacent to the Canadian Cordillera. In the Rugigou section near Yinchuan, the basal Yanchang Group sediments are represented by clast-supported conglomerate and coarse-grained sandstone of alluvial fan and braid-plain origin (Fig. 6).

Fig. 6 Braided-plain deposits in the Ruqigou section (southwestern margin of the Ordos Basin)

Basal fanglomerate and alluvial fan deposits grade upward into several intervals of fluvial, fluvio-lacustrine, and offshore lacustrine facies. The fluvial facies are thickest in the lower part of the Yanchang Group above the proximal alluvial fan facies. Braid-plain sandstone facies in the Rugigou section, up to 500m thick, may suggest steep paleoslope and rapid subsidence of the foredeep in front of an active basin margin.

The middle and the upper parts of the Yanchang Group in the western part of the Ordos Basin (more than 2000m thick in the Rugigou section) consist of several upwards-coarsening parasequences of offshore lacustrine to fluvio-lacustrine origin (Fig. 4(a)). The coarsening upwards successions are of two types: ① gradual transition from fine-grained mudrock with lacustrine fauna interstratified with thin and distal turbidites capped by medium grained sandstone layers of distributary channel and/or distributary mouth bar origin (Fig. 7(a)) and ② several, vertically stacked, distributary channel sandstone layers interbedded with thin, offshore lacustrine turbidites of overall coarsening upward appearance (Figs. 7(b), 8).

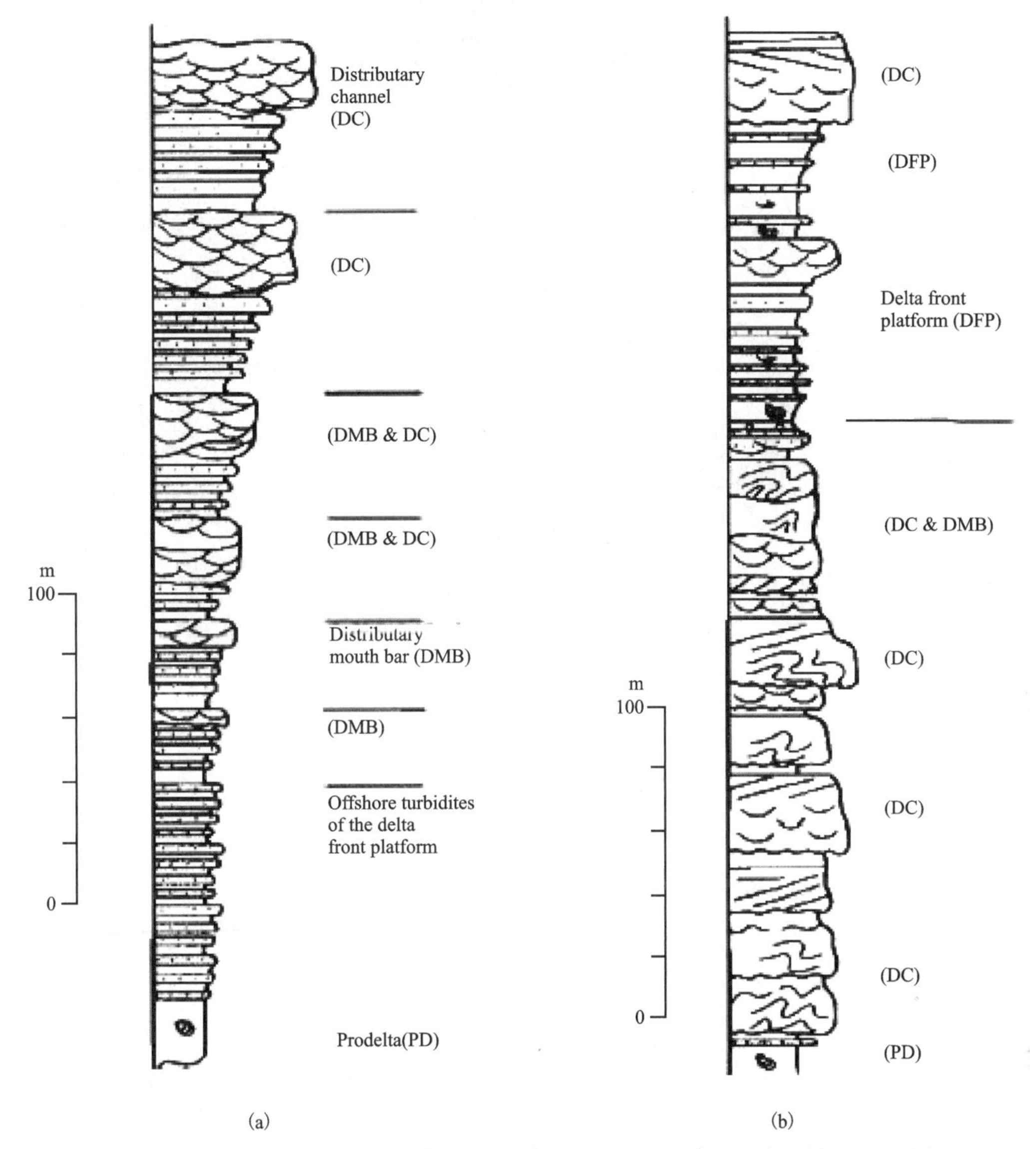

(a) Type I parasequences of fan-delta origin (cf. Fig. 8); (b) Parasequences of steep-sloped lacustrine delta origin.

Fig. 7　A typical coarsening-upward succession of the Yanchang Group

The distribution of facies within the Yanchang Group across the Ordos Basin is strongly asymmetric (Figs. 3, 4(a), 4(b)). Relatively rapid facies change from the fanglomerates to offshore lacustrine facies suggests a steep-sloped fan delta along the western and southwestern margin of the basin. In some areas, the alluvial fans prograded directly into the lake (Fig. 4 (a), west of Yinchuan), in others across a sandy delta plain.

Another, much larger and gently-sloped delta complex was developed in late Triassic time in the northeastern part of the Ordos Basin. This delta prograded from the northeast and north and covered most of the Ordos Basin by the end of Triassic depostion. It has been the object of extensive hydrocarbon exploration . Relatively good reservoir sand bodies, such as those in the Ansai area[16], have been found within the system of lobes of this gentlysloped delta complex. Top set strata of the delta complex include economic coal deposits.

Fig. 8 Coarsening-upward parasequences of fan delta origin, Yanchang Group(Rigigou section near Yinchuan)

The upper Triassic, offshore lacustrine facies were limited to the northwest-southeast trending and southeasterly widening axial part of the Ordos Lake (Fig. 4(a)). The over filled stage of the Ordos foredeep occurred at the end of Triassic time and is represented by a sub-Jurassic unconformity. The overlying Fuxian Formation represents a period of deposition in local depressions developed on the basin wide, pre-Jurassic erosional surface. The paleovalley-fill deposits of the Fuxian Formation are one of the best hydrocarbon reservoirs in the Ordos Basin[17,18].

Rejuvenation of tectonic activity affecting the entire Ordos Basin commenced with the deposition of coarse-grained, fluvial sediments at the base of the Yanan Formation. These mainly braided, alluvial plain deposits are superceded by several parasequences consisting of fluvial and lacustrine deltaic coal-bearing deposits. The Yanan delta plain coal deposits are the most economically important in China[19,20].

Paleotectonic and paleogeographic patterns in the Ordos Basin have changed since Jurassic time. The reemergent Ordos Lake in the southeastern part of the Ordos Basin (Yanan district) was gradually infilled by sediments of a large, gentle-sloped delta sourced from the uplifted flanks of the lake (Fig. 9; [20]).

The middle part of Jurassic megasequence V is represented by coarse-grained, fluvial and fluvio-lacustrine deposits of the Zhiluo Formation. The sub-Zhiluo erosional surface was likely produced by very large fluvial channels that formed paleovalleys in underlying Yanan, coal-bearing strata of the Ordos Basin. The Zhiluo Formation forms an eastward-thinning elastic wedge developed adjacent to the western and northwestern tectonically active margin of the basin. The upper part of megasequence V, (i. e., Anding Formation) consists of purplish-red and variegate-colored strata deposited in a lacustrine environment in a semiarid climate.

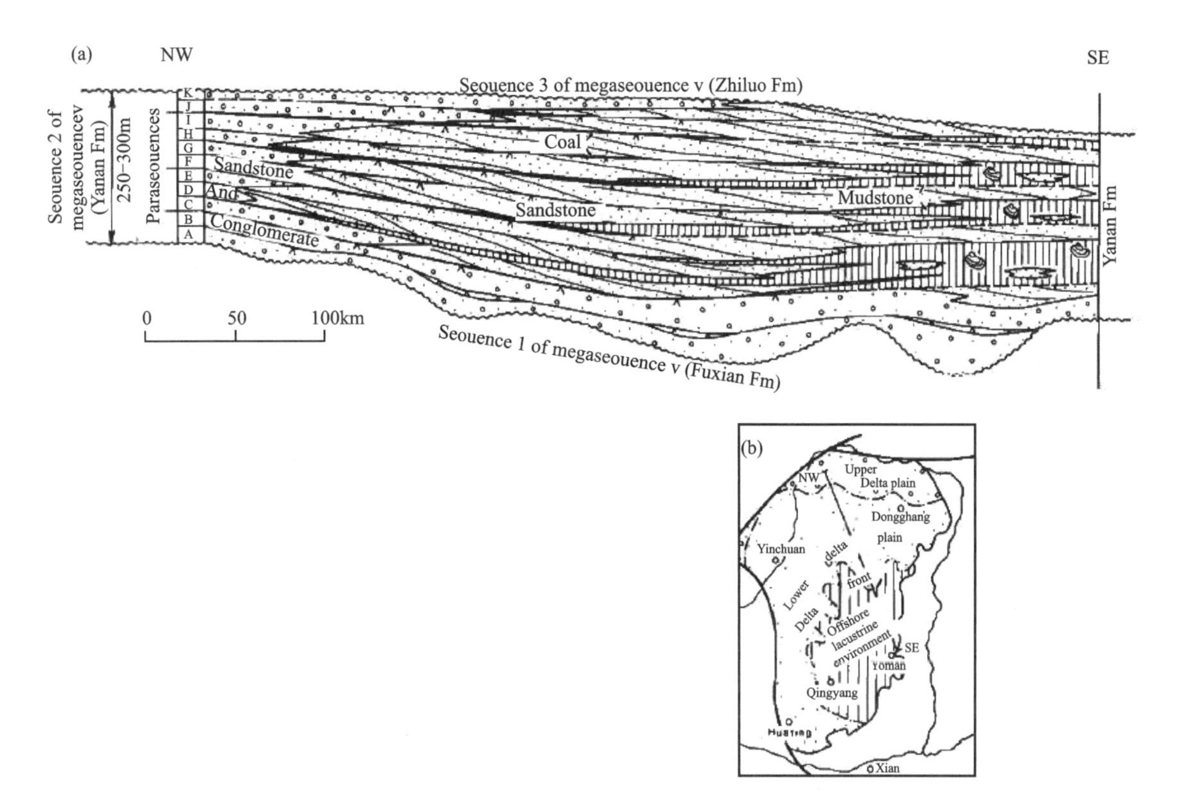

(a) Cross-section based on data from core holes; (b) Plan view (Note the cross-section line).

Fig. 9 Stratigraphic framework of the Jurassic Yanan Formation

Megasequence V, as a whole, consists of two relatively fine-grained intervals the Yanan and Anding formations interbedded with the coarse-grained, fluvial and fluvio-lacustrine Zhiluo Formation deposited during tectonically active periods.

The upper Jurassic Fenfanghe Formation (MS-Ⅵ in Fig. 2) was deposited in the last stage of foreland basin development and is interpreted to indicate rejuvenation of thrusting in the overthrust belt along the western margin of Ordos Basin. An easterly tapering elastic wedge of the Fenfanghe Formation is marked very distinctly on seismic reflection data across the Ordos Basin. The Fenfanghe clastic wedge consists predominantly of red beds of fanglomerate origin. It reaches about 1300m in thickness in the western part of the foredeep and exibits an angular, unconformable relationship with underlying strata.

5 Geotectonic Framework of The Ordos Foreland Basin: Discussion and Conclusions

Upper Triassic and Jurassic, nonmarine elastics that infilled an asymmetric trough along the western and south-western margins of the Ordos Basin are interpreted as foreland sequences. Infilling of the foredeep in front of the evolving thrust belt adjacent to the Ordos Basin occurred in several phases of pronounced subsidence separated by periods of relative quiescence. Nevertheless, the external geometries of the elastic wedges and paleocurrent patterns clearly suggest genetic links between the rising mountains and infilling of the foredeep.

The upper Triassic, Yanchang Group elastic wedge was deposited during the period of maximum total subsidence of the foredeep. The end of middle Triassic time was a period of great change in the tectonic and paleogeographic framework of China mainland (Indosinian Orogeny). This period was characterized by marine regression over a vast area of Southern China and strong intra-continental deformation. Very thick foreland-type sequences were deposited in the western margins of both the Sino-Korea and the Yangtze massifs. Deposits similar to those of the Ordos foreland were laid down in the western part of the Sichuan Basin near Chengdu (Fig. 1). The original extent of the area covered by foreland sedimentation can be inferred to have been much larger than the present size of the Ordos Basin[1]. There are also contrasting sedimentation patterns between middle and late Triassic times in many basins of Southeast China[10,11]. The shallow marine sedimentation typical for early Triassic time gave way to the paralic and continental sedimentation typical of the late Triassic in Southeast China. Continental basins also developed in northern China. Collision of the North China and Yangtze blocks and closing of the north branch of the Tethys Ocean are considered to be the main reasons for the predominance of compressional regimes in southeastern Asia in late Triassic time[1,6,8].

Unlike Mesozoic retroarc foreland basins of North America[21] which developed under a generally unidirectional, west-east compressional regime, the Ordos and Sichuan foredeeps were developed under the influence of a transpression. The transpressional regime may have developed as a result of collision in western Ordos and Sichuan[10,22,23]. According to this hypothesis, the Songpan-Garze block has moved to the west and produced the Longmen thrust belt and west Sichuan foredeep. The Qilian-Qinling, middle Triassic sea was closed by the effect of collision, and the transpressional regime that developed in the region led to the formation of the thrust belt and the Ordos foredeep. By the early mid-Jurassic, the Ordos Basin was infilled with sediments, the pace of the subsidence was lower than the rate of sediment supply, and the foreland basin reached an overfilled stage. The sedimentary pattern changed by the end of the Jurassic when easterly tapering, coarse-grained Fenfanghe elastic wedge developed as a response to thrusting which affected both the western and northern margins of the Ordos Basin. By the beginning of Cretaceous time, the western margin of the Ordos Basin had been over-thrusted to the northeast forming the thrust belt.

Termination of foreland sedimentation in the Ordos Basin is related to continental-wide change in the tectonic regime. The angular unconformity at the base of the Cretaceous succession in the Ordos Basin is interpreted in terms of a major change in the tectonic pattern, namely as a shift from predominantly transpressional to extensional regime. The late Mezozoic rifting known from other regions of China [24,25] affected the Ordos Basin beginning in early

Cretaceous time. The Cretaceous, vertebrate-bearing red beds infilled numerous grabens and halfgrabens that developed along the marigins of the Ordos Basin and within the adjacent areas of Northern China and Mongolia [26].

References

[1] SUN G, LIU J, LIU K, et al. Evolution of a major Mesozoic continental basin within Huabei plate and its geodynamic setting[J]. Oil and Gas Geology, 1985, 6: 278-287. (in Chinese)

[2] CHEN F, SUN J, WANG P, et al. Structural features and prospects of the fold and thrust belt in the western margin of the Ordos Basin[J]. Geosciences, 1987, 1: 103-113 . (in Chinese)

[3] ZHANG E. Regional Geology of Shaanxi Province [M]. Beijing: Geological Publishing House, 1989. (in Chinese)

[4] ZHANG K. Tectonic and resources of Ordos fault block[M]. Taiyuan: Scientific Publishing House of Shanxi Province, 1989. (in Chinese)

[5] YANG Y. Tectonic and petroleum geology of the West Thrust Belt of the Ordos Basin[M]. Lanzhou: Gansu Scientific Press, 1990. (in Chinese)

[6] HSU K J. Origin of sedimentary basins of China[M]// ZHU X. Chinese sedimentary basins. Amsterdam: Elsevier, 1989: 207-227.

[7] LI S T, CHENG S, YANG S. Sequence stratigraphy and depositional system analysis of the Northeastern Ordos Basin [M]. Beijing: Geological Publishing House, 1992. (in Chinese)

[8] WANG H. The main stages of crustal development of China[J]. Earth Science: Journal of China University of Geosciences, 1982, 3: 155-177. (in Chinese)

[9] LIN C, YANG Q, LI S T, et al. Sedimentary characters of the early Paleozoic deep water gravity flow systems and basin filling style in the Helan aulacogen, Northwest China [J]. Geosciences, 1991, 5: 252-263. (in Chinese)

[10] HUANG J, CHEN B. The evolution of the Tethys in China and adjacent regions [M]. Beijing: Geological Publishing House, 1987. (in Chinese)

[11] YIN H. Paleobiogeography of China[M]. Wuhan: China University of Geosciences Press, 1988. (in Chinese)

[12] FENG Z, CHEN J, ZHANG J. Lithofacies and paleogeography of early Paleozoic of the Ordos Basin[M]. Beijing: Geological Publishing House, 1991. (in Chinese)

[13] SUN Z, XIE Q, YANG J. Ordos Basin: a typical example of an unstable cratonic interior superimposed basin [M]// ZHU X. Chinese sedimentary basins. Amsterdam: Elsevier, 1989: 63-75.

[14] SUN Z, XIE Q, YANG J. Ordos Basin: a typical case of unstable intracratonic

superimposed basin[M]// ZHU X, SHU W. The Mesozoic and Cenozoic basins of China. Beijing: Petroleum Industry Press, 1990. (in Chinese)

[15] JERZYKIEWICZ T. Tectonically deformed pebbles in the Brazeau and Paskapoo Formations, central Alberta Foothills, Canada[J]. Sedimentary Geology, 1985, 42: 159-180.

[16] MEI Z, LIN J. Stratigraphic pattern and character of skeletal sand bodies in lacustrine deltas[J]. Acta Sedimentologica Sinica, 1991, 9: 1-11. (in Chinese)

[17] SONG G. Jurassic channel deposits and the formation of oil pool, southern Ordos Basin[M]// TIAN Z Y, ZHANG Q C. Sedimentary facies and oil, gas distribution of oil-bearing basins in China. Beijing: Petroleum Industry Press, 1989: 217-229. (in Chinese)

[18] WU C, XUE S. Sedimentology of Petroliferous basins in China[M]. Beijing: Petroleum Industry Press, 1992. (in Chinese)

[19] LI S, YANG S, HU Y, et al. Analysis of depositional processes and architecture of the lacustrine delta, Jurassic Yanan Formation, Ordos Basin[J]. China Earth Sciences, 1990 (I):217-231.

[20] LI S T, YANG S, LIN C. On the chronostratigraphic framework and basic building blocks of sedimentary basin[J]. Acta Sedimentologica Sinica, 1992(4): 11-22. (in Chinese)

[21] BEAUMONT C. Foreland basin[J]. Geophysical Journal of the Royal Astronomical Society, 1981, 65: 291-329.

[22] Xu Z, Hou L, WANG Z. Orogenic processes of the Song-pan-Garze Orogenic Belt of China[M]. Beijing: Geological Publishing House, 1992. (in Chinese)

[23] SENGOR A M C. Plate tectonics and orogenic research after 25 years: tethyan perspective[J]. Earth Sciences Review, 1990, 27: 1-201.

[24] LI S T, YANG S, WU C, et al. Geotectonic background of the Mesozoic and Cenozoic rifting in East China and adjacent areas[M]// WANG H. Tectonopalaeography and palaeobiologeography of China and adjacent regions. Wuhan: China University of Geosciences Press, 1990: 109-126. (in Chinese)

[25] GLIDER S A, KELLER G R, LUO M, et al. Timing and spatial distribution of rifting in China[J]. Tectonophysics, 1991, 197: 225-243.

[26] JERZYKIEWICZ T, RUSSELL D A. Late Mesozoic stratigraphy and vertebrates of the Gobi Basin[J]. Cretaceous Research, 1991, 12: 345-377.